D0989838

HISTOTECHNOLOGIE

Théorie et procédés

Jacques C. Fortier
René Hould

Données de catalogage avant publication (Canada)

Fortier, Jacques C., 1948-

Histotechnologie, théorie et procédés

Comprend des références bibliographiques et un index.
Pour les élèves du niveau collégial.

ISBN 2-89470-133-0

1. Histologie – Technique. 2. Tissus (Histologie) – Analyse. 3. Histologie. I. Hould, René. II. Centre collégial de développement de matériel didactique. III. Titre.

QM556.F67 2002 571.5'028 C2002-941963-8

Ouvrage publié par :

Centre collégial de développement de matériel didactique (CCDMD)
6220, rue Sherbrooke Est, bureau 416
Montréal (Québec)
H1N 1C1
Téléphone : (514) 873-2200
Site internet : www.ccdmd.qc.ca

Responsable du projet au CCDMD : Paul Rompré
Responsable du projet au Collège de Sherbrooke : René Richard
Rédaction du chapitre 1 et collaboration à la rédaction du chapitre 23 : Sylvie Breton
Révision scientifique : Sylvie Breton
Révision linguistique : Hélène Paré, avec la collaboration de Jonathan Felton

Édition électronique et illustrations : DNA graphiques
Conception de la couverture : Estelle Hallé

Dépôt légal : 1er trimestre 2003
Bibliothèque nationale du Québec

REMERCIEMENTS

Lorsque j'ai proposé au Centre collégial de développement de matériel didactique de mettre à jour l'ouvrage de René Hould intitulé *Techniques d'histopathologie et de cytopathologie*, je pensais que la tâche serait relativement aisée puisque le manuel présentait déjà des qualités importantes (pertinence de l'organisation générale de la table des matières, nombre approprié de tableaux, de figures, de fiches descriptives, etc.). Mais j'ai vite compris que le travail serait colossal. En effet, la nécessaire mise à jour d'un tel contenu comporte des opérations nombreuses et délicates : ajouter des renseignements, revoir les principes de base, développer davantage certaines sections, retrancher des éléments devenus périmés, tenir compte des applications récentes dans le domaine et, bien sûr, harmoniser « l'ancien » et le « nouveau ».

Je n'aurais pu mener à terme un tel projet sans l'appui inconditionnel de M. Paul Rompré, chargé de projets au CCDMD, de Mme Hélène Paré, réviseure linguistique et de Mme Sylvie Breton, qui a agi comme réviseure scientifique. Je leur dois beaucoup.

Mme Breton fut une collaboratrice précieuse. Elle m'a fait bénéficier de ses connaissances et de son expérience professionnelle dans plusieurs secteurs de la technologie médicale et de la recherche qui s'y rattache. Je la remercie pour sa patience et son dévouement. Sa contribution à la réalisation de ce manuel est considérable.

Je tiens également à remercier de tout cœur les personnes suivantes :

- Tout le personnel du laboratoire de pathologie du Centre hospitalier universitaire de Sherbrooke (CHUS), pavillon Fleurimont, et notamment le Dr Claude Beauchesne, Mme Monique Fauteux, M. André Fontaine, le Dr Yves Gagnon, le Dr Michel Lessard, le Dr François Léveillée (qui a fait la révision scientifique du premier chapitre), le Dr Bassem Sawan et le Dr Pierre-Paul Turgeon, directeur du service de pathologie du CHUS.
- Du Département de cytologie : Mme Denise Vanasse.
- Du Département de cytogénétique : Mme Denise Bellehumeur et Mme Louise Fortin.

Je veux aussi souligner la collaboration des élèves en Technologie de laboratoire médical (TLM) du Collège de Sherbrooke qui ont, bien malgré eux, expérimenté quelques méthodes de coloration.

Certaines des photographies qui composent les planches couleurs de la fin du livre ont été gracieusement fournies par M. Mario Martin, photographe au CHUS, pavillon Bowen et par M. Jean-Pierre Masson, photographe au CHUS, pavillon Fleurimont.

Je tiens aussi à remercier, pour leur appui moral, mes collègues de travail et le personnel technique du Département de TLM du Collège de Sherbrooke.

Pour m'avoir facilité l'accès à des documents importants, je veux exprimer ma reconnaissance à l'Ordre professionnel des technologistes médicaux du Québec (OPTMQ).

Enfin, je ne peux passer sous silence le soutien indéfectible que mes proches ont su m'apporter tout au long de la rédaction de ce manuel. La route fut longue pour eux aussi et je sais qu'ils ont dû subir certains inconvénients qui sont les corollaires obligés d'une telle entreprise.

Jacques C. Fortier

TABLE DES MATIÈRES

ANATOMOPATHOLOGIE ET MACROSCOPIE

FIXATION

DÉCALCIFICATION

CIRCULATION

INCLUSION / ENROBAGE

MICROTOMIE

CRYOTOMIE

ÉTALEMENT

MONTAGE

THÉORIE DE LA COLORATION

ÉTAPES GÉNÉRALES DE LA COLORATION

COLORANTS NUCLÉAIRES

COLORATIONS DE ROUTINE

MISE EN ÉVIDENCE DES STRUCTURES DU TISSU DE SOUTIEN

MISE EN ÉVIDENCE DES GLUCIDES

MISE EN ÉVIDENCE DES LIPIDES

MISE EN ÉVIDENCE DES PROTÉINES ET DES NUCLÉOPROTÉINES

MISE EN ÉVIDENCE DE LA SUBSTANCE AMYLOÏDE

MISE EN ÉVIDENCE DES PIGMENTS PRÉCIPITÉS ET MINÉRAUX

MISE EN ÉVIDENCE DES MICROORGANISMES

HISTOENZYMOLOGIE

HISTOCHIMIE DU SYSTÈME NERVEUX

IMMUNOHISTOCHIMIE ET IMMUNOFLUORESCENCE

ÉTUDE HISTOLOGIQUE DU SANG ET DES ORGANES HÉMATOPOÏTIQUES

GRAINS DE SÉCRÉTION ET TISSUS SPÉCIAUX

CYTOLOGIE

ÉTUDE DU SPERME

CYTOGÉNÉTIQUE

INTRODUCTION À L'HYBRIDATION IN SITU ET À LA BIOLOGIE MOLÉCULAIRE

CONTRÔLE DE LA QUALITÉ EN HISTOTECHNOLOGIE

ANATOMOPATHOLOGIE

ET

MACROSCOPIE

1.1 ANATOMOPATHOLOGIE

1.1.1 DÉFINITION

L'anatomopathologie est une spécialité de la médecine dont l'objectif est de poser des diagnostics basés sur l'étude d'organes et de tissus humains.

Le médecin formé dans cette spécialité est le pathologiste. Les diverses tâches du pathologiste sont les suivantes :

- l'examen de tous les organes prélevés en salle d'opération dans le but de poser ou de confirmer un diagnostic;
- l'examen des biopsies que d'autres médecins ont effectuées en salle d'opération, en clinique externe ou à leur bureau, afin d'établir un diagnostic;
- l'examen des frottis de cytologie gynécologique et non gynécologique;
- l'autopsie des patients décédés à l'hôpital, lorsque le médecin traitant le demande et que la famille l'autorise, ou encore lorsque le coroner l'exige.

1.1.2 RÔLE

L'anatomopathologie étudie les modifications morphologiques des organes au cours des processus pathologiques; son rôle est donc diagnostique. Elle permet également de fournir les éléments d'appréciation du pronostic des maladies, d'évaluer les résultats des traitements et de mieux comprendre les causes et les mécanismes des maladies.

1.2 PRÉLÈVEMENTS

1.2.1 PRÉLÈVEMENTS ENVOYÉS AU SERVICE DE PATHOLOGIE

En principe, tous les prélèvements tissulaires et cellulaires doivent être soumis à un examen anatomopathologique.

Tous les produits de conception doivent être acheminés au laboratoire. Il en va de même pour tous les implants artificiels enlevés au cours d'interventions chirurgicales. Par contre, les cathéters, les tubes endotrachéaux et les intraveineuses ne font pas l'objet d'un examen, puisque ce sont des supports médicaux externes et temporaires. Le pathologiste doit étudier et décrire tous les corps étrangers qui sont retirés du corps humain, ce qui inclut les objets qui ont pénétré dans le corps au moment d'un traumatisme.

Il est clair que tous les prélèvements chirurgicaux, c'est-à-dire les tissus enlevés par le biais d'une intervention chirurgicale, doivent parvenir au service de pathologie. Les spécimens biopsiques prélevés dans le but d'obtenir un diagnostic rapide et précis doivent faire l'objet d'un acheminement prioritaire et rapide afin d'être traités sans délai. La procédure opératoire ou thérapeutique qui sera entreprise dépend du traitement adéquat de ces spécimens.

1.2.2 RENSEIGNEMENTS ACCOMPAGNANT LES PRÉLÈVEMENTS

Lorsqu'une demande d'examen pathologique est soumise, le document qui accompagne le spécimen doit contenir les renseignements sur les éléments suivants :

- identité du patient;
- identité du médecin requérant l'examen pathologique;
- la date et l'heure du prélèvement;
- l'histoire clinique du patient pertinente à ce spécimen;
- la nature et le site du prélèvement, ainsi que le type de spécimen;
- les résultats de l'observation macroscopique *in vivo*;
- les objectifs spécifiques de l'examen pathologique.

1.2.2.1 Identité du patient

Les renseignements toucheront, au minimum, le nom complet et la date de naissance du patient. Le numéro de son dossier à l'hôpital ou à la clinique doit également être fourni à titre de référence. Le document où figurent ces renseignements, qu'il s'agisse d'un formulaire, d'une fiche ou d'une étiquette, doit être attaché solidement au contenant du spécimen. Une fiche séparée du spécimen est inacceptable.

Les spécimens étiquetés de façon inadéquate doivent être retournés sans délai au clinicien responsable de la demande d'examen. Celui-ci doit alors soumettre un nouveau spécimen ou apporter les corrections nécessaires à l'étiquette du contenant ou au document accompagnant ce spécimen.

1.2.2.2 Identité requérant l'examen pathologique

Les noms de tous les cliniciens mandatés pour le traitement du patient doivent être fournis pour qu'une copie du rapport diagnostique leur soit transmise. Le responsable de la demande doit donc fournir les nom et adresse du médecin de famille et des spécialistes concernés, y compris l'oncologue s'il y a lieu. S'il s'agit d'une demande urgente ou si le responsable de la requête désire obtenir des renseignements supplémentaires, il doit inclure ses coordonnées téléphoniques.

1.2.2.3 Date et heure du prélèvement

La date du prélèvement, c'est-à-dire le jour, le mois et l'année, doit être inscrite afin qu'il soit possible d'établir une corrélation entre les renseignements pathologiques et ceux d'autres tests cliniques comme les examens radiologiques, les analyses de laboratoire, etc. La date permet également d'évaluer avec précision les délais de transport du spécimen ainsi que les délais de fixation, dans le cas d'un spécimen placé dans un liquide fixateur.

1.2.2.4 Histoire clinique du patient

Les antécédents médicaux et chirurgicaux peuvent aider à établir la nécessité ou l'intérêt de procéder à des études spécifiques. Pour être en mesure d'émettre un diagnostic précis et adéquat, le pathologiste a besoin de toutes les données cliniques pertinentes, consignées dans un document accompagnant le spécimen.

Des renseignements sur les diagnostics antérieurs, accompagnés de spécifications concernant les tumeurs précédentes, doivent être transmis au service de pathologie. S'il s'agit d'un cas d'immunodéficience, il est essentiel de fournir le statut immunitaire du patient afin de guider le pathologiste dans l'analyse du spécimen et l'interprétation de celle-ci. Il est également nécessaire de mentionner les traitements de radiothérapie et de chimiothérapie subis, car ils peuvent altérer l'apparence histologique des tissus jusqu'à faire croire à la présence d'une lésion maligne. Enfin, il est primordial d'indiquer les médicaments qui peuvent rendre le patient vulnérable à certaines infections ou qui risquent de modifier l'apparence histologique des tissus, en particulier dans l'évaluation du foie et des biopsies endométriales.

1.2.2.5 Nature et site du prélèvement

Il est essentiel de connaître la nature du prélèvement. Il peut s'agir d'une biopsie diagnostique, d'une résection de tumeur, d'une réexcision du site tumoral, ou encore, d'une chirurgie thérapeutique telle la réanastomose de colostomie.

Le type de spécimen détermine les examens pathologiques à effectuer, que ce soit le marquage à l'encre de Chine, les examens histochimiques, les examens immunohistochimiques, etc. Il est également nécessaire de connaître le site exact du prélèvement.

1.2.2.6 Observation macroscopique *in vivo*

La description de certaines caractéristiques macroscopiques des lésions, par exemple un polype ou un nodule, est essentielle à l'élaboration d'un diagnostic. Mais il est souvent plus difficile d'identifier les lésions après leur excision. Par conséquent, le chirurgien doit décrire en détail, sur le document accompagnant le spécimen, toutes les lésions qu'il observe *in vivo* afin de faciliter la tâche du pathologiste.

1.2.2.7 Objectifs spécifiques de l'examen pathologique

Il est important de préciser l'objectif d'un examen pathologique, surtout dans le cas d'une étude particulière. Il peut s'agir, par exemple, de vérifier la présence d'un lymphome, d'effectuer en microbiologie des cultures bactériennes pour déceler certaines infections, ou encore, de chercher des cristaux dans les articulations (voir le tableau 1.1).

1.2.2.8 Formulation des renseignements

La transmission de toutes ces données relatives au patient et au spécimen peut sembler longue et ardue. Il est cependant possible de résumer l'histoire clinique en une ou deux phrases. Voici deux exemples.

Premier exemple. Femme ayant subi l'ablation du sein droit en 1989 pour un carcinome invasif : 3 ganglions métastatiques furent trouvés. Elle a reçu des traitements de radiothérapie et de chimiothérapie et présente maintenant un nodule sous-cutané sous la cicatrice de chirurgie. Veuillez faire une évaluation des récepteurs hormonaux (s'il s'agit d'une tumeur).

Deuxième exemple. Homme de 50 ans ayant subi une transplantation de moelle osseuse pour un lymphome à grandes cellules. Il présente maintenant une infiltration pulmonaire causée par une infection opportuniste. Le spécimen ci-joint, obtenu par biopsie, vous est soumis pour culture et examen histologique. Veuillez éliminer l'hypothèse d'une récidive du lymphome.

1.2.3 ACHEMINEMENT DES PRÉLÈVEMENTS AU LABORATOIRE

Le personnel hospitalier affecté au transport des spécimens est responsable de l'acheminement rapide et adéquat des spécimens au laboratoire. Les méthodes d'acheminement des tissus prélevés doivent faire l'objet de procédures rigoureuses pour garantir rapidité et sécurité. Le service de pathologie doit établir des règles concernant le transport des prélèvements afin d'éviter toute altération préjudiciable au diagnostic. Le laboratoire de pathologie doit fournir au personnel hospitalier concerné un document précisant les méthodes de fixation de tous les types de prélèvements ainsi que les critères d'acceptation d'un spécimen.

1.2.4 CONSERVATION DES SPÉCIMENS PENDANT LEUR TRANSPORT AU LABORATOIRE

Les prélèvements tissulaires doivent être acheminés à l'état frais si un examen extemporané est demandé ou s'ils peuvent être envoyés très rapidement. Si l'emploi d'un liquide fixateur est nécessaire, celui-ci doit correspondre au protocole établi par le laboratoire de pathologie. Ce protocole doit être distribué à tous les services susceptibles de recourir aux services du laboratoire de pathologie.

La nature du spécimen détermine le traitement qu'il doit recevoir. Les spécimens qui nécessitent une évaluation particulière doivent être clairement désignés. Il est possible de transporter rapidement la majorité des spécimens à l'état frais ou dans une solution saline.

Dans le cas des prélèvements qui ne peuvent être acheminés dans les plus brefs délais au laboratoire, il faut prévoir l'ajout d'un fixateur qui convient à la majorité des spécimens; il s'agit habituellement du formaldéhyde à 10 % tamponné. Le bocal doit être assez grand pour contenir la pièce de tissu et une quantité de formaldéhyde équivalente à 20 fois le volume de cette pièce.

Lorsqu'il s'agit d'organes entiers comme le poumon, la rate, le foie ou l'intestin, il est préférable d'acheminer promptement le spécimen au laboratoire où une préparation particulière, avant la fixation, assure la conservation adéquate de la totalité du tissu. Cette préparation permettra également d'éviter la formation d'artéfacts de fixation de couches (voir la section 2.2.13), qui se caractérisent par la fixation adéquate des structures périphériques d'une pièce de tissu ou d'un organe et par la fixation insuffisante ou nulle de ses structures internes.

1.2.5 RÉCEPTION DES PRÉLÈVEMENTS AU LABORATOIRE ET VÉRIFICATION DES DONNÉES RELATIVES AU PATIENT

Le spécimen destiné au laboratoire de pathologie est toujours accompagné d'une requête écrite ou sur support électronique. Cette requête contient des renseignements pertinents concernant le diagnostic et l'identité du patient (voir la section 1.2.2). Cette requête doit être conservée à titre de référence et elle doit suivre le spécimen durant tout le processus de préparation et d'évaluation pathologique.

La majorité des services de pathologie assignent un numéro à chacun des cas qu'ils reçoivent; ce numéro inclut habituellement les deux derniers chiffres de l'année du prélèvement et peut ressembler à ceci : 2346-03. Le numéro servira pour tout le matériel relié

Tableau 1.1 TRAITEMENT DES SPÉCIMENS EN RAPPORT AVEC DES ÉVALUATIONS PARTICULIÈRES.

Type de spécimen	Condition	Évaluation particulière
Carcinome du sein	À l'état frais	Examen en cytométrie de flux pour évaluer le pronostic
Moelle osseuse	Fixation dans le Zenker (voir le chapitre 2)	Examen des détails cytologiques dans des conditions optimales
Ganglions reliés à un lymphome	À l'état frais	Examens en cytométrie de flux, en biologie moléculaire et en cytogénétique
Biopsie de peau	À l'état frais	Examen en immunofluorescence
Biopsie de rein	À l'état frais	Examen en immunofluorescence et en microscopie électronique
Matériel infectieux (faire suivre en microbiologie)	À l'état frais, dans des conditions stériles	Examen et cultures microbiologiques

à ce cas, qu'il s'agisse de radiographies, de documents administratifs ou autres. En règle générale, un « cas » englobe tous les spécimens qui proviennent d'une procédure chirurgicale donnée. Par exemple, cinq biopsies de peau prélevées sur le même patient au cours d'une intervention chirurgicale reçoivent le même numéro du service de pathologie et ne sont différenciées qu'à la numérotation des bocaux : 2346-03-1, 2346-03-2, 2346-03-3, etc.

La vérification des données relatives au patient, c'est-à-dire le nom, le numéro de dossier, la date de naissance, etc., s'effectue à la réception du spécimen au laboratoire. Toute erreur ou incohérence dans les données du spécimen et tout spécimen égaré sont des problèmes qu'il faut régler au moment même de la réception. Il est nécessaire d'agir immédiatement pour clarifier la situation au plus tôt. Pour toute démarche entreprise dans ce sens, il faut noter l'heure à laquelle elle a été effectuée et le nom de la personne qui s'en est chargé.

1.3 MACROSCOPIE EN LABORATOIRE DE PATHOLOGIE

1.3.1 RÔLE DE LA MACROSCOPIE

Le traitement des spécimens et l'évaluation macroscopique sont à la base de tout diagnostic pathologique. Les renseignements recueillis au moment de l'examen macroscopique sont utilisés de concert avec les résultats de l'observation microscopique pour l'établissement du diagnostic final. Une description macroscopique faite correctement favorisera l'analyse des corrélations entre toutes ces données.

L'examen macroscopique sert d'abord et avant tout à décrire avec précision l'état de la pièce de tissu à son arrivée au laboratoire; il s'agit en quelque sorte d'un « accusé de réception ». La description est dictée à haute voix et enregistrée sur un support magnétique ou électronique. Dans certains cas, comme celui du carcinome du côlon, entre autres, la description macroscopique est pratiquement suffisante pour émettre un diagnostic. Il est particulièrement important pour le pathologiste de maîtriser cet aspect lorsque le chirurgien en salle d'opération sollicite son avis pour établir un diagnostic provisoire et déterminer sans délai la portion de tissu à congeler. Une confirmation du diagnostic au moyen de l'observation microscopique demeure toutefois essentielle.

Une bonne description macroscopique doit se conformer à certaines exigences en rapport avec les aspects suivants :

- la concision et la précision : l'information essentielle doit être résumée en quelques phrases;
- l'organisation des données : l'information doit être lisible et facile à consulter;
- la dissection du spécimen : la description adéquate d'un spécimen est impossible sans la dissection complète de celui-ci; l'examen complet de la pièce modifie souvent le jugement porté au premier coup d'œil (voir la section 1.3.3);
- la méthode : les étapes de la macroscopie peuvent être exécutées dans un ordre établi à l'avance pour presque tous les types de spécimens; il est donc avantageux d'adopter une méthode unique pour l'observation et la description macroscopique, de même que pour la dictée des renseignements; une méthode uniforme permet aussi d'éviter l'omission de renseignements importants;
- les compléments graphiques : il est parfois très utile de joindre à la description un schéma des spécimens les plus complexes afin que le pathologiste puisse s'orienter rapidement et facilement à l'étape de la macroscopie et de la microscopie.

1.3.2 EXAMEN ET DESCRIPTION

Six points cruciaux et essentiels doivent être abordés successivement dans la description macroscopique d'un spécimen :

- L'identité du patient et le type de fixation, ainsi que la description des structures anatomiques du spécimen. Exemple : spécimen reçu à l'état frais, au nom de Mme X, numéro de dossier 346734. Il s'agit d'un spécimen provenant d'une mastectomie radicale gauche, pesant 563 g et mesurant

15 x 12 x 4,5 cm. L'ellipse de peau beige mesure 14 x 12 cm; elle est attachée à la queue axillaire, qui mesure 6 x 5 x 4 cm.

- Les observations pathologiques initiales. Exemple : « Il y a présence d'une lésion colique ulcérée de couleur beige rosée qui mesure 5 x 4 cm, sur 3 cm de profondeur, et dont les rebords sont sinueux. Cette lésion est à 7 cm de la marge proximale et à 22 cm de la marge distale. »
- Les observations pathologiques secondaires. Après la description de la lésion principale, il faut y ajouter celle des lésions secondaires, s'il y a lieu. Le pathologiste doit également expliquer l'interrelation des lésions. Exemple : « À 3 cm, du côté proximal de la lésion principale, se trouve un nodule beige rosé de 3 x 2 x 2 cm… »
- La description des structures normales, l'ajout de données complémentaires et la description des ganglions, si nécessaire. Il est essentiel de décrire les structures normales en détail. Le pathologiste ou l'assistant-pathologiste, qui est généralement un technicien, doit être en mesure de repérer les structures normales et il doit en faire mention dans la description macroscopique. C'est également à ce moment qu'il est possible d'ajouter de l'information supplémentaire ou des renseignements pertinents qui ne correspondent pas aux étapes précédentes. Exemple : « Le spécimen principal est également accompagné d'un fragment de tissu adipeux blanc-jaune qui mesure 4 x 3,5 x 2 cm … »
- L'énumération et la description des procédures spéciales; les procédures de routine ne doivent pas être incluses dans la description macroscopique. Par contre, il faut mentionner tous les traitements particuliers dont le spécimen doit faire l'objet. L'utilisation de fixateurs particuliers et la décalcification, entre autres, sont des traitements inhabituels qui doivent être répertoriés dans la description macroscopique. Il est également essentiel de spécifier si le spécimen a été envoyé pour être soumis en entier à l'observation microscopique ou s'il suffit de faire l'étude d'une portion représentative. Voici des exemples qui illustrent cette étape de la description : « Le tissu osseux est fixé dans le formaldéhyde à 10 %, puis décalcifié. »; « Des photographies et des radiographies sont prises. »; « Des portions de tumeur sont fixées dans le Zenker, le B5 ou le Bouin. »; « Des portions de tissus sont soumises pour études cytogénétiques. »; « La tumeur de 1 x 1 cm et une quantité de tissu adipeux sont remis au D^r^ Y dans le cadre d'une recherche en endocrinologie. »

En conclusion, le pathologiste doit dresser la liste de toutes les cassettes soumises, les numéroter et en préciser le contenu.

Premier exemple :

- cassette 1 : la lésion est soumise en entier, après coupe transversale; 2 fragments

Deuxième exemple :

- cassette 1 : les pointes de l'ellipse de peau; le reste du spécimen est dans la cassette 2; 2 fragments

Troisième exemple :

- cas de résection d'un carcinome du côlon :
- cassettes 1 à 3 : tumeur incluant l'extension profonde et la séreuse; 3 fragments
- cassette 4 : marge proximale; 1 fragment
- cassette 5 : marge distale; 2 fragments
- cassette 6 : polype, à 20 cm de la marge distale; 2 fragments
- cassettes 7 à 11 : fragments de ganglions lymphatiques

1.3.3 DISSECTION DU SPÉCIMEN

L'examen macroscopique d'un spécimen est incomplet sans l'étape de la dissection proprement dite et le sectionnement en série. De plus, l'ouverture des structures simplifie grandement cet examen initial.

L'examen macroscopique et la dissection du spécimen sont effectués selon une approche précise en fonction du but visé. Le pathologiste doit définir les étapes à suivre selon le type de spécimen et le motif de la procédure chirurgicale.

1.3.3.1 Identification de toutes les structures anatomiques présentes

Il s'agit d'identifier et de décrire toute composante anatomique faisant partie de l'envoi au laboratoire de pathologie.

1.3.3.2 Marqueurs d'orientation

Il s'agit de repérer les marqueurs d'orientation, d'évaluer la position exacte de chaque composante anatomique dans le corps et d'en tenir compte au cours des étapes subséquentes.

1.3.3.3 Dimension et masse

Il est important de mesurer le spécimen sous toutes ses dimensions, de le peser et de consigner le résultat de ces mesures.

1.3.3.4 Examen des marges

Le pathologiste doit déterminer s'il faut faire l'examen minutieux des marges de résection pour y rechercher des signes de néoplasie ou d'inflammation.

1.4 TRAITEMENT ET DESCRIPTION MACROSCOPIQUE DE CERTAINS SPÉCIMENS

Certains organes et certaines pièces nécessitent un traitement particulier qui leur assure une conservation optimale. Une telle préparation permet d'améliorer la fixation de ces pièces et, par le fait même, d'éliminer tout risque d'altération des structures physiques et chimiques. Il existe des méthodes établies concernant la description macroscopique des pièces soumises pour évaluation pathologique.

1.4.1 POUMON

La méthode employée pour fixer l'ensemble des tissus d'un poumon ou d'un lobe est la « perfusion » (voir la section 2.9.2), qui consiste à remplacer l'air contenu dans le poumon par du formaldéhyde à 10 % en injectant celui-ci dans les bronches. C'est par ce moyen que les tissus seront conservés et fixés de façon optimale. Au cours de l'observation macroscopique, il faudra chercher la présence d'un cancer en se basant sur les données cliniques. C'est habituellement pour cette raison qu'il y a ablation d'un poumon ou d'un lobe de poumon.

Localiser la tumeur et déterminer le stade d'évolution du cancer font partie de cette étape de l'observation macroscopique. Il faut mesurer la tumeur : si son diamètre est inférieur à 3 cm, le pronostic sera plus encourageant. Il faut aussi vérifier la présence de métastases ganglionnaires, mesurer l'espace qui sépare la tumeur de la marge chirurgicale (bronchique) et déterminer s'il y a envahissement ou rétraction de la plèvre. Ces précisions contribueront à établir le pronostic.

1.4.2 ESTOMAC

L'estomac est un organe creux dont la paroi est mince. Il doit être ouvert longitudinalement, le long de la grande courbure, puis vidé de son contenu alimentaire, habituellement liquéfié par le processus digestif, et bien lavé, avant l'examen et la description macroscopique. On l'épingle ensuite, ouvert sur une plaque solide afin de lui assurer une fixation adéquate, sans torsion.

L'estomac est habituellement enlevé dans un cas de cancer. Le pathologiste doit localiser celui-ci, déterminer la profondeur d'envahissement de l'organe, et évaluer l'atteinte de la séreuse ainsi que la qualité des marges de résection. Comme dans tous cancers, il faut évaluer les ganglions lymphatiques en périphérie de l'organe afin de déterminer s'il y a présence ou non de tissu métastasique dans ces ganglions.

1.4.3 VÉSICULE BILIAIRE

L'ablation de la vésicule biliaire est le résultat d'une intervention chirurgicale qui porte le nom de cholécystectomie. La vésicule biliaire est sacciforme, c'est-à-dire en forme de sac, et sa paroi est mince. Pour l'ouvrir, il faut débuter par la partie profonde et remonter vers le canal cystique de façon longitudinale. Il est essentiel de pratiquer la dissection selon cette technique afin de vérifier si la présence de calculs biliaires obstruait le canal. Le spécimen doit ensuite être vidé de sa bile et des calculs qu'il renferme, puis bien rincé.

L'examen macroscopique doit entre autres servir à vérifier la présence de polypes et de calculs biliaires. Dans le cas des calculs, il faut d'abord les rincer et les décrire, mais aussi les dénombrer et prendre la mesure du plus petit et du plus grand. S'il y a une tumeur, il est important d'examiner les ganglions lymphatiques afin de déterminer s'il y a présence ou non de tissu métastasique dans ces ganglions.

1.4.4 INTESTIN

Qu'il s'agisse de l'intestin grêle ou du côlon, le spécimen est habituellement acheminé au laboratoire en portions de longueurs différentes selon la résection de l'organe. Comme ces segments sont tubulaires, il faut les ouvrir longitudinalement, d'une extrémité à l'autre. On doit les laver à grande eau afin d'en déloger les matières fécales et permettre un examen adéquat de la muqueuse.

Les raisons principales qui peuvent motiver l'ablation de l'intestin ou d'une portion de celui-ci sont les suivantes :

- une maladie inflammatoire telle que la maladie de Crohn ou la colite ulcéreuse;
- la présence de diverticules qui obstruent le passage des matières fécales et causent ainsi une diverticulite. Les diverticules sont des saillies de la muqueuse à travers la paroi de l'intestin où il se produit une accumulation de matières fécales qui entraîne la perforation et l'infection de l'organe. Après l'échec d'un traitement par les antibiotiques, il peut être nécessaire d'enlever une portion de l'intestin;
- la présence de nombreux polypes qui ont créé des complications;
- un cancer.

Dans le cas d'une tumeur, le pathologiste doit en évaluer le degré de prolifération et déterminer s'il y a extension ganglionnaire. Il doit examiner attentivement la muqueuse et les anomalies qu'elle présente afin d'établir un diagnostic précis.

La meilleure façon de préparer l'intestin à la fixation est de l'épingler, ouvert, sur une plaque solide; ainsi, toutes ses surfaces seront exposées au liquide fixateur. Une portion d'intestin qui est fixée sans être épinglée sera recroquevillée et difficile à évaluer (voir les photos 1, 2 et 3 à la fin du présent ouvrage).

1.4.5 APPENDICE

Dans la majorité des cas, une inflammation de l'appendice est à l'origine d'une appendicectomie. Il est aussi possible, quoique rarement, d'y déceler un cancer.

L'examen macroscopique sert d'abord à déterminer la longueur et le diamètre du spécimen de même que l'état de la surface externe. Il faut aussi vérifier la présence de congestion ou de pus et examiner la paroi, à la recherche de traces de perforation. Il faut aussi vérifier si la muqueuse présente des tumeurs ou des ulcères et si la lumière contient du pus ou des fécalomes. Enfin, des coupes transversales et longitudinales représentatives du spécimen doivent être soumises pour examen microscopique.

1.4.6 RATE

Il faut d'abord peser et mesurer la rate. Comme celle-ci est un organe hématopoïétique dense, il faut s'assurer de la couper en tranches d'environ 1 cm d'épaisseur tout en conservant un point d'attache commun à la base. Il est également essentiel de rincer l'organe à grande eau, mais délicatement, afin d'éliminer le surplus de sang et d'éviter la formation d'acide formique qu'entraîne l'excès de globules rouges. La présence de cet acide provoquerait la baisse du *p*H du formaldéhyde, ce qui contribuerait ensuite à la formation de pigments de formaldéhyde dans les tissus.

Le pathologiste doit examiner attentivement la capsule externe et vérifier la présence de lacérations, surtout dans le cas de traumatisme de la cage thoracique.

1.4.7 UTÉRUS

L'utérus est l'organe le plus difficile à fixer en vue d'un examen anatomopathologique. Il faut le trancher en deux, de façon longitudinale, en partant du col et en remontant vers la partie supérieure.

L'examen de l'utérus doit inclure la mesure de l'endomètre, du corps, du col, du myomètre, de l'orifice cervical, des trompes (mesurer la longueur et le diamètre), ainsi que des ovaires (mesurer la hauteur, la largeur et la longueur) s'ils accompagnent le spécimen. L'utérus doit être pesé seul, sans les ovaires, si ceux-ci sont joints au spécimen.

Dans la description macroscopique, il faut préciser le type d'hystérectomie, c'est-à-dire s'il s'agit d'une ablation vaginale ou abdominale.

Dans l'examen et la description du corps utérin, le pathologiste doit porter son attention sur les parois et l'endomètre, afin d'y vérifier la présence de polypes, de kystes, de myomes ou de tumeurs. S'il y a présence de myomes, c'est-à-dire de masses bénignes de tissu musculaire lisse, il faut en déterminer le nombre et la taille, puis repérer les sites utérins touchés et décrire les altérations qu'a subies l'utérus. Le pathologiste doit ensuite examiner le col de l'utérus et vérifier si son ouverture est adéquate, si elle est longiligne et s'il y a présence de polypes dans cette portion de l'organe.

Il existe certaines normes concernant le choix des sections de l'utérus et de ses annexes qui devront être acheminées pour examen histologique. Il doit y avoir un segment des parties antérieure et postérieure du col, ainsi qu'au moins deux sections représentatives du corps utérin. S'il y a des polypes ou myomes dans l'organe, ils doivent être représentés dans les sections choisies. Une cassette doit contenir au moins trois coupes transversales des trompes, ainsi qu'une coupe équatoriale de chaque ovaire, le cas échéant.

1.4.8 CONTENU UTÉRIN

Le contenu utérin qui est acheminé au laboratoire d'histotechnologie peut provenir d'un curetage, d'une biopsie diagnostique, d'un avortement incomplet et involontaire ou d'un avortement volontaire. Dans l'examen des débris d'un avortement survenu au cours du premier trimestre de gestation, il est nécessaire de chercher la présence de villosités, lesquelles constituent la preuve d'une grossesse intra-utérine.

1.4.9 PLACENTA

L'examen macroscopique du placenta concerne principalement les membranes, le disque placentaire et le cordon.

1.4.9.1 Membranes

Le pathologiste doit examiner les anastomoses et décrire la couleur de la surface fœtale.

1.4.9.2 Disque placentaire

Le disque placentaire doit être pesé. Le pathologiste doit en décrire la forme et ensuite examiner la surface du spécimen pour toute trace de nécrose, puis vérifier la présence d'hématomes ou de calcifications. Plusieurs variations de forme du disque placentaire peuvent être observées, mais la forme la plus courante est celle d'un disque bien rond. Finalement, il doit évaluer l'état des vaisseaux de surface.

1.4.9.3 Cordon

Il faut d'abord prendre les dimensions du cordon, puis vérifier si son insertion dans le disque placentaire est normale ou non et déterminer le nombre de vaisseaux qu'il renferme. Il faut ensuite noter s'il y a torsion du cordon, ou présence de nœuds ou de crochets.

1.4.10 SEIN

L'ablation d'un sein ou d'une portion de sein est habituellement pratiquée dans le but d'extraire une tumeur cancéreuse. L'ablation partielle du sein nécessite un examen très rigoureux de la portion de tissu enlevée pour s'assurer qu'il n'y a aucune trace de cancer résiduel dans le sein de la patiente.

Lorsqu'il y a exérèse partielle ou totale du sein, il faut déterminer avant de fixer le tissu quels types d'analyses seront nécessaires à l'établissement du diagnostic et du pronostic. Par exemple, la cytométrie de flux est une technique qui s'emploie uniquement sur du tissu non fixé; il faudra donc prévoir cette éventualité.

La macroscopie du spécimen consiste à localiser la tumeur, à évaluer la taille de celle-ci et à mesurer l'espace qui la sépare des marges chirurgicales. Il doit aussi y avoir examen des ganglions axillaires, situés sous l'aisselle du même côté que le sein cancéreux, pour vérifier la présence de métastases.

Il faut en outre vérifier s'il y a atteinte cutanée sous la forme d'un cancer inflammatoire, d'un ulcère ou d'un nodule, et s'il y a atteinte de la paroi thoracique par la présence de cancer sur les côtes. Enfin, il est nécessaire de soumettre à l'examen microscopique des sections représentatives des marges de la tumeur, de chaque quadrant du sein, de même que du mamelon et de la peau.

Avec la mise en œuvre de techniques plus fines, il est maintenant possible de déceler les lésions précancéreuses. Ces méthodes consistent à déterminer par radiographie le site où se trouvent les microcalcifications et à y installer un harpon métallique. Une excision-biopsie est ensuite effectuée autour du harpon. Une radiographie du prélèvement (placé dans un contenant particulier) permet de repérer les microcalcifications. La portion sélectionnée sera soumise à un examen microscopique puisque ces lésions ne sont pas observables à l'œil nu.

1.4.11 PROSTATE

Un cancer est habituellement la cause de l'ablation de la prostate. Le pathologiste doit déterminer le stade du cancer en évaluant la taille de la tumeur, l'atteinte ganglionnaire, l'atteinte capsulaire et l'atteinte des vésicules séminales. Ce sont des éléments cruciaux dans l'établissement du pronostic concernant un carcinome de la prostate.

1.5 MARQUEURS D'ORIENTATION

Lorsqu'un organe ou une portion d'organe sont enlevés par chirurgie, il faut, avant toute manipulation, vérifier si le chirurgien a mis en place des marqueurs d'orientation. L'objectif de ces marqueurs est de permettre au pathologiste de se représenter l'organe ou la portion d'organe dans le corps du patient.

Ces marqueurs d'orientation sont essentiels car sans eux, le pathologiste peut être dans l'impossibilité de déterminer quelle était la position du spécimen dans l'organisme. Le but de l'orientation du spécimen dans l'organisme est évidemment de localiser avec exactitude le cancer, et son étendue lorsqu'il y a excision de tumeurs malignes.

Diverses méthodes sont adoptées par les centres hospitaliers. L'important est de s'assurer qu'il y a entente et collaboration entre les services de chirurgie et de pathologie (voir le tableau 1.2).

1.5.1 FILS DE SUTURE

Il est possible de marquer les sites anatomiques au moyen de fils de suture de composition ou de longueur différentes, ou encore, de quantités différentes de fils.

On utilise habituellement un fil long et un fil court pour marquer les sites importants. Par exemple, le fil long indique la marge supérieure alors que le fil court représente la marge latérale.

1.5.2 DIVISION DU SPÉCIMEN

On peut diviser le spécimen en parties distinctes et les soumettre séparément au pathologiste. Par exemple : « Le bocal n° 1 contient un sein, le bocal n° 2 contient une dissection axillaire. »

1.5.3 SERVIETTE CHIRURGICALE

Dans certains cas spécifiques et complexes, il est possible de coudre le spécimen à une serviette jetable et d'y inscrire des indications précises sur l'orientation du spécimen.

1.5.4 DIAGRAMME

Il est également possible de joindre un diagramme au spécimen pour fournir des renseignements complémentaires au pathologiste chargé de la description macroscopique.

Tableau 1.2 TERMES QUI DÉCRIVENT L'ORIENTATION BASÉE SUR LA POSITION ANATOMIQUE.

Terme utilisé	Signification
Antérieur (ventral)	Orienté vers l'avant du corps
Postérieur (dorsal)	Orienté vers l'arrière du corps
Supérieur (céphalique)	Orienté vers la tête
Inférieur (caudal)	Orienté vers les pieds
Médian	Orienté vers le centre du corps
Latéral	Orienté vers les extrémités opposées au centre du corps
Proximal	Situé le plus près possible par rapport à un flot (par ex., flot du tube digestif) ou une extrémité (par ex., extrémité du bras)
Distal	Situé le plus loin possible par rapport à un flot (par ex., flot du tube digestif) ou une extrémité
Superficiel	Situé le plus près possible de la peau
Profond	Situé le plus loin possible de la peau
Transversal	Qualifie une portion horizontale perpendiculaire à la médiane verticale du corps
Sagittal	Qualifie une portion verticale, c'est-à-dire parallèle à l'axe du corps

1.5.5 ORIENTATION DES PETITES PIÈCES

Lorsqu'il y a manipulation de très petites pièces de tissu dont l'orientation est essentielle, celles-ci peuvent être attachées à une tige qui en indique l'orientation par rapport à la position anatomique; cette pratique sert entre autres dans certains cas de biopsie.

1.5.6 POSITION ANATOMIQUE

La position anatomique est la position de référence pour l'orientation des spécimens en pathologie. Elle est définie de la façon suivante : tête droite, yeux tournés vers l'avant, bras le long du corps et paumes des mains vers l'avant, jambes droites et accolées, orteils qui pointent vers l'avant, pénis en érection.

1.5.7 INTERRELATION ENTRE LES SERVICES DE CHIRURGIE ET DE PATHOLOGIE

Dans l'éventualité d'un cas très complexe, il est préférable que le chirurgien communique directement avec le pathologiste avant la dissection du spécimen. Afin d'éviter les erreurs, toutes les désignations d'orientation doivent faire référence à la position anatomique (voir la section 1.5.6). La position du patient au cours de la chirurgie, qu'il soit, par exemple, sur le côté ou sur le dos, n'a aucune incidence sur l'étude macroscopique.

1.6 MARGES ET MARQUAGE DES MARGES DU SPÉCIMEN

Lors de l'excision d'une tumeur cancéreuse, le chirurgien prélève toujours, autour de la tumeur, une portion de tissu qui lui apparaît saine, c'est-à-dire non cancéreuse. Il s'agit là d'une pratique obligatoire qui permet au chirurgien et au pathologiste de s'assurer qu'aucune cellule cancéreuse ne demeure dans le site d'où la tumeur a été extraite. Cette portion de tissu, dont l'épaisseur peut varier, s'appelle « marge de résection » ou encore « marge de sécurité. »

Cette marge est définie en fonction de l'orientation de la pièce de tissu prélevée dans le corps du patient; c'est là qu'entrent en jeu les marqueurs d'orientation.

La pièce de tissu doit également porter des marques qui permettront de repérer sa surface et, par conséquent, la limite externe des marges de sécurité. Le marquage des marges se fait ordinairement à l'encre de Chine avant toute dissection d'un spécimen.

1.6.1 MARQUAGE DES MARGES

Au terme de l'examen macroscopique du spécimen, celui-ci doit présenter une surface propre et sèche. Il est possible d'appliquer l'encre de Chine sur cette surface à l'aide d'un tampon de gaze ou d'un écouvillon, ou encore, en immergeant la pièce dans l'encre. Il faut ensuite fixer l'encre au moyen d'un mélange de méthanol et d'acide acétique à 5 %. Le Bouin peut également être utilisé à cet effet, sauf si l'on prévoit faire des coupes à la congélation car il pourrait alors nuire à l'adhérence du tissu sur la lame. Cette étape empêche la dissolution de l'encre dans le formaldéhyde à 10 %. On doit enfin assécher le spécimen afin d'en retirer l'excès d'encre qui pourrait pénétrer à l'intérieur.

On peut utiliser des encres de couleurs différentes pour marquer les marges selon l'orientation du spécimen, surtout s'il s'agit d'un spécimen complexe.

Il peut arriver que le spécimen porte encore, à sa surface ou près de celle-ci, des agrafes de suture. Il faut enlever délicatement ces agrafes en évitant le plus possible d'abîmer le tissu des marges.

Lorsque le marquage des marges est terminé, il est possible de faire des coupes dans le but d'étudier les marges et de déterminer si ce tissu renferme des cellules cancéreuses.

1.6.2 ÉTUDE DES MARGES

Il existe deux façons de faire l'étude d'une marge : soit de façon parallèle, soit de façon perpendiculaire. Selon la méthode choisie, l'encre servant au marquage n'occupera pas le même espace sur l'échantillon; il importe de spécifier la méthode choisie.

1.6.2.1 Étude de la marge parallèle

Pour faire l'étude de la marge selon la méthode dite « parallèle » ou « en face », il faut prélever une portion de la marge parallèlement au plan de résection. On désigne aussi cette façon de procéder par le terme « rasage » et la portion de marge obtenue est parfois dite « en pelure d'orange ».

L'échantillon de marge prélevé par rasage présente un avantage important : la taille de la portion marquée à l'encre de Chine et examinée est de 10 à 100 fois supérieure à celle d'un échantillon prélevé perpendiculairement au plan de résection. Une structure comme l'urètre, par exemple, peut ainsi être étudiée au complet.

En revanche, cette méthode présente des inconvénients. Par exemple, il est impossible de mesurer le tissu qui s'étend entre la tumeur et le bord externe de la marge ni d'évaluer son état.

1.6.2.2 Étude de la marge perpendiculaire

La deuxième façon de procéder en vue de faire l'étude de la marge est de faire une coupe perpendiculaire au plan de résection et de prélever un échantillon qui comprend des cellules tumorales, d'une part, et la marge de tissu qui s'étend depuis la lésion jusqu'au bord de résection et qui sépare de la marge le marquage à l'encre de Chine, d'autre part. Ce type d'étude permet de mesurer la distance exacte qui sépare la tumeur du bord de la marge et d'évaluer l'état du tissu ainsi prélevé. Il est recommandé d'opter pour cette façon de faire lorsque la portion de tissu sain qui recouvre la tumeur et représente la marge est particulièrement petite, c'est-à-dire de moins de 2 cm de diamètre.

L'étude sur coupe perpendiculaire comporte toutefois des inconvénients. Par exemple, les échantillons choisis comme représentatifs ne comportent qu'une infime portion de tissu marqué à l'encre de Chine.

1.6.2.3 Examen microscopique des marges

L'examen des marges au microscope permet d'en évaluer l'état; il a pour objectif de s'assurer qu'aucune cellule cancéreuse ne subsiste dans cette marge et en particulier dans la partie marquée.

À l'observation microscopique d'une coupe perpendiculaire, une ligne noire délimite d'un côté le tissu observé : cette ligne correspond au bord de résection de la marge de sécurité; il s'agit d'une partie de la marge faite à l'encre de Chine. Si des cellules cancéreuses sont accolées à cette ligne, le pathologiste doit recommander l'excision d'une portion additionnelle de tissu, au-delà de la ligne jugée positive et suivant l'orientation de l'échantillon étudié, afin de s'assurer qu'il n'y a pas de cancer résiduel dans l'organisme du patient.

L'observation microscopique de la marge parallèle, c'est-à-dire d'un échantillon obtenu par rasage, donnera à voir une plus grande étendue de la surface marquée et cette étendue est censée ne renfermer aucune cellule cancéreuse. Si au contraire elle est positive, le pathologiste doit recommander l'excision de tissu additionnel, comme dans le cas exposé ci-dessus.

1.7 EXAMEN DES GANGLIONS LYMPHATIQUES

L'examen des ganglions lymphatiques est une étape importante de la dissection d'une tumeur. La technique habituellement employée pour repérer les ganglions consiste à palper le tissu graisseux du spécimen puisqu'ils sont plus fermes que ce tissu. Le prélèvement de ganglions lymphatiques non métastasiques près du site de la tumeur annonce un pronostic encourageant. Au contraire, si les ganglions lymphatiques sont envahis de cellules identiques à celles de la tumeur, il est probable que le patient doive subir des traitements oncologiques complémentaires. Plus le nombre de ganglions métastasiques est important, plus le pronostic est inquiétant.

1.8 TRAITEMENTS URGENTS

Il faut traiter avec diligence les spécimens qui proviennent de la salle d'opération, d'un service de radiologie ou d'un cabinet médical externe et qui nécessitent une évaluation diagnostique immédiate.

1.8.1 TRAITEMENT URGENT

Deux raisons principales justifient le traitement urgent d'un spécimen :

- la nécessité d'une évaluation rapide, à la fois macroscopique et microscopique, afin d'obtenir un diagnostic provisoire qui puisse orienter la gestion intra-opératoire ou péri-opératoire. Cette évaluation inclut la reconnaissance d'un processus pathologique inconnu, l'examen des marges de résection, la recherche de ganglions métastasiques et l'identification des tissus prélevés;
- la manipulation rapide de tissus destinés à des études spécifiques telles que la cytogénétique, la microscopie électronique et la cytométrie de flux.

1.8.2 EXAMEN EXTEMPORANÉ ET CONGÉLATION DES TISSUS

L'examen extemporané comporte une étape peropératoire et une étape postopératoire. L'étape postopératoire correspond à l'ensemble des traitements auxquels sont ordinairement soumis les tissus à partir de leur fixation et qui sont l'objet même du présent ouvrage. Le caractère d'urgence de cet examen met toutefois ses limites en évidence.

L'étape peropératoire doit répondre à trois critères :

- rapidité : le temps consacré à l'examen ne doit pas nuire au bon déroulement de l'intervention;
- fiabilité : le résultat de l'examen est susceptible d'avoir une incidence sur le geste opératoire;
- sécurité : l'examen ne doit pas compromettre le contrôle microscopique postopératoire. Un diagnostic juste dépend de la situation clinique, de la demande du clinicien, de la représentativité du prélèvement, mais aussi de la compétence du pathologiste.

L'examen extemporané peut être effectué pour l'une des raisons suivantes :

- établir un diagnostic dans le but de justifier ou modifier l'acte opératoire;
- déterminer si le prélèvement est suffisant ou approprié pour faire un diagnostic;
- confirmer la qualité des limites d'exérèse;
- vérifier la présence de métastases ganglionnaires.

La décision de procéder à un examen extemporané revient au clinicien en accord avec le pathologiste.

C'est à ce dernier, cependant, qu'appartient le choix de la technique la plus appropriée. Ainsi, le pathologiste se réserve le droit de refuser de pratiquer un examen extemporané s'il croit que cette technique rendra le prélèvement impropre à un examen plus approfondi et à l'établissement d'un diagnostic définitif. Il peut aussi refuser d'exécuter un examen extemporané s'il pense que celui-ci ne permettra pas de répondre aux demandes du clinicien. Dans les deux cas, il doit motiver son refus et ne confirmer cette décision qu'à la suite d'une discussion avec le clinicien.

Après avoir reçu la pièce de tissu et en avoir effectué l'examen macroscopique, le pathologiste décide de procéder ou non à la congélation du tissu; celle-ci lui permettrait en effet de se procurer une mince couche représentative du spécimen au moyen d'un cryotome ou microtome sous enceinte réfrigérée. Par la suite, une rapide coloration de routine sera effectuée et le pathologiste examinera la coupe au microscope.

Le diagnostic doit parvenir au clinicien dès que possible. Le pathologiste doit s'assurer de communiquer directement avec le clinicien et non par l'intermédiaire d'une autre personne présente dans la salle d'opération. Cet échange peut se faire par téléphone. La transmission écrite et immédiate du résultat est recommandée, mais elle doit s'effectuer dans le respect des règles de confidentialité.

Les prélèvements utilisés pour l'examen extemporané, que ce soit dans un bloc de paraffine ou sous forme de coupe ou d'un étalement, doivent être conservés et archivés. Ils reçoivent le même numéro que les préparations histologiques de routine et sont étiquetés « prélèvements extemporanés ».

1.8.3 LIMITES D'UNE ÉVALUATION DIAGNOSTIQUE SUR COUPES SOUS CONGÉLATION

L'information diagnostique obtenue grâce à l'examen de coupes sous congélation n'est pas aussi complète que l'information que peut prouver l'étude exhaustive d'un cas au moyen de coupes permanentes et d'analyses spécifiques. Voici pourquoi :

- seule une petite portion de tissu est sélectionnée pour la congélation alors que l'étude des coupes permanentes porte sur plusieurs sections du spécimen;
- l'importante perte de détails histologiques sur les coupes sous congélation (apparence des noyaux et des limites cellulaires entre autres) limite l'analyse;
- la présence de cristaux de congélation, souvent le résultat d'une congélation trop lente, peut rendre l'observation microscopique difficile, voire impossible. Les altérations tissulaires qu'entraîne cet artéfact de congélation sont permanentes. C'est pourquoi les très petites lésions ne doivent pas être entièrement congelées;
- l'absence d'analyses histochimiques ou immunohistochimiques spécifiques rend souvent difficile l'élaboration d'un diagnostic; voilà pourquoi il s'agit d'un diagnostic provisoire. À la lumière d'examens approfondis, subséquents à la congélation, des modifications peuvent être apportées à ce diagnostic;
- enfin, l'établissement rapide d'un diagnostic, grâce à l'examen d'une coupe sous congélation, ne permet pas de consulter d'autres pathologistes au sujet de cas particuliers.

1.8.4 UTILISATION INAPPROPRIÉE DES COUPES SOUS CONGÉLATION

Dans certaines circonstances, le pathologiste doit refuser les demandes de coupes sous congélation de la part du clinicien ou du chirurgien. Voici la liste de ces circonstances :

- lorsqu'il y a résection complète d'une tumeur et qu'aucune autre chirurgie n'est prévue, peu importe le diagnostic résultant de la coupe sous congélation. Dans ce cas, il est clair que l'utilisation de coupes sous congélation n'est pas susceptible de modifier la procédure opératoire : il s'agit d'une mesure inutile;
- lorsque la lésion est tellement petite qu'il est nécessaire de la congeler en entier. Si les artéfacts de congélation sont trop importants, il ne restera plus de tissu disponible pour faire des coupes permanentes;

- lorsqu'il y a demande de coupes sous congélation pour des raisons personnelles telles que l'inquiétude du patient, la disponibilité de celui-ci, etc.;
- lorsque la demande fait suite à une consultation préliminaire, sans hospitalisation.

1.8.5 DIFFÉRENTS CAS DE DEMANDES D'EXAMEN EXTEMPORANÉ

- **Spécimen dermatologique :** dans le cas d'une biopsie de peau, on ne prélève qu'un petit fragment de tissu, pour des raisons esthétiques. Par conséquent, l'examen visant à déterminer la malignité de la tumeur doit se faire sur des coupes permanentes, les coupes sous congélation ne devant servir qu'à l'établissement d'un diagnostic provisoire et à l'évaluation des marges de résection du spécimen.
- **Biopsie de sein :** l'examen sert à diagnostiquer les lésions néoplasiques.
- **Chirurgie du côlon lorsqu'il y a présence de cancer ou de polypes :** vérifier l'absence de cellules cancéreuses et de polypes dans les marges de résection.
- **Chirurgie en raison d'une maladie inflammatoire de l'intestin telle que l'inflammation du côlon :** s'assurer qu'il n'y a plus aucun signe d'inflammation dans les marges du spécimen.
- **Biopsie du pancréas** : déterminer s'il y a malignité et si une résection majeure est nécessaire.
- **Ablation de l'ovaire :** déterminer s'il y a malignité et, le cas échéant, suggérer d'effectuer des biopsies supplémentaires des zones suspectes pour déterminer l'étendue du cancer.
- **Ablation de l'utérus :** déterminer la présence ou l'absence d'un cancer de l'endomètre et évaluer la profondeur d'envahissement du myomètre, s'il y a lieu.
- **Résection d'un poumon ou d'une portion de poumon:** confirmer la présence d'un cancer et le type de cancer dont il s'agit; examiner les marges afin de déterminer s'il faut enlever un lobe pulmonaire ou le poumon en entier; vérifier la présence de métastases ganglionnaires.
- **Ganglions lymphatiques :** déterminer s'il y a suffisamment de tissu pour, éventuellement, établir un diagnostic basé sur des études spécifiques. Il ne faut jamais congeler un ganglion en entier car du tissu frais est nécessaire pour effectuer des analyses spécifiques.
- **Nodule ou portion de thyroïde :** déterminer s'il y a malignité et évaluer la nécessité d'effectuer une thyroïdectomie totale.

1.9 AUTOPSIE

1.9.1 DÉFINITION ET OBJECTIF

Une autopsie consiste à effectuer l'examen partiel ou complet du corps d'une personne décédée. Cette tâche revient à une équipe constituée au minimum d'un pathologiste et d'un technicien[1] de laboratoire.

Le but d'une autopsie est de déterminer les causes exactes du décès et, s'il y a lieu, de résoudre les énigmes posées par la maladie du patient. Dans certains cas bien précis, les précisions que fournit l'autopsie permettent d'améliorer le traitement de cas pathologiques similaires.

1.9.2 PROCÉDURES PRÉLIMINAIRES

C'est le clinicien qui doit faire la demande d'autopsie, mais il doit également y avoir autorisation de la famille ou du coroner. Le dossier médical et l'autorisation d'autopsie doivent accompagner le corps jusqu'au service de pathologie. Le pathologiste doit d'abord faire la lecture complète du dossier afin de recueillir le plus de renseignements possible sur l'histoire médicale du patient. Il doit également communiquer avec le clinicien pour connaître les aspects de l'autopsie qui exigent une attention particulière. Une fois l'identité du cadavre confirmée, le pathologiste doit procéder à l'examen externe de celui-ci.

Le cadavre doit être mesuré et les cicatrices et signes de procédures médicales doivent être notés. S'il y a eu insertion de support médical, comme une intraveineuse, un tube endotrachéal ou des cathéters, entre autres, le pathologiste doit s'assurer que l'installation de ce matériel thérapeutique était adéquate.

[1] Dans cet ouvrage, le mot « technicien » sert à désigner aussi bien les femmes que les hommes.

1.9.3 DESCRIPTION DES ÉTAPES

On commence par l'ouverture du thorax, effectuée en pratiquant une incision en « Y ». En partant de chaque épaule, les incisions se réunissent en une seule qui descend jusqu'au pubis. Les côtes sont ensuite dégagées et sectionnées au niveau du cartilage pour permettre l'extraction du sternum en une seule plaque. L'accès à la cavité thoracique est maintenant libre. Le pathologiste doit choisir une méthode de dissection : la méthode de Virchow, qui consiste à retirer les organes un par un, ou la méthode de Rokitansky, qui consiste plutôt à retirer en bloc les organes des régions cervicale, thoracique, abdominale et pelvienne. Le dégagement de l'intestin grêle et du côlon s'effectue en attachant le duodénum à l'anse de Treitz par deux fils et en sectionnant l'intestin entre les deux fils. L'intestin est ensuite entièrement libéré de son attache mésentérique. Deux fils sont également attachés près du rectum et une incision est pratiquée entre les deux fils afin de complètement libérer l'intestin. Un examen macroscopique de cet organe est ensuite effectué pour vérifier la présence de tumeurs ou de polypes.

Les principaux organes solides comme le cœur, les poumons, le cerveau, les reins, le foie, la rate et la thyroïde sont pesés avant d'être disséqués et examinés. Les organes sont disséqués un à un, mais il faut tenir compte des relations entre eux. Ainsi, le système digestif est souvent considéré comme un tout : son examen débute par l'œsophage et se poursuit avec l'estomac, le pancréas, le duodénum et le foie. La plupart du temps, les poumons et le cœur sont disséqués l'un à la suite des autres. C'est aussi le cas du système urinaire, qui inclut les reins, les surrénales, les uretères et la vessie, et du système reproducteur, qui correspond à la prostate et aux testicules chez l'homme, aux ovaires et à l'utérus chez la femme.

Dans certains cas, il est nécessaire d'étudier le cerveau. Le cuir chevelu est incisé d'une oreille à l'autre, à l'arrière de la tête, puis est rabattu vers l'avant afin de dégager la boîte crânienne. Celle-ci est ouverte à l'aide d'une scie rotative, ce qui permet d'avoir accès au cerveau. Ce dernier est d'abord observé *in situ*, puis il est dégagé en sectionnant le tronc cérébral et les différents nerfs. L'hypophyse est également séparée de la base du crâne.

Une fois vidé de tous ses organes, le cadavre est recousu et lavé. Le seul élément qui doit être remis dans le corps est cette portion de la cage thoracique qui a été enlevée en une plaque. Le cadavre est ensuite emballé dans un linceul et bien étiqueté. Il est ensuite possible de le libérer pour les arrangements funéraires. Toutes les portions d'organes non sélectionnées pour examen histologique sont éliminées en respectant les normes sur les déchets biomédicaux.

Une fois la dissection entièrement terminée, des portions représentatives des organes sont conservées pour étude microscopique. Le pathologiste procède alors à l'examen histologique complet, qui lui permettra de préparer un rapport d'autopsie détaillé au bout de quelques semaines. Il est par contre possible, après quelques jours, de fournir un rapport préliminaire afin d'orienter le clinicien et la famille sur les causes du décès.

1.9.4 RAPPORT D'AUTOPSIE

La rédaction du rapport ou compte rendu d'autopsie s'effectue selon des normes établies et débute avec l'histoire clinique du patient et les circonstances entourant son décès. Viennent ensuite la description macroscopique de tous les systèmes du corps, c'est-à-dire les systèmes digestif et cardiorespiratoire, entre autres, puis celle des organes qui composent ces systèmes, et enfin, l'examen histologique complet.

Le pathologiste responsable de l'autopsie conclut en déterminant clairement la cause ou les multiples causes du décès. Il doit ensuite dater et signer le rapport. Un exemple de rapport d'autopsie est présenté à la page 17.

EXEMPLE D'UN RAPPORT D'AUTOPSIE

COMPTE RENDU D'AUTOPSIE

Bellemarre, Albini * 12345
789, rue St-Claude Sud
Ville du Père (Québec)
J0B H0H
1939 04 09
* Nom et adresse fictifs

N° : 40-A-01
Nom de l'établissement :
Centre hospitalier xxxx
Décès le__11 mars__2003 à __20 h 35___
Autopsie le___12 mars___2003 à 9 h 00
Diagnostic clinique

COMPTE RENDU

DIAGNOSTICS PATHOLOGIQUES FINAUX

A. SYSTÈME NERVEUX CENTRAL :
Athéromatose cérébrale modérée.
Hémorragie intracérébrale capsulo-lenticulaire droite, récente.

B. SYSTÈME RESPIRATOIRE :
Obstruction des voies aériennes supérieures par des débris alimentaires.
Petits foyers de bronchopneumonie aux lobes pulmonaires inférieurs gauche et droit.
Changements emphysémateux.

C. SYSTÈME CARDIOVASCULAIRE :
Cardiomégalie (700 g) avec hypertrophie ventriculaire gauche concentrique (2,4 cm).
Athérosclérose coronarienne tritronculaire grave.
Infarctus myocardique ancien, paroi antérieure du ventricule gauche.

D. AUTRES :
Adénome parathyroïdien probable, en localisation intrathyroïdienne (5 mm).
Status post-enclouage ancien de la hanche gauche relié à une fracture.

DR/xy
D : 03-08-29
T : 03-08-30

Docteur Médecin

COMPTE RENDU D'AUTOPSIE

N° : 40-A-01
Nom de l'établissement :
Centre hospitalier de xxxx
Décès le__11 mars__2003 à __20 h 35___
Autopsie le___12 mars___2003 à 9 h 00
Diagnostic clinique

Bellemarre, Albini * 12345
789, rue St-Claude Sud
Ville du Père (Québec)
J0B H0H
1939 04 09
* Nom et adresse fictifs

2. COMPTE RENDU

DESCRIPTION MACROSCOPIQUE

RÉSUMÉ DE L'HISTOIRE CLINIQUE :
Il s'agit d'un patient de 63 ans, présentant comme antécédents une histoire d'hypertension artérielle labile importante ainsi qu'une fracture de la hanche gauche, en novembre 99, pour laquelle le patient a subi une réduction et un enclouage. On note également comme autres antécédents une histoire de schizophrénie, de nystagmus rotatoire congénital, d'hernie hiatale avec reflux ainsi qu'une histoire de gale. Dans la journée du 11 mars 2003, le patient se serait étouffé en mangeant un sandwich. Le patient aurait été trouvé dans son appartement par le concierge. À l'arrivé des ambulanciers, le patient était en arrêt cardiorespiratoire. On débloqua alors les voies respiratoires qui étaient obstruées par du pain. On effectua ensuite des manœuvres de réanimation cardiaque avec épinéphrine et atropine. Cependant, le patient est toujours demeuré en asystolie et son décès a été constaté le jour même. À noter que le patient prenait comme médication du trifluopérazine. Une autopsie complète a été pratiquée à la demande du coroner, le docteur J.B.L. Le numéro d'avis est A-98763.

EXAMEN EXTERNE :
Il s'agit d'un cadavre de sexe masculin, paraissant vieux pour son âge. À l'examen de la tête, les pupilles sont isocoriques et mesurent environ 4 à 5 mm chacune. Le patient est édenté et on note la présence d'une barbe naissante. L'examen du thorax est sans particularité. À l'examen des ongles des doigts et des orteils, ceux-ci sont allongés, jaunâtres et tortueux, ce qui porte à penser à une onychogryphose. À l'examen de l'abdomen, aucune lésion n'est trouvée. À l'examen de la hanche gauche, on note une cicatrice verticale qui mesure 16 cm. À l'examen de la plante des pieds, on remarque une croûte brunâtre témoignant d'habitudes hygiéniques douteuses.

EXAMEN INTERNE :
Une incision en V a été pratiquée et on note que les cavités pleurales sont libres d'adhérences ou de liquide. La cavité péricardique contient une quantité physiologique de liquide citrin. Au niveau de l'abdomen aucune ascite ou adhérence n'est observée.

Prosecteur DM/xy	Le___16 mars___ 2003	Docteur Médecin, m.d.

COMPTE RENDU D'AUTOPSIE

N° : 40-A-01
Nom de l'établissement :
Centre hospitalier xxxx
Décès le__11 mars__2003 à __20 h 35___
Autopsie le___12 mars___2003 à 9 h 00
Diagnostic clinique

Bellemarre, Albini * 12345
789, rue St-Claude Sud
Ville du Père (Québec)
J0B H0H
1925 04 09
* Nom et adresse fictifs

3.	**COMPTE RENDU**

CŒUR :
Le cœur pèse 700 g et on note une hypertrophie du côté gauche. À la coupe des artères, on remarque une athérosclérose tritronculaire segmentaire grave. À la coupe sériée du parenchyme cardiaque, on note, au niveau d'un pilier de la paroi antérieure, la présence d'un foyer de fibrose correspondant à un infarctus ancien. Cependant, aucun infarctus récent n'a été observé. Les valves cardiaques sont souples. La valve tricuspide mesure 11 cm, la pulmonaire 7 cm, la mitrale 10 cm et l'aortique 6,5 cm. Le ventricule droit mesure 0,4 cm et le ventricule gauche mesure 2,4 cm.

LARYNX :
Sans particularité.

TRACHÉE :
Sans particularité. À noter qu'au cours des manœuvres de réanimation, on a enlevé les débris qui obstruaient les voies aériennes supérieures.

POUMONS :
Le poumon droit pèse 530 g et le poumon gauche pèse 440 g. Les surfaces pleurales sont lisses et légèrement rougeâtres. À la coupe sériée, on note au niveau des lobes gauche et droit la présence de matière purulente dans les bronches, comme s'il y avait surinfection bronchique. Le reste du parenchyme pulmonaire est de coloration beige, avec un petit foyer rougeâtre.
Artères pulmonaires : absence d'embolie.
Veines pulmonaires : sans particularité.
Veines caves et tributaires : sans particularité.

FOIE :
Le foie pèse 1800 g et sa capsule est lisse. À la coupe sériée, le parenchyme est homogène et de coloration brunâtre.

PANCRÉAS :
Celui-ci pèse 100 g. Sa surface externe est lobulée et de coloration rosée. À la coupe sériée, aucune lésion n'est observée.

Prosecteur DM/xy	Le___16 mars___ 2003	Docteur Médecin, m.d.

COMPTE RENDU D'AUTOPSIE

N° : 40-A-01
Nom de l'établissement :
Centre hospitalier xxxx
Décès le__11 mars__2003 à __20 h 35___
Autopsie le___12 mars___2003 à 9 h 00
Diagnostic clinique

Bellemarre, Albini * 12345
789, rue St-Claude Sud
Ville du Père (Québec)
J0B H0H
1939 04 09
* Nom et adresse fictifs

3. COMPTE RENDU

RATE :
Celle-ci pèse 300 g. Sa capsule est lisse. À la coupe sériée, le parenchyme est homogène et de coloration rougeâtre. Aucune lésion n'est observée.

SURRÉNALES :
Les deux surrénales pèsent 10 g chacune et n'ont rien de particulier.

REINS :
Le rein droit pèse 200 g alors que le rein gauche pèse 182 g. Les surfaces externes n'ont rien de particulier. À la coupe sériée, on délimite bien le cortex de la médulla. Sans particularité.

PROSTATE :
La prostate a augmenté de volume et pèse 40 g. À la coupe sériée, on remarque la présence de nodules de taille variable correspondant vraisemblablement à une hyperplasie glandulostromale, ce qui devra être confirmé à l'examen histologique.

THYROÏDE :
Celle-ci pèse 10 g et n'a rien de particulier, sauf la présence, au niveau du lobe droit, d'un petit nodule beige qui mesure 5 mm.

CERVEAU :
Le cerveau pèse 1060 g. À l'examen externe, on note un aplatissement modéré des circonvolutions de la convexité, de façon bilatérale. Les unci sont proéminents. Les vaisseaux de la base présentent des plaques athéromateuses segmentaires avec une réduction de la lumière d'environ 50 %. À l'examen des coupes coronales, on note une hémorragie intracérébrale qui a un point de départ capsulolenticulaire droit et qui s'étend dans la substance blanche avoisinante. Ce foyer mesure 4 cm sur 4 cm. Quoiqu'on observe une compression du ventricule latéral droit, il n'y a pas d'inondation intraventriculaire. Par ailleurs, aucune lésion n'est observée à l'examen du tronc cérébral et du cervelet. Par suite de la mise en évidence d'une hémorragie intracérébrale et après avoir communiqué avec le docteur J.B.L., ce dernier a annulé les prélèvements médicolégaux qui avaient été effectués en vue de mesurer l'alcoolémie et la toxémie.

Prosecteur DM/xy	Le___16 mars___ 2003	Docteur Médecin, m.d.

COMPTE RENDU D'AUTOPSIE

N° : 40-A-01
Nom de l'établissement :
Centre hospitalier xxxx
Décès le__11 mars__2003 à __20 h 35___
Autopsie le___12 mars___2003 à 9 h 00
Diagnostic clinique

Bellemarre, Albini * 12345
789, rue St-Claude Sud
Ville du Père (Québec)
J0B H0H
1939 04 09
* Nom et adresse fictifs

COMPTE RENDU EXAMEN HISTOLOGIQUE

CŒUR :
Les coupes effectuées au niveau du parenchyme cardiaque montrent, sur la paroi antérieure, la présence d'une plage étendue de fibrose tant au sein du parenchyme cardiaque qu'au niveau du pilier. Cette fibrose correspond à un infarctus ancien. Par ailleurs, au niveau des autres parois, les fibres cardiaques démontrent des noyaux volumineux et hyperchromasiques correspondant à de l'hypertrophie. Des coupes effectuées au niveau des artères coronaires montrent que la descendante antérieure présente une athérosclérose coronarienne segmentaire grave accompagnée, parfois, d'une diminution pouvant atteindre 90 % de la lumière. Cette diminution est induite par des placards athéromateux constitués de fibrose, de cristaux de cholestérol, de calcifications et de lymphocytes. Des coupes effectuées au niveau de l'artère coronaire droite montrent une diminution segmentaire du calibre de la lumière par un placard athéromateux, pouvant atteindre 70 %. Finalement, des coupes effectuées au niveau de l'artère circonflexe montrent une athérosclérose coronarienne segmentaire grave avec parfois diminution du calibre de la lumière, par un placard athéromateux, pouvant atteindre 80 %.

POUMONS :
Les multiples coupes effectuées au niveau du parenchyme pulmonaire, et plus particulièrement au niveau des lobes inférieurs droit et gauche, montrent la présence de petits foyers de bronchopneumonie caractérisés par la présence de neutrophiles et de sang, ainsi que de la fibrine au sein des alvéoles situées à proximité de bronches s'étant rompues et contenant de nombreux neutrophiles. Par ailleurs, sur les autres coupes de parenchyme pulmonaire, on remarque la présence de bronches dilatées et contenant des polynucléaires neutrophiles, le tout correspondant à une surinfection bronchique. Les vaisseaux pulmonaires sont congestifs et on note, au niveau de l'artère pulmonaire, la présence de fibrose intimale. Sur d'autres coupes, on observe au niveau des alvéoles la présence de macrophages pigmentés correspondant vraisemblablement à des pigments d'hémosidérine, le tout témoignant d'un processus d'hémorragie ancienne. Par ailleurs, tant au niveau du poumon droit que du gauche, on remarque, en localisation sous-pleurale, la présence d'alvéoles dilatées bordées par des septæ présentant de la fibrose, le tout correspondant à des changements emphysémateux.

…2

Prosecteur	Le___16 mars___ 2003	Docteur Médecin, m.d.

COMPTE RENDU D'AUTOPSIE

N° : 40-A-01
Nom de l'établissement :
Centre hospitalier xxxx
Décès le__11 mars__2003 à __20 h 35___
Autopsie le___12 mars___2003 à 9 h 00
Diagnostic clinique

Bellemarre, Albini * 12345
789, rue St-Claude Sud
Ville du Père (Québec)
J0B H0H
1939 04 09
* Nom et adresse fictifs

COMPTE RENDU EXAMEN HISTOLOGIQUE

REINS :
Les coupes effectuées au niveau du parenchyme rénal montrent la présence d'artériolonéphrosclérose légère. En effet, on remarque la présence de quelques glomérules sclérosés et, à leur pourtour, la présence de tubules atrophiques entourés de lymphocytes. Par ailleurs, aucun autre changement n'est observé.

THYROÏDE :
Les coupes effectuées au niveau du lobe thyroïdien droit, où on décrivait macroscopiquement la présence d'un nodule de 5 mm, montrent la présence d'une lésion nodulaire relativement bien délimitée mais qui n'est pas totalement encapsulée. Cette lésion est constituée de petits follicules de même que de trabécules, de petites cellules présentant un pléomorphisme parfois modéré avec des noyaux ronds ou ovalaires et normochromasiques, ainsi qu'un cytoplasme modérément abondant, légèrement éosinophile. De rares figures de mitoses sont observées. En outre, au pourtour de certains vaisseaux, on observe la formation de pseudorosettes. Au centre de cette lésion, on remarque de la fibrose. Le reste du parenchyme thyroïdien est sans particularité. On observe par ailleurs au sein de certains vaisseaux, au pourtour de la thyroïde, la présence de dépôts calciques au niveau de la média, le tout correspondant à des calcifications de Monckeberg.

…3

Prosecteur	Le___16 mars___ 2003	Docteur Médecin, m.d.

COMPTE RENDU D'AUTOPSIE

N° : 40-A-01
Nom de l'établissement :
Centre hospitalier xxxx
Décès le__11 mars__2003 à __20 h 35___
Autopsie le___12 mars___2003 à 9 h 00
Diagnostic clinique

Bellemarre, Albini * 12345
789, rue St-Claude Sud
Ville du Père (Québec)
J0B H0H
1939 04 09
* Nom et adresse fictifs

COMPTE RENDU

SURRÉNALES :
Des coupes effectuées dans les surrénales montrent la présence de vaisseaux congestifs au niveau de la médulla et du cortex. Par ailleurs, aucune autre lésion n'est observée.

RATE :
Des coupes effectuées au niveau du parenchyme splénique montrent une congestion de la pulpe rouge, la pulpe blanche étant sans particularité.

FOIE :
Absence d'altération histologique significative.

PANCRÉAS :
Absence d'altération histologique significative sauf la présence d'autolyse focale.

GANGLIONS :
Absence d'altération histologique significative.

VESSIE :
Une coupe effectuée dans la vessie montre un urothélium sans grande particularité. Cependant, on remarque dans la couche musculaire la présence d'une lésion kystique qui semble bordée par une ou deux couches de cellules urothéliales. Cette lésion contient des cellules éosinophiles. Il pourrait peut-être s'agir d'une cystite glandulaire.

...4

Prosecteur	Le___16 mars___ 2003	Docteur Médecin, m.d.

COMPTE RENDU D'AUTOPSIE

N° : 40-A-01
Nom de l'établissement :
Centre hospitalier de xxxx
Décès le__11 mars__2003 à __20 h 35___
Autopsie le___12 mars___2003 à 9 h 00
Diagnostic clinique

Bellemarre, Albini * 12345
789, rue St-Claude Sud
Ville du Père (Québec)
J0B H0H
1939 04 09
* Nom et adresse fictifs

COMPTE RENDU

CERVEAU :
De multiples coupes ont été effectuées de même que des sections de l'hématome intracérébral; toutes mettent en évidence des changements régressifs gliaux et neuronaux, dans les structures grises et blanches, associés à un infiltrat de polymorphonucléaires neutrophiles. On retrouve par ailleurs des petits foyers d'hémorragie satellites ainsi qu'une légère réaction astrocytaire en périphérie de la collection sanguine principale. En somme, il s'agit donc d'une hémorragie intracérébrale capsulo-lenticulaire droite récente.

EN CONCLUSION :
Il s'agit d'un homme de 63 ans qui est décédé d'une obstruction des voies aériennes supérieures par des débris alimentaires. Cet événement est très probablement secondaire à l'hémorragie intracérébrale capsulo-lenticulaire droite.

DM/xy
D : 2003-05-12
T : 2003-05-13

Docteur Médecin

Prosecteur	Le___12 mai___ 2003	Docteur Médecin, m.d.

1.10 LEXIQUE

Axillaire	:	qui se situe sous l'aisselle ou a un rapport avec l'aisselle.
Carcinome	:	type de cancer.
Colostomie	:	chirurgie visant à anastomoser le côlon à la peau, dans le but d'y dériver le contenu colique.
Diagnostic	:	identification d'une maladie par divers procédés médicaux.
Diverticule	:	cavité sacciforme, communiquant avec un organe creux.
Ellipse	:	se dit d'un prélèvement qui a une forme elliptique, c'est-à-dire ovalaire ou fusiforme.
Endométrial	:	qui provient de l'endomètre.
Endotrachéal	:	qui provient de la trachée.
Examen extemporané	:	examen macroscopique d'un tissu frais.
Excision	:	action d'enlever en coupant.
Fécalomes	:	masse formée de matières fécales durcies.
Lésion colique	:	lésion qui provient du côlon.
Lymphome	:	type de cancer touchant principalement les ganglions.
Maladie de Crohn	:	maladie inflammatoire, habituellement évolutive, de l'intestin.
Marges de résection	:	limites de la portion enlevée (par chirurgie).
Mastectomie	:	chirurgie consistant à enlever le sein en entier. La mastectomie radicale est une chirurgie plus extensive qui consiste à enlever, en plus du sein, une partie des muscles pectoraux.
Métastases	:	tissu cancéreux ayant proliféré en des foyers secondaires à partir d'une localisation primaire.
Métastasique	:	qualifie un tissu cancéreux ayant proliféré à distance à partir d'une lésion primaire.
Néoplasie	:	prolifération cellulaire anormale.
Peropératoire	:	pendant la chirurgie.
Polype	:	excroissance de tissu, habituellement bénin.
Pronostic	:	prévision de l'évolution d'une maladie.
Punctiforme	:	présentant une forme effilée et pointue.
Queue axillaire	:	portion de tissu allant jusque sous l'aisselle.
Réanastomose	:	action de rassembler deux portions d'organe par une suture.
Réexcision	:	ablation de tissu additionnel, après une chirurgie primaire.
Résection	:	action d'enlever (résection d'un polype).
Sacciforme	:	ayant la forme d'un sac.

FIXATION

INTRODUCTION

L'histologie permet d'étudier la morphologie des tissus vivants, c'est-à-dire la structure qui était la leur dans l'organisme. Pour que cette étude soit réalisable, il faut stabiliser les tissus dans un état aussi proche que possible de l'état vivant; c'est pourquoi on procède à leur fixation. La fixation est la seule étape de la technique histologique qui soit définitive et irréversible, c'est-à-dire qui ne puisse être corrigée. Un tissu mal fixé se détériorera, du moins en partie, et deviendra ainsi impropre à l'analyse histologique. Il est désagréable de s'apercevoir, après avoir manipulé un spécimen pendant plusieurs jours, qu'une partie du tissu est mal préservée. Et comme il est impossible de reconstruire un tissu, les conséquences sont très sérieuses. La fixation est donc l'étape la plus critique de la technique histologique.

Généralement, la fixation fait appel à des agents chimiques comme certains acides. À l'occasion, cependant, on peut avoir recours à des procédés physiques tels que la congélation et la déshydratation comme moyens de fixation ou même à un procédé utilisant la chaleur. Ainsi, on se servira de la congélation (voir le chapitre 7) pour préserver les lipides, par exemple, ou en recherche histochimique; la déshydratation, quant à elle, sera utilisée dans le cas de frottis sanguin, de frottis de sperme ou d'autres liquides corporels, ou encore, en recherche histochimique ou immunologique. Enfin, le procédé utilisant la chaleur comme moyen de fixation ne sera abordé que très brièvement à la fin du présent chapitre, car on le réserve généralement à des techniques très spécialisées en recherche histologique.

La fixation au moyen d'agents chimiques s'effectue de façon très précise : dans un récipient à couvercle hermétique, on verse d'abord un volume de liquide fixateur de 15 à 20 fois supérieur au volume de la pièce de tissu, puis on plonge celle-ci de façon progressive dans le liquide fixateur.

En pratique, il n'est pas toujours possible de respecter ces proportions et d'employer un aussi grand volume de liquide fixateur, l'espace qui sert au rangement des pièces étant limité. Il faut à tout le moins que la pièce de tissu soit entièrement immergée dans le liquide, et que toutes ses faces soient en contact avec celui-ci. Il importe de plonger le tissu dans le liquide fixateur, c'est-à-dire de ne jamais verser le liquide sur le tissu, ce qui causerait un déplacement des constituants tissulaires et cellulaires.

Idéalement, le fragment de tissu devrait mesurer de 3 à 5 mm d'épaisseur, afin que le liquide fixateur puisse le pénétrer le plus uniformément et le plus rapidement possible. Remuer légèrement les tissus accélère la vitesse de pénétration du liquide fixateur.

Lorsque, pour des raisons diverses, on soupçonne la présence de substances toxiques dans le tissu, il importe de congeler le tissu afin de préserver ces substances chimiques qui autrement seraient dissoutes au cours des manipulations ultérieures, ce qui rendrait impossibles les études toxicologiques subséquentes.

La fixation constitue le premier stade essentiel de la technique histologique courante. La plupart des cellules sont formées d'une membrane extérieure complexe qui contient le protoplasme liquide. Ce dernier est un mélange de solutions salines vraies et colloïdales, de protéines, de glucides, d'acides organiques et d'enzymes. Si les cellules ne sont pas « fixées », une grande partie de ces substances sera perdue, que ce soit par dissolution, par dialyse, par gonflement osmotique ou par rupture des cellules au cours des manipulations qui doivent précéder la coupe et la coloration des spécimens. Toujours dans le même but, il faut effectuer soigneusement la fixation avant que ne débute la déshydratation du tissu, qui est une étape dans la procédure de la circulation, procédure qui sera abordée dans le chapitre 4. (Voir, à la fin du présent chapitre, le tableau 2.9 qui résume les différentes actions des principaux liquides fixateurs sur les tissus.)

Les spécimens que reçoit le laboratoire d'histopathologie sont très variés. Voici les principaux types :

a) **spécimens chirurgicaux :** ce sont tous les spécimens prélevés lors d'une excision chirurgicale ou biopsique; ils sont envoyés au laboratoire pour examen et diagnostic;

b) **spécimens d'autopsie :** ce sont les tissus prélevés sur un cadavre lors de l'autopsie;

c) **spécimens cytologiques :** il s'agit des spécimens obtenus par aspiration ou par ponction à l'aiguille, de même que les frottis produits à partir de prélèvements cytologiques, d'expectorations ou d'échantillons de liquides corporels.

La plupart des spécimens reçus au laboratoire d'histopathologie sont destinés à un examen microscopique. On doit donc en premier lieu plonger chacun d'eux dans un liquide fixateur de routine, généralement le formaldéhyde à 10 %, puis procéder à la circulation du spécimen (voir le chapitre 4) et à son inclusion (voir le chapitre 5); vient ensuite la coupe au microtome (voir le chapitre 6) suivie d'une première coloration, dite de routine. Pour la coloration de routine, les laboratoires d'histotechnologie utilisent soit la méthode à l'hématoxyline et à l'éosine (H et É), soit la méthode à l'hématoxyline-phloxine-safran ou HPS (voir le chapitre 13).

Sans une fixation initiale optimale, il est impossible d'obtenir de belles coupes histologiques. Il est donc essentiel d'utiliser le mode de fixation approprié au tissu à traiter et ce, le plus rapidement possible après sa résection.

Le fait d'immerger un fragment de tissu dans un liquide fixateur a inévitablement des effets sur le tissu. En effet, la fixation agit sur les molécules qui composent les tissus. Cette action possède deux facettes qui, à certains égards, peuvent paraître contradictoires. La première est l'inactivation des molécules qui pourraient changer la morphologie tissulaire; la seconde consiste en la préservation de l'intégrité des tissus, ce qui permet de faire la relation entre leur morphologie et leur chimie. De nombreux critères doivent donc intervenir dans le choix du liquide fixateur approprié : le liquide fixateur doit préserver la constitution chimique du tissu; il ne doit donc pas réagir avec les substances dont se compose le tissu ni les dissoudre, il doit maintenir la concentration originale de ces substances et la morphologie du tissu le plus près possible de ce qu'elle était à l'état vivant.

2.1 CONSIDÉRATIONS THÉORIQUES

2.1.1 DÉFINITION

La fixation est un traitement qui a pour effet d'immobiliser un tissu dans un état aussi proche que possible de l'état vivant tout en assurant d'abord sa conservation et en facilitant ensuite la confection de préparations permanentes en vue de l'examen microscopique de ce tissu.

2.1.2 PROPRIÉTÉS ET EFFETS

La fixation entraîne nécessairement des effets sur les tissus et les cellules. Parmi ces effets, on peut mentionner les suivants : la fixation immobilise les cellules et les protège contre l'attaque bactérienne; elle enraye l'autolyse des constituants cellulaires sous l'action des enzymes et insolubilise ces constituants; elle empêche la distorsion des tissus; elle prépare les structures aux traitements ultérieurs, favorise la transformation du protoplasme de sol en gel et provoque le durcissement des tissus; enfin, elle favorise la différenciation optique des constituants tissulaires et cellulaires et peut entraîner la formation de pigments. Ces différents phénomènes sont présentés plus en détail ci-dessous.

2.1.2.1 Immobilisation de la cellule et des tissus

Une fois qu'un organe ou un fragment de tissu est prélevé, il se trouve coupé de son environnement normal et commence immédiatement à subir des modifications plus ou moins importantes. Si on désire l'étudier dans son état normal, on doit recréer artificiellement les conditions qui prévalaient dans son milieu d'origine, ce qui demeure difficile. On doit immobiliser les constituants le plus tôt possible après le prélèvement; c'est la façon la plus pratique de conserver la structure visée. Ainsi, l'immobilisation est un effet souhaitable et essentiel. La fixation immobilise les constituants de la cellule et maintient le tissu le plus près possible de l'état où il était *in vivo*. Ce procédé stabilise le tissu et les cellules en empêchant la migration de substances vers l'extérieur et prévient ainsi toute modification structurelle des constituants tissulaires.

2.1.2.2 Protection du tissu contre les bactéries

La putréfaction ou la décomposition *post-mortem* consiste en la dégradation du tissu sous l'influence des bactéries présentes dans le tissu ou dans l'environnement. Nous savons que les tissus sont très sensibles aux bactéries et que certains organes dont l'intestin, par exemple, possèdent une flore bactérienne abondante. Il est donc essentiel d'agir promptement. Si on retarde le début de la fixation, il peut y avoir putréfaction, cytolyse, autolyse et desquamation. De plus, certaines bactéries produisent des gaz, ce qui se traduira par la formation de cavités artéfactuelles dans le tissu contaminé et pourra entraîner des erreurs de diagnostic.

2.1.2.3 Prévention de l'autolyse cellulaire

L'autolyse est un processus de dissolution des cellules sous l'action de leurs propres enzymes. Après la mort de la cellule, la membrane de ses lysosomes (organites cytoplasmiques) se brise et libère dans le cytoplasme de la cellule des enzymes digestives appelées « cathepsines ». Ces dernières sont nombreuses; on distingue : les protéinases, capables de couper les chaînes protéiques en polypeptides; les aminopeptidases, qui attaquent les peptides par leur groupe aminé terminal; les carboxypeptidases, qui attaquent les peptides par leur groupe carboxyle terminal; enfin, les glycosidases, qui dégradent et digèrent les polysaccharides. La fixation a pour fonction d'inactiver ces enzymes; elle prévient donc la destruction des protéines tissulaires qui, à la limite, pourraient se trouver segmentées en leurs acides aminés constitutifs, ce qui donnerait des coupes où l'on n'observerait que très peu de détails cellulaires et une coloration diffuse.

Les changements autolytiques se traduisent par une perte progressive des détails cellulaires; parmi les changements qui contribuent à l'altération des résultats de la coloration dans les préparations microscopiques, on compte la condensation nucléaire ou pycnose, la caryorexie ou décomposition de la structure nucléaire, la caryolyse ou destruction totale du noyau, le gonflement cytoplasmique et la vacuolisation. L'organe le plus susceptible d'être affecté par l'autolyse est sans contredit le cerveau. Cependant, il ne faut pas sous-estimer la vulnérabilité du pancréas, car si la mort a lieu peu après un repas, cet organe est alors plein d'enzymes digestives, ce qui peut accélérer sa décomposition. On retrouve également, dans la catégorie des organes sensibles à l'autolyse, la rate, très riche en sang, et l'utérus en raison de sa densité; cette densité ralentit d'ailleurs considérablement la vitesse de pénétration du liquide fixateur dans l'utérus. Dans le but de prévenir l'autolyse de ces tissus particulièrement sensibles, il est vivement conseillé de préparer adéquatement les spécimens dès leur réception au laboratoire (voir le chapitre 1).

2.1.2.4 Insolubilisation des constituants cellulaires et tissulaires

L'insolubilisation n'est pas nécessairement recherchée dans tous les cas : tout dépend du ou des constituants que l'on veut mettre en évidence. Par exemple, pour mettre en évidence des fibres de collagène, on utilise de préférence un liquide fixateur qui préserve ce constituant de façon plus spécifique.

2.1.2.5 Prévention de la distorsion du tissu

Si on laisse un tissu à l'air libre, il sèche. En séchant, il se déforme, puis se rétracte, et de façon inégale, ce qui en modifie considérablement la structure. La fixation, tout en assurant la conservation du tissu, a pour fonction d'en empêcher le plus possible la distorsion; à cet égard, deux facteurs sont particulièrement importants : le choix du liquide fixateur adéquat et la préparation préalable appropriée à chaque tissu.

2.1.2.6 Préparation des tissus aux traitements ultérieurs

Les traitements que subira le tissu sont très nombreux. Il faut donc lui donner une certaine résistance aux substances et solutions acides utilisées lors de la fixation chimique proprement dite, de la décalcification (voir le chapitre 3) jusqu'aux traitements de coloration, en passant par toutes les étapes de préparation du tissu.

En outre, comme le tissu est souvent trop mou pour que l'on puisse en faire des coupes minces, on le traite de façon qu'il supporte mieux toutes les phases de l'histotechnologie, depuis la conservation jusqu'à la coloration.

2.1.2.7 Transformation de sol en gel

La fixation induit des liens nouveaux entre les macromolécules et modifie les rapports entre les phases primaires et secondaires des sols en gels, ce qui provoque leur solidification. Les sols sont transformés en gels alors que les gels restent stables (voir la section 2.1.3).

2.1.2.8 Prévention de la formation d'atéfacts

La prévention de la formation d'artéfacts n'est pas comme telle une des fonctions de la fixation, mais plutôt une précaution à prendre lors de cette opération. Il faut connaître les mécanismes d'action des liquides fixateurs que l'on utilise, car certains produits peuvent créer des effets indésirables et donner au tissu une apparence non conforme à la réalité.

2.1.2.9 Durcissement des tissus

Le durcissement en soi est un effet souhaitable, car il permet la manipulation de spécimens qui, naturellement mous, se briseraient facilement. Il est à noter que le durcissement du tissu s'accentue en général au cours des traitements ultérieurs; il ne faut donc pas qu'il soit trop prononcé sous l'effet de la fixation. Ainsi, un fixateur qui durcit trop les tissus est qualifié d'intolérant, alors qu'un fixateur qui les durcit convenablement est dit tolérant. Cette notion de tolérance doit être prise en considération toutes les fois que l'on se trouve en présence d'un agent susceptible de durcir le tissu (voir la section 2.4.6).

2.1.2.10 Modification des indices de réfraction

Les divers composants tissulaires et cellulaires ont tous un indice de réfraction d'environ 1,35; il est donc impossible de les distinguer les uns des autres lors de l'examen microscopique d'un fragment de tissu non fixé. La fixation modifie l'indice de réfraction des structures tissulaires et cellulaires, mais de manière différente selon leurs éléments constitutifs, de sorte qu'il est possible de distinguer certains détails structuraux d'un tissu fixé avant même sa coloration; d'où l'importance de cette étape dans la technique histologique.

2.1.2.11 Effets sur la coloration

Certains types de liquides fixateurs peuvent aider ou nuire aux procédures de coloration que subiront par la suite les tissus. En effet, certains fixateurs modifient des molécules tissulaires ou cellulaires; d'autres favorisent la liaison d'un colorant à certaines substances tissulaires ou cellulaires : c'est l'effet mordanceur. À l'opposé, d'autres substances peuvent bloquer tout simplement la prise du colorant sur le tissu. Le choix du fixateur a donc une grande importance, compte tenu de tous les traitements auxquels sera soumis le tissu, sur les plans de l'histochimie et de l'immunohistochimie.

2.1.2.12 Modification du volume des tissus

De façon générale, la fixation d'un tissu s'accompagne d'une modification plus ou moins prononcée de son volume. Il est difficile de se faire une idée précise de l'effet exact de chacun des agents fixateurs, car les études sur le sujet sont souvent contradictoires et les méthodes varient énormément d'un auteur à l'autre.

De toute manière, on doit presque toujours avoir à l'esprit, en employant un agent fixateur, que les traitements subséquents appliqués au tissu entraîneront sa rétraction, ce qui annulera les effets de tout gonflement. On peut donc affirmer que tous les tissus, quel que soit le liquide fixateur utilisé, peuvent subir, de la fixation à l'inclusion, une rétraction pouvant atteindre jusqu'à 50 % de leur volume initial. Par conséquent, si le volume des structures à étudier se situe à la limite du pouvoir de résolution du microscope, la rétraction peut rendre leur observation impossible. En général, on cherchera à éviter non pas le gonflement ou la rétraction du tissu, mais plutôt sa distorsion, c'est-à-dire la modification des proportions entre ses diverses structures.

2.1.3 FIXATION DES PROTÉINES

La fixation des protéines est un aspect qu'il ne faut jamais négliger en histotechnologie. D'une part, les protéines étant importantes au point de vue de la structure (morphologie) des tissus vivants, il est essentiel de les conserver; d'autre part, les enzymes pouvant avoir des effets majeurs sur les tissus, il devient alors important de les inactiver. La fixation histologique, qui permet de faire l'étude de la microanatomie des tissus, est principalement axée sur la fixation des protéines.

Il est important de se rappeler qu'en ce qui concerne leur configuration spatiale, les protéines peuvent se répartir en deux classes : les protéines fibreuses et les protéines globulaires. Les protéines du premier groupe sont constituées de chaînes polypeptidiques à disposition parallèle. Ces chaînes sont rattachées les unes aux autres par des liens intramoléculaires qui leur donnent une grande stabilité et les rendent relativement insolubles. Les protéines globulaires, pour leur part, sont également constituées de chaînes polypeptidiques, mais celles-ci sont repliées sur elles-mêmes, ce qui leur donne un arrangement tridimensionnel précis, déterminé par de nombreux liens intramoléculaires (voir le chapitre 17).

La taille des protéines les empêche de diffuser à travers les membranes semiperméables; c'est également le cas de plusieurs autres classes de macromolécules (les polysaccharides, par exemple). Par contre, ces molécules ont une taille suffisamment réduite pour qu'on puisse tout de même les mettre en solution. On a déterminé que les molécules dont la taille se situe entre 1 et 100 nm, ce qui est le cas de la majorité des protéines, ont cette propriété; on les a appelées « colloïdes » par opposition aux cristalloïdes, qui peuvent traverser les membranes par diffusion (voir le tableau 2.1).

Lorsqu'on les mélange avec un solvant, les colloïdes s'y dispersent mais ne se dissolvent pas vraiment. Cependant, comme les particules colloïdales ont une taille qui ne leur permet pas de se déposer, on ne peut considérer qu'il s'agit là d'une simple suspension. Lorsque l'ensemble colloïde-solvant est liquide, on parle de « solution colloïdale » ou de « sol ». Les particules colloïdales sont désignées par les termes « phase dispersée » ou « phase interne », alors que le solvant est appelé « milieu de dispersion » ou « phase externe ». Quand le système, c'est-à-dire l'ensemble colloïde-solvant, possède une certaine rigidité, on parle de « gel ».

Il est à noter que les systèmes colloïdaux dont le milieu de dispersion est l'eau sont appelés « hydrosols ». Par contre, dans un système colloïdal, la phase dispersée peut n'avoir que très peu d'affinité pour le milieu de dispersion : on dit alors que le système est « lyophobe » ou « suspensoïde », ou « hydrophobe » si le milieu de dispersion est l'eau.

Cependant, si les particules ont une affinité pour le milieu de dispersion et qu'elles lui sont effectivement liées, on parle alors de système « lyophile » ou « émulsoïde », ou « hydrophile » si le milieu de dispersion est l'eau (voir le tableau 2.2).

Par l'intermédiaire de plusieurs de leurs radicaux libres, les protéines ont une grande affinité pour le milieu de dispersion aqueux auquel elles sont étroitement associées. On est donc en présence d'un système hydrophile (ou émulsoïde).

La plupart des fixateurs agissent en dénaturant ou en précipitant les protéines qui forment alors une éponge ou un filet tendant à contenir les autres constituants cellulaires et tissulaires. L'altération physique et chimique du contenu cellulaire et tissulaire est donc inévitable.

Le premier mécanisme grâce auquel on peut obtenir une fixation des protéines est la coagulation. Sur cette base, on a établi une classification des agents fixateurs qui repose sur l'effet produit par une concentration usuelle de l'agent sur une solution d'albumine

Tableau 2.1 LES TYPES DE PARTICULES ET LEUR COMPORTEMENT EN SOLUTION.

Type de particules	Comportement en solution envers une membrane semiperméable	Appellation
Ions métalliques	Traversent la membrane	Cristalloïdes
Molécules dont la taille varie de 1 à 100 nm	Ne traversent pas la membrane	Colloïdes
Molécules dont la taille est supérieure à 100 nm	Insolubles	———

Tableau 2.2 CARACTÉRISTIQUES DES SYSTÈMES COLLOÏDAUX.

Type de système	Caractéristiques
Sol	L'ensemble est liquide
Gel	L'ensemble est rigide
Hydrosol	Le milieu de dispersion et l'eau : l'ensemble est liquide
Système lyophobe ou suspensoïde (système hydrophobe si le milieu de dispersion est l'eau)	Les deux phases n'ont aucune affinité l'une pour l'autre
Système lyophile ou émulsoïde (système hydrophile si le milieu de dispersion est l'eau)	Les deux phases ont une forte affinité l'une pour l'autre

d'œuf. Si le mélange entraîne la formation d'un caillot opaque, on dit que l'agent fixateur est coagulant. Dans le cas contraire, l'agent est considéré comme non coagulant. Ainsi, le fait de dire qu'un agent fixateur est coagulant ou non coagulant n'indique que son comportement sur l'albumine. L'étude détaillée du mécanisme de la formation du caillot a suscité des recherches sur trois notions qu'il y a lieu de préciser un peu plus, soit la dénaturation, la coagulation et la précipitation des protéines.

2.1.3.1 Dénaturation des protéines

La dénaturation d'une protéine est un phénomène habituellement réversible qui se manifeste par la rupture des liens labiles internes et externes de la protéine, tels les liens hydrogène. La dénaturation modifie l'arrangement spatial des chaînes de protéines : les chaînes de protéines fibreuses, moins fortement retenues en place par leurs voisines, ont tendance à se replier quelque peu, alors que les chaînes de protéines globulaires, dont les liens intramoléculaires sont brisés, ont tendance à se déplier. La dénaturation d'une protéine a des effets sur son activité biologique : c'est ainsi que plusieurs enzymes peuvent être inactivées par la dénaturation. De plus, la dénaturation brise des liens hydrogène qui lient la protéine à des molécules d'eau, ce qui entraîne une diminution de la solubilité de la protéine. Il est important de noter à ce sujet que même si la dénaturation d'une protéine n'implique pas nécessairement son insolubilisation, c'est néanmoins ce qui se produit souvent en histochimie. En effet, les groupes réactifs libérés par la dénaturation sont fort susceptibles de provoquer des associations chimiques entre des chaînes protéiques qui n'avaient aucune relation les unes avec les autres (coagulation).

La rupture des liens labiles internes et externes de la protéine dénaturée, de même que l'augmentation des sites accessibles, par suite du dépliement de la chaîne, entraînent habituellement une augmentation de sa réactivité aux techniques de mise en évidence. En outre, le point isoélectrique d'une protéine peut également être modifié lors de sa dénaturation. En général, lorsqu'un agent fixateur n'agit que par l'intermédiaire de la dénaturation des protéines, il n'intervient pas activement dans la réaction, car il ne fait que créer les conditions favorables à la réalisation du phénomène; on parle alors de « fixateur non additif ». Les agents fixateurs qui agissent par dénaturation des protéines sont principalement des fixateurs déshydratants, comme l'éthanol, le méthanol et l'acétone. Le même phénomène se produit parfois au cours de la décalcification lorsque l'on emploie certains acides comme l'acide nitrique et l'acide chlorhydrique, dont le *p*H est bas.

2.1.3.2 Coagulation des protéines

Les fixateurs qui n'ont pas la propriété de dénaturer les protéines, mais qui coagulent quand même l'albumine en solution, agissent habituellement en s'additionnant directement à certains groupes réactifs des chaînes protéiques. Le résultat de cette action est la coagulation des chaînes protéiques, qui entraîne à son tour leur inactivation et leur insolubilisation. Les principaux agents fixateurs coagulants et additifs sont l'acide picrique, le chlorure mercurique, l'acide chloroplatinique et le trioxyde de chrome; ce dernier, en solution aqueuse, deviendra de l'acide chromique.

$$CrO_3 + H_2O \rightarrow H_2CrO_4$$

Trioxyde de chrome + eau → Acide chromique

2.1.3.3 Précipitation des protéines

La coagulation des protéines, tant par les agents additifs que par les agents non additifs, entraîne leur insolubilisation. Celle-ci a parfois été assimilée à une précipitation, de sorte que les auteurs en sont venus à considérer indifféremment tous les fixateurs coagulants comme des fixateurs dénaturants ou précipitants.

Que les agents fixateurs soient coagulants ou non coagulants, il y a lieu de faire une distinction entre ceux qui sont additifs et ceux qui sont non additifs. Les fixateurs non coagulants et additifs forment des ponts qui unissent les chaînes protéiques les unes aux autres (polymérisation). Cet effet, à première vue analogue à la coagulation, en diffère tout de même du point de vue histologique, car il n'entraîne pas la formation d'un caillot opaque dans une solution d'albumine. En effet, les fixateurs non coagulants et additifs transforment les sels colloïdaux protéiques en gel. Lorsqu'ils agissent sur des sels colloïdaux protéiques, ils ont un effet stabilisant sur ces derniers. Le formaldéhyde, le tétroxyde d'osmium et le bichromate de potassium sont classés dans cette catégorie. L'acide acétique, que l'on classe comme agent fixateur non coagulant et non additif, ne semble pas avoir beaucoup d'effet sur les protéines cytoplasmiques, mis à part le gonflement par absorption d'eau. Par contre, il précipite les nucléoprotéines et l'ADN, ce qui constitue sa principale utilité dans la fixation histologique.

2.1.4 FIXATION DES GLUCIDES

Plusieurs auteurs ont affirmé que la fixation des glucides était dépendante de celle des protéines, puisque les réseaux de protéines insolubilisées pouvaient en quelque sorte retenir captives les molécules glucidiques. Par contre, il importe de souligner que cette approche est remise en question par d'autres auteurs. On peut considérer la fixation des glucides à partir de deux points de vue, selon qu'il s'agit de polysaccharides ou de glycoprotéines et de mucosubstances (voir le chapitre 15).

2.1.4.1 Polysaccharides

Le principal polysaccharide qui intéresse l'histotechnologie est le glycogène, présent principalement dans le foie, les tubules rénaux et les muscles. Le glycogène peut se présenter sous deux formes : le desmoglycogène, très polymérisé et lié à des protéines, et le lyoglycogène, de masse moléculaire inférieure à celle du desmoglycogène et libre, donc soluble. Divers auteurs soutiennent qu'il est impossible de mettre en évidence le desmoglycogène en histotechnologie, et que c'est le lyoglycogène qu'il faut fixer et détecter. Actuellement, deux hypothèses tentent d'expliquer la fixation de ce dernier.

La première hypothèse examine l'efficacité de l'éthanol et de certains procédés physiques comme la cryodessiccation et la congélation-substitution comme moyens de fixation du lyoglycogène. La molécule de glycogène serait hydratée, donc liée à des molécules d'eau dont la présence serait nécessaire à sa stabilité. L'élimination de ces molécules d'eau, par un des moyens mentionnés ci-dessus, entraînerait une dénaturation du lyoglycogène qui serait accompagnée d'une perte de solubilité, comme dans le cas des protéines. Par contre, l'alcool, en tant qu'agent fixateur, provoque la polarisation du glycogène dans la cellule, c'est-à-dire que tout le glycogène migre vers l'un des pôles de la cellule (voir la figure 2.1).

L'autre hypothèse explique la fixation par un mécanisme de polymérisation attribuable, par exemple, au formaldéhyde. Celui-ci entraînerait vraisemblablement la formation de ponts intermoléculaires qui modifieraient les propriétés de solubilité du lyoglycogène.

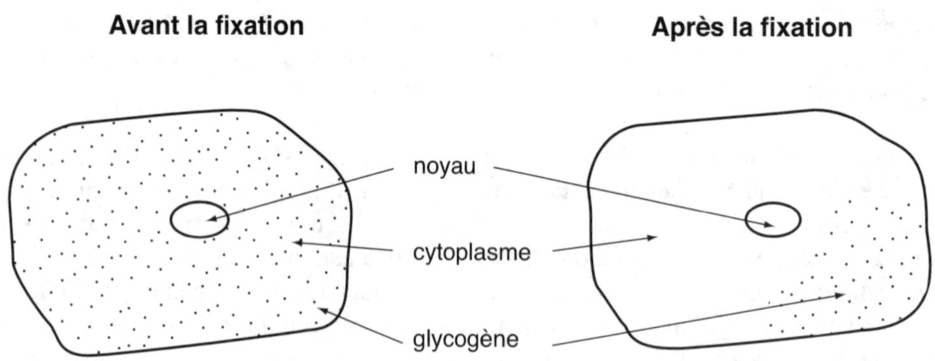

Figure 2.1 *Polarisation du glycogène (effet de fuite).*

2.1.4.2 Glycoprotéines et mucosubstances

Le fait que les mucosubstances comprennent une composante protéique ne semble pas suffisant pour assurer leur préservation complète lors de la fixation des protéines. Le premier mécanisme auquel on peut recourir pour les fixer est la précipitation pure et simple, qui survient sous l'action de l'éthanol ou de l'acétone. Le second mécanisme auquel on pense est la formation de complexes insolubles; pour le provoquer, il suffit d'utiliser des sels de cétylpyridinium ou encore des solutions concentrées de certains colorants basiques. Le formaldéhyde, bien qu'utilisé traditionnellement, ne semble pas donner de résultats satisfaisants, surtout lorsqu'on l'emploie seul.

2.1.5 FIXATION DES LIPIDES

La fixation des lipides demeure un problème complexe qui a fait l'objet de moins de recherche que la fixation des protéines. Les lipides sont rarement isolés à l'intérieur du tissu; ils sont habituellement liés à des protéines ou à des glucides. Par rapport à la fixation, on peut rassembler les lipides en deux groupes : les lipides homophasiques ou lipides simples et les lipides hétérophasiques ou lipides complexes (voir le chapitre 16).

2.1.5.1 Lipides homophasiques

Les lipides simples que l'on retrouve dans le cytoplasme sous forme de gouttelettes sont chimiquement libres et hydrophobes, ce qui rend difficile leur solubilisation dans l'eau. Étant donné que la plupart des fixateurs utilisés sont en solution aqueuse, ils n'ont aucune tendance à solubiliser les lipides, ce qui rend moins indispensable la fixation de ces derniers. En fait, la mise en évidence des lipides homophasiques est plus susceptible d'être compromise par les étapes ultérieures, comme la circulation et l'enrobage, que par la fixation. Dans la fixation comme telle, le principal problème réside dans le déplacement des gouttelettes de lipides. Il est donc important de bien fixer les structures avoisinantes si on veut réduire au minimum les déplacements de lipides. En outre, dans le cas où l'on doit procéder à une recherche histochimique précise plutôt qu'à une simple étude morphologique, il est essentiel d'utiliser un fixateur qui ne réagit pas avec les lipides.

2.1.5.2 Lipides hétérophasiques

Dans ce groupe de lipides complexes, on retrouve principalement les phospholipides, puis, en quantité moindre, les pigments lipidiques, comme les caroténoïdes. Les phospholipides ont une « tête polaire » qui leur permet de se lier à des substances telles que les protéines ou l'eau. Ainsi, ils sont susceptibles d'être solubilisés au cours de la fixation. Il importe donc de les fixer, mais sans trop modifier leurs caractères chimiques et physiques, ce qui est très difficile. Les procédés de fixation qui permettent de conserver les phospholipides sur coupes modifient leur solubilité et leur réactivité chimique; c'est pourquoi on a souvent recours, après la fixation, à des procédés de détection bien précis où l'on tient compte des altérations produites par la fixation.

À titre d'exemple, mentionnons l'utilisation combinée du formaldéhyde et de sels, comme le chlorure de calcium ou le chlorure de cadmium, ou encore, le nitrate de cobalt, qui permet d'insolubiliser certains phospholipides. Le mécanisme vraisemblable de cette préservation est l'addition des cations utilisés aux molécules lipidiques et leur participation subséquente à la formation de coacervats[1] complexes avec les autres composants tissulaires. Cette addition de cations permet par la suite de détecter non pas les lipides, mais les cations qui s'y sont liés. Dans cet ordre d'idée, il convient de mentionner la fixation au chlorure mercurique, qui sert de base à la méthode de détection appelée « réaction plasmale » (voir le chapitre 17).

Dans plusieurs procédés de mise en évidence, on peut facilement contourner la difficulté que pose la fixation des lipides en travaillant sur des coupes congelées de tissus non fixés ou fixés par le formaldéhyde, qui affecte très peu les lipides en général.

[1] Quand, dans un système émulsoïde, il y a diminution de l'affinité réciproque de deux phases, il arrive que les particules de la phase dispersée s'agglomèrent les unes aux autres pour former des coacervats qui demeurent plus ou moins liés au milieu de dispersion, ce qui les empêche de précipiter.

2.1.6 FIXATION DES ACIDES NUCLÉIQUES

Le plus souvent, les acides nucléiques sont liés à des protéines (d'où l'appellation de « nucléoprotéines »), ce qui modifie leur comportement sur coupes. La fixation des protéines auxquelles ils sont attachés facilite leur préservation. Cette modification d'un composant des complexes protéines-acides nucléiques est susceptible d'agir également sur les groupes réactifs disponibles et, par conséquent, sur les affinités tinctoriales des acides nucléiques. L'éthanol et, dans une moindre mesure, le méthanol dénaturent les acides nucléiques en déshydratant les molécules d'ADN (un effet de l'éthanol, surtout) et d'ARN (un effet du méthanol, surtout). Cependant, cet effet est partiellement réversible par la réhydratation du tissu dans une solution aqueuse.

L'agent fixateur reconnu comme le plus efficace pour la préservation des acides nucléiques est l'acide acétique. Il précipite les acides nucléiques, tant en solution que dans les tissus. En même temps, il brise progressivement les liens entre les protéines basiques nucléaires, ce qui augmente la basophilie des acides nucléiques. Cependant, l'acide acétique produit aussi un effet d'extraction des acides nucléiques, effet qui peut devenir nuisible.

2.2 FACTEURS INFLUANT SUR LA QUALITÉ DE LA FIXATION

La qualité de la fixation peut être fortement modifiée par une multitude de facteurs dont les plus importants seront abordés dans la présente section.

2.2.1 VITESSE DE PÉNÉTRATION

Les liquides fixateurs pénètrent les tissus à des vitesses différentes selon l'agent fixateur utilisé. En tant que telle, la vitesse ne constitue pas un facteur positif ou négatif. Cependant, en pénétrant le tissu, le liquide fixateur entraîne avec lui des effets qui lui sont propres. Ainsi, un bon liquide fixateur pour la préservation d'un élément quelconque, le préservera s'il y a concordance entre sa vitesse de pénétration (voir le tableau 2.3), le temps de séjour du tissu dans ce liquide et les dimensions de la pièce de tissu. Un liquide fixateur lent fixera très bien les structures à la périphérie du tissu, il fixera moins bien la partie médiane et très peu la partie centrale; on appelle cette caractéristique « artéfact de fixation de couche ». La vitesse de pénétration du fixateur s'exprime en millimètre/heure. De façon générale, les liquides fixateurs standards ont une vitesse de 0,7 à 0,8 mm/h ou approximativement 1,0 mm/h. Idéalement, dans un programme de circulation normal de 14 à 16 heures, l'épaisseur des pièces devrait se situer entre 2 et 3 mm. D'où l'importance des dimensions des pièces dans la technique histologique.

Tableau 2.3 CLASSEMENT DES FIXATEURS SELON LA VITESSE DE PÉNÉTRATION (du plus rapide au plus lent).

Acide acétique à 5 %
Acide trichloracétique
Formaldéhyde à 10 %
Éthanol à 95 %
Chlorure mercurique saturé à 7,5 %
Acide picrique saturé
Bichromate de potassium à 2,5 %
Acide chromique à 0,7 %
Tétroxyde d'osmium à 0,4 %

À titre d'exemple, une durée de fixation d'environ 4 heures serait nécessaire pour une pièce de 3 mm d'épaisseur. Cette question de vitesse de pénétration prend toute son importance lorsque l'on doit préparer une solution mixte de liquides fixateurs. Ainsi, on choisit les divers ingrédients de manière que les qualités des uns compensent les défauts des autres. Il est essentiel qu'aucun de ces agents ne pénètre le tissu beaucoup plus rapidement que les autres, car alors les seuls effets observables seraient ceux de l'agent le plus rapide, ceux du plus lent n'ayant pas eu le temps de se manifester. Il faut également tenir compte de l'épaisseur de la pièce de tissu au moment de choisir un liquide fixateur en fonction de sa vitesse de pénétration. En ce sens, on choisira un liquide fixateur rapide pour les tissus les plus épais.

2.2.2 VITESSE DE LA RÉACTION DE FIXATION

Ce facteur est plus difficile à déterminer, car la réaction n'a pas nécessairement lieu au moment même où le liquide fixateur entre en contact avec le tissu. C'est un peu en raison de cette difficulté que la vitesse de la réaction de fixation n'est pas prise en considération lors du choix d'un liquide fixateur par rapport à un autre.

2.2.3 VOLUME DE LIQUIDE FIXATEUR

La quantité de liquide fixateur influe directement sur la vitesse de la réaction de fixation. Pour que celle-ci s'effectue de manière idéale, il faut que le tissu soit plongé dans une quantité de liquide fixateur équivalant à 15 à 20 fois son volume, et ce dans le but d'obtenir des résultats optimaux.

2.2.4 ÉPAISSEUR DE LA PIÈCE DE TISSU

Le volume proprement dit de la pièce de tissu importe peu dans la mesure où la quantité de liquide fixateur est déterminée en conséquence. Par contre, il est essentiel de tenir compte de l'épaisseur de la pièce. Ainsi, à volume égal, un tissu dont la surface est grande et l'épaisseur réduite sera pénétré par le liquide fixateur plus rapidement qu'une autre pièce de forme cubique (voir la figure 2.2).

On peut donc, en déterminant l'épaisseur des fragments tissulaires et la vitesse de pénétration d'un liquide fixateur, réduire l'importance des modifications *post-mortem* qui peuvent survenir avant que les tissus ne soient complètement fixés. Tel que précisé plus haut, une épaisseur de 3 à 5 mm est considérée comme idéale pour les tissus à fixer avec les mélanges usuels de liquides.

Au moment de la préparation macroscopique de l'organe ou du spécimen à étudier, il est possible d'effectuer des coupes progressives de celui-ci à intervalles réguliers, afin de donner l'épaisseur voulue aux pièces à fixer (voir le chapitre 1).

2.2.5 CONSISTANCE DES PIÈCES

Plus un tissu est dense, plus il sera difficile pour l'agent fixateur de le pénétrer. Il est important de signaler en outre que plus un tissu est dense, plus il est susceptible de durcir de façon excessive si on le laisse trop longtemps dans le liquide fixateur. Il est donc essentiel de prévenir ce durcissement en procédant à la coupe de petites sections d'organe lors de la préparation macroscopique (voir le chapitre 1).

2.2.6 DURÉE DE LA FIXATION

La période de temps pendant laquelle le liquide fixateur agit sur un tissu est un facteur capital, car elle est elle-même conditionnée par la plupart des autres facteurs mentionnés précédemment. Cette période varie pour chacun des agents fixateurs et selon différentes données comme l'épaisseur de la pièce à fixer, le volume de liquide fixateur, sa concentration, son *p*H, etc. Il est important de signaler que la durée de la fixation peut être responsable de plusieurs des effets négatifs de la fixation comme le déplacement, la réduction et la modification de certaines structures.

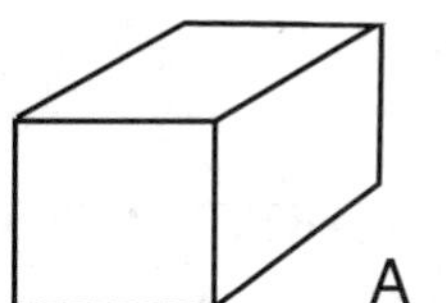

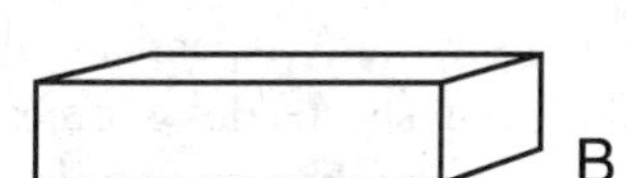

Figure 2.2 *Les deux pièces ont un volume équivalent, mais il est évident qu'un fixateur pénétrera complètement la pièce B plus rapidement que la pièce A.*

2.2.7 CONCENTRATION

On tient rarement compte de la concentration de l'agent fixateur puisque la plupart des mélanges utilisés sont préparés selon des recettes éprouvées. Il s'agit néanmoins d'un facteur très important.

2.2.8 TEMPÉRATURE

La température a également un effet sur la plupart des réactions chimiques. Étant donné que la fixation est une réaction chimique, la température influe aussi sur elle. La chaleur est ainsi susceptible d'accélérer la fixation. Jadis, les tissus destinés à l'examen extemporané devaient être fixés dans le formaldéhyde bouillant pour ensuite être coupés au cryotome en milieu ambiant, que l'on appelait, à l'époque, le « cryostat à CO_2 ». Aujourd'hui, avec le cryotome moderne comprenant une enceinte fermée, il n'est plus nécessaire de fixer les pièces avant de les couper à l'état congelé, de sorte que ce procédé n'est plus utilisé. Les processus que l'on désire éliminer ou retarder dépendent aussi de réactions chimiques et peuvent être ralentis par le froid, de sorte que l'on a davantage recours à la réfrigération qu'à la chaleur. La congélation arrête donc les échanges tissulaires au même titre qu'une fixation chimique.

2.2.9 *p*H

Le *p*H du liquide utilisé pour la fixation est extrêmement important. Cependant, le fait que l'on emploie des mélanges dont la recette est bien établie est certainement responsable du peu d'attention que l'on accorde, dans le travail histotechnologique, au *p*H des liquides fixateurs. On connaît bien les effets que peut produire une modification du *p*H sur des liquides fixateurs comme le formaldéhyde et le bichromate de potassium. Il est conseillé d'employer des liquides dont le *p*H se situe entre 6 et 8, les valeurs extrêmes étant plutôt nuisibles et pouvant entraîner des réactions tissulaires indésirables. Cependant, il n'est pas toujours possible de respecter les normes idéales, en matière de *p*H, en particulier lorsque l'on utilise le liquide fixateur de Bouin ou le Zenker, dont le *p*H est relativement bas en raison de l'acide acétique qu'ils contiennent. Le formaldéhyde à 10 %, qui demeure le liquide fixateur le plus utilisé, est tamponné par l'ajout de carbonate de calcium ou de sels de phosphate de sodium mono et dibasiques.

2.2.10 LAVAGE DE POSTFIXATION

Le lavage des pièces aussitôt après leur fixation peut avoir des effets sur les tissus. Par exemple, un tissu fixé dans l'acide picrique que l'on laverait immédiatement à l'eau, perdrait alors certains composés d'addition utiles. De la même manière, on peut éliminer par lavage les composés d'addition laissés sur le tissu par le formaldéhyde et réduire par le fait même la réactivité tissulaire attribuable à cet agent. Dans la pratique, cependant, on effectue rarement le lavage des tissus après la fixation.

2.2.11 PRESSION OSMOTIQUE

Les cellules plongées dans une solution hypertonique ont tendance à se rétracter, alors qu'un milieu hypotonique produit l'effet contraire. On devrait logiquement s'attendre à ce que l'osmolalité des mélanges agisse sur le volume des tissus. Il ne semble pas que cet effet se produise de façon constante et prévisible, puisque des agents fixateurs qui rétractent les tissus le font même en solution hypotonique.

2.2.12 PRÉSENCE DE SELS INDIFFÉRENTS

Certains auteurs ont pu observer que l'action des agents fixateurs peut être améliorée lorsque ceux-ci sont en solution dans l'eau de mer. On a pu obtenir les mêmes résultats avec le chlorure de sodium ou avec le sulfate de sodium. En outre, on peut constater les effets que le chlorure de calcium, dans des solutions de formaldéhyde, exerce sur la préservation des phospholipides. On ne peut expliquer entièrement ce mécanisme, mais il semble que certains sels aient tendance à dénaturer les protéines alors que d'autres les stabilisent.

2.2.13 ARTÉFACTS DE FIXATION

Un artéfact de fixation est un phénomène indésirable qui survient dans un tissu lors de la fixation. Il peut s'agir de la production indésirable d'une nouvelle substance, de la modification de la concentration dans une partie du tissu ou encore de la disposition inhabituelle des structures dans le tissu. Voici les principaux artéfacts de fixation :

- la formation de pigments artéfacts, qui peuvent apparaître avec l'utilisation de fixateurs à base de formaldéhyde, de chlorure mercurique ou de bichromate, entre autres;
- le rétrécissement du tissu;
- le gonflement du tissu;
- la desquamation, c'est-à-dire la perte de cellules à la périphérie d'un tissu;
- la cytolyse, si la fixation a débuté tardivement;
- l'autolyse, si la fixation a débuté tardivement;
- la pseudocalcification, c'est-à-dire la formation de dépôts de carbonate de calcium dans le tissu, qui survient parfois lorsque l'on utilise des solutions de formaldéhyde-calcium;
- la polarisation du glycogène, ou effet de fuite, qui est un phénomène propre au glycogène du cytoplasme, lequel peut migrer vers un pôle de la cellule ou même à l'extérieur de celle-ci; le glycogène peut se trouver ainsi transporté ou refoulé lorsqu'il y a acidification d'un liquide fixateur alcoolique lors de la fixation;
- la formation d'un pigment coloré comme celui qui apparaît avec l'utilisation d'un liquide fixateur à base d'acide picrique, ou la formation d'un pigment brun occasionnée par la combinaison du formaldéhyde et du sang (voir la section 2.3.1).

Diverses circonstances peuvent être à l'origine des artéfacts de fixation. En voici quelques exemples :

- l'utilisation d'un fixateur intolérant pendant une période de temps trop longue;
- un congélation trop lente : des cristaux de glace se forment alors;
- l'utilisation d'un fixateur additif qui laisse des pigments sur le tissu;
- une durée de fixation trop courte;
- le ralentissement de la vitesse de pénétration du liquide fixateur dans le tissu. On parle alors d'artéfact de fixation de couche : la fixation est adéquate à la périphérie du tissu alors que le centre de la pièce est mal fixé ou pas du tout; entre ces deux zones, le tissu est plus ou moins bien fixé. Il est important de noter que ce type d'artéfact est impossible à corriger, tout comme les effets d'une fixation trop courte.

2.2.14 RÉDUCTION DES RISQUES DE CONTAMINATION

Même s'il ne s'agit pas d'un effet que l'on recherche nécessairement, il demeure important de signaler que la fixation réduit les risques d'infection chez les personnes qui doivent manipuler les tissus. En effet, on estime que la fixation détruit à 100 % les virus de l'hépatite ainsi que le VIH; cependant, elle semble sans effet sur le prion[2] responsable de la maladie de Creutzfeldt-Jakob.

Comme on peut le constater, les liquides fixateurs présentent des avantages et des inconvénients. Il n'existe pas de liquide fixateur idéal et le choix dépend à la fois du tissu à étudier et des analyses à réaliser.

2.3 FORMATION DE PIGMENTS

Nous avons vu que certains liquides fixateurs peuvent produire des dépôts sur le tissu. Dans la plupart des cas, on peut, sinon les éviter, du moins les enlever après coup. Pour ce faire, on doit pouvoir les identifier. Ces dépôts sont des pigments. En histotechnologie, on distingue cinq types de pigments dont quatre sont associés aux liquides fixateurs : les pigments de formaldéhyde, de mercure, de chrome et les pigments colorés. Le cinquième pigment fréquemment rencontré est celui du carbone. Ce dernier est généralement trouvé dans les poumons des citadins.

---

[2] Un prion est une très petite particule virale, protéique et apparemment dépourvue d'acides nucléiques, pour laquelle l'organisme est incapable de fabriquer des anticorps. Un prion est très résistant aux différents produits chimiques et à la chaleur, donc presque impossible à détruire. Il provoque une destruction sélective des cellules nerveuses chez les mammifères.

2.3.1 PIGMENT DE FORMALDÉHYDE

Le pigment de formaldéhyde est aussi appelé « pigment d'hématéine acide » ou « pigment de formaline » ou tout simplement « pigment de formaldéhyde ». De couleur noire ou brune, ce pigment est en outre biréfringent. Il résulte de l'action de l'acide formique, produit par l'oxydation du formaldéhyde, avec l'hémoglobine ou ses dérivés.

Ce pigment apparaît donc généralement là où il y a du sang, c'est-à-dire sur presque tous les tissus et plus spécialement sur les coupes d'organes hématopoïétiques comme le foie, la rate, etc. La formation d'acide formique, qui se manifeste quand le formaldéhyde est utilisé seul comme liquide fixateur, cause une diminution du *p*H, ce qui entraîne l'hémolyse et donc la libération de l'hémoglobine. Cette dernière forme alors avec l'acide formique le pigment de formaldéhyde. Ce pigment peut se retrouver aussi bien au niveau intracellulaire qu'au niveau extracellulaire. Fort heureusement, on peut l'enlever en moins d'une heure au moyen d'un lavage dans de l'acide nitrique concentré, dans le peroxyde d'hydrogène à 3 % ou encore dans une solution d'anhydre chromique. Cependant, la façon usuelle de procéder à l'élimination de ce pigment consiste à laver la lame dans une solution alcoolique saturée d'acide picrique.

2.3.2 PIGMENT DE MERCURE

Le pigment de mercure est de couleur brune, noire ou brun-noir, tout comme le pigment de formaldéhyde; à la différence de celui-ci, cependant, il n'est pas biréfringent. Tous les tissus fixés par un liquide contenant du mercure doivent être traités de façon à enlever ce pigment. On peut se débarrasser du pigment de mercure en ajoutant, généralement au moment de la coloration, un bain d'iode à 0,25 % dans de l'éthanol à 80 % ou un bain d'iode à 0,5 % dans de l'éthanol à 100 %, suivi d'un passage dans un bain de thiosulfate de sodium à 3 % en solution aqueuse. Les réactions chimiques suivantes se produisent alors :

$2\,HgCl$	$+\ I_2$		$HgCl_2$	$+$	HgI_2
chlorure mercureux	iode	⟶	chlorure mercurique		iodure mercurique

$2Na_2S_2O_3$	$+\ I_2$		$2NaI$	$+$	$Na_2S_4O_6$
thiosulfate de Na (soluble)	iode en excès	⟶	iodure de Na (soluble)		tétrathionate de Na (soluble)

Le surplus d'iode est enlevé au moyen d'un lavage à l'eau.

On peut également faire disparaître ce pigment au début de la technique de coloration, en incorporant de l'iode dans le troisième bain de toluène lors du déparaffinage des coupes. La séquence des bains de coloration est la suivante :

- un premier bain : toluène pur;
- un deuxième bain : toluène pur;
- un troisième bain : toluène contenant 5 % d'iode.

Ensuite, on procède à l'hydratation de la façon habituelle, c'est-à-dire en utilisant des alcools en concentrations décroissantes jusqu'à l'hydratation complète du tissu.

2.3.3 PIGMENT DE CHROME

Tous les tissus fixés par un liquide contenant du chrome doivent être lavés généreusement à l'eau avant d'être transférés dans de l'éthanol; sinon, il se formera un oxyde insoluble. Si un tel cas se présente, on ne peut enlever cet oxyde que par un passage dans un bain d'alcool-acide au moment de la coloration. La couleur de ce pigment varie du brun au noir. Le fait de laver le spécimen à l'eau n'enlève pas le pigment, mais empêchera sa formation ultérieure dans les bains d'alcool faisant partie de la circulation (voir le chapitre 4).

2.3.4 PIGMENT COLORÉ

Lorsqu'un liquide fixateur est à la fois coloré et colorant, il transmet sa couleur au tissu. Il faut donc enlever ce pigment coloré. C'est le cas du liquide fixateur de Bouin à cause de l'acide picrique qu'il contient. On peut, heureusement, enlever ce pigment par blanchiment, c'est-à-dire en passant le tissu soit dans une solution de thiosulfate de sodium à 2,5 %, soit dans une solution de carbonate de lithium à 1 %.

2.3.5 PIGMENT DE CARBONE

Le pigment de carbone est un pigment brun-noir que l'on retrouve surtout dans les poumons des citadins. Il ne peut être enlevé d'aucune façon. Il est non réfringent.

2.4 FIXATION CHIMIQUE

En histotechnologie, on peut regrouper les liquides fixateurs chimiques sous différentes catégories selon le moment de leur utilisation, selon les effets qu'ils produisent sur les tissus, et finalement, selon qu'on les utilise seuls ou combinés.

2.4.1 FIXATEUR PRIMAIRE

Le fixateur primaire est le premier liquide dans lequel le tissu sera plongé. Le plus utilisé pour la fixation primaire est le formaldéhyde à 10 %.

2.4.2 FIXATEUR SECONDAIRE

Le fixateur secondaire est le deuxième liquide dans lequel séjournera le tissu. Cette étape est essentielle lorsqu'il faut colorer un tissu au moyen d'un produit qui a peu ou très peu d'affinité pour le tissu, ou lorsqu'il faut préserver de façon particulière certaines substances tissulaires ou cellulaires. Le deuxième liquide fixateur apporte au tissu des groupements chimiques qui ont une affinité et pour le colorant et pour le tissu. Cette opération porte le nom de « postmordançage ». La fixation secondaire peut également s'appliquer aux tissus à observer au microscope électronique. De plus, cette opération améliore les résultats des colorations de type trichrome.

Le postmordançage peut se faire à différents moments dans la procédure histologique. Tel qu'exposé ci-dessus, on peut y procéder immédiatement après la première fixation, c'est-à-dire juste avant la circulation des tissus, en utilisant par exemple un liquide fixateur de type chromique, qui favorisera davantage la mise en évidence des phospholipides. On peut également postmordancer après la circulation, plus précisément à l'étape de la coloration mais avant le bain de colorant, en ajoutant à la procédure de coloration trichromique, par exemple, un bain d'acide picrique qui aura pour effet d'augmenter l'acidophilie tissulaire. Enfin, on peut aussi effectuer le postmordançage en même temps que la coloration proprement dite, en utilisant un colorant contenant un produit chimique dont le rôle sera de faire le pont entre le tissu et le colorant. Il faut faire attention dans l'appellation « postmordançage » et « mordant ». En effet, un postmordançage prépare les tissus à recevoir plus facilement un certain type de colorant. Par contre, le mordant se définit comme un sel bi ou, de préférence, trivalent qui s'unit soit à la molécule colorante, soit à une structure tissulaire; son rôle est également de permettre une meilleure liaison entre le colorant et le tissu. Ce dernier cas est représenté par l'hématéine, qui contient un sel d'aluminium ou de fer.

2.4.3 FIXATEUR UNIVERSEL

Le fixateur universel est le liquide qui conserve le plus efficacement les structures microanatomiques tissulaires, et ce pour des périodes très longues, sans durcir le tissu de manière excessive. De nos jours, c'est le formaldéhyde à 10 % tamponné qui est le plus utilisé à cette fin. Auparavant, on se servait du liquide de Bouin. Mais ce dernier devient intolérant à la longue, alors que le formaldéhyde tamponné demeure tolérant pendant des années.

2.4.4 POSTCHROMISATION

La postchromisation suit la fixation primaire. Il s'agit d'une postfixation du tissu au moyen d'une solution aqueuse de bichromate de potassium à 2,5 ou 3 %, pendant 6 à 8 heures avant le début de la déshydratation. On peut également effectuer la postchromisation des coupes en les laissant séjourner dans un bain de bichromate pendant 12 à 24 heures. La chromisation, quand le fixateur primaire est à base de chrome, tout comme la postchromisation, lorsque le fixateur secondaire est aussi à base de chrome, sont des procédés de mordançage. Ensuite, on doit laver généreusement les coupes à l'eau courante afin d'éviter la formation de pigments de chrome. La postchromisation améliore la préservation des phospholipides présents dans la myéline et des mitochondries.

2.4.5 FIXATEURS ADDITIFS

Les fixateurs additifs sont ceux qui laissent des composés d'addition à la surface et à l'intérieur des tissus. Ces composés d'addition sont toujours liés aux composés tissulaires. Par exemple, certains fixateurs laissent des artéfacts, comme des pigments, sur les tissus et d'autres laissent des mordants. Il est important de noter que le mordançage est un additif mais que tout additif n'est pas nécessairement un mordançage.

2.4.6 FIXATEURS TOLÉRANTS

Les fixateurs tolérants sont ceux qui ne durcissent pas trop le tissu.

2.4.7 FIXATEURS COAGULANTS

En histochimie, la coagulation est synonyme de précipitation ou de dénaturation des protéines. L'action du fixateur sur les protéines détermine s'il s'agit d'un fixateur coagulant ou non coagulant (voir le tableau 2.4, où les liquides fixateurs sont classés en fonction de cette propriété).

2.4.8 FIXATEURS SIMPLES ET COMPOSÉS

Beaucoup de produits chimiques peuvent être employés comme agents fixateurs. Si ces produits sont utilisés seuls en solution aqueuse, on parle de « fixateurs simples ». Par contre, s'ils sont employés en mélange avec d'autres produits qui ont des propriétés fixatoires, on parle alors de « fixateurs composés » puisque au moins deux produits agiront simultanément comme fixateurs.

Dans la catégorie des fixateurs simples utilisés dans les procédés histologiques, les plus courants sont le formaldéhyde et ses dérivés, le bichromate de potassium, le chlorure mercurique, l'alcool, l'acide picrique et l'acide acétique. Pour préparer des tissus à l'examen au microscope électronique, on emploie le tétroxyde d'osmium (voir la section 2.5.10) ou le glutaraldéhyde (voir la section 2.5.3.2). Évidemment, il en existe d'autres, mais leur importance est moindre en histotechnologie.

En ce qui concerne les fixateurs composés, les plus utilisés sont le formaldéhyde sublimé de Lillie ou B5, le Zenker, le Helly, le Susa, le Bouin, le formal-

Tableau 2.4 CLASSIFICATION DES FIXATEURS SELON LEUR ACTION SUR LES PROTÉINES.

FIXATEURS COAGULANTS	FIXATEURS NON COAGULANTS
Méthanol Éthanol Acétone Acide nitrique Acide chlorhydrique Acide trichloracétique Acide picrique Trioxyde de chrome (acide chromique) Chlorure mercurique	Acide acétique * Tétroxyde d'osmium Bichromate de potassium Formaldéhyde Glutaraldéhyde

* Il est à noter que l'acide acétique précipite les nucléoprotéines (voir la section 2.5.9)

déhyde zinc, le Carnoy et quelques autres de moindre importance (voir la section 2.6).

Voyons, dans un premier temps les principaux liquides fixateurs simples; ensuite nous aborderons les liquides fixateurs composés.

2.5 FIXATEURS SIMPLES

2.5.1 FORMALDÉHYDE (HCHO)

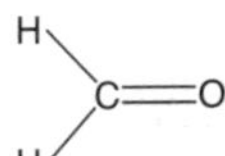

Le formaldéhyde est également appelé « formaldéhyde commercial ». C'est un gaz incolore et inflammable que l'on achète en solution aqueuse saturée de 37 à 40 % p/p. Pour indiquer les concentrations des solutions diluées, on considère la solution à saturation comme à 100 %. Ainsi un mélange de 10 ml de formaldéhyde commercial saturé avec 90 ml d'eau ou d'eau physiologique est dit solution de formaldéhyde à 10 % v/v, car elle représente une dilution 1/10 de la solution commerciale saturée de gaz (40 %). On peut également dire que la solution diluée est à 4 % p/v, ce qui représente une solution contenant 4 grammes de formaldéhyde dans 100 ml d'eau distillée. C'est d'ailleurs à cette concentration que s'utilise généralement le formaldéhyde en tant qu'agent fixateur. Il est à noter que le formaldéhyde utilisé à une concentration de 20 % fixe plus rapidement que le formaldéhyde à 10 % mais qu'il durcit beaucoup plus les tissus.

Les solutions commerciales de formaldéhyde ont malheureusement tendance à devenir troubles, surtout si elles sont entreposées dans un endroit froid et durant une longue période. Ce phénomène résulte de la polymérisation du HCHO, c'est-à-dire la formation du paraformaldéhyde ou polyoxyméthylène et du trioxyméthylène. Le paraformaldéhyde se présente sous la forme d'un précipité blanchâtre et insoluble qui peut être enlevé par filtration. De nos jours, presque tous les aldéhydes formiques du commerce contiennent de 15 à 20 % de méthanol, ce qui a pour effet d'empêcher la formation de paraformaldéhyde. Le formaldéhyde en solution aqueuse a fortement tendance à se lier à des molécules d'eau pour former du méthylène glycol $CH_2(OH)_2$. Le paraformaldéhyde, qui a les mêmes tendances, forme du polyoxyméthylène glycol $HO{\bullet}(CH_2O)_n{\bullet}H$ en se liant à l'eau.

Les solutions de formaldéhyde commercial présentent également un autre problème, soit la présence de traces d'acide formique dans les solutions. Ces traces tendent à se former par oxydation dans toutes les solutions qui contiennent du formaldéhyde. Cette production d'acide formique se manifeste par un abaissement du *p*H de la solution de formaldéhyde, phénomène qui s'accentue lors de la fixation proprement dite, en raison du contact plus prolongé entre le formaldéhyde et l'air. La formation d'acide formique entraîne une réduction de la qualité des colorations. De plus, l'acide formique est responsable de la perte du fer ferrique de l'hémosidérine en hydrolysant le Fe^{+++}. L'acide formique favorise enfin la formation de pigments formolés. On peut éviter, du moins partiellement, ces problèmes en employant de l'eau physiologique formolée additionnée de carbonate ou du phosphate de calcium ou de magnésium. Cette méthode ne donne toutefois qu'une neutralité approximative, soit un *p*H de 6,3 à 6,5 et, lors de la fixation proprement dite, le *p*H peut facilement diminuer pour se situer autour de 5,7 à 6,0.

Il est à noter cependant que la présence de sels dans la solution de formaldéhyde permet d'équilibrer l'osmolalité entre le fixateur et le tissu, limitant de ce fait le gonflement du tissu à un gonflement très léger ou l'empêchant tout à fait. De plus, la présence de sels neutralise l'acide formique à mesure qu'il se forme; en effet, l'aldéhyde se transforme en acide formique par un processus d'oxydation, mais cet acide formique est alors neutralisé par la présence d'un sel de phosphate ou de carbonate.

Avec un sel de phosphate, la réaction est la suivante :

$$HPO_4 + H^+ \leftrightharpoons H_2PO_4$$

Avec le carbonate, la réaction est :

$$HCO_3 + H^+ \leftrightharpoons H_2CO_3 \rightarrow H_2O + CO_2 \nearrow$$

Les sels à base de calcium peuvent amener la formation d'un dépôt dans le tissu, phénomène que l'on appelle « pseudocalcification ». Si l'on prévoit conserver les tissus pendant plusieurs mois, il est préférable d'utiliser des sels de sodium.

Le formaldéhyde est incompatible avec le trioxyde de chrome, le bichromate de potassium et le tétroxyde d'osmium, quoique dans ces deux derniers cas la réaction soit lente, de sorte que l'on peut utiliser des mélanges fraîchement préparés.

2.5.1.1 Mode d'action du formaldéhyde

Les groupements aldéhydes du formaldéhyde se lient à l'hydrogène actif, aux groupements amine et imine des protéines, aux groupements hydroxyle des polyalcools, tout aussi bien qu'aux indoles et aux catécholamines, etc. Le formaldéhyde agit donc avec les groupes fonctionnels des protéines en formant avec eux des ponts méthylène intermoléculaires, ce qui permet d'affirmer que le formaldéhyde fixe les protéines sans les dénaturer, sans les précipiter. Il s'agit donc d'un fixateur non coagulant (voir la figure 2.3).

$$R - H + HCHO \leftrightarrows R - CH_2OH$$

$$R - CH_2OH + H - R^1 \leftrightarrows R - CH_2 - R^1 + H_20$$

R et R^1 : protéines, complexes protéines-lipides, protéines-glucides, etc.

D'après ces réactions :
$R - CH_2OH$ = groupe hydroxyméthyle

Et $R - CH_2 - R^1$ représente le pont méthylène, étape finale de la polymérisation.

En outre, le formaldéhyde est un fixateur relativement tolérant. Cependant, il a tendance à gonfler les tissus, particulièrement les noyaux, mais les différentes étapes de la circulation auront tendance à rétrécir les tissus, ce qui annulera l'effet gonflant. Il est possible de prévenir ce gonflement par un passage dans un bain d'acide acétique-formaldéhyde. Celui-ci aurait en outre pour effet d'assurer une meilleure préservation des antigènes en immunohistochimie (voir le chapitre 23) et une coloration à l'hématoxyline et à l'éosine plus claire.

2.5.1.2 Formaldéhyde et lipides

Le formaldéhyde seul n'affecte en rien les lipides neutres, c'est-à-dire qu'il n'exerce aucun effet sur eux et ne réagit d'aucune manière avec eux, sauf en ce qui concerne quelques lipides complexes et non saturés; dans ces derniers cas, les graisses ne sont pas altérées, mais les phospholipides tendent à diffuser lentement dans le fixateur. Par ailleurs, si les fibres qui entourent les lipides dans les tissus sont préservées par le formaldéhyde, cela n'assure qu'une protection relative aux lipides. Il est à noter qu'après une fixation de plus de quatre mois, on assiste à une légère diminution de la quantité des lipides.

Le mélange formaldéhyde-chlorure mercurique convient bien aux recherches sur les lipides. Toutefois, une solution de formaldéhyde et d'ions calcium préserverait davantage de lipides, car ce mélange réduit la solubilité de plusieurs phospholipides dans l'eau. Tout comme les ions calcium, le cadmium et le cobalt protègent contre la perte de phospholipides en favorisant la formation de complexes entre ces phospholipides et les grosses molécules comme dans le cas des protéines ou des polysaccharides. Le traitement par l'acide chromique après l'emploi de calcium-cobalt favorise la rétention d'une plus grande quantité de lipides dans les coupes paraffinées.

$$R \cdots \underset{H}{\overset{H}{\underset{|}{\overset{|}{C}}}} \cdots OH \; + \; H - R^1 \; \rightarrow \; R \cdots C \cdots \quad \cdots R^1 \; + \; H_2O$$

$$R \cdots \underset{H}{\overset{H}{\underset{|}{\overset{|}{C}}}} \cdots R^1$$

Étape de la polymérisation — Formation de ponts méthylène

Figure 2.3 *Représentation schématique de la formation de ponts méthylène.*

2.5.1.3 Avantages du formaldéhyde

L'utilisation du formaldéhyde comme liquide fixateur comporte de nombreux avantages : il est bon marché, facile à préparer et relativement stable lorsque tamponné. Son emploi prépare les tissus à de nombreux procédés de coloration sans traitement préliminaire. Il facilite ultérieurement la coupe des tissus congelés. On peut aisément colorer les graisses sur les tissus fixés au formaldéhyde et certains enzymes tissulaires peuvent être étudiés après son emploi. Le formaldéhyde pénètre rapidement les tissus sans provoquer de durcissement excessif ni les rendre cassants. Les tissus traités dans le formaldéhyde retrouvent leurs couleurs naturelles après un traitement à l'eau et une immersion dans un bain d'éthanol à 50 ou 70 %. Ils ne nécessitent aucun traitement de postfixation pour la routine. Le formaldéhyde est tout indiqué pour les tissus nerveux. De plus, il favorise de façon indirecte la préservation du glycogène en insolubilisant les protéines qui le retiennent; il le préserve encore plus sûrement si on y a ajouté de l'éthanol. Le formaldéhyde augmente la basophilie des protéines. Il fixe bien la plupart des glucides complexes, comme les mucopolysaccharides, à l'exception des mucopolysaccharides acides qui sont diminués lors des colorations à l'acide périodique de Schiff (voir la section 15.4.1.2). Les nucléoprotéines sont bien préservées par le formaldéhyde, en dépit du fait qu'une certaine portion des acides nucléiques échappe à cette préservation.

2.5.1.4 Inconvénients du formaldéhyde

L'utilisation du formaldéhyde comporte des inconvénients importants pour les personnes qui le manipulent. Tout d'abord, il est toxique. En outre, sa manipulation peut provoquer des dermatoses ainsi que l'irritation des muqueuses nasales et oculaires, car il est volatile.

Si on emploie des solutions non tamponnées, la fixation au formaldéhyde tend à diminuer la coloration basophile et ne donne donc pas une bonne définition du noyau; en outre, le collagène est moins bien coloré.

Le procédé habituel d'inclusion provoque souvent une rétraction des tissus fixés par le formaldéhyde, surtout les coupes de cerveau. Le formaldéhyde est un fixateur médiocre de la phase mitotique.

Le formaldéhyde peut avoir pour effet de réduire les réactions tinctoriales des mucines neutres ou des mucopolysaccharides acides, car il tend à diminuer la réaction à l'APS en raison de la polymérisation de ces substances. Dans les tissus contenant beaucoup de sang, comme la rate, il y a formation de pigments de formaline, sauf si on a utilisé du formaldéhyde tamponné neutre. Tel que mentionné plus haut, les solutions de formaldéhydes contiennent du méthanol qui empêche la formation de paraformaldéhyde; en revanche, ce méthanol a pour effet de dénaturer les protéines, ce qui le rend impropre à la fixation précise essentielle à la préparation de tissus pour l'examen au microscope électronique. De façon générale, dans la préparation des tissus, le formaldéhyde ne donne pas d'aussi bons résultats que les liquides de Zenker ou de Helly pour la réalisation de photographies. Enfin, lors d'une coloration de Gram pour la mise en évidence des bactéries (voir le chapitre 20), si on utilise la gélatine comme adhésif lors de l'étalement des coupes et que ces coupes sont par la suite séchées dans une étuve contenant des vapeurs de formaldéhyde, la gélatine prendra une coloration de type Gram positif plutôt que de type Gram négatif. En général, le formaldéhyde prépare mal aux colorations.

2.5.1.5 Formaldéhyde dilué dans l'alcool

On peut diluer le formaldéhyde commercial dans de l'eau distillée dans de l'eau physiologique. On peut également le diluer dans de l'alcool éthylique (éthanol), ce qui offre un certain nombre d'avantages, mais présente aussi des inconvénients. Le mélange formaldéhyde-alcool se prépare de la façon suivante :

90 ml d'éthanol à 95 %

10 ml de formaldéhyde à 37-40 %

Parmi les avantages, on note que la vitesse de fixation du mélange formaldéhyde-alcool est plus rapide, car un tissu de 4 mm d'épaisseur y sera fixé en 6 ou 7 heures. De plus, ce mélange formaldéhyde-alcool favorise bien la préservation du glycogène et des éléments nucléaires. On l'utilise parfois pour la préservation des glucides, de même que pour la fixation des expectorations ou de cellules provenant de différents liquides biologiques (blocs cellulaires en cytologie).

Pour ce qui est des inconvénients, on remarque une rétraction excessive de même qu'un durcissement accru du tissu : le formaldéhyde dilué dans l'alcool est donc un mélange intolérant. Il altère aussi la morphologie tissulaire. Enfin, on constate une diminution des lipides préservés.

2.5.2 FIXATEURS FORMOLÉS COMPLEXES ET SPÉCIAUX

Les liquides fixateurs à base de formaldéhyde présentent tous le même inconvénient, c'est-à-dire la formation de pigments de formaldéhyde (voir la section 2.3.1).

2.5.2.1 Formaldéhyde neutre à 10 %

Les fragments tissulaires de 3 à 5 mm d'épaisseur peuvent être très bien fixés en moins de 3 heures à 55 °C ou en moins de 24 heures à la température ambiante. Ce fixateur est largement utilisé pour l'histologie en général et il est très bon pour la préservation du système nerveux. En histochimie, il est particulièrement recommandé pour la préservation des lipides. Il contient les substances suivantes :

- 10 ml de formaldéhyde commercial à 37-40 %
- 1 g de carbonate de calcium
- 90 ml d'eau distillée

On peut remplacer le carbonate de calcium par des morceaux de craie que l'on dépose dans le fond du récipient d'entreposage.

2.5.2.2 Formaldéhyde salin (FS)

- 10 ml de formaldéhyde commercial à 37-40 %
- 90 ml d'eau distillée
- 0,85 g de chlorure de sodium

Ce liquide fixateur contient du formaldéhyde dilué dans de l'eau physiologique saline. Il est surtout appliqué en tant que fixateur tolérant, car un tissu peut y séjourner pendant de longues périodes et ce sans pour autant subir de durcissement excessif. La fixation est généralement complète en moins de 24 heures. Tout comme le formaldéhyde neutre, il peut servir à la conservation d'encéphales humains entiers. En histologie et en cytologie, il est surtout utilisé pour la préservation du système nerveux.

En revanche, une longue période d'entreposage peut donner lieu à l'apparition d'un pigment de formol résultant de la formation d'acide formique due à l'oxydation du formaldéhyde.

2.5.2.3 Formaldéhyde neutre tamponné

Le formaldéhyde neutre tamponné (FNT) procure une fixation complète en moins de 24 heures, à la température ambiante. Ce fixateur est couramment utilisé, car il ne cause pas de durcissement excessif, même après une longue période de temps. De plus, il est peu coûteux.

Par contre, il cause une perte graduelle de la coloration basophile au niveau du noyau et du cytoplasme. Lors d'une coloration à l'hématéine ferrique de Weigert, il entraîne une perte de réactivité de la myéline.

Chez les personnes qui le manipulent, il peut causer les mêmes problèmes qu'avec les autres solutions à base de formaldéhyde c'est-à-dire une dermatite et une sinusite.

Le formaldéhyde neutre tamponné contient :

- 10 ml de formaldéhyde commercial à 37-40 %
- 90 ml d'eau distillée
- 0,35 g de phosphate monosodique anhydre (H_2PO_4Na)
- 0,65 g de phosphate disodique anhydre (PO_4HNa_2)

On doit s'assurer que les sels de phosphate monosodique et disodique sont vraiment anhydres, sinon il faudra en tenir compte dans les calculs.

2.5.2.4 Formaldéhyde calcium de Baker

10 ml formaldéhyde commercial

90 ml d'eau distillée

2 g d'acétate de calcium (ou 1 g de chlorure de calcium)

Dans cette solution, l'acétate de calcium tamponne la solution à un *p*H d'environ 7,0, ce qui représente un léger avantage par rapport à l'utilisation du chlorure de calcium puisque ce dernier ne fournit pas un *p*H aussi près de la neutralité. Ce mélange convient à la fixation des phospholipides à cause de la présence du calcium, mais il est contre-indiqué pour la recherche du calcium dans le tissu (voir la section 19.3.2) ou pour mettre en évidence les phosphatases alcaline et acide. Le temps de fixation d'un tissu dont l'épaisseur se situe entre 3 et 5 mm peut varier de 1 à 2 jours.

Cette solution peut être employée à la place du formaldéhyde neutre tamponné ou du formaldéhyde salin. Par contre, elle présente les mêmes désavantages que ces produits.

Dans les cas des liquides formaldéhyde salin, formaldéhyde tamponné et formaldéhyde calcium, on obtient une bonne fixation après six heures, à la température ambiante. Ils sont fortement recommandés pour les pièces de musée, car le formaldéhyde à 10 % employé seul est susceptible de former des pigments de formol, non visibles macroscopiquement. Ces trois mélanges sont également de bons fixateurs pour le système nerveux et pour les tissus dont on veut faire l'étude morphologique. Cependant, les uns comme les autres préparent mal à l'histochimie spécialisée et aux colorations en général; il faut post-mordancer les pièces avec le liquide fixateur de Bouin, ou avec un liquide fixateur sublimé comme le Helly, le Zenker ou le B5.

2.5.2.5 Liquide de Conn et Darrow

Ce mélange fixateur est également appelé « formaldéhyde bromure d'ammonium ». Il contient :

15 ml de formaldéhyde commercial à 37-40 %

85 ml d'eau distillée

2 g de NH_4Br (bromure d'ammonium)

Ce mélange sert à fixer les tissus nerveux en prévision de la mise en évidence des astrocytes par les méthodes d'imprégnation à l'argent ou au sublimé d'or. Il est également conseillé pour la mise en évidence des mucopolysaccharides. On obtient une bonne fixation en cinq jours. Ce mélange donne lieu à la formation d'acide bromhydrique, ce qui le rend très acide, c'est-à-dire que son *p*H peut atteindre environ 1,5. Ici encore, on doit procéder à l'élimination du pigment de formol lors de la coloration.

2.5.2.6 Liquide de Gough-Wentworth

10 ml de formaldéhyde commercial à 37-40 %

4 g d'acétate de soude

100 ml d'eau distillée

Dans ce mélange, l'acétate de soude jouera le rôle de tampon. Ce liquide fixateur est utilisé pour fixer le poumon. On injecte le liquide dans le tronc bronchique principal et, lorsque le poumon est dilaté, on le place dans un récipient rempli du même fixateur et on le laisse flotter librement de deux jours à plusieurs semaines; ensuite, on coupe le poumon en tranches de 2 mm d'épaisseur, que l'on laisse dans le bain de fixation pendant une à deux semaines de plus, afin d'arrêter l'activité des enzymes protéolytiques.

2.5.2.7 Formaldéhyde sucrose tamponné

10 ml de formaldéhyde commercial 37-40 %

7,5 g de sucrose

Compléter à 100 ml avec du tampon phosphate *M*/15 à un *p*H de 7,4.

On peut utiliser le formaldéhyde sucrose tamponné pour mettre en évidence les phospholipides, les structures fines et certaines enzymes. On l'utilise à une température de 4 °C, ce qui peut paraître un désavantage, car on doit toujours le garder au réfrigérateur. On peut également l'utiliser pour mettre en évidence les mitochondries et le réticulum endoplasmique. Ce mélange fixateur coûte plus cher que le formaldéhyde neutre tamponné. Il est additif, non coagulant et tolérant.

2.5.2.8 Liquide de Cajal

15 ml de formaldéhyde commercial à 37-40 %

1 g de nitrate d'uranyle

100 ml d'eau distillée

L'épaisseur maximale des pièces ne devrait pas dépasser les 2 mm et la durée de la fixation est d'environ 3 à 4 heures. Après la fixation, on recommande un lavage abondant à l'eau distillée. Ce liquide est excellent pour la mise en évidence de l'appareil de Golgi.

2.5.2.8.1 *Avantages des liquides fixateurs à base de formaldéhyde*

Ces mélanges ne coûtent pas cher et sont faciles à préparer. La formule tamponnée est stable et peut se conserver longtemps.

2.5.2.8.2 *Inconvénients des liquides fixateurs à base de formaldéhyde*

Si l'on utilise des formules non tamponnées, la coloration du cytoplasme (acidophilie) est faible. Le passage dans l'éthanol, lors de la déshydratation, fait subir aux tissus une rétraction importante, qui annule l'avantage du gonflement ou de l'absence de rétraction qu'offre le formaldéhyde. Enfin, il ne faut pas oublier les problèmes qu'entraînent l'acide formique et le paraformaldéhyde.

2.5.3 AUTRES DÉRIVÉS ALDÉHYDES

2.5.3.1 Paraformaldéhyde $(CH_2O)_n$

Le paraformaldéhyde est un polymère de formaldéhyde commercial et il a l'aspect d'une poudre blanche. En solution aqueuse, légèrement alcaline, il se dépolymérise pour donner des monomères de formaldéhyde et représente un excellent fixateur, aussi bien pour les coupes ordinaires incluses dans la paraffine que pour les coupes fines et ultrafines incluses dans le plastique. Il convient aux pièces destinées à la microscopie électronique, car il ne contient que du formaldéhyde pur, sans méthanol ni acide formique. Il s'utilise généralement sous la forme d'une solution tamponnée à 4 % à une température de 4 °C. Le *p*H de la solution tamponnée est d'environ 7,40 à 7,45. Avec certaines méthodes, on ajoute à la solution du chlorure de calcium, ce qui lui confère une action stabilisatrice sur les cytomembranes.

2.5.3.2 Glutaraldéhyde ou dialdéhyde glutarique

La formule chimique de ce réactif est : $OCHCH_2CH_2CH_2CHO$. On peut la représenter également sous la forme suivante :

$$\underset{O}{\overset{H}{C}} — (CH_2)_3 — \underset{H}{\overset{O}{C}}$$

Le glutaraldéhyde est un gaz incolore. Il s'agit d'un dialdéhyde dont le poids moléculaire est 100. Il est constitué de deux résidus de formaldéhyde réunis par une chaîne droite de trois carbones, ce qui signifie que la molécule de glutaraldéhyde est plus grosse et plus lourde que celle du formaldéhyde. Il est préférable de se le procurer sous forme de solution à 25 % plutôt qu'à 50 %, car il est alors plus stable et risque moins de se polymériser ou de se transformer spontanément en gel. Il est plus stable en solution acide (*p*H 3,0 à 5,0) et à une température variant de 0 à 4 °C. Les impuretés qu'il contient, comme l'acroléine, l'éthanol et l'acide glutaraldéhyde, donnent une coloration ambrée à la solution qui, normalement, devrait être incolore. On peut éliminer ces impuretés par l'addition de charbon de noix de coco activé. En outre, le glutaraldéhyde risque de se décomposer en produisant de l'acide glutarique. Ce dernier peut être enlevé si on le précipite d'abord avec du carbonate de baryum. Une fois le précipité formé, on filtrera le tout pour obtenir le glutaraldéhyde utilisable comme fixateur. C'est un excellent fixateur primaire pour les tissus que l'on destine à la microscopie électronique.

On obtient une meilleure fixation avec une concentration de 2,5 % ou de 4 %, que l'on prépare en diluant une solution mère de 25 % avec une solution tampon phosphatée 0,1 *M*, *p*H 7,4. Une telle solution de travail garde un *p*H neutre pendant deux semaines à 20 °C, et pendant trois mois à 4 °C. Le glutaraldéhyde doit donc être tamponné pour servir de liquide fixateur.

Cette solution de travail est utilisée pour les petits fragments de tissus et les biopsies à l'aiguille, qui seront bien fixés en l'espace de deux à quatre heures. Les tissus un peu plus gros, comme ceux de 4 mm d'épaisseur, seront bien fixés en 24 heures, à la température de la pièce; il semble toutefois, selon plusieurs auteurs, que la fixation à basse température soit encore plus efficace. Après la fixation, on transfère les tissus dans de l'alcool éthylique (éthanol) à 70 %, puis on procède à leur déshydratation et à leur inclusion selon les méthodes habituelles.

2.5.3.2.1 *Avantages*

L'utilisation du glutaraldéhyde comporte de nombreux avantages. Cette solution assure en effet une meilleure conservation des cellules et des protéines liquides que ne le fait le formaldéhyde, sans doute en raison de la formation d'un grand nombre de liaisons latérales. Du point de vue macroscopique, la texture du tissu fixé par ce moyen est plus ferme et les couleurs plus accentuées, et le glutaraldéhyde provoque moins de rétraction que le formaldéhyde. Il facilite la coupe de nombreux tissus, en particulier les caillots de sang et le cerveau. Pour les personnes qui le manipulent, il est moins irritant que le formaldéhyde et ne provoque pas de dermatose. Il ne corrode pas les métaux et il offre un grand éventail de colorations courantes ou histochimiques. À cet égard, il donne une bonne définition de la morphologie des mitochondries, du réticulum endoplasmique, du noyau et des membranes cytoplasmiques et nucléaires. Enfin, il ne noircit pas les lipides comme le fait le tétroxyde d'osmium.

2.5.3.2.2 *Inconvénients*

En revanche, l'emploi du glutaraldéhyde impose certaines contraintes qu'il ne faut pas sous-estimer. Tout d'abord, il est coûteux. En outre, il présente certains problèmes de stabilité. Son efficacité est atténuée par le fait qu'il pénètre les tissus plus lentement que le formaldéhyde et qu'il a tendance à réduire la quantité des enzymes tissulaires. Enfin, il est déconseillé de l'utiliser pour la coloration à l'acide périodique de Schiff (APS), car il favorise une addition artificielle des groupements aldéhydes tissulaires.

Son utilisation à basse température (4 °C) ainsi que la nécessité d'entreposer les tissus dans une solution tampon pendant une longue période compliquent l'utilisation de ce liquide fixateur.

2.5.3.3 Hydroxyadialdéhyde et acroléine

Ces deux liquides fixateurs sont également à base d'aldéhyde. Leur formule chimique est la suivante :

– Hydroxyadialdéhyde :

  $OHC\text{-}CH_2\text{-}CH_2\text{-}CH_2\text{-}CHOH\text{-}CHO$

– Acroléine : $CH_2\text{=}CH\text{-}CHO$

Le mode d'action de ces deux liquides fixateurs est semblable à celui du formaldéhyde. Ces agents fixateurs sont surtout utilisés dans le cadre de techniques spécialisées comme la microscopie électronique et l'histoenzymologie.

2.5.4 BICHROMATE DE POTASSIUM ($K_2Cr_2O_7$)

Le bichromate de potassium se présente sous la forme de cristaux d'un rouge orangé et il donne sa coloration aux solutions dans lesquelles il est présent. Le bichromate de potassium est soluble dans l'eau jusqu'à une concentration de 11,7 %. On l'utilise comme fixateur à une concentration de 2,5 %. Il s'agit d'un fixateur non coagulant et additif. Son effet sur le tissu dépend du *p*H de la préparation. Si celui-ci est inférieur à 3,5, l'action du fixateur sera identique à celle de l'acide chromique (voir la section 2.5.11) et, par conséquent, coagulante. Il faut donc maintenir le *p*H au-dessus de 3,5, idéalement à 4,0, pour obtenir les effets optimaux du bichromate de potassium. On classe celui-ci parmi les fixateurs tolérants, mais il faut garder à l'esprit qu'une longue immersion dans ce produit rend les tissus durs et cassants. Après la fixation, il faut laver le tissu à l'eau courante pendant 10 à 12 heures, car son transfert direct dans les alcools de la déshydratation entraîne la formation d'un oxyde insoluble, le pigment de chrome ou chromate (voir la section 2.3.3). Dans la pratique, ce produit n'est jamais utilisé seul, mais plutôt en combinaison avec d'autres produits.

Dans les mélanges fixateurs, le bichromate de potassium se comporte bien avec l'acide picrique, le chlorure mercurique et le tétroxyde d'osmium; mais si on le mélange avec du méthanol, de l'éthanol, de l'acétone ou du formaldéhyde, la solution deviendra trouble à la longue. Par exemple, une solution de bichromate de potassium et de formaldéhyde ne demeurera claire que durant une douzaine d'heures, car le bichromate est un oxydant et le formaldéhyde un réducteur; au delà de ce délai, il se formera donc des précipités non spécifiques et la solution deviendra trouble.

2.5.4.1 Mode d'action

Les sels de chrome en solution aqueuse donnent des complexes Cr–O–Cr et ont une affinité pour les groupements –COOH et –OH des protéines de telle sorte qu'il se forme des complexes entre les molécules de protéines adjacentes. Il s'ensuit une rupture des liaisons internes des sels de la protéine et une augmentation du nombre de groupements basiques réactifs et, de ce fait, une augmentation de l'acidophilie au cours de la coloration.

2.5.4.2 Avantages

Le bichromate de potassium favorise la conservation des phospholipides dans les inclusions à la paraffine, car ces phospholipides, oxydés par le chrome, deviennent moins solubles dans les produits utilisés habituellement au cours de la circulation. Il est d'ailleurs considéré comme l'un des meilleurs fixateurs des lipides. Son action, surtout efficace dans le cas des phospholipides insaturés, peut se faire de trois façons différentes : par l'oxydation des doubles liaisons, par la polymérisation des molécules lipidiques ou par l'addition d'atomes de chrome aux molécules de lipides (ces atomes peuvent agir comme mordant). Recommandé pour la mise en évidence de la myéline, il est également très efficace pour celle des mitochondries, de l'appareil de Golgi et des globules rouges. De par son mode d'action, il augmente l'acidophilie des tissus. Enfin, il n'est pas coûteux (voir le tableau 2.6, page 62).

2.5.4.3 Inconvénients

Le bichromate de potassium présente un certain nombre de désavantages. Comme les fixateurs chromiques pénètrent lentement les tissus, l'épaisseur des coupes ne devrait pas dépasser 2 ou 3 mm. En effet, la fixation d'une pièce de taille moyenne peut prendre jusqu'à 48 heures et l'immersion prolongée du tissu dans le bichromate de potassium le rend dur et cassant. La conservation du glycogène est généralement médiocre, en raison de l'oxydation des groupements 1,2 glycol du glycogène en groupements aldéhydes, et ces derniers peuvent également être oxydés en groupements carboxyles par le $K_2Cr_2O_7$. En outre, le bichromate de potassium est contre-indiqué pour la préservation des glucides et il diminue la basophilie des polysaccharides acides. Il présente des risques élevés pour les personnes qui le manipulent : il peut entraîner l'ulcération des mains et la destruction des membranes de la muqueuse des voies respiratoires. Il n'assure pas la préservation de l'activité enzymatique et il dissout l'ADN, ce qui le rend impropre à la fixation des noyaux. Enfin, les solutions à base de chrome noircissent avec le temps (voir le tableau 2.7, page 62).

Il est à noter que le passage des tissus dans une solution de bichromate de potassium à 2,5 ou 3 %, après une fixation primaire dans le formaldéhyde, s'appelle la postchromisation (voir la section 2.4.4). Après un séjour de 4 à 8 heures dans cette solution, les tissus sont lavés généreusement à l'eau courante, et on procède ensuite à leur déshydratation.

2.5.5 CHLORURE MERCURIQUE ($HgCl_2$)

De tous les fixateurs métalliques, les plus utilisés sont ceux qui contiennent du mercure. Le chlorure mercurique se présente sous la forme de cristaux blancs. Il est soluble jusqu'à 6 ou 7 % dans l'eau et jusqu'à 33 % dans l'alcool. En histotechnologie, on l'utilise comme fixateur à une concentration de 5 % en solution aqueuse; on peut donc dire, théoriquement, que le chlorure mercurique est employé en solution presque saturée. Le chlorure mercurique est un poison et de plus il a une action corrosive : la manipulation de ce produit nécessite une protection de la peau. C'est un fixateur coagulant et additif, et on le considère comme intolérant, car il durcit rapidement les tissus. Il pénètre le tissu rapidement au début, mais cette vitesse de pénétration diminue considérablement après les deux ou trois premiers millimètres d'épaisseur. De ce fait, les grosses pièces deviennent dures et trop fixées à la périphérie, tandis que le centre ne l'est pas assez. On appelle ce phénomène « artéfact de fixation de couche ».

Le chlorure mercurique rétracte beaucoup les tissus et c'est pour cette raison qu'on ne l'utilise jamais seul; on peut toutefois le mélanger avec n'importe quel autre agent fixateur. Ainsi, on le combine le plus souvent avec le formaldéhyde qui, pour sa part, gonfle légèrement les tissus. De plus, la présence du formaldéhyde inhibe la forte tendance à coaguler que présente le chlorure mercurique. Le mélange de formaldéhyde et de chlorure mercurique ne doit se faire qu'au moment de son utilisation, car le formaldéhyde est réducteur et le chlorure mercurique est oxydant : cette solution se détériore donc rapidement et le mercure précipite. Il est à noter que le chlorure mercurique réagit bien avec les protéines à la condition que le *p*H de la solution fixative se situe autour du point isoélectrique de celles-ci.

2.5.5.1 Mode d'action

Les ions mercuriques agissent principalement en se combinant avec les groupes acides (carboxyle - COOH) des protéines, et forment des combinaisons particulièrement fortes avec le radical soufre (SH) de la cystine pour former des mercaptides (voir la figure 2.4).

Ces composés d'addition sont plus ou moins labiles et ne semblent pas avoir d'effet coagulant sur les protéines. Cependant, la présence sur des chaînes protéiques de certains métaux, provenant d'un fixateur métallique par exemple, est susceptible de favoriser l'ancrage de certaines molécules organiques, comme celles des colorants, qui, dans des conditions ordinaires, n'ont pas suffisamment d'affinité pour s'y fixer. Ce phénomène pourrait expliquer, en partie, certaines propriétés de mordançage du chlorure mercurique. L'action du chlorure mercurique sur les lipides est encore mal connue mais ne semble pas très importante; on sait cependant qu'il hydrolyse les plasmalogènes et qu'il forme alors des aldéhydes réactifs, ce qui constitue la base de la réaction plasmale de Feulgen (voir la section 17.4).

2.5.5.2 Avantages

Le chlorure mercurique possède de sérieux avantages. Il est un bon mordanceur en ce sens qu'il favorise la coloration des structures tissulaires et en particulier celle du noyau, grâce à son action sur les nucléoprotéines; en outre, il augmente la charge positive de l'ensemble des éléments du cytoplasme, ce qui favorise l'acidophilie, de sorte qu'il sert souvent de fixateur secondaire. En règle générale, il améliore la coloration du cytoplasme, du noyau et de la membrane nucléaire ainsi que celle du tissu conjonctif. Il améliore donc aussi l'acidophilie et la basophilie naturelles des tissus. Il rehausse la coloration du collagène et est particulièrement conseillé pour la mise en évidence des mucines. Il conserve tous les organites cellulaires, à l'exception des chromosomes, et fixe bien la chromatine de même que les autres structures nucléaires. Il favorise la netteté des colorations métachromatiques (voir le tableau 2.6). La brillance et la clarté des colorations sur les tissus fixés par le chlorure mercurique sont le plus bel effet de son utilisation.

2.5.5.3 Inconvénients

En tant qu'agent fixateur, le chlorure mercurique comporte quelques inconvénients. En effet, il est toxique et très corrosif; on ne peut pas se servir d'objets métalliques pour le conserver ou le manipuler : si on utilise des pinces métalliques, on devra d'abord les recouvrir de paraffine. Les tissus fixés au mercure deviennent radio-opaques, car le $HgCl_2$ se transforme en HgCl qui précipite dans les tissus, de sorte que, dans le cas des tissus osseux, si on prévoit les décalcifier et vérifier la fin de la décalcification au moyen de rayons X, il faut éviter les fixateurs mercuriques,

$$HgCl_2 + HS — \text{protéine} \longleftrightarrow Cl — Hg — S — \text{protéine} + H^+ + Cl$$

Sulfhydryle — Mercaptide

Figure 2.4 *Représentation schématique de la formation de mercaptide.*

car les résultats seraient faussés. De plus, le chlorure mercurique ne convient pas aux lipides en général, ni aux glucides, sauf dans les cas de quelques mucines. Il diminue le glycogène par oxydoréduction des groupements aldéhydes des glucides neutres. Il rétracte les tissus et coagule les protéines tissulaires et les acides nucléiques. Le chlorure mercurique est un fixateur intolérant, car il durcit les tissus. Par ailleurs, c'est un liquide fixateur qui inhibe la congélation des tissus. Enfin, il cause la formation de pigment de mercure, ce qui nécessite le traitement de postfixation. On peut enlever ces pigments avec de l'iode et du thiosulfate, mais on ne peut corriger l'artéfact de fixation de couche qu'il produit dans certaines circonstances (voir le tableau 2.7).

2.5.6 ÉTHANOL (C_2H_5OH)

L'éthanol est un liquide incolore et inflammable dont le point d'ébullition se situe à 78 °C. L'éthanol est miscible avec l'eau en toute proportion. Ce produit n'est pratiquement jamais utilisé seul en tant que liquide fixateur, car il entraîne le rétrécissement ainsi que le durcissement des tissus et des cellules. Si on compte l'employer seul, sa concentration doit être supérieure à 80 %. Autrement, il lysera les globules rouges et les cellules. Malgré le fait qu'il est un excellent fixateur histochimique, l'éthanol sert principalement à la déshydratation des tissus et à la solubilisation de certains colorants, à la fixation de certains tissus devant faire l'objet d'une étude immunoenzymatique, et pour la mise en évidence des enzymes.

En outre, l'éthanol sert de liquide fixateur en cytologie exfoliatrice. Sa concentration varie entre 50 et 90 %. Cependant, la concentration idéale pour cet usage se situe autour de 50 %, car alors il est plus tolérant pour les cellules.

2.5.6.1 Mode d'action

L'éthanol dénature et précipite les protéines en rompant les liaisons hydrogène. Il agit en réduisant les charges électriques des groupements actifs hydratés et diminue par le fait même la constante diélectrique des protéines, d'où la possibilité de rapprochement et l'apparition de ponts intermoléculaires. C'est donc un fixateur coagulant. De plus, il exerce sur les protéines un effet de déshydratation. Il ne coagule pas les nucléoprotéines.

2.5.6.2 Avantages

L'éthanol présente l'avantage de ne laisser aucun additif sur les coupes et de ne pas nécessiter de lavage après la fixation. Il pénètre assez rapidement les tissus. Il préserve le glycogène en le précipitant, quoiqu'il provoque une certaine polarisation. Il préserve également certaines enzymes, comme la phosphatase alcaline. Il fixe bien l'ARN. Il préserve enfin la majorité des pigments, sauf l'hémosidérine où il n'hydrolyse pas la partie ferrique; mais la partie protéinique est coagulée et le fer n'est pas soluble dans l'éthanol. Il insolubilise les éléments minéraux. Il préserve bien les affinités tinctoriales des tissus, qui gardent leur teinte naturelle parce que l'hémoglobine demeure réduite; on considère donc qu'il convient aux tissus à photographier. Il peut servir à la préservation de l'acide urique, à condition d'être utilisé pur. Il sert également comme fixateur en immunohistochimie, car il laisse plusieurs antigènes intacts, ce qui est utile pour les tissus devant subir des études immunoenzymatiques. Enfin, il amorce la déshydratation.

2.5.6.3 Inconvénients

L'utilisation de l'éthanol comme fixateur comporte certains inconvénients. Il rétracte les tissus plus que n'importe quel autre agent fixateur, à l'exception de l'acétone. Il durcit excessivement les tissus. Il dissout la plupart des lipides tels que les triglycérides. De plus, il coagule les protéines mais laisse les nucléoprotéines intactes. La seule action notable qu'il exerce sur les glucides demeure l'insolubilisation du glycogène. Il provoque une distorsion des tissus. Il préserve mal la morphologie des structures. De plus, il n'est pas bon pour les coupes destinées à la congélation sauf si on lave abondamment les pièces pour enlever toute trace d'alcool. Il a peu d'effet sur la coloration des tissus. En mélange, il n'est pas compatible avec les fixateurs au chrome comme le trioxyde de chrome et le bichromate de potassium ni avec le tétroxyde d'osmium.

2.5.7 MÉTHANOL (CH_3OH)

2.5.7.1 Mode d'action

La structure du méthanol est semblable à celle de l'eau, avec laquelle il entre en compétition pour former des liaisons hydrogène, remplaçant ainsi les molécules d'eau dans le tissu. L'alcool diminue la constante électrique et entraîne de ce fait une précipitation des protéines, ce qui amène une modification appelée « dénaturation ». De plus, il perturbe les liaisons hydrophobes, qui sont importantes pour le maintien de la structure tertiaire des protéines. Enfin, il préserve la structure secondaire des protéines.

2.5.7.2 Avantages

Le méthanol est rarement utilisé en histochimie comme fixateur simple. Il est utilisé presque exclusivement pour la fixation des frottis sanguins en hématologie. Par contre, lorsqu'on l'utilise en histochimie, on le considère comme un bon fixateur de l'ARN, parce qu'il préserve la basophilie cytoplasmique.

2.5.7.3 Inconvénients

Il cause un durcissement excessif des tissus et dissout les lipides. De plus, il est toxique.

2.5.8 ACIDE PICRIQUE OU TRINITROPHÉNOL [$C_6H_2(NO_2)_3OH$]

L'acide picrique est vendu sous forme de poudre jaune hydratée. Ce produit est donc soluble dans l'eau jusqu'à une concentration de 1,17 %. Dans l'alcool, sa solubilité atteint une concentration de 5 % et dans le benzène de 10 %. Sous forme anhydre, il a une couleur blanche et il est explosif. En tant que fixateur, en histotechnologie, on l'utilise presque toujours en solution saturée dans l'eau ou dans l'alcool. Toutefois, on ne l'emploie pratiquement jamais seul comme agent fixateur, mais il est compatible avec presque tous les autres fixateurs usuels. Il a la caractéristique de former avec les protéines des composés d'addition que l'on appelle « picrates ». Comme ces picrates sont solubles dans l'eau, on doit traiter les tissus dans l'éthanol à 70 %, immédiatement après la fixation, afin de les insolubiliser en précipitant les protéines. Ces picrates ont un effet de mordançage en ce sens qu'ils augmentent l'affinité tinctoriale des tissus. L'acide picrique se lie chimiquement aux structures tissulaires et forme un complexe insoluble qui les préserve et les retient en même temps. De plus, cette liaison démasque d'autres sites qui peuvent prendre la coloration. Le radical picrate étant anionique, donc chargé négativement, il se lie aux sites cationiques des structures tissulaires; une fois le picrate enlevé, il reste de nombreux sites chargés positivement, dont les propriétés acidophiles se trouvent par conséquent accrues. À l'étape de la coloration, on obtient de meilleurs résultats en particulier s'il s'agit de colorations trichromiques, qui mettent en œuvre des colorants acides. L'inclusion dans la paraffine donne d'excellents résultats quand l'acide picrique est utilisé comme fixateur, ce qui n'est pas du tout le cas dans l'inclusion des tissus dans la nitrocelloïdine.

Étant donné que l'acide picrique possède un pouvoir colorant, on devra faire disparaître des tissus cette teinte jaune avant de procéder à leur coloration. Cette opération est appelée « blanchiment » et se fait généralement lors de la technique de la coloration, immédiatement après l'hydratation des coupes. On peut blanchir les coupes avec du thiosulfate de sodium à 2,5 % ou du carbonate de lithium à 1 %. Par la suite, il est important de bien laver les coupes à l'eau afin d'en éliminer tout le surplus d'agent de blanchiment.

L'acide picrique peut être utilisé à différentes fins, soit comme agent fixateur, comme colorant ou comme agent différenciateur. De plus, il sert à enlever des tissus le pigment de formaldéhyde. Enfin, l'acide picrique est un oxydant et peut servir comme différenciateur dans certaines colorations régressives.

Toutefois, on doit manipuler l'acide picrique avec prudence, car il est toxique. En outre, il peut abîmer les vêtements, et les taches sur la peau demeurent présentes pendant plusieurs jours. L'acide picrique est explosif lorsque sec; on doit donc le conserver sous une couche d'eau, dans une bouteille brune, entreposé dans une armoire réservée aux acides.

2.5.8.1 Mode d'action

Le mécanisme par lequel l'acide picrique coagule les protéines est mal connu. On sait qu'il se lie aux acides aminés en solution et on pense qu'il forme des composés d'addition, des picrates, avec les protéines des tissus, à la condition que le *p*H de la solution se situe entre 1,5 et 2,0. La molécule d'acide picrique est susceptible de se lier aux protéines, par l'intermédiaire des groupes nitrés et de la fonction hydroxyle, pour constituer des ponts intermoléculaires entre les diverses chaînes de protéines. L'acide picrique n'agit pas sur les lipides. Il n'y a pas d'effet de fixation sur les glucides, mais il semble que la façon dont il précipite les protéines permette de rendre le glycogène captif, ce qui le préserve.

2.5.8.2 Avantages

Les avantages de l'acide picrique sont reliés au fait qu'il s'agit d'un fixateur tolérant, à la condition que la durée du séjour des tissus dans ce liquide soit inférieure à 24 heures. On le considère comme le meilleur fixateur du glycogène, car il en assure la préservation. De plus, il augmente l'acidophilie naturelle des structures cytoplasmiques et du tissu dans son ensemble, mais il en diminue également la basophilie. Enfin, il agit comme mordant grâce à la formation de picrates qui favoriseront la coloration. L'acide picrique est un fixateur additif, puisqu'il laisse dans les tissus des mordants et des pigments colorés.

2.5.8.3 Inconvénients

L'acide picrique coagule les protéines et les nucléoprotéines, mais les acides nucléiques, bien que précipités, demeurent solubles dans l'eau. Il n'a aucune action sur les glucides et les lipides. Il hydrolyse l'ADN. Il gonfle les globules rouges et hydrolyse l'hémosidérine. De plus, il peut entraîner la désintégration du cytoplasme, de même qu'une certaine rétraction des tissus. Son pouvoir pénétrant n'est pas très grand. Les tissus qui ont été fixés par cet acide apparaissent très fortement rétractés après l'imprégnation à la paraffine. Même après l'enrobage, une détérioration des structures tissulaires et des problèmes de coloration peuvent survenir dans le cas de tissus fixés depuis longtemps dans l'acide picrique; le phénomène est plus manifeste avec les procédés utilisés en histochimie. Enfin, il faut s'entourer de précautions lorsqu'on en fait usage.

2.5.9 ACIDE ACÉTIQUE (CH_3COOH)

Liquide incolore, miscible avec l'eau et l'alcool et ayant une odeur très particulière, l'acide acétique n'est jamais utilisé seul. Son point d'ébullition se situe à 118 °C et son point de fusion à 16,6 °C, ce qui explique qu'on lui ait donné le surnom d'acide acétique « glacial ». On l'utilise à une concentration d'environ 5 % comme liquide fixateur. On le retrouve dans les bons fixateurs nucléaires composés, c'est pour cette raison qu'on le classe dans cette catégorie. L'acide acétique pénètre rapidement et gonfle les tissus, surtout les fibres de collagène; comme ce gonflement compense la rétraction due à certains fixateurs tels que les sels de mercure et l'alcool, on incorpore cet acide dans un grand nombre de fixateurs complexes. L'acide acétique présente une certaine polyvalence, de sorte qu'on l'emploie souvent dans la composition de solutions colorantes. C'est un fixateur non coagulant.

2.5.9.1 Mode d'action

L'acide acétique ne semble pas fixer les protéines. Par contre, il semble briser certains liens qui retiennent les chaînes protéiques les unes aux autres, surtout celles dont le point isoélectrique se rapproche du *p*H de l'acide acétique. On croit qu'il clive les liaisons dans lesquelles entrent en jeu les protéines, ce qui a pour effet de démasquer des radicaux hydrophiles et de provoquer ainsi le gonflement des tissus, particulièrement les fibres de collagène. Il forme des liaisons intermoléculaires attribuées à une perte d'eau autour des protéines. Il n'a aucun effet sur les lipides et les glucides, mise à part la dissolution de certains d'entre eux.

2.5.9.2 Avantages

Parmi les avantages de l'acide acétique, on compte le fait qu'il fixe très bien la chromatine et qu'il est excellent pour la mise en évidence de la membrane nucléaire. Il coagule les nucléoprotéines ainsi que l'ADN, ce qui constitue un avantage si l'on doit les mettre en évidence. Il préserve bien les chromosomes. Il améliore la coloration des structures nucléaires en augmentant la basophilie. Il préserve les mucines gastriques. Il pénètre rapidement les tissus sans les durcir : il est donc tolérant. Il n'a aucun effet sur le glycogène. Il ne nécessite aucun traitement de postfixation. L'acide acétique est incorporé dans les fixateurs composés parce qu'il gonfle les tissus et qu'il est tolérant.

2.5.9.3 Inconvénients

Au chapitre des désavantages de l'acide acétique, on note le gonflement marqué des tissus, de même que la destruction ou la distorsion de l'appareil de Golgi et des mitochondries. En outre, il dissout le contenu des granules cytoplasmiques des cellules de Paneth. Il dissout également certains lipides et certains glucides. Il détruit les globules rouges et il hydrolyse l'hémosidérine. Mises à part les mucines gastriques, toutes les autres mucines sont précipitées. Si l'acide acétique est utilisé seul comme agent fixateur, les tissus se rétracteront par la suite pendant l'inclusion, ce qui annulera l'effet de gonflement de la fixation. Une exposition chronique aux vapeurs de l'acide acétique peut provoquer l'irritation des yeux, une bronchite chronique et l'érosion de l'émail dentaire.

2.5.10 TÉTROXYDE D'OSMIUM (OsO_4)

Le tétroxyde d'osmium, ou acide osmique, n'est pas utilisé de manière courante en histotechnologie : son coût est élevé, sa vitesse de pénétration est réduite et il confère aux tissus une teinte noirâtre, de sorte qu'il est difficile de recolorer les tissus qui y ont séjourné. Cependant, en raison de ses qualités particulières, on l'utilise beaucoup pour la préservation des structures qu'on veut étudier au microscope électronique. Le tétroxyde d'osmium se réduit facilement en bioxyde d'osmium (OsO_2) sous l'effet d'agents comme la lumière, la chaleur, la poussière ou d'autres agents particuliers. Il est donc très important de l'entreposer dans un endroit propre, frais et sombre, dans des bouteilles de verre ambré. La réduction se traduit par la formation d'un dépôt noir. Ce processus peut être ralenti par l'ajout d'une goutte de chlorure mercurique par 10 ml de solution. La solution se conserve environ une semaine au réfrigérateur. Habituellement, on se sert de l'acide osmique sous forme tamponnée : le *p*H de la solution de travail doit se situer autour de 7,4 et la fixation se fait à basse température, c'est-à-dire entre 0 et 4 °C.

On peut se procurer ce produit dans le commerce, sous forme de cristaux jaune pâle enfermés dans des tubes de verre scellés contenant 0,5 ou 1,0 g. Il est à noter que ce fixateur sert en microscopie électronique et qu'il est l'un des meilleurs fixateurs pour la préservation de l'ultrastructure cellulaire, c'est-à-dire des structures internes de la cellule. Le tétroxyde d'osmium sert de fixateur secondaire en prévision d'études sur les ultrastructures. Les tissus qui ont séjourné dans ce liquide doivent être lavés à l'eau après la fixation, car les résidus de OsO_4 seraient réduits par l'éthanol pendant la déshydratation. En mélange, il est incompatible avec le méthanol, l'éthanol et l'acétone. Il est également incompatible avec le formaldéhyde, mais dans ce cas, la réaction est plus lente.

2.5.10.1 Mode d'action

Avec les constituants tissulaires, le tétroxyde d'osmium forme des composés additifs. Il gélifie les protéines sans les coaguler. Il est non coagulant. Il semble pouvoir réagir avec des groupes réactifs présents sur les diverses chaînes protéiques pour constituer des ponts intermoléculaires. Les fonctions ou les groupes auxquels il peut s'additionner sont, par ordre décroissant de réactivité, les sulfhydriles (–SH), la double liaison carbone-carbone (C=C), la fonction amine terminale ($–NH_2$), les disulfures (S–S), les carbonyles dans les longues chaînes (–CHO), l'hydroxyle terminal (–OH), les hydroxyles adjacents dans des composés aromatiques. Contrairement à la réaction d'addition du tétroxyde d'osmium aux lipides, la réaction avec les protéines ne s'accompagne pas d'un noircissement, c'est-à-dire qu'il n'y a pas production de bioxyde d'osmium (OsO_2). La fixation au tétroxyde d'osmium s'accompagne plutôt d'une perte importante de protéines. Le tétroxyde d'osmium n'agit pas sur les glucides. Il est reconnu comme un excellent fixateur des lipides, avec lesquels il forme des liaisons mono et diester, surtout avec les lipides non saturés, qui se colorent en noir et qui deviennent insolubles et impossibles à extraire par les solvants des graisses, tels l'alcool, le xylol (ou xylène) ou le toluol (ou toluène).

$$OsO_4 \rightarrow OsO_2 \cdot 5H_2O$$

Incolore Noir

2.5.10.2 Avantages

Le tétroxyde d'osmium assure la mise en évidence des lipides non saturés. Il préserve bien l'appareil de Golgi et les autres organites cytoplasmiques. Il est additif, mais cette caractéristique est, sous certains aspects, un élément recherché, car il permet de mieux voir les structures tissulaires et cellulaires en microscopie électronique. Il constitue peut-être le meilleur agent fixateur, car il préserve très bien l'ultrastructure tissulaire et cellulaire. On le considère comme un fixateur tolérant. De plus, en noircissant les structures membranaires, il contribue à les rendre opaques aux électrons, ce qui facilite leur visualisation.

2.5.10.3 Inconvénients

Le tétroxyde d'osmium ne conserve ni les nucléoprotéines ni l'ADN. Son pouvoir de pénétration est lent, il convient donc d'utiliser de petites pièces ne dépassant pas 1 mm d'épaisseur. Il rend les tissus friables, ce qui est accentué par l'inclusion à la paraffine, car il se crée alors des fissures et des espaces dans le bloc. Il rend difficiles les colorations. La verrerie utilisée doit être lavée à l'eau distillée et on doit s'assurer qu'il ne reste aucune trace de savon, ce qui pourrait réduire le tétroxyde d'osmium en bioxyde d'osmium. Ses vapeurs sont toxiques et il est irritant surtout pour les yeux et les membranes muqueuses; en l'occurrence, il peut causer des conjonctivites. On doit donc l'utiliser sous la hotte et travailler avec des gants.

2.5.11 TRIOXYDE DE CHROME (CrO_3) OU ACIDE CHROMIQUE (H_2CrO_4)

L'acide chromique s'obtient à partir du trioxyde de chrome, vendu sous forme de cristaux rouge foncé. Le trioxyde de chrome en solution aqueuse devient de l'acide chromique.

$$CrO_3 + H_2O \rightarrow H_2CrO_4$$

Trioxyde de chrome Eau Acide chromique

On l'utilise en tant que fixateur à une concentration de 2 %. Il est fortement oxydant de sorte qu'il est surtout utilisé dans des mélanges à la condition qu'il ne soit pas en contact avec des agents réducteurs comme le formaldéhyde, l'alcool, le méthanol ou l'acétone, car en présence d'un produit réducteur, il présente un danger d'explosion. Employé seul, il est coagulant à cause de son *p*H acide. Le trioxyde de chrome possède un caractère additif en ce sens qu'il demeure dans les tissus et ce, même après un lavage vigoureux à l'eau courante; il peut donc laisser des pigments de chrome sur les tissus si on les passe directement dans les alcools de la circulation. Enfin, il est tolérant, mais pour une courte période. Après avoir été fixés dans ce type de solution, les tissus doivent être lavés à l'eau courante pendant 2 à 12 heures afin d'éviter que ne se forme un pigment de chrome (voir la section 2.5.4).

2.5.11.1 Avantages

L'acide chromique fixe bien certains lipides, probablement à la suite de l'oxydation des doubles liaisons des lipides non saturés. Il convient aux mitochondries, à l'appareil de Golgi et à la mise en évidence des phases de la mitose. De plus, il est tolérant pendant une courte période (voir le tableau 2.7, page 62).

2.5.11.2 Inconvénients

La vitesse de pénétration du trioxyde de chrome étant faible, il fixera mieux les fragments de tissu de petites tailles. Si les pièces séjournent trop longtemps dans le fixateur, ce dernier tend à décolorer les pigments endogènes comme la mélanine. Il coagule les nucléoprotéines, de même que l'ADN qu'il finit par hydrolyser à la longue. La préservation du glycogène est médiocre. Il diminue la basophilie des polysaccharides et est contre-indiqué pour la préservation des glucides en général, car il les oxyde et entraîne la production de groupements aldéhydes et carboxyles. Enfin, il provoque la rétraction des tissus si le temps de séjour des tissus est trop long (voir le tableau 2.7, page 62). Par ailleurs, il est très toxique et a un effet corrosif sur la peau.

2.5.12 ACÉTONE (CH_3COCH_3)

2.5.12.1 Mode d'action

L'action de l'acétone ressemble à celle de l'éthanol (voir la section 2.5.6), sauf que ce dernier préserve très bien le glycogène alors que l'acétone ne le fait pas. L'acétone est déshydratante, car elle entre en compétition pour se lier aux molécules d'eau. Sa vitesse de pénétration est plus faible que celle de l'éthanol et elle laisse des groupes réactifs intacts.

2.5.12.2 Avantages

Le seul avantage que présente l'acétone est de préserver certaines activités enzymatiques, telles que la phosphatase, si on l'utilise à basse température. De plus, l'acétone possède une certaine polyvalence, car elle peut agir comme déshydratant et comme différenciateur dans la technique de Gram modifiée par Brown et Brenn (voir la section 20.1.1.1). Elle préserve les antigènes cellulaires de surface, ce qui en fait un bon fixateur pour les différentes techniques immunohistochimiques.

2.5.12.3 Inconvénients

L'acétone est lente et volatile. De plus, elle cause le rétrécissement des tissus et les durcit. Elle préserve mal la morphologie tissulaire et elle dissout les lipides. Enfin, elle préserve mal le glycogène.

2.5.13 ACIDE TRICHLORACÉTIQUE (CCl_3COOH)

2.5.13.1 Mode d'action

Dans les ouvrages spécialisés, on mentionne seulement que l'acide trichloracétique précipite les protéines en raison de son *p*H acide.

2.5.13.2 Avantages

Il est utilisé en combinaison avec un fixateur qui rétrécit les tissus afin de compenser son effet de gonflement excessif. Sa pénétration est rapide. Il préserve les glucides et les lipides. De plus, il sert d'agent de décalcification (voir le chapitre 3).

2.5.13.3 Inconvénients

Il dissout les inclusions inorganiques. Il durcit modérément les tissus et gonfle le collagène.

2.5.14 LIQUIDE DE MILLONIG

Le liquide fixateur de Millonig est en réalité un mélange de paraformaldéhyde et de tampon phosphate. Ce mélange est excellent pour la préparation des tissus destinés à la microscopie électronique, car il préserve bien les structures fines. Le temps de la fixation varie de 2 à 16 heures, selon les dimensions et la densité du spécimen tissulaire. Il est préférable de procéder à la fixation à 4 °C. Ce mélange préserve très bien les enzymes et les antigènes, ce qui en fait un bon fixateur en technique immunohistochimique. Après la fixation, on recommande de bien laver les tissus afin d'enlever toute trace de sels tampons, car ceux-ci formeraient des précipités insolubles dans l'alcool lors de la déshydratation. On peut ajouter du glutaraldéhyde à ce mélange, car il a pour effet d'augmenter la préservation des structures intracytoplasmiques telles que les mitochondries.

2.6 FIXATEURS COMPOSÉS

On appelle « fixateur composé » tout mélange d'au moins deux liquides différents dont chacun a une action fixative distincte. La classification de ces fixateurs composés est fonction de leurs usages et de leur action sur les tissus. Ainsi classe-t-on les composés selon trois catégories : les fixateurs microanatomiques, les fixateurs cytologiques et les fixateurs histochimiques.

Il n'existe pas de classification universelle, reconnue et admise par tous les auteurs. D'ailleurs, certains fixateurs simples font partie du tableau des fixateurs composés, ce qui démontre bien la difficulté de classer les différents fixateurs. La classification présentée ci-dessous sert donc essentiellement de point de repère, mais permet également de dégager certaines caractéristiques communes à plusieurs des solutions utilisées pour la préservation des tissus.

Fixateurs microanatomiques

Dans la catégorie des fixateurs composés, on retrouve des fixateurs dont l'action préserve d'abord l'anatomie microscopique du tissu. Les fixateurs microanatomiques servent à préserver l'ensemble des détails structuraux des éléments tissulaires (voir le tableau 2.5). Ces fixateurs assurent également la stabilisation des protéines. Certains fixateurs de routine sont classés dans cette catégorie.

Fixateurs cytologiques

Les fixateurs cytologiques sont ceux qui ont pour effet de préserver les éléments constitutifs du noyau ou du cytoplasme, c'est-à-dire les composantes intracellulaires. Ils conservent les rapports entre la cellule et les produits cellulaires; les cellules demeurent des entités propres. Ces fixateurs stabilisent également les protéines. Cette catégorie de fixateurs se divise en deux classes : les fixateurs cytologiques cytoplasmiques et

Tableau 2.5 CLASSIFICATION DES FIXATEURS SIMPLES ET COMPOSÉS.

CATÉGORIES	FIXATEURS SIMPLES ET COMPOSÉS
Fixateurs microanatomique	- Formaldéhyde salin - Formaldéhyde calcium de Baker - Formaldéhyde neutre tamponné - Éthanol - Formaldéhyde sublimé de Lillie (B5) - Millonig - Formaldéhyde alcool - Bouin - Zenker - Susa - Gendre - Formaldéhyde zinc - Formaldéhyde sucrose tamponné (Holt et Hicks)
Fixateurs cytologiques cytoplasmiques	- Helly - Zenker - Champy - Schaudinn - Regaud - Bouin - Carnoy - Flemming (sans acide)
Fixateurs cytologiques nucléaires	- Carnoy - Bouin - Clarke - Flemming
Fixateurs histochimiques	- Formaldéhyde tamponné - Éthanol - Acétone froide

les fixateurs cytologiques nucléaires (voir le tableau 2.5). On incorpore souvent du tétroxyde d'osmium dans ces liquides fixateurs. De plus, dans les liquides fixateurs cytologiques nucléaires on retrouve souvent de l'acide acétique glacial, car il existe une affinité entre la chromatine nucléaire et cet acide.

Fixateurs histochimiques

Les fixateurs histochimiques ont pour fonction la conservation la plus intacte possible de la composition chimique du tissu, dont les enzymes et certains pigments (voir le tableau 2.5).

2.6.1 FIXATEURS MICROANATOMIQUES

2.6.1.1 Formaldéhyde sublimé de Lillie (B5)

Un fixateur sublimé est un fixateur qui contient du mercure. Le plus utilisé des fixateurs de ce genre est celui de Lillie, que l'on appelle également B5 ou formaldéhyde sublimé acétate de sodium.

La solution mère contient :

6 g de chlorure mercurique

1,25 g d'acétate de sodium

90 ml d'eau distillée

au moment de l'emploi : ajouter 10 ml de formaldéhyde commercial à la solution mère.

L'acétate de sodium sert à équilibrer la pression osmotique entre le tissu et le liquide fixateur.

2.6.1.1.1 *Avantages*

La rapidité d'action du B5 est assez grande, puisqu'il peut fixer un tissu de 2 à 3 mm d'épaisseur en 2 heures environ. Il est préférable d'ajouter le formaldéhyde immédiatement avant l'usage, car ce dernier commence à se détériorer presque aussitôt après la mise en présence du chlorure mercurique. Le processus d'oxydoréduction s'active entre le mercure et le formaldéhyde. Les ions mercuriques ont tendance à se combiner avec les groupements COOH et SH des protéines, ce qui se traduit par une meilleure préservation des protéines. Ce mélange ne cause qu'une distorsion minimale des tissus. Il met bien en évidence les détails nucléaires et cytoplasmiques. Il s'agit également d'un fixateur adéquat pour les techniques immunoenzymatiques et même excellent pour l'immunoperoxydase. On le conseille pour la fixation des ganglions lymphatiques. Il ne cause aucun rétrécissement nucléaire. Sur le plan de la coloration, l'avantage de ce liquide fixateur repose sur le fait qu'il produit de belles colorations brillantes avec les colorants acides (voir les effets du chlorure mercurique à la section 2.5.5).

2.6.1.1.2 *Inconvénients*

En revanche, le B5 est intolérant, si la durée de fixation dépasse 4 heures : il entraîne alors un durcissement et un rétrécissement excessifs et les tissus deviennent friables. Il est souvent difficile de faire de beaux rubans de coupes avec un tel fixateur. Comme le mercure est corrosif, ce fixateur composé est également corrosif et son élimination cause un problème. Il forme des dépôts de fixation, tels que des pigments de formaldéhyde et de mercure. Les coupes n'adhèrent pas toujours bien à la lame de verre et ont souvent tendance à se décoller lors des manipulations faisant partie des différentes techniques de coloration; c'est pourquoi on emploie alors habituellement un adhésif additionnel comme le collodion. Il est important de noter que le collodion agit comme une pellicule perméable qui recouvre la lame et le tissu et qu'il prévient, dans une certaine mesure, le décollement de ce dernier lors des manipulations exigées par les techniques de coloration.

2.6.1.2 Zenker et Helly

Ces deux fixateurs utilisent la même solution mère, qui est communément appelée « solution mère de Zenker ». Elle se compose des ingrédients suivants :

5 g de chlorure mercurique

2,5 g de bichromate de potassium

1 g de sulfate de sodium (ce dernier est facultatif)

compléter à 100 ml avec de l'eau distillée

Cette solution prend une teinte orangée, car elle contient du bichromate de potassium. De plus, tous les produits qui la composent conservent leurs caractéristiques (voir la section 2.5.4, pour le bichromate de potassium et la section 2.5.5 pour le chlorure mercurique).

2.6.1.2.1 *Fixateur de Zenker (Zenker acétique)*

Lorsque l'on emploie l'appellation « fixateur de Zenker », on fait référence au fixateur de Zenker acétique. Ce dernier se compose des solutions suivantes :

- 100 ml de la solution mère de Zenker
- 5 ml d'acide acétique glacial

La tradition veut que l'on ajoute l'acide acétique juste avant de l'utiliser. Cette précaution remonte à plusieurs années, soit à l'époque où on ne pouvait obtenir d'acide acétique sous forme relativement pure comme aujourd'hui. Il était contaminé par de l'acétone ou de l'éthanol, ou par les deux à la fois. Aujourd'hui, on a encore recours à la même pratique, mais pour des raisons différentes : la solution mère peut en effet servir à d'autres fins, par exemple pour fabriquer du fixateur de Helly, dont il est question un peu plus loin; enfin, la solution mère est beaucoup plus stable lorsqu'elle n'est pas en présence d'acide acétique.

Le Zenker acétique fixe les pièces de tissus de 4 à 5 mm d'épaisseur en 12 heures, et les plus petites pièces en 4 heures environ. Après la fixation, on doit éliminer le dépôt de bichromate de potassium en lavant les tissus à l'eau courante pendant 2 à 12 heures avant d'entreprendre la déshydratation et l'élimination du pigment de mercure. On plonge ensuite les pièces dans l'éthanol à 70 %. Le Zenker acétique présente les propriétés d'un mordant; c'est pourquoi on recommande son emploi pour la fixation de pièces que l'on destine à des colorations trichromiques. En outre, ce fixateur est coagulant. Enfin, mis à part les effets du chlorure mercurique et du bichromate de potassium, il faut tenir compte de ceux de l'acide acétique.

a) *Avantages*

Le Zenker acétique pénètre rapidement les deux à trois premiers millimètres de tissus, de sorte qu'il est préférable de ne fixer que de petites pièces de tissus au moyen de cette substance. Le ralentissement qui s'ensuit s'explique par la présence du mercure. Le Zenker acétique préserve bien la chromatine et la membrane nucléaire. Il assure la préservation des lipides, grâce au bichromate de potassium. Il préserve la myéline de même que les mucines acides. Il prépare bien les tissus à l'inclusion à la paraffine. Il assure une bonne conservation des affinités tinctoriales propres à chaque tissu, de sorte que les colorations trichromiques sont plus brillantes. La coloration du cytoplasme par les colorants acides est rehaussée puisque le fixateur de Zenker augmente l'acidophilie tissulaire et cytoplasmique. Il possède de légères propriétés décalcifiantes à cause des acides qu'il contient. Il convient à la fixation du foie, de la rate, des noyaux et du tissu conjonctif (voir le tableau 2.6). On peut donc dire que ce liquide fixateur est excellent pour l'étude morphologique des tissus.

b) *Inconvénients*

Comme tous les autres fixateurs, le Zenker comporte sa part d'inconvénients. Tout d'abord, il est corrosif à cause du mercure qu'il contient, de sorte qu'on ne doit pas l'entreposer dans un bocal ayant un couvercle de métal. Il rétracte les tissus. Il n'est pas recommandé pour la fixation du glycogène. Il lyse les globules rouges et, de ce fait, n'est pas recommandé pour la conservation des organes hématopoïétiques. Le Zenker acétique entraîne la perte de fer ferrique dans les tissus, car son *p*H est très acide à cause de la présence d'acide acétique et d'acide chromique; son *p*H est en effet inférieur à 3,9. De plus, ce mélange détruit les mitochondries ainsi que l'appareil de Golgi en raison de l'acide acétique qu'il contient. Il n'est pas recommandé pour les coupes en congélation. Les tissus ayant séjourné plus de 24 heures dans le Zenker deviennent durs et cassants. On peut néanmoins considérer cette solution comme un fixateur tolérant, mais sur une courte période. Enfin, suivant les opérations et les examens auxquels on destine les tissus, il faut également penser en retirer les pigments de mercure et de chrome (voir le tableau 2.7).

2.6.1.2.2 *Fixateur de Helly (Zenker formaldéhyde)*

Le fixateur de Helly se compose également, pour une part, de la solution mère de Zenker, à laquelle on ajoute le formaldéhyde commercial. Ainsi, la composition du liquide de Helly est la suivante :

- 100 ml de la solution mère de Zenker
- 5 ml de formaldéhyde commercial

On ajoute le formaldéhyde commercial à la solution mère de Zenker juste avant d'en faire usage, car autrement il se produirait une réaction entre le bichromate de potassium (oxydant) et le formaldéhyde (réducteur). La solution de Helly est supérieure à celle de Zenker, car elle donne de meilleurs résultats du fait qu'elle contient du formaldéhyde. On considère qu'une coupe de 2 à 4 mm d'épaisseur est bien fixée après 6 à 24 heures d'immersion, selon la densité du tissu. Après la fixation, il faut laver les pièces à l'eau courante afin de prévenir la formation d'un pigment de chrome. De plus, on doit enlever le pigment de mercure au moyen d'un traitement à l'iode et au thiosulfate. La solution de Helly possède des propriétés de mordançage. Elle est coagulante. Outre les effets du chlorure mercurique et du bichromate de potassium, il faut aussi tenir compte des effets du formaldéhyde.

a) ***Avantages***

Le liquide de Helly présente plusieurs avantages. Il pénètre les tissus rapidement pour le deux ou trois premiers millimètres; on a donc avantage à fixer des pièces de petits formats. Il prépare bien les tissus pour les inclusions à la paraffine et à la celloïdine. Il préserve les organes lymphoïdes et hématopoïétiques, de même que les tissus de la glande pituitaire. Il est excellent pour la conservation du pancréas, de la rate, de la moelle osseuse, des mitochondries et de l'appareil de Golgi. C'est un excellent fixateur cytoplasmique. Enfin, il convient assez bien à la fixation du tissu rénal. Toutefois, il est plus lent que le Zenker acétique (voir le tableau 2.7).

b) ***Inconvénients***

La solution de Helly ne présente malheureusement pas que des avantages. Elle est corrosive, en raison de la présence de mercure. Elle cause la rétraction du tissu. Les tissus fixés au Helly ne peuvent être coupés en congélation, car il est difficile de les congeler. Le Helly ne convient ni à la chromatine ni au glycogène; en présence du formaldéhyde, qui est un agent réducteur, les groupements 1,2 glycol du glycogène sont oxydés en aldéhydes et le dichromate de potassium les transforme en groupements carboxyles, de sorte qu'il devient impossible de mettre en évidence le glycogène. Enfin, le liquide de Helly durcit les tissus, ce qui en fait un fixateur intolérant (voir le tableau 2.7).

2.6.1.3 Susa de Heidenhain

Le liquide fixateur de Susa (Susa de Heidenhain) contient les substances suivantes :

- 4,5 g de chlorure mercurique
- 0,5 g de chlorure de sodium
- 2,0 g d'acide trichloracétique
- 4 ml d'acide acétique glacial
- 20 ml de formaldéhyde commercial
- compléter à 100 ml avec de l'eau distillée

Les pièces de 7 à 8 mm d'épaisseur sont fixées en 12 à 24 heures, alors que les tissus de 3 mm d'épaisseur et moins le sont en 2 à 3 heures. Le liquide de Susa est surtout utilisé lors des biopsies. Il pénètre les tissus rapidement et constitue un bon fixateur microanatomique, sauf dans le cas des globules rouges. Après la fixation, on doit immerger les tissus dans de l'alcool à au moins 95 % afin de prévenir le gonflement excessif du tissu conjonctif. Ce fixateur agit sur les protéines en les coagulant. Comme le liquide de Susa contient du chlorure mercurique, il présente les mêmes avantages et désavantages que ce dernier (voir la section 2.5.5). Il en va de même pour chacun des produits dont se compose ce liquide fixateur, comme le formaldéhyde (section 2.5.1) et l'acide acétique glacial (voir la section 2.5.9).

2.6.1.3.1 *Avantages*

Le liquide de Susa présente plusieurs avantages dont celui de pénétrer les tissus rapidement. Les colorations sont nettes, car il conserve l'affinité tinctoriale des tissus. Comme il contient du chlorure mercurique, il peut servir à postmordancer des tissus fixés au formaldéhyde. Le liquide de Susa n'offre que peu de rétraction tissulaire; le gonflement provoqué par les acides compense la rétraction due au mercure.

Tableau 2.6 AVANTAGES GÉNÉRAUX DES FIXATEURS CHROMIQUES ET MERCURIQUES.

FIXATEURS CHROMIQUES	FIXATEURS MERCURIQUES
- conviennent à la fixation et à la mise en évidence des mitochondries, de l'appareil de Golgi et des phases de la mitose; - fixent adéquatement les globules rouges; - conservent les phospholipides, lesquels deviennent ensuite moins solubles dans les agents de déshydratation et d'éclaircissement; - préservent bien la myéline.	- améliorent la coloration des tissus conjonctifs et des noyaux; - rehaussent la coloration du cytoplasme par les colorants acides; - servent de mordanceurs; - sont excellents pour la fixation de tissus dont la coloration fera ensuite l'objet de photographies : les couleurs seront alors plus brillantes et plus contrastantes; - permettent la réalisation de colorations trichromiques très réussies.

Tableau 2.7 INCONVÉNIENTS GÉNÉRAUX DES FIXATEURS CHROMIQUES ET MERCURIQUES.

FIXATEURS CHROMIQUES	FIXATEURS MERCURIQUES
- pénètrent lentement : les pièces doivent donc être petites et minces; - se dégradent rapidement s'il y a présence de formaldéhyde dans la solution; - peuvent entraîner la formation d'un pigment de chrome, ce qui nécessite un traitement de postfixation; - tendent à décolorer par oxydation les pigments tissulaires endogènes tels que la mélanine si la fixation est prolongée; - ne sont pas indiqués pour la fixation des glucides, qui seraient oxydés; - diminuent la basophile des polysaccharides acides; - diminuent aussi la quantité de liens ioniques.	- sont corrosifs; - si additionnés de formaldéhyde ou d'acide acétique, se détériorent rapidement; - provoquent une rétraction nette des tissus; - diminuent la quantité de glycogène, car le mercure provoque une oxydoréduction; - ralentissent leur vitesse de pénétration des tissus, ce qui donne lieu à un artéfact de fixation de couche; - rendent les tissus durs et cassants si la fixation dure plus de 24 heures; - rendent difficile sinon impossible la coupe en congélation; - rendent les tissus opaques aux rayons X, car un pigment de mercure se forme dans les tissus; - sont additifs et rendent nécessaire le traitement de postfixation.

La solution se conserve très longtemps. En raison des acides qu'il contient, ce mélange amorcera la décalcification (voir le tableau 2.6).

2.6.1.3.2 *Inconvénients*

Ce mélange comporte des inconvénients, comme le fait qu'il soit corrosif, à cause du mercure qu'il contient. Il n'est pas adéquat pour la préservation des globules rouges et ne convient pas très bien aux fibres élastiques. Il réduit le glycogène. De plus, il provoque la formation de pigments de mercure et de formol, ce qui nécessite des traitements de postfixation qu'il ne faut pas négliger. C'est un liquide fixateur intolérant, surtout si la fixation dure plus de 24 heures.

2.6.1.4 Bouin (ou picro-formol acétique)

La solution de Bouin contient :

> 75 ml de solution aqueuse saturée d'acide picrique
>
> 25 ml de formaldéhyde commercial
>
> 5,0 ml d'acide acétique glacial

Les pièces dont la dimension est autour de 5 mm d'épaisseur sont généralement bien fixées en 24 heures. Par contre, les petites pièces de 2 ou 3 mm sont fixées après 2 à 4 heures.

Comme le Bouin se compose d'acide picrique (voir la section 2.5.8), de formaldéhyde (voir la section 2.5.1) et d'acide acétique (voir la section 2.5.9), il réunit toutes les caractéristiques de ces trois substances. Aussitôt que la fixation est terminée, on doit transférer les tissus directement dans de l'alcool éthylique (éthanol) à 70 %, afin d'insolubiliser les picrates et d'enlever l'excès de fixateur. Il faudra ensuite prévoir blanchir les coupes, lors de la coloration, par un passage dans le carbonate de lithium à 1 %.

2.6.1.4.1 *Avantages*

Tout d'abord, il est important de préciser que la solution est stable et qu'on peut donc en préparer de grandes quantités longtemps à l'avance. Le liquide de Bouin pénètre les tissus rapidement et uniformément. Excellent fixateur de routine, il fixe de façon homogène. Comme il contient de l'acide picrique, il est considéré comme l'un des meilleurs produits pour la fixation du glycogène (l'acide picrique emprisonne le glycogène dans les protéines). La rétraction tissulaire qu'il provoque est faible. Excellent fixateur pour les tissus destinés à des colorations trichromiques, le liquide de Bouin est le liquide le plus approprié à une coloration de ce genre. Il est excellent pour la post-fixation des tissus fixés au formaldéhyde. Idéal pour la recherche topographique, et donc l'un des meilleurs fixateurs pour la conservation microanatomique des tissus, le Bouin est indiqué pour la fixation des chromosomes et du tissu conjonctif. L'acide acétique compense l'effet de rétrécissement de l'acide picrique, alors que l'acide picrique en solution saturée inhibe l'effet de durcissement du formaldéhyde. Quand ces trois produits agissent simultanément, il n'y a pas de formation de pigment d'hématéine formaldéhyde (pigment de formol).

2.6.1.4.2 *Inconvénients*

Malgré tous ces aspects positifs, le Bouin possède des défauts. En effet si les tissus y séjournent trop longtemps, c'est-à-dire au-delà de 24 heures, ils deviennent durs et cassants : on dit donc qu'il est intolérant à la longue. Il altère les lipides qualitativement et quantitativement. Il ne conserve pas les mitochondries ni l'appareil de Golgi et entraîne la distorsion ou la dissolution de certains organites cytoplasmiques. Il hydrolyse les nucléoprotéines de sorte que la coloration nucléaire, à la longue, s'estompe et disparaît. Il détruit les globules rouges et provoque la perte du fer ferrique par hydrolyse de l'hémosidérine; il est donc à déconseiller pour la fixation des organes hématopoïétiques, comme la rate, le rein et la moelle. On ne le recommande pas pour la recherche des acides nucléiques, ni pour la fixation des tissus rénaux : en effet, l'anse de Henle et la membrane glomérulaire seront détruites. De plus, il diminue l'ADN. Enfin, il ne convient pas aux tissus que l'on veut congeler en vue d'une coupe au cryotome.

2.6.1.5 Formaldéhyde zinc

Ce liquide composé contient :

> 10 g de sulfate de zinc
>
> 370 ml de formaldéhyde commercial
>
> 630 ml d'eau distillée

Divers sels de métaux lourds, comme le plomb, le manganèse et le zinc, ont été introduits dans des liquides fixateurs destinés à préserver certaines structures riches en mucopolysaccharides acides et en phospholipides. Les sels de métaux lourds forment avec ce type de lipides des complexes insolubles, capables de résister par la suite aux solvants utilisés lors des opérations précédant l'inclusion à la paraffine. Le formaldéhyde n'a aucun effet fixateur sur les lipides en général (voir la section 2.5.1). Si l'on doit mettre en évidence les mucines acides, il est préférable d'y ajouter un sel de métal lourd, comme le zinc.

2.6.1.5.1 *Avantages*

Les ions Zn^{++} ont tendance à stabiliser les macromolécules. Ce mélange ne cause pratiquement pas de distorsion. Il met bien en évidence les détails nucléaires et cytoplasmiques. Il prépare très bien les tissus qui seront soumis à des études immunoenzymatiques ou à des colorations trichromiques. C'est un bon fixateur pour les ganglions lymphatiques. Certains auteurs disent qu'il peut remplacer le fixateur sublimé de Lillie (B5), car il est moins toxique que les fixateurs à base de mercure. Le formaldéhyde zinc peut être utilisé dans un circulateur automatique sans endommager la cuve de traitement ni les valves.

2.6.1.5.2 *Inconvénients*

S'il entre en contact avec des phosphates, le formaldéhyde zinc forme un précipité, c'est-à-dire des sels de phosphates insolubles. Il peut également former un dépôt de fixation, c'est-à-dire un pigment de formaldéhyde.

2.6.2 FIXATEURS CYTOLOGIQUES

2.6.2.1 Liquide de Carnoy

Le liquide fixateur de Carnoy est constitué de :

- 60 ml d'éthanol absolu
- 30 ml de chloroforme
- 10 ml d'acide acétique glacial

Le liquide de Carnoy est le seul fixateur alcoolique employé en histopathologie. Il sert surtout dans les cas de diagnostics extemporanés, c'est-à-dire urgents. En effet, il peut fixer une pièce de dimension normale de 5 mm d'épaisseur en 2 à 3 heures et une petite pièce de 1 à 2 mm en 15 à 30 minutes. Il est non additif, intolérant et coagulant.

2.6.2.1.1 *Avantages*

Le liquide de Carnoy est excellent pour la fixation des petits fragments de tissus, comme les pièces provenant de curetages. De plus, il amorce la déshydratation en raison de l'alcool qu'il contient. Il convient bien au glycogène, mais, tout comme la majorité des liquides fixateurs qui contiennent de l'alcool, il risque de susciter une polarisation du glycogène, c'est-à-dire un effet de fuite, si le temps de fixation est trop long. La coloration du noyau fixé au liquide de Carnoy est très efficace. Il est excellent pour la mise en évidence des chromosomes et des corps de Nissl. De plus, aucun traitement particulier n'est nécessaire après la fixation.

2.6.2.1.2 *Inconvénients*

Le liquide de Carnoy provoque une rétraction assez marquée des tissus. Il dissout les lipides et la myéline. Il est à éviter si l'on doit mettre en évidence le bacille de la tuberculose, car il dissout la capsule lipidique du bacille et la coloration de Ziehl-Nelseen est alors sans valeur (voir la section 20.2.1.2). Il lyse les globules rouges. Il n'est pas à conseiller pour la coupe sous congélation.

2.6.2.2 Liquide de Regaud

Le liquide de Regaud contient :

- 80 ml de bichromate de potassium à 3 %
- 20 ml de formaldéhyde commercial

2.6.2.2.1 *Avantages*

Le liquide de Regaud préserve les réactions chromaffines des glandes surrénales, si le *p*H de la solution est d'environ 5,8. Il pénètre les tissus uniformément et rapidement. Il peut convenir à la fixation des mitochondries si la postfixation se fait dans un fixateur chromique (voir la section 2.5.4).

2.6.2.2.2 *Inconvénients*

Par contre, le liquide de Regaud est instable, en raison du phénomène d'oxydoréduction qui se produit entre le bichromate de potassium et le formaldéhyde. Ce fixateur est intolérant.

2.6.2.3 Liquide de Champy

Le liquide fixateur de Champy contient :

- 35 ml de bichromate de potassium à 3 %
- 35 ml d'acide chromique à 1 %
- 20 ml de tétroxyde d'osmium à 2 %

2.6.2.3.1 *Avantages*

Le liquide de Champy préserve bien les mitochondries, l'appareil de Golgi et les graisses.

2.6.2.3.2 *Inconvénients*

Le liquide de Champy pénètre mal : il fixe de manière incorrecte le centre du tissu et en noircit la périphérie. On recommande de ne l'utiliser que pour fixer de petites pièces et de laver abondamment les tissus après la fixation, car il y a risque de formation de pigments insolubles de chrome. La solution est instable : elle se détériore rapidement. Enfin, il s'agit d'un produit coûteux.

2.6.2.4 Liquide de Flemming

Le fixateur composé de Flemming peut être utilisé avec ou sans acide acétique.

2.6.2.4.1 *Flemming sans acide acétique*

Le liquide fixateur de Flemming sans acide acétique contient :

- 80 ml d'acide chromique aqueux à 1 %
- 20 ml de tétroxyde d'osmium à 2 %

a) ***Avantages***

Il convient aux structures destinées à la microscopie électronique et il préserve les mitochondries. Il sert souvent de fixateur secondaire après le glutaraldéhyde (voir la section 2.5.3.2). Il conserve très bien la myéline des nerfs périphériques. Il noircit les lipides et, de ce fait, les met en évidence. Le fait qu'on l'utilise en très petites quantités, c'est-à-dire pour des pièces de petite taille (inférieure à 2 mm d'épaisseur), constitue son principal avantage.

b) ***Inconvénients***

Il faut préparer la solution juste avant d'en faire usage, car il ne se conserve pas longtemps. Il pénètre lentement et inégalement les tissus; ceux-ci ne doivent donc pas dépasser les 2 à 3 mm d'épaisseur. La périphérie des tissus est noire et le centre du tissu n'est pas bien fixé. Dans le cas des petites pièces, le temps de la fixation varie de 24 à 48 heures. Après la fixation, il faut laver généreusement les tissus à l'eau courante et, ensuite, les immerger dans de l'éthanol à 80 %. Il est intolérant, coagulant et additif.

2.6.2.4.2 *Flemming avec acide acétique*

Pour fabriquer le fixateur de Flemming avec acide acétique, on ajoute à l'acide chromique et au tétroxyde d'osmium, de l'acide acétique glacial.

a) ***Avantages***

Il s'agit d'un excellent fixateur nucléaire. Il préserve très bien les chromosomes. Il fixe les lipides et les met en évidence. Seule une petite quantité de liquide fixateur est requise étant donné la petite taille des pièces.

b) ***Inconvénients***

Ce fixateur présente les mêmes désavantages que la solution de Flemming sans acide acétique glacial. En outre, il ne préserve pas les mitochondries.

2.6.2.5 Liquide de Gendre

Le liquide fixateur de Gendre contient :

- 85 ml d'alcool éthylique (éthanol) à 90 % saturé d'acide picrique
- 10 ml de formaldéhyde commercial
- 5 ml d'acide acétique glacial

Le liquide fixateur de Gendre est intolérant, additif et coagulant.

2.6.2.6 Liquide de Bouin-Hollande

Le liquide fixateur de Bouin-Hollande contient :

- 2,5 g d'acétate de cuivre dans 100 ml d'eau distillée
- 4 g d'acide picrique
- 10 ml de formaldéhyde commercial
- 1,5 ml d'acide acétique glacial

L'acétate de cuivre dans ce mélange agit comme tampon. Ce liquide fixateur est coagulant, tolérant et additif.

2.6.2.7 Liquide de Brasil (Duboscq-Brasil)

Le fixateur de Brasil s'appelle également le Bouin alcoolique et contient :

30 ml de formaldéhyde commercial

0,5 g d'acide picrique

75 ml d'alcool éthylique (éthanol) à 80 %

5 ml d'acide trichloracétique (facultatif)

Quand l'acide trichloracétique est présent dans la solution, on parle alors de la solution de picroformol trichloracétique de Bouin.

Avantages

Ce fixateur est meilleur et moins tachant que le Bouin. Il convient bien aux biopsies chirurgicales, surtout les biopsies rénales. L'acide trichloracétique présent dans la solution fixative amorce la décalcification. C'est l'un des meilleurs produits pour la fixation du glycogène.

Inconvénients

Malgré une certaine supériorité par rapport au Bouin, le liquide de Brasil présente cependant les mêmes désavantages (voir la section 2.6.1.4). Il est additif, intolérant et coagulant.

2.6.2.8 Liquide de Schaudinn (ou alcool sublimé de Schaudinn)

Le liquide fixateur de Schaudinn contient :

33 ml d'éthanol absolu

66 ml d'une solution aqueuse saturée de chlorure mercurique

Avantages

Ce produit est excellent pour la fixation cytologique. Il fixe tout aussi bien les frottis humides. Le temps de fixation peut varier de 5 à 30 minutes.

Inconvénients

Il laisse des pigments de mercure, donc il est additif et par le fait même corrosif.

2.6.2.9 Liquide de Clarke

Le liquide fixateur de Clarke contient :

75 ml d'éthanol à 95 %

25 ml d'acide acétique glacial

2.6.2.9.1 *Avantages*

Le liquide de Clarke offre une très bonne fixation des structures nucléaires. Il convient bien aux frottis ainsi qu'aux cellules dont on doit faire la culture. Il préserve bien les chromosomes.

2.6.2.9.2 ***Inconvénients***

Le liquide fixateur de Clarke ne présente pas de désavantages.

2.6.3 FIXATEURS HISTOCHIMIQUES

Parmi les principaux fixateurs histochimiques, on trouve le formaldéhyde neutre tamponné, dont il est question à la section 2.5.2.3, l'alcool éthylique (éthanol), que l'on décrit à la section 2.5.6, et l'acétone froide, dont les caractéristiques sont présentées à la section 2.5.12.

2.7 FIXATEURS COMMERCIAUX

De nos jours, il arrive fréquemment que des laboratoires d'histotechnologie se procurent sur le marché des solutions déjà préparées, offertes par certaines compagnies. Parmi ces produits, on trouve, entre autres, le Perfix, le Tissufix n° 2, le formaldéhyde sulfate de zinc de Mayo. Est-il nécessaire de préciser que les fabricants en gardent jalousement la recette? En règle générale, ces produits sont excellents pour les colorations de routine. En revanche, ils ont en commun trois caractéristiques qu'il vaut mieux avoir présentes à l'esprit : premièrement, ils sont plus coûteux que ceux que l'on fabrique soi-même; deuxièmement, on devrait en vérifier la qualité avant toute utilisation sur des tissus destinés à subir des traitements particuliers, tels que colorations spéciales, examens au microscope électronique, examens en fluorescence, etc.; troisièmement, ils peuvent contenir des additifs susceptibles d'entraîner des effets dommageables pour les appareils de laboratoire, soit la corrosion, la production de dépôts, etc.

2.8 PRÉSERVATION ET ENTREPOSAGE DES TISSUS

On entrepose généralement les tissus fixés au formaldéhyde dans les contenants mêmes où ils ont été fixés. Un entreposage prolongé dans les solutions de formaldéhyde tamponné ou non tamponné fait progressivement disparaître les affinités tinctoriales. Pour un entreposage de longue durée, on obtient une meilleure préservation des affinités tinctoriales en utilisant de l'éthanol à 70 % ou du diéthylène glycol à 15 %.

Il est préférable de conserver le tissu dans un bloc de paraffine (après la circulation), plutôt que dans un état humide, c'est-à-dire dans un liquide fixateur (même si on le dit universel). Si la pièce de tissu doit demeurer hydratée, il faut absolument éviter les fixateurs intolérants comme le B5, le Carnoy, le Zenker, le Bouin ou le glutaraldéhyde.

2.9 MÉTHODES D'APPLICATION DES FIXATEURS CHIMIQUES

L'application des fixateurs chimiques se fait principalement selon trois méthodes : à la vapeur, par perfusion ou par immersion.

2.9.1 FIXATION À LA VAPEUR

Dans un espace clos et ventilé, on chauffe une solution fixatrice en présence du tissu. Les vapeurs du liquide viennent fixer le tissu sans que l'on ait à mettre celui-ci en contact avec le solvant du fixateur. La fixation à la vapeur ne peut être efficace que dans le cas de spécimens de très petite taille. De fait, on utilise ce procédé pour fixer des coupes faites au cryotome ou des coupes qui ont subi une cryodessiccation. Tous les fixateurs ne se prêtent pas à ce procédé, l'agent choisi devant être volatil. Les solutions généralement utilisées à cette fin sont les aldéhydes, comme le formaldéhyde, le glutaraldéhyde et l'acétaldéhyde. On chauffe le produit choisi à environ 80 °C, puis on place le tissu au-dessus du liquide, dans la vapeur, pour que celle-ci le traverse. Cette méthode est rarement utilisée.

2.9.2 FIXATION PAR LA PERFUSION

Cette méthode a pour objet de faire pénétrer le fixateur dans le tissu le plus rapidement et le mieux possible. Cela a mené à la mise au point de techniques d'injection de fixateurs dans le réseau sanguin d'un animal encore vivant et sous anesthésie. De cette manière, on réduit presque complètement le délai entre le moment où la cellule change d'environnement et celui où elle entre en contact avec l'agent fixateur. Cependant, le volume de liquide que peut contenir le réseau vasculaire d'un animal ou d'un organe ne permet pas de faire une fixation complète des tissus; on doit, par conséquent, toujours faire suivre la perfusion d'un organe par son immersion dans une quantité appropriée de liquide fixateur, afin d'en compléter la fixation. À titre d'exemple, le poumon est un organe qui se prête bien à la perfusion : le liquide fixateur, injecté dans les bronches, prend la place de l'air.

2.9.3 FIXATION PAR IMMERSION

On immerge le tissu dans un volume adéquat de liquide fixateur. Il est important de ne jamais verser le liquide sur le tissu, ce qui risquerait de déplacer des substances tissulaires ou cellulaires. Il faut plonger le tissu dans la solution déjà préparée. C'est de cette façon que l'on procède habituellement dans les laboratoires cliniques.

2.10 FIXATEURS ET COLORANTS

Il n'existe pas de fixateur qui prépare les tissus à l'utilisation de tous les colorants. Certains fixateurs peuvent agir comme mordants à l'endroit d'un groupe de colorants et en inhiber un autre groupe. En général, le formaldéhyde neutre tamponné, le Zenker, le Helly, le Bouin, le Carnoy et le Susa conviennent à un large éventail de colorants. Le Zenker et le Helly nécessitent le lavage abondant des tissus à l'eau courante afin d'éliminer l'excès de fixateur, de prévenir la formation de pigments de chrome et de donner lieu à une meilleure coloration. Les liquides fixateurs qui donneront les meilleurs résultats lors d'une coloration trichromique sont le liquide de

Bouin, pour les trichromes en général, et plus particulièrement le Zenker ou le Helly pour le trichrome de Mallory. Une fixation prolongée dans le formaldéhyde a tendance à inhiber l'éosine. Les fixateurs mercuriels renforcent la coloration des noyaux et des détails cellulaires.

2.11 ARTÉFACTS RELIÉS À LA POSTFIXATION

L'étape de la fixation et de la post-fixation est propice à l'apparition d'artéfacts, dont les principaux sont évidemment les pigments (voir le tableau 2.8). De plus, il y a l'effet de fuite, phénomène particulier au glycogène, qui survient en présence de fixateurs alcooliques (voir la section 2.1.4.1).

On doit également porter une attention particulière à la pseudocalcification. En effet, tous les fixateurs qui contiennent du calcium peuvent laisser dans le tissu un dépôt de calcium, que l'on interprétera faussement comme un site de calcification.

Il y a enfin l'altération du tissu sous l'effet de l'acide picrique, dans les blocs de paraffine. En effet, l'acide picrique qui imprègne encore le tissu après l'enrobage continue d'agir avec le temps et entraîne un durcissement des tissus et une diminution des affinités tinctoriales.

2.12 FIXATION PHYSIQUE

La fixation par des moyens physiques englobe la fixation par la chaleur, la dessiccation et, bien sûr, la congélation par le cryotome. Ce dernier procédé sera abordé dans le chapitre traitant de la microtomie (voir le chapitre 6).

2.12.1 CHALEUR

La fixation par la chaleur consiste à placer les tissus dans un four, à environ 80 °C. Ce traitement provoque la coagulation des protéines; en revanche, il modifie l'organisation moléculaire et suscite la production de nombreux artéfacts. Cette méthode n'est pas pratique pour les gros spécimens, puisque la chaleur pénètre de manière inégale. Ainsi, est-elle très peu utilisée.

Plusieurs auteurs prétendent que la fixation aux micro-ondes est supérieure à la méthode actuelle au-dessus de la flamme. Parmi les inconvénients de la fixation aux micro-ondes, mentionnons le peu de connaissances dont on dispose actuellement, la technique étant encore trop récente, mais aussi les difficultés entourant la définition de normes adéquates en matière de durée et de température.

2.12.2 DESSICCATION

La dessiccation a pour but de déshydrater un tissu, de le priver de l'eau qu'il contient, ce qui se traduit par l'arrêt de toute réaction enzymatique. Le recours à cette méthode permet de procéder à l'inclusion du tissu dans la paraffine sans devoir le passer auparavant dans des agents fixateurs ou des solvants chimiques, lesquels causeraient des modifications. Il existe

Tableau 2.8 PRINCIPAUX PIGMENTS ARTÉFACTUELS RELIÉS À LA FIXATION OU À LA POSTFIXATION.

TYPE DE PIGMENT	CARACTÉRISTIQUES	MÉTHODE D'ÉLIMINATION
Pigment de formaldéhyde	Granulations brun foncé ou jaunes avec une biréfringence	Solution alcoolique saturée d'acide picrique
Pigment de mercure	Cristaux brun foncé, non réfringents	Solution d'iode alcoolique; thiosulfate de sodium
Pigment de chrome	Petits dépôts jaune-brun	Lavage abondant à l'eau courante avant la circulation ou passage dans de l'alcool-acide lors de la coloration.

trois façons d'effectuer la dessiccation d'une pièce : la dessiccation à la température ambiante, la congélation-dessiccation (cryodessiccation) et la congélation-dissolution.

2.12.2.1 *Dessiccation à la température ambiante*

La dessiccation à la température ambiante sert à fixer les frottis sanguins et bactériologiques, de même que les frottis de moelle et d'empreintes d'organes, et certains liquides biologiques comme le sperme. Cependant, la dénaturation des protéines n'y est pas complète et, pour compenser, on doit utiliser un colorant auquel un fixateur a été ajouté, par exemple un colorant neutre dissous dans l'alcool méthylique (méthanol). La dessiccation s'obtient en étalant le spécimen sur une lame de verre et en le laissant sécher.

2.12.2.2 *Congélation-dessiccation (cryodessiccation)*

La cryodessiccation est idéale pour les études histochimiques. Le principe de base consiste à obtenir le « séchage à froid » du tissu en sublimant l'eau qu'il contient. Il ne s'agit pas à proprement parler d'une méthode de fixation, puisque la chimie du tissu est modifiée de façon minimale. Cette méthode comprend trois étapes dont la congélation brusque ou *quenching*, la sublimation et un traitement ultérieur tel que la fixation à la vapeur d'aldéhyde.

Congélation brusque (quenching)

La congélation brusque du tissu a deux utilités : elle interrompt toutes les réactions chimiques du tissu, y compris l'autolyse, et augmente sa viscosité, ce qui réduit la diffusion des substances à presque zéro. La pratique la plus courante consiste à plonger le tissu dans de l'isopentane, dont le point congélation est à –190 °C, refroidi à –165 °C au moyen d'azote liquide.

Sublimation

La sublimation permet à l'eau présente à l'état solide dans le tissu de passer directement à l'état de vapeur. Pour que la transformation se produise, les molécules d'eau ont besoin d'un apport d'énergie. On chauffe donc le tissu jusqu'à ce que la température passe de –190 °C à –30 °C. Le processus de sublimation ne peut se poursuivre que si la pression de vapeurs est beaucoup plus importante à la périphérie du tissu non encore séché que dans l'environnement. Ce gradient ne peut être maintenu que si l'on évacue les vapeurs d'eau au fur et à mesure qu'elles sont produites. Pour y parvenir, on a recours à plusieurs artifices comme le vide, les « pièges » à vapeurs d'eau, les matériaux refroidis à l'azote liquide sur lesquels vont se cristalliser les vapeurs d'eau, et enfin, les agents chimiques desséchants.

Traitement ultérieur

Le traitement ultérieur consiste à laisser la température augmenter et attendre que l'air pénètre dans l'enceinte, puis à fixer le tissu à la vapeur ou à l'imprégner à la paraffine. Si on effectue le traitement ultérieur alors que le tissu est encore froid, celui-ci se rétractera de façon importante. La meilleure méthode de fixation semble être d'exposer le tissu aux vapeurs de formaldéhyde chauffé à 50, 60 ou 80 °C pendant 1 à 3 heures. En ce qui concerne les méthodes d'inclusion, les plus recommandées sont l'inclusion à la paraffine et le double enrobage.

a) _Avantages_

La cryodessiccation présente un intérêt incontestable, car elle permet d'obtenir des coupes fines et régulières avec un minimum d'altérations tissulaires et ce, sans utilisation d'agents chimiques tels que les fixateurs et les solvants. De plus, les recherches histoenzymatiques donnent de bons résultats avec cette technique, car les enzymes demeurent intacts. On peut également conserver indéfiniment les blocs sans fixation préalable. On dit que le *quenching* sert de substitut à la fixation. Aucune diffusion de substances ne se produit. De plus, il n'y a pas d'altération du tissu et les lipides sont conservés. Cette méthode convient aux protéines et préserve très bien le glycogène. Les glucides sont mieux conservés par cette méthode si l'on utilise du carbowax pour l'imprégnation et l'inclusion (voir la section 4.2.3.2.2). De plus, la cryodessiccation préserve très bien les catécholamines et la sérotonine.

b) _Inconvénients_

La méthode n'est toutefois pas à l'abri des critiques, car la congélation est un procédé de fixation, et à ce titre elle entraîne la formation de liaisons nouvelles entre les molécules protéiques, probablement en raison de la disparition de l'eau; cela s'accompagne d'une modification très légère de la réactivité des chaînes protéiques. Les tissus nerveux très riches en eau sont ceux qui semblent les plus affectés par ces modifications. En outre, il s'agit d'une méthode plus difficile à appliquer à la perfection, et ces difficultés suffisent pour qu'elle ne soit pas utilisée de façon courante. Enfin, puisque la science n'échappe pas aux coupures budgétaires, le coût excessif de l'appareillage constitue un obstacle important à son utilisation.

2.12.2.3 *Congélation-dissolution*

La congélation-dissolution ou la congélation-substitution a pour objet d'enlever l'eau du tissu tout en y conservant les substances solubles dans l'eau. On se sert du fait que les cristaux de glace sont solubles dans des solvants miscibles à l'eau pour déshydrater des tissus congelés. On peut obtenir une simple déshydratation ou une déshydratation et une fixation simultanées. Cela dépend de l'agent utilisé et de la température; par exemple, l'éthanol pur à –70 °C déshydratera le tissu sans le fixer. De même, il est très difficile de se prononcer sur le taux de fixation obtenu avec les liquides fixateurs habituels aux températures où l'on travaille (–65 °C et moins), en comparaison du taux obtenu à la température ambiante. Cependant, il est certain que le processus est fortement ralenti.

De nombreux travaux ont été effectués afin de déterminer la température idéale et le solvant le plus adéquat. Bien qu'on travaille à des températures qui varient de –20 °C à –110 °C, on s'accorde aujourd'hui pour dire que –65 °C est la température maximale acceptable. Quant aux solvants, on en a essayé plusieurs, comme l'éthanol, le propylène glycol, l'acétone et le méthyle collosolve, mais aucun d'eux n'a fait l'unanimité. Le choix doit se faire selon l'expérience de l'utilisateur et l'élément à mettre en évidence.

Tableau 2.9 RÉSUMÉ DES PROPRIÉTÉS DES PRINCIPAUX LIQUIDES FIXATEURS.

	Éthanol Méthanol Acétone	**Acide acétique**	**Acide trichloracétique**	**Acide picrique**	**Formaldéhyde**	**Glutaraldéhyde**	**Chlorure mercurique**	**Bichromate de potassium *p*H de 3,5 et moins**	**Bichromate de potassium *p*H de 3,5 et plus**	**Tétroxyde d'osmium**
Concentration	70 à 100 %	5 à 35 %	2 à 5 %	0,5 à 5 % (presque saturé)	2 à 4 % p/v ou 10 % v/v	0,25 à 4 %	3 à 6 %	0,2 à 0,8 %	1 à 5 % (presque saturé)	0,5 à 2 %
Vitesse de pénétration	Rapide	Rapide	Rapide	Lente	Assez rapide	Lente	Assez rapide	Lente	Assez rapide	Lente
Effet sur les protéines	Non additif et coagulant	Aucun	Non additif et coagulant	Additif et coagulant	Additif et non coagulant	Additif et non coagulant	Additif et coagulant	Additif et coagulant	Additif et non coagulant	Non coagulant
Action sur les acides nucléiques	Aucune	Précipite	En extrait quelques-uns	Hydrolyse partiellement	Légère extraction	Légère extraction	Coagule	Coagule avec hydrolyse	En extrait quelques-uns	Légère extraction
Effet sur les glucides	Aucun *	Aucun	Aucun	Aucun **	Aucun	Aucun	Aucun	Oxydation	Aucun	Oxydation possible
Effet sur les lipides	Extraction légère	Aucun	Aucun	Aucun	Aucun	Aucun	Aucun	Oxydation	Aucun	Oxydation
Effet sur les enzymes	À basse température, il en préserve	Inhibe	Inhibe	Inhibe	À basse température, il en préserve	La plupart sont inhibées	Inhibe	Inhibe	Inhibe	Inhibe
Effet sur les organites	Détruit	Détruit	Préserve	Distorsion	Préserve	Préserve bien	Préserve	Distorsion	Légère distorsion	Préserve bien
Effet sur les colorants anioniques	Satisfaisant	Médiocre	Satisfaisant	Bon	Médiocre	Médiocre	Bon	Satisfaisant	Satisfaisant	Satisfaisant ***
Effet sur les colorants cationiques	Satisfaisant	Bon	Bon	Satisfaisant	Bon	Satisfaisant	Bon	Satisfaisant	Satisfaisant	Satisfaisant ***

* L'éthanol précipite le glycogène par polarisation cellulaire.

** L'acide picrique emprisonne une certaine quantité de glycogène à travers les protéines précipitées.

*** Le tétroxyde d'osmium perturbe beaucoup de liaisons chimiques. Il en résulte que les colorations sont souvent compromises. Il est surtout utilisé pour la microscopie électronique.

Tableau 2.10 LES FIXATEURS LES PLUS COURANTS ET LEURS USAGES.

Fixateurs de base	**Nom**	**Ingrédients complémentaires**	**Usages** **HG = histologie générale** **HC = histochimie**
Formaldéhyde	Formaldéhyde à 10 % neutre	Carbonate de calcium	HG : travail courant; système nerveux; réserve HC : lipides, protéines, sérotonine
	Formaldéhyde salin	Chlorure de sodium	HG : système nerveux
	Formaldéhyde de Baker	Chlorure de calcium	HG : (voir formaldéhyde neutre) HC : lipides (phospholipides)
	Formaldéhyde neutre de Lillie	Tampon phosphate avec *p*H 7,0	HG : (voir formaldéhyde neutre) HC : lipides (voir formaldéhyde neutre)
Formaldéhyde et acide picrique	Bouin	Acide acétique	HG : travail courant, sauf organes hématopoïétiques et système nerveux
	Bouin-Hollande	Acétate de cuivre et acide acétique	HG : (voir Bouin); organes hématopoïétiques
	Duboscq-Brasil	Éthanol à 80 % et acide acétique	HG : ponctions biopsiques, foie, reins, testicules
	Gendre	Éthanol à 90 % et acide acétique	HC : glycogène
Alcool	Éthanol	_________	HC : glycogène, pigments, protéines
	Méthanol	_________	HC : ARN
	Carnoy	Chloroforme et acide acétique	HG : noyaux, corps de Nissl HC : glycogène et acides nucléiques
Alcool et formaldéhyde	Fixateur de Lillie	Chlorure mercurique	HC : mucopolysaccharides
	Lillie-acide acétique	Acide acétique	HC : glycogène, acide ribonucléique

Métaux lourds			
A) Mercure (sublimé)	Zenker	Bichromate de potassium et acide acétique	HG : histologie fine, cytologie, organes hématopoïétiques
	Helly	Bichromate de potassium et formaldéhyde	HG : voir Zenker
	Susa	Chlorure de sodium, formaldéhyde et acide trichloracétique	HG : histologie fine, cytologie et biopsie
	Bouin-Hollande	Acétate de cuivre, acide picrique et formaldéhyde	HG : histologie fine, cytologie (hypophyse, pancréas endocrine)
B) Plomb	Fixateur de Lillie	Formaldéhyde et éthanol absolu	HC : mucopolysaccharides acides
	Orth	Sulfate de sodium et formaldéhyde	HG : cytologie (mitochondries)
C) Chrome (bichromate de potassium)	Regaud	Formaldéhyde	HC : catécholamines
D) Tétroxyde d'osmium	Solution d'acide osmique	________	HG : cytologie
	Fixateurs chromo-osmiques	Acide chromique ou bichromate de potassium, ou les deux avec ou sans acide acétique	HG : cytologie
E) Uranyle (nitrate d'uranyle)	Cajal	Formaldéhyde	HG : cytologie (appareil de Golgi)
	Glutaraldéhyde	________	HG : cytologie et travail courant
Divers	Newcomer	Isopropanol, acide propionique, éther de pétrole, acétone et dioxane	HG : noyaux HC : ADN

Tableau 2.11 COMPOSITION DES PRINCIPAUX LIQUIDES FIXATEURS.

NOM DU LIQUIDE FIXATEUR	COMPOSANTS ET QUANTITÉS
Formaldéhyde à 10 %	10 ml de formaldéhyde commercial 90 ml d'eau distillée
Formaldéhyde alcoolique	10 ml de formaldéhyde commercial 80 ml d'éthanol à 100 % 10 ml d'eau distillée
Formaldéhyde calcium de Baker	10 ml de formaldéhyde commercial 90 ml d'eau distillée 1,1 g de chlorure de calcium (ou jusqu'à ce que le *p*H soit d'environ de 7,0)
Formaldéhyde salin	10 ml de formaldéhyde commercial 0,9 g de chlorure de sodium 90 ml d'eau distillée
Formaldéhyde sublimé	90 ml de chlorure mercurique saturé en solution aqueuse 10 ml de formaldéhyde commercial
Formaldéhyde à 10 % neutre	10 ml de formaldéhyde commercial 90 ml d'eau distillée morceaux de carbonate de calcium dans le récipient
Formaldéhyde à 10 % neutre tamponné	10 ml de formaldéhyde commercial 90 ml d'eau distillée 0,35 g de phosphate de sodium dihydrogène anhydre 0,65 g de phosphate disodique hydrogène anhydre
Liquide de Bouin	75 ml d'acide picrique en solution aqueuse saturée 25 ml de formaldéhyde commercial 5 ml d'acide acétique glacial
Liquide de Carnoy	60 ml d'éthanol à 100 % 30 ml de chloroforme 10 ml d'acide acétique glacial
Liquide de Flemming	60 ml d'acide chromique à 1 % 16 ml de tétroxyde d'osmium à 2 % 25 ml d'acide acétique glacial
Liquide de Gendre	85 ml d'acide picrique saturé en solution alcoolique à 95 % 10 ml de formaldéhyde commercial 5 ml d'acide acétique glacial
Liquide de Susa	76 ml d'eau distillée 4,5 g de chlorure mercurique 0,5 g de chlorure de sodium 2 g d'acide trichloracétique 4 ml d'acide acétique glacial 20 ml de formaldéhyde commercial

Liquide de Helly	95 ml d'eau distillée 5 g de chlorure mercurique 2,5 g de dichromate de potassium 1 g de sulfate de sodium 5 ml de formaldéhyde commercial
Liquide de Zenker	95 ml d'eau distillée 5 g de chlorure mercurique 2,5 g de dichromate de potassium 1 g de sulfate de sodium 5 ml d'acide acétique glacial
Liquide de Regaud	80 ml de dichromate de potassium 20 ml de formaldéhyde commercial (mélanger immédiatement avant usage)
Glutaraldéhyde à 6 %	24 ml de glutaraldéhyde à 25 % 76 ml de tampon phosphate avec *p*H 7,4 (lors de son utilisation, le *p*H doit être de 7,0 à 7,2)

DÉCALCIFICATION

INTRODUCTION

La présence, dans le tissu à étudier, de certaines substances minérales gêne parfois de façon insurmontable la coupe de tissu inclus dans la paraffine. Il est alors indispensable d'intercaler, entre la fixation et la circulation, un traitement destiné à éliminer ces composés indésirables, sans léser ou déformer les autres structures. L'élément le plus gênant est le calcium. On le retrouve généralement sous forme de sels divers, dans de nombreuses structures de l'organisme tels les os, les dents, les lésions pathologiques calcifiées comme les lésions caséeuses de la tuberculose et certains kystes avec dépôts de calcium.

Le traitement qui nous permet d'éliminer le calcium du tissu s'appelle la « décalcification ». Si cette opération est omise, les coupes se déchireront perpendiculairement au biseau du couteau, tandis que la présence de calcium en abîmera le tranchant. Il est essentiel de fixer adéquatement le tissu avant de le décalcifier, car les acides servant à la décalcification endommagent les substances organiques fondamentales de l'os et des autres tissus. On a démontré que les dommages causés par la décalcification sont quatre fois plus élevés si le tissu n'a pas été fixé au préalable.

Les principaux fixateurs recommandés pour le traitement de tissus devant subir une décalcification sont le formaldéhyde tamponné à 10 % pendant 2 à 5 jours, le chlorure mercurique formolé ou formaldéhyde sublimé (B5) pendant 2 à 4 jours, le Helly, le Bouin ou le Susa, pendant 2 à 4 jours, ou encore le Zenker, pendant 15 à 24 heures. Si les pièces séjournent plus de 4 ou 5 jours dans le formaldéhyde, les acides nucléiques deviendront plus résistants à l'action hydrolytique des acides servant à la décalcification. Par contre, dans les fixateurs chromiques comme le Zenker, cette résistance se manifeste beaucoup plus rapidement. Comme le liquide fixateur de routine est le formaldéhyde à 10 % tamponné, il n'est pas nécessaire d'utiliser une solution tampon puisque les sels de phosphate de calcium contenus dans le formaldéhyde neutre se déposent dans le tissu et maintiennent autour de 6,0 le *p*H de ces solutions secondaires.

Il est à noter que la présence de l'acide trichloracétique dans le Susa confère à ce fixateur de légères propriétés décalcifiantes. Le formaldéhyde, de son côté, peut devenir légèrement décalcifiant mais à la longue seulement, à cause de la formation d'acide formique. Il demeure toutefois important de retenir que l'utilisation du formaldéhyde tamponné comme fixateur est tout indiquée, car il prévient le gonflement des fibres de collagène, principal artéfact causé par la décalcification. Pour la moelle osseuse, le Zenker-formol (le Helly) constitue un fixateur de premier choix; en pratique, cependant, comme il est difficile à utiliser, l'emploi du mélange alcool-formaldéhyde est conseillé.

3.1 CONDITIONS D'UNE BONNE DÉCALCIFICATION

Dans le cas de la décalcification, comme dans celui de plusieurs autres procédés histologiques, il est presque impossible de trouver l'agent parfait, de sorte que l'on doit toujours se laisser guider dans son choix par les exigences particulières de la situation qui se présente. Toutefois, quel que soit le procédé utilisé, une décalcification efficace doit toujours répondre à quatre conditions essentielles : l'enlèvement complet du calcium, l'absence de dommages pour les cellules et les tissus, la préservation des affinités tinctoriales, et enfin, une détermination adéquate du temps de séjour dans le liquide décalcifiant.

3.1.1 ENLÈVEMENT DU CALCIUM

Si l'on veut réaliser de belles et bonnes coupes à partir du tissu, il faut que la décalcification soit complète, car la présence de résidus de calcium rend le bloc excessivement dur ou de consistance inégale et, de ce fait, impropre à la microtomie.

3.1.2 ENDOMMAGEMENT MINIMAL DES CELLULES ET DES TISSUS

Les agents les plus fréquemment utilisés lors de la décalcification étant les acides, il faut tenir compte de leur concentration ainsi que du temps d'action, qu'il faut restreindre au maximum, afin d'éviter qu'ils n'endommagent les tissus. De plus, l'expérience a démontré que le fait d'ajouter une certaine quantité de formaldéhyde aux liquides décalcifiants permet de réduire les dommages causés au tissu par l'acide.

3.1.3 PRÉSERVATION DES AFFINITÉS TINCTORIALES

L'utilisation d'acides lors de la décalcification est susceptible de modifier la chimie du tissu. En effet, les acides extraient ou tout au moins modifient certaines substances, de sorte qu'il devient difficile pour ne pas dire impossible d'obtenir des résultats satisfaisants lors des colorations. On observe en particulier la perte de la basophilie nucléaire ainsi que la perte totale ou partielle du glycogène.

3.1.4 DÉTERMINATION ADÉQUATE DE LA DURÉE DE LA DÉCALCIFICATION

Le temps nécessaire à une décalcification satisfaisante doit correspondre aux besoins de chaque laboratoire. Cependant, dans la plupart des cas, toute accélération de la vitesse de décalcification, par exemple par l'augmentation de la concentration du liquide décalcifiant, engendre une altération importante du spécimen.

3.2 QUALITÉS D'UN DÉCALCIFIANT

La décalcification adéquate d'un tissu demande d'abord l'utilisation d'une méthode appropriée. Celle-ci doit premièrement éliminer complètement tous les sels de calcium. Deuxièmement, elle ne doit causer aucune distorsion des cellules ou des tissus, ou en causer le moins possible. Troisièmement, la méthode choisie doit nuire le moins possible aux colorations et aux analyses immunologiques subséquentes; en effet, le fait de mettre les tissus dans un liquide décalcifiant pourrait perturber les résultats des opérations effectuées par la suite. Quatrièmement, la méthode de décalcification adoptée doit avoir une rapidité d'action assez grande et, cinquièmement, elle ne doit altérer aucune des structures nucléaires, cytoplasmiques et tissulaires. Enfin, l'utilisation de la chaleur n'est pas recommandée pendant la décalcification, car elle augmenterait les dommages causés au tissu par l'agent décalcifiant. Il importe donc de choisir la bonne technique de décalcification et de suivre les indications qui lui sont propres.

3.3 ÉTAPES DE LA DÉCALCIFICATION

Un tissu qui nécessite une décalcification ne peut être traité de la même façon que n'importe quel autre type de tissu. Le traitement auquel on le soumet se distingue de celui que l'on applique aux autres et ce, dès la sélection du spécimen. Les pages qui suivent décrivent brièvement les diverses manipulations que subissent les tissus calcifiés avant d'être inclus dans la paraffine.

3.3.1 SÉLECTION DU SPÉCIMEN

L'épaisseur des spécimens, coupés à la scie ou au moyen d'un autre instrument approprié, ne devrait pas dépasser 4 ou 5 mm; en fait, 2 à 4 mm constitue l'épaisseur idéale pour que la fixation soit réussie et complète et pour que la décalcification s'effectue le plus rapidement possible. La surface de coupe est inutilisable puisqu'elle a été endommagée par la scie; on doit donc se débarrasser de cette zone en jetant les 5 à 10 premières coupes ou encore en l'enlevant à l'aide d'un bistouri immédiatement à la fin de la décalcification.

3.3.2 FIXATION DU TISSU

Tel que précisé dans l'introduction du présent chapitre, la fixation adéquate du tissu est une étape essentielle à la réussite de la décalcification et des opérations suivantes.

3.3.3 DÉCALCIFICATION

La décalcification peut faire appel à des acides forts ou faibles, ou encore à d'autres réactifs dont l'usage est moins répandu, tels que les résines échangeuses d'ions et les agents chélateurs.

Pour qu'un spécimen se décalcifie, il faut l'envelopper dans un carré d'étoffe et suspendre celui-ci au centre d'un grand bocal contenant une solution décalcifiante que l'on agitera fréquemment. Le volume de la solution est habituellement de 20 à 50 fois supérieur au volume du spécimen. La raison pour laquelle on met autant de liquide décalcifiant réside dans le fait que les minéraux contenus dans l'os, par exemple, neutralisent une partie de l'acide décalcifiant; la quantité de cet acide actif doit donc toujours être supérieure à la quantité neutralisée. L'extraction des sels de calcium présents dans le tissu s'effectue par la dissolution de ces sels dans la solution décalcifiante; si le volume de ce liquide était insuffisant, ce dernier deviendrait vite saturé et la dissolution cesserait, de même que l'extraction du calcium présent dans le tissu.

3.3.4 DÉTERMINATION DE LA FIN DE LA DÉCALCIFICATION

La vérification de l'état de décalcification est essentielle, car il est primordial de ne pas laisser les tissus séjourner trop longtemps dans les acides de la décalcification. On peut utiliser différents moyens, comme les procédés physiques et le test chimique (voir la section 3.5.4).

3.3.5 NEUTRALISATION DE L'ACIDE DÉCALCIFIANT

Certains auteurs conseillent de neutraliser le tissu qui a séjourné plus ou moins longtemps dans un acide, ce qui a pour effet de contrer l'effet de gonflement des fibres de collagène causé par les acides. La neutralisation peut consister en un passage d'environ 12 heures dans une solution de sulfate de sodium ou de lithium à 5 %, suivi d'un lavage à l'eau courante. À défaut de neutralisation, le tissu doit être lavé à l'eau courante pendant au moins 30 minutes.

D'autres auteurs recommandent de passer directement le tissu décalcifié à l'éthanol à 50 %. Cette recommandation est basée sur le fait que la déshydratation, qui fait partie de la circulation, aura pour effet d'éliminer complètement l'acide en même temps que l'eau. Pour eux, cette étape aura le même effet que la neutralisation. Cependant, cette pratique comporte certains risques, car les acides présents dans les tissus, et qui seront extraits par les alcools de la déshydratation, peuvent endommager certaines pièces du circulateur automatique. En pratique, les pièces décalcifiées que l'on passe à la circulation immédiatement après la décalcification sont d'abord épongées, ce qui enlève le surplus de décalcifiant, puis rincées à l'eau courante, et enfin, transférées dans le premier bain de déshydratant de la circulation, c'est-à-dire dans l'éthanol à 50 % ou à 70 %, selon la procédure propre au laboratoire.

De toute manière, il faut éviter de faire passer un tissu décalcifié directement du bain décalcifiant à un bain d'attente contenant du formaldéhyde à 10 % : le contact entre ces deux substances chimiques produit des vapeurs nocives.

Les tissus décalcifiés que l'on destine à la congélation sont lavés à l'eau courante ou placés dans du formaldéhyde salin avant d'être congelés. Ce dernier traitement prévient la formation de rouille sur les couteaux du microtome.

On peut faire usage des produits décalcifiants en solution aqueuse ou alcoolique. Pour certains auteurs, les solutions alcooliques préviennent le gonflement excessif des tissus, alors que, pour d'autres, les solutions alcooliques sont inefficaces. Un fait est cependant certain : la présence d'éthanol dans les solutions décalcifiantes allonge considérablement la durée de la décalcification. À titre d'exemple, il faut huit jours à une solution de HCl 0,5 *N* dans l'éthanol à 80 % pour décalcifier complètement une pièce qu'une solution de HCl 0,5 *N* dans l'éthanol à 40 % décalcifiera en quatre jours environ; enfin, la solution aqueuse de HCl 0,5 *N* fera le même travail en deux jours. Il semble donc que l'éthanol ralentisse considérablement la réaction de décalcification; en effet, la dissociation d'un acide dans une solution alcoolique est beaucoup plus faible et la solubilité du calcium dans une solution alcoolique est elle aussi plus faible. Il est donc préférable d'utiliser une solution aqueuse et d'ajouter une étape de neutralisation pour favoriser la réversibilité du gonflement des tissus.

Une fois la décalcification terminée, on procède à la circulation normale des tissus, après quoi ceux-ci pourront être coupés selon la méthode usuelle du laboratoire.

3.4 MÉTHODES DE DÉCALCIFICATION

On procède habituellement à la décalcification des tissus au moyen de l'une ou l'autre des quatre méthodes principales : l'utilisation de décalcifiants acides ou de résines échangeuses d'ions, l'électrolyse et l'emploi d'agents chélateurs. Peu importe la méthode utilisée, les tissus doivent macérer dans le liquide décalcifiant, c'est-à-dire séjourner un certain temps dans une solution susceptible d'en extraire les substances minérales solubles.

3.4.1 DÉCALCIFIANTS ACIDES

L'usage d'agents décalcifiants acides est très largement répandu; il s'agit soit d'acides forts, soit d'acides faibles.

MÉCANISME D'ACTION. Dans les deux cas (acides forts et faibles), le mécanisme d'action repose sur la solubilité des sels métalliques. S'il s'agit de sels de calcium, le mécanisme d'action repose sur la dissociation des liens covalents de ces sels. Dans les tissus, le calcium est présent sous forme de carbonate ou de phosphate; ces sels sont faiblement solubles dans l'eau, et l'acide utilisé pour la décalcification aura pour effet de libérer le calcium de sa combinaison. Ainsi, on aura :

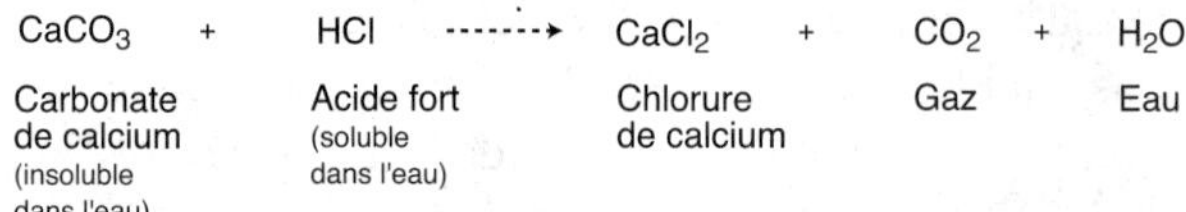

Le $CaCO_3$ est très faiblement soluble dans l'eau. L'acide libère le calcium de sa combinaison avec l'anion et l'échange donne lieu à la formation d'un sel de calcium soluble dans l'eau. Ainsi, au contact du HCl, le sel de calcium présent dans l'os (insoluble dans l'eau) se transformera en un sel soluble dans l'eau et quittera le tissu, d'où la décalcification de ce tissu.

3.4.1.1 Acides forts

Dans la catégorie des acides forts, l'acide nitrique, un produit inorganique, est celui auquel on fait appel le plus souvent, ce qui en fait le plus important de sa catégorie. On peut aussi utiliser l'acide chlorhydrique, qui est inorganique, et l'acide trifluoroacétique, qui est organique.

Les acides forts agissent plus rapidement que les acides faibles : les premiers agissent en moins de 48 heures comparativement à 15 jours pour les seconds. Une exposition aux acides forts pendant plus de 48 heures aura pour effet de détruire des composantes cellulaires et de nuire à la qualité des colorations. Étant donné leur rapidité, on les utilise dans le cas des biopsies qu'il faut décalcifier de toute urgence. Normalement, les acides forts sont utilisés à une concentration pouvant varier de 5 à 10 % en solution aqueuse.

Acide nitrique (HNO_3) de 5 à 10 %

L'acide nitrique est considéré comme intolérant, mais d'une grande rapidité d'action; c'est d'ailleurs le produit décalcifiant le plus rapide. Une petite pièce de tissu peut être décalcifiée en moins de quatre heures et un fragment d'os de 5 mm d'épaisseur demande environ 48 heures.

Malheureusement, l'acide nitrique a tendance à se transformer en acide nitreux (HNO_2), dont la coloration jaune se transmet ensuite aux tissus. On évite ce problème en ajoutant à la solution acide de l'urée à 0,1 %, ce qui ralentit considérablement la conversion. On peut obtenir le même effet en ajoutant du formaldéhyde à 10 % au bain décalcifiant, ce qui présente l'avantage additionnel de prévenir le gonflement ultérieur des fibres de collagène. Si on laisse macérer les tissus pendant plus de 48 heures dans l'acide nitrique de 5 à 10 % ou si la concentration de la solution est supérieure à 10 %, les tissus se détériorent et, de plus, la coloration des structures nucléaires est compromise. Par conséquent, il est préférable d'employer ce décalcifiant avec de petites pièces. Enfin, en provoquant l'hydrolyse du fer ferrique (Fe^{+++}), cet acide réduit l'hémosidérine démontrable. L'acide nitrique est fortement déconseillé dans les cas de pièces destinées à des colorations devant mettre en évidence les crêtes de moelle osseuse, par la méthode au Giemsa par exemple.

Après la décalcification dans l'acide nitrique, il est important de retirer le tissu de la solution aussitôt que possible, car toute prolongation altère les colorations; on plonge alors ce tissu directement dans l'éthanol à 70 %, ce qui amorce la déshydratation, qui se poursuivra dans les éthanols à 90 et à 100 %, et la circulation se poursuit jusqu'à l'inclusion dans la paraffine ou l'enrobage dans le nitrate de cellulose. La déshydratation assure par le fait même l'élimination de toute trace d'acide dans le tissu.

3.4.1.2 Acides faibles

Dans la catégorie des acides faibles, le plus utilisé est l'acide formique. On peut également employer l'acide citrique et l'acide trichloracétique. Enfin, on se sert parfois, quoique rarement, de l'acide picrique et de l'acide chromique.

Le temps d'action de ces acides est très long, jusqu'à 15 jours. Ils conservent cependant mieux les structures cellulaires et les affinités tinctoriales. Tout comme les acides forts, on les emploie à des concentrations de 5 à 10 %, sauf l'acide chromique, qui est utilisé à 1 %.

La présence de l'acide trichloracétique dans le liquide fixateur de Susa (voir la section 2.6.1.3) et d'acide picrique dans le Bouin (voir la section 2.6.1.4), explique le fait que l'on emploie parfois ces solutions comme fixateurs-décalcifiants pour les pièces où l'on soupçonne l'existence de très petites zones calcifiées.

3.4.1.2.1 *Acide formique* (H–COOH)

De tous les acides faibles nommés ci-dessus, seul l'acide formique est régulièrement utilisé comme simple agent décalcifiant en solution aqueuse. Théoriquement, la concentration recommandée est de 8 %, mais elle peut varier de 5 à 10 %. Si cette concentration est supérieure à 10 %, la solution est trouble et rend difficile la détermination de la fin de la décalcification au moyen du test chimique (voir la section 3.5.4).

Avec l'emploi de l'acide formique, l'opération nécessite un grand volume de liquide décalcifiant et demande un changement de liquide toutes les 24 à 48 heures. L'acide formique à 8 % préserve bien les structures et la plupart des affinités tinctoriales, et il provoque rarement le gonflement des fibres de collagène. Toutefois, cet acide a tendance à réduire la quantité d'hémosidérine démontrable. On recommande parfois de neutraliser l'acide formique.

L'acide formique est plus facile à manipuler que l'acide nitrique et son action sur les tissus est plus douce, de sorte que la marge de temps critique est beaucoup plus grande. En effet, les tissus peuvent demeurer une journée de plus dans le liquide sans problème. Il est donc tolérant.

À forte concentration, par exemple à 25 %, l'acide formique a une action tout aussi rapide que celle de l'acide nitrique, mais le résultat des colorations n'est pas garanti. De plus, à cette concentration, il est presque impossible de déterminer la fin de la décalcification par le test chimique (voir la section 3.5.4), car la solution est trouble.

On a vu dans le chapitre précédent (voir la section 2.5.1) que l'acide formique peut se former par oxydation du formaldéhyde. Cependant, il ne faut pas tenir pour acquis que l'acide formique comme agent fixateur peut également agir comme décalcifiant, car le fait qu'un acide provienne d'un liquide fixateur ne lui donne pas les propriétés de sa molécule originale. L'acide formique ne peut former de pont méthylène. Il peut coaguler les protéines, mais ses effets sur les tissus sont incertains. Seules les solutions contenant un mélange de formaldéhyde et d'acide formique peuvent être employées dans ce double but, soit la fixation et la décalcification de façon simultanée, mais les résultats sont en général de moindre qualité. Différents mélanges de fixateurs et d'acides décalcifiants ont fait l'objet d'essais sur des carottes de biopsies de moelle osseuse et on en a conclu qu'une bonne fixation préalable demeurait un atout essentiel à l'obtention de résultats optimaux. La formule de Gooding et Steward constitue un bon exemple de ce type de mélange.

Formule de Gooding et Steward. Cette formule se compose des ingrédients suivants :

5 à 25 ml d'acide formique concentré

5 ml de formaldéhyde commercial

compléter à 100 ml avec de l'eau distillée

Cette formule est de plus en plus en usage. Avec 5 ml d'acide formique, la décalcification prend de 2 à 4 jours. En augmentant la quantité d'acide, on réduit le temps requis pour la décalcification, mais on réduit aussi la qualité de la conservation des tissus. Il faut également renouveler le liquide tous les jours. En outre, cette solution décalcifiante tend à gonfler les fibres conjonctives, mais le formaldéhyde aide à limiter les dégâts attribuables à l'acide formique.

3.4.1.2.2 *Acide trichloracétique* (CCl_3COOH)

L'acide trichloracétique est recommandé pour la décalcification des dents et de la moelle osseuse. Il favorise également la réalisation de colorations nucléaires de qualité. À une concentration de 5 %, il constitue un excellent décalcifiant et son action est homogène. Cependant, il gonfle le tissu, surtout si on lave celui-ci à l'eau après la décalcification. Ce phénomène sera moins marqué si le lavage se fait dans l'éthanol à 70 ou à 90 %. On obtiendra par la suite de bonnes colorations surtout si on passe le tissu directement dans l'éthanol à 70 % immédiatement après la décalcification. La décalcification adéquate d'un tissu nécessite une plus grande quantité d'acide trichloracétique (3 à 4 fois plus) que, par exemple, d'acide formique, et cela en raison du poids moléculaire élevé de l'acide trichloracétique.

Une formule commerciale à base d'acide trichloracétique est vendue sur le marché sous le nom de Cal-Ex II[MD]. Ce produit sert à la fois pour la fixation et pour la décalcification des tissus. Le Cal-Ex II contient :

28,2 % d'acide trichloracétique (agit comme liquide fixateur)

1,53 % de formaldéhyde

2,10 % d'un mordant non identifié

0,01 % d'un surfactant non identifié

Dans cette formule, la concentration du formaldéhyde est trop faible pour que ce produit ait un effet fixateur.

3.4.1.2.3 *Acide chromique* (H_2CrO_4)

La décalcification se fait très lentement avec l'acide chromique qui, cependant, préserve bien les structures tissulaires. Par contre, il durcit beaucoup les tissus : il est donc intolérant. Cet acide ne devrait jamais être utilisé à une concentration supérieure à 1 % en solution aqueuse.

3.4.1.2.4 *Acide picrique ou trinitrophénol* [$C_6H_2(NO_2)_3OH$]

L'acide picrique est un peu plus rapide que l'acide chromique, mais plus lent que les acides forts. Le résultat de la décalcification est peu satisfaisant dans son cas et son usage se limite aux petites pièces. Il assure cependant une bonne conservation des structures et des affinités tinctoriales, mais il leur confère une coloration jaune qu'il faudra enlever par la suite. Le blanchiment se fait généralement à l'étape de la coloration, après l'hydratation des coupes, au moyen d'un passage dans une solution de carbonate de lithium à 1 %.

3.4.1.2.5 *Autres solutions acides*

Les acides forts et les acides faibles peuvent aussi être utilisés en mélanges. À titre d'exemple, il existe une solution d'acide nitrique et d'acide formique, une solution de formaldéhyde et d'acide nitrique, de même que plusieurs préparations commerciales.

a) ***Solution d'acides nitrique et formique***

Cette solution contient :

- de l'acide nitrique
- du formaldéhyde
- de la phloroglycérine (ou phloroglycine)
- de l'acide formique
- de l'alcool (facultatif)

Le rôle de la phloroglycérine est mal connu, mais on sait qu'elle conserve les constituants de l'os.

b) ***Solution de formaldéhyde et d'acide nitrique à 10 %***

Ce mélange contient :

- de l'acide nitrique
- du formaldéhyde

Durant la décalcification, il y a dégagement d'acide nitreux, ce qui nuit par la suite aux colorations; il faut donc ajouter à ce mélange de l'urée à 0,1 %.

3.4.1.2.6 *Préparations commerciales*

Plusieurs compagnies de produits chimiques offrent des préparations décalcifiantes dont la composition demeure un secret jalousement gardé. Cependant, certaines analyses ont permis d'identifier le HCl en tant qu'agent actif. De plus, les recommandations du fabricant à l'effet de ne pas faire un usage prolongé de ces solutions portent à croire qu'il s'agit surtout d'acides forts. En voici quelques exemples.

a) ***Solution de Perenyi***

Cette solution contient :

- de l'acide nitrique à 10 %
- de l'alcool absolu
- de l'acide chromique à 0,5 %

La solution de Perenyi n'endommage pas le tissu. Elle favorise une bonne préservation des détails nucléaires et cytoplasmiques. Elle ne nécessite pas de rinçage avant la déshydratation et les spécimens peuvent passer directement dans l'éthanol à 90 %. Par contre, son action est lente et demande de 2 à 7 jours. Ce mélange sert surtout pour les petites pièces dont la calcification est de faible densité.

b) ***Méthode de von Ebner***

La préparation décalcifiante de von Ebner contient :

- du chlorure de sodium
- de l'acide chlorhydrique
- de l'eau distillée

Parmi les avantages de ce liquide décalcifiant, on note qu'il favorise de manière acceptable la coloration des structures nucléaires. De plus, il ne nécessite aucun rinçage avant la circulation. On le recommande pour la décalcification des dents. Son principal inconvénient est sa lenteur d'action.

3.4.2 RÉSINES ÉCHANGEUSES D'IONS

3.4.2.1 Mécanisme d'action

Le mécanisme d'action des résines échangeuses d'ions est le même que celui des acides seuls. La seule différence réside dans l'ajout d'une résine à la solution acide, résine dont la fonction consiste à capter et à retenir le calcium libéré par le tissu. Par conséquent, le liquide décalcifiant demeure toujours libre d'ions calcium, de sorte qu'il n'est pas nécessaire de renouveler fréquemment la solution d'acide. Ce procédé exige aussi que le tissu ait été fixé auparavant. On utilise un acide faible, généralement de l'acide formique à 10 % auquel on ajoute une résine commerciale, l'ammonium-sulfonate de polystyrène. Le procédé consiste à envelopper le spécimen à décalcifier dans un morceau de chiffon et à le laisser macérer dans un liquide décalcifiant dont la concentration peut varier de 10 à 20 % de solution d'acide formique et de résine; on peut également déposer le spécimen sur la résine, au fond du contenant. Si, pour une raison quelconque, le temps est un facteur important, on peut avoir recours à un mélange à 40 % d'acide formique et de résine, pour une durée n'excédant pas quelques jours afin de ne pas abîmer le tissu. Mais si la durée importe peu, on peut laisser le tissu jusqu'à 20 jours dans une solution à 10 % et ce, sans risque de distorsion du tissu. La solution de travail à 12,5 % se prépare de la façon suivante :

100 g de résine échangeuse d'ions

800 ml d'acide formique à 10 %

3.4.2.2 Avantages

Les résines échangeuses d'ions favorisent la préservation des détails cellulaires et donnent de meilleurs résultats décalcifiants que les acides seuls. Il n'est pas nécessaire de renouveler la solution tous les jours. De plus, cette résine demeure réutilisable une fois régénérée. Pour ce, il suffit de la laver avec du HCl 0,1 *N* ou une solution d'eau ammoniacale à 1 % et de la rincer de 3 à 4 fois à l'eau distillée.

3.4.2.3 Inconvénients

L'utilisation de cette méthode comporte quelques inconvénients. En effet, elle n'est pas très rapide, la décalcification pouvant prendre jusqu'à 20 jours. De plus, on ne peut pas vérifier la fin de la décalcification au moyen du test chimique, car les ions Ca^{++} sont dans la résine et non dans le liquide décalcifiant.

3.4.3 ÉLECTROLYSE

La décalcification par électrolyse, comme les autres procédés, exige que le tissu soit fixé au préalable. Cette technique met en œuvre le courant électrique pour faire migrer le calcium. Elle consiste à relier le tissu calcifié à l'anode et à faire passer un courant électrique dans une solution d'électrolytes, forçant ainsi le calcium, chargé positivement, à migrer vers la cathode, chargée négativement, ce qui vide le tissu de son minéral. La solution d'électrolytes comprend :

1 volume d'acide chlorhydrique à 8 %

1 volume d'acide formique à 10 %

Tous les spécimens sont décalcifiés en 2 à 6 heures. Toutefois, la température du liquide peut monter jusqu'à 50 °C, tandis que la température autour de l'anode est beaucoup plus élevée. Le choix de cette méthode doit se faire en connaissance de cause, car elle peut endommager ou détruire le tissu, surtout en brûlant la partie qui se trouve en contact avec l'anode. On observe un gonflement du tissu ainsi qu'une hydrolyse tissulaire et cellulaire. L'utilisation de cette méthode exige que l'on rince bien les tissus par la suite dans une eau alcaline et qu'on les immerge dans une solution aqueuse de carbonate de lithium afin de neutraliser les acides. Un simple lavage à l'eau courante est inutile.

Enfin, le mélange d'HCl et d'acide formique peut également servir d'agent décalcifiant sans l'utilisation du courant électrique.

3.4.4 AGENTS CHÉLATEURS

3.4.4.1 Mécanisme d'action

Les agents chélateurs sont des composés organiques qui ont la propriété de se lier à certains métaux. Dans cette catégorie, l'éthylène diamine tétra-acétique acide (EDTA) ou *versene,* ou encore *sequestrene,* est le produit utilisé le plus fréquemment. L'action décalcifiante est basée sur la formation de composés solubles et non ionisés par suite de la combinaison entre le calcium et l'EDTA (voir la figure 3.1). Si le *p*H de l'EDTA utilisé est alcalin, la solution hydrolyse les protéines; c'est pourquoi on conseille fortement de corriger le *p*H avec du NaOH ou avec un tampon phosphate qui remplace l'eau distillée et porte le *p*H autour de 6,5 ou 7,5. L'EDTA est une poudre cristalline blanche, soluble dans l'eau jusqu'à une concentration de 20 %. En ce qui concerne la réaction chimique, il est important de noter que la chimie de l'EDTA est complexe, de sorte que des liens ioniques sont susceptibles de se former entre celui-ci et les cations minéraux autres que le calcium. La solution d'EDTA se prépare de la façon suivante :

5 à 7 g d'EDTA (sel disodique)

100 ml d'eau distillée

Comme agent décalcifiant, il est utilisé sous forme de solution dont le *p*H peut varier de 5,0 à 7,2 grâce à la présence d'un tampon phosphate. On recommande de renouveler la solution tous les 2 à 4 jours. Selon la taille du spécimen, la décalcification peut prendre de 4 à 8 semaines. Il s'agit donc d'un agent décalcifiant très lent; c'est pourquoi il est préférable de s'en tenir à des spécimens de petite taille. En revanche, il n'abîme pas les tissus et, contrairement aux acides, il ne produit pas de bulles susceptibles de les déformer. La concentration à laquelle on emploie l'EDTA peut varier de 5 à 10 %, mais il ne s'agit pas là d'un degré critique. Lorsqu'on l'emploie comme agent décalcifiant, il faut toutefois veiller à ce que sa concentration soit toujours suffisante pour assurer la liaison de tout le calcium et des autres métaux présents dans le spécimen d'os à décalcifier. Bien qu'il s'agisse d'un très bon décalcifiant, l'EDTA n'est utilisé que pour la décalcification de pièces chirurgicales, car son action est trop lente.

Comme avec toutes les méthodes de décalcification, le tissu doit être bien fixé avant le début de l'opération, de préférence avec de l'éthanol à 80 %. Ensuite, on le lave abondamment à l'eau courante et on le passe dans l'EDTA.

3.4.4.2 Avantages

L'utilisation de l'EDTA en tant qu'agent chélateur dans la décalcification offre des avantages certains. Tout d'abord, il ne provoque aucune distorsion tissulaire. Les tissus ont tendance à durcir quelque peu, mais pas suffisamment pour faire de l'EDTA une substance intolérante; au contraire, on le considère plutôt comme un agent décalcifiant tolérant. Il entraîne peu ou n'entraîne pas d'artéfacts. La plupart des colorations effectuées sur des spécimens passés à l'EDTA donnent en général de très bons résultats. De plus, on peut vérifier la fin de la décalcification par le toucher, l'essai de flexibilité, le piquer à l'aiguille ou le rayon X. Par contre, le test chimique n'est d'aucune utilité, car le calcium est intégré à la molécule d'EDTA (voir la figure 3.1) et, de ce fait, ne peut réagir avec le principal élément de ce test, l'oxalate d'ammonium. Il décalcifie très bien la moelle osseuse. Quand la rapidité d'exécution importe peu, l'EDTA est considéré comme le meilleur agent décalcifiant. Une fois la décalcification terminée, les tissus peuvent passer directement, sans lavage préalable, au premier bain de la circulation, c'est-à-dire un bain d'éthanol à 70 %.

3.4.4.3 Inconvénients

L'action de l'EDTA est particulièrement lente et peut prendre de 2 à 8 semaines selon la taille du spécimen. Il est donc préférable de ne l'employer qu'avec des spécimens de petite taille. De plus, la solution doit être renouvelée tous les 2 à 4 jours. Comme son action est très lente, on ne l'utilise pas dans les procédés de décalcification de routine. Il élimine tous les métaux présents dans le tissu, y compris le fer. Enfin, l'EDTA inactive la phosphatase alcaline; celle-ci peut cependant être réactivée par un ion d'activation, de préférence le magnésium, sous forme de chlorure de magnésium en solution aqueuse à 1 % pendant 2 à 6 heures.

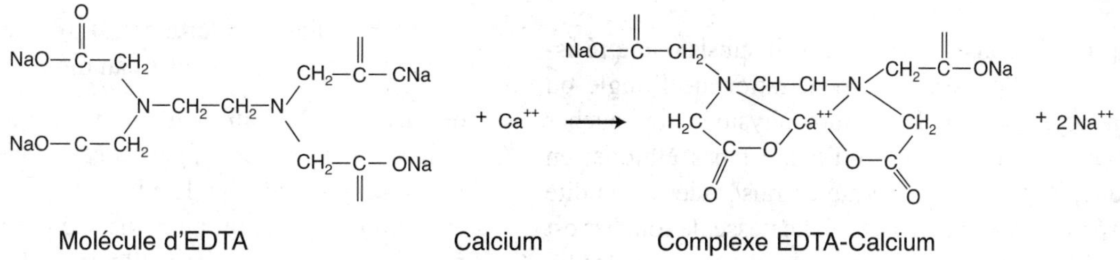

Molécule d'EDTA + Ca^{++} ⟶ Complexe EDTA-Calcium + 2 Na^{++}

Molécule d'EDTA — Calcium — Complexe EDTA-Calcium

Figure 3.1 : *Représentation de la réaction entre l'EDTA et le Ca++*

3.5 TESTS DÉTERMINANT LA FIN DE LA DÉCALCIFICATION

La décalcification étant un procédé plutôt violent pour les tissus, il faut limiter le séjour des pièces dans les liquides; autrement, la morphologie tissulaire s'en trouverait modifiée, altérée. La nécessité de limiter au minimum la durée du contact des pièces avec l'agent décalcifiant explique l'importance que l'on a toujours accordée à la détermination précise du moment de la fin de la décalcification. Voici, à ce sujet, les principales méthodes utilisées.

3.5.1 RADIOGRAPHIE DU TISSU

La radiographie des tissus est la méthode la plus concluante. Pourtant, on l'utilise très peu en raison des coûts et de l'espace qu'elle requiert, sans compter que les installations de radiologie sont habituellement placées loin des laboratoires d'histotechnologie. Tous les tissus peuvent être soumis à la radiographie, peu importe le type d'agent décalcifiant utilisé. Quant aux fixateurs, seuls ceux qui contiennent du mercure rendent les tissus radio-opaques, donc impropres à l'examen radiologique. Sur une radiographie, les parties du tissu partiellement décalcifié où il subsiste des sels de calcium se présentent sous l'aspect de zones blanchâtres. Dans le cas de tissus fixés avec du mercure, le meilleur moyen de vérifier la fin de la décalcification demeure le test chimique (voir la section 3.5.4).

3.5.2 TOUCHER, PIQUER À L'AIGUILLE, COUPE AU BISTOURI

3.5.2.1 Toucher

Ce procédé consiste à vérifier s'il subsiste une résistance, dans le tissu, à la pénétration de l'ongle ou d'un objet pointu. De nature physique, le toucher abîme le tissu, de sorte qu'il n'est pas éthique; en revanche, il est très pratique en raison de sa rapidité d'exécution. Employé avec délicatesse, le toucher est probablement la méthode la plus utilisée dans les laboratoires cliniques.

3.5.2.2 Piquer à l'aiguille

À l'aide d'une aiguille, on pique le tissu à divers endroits; une résistance indique une zone où la décalcification est incomplète. Ce procédé est cependant considéré comme violent pour le tissu. Par contre, dans le cas de petits fragments osseux prélevés par biopsie, l'utilisation d'une aiguille, pour palper délicatement le tissu et en évaluer la rigidité, est fort acceptable et très courante.

3.5.2.3 Couper au bistouri

On essaie de couper le tissu avec un bistouri. Si l'on sent une résistance, on doit poursuivre la décalcification. Le procédé peut servir en même temps à éliminer la zone périphérique tissulaire endommagée par la scie. De plus, la coupe au bistouri, si elle est très nette, ne risque pas de léser le tissu et correspond exactement à la manipulation à effectuer à la fin de la décalcification. Cette méthode est donc fréquemment utilisée en clinique.

3.5.3 FLEXION ET TORSION

La flexion et la torsion sont des méthodes qui consistent à plier le tissu ou à le tordre : si ce dernier obéit, il est décalcifié. Il s'agit toutefois de méthodes peu pratiques, car on doit presser le tissu, le comprimer pour voir s'il plie ou se tord, ce qui a également pour effet de l'abîmer. Les dégâts causés au tissu n'étant pas prévisibles, ces méthodes comportent des risques.

3.5.4 EXAMEN (TEST) CHIMIQUE DU LIQUIDE DÉCALCIFIANT

Il s'agit de la méthode la plus pratique. Elle consiste à voir s'il y a du calcium dans le liquide décalcifiant. Ce test se déroule dans un tube à essai où l'on verse :

- 5 ml du liquide décalcifiant qui a été en contact avec le tissu osseux pendant au moins 3 heures;
- de l'hydroxyde d'ammonium ou de sodium dilué afin de neutraliser l'agent décalcifiant. Il est important de ramener le *p*H à 7 en le vérifiant avec un *p*H-mètre ou un papier de tournesol. On peut également remplacer l'hydroxyde d'ammonium par de l'eau ammoniacale diluée;

– 1 ml d'oxalate d'ammonium ou de sodium. Ce produit a deux effets : il donne un *p*H alcalin à la solution et il sert à lier les ions calcium présents dans la solution décalcifiante. Enfin, on agite et on laisse reposer pendant 30 minutes. Puis on examine les résultats :

1° Si le liquide reste clair, cela signifie que la décalcification est complète; en effet, s'il ne reste plus de calcium dans le tissu, il n'y en aura pas davantage dans la solution décalcifiante, il n'y aura donc aucune formation d'oxalate de calcium et le liquide demeurera limpide.

$$(NH_4)OH + Ca^{++} \xrightarrow[pH \text{ alcalin}]{} \text{Pas de précipité}$$

Hydroxyde d'ammonium

2° Si le liquide est trouble, cela est dû à la présence et à la précipitation d'oxalate de calcium, ce qui signifie que la décalcification n'est pas terminée puisqu'il y a des ions calcium dans le liquide décalcifiant.

$$(NH_4)_2C_2O_4 + Ca^{++} \xrightarrow[pH \text{ alcalin}]{} \text{Précipité blanc}$$

Oxalate d'ammonium — Présence de CaC_2O_4 (oxalate de calcium)

Tant qu'il y a du calcium dans le tissu, des ions Ca^{++} continueront de se dissoudre dans la solution décalcifiante. Après chaque test, il faut renouveler la solution où baigne le fragment de tissu et attendre au moins 3 heures avant de faire un nouveau test. Cette attente correspond à la durée de la dissolution des ions Ca^{++} du tissu dans la solution.

L'emploi d'un acide fort pour la décalcification d'un tissu osseux entraîne généralement l'apparition de bulles de gaz (CO_2) à la surface de l'os. En agitant le contenant de temps à autre, on élimine ces bulles. L'absence de bulles à la surface du spécimen, au bout d'un certain temps, indique que la réaction chimique est terminée et que la décalcification est vraisemblablement complète, ce que confirmera l'examen chimique ou une autre méthode de vérification.

Il est important de neutraliser la solution décalcifiante et de s'assurer que la formation d'oxalate de calcium se déroule en milieu alcalin, car l'oxalate de calcium ne précipite pas en milieu acide.

Il est possible d'effectuer le test chimique à la suite d'une décalcification au moyen d'un agent chélateur tel que l'EDTA, et ce même si la solution décalcifiante ne contient pas d'ions calcium libres. Le complexe $(Ca\text{-}EDTA)^{2-}$ se dissocie pendant que l'oxalate de calcium se forme. Cependant, pour que le test chimique donne des résultats probants, il faut que le *p*H de la solution décalcifiante à base d'EDTA se situe entre 3,2 et 3,6. Un tel *p*H assurera un maximum de sensibilité au test chimique. Enfin, celui-ci n'est d'aucune utilité si l'on a eu recours à une résine échangeuse d'ions.

3.6 FACTEURS INFLUANT SUR LA DÉCALCIFICATION

Plusieurs facteurs peuvent influer sur la qualité de la décalcification. Ils peuvent être liés à la vitesse du processus ou aux effets propres aux divers produits utilisés au cours de cette étape de la technique histologique, effets qui sont parfois négatifs.

3.6.1 FIXATION PRÉALABLE

La fixation complète des tissus est indispensable avant le début de la décalcification. Si la fixation est insuffisante, les tissus risquent de subir de nombreuses altérations. On doit donc s'assurer que la fixation des tissus est adéquate avant d'entreprendre la décalcification.

3.6.2 CONCENTRATION DU DÉCALCIFIANT

En général, plus la solution est concentrée, plus la vitesse de décalcification est grande, mais plus grands aussi sont les risques d'abîmer le tissu.

3.6.3 VOLUME DE DÉCALCIFIANT

La solubilisation complète de tout le calcium présent dans le tissu, c'est-à-dire la neutralisation de tous les ions calcium et des autres ions métalliques qui s'y trouvent, requiert un volume de liquide décalcifiant particulièrement grand; tout dépend cependant du degré de saturation du tissu par le calcium. On recommande en effet que le volume de liquide décalcifiant soit de 30 à 50 fois supérieur à celui du tissu;

certains auteurs préconisent même d'utiliser un volume de liquide 100 fois supérieur au volume de tissu. De toute façon, il importe de renouveler fréquemment la solution décalcifiante, de préférence tous les 2 à 4 jours, selon le réactif employé.

3.6.4 TEMPÉRATURE

La chaleur accélère le processus de déminéralisation, mais elle favorise aussi la manifestation d'effets indésirables des acides sur les tissus tels que le gonflement et l'hydrolyse des tissus conjonctifs. De plus, le fait de chauffer la réaction de décalcification compromet la coloration des noyaux et surtout l'action des colorants trichromiques, qui pourra se révéler complètement inefficace. Il est donc préférable d'éviter de chauffer, mais si c'est indispensable, il vaut mieux se limiter à 37 °C.

Si la température ambiante est trop fraîche, il peut y avoir ralentissement de la vitesse de décalcification. On recommande donc une température minimale de 25 °C et un maximum de 37 °C.

3.6.5 SUSPENSION ET AGITATION

En principe, la suspension et l'agitation du tissu devraient accélérer la décalcification, mais en pratique, il ne semble pas y avoir de modifications importantes quant à la durée ou à la qualité de la décalcification. Cependant, on croit que l'agitation est nécessaire ne serait-ce que pour faire circuler le liquide décalcifiant autour de la pièce de tissu, afin qu'une grande quantité de liquide libre de calcium puisse agir sur le tissu calcifié. En outre, l'agitation permet l'évacuation des bulles d'air qui se forment à la surface du tissu, ce qui favorise un meilleur échange entre les composantes tissulaires et le liquide décalcifiant. Enfin, l'agitation provoque une petite friction qui a pour effet d'augmenter légèrement la température, et ainsi, d'accélérer un peu la décalcification.

3.6.6 VIDE

Le vide partiel peut avoir des effets accélérateurs bénéfiques, car le vide fait disparaître les bulles d'air parfois emprisonnées dans les cavités des os spongieux, des poumons ou des tissus lâches.

3.6.7 DURÉE

Pour obtenir de bons résultats lors des colorations, on recommande de laisser les tissus séjourner le moins longtemps possible dans les liquides décalcifiants, en raison des effets négatifs que peuvent avoir sur eux les acides ou les autres substances utilisés pour la décalcification.

3.7 TRAITEMENT DES TISSUS DURS NON CALCIFIÉS

Ce groupe de tissus comprend les tendons, les cartilages, les ongles et la kératine. On recommande d'immerger les tissus dans un mélange de phénol à 4 % et d'éthanol à 70 % et de les laisser séjourner pendant 4 à 5 jours, après une fixation adéquate. Par contre, si le tissu est inclus dans la paraffine, on peut déposer celui-ci face contre le fond du récipient dans un mélange de glycérol et d'aniline (9:1) et l'y laisser pendant 1 à 3 jours.

Une méthode encore plus rapide et plus simple consiste à immerger tout simplement le bloc de tissu raboté (voir la section 6.7.3) dans un décalcifiant pendant 15 à 30 minutes. La surface de tissu ainsi exposée entre en contact avec le liquide, et le tissu s'amollit jusqu'à une profondeur pouvant atteindre 500 microns.

3.8 DÉCALCIFICATION DES TISSUS INCLUS

Il arrive parfois que certains tissus calcifiés échappent à la vigilance du technicien et passent à la circulation, puis reçoivent un robage de routine sans avoir été décalcifiés auparavant. Ce n'est qu'au moment de la coupe que l'on se rend compte du problème; il est possible de le contourner. Par ailleurs, certains tissus calcifiés ne sont pas assez résistants pour subir une décalcification sans support; on doit alors les inclure dans la celloïdine. Voici comment on peut procéder pour chacun de ces cas.

3.8.1 TISSUS INCLUS DANS LA PARAFFINE

Lorsqu'un tissu calcifié a été enrobé de paraffine, accidentellement ou non, on peut toujours le décalcifier en surface. Pour ce faire, on rabote le bloc puis on met la surface de tissu exposée à l'air dans de l'acide chlorhydrique à 5 %, pendant 4 heures. En règle générale, cette méthode permet de décalcifier suffisamment de tissu pour en faire environ une trentaine de coupes.

3.8.2 TISSUS INCLUS DANS LA CELLOÏDINE

Si un tissu calcifié n'est pas assez résistant pour subir la décalcification sans support, il peut être utile de l'enrober de celloïdine. Celle-ci laisse passer l'agent décalcifiant tout en maintenant le tissu.

3.9 EFFETS SECONDAIRES DE LA DÉCALCIFICATION

Évidemment, le fait de soumettre les tissus à un processus aussi violent que la décalcification les expose inévitablement à des effets secondaires indésirables. Par exemple, si la fixation est inadéquate, les produits décalcifiants provoquent la disparition des acides nucléiques et une diminution de la basophilie des cellules, autant dans le noyau que dans le cytoplasme. De plus, certaines méthodes comme celle qui emploie l'EDTA entraînent même la disparition du fer. La décalcification des tissus au moyen d'acides et, dans une moindre mesure, par l'EDTA, leur fait perdre leurs caractéristiques chimiques, qui ne peuvent donc plus être mises en évidence. Enfin, plusieurs enzymes sont inactivées par la décalcification et, comme la mise en évidence de ces substances repose sur leur activité chimique, elle devient donc impossible à réaliser.

3.10 DÉCALCIFICATION AU FOUR À MICRO-ONDES

On peut procéder à la décalcification en utilisant le four à micro-ondes. En effet, cet appareil prend une importance de plus en plus grande dans la pratique quotidienne de l'histotechnologie (voir l'annexe I). Pour procéder à la décalcification au four à micro-ondes, on recommande l'utilisation de coplins en plastique ou de pyrex, puisque les contenants en verre ordinaire risquent de se casser à la chaleur et de laisser échapper leur contenu d'acide. De plus, le récipient utilisé, en plastique ou en pyrex, devra être suffisamment grand pour contenir les cassettes de spécimens à décalcifier ainsi qu'un grand volume de liquide décalcifiant, étant donné la faible solubilité de l'ion calcium.

3.10.1 PRÉPARATION DU SPÉCIMEN

Les tissus osseux doivent d'abord être fixés selon la méthode habituelle du laboratoire. On recommande fortement de veiller à ce que l'épaisseur des spécimens osseux ne dépasse pas 3 mm et de placer ces spécimens dans des cassettes en plastique étiquetées à cet effet.

3.10.2 LIQUIDE DÉCALCIFIANT

Plusieurs compagnies proposent des liquides conçus expressément pour la décalcification au four à micro-ondes, mais n'importe quel autre décalcifiant habituel peut convenir à cette méthode. Cependant, il faut être excessivement prudent avec ce type d'appareil, car les produits décalcifiants utilisés dans les laboratoires cliniques sont tous des acides, et lorsqu'ils sont chauffés, ils dégagent des vapeurs qui peuvent être irritantes, voire nocives et corrosives. Par conséquent, il est préférable de placer le four à micro-ondes sous une hotte pendant toute la durée de la décalcification. Enfin, comme avec les autres méthodes, on jettera les solutions décalcifiantes après usage.

3.10.3 FOUR ET PROGRAMMATION

Cette méthode exige un four à micro-ondes doté d'une sonde thermique, car on doit pouvoir contrôler efficacement la température du liquide. La sonde sera placée dans un récipient d'eau et non dans la solution décalcifiante. Il faut donc mettre dans le four un récipient de même dimension que le récipient rempli de décalcifiant et le remplir d'un volume d'eau égal à celui du produit décalcifiant; la température des deux s'élèvera en même temps.

La décalcification au four à micro-ondes se fait à une température de 55 °C (130 °F) pendant environ 60 minutes. On recommande de vérifier la fin de la décalcification au bout de 30 à 45 minutes afin de ne pas exposer le tissu trop longtemps à la chaleur. Lorsqu'on emploie cette méthode de décalcification, on vérifie généralement l'état du tissu en le palpant du bout du doigt. Une fois la décalcification terminée, on procède à la circulation des tissus selon le procédé habituel.

3.10.4 DURÉE DE LA DÉCALCIFICATION

Dans le cas de la moelle osseuse, 15 à 20 minutes suffisent généralement à la décalcification complète. Pour les tissus mous mais légèrement calcifiés, la décalcification peut prendre de 30 à 60 minutes. La décalcification de fragments osseux provenant d'une tête fémorale ou d'un os cortical nécessite habituellement plus de temps et plusieurs vérifications : on commence par 60 minutes, mais il est fort probable que l'on doive poursuivre le traitement pendant 60 autres minutes en prenant soin de vérifier l'état de la décalcification toutes les 30 minutes. Enfin, s'il faut procéder à la décalcification de plusieurs fragments osseux ensemble, il est préférable de commencer par 60 minutes et de poursuivre au besoin en vérifiant régulièrement l'état de décalcification de chaque fragment.

Dans tous les cas, la durée de la décalcification au four à micro-ondes dépend toujours du nombre de spécimens à décalcifier ainsi que du volume de chacun.

3.10.5 AVANTAGES

Ce procédé assure la décalcification rapide des petits fragments de tissu osseux.

3.10.6 INCONVÉNIENTS

L'utilisation du four à micro-ondes lors de la décalcification présente toutefois des inconvénients majeurs. Tout d'abord, cette méthode entraîne une perte de liquide décalcifiant plus importante que les autres; il faut donc prévoir une plus grande quantité de ce liquide pour enlever tout le calcium présent dans les tissus. De plus, le four à micro-ondes doit être doté d'une sonde; or il est aujourd'hui de plus en plus difficile de trouver ce type d'appareil sur le marché, car la sonde est maintenant remplacée par un détecteur de température, qui n'a pas la précision de la sonde.

Ensuite, il faut placer le four à micro-ondes sous une hotte, ce qui limite l'accès à la hotte pour d'autres fins et exige beaucoup d'espace. Les vapeurs acides, très corrosives, affecteront la durée de vie de cet appareil. Les fragments de tissus doivent être à la fois minces et petits pour tenir dans les cassettes, d'une part, et d'autre part, les coplins, généralement de petite taille, ne contiennent pas un grand volume de liquide décalcifiant de sorte que la décalcification complète des tissus est assez lente. Cette méthode demande de nombreuses vérifications, ce qui implique forcément la manipulation fréquente de solutions acides chaudes, corrosives et toxiques; les risques pour le technicien sont donc nettement plus grands que dans le cas des méthodes conventionnelles, à la température ambiante. L'attention que demande cette méthode mobilise une personne pendant une période de temps appréciable, en raison des vérifications fréquentes, tout cela pour une petite quantité de spécimens traités en même temps. En outre, la température élevée requise par cette méthode entraîne nécessairement la production d'artéfacts comme la perte de la basophilie tissulaire, la modification des affinités tinctoriales et, presque inévitablement, la distorsion des tissus. Enfin, dans les cas de biopsies de crêtes iliaques ou de moelle, on note également une sérieuse perte d'hémosidérine, ce qui est tout à fait contraire à l'effet recherché, puisque la mise en évidence de l'hémosidérine est l'une des priorités dans le cas de ces tissus.

CIRCULATION

INTRODUCTION

L'examen microscopique des tissus requiert habituellement la confection de coupes assez minces pour que la lumière puisse passer à travers. Pour obtenir des coupes minces sans risquer de briser le tissu, on doit d'abord le traiter pour lui donner la rigidité nécessaire. Bien sûr, la fixation confère déjà au tissu une certaine rigidité, mais qui demeure insuffisante. Le laboratoire d'histotechnologie dispose de deux moyens pour durcir davantage les tissus, de sorte que l'on puisse réaliser assez facilement des coupes très minces : la congélation (voir le chapitre 6) et l'imprégnation du tissu par un produit qui devient rigide à la température ambiante et qui lui donnera la résistance mécanique voulue. Parmi les substances utilisées à cet effet, il se trouve quelques milieux d'imprégnation qui n'ont aucune affinité pour l'eau présente dans les tissus, ce qui rend nécessaire une série de traitements visant à éliminer l'eau des tissus, de manière à favoriser une infiltration parfaite du tissu par une substance qui le rigidifiera. L'ensemble de ces traitements a reçu le nom de « circulation ».

Tout comme il n'existe pas de fixateur parfait pour les tissus, il n'y a pas non plus de technique parfaite pour la circulation, ce qui amène les techniciens à utiliser une grande variété de méthodes et de substances, chacune comportant des avantages et des inconvénients. Cependant, l'utilisation de la paraffine semble être une des méthodes les plus répandues et les plus satisfaisantes dans ce contexte, compte tenu de la disponibilité de ce produit et de sa facilité d'utilisation.

Au chapitre 2, on a insisté à plusieurs reprises sur l'importance de bien fixer les tissus. Généralement, on utilise le formaldéhyde à 10 % comme fixateur primaire, bien que ce dernier ne prépare pas convenablement les tissus aux divers traitements de coloration. C'est pourquoi on profite souvent du premier bain de la circulation pour faire baigner le tissu dans un mélange fixateur mordanceur (voir la section 2.4.2), comme le Bouin, par exemple.

En histotechnologie, la circulation comprend trois étapes très importantes : la déshydratation, l'éclaircissement et l'imprégnation. Ces trois étapes se font après la fixation et la décalcification, si cette dernière est nécessaire. La fixation est donc une condition préalable absolument nécessaire à la circulation.

4.1 BUT DE LA CIRCULATION

La circulation a pour but de rendre le tissu solidaire, en tout point, d'un milieu suffisamment rigide pour que l'on puisse le manipuler sans risquer de l'abîmer puis le couper en tranches minces pour l'observation microscopique. En d'autres termes, la circulation a pour but de donner un support interne au tissu.

4.2 ÉTAPES DE LA CIRCULATION

Tel que précisé ci-dessus, la circulation se divise en trois étapes : la déshydratation, l'éclaircissement et l'imprégnation. Voyons-les en détail.

4.2.1 DÉSHYDRATATION

La déshydratation consiste à débarrasser le tissu de l'eau qu'il contient (à l'intérieur comme à l'extérieur des cellules), la plupart des liquides fixateurs étant largement constitués d'eau. Idéalement, la déshydratation devrait se faire au moyen d'un produit qui a des affinités à la fois avec l'eau et la paraffine. Cependant, de tels produits sont rares et peuvent présenter des contre-indications importantes; c'est pourquoi l'agent déshydratant n'est miscible, la plupart du temps, qu'avec l'eau contenue dans les tissus, mais pénètre ainsi facilement à l'intérieur des cellules. L'un des meilleurs produits est l'alcool éthylique, un solvant organique hautement polaire. Il existe plusieurs autres produits pouvant servir à la déshydratation. Il est à noter que cette déshydratation est essentielle, car la paraffine, dont le tissu sera imprégné, et l'eau ne sont pas miscibles.

Le passage direct du fixateur à l'éthanol concentré (100 %) est à déconseiller, car il provoque une déformation du tissu, de même qu'une rétraction et un durcissement. La déshydratation sera mieux réussie si l'on utilise successivement de l'éthanol en concentrations croissantes, à partir de 70 %; il faut même parfois commencer la déshydratation avec de l'éthanol à 30 %. C'est le cas, par exemple, de tissus délicats comme le cerveau et les tissus embryonnaires, dont la déshydratation doit se faire de façon très progressive : on utilisera donc en premier lieu de l'éthanol à 30 %.

Un tissu fixé au moyen du liquide de Carnoy, un fixateur alcoolique, pourrait passer directement dans les bains d'éthanol à 90 %. Cependant, comme on utilise surtout un liquide fixateur à base de formaldéhyde, on procède souvent à la circulation type comme suit :

- un premier bain : éthanol à 70 %
- un deuxième bain : éthanol à 90 %
- trois bains consécutifs : éthanol à 100 %

La fréquence à laquelle on renouvelle l'éthanol dans les différents bains aura une influence sur la qualité de la déshydratation. Ainsi, si le programme de circulation contient trois bains d'éthanol absolu, on jettera le premier bain d'éthanol après usage; le bain n° 2 de la série des éthanols absolus deviendra le bain n° 1, le bain n° 3 deviendra le bain n° 2, et ainsi de suite jusqu'au dernier bain d'éthanol absolu qui, pour sa part, sera remplacé par une solution fraîche. Il est très important que ce dernier bain soit pur, c'est-à-dire exempt de toute trace d'eau.

Il est possible de vérifier l'absence d'eau dans le dernier bain d'éthanol absolu en y incorporant une petite quantité de sulfate de cuivre anhydre. Ce composé est une poudre blanche qui prend une teinte bleue en présence d'eau; dans un tel contexte, le sulfate de cuivre joue le rôle d'indicateur. Il est très important de retirer toute l'eau du tissu, car la paraffine et l'eau ne sont pas miscibles; la présence d'eau entraînera des problèmes majeurs tant sur le plan de la conservation du tissu que sur ceux de la coupe et des colorations. Habituellement, la déshydratation complète d'un spécimen de 5 mm d'épaisseur demande de 3 à 5 heures, selon la nature du tissu.

La déshydratation, l'éclaircissement et l'imprégnation à la paraffine causent inévitablement un rétrécissement du tissu d'environ 10 %; ils entraînent aussi un durcissement du tissu plus ou moins important suivant le fixateur et la technique de circulation employés (voir la section 4.2.1.2.8). Si la durée de la déshydratation est insuffisante, on obtiendra un tissu mou et difficile à couper. En outre, si la déshydratation est incomplète, les agents organiques ne parviendront pas à éclaircir adéquatement et, par la suite, l'imprégnation ne se fera que partiellement. Une fois enrobés, les tissus mal déshydratés rétrécissent et se rétractent de la paraffine, laissant une dépression à la surface du bloc; on a déjà vu des rétrécissements de plus de 50 %. Il devient alors impossible d'obtenir des coupes de tissu puisque celui-ci se détache de la paraffine et ne laisse qu'un trou au milieu de la tranche.

La déshydratation peut suivre le traitement de fixation surtout si le déshydratant est un alcool. De plus, le déshydratant, avec une technique de circulation de routine, est le seul produit miscible avec l'eau. Enfin, si la fixation s'est faite au moyen d'un fixateur mercurique, on peut ajouter de l'iode au premier bain d'éthanol de la déshydratation; la présence d'iode a pour effet de retirer le pigment de mercure présent dans le tissu (voir la section 2.3).

Outre l'alcool éthylique, les principaux agents déshydratants sont l'alcool butylique, l'alcool méthylique, l'alcool propylique, l'acétone, l'éthylène glycol, le diéthylène dioxyde et le tétrahydrofurane.

4.2.1.1 Principaux produits utilisés pour la déshydratation

4.2.1.1.1 *Alcool éthylique* (C_2H_5OH)

Le point d'ébullition de l'alcool éthylique, ou éthanol, se situe autour de 78 °C. Ce produit possède de nombreux avantages. Non toxique, il est miscible avec l'eau en toute proportion. Son action est considérée comme assez rapide; il faut donc prendre soin de ne pas le laisser agir trop longtemps : une immersion prolongée provoquerait un rétrécissement et un durcissement excessifs des tissus. Il assure une bonne reproductibilité des détails structuraux. On le considère comme le meilleur agent déshydratant.

Il est à noter que l'éthanol sous sa forme pure est appelé « éthanol absolu ». On peut se procurer de l'éthanol de qualité dite « industrielle », pur à 95 %. L'éthanol est fortement taxé par les gouvernements, sauf s'il est dénaturé, c'est-à-dire impropre à la consommation par l'ajout d'un produit qui en change l'odeur ou le goût, ou les deux. Dans certains cas, la pureté du produit est exprimée en degrés « *proof* »; cette valeur correspond toujours au double de sa concentration. Généralement, dans les laboratoires d'histotechnologie, on utilise l'éthanol de qualité industrielle; malgré son impureté, il est tout de même anhydre et on le considère comme pur à 100 %.

4.2.1.1.2 *Alcool méthylique*

L'alcool méthylique, ou méthanol, a un point d'ébullition se situant à 64 °C. Il présente plusieurs avantages : miscible avec l'eau en toutes proportions, il rétrécit peu les tissus, son action est rapide et il assure une bonne reproductibilité des détails structuraux. Par contre, il s'agit d'un poison, il est inflammable et très hygroscopique, c'est-à-dire qu'il absorbe l'humidité de l'air.

4.2.1.1.3 *Alcool butylique*

Le point d'ébullition de l'alcool butylique, ou butanol, se situe autour de 117 °C. Cet alcool présente comme avantage de ne pas rétrécir et durcir les tissus autant que l'éthanol; il est donc idéal pour les tissus délicats et pour ceux dont la déshydratation exige beaucoup de temps. De plus, il est miscible avec la paraffine, de sorte que l'éclaircissement des tissus n'est pas nécessaire. Mais il présente aussi des inconvénients; en effet, il possède une odeur forte, s'infiltre lentement et sa capacité déshydratante est faible. Il n'est pratiquement pas utilisé en histotechnologie, en raison de ses propriétés négatives.

4.2.1.1.4 *Alcool isopropylique* ($CH_3CHOHCH_3$)

Le point d'ébullition de l'alcool isopropylique, ou isopropanol, se situe autour de 82 °C. Cet alcool est le meilleur substitut de l'éthanol, sans compter qu'en comparaison de celui-ci, il rétrécit et durcit moins les tissus. Par contre, on ne peut l'employer pour les procédés d'inclusion dans la celloïdine, car la nitrocellulose y est insoluble; il ne convient pas non plus à la préparation des colorants. Il est plus lent mais plus tolérant que l'éthanol. Mais tout comme celui-ci, il n'est pas miscible avec la paraffine. Peu toxique, il est néanmoins inflammable.

4.2.1.1.5 *Acétone* (CH_3COCH_3)

Le point d'ébullition de l'acétone se situe autour de 56 °C. L'acétone a une grande rapidité d'action et peut être utilisé dans les procédés manuels. Il déshydrate plus rapidement que l'éthanol et se retire plus vite des tissus; en outre, son prix est plus abordable que celui de l'éthanol. En revanche, l'acétone étant très volatil, il en faut une grande quantité, soit un volume au moins vingt fois supérieur à celui du tissu. De plus, il est inflammable. Il rend friables les tissus qui y ont séjourné trop longtemps. Enfin, il rétrécit les tissus.

4.2.1.1.6 *Éther monoéthylique d'éthylène-glycol (Cellosolve)*

Le point d'ébullition de ce produit, également connu sous le nom commercial de Cellosolve, se situe autour de 156 °C. Non seulement ce produit est-il reconnu pour sa rapidité d'action, mais les tissus peuvent y séjourner pendant des mois sans subir aucun dommage ni distorsion. On l'emploie en solution concentrée; aucune séquence de dilution n'est nécessaire, il ne nécessite donc aucune préparation avant usage. Par contre, il est hygroscopique. Enfin, son prix est élevé.

4.2.1.1.7 *Dioxyde de diéthylène ou dioxane*

La formule chimique de ce produit est OH_2CCH_2-O-CH_2CH_2. De prime abord, le dioxane devrait être l'agent déshydratant idéal, car il est miscible à la fois avec l'eau, l'éthanol, les hydrocarbures et la paraffine, de sorte qu'il déshydrate et éclaircit en même temps. Il peut également servir de solvant universel, sans compter qu'il est sans danger pour les tissus même sur une période assez longue. Le dioxane agit plus rapidement que l'éthanol et rétrécit moins les tissus que ce dernier. Enfin, son point d'ébullition se situe autour de 101 °C.

En revanche, il présente de sérieux inconvénients. Tout d'abord, son prix est très élevé et de grandes quantités sont nécessaires à la déshydratation des tissus. De plus, cette substance, qu'elle soit inhalée ou absorbée par la peau, est très toxique et sa toxicité est cumulative. En conséquence, le dioxane doit être utilisé dans des endroits très bien ventilés. Son odeur forte est très caractéristique. Il provoque la distorsion des tissus qui présentent des cavités. Par ailleurs, les tissus fixés dans un liquide à base de chromate devront être rincés à l'eau courante avant d'être plongés dans le dioxane. Enfin, cette substance est très inflammable.

4.2.1.1.8 *Tétrahydrofurane ou THF* ($CH_2CH_2CH_2CH_2O$)

Le point d'ébullition du THF se situe autour de 65 °C. Ce produit est miscible avec l'eau, l'éthanol, l'éther, l'acétone, le chloroforme, le xylène et le toluène, et, tout comme le dioxane, la paraffine. Le THF est peu toxique, malgré son odeur forte et sa grande volatilité. Son action est assez rapide et il déshydrate bien les tissus, sans compter qu'il peut également servir de solvant des milieux de montage. Il rétrécit et durcit peu les tissus. De plus, il ne présente que de faibles risques d'inflammabilité et d'explosion. Il est utilisé dans certains laboratoires d'histopathologie. Il s'agit de l'un des meilleurs agents déshydratants.

4.2.1.2 Facteurs influant sur la déshydratation

Différents facteurs peuvent favoriser une bonne déshydratation, c'est-à-dire faire en sorte qu'elle soit rapide et complète. Ces facteurs sont sensiblement les mêmes que dans le cas des autres étapes de la circulation. En voici la description.

4.2.1.2.1 *Concentration*

La déshydratation, rappelons-le, se fait de préférence au moyen de bains successifs d'éthanols aux concentrations croissantes, car faire passer un tissu directement d'un bain de liquide fixateur aqueux à un bain déshydratant d'éthanol à 100 % provoquerait une rétraction trop rapide du tissu et une distorsion des structures. Pour éviter ce problème, on déshydrate le tissu de façon progressive, au moyen de solutions de plus en plus concentrées, en terminant cette étape par au moins trois bains d'éthanol absolu (voir la section 4.2.1). De plus, comme l'éthanol est hygroscopique, il est important de remplacer fréquemment les bains d'éthanol à 100 %, surtout par temps humide.

4.2.1.2.2 *Volume*

Le volume de liquide déshydratant devrait être de 20 à 50 fois supérieur au volume du tissu. Comme le tissu contient de l'eau, absorbée au cours des opérations de fixation ou de post-fixation, cette eau passe du tissu vers le bain déshydratant, dilue la concentration de ce dernier et le rend donc moins efficace. C'est pourquoi on recommande de procéder à plusieurs bains successifs et d'en renouveler régulièrement le contenu.

4.2.1.2.3 *Agitation*

L'agitation des spécimens accélère la déshydratation. Grâce à l'agitation des pièces, l'eau qui sort du tissu se distribue dans tout le déshydratant, ce qui rend plus homogène cette dilution du liquide déshydratant et accroît son efficacité et son action.

4.2.1.2.4 *Durée*

Les tissus doivent séjourner dans l'agent déshydratant assez longtemps pour que toute l'eau présente dans les tissus puisse les quitter et être remplacée par l'éthanol. Par contre, on doit retirer à temps les tissus du bain déshydratant, si l'on veut minimiser leur rétrécissement et leur durcissement. À titre d'exemple, une pièce de 5 mm d'épaisseur demande au moins 3 heures d'immersion, au total, avant d'être complètement déshydratée.

4.2.1.2.5 *Température*

La chaleur accroît la vitesse de déshydratation; par contre, elle accroît aussi les effets négatifs du déshydratant employé. En outre, elle augmente l'évaporation ainsi que les risques d'incendie. Il est donc préférable de procéder à la déshydratation à la température ambiante.

4.2.1.2.6 *Vide partiel*

Certains auteurs prétendent que l'utilisation du vide partiel n'accélère pas beaucoup la déshydratation, alors que, pour d'autres auteurs, l'utilisation du vide partiel dans les bains de déshydratant constitue un avantage important. Ces derniers estiment que le vide partiel retire l'air emprisonné dans les mailles ou dans les cavités tissulaires, ce qui favorise une meilleure pénétration du produit déshydratant.

4.2.1.2.7 *Présence de sulfate de cuivre*

Le sulfate de cuivre n'est pas une substance dont la présence peut influer directement sur la qualité de la déshydratation. Il permet de déterminer si le dernier bain d'éthanol à 100 % est encore pur. En effet, le sulfate de cuivre ayant la capacité de capter l'eau qui se trouve dans la solution, on l'utilise parfois comme indicateur de la présence d'eau dans un échantillon du dernier bain d'éthanol : en présence d'eau, le sulfate de cuivre devient bleu, ce qui indique que l'éthanol n'est plus pur. S'il ne change pas de couleur, c'est que l'éthanol a conservé sa pureté. De nos jours, toutefois, ce procédé n'est presque plus en usage, car il est peu pratique en cas de rotation des bains.

4.2.1.2.8 *Taille et consistance du tissu*

Plus un spécimen est gros, plus il est difficile à déshydrater. Une grosse pièce de tissu contenant plus d'eau qu'une petite, l'éthanol se diluera donc davantage. En outre, ce dernier met plus de temps à pénétrer l'ensemble de la pièce, qui doit par conséquent séjourner plus longtemps dans le liquide, ce qui accentue le durcissement et le rétrécissement du tissu. Ceux-ci affectent alors le tissu de l'extérieur vers l'intérieur, alors qu'il est mal déshydraté. Mieux vaut donc éviter de déshydrater des spécimens de grande taille. Il est également plus difficile de déshydrater des tissus fibreux et denses que des tissus mous et lâches.

4.2.1.3 Effets d'une mauvaise déshydratation

Une mauvaise déshydratation peut être le résultat d'un séjour trop long ou trop court dans l'éthanol. Un séjour prolongé rétrécit le tissu et le durcit de façon excessive, de sorte qu'il s'effrite lors de la coupe. Quant aux effets d'une déshydratation insuffisante, ils se font sentir surtout au cours des manipulations subséquentes; les deux principaux problèmes occasionnés par la présence d'eau dans un tissu sont décrits ci-dessous.

- À court terme, la présence d'eau dans un tissu entraîne des complications lors de l'éclaircissement : elle nuit à la pénétration du produit éclaircissant – le toluène, par exemple, qui n'est pas miscible avec l'eau –, de sorte que cette opération demeure inachevée. On dit, à ce moment-là, qu'il y a présence d'un « contaminant », en l'occurrence l'eau. L'eau n'étant pas miscible avec la paraffine, cette dernière ne pourra imprégner complètement le tissu; la pièce n'aura donc pas une consistance homogène et il sera impossible de la couper, le tissu n'étant pas enrobé adéquatement.
- À long terme, par exemple au cours de l'entreposage des blocs, l'eau s'évapore graduellement et le tissu se rétracte au contact de l'air.

4.2.2 ÉCLAIRCISSEMENT

Quand la déshydratation est terminée, l'agent déshydratant est remplacé par un solvant anhydre dont l'indice de réfraction est élevé, ce qui augmentera la transparence tissulaire, d'où le nom d'agent « éclaircissant ».

4.2.2.1 But de l'éclaircissement

Cette étape, qui porte également le nom de « désalcoolisation » ou de « clarification », sert à remplacer l'alcool présent dans les tissus par un liquide qui sera miscible avec la paraffine. L'agent éclaircissant doit donc être miscible avec le déshydratant (l'alcool éthylique) et avec la paraffine (l'agent d'imprégnation). L'éclaircissement n'est nécessaire que si l'on a utilisé un agent déshydratant non miscible avec la paraffine, tel l'éthanol.

On appelle cette étape « désalcoolisation », car elle consiste à supprimer l'alcool présent dans les tissus; on l'appelle aussi « clarification » ou « éclaircissement », parce que la plupart des produits utilisés augmentent l'indice de réfraction (IR) des tissus, les rendant translucides; la plupart des agents éclaircissants ont un indice de réfraction assez élevé (environ 1,50), proche de celui des protéines fixées (environ 1,54).

Comme pour les opérations précédentes, plusieurs produits peuvent être utilisés comme agents éclaircissants, chacun présentant des avantages et des inconvénients. Ainsi, presque tous sont volatils, très toxiques et inflammables; il faut donc prendre les précautions appropriées, comme la conservation dans des contenants sécuritaires, rangés dans une pièce bien ventilée. Les éclaircissants ne sont pas miscibles avec l'eau; par ailleurs, ils dissolvent les lipides. Pour l'obtention d'un bon éclaircissement, on conseille d'utiliser un volume d'au moins 10 fois supérieur à celui du tissu. Certains agents ne font que désalcooliser les tissus sans avoir aucun effet sur leur indice de réfraction.

L'agent éclaircissant utilisé dans un programme de circulation de routine est également utilisé au cours du processus de la coloration : on parle alors « d'éclaircissement des coupes colorées », et cette opération est effectuée juste avant le montage (voir le chapitre 9), à la toute fin du processus de coloration. On réalise généralement le montage au moyen de résines naturelles ou synthétiques solubilisées dans un produit aromatique comme le xylène ou le toluène. Dans le cadre de la circulation, l'éclaircissement augmente l'indice de réfraction du tissu, et dans celui de la coloration, il augmente l'indice de réfraction du tissu coloré.

Un bon agent éclaircissant doit posséder plusieurs qualités. Il doit agir rapidement, c'est-à-dire enlever rapidement l'éthanol des tissus sans les durcir. Si l'on s'en sert au cours de l'étape de la coloration des coupes, l'agent éclaircissant ne doit pas dissoudre le colorant. Enfin, il ne devrait pas s'évaporer trop rapidement, et ne devrait être ni toxique, ni inflammable, ni trop cher.

Voilà les qualités du produit idéal, mais aucun ne les possède tous. Toutefois, le critère le plus important demeure la miscibilité du produit avec l'éthanol de la déshydratation et la paraffine de l'imprégnation.

4.2.2.2 Principaux agents éclaircissants

Parmi les agents éclaircissants, on retrouve des hydrocarbures benzéniques comme le benzène, le toluène et le xylène; de plus, il y a le chloroforme, l'acétate d'amyle et diverses huiles essentielles, ainsi que quelques autres produits. Les produits utilisés pour désalcooliser les tissus sont donc aromatiques et organiques.

4.2.2.2.1 *Xylène* $C_6H_4(CH_3)_2$

Le xylène est un excellent éclaircissant qui rend les tissus translucides, mais il a tendance à rendre extrêmement durs et cassants les tissus qui y séjournent plus de 3 heures. On ne peut l'employer qu'avec des tissus déshydratés à l'éthanol; cependant, si la déshydratation est incomplète, le xylène prend un aspect laiteux. Il est rapide, car il pénètre un tissu de 5 mm en 30 à 60 minutes; mais il ne convient pas à l'éclaircissement des tissus cérébraux et des ganglions lymphatiques, qui seront beaucoup plus faciles à couper si on les désalcoolise au chloroforme, au toluène ou à l'huile de cèdre. En outre, le xylène a tendance à entraîner une rétraction excessive des tissus. Inflammable et volatile, cette substance doit être conservée dans un récipient métallique, dans une pièce bien ventilée. Le xylène ne dissout pas la celloïdine et n'extrait pas les colorants de l'aniline (les colorants synthétiques). Au cours de l'imprégnation, la paraffine prend facilement sa place. Il s'agit d'un produit peu coûteux. Enfin, il présente certains risques pour les personnes qui le manipulent : il peut causer de légères irritations aux muqueuses nasales et oculaires; tout comme le benzène, il peut causer des anémies aplasiques; s'il entre en contact avec la peau, il faut la laver abondamment à l'eau courante.

4.2.2.2.2 *Toluène* $C_6H_5CH_3$

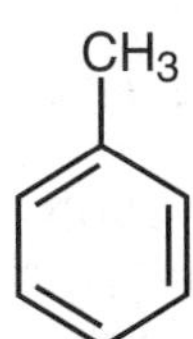

Le toluène possède des propriétés semblables à celles du xylène, mais il ne durcit pas autant les tissus. Il est rapide, car il peut éclaircir un tissu de 5 mm d'épaisseur en 30 à 60 minutes. Il est également tolérant, car les tissus peuvent y séjourner jusqu'à 12 heures sans durcir de manière excessive. Tout comme le xylène, cependant, il doit être précédé par l'éthanol absolu. Ses vapeurs sont toxiques et modérément narcotiques (euphorisantes).

4.2.2.2.3 *Benzène* C_6H_6

L'utilisation du benzène est aujourd'hui fortement déconseillée en raison de sa grande toxicité, car il entraîne une anémie aplasique chez les personnes qui l'absorbent par inhalation ou contact cutané; il est donc cancérigène. En tant qu'agent éclaircissant, il agit assez rapidement, ne provoque qu'un minimum de rétraction et peut éclaircir un tissu de 5 mm d'épaisseur en 1 à 3 heures, sans le rendre cassant. Il est très inflammable et s'évapore rapidement. Enfin, la paraffine le remplace facilement au moment de l'imprégnation.

4.2.2.2.4 *Chloroforme* ($CHCl_3$)

Le chloroforme convient parfaitement aux tissus nerveux, aux ganglions lymphatiques et aux tissus embryonnaires, car il rétracte si peu que les différents auteurs s'entendent pour dire qu'il n'a pas d'effet de rétraction ni de gonflement. De plus, il ne durcit pas trop. Il est considéré comme le plus tolérant des agents désalcoolisants. Il est recommandé pour les spécimens volumineux. Il n'est pas inflammable. Sa densité spécifique étant relativement élevée, les tissus ont tendance à flotter au début de l'opération de désalcoolisation. Par comparaison avec le xylène ou le toluol, il agit moins rapidement, car la désalcoolisation d'une pièce de 5 mm d'épaisseur peut prendre de 12 à 24 heures. Il est meilleur que les hydrocarbures pour les tissus très durs (peau, utérus, muscles, par exemple), sans être aussi efficace que les huiles essentielles. Le chloroforme étant toxique lorsqu'il est ingéré et anesthésiant si on en respire les vapeurs, il faut le manipuler avec soin, dans un espace bien ventilé. Il peut également causer une irritation oculaire. Il présente aussi l'inconvénient d'être difficilement délogeable par la paraffine. Son indice de réfraction n'entraîne aucun éclaircissement des tissus. Enfin, il est coûteux et très volatil.

4.2.2.2.5 *Acétate d'amyle* (CH_3-COO-C_5H_{11})

L'acétate d'amyle est plus tolérant que les hydrocarbures benzéniques et ne durcit pas les tissus. Comme il est miscible avec l'eau, en petite quantité, une déshydratation imparfaite ne l'empêchera pas d'éclaircir le tissu. Peu volatil, il est cependant très inflammable et modérément toxique. Il faut prendre garde à l'acétate d'amyle, car il a une odeur prononcée de banane, ce qui n'est pas toujours désagréable, mais il n'en demeure pas moins toxique, d'où le danger.

4.2.2.2.6 *Salicylate de méthyle et benzoate de méthyle*

Le salicylate de méthyle (essence de *wintergreen*) et le benzoate de méthyle conviennent bien aux tissus délicats, car ils compensent l'effet durcissant de l'alcool. Ces deux produits sont généralement utilisés au cours des opérations de double enrobage, qui font appel aux qualités de la paraffine et de la celloïdine ou de la gélatine (voir la section 4.2.3.2.3). Le salicylate de méthyle s'oxyde facilement. Pour sa part, le benzoate de méthyle, un dérivé du benzène, est considéré comme tolérant, miscible avec l'éthanol et le xylène. Il est plus rapide que le salicylate de méthyle, solubilise la celloïdine, mais son prix est assez élevé. Le salicylate de méthyle et le benzoate de méthyle sont toxiques et peuvent causer des irruptions cutanées si on les manipule sans toutes les précautions nécessaires.

4.2.2.2.7 *Disulfure de carbone*

Le disulfure de carbone entraîne une rétraction très limitée. Il se caractérise par une odeur nauséabonde et est très inflammable. Le tissu éclairci au disulfure de carbone s'imprègne difficilement et lentement de cire ou de paraffine.

4.2.2.2.8 *Tétrachlorure de carbone* (CCl_4)

Le tétrachlorure de carbone peut désalcooliser un fragment de 5 mm d'épaisseur en 8 à 15 heures. Considéré comme tolérant, il présente aussi l'avantage d'être moins coûteux que le chloroforme. De plus, il est ininflammable. Par contre, il est toxique et peut causer des dommages tissulaires à la personne qui le manipulerait sans précaution. En outre, il ne modifie pas l'indice de réfraction tissulaire, ce qui rend difficile la détermination de la fin de l'éclaircissement. Enfin, en raison de sa viscosité, son élimination au moment de l'imprégnation par la paraffine est également difficile.

4.2.2.2.9 *Huiles essentielles*

Les huiles essentielles que l'on utilise pour éclaircir les tissus sont l'huile de cèdre, l'essence de girofle ou huile de clou, et l'huile d'origan. Si on s'en sert, il faut absolument retirer des tissus tous les résidus de ces produits, au moyen de trois bains de xylène ou de toluène à raison de 15 minutes chacun. Des traces d'huile entraîneraient d'énormes problèmes au moment de la coupe.

a) *Huile de cèdre*

L'huile de cèdre convient aux tissus déshydratés au moyen d'éthanol à 95 % et dont la déshydratation n'est pas complète. Mais son action est lente. L'éclaircissement d'une pièce de 5 mm d'épaisseur peut prendre de 2 à 3 jours. Cependant, on peut y laisser séjourner les tissus pendant une longue période sans inconvénient. L'huile de cèdre agit très bien sur les tissus très durs comme ceux de la peau, des muscles, de l'utérus et de certains tendons. Elle ne rétrécit pratiquement pas les tissus et n'extrait pas les colorants synthétiques. Elle présente toutefois divers inconvénients : il s'agit d'une substance très coûteuse qui dégage une odeur forte; de plus, l'imprégnation par la paraffine d'une pièce de tissu éclaircie à l'huile de cèdre demande beaucoup de temps, en raison de la viscosité de cette huile.

b) *Essence de girofle ou huile de clou*

Cette essence a tendance à rendre les tissus cassants. Elle ne provoque qu'une légère rétraction. Sa viscosité la rend difficile à enlever avec la paraffine.

c) *Huile d'origan*

Cette huile essentielle s'évapore lentement et ne dissout pas les colorants. Par contre, elle est coûteuse et possède une odeur désagréable. On doit également la dissoudre dans le xylène afin de favoriser sa pénétration et, par la suite, l'imprégnation du tissu par la paraffine.

En matière d'agents éclaircissants, il est évident que la solution parfaite n'existe pas et que l'on doit composer avec les avantages et les inconvénients de chacun. Il demeure toutefois que les agents éclaircissants le plus couramment utilisés dans les programmes de circulation de routine des laboratoires d'histotechnologie sont des substances miscibles avec l'éthanol et la paraffine. Enfin, certains produits miscibles avec l'eau et la paraffine permettent de passer outre l'étape de la déshydratation; c'est le cas du tétrahydrofurane (THF). Les produits utilisés comme éclaircissants ou désalcoolisants sont volatils et inflammables pour la plupart, et on recommande de ne pas les chauffer à la flamme et de les conserver dans des endroits frais, bien ventilés et à l'écart de toute flamme ou source de chaleur.

L'éclaircissement effectué au cours de la circulation des tissus, ou du processus de la coloration, peut conduire à l'observation d'un aspect brumeux dans un bain de toluol, par exemple. Une telle situation s'explique par le fait que la déshydratation est incomplète, ce qui résulte soit d'un séjour trop court dans les bains d'éthanol à 100 %, soit du fait que le dernier bain d'éthanol à 100 % a perdu sa pureté en étant dilué par de l'eau que contenait encore le tissu. Si une telle situation se présente, on peut y remédier en remettant les coupes ou les tissus dans un bain d'éthanol à 100 % fraîchement préparé et en laissant agir celui-ci juste le temps nécessaire, puis en passant les tissus dans un nouveau bain de toluol.

4.2.2.3 Facteurs influant sur l'éclaircissement

L'étape de l'éclaircissement s'apparente étroitement à celle de la déshydratation et ce sont sensiblement les mêmes facteurs qui en influencent le déroulement et affectent la qualité du résultat.

4.2.2.3.1 *Taille et consistance des pièces*

Les remarques faites dans le cas de la déshydratation en ce qui concerne la taille et la consistance des pièces de tissus, s'appliquent également à l'éclaircissement (voir la section 4.2.1.2.8).

4.2.2.3.2 *Concentration*

Dans le cas de l'éclaircissement comme dans celui de la déshydratation, le dernier bain doit être absolument pur. Après que les bains d'agent éclaircissant ont servi une première fois, il est possible de les réutiliser pour désalcooliser une autre pièce ou une série de pièces de tissu, mais à condition de maintenir la même progression en ce qui a trait à la concentration des bains successifs. Le premier bain de toluol, par exemple, a déjà servi une fois et est déjà trop dilué par de l'éthanol pour servir encore; il suffit de l'éliminer et de le remplacer par le deuxième bain, maintenant dilué au même point que l'était le premier au départ; le troisième bain devient alors le deuxième et ainsi de suite. Le dernier bain est enfin rempli de solution fraîche et le cycle peut recommencer pour l'éclaircissement d'une nouvelle pièce ou d'une nouvelle série de pièces de tissu. Tous ces déplacements de bains de produits sont en fait des rotations permettant de maximiser l'efficacité des solutions et de réaliser des économies appréciables.

4.2.2.3.3 *Volume d'agent éclaircissant et nombre de bains*

On peut rentabiliser au maximum la quantité d'agent éclaircissant en utilisant plusieurs bains et en assurant leur rotation, comme on le fait avec l'éthanol au cours de la déshydratation.

4.2.2.3.4 *Température*

L'utilisation de la chaleur permet d'accélérer l'éclaircissement. Cependant, la chaleur accentue la rétraction et le durcissement des tissus. De plus, le réchauffement des produits favorise leur évaporation et réduit en quelque sorte l'efficacité de leur action sur les tissus. Par conséquent, il est très rare que l'on ait recours à la chaleur lors de l'éclaircissement.

4.2.2.3.5 *Agitation*

L'éclaircissement se fait beaucoup plus rapidement lorsque l'on agite sans arrêt les tissus.

4.2.2.3.6 *Vide partiel*

Il ne semble pas que le vide partiel ait une influence marquée sur l'éclaircissement. Cependant, on reconnaît qu'il contribue à éliminer l'air emprisonné dans le tissu.

4.2.2.3.7 *Durée*

Les vitesses de pénétration varient selon les divers agents éclaircissants; ainsi, on doit tenir compte des propriétés pénétrantes de l'agent utilisé au moment de déterminer la durée de séjour du tissu dans l'éclaircissant. Par contre, il faut éviter de laisser les tissus trop longtemps dans l'éclaircissant, car ce dernier est souvent intolérant.

4.2.2.4 Conséquences d'un mauvais éclaircissement

Généralement, les principales conséquences d'un mauvais éclaircissement sont la production de masses tissulaires de consistance hétérogène ou inadéquate, de même qu'une rétraction ou une distorsion excessive des tissus, surtout s'ils ont séjourné trop longtemps dans les bains d'agent éclaircissant. L'imprégnation sera inadéquate et partielle, car l'éthanol n'aura pas été entièrement remplacé par l'agent éclaircissant, qui est miscible avec la paraffine.

4.2.3 IMPRÉGNATION

L'imprégnation est le procédé final de la circulation. Il permet de saturer les spécimens tissulaires par un milieu qui servira à l'enrobage. L'imprégnation consiste à enlever l'agent éclaircissant du tissu et à le

Tableau 4.1 CARACTÉRISTIQUES DES PRINCIPAUX AGENTS D'ÉCLAIRCISSEMENT.

Produit utilisé	Avantages	Désavantages	Intérêt pratique
Toluène	Action relativement rapide Faible durcissement des tissus Point d'éclaircissement optimal facilement appréciable	Toxicité	Utilisation très répandue
Xylène	Action rapide Point d'éclaircissement optimal facilement appréciable	Durcissement des tissus (plus marqué qu'avec le toluène) Toxicité	Utilisation très répandue
Benzène	Faible durcissement des tissus Point d'éclaircissement optimal facilement appréciable	Action lente Toxicité élevée	Utilisation restreinte en raison de la toxicité du produit
Chloroforme	Action relativement rapide Faible durcissement des tissus	Coût élevé Odeur désagréable Point d'éclaircissement optimal facilement appréciable	Utilisation limitée : produit de remplacement surtout
Éther de pétrole	Faible durcissement des tissus Bons résultats	Dangerosité : produit inflammable et explosif	Utilisation limitée : produit de remplacement surtout
Sulfure de carbone (tétrachlorure de carbone)	Ininflammabilité	Toxicité	Utilisation limitée : produit de remplacement surtout
Essence de cèdre	Aucun durcissement des tissus	Action lente Complexité du procédé Coût élevé	Utilisation limitée aux tissus durs ou délicats
Acétate d'amyle Benzoate de méthyle	Aucun durcissement des tissus	Toxicité	Utilisation limitée aux tissus durs

remplacer par la substance le plus fréquemment utilisée à cette fin, la paraffine. Celle-ci remplira à son tour toutes les cavités intra et extracellulaires ainsi que toutes les cavités naturelles du tissu. L'ensemble de ce processus doit se faire sans provoquer d'altérations ni déformations des rapports entre les tissus et ses éléments cellulaires ou entre ces derniers.

4.2.3.1 But de l'imprégnation

L'imprégnation, que certains auteurs appellent aussi « infiltration », a pour but de raffermir le tissu, de lui donner une certaine consistance uniforme et un support interne.

En règle générale, pour atteindre ce but, on utilise de la paraffine, mais on peut aussi employer d'autres produits comme la nitrocelloïdine, la gélatine, l'agar ou diverses résines. Certains procédés d'imprégnation font usage de polymères de plastique au lieu de paraffine. Peu importe le produit utilisé, le même principe s'applique toujours. L'imprégnation à la paraffine est la méthode la plus simple, la plus courante et, surtout, elle donne d'excellents résultats dans le travail de routine.

La durée de séjour des tissus dans le milieu d'imprégnation et le nombre de bains dépendent de plusieurs facteurs comme la grosseur des pièces, les différents types de tissus présents au cours de la circulation, la possibilité de recourir au vide partiel, le type d'agent éclaircissant utilisé, le type de milieu d'imprégnation, et enfin, la quantité de pièces à imprégner.

Par exemple, si les spécimens sont gros, le nombre de blocs important et la fréquence d'utilisation des bains de circulation élevée, alors il faut changer la paraffine fréquemment, car à la longue le premier bain se sature d'agent éclaircissant et son action d'imprégnation diminue. Le type d'agent éclaircissant est aussi un facteur qui détermine la durée de séjour des pièces dans la paraffine. Ainsi, l'huile de cèdre, le chloroforme et le tétrachlorure de carbone sont plus difficilement remplacés par la paraffine que le toluol ou le xylol.

Les tissus denses comme les os, la peau et le système nerveux central doivent séjourner plus longtemps dans la paraffine pour en être complètement imprégnés. Par contre, les tissus mous comme le foie, les muscles et les tissus fibreux ont tendance à durcir excessivement et à devenir friables si le séjour dans la paraffine est trop long.

Le recours au vide partiel au cours de l'imprégnation à la paraffine augmente la vitesse à laquelle l'agent éclaircissant et les bulles d'air se retirent du tissu, ce qui permet de réduire de moitié la durée de cette étape. Une diminution de la durée du contact entre les tissus et la paraffine chaude réduit les effets négatifs de la chaleur sur les tissus. Le vide partiel peut également prévenir la formation de bulles d'air dans les espaces tissulaires par suite de l'évaporation de l'agent éclaircissant. Évidemment, l'imprégnation sous vide des tissus contenant beaucoup d'air, comme les poumons, présente un net avantage.

L'utilisation de la paraffine pour l'imprégnation et l'enrobage (voir le chapitre 5) est très répandue. La stabilité et l'inertie chimiques de cette substance minimisent les changements tissulaires lorsque le tissu doit être conservé pendant de très longues périodes.

4.2.3.2 Produits d'imprégnation

4.2.3.2.1 *Paraffines*

Du point de vue chimique, les paraffines sont des mélanges d'hydrocarbures solides dont le poids moléculaire est élevé; la formule générale des paraffines est $C_nH_{(2n+2)}$. Ce sont des substances organiques. Le point de fusion des différents types de paraffine peut varier de 44 °C à 60 °C. Généralement, les paraffines dont le point de fusion est élevé sont plus dures que celles dont le point de fusion est relativement bas. Théoriquement, il faut chercher la meilleure adéquation possible entre la consistance du tissu à traiter et celle de la paraffine employée : dans les faits, il est pratiquement impossible d'y parvenir, car il faudrait pour cela traiter chaque tissu isolément.

Les paraffines ne sont pas miscibles avec l'eau (hydrophobes) ou avec l'éthanol. Leur intérêt en histotechnologie découle du fait qu'elles sont solubles dans les éclaircissants ou miscibles avec ceux-ci, qu'elles imprègnent les tissus sans leur causer d'altérations structurales, qu'à la température ambiante elles redeviennent solides sans être d'une dureté excessive – on peut donc manipuler les blocs à cette température – et enfin, qu'il est possible lors de la coupe de confectionner des rubans à partir des blocs. On utilise de préférence une paraffine dont le point de fusion se situe entre 44° et 60 °C, car la chaleur a tendance à détériorer divers composants tissulaires, par exemple les enzymes, les antigènes et certaines protéines. Pour déterminer le choix de la paraffine, on se base sur la température moyenne du laboratoire, à laquelle on ajoute un facteur de 30. Ainsi, dans le cas d'un laboratoire dont la température moyenne annuelle se situe autour de 22 °C, on obtient, en ajoutant ce facteur, 52° à 55 °C, ce qui correspond au point de fusion idéale à acquérir pour ce laboratoire. Un autre aspect à considérer dans le choix de la paraffine est l'épaisseur des coupes à confectionner.

De nos jours, peu de laboratoires utilisent de la paraffine pure pour imprégner les tissus, car celle-ci a tendance à sécher à la longue, de sorte que les blocs deviennent de plus en plus difficiles à couper. De plus, la paraffine pure n'est pas suffisamment élastique pour supporter un déplacement des divers éléments tissulaires les uns par rapport aux autres; elle se déchire, ce qui rend difficile la coupe de tissus de consistance dure ou non homogène. Ainsi, chaque compagnie qui fabrique des produits pour les laboratoires d'histotechnologie a sa propre formule de paraffine additionnée de substances destinées à en améliorer l'efficacité. Certaines contiennent des substances comme de la cire d'abeille, des polymères de plastique, du caoutchouc, des dérivés de l'asphalte ou même du lard; tout cela dans le but de modifier la consistance de la paraffine à la température ambiante. De fait, ces nouveaux mélanges se solidifient mieux que la paraffine seule et facilitent la confection de coupes minces. Ainsi, la cire d'abeille favorise une meilleure adhésion des coupes sur la lame alors que le lard permet à la paraffine de conserver une consistance plus molle à la température ambiante. L'addition de polymères de plastique à la paraffine facilite la confection de rubans au moment de la coupe et l'obtention de blocs de textures plus uniformes. L'ajout de diverses substances dans la paraffine pure n'a toutefois aucun effet sur la rapidité de pénétration de celle-ci dans le tissu.

La qualité des coupes est en grande partie liée à l'absence de solvant dans la paraffine. On peut éliminer toute trace de solvant dans les tissus en utilisant au moins deux bains de paraffine liquide, et idéalement quatre bains, dans le programme de circulation. Ces bains doivent être changés fréquemment, car ils ont tendance à se charger progressivement de solvant (toluol ou xylol). Un séjour prolongé dans la paraffine liquide n'affecte guère les tissus, pourvu que la température de la paraffine utilisée ne dépasse pas son point de fusion de plus de 2° à 3 °C. En effet, l'imprégnation à la paraffine se fait à une température d'environ 2 °C au-dessus du point de fusion de la paraffine utilisée. Ainsi, si ce dernier est de 55 °C, on pourra procéder à l'imprégnation quand sa température aura atteint 57 °C. En refroidissant, la paraffine se solidifie et elle possède alors une structure cristalline; en outre, ce refroidissement provoque une rétraction du tissu d'environ 10 %. On la considère comme ininflammable, c'est-à-dire que dans les limites de son utilisation, la paraffine ne brûle pas.

Si la paraffine est de qualité médiocre, les blocs conservent une certaine humidité et ont tendance à s'émietter lors de la coupe. Il arrive parfois qu'une partie d'un tissu imprégné à la paraffine ne se retrouve pas sur les coupes. Cette situation résulte vraisemblablement d'une imprégnation incomplète. En effet, si un tissu n'est pas imprégné de manière uniforme et que certaines portions n'ont pas reçu de paraffine, sa consistance manquera aussi d'uniformité : la partie non imprégnée se rétractera derrière le couteau, d'où son absence sur les coupes.

Il arrive aussi qu'au moment de couper un bloc de tissu imprégné de paraffine, on constate que le tissu est mal déshydraté. On peut y remédier selon une méthode bien précise, qui consiste à faire passer le bloc par les étapes suivantes, successivement :

1. faire fondre la paraffine du bloc sur une plaque chauffante;
2. passer le bloc de tissu imprégné de paraffine dans le xylène ou le toluène → pour dissoudre la paraffine;
3. immerger dans un bain d'éthanol à 100 % → pour déshydrater complètement le tissu;
4. immerger dans le xylène ou le toluène → pour désalcooliser le tissu, l'éthanol n'étant pas miscible avec la paraffine;

5. passer dans la paraffine liquide → pour imprégner adéquatement le tissu en vue de la formation d'un nouveau bloc.

Après ce traitement, on peut recommencer la coupe sans problème.

4.2.3.2.2 *Substituts de la paraffine*

Il existe des substituts à la paraffine, c'est-à-dire des produits synthétiques qui lui ressemblent tout en présentant certains avantages que ne possède pas la paraffine pure. Parmi ces produits, on retrouve le paraplast, le Carbowax, la nitrocellulose (ou celloïdine), l'agar, la gélatine et les résines de plastique.

a) *Paraplast*

Le paraplast est un composé de paraffine pure et de polymère de plastique. Le point de fusion du paraplast se situe autour de 56 °C à 57 °C. Les blocs obtenus avec le paraplast sont plus uniformes que ceux que l'on prépare avec la paraffine pure.

Avec le paraplast, les coupes en ruban sont plus faciles à faire et elles ont moins tendance à craqueler comparativement aux coupes de tissus imprégnés de paraffine pure, car le paraplast est plus élastique.

b) *Carbowax*

Le Carbowax est un polyéthylène-glycol, c'est-à-dire un alcool complexe possédant une chaîne plus ou moins longue d'atomes de carbone. Quand la chaîne dépasse 15 à 18 atomes, cet alcool devient solide à la température de la pièce et se comporte comme une cire. Cependant, cette « cire » conserve ses propriétés d'alcool, telles sa miscibilité avec l'eau ainsi que son caractère hygroscopique. C'est pour cette raison que les blocs de Carbowax ne doivent pas être exposés à une atmosphère humide. Sans être une véritable cire, le Carbowax en offre l'apparence physique. Il est soluble et miscible avec l'eau, de sorte que l'on peut procéder à l'imprégnation immédiatement après la fixation, sans passer par la déshydratation et l'éclaircissement. Cependant, le Carbowax étant soluble dans l'eau, on ne peut procéder à l'étalement de coupes sur bain d'eau. Par contre, il est possible d'étaler les coupes sur une solution contenant 0,2 g de bichromate de potassium, 0,2 g de gélatine dans un litre d'eau distillée; utilisé à la température ambiante, ce mélange empêche la dissolution du Carbowax et donne de bons résultats. Le point de fusion de ce produit se situe entre 48° et 50 °C. En fait, on ne l'utilise pratiquement pas de nos jours comme milieu d'imprégnation, car ces blocs doivent être entreposés dans un lieu où l'atmosphère est absolument sèche.

Parmi les avantages du Carbowax, notons le faible rétrécissement tissulaire qu'il occasionne puisque le tissu ne subit pas de circulation. De plus, le support offert par ce produit est supérieur à celui de la paraffine. Il permet la mise en évidence des lipides, car ceux-ci ne sont pas dissous lors de la déshydratation et de l'éclaircissement. On obtient aussi une meilleure préservation des enzymes. Les tissus sont moins friables, car ils ne sont pas chauffés et n'ont pas subi l'action d'un agent éclaircissant.

En revanche, le Carbowax présente certains inconvénients. En effet, comme il est soluble dans l'eau, l'étalement des coupes est très difficile et entraîne souvent la désintégration des tissus. De plus, le montage est laborieux et les coupes se plissent souvent.

c) *Nitrocellulose*

La nitrocellulose, communément appelée « celloïdine » ou « nitrocelloïdine », est également utilisée pour l'imprégnation des tissus; les solutions de celloïdine sont également appelées « solutions de collodion ». Ses variantes les plus connues sont la nécolloïdine et les nitrocelluloses à basse viscosité (LVN, « *low viscosity nitrocellulose* »). Ces produits présentent généralement les mêmes avantages et inconvénients, mais la technique d'utilisation peut varier de l'un à l'autre.

La celloïdine est surtout recommandée pour le traitement des tissus durs, comme les os, ou des tissus très fragiles, comme le cerveau. Le support qu'elle offre est plus solide que celui de la paraffine.

La celloïdine présente l'avantage de n'entraîner qu'un léger rétrécissement du tissu, car son emploi ne requiert aucune chaleur. Cette substance permet d'obtenir des coupes de grande qualité dans le cas de blocs dont la surface est assez grande et les tissus denses, comme les os; cela est dû au fait que les tissus sont moins durs que le milieu d'imprégnation, qui, lui-même, a une consistance plus plastique que la paraffine. Les coupes de cerveau, par exemple, sont plus faciles à réaliser. La celloïdine convient mieux que la paraffine aux gros spécimens de tissus, car celle-ci met trop de temps à les imprégner complètement, ce qui les porte à durcir, alors que la celloïdine ne durcit pas le tissu et assure en outre une meilleure cohésion entre les couches de tissu malgré leurs consistances différentes. Par exemple, pour l'imprégnation des yeux, dont la rétine se décolle lorsque l'on travaille avec la paraffine, la celloïdine donne de très bons résultats. Les tissus durs comme les dents et les os, qui ont perdu leur rigidité avec la décalcification, sont mieux soutenus par la celloïdine que par la paraffine, qui a tendance à s'émietter. Comme la celloïdine s'utilise à la température ambiante, tandis que la paraffine doit être chauffée, elle ne présente aucun danger pour les composants tissulaires.

Du côté des inconvénients, on déplore que le procédé soit très lent et s'étale sur plusieurs jours. De plus, il est difficile de faire des coupes de moins de 10 micromètres et il est impossible de faire des rubans de coupes; la réalisation de coupes sériées devient donc un processus laborieux. La conservation des blocs dans de grands bocaux d'éthanol à 70 % demande beaucoup d'espace, ce qui peut devenir encombrant dans un laboratoire effectuant essentiellement des analyses de routine. Enfin, la celloïdine est hautement inflammable et potentiellement explosive, car en brûlant elle libère de l'oxyde d'azote.

Procédé utilisant la celloïdine

Sommaire et préparation de la solution : ce procédé se déroule à la température ambiante. Les tissus fixés et déshydratés seront imprégnés d'une solution de celloïdine diluée dans un mélange éthanol-éther 1:1. D'abord, on immerge les tissus dans une solution de celloïdine à 2 %, puis dans une solution à 4 %, pour terminer avec une solution de 8 %. À titre d'exemple, la solution à 8 % se prépare avec 16 g de celloïdine dans 100 ml d'éthanol absolu et 100 ml d'éther anhydre; on agite de temps en temps jusqu'à la dissolution complète de la celloïdine.

Procédé détaillé : les tissus soumis à ce procédé auront d'abord été fixés, décalcifiés au besoin et déshydratés jusqu'à l'alcool absolu. À la fin, les blocs de celloïdine peuvent être coupés ou encore placés dans le chloroforme ou dans l'éthanol à 70 %, où ils sont conservés avant la coupe. Durant la coupe, il faut constamment humidifier à l'éthanol le bloc et le couteau du microtome; c'est pourquoi on dit que les tissus sont « coupés humides ». En outre, la coloration peut être compliquée à réaliser, car certains colorants cationiques colorent la celloïdine de même que certaines structures tissulaires, ce qui peut influencer l'interprétation des résultats.

1. Immerger les tissus dans un mélange d'éthanol absolu et d'éther anhydre 1:1 pendant 24 heures;
2. les passer dans une solution de celloïdine à 2 % pendant 5 à 7 jours;
3. les passer dans une solution de celloïdine à 4 % pendant 5 à 7 jours;
4. les passer dans une solution de celloïdine à 8 % pendant 3 à 4 jours;
5. enrober les spécimens dans la solution de celloïdine à 8 % en les plaçant dans des moules de papier de 30 à 40 mm de profondeur; déposer ensuite ces moules dans des contenants étanches à l'air, verser une petite quantité d'éther à côté du bloc afin de favoriser la dispersion des bulles d'air qui auraient pu se former durant la préparation, puis recouvrir les contenants d'une plaque de verre. Après 1 à 2 heures, quand les bulles d'air ont disparu, remplacer l'éther par du chloroforme, dont les vapeurs favorisent le durcissement du bloc sans pour autant durcir le tissu; le contenant est refermé de façon étanche jusqu'à ce que le bloc se soit solidifié de manière satisfaisante. On peut remettre du chloroforme en tout temps.

L'ensemble du processus prend plusieurs jours.

Procédé utilisant le LVN

Sommaire et préparation de la solution : le LVN demande l'utilisation du mélange éthanol-éther 1:1 comme dans le cas précédent, mais les concentrations diffèrent. Ainsi, on commence par une première dilution à 5 %, pour passer ensuite à un bain à 10 % et terminer par une solution à 20 %. La solution de LVN à 20 % se prépare de la façon suivante : 40 g de LVN avec 100 ml d'éthanol absolu et 100 ml d'éther anhydre. Remuer de temps en temps afin que le LVN se dissolve bien.

Procédé détaillé : les tissus à traiter auront d'abord été fixés, décalcifiés au besoin et déshydratés jusqu'au bain d'éthanol absolu.

1. Immerger les tissus dans un mélange d'éthanol absolu et d'éther anhydre 1:1 pendant 24 heures;
2. les passer dans une solution de LVN à 5 %, additionnée de tricrésylphosphate 1 % ou d'acide ricinoléique (oléum ricini) à 0,5 % pendant 3 à 5 jours;
3. les passer dans une solution de LVN à 10 % additionnée d'une solution plastifiante, pendant 3 à 5 jours;
4. les passer dans une solution de LVN à 20 % additionnée d'une solution plastifiante, pendant 2 à 3 jours;
5. enrober les spécimens dans cette solution de LVN à 20 % additionnée de solution plastifiante; déposer les tissus dans des moules de papier. L'exposition aux vapeurs de chloroforme favorise la solidification des blocs, qui sont ensuite immergés dans l'éthanol à 70 % jusqu'au moment de la coupe.

Les tissus fixés au chrome ou à l'osmium auront tendance à se déposer dans le fond du contenant, entraînés par les sels de métaux lourds qu'ils contiennent. Afin de prévenir certains problèmes d'imprégnation et, surtout, les dommages que l'on pourrait causer au tissu en les manipulant ou en les démoulant, on recommande de doubler les parois du moule à l'intérieur, au moyen d'une feuille d'aluminium; le bloc sera ainsi plus facile à démouler.

Dans le cas de la celloïdine tout comme dans celui du LVN, la clarification des tissus n'est pas nécessaire. Par contre, leur imprégnation doit se faire en milieu complètement anhydre.

Après l'imprégnation, les tissus sont enrobés de la solution de nitrate de cellulose (ou nitrocellulose) dont la concentration est la plus élevée, soit 8 % dans le cas de la celloïdine ou 20 % dans celui du LVN. La consistance finale du bloc est régularisée par le contrôle de l'évaporation du solvant, c'est-à-dire le chloroforme ou l'éther. Enfin, les blocs sont entreposés dans l'éthanol.

d) *Gélatine et agar*

L'inclusion dans la gélatine est décrite à la section 5.4.1.1 alors que l'inclusion dans l'agar est présentée à la section 5.4.1.2.

e) *Plastique*

Les différents types de plastiques utilisés pour l'imprégnation et l'enrobage diffèrent principalement sous trois aspects : la facilité avec laquelle ils s'infiltrent dans le tissu, leur polymérisation et la dureté du produit final. Le principe d'action des plastiques lors de l'imprégnation repose sur la combinaison chimique d'un grand nombre de molécules d'un même type, les monomères, pour former une molécule géante, le polymère. Ce processus, appelé polymérisation, requiert un monomère, un initiateur et un catalyseur :

- le monomère : ce peut être soit un alcène, soit un diène; l'alcène est une structure moléculaire qui possède une double liaison entre deux atomes de carbone, tandis qu'un diène comporte deux doubles liaisons entre les atomes de carbone;
- l'initiateur : il s'agit du producteur de radicaux libres, comme le peroxyde; on l'appelle aussi l'« activateur »;
- le catalyseur : peut être la chaleur ou des radicaux libres.

La polymérisation se réalise en trois étapes lors de l'enrobage dans le plastique : l'initiation ou amorce, la propagation et l'étape finale. Pendant la phase d'initiation de la polymérisation, l'activateur amorce la formation des radicaux libres. La propagation est la réaction qui permet la combinaison de monomères entre eux pour former un polymère. L'étape finale amène l'arrêt de la polymérisation. Elle se produit quand de gros radicaux s'unissent pour former une molécule plus complexe ou quand l'hydrogène passe de la chaîne d'un polymère à celle d'un autre. Ces réactions sont exothermiques, c'est-à-dire qu'elles dégagent de la chaleur; si la réaction est trop rapide, il risque de se former des blocs de consistance inégale, ou bien des bulles d'air à l'intérieur d'un bloc. Il se peut aussi qu'à cause d'une polymérisation incomplète, la consistance du bloc n'acquière pas la fermeté voulue.

Il est cependant possible d'obtenir un bloc de la dureté voulue en optimisant la vitesse de polymérisation pendant l'imprégnation. Il s'agit, pour y parvenir, de contrôler la température de la polymérisation, de déterminer avec précision la quantité d'initiateur et de catalyseur, de prévenir l'exposition à l'oxygène et d'ajouter des émollients au cours de la réaction de polymérisation. Voici deux exemples de polymérisation :

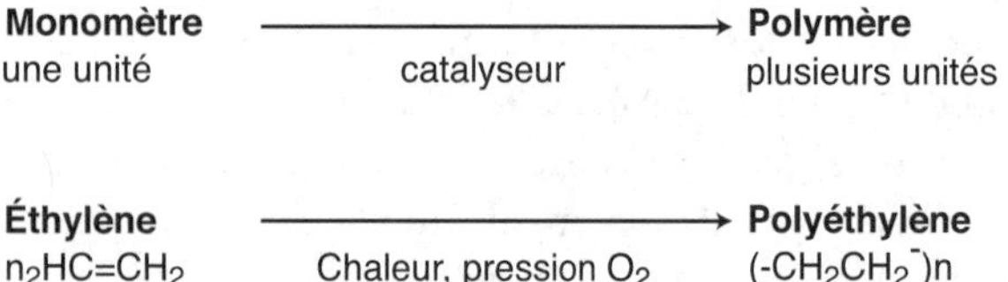

Il existe trois types principaux de polymères solides : les élastomères, les polymères thermoplastiques et les polymères thermodurcissables. Les élastomères et les polymères thermoplastiques sont des gels qui présentent de longues chaînes avec peu de ponts entre elles. Quand ces composés sont chauffés, ils ramollissent et peuvent alors être moulés. De leur côté, les polymères thermodurcissables sont généralement semi-liquides et de faible poids moléculaire. Quand ils sont chauffés, de nombreux ponts se forment entre les chaînes de sorte qu'ils durcissent et deviennent difficilement diffusibles. La technique d'imprégnation par les plastiques utilise généralement ce type de polymère formé de petits monomères mobiles qui s'infiltrent plus facilement dans les interstices tissulaires avant de se polymériser. Cette catégorie comprend le méthacrylate, les plastiques hydrosolubles, les résines de polyester et les résines époxy.

L'étude de tissus au microscope électronique n'est réalisable que si les coupes sont très minces, jusqu'à 0,5 micromètre. Comme l'enrobage dans le plastique permet d'obtenir des coupes aussi fines, il est idéal pour la microscopie électronique.

Méthacrylate : le méthacrylate est un monomère de type ester, plus précisément d'acide méthacrylique $CH_2 = C(CH_3)COOH$. La formule générale des méthacrylates est $H_3C = C(CH_3)COOR$. La liaison C=C peut s'associer avec le C = O et le R représente le groupement méthyle. Le méthacrylate commercial contient un stabilisateur, habituellement de groupe hydroquinone, qui retarde la polymérisation spontanée du produit. On peut facilement retirer le stabilisateur en plaçant le produit dans une solution de peroxyde de benzène.

Parmi les avantages du méthacrylate, il y a la facilité de manipulation, une bonne vitesse d'imprégnation et la possibilité de faire des coupes de tissus de 50 à 100 nm. Parmi les aspects les moins avantageux, on retrouve un rétrécissement pouvant aller jusqu'à 20 %, certains dommages tissulaires causés par la polymérisation et l'instabilité du produit sous les rayons du microscope électronique.

Procédé utilisant le méthacrylate

1. La préparation de la solution de méthacrylate et de paraffine : incorporer 3,5 g de paraffine à 10 ml de m-butyl méthacrylate, chauffer la préparation à 60 °C pendant 2 à 3 heures puis ajouter graduellement de 120 à 460 mg de peroxyde de benzène jusqu'à l'obtention de la consistance voulue : la quantité optimale est déterminée par essais et erreurs;
2. verser la solution dans des moules munis d'un couvercle, car l'oxygène retarde ou inhibe la polymérisation du méthacrylate; les moules servant à l'enrobage à la gélatine (voir la section 5.3) conviennent très bien; mettre les spécimens dans les moules contenant la solution où ils séjourneront de 18 à 24 heures à 50 °C. De plus, si l'on place les moules dans une étuve à atmosphère d'azote, on éliminera les risques de contact avec l'oxygène;

3. refroidir les blocs, les démouler et procéder à la coupe ultrafine (1 à 4 μm);
4. procéder à l'étalement de la coupe, puis au retrait du milieu d'enrobage par des passages dans le xylène avant la coloration.

Plastiques hydrosolubles **:** les plastiques hydrosolubles comprennent entre autres le méthacrylate glycol, l'Aquon et le Durcupan. Ces plastiques ont été créés pour les études histochimiques.

Le méthacrylate glycol peut être utilisé pour la microscopie optique. Il tend à gonfler dans l'eau. Il est complètement miscible avec l'eau, l'éther et l'éthanol. Il infiltre aussi bien les tissus durs que les tissus mous. Il provoque des distorsions visibles en microscopie électronique. L'usage de l'Aquon se limite exclusivement à l'histochimie et ce produit résiste bien à la digestion enzymatique. Enfin, le Durcupan est trop mou et la coupe, laborieuse.

Résines époxy **:** Les résines époxy présentent l'avantage de ne donner lieu à aucune formation d'artéfacts en cours de polymérisation, ce qui en fait un bon milieu d'imprégnation pour les tissus destinés à la microscopie électronique. En revanche, ces résines sont très visqueuses, elles pénètrent mal et, par conséquent, elles sont peu pratiques. Les principales marques de commerce de ces résines sont Araldite et Epon.

4.2.3.2.3 *Double enrobage*

On a recours au double enrobage pour tirer profit simultanément des propriétés de la celloïdine et de celles de la paraffine. Les tissus sont traités comme pour l'imprégnation à la celloïdine, jusqu'au bain de celloïdine à 1 ou 2 %. À ce moment, on enlève la celloïdine dans laquelle baignait le tissu et on le passe dans un agent éclaircissant. On termine l'opération par une imprégnation et un enrobage à la paraffine. Les blocs ainsi obtenus sont plus élastiques que les blocs à la paraffine et on peut quand même en faire des rubans de coupe. Ce type d'enrobage est idéal pour les pièces de tissu de consistance inégale, c'est-à-dire dont certaines portions sont dures et d'autres molles.

4.2.3.2.4 *Facteurs influant sur l'imprégnation*

Les milieux à base de paraffine étant encore les milieux d'imprégnation les plus répandus, les observations qui suivent se limiteront donc aux facteurs qui influent sur l'imprégnation des tissus par ces produits. Toutefois, la plupart de ces observations s'appliquent aussi aux autres milieux d'imprégnation.

a) *Taille et consistance des pièces*

Les gros spécimens de tissu retiennent beaucoup d'agent éclaircissant, ce qui allonge la durée de pénétration de la paraffine. Il est donc préférable de travailler avec de petites pièces. L'imprégnation des tissus durs et denses demande également plus de temps.

b) *Agent éclaircissant utilisé*

Chaque agent éclaircissant possède des caractéristiques particulières de miscibilité avec la paraffine, ce qui conditionne la rapidité avec laquelle la paraffine peut prendre la place de l'agent éclaircissant. De même, la volatilité de l'agent éclaircissant est importante, car plus il est volatil, plus il est évacué rapidement du bain de paraffine, par rapport à un agent moins volatil.

c) *Volume total de paraffine et nombre de bains*

Il est beaucoup plus profitable de travailler avec plusieurs petits bains de paraffine qu'avec un seul gros. À la fin de la circulation, on aura au moins deux bains de paraffine, de préférence quatre.

d) *Température*

La température est un facteur sur lequel on a peu de prise au cours de l'imprégnation, puisque l'on doit déjà travailler à des températures d'environ 57° à 60 °C, si l'on veut que la paraffine demeure liquide.

e) *Agitation*

L'agitation est toujours souhaitable dans les processus faisant appel à des échanges de liquides, comme c'est le cas dans l'imprégnation.

f) *Vide partiel*

En diminuant la pression ambiante durant l'imprégnation, on favorise l'évacuation plus rapide des bulles d'air contenues dans les tissus, ainsi que celle de l'agent éclaircissant. La réduction de la pression facilite également la pénétration de la paraffine dans le tissu; celle-ci étant visqueuse même à l'état liquide, son entrée dans le tissu se fera beaucoup plus rapidement sous pression négative. Comme il est déjà indispensable de travailler sous vide lorsque l'on traite des poumons, plusieurs laboratoires trouvent souhaitables de procéder de même avec toutes les pièces tissulaires. À cet effet, on utilise habituellement une pression négative de 40 à 66 kPa. Outre les poumons, les pièces tissulaires auxquelles convient le plus l'utilisation du vide sont les tissus durs, pour lesquels il est avantageux de réduire la durée de l'imprégnation.

4.2.3.3 Conséquences d'une mauvaise imprégnation

Une imprégnation trop longue peut, comme dans le cas de la déshydratation et de l'éclaircissement, provoquer une rétraction et un durcissement excessifs des tissus. Par contre, les tissus insuffisamment imprégnés ne présentent pas une consistance homogène et sont, de ce fait, difficiles à couper au microtome.

4.3 CIRCULATEURS AUTOMATIQUES

On peut trouver sur le marché deux types de circulateurs pour les tissus : les circulateurs à bains multiples (de moins en moins utilisés) et à bain unique.

4.3.1 CIRCULATEUR À BAINS MULTIPLES

Le circulateur à bains multiples est un appareil comportant une série de bains disposés en cercle, où sera plongé, selon un programme précis, un panier contenant les cassettes de tissus. Un système de minuterie relié au moteur déclenche le passage du panier d'un bain à l'autre. Les bains contiennent divers réactifs suivant l'ordre du programme de circulation : d'abord un bain de liquide fixateur, afin que les tissus demeurent dans un milieu liquide jusqu'au début de la circulation proprement dite, puis les bains d'agent déshydratant, suivis par les bains d'agent éclaircissant et, enfin, les bains d'imprégnation. Les bains demeurent immobiles, ce sont les tissus qui passent d'un bain à l'autre. Ce type d'appareil est toutefois remplacé aujourd'hui par des procédés faisant appel à la nouvelle technologie.

4.3.2 CIRCULATEUR À BAIN UNIQUE

Le circulateur à bain unique est plus récent que le précédent. Il fonctionne en circuit fermé. Les tissus sont placés dans une cuve ou chambre qui demeure stationnaire et où les substances de la circulation se remplacent à tour de rôle grâce à une série de pompes et de valves et à un système permettant l'évacuation partielle de l'air de l'intérieur du circulateur, créant ainsi un milieu à pression réduite. Les appareils les plus évolués comportent un microprocesseur, des contrôles numériques, des détecteurs de chaleur et une alarme. Le circuit fermé réduit au minimum les émanations de vapeurs toxiques et les risques qui les accompagnent. Il a par conséquent pour effet de réduire le contact des tissus avec l'air.

Le transfert des liquides fait appel à un système de pression négative dans la chambre, ce qui entraîne le retrait du liquide, qui retourne dans son réservoir. Quand un liquide est dans la cuve, divers moyens peuvent être utilisés (selon l'appareil utilisé) pour faciliter sa pénétration dans le tissu. Parmi ces moyens, il y a l'alternance vide-pression, les cycles alternés, la pression négative et les tiges agitantes. Quand vient le moment prévu pour qu'un liquide se retire, celui-ci est repoussé vers son réservoir et le liquide suivant est aspiré à son tour dans la cuve à traitement. La paraffine est le dernier réactif à être introduit dans la cuve à traitement et il y demeure jusqu'à ce que le technicien vienne récupérer les cassettes de tissus.

Après un cycle de circulation, on doit nettoyer la cuve à traitement afin d'enlever tout résidu de paraffine, car celle-ci ne sera pas miscible avec le premier réactif du prochain programme de circulation, soit le liquide fixateur, qui est généralement du formaldéhyde en solution aqueuse. L'auto-nettoyage s'effectue généralement par un rinçage au toluène (ou xylène) chaud, suivi d'un rinçage à l'éthanol absolu.

L'air utilisé lors du transfert des liquides par pression négative se charge de vapeurs de solvants. Il est donc important que l'appareil soit doté d'un filtre au charbon activé qui puisse capter les hydrocarbures toxiques présents dans la cuve à traitement.

Afin de prévenir des dommages accidentels aux tissus et de préserver le mieux possible leur qualité, tous les circulateurs sont équipés de dispositifs de sécurité et d'alarme. Ces alarmes permettent de connaître immédiatement la nature du problème, ce qui réduit les risques de délais ou de dommages aux tissus. Les pannes de courant ne conduisent donc plus à la perte de spécimens. La température des bains de paraffine est soigneusement enregistrée, ce qui permet de garantir la température d'imprégnation optimale. Le problème majeur de ce type de circulateur demeure les obstructions fréquentes de la tubulure pendant le nettoyage de fin de cycle, car la paraffine a tendance à s'accumuler dans la tubulure pendant le remplissage et la vidange.

4.3.3 EXEMPLE D'UN PROGRAMME DE CIRCULATION

Le tableau ci-dessous présente un exemple de programme de circulation utilisant un circulateur à bain unique.

4.3.4 AVANTAGES ET INCONVÉNIENTS

Les circulateurs automatiques permettent de traiter les tissus jour et nuit, y compris la fin de semaine et les jours fériés. De plus, les tissus y sont continuellement agités, ce qui accélère le processus. En outre, le recours à des appareils réduit les risques d'erreur humaine et assure le traitement homogène de toutes les pièces.

Par contre, ces appareils présentent des inconvénients. En effet, les bris mécaniques et les pannes de courant peuvent avoir des conséquences fâcheuses si des moyens d'urgence ne sont pas prévus. De plus, les tissus y sont traités en série et doivent tous avoir des dimensions identiques et adaptées au programme utilisé. Par ailleurs, le xylène et le toluène possèdent un point optimal de clarification facile à observer (voir le tableau 4.1), mais il est impossible de mettre à profit cette particularité puisque les tissus sont enfermés dans la chambre de l'appareil. Enfin, il est essentiel de vidanger complètement la tubulure pour éviter qu'elle ne se bouche à la suite d'une accumulation de paraffine.

Tableau 4.2 PROGRAMME TYPE DE CIRCULATION.

RÉACTIFS UTILISÉS	EFFETS SUR LES TISSUS
1. Formol 10 %	Fixation. Bain d'attente avant le début de la circulation
2. Éthanol 50 % 3. Éthanol 70 % 4. Éthanol 100 % 5. Éthanol 100 % 6. Éthanol 100 %	Déshydratation. On accroît progressivement la concentration de la solution afin de prévenir les dommages tissulaires. Plus le tissu est délicat, plus la concentration du premier bain de déshydratant doit être faible. Cette étape est celle qui requiert le plus de bains dans l'ensemble du processus de la circulation.
7. Toluol 8. Toluol 9. Toluol	Éclaircissement
10. Paraffine chaude 11. Paraffine chaude 12. Paraffine chaude	Imprégnation

Il est à noter que la durée de séjour dans chacun des réactifs peut varier d'un laboratoire à un autre.

INCLUSION / ENROBAGE

INTRODUCTION

En histotechnologie, le mot « inclusion » désigne un procédé utilisé au cours de deux étapes consécutives : l'imprégnation, où la paraffine est incluse dans le tissu, et l'enrobage, où le tissu est inclus dans un bloc de paraffine ou de tout autre produit servant à l'imprégnation. L'inclusion peut donc être synonyme d'imprégnation ou d'enrobage. En pratique, on utilise le terme « inclusion » dans le sens « d'enrobage »; les auteurs emploient l'un ou l'autre de ces termes, parfois même les deux, sans distinction. L'inclusion ou enrobage consiste à préparer un bloc de paraffine ou d'un autre produit servant à l'imprégnation en y incluant une pièce de tissu. On emploie habituellement comme milieu d'inclusion le produit qui a servi à l'imprégnation. Si le résultat présente des anomalies attribuables au déroulement incorrect de l'opération, on parle alors d'« artéfact d'enrobage » ou d'« artéfact de couche d'inclusion ».

L'enrobage fait suite à la dernière étape de la circulation, l'imprégnation. Un bloc de paraffine est plus facile à manipuler qu'une pièce de tissu; on peut le fixer à la pince du porte-objet du microtome sans abîmer la pièce tissulaire, on peut également y inscrire un numéro d'identification; de plus, ces blocs se conservent très longtemps.

En principe, la paraffine et la plupart des autres milieux d'inclusion sont des substances indifférentes qui ne réagissent pas avec les composantes tissulaires. Par contre, certains liquides fixateurs, comme l'acide picrique, peuvent continuer à exercer une action chimique sur le tissu, même après l'enrobage. Pour l'inclusion ou l'enrobage à la paraffine, les blocs doivent être refroidis rapidement, que ce soit sur une plaque réfrigérante ou de la glace, ou encore, dans l'eau froide. Ce refroidissement entraîne une cristallisation uniforme de la paraffine et la prépare mieux à la coupe au microtome. En effet, un refroidissement rapide provoque la formation de petits cristaux de paraffine, ce qui donne à celle-ci plus d'élasticité et une meilleure résistance. Un refroidissement lent provoque la formation de gros cristaux de paraffine, ce qui la rend plus fragile et plus friable. Il ne faut pas plonger le bloc dans l'eau froide immédiatement après l'enrobage, mais plutôt attendre que la paraffine ait commencé à durcir; autrement, des trous pourraient se former dans la paraffine et l'eau pourrait s'infiltrer dans le bloc, ce qui causerait de sérieux problèmes lors de la coupe. Si l'on constate, une fois l'inclusion terminée ou lors de la coupe, qu'une anomalie s'est produite au cours de la circulation, il est possible de faire à rebours toutes les opérations jusqu'à la déshydratation. Seule la fixation ne peut être reprise.

5.1 BUTS DE L'INCLUSION

Le premier but de cette étape de la technique histologique est de fournir au tissu un support externe pendant et après la coupe au microtome, l'imprégnation lui ayant donné un support interne. De plus, l'inclusion assure une meilleure conservation du tissu pendant une période indéfinie. Enfin, au moment de la coupe, la présence de paraffine autour du tissu facilite la production de rubans, à condition que la paraffine utilisée lors de l'inclusion possède les mêmes caractéristiques que celle ayant servi à l'imprégnation.

5.2 PRÉCAUTIONS PARTICULIÈRES

En matière d'inclusion, quelques précautions s'imposent, car cette étape de la technique histologique revêt une importance capitale pour la suite des opérations. En effet, il est essentiel d'orienter correctement la pièce de tissu dans le moule, particulièrement lors de l'inclusion de biopsies duodénales, par exemple, car la muqueuse duodénale ne doit pas toucher aux côtés du moule. En revanche, l'orientation ne revêt pas la même importance pour tous les spécimens. Le tableau 5.1 fournit quelques précisions sur l'orientation à donner à certains types de tissus ou prélèvements selon les circonstances. Le fait d'orienter le spécimen d'une manière précise au moment de l'inclusion possède un double but : faciliter la coupe au microtome, et favoriser une visibilité optimale des structures microscopiques ainsi que des relations anatomiques qui existent entre les différentes structures et tuniques.

Tableau 5.1 ORIENTATION DES SPÉCIMENS LORS DE L'INCLUSION.

TISSUS	ORIENTATION ET PRÉCAUTIONS
Curetages endométriaux Résections prostatiques transurétrales	Enrober sans orientation particulière.
Biopsies gastriques, intestinales et cervicales; raclages de peau	Enrober selon l'orientation donnée lors de la description macroscopique.
Spécimens comportant une tunique : épiderme, muqueuse, endothélium, épithélium gastro-intestinal	Orienter et enrober de façon que toutes les tuniques ou couches soient visibles simultanément.
Structures tubulaires	Orienter de façon que les coupes transversales offrent une vue de la lumière de l'organe.
Fragments multiples : - copeaux prostatiques - fragments de curetage	Les petits fragments doivent être disposés le plus près possible les uns des autres, au centre du moule sur une mince couche de paraffine. Laisser durcir partiellement puis enrober.
Petites biopsies : - biopsies à l'aiguille du foie, de la moelle osseuse, du rein, etc. - biopsie triangulaire	Effectuer une coupe longitudinale et déposer délicatement dans le fond du moule. Un côté de la pièce doit être complètement en contact avec le fond du moule.

De plus, lorsque l'on procède à l'inclusion d'un spécimen, il faut éviter de déformer le tissu en serrant trop les pinces lors des manipulations, ce qui aurait pour effet de fausser la lecture et l'interprétation au moment de l'examen microscopique. Pour faciliter le transfert des pièces du bac d'imprégnation au moule servant à l'inclusion, on conseille en outre d'utiliser une pince légèrement chauffée afin d'éviter de refroidir prématurément la paraffine. On dépose le spécimen dans le moule en veillant à ce que la surface de coupe soit au fond du moule et que le spécimen ne touche pas aux côtés de ce moule. Toute dérogation aux précautions inhérentes au procédé d'enrobage, comme pincer le tissu trop fort, l'appuyer sur les côtés du moule ou travailler à des températures trop élevées, entraîne inévitablement la formation d'artéfacts que l'on appelle « artéfacts d'enrobage » ou « artéfacts de couches d'inclusion ».

On doit également s'assurer que le numéro du cas est correctement inscrit sur la cassette. Enfin, on s'assure que la paraffine durcit le plus rapidement possible. La consistance d'un tissu imprégné par un produit doit être la même que celle du produit utilisé lors de l'inclusion, sauf dans le cas d'un double enrobage, où l'on emploie de la gélatine pour l'imprégnation et de la paraffine pour l'inclusion. Le double enrobage (voir la section 4.2.3.2.3) se pratique dans des cas particuliers, par exemple en prévision de la coupe d'un cerveau entier ou de celle d'os longs, lorsque l'on désire effectuer la coupe en série de tissus imprégnés à la gélatine, ou en prévision de l'entreposage de blocs imprégnés à la gélatine.

5.3 ORIENTATION GÉNÉRALE

5.3.1 FRAGMENTS TISSULAIRES PLATS

Quand la section tissulaire est parfaitement plate, il est très important de la centrer dans le fond du moule et de s'assurer que tout le fragment est en contact avec le fond de ce moule (voir la figure 5.1). Ainsi, lors de la coupe, toute la surface du tissu sera coupée en même temps, ce qui facilitera la lecture des coupes colorées.

Il en va de même du fragment dont les côtés ne sont pas parallèles. Il est alors préférable de le placer de façon que le plus petit côté soit placé vers le bas (voir la figure 5.2). Au moment de la coupe, le couteau commencera à couper une petite portion et les dimensions des coupes augmenteront au fur et à mesure que le bloc descendra sur le biseau du couteau. Par conséquent, la friction sera répartie plus uniformément sur le couteau et la coupe se fera plus aisément. Enfin, les coupes ne seront pas comprimées.

5.3.2 STRUCTURES TUBULAIRES

Les structures tubulaires comme les canaux déférents, les veines, les artères et les trompes de Fallope devraient être incluses de façon que le couteau du microtome coupe à travers la lumière de la structure (voir les figures 5.3 et 5.4).

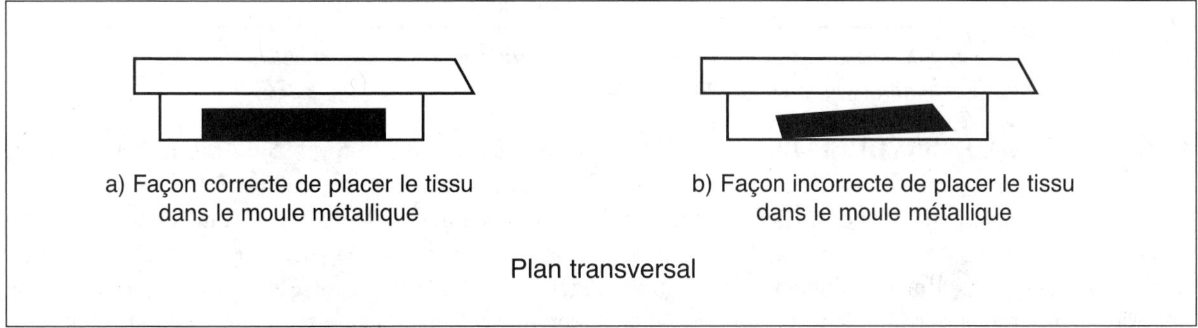

Figure 5.1 : *Représentation schématique de deux enrobages d'un fragment tissulaire plat, l'un correct (a) et l'autre incorrect (b).*

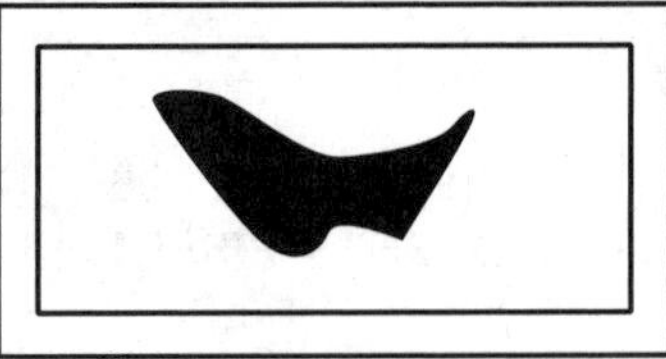

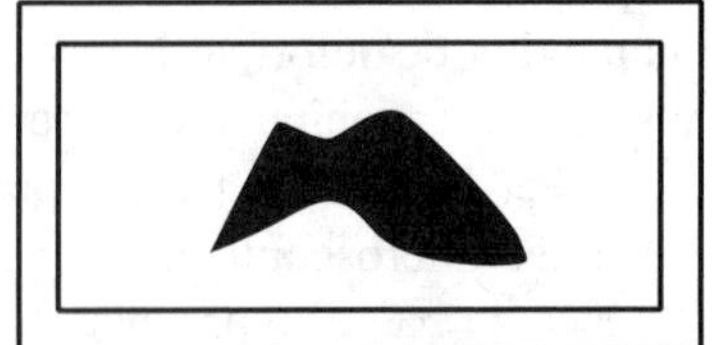

a) Façon correcte de positionner un bloc de tissu dont les côtés ne sont pas parallèles entre les mâchoires du porte-objet du microtome

b) Façon incorrecte de positionner un bloc de tissu dont les côtés ne sont pas parallèles entre les mâchoires du porte-objet du microtome

Projection verticale

Figure 5.2 : *Représentation schématique de deux manières d'orienter un fragment tissulaire de forme variable par rapport au microtome, l'une correcte (a), l'autre incorrecte (b).*

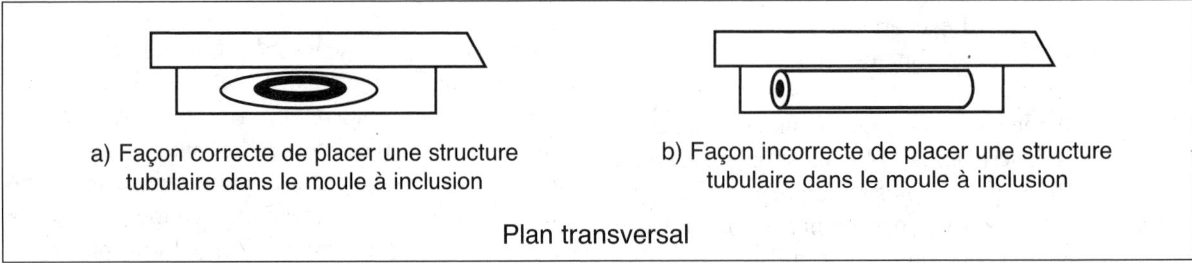

Figure 5.3 : *Représentation schématique de deux manières de placer une structure tubulaire dans le moule à inclusion, l'une correcte (a), l'autre incorrecte (b).*

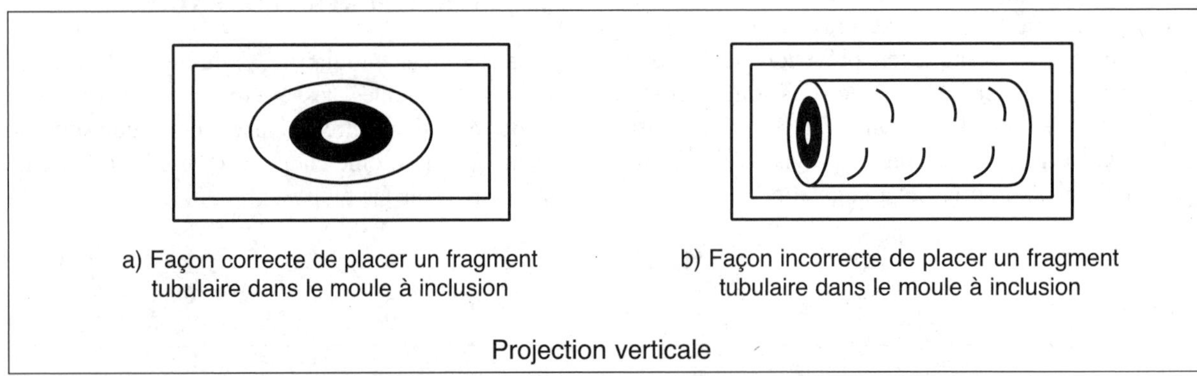

Figure 5.4 : *Représentation schématique de deux manières de positionner des fragments tubulaires lors de l'inclusion, l'une correcte (a), l'autre incorrecte (b).*

5.3.3 SURFACES ÉPITHÉLIALES

Les tissus qui contiennent une surface épithéliale, comme la peau, l'intestin, la vésicule biliaire, la paroi de la vessie et celle de l'utérus, doivent être positionnées de façon qu'une portion plane soit placée à plat dans le fond du moule. La surface épithéliale devrait être sur le dessus du bloc afin d'être coupée en dernier (voir les figures 5.5 et 5.6, où la partie noire représente la structure épithéliale). Dans la plupart des cas, le fait de couper l'épithélium en dernier minimise la pression et la distorsion imprimées à cette délicate structure; à titre d'exemple, si la couche de kératine est épaisse et dure, il vaut mieux la couper en dernier afin de ne pas abîmer les cellules épithéliales ni provoquer la formation de stries sur les tissus.

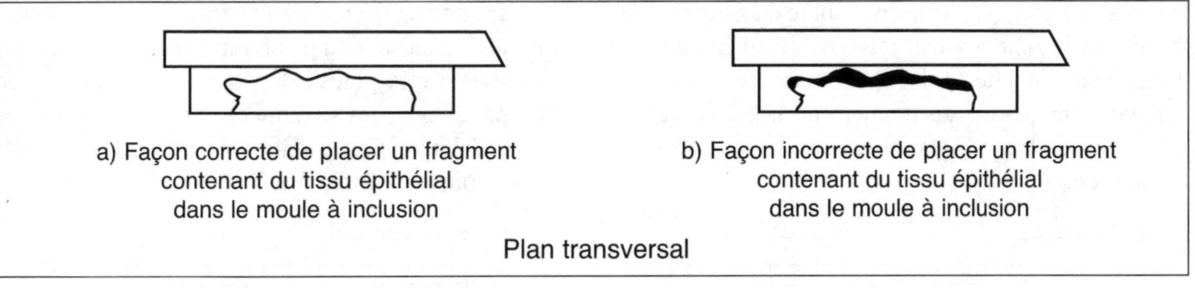

Figure 5.5 : *Représentation schématique de deux façons de placer un fragment contenant du tissu épithélial dans le moule à inclusion, l'une correcte (a), l'autre incorrecte (b).*

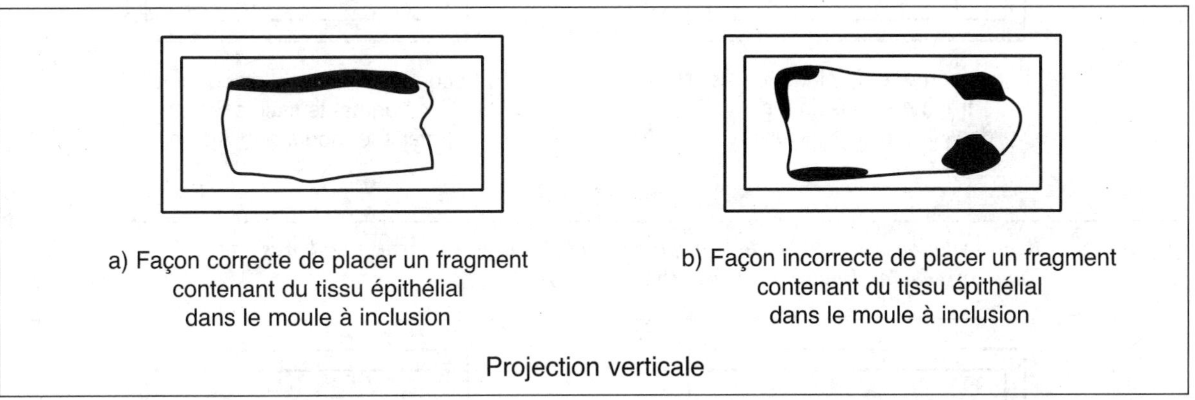

Figure 5.6 : *Représentation schématique de deux façons de placer un fragment contenant du tissu épithélial dans le moule à inclusion, l'une correcte (a), l'autre incorrecte (b).*

5.3.4 PLUSIEURS SPÉCIMENS

L'enrobage de plusieurs spécimens dans un même moule devrait se faire de façon que tous les spécimens soient placés les uns à côté des autres en diagonale; de plus, ils devraient être orientés dans le même sens (voir la figure 5.7).

Il peut être difficile de trouver la surface épithéliale sur les petits spécimens provenant d'une biopsie. Afin de faciliter la tâche, il est recommandé d'ajouter environ 7 gouttes d'une solution d'éosine aqueuse à 5 % dans le deuxième bain d'éthanol à 100 % lors de la circulation; si on utilise de l'éosine alcoolique, celle-ci disparaîtra avec la désalcoolisation. L'éosine

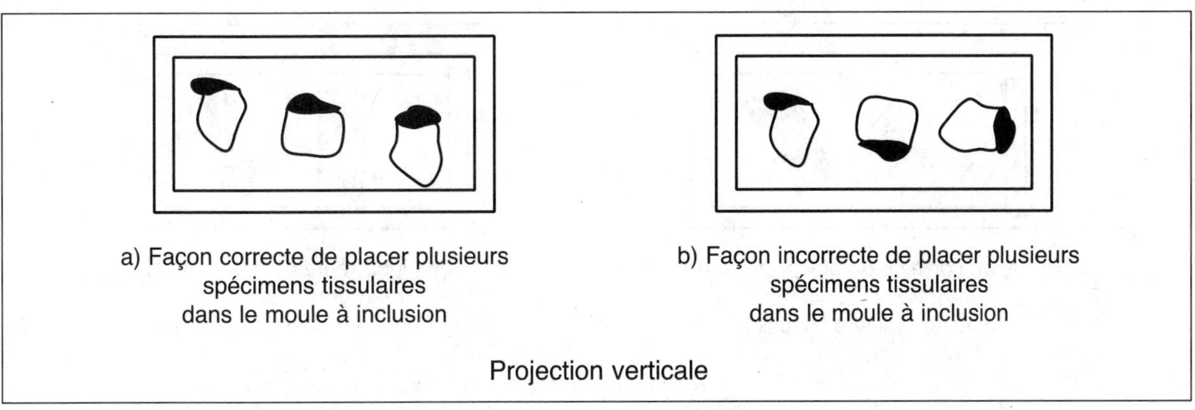

Figure 5.7 : *Représentation schématique de deux façons de placer plusieurs fragments tissulaires dans le moule à inclusion, l'une correcte (a), l'autre incorrecte (b).*

aqueuse colorera la partie épithéliale du fragment tissulaire et la rendra ainsi plus visible au moment de l'enrobage. Cette coloration par l'éosine sera enlevée par la suite au moment de la réhydratation des tissus au cours des opérations subséquentes de coloration.

Si les fragments tissulaires sont plutôt mous, comme ceux provenant de nodules lymphoïdes par exemple, ils devraient être placés l'un à côté de l'autre, avec des espaces entre les spécimens et de façon à former une ligne diagonale par rapport à l'espace interne du moule (voir les figures 5.8, 5.9 et 5.10). L'inclusion

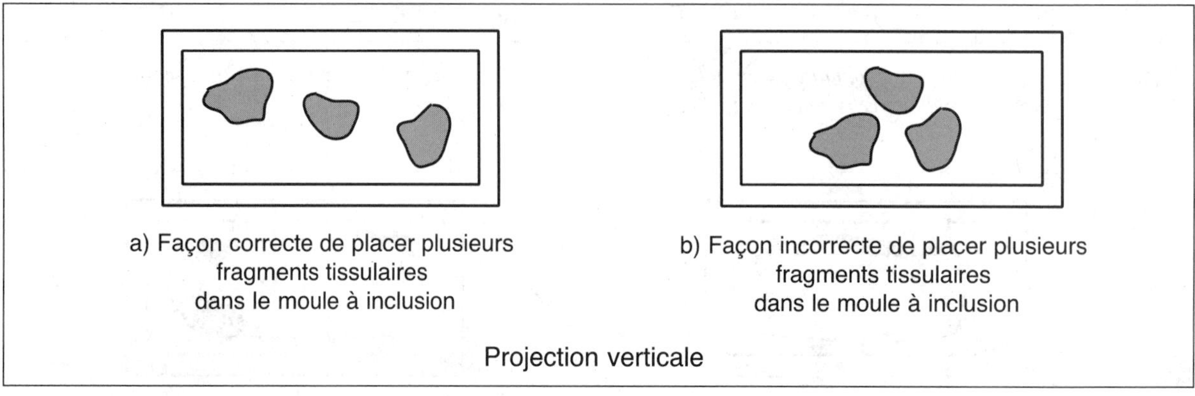

Figure 5.8 : *Représentation schématique de la disposition de plusieurs fragments tissulaires dans un moule à inclusion, l'une correcte (a), l'autre incorrecte (b).*

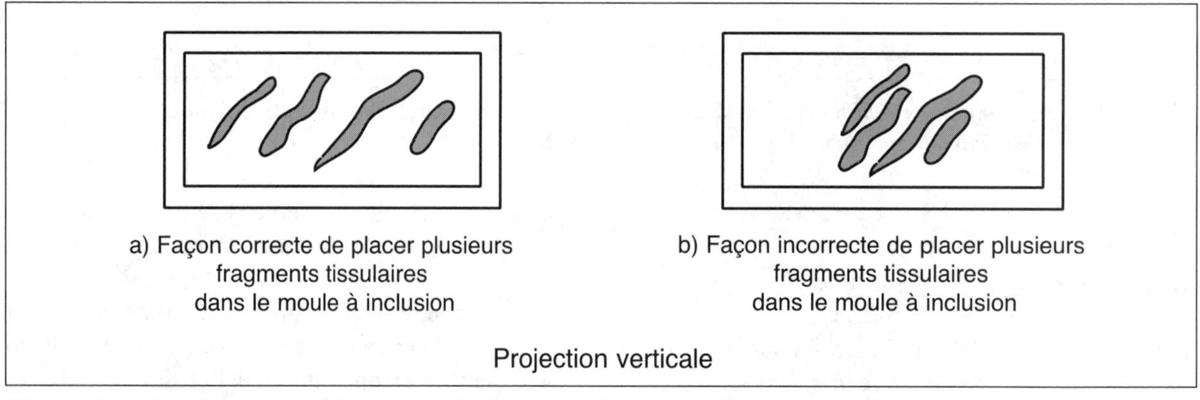

Figure 5.9 : *Représentation schématique de la disposition de plusieurs fragments tissulaires dans un moule à inclusion, l'une correcte (a), l'autre incorrecte (b).*

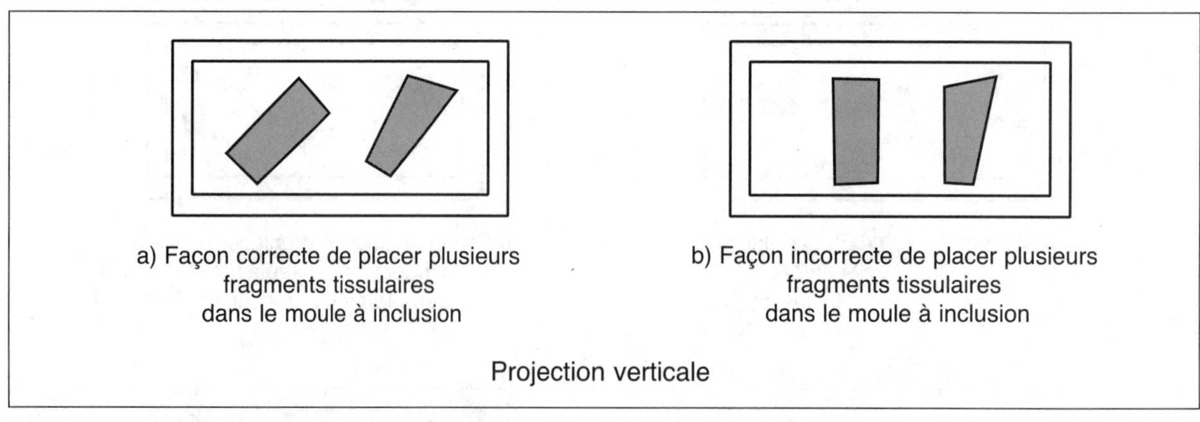

Figure 5.10 : *Représentation schématique de la disposition de plusieurs fragments tissulaires dans un moule à inclusion, l'une correcte (a), l'autre incorrecte (b).*

des pièces en diagonale évite la compression des coupes lors de la microtomie.

5.3.5 SPÉCIMENS LARGES ET DENSES

Les spécimens larges et denses, comme ceux qui proviennent de l'utérus, de la prostate ou des os, devraient être enrobés de façon que le tissu forme un petit angle avec le biseau (voir la figure 5.11). Le biseau rencontre moins de résistance au début de la coupe du tissu, ce qui réduit les risques de faire sortir le tissu du bloc de paraffine. La vibration du couteau et du bloc s'en trouve réduite au minimum et cela prévient la compression des coupes.

5.3.6 STRUCTURES KYSTIQUES

Il faut d'abord couper les petits kystes en deux dans le sens de la longueur et, pour l'enrobage, il faut que la surface de section soit en contact avec le fond du moule (voir la figure 5.12). De cette façon, la coupe contiendra toutes les couches du kyste et il sera plus facile d'en connaître la nature, à la suite de la coloration. Les kystes épidermoïdes doivent être vidés de leur contenu (le sébum), ce qui facilitera l'exécution des étapes subséquentes.

5.3.7 SURFACES MARQUÉES À L'ENCRE DE CHINE

Les tissus qui ont été marqués à l'encre de Chine ou à la poudre de tatou lors de l'examen macroscopique

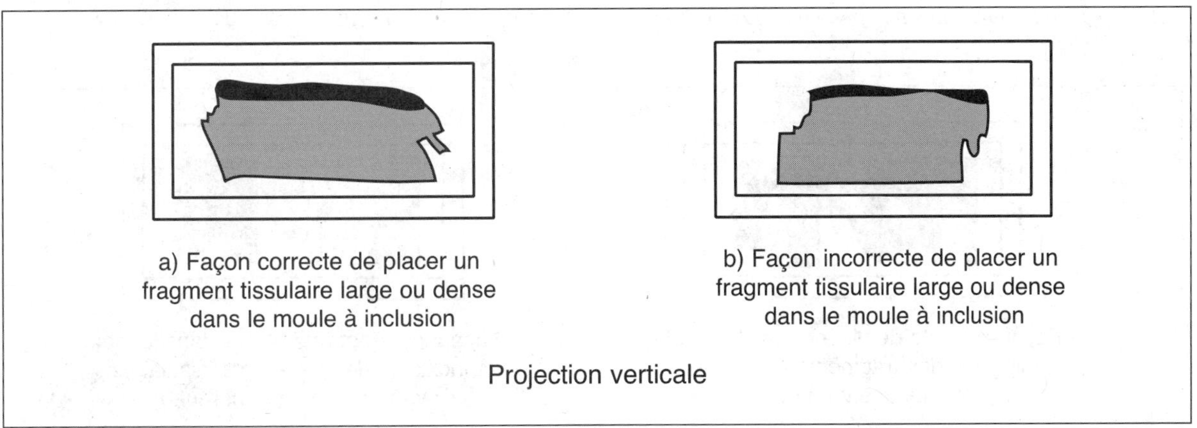

Figure 5.11 : *Représentation schématique de l'enrobage d'une pièce de tissu large ou dense dans un moule à inclusion, de façon correcte (a) et de façon incorrecte (b).*

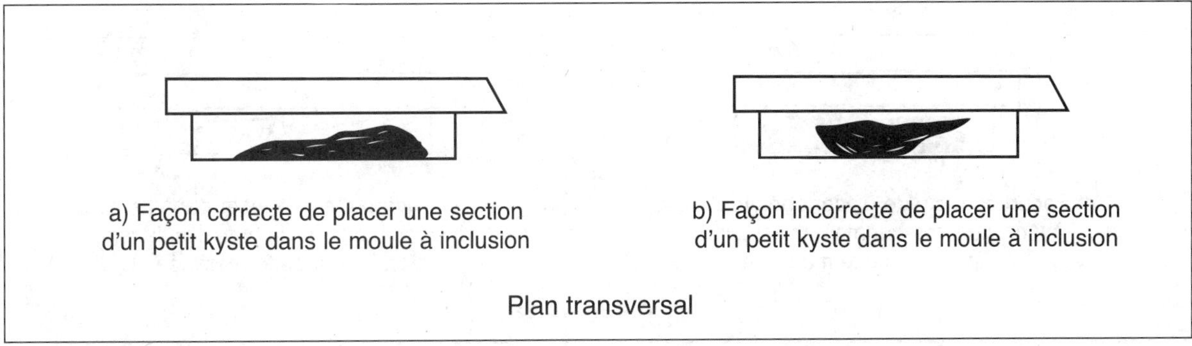

Figure 5.12 : *Représentation schématique de deux façons de placer une section d'un petit kyste dans le moule à inclusion, l'une correcte (a), l'autre incorrecte (b).*

(voir le chapitre 1), ou qui ont été colorés lors de la circulation devraient, en règle générale, être enrobés de façon que la surface ainsi marquée soit visible lors de la coupe au microtome. La disposition de plusieurs spécimens ainsi marqués, en vue de leur enrobage dans un seul bloc de paraffine, devrait faire en sorte que les facettes marquées soient toutes orientées dans le même sens, ce qui facilitera l'étude des spécimens (voir les figures 5.13 à 5.16).

Les informations qui précèdent doivent être considérées davantage comme un guide que comme un ensemble de règles strictes. Il existe, en effet, une multitude de tissus et de spécimens, différents les uns

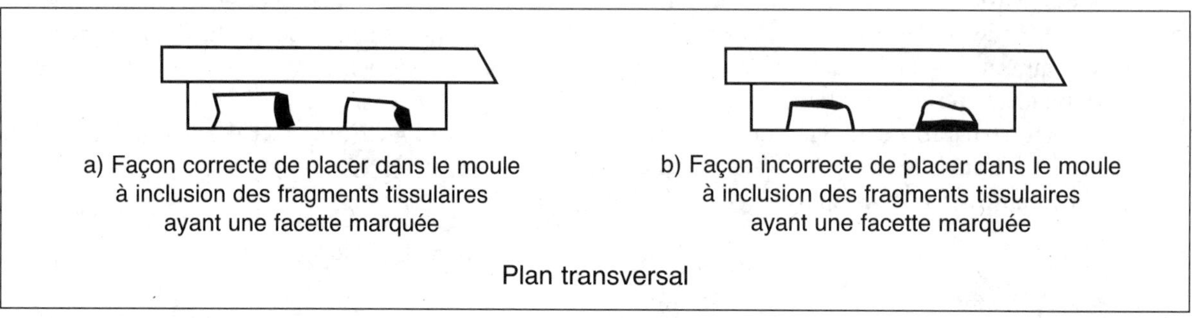

Figure 5.13 : *Représentation schématique de deux manières d'orienter des fragments tissulaires possédant une facette marquée dans un moule à inclusion, l'une correcte (a), l'autre incorrecte (b).*

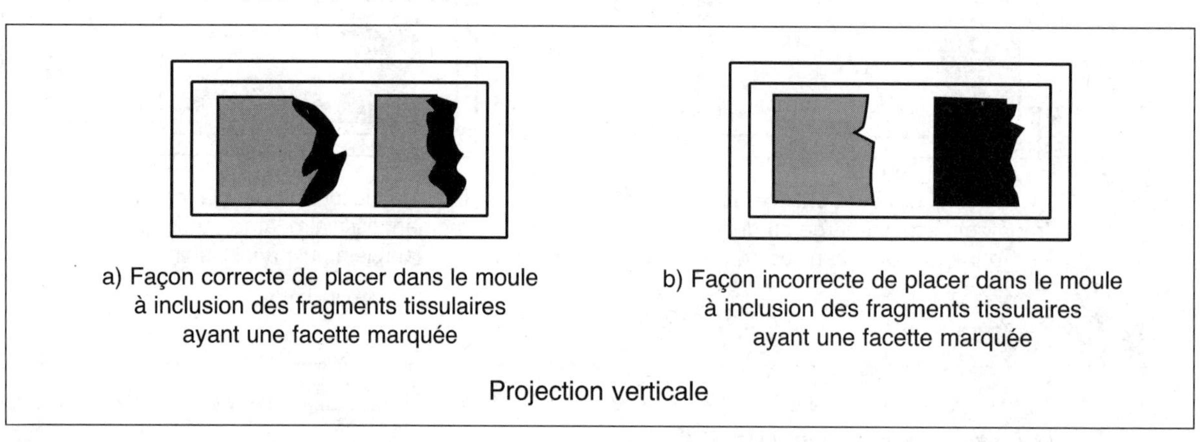

Figure 5.14 : *Représentation schématique de deux manières d'orienter des fragments tissulaires possédant une facette marquée dans un moule à inclusion, l'une correcte (a), l'autre incorrecte (b).*

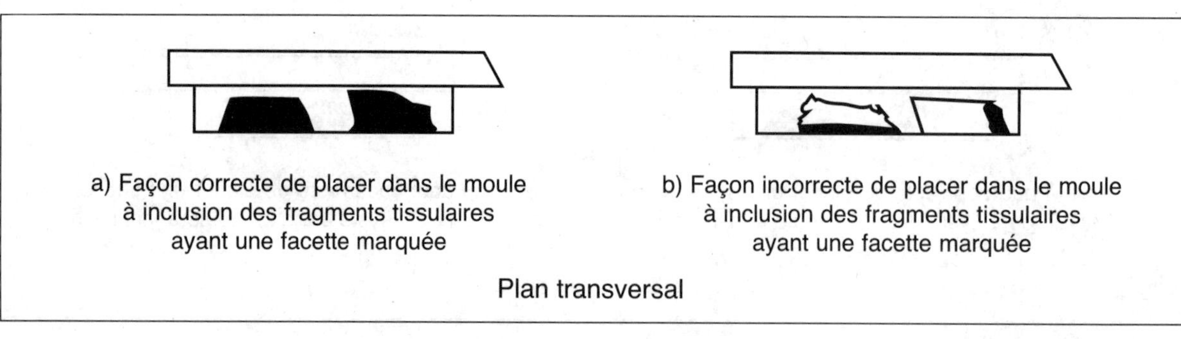

Figure 5.15 : *Représentation schématique de deux manières d'orienter des fragments tissulaires possédant une facette marquée dans un moule à inclusion, l'une correcte (a), l'autre incorrecte (b).*

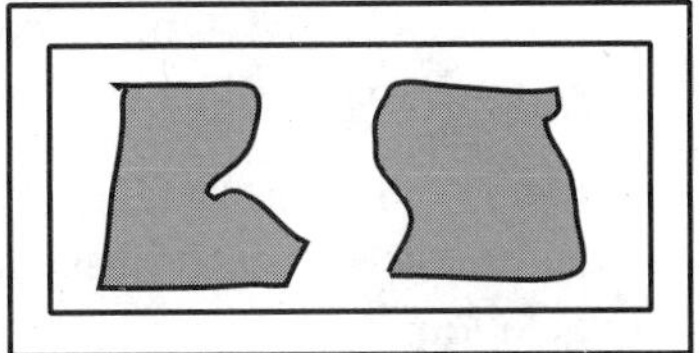

a) Façon correcte de placer dans le moule à inclusion des fragments tissulaires ayant une facette marquée

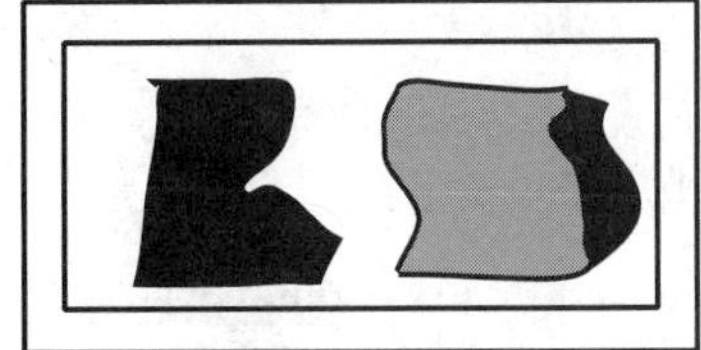

b) Façon incorrecte de placer dans le moule à inclusion des fragments tissulaires ayant une facette marquée

Projection verticale

Figure 5.16 : *Représentation schématique de deux manières d'orienter des fragments tissulaires possédant une facette marquée dans un moule à inclusion, l'une correcte (a), l'autre incorrecte (b).*

des autres tant par leur nature que par leur forme, leur consistance et leur taille, et chaque spécimen exige qu'on y prête une attention particulière. C'est au technicien de prendre la meilleure décision au moment de déposer le spécimen dans le moule en vue de l'enrobage; il le fera en fonction des informations dont il dispose, des habitudes du laboratoire où il travaille et des recommandations du pathologiste avec lequel il a effectué la macroscopie.

5.4 MILIEUX D'ENROBAGE

Le milieu dans lequel se fait l'enrobage doit être le même que celui qui a servi à l'imprégnation du tissu à la fin de la circulation. Les milieux d'imprégnation décrits à la section 4.2.3.2 servent donc également à l'enrobage.

La technique d'enrobage varie selon le produit utilisé. On classe généralement les produits ou milieux d'enrobage en trois groupes principaux : ceux qui sont dissous, ceux qui sont fondus et les plastiques.

5.4.1 PRODUITS DISSOUS

Les produits dissous les plus fréquemment utilisés sont la gélatine et l'agar, qui se dissolvent dans l'eau. Le choix d'un tel produit plutôt que de la paraffine, au moment de l'imprégnation et de l'enrobage, correspondra à un besoin précis, par exemple la préservation des lipides. L'imprégnation consiste à passer les tissus dans les solutions contenant des concentrations croissantes du milieu choisi, gélatine ou agar. Une fois le tissu imprégné de la solution la plus concentrée, on le dépose dans un moule et on laisse durcir le bloc en le refroidissant, par exemple en le mettant dans le réfrigérateur. La chaleur n'est pas nécessaire au cours de cette opération. Au contraire, la gélatine et l'agar doivent être refroidis pour acquérir une consistance ferme, tel que le précisent les méthodes décrites ci-dessous.

5.4.1.1 Gélatine

La gélatine est particulièrement propice à la mise en évidence des lipides dans les coupes de tissus congelés.

Préparation de la solution de gélatine à 25 %

a) Préparer d'abord un certain volume d'eau distillée contenant 1 % de phénol (ce dernier sert d'agent de conservation);

b) mesurer 75 ml de cette eau phénolée et y ajouter 25 g de gélatine;

c) la préparation de la gélatine à 12,5 % se fait à partir de la solution à 25 % que l'on dilue avec de l'eau phénolée.

Imprégnation et inclusion à la gélatine : mode opératoire

1. Fixer le tissu dans le formaldéhyde à 10 %;
2. laver à l'eau courante pendant 24 heures;
3. procéder à une première imprégnation dans une solution de gélatine aqueuse à 12,5 % pendant 24 heures, dans une étuve à 37 °C;
4. procéder à une deuxième imprégnation dans une solution de gélatine aqueuse à 25 % pendant 24 à 36 heures, toujours à 37 °C;
5. déposer ensuite le tissu dans un moule et y verser de la gélatine à 25 %, chaude;
6. laisser refroidir au réfrigérateur;
7. démouler et couper au microtome réfrigéré (cryotome).

Remarques :

- Avant de procéder à la coupe, on peut plonger le bloc dans une solution de formaldéhyde à 10 %, ce qui le rendra plus dur et, par conséquent, plus facile à couper.
- Les colorants anioniques colorent la gélatine, ce qui peut gêner un peu l'observation au microscope; mais la coloration n'est pas assez intense pour affecter la lecture de la coupe et son interprétation.

5.4.1.2 Agar

L'agar utilisé pour l'inclusion est du même type que le produit servant à la confection de milieux de culture en microbiologie.

Imprégnation et inclusion à l'agar : mode opératoire

1. Plonger le tissu dans le formaldéhyde à 10 % et porter le tout à ébullition;
2. lorsque le formaldéhyde commence à bouillir, en retirer aussitôt le tissu et le plonger dans une solution aqueuse d'agar stérile à 2 %, bouillante; y laisser le tissu pendant 1 minute (cette étape doit se faire sous une hotte ventilée);
3. déposer le tissu dans le cryotome et commencer le refroidissement et la congélation.

Remarques :

- L'hématoxyline et l'éosine ne colorent pas l'agar, mais les colorants basiques le font : il faudra tenir compte de cette particularité avant de procéder à la coloration des tissus.
- Cette méthode s'apparente à celle qui utilise le cryotome à CO_2, de sorte qu'elle est quelque peu dépassée.

5.4.2 PRODUITS FONDUS

La paraffine est le plus représentatif des milieux d'inclusion fondus. C'est également le plus répandu. Nous ne nous attarderons ici qu'aux principales étapes de l'inclusion dans un milieu fondu. Toutes les caractéristiques de la paraffine ont été énoncées à la section 4.2.3.2.1.

Imprégnation à la paraffine : mode opératoire

1. À la fin de la circulation, les tissus se trouvent placés dans des cassettes, soit dans le dernier bain de paraffine, soit dans un récipient placé dans une étuve à vide; chaque cassette porte un numéro d'identification;
2. avant de procéder à l'inclusion, il faut s'assurer que la température de la paraffine se trouve bien à 2 °C au-dessus de son point de fusion, tout comme lors de l'imprégnation;
3. conserver le tissu dans la paraffine chaude afin d'éviter la formation d'artéfacts d'inclusion ou d'enrobage, verser quelques gouttes de paraffine liquide dans le fond du moule de métal et y déposer le tissu en l'orientant de façon optimale en prévision de l'observation au microscope;

4. recouvrir la pièce de tissu de paraffine chaude et compléter le remplissage; recouvrir le tout d'un couvercle de cassette de plastique où l'on aura inscrit le numéro d'identification de la pièce;
5. laisser refroidir quelques secondes à la température de la pièce, puis déposer la cassette contenant le tissu enrobé de paraffine sur une plaque réfrigérante afin que la paraffine se solidifie le plus rapidement possible; ce sera la meilleure façon de prévenir la formation de gros cristaux de paraffine, ce qui rendrait la coupe difficile et entraînerait la formation de stries sur les coupes.

5.4.3 INCLUSION DANS LE PLASTIQUE

On a recours au plastique pour l'inclusion lorsque l'on désire obtenir des coupes ultrafines, par exemple en prévision de l'observation au microscope électronique. Les produits utilisés sont le butylméthacrylate et les résines époxy comme l'Araldite, l'Epson 812, le Maraglas et le Vespotal W. Les techniques peuvent varier selon le plastique utilisé et selon les différents laboratoires (voir la section 4.2.3.2.2).

Les principales caractéristiques d'un bon milieu d'enrobage de matière plastique pour la microscopie optique et électronique sont les suivantes :

- le produit doit être miscible avec l'agent déshydratant, plus particulièrement avec l'éthanol;
- il ne devrait causer aucune modification chimique du spécimen;
- il ne devrait causer aucune distorsion du tissu;
- il devrait durcir uniformément;
- en durcissant, il devrait conserver la flexibilité nécessaire à la confection de coupes tissulaires ultraminces;
- il devrait demeurer stable, même sous l'effet des rayons lumineux du microscope.

5.5 ERREURS FRÉQUENTES RELIÉES À L'USAGE DE LA PARAFFINE

La principale erreur concerne l'orientation des pièces tissulaires. L'exemple le plus connu est celui de la pièce de peau dont l'orientation ne permet de faire que des coupes tangentielles de l'épiderme (voir le tableau 5.1). Dans un tel cas, le bloc doit être fondu, et le tissu réenrobé de façon que la coupe permette d'observer simultanément les trois couches de la peau, soit l'épiderme, le derme et l'hypoderme.

En outre, si le bloc est refroidi trop lentement, la paraffine présente une cristallisation irrégulière, ce qui est de nature à nuire à la confection des coupes. Par contre, si le bloc est refroidi trop rapidement, la paraffine située entre le tissu et le moule se rétracte trop, ce qui donne un bloc dont la surface est concave. Par conséquent, si un tissu est trop froid pour l'inclusion, la paraffine présente dans le tissu ne se solidifie pas en même temps que la paraffine du bloc et il se produit ce que l'on appelle un « artefact d'enrobage » ou un « artéfact de couches d'inclusion ». L'artéfact d'enrobage se présente sous l'aspect d'un halo autour de la pièce et, lors de la coupe, le tissu se détache de la paraffine. Si l'épaisseur de paraffine qui recouvre le dos du bloc est insuffisante, le tissu peut être mis à découvert au cours du refroidissement.

Enfin, si l'on attend trop longtemps avant de déposer la pièce de tissu dans le moule, il se forme au fond de celui-ci une épaisse couche de paraffine durcie, ce qui entraîne la formation de différentes couches de paraffine qui se superposent les unes sur les autres. Il s'agit d'un artéfact appelé « artéfact de couches d'inclusion ». Un tel artéfact requiert un rabotage inutilement long; de plus, il est possible que le bloc éclate lors de cette opération.

En résumé, l'enrobage est un procédé relativement simple, et une bonne technique permet habituellement d'éviter la plupart des erreurs. Idéalement, il faudrait pouvoir adapter le point de fusion de la paraffine à la dureté de chaque spécimen afin de produire des blocs ayant la consistance le plus homogène possible. Cependant, cela est impossible à mettre en pratique.

Le tableau 5.2 trace un résumé des principaux produits utilisés lors de l'inclusion. Plusieurs informations additionnelles sur ces produits sont fournies dans le chapitre 4.

Tableau 5.2 TABLEAU RÉCAPITULATIF DES DIFFÉRENTS PROCÉDÉS D'INCLUSION.

Produit d'inclusion	**Opérations préliminaires**	**Avantages et désavantages du procédé**	**Indication**
Paraffine	1° Déshydratation par éthanol, dioxane ou acétone, etc. (voir chap. 4) 2° Éclaircissement par toluène, xylène, chloroforme, etc. (voir chap. 4)	Avantages : coupes fines, sériées; en général, peu de difficultés Désavantages : ne permet pas la conservation des lipides; convient mal aux objets durs (sauf si on utilise l'acétate d'amyle ou les huiles essentielles)	Travail courant et la plupart des recherches histochimiques, sauf celles sur les lipides
Paraplast	Identiques à celles de l'inclusion dans la paraffine	Avantages : ceux de la paraffine + tissus durs ou de consistances différentes Désavantage : ne permet pas la conservation des lipides	Remplace généralement la paraffine dans la plupart de ses indications, particulièrement la coupe d'objets de consistance inégale
Celloïdine	1° Déshydratation (par alcool) 2° Mélange alcool-éther 3° Solutions faibles de la masse d'inclusion	Avantages : permet des coupes de grandes dimensions et des coupes d'objets durs ou de consistance inégale Désavantages : méthode lente et assez complexe; ne permet pas de coupes très fines	Système nerveux Œil Organes ou tissus denses ou de consistance inégale
Nitrocellulose de basse viscosité	Identiques à celles de l'inclusion dans la celloïdine	Avantages : méthode plus rapide que l'inclusion dans la celloïdine; blocs plus faciles à couper Désavantages : tendance des coupes à se dissocier Risques d'explosion	En principe, mêmes indications que pour la celloïdine En réalité, peu recommandé dans la pratique courante
Mélange celloïdine-paraffine	1° Déshydratation 2° Mélange celloïdine-benzoate de méthyle 3° Benzène	Avantages : méthode plus rapide que celle à la celloïdine; permet l'obtention de coupes fines Désavantage : procédé un peu plus complexe que celui de l'inclusion dans la paraffine	Objets durs ou de consistance inégale
Carbowax (polyéthylène glycol)	Bien laver pour enlever le surplus de liquide fixateur	Avantages : pas de circulation, donc méthode très rapide; conservation des lipides Désavantage : coupes sans plis difficiles à confectionner	Histochimie (en particulier les lipides)
Gélatine	Bien laver pour enlever le surplus de liquide fixateur	Avantage : méthode rapide Désavantage : surplus de gélatine difficile à enlever	Objets de très petite taille ou très délicats

MICROTOMIE

INTRODUCTION

La microtomie consiste à utiliser un microtome pour l'obtention de coupes minces de tissus. La production de coupes de bonne qualité dépend en grande partie de la préparation des tissus par la fixation et les différents procédés faisant partie de la circulation. Évidemment, l'utilisation adéquate d'un microtome en bon état favorise l'obtention de belles coupes. Les microtomes utilisés en histotechnologie sont des instruments précis, conçus spécialement pour la coupe mince de tissus. Il existe différents types de microtomes, et certains conviennent mieux que d'autres à un travail déterminé.

6.1 MICROTOMES

Il existe cinq types de microtomes : le microtome à glissière, le microtome rotatif, le microtome à balancier, le cryotome ou microtome-cryostat et le microtome à coupe ultramince (utilisé pour la microscopie électronique). Ces divers microtomes se distinguent selon que leur couteau est mobile ou fixé solidement et selon que leur plan de coupe est horizontal ou vertical.

6.1.1 MICROTOME À GLISSIÈRE

Ce type de microtome (peu utilisé) est muni soit d'un couteau mobile, soit d'un couteau fixe. De façon générale, le couteau mobile ne donne pas de bons résultats, car il a tendance à tressauter ou à vibrer au contact d'un tissu trop dur. Le modèle avec couteau solidement fixé est beaucoup plus fiable. On peut facilement réaliser des coupes sur de grandes surfaces. Ce genre de microtome sert souvent à faire des coupes de tissus inclus dans la celloïdine (voir la section 4.2.3.2.2 c); dans de tels cas, on ne peut procéder à des coupes sériées, c'est-à-dire à la formation d'un ruban, comme lors de la coupe de tissus inclus dans la paraffine. On peut cependant faire des coupes successives et en conserver l'ordre, mais il ne s'agira pas, à proprement parler, de coupes sériées. Sur les microtomes à glissières, il est possible d'installer des couteaux plus grands que sur les microtomes rotatifs. Il existe divers formats de microtomes à glissière; certains modèles peuvent même trancher un poumon entier.

6.1.2 MICROTOME À BALANCIER

Le microtome à balancier (peu utilisé) est le plus simple de tous. Le bloc de tissu est fixé à l'extrémité d'une tige qui prend appui sur un support lui permettant d'osciller; le couteau est placé à l'horizontale et son tranchant, orienté vers le haut, est légèrement incliné vers le bloc. Toutefois, les coupes ne sont pas absolument planes, mais légèrement incurvées. En effet, cet appareil coupe le bloc sur une surface incurvée; les coupes sont cependant d'épaisseurs égales, mais elles représentent une surface courbée du bloc et de la pièce de tissu incluse. Ce type de microtome, utilisé autrefois en Angleterre, fonctionne selon le même principe que le microtome rotatif.

6.1.3 MICROTOME ROTATIF

Le microtome rotatif est le plus répandu. On l'appelle parfois le « microtome de Minot », du nom de son inventeur. Il est dit rotatif, car il est muni d'une roue motrice que le technicien actionne à l'aide d'une manivelle. Le couteau est fixe et la roue motrice est reliée à un système d'arbre à came qui déplace le porte-objet : le bloc avance donc horizontalement et se déplace de haut en bas contre le couteau. Quand la roue motrice arrive à sa hauteur maximale, le cliquet entre en contact avec la roue à rochet, laquelle active une tige filetée qui détermine une avance très précise du bloc, correspondant à l'épaisseur de coupe désirée. L'épaisseur des coupes est habituellement de 2 à 6 μm, mais, selon les modèles de microtomes, elle peut varier de 1 à 25 μm ou de 1 à 40 μm. Dans le travail quotidien, si on a utilisé la paraffine comme milieu d'imprégnation et d'enrobage, on effectue les coupes à la température ambiante. Cependant, il est fortement recommandé de refroidir le bloc dans de l'eau glacée ou sur une plaque réfrigérante avant usage, afin de prévenir certains problèmes de coupe. Cet outil est particulièrement pratique pour la coupe sériée de tissus enrobés de paraffine ou de résines plastiques ainsi que pour les tissus osseux décalcifiés. Enfin, il ne met en œuvre qu'une portion assez réduite du couteau qui, pour la personne qui l'utilise, est placé de façon dangereuse, le tranchant vers le haut.

Dans le cas des tissus congelés, on peut utiliser le microtome rotatif à l'intérieur d'une enceinte réfrigérée : l'ensemble porte alors le nom de « cryotome » (voir la section 6.1.4 et le chapitre 7).

Le microtome rotatif comporte plusieurs avantages. Il est très stable, car il est lourd et difficile à déplacer; il permet la confection de coupes sériées (voir la section 6.12.1). De plus, il est durable, simple à manœuvrer et facile à nettoyer; certains modèles peuvent être adaptés pour la cryotomie et pour l'ultramicrotomie. Par contre, mis à part les risques pour la personne qui le manipule, cet appareil présente l'inconvénient de ne pouvoir servir à la coupe de gros blocs ni à celle de tissus imprégnés de celloïdine.

6.1.4 CRYOTOME

Le cryotome est un microtome rotatif placé dans une enceinte réfrigérée dont la température interne se situe généralement autour de –20 °C.

Toutes les caractéristiques de cet appareil, fréquemment utilisé, sont présentées dans le chapitre 7.

6.1.5 MICROTOME À COUPE ULTRAMINCE

Le microtome à coupe ultramince sert à la confection de coupes qui seront examinées au microscope électronique et dont l'épaisseur varie de 500 à 1200 Å, c'est-à-dire de 50 à 120 μm. Il s'agit d'un microtome rotatif dont le mécanisme d'avance micrométrique a été perfectionné; il est habituellement surmonté d'un microscope permettant à l'utilisateur de vérifier la qualité des coupes. Ce type de microtome n'est pas utilisé pour le travail de routine, mais plutôt dans le cadre de travaux de recherche.

Le couteau de ce type d'appareil a un biseau de verre ou de diamant. Les tissus doivent être enrobés d'une résine plastique (voir la section 4.2.3.2.2 e). Le principal avantage de ce microtome est la production de coupes ultraminces destinées à la microscopie électronique. En revanche, la liste des désavantages est longue. D'abord, son prix est très élevé. En outre, il ne peut trancher que de très petits spécimens, sans compter que les coupes sériées sont difficiles à obtenir. Enfin, ce type de microtome est lent et assez difficile à faire fonctionner.

6.2 PRINCIPALES COMPOSANTES

Le microtome rotatif, l'appareil le plus utilisé dans ce domaine, est décrit ci-dessous. Ce microtome est constitué d'un porte-objet, d'un porte-couteau et d'un système d'avance mécanique.

6.2.1 PORTE-OBJET

Le porte-objet sert à retenir le bloc de tissu fermement sur le microtome. Il est constitué d'une pince qui se referme sur les contours du moule d'inclusion (généralement en plastique). Cette partie du microtome comprend, sur certains modèles moins récents, trois vis permettant d'orienter le bloc selon différents plans (de gauche à droite, et de haut en bas) et donc, d'orienter l'inclinaison du bloc. Sur les modèles plus récents, l'ajustement de l'inclinaison du bloc est assuré par la présence de deux vis et d'un loquet. Dans les deux cas, ces vis servent donc à ajuster les parallélismes dans les trois plans du bloc par rapport au couteau.

6.2.2 PORTE-COUTEAU

Le porte-couteau est un support muni de vis réglables qui maintiennent solidement le couteau; elles servent également à ajuster l'angle d'inclinaison de ce dernier de façon à assurer une bonne coupe des pièces de tissu. Sur les modèles les plus récents, un mécanisme permet d'ajuster avec précision l'angle de dégagement qui favorise la formation de rubans de coupes.

6.2.3 SYSTÈME D'AVANCE MÉCANIQUE

Sur un microtome rotatif de Minot, le bloc de tissu subit deux types de déplacements : un déplacement horizontal, dont l'ampleur détermine l'épaisseur des coupes, et un déplacement vertical, qui met le tissu en contact avec le couteau où s'opérera la coupe.

6.2.3.1 Mécanisme d'avance horizontale

À chaque révolution de la roue motrice, un cliquet fait tourner une roue à rochet finement dentelée comportant un nombre précis de dents, chacune correspondant à une avance de 1 µm. Ainsi, grâce à une vis micrométrique située sur le devant des appareils les plus récents ou à l'arrière sur les plus anciens modèles, on peut faire avancer la roue de plusieurs microns à la fois, habituellement de 4 à 6 pour les coupes de routine.

6.2.3.2 Mécanisme de déplacement vertical

L'ensemble du mécanisme d'avance est monté sur un chariot à déplacement vertical qui, entraîné directement par la roue motrice munie d'une manivelle, accomplit des courses verticales, indépendamment du point où se trouve le dispositif d'avance, mais au moment où celui-ci est immobile. Il y a donc nette séparation des fonctions d'avance et de coupe.

Le mécanisme d'avance mécanique est la pièce maîtresse de l'appareil. On trouve dans ce système une roue motrice, le volant du microtome. Ce volant est relié à une roue interne, ou la roue à crémaillère, roue à rochet, roue dentée, ou encore, roue d'enclenchement; il est muni d'un cliquet.

Ce mécanisme fait avancer le porte-objet sur une distance déterminée – par la présence du cliquet – à chaque tour de la roue motrice. La roue motrice doit toujours tourner dans le même sens, c'est-à-dire dans le sens des aiguilles d'une montre; tout mouvement dans le sens contraire endommagerait la roue à crémaillère. Sur la roue motrice, on trouve également un cran d'arrêt, ou levier de réenclenchement ou d'arrêt ou levier de blocage, dont la fonction est de maintenir la roue motrice immobile. C'est la roue motrice qui enclenche le mécanisme d'avance.

Ce système mécanique est directement relié au système micrométrique de l'appareil et fait avancer la pièce de tissu d'un nombre précis de microns. Sur quelques modèles de microtomes, on retrouve la vis micrométrique ou tige filetée sur le devant de l'appareil, mais le plus souvent la vis est à l'arrière, seul le cadran indicateur étant situé à l'avant. La coupe se fait au cours du mouvement de descente du bloc, au contact du couteau, mais il demeure que le tissu avance sur un plan horizontal; le plan d'alimentation est horizontal. Si on coupe un tissu mou, par exemple un ganglion lymphatique, il est préférable de faire tourner la roue motrice avec modération, mais de façon régulière.

6.3 PRÉCAUTIONS DIVERSES

L'utilisation du microtome demande quelques précautions; certaines manœuvres, si elles ne sont pas effectuées correctement, risquent d'altérer le bon fonctionnement du microtome au moment de la coupe.

6.3.1 MÉCANISME D'AVANCE

Le mécanisme d'avance de la pièce possède une limite bien définie. Quand cette limite est atteinte, il faut reculer le mécanisme jusqu'à son point de départ et l'enclencher de nouveau.

6.3.2 INCLINAISON DU COUTEAU

Il faut régler avec précision l'orientation du couteau, dont le biseau peut être plus ou moins incliné vers le bloc à couper. L'inclinaison doit être telle que la pièce, dans son mouvement de va-et-vient à la verticale, puisse toucher le dos du biseau. Si l'angle d'inclinaison est trop fermé, les coupes seront plissées et d'épaisseurs différentes (alternativement minces et épaisses). Par contre, si l'angle est trop ouvert, le couteau agit comme un racloir et arrache des portions de tissu (voir la figure 6.0, à la page 127).

6.4 PROBLÈMES DE COUPE

L'utilisation du microtome n'est pas de tout repos. En effet, divers problèmes peuvent survenir à tout moment, mais bien peu sont insolubles. Plusieurs des problèmes rencontrés lors de la coupe sont la conséquence d'opérations antérieures à la microtomie. On peut regrouper les problèmes de coupe selon quatre grandes sources possibles : une mauvaise fixation, une mauvaise circulation (déshydratation, éclaircissement, imprégnation), les caractéristiques du tissu lui-même, et enfin, l'appareil de coupe, c'est-à-dire le microtome ou le couteau.

6.4.1 MAUVAISE FIXATION

Si la fixation est incomplète ou inadéquate, les tissus inclus dans les blocs ont tendance à être mous et friables et donc à s'émietter lors de la coupe. Ce problème concerne particulièrement les tissus riches en mucine, substance qui fait obstacle à la pénétration du liquide fixateur. Lorsque l'on doit travailler avec un tissu de cette nature, mieux vaut prévenir le problème dès la fixation en employant, comme le recommandent certains auteurs, du formaldéhyde à 10 % tamponné, sur de petits fragments tissulaires.

Si la pièce de tissu a séjourné trop longtemps dans un liquide fixateur intolérant comme le Zenker, le Helly ou le Bouin, elle aura tendance à être très dure et friable. La consistance d'une telle pièce peut provoquer une vibration du couteau, ce qui produira sur les coupes des lignes ou rayures parallèles au couteau; ou encore, ce sont les coupes mêmes qui seront d'épaisseurs différentes.

6.4.2 CIRCULATION INADÉQUATE

Comme l'éclaircissement et l'imprégnation ne peuvent être parfaitement réussis que si la déshydratation est complète, les tissus mal déshydratés auront tendance à être mous, les coupes seront friables et s'émietteront. Mais il demeure toujours possible de reprendre les étapes de la circulation : on retire d'abord la paraffine des tissus par des passages dans le toluol ou le xylène, et on les transfère ensuite directement dans de l'éthanol absolu. Après un court séjour dans ce déshydratant, les pièces de tissu seront de nouveau soumises à l'éclaircissement, à l'imprégnation et à l'enrobage.

Si l'éclaircissement (ou désalcoolisation) est inadéquat, le tissu ne sera pas convenablement imprégné de paraffine; il demeurera opalescent et difficile à couper. Par ailleurs, un tissu ayant séjourné trop longtemps dans un produit éclaircissant, comme le xylène ou le toluène, deviendra dur et cassant.

Enfin, si l'imprégnation est insuffisante, on obtient alors des blocs humides qui peuvent s'émietter et dégager une odeur d'agent éclaircissant. Par contre, un séjour prolongé dans la paraffine liquide, donc chaude, rend le tissu dur et rétracté.

6.4.3 TISSU

Il arrive fréquemment que l'on procède à la circulation de divers types de tissus en même temps : de gros et petits spécimens, des nécropsies et des biopsies à l'aiguille. Il est possible qu'ainsi les gros spécimens tissulaires ne reçoivent pas le traitement adéquat et que les petits subissent un traitement excessif.

Par exemple, des tissus comme les caillots, les spécimens de col utérin ou de thyroïde peuvent devenir très durs à la suite d'une circulation faisant appel aux produits habituels. Il est possible de remédier à ce problème en laissant le bloc tremper quelques heures dans l'eau, après l'avoir raboté, et de procéder ensuite au refroidissement puis à la coupe; couper ensuite d'un mouvement rapide et sans hésitation. Mais la meilleure façon de prévenir ce type de problème consiste à utiliser du chloroforme comme agent éclaircissant.

Les tissus riches en cellules adipeuses ont tendance à produire des blocs mous. Pour éviter qu'une telle situation se produise, on recommande de traiter des spécimens de petite taille en procédant à la circulation sous vide. Ce procédé est aussi tout indiqué pour les petites sections de cerveau et de ganglions lymphatiques. Malgré tout, la coupe de tissus gras nécessitera plusieurs essais et le refroidissement complet des blocs.

En ce qui concerne les tissus riches en kératine et ses dérivés, comme les ongles et la peau cornée, il vaut mieux les faire ramollir avant la circulation en les immergeant pendant 15 à 30 minutes dans une solution de phénol d'une concentration de 5 à 20 %, ou encore après le rabotage du bloc, en les immergeant dans l'eau.

Les tissus riches en sang comme les organes hématopoïétiques (par exemple, le foie et la rate), sont difficiles à couper lorsque les blocs sont refroidis. Il faut plutôt s'assurer que les blocs sont à la température de la pièce. En effet, s'ils sont trop froids au moment de la coupe, ils se pulvériseront.

6.4.4 MICROTOME ET COUTEAU

Lors de la coupe au microtome, il faut que le couteau soit bien maintenu en place et que son angle d'inclinaison ne soit pas trop ouvert; autrement, il aura tendance à vibrer.

6.5 PROBLÈMES DE COUPE : DIAGNOSTICS ET SOLUTIONS

Plusieurs problèmes peuvent survenir lors de la coupe au microtome de tissus inclus dans la paraffine. En voici d'ailleurs une liste assez exhaustive, ainsi que les diagnostics et les solutions possibles.

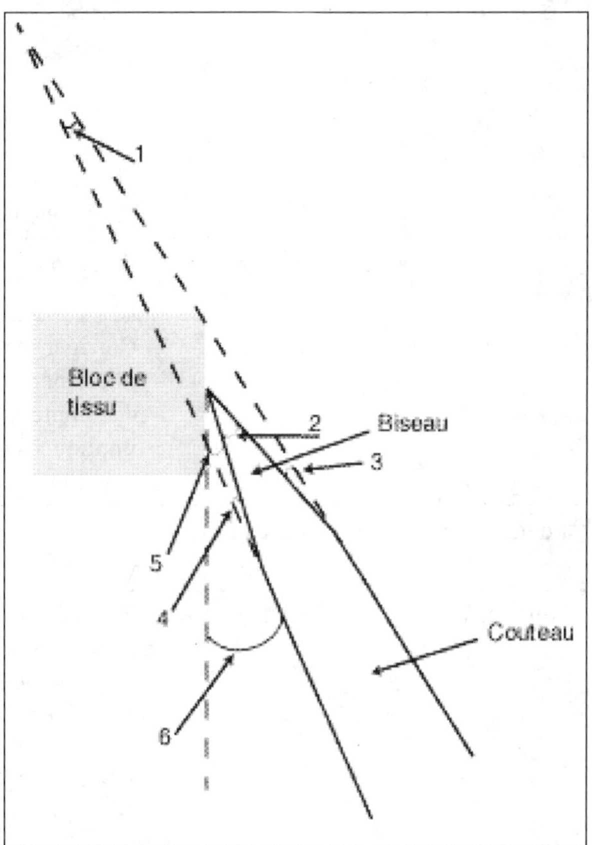

Figure 6.0 : *Les angles relatifs à la microtomie. (1) angle de structure. (2) angle du biseau. (3) angle de la facette supérieure. (4) angle de la facette inférieure. (5) angle de dégagement. (6) angle d'inclinaison*

6.5.1 IL NE SE FORME PAS DE RUBAN

Diagnostic	*Solutions*
Le couteau jetable est neuf et est recouvert d'une fine couche de silicone, ce qui rend la formation de rubans plus difficile au début.	Le problème disparaît au bout de quelques minutes. Ou Passer le couteau à quelques reprises dans un bloc de paraffine uniforme avant de le fixer au microtome.
La paraffine est trop dure.	Enrober l'échantillon dans une paraffine dont le point de fusion est moins élevé. Ou Plonger l'ensemble du bloc dans une paraffine dont le point de fusion est plus bas et raboter à nouveau le bloc de manière qu'il ne reste qu'une lisière de nouvelle paraffine au haut et au bas de chaque coupe.
L'angle de dégagement est trop ouvert.	Réduire l'angle d'inclinaison du couteau.
Les coupes sont trop épaisses.	Corriger le réglage de l'avance du microtome à l'aide de la vis micrométrique. Si le problème ne s'est pas corrigé, procéder au décompte des petites dents présentes sur la roue à crémaillère et impliquées dans l'avancement du bloc, en faisant exécuter un tour complet à la roue motrice.
Le tranchant du couteau est émoussé.	Changer de couteau ou l'affûter, ou le déplacer latéralement afin d'en utiliser les sections encore intactes.
Autre cause : l'électricité statique.	Étaler la coupe à l'aide d'un pinceau à poils longs et l'appliquer délicatement sur le flanc du couteau. Si on parvient à maintenir la coupe suivante dans la même position, le ruban se forme généralement bien. Ou Vaporiser un produit antistatique en aérosol sur le bloc et le couteau. Ou La meilleure façon de prévenir les problèmes attribuables à l'électricité statique est d'avoir en permanence un humidificateur près du poste de coupe.

6.5.2 LE RUBAN EST INCURVÉ

Diagnostic	*Solutions*
Les coupes sont trapézoïdales.	Tailler le bloc de manière que les faces supérieure et inférieure soient parallèles.
Les faces du bloc sont parallèles entre elles, mais ne le sont pas par rapport au tranchant du couteau.	Replacer le bloc de manière que les faces soient parallèles au tranchant du couteau.
Le tranchant du couteau est irrégulier ou émoussé par endroits.	Déplacer le couteau latéralement de manière à en utiliser les parties encore intactes. Ou Affûter le couteau.
Les côtés du bloc présentent des consistances différentes, surtout dans le cas d'un double enrobage.	Débarrasser le spécimen de la paraffine non homogène et bien remuer la paraffine avant de recommencer l'enrobage.
Étant donné les effets de sources d'éclairage ou de chaleur, de courants d'air, etc., les parois du bloc ne sont pas toutes à la même température.	Éviter de placer l'appareil à un endroit où il y a des variations de température. Mettre le bloc dans un bac à refroidissement et attendre que sa température soit redevenue uniforme.

6.5.3 LES COUPES SONT D'ÉPAISSEURS DIFFÉRENTES. LE MICROTOME « SAUTE » DES COUPES (COURSE À VIDE)

Diagnostic	*Solutions*
L'angle de dégagement est trop fermé; une course à vide est donc suivie d'un retour en arrière, ce qui comprime le tissu, et la coupe suivante est alors trop épaisse. Ou encore, si l'angle de dégagement est trop ouvert, le tissu est comprimé excessivement et, une fois détachée, la coupe est trop épaisse.	Trouver, par essais systématiques, l'angle de dégagement approprié.
La stabilité du microtome est insuffisante.	Vérifier tous les assemblages vissés et toutes les vis de serrage; les resserrer au besoin.
Certains points du microtome manquent de stabilité en raison : 1- d'un ajustement défectueux; 2- de l'endommagement de surfaces de glissement et de paliers en raison de l'insuffisance de graissage.	1- Faire ajuster l'appareil par un spécialiste. 2- Faire réviser l'appareil et le faire réparer au besoin.

Le couteau vibre à cause d'une résistance de coupe excessive, le bloc étant trop large, la préparation contenant des zones denses ou le couteau n'ayant pas l'inclinaison qui convient.	Ramollir le tissu en le laissant s'imbiber d'eau. On peut accélérer le processus en retirant la paraffine qui recouvre l'un des côtés de la pièce. La quantité d'eau absorbée est minime, mais elle suffit malgré tout dans la plupart des cas, même lorsqu'on est en présence d'un matériau dur ou coriace. Ou Utiliser d'autres émollients, par exemple 1 partie de glycérine avec 6 parties d'éthanol, où l'on plongera le bloc pendant 1 à 2 heures. La paraffine utilisée est trop molle pour le type de tissu ou pour la température de coupe; refroidir le bloc avec de la glace ou reprendre l'imprégnation et l'enrobage avec une paraffine dont le point de fusion est plus élevé.

6.5.4 LES COUPES SONT FORTEMENT COMPRIMÉES, PLISSÉES ET ÉCRASÉES

Diagnostic	***Solutions***
Le biseau du couteau est émoussé. La température ambiante est trop élevée.	Affûter le couteau, le remplacer ou le déplacer latéralement. Faire refroidir le bloc et le couteau en les mettant dans un bac à refroidissement immédiatement avant la coupe. Ou Enrober le tissu dans une paraffine plus dure, c'est-à-dire dont le point de fusion est plus élevé.
L'angle de dégagement est insuffisant : la facette tranchante glisse sur la surface.	Ouvrir davantage l'angle de dégagement.
Des résidus de paraffine adhèrent au tranchant du couteau.	Nettoyer les deux côtés du couteau au moyen d'un chiffon de coton imbibé d'huile de paraffine ou de tout autre émollient non toxique de la paraffine.
La vitesse de coupe est trop grande. Aucune des causes énumérées ci-dessus ne semble s'appliquer.	Les coupes très minces demandent une coupe lente et constante. Plonger le bloc dans un émollient composé de 1 partie de glycérine et 6 parties d'éthanol, pendant 1 à 2 heures ou même pendant toute une nuit.
Le spécimen est comprimé, mais non la paraffine; l'imprégnation est donc incomplète ou le tissu est plus mou que la paraffine.	Reprendre l'imprégnation et l'enrobage.

6.5.5 LES COUPES SE DÉSAGRÈGENT, LES ÉCHANTILLONS SE DÉCHIRENT

<table>
<tr><th>Diagnostic</th><th>Solutions</th></tr>
<tr><td>Le tissu a été insuffisamment déshydraté ou éclairci.</td><td>Reprendre la circulation.</td></tr>
<tr><td>Le spécimen est mou, spongieux, car il est insuffisamment imprégné de paraffine.</td><td>Replacer l'échantillon dans la paraffine et l'enrober de nouveau. Cette solution n'est possible que si la déshydratation est complète. Le problème est parfois dû à une différence entre la température de fusion de la paraffine dont le tissu est imprégné et celle de la paraffine utilisée lors de l'inclusion.</td></tr>
<tr><td>La paraffine est contaminée par de l'eau; l'opalescence du bloc en est un indice.</td><td>Reprendre l'enrobage avec de la paraffine neuve.</td></tr>
<tr><td>La pièce de tissu a séjourné trop longtemps dans le bain de paraffine ou celle-ci était trop chaude.</td><td rowspan="2">Il est difficile de trouver un remède, car les structures sont probablement détruites.
Déparaffiner au besoin le tissu en l'immergeant dans un mélange de toluol et d'essence de cèdre, le laisser baigner un certain temps pour qu'il ramollisse, puis reprendre l'imprégnation et l'inclusion.</td></tr>
<tr><td>En sortant du bain d'éclaircissant, le tissu était déjà dur et cassant.</td></tr>
<tr><td>Le tissu est trop dur pour la paraffine utilisée, ou encore, l'échantillon est cassant par nature.</td><td>Reprendre l'enrobage en choisissant une paraffine plus dure ou un mélange paraffine-cire.
Ou
Reprendre la déshydratation avec du dioxane.
Ou
Enrober dans la celloïdine.</td></tr>
<tr><td>La paraffine a été refroidie trop lentement et a cristallisé.</td><td>Reprendre l'enrobage en refroidissant le bloc plus rapidement.</td></tr>
</table>

6.5.6 LE RUBAN SE FEND, IL PRÉSENTE DES STRIES LONGITUDINALES

Diagnostic	*Solutions*
Le biseau est ébréché.	Déplacer le couteau de manière à utiliser une partie encore intacte du tranchant ou affûter le couteau.
L'angle de dégagement est trop ouvert.	Corriger l'angle par essais systématiques.
Le biseau du couteau est sale.	Nettoyer les deux côtés du couteau au moyen d'un chiffon de coton imbibé d'huile de paraffine ou de tout autre émollient non toxique, dans un mouvement perpendiculaire partant de la base en montant vers le biseau sans trop appuyer afin de ne pas abîmer le tranchant du couteau.

Le spécimen est de trop grande taille pour l'enrobage à la paraffine.	Enrober le tissu dans la celloïdine.
Les coupes sont éraflées par des particules dures : des impuretés se retrouvant dans la paraffine ou des cristaux se formant à partir des restes d'agent de fixation (pigments artefacts), ou encore, des particules siliceuses ou calcaires demeurées dans le spécimen.	Filtrer ou décanter la paraffine fondue. Ou Laver soigneusement le tissu. Ou Se débarrasser du calcaire ou de la silice, c'est-à-dire déparaffiner le tissu, filtrer la paraffine chaude, puis reprendre toute la circulation jusqu'à l'imprégnation dans la paraffine filtrée. Ou Raboter le bloc de tissu et le déposer dans une solution de HCl à 5 % pendant environ 4 heures, ce qui entraînera une décalcification de surface suffisante pour éliminer les particules siliceuses ou calcaires.

6.5.7 LE COUTEAU « SIFFLE » EN COUPANT : LES COUPES PORTENT DES STRIES DE VIBRATION (CE PHÉNOMÈNE EST FRÉQUENT AVEC LES COUTEAUX JETABLES)

Diagnostic	*Solutions*
L'angle de dégagement est incorrect. Le spécimen est trop dur.	Corriger l'angle par essais systématiques. Ramollir le tissu au moyen d'un émollient comme un mélange de glycérine et d'éthanol (1 : 6) ou avec de l'eau.
Le couteau vibre.	Utiliser un couteau plus fort dont l'angle du biseau est plus petit. Ou Vérifier le serrage des vis du porte-couteau.
Le spécimen est trop coriace pour l'enrobage à la paraffine.	Enrober le tissu dans la celloïdine.

6.5.8 PENDANT LA REMONTÉE DU BLOC, LES COUPES SE DÉCOLLENT DU COUTEAU ET ADHÈRENT AU BLOC

Diagnostic	*Solutions*
L'angle de dégagement est trop fermé.	Ouvrir l'angle de coupe.
La température ambiante est trop élevée.	Porter attention aux conditions de température et y remédier dans la mesure du possible.
Le biseau est émoussé.	Affûter le couteau ou le remplacer.
Il y a des saletés sur une face du couteau.	Nettoyer les deux côtés du couteau avec un chiffon de coton imbibé d'huile de paraffine ou de tout autre émollient non toxique, toujours du bas du couteau vers le haut du biseau.

6.5.9 LES COUPES ADHÈRENT AU COUTEAU

Diagnostic	*Solutions*
Le biseau est sale.	Nettoyer les deux côtés du couteau au moyen d'un chiffon de coton imbibé d'huile de paraffine ou de tout autre émollient non toxique, en partant du bas du couteau vers le haut du biseau.
L'angle de dégagement est trop fermé.	Ouvrir l'angle de dégagement par essais systématiques.
Le biseau est émoussé.	Affûter le couteau, le remplacer ou le déplacer latéralement de manière à utiliser une partie encore intacte.

6.5.10 LES COUPES S'ENVOLENT : ELLES VIENNENT SE COLLER SUR LE MICROTOME ET SUR D'AUTRES OBJETS

Diagnostic	*Solutions*
Il y a une charge électrostatique due au frottement pendant la coupe. Ce phénomène se produit surtout en hiver lorsque l'air ambiant est très sec.	Faire fonctionner un humidificateur près du poste de coupe. Ou Effectuer la mise à la masse du microtome en le raccordant par un fil de métal à une conduite d'eau.

6.5.11 UNE COUPE PRÉSENTE DES ZONES D'ÉPAISSEURS DIFFÉRENTES (*CHATTER*)

Diagnostic	*Solutions*
Le couteau ou le bloc sont mal immobilisés.	Resserrer les vis de serrage du couteau, du porte-objet ou de la pince à objet.
L'angle de dégagement est trop ouvert.	Réduire l'angle.
La paraffine ou le tissu sont trop durs pour les conditions dans lesquelles on travaille.	Utiliser un couteau plus rigide. Ou Utiliser un microtome plus robuste. Ou Ramollir le bloc en l'immergeant dans un liquide émollient.
Il y a des zones de calcification dans le tissu.	Raboter le bloc, puis décalcifier le tissu dans une solution de HCl à 5 %.
Il y a des lignes horizontales sur le ruban.	L'angle d'inclinaison est probablement trop ouvert, il faut le refermer un peu; cette mesure est encore plus nécessaire avec les couteaux jetables qu'avec les couteaux réutilisables.

6.6 ENTRETIEN DU MICROTOME

L'utilisation adéquate du microtome exige un bon entretien de l'appareil. Il s'agit principalement de lubrifier fréquemment les mécanismes d'engrenage et de les nettoyer après usage, au moyen d'huile de paraffine ou d'un émollient comme le produit Paragard; il ne faut surtout pas utiliser d'eau, car les couteaux sont faits en acier, mais non en acier inoxydable, et pourraient rouiller, ce qui les rendrait impropres à la coupe; de plus, l'eau ne dissout pas la paraffine.

6.7 COUTEAUX

Même avec un très bon microtome, il est impossible d'obtenir de belles coupes si le couteau est en mauvais état. La qualité de la méthode de coupe repose presque en entier sur la qualité et l'entretien des couteaux. Lors de la coupe, le maintien à basse température du bloc-tissu permettra d'obtenir des coupes de meilleure qualité. Ce simple détail peut prévenir bien des problèmes.

6.7.1 FORME DES COUTEAUX

Les couteaux sont classés selon leur forme, en cinq catégories (voir la figure 6.1) :

a) le couteau de type A, le plan-concave et présentant un fort évidement, sert surtout pour les tissus délicats et mous inclus dans la celloïdine, mais il a tendance à vibrer facilement;

b) le couteau de type B, plan-concave à faible évidement, sert surtout à couper les tissus mous inclus dans la paraffine et les tissus un peu plus durs inclus dans la celloïdine;

c) le couteau de type C, dont les deux faces sont planes et symétriques, est le plus utilisé en milieu clinique pour les coupes de routine et les coupes sous congélation. Ce couteau porte également le nom de couteau plan-plan ou biplan, ou encore, cunéiforme;

d) le couteau de type D ou couteau à faces planes asymétriques est plus massif que les précédents; on l'utilise pour les tissus assez durs et de grande taille;

e) le couteau de type E ou couteau de Heiffor, biconcave, est un couteau délicat, dont l'utilisation est restreinte au microtome à balancier; autrefois, ce microtome servait surtout à trancher les pièces molles. Le biseau de ce couteau est très fin et ne conserve son tranchant que très peu de temps.

Lorsque l'on observe un couteau de type C de profil, on voit que chaque face ne constitue pas un plan uni, mais comporte au contraire un angle, tout près du tranchant, de sorte que ce tranchant, ou biseau, forme lui-même un angle plus ouvert que celui formé par les deux faces du couteau. Il est important de faire la distinction entre l'angle du couteau et celui du biseau. L'angle du couteau, que l'on appelle « angle structural » ou « angle de forge », est formé par les deux faces du couteau, tandis que l'angle du biseau est formé par deux facettes, les facettes du biseau ou facettes tranchantes du couteau.

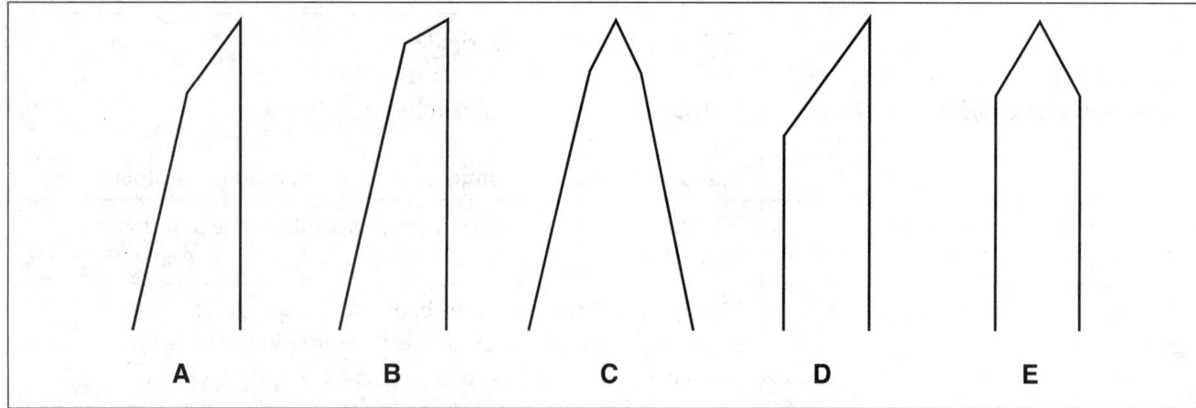

Figure 6.1 : *Classification des couteaux selon la forme. (A) couteau plan-concave à fort évidement. (B) couteau plan-concave à faible évidement. (C) couteau biplan (D) couteau à faces planes asymétriques. (E) couteau de Heiffor.*

6.7.2 COMPOSANTES DES COUTEAUX

Les couteaux sont généralement fabriqués en acier de bonne qualité et dont l'indice de carbone est élevé. Certains couteaux sont dotés d'un biseau en diamant; fixés à un microtome-scie, ils servent à la coupe de pièces très dures, comme les tissus non décalcifiés, dont on peut faire des coupes de 50 µm d'épaisseur. D'autres couteaux possèdent des biseaux de verre; extrêmement coupants, ils servaient surtout, jusqu'à présent, à la coupe en congélation de petits spécimens et de pièces destinées à la microscopie électronique (ultra-microtomie); leurs caractéristiques sont aujourd'hui exploitées également en microscopie optique, pour des usages aussi variés que la coupe sous congélation, la coupe de tissus inclus dans la paraffine ou dans des résines plastiques. Différents autres matériaux sont aussi utilisés pour la fabrication de couteaux, comme le stellite, un alliage de cobalt, de chromium et de tungstène. Les couteaux dont le biseau est fait de carbure de tungstène possèdent un tranchant d'une résistance exceptionnelle et sont utilisés pour la coupe d'objets durs.

Il existe également des couteaux jetables. Aujourd'hui, presque tous les laboratoires les utilisent pour la coupe de routine des pièces enrobées de paraffine. Ces couteaux présentent cependant le désavantage de vibrer, ce qui a pour effet de produire des sections alternativement minces et épaisses (problème de « *chatter* », voir la section 6.5.9); il faut donc s'assurer que le couteau a été fixé solidement et de manière adéquate, et que la pièce de tissu a été incluse correctement afin que le couteau pénètre facilement dans le bloc (voir le chapitre 5). Plusieurs modèles de microtomes rotatifs sont ainsi faits qu'on peut y installer un adaptateur pour couteaux jetables. Certains de ces adaptateurs permettent de faire varier l'angle d'inclinaison du couteau, d'autres n'offrent qu'une seule position. Les couteaux jetables ont le grand avantage de permettre l'économie du travail d'aiguisage. Enfin, il convient de noter que l'angle d'inclinaison d'un couteau jetable doit être plus fermé que celui d'un couteau standard en acier.

6.7.3 RABOTAGE

Le tissu est toujours recouvert d'une mince couche de paraffine qu'il faut enlever avant de procéder à la coupe. L'enlèvement de ce surplus de paraffine s'appelle « rabotage ». On utilise à cette fin un vieux couteau réusiné, mais impropre à la coupe, auquel on donne le nom de rabot, ou encore un couteau jetable qui servira au rabotage de tous les blocs, mais qui ne sera pas utilisé lors de la coupe proprement dite.

Le rabotage s'effectue en faisant avancer le bloc de plus de 5 µm à la fois, ce qui peut se faire de deux manières. La première méthode consiste à ajuster l'échelle de coupe entre 15 et 20 µm, de sorte que le bloc avancera chaque fois d'un nombre précis de microns. La deuxième méthode consiste à se servir de la manivelle de retour du mécanisme d'avance, située sur le côté gauche de l'appareil, mais reliée à la roue motrice; cette manivelle fait avancer le bloc d'un certain nombre de microns. Dans ce dernier cas, on recommande de désengager le mécanisme d'avance afin d'éviter de briser le cliquet et la roue à rochet. Cette méthode est celle qu'utilisent généralement les techniciens expérimentés.

Les modèles récents de microtomes rotatifs possèdent un mécanisme de rabotage automatique. Il suffit d'appuyer sur un levier et le microtome procédera au rabotage par séquences de 50 µm.

6.8 ANGLES RELIÉS AU MICROTOME

6.8.1 ANGLES DU COUTEAU

Le couteau le plus utilisé est le biplan, ou couteau de type C, qui comporte plusieurs angles (voir la figure 6.2). Chacun de ces angles joue un rôle dans la qualité des coupes. En voici une liste descriptive.

6.8.1.1 Angle structural

Cet angle porte différents noms : angle de forge, angle de manufacture, angle de fabrication ou angle de coin. Il s'agit de l'angle formé par les deux faces du couteau. Il se situe généralement autour de 15°.

6.8.1.2 Angle du biseau

C'est l'angle formé par les deux facettes tranchantes du couteau, c'est-à-dire les facettes du biseau. Cet angle varie généralement de 27 à 32°. Sur une affûteuse automatique, la position du couteau dans les pinces de l'aiguiseur assure la précision de l'angle. Chaque facette doit avoir une longueur de 0,1 à 0,6 mm (au maximum); autrement, l'angle du biseau sera trop fermé. Seuls les aiguisages répétés finissent par user le biseau au point d'en modifier l'angle.

6.8.1.3 Angle de la facette supérieure

C'est l'angle formé par le prolongement de la face supérieure du couteau et de la facette supérieure du biseau. Il se situe autour de 10°.

6.8.1.4 Angle de la facette inférieure

C'est l'angle formé par le prolongement de la face inférieure du couteau et de la facette inférieure du biseau. Cet angle se situe également autour de 10°.

6.8.2 ANGLES DE TRAVAIL

6.8.2.1 Angle de dégagement

L'angle de dégagement est formé par la facette inférieure du biseau et la surface du bloc à couper. On l'appelle également « angle de libération » ou « angle standard ». Il mesure, pour certains auteurs, entre 5 et 10°, et selon d'autres auteurs de 2 à 10°.

6.8.2.2 Angle d'inclinaison

C'est l'angle formé par la face inférieure du couteau et la surface du bloc à couper. Il mesure environ 15°.

6.8.2.3 Angle de coupe

Il est formé par l'addition de l'angle du biseau et de l'angle de dégagement (27° + 5° = 32° ou 32° + 10° = 42°); en réalité, cet angle varie donc de 32° à 42°, mais en théorie on s'entend pour dire que cet angle peut varier de 30° à 45°.

6.9 AIGUISAGE (AFFÛTAGE)

Un couteau ébréché est inutilisable. Chaque brèche, même minuscule, abîme le bloc et strie ou sectionne perpendiculairement chaque coupe. La brèche peut

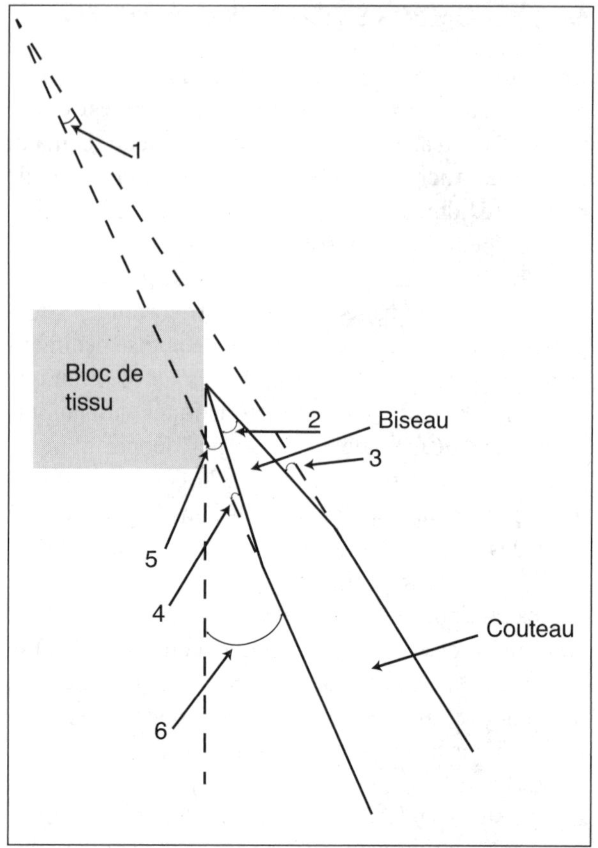

Figure 6.2 : *Les angles relatifs à la microtomie. (1) angle de structure. (2) angle du biseau. (3) angle de la facette supérieure. (4) angle de la facette inférieure. (5) angle de dégagement. (6) angle d'inclinaison.*

avoir été causée par un petit dépôt de calcium ou par des points de suture; en théorie, la présence de cristaux de glace dans le tissu, lors de l'utilisation du cryotome, peut également endommager le tranchant du couteau. Un biseau émoussé est inutilisable, car au lieu de faire de belles coupes, il produit des coupes comprimées et abîme le tissu. Afin de corriger les imperfections du biseau, on a recours à l'aiguisage des couteaux, sauf bien sûr s'il s'agit de couteaux jetables. L'affûtage peut se faire de deux façons : à la main ou de manière automatique, au moyen d'une affûteuse. La technique manuelle n'étant plus en usage, seule la méthode automatique sera décrite ci-dessous.

AIGUISAGE AUTOMATIQUE : les affûteuses automatiques sont rapidement devenues indispensables en histotechnologie. Ce type d'appareil automatique est muni d'une plaque de verre dépoli toujours en mouvement, sur laquelle passe et repasse le couteau : trois allers et retours pour chaque face. Des pinces, fixées à un bras actionné par un petit moteur, maintiennent le couteau solidement et selon le bon angle; elles exercent une pression constante sur le couteau. Bref, la plaque de verre est en mouvement et le couteau l'est également, ce qui réduit le temps d'aiguisage. En outre, comme cette opération se fait automatiquement, le technicien peut faire autre chose pendant ce temps.

Contrairement à l'aiguisage manuel, l'aiguisage automatique ne nécessite pas l'utilisation d'une gouttière pour maintenir le couteau, puisque les pinces orientent le biseau selon le bon angle. Cependant, il faut toujours appliquer un produit abrasif sur la plaque de verre. On retrouve ainsi trois types d'abrasifs sur le marché qui peuvent être utilisés selon l'état du biseau : si le biseau est fortement ébréché ou émoussé, on commencera par un abrasif rugueux, comme le Corundum 303 ou 304, composé de gros grains et désigné dans le commerce par le terme anglais *coarse*; on enchaîne avec de l'alumine lévigée ou du Corundum 305, constitué de grains moyens (*medium*); on termine l'aiguisage par le polissage que l'on effectue au moyen de la diamantine, ou poussière de diamant, donc de petits grains (*fine*). En général, ces produits sont vendus en suspension, dans une solution à base d'huile pour les abrasifs à grains gros et moyens et en solution aqueuse pour les plus fins.

L'affûteuse automatique, relativement peu coûteuse, est un appareil de grande précision et facile à faire fonctionner. Tout ceci en fait un instrument très apprécié, à condition bien sûr que l'on respecte quelques règles simples :

- ne jamais utiliser la même plaque de verre pour les couteaux de longueurs différentes;
- toujours centrer le couteau entre les pinces;
- toujours étendre un abrasif sur la plaque avant de s'en servir;
- réserver une des faces de la plaque pour l'utilisation de l'abrasif à gros grains (*coarse*) et l'autre face pour les abrasifs moyens (*medium*) et fins (*fine*);
- laver soigneusement la plaque de verre après usage;
- s'assurer que l'appareil est de niveau, de même que la plaque de verre; on doit niveler périodiquement les plaques de verre en gardant la surface aussi plane et droite que possible;
- remiser les plaques de verre à l'abri de la poussière;
- dépolir régulièrement les plaques de verre; en effet, le va-et-vient du couteau sur la plaque de verre finit par la polir, ce qui la rend impropre à l'aiguisage.

6.10 VÉRIFICATION DE L'AIGUISAGE

Pour vérifier la qualité de l'aiguisage, on utilise une source lumineuse et un microscope, à un grossissement de 100 X. Quand on veut évaluer la rectitude du tranchant, il est conseillé de travailler avec une lumière transmise, c'est-à-dire venant du dessous, ce qui donne un meilleur contraste. Par contre, si l'on veut étudier l'état des facettes du biseau, on a recours à une source lumineuse qui vient s'y réfléchir, donc venant du dessus. Les facettes du biseau doivent mesurer entre 0,1 et 0,6 mm de largeur, et leur taille ne doit pas varier d'une extrémité à l'autre du couteau. Les couteaux dont les facettes sont trop grandes sont envoyés au réusinage.

Il existe une autre façon d'évaluer la qualité du tranchant d'un couteau. On utilise un l'éclairage venant du bas, face au tranchant, mais dont les rayons sont dirigés obliquement vers le tranchant du couteau qui en réfléchit une partie dans l'objectif 10 X. Un couteau bien aiguisé donne une ligne lumineuse mince et régulière; les brèches se traduisent par des irrégularités dans cette ligne.

6.11 MANIPULATION ET ENTRETIEN DU COUTEAU

Lorsqu'il ne sert pas, le couteau doit demeurer dans sa boîte. On doit toujours lui donner un aiguisage approprié, s'il s'agit d'un couteau réutilisable, et le nettoyer soigneusement au moyen d'un pinceau, à partir du dos en allant vers le biseau, jamais l'inverse. On peut aussi utiliser, toujours avec les mêmes précautions, un chiffon imbibé d'un émollient de la paraffine afin de solubiliser les dépôts de paraffine. On ne nettoie jamais les couteaux réutilisables avec de l'eau, car ils sont en acier, mais pas nécessairement en acier inoxydable; voilà pourquoi on emploie un émollient doux. Avant d'entreposer les couteaux réutilisables pour une longue période, on doit les enduire d'huile ou de graisse afin de prévenir toute oxydation par l'air. Si, par mégarde, on échappe un couteau, il faut le laisser tomber, ne jamais essayer de l'attraper au vol.

Lorsque le microtome n'est pas utilisé, il faut protéger le couteau jetable déjà installé sur le porte-couteau contre la poussière et les autres particules qui pourraient s'y fixer. Il est donc essentiel de remettre en place le protège-couteau qui protégera non seulement le couteau, mais aussi le personnel qui circule près de l'appareil.

6.12 TYPES DE COUPES

6.12.1 COUPES EN SÉRIE

La coupe en série consiste à confectionner des coupes consécutives, d'épaisseur uniforme et prédéterminée, en commençant par la surface et en allant vers le fond du bloc, sans nécessairement débiter celui-ci au complet : parfois les coupes sériées ne concernent qu'une portion du bloc du tissu, alors que d'autres fois, tout le tissu doit y être coupé. Les coupes, qui forment un ruban, doivent être placées dans un ordre strict, toutes dans la même direction. De plus, toutes les coupes sont montées sur des lames numérotées en conséquence, selon la position de chacune. Le rabotage du bloc tel que pratiqué de routine n'est pas effectué de la même façon : en routine, le rabotage se poursuit jusqu'à ce que la surface du tissu à couper soit suffisamment grande, alors que pour la coupe en série on doit conserver la toute première portion du tissu. Cette pratique aide à voir l'étendue d'un problème pathologique.

6.12.2 COUPE SÉQUENTIELLE

Lorsque l'on doit prélever une coupe à toutes les deux ou cinq coupes, on procède à une coupe séquentielle. La séquence peut varier d'un laboratoire à un autre. On utilise souvent l'expression « coupe en profondeur » pour désigner ce procédé.

6.12.3 COUPE AU HASARD

Le fait de prendre au hasard une ou plusieurs coupes par bloc s'appelle « coupe au hasard ». C'est le type de coupe que l'on fait de routine lorsque aucune exigence particulière n'est mentionnée dans la requête.

6.13 ASPECTS À CONSIDÉRER

En microtomie, plusieurs facteurs concourent à la réussite de belles coupes. Les six principaux sont les suivants : la position du bloc, la vitesse de coupe, la température ambiante et celle du bloc formé par le tissu et la paraffine, le rabotage ainsi que les angles de dégagement et d'inclinaison, et finalement, la confection de rubans de coupes.

6.13.1 POSITION DU BLOC

Lors de la coupe d'un tissu inclus dans la paraffine, les côtés du bloc doivent être parallèles au tranchant du couteau. Le bloc doit toujours être inséré dans le porte-objet de la même façon, c'est-à-dire que le numéro d'identification doit figurer du même côté, soit à droite, soit à gauche; ainsi, si l'on doit éventuellement produire de nouvelles coupes à partir du même bloc, l'orientation des coupes sera toujours identique.

Dans les laboratoires qui possèdent plusieurs postes de coupe, il faut inscrire sur le bloc de tissu un code indiquant quel microtome a servi à la coupe de ce tissu. Ce marquage, fait sur le côté du bloc, est important, car si de nouvelles coupes de ce tissu sont requises, on les confectionnera avec le même microtome, ce qui préviendra la perte de tissu.

6.13.2 VITESSE DE COUPE

La vitesse à laquelle on doit effectuer les coupes varie d'un spécimen à un autre. De plus, la vitesse d'exécution affecte la qualité des coupes. Une vitesse excessive produit des coupes de moindre qualité, exagérément comprimées, souvent plus épaisses et parfois d'épaisseurs différentes (alternance de coupes épaisses et minces). Un mouvement plus lent permet de produire un ruban de coupes uniforme. Le mouvement de coupe devrait donc être lent et continu. Une lenteur excessive peut cependant provoquer un arrêt de l'opération au beau milieu d'une coupe, ce qui laissera une trace dans la pièce de tissu.

Pendant la coupe, le bloc est comprimé. Si l'on s'arrête de couper pendant quelques instants, il se décomprime et la coupe suivante sera très épaisse. Par conséquent, dès que l'on interrompt la coupe, il est préférable de ramener le bloc en arrière, en faisant faire environ un quart de tour à la manivelle de retour, avant de reprendre la coupe.

6.13.3 TEMPÉRATURE

La température ambiante ne devrait pas dépasser 22 °C, car une température plus élevée favorise la production d'électricité statique, de sorte que la coupe colle au bloc lorsque ce dernier remonte pour la coupe suivante. De plus, la température élevée du laboratoire finit par affecter la température du bloc et la paraffine ramollit, ce qui provoque également une compression des coupes. Il est alors préférable de refroidir les blocs au moyen d'une plaque réfrigérante, de cubes de glace ou d'eau glacée.

6.13.4 RABOTAGE

Le rabotage consiste à enlever le surplus de paraffine à la surface du tissu. Cet excès de paraffine doit être éliminé afin d'exposer complètement la surface du spécimen (sauf dans le cas de coupes en série). Les blocs se trouvant à la température ambiante se rabotent beaucoup plus facilement et les débris produits par cette opération se dispersent beaucoup moins.

6.13.5 ANGLES DE DÉGAGEMENT ET D'INCLINAISON

Seul le tranchant du couteau doit entrer en contact avec la surface du bloc. Si l'angle d'inclinaison est trop réduit, la facette inférieure du biseau peut toucher au bloc et la comprimer. Par contre, si l'angle est trop ouvert, le couteau racle le bloc et déchire la coupe.

6.13.6 CONFECTION DE RUBANS

Si l'angle du couteau est adéquat et que la température du bloc est optimale, les coupes successives adhéreront les unes aux autres pour former un ruban de coupes. En effet, sous l'action de la chaleur produite par le frottement du couteau, la paraffine fond légèrement, de sorte que les coupes adhèrent les unes aux autres par les côtés pour former un ruban de coupes. Ce phénomène facilite grandement l'obtention et la manipulation d'un grand nombre de coupes à partir d'un même bloc. De plus, en tenant le ruban relevé, on réduit le contact entre les coupes et le couteau, ce qui a pour effet de diminuer les risques d'adhérence. Pour obtenir des rubans droits, il faut que les faces supérieure et inférieure du bloc soient parallèles l'une par rapport à l'autre et qu'elles le soient également par rapport au tranchant du biseau. Cette capacité que possède la paraffine à se disposer en rubans pendant la coupe, non seulement facilite le travail de routine, mais permet également d'étudier le relief tridimensionnel des tissus, puisqu'un ruban correspond à une série de coupes; et c'est précisément ce que l'on recherche lorsque l'on procède à la coupe en série.

6.14 BONNE MÉTHODE D'UTILISATION DU MICROTOME

Avant de mettre le microtome en mouvement, on vérifie d'abord l'inclinaison du couteau et on s'assure que le bloc de paraffine – appelé ici « objet » – est bien fixé au porte-objet.

On libère le cran d'arrêt du microtome et, en saisissant la roue motrice, on amène avec précaution l'objet au-dessus du couteau en le plaçant parallèlement au tranchant du couteau, en évitant à tout prix qu'il ne touche au biseau; il faut résister, à cette étape, à l'envie de faire une première coupe, car on risquerait de décoller l'objet et d'abîmer sérieusement le biseau. Il faut placer l'objet tout près du couteau et l'amener lentement en contact avec le biseau en se servant du chariot du porte-couteau.

Avant de commencer à couper, il faut également régler l'épaisseur des coupes. Pour le rabotage du bloc, on choisit un couteau ou une partie du couteau qui ne servira qu'à cet usage. Une fois le rabotage terminé, on choisit un autre couteau ou une autre zone du couteau qui servira à la confection de coupes fines; en effet, la production de coupes épaisses faites lors du rabotage abîme légèrement le biseau, ce qui compromet la production de coupes minces parfaites.

Après avoir pris toutes les précautions et fait toutes les vérifications nécessaires, on commence à tourner la roue motrice dans le sens des aiguilles d'une montre. Si le bloc a été inclus correctement, si le couteau est en position adéquate et si la température du bloc est convenable, les coupes se collent automatiquement les unes aux autres de manière à former un ruban de coupes, chacune s'attachant par son bord postérieur à la coupe qui suit. D'une main, on tourne la roue motrice, de l'autre on tire lentement sur le ruban qui se forme, à l'aide d'une pince. Il importe d'être réaliste et de se limiter à un ruban de 5 ou 6 coupes au maximum; un ruban plus long serait trop difficile à manipuler. Lorsque la dernière coupe du ruban est sur le biseau du couteau, le bloc se trouve à sa position la plus haute sur le porte-objet; on remet alors en place le cran d'arrêt et on commence à libérer le ruban. Tout en tenant l'extrémité du ruban avec une pince, on décolle la dernière coupe à l'aide d'une spatule spéciale, en prenant soin de ne pas endommager le biseau, et on porte ce ruban de coupe vers le bain d'étalement; ce déplacement est délicat, car le moindre courant d'air peut déchirer le ruban et disperser les coupes. On dépose d'abord la partie inférieure du ruban sur l'eau du bain d'étalement tout en le tirant légèrement vers la partie supérieure et on continue ainsi jusqu'à ce que le ruban soit étalé au complet.

Il faut agir rapidement pour tenter de défaire les plis avant que le tissu et la paraffine ne se réchauffent, ce qui rendrait impossible toute manipulation en vue d'éliminer les plis. Enfin, on sépare les coupes les unes des autres et on procède à leur récupération sur des lames de verre propres.

CRYOTOMIE

INTRODUCTION

Lorsque l'inclusion de tissus dans la paraffine n'est pas indiquée, on a recours à la coupe sous congélation, ou cryotomie. Le principe de la congélation est le durcissement du tissu par la congélation des liquides qu'il contient. Il s'agit d'augmenter la viscosité des liquides tissulaires afin d'empêcher les échanges chimiques et enzymatiques. Ce procédé arrête donc toute modification du tissu. Il existe trois situations où la cryotomie est indiquée :

- lorsque le chirurgien a besoin, en cours d'opération, d'avoir la confirmation d'un diagnostic. La rapidité de la méthode est donc mise à profit dans cette situation, car elle permet un diagnostic extemporané;
- lorsque l'on désire préserver des structures tissulaires ou cellulaires qui risquent d'être affectées par les produits de la fixation ou de la circulation. Par exemple, beaucoup de lipides sont dissous par les solvants utilisés lors de la circulation, et les enzymes sont inactivées par la chaleur des bains de paraffine;
- enfin, lorsque l'on a à travailler sur des tissus frais, donc non fixés, comme dans le cas des études d'immunofluorescence.

En revanche, la congélation ne peut être pratiquée en toute circonstance. Le fait de parler de coupes sous congélation sous-entend que l'on utilise un microtome placé dans une enceinte réfrigérée, isolée et dont la température est stabilisée. Ce type d'appareil s'appelle « cryotome », ou « microtome-cryostat » ou « microtome réfrigéré ». La plupart des cryotomes sont faits d'acier inoxydable, ce qui facilite le nettoyage et prévient la corrosion. Il existe deux types de cryotomes : les cryotomes en milieu ambiant et les cryotomes en cabinet.

7.1 TYPES DE CRYOTOMES

7.1.1 CRYOTOME EN MILIEU AMBIANT

Le plus connu des cryotomes est le microtome clinique à CO_2, qui a connu ses heures de gloire au cours des années cinquante, dans les laboratoires cliniques des centres hospitaliers. Comme cet appareil est dépassé, il n'est pas nécessaire d'en faire ici une description détaillée.

7.1.2 CRYOTOME EN CABINET

Les inconvénients des cryotomes en milieu ambiant ont conduit à la fabrication d'appareils placés dans des enceintes réfrigérées. La plupart du temps, l'appareil utilisé est un microtome rotatif que l'on lubrifie au moyen d'une huile spéciale. Le microtome-cryostat permet d'éviter les inconvénients des cryotomes en milieu ambiant puisque, à l'intérieur du cabinet, le couteau est maintenu à la température désirée; le tissu également demeure à une température constante et relativement à l'abri des influences extérieures. Il est possible, avec l'expérience, d'obtenir des coupes assez minces de tissus frais d'environ 5 µm et de cueillir les coupes directement sur le couteau au moyen d'une lame de verre à la température ambiante, où elles adhèrent spontanément sans qu'il faille les manipuler. Le cryotome est vraiment l'appareil le plus populaire actuellement.

7.2 COMPOSANTES ET MÉTHODE

7.2.1 COMPOSANTES DU CRYOTOME

Le cryotome est un microtome placé dans une enceinte réfrigérée. Les principales composantes de l'appareil sont les suivantes :

- un couvercle transparent à double épaisseur;
- un microtome de type rotatif comportant donc toutes les caractéristiques d'un microtome placé sur un plan incliné d'environ 45°. Cette position offre une meilleure visibilité des coupes;
- un aérateur qui empêche la condensation de l'humidité de l'air pénétrant dans l'enceinte lorsque l'on ouvre le couvercle, soit pour mettre en place le tissu, soit pour retirer une coupe;
- un thermostat pouvant maintenir la température de l'appareil entre +10 °C et –30 °C. La température optimale de coupe est de –20 °C;
- une plaque antiroulement empêchant les coupes de s'enrouler sur elles-mêmes pendant la confection. Cette plaque vient se placer contre le biseau du couteau; légèrement creusée en son centre, elle laisse passer la coupe tout en maintenant son orientation;
- un porte-objet sur lequel on pose le tissu.

7.2.2 MÉTHODE D'UTILISATION

La méthode d'utilisation la plus courante est la suivante :

1. Verser sur le porte-objet quelques gouttes d'une substance qui y fera adhérer les tissu : eau, saline, albumine ou polyéthylène glycol, ou encore, le produit le plus utilisé, qui porte le nom commercial de Cryoform ou OCT (*optimum cutting temperature*);
2. tremper le tissu dans l'OCT et le déposer à plat dans le cryotome;
3. lorsque le tissu s'est solidifié, l'insérer sur le porte-objet;
4. attendre que le tissu soit complètement congelé et procéder à la coupe.

OU

1. Enduire le porte-objet de Cryoform;
2. déposer le tissu sur le porte-objet et, lorsqu'il a commencé à se solidifier, le vaporiser d'un produit qui accélère la congélation, comme le Cryokwik, un fluorocarbone, c'est-à-dire un hydrocarbone fluoré comprimé et liquéfié dont les gaz, une fois libérés, refroidissent et congèlent le tissu dès le contact. Remarque : si on vaporise le tissu avant qu'il n'ait commencé à se solidifier, on risque de le déloger du porte-objet;
3. attendre que le tissu soit complètement congelé et procéder à la coupe.

Il existe bien sûr plusieurs méthodes de congélation des tissus; mais les plus courantes sont celles qui se trouvent exposées ci-dessus. Lorsque le tissu est congelé, on procède à la confection des coupes dont l'épaisseur peut varier de 5 à 7 µm.

7.3 AVANTAGES ET INCONVÉNIENTS DE LA COUPE SOUS CONGÉLATION

7.3.1 AVANTAGES

L'utilisation du cryotome présente plusieurs avantages. Cette méthode permet d'obtenir rapidement les résultats de l'observation d'un spécimen; elle est en outre indispensable à la mise en évidence des lipides et des tissus adipeux et favorise celle des enzymes (histoenzymologie); les tissus ne subissent pas de rétraction et la qualité des coupes n'est pas influencée par la température ambiante du laboratoire. La coupe au cryotome est plus économique que l'utilisation d'un appareil à congélation brusque (voir la section 2.12.2.2, a).

7.3.2 INCONVÉNIENTS

L'emploi du cryotome présente également des inconvénients, comme l'impossibilité de faire des coupes en série (voir la section 6.12.1) et la difficulté de produire des coupes aussi minces (4 à 6 µm en moyenne) qu'en microtomie habituelle, avec des tissus enrobés de paraffine. Comme il n'y a pas de masse d'inclusion, les détails structuraux ont tendance à se déformer au moment de la coupe et des manipulations. Les résultats des colorations sont moins satisfaisants que dans le cas de tissus traités selon la méthode habituelle. Les tissus et leurs colorations ne se conservent pas pendant de longues périodes si les lames colorées sont montées avec un milieu de montage temporaire (voir le chapitre 9); par contre, si le montage est fait avec un milieu de montage permanent, il est possible de classer les lames colorées qui auront une durée de vie aussi longue que les coupes effectuées sur des tissus paraffinés. De plus, comme la congélation y est relativement lente, il se forme des cristaux de glace, les artéfacts de congélation, ce qui peut abîmer les couteaux et donner des coupes striées. Autre inconvénient : comme chaque tissu possède une température de coupe optimale, à laquelle il n'est pas facile de faire correspondre la température du cryotome, on règle habituellement la température de toutes les coupes à –20 °C, ce qui représente une moyenne acceptable malgré tout (voir la section 7.8). Enfin, le cryotome est un instrument assez coûteux. Les laboratoires qui offrent ce service doivent posséder deux appareils afin d'assurer la constance du service d'urgence même en cas de défectuosité de l'un des appareils.

7.4 NOTES PARTICULIÈRES

De par sa nature, le cryotome demande des précautions particulières; en voici une liste exhaustive.

a) Le cryotome étant un microtome à l'intérieur d'une enceinte réfrigérée, toutes les particularités du microtome rotatif s'appliquent, qu'il s'agisse des éléments constitutifs, des angles du couteau ou des angles de travail.

b) L'entretien du cryotome consiste surtout à dégivrer périodiquement l'appareil et à le désinfecter chaque fois que l'on a coupé des pièces potentiellement contaminées. Différents produits peuvent servir à la désinfection du cryotome : les vapeurs de formaldéhyde, le glutaraldéhyde à 2 %, une solution de phénol à environ 5 % ou encore l'alcool absolu, qui présente l'avantage de s'évaporer rapidement et de ne pas cristalliser au froid, son point de fusion étant très bas. Il importe de noter que l'on n'utilise pas l'hypochlorite (eau de javel), car il pourrait faire rouiller les parois internes de l'enceinte.

c) L'entretien demande aussi une lubrification des pièces mobiles avec une huile spéciale qui résiste au froid.

d) Il faut, dans la mesure du possible, prévenir la formation d'artéfacts causés par l'alternance entre la congélation et la décongélation d'un même tissu. Pour ce faire, il suffit de vérifier régulièrement le thermomètre et de s'assurer que l'on produit un nombre suffisant de coupes avant de décongeler le tissu.

e) Un tissu dont la température est trop basse peut avoir tendance à se pulvériser ou à se désagréger pendant la coupe : il faut donc s'assurer que le tissu n'est pas trop gelé.

f) Le cryotome doit toujours être en marche, car il met plusieurs heures à atteindre la température optimale pour la coupe.

g) Il est possible d'utiliser des tissus déjà fixés, pourvu que l'on suive quelques précautions :
   - si le tissu a été fixé dans du formaldéhyde à 10 % tamponné, il faut alors le laver généreusement avant de procéder à sa congélation;
   - si le tissu a été fixé dans un liquide contenant du mercure, il faut faire tremper le tissu dans une solution d'iode alcoolique pendant 12 à 24 heures, puis dans une solution de thiosulfate de sodium pendant 12 à 24 heures et, enfin, le laver à l'eau courante, après quoi on peut le congeler;
   - si le tissu a été fixé dans un liquide contenant du chromate de potassium, il faut laver le tissu à l'eau courante pendant une douzaine d'heures, après quoi on peut procéder à la congélation;
   - si le tissu a été fixé dans un liquide contenant de l'alcool, on doit le laver à fond à l'eau courante, car la présence d'alcool empêche la congélation.

h) La lubrification hebdomadaire de l'appareil favorise son bon fonctionnement.

i) Les couteaux doivent être nettoyés et dégraissés après chaque usage, avec de l'alcool. On utilise habituellement des couteaux de type C, c'est-à-dire à faces et facettes planes et symétriques. Il est préférable de conserver la réserve de couteaux à la même température que le cryotome : s'il est nécessaire de remplacer le couteau, les couteaux de rechange seront à la bonne température.

j) Les cryotomes possèdent pour la plupart un adaptateur permettant l'utilisation de lames jetables.

7.5 MANIPULATION DES COUPES

Une fois le tissu congelé, on procède à la coupe, puis on retire chaque coupe ayant adhéré au couteau à l'aide d'une lame de verre propre, à la température ambiante. La différence de température entre la lame chaude et le tissu congelé va attirer la coupe sur la lame. En général, cela suffit; il n'est pas nécessaire de procéder à l'étalement de la coupe sur un bain d'eau. Mais on peut au besoin étaler la coupe sur de l'eau chaude ou de l'eau physiologique chaude (environ 46 °C) afin de déplisser le tissu. Il est à noter que cette opération ne fait pas partie intégrante de la technique de coupe sous congélation : elle est surtout liée à l'utilisation du cryotome à CO_2, assez peu courante de nos jours.

Quand le tissu est sur la lame, immédiatement après la coupe ou après l'étalement, on applique la coloration désirée, pour ensuite procéder au montage et à l'examen au microscope.

7.6 COLORATION DES COUPES EN PRÉVISION D'UN DIAGNOSTIC RAPIDE

Plusieurs colorations peuvent être appliquées aux coupes réalisées au cryotome. Les plus courantes sont décrites ci-dessous.

7.6.1 HÉMATOXYLINE ET ÉOSINE

La coloration à l'hématoxyline et à l'éosine (voir la section 13.1) est une technique de routine qui, adaptée à la cryotomie, ne demande qu'environ 3 minutes au maximum. C'est la méthode la plus utilisée et elle se déroule comme suit :

COLORATION À L'HÉMATOXYLINE ET À L'ÉOSINE

MODE OPÉRATOIRE

1. Procéder à la coupe du tissu et à son étalement sur lame;
2. fixer le tissu avec un mélange de formaldéhyde à 10 % pendant 30 secondes et rincer à l'eau courante;
3. colorer dans l'hématoxyline de Harris pendant 30 secondes, puis rincer à l'eau courante;
4. différencier dans une solution d'eau acidifiée par trois immersions et rincer à l'eau courante;

5. bleuir dans le carbonate de lithium à 1 % ou dans une solution d'eau ammoniacale pendant quelques secondes et rincer à l'eau distillée;
6. déshydrater les coupes dans l'éthanol à 100 % pendant 10 secondes;
7. colorer dans l'éosine alcoolique pendant 15 secondes, puis rincer tout en déshydratant rapidement dans deux bains d'éthanol à 100 %;
8. éclaircir et monter.

RÉSULTATS

- les noyaux sont colorés en bleu, sous l'effet de l'hématéine;
- les cytoplasmes sont colorés en rose, sous l'effet de l'éosine;
- les érythrocytes prennent une teinte rouge intense, sous l'effet de l'éosine;
- les fibres de collagène et les fibres musculaires prennent une teinte rose-rouge, sous l'effet de l'éosine.

7.6.2 HÉMATOXYLINE-PHLOXINE-SAFRAN (HPS)

La coloration à l'hématoxyline-phloxine-safran est une autre méthode de coloration de routine, quoique de moins en moins utilisée parce qu'il est difficile de fabriquer la solution de safran du Gatinais qui peut être adaptée pour les coupes faites en congélation. Elle comporte les étapes suivantes :

COLORATION À L'HPS

MODE OPÉRATOIRE

1. Procéder à la coupe du tissu et à son étalement sur lame;
2. fixer le tissu avec un mélange de formaldéhyde acétique et d'alcool pendant 20 secondes et rincer à l'eau distillée;
3. colorer dans l'hématéine de Harris pendant 15 secondes, puis rincer à l'eau distillée;
4. différencier dans l'eau acidifiée, puis rincer à l'eau distillée;
5. bleuir dans le carbonate de lithium et rincer à l'eau distillée;
6. colorer dans la phloxine pendant environ 15 secondes, puis déshydrater en rinçant dans l'éthanol absolu;
7. colorer dans le safran pendant 15 secondes et rincer à l'éthanol absolu;
8. rincer dans l'alcool butylique, éclaircir dans le xylène et monter au moyen d'une résine synthétique.

RÉSULTATS

- les noyaux sont colorés en bleu, sous l'effet de l'hématéine;
- les cytoplasmes sont colorés en rose, sous l'effet de la phloxine;
- les fibres de collagène prennent une teinte orangée tirant sur le jaune, sous l'effet du safran;
- les fibres musculaires prennent une teinte rose-rouge, sous l'effet de la phloxine.

7.6.3 BLEU DE TOLUIDINE ET FUCHSINE BASIQUE

La coloration au bleu de toluidine permet la mise en évidence des ganglions lymphatiques et du tissu cérébral. Le temps de coloration est d'environ une minute. On utilise un mélange de bleu de toluidine et de fuchsine basique en solution dans de l'éthanol absolu et de l'eau distillée. Peu utilisée, cette méthode comporte les étapes suivantes :

COLORATION AU BLEU DE TOLUIDINE ET À LA FUCHSINE BASIQUE

MODE OPÉRATOIRE

1. Recouvrir les coupes du mélange colorant pendant quelques secondes, puis rincer à l'eau;
2. monter au moyen d'un milieu de montage hydroscopique disponible sur le marché. Généralement, ce milieu doit être chauffé pour se liquéfier.

RÉSULTATS

- les noyaux prennent une teinte allant de bleu à violet;
- les cytoplasmes prennent des teintes allant de rose à mauve;
- les fibres de collagène prennent une teinte rosée;
- les globules rouges sont colorés en orangé.

7.6.4 BLEU DE MÉTHYLÈNE POLYCHROME

Le bleu de méthylène s'oxyde très facilement. Il est même difficile de l'obtenir sous forme pure. Au cours de l'oxydation, il perd des groupes méthyle, ce qui entraîne la production de produits de dégradation du colorant, dont les plus importants sont les azurs A et B ainsi que le violet de méthylène, colorant basique métachromatique.

Les solutions où l'oxydation du bleu de méthylène est avancée sont appelées bleu de méthylène polychrome. Elles permettent d'obtenir en une seule opération la coloration en teintes variées des principales structures tissulaires. Ce colorant est idéal pour la mise en évidence des cartilages, des mucines, des granulations des mastocytes (métachromasie) ainsi que du tissu conjonctif. Le mode opératoire est le suivant :

COLORATION AU BLEU DE MÉTHYLÈNE POLYCHROME

MODE OPÉRATOIRE

1. Mettre les coupes en contact avec le colorant pendant 30 à 60 secondes;
2. rincer à l'eau distillée, puis monter au moyen d'un milieu de montage hydrosoluble.

RÉSULTATS

- les noyaux se colorent en bleu, sous l'effet du bleu de méthylène;
- les substances métachromatiques se colorent en rose;
- les cytoplasmes et les fibres de collagène ne sont pas colorés, car il n'y a pas de colorant acide parmi les ingrédients employés.

7.6.5 BLEU DE MÉTHYLÈNE DE LOEFLER

Cette solution, faite d'une solution alcoolique de bleu de méthylène et d'une solution aqueuse d'hydroxyde de potassium (KOH), est utilisée lorsque l'on veut obtenir des colorations polychromes. Le KOH oxyde le bleu de méthylène en colorants de l'azur, soit A, B ou C, ce qui a comme conséquence de donner au bleu de méthylène une polychromasie (voir la section 12.1.4).

7.6.6 PINACYANOL ALCOOLIQUE

Le pinacyanol alcoolique est un colorant métachromatique coûteux, qui a son utilité pour la coloration de la chromatine, du cytoplasme, du collagène, des tissus musculaires et élastiques, des lipides et de l'hémosidérine. Le temps de coloration est d'environ 30 secondes.

7.6.7 PHLOXINE ET BLEU DE MÉTHYLÈNE AZUR B

Pour la mise en évidence des structures nucléaires, c'est le deuxième meilleur colorant de routine après l'hématoxyline et l'éosine. Cette technique donne les même résultats que la coloration au bleu de méthylène polychrome, en plus de ceux obtenus avec la phloxine.

7.7 MONTAGE DE LA COUPE

Le montage de la coupe n'est pas absolument nécessaire : tout dépend du temps que l'on pense conserver la coupe. S'il s'agit d'une coupe à mettre au rebut immédiatement après l'observation, on ne fait pas de montage; il suffit de poser une lamelle sur le tissu coloré. Si, par contre, on prévoit garder le tissu plus longtemps, il existe deux méthodes qui permettent de procéder au montage : premièrement, on peut déshydrater très rapidement les coupes colorées, puis procéder à l'éclaircissement avec le toluol ou le xylol et monter avec une résine permanente; deuxièmement, après la coloration, on peut utiliser un milieu de montage temporaire (voir le chapitre 9), comme celui connu sous le nom de « milieu de montage de la clinique Mayo » (voir le chapitre 9). Ce milieu de montage contient :

- 480 g de glucose
- 680 ml d'eau distillée
- 120 g d'essence de camphre
- 120 g de glycérine

Sa forte concentration en glucose contribue à éclaircir l'excès de colorant; le camphre empêche la prolifération de bactéries et le développement de moisissures. La solution est hygroscopique, c'est-à-dire qu'elle absorbe l'humidité de l'air, ce qui empêche le dessèchement des coupes.

Dans la majorité des laboratoires, on considère important de conserver de façon permanente les coupes réalisées sous congélation, pour des raisons d'ordre juridique; en effet, l'analyse de ces coupes sert à poser un diagnostic et possiblement, à déterminer une procédure d'opération. Le reste de la pièce de tissu est décongelé, puis on le fixe et on le fait passer par les diverses étapes de la circulation avant d'en faire de nouvelles coupes qui seront colorées et montées selon les méthodes habituelles. Ces coupes serviront à confirmer ou à infirmer le diagnostic « provisoire » posé à la lumière des coupes réalisées sous congélation, souvent moins précises et moins bien colorées.

7.8 TEMPÉRATURES OPTIMALES

Les températures optimales varient d'un tissu à l'autre. Il est pratiquement impossible de tenir compte de ces différences avec les cryotomes que l'on retrouve dans les laboratoires cliniques. Par contre, les guides d'utilisation de certains appareils contiennent des listes de tissus classés selon leur température de congélation. Certains tissus riches en lipides doivent être congelés à une température inférieure à –20 °C pour que l'on puisse les couper facilement. Voici à cet effet une liste de différents tissus selon leur température de coupe; on peut classer les tissus en trois groupes :

– **Tissus dont la température de coupe se situe entre –5 et –15 °C (groupe 1)**
  - cerveau - ganglions lymphatiques - rate - vessie
  - foie - testicules - rein - moelle épinière
  - curetage - thyroïde - tumeurs cellulaires molles
– **Tissus dont la température de coupe se situe entre –15 et –30 °C (groupe 2)**
  - muscles - tissu conjonctif - peau sans gras
  - pancréas - col utérin - utérus
  - langue - glande mammaire - ovaire
  - intestin - prostate - sein sans gras
  - glandes surrénales - glande thyroïde
– **Tissus dont la température de coupe se situe entre –30 et –60 °C (groupe 3)**
  - tissu adipeux - épiploon (membrane qui relie entre eux les organes abdominaux)
  - sein avec gras - peau avec gras

Comme une simple variation de 5 °C de la température du cryotome demande quelques heures d'attente, il est presque impossible de satisfaire à tous ces besoins, à moins de posséder trois appareils. C'est pourquoi on se contente habituellement de maintenir la température de l'appareil aux environs de –18 à –20 °C, ce qui constitue la température optimale de coupe (la température de routine) des tissus congelés.

7.9 CONDITIONS D'UNE BONNE COUPE

En cryotomie, tout comme en microtomie ordinaire, les résultats obtenus dépendent beaucoup de facteurs comme l'expérience du technicien et la qualité de l'entretien des pièces de l'appareil. Le biseau du couteau, en particulier, doit être bien aiguisé, propre et l'angle de dégagement bien ajusté, soit de 2° à 10° d'ouverture.

La température des pièces de l'appareil qui entrent en contact avec les coupes est également un facteur important, puisque les coupes adhèrent à tout objet dont la température est inférieure à la leur, ne serait-ce que de quelques degrés.

L'ajustement de la plaque antiroulement est à vérifier. La vitesse de coupe doit également être adaptée à chacun des tissus : certains se prêtent bien à une coupe rapide, comme les tissus contenant plus de gras, alors que d'autres demandent une coupe lente, comme les tissus plus friables.

L'état du tissu à couper est un aspect crucial en cryotomie. En effet, si sa température est importante, de même, le fait que le tissu soit frais ou fixé influe sur la qualité de la coupe. Si le tissu est frais, il faut procéder à sa congélation le plus rapidement possible. Par contre, si le tissu a déjà été fixé dans un liquide, il faut prendre les précautions appropriées tel que décrit à la section 7.4 g.

ÉTALEMENT

INTRODUCTION

La coupe au microtome cause une certaine compression du tissu et la pression du couteau a pour effet de plisser la coupe de tissu. Il est donc nécessaire d'étirer celle-ci pour qu'elle reprenne sa forme. Le moyen utilisé en histotechnologie est l'étalement. L'étalement des coupes consiste à aplanir le tissu avant de l'immobiliser sur la lame. Pour ce faire, on a recours à deux méthodes, l'étalement sur lame de verre légèrement chaude et l'étalement du tissu sur eau chaude.

8.1 MÉTHODES D'ÉTALEMENT

8.1.1 ÉTALEMENT SUR LAME

L'étalement sur lame s'effectue au moyen d'une plaque chauffante dont la température se situe à environ 48 °C et sur laquelle on dépose une lame de verre propre. Lorsque celle-ci est chaude, on y met quelques gouttes d'adhésif puis on y dépose la coupe de tissu. La chaleur est ainsi transmise au tissu paraffiné et ce dernier s'aplanit plus aisément. La lame est ensuite égouttée puis séchée. Cette méthode est utilisée pour quelques coupes isolées, mais elle ne convient pas à une grande production de lames.

8.1.2 ÉTALEMENT SUR EAU CHAUDE

L'étalement sur eau chaude utilise un bain à thermostat qui maintient la température de l'eau entre 46° et 48 °C, soit environ 10 °C sous le point de fusion de la paraffine habituellement utilisée dans les laboratoires d'histotechnologie. Un récipient dont les surfaces internes sont noires assurera une meilleure visualisation des coupes et une évaluation plus juste de leur qualité. On ajoute habituellement à l'eau du bain une solution adhésive. Lors des colorations de routine, par exemple à l'hématoxyline et à l'éosine, l'addition d'un adhésif n'est pas essentielle; il suffit de s'assurer que la période de séchage est suffisante. Par contre, elle est fortement recommandée dans le cas des colorations plus complexes pour éviter le décollement du tissu. Plus la coupe est mince, c'est-à-dire moins de 5 µm, plus elle adhère facilement à la lame. Lorsque l'eau additionnée d'adhésif a atteint sa température optimale, on y dépose le tissu paraffiné en ayant soin de mettre sur l'eau la face brillante de la coupe, c'est-à-dire la dernière à avoir été en contact avec le biseau du couteau; la tension de surface y est plus faible de sorte que l'aplanissement de la coupe s'en trouve grandement facilité.

On peut obtenir un meilleur étalement en utilisant une solution d'éthanol ou d'acétone à une concentration de 10 à 30 % dans de l'eau distillée, à la température ambiante. Ces produits ont pour effet de diminuer la tension de surface, ce qui facilite le déplissage de la coupe; ils occasionnent aussi parfois une légère expansion du tissu, ce qui neutralise la compression que le tissu a pu subir lors de la coupe. L'utilisation de ces produits présente aussi des inconvénients. En effet, ils favorisent l'extraction de certaines substances tissulaires, de sorte qu'il faut veiller à ce que le flottage des coupes soit le plus bref possible. De plus, si la solution contient trop d'éthanol, elle peut provoquer la coagulation de l'adhésif, surtout s'il s'agit de gélatine ou d'albumine. Autres inconvénients à surveiller : l'acétone peut solubiliser la paraffine, ce qui rend le travail d'étalement plus difficile; par ailleurs, l'éthanol et l'acétone dégagent des vapeurs toxiques, ce qui constitue un danger pour les techniciens. On a recours à cette méthode en particulier pour les coupes de tissus difficiles à étaler. Il faudra ensuite remettre les coupes au bain d'eau chaude additionnée d'adhésif en raison des avantages de celui-ci. Il vaut mieux utiliser l'éthanol de préférence à l'acétone pour des raisons de sécurité.

À la surface de l'eau du bain d'étalement, il se forme parfois une pellicule composée de graisses dissoutes et de particules de tissu, visible à l'œil; on recommande de l'enlever au moyen d'une feuille de papier absorbant que l'on glisse sur la surface. S'il y a formation de bulles d'air dans l'eau, on doit les éliminer en tapotant sur la table près du récipient : elles remonteront à la surface de l'eau et on les enlèvera à l'aide d'un papier absorbant. Pour les tissus délicats comme le cerveau, les tissus embryonnaires et les tissus gras comme le sein, l'intestin et les kystes, il est recommandé de réduire la température du bain à environ 37 °C, car ces tissus délicats prennent beaucoup d'expansion en très peu de temps dans l'eau chaude. Dans le cas des techniques enzymatiques et immunohistochimiques, il est très important que les coupes de tissus enrobés de paraffine ne soient jamais exposées à des températures dépassant 37° à 40 °C, car les enzymes et les antigènes sont labiles à la chaleur. Il est donc préférable de les déposer sur une plaque chauffée à 37 °C pendant quelques minutes seulement.

8.2 ADHÉSIFS

Le recours à un adhésif n'est pas toujours nécessaire en histotechnologie, mais il est essentiel quand les procédés exposent les tissus à des enzymes, à de longues incubations, à des acides et surtout à des alcalis, comme dans les procédés d'imprégnation métallique et, enfin, quand on prévoit que les lames seront soumises à un séchage très court, c'est-à-dire inférieur à 60 minutes. Les adhésifs sont recommandés pour tous les procédés complexes, de même que pour certains tissus comme les tissus nerveux, les os et les tissus fixés dans un fixateur mercurique. Plusieurs adhésifs sont des solutions protéiques qui retiennent les colorants. Or, comme toutes les protéines sont sujettes à des contaminations bactériennes, cela peut causer certains problèmes lors de la recherche de microorganismes, par exemple avec la technique de Gram. Dans les procédés histochimiques où des protéines sont en cause ou dans les procédés immunohistochimiques qui comportent une étape de digestion par des enzymes protéolytiques, on n'utilise pas d'adhésifs à base de protéines. Pour la mise en évidence des glucides, on n'utilise pas d'adhésifs à base d'amidon, car dans certaines méthodes ils causeraient de faux positifs.

Il existe sur le marché des lames garnies d'un enduit qui augmente les charges positives à leur surface, ce qui favorise l'adhérence des tissus sur la lame (voir l'annexe IV). On n'utilise pas ces lames de façon courante en raison de leur coût très élevé. Une autre méthode facilite l'adhérence des coupes aux lames; elle consiste à faire tremper les coupes déjà étalées dans une solution de nitrocellulose avant la coloration. Cette procédure est appelée « collodionnage ». On immerge les lames dans cette solution pendant quelques secondes, et un film très léger recouvre alors la coupe sur la lame. Insoluble dans le xylène, la nitrocellulose se dissout facilement dans un mélange à parts égales d'éther et d'éthanol; on effectue cette immersion après la déshydratation finale, juste avant de procéder à la coloration. La nitrocellulose a beaucoup d'affinité avec les colorants cationiques, ce qui pourrait compromettre la réussite de certaines colorations.

Dans la pratique quotidienne, lorsque aucune précaution particulière ne s'impose, on utilise plusieurs types d'adhésifs, comme l'albumine, la gélatine, l'amidon, la cellulose, le silicate de sodium et les résines.

8.2.1 ALBUMINE-GLYCÉROL DE MAYER

L'albumine-glycérol de Mayer est utilisée régulièrement en histotechnologie. Cependant, elle a tendance à laisser des traces sur la lame au pourtour des tissus, ce qui est particulièrement désagréable lors de la coloration. Toutefois, ces traces sont minimes lorsque la quantité de solution est bien dosée.

Pour préparer l'albumine-glycérol de Mayer, on utilise les produits suivants :

- albumine d'œuf (le blanc de l'œuf) ou albumine : substance adhésive;
- glycérol : agent de conservation qui augmente en outre la viscosité de l'albumine;
- salicylate de sodium : agent facultatif qui favorise l'équilibre osmotique;
- thymol (ou un autre produit équivalent) : agent de conservation;
- eau distillée : solvant

Il faut bien mélanger, filtrer et conserver la solution au réfrigérateur. Cette préparation étant susceptible de se contaminer facilement, il est important d'y ajouter un agent de conservation dont la concentration est adéquate. Enfin, l'albumine-glycérol de Mayer est acidophile. Elle est particulièrement recommandée avec les techniques où le *p*H doit être très acide, par exemple lors de l'extraction par hydrolyse des acides nucléiques (voir le chapitre 17).

8.2.2 GÉLATINE DE CHROME

La gélatine employée comme adhésif peut former sur le tissu une pellicule insoluble dans l'eau. On doit constamment s'assurer de la propreté du bain d'étalement, car la gélatine constitue une bonne source de nutriments pour les bactéries, et la contamination du bain d'étalement peut se révéler désastreuse. Son utilisation demande la préparation suivante :

Solution A

- faire dissoudre 10 g de gélatine en poudre dans 800 ml d'eau préchauffée;

Solution B

- faire dissoudre 1 g d'alun de chrome, un sulfate mixte de chrome et de potassium, ($KCr(SO_4)_2.12H_2O$) dans 200 ml d'eau;

Solution de travail

- mélanger les deux solutions et conserver au réfrigérateur, à 4 °C.

La solution se conserve environ deux semaines à cette température. Il faut mettre environ 35 ml de cette solution dans le bain d'étalement. L'alun de chrome a une double fonction : il favorise l'adhésion des coupes et sert d'agent de conservation.

8.2.3 MÉTHYLE DE CELLULOSE

Une solution aqueuse à 1 % de méthyle de cellulose favorise une bonne adhérence des tissus sur la lame. Il ne se colore pas comme l'albumine. Il est par contre plus difficile d'en faire de grandes provisions.

8.2.4 SILICATE DE SODIUM

Une solution aqueuse de 10 % de silicate de sodium conduit à de bons résultats. L'adhérence demeure excellente avec les colorations alcalines; par contre, ce produit a tendance à noircir pendant les imprégnations métalliques, particulièrement lors de la mise en évidence des fibres de réticuline et de la coloration au pyronine méthyle vert.

8.2.5 RÉSINES

On utilise les résines de type Araldite à raison de 1 volume de résine pour 10 volumes d'eau distillée. Les résines servent surtout dans les cas de tissus enrobés dans des polymères de plastique.

8.2.6 AMIDON

L'amidon est aussi bon que l'albumine, mais il présente l'inconvénient de se colorer avec presque tous les colorants. L'amidon n'est pas recommandé pour la mise en évidence de substances qui réagissent positivement à l'acide périodique de Schiff (APS).

8.2.7 SÉRUM OU PLASMA HUMAIN

Il faut étendre le plasma ou le sérum stérile sur les lames en une mince couche. Ces deux substances sont fortement éosinophiles, il faut donc en tenir compte lors des colorations de routine. En pratique, comme les risques de contamination sont trop grands, on ne l'utilise plus.

8.2.8 AMINOPROPYLTRIETHOXYSILANE (AAS)

L'AAS est dilué dans de l'acétone, ce qui en fait un produit très sensible à l'eau et à l'humidité de l'air. On y plonge les lames puis on les rince à l'eau courante. D'invention récente, l'AAS réagit avec la silice du verre et forme des groupements aminoalkyles qui se lient aux groupements aldéhydes et cétones des tissus; il ne capte pas les colorants. De plus, on peut traiter ces lames en les plongeant dans une solution de gélatine ou d'albumine et en les laissant sécher toute une nuit à une température de 60 °C. Ce traitement est excellent pour les coupes cytologiques de même qu'en prévision de colorations argentiques. De plus, l'AAS est très économique. L'inconvénient majeur de cette méthode est qu'on doit travailler sous une hotte ventilée pour des raisons de sécurité, car l'AAS peut provoquer chez les personnes qui le manipulent des irritations cutanées ou des céphalées.

8.2.9 STA-ON

Le Sta-on est un produit industriel composé de gélatine, de sulfate de chromium et de potassium. On recommande de mettre environ 10 ml de ce produit par litre d'eau, ce qui correspond à environ 25 ml par bain d'étalement. C'est une excellent produit, car les coupes s'étalent très facilement, presque sans manipulation; mais il est coûteux. De plus, il peut causer des irritations et des sensations de brûlure aux yeux. Son ingestion peut causer des nausées et des crampes d'estomac. Chaque jour, il importe de bien nettoyer le bain d'étalement après usage. Le Sta-on se conserve à la température de la pièce.

Afin de pallier le coût élevé de ce produit, on peut utiliser une recette maison qui offre les mêmes avantages que le produit commercial, mais à moindre coût.

Préparation de la solution de STA-ON maison

- 5 g de gélatine
- 1 g de chromate de potassium sulfate
- 1 L d'eau distillée

Dissoudre la gélatine dans l'eau distillée chaude et ajouter par la suite le chromate de potassium sulfate. Bien mélanger. Cette solution se conserve à la température ambiante. Pour usage, en verser environ 20 ml dans un bain d'étalement en prenant soin de bien mélanger.

8.3 PRÉCAUTIONS

Pour bien réussir l'étalement, quelques précautions sont nécessaires. Par exemple, il faut limiter au minimum le temps d'exposition dans le bain d'étalement afin de prévenir le gonflement du tissu, principalement des fibres de collagène. De plus, la température de l'eau doit être vérifiée régulièrement, car une eau trop chaude provoque l'aplanissement excessif de la coupe; la paraffine prend alors un aspect luisant et aura tendance à se craqueler au moment de son passage dans l'étuve. Si la température du bain est beaucoup trop élevée, la coupe risque même de se désintégrer. Par contre, si la température est trop basse, l'aplanissement demeure incomplet. Comme la plupart des adhésifs sont des solutions protéiniques, ils sont susceptibles de retenir les colorants; il faut donc réduire au minimum la concentration de la solution de même que sa quantité. Les adhésifs se contaminent facilement; en effet, les bactéries se nourrissent de l'adhésif et se transfèrent ensuite sur les coupes, ce qui peut avoir pour effet de donner de faux positifs au Gram lorsque l'on utilise un adhésif à base d'amidon; et il en va de même avec l'APS. Il est important de noter que l'étalement n'enlève pas le pigment de

Nedzel (cristaux de paraffine). Enfin, si l'on prévoit faire des recherches histochimiques sur les protéines, il n'est pas du tout indiqué d'utiliser un adhésif, celui-ci étant presque toujours une solution protéique.

8.4 DÉCOLLEMENT DES COUPES

Il arrive parfois que les coupes se décollent lors de la coloration. Différents éléments peuvent être responsables de cette situation; en voici quelques exemples :

- les lames sont sales, grasses ou huileuses;
- des bulles d'air sont emprisonnées sous le tissu;
- les solutions colorantes alcalines (les colorations argentiques, par exemple) favorisent le décollement;
- il y a trop de kératine sur les tissus;
- un tissu qui a été décalcifié est plus susceptible de se décoller;
- le tissu est riche en sang ou en caillots;
- la technique de coloration employée nécessite de nombreux lavages et incubations;
- la circulation n'a pas été réalisée correctement;
- la coupe est trop épaisse.

8.5 TRAITEMENT DES LAMES APRÈS L'ÉTALEMENT

Dans la grande majorité des cas, on procède à l'étalement des coupes dans un bain d'eau chaude à laquelle on a ajouté un adhésif de type protéique. Un tel milieu étant propice au développement de microorganismes comme les bactéries et les champignons, il convient de traiter les lames pour prévenir ce genre de problème. Trois possibilités s'offrent aux techniciens : l'étuve à formaldéhyde, le ventilateur à air chaud et la plaque chauffante.

8.5.1 ÉTUVE À FORMALDÉHYDE

L'étuve est une enceinte dont la température, grâce à un thermostat, peut être ajustée selon les besoins du laboratoire et dans laquelle on a placé un bécher contenant du formaldéhyde. Généralement, la température est maintenue à environ 37 °C. La chaleur provoque l'évaporation du formaldéhyde, dont les vapeurs rempliront l'enceinte. Placées dans cette atmosphère, les coupes fraîchement étalées et leur adhésif sécheront grâce à la chaleur, tandis que les vapeurs empêcheront le développement de bactéries ou de champignons. Par ailleurs, les vapeurs de formaldéhyde favoriseront l'adhésion de la coupe à la lame en insolubilisant les adhésifs protéiques (voir la section 2.1.4).

On recommande de ne pas laisser les tissus séjourner trop longtemps dans l'étuve à formaldéhyde : de 4 à 18 heures si la température de l'étuve est à 37 °C (la durée est variable, car elle dépend de la quantité de lames présentes dans l'étuve). Par contre, si la température interne de l'étuve est réglée à 55 °C, les tissus ne doivent séjourner dans ce milieu que pendant 20 à 30 minutes.

Les coupes auront tendance à se fendiller si la température est trop élevée ou si le séjour est trop long. Ce procédé présente un inconvénient majeur : l'étuve doit nécessairement être placée sous une hotte ventilée pour des raisons de sécurité, les vapeurs de formaldéhyde étant toxiques.

8.5.2 VENTILATEUR À AIR CHAUD

Il est également possible de traiter les lames, après l'étalement, au moyen d'un ventilateur à air chaud forcé. Un tel système assèche les lames en 5 à 10 minutes, ce qui est assez rapide. La chaleur produite ainsi que la vitesse à laquelle sèchent les tissus préviennent le développement de microorganismes. Dans les laboratoires cliniques, on a habituellement recours à cette méthode.

8.5.3 PLAQUE CHAUFFANTE

Enfin, on peut aussi, après l'étalement, déposer les lames directement sur une plaque chauffante portée à environ 60 °C et le séchage demande environ 10 minutes. La chaleur ainsi que la vitesse à laquelle sèchent les tissus préviennent le développement de micro-organismes. Cette solution est la meilleure pour le traitement de quelques lames, mais elle ne convient guère à la production en quantité.

MONTAGE

INTRODUCTION

Le montage des coupes s'effectue généralement après leur coloration; il consiste à recouvrir une coupe de tissu étalée sur une lame d'une lamelle de verre. Une substance de conservation que l'on nomme « milieu de montage » retient la lamelle à la lame. Le montage assure aux préparations une protection contre la décoloration et la détérioration de la couleur causée par l'oxydation, sous l'effet de l'air ambiant ou des vapeurs de certains produits chimiques, en plus de protéger le tissu contre les aléas des manipulations. La couche protectrice permet l'observation des coupes au microscope en toute sécurité. Enfin, le montage assure une meilleure visualisation des détails structuraux; en effet, l'observation d'une lame colorée non montée laisse voir peu de détails, étant donné les différences entre les indices de réfraction (IR) du verre, des composantes tissulaires et de l'air, et à cause de la dispersion de la lumière.

Les tissus ont un indice de réfraction se situant entre 1,53 et 1,54, alors que celui du verre est autour de 1,51 à 1,52 et que ceux des différents milieux de montage varient de 1,44 à 1,60. En règle générale, pour l'observation de tissus non colorés, on utilise un milieu de montage dont l'indice de réfraction est supérieur ou inférieur à celui du tissu, ce qui permet d'apprécier la qualité de la coupe, mais ne révèle qu'un petit nombre de détails. Il est donc assez rare que l'on procède à cette opération. Dans de telles circonstances, on recommande plutôt d'utiliser la microscopie en contraste de phase.

Pour l'observation des tissus colorés, on choisit plutôt un milieu de montage dont l'indice de réfraction est le plus près possible de celui du verre, soit autour de 1,514; cette caractéristique maximise la transparence du tissu, ce qui aura pour effet d'augmenter à la fois la brillance des colorants et la résolution optique du tissu.

Les milieux de montage sont des composés naturels ou synthétiques qui servent à la confection de montages temporaires ou permanents. Ce sont généralement des produits chimiquement inactifs dont l'indice de réfraction se situe autour de 1,50, donc très près de celui du verre. On classe les milieux de montage en deux catégories, selon le solvant employé : milieux aqueux et milieux résineux.

9.1 QUALITÉS D'UN MILIEU DE MONTAGE

Plusieurs qualités distinguent un bon milieu de montage. Il doit d'abord bien sceller, rapidement et de façon durable, la lamelle à la lame. Il doit également être chimiquement neutre, car s'il est acide, il atténue les colorations basiques et, s'il est basique, il atténue alors les colorations acides. Il doit aussi être parfaitement transparent et dépourvu de toute teinte. S'il s'agit d'un milieu résineux, il doit être miscible avec le toluène ou le xylène. Il doit s'étendre sans déformer ou plisser les coupes et se solidifier sans faire de granulations ou de sillons. Enfin, il ne doit pas s'altérer en vieillissant ni posséder un indice de réfraction élevé. Lorsque l'indice de réfraction est donné sur l'emballage, il s'agit, sauf indication contraire, de celui du produit sec, après l'évaporation du solvant.

9.2 CLASSIFICATION

La classification des milieux de montage se fait non pas en fonction de son caractère naturel ou synthétique, mais en fonction de son solvant, selon qu'il est résineux ou aqueux.

9.2.1 MILIEUX RÉSINEUX (CONSIDÉRÉS COMME PERMANENTS)

Les milieux résineux sont constitués de résines naturelles ou synthétiques (de nos jours, on utilise presque exclusivement ces dernières), en solution dans un solvant aromatique, comme le xylène ou le toluène. Le solvant doit s'évaporer assez rapidement pour que la résine durcisse dans un délai convenable; en revanche, une évaporation trop rapide se traduirait par un séchage prématuré de la résine. Non miscibles avec l'eau, ces milieux de montage sont miscibles avec les graisses à cause du solvant employé, le toluol ou le xylol. De plus, les solvants peuvent dissoudre certains colorants. Enfin, la toxicité des solvants constitue un inconvénient important.

9.2.1.1 Milieux résineux naturels

9.2.1.1.1 *Baume du Canada*

Extrait de l'écorce du sapin à baumier, qui croît dans l'est du Canada (*Abies Balsemea*), le baume du Canada fut, jusqu'en 1939-1940, le milieu de montage le plus utilisé. Transparent, presque incolore en couche mince, il adhère solidement au verre sans former de granulations. Il est partiellement soluble dans l'alcool, mais parfaitement soluble dans le toluol et le xylol. Son indice de réfraction est de 1,524 lorsqu'il est en solution dans le xylol et de 1,535 après l'évaporation du solvant. Malgré tous ces avantages, il jaunit en vieillissant et devient lentement acide. Cette acidité entraîne, sur une coupe colorée, une disparition progressive de nombreux colorants, dont le bleu de Prusse. Il est vendu en solution, soit dans le toluol, soit dans le xylol, à une concentration de 60 % p/p.

9.2.1.1.2 *Huile de cèdre*

L'huile de cèdre ne conserve pas les colorations synthétiques cationiques. De plus, elle prend plusieurs semaines à sécher. Son indice de réfraction est de 1,50. On ne l'utilise pratiquement plus comme milieu de montage.

9.2.1.1.3 *Autres produits naturels*

Il existe d'autres résines naturelles, comme le baume d'Orégon, le dammar, la rosine, dont l'indice de réfraction varie de 1,50 à 1,54. Ces produits sont cependant peu utilisés.

9.2.1.2 Milieux résineux synthétiques

Les milieux résineux synthétiques sont des résines neutres qui peuvent décolorer les teintes du bleu de Prusse par réduction du fer. Les plastifiants ajoutés à ces produits, afin de réduire leur tendance à faire des bulles, peuvent cependant retarder le séchage. Voici quelques exemples de milieux résineux synthétiques. Ils ne contiennent aucun acide ni aucun agent réducteur et ne sont pas fluorescents.

9.2.1.2.1 *HSR* (Harleco synthetic resine)

Le HSR est vendu dans du toluol ou du xylol, à une concentration de 60 % p/p. Il est excellent, peu importe si le tissu a été soumis à une coloration de routine ou spéciale. Il sèche en 1 heure et durcit en 24 heures. Son indice de réfraction est de 1,53.

9.2.1.2.2 *Permount*

Le Permount est vendu uniquement dans du toluol à 60 % p/p. Il ne colore pas les tissus, mais il jaunit avec le temps. Il est chimiquement neutre. Plus visqueux, il s'étale plus difficilement que d'autres. Son indice de réfraction est de 1,51. Il conserve bien les colorations argentiques (voir la section 10.13.1), comme le Warthin Starry, pour la mise en évidence des spirochètes (voir chapitre 19), alors que les autres milieux de montage ont tendance à faire pâlir légèrement la coloration des spirochètes.

9.2.1.2.3 *Eukitt*

L'Eukitt est offert en solution diluée, soit dans le toluol, soit dans le xylol, à une concentration de 60 % p/p. Incolore et neutre, il résiste à la chaleur, au froid et à la lumière. C'est le produit le plus utilisé pour les montages de routine, car il présente à lui seul toutes les qualités que doit posséder un bon milieu de montage. Il possède un indice de réfraction de 1,50. De plus, ce produit peut être utilisé pour le montage de tissus soumis à des colorations fluorescentes.

9.2.1.2.4 *Autres produits synthétiques*

Voici une brève liste de milieux de montage de moindre importance pouvant être utilisés en laboratoire :

- Euparal. Indice de réfraction : 1,483; produit soluble dans le xylol;
- Clarite. Indice de réfraction : 1,54; résine naphtalénique soluble dans le xylol;
- Caedax. Indice de réfraction : 1,67; produit soluble dans le xylol;
- Technicon. Indice de réfraction : 1,62; produit soluble dans le toluol;
- DPX. Indice de réfraction : 1,52; il s'agit du distrène-polystyrène-xylène, donc soluble dans le xylène; milieu de montage à base de plastique.

9.2.2 MILIEUX AQUEUX (MONTAGE TEMPORAIRE)

Pour certaines préparations, il n'est pas possible d'utiliser des résines permanentes, car celles-ci contiennent soit du xylène, soit du toluène, qui affecterait la coloration essentielle. C'est ce qui se produit avec les graisses et dans le cas des colorations métachromatiques (voir le chapitre 10). On peut cependant monter ces préparations avec des milieux de montage temporaire que l'on appelle également « milieux de montage semi-permanent » dans la mesure où la préparation peut se conserver quelques semaines. En revanche, ces milieux ont un rendement optique faible. Fabriqués à base de gélatine, de sirop ou de gomme arabique, les milieux de montage de ce type sont miscibles avec l'eau, hydrosolubles et donc exposés à la contamination. De plus, il s'y forme souvent des bulles d'air. Enfin, les milieux aqueux présentent un autre désavantage : le montage n'est pas résistant et peut facilement se détacher lors de l'observation microscopique, sauf dans le cas de la gélatine de Kaiser, qui se solidifie et offre une meilleure protection.

À la fin de la coloration, on doit généralement déshydrater la coupe de tissu au moyen d'éthanol et l'éclaircir au moyen de toluol ou de xylol. Ces produits peuvent toutefois altérer certains tissus, en dissolvant soit la substance, soit les colorants. Avec de tels tissus, il est donc préférable d'utiliser des milieux de montage aqueux. Ainsi, dans la technique de mise en évidence des lipides par l'huile rouge O (voir le chapitre 16), on évite d'employer des milieux de montage permanent, car l'alcool et le toluol dissolveraient les graisses et entraîneraient la perte du colorant, de sorte que la coloration deviendrait inadéquate. C'est pourquoi on a recours à un milieu de montage aqueux. Autre exemple : pour la mise en évidence des enzymes (voir le chapitre 21), on se sert de sels de diazonium en présence de pararosaniline. Le substrat enzymatique concerné est pratiquement insoluble dans l'eau, mais il est soluble dans l'éthanol; il faut donc procéder au montage de ces coupes au moyen de milieux aqueux; autrement, on perdrait le substrat générateur de la coloration recherchée. Les milieux de montage aqueux les plus couramment utilisés sont l'eau, la glycérine, le sirop de lévulose ou de fructose, le sirop d'Apathie, la glycérine-gélatine de Kaiser, le milieu de montage de la clinique Mayo, le milieu de Farrant et le milieu de Highman.

9.2.2.1 Eau

L'eau est transparente et sèche rapidement. Elle ne permet pas d'observation en immersion. Son indice de réfraction est faible, il se situe à 1,33.

9.2.2.2 Glycérine (glycérol)

La glycérine conserve très mal les colorations cationiques. Elle peut prendre des mois avant de sécher complètement, de sorte qu'il est nécessaire de « luter » (voir la section 9.7) les bords de la lamelle. Son indice de réfraction est de 1,46. Sa dilution dans l'eau améliore la visibilité des structures; on recommande d'ailleurs de faire le montage à l'eau tiède. Elle se prépare de la façon suivante :

- 70 ml de glycérine
- 10 ml de gélatine
- 60 ml d'eau distillée
- on peut ajouter du thymol ou du phénol comme agent de conservation

Cette solution porte également le nom de « gelée glycérinée ». On peut préparer la gelée plusieurs jours à l'avance et la conserver au réfrigérateur, où elle se solidifie; au moment de l'utiliser, il suffit de la faire chauffer, ce qui la liquéfiera. Enfin, il faut éviter d'agiter la solution, ce qui favoriserait la formation de bulles d'air.

9.2.2.3 Sirop de lévulose ou de fructose

Le sirop de lévulose ou de fructose n'atténue pas les colorations et ne décolore pas les colorations métachromatiques. En dilution à 60 % p/v, il a un indice de réfraction de 1,50; si sa concentration est de 75 %, son indice de réfraction baisse alors à 1,46. Il faut bien « luter » (voir la section 9.7) les bords de la lamelle lorsque l'on utilise ce type de sirop.

9.2.2.4 Sirop d'Apathie ou gomme arabique de Von Apathie

Le sirop d'Apathie est un excellent milieu de montage. Il conserve les colorations nucléaires et la plupart des colorations cytoplasmiques synthétiques. On l'emploie habituellement pour monter les coupes colorées au moyen de colorants fluorescents. Entreposé dans une bouteille bien fermée, il demeure liquide. Durant le montage, son solvant, l'eau, s'évapore et il se solidifie aussi bien que les résines naturelles, de sorte qu'il n'est pas nécessaire de « luter » (voir la section 9.7) la lamelle et la lame. Son indice de réfraction peut varier de 1,41 à 1,52. Il se prépare de la façon suivante :

- 50 g de gomme arabique
- 50 g de sucre de canne
- dans 100 ml d'eau distillée
- on peut ajouter 50 mg de thymol (comme agent de conservation)

À ce mélange, on peut ajouter 50 g d'acétate de potassium, ce qui rendra le milieu de montage cationique et favorisera la stabilité des colorants métachromatiques (voir section 10.10.3).

9.2.2.5 Glycérine-gélatine de Kaiser

Ce mélange contient :

- de la gélatine pure
- de la glycérine
- de l'eau distillée
- du merthiolate de sodium (ou du crésol ou du phénol, comme agent de conservation)

L'utilisation du merthiolate de sodium fait perdre son acidité à la solution. La glycérine-gélatine de Kaiser donne de bons résultats et le montage peut durer des années si la lamelle est bien scellée sur la lame. Elle atténue légèrement l'hématoxyline aluminique, sans toutefois la détruire. C'est l'un des milieux de montage les plus utilisés pour les coupes de tissus contenant des graisses. Ce milieu étant solide à la température de la pièce, on doit donc le réchauffer légèrement avant de l'utiliser. Il possède un indice de réfraction qui varie de 1,40 à 1,47 selon la quantité d'eau distillée qu'il contient. En théorie, on convient que son indice de réfraction est de 1,47.

9.2.2.6 Milieu de montage de la clinique Mayo

Le milieu de montage de la clinique Mayo est très utile dans le cas des coupes congelées. Il contient :

- du glucose
- de la glycérine
- de l'eau distillée
- de l'essence de camphre (comme agent de conservation)

La solution est légèrement hygroscopique, c'est-à-dire qu'elle absorbe l'humidité de l'air, ce qui empêche le dessèchement rapide des coupes montées.

9.2.2.7 Milieu de Farrant

Le milieu de montage de Farrant n'est pas aussi bon que le sirop d'Apathie. Son indice de réfraction se situe autour de 1,436. Il demeure liquide durant l'entreposage. Ce milieu contient :

- de la gomme arabique
- de la glycérine
- de l'eau distillée
- du merthiolate de sodium (comme agent de conservation)

On peut remplacer le merthiolate de sodium par du tripode d'arsenic; cependant, la solution devient alors potentiellement toxique.

9.2.2.8 Milieu de Highman

Le milieu de montage de Highman est recommandé pour les coupes soumises à des colorations métachromatiques et particulièrement pour celles colorées au violet de méthyle. Ce mélange demeure liquide durant l'entreposage. Il se compose de :

- gomme arabique
- sucrose
- acétate de potassium
- merthiolate de sodium
- eau distillée

9.2.2.9 Autres produits aqueux

Il existe d'autres milieux de montage aqueux comme le Clearcal, le Viscal et l'Abopon, mais ils sont très peu utilisés.

9.2.3 MILIEUX AQUEUX (MONTAGE PERMANENT)

Les milieux aqueux de montage permanent sont des produits industriels dont la recette est jalousement gardée. Ils sont peu nombreux et l'un des plus utilisés est le Crystal mount. Il a été introduit dans les techniques histologiques tout particulièrement pour la mise en évidence de réactions immunohistochimiques à la peroxydase et à la phosphatase alcaline (voir le chapitre 23) et ce, malgré le fait que l'on peut se servir de l'Eukitt utilisé de façon quotidienne dans les laboratoires, pour monter de façon permanente les coupes traitées à la peroxydase. Le Crystal mount conserve les coupes durant de longues périodes de temps. Ce milieu de montage présente divers avantages : il est permanent, peu coûteux, ne contient aucun solvant toxique et permet l'économie des lamelles. Bref, il constitue un milieu de montage universel. Pour obtenir les meilleurs résultats, on recommande de procéder de la façon suivante :

- mettre la lame portant la coupe sur une surface plane et déposer 3 ou 4 gouttes de Crystal Mount sur le tissu;
- remuer délicatement la lame de façon que le Crystal Mount couvre tout le tissu (ne pas recouvrir d'une lamelle);
- poser les lames sur une plaque chauffante à une température de 70° à 80 °C pendant 10 minutes ou à une température de 20° à 37 °C pendant 2 à 3 heures.

On peut, au besoin, retirer le Crystal Mount solidifié par simple rinçage dans l'eau distillée, en remuant délicatement la lame. Mais on peut aussi procéder à un postmontage dans le Permount. Le Crystal Mount est excellent pour les lames traitées selon les procédés d'immunofluorescence.

9.3 TECHNIQUE DE MONTAGE

Tous les milieux de montage permanent sont solubles dans le toluol ou dans le xylol. Il faut donc déshydrater les tissus colorés dans de l'éthanol à 100 %, puis les éclaircir dans le toluol ou le xylol, selon le solvant de la résine employée. Quant aux tissus que l'on ne peut déshydrater, on peut les laisser sécher à l'air libre et, lorsqu'ils sont bien secs, monter les coupes au moyen d'un milieu de montage à base de toluène. Puis on étend un filet de résine sur le bas de la lame, sous la coupe de tissu.

Voici comment procéder. Déposer la lamelle, préalablement trempée dans le solvant du milieu de montage, sur le filet de résine, selon un angle variant de 45 à 90°, puis la laisser descendre délicatement sur le tissu en évitant la formation de bulles d'air jusqu'à ce que toute la surface de la lamelle soit bien en contact avec la lame. La résine, par capillarité, s'étendra facilement entre la lamelle et la lame. On ne devrait jamais essuyer une lame correctement et fraîchement montée, mais plutôt la laisser sécher sur une plaque chauffante pendant quelques minutes.

Il est également important de choisir une lamelle de verre assez grande pour recouvrir entièrement le tissu coloré. Les lamelles se présentent sous trois formes : carrée, rectangulaire et ronde.

L'épaisseur des lamelles est indiquée sur la boîte selon la codification suivante :

- le code 00 correspond à une épaisseur de 65 à 85 µm;
- le code 0 correspond à une épaisseur de 85 à 130 µm ;
- le code 1 correspond à une épaisseur de 130 à 160 µm.

Il arrive parfois qu'une sorte de buée blanche se forme sur la lame lorsqu'on immerge celle-ci dans le premier bain de xylol ou de toluol. Ce phénomène s'explique par une mauvaise déshydratation, soit parce que la durée de la déshydratation était insuffisante, soit parce le dernier bain d'éthanol à 100 % contenait des traces d'eau. Si cette anomalie est due à une déshydratation trop brève, on doit remettre la lame dans le dernier bain d'éthanol à 100 %, puis poursuivre l'éclaircissement dans un nouveau bain de toluol ou de xylol. Par contre, si le phénomène est causé par un bain d'éthanol à 100 % contaminé par des traces d'eau, il faut absolument remplacer le liquide par de l'éthanol pur, de même que le contenu du premier bain d'agent éclaircissant.

Une coupe bien montée devrait être propre, sans bulle et sans excès de colle. Une lame risque d'être malpropre s'il y a une trop grande quantité de milieu de montage ou si le milieu de montage est trop épais. On peut corriger ce problème en ajoutant un peu de diluant à la solution de montage, en très petite quantité, car il faut éviter que le milieu devienne trop liquide, ce qui nuirait au montage.

9.4 CHOIX D'UN MILIEU DE MONTAGE

Lorsque l'on précède au montage d'une coupe, il faut prendre certaines précautions, dont les suivantes :

- s'assurer que l'indice de réfraction du milieu de montage est voisin de celui du verre;
- s'assurer que le milieu de montage choisi est miscible soit avec le xylène, soit avec le toluène, dans le cas des milieux de montage permanent, ou encore avec l'eau s'il s'agit d'un milieu de montage temporaire;
- s'assurer que le milieu s'étend bien sans faire de pli ni déformer les coupes;
- s'assurer que le milieu de montage se solidifie sans former de granules ou de sillons et qu'il possède toutes les qualités d'un bon milieu de montage.

9.5 QUALITÉS D'UN MILIEU DE MONTAGE

On exige beaucoup de qualités d'un milieu de montage idéal. D'abord, il doit être libre de toute bulle d'air, sa consistance doit être assez liquide, son indice de réfraction doit être voisin de celui du verre, il ne doit pas entraîner la dissolution du colorant, il ne doit pas se fendiller ou devenir granuleux en se solidifiant, il doit sécher sans devenir collant et il doit durcir assez rapidement.

9.6 ENTREPOSAGE DES LAMES

Avant d'entreposer les lames, il faut bien s'assurer qu'elles sont tout à fait sèches : il faut prévoir quelques semaines avant de songer à ranger les lames dans des classeurs. De plus, les lames doivent être entreposées dans un endroit obscur, sans humidité et sans excès de chaleur. Toute lumière peut provoquer la décoloration des coupes ou l'atténuation des couleurs.

9.7 LUTAGE DES LAMELLES

On peut protéger et rendre plus durable le montage des tissus contenant des graisses, des réactions métachromatiques ou certaines réactions histochimiques en scellant les ouvertures entre les bords de la lamelle et la lame avec l'un des agents suivants : gélatine glycérinée, sirop d'Apathie, paraffine solide, vernis à ongles translucide, peinture, vernis ou tout autre scellant ménager non coloré. C'est ce que l'on appelle « luter » les lamelles.

THÉORIE DE LA COLORATION

INTRODUCTION

Si l'on examine au microscope des coupes de tissus non colorées, on ne peut observer que très peu de détails structurels autres que le contour des cellules et des noyaux. En revanche, la coloration des coupes de tissus permet de mettre en évidence et d'étudier les caractères physicochimiques des constituants tissulaires et cellulaires ainsi que les rapports qui existent entre eux. En effet, ces constituants, comme les protéines, les glucides et les lipides, seuls ou associés, possèdent des structures chimiques organiques tridimensionnelles comprenant des groupes chimiques divers en superficie, en profondeur ou masqués, et présentent des affinités tinctoriales spécifiques. En résumé, le phénomène de la coloration est un processus qui a pour but de mettre en évidence les différents éléments des tissus et de les différencier entre eux afin de pouvoir plus facilement étudier leur structure et leur morphologie, ainsi que les déformations et les modifications qu'ils subissent lors d'affections histopathologiques. La nature même du tissu à étudier détermine le colorant à utiliser. Avant d'analyser les colorants plus en détail, il convient de revoir brièvement les relations qui existent entre la lumière, la couleur et la longueur d'onde.

La lumière blanche est le résultat du mélange de plusieurs rayonnements de longueurs d'onde différentes. La valeur des longueurs d'onde qui composent la lumière est extrêmement variable; l'ensemble de ces rayonnements constitue ce qu'on appelle le « spectre lumineux ». Ce spectre peut être décomposé en un certain nombre d'intervalles, à l'intérieur desquels toutes les longueurs d'onde de lumière ont des caractéristiques communes. Ainsi, tous les rayonnements dont la longueur d'onde se situe entre 30 et 400 nm sont qualifiés d'ultraviolets; la partie du spectre comprise entre des longueurs d'onde de 400 à 800 nm est dite visible, puisque l'œil humain est capable de discerner tous ces rayonnements; enfin, la lumière infrarouge est celle dont la longueur d'onde varie de 800 nm à 0,3 mm. Les rayons infrarouges, tout comme les ultraviolets, sont invisibles à l'œil humain.

La partie visible du spectre lumineux peut elle-même être divisée en intervalles à l'intérieur desquels les longueurs d'onde ont une caractéristique commune : leur couleur. Ainsi, les couleurs spectrales sont, par ordre croissant de longueurs d'onde : le violet, le bleu, le vert, le jaune, l'orangé et le rouge.

Par contre, quand une lumière blanche traverse un filtre qui absorbe spécifiquement une des couleurs du spectre visible, le rayonnement à la sortie du filtre présente une seconde couleur, complémentaire de celle absorbée (voir le tableau 10.1). Le phénomène ne s'applique évidemment qu'à la lumière visible ; en effet, même si une substance absorbe une longueur d'onde de lumière ultraviolette ou infrarouge, le changement ne sera pas perceptible, puisque l'œil ne distingue pas les couleurs en dehors du spectre visible.

La couleur d'une substance est donc fonction de la gamme de longueurs d'onde lumineuses qu'elle absorbe. Il découle de cette observation que toute modification permettant de changer les caractéristiques d'absorption lumineuse d'une molécule produit un changement de sa couleur. Lorsqu'un composé A absorbe de façon maximale la lumière de longueur d'onde X nm, il subit une altération des niveaux d'énergie des électrons qui modifie ses propriétés d'absorption lumineuse. Ce changement peut se traduire de deux manières. On peut, d'une part, obtenir la substance A', dont la longueur d'onde maximale d'absorption est inférieure à X nm; on dit alors que le composé A a subi un effet « hypsochrome ». On peut d'autre part obtenir la substance A", dont la longueur d'onde maximale d'absorption est supérieure à X nm; ici, la modification de A prend le nom d'effet « bathochrome ».

10.1 STRUCTURE GÉNÉRALE D'UNE MOLÉCULE COLORANTE

Les premiers colorants que l'on a utilisés étaient des substances naturelles extraites de plantes ou d'animaux, et leur degré de pureté était plutôt faible. Peu à peu, on a raffiné les matières colorantes jusqu'à pouvoir isoler et identifier les principes actifs des colorants eux-mêmes.

Pendant longtemps, la matière à partir de laquelle on synthétisait les colorants a été l'aniline, d'où l'appellation « colorants de l'aniline » dont on s'est amplement servi pour décrire les colorants de synthèse par opposition aux colorants naturels. Aujourd'hui, ce terme n'est plus approprié, puisque plusieurs colorants de synthèse sont obtenus à partir de substances autres que l'aniline. Ces autres substances ont comme caractéristique commune de provenir du goudron de houille, ce qui a porté les auteurs à remplacer l'expression « colorant de l'aniline » par celle de « colorants du goudron de houille ». Ce sont des composés organiques de la série aromatique. Dans le présent ouvrage, l'appellation « colorants synthétiques » sera utilisée.

À mesure que les chimistes apprirent à synthétiser les colorants naturels, ils comprirent de mieux en mieux les relations qui existaient entre la structure chimique de ces colorants et leur comportement; ils en arrivèrent même à en synthétiser de nouveaux qui n'existaient pas dans la nature, ce qui a rapidement

Tableau 10.1 LES COULEURS COMPLÉMENTAIRES ASSOCIÉES À L'ABSORPTION SPÉCIFIQUE EN FONCTION DES LONGUEURS D'ONDE.

Couleur absorbée	Longueur d'onde absorbée (nm)	Couleur complémentaire
Violet	400 à 430	Vert-jaune
Bleu	430 à 490	Jaune
Bleu-vert	490 à 510	Orangé
Vert	510 à 570	Rouge Pourpre (rouge violacé)
Jaune	570 à 600	Violet Bleu
Orangé	600 à 620	Bleu-vert
Rouge	620 à 750	Bleu-vert

entraîné un déséquilibre entre le groupe des colorants naturels encore en usage et celui des colorants synthétiques. On se rendit compte que le mécanisme de coloration des colorants synthétiques était beaucoup plus facile à contrôler que celui des colorants naturels.

La formation d'un colorant synthétique nécessite à la base une molécule aromatique possédant une propriété de résonance. Il faut ensuite que cette molécule, par l'ajout d'un ou de plusieurs chromophores, acquière la capacité d'absorber la lumière visible (voir la section 10.1.2). Cette molécule colorée doit également posséder la capacité de se fixer à une structure tissulaire par la formation de liens sel ou de liens hydrogène, ou encore, par une réaction d'addition organique. En un mot, elle a une capacité de dissociation électrolytique, laquelle lui est donnée par l'addition d'un auxochrome (voir la section 10.1.3). La signification de chacun de ces attributs est abordée dans les pages qui suivent.

10.1.1 RÉSONANCE

Les chimistes ont séparé les composés organiques en deux classes : les composés aliphatiques (à chaîne ouverte) et les composés aromatiques (à chaîne fermée). Puisque les composés aliphatiques n'ont que très peu d'intérêt pour l'histotechnologie, il ne sera question dans ces pages que des composés aromatiques. Ils comprennent entre autres le benzène et ses dérivés ainsi que les composés qui leur ressemblent. Ce sont en général des molécules cycliques dont une des propriétés est la résonance. L'aniline, qui a longtemps donné son nom aux colorants synthétiques, est une molécule dérivée du benzène.

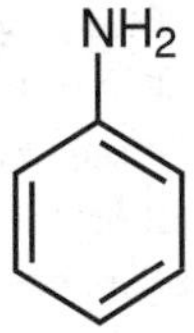

NH_2

Figure 10.1 : *Représentation schématique de la molécule d'aniline.*

Un second dérivé du benzène prendra de l'importance dans le présent chapitre : il s'agit de la quinone, qui existe sous deux formes : la forme ortho (O-quinone) et la forme para (P-quinone).

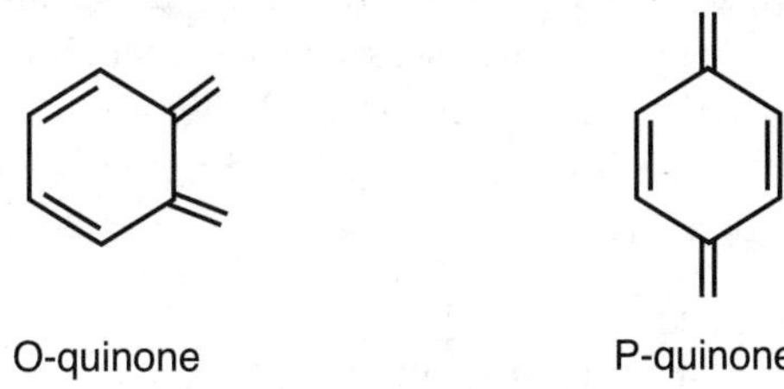

Figure 10.2 : *Représentation schématique de l'ortho-quinone et de la para-quinone.*

Ces molécules jouent un rôle important dans la classification des colorants. Les atomes substituants, comme N, O, etc. peuvent être semblables ou différents sans que cela influe sur l'importance de l'arrangement. Le seul critère indispensable est que les deux atomes en jeu dans la substitution aient une valence double.

Pour illustrer la résonance, nous utiliserons le benzène. Cette molécule comporte six carbones et trois liaisons doubles alternées.

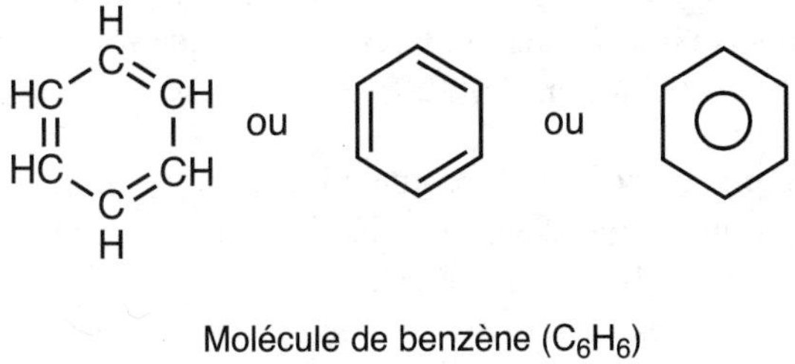

Molécule de benzène (C_6H_6)

Figure 10.3 : *Différentes représentations schématiques d'une molécule de benzène.*

La résonance est le phénomène produit par le fait que les électrons rattachés au benzène peuvent voyager d'un atome à un autre selon un système conjugué, ce qui a pour effet de changer la position des liens atomiques désignés comme étant doubles ou simples. Les doubles liens alternent continuellement avec les liens simples pour former ce qu'on appelle un système conjugué.

L'énergie produite par la résonance, l'énergie des électrons qui se « délocalisent », provoque des vibrations électromagnétiques se situant entre 400 et 750 nm et correspondant au spectre de la lumière visible. Ce phénomène est associé aux composés aromatiques, dont le plus connu est le benzène, produit incolore à partir duquel on peut fabriquer des colorants synthétiques.

10.1.2 CHROMOPHORES

Le terme chromophore provient des racines grecques « *chrôma* », qui signifie couleur, et « *phoros* », porteur. Par conséquent, on définit un chromophore comme étant un groupement chimique fonctionnel et non saturé de deux ou trois atomes qui indique, dans une molécule organique, sa tendance à la coloration. Dans toutes les molécules colorées utilisées en histotechnologie, on retrouve un, deux ou trois chromophores, parfois même davantage.

Les principaux groupements fonctionnels de deux ou trois atomes utilisés comme chromophores sont les groupes nitré (NO_2), les groupes nitroso (N=O), les groupes azo (N=N), les groupes cyaniques (N=C), les thiazoles (C=S), les carbonyles (C=O) et l'éthylène (C=C). Les chromophores sont donc des arrangements de ces différents liens atomiques. Les chromophores non saturés sont des groupes que l'on peut qualifier « d'accepteurs d'électrons ».

La quinone, considérée comme un chromophore, est en fait une molécule particulièrement riche en chromophores : elle comprend deux fois le groupe C=C et deux groupes C=O. Très colorée, la quinone est à la base de la coloration de très nombreux colorants (voir la figure 10.2).

La présence de chromophores dans une molécule indique sa tendance à la coloration; plus ils sont nombreux, plus la couleur de la molécule sera prononcée. On ne sait pas exactement pourquoi les molécules contenant des chromophores absorbent certaines longueurs d'onde de la lumière, mais cela est sûrement relié au caractère non saturé de la molécule. En effet, plus la molécule est insaturée, plus la longueur d'onde absorbée est grande. La couleur du composé passe alors progressivement du jaune (longueur d'onde absorbée : 570-600 nm) au rouge (longueur d'onde absorbée : 620-750 nm). On dit que la molécule subit un effet « bathochrome ». Il arrive également que la molécule colorée en jaune passe au bleu (longueur d'onde absorbée : 430-490 nm). Dans ce cas, un effet hypsochrome se produit (voir tableau 10.1). Le chromophore confère la propriété de couleur, mais pas celle de colorant.

Il est intéressant de noter que les trois principaux chromophores utilisés pour la coloration des tissus sont la quinone, l'azo et le nitré. Dans le cas de la quinone, les variations de couleur sont causées par d'autres groupes chromogéniques, qui, attachés à l'anneau quinone, deviendront des groupes chromophores ou des groupes accentuateurs. Les colorants de type nitré se caractérisent par la présence du chromophore NO_2 et les colorants de type azo par la présence du chromophore N=N relié aux noyaux benzène ou naphtalène. Le chromophore azo peut être présent plusieurs fois dans une molécule : ainsi, il existe des colorants monoazoïques, c'est-à-dire ne possédant qu'un seul chromophore azo, d'autres de type diazo, où le chromophore est présent deux fois dans la molécule colorante, d'autres encore de type triazo contenant trois groupes azo.

10.1.3 AUXOCHROMES

Les groupements auxochromes, ionisables, sont qualifiés de « donneurs d'électrons ». Un auxochrome est un radical ionisant attaché à la partie du colorant possédant le chromophore. Il est capable de s'ioniser lorsqu'il est en solution aqueuse ou alcoolique. Si, une fois ionisée, la partie de l'auxochrome qui reste attachée à la molécule de colorant est chargée négativement, on dit que le colorant est anionique ou acide. Par contre, si cette partie est chargée positivement, on parle de colorant cationique ou basique. Certaines molécules colorantes, une fois ionisées, possèdent à la fois des auxochromes anioniques et cationiques. Dans ce cas, on parle de colorants « amphotères ».

La plupart du temps, l'auxochrome détermine le caractère ionique de la molécule colorante : soit anionique, soit cationique.

10.1.3.1 Auxochromes basiques

Le principal auxochrome basique est la fonction amine ($-NH_2$). Cet auxochrome devient cationique en solution grâce à la capacité qu'a son atome d'azote de devenir pentavalent à la suite de l'addition d'une molécule d'eau (voir la figure 10.4).

Les colorants cationiques sont vendus sous forme de sels de chlore, de sulfate ou d'acétate.

10.1.3.2 Auxochromes acides

Les principaux auxochromes acides sont la fonction carboxyle (ou carboxylique), la fonction hydroxyle (ou hydroxylique) et la fonction sulfonyle (ou sulfonique). La fonction carboxyle peut s'ioniser de la façon suivante :

$$R—COOH \rightarrow R—COO^- + H^+$$

On trouve habituellement les colorants carboxylés sous forme de sels de sodium, mais le résultat de la réaction est quand même similaire :

$$R—COONa \rightarrow R—COO^- + Na^+$$

Le carboxyle est l'auxochrome acide le plus fort et celui que l'on retrouve le plus souvent dans les colorants. La fonction hydroxyle est plus faible que la fonction carboxyle et se retrouve surtout sous forme de sel de sodium :

$$R—ONa \rightarrow R—O^- + Na^+$$

Le dernier auxochrome acide à signaler est la fonction sulfonique ($—SO_3H$), qui s'ionise de la façon suivante :

$$R—SO_3Na \rightarrow R—S0_3^- + Na^+$$

Cette fonction, même si elle est très acide, n'est que très faiblement auxochromique. En fait, elle joue essentiellement deux rôles. En premier lieu, elle permet de transformer un colorant cationique en colorant anionique. L'exemple classique est la fuchsine basique qui, après l'addition de fonctions sulfoniques, devient fuchsine acide; la fuchsine acide garde cependant son auxochrome cationique, ce qui en fait un colorant essentiellement amphotère, même s'il contient plus d'auxochromes anioniques que cationiques. Le mécanisme de cette transformation est inconnu. Il s'agit fort probablement d'interactions entre les auxochromes basiques amines ($-NH_2$) et la fonction sulfonique. Deuxièmement, la fonction sulfonique sert à accroître la solubilité des colorants dans l'eau grâce au pouvoir de dissociation électrolytique qu'elle confère aux molécules où elle se retrouve.

Les colorants anioniques sont vendus sous forme de sels de sodium, de potassium, de calcium ou d'ammonium.

10.1.3.3 Groupements modificateurs

Il est très difficile de prévoir la couleur d'une substance à partir de sa molécule. En effet, un chromophore donné peut produire n'importe quelle couleur selon la composition de la molécule où il se trouve, et aucune règle absolue n'a encore pu être établie.

Il est cependant possible d'affirmer que toute modification du système de résonance d'une molécule est susceptible de changer sa couleur. De nombreux facteurs peuvent influer sur le système de résonance des molécules colorées. On peut citer, par exemple, le *p*H de la solution colorante, la longueur de la chaîne de doubles liens alternés comme lorsque les molécules

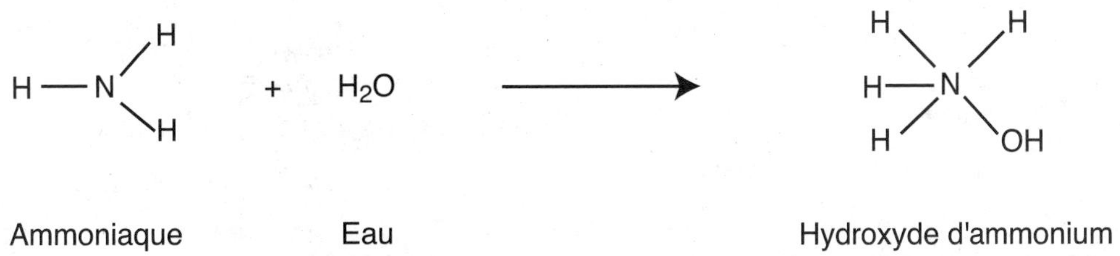

$$NH_3 + H_2O \longrightarrow NH_4OH$$

Ammoniaque — Eau — Hydroxyde d'ammonium

Figure 10.4 : *Représentation schématique démontrant que l'azote (N) peut devenir pentavalent par suite de l'addition d'une molécule d'eau.*

colorées subissent une polymérisation, la concentration des molécules colorées dans la solution, qui peut conduire à une polymérisation de ces molécules, et la présence de groupes modificateurs du système de résonance proprement dit, ou radicaux organiques, qui remplacent les atomes d'hydrogène de la molécule. Ces groupes modificateurs sont des groupes chimiques terminaux retrouvés dans les colorants et qui altèrent la couleur ou l'intensité de ces colorants.

Les plus connus de ces groupes modificateurs sont les radicaux méthyle ($-CH_3$), éthyle ($-CH_2CH_3$) et phényle ($-C_6H_5$). La principale caractéristique de ces modificateurs étant qu'ils « modifient » la couleur, on les appellera intensificateurs ou accentuateurs. Leur action est relativement bien connue et ils sont utilisés depuis assez longtemps en chimie des colorants.

En général, plus le nombre d'atomes d'hydrogène de la molécule originale d'hydrocarbure remplacés par des groupes modificateurs est important, plus la couleur est prononcée. Les composés les plus simples ont habituellement des teintes jaunes; à mesure que la molécule colorée devient complexe, c'est-à-dire que le nombre d'atomes d'hydrogène remplacés augmente, la molécule passe du jaune au rouge, puis au violet, au bleu et au vert (effet bathochrome). La pararosaniline, qui sert à la préparation du réactif de Schiff, est un triphénylméthane rouge qui comprend une fonction amine attachée à chaque noyau, mais qui ne contient aucun groupe méthyle.

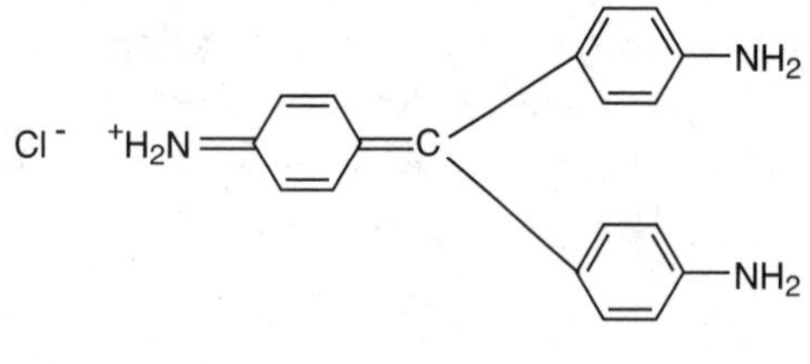

Cl⁻ ⁺H₂N=C₆H₄=C(C₆H₄NH₂)₂

Figure 10.5 : *Pararosaniline.*

Si on ajoute un groupe méthyle à l'un des noyaux benzéniques, on obtient la rosaniline.

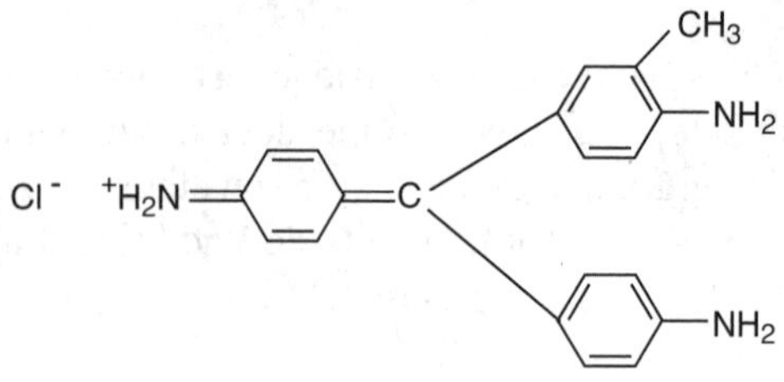

Figure 10.6 : *Rosaniline.*

La rosaniline est également rouge, mais elle a perdu la teinte jaunâtre qui caractérise la pararosaniline. Si on ajoute un groupe méthyle à chacun des deux autres noyaux, chacun de ces groupes rendra le rouge du colorant plus prononcé, de sorte que le composé final, la fuchsine nouvelle (contenant trois groupes méthyle), sera d'un rouge teinté de bleu.

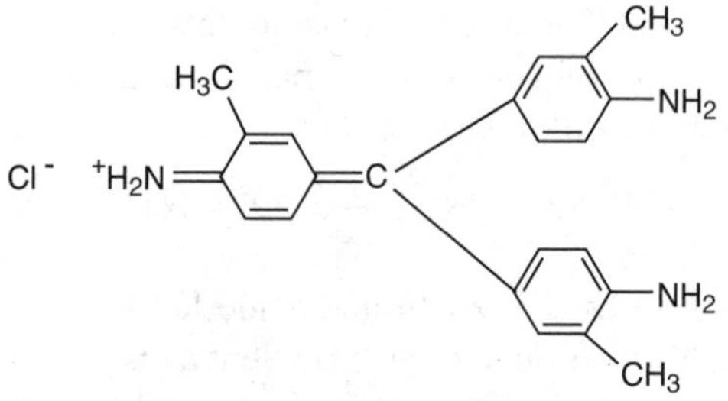

Figure 10.7 : *Fuchsine nouvelle.*

On peut accentuer la couleur de la pararosaniline en introduisant des groupes méthyle dans les fonctions amine, plutôt que directement sur les noyaux. Cela permet de produire les violets de méthyle, dont la couleur violette tend davantage vers le bleu à mesure que le nombre de groupes méthyle augmente. À saturation, la couleur obtenue est le violet de cristal.

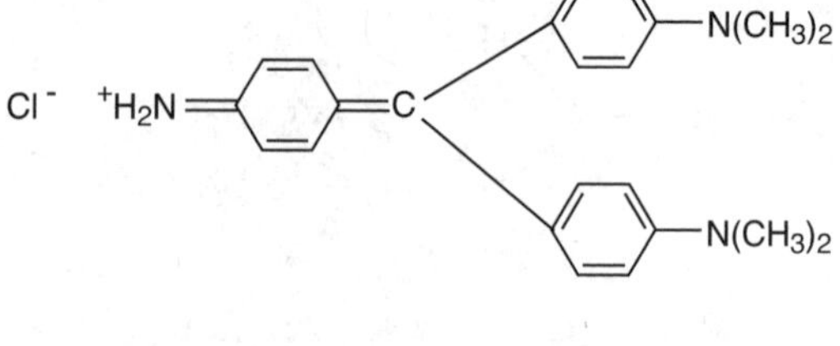

Figure 10.8 : *Tétraméthyl-pararosaniline (composante du violet de méthyle).*

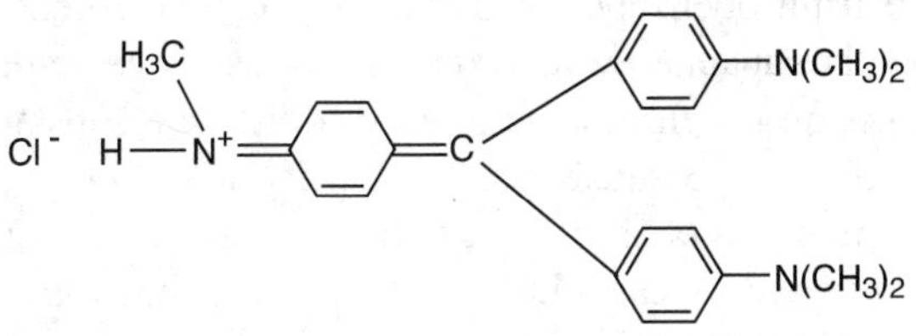

Figure 10.9 : *Pentaméthyl-pararosaniline (autre composante du violet de méthyle).*

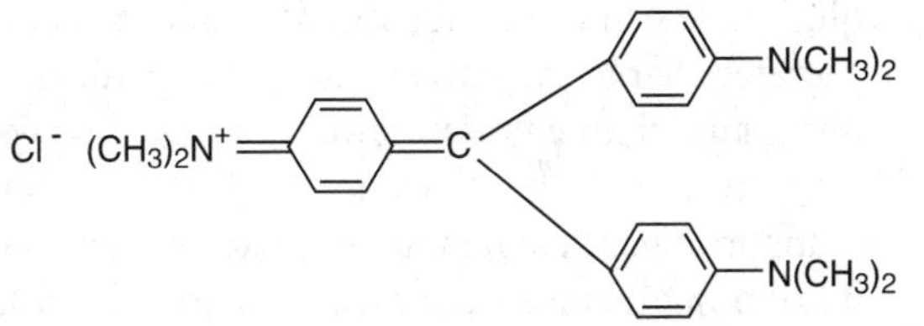

Figure 10.10 : *Héxaméthyl-pararosaniline (violet cristal).*

Si on utilise la rosaniline et qu'on ajoute par substitution un groupe éthyle sur chacun des auxochromes (amine), on obtient le violet de Hofmann, une couleur plus prononcée que celle qu'on aurait obtenue si on avait utilisé trois groupes méthyle.

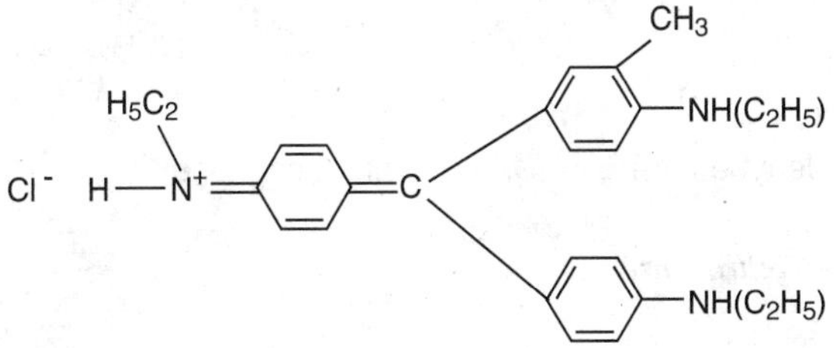

Figure 10.11 : *Violet de Hofmann.*

Si, au lieu des trois groupes méthyle ou des trois groupes éthyle, on place trois groupes phényle sur la pararosaniline, on obtient un produit coloré en bleu, le bleu d'aniline, soluble dans l'alcool.

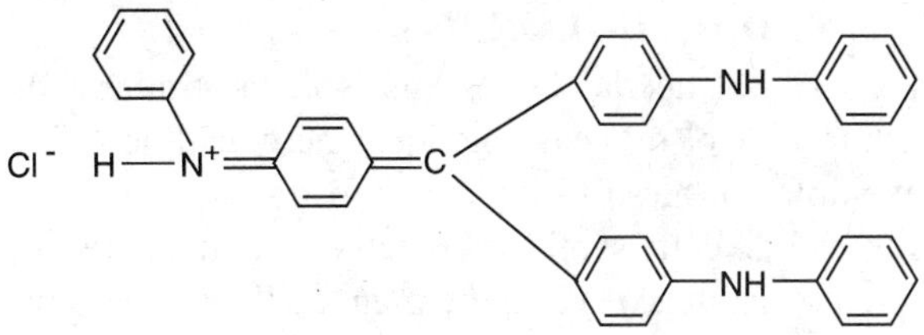

Figure 10.12 : *Bleu d'aniline.*

On peut faire subir une méthylation supplémentaire au violet de cristal en changeant la valence de l'un des azotes trivalents à l'aide d'un halogénure de méthyle (iodure ou chlorure). On obtient alors le vert de méthyle.

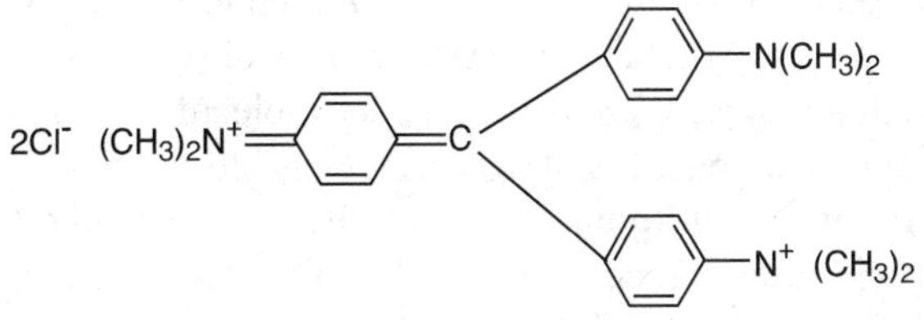

Figure 10.13 : *Vert de méthyle.*

10.1.3.4 Effet du *p*H

À partir de ces exemples, on peut entrevoir les possibilités presque illimitées de modification des colorants déjà existants. En poussant plus loin la démonstration, on s'aperçoit que le *p*H de la solution peut exercer le même genre d'effet sur la couleur. Ainsi, lorsqu'on acidifie une solution de violet cristal, la diminution du *p*H a pour conséquence d'ajouter un proton à l'un des trois groupes diméthylamine de la molécule. Le résultat en est la perte du groupement, ce qui modifie le système de résonance. Le produit obtenu est le vert de malachite.

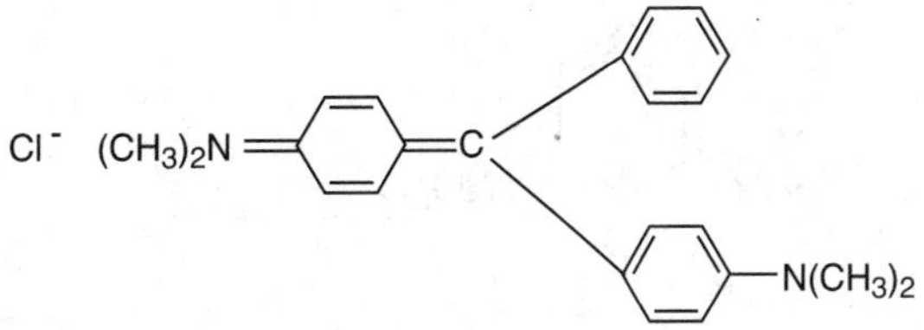

Figure 10.14 : *Vert de malachite.*

10.2 EXEMPLE DE FORMATION D'UN COLORANT

La réaction décrite ci-dessous, soit la synthèse du trinitrophénol ou acide picrique, ne constitue qu'un exemple pour les fins de la démonstration; le processus réel de cette synthèse se déroule de manière différente. De plus, le comportement de l'acide picrique en solution n'est sans doute pas aussi simple. Cependant, telles que décrites, ces réactions constituent un excellent moyen de faire comprendre les notions de chromophore, de chromogène, d'auxochrome, d'effet bathochrome (voir l'introduction et la section 10.1.2) et de colorant.

Comme exemple de formation d'un colorant, on peut prendre au départ une molécule de benzène, molécule incolore. L'addition de trois chromophores de type nitré ($-NO_2$), soumet cette molécule à un effet bathochrome, c'est-à-dire que la molécule, auparavant incolore, devient colorée et visible à l'œil. Le produit qui en résulte, le trinotrobenzène, absorbe la lumière dans le spectre visible, entre les longueurs d'onde de 400 et 500 nm, et prend une teinte jaune (voir la figure 10.15).

Le trinitrobenzène, bien que coloré, n'a cependant pas la capacité de se fixer aux tissus. À ce stade il n'est qu'un chromogène, c'est-à-dire une substance colorée ne possédant pas la capacité de se lier chimiquement aux structures tissulaires. Pour qu'il acquière cette capacité, il faut lui ajouter une fonction appelée « auxochrome ». L'auxochrome s'ionise en solution et permet à la molécule colorée de se fixer fermement aux tissus grâce à la formation de liens sel. Par exemple, si on ajoute au trinitrobenzène l'auxochrome hydroxyle (–OH), on obtient le trinitrophénol ou acide picrique (voir la figure 10.16).

En solution, le trinitrophénol s'ionise pour former un ion picrate chargé négativement et peut alors se combiner aux éléments tissulaires cationiques (voir la figure 10.17). Cette liaison est assez résistante pour supporter par la suite un lavage normal du tissu, à condition que les ions picrates ainsi formés, solubles dans l'eau, soient insolubilisés par un passage dans l'alcool à 70 %. L'acide picrique, ou trinitrophénol, est maintenant un colorant. La fonction hydroxyle qui lui permet de s'attacher au tissu est auxochrome.

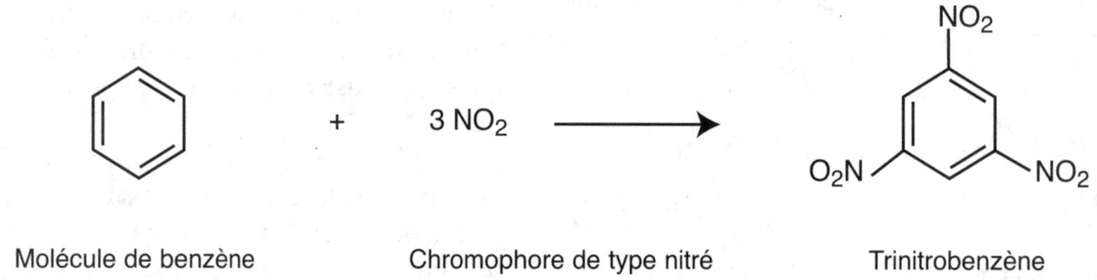

Figure 10.15 : *Représentation schématique de la formation du trinitrobenzène.*

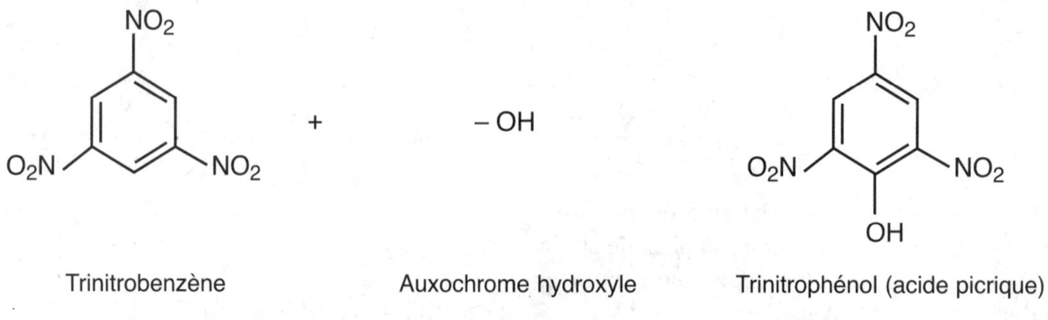

Figure 10.16 : *Représentation schématique de la formation de l'acide picrique à partir du trinitrobenzène.*

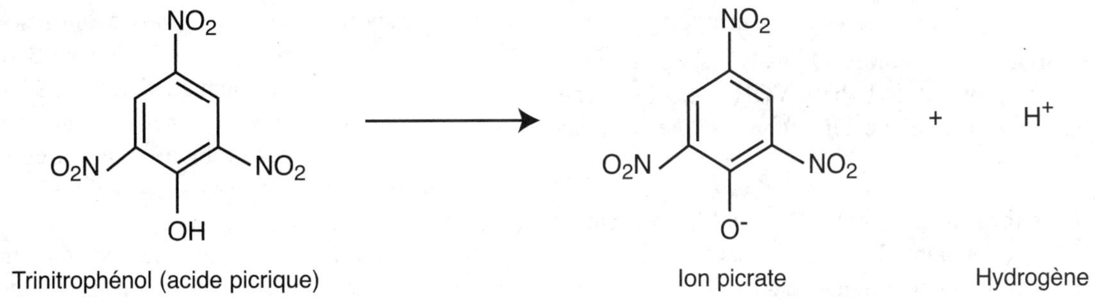

NO2 / O2N / NO2 / OH — Trinitrophénol (acide picrique) → NO2 / O2N / NO2 / O- — Ion picrate + H+ — Hydrogène

Figure 10.17 : *Représentation schématique de l'ionisation du trinitrophénol (acide picrique).*

En résumé, lors de la fabrication d'un colorant, la molécule de base doit avoir la propriété de résonance, c'est-à-dire être un dérivé d'une base organique aromatique, comme le benzène ou un dérivé de la quinone. De plus, la molécule doit renfermer un ou des chromophores, c'est-à-dire des groupements chimiques qui lui donnent le pouvoir d'absorber la lumière visible. Cette molécule doit également posséder une ou plusieurs fonctions auxochromes qui puissent s'ioniser en solution et lui permettre de se fixer au tissu.

10.3 COLORANTS ACIDES, BASIQUES, NEUTRES ET AMPHOTÈRES

La plupart des colorants utilisés en histotechnologie sont des sels formés d'une composante acide ou basique. Les termes « anionique » et « cationique » sont considérés comme adéquats au point de vue chimique, et ils sont préférables aux termes « acide » et « basique ». Lorsque l'on dit d'un colorant qu'il est anionique, cationique ou neutre, on ne fait nullement allusion au *p*H des solutions qui le contiennent. La plupart des colorants se vendent sous forme de sel, l'acide picrique étant l'une des seules exceptions à cette règle. L'exemple qui suit montre comment s'établit le caractère ionique d'un colorant.

10.3.1 COLORANTS ANIONIQUES ET CATIONIQUES

La plupart des colorants sont des sels. La formation du sel de chlorure de sodium (NaCl) permettra de mieux comprendre l'appellation ionique des colorants en général.

La formation d'un sel provient de l'action d'une base sur un acide ou d'un acide sur une base. Dans cet exemple, l'action d'un acide, l'acide chlorhydrique (HCl), sur une base, l'hydroxyde de sodium (NaOH), donnera la formation d'un sel, le chlorure de sodium (NaCl). La réaction chimique est la suivante :

$$\underset{\text{acide}}{HCl} + \underset{\text{base}}{NaOH} \longrightarrow \underset{\text{sel}}{NaCl} + \underset{\text{eau}}{H_2O}$$

En solution aqueuse, le sel (NaCl) se dissocie pour donner :

$$\underset{\text{sel}}{NaCl} \longrightarrow \underset{\text{cation}}{Na^+} + \underset{\text{anion}}{Cl^-}$$

Le cation Na^+ provient de la base NaOH, tandis que l'anion Cl^- provient de l'acide HCl. Le sel NaCl peut être remplacé par un colorant XY. Ce dernier étant un sel, il provient donc de l'action d'un acide sur une base :

$$\underset{\text{acide}}{HX} + \underset{\text{base}}{YOH} \longrightarrow \underset{\text{sel}}{XY} + \underset{\text{eau}}{H_2O}$$

En solution, le sel XY se dissocie pour donner :

$$\underset{\text{sel colorant}}{XY} \longrightarrow \underset{\text{cation}}{Y^+} + \underset{\text{anion}}{X^-}$$

Il est possible à ce point d'émettre trois hypothèses :

- Hypothèse n° 1 : le cation Y^+ est coloré et l'anion X^- est incolore. Or, dans le sel colorant, le cation provient de la base YOH. Ce sel colorant est donc cationique ou encore chargé positivement.

- Hypothèse n° 2 : l'anion X^- est coloré et le cation Y^+ est incolore. Le même raisonnement s'applique. L'anion provient de l'acide HX; le sel colorant ainsi produit est anionique ou encore chargé négativement.

- Hypothèse n° 3 : le cation Y^+ et l'anion X^- sont tous les deux colorés . On parle alors de colorant neutre. Un colorant neutre est un sel dont les parties anionique et cationique sont colorées. Ce type de colorant est habituellement non ionisé et soluble seulement dans l'alcool méthylique ou éthylique. On l'utilise surtout en hématologie pour la différenciation des globules blancs.

10.3.2 COLORANTS NEUTRES

Tel que mentionné ci-dessus, les colorants neutres sont des sels dont les parties anionique et cationique sont colorées. Le premier colorant neutre a été introduit par Ehrlich à la fin du XIXe siècle; il s'agissait d'une combinaison des ions colorés du vert de méthyle (colorant basique) et de l'orange G (colorant acide). Ehrlich croyait que les trois radicaux amine du vert de méthyle étaient ionisables simultanément et se combinaient tous aux anions de l'orange G; c'est pourquoi il a surnommé son colorant neutre « triacide ». Aujourd'hui, on sait que seulement deux radicaux amine du vert de méthyle sont ionisables et, de ce fait, peuvent se lier aux anions de l'orange G. Les colorants neutres sont habituellement insolubles dans l'eau, sauf dans deux circonstances : si nous sommes en présence d'un excès de l'un des colorants (basique ou acide) qui contribuent à leur formation, et si, lors d'une opération de coloration, le colorant est dilué dans une solution tampon; dans ce dernier cas, la solubilité n'est que de courte durée. Les colorants neutres peuvent être solubilisés dans l'alcool méthylique ou éthylique, mais ils ne sont pas ionisés.

Aujourd'hui, les plus utilisés des colorants neutres sont dérivés du colorant de Romanowsky. Ce colorant se prépare avec des solutions contenant des quantités bien connues et bien dosées de ses véritables ingrédients actifs, l'azur A ou l'azur B (ou les deux), l'éosine et le bleu de méthylène. Les noms que l'on donne à ces mélanges viennent justement de leur composition : éosinates de bleu de méthylène, éosinates d'azur et colorants d'azur-éosine.

Il convient de rappeler que le principal domaine d'utilisation des colorants neutres demeure l'hématologie, pour la coloration et la différentiation des globules blancs.

10.3.3 COLORANTS AMPHOTÈRES

Un colorant amphotère – certains auteurs disent « amphophile » – est le résultat d'un équilibre entre les charges anioniques et cationiques au point isoélectrique. En règle générale, une fois dissous, ce type de colorant agira soit comme un acide, c'est-à-dire comme un colorant anionique, soit comme une base, c'est-à-dire comme un colorant cationique, selon le *p*H de la solution. Si ce *p*H est supérieur au point isoélectrique, le colorant se comporte en colorant anionique, avec une charge nette négative, tandis que si le *p*H est inférieur au point isoélectrique, avec une charge nette positive, il agit comme un colorant cationique. En résumé :

- si le $pH < pI$, le colorant est chargé positivement; il est cationique;

- si le $pH = pI$, le colorant n'a aucune tendance particulière, car il contient un nombre égal de charges positives et négatives;

- si le $pH > pI$, le colorant est chargé négativement; il est anionique.

Voici quelques exemples de colorants amphotères : l'hématéine ($pI = 6,5$), l'acide carminique ($pI = 4,2$), la gallocyanine ($pI = 4,1$), l'orcéine ($pI = 5,7$), le bleu de Gallamine ($pI = 4,1$).

La règle énoncée ci-dessus ne s'applique pas toujours. Il existe en effet des exceptions, par exemple les colorants de type triphénylméthane acide comme le bleu d'aniline, le vert lumière, la fuchsine acide, etc., qui sont également amphotères même en étant utilisés à des *p*H acides.

Les tableaux 10.2 et 10.3 présentent un résumé des principales caractéristiques des colorants en fonction de leur caractère ionique : anionique, cationique ou neutre.

Deux points sont importants à souligner. D'une part, rappelons-le, une solution colorante neutre est un mélange de deux colorants dont l'un est anionique et l'autre cationique; l'anion et le cation sont toujours colorés. Ce type de colorant se retrouve habituellement en milieu alcoolique. D'autre part, un colorant amphotère possède un ou plusieurs anions colorés et un ou plusieurs cations colorés, mais seul un des deux groupes est actif, suivant le *p*H de la solution. Ainsi, la molécule colorante se comporte en général comme un acide si le *p*H est basique, mais comme une base si le *p*H est acide.

10.3.4 COLORANTS LEUCO

La plupart des chromophores ont de l'affinité pour l'hydrogène, c'est-à-dire qu'ils peuvent facilement être réduits. La réduction d'un chromophore s'accompagne habituellement d'une décoloration ou d'un changement de coloration, puisque la structure produite présente un système de résonance modifié. La réduction chimique détruit le chromophore et entraîne par conséquent une perte de couleur. Dans des conditions favorisant l'oxydation, la réaction est réversible.

10.3.5 COLORANTS FLUORESCENTS

Les fluorochromes sont des molécules chimiques qui possèdent des caractéristiques particulières. En effet, comme ils absorbent généralement les rayons ultraviolets, ils sont incolores, ou à peine colorés s'ils absorbent en très petite quantité la lumière bleue ou verte. Quelques composés ne deviennent fluorescents qu'après s'être fixés à des composants tissulaires. On peut donc affirmer qu'un fluorochrome est un colorant au sens propre du terme, mais qu'il est utilisé dans des conditions particulières. Un tel produit absorbe la lumière ultraviolette, invisible à l'œil; une fois uni à une structure tissulaire ou cellulaire, il émet de la lumière visible, donc d'une longueur d'onde

Tableau 10.2 LES CARACTÉRISTIQUES DES COLORANTS EN FONCTION DE LEUR CARACTÈRE IONIQUE.

COLORANT CATIONIQUE	COLORANT ANIONIQUE	COLORANT NEUTRE
– sa partie active (le chromophore) provient d'une base; – il colore les éléments acides (basophiles), les noyaux par exemple; – il est cationique; – il est chargé positivement.	– sa partie active (le chromophore) provient d'un acide; – il colore les éléments basiques (acidophiles), le cytoplasme par exemple; – il est anionique; – il est chargé négativement.	– il est habituellement formé d'un mélange de deux colorants : un anionique et un cationique. On y retrouve donc un auxochrome anionique et un auxochrome cationique; – il est surtout utilisé en solution alcoolique dans le domaine de l'hématologie.

Tableau 10.3 LES AFFINITÉS TINCTORIALES DES TISSUS EN FONCTION DU CARACTÈRE IONIQUE DES COLORANTS.

	Colorants cationiques auxochromes : NH_2	**Colorants anioniques auxochromes : COOH, SO_3H ou OH**	**Colorants neutres alcooliques**
Tissu basophile (chargé négativement)	▲		▲
Tissu acidophile (chargé positivement)		▲	▲

plus grande que la lumière absorbée. Les composés fluorochromes sont utilisés en microscopie à la fluorescence.

Les propriétés chimiques qui permettent à un composé organique d'émettre une fluorescence sont difficiles à définir. Pour être fluorescente, une molécule doit comporter un système de liaisons doubles dans sa structure. Les liaisons doubles peuvent être, par exemple, celles que l'on retrouve dans les molécules cycliques puisque celles-ci émettent une fluorescence beaucoup plus forte que les composés à chaîne ouverte. Les seuls composés fortement fluorescents qui permettent une observation microscopique intéressante sont ceux qui possèdent habituellement des molécules coplanaires rigides. Ainsi, le fluorène, dont la planarité est stabilisée par un pont méthylène, est plus fortement fluorescent que le diphényle, dont les deux radicaux phényle peuvent tourner librement autour du seul lien qui les unit (voir la figure 10.18).

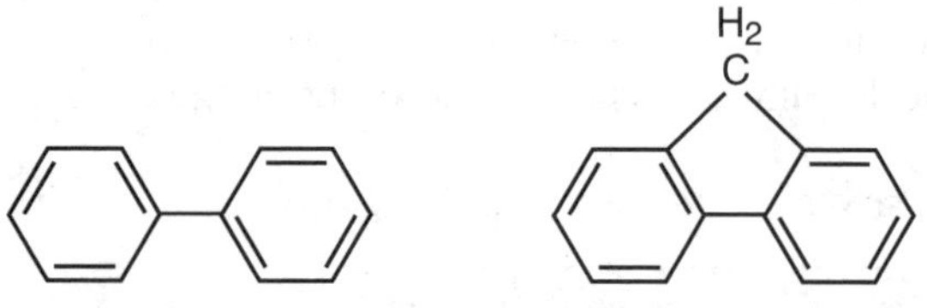

H_2
C

Diphényle

Fluorène

Figure 10.18 : *Représentation schématique d'une molécule de diphényle et de fluorène.*

Les composés qui possèdent un système de noyaux coplanaires fusionnés sont plus fortement fluorescents lorsque les noyaux sont tous unis, côte à côte, que s'il y a une courbure dans la structure. En ce sens, pour un même degré d'excitation lumineuse, l'anthracène émet une fluorescence plus brillante que le phénanthrène (voir la figure 10.19).

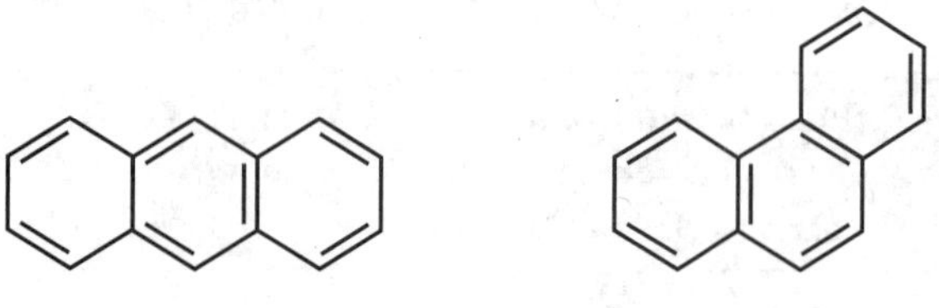

Anthracène

Phénanthrène

Figure 10.19 : *Représentation schématique d'une molécule d'anthracène et de phénanthrène.*

La fluorescence, en plus d'être affectée par la forme de la molécule, peut l'être par la présence de substituts. Ainsi, la présence d'un seul des groupements –OH, $–OCH_3$, –F, –CN, $–NH_2$, $–NHCH_3$ ou $–N(CH_3)$ dans la molécule fluorochromique peut provoquer une augmentation de la fluorescence, alors que celle-ci diminuera s'il y a présence de groupements –Cl, –I, –Br, –COOH, $–NO_2$ ou $–SO_3H$. Cette généralisation ne s'applique pas toujours lorsque deux substituts ou plus sont présents sur la molécule. L'acide salicylique, par exemple, est fluorescent en dépit de son groupe carboxyle (–COOH). Il est donc fort compréhensible que les propriétés fluorescentes des différentes substances ne puissent être supposées d'après une simple connaissance de leur formule chimique.

Plusieurs autres facteurs peuvent influencer le comportement d'un fluorochrome, comme le *p*H de la réaction et celui du milieu de montage. De plus, les fluorochromes sont sensibles au phénomène de photo-atténuation. Plusieurs fabricants proposent des milieux de montages prêts à l'emploi; c'est le cas, par exemple, du Fluogard et du Fluomount. On obtient aussi des résultats convenables en ajoutant au milieu de montage un anti-oxydant comme le phénylé-thylènediamine. Un dernier élément influe sur la qualité de la technique de fluorescence et sur la fluorescence elle-même : la concentration de la solution colorante.

Le mécanisme exact de la fixation d'un fluorochrome sur un composant tissulaire n'est pas encore connu avec précision. Par exemple, il semble que le colorant acridine-orange se fixe sur les acides nucléiques par liaisons sel et grâce aux forces de Van der Waals. Les fluorochromes agiraient alors comme colorants directs. C'est du moins le cas de l'auramine, qui permet la mise en évidence des mycobactéries (dont le bacille de Koch, ou bacille de la tuberculose, dont il sera question au chapitre 20), de la thioflavine T ou S qui permet de détecter la substance amyloïde (voir le chapitre 18), ou encore du bleu d'Evans qui, en technique d'immunofluorescence, donne une contrecoloration rouge (voir le chapitre 23).

En histotechnologie, la fluorescence revêt un caractère particulier, en ce sens qu'elle permet la visualisation de très petits sites dans un tissu, lesquels seraient peu ou pas visibles avec une méthode de coloration conventionnelle. Elle est d'ailleurs utilisée pour la mise en évidence de réactions immunologiques faibles (voir le chapitre 23).

Le tableau 10.4 présente une liste de quelques fluorochromes, ainsi que la longueur d'onde à laquelle ils sont excités et celle à laquelle ils émettent.

Tableau 10.4 LISTE DES PRINCIPAUX FLUOROCHROMES EN FONCTION DES LONGUEURS D'ONDES CORRESPONDANT À L'EXCITATION ET À L'ÉMISSION.

FLUOROCHROME	EXCITATION (NM)	ÉMISSION (NM)
Acridine orange (pour l'ADN)	502	526
Acridine rouge	455 - 600	560 - 680
Acridine jaune	470	550
Acriflavine	436	520
ACMA	430	474
Auramine	460	550
Bleu calcium	370	435
Vert calcium	550	532
Catécholamine	410	470
CY3.1	554	568
CY5.1	649	666
DAPI	350	470
Diamin° phényle oxydiazole (DAO)	280	460
Diméthylamino-5-sulphonique acide	310 - 370	520
Diphényl flavine brillante 7GFF	430	520
Dopamine	340	490 - 520
Érythrosine ITC	530	558
Fluorescéine Isothiocyanate (FITC)	490	525
Hoechst 33258 (pour l'ADN)	346	460
MPS (*Methyl Green Pyronine Stilbene*)	364	395
Propidium Iodite	536	617
Rhodamine B	540	625
Rhodamine B200	523 - 557	595
Rhodamine B extra	550	605
Rhodamine BB	540	580
Rhodamine BG	540	572
Rhodamine WT	530	555
TRITC (*Tetramethyl rhodamine Isothiocyanate*)	557	576
Rouge Texas	596	615
Thioflavine S	430	550
Thioflavine TCN	350	460
Thioflavine 5	430	550
Bleu vrai (*True blue*)	365	420 - 430

10.4 NOMENCLATURE DES COLORANTS

La nomenclature des colorants s'est longtemps faite au hasard, ce qui a entraîné beaucoup de confusion. En effet, plusieurs colorants identiques portaient des noms différents, alors que d'autres, bien que différents, étaient désignés par la même appellation. De plus, il existait des différences énormes entre les lots d'un même colorant. Afin de pallier plusieurs de ces problèmes, on a répertorié tous les colorants en usage dans des catalogues, dont le principal est le *Colour Index* (voir la section 10.5.4). Après quoi, on a procédé à des classifications selon différents critères.

10.5 CLASSIFICATION DES COLORANTS

Les colorants utilisés en histotechnologie ont été classifiés différemment suivant les époques et les auteurs. En plus d'être répertoriés dans le *Colour Index*, ils sont divisés en deux groupes, les colorants naturels et les colorants synthétiques, selon leur origine. D'autres classifications se basent sur la structure chimique du colorant (la nature des chromophores) ou sur sa classe tinctoriale (la nature des auxochromes).

10.5.1 CLASSIFICATION SELON L'ORIGINE

La classification selon l'origine se résume à deux classes de colorants : les colorants naturels et les colorants synthétiques. Bien qu'il soit important de connaître l'origine des colorants, ce type de classification n'est pratiquement plus utilisé. Cependant, il est bon de pouvoir identifier les colorants naturels et d'en énoncer certaines caractéristiques. Ces colorants sont l'hématoxyline, le carmin, l'orcéine et le safran. Tous les autres colorants sont synthétiques.

Figure 10.20 : **FICHE DESCRIPTIVE DE L'HÉMATOXYLINE ET DE L'HÉMATÉINE**

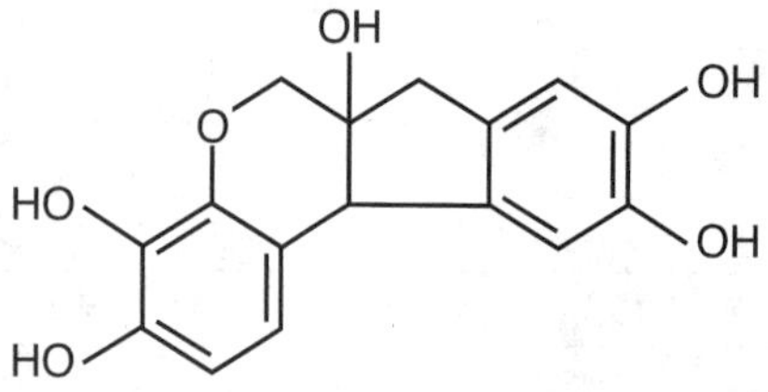

Structure chimique de l'hématoxyline

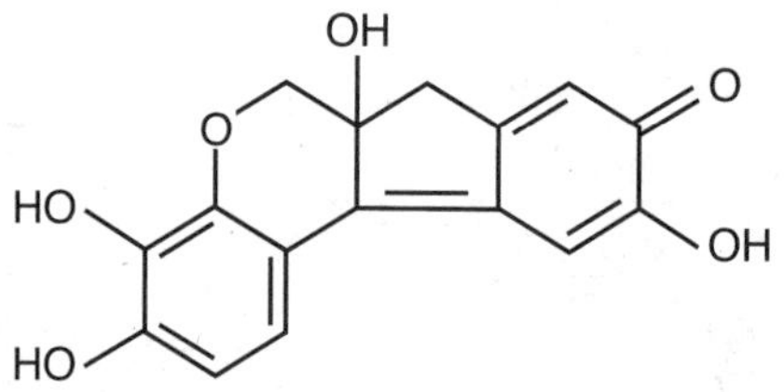

Structure chimique de l'hématéine

	HÉMATOXYLINE	HÉMATÉINE
Nom commun	Hématoxyline	Hématéine
Nom commercial	Hématoxyline	Hématéine
Numéro de CI	75290	75290
Nom du CI	Noir naturel n° 1	Noir naturel n° 1
Classe	Quinone	Quinone
Type d'ionisation	Légèrement anionique	Légèrement anionique
Solubilité dans l'eau	Jusqu'à 1 %	Jusqu'à 0,4 %
Solubilité dans l'alcool	Jusqu'à 30 %	Faiblement
Couleur	Jaune brun pâle	Brun foncé
Formule chimique	$C_{16}H_{14}O_6$	$C_{16}H_{12}O_6$
Poids moléculaire	302,3	300,3

$$\underset{\text{hématoxyline}}{C_{16}H_{14}O_6} \xrightarrow{\text{oxydation}} \underset{\text{hématéine}}{C_{16}H_{12}O_6}$$

10.5.1.1 Hématoxyline

L'hématoxyline est le principal colorant naturel utilisé en technique histologique. Elle est extraite du bois d'un arbre, le campêche (*Hematoxylon campechianum*). Elle n'est pas comme telle un colorant, car elle ne possède pas de chromophore. Cependant, elle acquiert une couleur après son oxydation en hématéine, sans toutefois donner d'excellents résultats; elle n'a en effet qu'un faible pouvoir colorant et a tendance à s'oxyder.

L'hématéine, un colorant acide jaune rougeâtre, a peu d'affinité pour les tissus. Néanmoins, lorsqu'on la lie à un mordant approprié, c'est-à-dire au sel d'un métal trivalent comme le fer, l'aluminium, le chrome ou le tungstène, elle forme une laque. Cette nouvelle molécule, ou complexe mordant-colorant, se comporte comme un colorant cationique chargé positivement et colore les constituants tissulaires acides, par exemple les acides nucléiques.

Le complexe hématéine-mordant, communément appelé « laque d'hématéine », est considéré comme un très bon colorant nucléaire. Les réactions en cause dans la formation de l'hématéine seront analysées en détail au chapitre 11 traitant de la coloration nucléaire (voir la figure 10.20 pour de l'information complémentaire sur ce colorant).

10.5.1.2 Carmin

Le carmin est le seul colorant naturel qui provient du règne animal. En effet, il est extrait d'un insecte, la cochenille femelle. Cette dernière est de couleur rouge vif et vit sur les cactus de l'Amérique du Sud, d'où le nom *coccus cacti*. Son principe actif, appelé carmin ou acide carminique, est extrait avec de l'eau. Pour que ce colorant ait de l'affinité pour les tissus, il doit être mordancé avec un métal trivalent comme le fer ou l'aluminium. Il s'agit alors d'un colorant indirect. Cependant, pour certaines méthodes comme la coloration au carmin de Best (coloration du glycogène), aucun mordant n'est nécessaire. Il permet une coloration contrastée et fine du noyau et du glycogène. Il est également utilisé pour la mise en évidence des mucines acides; on parle alors de la coloration de muci-carmin. La figure 10.21 présente les principales caractéristiques du carmin, ou acide carminique. Malgré le fait qu'il porte le nom d'acide carminique, il possède des propriétés amphotériques (voir la section 10.5.3.1.4).

Figure 10.21 : **FICHE DESCRIPTIVE DE L'ACIDE CARMINIQUE**

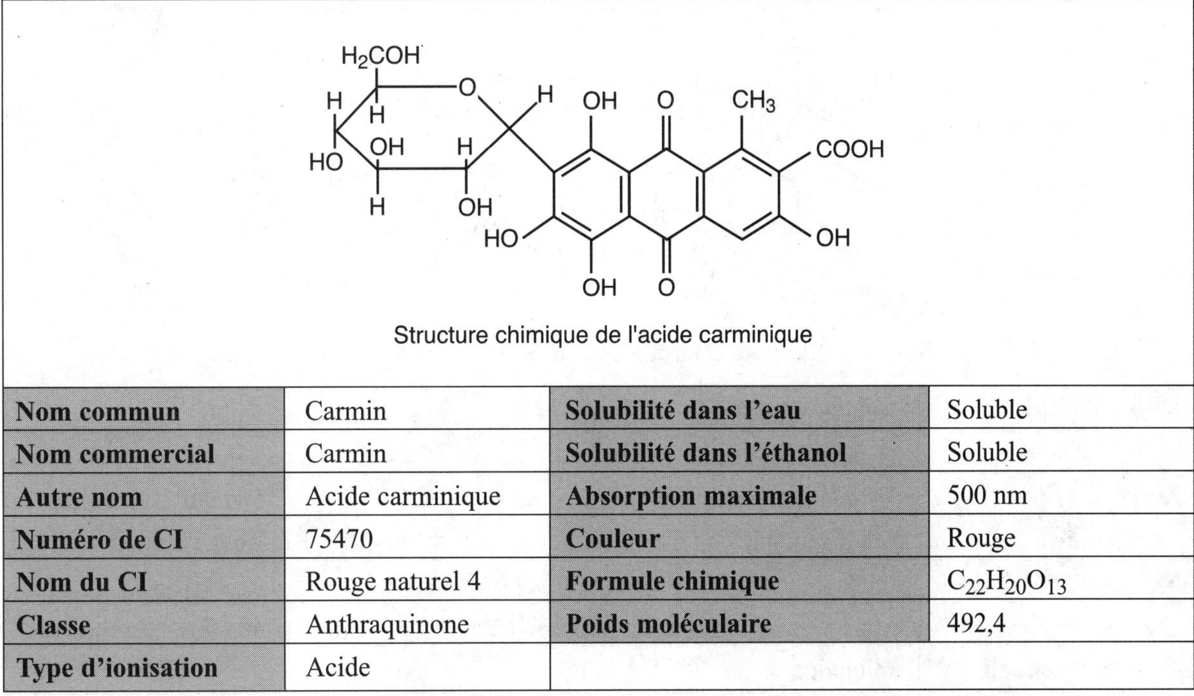

Nom commun	Carmin	**Solubilité dans l'eau**	Soluble
Nom commercial	Carmin	**Solubilité dans l'éthanol**	Soluble
Autre nom	Acide carminique	**Absorption maximale**	500 nm
Numéro de CI	75470	**Couleur**	Rouge
Nom du CI	Rouge naturel 4	**Formule chimique**	$C_{22}H_{20}O_{13}$
Classe	Anthraquinone	**Poids moléculaire**	492,4
Type d'ionisation	Acide		

10.5.1.3 Orcéine

L'orcéine est extraite de certains lichens. Son principe actif, l'orcinol, d'abord incolore, acquiert une teinte bleue-violacée par oxydation au moyen d'un traitement au peroxyde d'hydrogène (H_2O_2) dans une solution aqueuse d'ammoniaque. Cette couleur est due à la présence sur la molécule de groupements phénolés. L'orcéine en solution alcoolique est surtout utilisée pour la mise en évidence de l'élastine et de quelques autres composants tissulaires riches en groupes sulphydriles (S-S). En solution aqueuse acidifiée (généralement avec de l'acide acétique), elle se prête à la coloration des chromosomes (voir la section 26.8.2). L'orcéine a un caractère ionique acide. On donne aussi à cette substance les noms de tournesol et de rouge naturel n° 28. L'orcéine tend à disparaître des laboratoires et à être remplacée par l'acide orcinique, un colorant synthétique (voir la figure 10.22).

10.5.1.4 Safran

Le safran est extrait des stigmates de la fleur du *Crocus sativus*. Il s'agit d'un colorant acide jaune brillant pouvant être utilisé dans des méthodes de coloration trichromique ou lors de la coloration de routine à l'HPS (hématoxyline-phloxine-safran). Il sert également comme colorant alimentaire.

En solution alcoolique, il adhère beaucoup plus fermement au collagène que le safran aqueux. Son principe colorant, appelé « crocine » ou « acide crocine dicarboxylique polyène », est obtenu par estérification de la gentobiose (un disaccharide) et d'un acide gras, la crocetine. Son coût élevé et la complexité des manipulations à exécuter pour obtenir la solution colorante expliquent pourquoi on l'utilise de moins en moins. La structure exacte du safran n'est pas encore connue, mais on connaît la structure chimique de la crocetine et celle de la gentobiose estérifiée devenue de la β-gentobiose (voir la figure 10.23).

10.5.2 CLASSIFICATION SELON LES AUXOCHROMES

Après diverses manipulation, on s'est vite rendu compte qu'en modifiant l'auxochrome du colorant, on modifiait la charge de ce dernier, donc son affinité pour un constituant tissulaire donné. Les colorants ont été classifiés selon leur caractère ionique : colorants anioniques, cationiques, neutres et amphotères. Cette

Figure 10.22 : **FICHE DESCRIPTIVE DE LA β-AMINO-ORCÉINE**

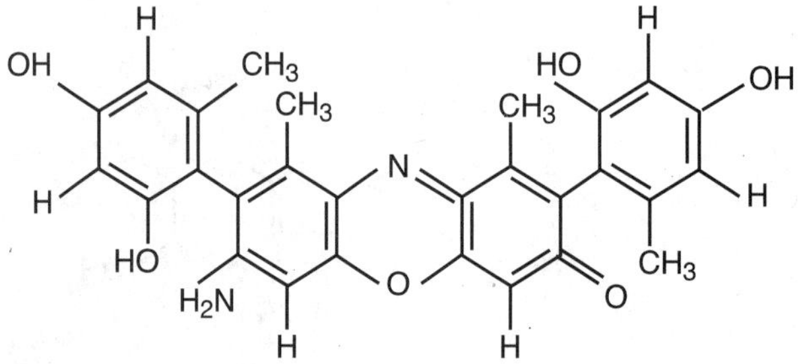

Structure chimique de la β-amino-orcéine

Nom commun	Orcéine	Solubilité dans l'eau	Faible
Nom commercial	Orcéine	Solubilité dans l'éthanol	Soluble
Autre nom	Colorant de tournesol	Absorption maximale	500 nm
Numéro de CI	Non disponible	Couleur	Rouge vif
Nom du CI	Rouge naturel 28	Formule chimique	$C_{28}H_{24}N_2O_6$
Classe	Oxazine	Poids moléculaire	484,5
Type d'ionisation	Anionique		

Figure 10.23 : **FICHE DESCRIPTIVE DES DÉRIVÉS DU SAFRAN**

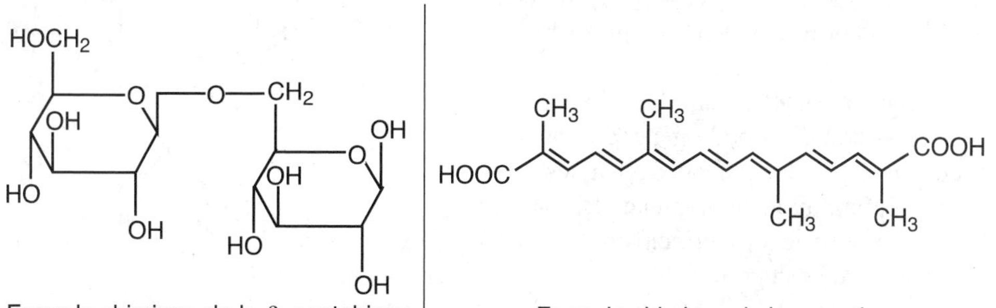

Formule chimique de la β-gentobiose

Formule chimique de la crocetine

Nom commun	Safran	**Solubilité dans l'eau**	Très soluble
Nom commercial	Safran	**Solubilité dans l'éthanol**	Partielle
Autre nom	Crocetine	**Absorption maximale**	Crocetine : 464, 436 et 441 nm
Numéro de CI	75100	**Couleur**	Jaune orangé
Nom du CI	Jaune naturel n° 6	**Formule chimique**	*β*-Gentobiose : $C_{12}H_{22}O_{11}$ Crocetine : $C_{20}H_{24}O_4$
Type d'ionisation	Anionique	**Poids moléculaire**	*β*-Gentobiose : 342,3 Crocetine : 328,4

classification est peu utilisée de nos jours. Il n'en demeure pas moins que la connaissance du caractère auxochromique de la molécule colorante est indispensable pour comprendre les réactions. La classification présentée dans le présent chapitre tient compte du caractère ionique du colorant.

10.5.3 CLASSIFICATION SELON LES CHROMOPHORES

Il convient de rappeler que toutes les molécules colorantes utilisées en histotechnologie contiennent un ou plusieurs chromophores, dont les trois principaux sont la quinone, l'azo et la nitré.

La classification présentée ci-après tient compte à la fois du chromophore et de l'auxochrome.

10.5.3.1 Colorants quinoniques

Les colorants dont le chromophore est une quinone sont les plus nombreux en histotechnologie. Selon le type de molécule qui contient le chromophore, ils se subdivisent en sous-groupes : les phénylméthanes, l'hématéine, les xanthènes, les anthraquinones et les quinones-imines.

10.5.3.1.1 *Phénylméthanes*

Les phénylméthanes sont constitués d'une molécule de méthane dont certains atomes d'hydrogène sont remplacés par des noyaux phénylés. Selon que ces noyaux phénylés sont au nombre de deux ou trois, il s'agira d'un diphénylméthane ou d'un triphénylméthane.

– **Les diphénylméthanes** : diphénylméthanes et triphénylméthanes sont proches parents. Le chromophore des diphénylméthanes n'est pas la quinone mais le radical cétone-imine >C+NH. Ainsi, le squelette de la molécule de diphénylméthane est le suivant :

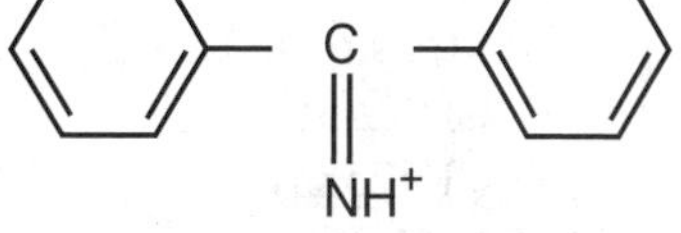

Figure 10.24 : *Représentation schématique du diphénylméthane.*

Le seul colorant de ce groupe dont on se serve en histotechnologie est l'auramine O (CI 41000), un colorant basique surtout utilisé en tant que fluorochrome.

- **Les triphénylméthanes :** dans les triphénylméthanes, trois atomes d'hydrogène du méthane sont remplacés par des radicaux phényles, dont l'un a la conformation quinonique. Le tableau 10.5 dresse une liste des principaux colorants appartenant à cette catégorie.

Le bleu d'aniline WS (CI 42755) est un mélange de bleu à l'eau (CI 42755) et de bleu de méthyle (CI 42780); ces deux derniers sont considérés comme acides, bien que certains auteurs les considèrent comme amphotères. Les échantillons de l'industrie peuvent contenir du bleu à l'eau, du bleu de méthyle ou un mélange des deux. Le bleu d'aniline WS est produit par la sulfo-réaction du bleu d'aniline soluble dans l'alcool.

10.5.3.1.2 *Hématéine*

L'hématéine (CI 75290) est un colorant tellement important en histotechnologie qu'elle mérite une classe à elle seule (voir également la section 10.5.1.1). Il en sera surtout question au chapitre 11.

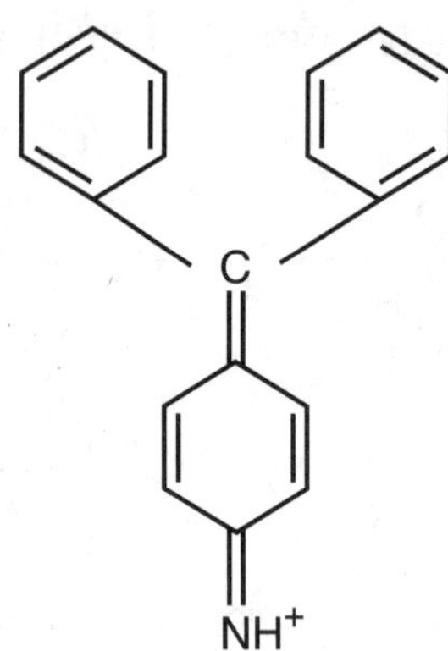

Figure 10.25 : *Représentation schématique du diphénylméthane.*

10.5.3.1.3 *Xanthènes*

La structure de base des xanthènes est la suivante :

Figure 10.26 : *Représentation schématique d'une molécule de xanthène.*

Tableau 10.5 LES PRINCIPAUX COLORANTS DU TYPE TRIPHÉNYLMÉTHANE.

CATIONIQUES	ANIONIQUES
– Vert de malachite (CI 42000) – Vert brillant (CI 42040) – Fuchsine basique, mélange de rosaniline (CI 42510), de pararosaniline (CI 42500) et de magenta II – Fuchsine nouvelle (magenta III) (CI 42520) – Violet de Hofmann (dahlia) (CI 42530) – Violet de méthyle (CI 42535) – Violet de gentiane (pas de n° de CI) – Violet de cristal (CI 42555) – Vert de méthyle (CI 42585) – Violet d'éthyle (CI 42600) – Bleu d'aniline soluble dans alcool (*spirit-blue*) (CI 42775)	– Bleu patenté V (CI 42051) – Bleu patenté VF (CI 42045) – Vert lumière SF (CI 42095) – Vert solide FCF (CI 42053) – Fuchsine acide : dérivé sulfoné de la fuchsine basique (CI 42685) – Bleu de méthyle (CI 42780) – Bleu cyanol (*cyanol FF*) (CI 43535)

10.5.3.1.4 *Anthraquinones*

Les anthraquinones ont toutes la structure de base suivante :

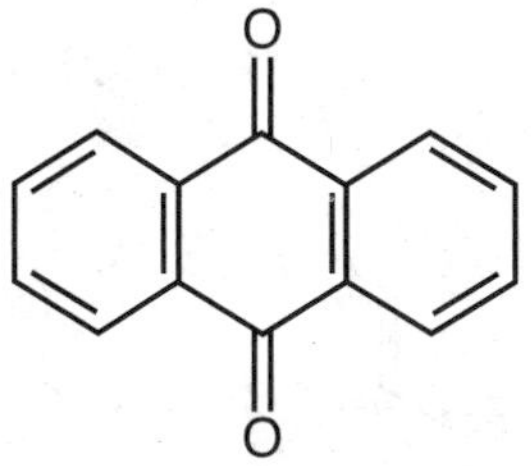

Figure 10.27 : *Représentation schématique de la structure des anthraquinones.*

L'acide carminique (CI 75470) (*p*I = 4,2), principe actif des colorants extraits de la cochenille (carmin), et le bleu d'anthracène SWR (CI 58605) sont des anthraquinones à caractère amphotère.

10.5.3.1.5 *Quinone-imines*

Les membres du groupe des quinone-imines ont deux chromophores, la quinone et l'indamine (—N=). Les principaux colorants de ce groupe sont classés en quatre sous-groupes : les azines, les oxazines, les thiazines et les indiamines.

Tableau 10.6 LES PRINCIPAUX COLORANTS DE TYPE XANTHÈSE.

CATIONIQUES	ANIONIQUES
– Pyronine Y, G ou J (CI 45005) – Pyronine B (CI 45010) – Orangé d'acridine* ** (acridine orange) (CI 46005) – Rhodamine B * **(CI 45170) – Moutarde d'atabrine *(moutarde de quinacrine) (pas de n° de CI)	– Sulforhodamine B (CI 45100) – Fluorescéine **(CI 45350) – Éosine Y, G ou J (CI 45380) – Éthyléosine (CI 45386) – Phloxine B (CI 45410) – Érythrosine B (CI 45430)

* L'orangé d'acridine et la moutarde d'atabrine ne sont pas vraiment des xanthènes, mais font plutôt partie du groupe des acridines. Ils sont présentés parmi les xanthènes par commodité et parce que les acridines sont très proches, chimiquement, des xanthènes.

** Ces trois colorants sont utilisés en fluorescence.

Tableau 10.7 LES PRINCIPAUX COLORANTS DE TYPE ANTHRAQUINONE.

CATIONIQUES	ANIONIQUES
	– Alizarine (CI 58000) – Rouge d'alizarine S (CI 58005) – Purpurine (CI 58205) – Bleu acide d'alizarine BB (CI 58610) – Rouge de calcium (Kernechtrot, rouge nucléaire solide) (CI 60760)

a) **Azines.** La structure de base des azines est la suivante :

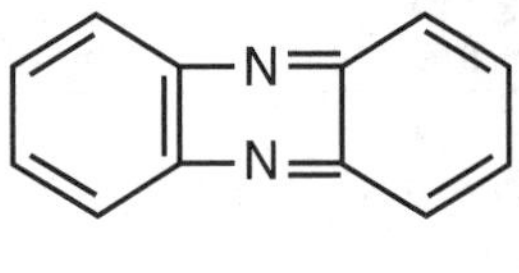

Figure 10.28 : *Représentation schématique de la structure des azines.*

Deux atomes d'azote se combineraient pour constituer le chromophore azine.

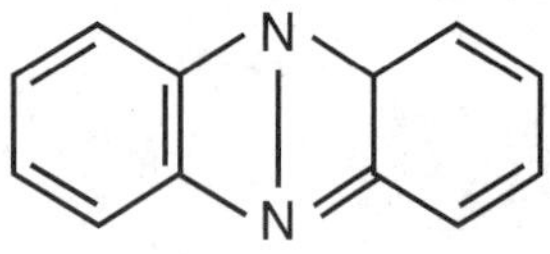

Figure 10.29 : *Représentation du chromophore azine.*

b) **Oxazines.** La formule de base des oxazines est la suivante :

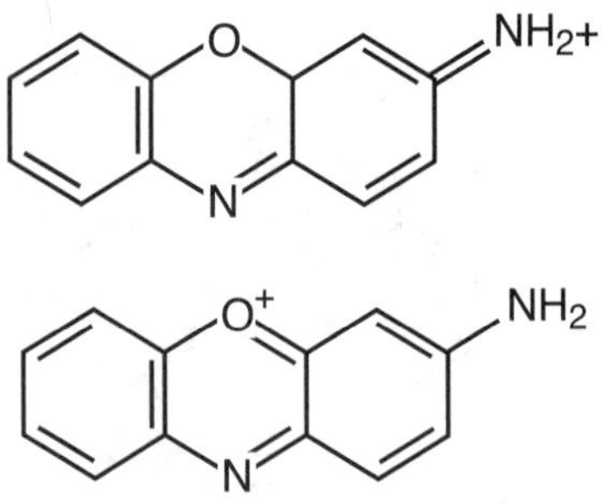

Figure 10.30 : *Représentation schématique des deux formes possibles d'oxazines.*

c) **Thiazines.** La formule de base des thiazines est identique à celle des oxazines, à une différence près : l'atome d'oxygène est remplacé par un atome de soufre. Le chromophore quinonique peut aussi se présenter sous la forme para ou ortho.

Tableau 10.8 LES PRINCIPAUX COLORANTS DE TYPE AZINE.

CATIONIQUES	ANIONIQUES
– Rouge neutre (CI 50040) – Safranine (O, T, G, Y ou A) (CI 50240)	– Azocarmin G (CI 50085) – Azocarmin B (CI 50090) – Nigrosine WS (CI 50420)

Tableau 10.9 LES PRINCIPAUX COLORANTS DE TYPE OXAZINE.

CATIONIQUES	ANIONIQUES
– Bleu de crésyl brillant (CI 51010) – Gallocyanine (CI 51030) – Bleu de Gallamine (CI 51045) – Bleu céleste B (CI 51050) – Bleu de Nil A (sulfate de bleu de Nil) (CI 51180) – Violet de crésyl (pas de n° de CI)	

Les thiazines qui servent en histotechnologie sont basiques. C'est dans ce groupe que sont réunis les principaux colorants métachromatiques.

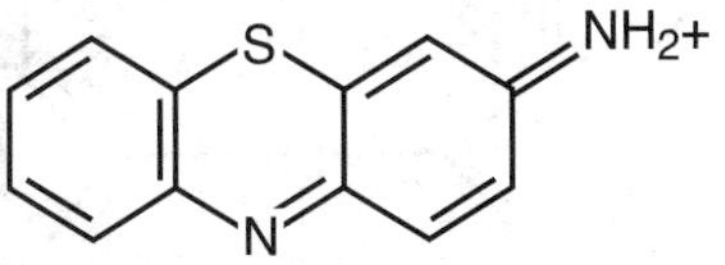

Forme para-quinone

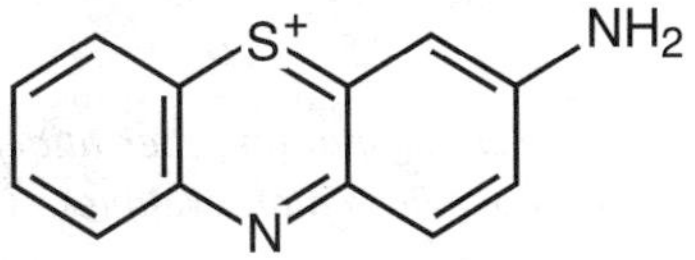

Forme ortho-quinone

Figure 10.31 : *Représentation schématique des thiazines.*

d) Indamines. Il s'agit d'un groupe peu important de colorants, qui possèdent le noyau thiazole et dont le chromophore est l'indamine. Les seuls colorants de ce groupe que l'on mentionne en histotechnologie sont la thioflavine S et la thioflavine T, ou TCN (CI 49005), généralement utilisés en tant que fluorochromes basiques.

10.5.3.2 Colorants azoïques

Les colorants azoïques sont caractérisés par le radical —N=N— inséré entre deux radicaux phényle. Le chromophore peut être présent une ou plusieurs fois dans la molécule, selon qu'il s'agit de colorants monoazoïques, diazoïques ou triazoïques.

Colorants monoazoïques : la formule de base des colorants monoazoïques est présentée ci-dessous :

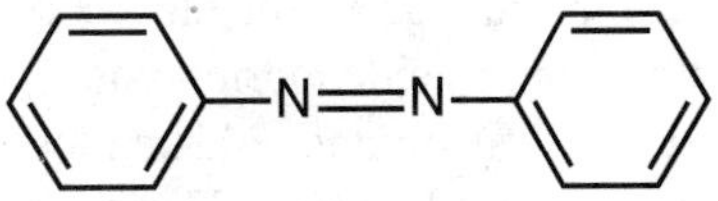

Figure 10.32 : *Représentation schématique d'un colorant monoazoïque.*

Colorants diazoïques : les colorants diazoïques présentent la structure de base suivante :

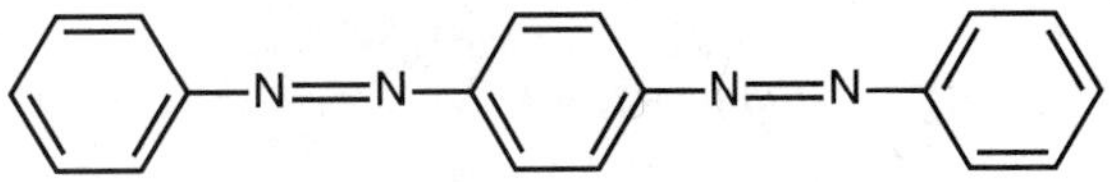

Figure 10.33 : *Représentation schématique d'un colorant diazoïque.*

Il est important de noter que les anneaux phényle ne sont pas nécessairement uniques. C'est dans ce groupe que l'on trouve la majorité des lysochromes.

Colorants triazoïques : les molécules des colorants triazoïques sont très complexes. Le seul colorant de ce groupe qui soit utilisé en histotechnologie est le noir chlorazol E (CI 30235), un colorant acide.

Tableau 10.10 LES PRINCIPAUX COLORANTS DE TYPE THIAZINE.

CATIONIQUES	ANIONIQUES
– Thionine (CI 52000) – Azur C * (CI 52002) – Azur A * (CI52005) – Azur B * (CI 52010) – Bleu de méthylène (CI 52015) – Bleu de toluidine (CI 52040) – Violet de méthylène (CI 52041)	

* Ces trois colorants sont tous des dérivés du bleu de méthylène.

10.5.3.3 Colorants nitrés

Les colorants nitrés sont constitués d'un noyau aromatique plus ou moins complexe et d'un ou de plusieurs radicaux nitrés. Le chromophore confère aux colorants qui le contiennent un caractère acide. Les deux principaux colorants de ce type, en histotechnologie, sont l'acide picrique ou 2, 4, 6 - trinitrophénol (CI 10305), dont le poids moléculaire est de 299,0, et le jaune de Mars (CI 10315), ou jaune acide 24 ou encore 2,4 - dinitro – 1 – naphtol, ayant un poids moléculaire de 256,0.

10.5.3.4 Autres colorants

Sous cette rubrique sont classés des colorants qui ont une certaine importance en histotechnologie, même s'ils ne font pas partie de l'un des trois groupes principaux.

10.5.3.4.1 *Phtalocyanines*

Les phtalocyanines, introduites depuis peu en histochimie, ont une molécule complexe. Tous les colorants de ce type utilisés en histotechnologie sont basiques. Le noyau de base est le suivant :

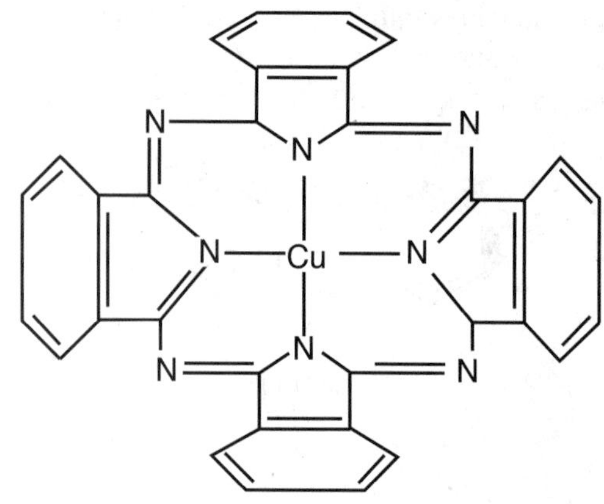

Figure 10.34 : *Représentation schématique du noyau de base des phtalocyanines.*

Il est intéressant de noter que ce noyau de base contient en son centre un atome de cuivre, ce qui l'apparente à la chlorophylle. De plus, il est semblable au noyau hème de l'hémoglobine, sauf que le noyau hème contient du fer au lieu du cuivre (voir le tableau 10.13).

10.5.3.4.2 *Colorants naturels*

L'étude des colorants naturels a été abordée à la section 10.5.1.

Tableau 10.11 LES PRINCIPAUX COLORANTS DE TYPE MONOAZOÏQUE.

CATIONIQUES	ANIONIQUES
– Vert Janus B* (CI 11050)	– Jaune de méthanile (CI 13065) – Ponceau 2R (de xylidine) (CI 16150) – Orange G (CI 13230) – Chromotrope 2R (CI 16570) – Tartrazine (CI 19140)

* Le vert Janus B contient un chromophore azine en plus du groupe azo.

Tableau 10.12 LES PRINCIPAUX COLORANTS DE TYPE DIAZOÏDE.

CATIONIQUES	LYSOCHROMES	ANIONIQUES
– Brun de Bismarck (CI 21000)	– Soudan III (CI 26100) – Soudan IV (CI 26105) – Huile rouge O (CI 26125) – Noir Soudan B (CI 26150)	– Rouge Congo (CI 22120) – Bleu trypan (CI 23850) – Écarlate de Biebrich (CI 26905)

10.5.4 CLASSIFICATION SELON LE *COLOUR INDEX* (CI)

Répertoire de colorants, le *Colour Index* ou CI, publié par la Society of Dyers and Colorists (SDC), est un système de numérotation pour chaque colorant sur le marché. Chacun y est désigné par un nom précis auquel s'ajoutent parfois des synonymes et reçoit un numéro de référence de 5 chiffres qui lui est propre. Les deux premiers chiffres représentent toujours le chromophore (classification tinctoriale), les autres chiffres représentent le caractère ionique du colorant (caractérisant la constitution chimique). À titre d'exemple, l'acide picrique, ou trinitrophénol, porte le numéro 10305.

Le nom du colorant, son ou ses synonymes ainsi que son numéro de référence selon le CI sont inscrits sur toutes les bouteilles de colorant. L'étiquette porte également le numéro du lot de fabrication.

Certains colorants existent sous diverses nuances qui présentent de légères différences les unes par rapport aux autres; ces différences sont indiquées par des lettres qui suivent le nom du colorant : par exemple, la lettre R indique une teinte rougeâtre; Y signifie *yellowish*; G, du mot allemand *Gelb*, jaune; la lettre J désigne une teinte jaunâtre; B, une teinte bleue; et enfin WS signifie *water soluble*, c'est-à-dire soluble dans l'eau.

Comme le *Colour Index* est très volumineux et que l'histotechnologie n'utilise qu'un nombre relativement restreint de colorants, la Biological Stains Commission, une commission américaine, publie un catalogue des colorants usuels en biologie, intitulé *H.J. Conn's Biological Stains*, d'un format beaucoup plus pratique. Cette commission possède en outre un programme de certification des colorants produits par l'industrie, ce qui en assure la standardisation d'un lot à l'autre, et vérifie la pureté et la concentration des colorants par différentes méthodes, dont la spectrophotométrie. Elle conserve indéfiniment un échantillon de chacun des lots.

Lorsque le technicien reçoit un colorant, il en vérifie d'abord le numéro de CI et le nom, puis le numéro du lot afin de s'assurer que le colorant acheté est aussi pur que celui que possède déjà le laboratoire. Il inscrit sur la nouvelle bouteille de colorant sa date de réception et la range dans un endroit sec, à l'abri de la lumière.

10.6 PROCÉDÉS DE COLORATION

L'histotechnologie cherche à mettre en évidence les constituants cellulaires ou tissulaires en leur faisant capter des colorants de façon sélective. La façon de produire des réactions colorées peut varier grandement d'une circonstance à l'autre : il est possible de recourir à la coloration intravitale, supravitale, histologique, cytologique, de provoquer des réactions histochimiques et même de procéder à des imprégnations métalliques (voir la section 10.13). De plus, les colorations peuvent être simples ou combinées, ou encore, faire l'objet de contrecolorations.

10.6.1 COLORATION INTRAVITALE

La coloration intravitale est basée sur l'injection d'un colorant à un organisme vivant. Le colorant injecté peut être capté par les systèmes d'épuration de l'organisme ou se fixer ou se lier à des structures cellulaires ou tissulaires. Des méthodes diagnostiques font appel à ce processus en médecine nucléaire clinique.

Tableau 10.13 LES PRINCIPAUX COLORANTS DE TYPE PHTALOCYANINE.

CATIONIQUES	ANIONIQUES
– Bleu alcian 8GX (CI 74240) – Vert alcian 2GX (CI (pas de numéro de CI) – Jaune alcian GX (pas de numéro de CI) – Bleu Luxol solide MBSN (*Luxol fast blue*) (pas de numéro de CI)	

10.6.1.1 Capture par les systèmes d'opération

Le colorant est reconnu comme une matière étrangère et doit donc être éliminé : il est ainsi possible de mettre en évidence les cellules phagocytaires de l'organisme, c'est-à-dire les cellules du système réticulo-endothélial, ou les cellules dont la fonction est l'excrétion, par exemple celles de l'appareil urinaire. Cependant, il ne s'agit pas d'un processus de coloration à proprement parler, puisqu'il n'y a pas de liaison chimique spécifique entre le colorant et les constituants tissulaires : le colorant n'est retenu à l'intérieur de la cellule que grâce à l'agrégation des molécules colorantes. On obtient ce type de coloration en injectant, par exemple, du bleu trypan ou de l'encre de Chine à des animaux de laboratoire.

10.6.1.2 Liaison spécifique

Certains colorants injectés peuvent aller se fixer de façon plus ou moins spécifique sur certaines structures pour lesquelles ils ont une affinité particulière. L'exemple classique dans ce domaine est la coloration des mitochondries par le vert Janus B.

10.6.2 COLORATION SUPRAVITALE

On peut avoir recours au même procédé pour colorer des cellules vivantes extérieures à l'organisme. On donne à ce type de coloration le nom de coloration « supravitale ». Un exemple est donné à la section 14.4.2.2.2.

10.6.3 COLORATION HISTOLOGIQUE

On oppose habituellement la notion de coloration histologique à celle de réaction histochimique. La coloration histologique est une méthode, parfois empirique, qui sert à mettre en évidence la constitution micro-anatomique d'un tissu sans égard à sa composition chimique. Une coloration histologique sert donc surtout à discerner des structures tissulaires, par exemple le cytoplasme (pris globalement) ou les divers types de fibres conjonctives.

Bien sûr, le comportement des structures au cours de la coloration est fonction de leur composition chimique, mais ce n'est pas dans le but d'étudier celle-ci que l'on pratique les colorations histologiques.

10.6.4 COLORATION CYTOLOGIQUE

La coloration cytologique sert à mettre en évidence les détails de la structure de la cellule, tant au niveau nucléaire que cytoplasmique. Aujourd'hui, ce type d'étude est surtout effectué en cytologie diagnostique (voir le chapitre 26) et lors d'études cytologiques faisant appel à la microscopie électronique.

10.6.5 COLORATION HISTOCHIMIQUE

La coloration histochimique, souvent appelée réaction histochimique ou méthode histochimique, a pour objet de donner des renseignements sur la composition chimique d'un tissu en relation avec sa morphologie. On voudra localiser telle ou telle substance ou encore déterminer la composition chimique de telle ou telle structure. Par exemple, la coloration histochimique peut être effectuée par la méthode à l'acide périodique de Schiff (APS, voir le chapitre 15) ou par la méthode de Fontana-Masson (voir le chapitre 20).

On constate que l'histochimie est une discipline hybride, qui se situe à mi-chemin entre les préoccupations uniquement morphologiques de l'histologie et les recherches purement chimiques qui se font en biochimie.

10.6.6 IMPRÉGNATION MÉTALLIQUE

On parle d'imprégnation métallique lorsqu'on dépose, sur certaines structures, des atomes de métaux lourds, par exemple des atomes d'argent ou de chrome. On ne peut pas réellement considérer l'imprégnation métallique comme un procédé de coloration, car on n'utilise pas de colorants. Cependant, elle est largement utilisée en histotechnologie.

Les caractéristiques des imprégnations métalliques des colorations sont les suivantes :

- les structures à mettre en évidence deviennent opaques ou noires;
- la substance « colorante » est constituée de particules;
- le dépôt se fait sur l'élément à mettre en évidence, ou autour de lui;

– aucune liaison chimique ne s'effectue entre la substance déposée et la structure imprégnée.

L'argentation est l'une des méthodes d'imprégnation métallique les plus répandues en technique histopathologique. L'argent peut se déposer sur une structure selon deux mécanismes différents, l'argentaffinité et l'argyrophilie. L'argent s'intègre directement et épouse la forme de la structure à démontrer, d'où le terme « imprégnation ».

10.6.6.1 Argentaffinité

L'argentaffinité est le processus par lequel une substance à caractère réducteur est capable de capter l'argent ionique soluble et de le réduire elle-même en argent métallique insoluble.

10.6.6.2 Argyrophile

Une substance argyrophile a la capacité de réduire l'argent, mais en quantité insuffisante pour qu'il soit possible de la visualiser. La structure elle-même n'est capable de susciter que la formation de dépôts d'argent submicroscopiques. Cependant, elle peut retenir de grandes quantités d'argent non réduit, lequel viendra se déposer autour des noyaux si on fait agir par la suite un réducteur externe (voir la section 10.13).

10.6.7 COLORATIONS SIMPLES ET COMBINÉES

Les colorations simples se font au moyen d'un colorant unique qui exerce une action différente sur chaque structure du tissu. Les colorations combinées s'effectuent avec plusieurs colorants de teintes différentes qui ont chacun des affinités sélectives pour certaines structures tissulaires.

10.6.8 CONTRECOLORATION

La contrecoloration a pour fonction de mettre en évidence ou de faire ressortir une structure tissulaire ou cellulaire particulière. Cependant, cet élément doit être bien localisé par rapport à l'ensemble des structures avoisinantes pour que les résultats obtenus puissent avoir une signification. La contrecoloration permet ainsi de colorer des éléments familiers du tissu, comme les noyaux, les cytoplasmes, les fibres conjonctives, et ce, d'une teinte différente de la coloration principale. Les éléments contrecolorés constituent pour l'observateur des points de repère sur la coupe. Dans bien des cas, la contrecoloration a simplement pour but de rendre la coupe agréable à regarder, puisque la mise en évidence choisie a été faite au préalable au moyen d'un autre colorant.

10.7 COLORATIONS DIRECTE ET INDIRECTE

La réaction qui permet à une molécule colorante de se lier à un composant tissulaire ou cellulaire pour former un sel coloré peut se faire de deux façons : soit directement (coloration directe), soit au moyen de substances intermédiaires telles que les mordants ou les agents de rétention.

10.7.1 COLORATION DIRECTE

Cette appellation est utilisée lorsque la solution colorante se lie aux éléments tissulaires ou cellulaires par affinité naturelle, sans la présence d'aucune substance intermédiaire. Le colorant a, dans une telle situation, une affinité chimique naturelle pour la structure visée et forme avec elle un sel insoluble. Ce genre de coloration s'explique pour la théorie de l'absorption avec formation de sel (voir la section 10.12). À titre d'exemple, l'éosine, un colorant anionique faisant partie de la classe des xanthènes, s'unit aux structures acidophiles par formation de liens électrostatiques, produisant de ce fait un sel insoluble coloré. La réaction est illustrée ci-dessous :

colorant anionique	+ structure tissulaire cationique	→ sel insoluble
éosine	*cytoplasme*	*sel insoluble rose-orangé*

10.7.2 COLORATION INDIRECTE

Lorsque le colorant ne peut agir directement sur l'élément à colorer, une substance doit faire le trait d'union entre celui-ci et les radicaux tissulaires ionisés. Il faut donc ajouter un mordant ou un agent de rétention pour que la réaction se produise. Si on utilise un mordant, ce dernier devra être un sel métallique trivalent. On parle alors de mordançage. Si par contre, la technique fait appel à un agent de rétention comme l'iode dans la méthode de Verhoeff, ou l'acide phosphotungstique, ou l'acide phosphomolybdique comme dans la méthode du trichrome de Masson, le terme mordançage n'est pas nécessairement utilisé; on parle plutôt de sensibilisation, mais l'action est similaire. Le mordant et l'agent de rétention, de par leur structure physicochimique, fixent le colorant aux tissus. On assiste à la formation d'un complexe colorant-mordant qui s'attache au tissu; il est appelé « laque ».

La laque est en réalité le complexe formé par la molécule colorante, le mordant et le tissu, mais plusieurs auteurs utilisent l'appellation « laque colorante » pour désigner le complexe formé par la molécule colorante et le mordant uniquement.

Le mordant est une substance qui sert d'intermédiaire et permet une réaction entre la matière à colorer et la substance colorante. Normalement, le colorant et le tissu n'ont pas d'affinité naturelle l'un pour l'autre. Le mordant aide la structure tissulaire ou cellulaire visée à capter le colorant. La liaison du mordant au colorant se produit sur le site adjacent au groupement hydroxyle. Le mordant est généralement un sel métallique trivalent que l'on peut introduire dans le processus au moment même de la coloration, en l'ajoutant directement à la solution colorante, ou au cours d'une opération antérieure, soit en solution aqueuse dans un bain précédant celui du colorant, soit dès la fixation, donc avant le début de la circulation. Dans les cas où le mordançage se fait avant le bain de colorant, on parle de postfixation ou de prémordançage.

Les mordants utilisés en histotechnologie sont chélatés par les molécules de colorant. Deux types d'arrangement des molécules de colorant prédisposent celles-ci à se lier au métal du mordant. La première réaction repose sur la présence d'un noyau phénol et d'un atome d'oxygène capable de donner des électrons à l'atome de métal qui vient se substituer à l'ion hydrogène de l'hydroxyle. Le second arrangement montre la présence de deux radicaux hydroxyles voisins sur un même noyau benzénique, sur deux noyaux voisins ou sur un noyau et un radical orthodiphénolique voisin. Dans les deux types d'arrangements, le mécanisme de liaison est sensiblement le même. Le fer se substitue à l'hydrogène de l'hydroxyle et l'oxygène donneur lui passe un doublet d'électrons, ce qui constitue une liaison de coordinence. Par la suite, il y a réarrangement du complexe et les deux liaisons deviennent covalentes. Le métal est ainsi lié à la molécule grâce à un phénomène de chélation, ce qui lui permet de conserver une partie de son caractère cationique, lequel est par le fait même conféré à tout le complexe colorant-mordant, ou laque colorante. Le complexe colorant-mordant est donc toujours de nature cationique, c'est-à-dire chargé positivement, sauf dans le cas de la coloration au trichrome de Masson, lequel permet la coloration des fibres de collagène (voir le chapitre 14). On utilise alors le bleu d'aniline comme colorant et l'acide phosphotungstique ou l'acide phosphomolybdique comme agent de rétention. Cette liaison, qui n'est pas du type chélation, forme un complexe anionique. Une fois lié aux tissus, le complexe devient relativement insoluble dans les solvants neutres ainsi que dans les alcools.

Comme on l'a vu antérieurement, les mordants sont généralement des sels métalliques trivalents, principalement d'aluminium ou de fer. Avec certains colorants, cependant, il convient d'utiliser d'autres métaux, comme le chrome, le cuivre ou le molybdène. Il est important de souligner qu'un mordant est toujours nécessaire pour faire le lien entre un colorant indirect et une structure tissulaire. Les colorants indirects les plus utilisés sont l'hématéine, le carmin, le Kernechtrot et le bleu céleste.

10.7.3 AGENTS DE RÉTENTION (*TRAPPING AGENTS*)

Les agents de rétention sont souvent confondus avec les mordants, même si les mécanismes d'action respectifs de ces deux types de substances sont radicalement différents. L'agent de rétention sert à retenir un colorant qui est déjà fixé sur un élément donné, afin d'empêcher la décoloration de ce dernier au cours d'une étape ultérieure de différenciation.

L'action des agents de rétention tient vraisemblablement au fait qu'ils forment des complexes insolubles avec le colorant et certains éléments présents dans le tissu.

Le plus connu des agents de rétention des colorants est l'iode, dans la coloration des bactéries par la méthode de Gram (voir le chapitre 20).

10.7.4 ACCENTUATEURS ET ACCÉLÉRATEURS

Les accentuateurs sont des substances qui augmentent le pouvoir colorant de certaines solutions colorantes ainsi que la sélectivité des colorants. Ces substances n'interviennent pas directement dans la réaction entre le colorant et le tissu, mais créent plutôt un milieu favorable à la réaction. Un bon exemple d'accentuateur est le phénol, dans la solution de fuchsine carbolique utilisée dans la méthode de Ziehl-Neelsen (voir le chapitre 20). On peut mentionner également l'acide acétique que l'on retrouve dans plusieurs solutions colorantes, telles que l'hématéine dans la méthode de coloration de routine à l'hématoxyline et à l'éosine (voir le chapitre 13); il y a en outre la solution de bleu d'aniline ou de vert lumière dans la méthode au trichrome de Masson (voir la chapitre 14). Enfin, l'acide chlorhydrique peut aussi faire office d'accentuateur, comme dans la solution d'hématoxyline de Weigert (voir le chapitre 12), que l'on retrouve également dans le trichrome de Masson.

Certaines techniques d'imprégnation des éléments du tissu nerveux nécessitent la présence de substances qui jouent le rôle d'accentuateurs; dans ce cas, on parle d'accélérateurs. Le nitrate d'uranyle en est un exemple.

10.8 COLORATIONS PROGRESSIVE ET RÉGRESSIVE

Pour colorer les diverses structures tissulaires, il est possible de procéder soit par coloration progressive, soit par coloration régressive, chacune étant adaptée à une situation bien particulière.

10.8.1 COLORATION PROGRESSIVE

On procède à une coloration progressive quand une coupe de tissu est laissée dans une solution colorante jusqu'à ce que l'action sélective du ou des colorants qui s'y trouvent permette de bien distinguer les constituants recherchés, c'est-à-dire quand tous les cations tissulaires ont capté des anions colorants et vice versa. Cette méthode demande une vérification fréquente au microscope, ou une grande maîtrise des techniques éprouvées dans le domaine pour déterminer le degré de coloration atteint. Une fois que l'on a obtenu la coloration désirée, on poursuit avec un lavage à l'eau courante et un rinçage à l'eau distillée afin d'enlever l'excès de colorant qui n'est pas lié chimiquement au tissu.

Colorant(s) + tissu + vérification au microscope → coloration définitive

10.8.2 COLORATION RÉGRESSIVE

La coloration régressive nécessite d'abord une surcoloration de la coupe tissulaire, c'est-à-dire une coloration de tous les éléments qui ont une affinité quelconque pour les particules colorantes présentes dans la solution. Par la suite, la coupe est décolorée progressivement (différenciation sélective) jusqu'à ce que seules les structures ayant une très forte affinité pour le colorant conservent leur coloration et que les autres structures se délavent.

Colorant + tissu → tissu surcoloré

Tissu surcoloré + différenciateur → coloration optimale adéquate

Un exemple très simple comme la méthode à l'hématoxyline et à l'éosine peut facilement expliciter la pertinence de ces deux modes opératoires (coloration progressive et coloration régressive). Dans cette méthode, le noyau, élément basophile par excellence, doit être coloré par une laque basique, tandis que le cytoplasme et le collagène, éléments notoirement amphotères (puisque constitués de protéines) doivent être colorés par un colorant acide. On doit commencer par la coloration nucléaire, puisque la laque résiste mieux à la différenciation que le colorant direct, l'éosine. La différenciation progressive pose toutefois un problème : les groupes anioniques du cytoplasme et du collagène capteront suffisamment de laque pour que leur teinte nuise à la différenciation claire des noyaux par rapport aux autres structures et modifie la teinte que donnera l'éosine aux cytoplasmes et aux fibres; qui plus est, cette interférence surviendra avant que les noyaux n'aient capté suffisamment de laque pour présenter la teinte désirée. On peut prévenir ce problème en surcolorant la coupe, c'est-à-dire en saturant tous les radicaux anioniques qui s'y trouvent. Par la suite, une différenciation lente permettra au cytoplasme et aux fibres de perdre leur coloration longtemps avant que la teinte du noyau ne soit sérieusement modifiée, ce dernier contenant beaucoup plus de charges anioniques.

La coupe tissulaire est ensuite colorée progressivement avec l'éosine; le noyau, déjà fortement coloré par la laque basique, ne risque pas de lier de façon excessive le colorant anionique. Cette notion de coloration régressive conduit à celle de différenciation.

10.9 DIFFÉRENCIATION ET DÉCOLORATION

Un différenciateur est un produit en solution qui sert principalement à la décoloration partielle d'un tissu ayant subi une surcoloration. Les principaux types de différenciateurs utilisés en histotechnologie sont les solutions contenant un mordant, les acides ou les bases faibles ainsi que le solvant du colorant, soit l'alcool ou l'eau.

La décoloration progressive des coupes dans les méthodes de coloration régressive est appelée « différenciation », tandis que le terme « décoloration » désigne l'enlèvement de tous les colorants présents sur une coupe.

10.9.1 EXCÈS DE MORDANT

La différenciation par excès de mordant se fait en plaçant la coupe de tissu surcolorée dans une solution aqueuse de faible concentration d'un mordant du même type que celui utilisé pour lier le colorant au tissu. Comme le mordant en solution est en excès par rapport à celui qui est lié au tissu, il se produira un phénomène de concurrence : le différenciateur en solution aqueuse aura tendance à se lier au colorant en contact avec le mordant attaché au tissu, ce qui brisera la liaison entre colorant et mordant (voir la section 10.7.2) et entraînera une décoloration graduelle de la coupe. Cette méthode ne peut être mise en œuvre qu'avec les colorants indirects.

À titre d'exemple, l'hématoxyline ferrique de Verhoeff (voir le chapitre 14) est différenciée par une solution de chlorure ferrique. Dans ce cas, il y a différenciation sélective, c'est-à-dire concurrence entre les ions colorants liés au mordant (sel ferrique) et les ions ferriques en solution aqueuse, ce qui libère le colorant faiblement lié au mordant. Ce type de différenciation ne peut donc être utilisé qu'avec des colorants indirects. Le mordant est habituellement utilisé à plus faible concentration comme différenciateur que comme mordant.

10.9.2 ACIDES OU BASES FAIBLES

10.9.2.1 Colorations avec formation de liens sel

Ce type de différenciation se fait généralement au moyen d'acides, comme l'acide chlorhydrique (HCl), l'acide sulfurique (H_2SO_4) ou l'acide acétique glacial (CH_3COOH), dilué dans l'eau, l'alcool ou l'acétone. En général, les colorants ou les laques colorantes cationiques sont différenciés par des solutions légèrement acides alors que les colorants ou les laques colorantes anioniques le sont par des bases faibles.

Par exemple, une solution acide faible permettra de procéder à la différenciation d'une coupe où un colorant cationique est lié à une structure tissulaire anionique, en brisant les liens entre les deux, le colorant cationique s'unissant à l'acide faible en solution. Le même type de réaction se produit lorsqu'une solution faiblement basique, par exemple le KOH ou le NaOH dans la méthode de coloration au rouge Congo (voir le chapitre 18), entre en contact avec un colorant anionique lié à une structure cationique. Cette solution brise le lien entre le colorant et le tissu et provoque une différenciation.

Une telle différenciation ne peut s'effectuer que dans le cas d'une coloration où il y a formation de liens sel entre le colorant et le tissu.

10.9.2.2 Substances amphotères

Une variation du *p*H peut également produire un certain effet. Pour le diminuer ou l'augmenter, il s'agit simplement de modifier la charge des composants tissulaires amphotères. Ainsi, un colorant cationique aura tendance à quitter le tissu si on diminue le *p*H, puisque cette diminution entraîne une diminution de la charge négative du tissu en même temps qu'une augmentation de la charge positive du colorant.

En présence d'un colorant amphotère, il est possible de modifier par le même phénomène la charge du colorant. Lorsqu'il s'agit d'une laque, la modification du *p*H est susceptible d'altérer le lien qui unit le colorant au mordant.

10.9.3 AGENTS OXYDANTS

Dans cette méthode, le colorant est oxydé en un composé incolore. Comme les molécules colorantes sont faciles à oxyder et qu'elles perdent de ce fait leur coloration, une oxydation progressive entraîne la décoloration progressive de la coupe. Les éléments les plus fortement colorés le demeureront plus longtemps que ceux qui le sont moins. Le blanchiment de la mélanine par le peroxyde d'hydrogène est un exemple de ce procédé (voir le chapitre 19).

10.9.4 SOLVANT

La plupart des colorants, plus solubles dans l'eau que dans l'alcool, sont soumis à la différenciation au moyen d'une solution alcoolique, le processus de décoloration étant alors plus lent, donc plus facile à suivre au microscope. Le même principe s'applique aux colorants plus solubles dans l'alcool. On procédera alors à une différenciation en milieu aqueux.

Il convient de souligner que le principal agent de différenciation des hématoxylines aluminiques est un mélange alcool-acide constitué de HCl à 1 % dilué dans de l'alcool à 70 %. Cette solution agit en combinant deux mécanismes de différenciation. D'abord, l'acide chlorhydrique brise le lien entre le mordant cationique et les ions acides tissulaires selon le principe de la concurrence, libérant de ce fait des molécules colorantes, puis l'alcool dissout lentement l'hématoxyline. Il s'agit donc d'une double différenciation : d'abord une différenciation en milieu acide agissant sur les colorants cationiques, puis une dissolution du colorant par un solvant plus lent que le solvant qui lui est propre. Ainsi, si le colorant est plus soluble en solution aqueuse, la différenciation se fait à l'alcool, alors que si le colorant est plus soluble en milieu alcoolique, l'eau servira de différenciateur. La différenciation au moyen du solvant propre au colorant est également possible si l'on maîtrise parfaitement les techniques éprouvées en ce domaine, car la différenciation est très rapide et difficile à suivre au microscope.

10.10 TRANSMISSION DE LA COULEUR

Les solutions colorantes peuvent conférer la coloration aux tissus selon plusieurs modes de transmission : orthochromatique, polychromatique ou métachromatique.

10.10.1 ORTHOCHROMATIQUE

La coloration orthochromatique est le mode de transmission de la couleur qui est observé le plus fréquemment. Il se caractérise par le fait qu'une solution colorante donne à un tissu sa propre couleur.

10.10.2 POLYCHROMATIQUE

Ce deuxième mode de transmission de la couleur se caractérise par un résultat final où le tissu présente plusieurs couleurs différentes. Un résultat polychromatique est parfaitement prévisible lorsqu'on a utilisé une solution combinée, c'est-à-dire composée de plusieurs colorants de couleurs différentes et dont la charge ionique est identique. En résumé, une coloration simple donne généralement un résultat orthochromatique alors qu'une coloration combinée donne un résultat polychromatique.

Il arrive toutefois qu'une coloration simple donne un résultat polychromatique. La première explication qui vient à l'esprit est la présence d'impuretés colorantes dans la solution. Lorsque tel est le cas, et que de plus ces impuretés proviennent de la dégradation du colorant, il s'agit d'une allochromasie, non contrôlée et surtout non désirée.

En revanche, si la solution colorante ne contient qu'une seule matière colorante sans aucun mordant ni agent de rétention, la cause de ce résultat polychromatique se situe ailleurs.

10.10.3 MÉTACHROMASIE

La métachromasie se caractérise par la capacité d'une molécule colorante à donner au tissu des couleurs différentes selon les circonstances. Les colorants directs qui suscitent de tels résultats, ou colorants métachromatiques, ne sont que des colorants cationiques qui agissent directement, sans mordant ni agent de rétention. S'il s'y trouve un mordant ou un agent de rétention, on ne parle plus de métachromasie, mais plutôt de bathochromasie.

10.10.3.1 Chromotropes

Seuls certains constituants tissulaires sont capables de déclencher le phénomène de la métachromasie. Ces constituants sont, en histopathologie humaine, la matrice du cartilage, les sécrétions de certaines glandes muqueuses (mucines), les granulations des mastocytes, la substance amyloïde (voir le chapitre 18) et, en certaines circonstances, la chromatine. Les constituants tissulaires métachromatiques sont appelés chromotropes.

En histologie, tous les chromotropes sont des structures fortement basophiles, donc anioniques. Néanmoins, les groupes anioniques tissulaires n'ont pas tous la même capacité à déclencher la métachromasie : ce sont, du plus fort au plus faible, les esters sulfuriques, les groupes phosphate et les fonctions carboxyle disposés selon un arrangement linéaire, à des intervalles d'environ 5 Å ou moins.

10.10.3.2 Colorants métachromatiques

Bien qu'il existe des colorants métachromatiques acides, ils ne seront pas à l'étude puisque tous les chromotropes tissulaires sont basophiles. Sauf en de très rares exceptions, le changement de couleur que subit un colorant au cours de la réaction métachromatique est toujours de type hypsochrome, c'est-à-dire qu'il se fait dans l'ordre suivant : vert → bleu → violet → pourpre → magenta → rouge → orangé→ jaune. Par exemple, le bleu de toluidine, l'azur et la thionine passent du bleu au rouge.

Les principaux colorants métachromatiques directs utilisés en histotechnologie sont le violet de méthyle, le bleu de crésyl brillant, la thionine, l'azur A, l'azur B, le bleu de toluidine, le rouge neutre et la safranine.

10.10.3.3 Mécanisme supposé de la métachromasie

En général, une substance colorée absorbe de façon sélective certaines longueurs d'onde, et l'absorption maximale correspond à une valeur donnée et précise du spectre visible, ce qui lui donne sa couleur. Le pourcentage d'absorption de la lumière à cette longueur d'onde augmente en même temps que la concentration de la substance (loi de Lambert-Beer).

Les colorants métachromatiques ont cependant un comportement différent. En concentration très réduite, leur longueur d'onde d'absorption maximale correspond à une valeur donnée qu'on appelle pic α. Lorsqu'on augmente la concentration de la solution, on constate l'apparition graduelle d'un second pic d'absorption (le pic β), situé à une longueur d'onde inférieure (effet hypsochrome). L'augmentation de l'absorption lumineuse à la longueur d'onde β est accompagnée par une diminution de l'absorption lumineuse à la longueur d'onde α. Si, au moment où le pic β est bien marqué, on ajoute à la solution une concentration (même faible) d'une substance chromotropique, il se forme immédiatement un troisième pic d'absorption (le pic γ), situé à une longueur d'onde encore moins élevée que les deux autres (α et β); encore une fois, l'apparition du nouveau pic est accompagnée d'une réduction des autres pics.

L'explication la plus satisfaisante de ce phénomène laisse supposer qu'il se produit une polymérisation des molécules colorantes lorsque celles-ci sont présentes en concentration élevée, c'est-à-dire lorsque les molécules de colorants fixées sur les chromotropes sont suffisamment près l'une de l'autre, ce qui donne une coloration intense. La polymérisation entraîne donc une modification du système de résonance, laquelle se traduit par un changement dans la longueur d'onde d'absorption maximale et, ultimement, par un changement de couleur de la solution. Le pic α correspond à l'absorption lumineuse du colorant sous sa forme monomérique; le pic β indique le comportement spectrophotométrique des dimères; le pic γ montre celui des polymères du colorant. On trouvera au tableau 10.14 un résumé de ces données dans le cas du bleu de toluidine.

La façon exacte dont le colorant se polymérise n'est pas connue avec certitude; cependant, il semble que lorsque deux molécules de colorant liées au tissu sont assez près l'une de l'autre, elles s'attachent l'une à l'autre grâce à une molécule d'eau qui vient former un pont entre elles. Pour que se forme un tel pont, la distance optimale entre les anions tissulaires est d'environ 0,4 nm. Si cette intervention de l'eau dans la polymérisation est avérée, il est alors possible d'expliquer certains phénomènes jusque-là obscurs, dont les deux exemples que voici : la métachromasie ne se maintient pas en solution alcoolique et elle est atténuée par la déshydratation des coupes lors du montage au moyen de résines synthétiques.

10.11 FACTEURS CHIMIQUES INFLUANT SUR LA DISTRIBUTION DES COLORANTS DANS LES TISSUS

Les auteurs s'entendent sur le fait que les résultats produits par les colorations peuvent s'expliquer entre autres par des phénomènes chimiques comme le *p*H de la solution colorante, la force ionique de cette solution, les agents fixateurs, la concentration du colorant et sa pureté, les indices H/S des ions colorants et tissulaires, la densité des structures, la température, le degré de maturation de la solution colorante et le solvant du colorant. Seuls une compréhension et un contrôle adéquat de tous ces facteurs permettent d'obtenir des résultats explicables et reproductibles en histotechnologie.

10.11.1 *p*H

La concentration en ions H^+ a une influence déterminante sur le degré d'ionisation à la fois des colorants amphotères et autres et des composants tissulaires.

10.11.2 FORCE IONIQUE

La présence de sels dans les solutions colorantes peut modifier de manière positive ou négative la coloration des structures.

10.11.3 FIXATION DES TISSUS

Les agents fixateurs et, dans une moindre mesure, les autres liquides dans lesquels le tissu passe avant d'être coloré modifient considérablement la chimie du tissu, ce qui peut être bénéfique ou nuisible à la coloration de certaines structures par certains colorants. Un fixateur additif qui laisse des mordants sur les structures tissulaires, comme le Bouin ou un fixateur mercurique, augmente en général l'acidophilie des tissus.

10.11.4 CONCENTRATION DU COLORANT

La concentration des colorants avec lesquels le tissu est mis en contact peut influer grandement sur le temps d'action des solutions colorantes et sur la distribution des colorants dans les diverses structures. En règle générale, plus un colorant est concentré, plus la coloration est intense.

10.11.5 PURETÉ DES COLORANTS

La pureté des colorants ne pose guère de problèmes aujourd'hui, puisque les lots de colorants, avant d'être vendus, sont habituellement testés par la Biological Stains Commission. Les colorants vérifiés reçoivent une certification attestant qu'ils sont adéquats pour telle ou telle utilisation. On peut dès lors les utiliser sans crainte.

Tableau 10.14 RÉSUMÉ DES DONNÉES SUR LA MÉTACHROMASIE DANS LE CAS DU BLEU DE TOLUIDINE.

Pic	Longueur d'onde absorbée de façon maximale (nm)	Couleur de la solution	Forme prédominante du colorant
α	630	Bleu-vert	Monomérique
β	590	Bleu-violet	Dimérique
γ	550	Pourpre	Polymérique

10.11.6 INDICES H/S DES IONS COLORANTS ET TISSULAIRES

Une théorie a été élaborée récemment dans le but de prévoir les affinités particulières entre les colorants et les diverses structures tissulaires. Elle est basée sur le principe que l'on a convenu d'appeler HSAB (*hard and soft acid and base*), selon lequel tous les ions peuvent être classés comme durs (*hard*) ou doux (*soft*). Cette propriété est quantifiée à l'aide d'un indice, l'indice H/S. Au cours d'une réaction, tout cation aura une préférence pour un anion d'indice H/S équivalent au sien. La valeur de l'indice H/S est fonction de la structure spatiale du site chargé de l'ion.

10.11.7 DENSITÉ DES STRUCTURES

La présence dans un tissu d'une grande quantité de substance colorable donne une coloration plus intense lors d'une coloration progressive, et une décoloration plus lente si la coloration est régressive. Cette forte concentration de substance colorable peut être due à deux facteurs : soit à une structure très riche en ions ayant une affinité pour le colorant, soit à une structure moyennement chargée, mais très dense, comme dans le cas de structures repliées sur elles-mêmes.

10.11.8 TEMPÉRATURE

L'augmentation de la température augmente la vitesse de diffusion de l'ion colorant. De plus, elle fait gonfler les fibres tissulaires et les rend plus perméables aux colorants.

10.11.9 DEGRÉ DE MATURATION

Certains colorants nécessitent un certain temps de maturation, sans quoi ils ne colorent les structures tissulaires que très peu ou ne les colorent pas du tout. Il faut donc s'assurer que la solution colorante est mature avant de l'utiliser.

10.11.10 SOLVANT

Si un colorant est plus soluble dans l'alcool que dans l'eau et si on utilise de l'alcool, plus de molécules colorantes seront transportées vers le tissu, donc la coloration sera plus intense. Le même phénomène se produit lorsque le colorant est plus soluble dans l'eau et que l'on utilise de l'eau comme solvant.

10.12 MÉCANISMES D'ACTION

Dans le processus de la coloration, un colorant communique sa couleur à différentes structures. Idéalement, il faudrait que la matière colorante, en combinaison avec le tissu, donne une réaction irréversible, même si on lavait le tissu avec le solvant du colorant. En plus des facteurs mentionnés ci-dessus qui peuvent influer sur la qualité d'une coloration, certains mécanismes sous-jacents font en sorte que les tissus laissent pénétrer et retiennent le colorant. Ces mécanismes peuvent être de nature physique, chimique ou histochimique.

10.12.1 MÉCANISMES PHYSIQUES

Les mécanismes physiques, comme le nom l'indique, font appel à des caractéristiques physiques, tant du côté du tissu que de celui de la molécule colorante. Parmi ces caractéristiques, on retrouve la solubilité préférentielle, l'absorption, l'adsorption et la porosité ou perméabilité.

10.12.1.1 Solubilité préférentielle

Pour mettre en évidence certains composés présents à l'état liquide ou semi-liquide dans le tissu, il est possible d'utiliser des substances colorées, non ionisées et solubles dans ces composés. La seule façon qu'ont ces substances colorées de demeurer dans le tissu est de s'y dissoudre. On donne le nom de lysochromes aux substances colorées ainsi utilisées, puisqu'il ne s'agit pas vraiment de colorants.

La solubilité préférentielle est basée sur le fait que le colorant est plus soluble dans une partie constituante du tissu que dans son propre solvant. Le plus bel exemple de ce type de mécanisme d'action est la coloration des graisses. En effet, le colorant, partiellement soluble dans l'alcool, l'est complètement dans les graisses. Il quitte donc facilement le solvant pour pénétrer dans les graisses tissulaires : on assiste alors à la dissolution du colorant par les lipides. La coloration des graisses se fait entre autres au moyen de l'huile rouge O ou de colorants de type Soudan (voir le chapitre 16).

10.12.1.2 Absorption

La majorité des colorants agissent grâce à l'absorptivité des structures tissulaires ou cellulaires (l'absorptivité étant le pouvoir d'absorption d'une substance). La solution colorante pénètre le tissu en y amenant les ions colorants. Les structures tissulaires qui ont une affinité pour le ou les colorants présents agissent comme un solvant non miscible avec le véhicule du colorant : celui-ci est donc retenu en profondeur, dans le tissu, comme s'il était en solution, et la couleur diffuse dans les structures tissulaires. Il y a en général formation de liens chimiques entre les ions colorants et ceux du tissu.

10.12.1.3 Adsorption

L'adsorption est le phénomène par lequel une grosse masse attire vers elle des particules présentes dans le milieu ambiant. Les colorants se présentent en solution soit à l'état colloïdal, soit à l'état dissous. Dans les deux cas, il est possible que les particules colorantes soient adsorbées à la surface de certaines structures. Les colorants n'ont pas tous la même tendance à être adsorbés, et les structures tissulaires n'ont pas toutes la même capacité d'adsorption. De plus, la présence d'autres ions dans la solution colorante et le *p*H de celle-ci peuvent modifier les phénomènes d'adsorption qui s'y déroulent. Aucun lien chimique ne se forme à l'intérieur du tissu puisque les molécules colorantes restent en surface. Cependant, il peut y avoir formation de liens chimiques de surface entre les molécules du tissu et celles du colorant. Il s'agit d'un phénomène de surface; par conséquent, de tels colorants résistent mal à la différenciation et risquent d'être délogés du tissu au cours de cette étape.

10.12.1.4 Porosité (ou perméabilité) tissulaire

Les structures tissulaires n'ont pas toutes la même perméabilité aux ions. De même, la capacité de pénétrer les structures varie d'un colorant à l'autre en fonction de facteurs comme la taille de la molécule, ou encore la tendance des particules colorantes à s'agréger. Souvent, le réseau de protéines coagulées du tissu va déterminer la porosité de ce dernier. Si les protéines coagulées sont rapprochées, le tissu sera plus dense, donc moins poreux. Il sera plus difficile pour le colorant d'y pénétrer.

On a mis à profit la perméabilité des structures tissulaires surtout pour obtenir des colorations différentes selon les structures à l'aide de plusieurs colorants anioniques ou, plus rarement, de plusieurs colorants cationiques, utilisés simultanément ou successivement.

Les structures tissulaires acidophiles où ce facteur intervient sont classées par ordre de perméabilité croissante, c'est-à-dire des plus denses aux plus lâches : les globules rouges, les protéines contractiles du muscle, le cytoplasme des cellules, le collagène.

Les colorants anioniques que l'on utilise dans ce type de méthode peuvent être classés par ordre décroissant de pouvoir pénétrant, des plus petites molécules vers les plus grosses : l'acide picrique, l'orange G, la fuchsine acide, la nigrosine WS, le bleu de méthyle et le bleu d'aniline WS.

Lorsque deux colorants sont mis en contact avec une coupe de tissu, il est évident que le plus diffusible des deux, celui dont la molécule est la plus petite, pénétrera les structures tissulaires les plus denses, et que les deux colorants pénétreront les structures les plus perméables. La méthode de coloration à la picrofuchsine de Van Gieson (voir le chapitre 14) met à profit ce phénomène de porosité.

Enfin, la porosité dépend de divers facteurs :

- le nombre de pores dans le tissu. Plus un tissu est poreux, plus il se colorera rapidement;
- la grosseur des pores. Si les orifices sont larges, les grosses particules colorantes pénétreront aussi facilement le tissu que les petites. Inversement, si la structure tissulaire ne présente que des pores minuscules, seules les petites particules colorantes pourront y pénétrer;
- la taille des particules colorantes;
- le nombre de particules colorantes (concentration du colorant).

En règle générale, il semble que la plupart des techniques de coloration reposent sur une combinaison de réactions chimiques et physiques. Seule la solubilité préférentielle, dans le cas des lipides, est clairement évidente.

10.12.2 MÉCANISMES CHIMIQUES

Les mécanismes d'action basés sur une réaction chimique sont classés sous cinq grandes catégories : la formation de liens sel, les liaisons hydrogène, les liaisons covalentes, les forces de Van der Waals et l'agrégation des ions colorants entre eux.

10.12.2.1 Liens (liaisons) sel

Les liens sel sont également appelés liens ioniques ou liens électrostatiques. La liaison sel est, semble-t-il, la plus importante dans les phénomènes de coloration. Elle consiste essentiellement en la neutralisation d'un ion positif par un ion négatif. L'ion colorant se lie à l'ion tissulaire de charge inverse. « Liaison sel » signifie la présence de liens ioniques entre le colorant et le tissu. La coloration de tissus cationiques par l'éosine, un colorant anionique, en est un bon exemple.

10.12.2.2 Liens hydrogène

Un lien hydrogène consiste en l'attraction d'une molécule électronégative par l'ion H^+. La façon la plus simple d'illustrer les liaisons hydrogène est d'étudier le comportement des molécules d'eau. L'oxygène est beaucoup plus électronégatif que l'hydrogène, ce qui a pour résultat de susciter l'attraction des électrons des deux atomes d'hydrogène de la molécule. Le noyau des atomes d'hydrogène est alors partiellement découvert et, ainsi, chacun d'eux se trouve à porter une charge positive partielle. L'atome d'oxygène, en retour, porte une charge négative partielle. Donc, la molécule d'eau, sans porter de charge nette, est ce qu'on appelle un dipôle électrique.

Les propriétés dipolaires de la molécule d'eau sont responsables de l'attraction qui existe entre plusieurs molécules d'eau. En effet, il y a une forte attraction électrostatique entre la charge négative partielle portée par l'atome d'oxygène d'une molécule d'eau et la charge positive partielle portée par l'atome d'hydrogène de sa voisine. Ce type d'interaction est appelé liaison hydrogène.

Les liaisons hydrogène ne sont pas propres à l'eau. Elles peuvent exister entre un atome très électronégatif (oxygène, azote, fluor, chlore) et l'atome d'hydrogène lié à un autre atome électronégatif du même type, c'est-à-dire à deux valences. Les liaisons hydrogène peuvent se former entre deux molécules différentes ou entre deux parties de la même molécule. Elles sont plus faciles à briser que les liaisons covalentes et elles possèdent, dans des circonstances données, une longueur spécifique et constante.

Lorsque plusieurs liaisons hydrogène relient deux structures, l'énergie requise pour séparer ces structures est plus grande que la somme des énergies requises pour briser individuellement chacune des liaisons. On parle alors de « liaisons hydrogène coopératives ». On observe ce phénomène dans la liaison des acides nucléiques avec certaines protéines.

Voici quelques exemples de liaisons hydrogène que l'on peut observer en biologie :

a) entre deux molécules d'eau

```
H—O----- H—O
|        |
H        H
```

b) entre un composé organique et l'eau

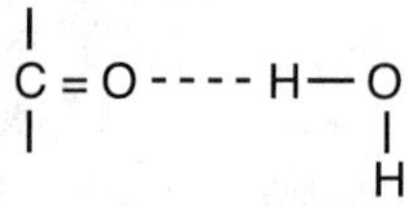

```
|
C=O---- H—O
|          |
           H
```

10.12.2.3 Liaisons covalentes

On sait que des liaisons covalentes dues à des partages d'électrons peuvent s'établir entre les auxochromes et les sites réactifs tissulaires.

10.12.2.4 Forces de Van Der Waals

Le phénomène d'attraction appelé « forces de Van Der Waals » n'est possible que si les différentes molécules colorantes et celles du tissu se situent à une distance voisine du nanomètre. À des distances inférieures, ces forces sont répulsives.

10.12.2.5 Agrégation des ions colorants

Il semble que les colorants, surtout les colorants anioniques, aient des propriétés d'agrégation, c'est-à-dire que les molécules d'un colorant puissent s'agréger à d'autres molécules du même colorant déjà liées au tissu.

10.12.3 RÉACTIONS HISTOCHIMIQUES

Une réaction histochimique a comme résultat la production d'un pigment chimique insoluble coloré, et ce, à partir d'un produit incolore. Quelques exemples en sont la coloration au bleu de Prusse de Perls, pour la mise en évidence de l'hémosidérine (voir le chapitre 19), la coloration de Feulgen pour celle des acides nucléiques (voir le chapitre 17), et la réaction de Fouchet pour celle des sels biliaires (voir le chapitre 19).

10.13 IMPRÉGNATIONS MÉTALLIQUES

Tel que mentionné à la section 10.6.6, il est très important de faire la différence entre la coloration et l'imprégnation. Lors de la coloration, les composantes des cellules et des tissus se combinent avec l'agent colorant actif d'une façon telle qu'on ne peut distinguer les particules colorantes : il s'agit généralement d'une union moléculaire. De plus, le tissu demeure relativement transparent. L'imprégnation métallique, pour sa part, fait précipiter de façon très sélective des sels de métaux lourds, plus particulièrement les sels d'argent sur certaines composantes des cellules et des tissus. Cette méthode s'applique surtout aux tissus du système nerveux et à la mise en évidence de certains constituants tissulaires comme la mélanine, les fibres de réticuline, les neurofibrilles, les limites cytoplasmiques des endothéliums (membrane basale) et à la détection de substances aussi diverses que la sérotonine ou les lipofuchsines. Des particules opaques précipitent et se déposent sur et autour de ces structures, et celles-ci, invisibles, ne sont mises en évidence que par la seule présence du dépôt métallique.

On pourrait croire que de telles méthodes sont dépourvues de spécificité. Cependant, elles sont largement utilisées en histotechnologie. Les plus répandues utilisent l'argent, lequel peut se déposer sur une structure selon deux mécanismes différents, l'argentaffinité et l'argyrophilie (voir la figure 10.35, page 201).

10.13.1 RÉACTIONS ARGENTIQUES

10.13.1.1 Réaction argentaffine

La réaction argentaffine se produit lorsqu'une substance tissulaire peut capter et réduire elle-même les sels d'argent en argent métallique insoluble, sans apport d'énergie lumineuse ni d'aucun autre agent réducteur. Ceci laisse donc supposer que, dans le tissu, une particule réductrice agit sur les sels d'argent et transforme les ions argent (Ag^+) en un précipité noir amorphe d'argent ($Ag°$). La mise en évidence de la mélanine peut s'effectuer par réaction argentaffine, le pigment de mélanine ayant un pouvoir réducteur intrinsèque (voir le chapitre 19).

10.13.1.2 Réaction argyrophile

La réaction argyrophile se produit lorsqu'une substance peut être imprégnée par l'argent, mais ne peut le faire par ses propres moyens, ou qu'il lui est possible de capter l'argent sans être capable de le réduire par ses propres moyens. Ce type de réaction nécessite obligatoirement soit de la lumière, soit la présence d'un produit réducteur étranger à la substance. La réticuline, certains champignons, la myéline, le calcium et les axones sont des substances argyrophiles.

Qu'il s'agisse d'une réaction argentaffine ou d'une réaction argyrophile, l'argent cationique, c'est-à-dire chargé positivement, doit provenir d'un sel d'argent instable comme une simple solution de nitrate d'argent. Dans les deux cas, le produit final est le même : il y a formation d'argent métallique amorphe ($Ag°$).

10.13.2 ÉTAPES DE L'IMPRÉGNATION MÉTALLIQUE

10.13.2.1 Oxydation du produit à colorer

Si la structure tissulaire ou cellulaire ne possède pas de propriétés argentaffines, il est nécessaire de procéder à son oxydation. Les principaux agents utilisés à cette fin sont le permanganate de potassium, le métabisulfite de sodium, l'acide chromique, l'acide phosphomolybdique et l'acide périodique.

10.13.2.2 Sensibilisation

Cette étape serait, croit-on, une préimprégnation au cours de laquelle des complexes organométalliques sont formés sur le tissu ou autour de lui; leur partie métallique serait remplacée par l'argent lors de l'imprégnation métallique. Plusieurs sels peuvent être utilisés en guise de sensibilisateurs, les meilleurs étant l'alun de fer, le nitrate d'argent et le nitrate d'uranyle.

Il semble exister des compatibilités particulières entre les oxydants et les sensibilisateurs. Le permanganate de potassium, par exemple, donne de meilleurs résultats lorsqu'il est utilisé avec l'alun ferrique. Il colore alors les fibres tout en laissant les noyaux relativement incolores. L'acide périodique combiné au nitrate d'argent permet d'obtenir une excellente coloration des fibres et des noyaux, ce qui n'est pas le cas lorsqu'on l'associe à l'alun ferrique. La même chose se produit avec le permanganate associé au nitrate d'argent.

Certains auteurs soutiennent que la sensibilisation ne représente qu'une oxydation secondaire, cette étape étant souvent facultative et plusieurs sensibilisateurs ayant un caractère oxydant.

10.13.2.3 Imprégnation

Cette étape consiste à imprégner le tissu d'une solution d'argent ionique (Ag^{++}). Il existe un grand nombre de méthodes d'imprégnation, mais elles se résument toutes, en définitive, à l'utilisation de deux grands groupes de solutions : les solutions d'hydroxyde d'argent ammoniacal et les solutions de carbonate d'argent ammoniacal. Il est important de noter que les solutions d'argent ammoniacal doivent être préparées juste avant usage.

10.13.2.3.1 *Types de solutions d'argent*

Les deux types de complexes mentionnés ci-dessous sont préparés à partir de solution de nitrate d'argent. Les réactions sont les suivantes :

$$2\,AgNO_3 + 2\,NaOH \longrightarrow Ag_2O\downarrow + 2\,NaNO_3 + 2\,H_2O \longrightarrow$$

Nitrate d'argent — Hydroxyde de sodium — Oxyde d'argent — Nitrate de sodium — Eau

$$Ag_2O + 4\,NH_3 + H_2O \longrightarrow 2\,Ag(NH_3)_2OH$$

Oxyde d'argent — Ammonium — Eau — **Hydroxyde d'argent ammoniacal**

OU

$$2\,AgNO_3 + Li_2CO_3 \longrightarrow Ag_2CO_3\downarrow + 2\,LiNO_3 \longrightarrow$$

Nitrate d'argent — Carbonate de lithium — Carbonate d'argent — Nitrate de lithium

$$Ag_2CO_3 + 4\,NH_3 \longrightarrow [Ag(NH_3)_2]_2CO_3$$

Carbonate d'argent — Ammonium — **Carbonate d'argent ammoniacal**

Les modes de préparation et autres modalités peuvent varier, mais le principe actif est toujours l'un des deux types de solutions mentionnés plus haut.

10.13.2.3.2 *Stabilité des solutions d'argent*

Par nature, les complexes d'argent ammoniacal sont instables, ce qui peut entraîner deux problèmes : la production de précipités non spécifiques et la production de dérivés explosifs.

On peut éviter la production de précipités en travaillant avec des réactifs purs et de l'eau bidistillée, de la verrerie lavée dans une solution aqueuse d'acide nitrique à 10 % ou dans un mélange sulfo-chromique et rincée plusieurs fois à l'eau distillée. Il faut éviter de mettre les solutions d'argent en contact avec des pinces ou des porte-lames métalliques et les protéger contre la poussière.

De leur côté, les dérivés explosifs susceptibles de se former sont le nitrure d'argent (Ag_3N) et l'azide d'argent (AgN_3). Ces composés se forment dans de vieilles solutions ayant été exposées à l'air ou à la lumière. Le contact d'une solution d'argent avec des vapeurs de formol ou d'alcool peut faire apparaître un autre composé explosif, le fulminate d'argent (CNOAg). Les solutions d'argent ne doivent donc pas être conservées plus longtemps que ne l'indique l'auteur de la méthode utilisée. Avant de jeter des solutions d'argent, il est nécessaire de les inactiver en y ajoutant une solution de chlorure de sodium ou d'acide chlorhydrique dilué. Pour les conserver, il faut les garder au réfrigérateur et à l'obscurité dans des bouteilles brunes, ce qui prolonge leur durée et réduit les dangers potentiels. En fait, il est nettement préférable de préparer les solutions d'argent ammoniacal juste avant usage et d'en disposer immédiatement après usage.

10.13.2.3.3 *Mécanisme d'action*

Le mécanisme d'action d'une réaction argentique n'est pas encore parfaitement compris. Certains croient que l'argent se dépose sur les fibres sous la forme d'un oxyde brun qui se transforme en argent métallique au cours de la réduction. D'autres soutiennent que l'argent est présent dans les fibres sous deux formes à la fin de l'imprégnation : une faible quantité d'argent métallique constituant des dépôts submicroscopiques et une quantité plus importante d'argent ionique qui viendra se déposer autour des dépôts initiaux au cours de la réduction.

La forte alcalinité des solutions d'argent entraîne souvent le décollement des coupes. Il est donc fortement conseillé de travailler avec des coupes collodionnées ou d'ajouter un peu d'éthanol à la solution d'argent (1:50). Enfin, l'utilisation de lames chargées ioniquement est de plus en plus répandue (voir l'annexe IV).

10.13.2.4 Réduction

Cette étape consiste à réduire l'argent ionique présent sur les structures tissulaires en un dépôt d'argent métallique amorphe, exactement comme en photographie, lors du développement (*developping*) de la pellicule par immersion dans un bain révélateur. Le formaldéhyde est le produit habituellement utilisé comme agent réducteur.

$$Ag^+ \xrightarrow{\text{réduction}} Ag^\circ \downarrow$$

10.13.2.5 Virage

On appelle « virage » le traitement des coupes par une solution diluée de chlorure d'or ($AuCl_3$ ou $HAuCl_4$). La réaction qui se produit consiste en la substitution de l'or par de l'argent dans le sel chlorique, produisant ainsi un dépôt d'or métallique à la place de l'argent.

$$3\,Ag^\circ + AuCl_3 \longrightarrow Au^\circ + 3\,AgCl$$

Cette réaction se produit parce que l'activité chimique de l'argent est plus grande que celle de l'or. Grâce au virage, on obtient un fond plus pâle et un dépôt métallique plus stable.

10.13.2.6 Réduction

La seconde réduction est surnommée « fixage », traduction directe de l'anglais *fixing*. Elle se fait habituellement au moyen de thiosulfate de sodium ou de métabisulfate de sodium et sert à débarrasser la coupe des dernières traces d'argent non utilisé ou d'or ionique qui pourraient éventuellement constituer des dépôts non spécifiques. Cette réduction donne un fond gris très pâle, ce qui facilite l'observation au microscope. De plus, elle empêche la reconversion de l'argent métallique amorphe (Ag°) en argent ionique (Ag^{++}).

10.13.2.7 Contrecoloration

La contrecoloration (voir la section 10.14) est facultative et doit être choisie en fonction des éléments que l'on veut faire ressortir et en tenant compte de la solubilité du métal qui imprègne les fibres.

10.14 CONTRECOLORATION

La contrecoloration est utilisée pour apporter un contraste coloré aux différentes structures tissulaires ou cellulaires, ce qui permet une meilleure visualisation et un examen précis des structures ou composantes tissulaires ou cellulaires mises en évidence par une coloration particulière. La contrecoloration permet aussi d'établir plus facilement une corrélation entre les différentes structures, aussi bien tissulaires que cellulaires. Les contrecolorants donnent une teinte de fond au tissu, et ils peuvent en colorer les principaux constituants, comme les noyaux ou les cytoplasmes (voir le chapitre 12), suivant le produit utilisé (voir les tableaux 10.15. et 10.16). Sans être absolument nécessaire, la contrecoloration ajoute néanmoins à la qualité de la coloration : elle est donc laissée au choix du technicien ou du laboratoire.

10.15 PRÉCAUTIONS LIÉES À LA CONSERVATION DES COLORANTS ET À LA RÉUSSITE D'UNE BONNE TECHNIQUE DE COLORATION

Certaines précautions sont nécessaires pour assurer la conservation des colorants, qu'ils soient en poudre ou en solution, et pour garantir les meilleurs résultats lors de la mise en œuvre des méthodes de coloration :

- conserver les colorants en poudre et les solutions colorantes dans des flacons bruns, hermétiquement fermés, à l'écart des produits chimiques et à l'abri de l'humidité et de la lumière (l'obscurité favorise la conservation des colorants en poudre et des solutions colorantes pendant une durée optimale);
- utiliser toujours des récipients et de la verrerie propres, rincés à l'eau distillée;
- renouveler fréquemment les solutions colorantes et différenciatrices;
- enlever soigneusement le surplus de liquide des lames entre chaque bain de solution afin d'éviter la contamination et la dilution de la solution suivante;
- effectuer les lavages à l'eau courante avec soin, pour prévenir le décollement du tissu;
- suivre de près, au microscope, la coloration et la différenciation lorsque indiqué;
- filtrer la solution colorante avant d'y déposer le tissu afin de prévenir le dépôt de précipités non spécifiques sur les coupes, ce qui pourrait donner lieu à une mauvaise interprétation.

Tableau 10.15 LES PRINCIPAUX CONTRECOLORANTS NUCLÉAIRES.

COLORATION EN ROUGE	COLORATION EN BLEU	COLORATION EN NOIR
Rouge neutre ou Kernechtrot Safranine O Carmin	Bleu de méthylène Bleu de toluidine Bleu céleste Hématoxyline aluminique	Hématoxyline ferrique

Tableau 10.16 LES PRINCIPAUX CONTRECOLORANTS CYTOPLASMIQUES.

COLORATION EN ROUGE	COLORATION EN JAUNE	COLORATION EN VERT
Éosine Y Éosine B Phloxine Écarlate de Biebrich Fuchsine acide Safranine	Acide picrique Tartrazine Orange G Jaune de métanile	Vert lumière

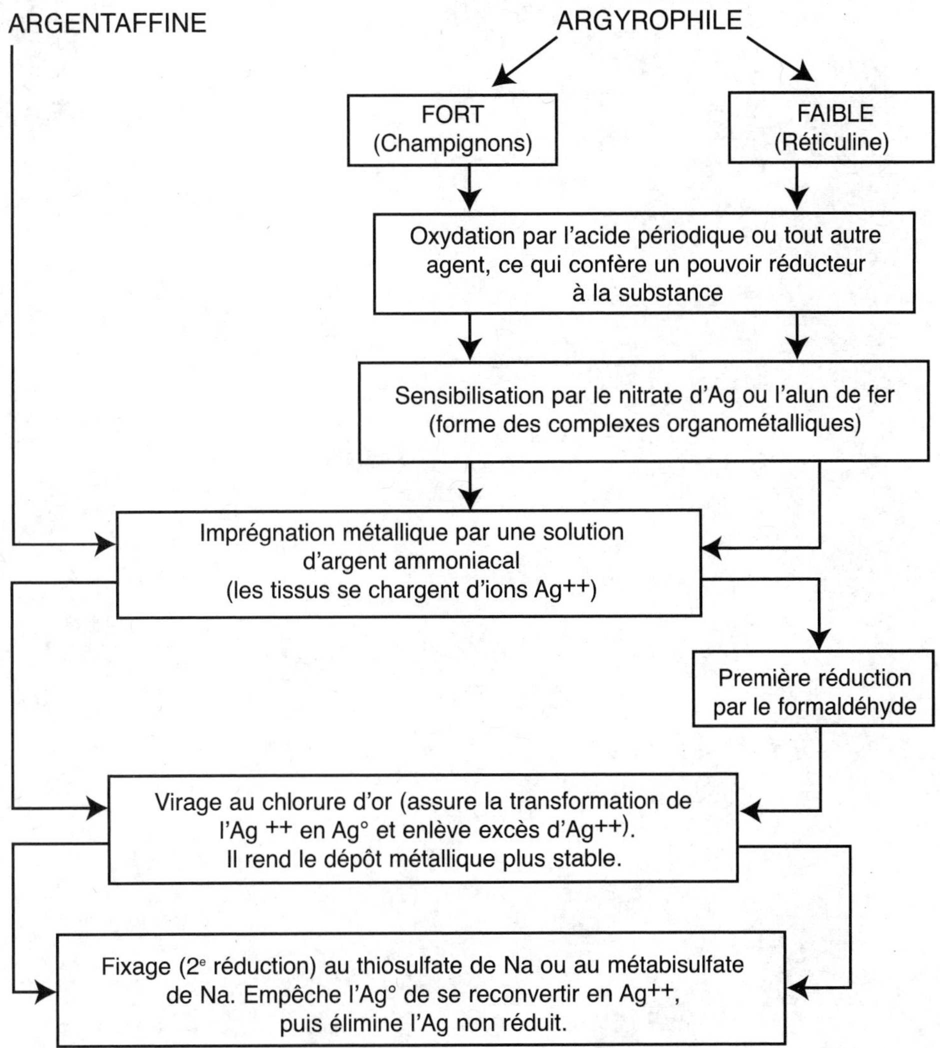

Figure 10.35 : *Représentation schématique des réactions argentiques généralement utilisées en histotechnologie.*

ÉTAPES GÉNÉRALES DE LA COLORATION

INTRODUCTION

Tous les procédés de coloration des coupes de tissus imprégnées de paraffine se déroulent selon un plan général commun, quelle que soit la technique employée. On distingue trois temps dans tout procédé de coloration. Il y a d'abord les étapes préparatoires à la coloration, puis celles de la coloration proprement dite et, enfin, les étapes préparatoires au montage. Le montage lui-même ne fait pas partie de la coloration puisqu'il s'effectue en dehors des bains de coloration.

11.1 ÉTAPES PRÉPARATOIRES

Les étapes préparatoires à la coloration sont constituées de diverses manipulations qui servent à préparer la coupe à recevoir les colorants qu'on veut lui faire capter. Il s'agit, essentiellement, du déparaffinage et de l'hydratation, auxquels viennent parfois s'ajouter diverses opérations facultatives.

11.1.1 DÉPARAFFINAGE

Le déparaffinage consiste à enlever la paraffine du tissu afin que les colorants puissent le pénétrer. Les deux réactifs les plus utilisés pour le déparaffinage des coupes sont le toluène et le xylène, qui figurent aussi parmi les agents éclaircissants utilisés au cours de la circulation (voir la section 4.2.2) ainsi que, la plupart du temps, à la fin de la coloration. Ces produits exercent une double action : ils rendent les tissus translucides et dissolvent la paraffine. On déparaffine les coupes en les passant dans deux ou trois bains de l'un de ces deux produits pendant 2 à 5 minutes par bain, selon le nombre de lames traitées. Le premier bain d'agent de déparaffinage peut être usagé; par contre, les suivants doivent être purs. Rappelons quelques mesures de sécurité qui s'imposent lors de l'utilisation de ces produits : on doit toujours travailler sous une hotte ventilée et porter des gants afin d'éviter tout contact de la peau avec ces produits.

Sur le plan technique, les précautions à prendre lors du déparaffinage sont essentiellement les mêmes que lors des autres étapes de la coloration : les lames, et à plus forte raison les coupes, doivent être entièrement immergées dans le liquide choisi; on doit placer les lames de telle manière qu'aucun obstacle n'empêche le liquide d'entrer en contact avec le tissu; par exemple, il faut éviter que deux lames soient collées l'une contre l'autre, les coupes se faisant face, ou encore qu'une lame et surtout sa coupe soient placées contre une des parois latérales du récipient (borel ou Coplin); les coupes ne doivent jamais être mises à sécher entre le moment où le déparaffinage commence et celui où la coupe est montée.

Lorsque le déparaffinage n'a pas été effectué correctement, en raison d'une quelconque erreur de manipulation, on observe, à la fin de la coloration, des zones où la couleur n'a pas pris, à côté d'autres régions où la coloration s'est fixée; on nomme ce type d'effet « coloration par plaques ». Après un déparaffinage incomplet, on observe aussi parfois la présence d'un pigment biréfringent intranucléaire, appelé « pigment de Nedzel » (voir le chapitre 19).

11.1.2 HYDRATATION

Étant donné que la plupart des colorants sont utilisés en solution aqueuse, leur pénétration ne peut être assurée que si les coupes sont imprégnées d'eau. L'hydratation a donc pour objet de retirer l'agent (xylène ou toluène) qui a servi au déparaffinage du tissu et de le remplacer par de l'eau. Cette étape est l'inverse de la déshydratation, décrite dans le chapitre 4, consacré à la circulation. L'agent utilisé est le même, c'est-à-dire l'éthanol, mais au lieu de préparer le tissu à recevoir l'agent éclaircissant en en retirant l'eau, on le prépare maintenant à recevoir l'eau en en retirant l'agent éclaircissant. L'éthanol est employé en concentrations non pas croissantes mais décroissantes, de façon à réduire la force des courants créés par sa sortie du tissu et par l'entrée de l'eau; la force de ces courants pourrait en effet entraîner le décollement des coupes. Divers auteurs recommandent de commencer l'hydratation par un bain contenant un mélange d'éthanol et de xylène (ou de toluène) à parties égales, mais ce conseil est rarement suivi. Le mode opératoire adéquat consiste à commencer par deux bains d'éthanol absolu, suivis de trois bains d'éthanol à 95, 80 et 70 % respectivement; la durée de chaque bain est de 3 à 5 minutes, selon le nombre de coupes traitées simultanément. On termine l'hydratation par un traitement de 3 à 5 minutes à l'eau courante. Pour terminer, on devrait, si possible, passer les coupes dans un bain d'eau distillée afin de purifier le tissu le plus possible.

Les problèmes les plus fréquents, durant l'hydratation, demeurent le décollement des coupes et l'enlèvement incomplet de l'agent utilisé pour le déparaffinage. À la fin du déparaffinage, la coupe paraît transparente; normalement, l'imprégnation par l'éthanol est censée la rendre opaque. On verra donc rapidement si l'hydratation a été bien faite ou non; si elle est imparfaite, le tissu ne s'opacifiera pas aux endroits où il reste du xylène ou du toluène.

11.1.3 ÉTAPES FACULTATIVES

Il est assez rare que l'on puisse s'en tenir uniquement au procédé de base tel que décrit ci-dessus. Il existe un certain nombre de manipulations facultatives que l'on peut adapter à la méthode générale en fonction de besoins particuliers.

11.1.3.1 Postmordançage sur coupes

Le postmordançage des tissus peut être effectué au cours de la circulation. On peut également le faire à la fin de l'hydratation des coupes. Par exemple, les coupes de tissus fixés au formaldéhyde peuvent être postmordancées par un passage de 30 à 60 minutes dans le Bouin, à la température ambiante, ou de 10 minutes dans la même solution à 56 °C.

11.1.3.2 Enlèvement des résidus fixateurs

Les divers agents fixateurs peuvent laisser dans les tissus des résidus susceptibles de diminuer la qualité de la coloration. On peut enlever ces résidus au cours des étapes préparatoires à la coloration.

11.1.3.2.1 *Pigment formaldéhyde*

On enlève le pigment de formaldéhyde en déposant les coupes, à la sortie du dernier bain d'éthanol à 90 ou 95 %, dans un bain d'éthanol absolu saturé d'acide picrique, où elles séjournent pendant 5 à 10 minutes; après cette opération, on les lave à l'eau courante pendant 5 minutes (voir la section 2.3.1).

11.1.3.2.2 *Pigment de mercure*

Après un passage dans l'éthanol à 95 %, on met les coupes pendant 3 à 5 minutes dans une solution à 0,5 % d'iode dans de l'éthanol à 70 ou 80 %. Ensuite, on rince les coupes à l'eau courante, après quoi on les passe dans une solution aqueuse de thiosulfate de sodium à 2,5 % jusqu'à ce qu'elles soient blanchies. Enfin, on les lave à l'eau courante pendant 5 minutes (voir la section 2.3.2).

11.1.3.2.3 *Blanchiment de tissus fixés au Bouin*

La couleur jaune que donne aux tissus l'acide picrique contenu dans le Bouin, lors de la fixation, doit le plus souvent être enlevée, sans quoi elle nuira à la coloration. On peut blanchir les coupes de plusieurs manières, mais la meilleure consiste à immerger les coupes dans une solution aqueuse saturée de carbonate de lithium, filtrée avant usage, jusqu'à ce que la couleur disparaisse (voir la section 2.3.4).

11.1.4 COLLODIONNAGE DES COUPES

Lorsque le collage des coupes à l'aide d'adhésifs protéiques est insuffisant pour empêcher le décollement, on peut enduire la coupe et la lame d'un mince film de collodion. Après le second bain d'éthanol absolu, on dépose les coupes pendant 5 minutes dans un bain contenant de 0,5 à 1,0 % de collodion dans un mélange à parties égales d'éthanol à 100 % et d'éther. On transfère ensuite les coupes dans un bain d'éthanol, dont la concentration est de 80 %, pour y faire durcir le collodion, et on peut ainsi poursuivre l'hydratation jusqu'à l'eau courante.

Le collodionnage est surtout requis lorsque la coloration s'effectue à chaud, comme dans le cas du PTAH, qui se fait à 56 °C, ou lors des imprégnations métalliques, car les solutions d'argent sont fortement alcalines, ce qui favorise le décollement des coupes; la méthode de Gomori, qui permet la mise en évidence de la réticuline, fait appel aux solutions de ce genre. Le collodionnage peut également empêcher qu'un fragment de tissu ou un caillot de sang qui s'émiette ne se décolle de la lame. On collodionne également les coupes lors des études de tissu cérébral ou osseux.

L'utilisation du collodion n'est pas sans inconvénients puisqu'il faut l'enlever des coupes avant de procéder au montage final, car il pourrait nuire à l'observation au microscope. Depuis quelques années, il y a sur le marché des lames polarisées, c'est-à-dire chargées d'ions positifs et négatifs. Ce type de lame permet un accolement irréversible du tissu sur la lame. De ce fait, le collodionnage est maintenant révolu et de moins en moins utilisé.

11.2 ÉTAPES DE LA COLORATION

Le temps nécessaire à la coloration varie énormément d'une méthode à l'autre, ce qui est parfaitement compréhensible. Comme il n'est pas question de décrire ici en détail tous les procédés de coloration, nous allons nous contenter de présenter certaines notions importantes qui touchent les colorations histologiques.

11.2.1 COLORATIONS DE ROUTINE ET SPÉCIALES

On désigne généralement les colorations de routine par l'expression « colorations topographiques ». Ce sont des méthodes qui permettent de mettre en évidence les noyaux, les cytoplasmes et les fibres de collagène; elles permettent ainsi de se faire une idée de la topographie générale du tissu. Tous les tissus qui arrivent au laboratoire d'histopathologie subissent d'abord la coloration de routine, au moyen d'hématoxyline et d'éosine (HE) ou d'hématoxyline-phloxine-safran (HPS), par exemple.

Après l'observation des tissus ainsi colorés, le pathologiste a une meilleure idée des éléments tissulaires qu'il aimerait voir colorés d'une façon particulière et peut demander alors un type de coloration qui mettra plus spécifiquement en évidence certaines structures ou certains éléments; c'est ce que l'on appelle une « coloration spéciale » ou une « coloration au moyen d'une méthode histochimique spécialisée ».

11.2.2 REMARQUES GÉNÉRALES

Les colorants se présentent la plupart du temps en solution aqueuse ou alcoolique; il est primordial d'imprégner les coupes du même liquide qui sert de solvant au colorant avant de mettre les coupes dans le colorant. Ainsi, un bain d'eau distillée précédera un bain de colorant en solution aqueuse alors qu'un bain d'éthanol dont la concentration est identique à celle présente dans la solution colorante précédera le bain dans cette solution; dans la méthode à l'hématoxyline et à l'éosine, par exemple, on retrouve un bain d'éthanol à 70 % juste avant le bain d'éosine alcoolique.

On colore habituellement les noyaux avec un colorant foncé, bleu ou noir, ce qui permet de mettre en évidence des structures bien déterminées qui serviront de point de repère au cours de l'observation du tissu; par contre, le cytoplasme, dont les limites sont rarement précises, se présente comme une structure diffuse qui se prête bien au traitement avec une couleur plus pâle.

11.3 ÉTAPES PRÉPARATOIRES AU MONTAGE

En général, le montage s'effectue dans des milieux de montage résineux, habituellement dissous dans un agent éclaircissant; mais comme, pour être efficace, le milieu de montage doit imprégner complètement le tissu, il faut que celui-ci ait été au préalable pénétré par l'agent éclaircissant. On doit donc de nouveau procéder successivement à la déshydratation et à l'éclaircissement des coupes avant d'en faire le montage. Si on utilise un milieu de montage hydrosoluble, on peut se dispenser de ces manipulations et monter les coupes alors qu'elles sont imprégnées d'eau. Ces étapes sont décrites et expliquées en détail au chapitre 9.

11.3.1 DÉSHYDRATATION

La déshydratation doit être rapide, car l'éthanol, surtout en faible concentration, est susceptible d'extraire plusieurs colorants des coupes. On passe d'abord les coupes dans un bain d'éthanol à 95 % pendant 30 à 60 secondes, puis dans un bain d'éthanol absolu pendant la même durée de passage que le bain précédent.

On peut remplacer l'éthanol par l'alcool isopropylique, par l'acétone ou par l'alcool butylique (tertio- ou n-butylique), qui ont moins tendance à dissoudre les colorants.

11.3.2 ÉCLAIRCISSEMENT

Pour l'éclaircissement, on peut utiliser du xylène ou du toluène, puisque tous les deux sont miscibles avec la plupart des solvants des milieux de montage. On a recours également à deux ou trois bains de l'un de ces produits : les coupes séjourneront de 30 à 60 secondes dans chacun de ces bains. Comme il faut éviter de laisser sécher les coupes entre cette étape et le montage, il arrive qu'un certain nombre d'entre elles séjournent plus longtemps dans le dernier bain de xylène ou de toluène avant le montage, mais cela n'entraîne aucune conséquence fâcheuse pour le tissu ou la coloration, puisque les agents éclaircissants ne dissolvent pas les colorants.

S'il y a eu une lacune dans le déroulement des étapes préparatoires au montage, c'est à la fin de l'éclaircissement qu'on le constatera. Les coupes doivent alors être translucides; des zones opaques, d'apparence laiteuse, signalent la présence d'eau dans le tissu; dans une telle éventualité, il est possible de retirer l'eau du tissu en le plongeant à quelques reprises dans l'éthanol à 100 % et en le repassant dans de nouveaux bains d'agent éclaircissant purs, non contaminés par la présence d'eau.

11.4 MONTAGE

On appelle montage l'opération qui consiste à fixer, à l'aide d'une substance intermédiaire, une lamelle de verre sur des échantillons histologiques après la coloration. Cette opération, décrite au chapitre 9, comporte trois grands buts.

11.4.1 PROTECTION MÉCANIQUE DES COUPES TISSULAIRES

Le montage d'une lamelle rend plus aisé la manipulation des préparations histologiques et assure leur protection; en son absence, les pièces seraient rapidement déchirées, arrachées ou écrasées par les objectifs des microscopes ou lors des manipulations.

11.4.2 PROTECTION CHIMIQUE DES COLORANTS

L'imprégnation du tissu coloré par le milieu de montage protège les colorants contre l'air ambiant, qui autrement provoquerait leur oxydation et par le fait même la décoloration du tissu. De plus, en séchant, le milieu de montage emprisonne les colorants à l'état dissous, ce qui les empêche de précipiter dans le tissu.

11.4.3 PRODUCTION D'UN SPÉCIMEN À INDICE DE RÉFRACTION HOMOGÈNE

Le milieu de montage dont on imprègne le tissu a un indice de réfraction très voisin de celui de la lame et de la lamelle de verre. Cet ensemble constitue un objet homogène du point de vue de l'indice de réfraction, ce qui réduit le nombre de déviations que subira la lumière entre sa source et l'œil. Ce phénomène minimise la perte de lumière reliée à la dispersion, ce qui facilite l'observation.

Il est difficile de déterminer avec précision l'indice de réfraction idéal pour un milieu de montage. En effet, lorsque l'indice de réfraction du milieu de montage est équivalent à celui du tissu, c'est-à-dire de 1,53 à 1,54, ce dernier est presque transparent et ne peut être discerné sans coloration; par contre, un milieu de montage dont l'indice de réfraction est supérieur ou inférieur à celui du tissu permet de voir certains détails du tissu grâce à la réfraction. De plus, la mesure de l'indice de réfraction du milieu de montage varie selon que le produit est en solution ou sec, car l'indice de réfraction d'un milieu en solution est modifié par l'indice de réfraction du solvant.

11.4.4 MILIEUX DE MONTAGES

Le choix du milieu de montage est important et il est relié à la nature des colorations effectuées ainsi que du type de conservation que l'on désire obtenir (voir le chapitre 9).

11.4.5 LUTAGE

Le lutage n'est recommandé que lorsque l'on utilise un milieu de montage temporaire (voir la section 9.7).

11.4.6 RENSEIGNEMENTS PRATIQUES

Il n'existe pas de méthode unique de montage des préparations histologiques, chaque laboratoire, voire chaque personne, ayant la sienne propre. On peut cependant donner des renseignements généraux sur le sujet, basés sur les buts de l'opération et les matériaux qu'on utilise.

- Pour que le milieu de montage puisse pénétrer parfaitement la coupe, celle-ci doit d'abord être imprégnée d'un solvant compatible avec celui du milieu de montage utilisé. Lorsqu'une coupe montée à l'aide d'une résine (montage permanent) présente des zones opaques, cela peut être le résultat d'une mauvaise déshydratation de sorte que lors de l'observation microscopique de la préparation histologique, on distingue des gouttelettes dans celle-ci. Pour remédier à ce problème, il faut d'abord enlever la lamelle et sa résine par un passage plus ou moins long dans le solvant de la résine afin que celle-ci se dissolve et que la lamelle se détache d'elle-même, puis on passe la préparation histologique colorée dans un nouveau bain d'éthanol à 100 % afin de retirer l'eau qui s'y trouve. Ensuite, on pourra recommencer l'éclaircissement et enfin reprendre le montage.
- On ne doit pas laisser sécher la coupe entre la fin de la coloration et le début du montage, car les colorants risqueraient de précipiter dans le tissu.
- Après avoir déposé la lamelle sur la coupe, on doit faire sortir les bulles d'air emprisonnées entre la lame et la lamelle, particulièrement si elles se situent au niveau du tissu; on peut le faire en appuyant délicatement sur la lamelle avec les doigts, avec des pinces ou avec des pesées, sauf si les éléments mis en évidence sont des graisses. Dans ce cas, en effet, toute pression risque de provoquer la dispersion des substances colorées; s'il y a des bulles d'air sur ce type de tissu, il faut reprendre le montage, car la présence de bulles d'air est considérée comme un « artéfact de montage ».
- L'excès de milieu de montage qui déborde de la lamelle peut être enlevé à l'aide du solvant du milieu de montage (xylène ou toluène).
- Avant de lire les lames, il faut les laisser sécher pendant 30 à 60 minutes; il faut aussi laisser

sécher la résine pendant 4 ou 5 jours avant d'entreposer les lames dans des classeurs.

– Les solvants utilisés habituellement au cours du montage des lamelles sur les lames étant très toxiques, il faut travailler dans un endroit particulièrement bien ventilé. Enfin, pour éviter que le milieu devienne trop visqueux, il faut limiter l'évaporation du solvant pendant le travail.

11.5 DÉMONTAGE ET NOUVELLE COLORATION DES COUPES

Il peut arriver que l'on veuille réutiliser une coupe déjà colorée et montée, soit parce que la coloration s'est effacée, soit parce qu'une coloration différente est nécessaire sur cette portion de tissu.

Il suffit alors de plonger la coupe dans un bain de xylène ou de toluène, selon le solvant du milieu de montage, jusqu'à ce que la lamelle se détache d'elle-même. On enlève tout le milieu de montage et on réhydrate la coupe en commençant par un bain d'alcool à 100 %, qui est miscible avec le solvant de la résine, suivi d'un bain d'éthanol à 70 % et d'un dernier bain d'éthanol à 50 %, pour terminer par un bain d'eau distillée. On procède ensuite à la décoloration à l'aide d'un bain d'alcool-acide que l'on laisse agir jusqu'à décoloration complète de la coupe. Ensuite, on effectue la coloration prévue. Évidemment, certaines étapes de coloration sont irréversibles, telles les imprégnations argentiques; il est donc impossible de réaliser une nouvelle coloration sur un tissu ainsi traité.

Au moment de choisir une nouvelle méthode, on doit cependant tenir compte de tous les traitements que la coupe a déjà subis au cours de la première coloration.

11.6 APPAREIL AUTOMATIQUE POUR LA COLORATION

De par leur nature même, les colorations de routine sont effectuées sur un grand nombre de lames et ce, tous les jours. Il s'agit donc d'une situation qui se prête particulièrement bien à l'automation. Les laboratoires qui ont un débit important ont avantage à s'équiper d'appareils automatiques capables d'effectuer, de façon fiable, les changements de bains que les lames doivent subir au cours de la coloration de routine.

Les appareils utilisés à cette fin sont semblables à ceux dont on se sert lors de la circulation des tissus. D'ailleurs, certains circulateurs automatiques sont construits de manière à pouvoir servir à la réalisation des colorations de routine.

Comme dans toute technique automatisée, le procédé doit absolument être uniformisé, puisqu'il est pratiquement impossible de vérifier chaque lame, étape par étape. Il importe donc d'uniformiser aussi bien la préparation générale des tissus que celle des solutions de travail ou encore la durée de chacun des bains.

11.7 EXEMPLE TYPE D'UNE COLORATION SIMPLE

MODE OPÉRATOIRE

1. Déparaffiner la coupe dans un bain de toluène;
2. poursuivre le déparaffinage dans un deuxième bain de toluène;
3. terminer le déparaffinage dans un troisième bain de toluène;
4. commencer l'hydratation par un bain d'éthanol à 100 %;
5. poursuivre l'hydratation par un bain d'éthanol à 70 %;
6. poursuivre l'hydratation par un bain d'éthanol à 50 %;
7. compléter l'hydratation en mettant les lames dans un bain d'eau courante;
8. rincer les lames dans un bain d'eau distillée;
9. colorer les coupes dans la solution colorante aqueuse;
10. laver à l'eau courante pour enlever le surplus de colorant;
11. commencer la déshydratation par un bain d'éthanol à 50 %;

12. poursuivre la déshydratation dans un bain d'éthanol à 90 %;
13. compléter la déshydratation par un bain d'éthanol à 100 %;
14. éclaircir les coupes par trois bains de toluène;
15. monter au moyen d'un milieu résineux et permanent.

12 COLORANTS NUCLÉAIRES

INTRODUCTION

La plupart des techniques de coloration histologiques pour l'étude de la structure microscopique des tissus visent la mise en évidence des noyaux et des cytoplasmes. Les colorants qui permettent la coloration des noyaux sont communément appelés « colorants nucléaires »; ceux qui permettent de colorer les cytoplasmes sont dits « colorants cytoplasmiques ».

Les noyaux contiennent deux types d'acides nucléiques, l'acide désoxyribonucléique (ADN), présent dans les chromosomes, et l'acide ribonucléique (ARN), présent dans le nucléole. Ces deux acides nucléiques sont associés à des nucléoprotéines, riches en acides aminés de type arginine et lysine. Les cations de ces acides aminés sont reliés à des résidus phosphoriques d'acides nucléiques par des liens électrovalents. L'ADN et les nucléoprotéines des chromosomes constituent le matériel connu sous le nom de « chromatine ». Durant l'interphase, c'est-à-dire la période de repos de la cellule entre deux divisions, les chromosomes sont allongés et ne peuvent être distingués les uns des autres. Les colorants nucléaires communiquent leur couleur à la chromatine par liens chimiques, soit avec l'acide nucléique, soit avec les nucléoprotéines.

La coloration nucléaire peut s'obtenir avec divers types de colorants, cationiques, anioniques ou avec des complexes colorant-mordant.

12.1 COLORANTS CATIONIQUES

Les colorants nucléaires cationiques sont utilisés en solution acide afin d'assurer l'ionisation des groupes aminés (cationiques) des nucléoprotéines. Pour que l'on puisse utiliser des colorants cationiques, il est nécessaire de favoriser la présence d'anions tissulaires. La concentration en hydrogène, donc le *p*H de la solution colorante, permettra d'obtenir la coloration. Trois types d'anions peuvent se lier directement avec les cations colorants : les groupements phosphates des acides nucléiques, les groupements esters (sulfatés) et certaines macromolécules des glucides, c'est-à-dire les groupements carboxyles. La détection de chacun de ces groupements nécessite des conditions particulières. Ainsi, l'ionisation des groupes carboxyles est supprimée, ou bloquée, si la concentration de la solution colorante en ions hydrogène est élevée, donc si le *p*H est assez bas; celle des groupements esters (sulfatés) se fait en *p*H encore plus bas, alors que les ions phosphates demandent un *p*H intermédiaire. Les propriétés des colorants cationiques sont donc fortement influencées par le *p*H de leurs solutions. Si celles-ci sont trop acides, seules les structures riches en groupements sulfatés seront colorées; si elles sont neutres ou alcalines, tout sera coloré.

Le tableau 12.1 donne un aperçu des différents résultats obtenus en fonction du *p*H des solutions utilisées, à condition toutefois que la concentration de ces solutions en poudre colorante n'excède par 0,2 % (soit environ 0,2 g pour 100 ml d'eau, par exemple). Si cette concentration est plus élevée, les résultats de la coloration seront moins précis.

Le temps d'exposition des tissus dans la solution colorante a peu d'effet sur les résultats; néanmoins, plus la solution est diluée, plus la durée de contact entre le tissu et la solution colorante devra être longue. Le traitement que subiront les coupes après la coloration est un autre facteur qui peut influer sur le résultat final de la coloration.

La durée de contact des colorants anioniques avec le tissu n'a pas grande importance; on observe même que la prolongation de cette durée assure un meilleur équilibre des liens chimiques. La majorité des colorants cationiques sont rapidement extraits des coupes par l'éthanol à 70 %. Il est cependant préférable d'utiliser l'éthanol absolu, le *n*-butanol ou l'acétone, des produits généralement moins agressifs. L'eau utilisée pour le rinçage des coupes doit être tamponnée ou avoir le même *p*H que celui de la solution colorante.

En général, les colorants cationiques utilisés pour la coloration des noyaux sont en solution aqueuse dont la concentration varie de 0,1 à 0,5 % et le *p*H se situe entre 3 et 5,5. Ces colorants colorent donc par affinité les éléments basophiles nucléaires. Le mécanisme d'action qui permet la coloration des structures nucléaires par des colorants cationiques reposerait sur un processus d'échange d'ions au cours duquel les petits cations tissulaires seraient déplacés par de plus gros cations de la molécule colorante. Lorsque le tissu et la solution colorante sont en contact pendant une durée assez longue, un équilibre s'établit dans les échanges, comme le démontre la réaction ci-dessous :

$$[\text{tissu}]^- \text{Na}^+ + [\text{colorant}]^+ \rightarrow [\text{tissu}]^- [\text{colorant}]^+ + \text{Na}^+$$

Les principaux colorants cationiques utilisés sont le bleu de toluidine O, le rouge nucléaire neutre, le vert de méthyle et le bleu de méthylène polychrome.

Tableau 12.1 RÉSULTATS OBTENUS EN FONCTION DU *P*H DES SOLUTIONS COLORANTES ANIONIQUES DONT LA CONCENTRATION N'EXCÈDE PAS 0,2 %*.

***p*H de la solution**	**Interprétation des résultats**
*p*H à 1,0	Coloration exclusive des composés sulfatés des glucides, dont les groupements esters sulfatés.
*p*H entre 2,5 et 3,0	Coloration des groupements sulfatés des glucides ainsi que des groupements phosphates des acides nucléiques de l'ADN et de l'ARN. Si la coupe du tissu a été faite en congélation, les phospholipides seront aussi colorés.
*p*H entre 4,0 et 5,0	Coloration des groupements mentionnés ci-dessus, des groupements carboxyles des glucides et de plusieurs protéines acides. Si la coupe a été faite sous congélation, il y aura coloration des groupes carboxyles des acides gras libres.
*p*H plus grand que 5,0	Coloration de tous les groupements mentionnés ci-dessus, avec coloration plus prononcée des groupements neutres et basiques des protéines.

* Si la concentration en poudre colorante est supérieure à 0,2 %, les résultats seront moins précis.

12.1.1 BLEU DE TOLUIDINE O

Le bleu de toluidine O est un colorant métachromatique fréquemment utilisé comme colorant nucléaire. Ce colorant bleu permet de mettre parfaitement en évidence la substance de Nissl présente dans les cellules nerveuses. Cette substance peut contenir les corps de Nissl, qui se présentent alors sous forme de granulations (voir la figure 12.1 pour des renseignements sur ce colorant).

TECHNIQUE DE COLORATION AU BLEU DE TOLUIDINE O

a) Préparation des solutions

1. Eau acidifiée à 1 %

- 1 ml d'acide acétique glacial
- 99 ml d'eau distillée

2. Solution acidifiée de bleu de toluidine O à 0,5 %

- 0,5 g de bleu de toluidine O
- 100 ml d'eau acidifiée à 1 % (solution n° 1)

3. Solution de molybdate d'ammonium aqueux à 5 %

- 5 g de molybdate d'ammonium $(NH_4)_6Mo_7O_{24} \cdot 4H_2O)$
- 100 ml d'eau distillée

Cette dernière est stable pendant 1 à 2 semaines. Son rôle consiste à former avec le bleu de toluidine O un complexe de molybdate et de bleu de toluidine. Ce dernier précipite dans les structures tissulaires et il est très difficile à extraire par l'eau et l'éthanol. Cette solution préserve donc la coloration des effets de différenciation qui pourraient être provoqués par l'éthanol lors de la déshydratation. De plus, le molybdate d'ammonium contribuerait également à préserver la métachromasie qui, normalement, disparaît lors de la déshydratation, puisque l'eau est essentielle à la métachromasie. Ce complexe résiste aussi très bien aux contrecolorants acides comme le Van Gieson (voir le chapitre 14). Il est à noter, cependant, que cette étape est facultative.

b) Coloration nucléaire par le bleu de toluidine O

MODE OPÉRATOIRE

1. Déparaffiner les coupes et les hydrater jusqu'à l'eau courante;
2. mettre les coupes dans la solution de bleu de toluidine O acidifiée pendant 3 minutes;
3. rincer à l'eau acidifiée;
4. mettre les coupes dans la solution de molybdate d'ammonium pendant 2 à 3 minutes;

Figure 12.1 : **FICHE DESCRIPTIVE DU BLEU DE TOLUIDINE O**

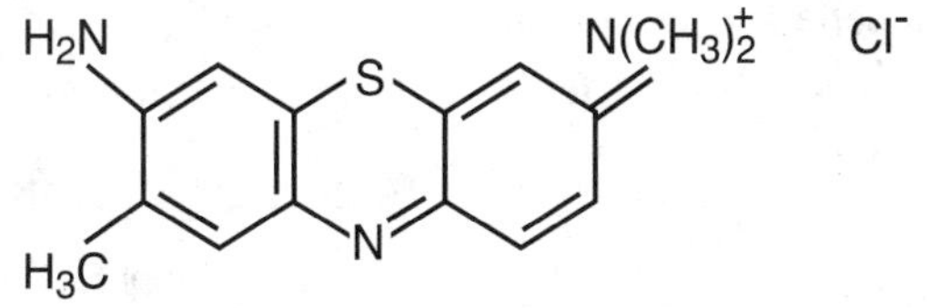

H_2N $N(CH_3)_2^+$ Cl^- S N H_3C

Structure chimique du bleu de toluidine O

Nom commun	Bleu de toluidine	**Solubilité dans l'eau**	Jusqu'à 3,82 %
Nom commercial	Bleu de toluidine O	**Solubilité dans l'éthanol**	Jusqu'à 0,57 %
Numéro de CI	52040	**Absorption maximale**	De 620 à 622 mm
Nom du CI	Bleu basique 17	**Couleur**	Bleu
Classe	Thiazanine	**Formule chimique**	$C_{15}H_{16}N_3SCl$
Type d'ionisation	Cationique	**Poids moléculaire**	305,8

5. déshydrater dans un bain d'éthanol à 95 %, puis dans deux autres bains d'éthanol à 100 %;
6. éclaircir dans trois bains de xylène ou de toluène;
7. monter au moyen d'un milieu résineux, l'Eukitt par exemple.

On peut également utiliser une solution tampon phosphate 0,02 mol/L dont le *p*H est de 4,0. Ce tampon remplace l'eau comme solution de sensibilisation avant la coloration, et après, comme solution de rinçage. La méthode au bleu de toluidine tamponné à *p*H 4,0 donne d'excellents résultats pour la mise en évidence des mastocytes.

RÉSULTATS

- Les acides nucléiques et les glucides acides se colorent en bleu sous l'effet du bleu de toluidine O;
- les structures métachromatiques présentes dans certains tissus se colorent en rouge, le bleu de toluidine O étant un colorant métachromatique;
- l'ARN, dont les corps de Nissl présents dans les neurones, se colore également en bleu sous l'effet du bleu de toluidine O.

c) Remarques sur la technique

- L'étape 4 est facultative;
- si trop de colorant est perdu lors du rinçage et de la déshydratation, réhydrater les coupes, recommencer la coloration mais cette fois déshydrater avec 2 bains de *n*-butanol. Ce produit aide à préserver la métachromasie;
- si les coupes ont tendance à se décoller lors de l'éclaircissement, on peut sauter cette étape; le temps de séchage du milieu de montage pour que les coupes deviennent parfaitement transparentes sera alors beaucoup plus long;
- si trop de colorant est perdu lors du rinçage à l'eau ou lors de la déshydratation par les bains d'éthanol, il est recommandé de transférer les coupes directement sur deux ou trois couches de papier filtre afin d'absorber le surplus de colorant. Ensuite, passer les coupes dans le *n*-butanol, éclaircir et monter;
- on peut remplacer le bleu de toluidine O par d'autres colorants thiazine comme le bleu de méthylène ou l'azur A.

12.1.2 ROUGE NEUTRE

Ce colorant a été largement utilisé dans plusieurs méthodes de coloration, mais il est plus communément utilisé comme simple contrecolorant nucléaire. Il peut également servir d'indicateur, car il passe du rouge au jaune quand le *p*H est supérieur à 6,8 et inférieur à 8,0, c'est-à-dire quand la solution est alcaline. En solution très acide, il devient bleu-vert et en solution trop alcaline, dont le *p*H est supérieur à 9,0, il forme un précipité brun. Certaines vieilles techniques associent les appellations de rouge nucléaire rapide (*nuclear fast red*), Kernechtrot et rouge de calcium au rouge neutre.

TECHNIQUE DE COLORATION AU ROUGE NEUTRE

a) Préparation des solutions

1. Eau acidifiée à 1 %

- 1 ml d'acide acétique glacial
- 99 ml d'eau distillée

2. Solution de rouge neutre acidifiée à 0,1 %

- 0,1 g de rouge neutre
- 5,0 g de sulfate d'aluminium
- 100 ml d'eau acidifiée à 1 % (solution n° 1)

b) Coloration nucléaire au rouge neutre

MODE OPÉRATOIRE

1. Déparaffiner les coupes et les hydrater jusqu'à l'eau courante;
2. mettre les coupes dans la solution de rouge neutre acidifiée pendant 1 à 5 minutes;
3. rincer à l'eau;
4. déshydrater dans un bain d'éthanol à 95 %, puis dans deux autres bains d'éthanol à 100 %;
5. éclaircir dans trois bains de xylène ou de toluène;
6. monter au moyen d'un milieu résineux, l'Eukitt par exemple.

Figure 12.2 : **FICHE DESCRIPTIVE DU ROUGE NEUTRE**

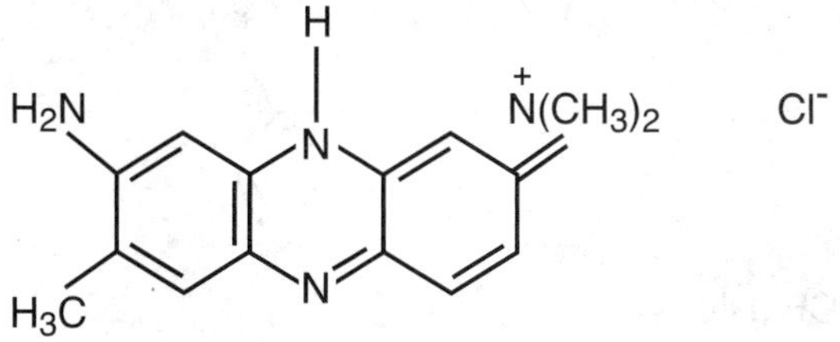

Structure chimique du rouge neutre

Nom commun	Rouge nucléaire	**Solubilité dans l'eau**	Jusqu'à 5,6 %
Nom commercial	Rouge nucléaire	**Solubilité dans l'éthanol**	Jusqu'à 2,4 %
Autre nom	Rouge de toluène	**Absorption maximale**	De 533 à 542 nm
Numéro de CI	50040	**Couleur**	Rouge
Nom du CI	Rouge basique 5	**Formule chimique**	$C_{15}H_{17}N_4Cl$
Classe	Azine	**Poids moléculaire**	288,8
Type d'ionisation	Cationique		

RÉSULTATS

- Les noyaux et les composants basophiles se colorent en rouge.

c) Remarque sur la technique

- On peut remplacer le rouge neutre par la safranine O, CI 50240; les résultats seront semblables, la safranine étant un peu plus foncée que le rouge neutre.

12.1.3 VERT DE MÉTHYLE

Le vert de méthyle possède sept groupes méthyle alors que le violet cristal n'en possède que six. Le septième groupe du vert de méthyle est facile à perdre; pour cette raison, il ressemble beaucoup au violet cristal. Les solutions de vert de méthyle contiennent presque toujours du violet cristal, qu'il faut éliminer avant la coloration. Pour ce faire, il faut traiter la solution avec du chloroforme, qui a la propriété de dissoudre et de capter le violet cristal. Cette précaution est particulièrement importante pour la mise en évidence des noyaux. Cependant, lorsque le vert de méthyle est utilisé pour la mise en évidence de la substance amyloïde par une méthode métachromatique, il est souhaitable de conserver le violet cristal, ce dernier étant un colorant métachromatique régulièrement utilisé pour la coloration de l'amyloïde (voir le chapitre 18).

TECHNIQUE DE COLORATION AU VERT DE MÉTHYLE

a) Préparation de la solution aqueuse de vert de méthyle à 0,2 %

- 2 g de vert de méthyle
- 100 ml d'eau distillée

Purifier la solution en la mélangeant avec 100 ml de chloroforme, puis filtrer. Ajuster le *p*H de la solution entre 4,0 et 4,5 avec de l'acide acétique glacial. La solution peut se conserver pendant plusieurs mois. Il est aujourd'hui possible de se procurer du vert de méthyle purifié chez les fabricants de colorants.

Figure 12.3 : **FICHE DESCRIPTIVE DU VERT DE MÉTHYLE**

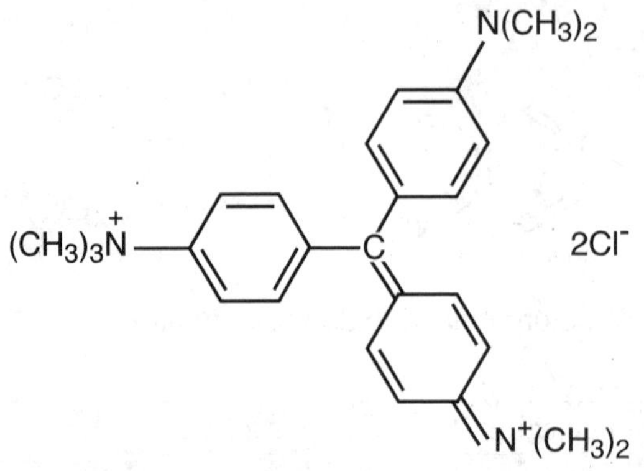

Structure chimique du vert de méthyle

Nom commun	Vert de méthyle	**Solubilité dans l'eau**	Soluble
Nom commercial	Vert de méthyle	**Absorption maximale**	De 630 à 634 nm
Numéro de CI	42585	**Couleur**	Vert
Nom du CI	Bleu basique 20	**Formule chimique**	$C_{26}H_{33}N_3Cl_2$
Classe	Triphénylméthane	**Poids moléculaire**	458,5
Type d'ionisation	Cationique		

b) Coloration nucléaire au vert de méthyle

MODE OPÉRATOIRE

1. Déparaffiner les coupes et les hydrater jusqu'à l'eau courante;
2. mettre les coupes dans la solution de vert de méthyle à 0,2 % dont le *p*H est entre 4,0 et 4,5, pendant 15 minutes;
3. rincer rapidement à l'eau;
4. déshydrater dans deux autres bains d'acétone ou de *n*-butanol;
5. clarifier dans trois bains de xylène ou de toluène;
6. monter à l'aide d'un milieu résineux, l'Eukitt par exemple.

RÉSULTATS

– Les noyaux et les structures basophiles se colorent en bleu-vert.

c) Remarque sur la technique

Si le vert de méthyle n'a pas été purifié, il y aura mise en évidence non seulement des noyaux, qui se coloreront en bleu-vert, mais aussi des substances métachromatiques, comme la substance amyloïde qui se colorera en rouge.

12.1.4 BLEU DE MÉTHYLÈNE POLYCHROME

Le bleu de méthylène est fréquemment utilisé comme colorant, mais il doit avoir atteint un état de mûrissement avant usage. L'oxydation par l'air, par l'hydroxyde de potassium (KOH) ou encore par le nitrate d'argent ($AgNO_3$) provoquera la déméthylation du bleu de méthylène et se traduira par la formation de trois colorants fortement métachromatiques : l'azur A, l'azur B et l'azur C.

Figure 12.4 : **FICHE DESCRIPTIVE DU BLEU DE MÉTHYLÈNE**

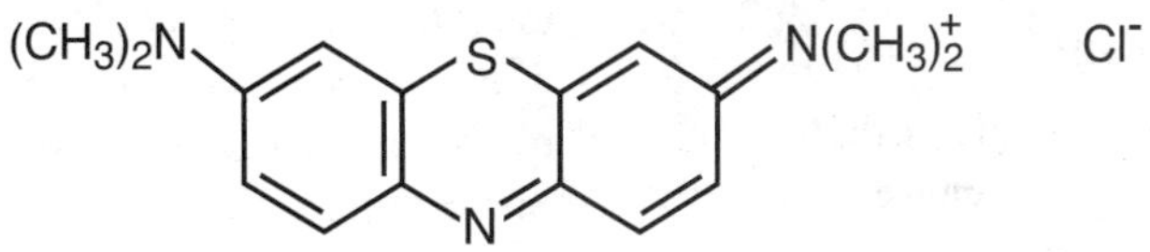

Structure chimique du bleu de méthylène

Nom commun	Bleu de méthylène	**Solubilité dans l'eau**	Jusqu'à 3,55 %
Nom commercial	Bleu de méthylène	**Solubilité dans l'éthanol**	Jusqu'à 1,48 %
Autre nom	Bleu Suisse	**Absorption maximale**	668 nm
Numéro de CI	52015	**Couleur**	Bleu
Nom du CI	Bleu basique 9	**Formule chimique**	$C_{16}H_{18}ClN_3S$
Classe	Thiazine	**Poids moléculaire**	319,9
Type d'ionisation	Cationique		

La présence de ces colorants dans le bleu de méthylène en fait un colorant polychrome. La formule chimique du bleu de méthylène contient 4 groupements méthyle (CH_3). La perte d'un de ces groupements donne l'azur B, la perte de deux groupements l'azur A, et la perte de trois de ces groupements, l'azur C (voir la figure 12.5).

TECHNIQUE DE COLORATION AU BLEU DE MÉTHYLÈNE POLYCHROME

Le bleu de méthylène polychrome s'oxyde très facilement; il est même difficile de l'obtenir sous forme pure. Au cours de l'oxydation, il perd des groupes méthyle, ce qui entraîne la production de produits de dégradation du colorant, dont les plus importants sont les azurs A et B ainsi que le violet de méthylène, colorants basiques métachromatiques.

Les solutions où l'oxydation du bleu de méthylène est avancée sont appelées « bleu de méthylène polychrome »; elles permettent d'obtenir d'un seul coup la coloration des principales structures tissulaires en des teintes variées.

a) Préparation des solutions

1. Solution mère de bleu de méthylène à 1 %

- 1 g de bleu de méthylène
- 100 ml d'eau distillée

2. Solution de travail de bleu de méthylène

- 1 volume de solution mère de bleu de méthylène (solution n° 1)
- 5 volumes d'eau distillée

Cette solution de travail demeure stable pendant trois ans.

b) Coloration nucléaire par le bleu de méthylène polychrome

MODE OPÉRATOIRE

1. Déparaffiner les coupes et les hydrater jusqu'à l'eau courante;
2. mettre les coupes dans la solution de travail de bleu de méthylène pendant 2 minutes;
3. rincer rapidement à l'eau, puis enlever le surplus d'eau sur les coupes;
4. monter au moyen d'un milieu hydrosoluble.

RÉSULTATS

- Les noyaux se colorent en bleu sous l'action du bleu de méthylène polychrome;
- les cytoplasmes et les fibres de collagène prennent diverses teintes de rose, à cause du caractère métachromatique du colorant.

12.1.5 SAFRANINE O

La safranine O est généralement utilisée comme contrecolorant nucléaire : elle colore le noyau en rouge. La safranine O peut posséder des groupements méthyle (CH_3); ceux-ci peuvent être ajoutés directement au radical phényle ou enlevés de celui-ci, au site d'attachement du nitrogène. Selon les groupements méthyles qu'il possède, ce colorant deviendra rouge ou orange; c'est cette propriété qui permet la métachromasie.

Pour la préparation des réactifs, la méthode de coloration et les résultats de la technique, voir la section 12.1.2 traitant du rouge neutre. La solution de safranine O à 0,5 % se prépare de la façon suivante :

Figure 12.5 : **FICHE DESCRIPTIVE DES COLORANTS AZUR A, B ET C**

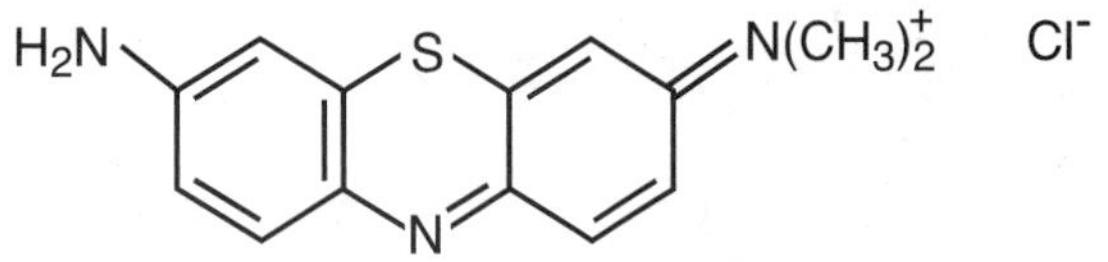

Structure chimique de l'azur A

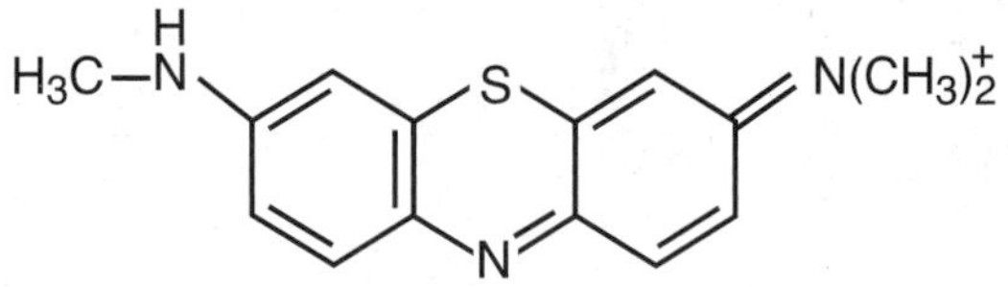

Structure chimique de l'azur B

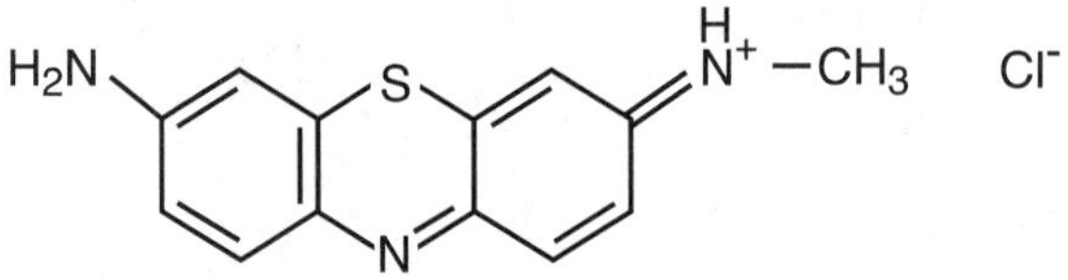

Structure chimique de l'azur C

Nom commun	Azur A	Azur B	Azur C
Nom commercial	Azur A	Azur B	Azur C
Autre nom	Méthylène azur A	Méthylène azur B	Méthylène azur C
Numéro de CI	52005	52010	52002
Classe	Thiazine	Thiazine	Thiazine
Ionisation	Cationique	Cationique	Cationique
Solubilité dans l'eau	Soluble	Soluble	Soluble
Solubilité dans l'éthanol	Légèrement	Légèrement	Légèrement
Absorption maximale	De 620 à 634 nm	De 648 à 655 nm	De 608 à 622 nm
Couleur	Bleu	Bleu	Bleu
Formule chimique	$C_{14}H_{14}ClN_3S$	$C_{15}H_{16}ClN_3S$	$C_{13}H_{12}ClN_3S$
Poids moléculaire	291,8	305,8	277,8

Figure 12.6 : **FICHE DESCRIPTIVE DE LA SAFRANINE O**

Structure chimique de la safranine O

Nom commun	Safranine	**Solubilité dans l'eau**	Jusqu'à 5,45 %
Nom commercial	Safranine O	**Solubilité dans l'éthanol**	Jusqu'à 3,41%
Numéro de CI	50240	**Absorption maximale**	530 nm
Nom du CI	Rouge basique 2	**Couleur**	Rouge
Classe	Azine	**Formule chimique**	$C_{20}H_{19}N_4Cl$
Type d'ionisation	Cationique	**Poids moléculaire**	350,9

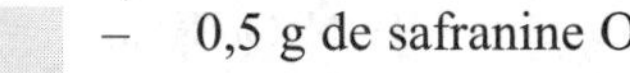

- 0,5 g de safranine O
- 100 ml d'eau acidifiée à 1 %

12.2 COLORANTS ANIONIQUES

Utilisé seul, un colorant anionique peut colorer plusieurs composants tissulaires. Lorsque deux ou plusieurs colorants sont employés simultanément ou successivement, des différences peuvent être observées dans les résultats des colorations; par exemple, avec la méthode à l'éosine - bleu de méthyle de Mann : les noyaux, les cartilages et le collagène se colorent en bleu alors que l'éosine colore les cytoplasmes en rose ou en rouge. Les raisons exactes de tels résultats sont encore mal connues. Dans le cas des tissus denses, il semble que les grosses molécules du bleu de méthylène laissent la place aux petites molécules de l'éosine, phénomène que l'on explique par la théorie de la porosité. Quant aux tissus moins denses comme le collagène et la chromatine, ils accepteraient les deux colorants, mais l'éosine diffuserait plus rapidement que le bleu de méthylène hors des structures, lors des lavages à l'eau courante. Malgré son caractère anionique, l'éosine ne parvient pas à se fixer sur les structures protéiques de la chromatine dans de telles circonstances. Cependant, le noir chlorazol E, colorant anionique tout comme l'éosine, peut se fixer sur les structures nucléaires grâce aux forces électrovalentes que lui fournissent ses groupements NH_2. En général, le noir chlorazol E colore également le cytoplasme. Il colore aussi l'élastine, mais son mécanisme d'action est probablement non ionique.

12.2.1 ÉOSINE - BLEU DE MÉTHYLE DE MANN

Le bleu de méthyle est un des composants du bleu d'aniline WS. La méthode décrite ci-dessous utilise le bleu de méthyle en combinaison avec l'éosine; ce sont deux colorants acides.

Bien que le bleu de méthyle soit classé en tant que colorant anionique, il possède un auxochrome cationique (N^+H) associé au chromophore quinonique. La présence de cet auxochrome donne à la molécule colorante un caractère amphotère et permet la coloration des noyaux.

Figure 12.7 : **FICHE DESCRIPTIVE DU BLEU DE MÉTHYLE**

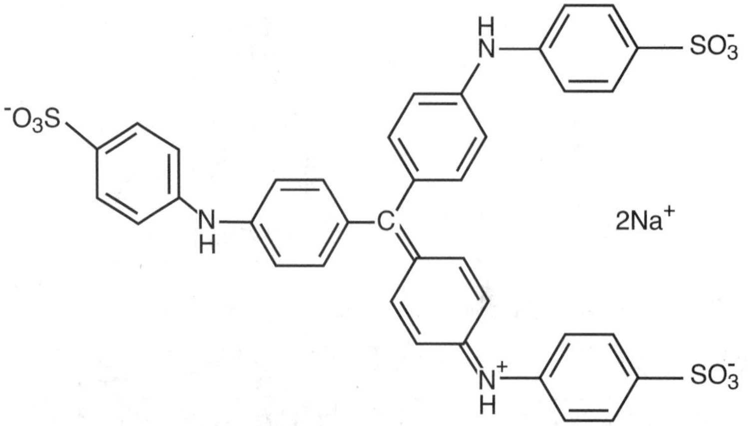

Structure chimique du bleu de méthyle

Nom commun	Bleu de méthyle	**Solubilité dans l'eau**	Soluble
Nom commercial	Bleu de méthyle	**Solubilité dans l'éthanol**	Très peu
Autre nom	Cotton bleu	**Absorption maximale**	607 nm
Numéro de CI	42780	**Couleur**	Bleu
Nom du CI	Bleu acide 93	**Formule chimique**	$C_{37}H_{27}N_3O_9S_3Na_2$
Classe	Triphénylméthane	**Poids moléculaire**	799,8
Type d'ionisation	Anionique		

TECHNIQUE DE COLORATION À L'ÉOSINE - BLEU DE MÉTHYLE DE MANN

a) Préparation des solutions

1. Solution aqueuse d'éosine à 1 %

– 1 g d'éosine

– 100 ml d'eau distillée

2. Solution aqueuse de bleu de méthyle à 1 %

– 1 g de bleu de méthyle

– 100 ml d'eau distillée

3. Solution de travail d'éosine - bleu de méthyle

– 45 ml de solution aqueuse d'éosine à 1 %

– 35 ml de solution aqueuse de bleu de méthyle à 1 %

– 100 ml d'eau distillée

La solution de travail demeure stable pendant deux ans. S'il y a formation de précipités, on peut filtrer la solution.

b) Coloration nucléaire à l'éosine - bleu de méthyle de Mann

MODE OPÉRATOIRE

1. Déparaffiner les coupes et les hydrater jusqu'à l'eau courante;
2. colorer dans le mélange éosine-bleu de méthyle pendant 10 minutes;
3. laver rapidement à l'eau courante pendant quelques secondes pour enlever le surplus de colorants sur les coupes;
4. déshydrater dans un bain d'éthanol à 95 %, puis dans deux autres bains d'éthanol absolu;

5. éclaircir dans trois bains de xylène ou de toluène;
6. monter au moyen d'un milieu résineux, l'Eukitt par exemple.

RÉSULTATS

- Les noyaux et le collagène se colorent en bleu sous l'effet du bleu de méthyle;
- les érythrocytes, le cytoplasme et le nucléole se colorent en rouge sous l'action de l'éosine.

c) Remarque sur la technique

Avant d'appliquer cette technique, la fixation des tissus n'est pas essentielle. Cependant, les résultats seront beaucoup plus contrastés si les tissus contiennent du chlorure mercurique, du dichromate de potassium ou de l'acide picrique.

12.2.2 NOIR CHLORAZOL E

Au cours de recherches scientifiques, l'injection de noir chlorazol E sur des rats a démontré, de façon suffisamment claire, que ce colorant possède des propriétés carcinogènes. L'évaluation des conséquences de son utilisation pour l'être humain n'est pas encore probante, mais on a trouvé du benzidine dans les urines des travailleurs ayant été en contact avec ce produit. Il représente donc un risque cancérigène élevé.

Figure 12.8 : **FICHE DESCRIPTIVE DU NOIR CHLORAZOL E**

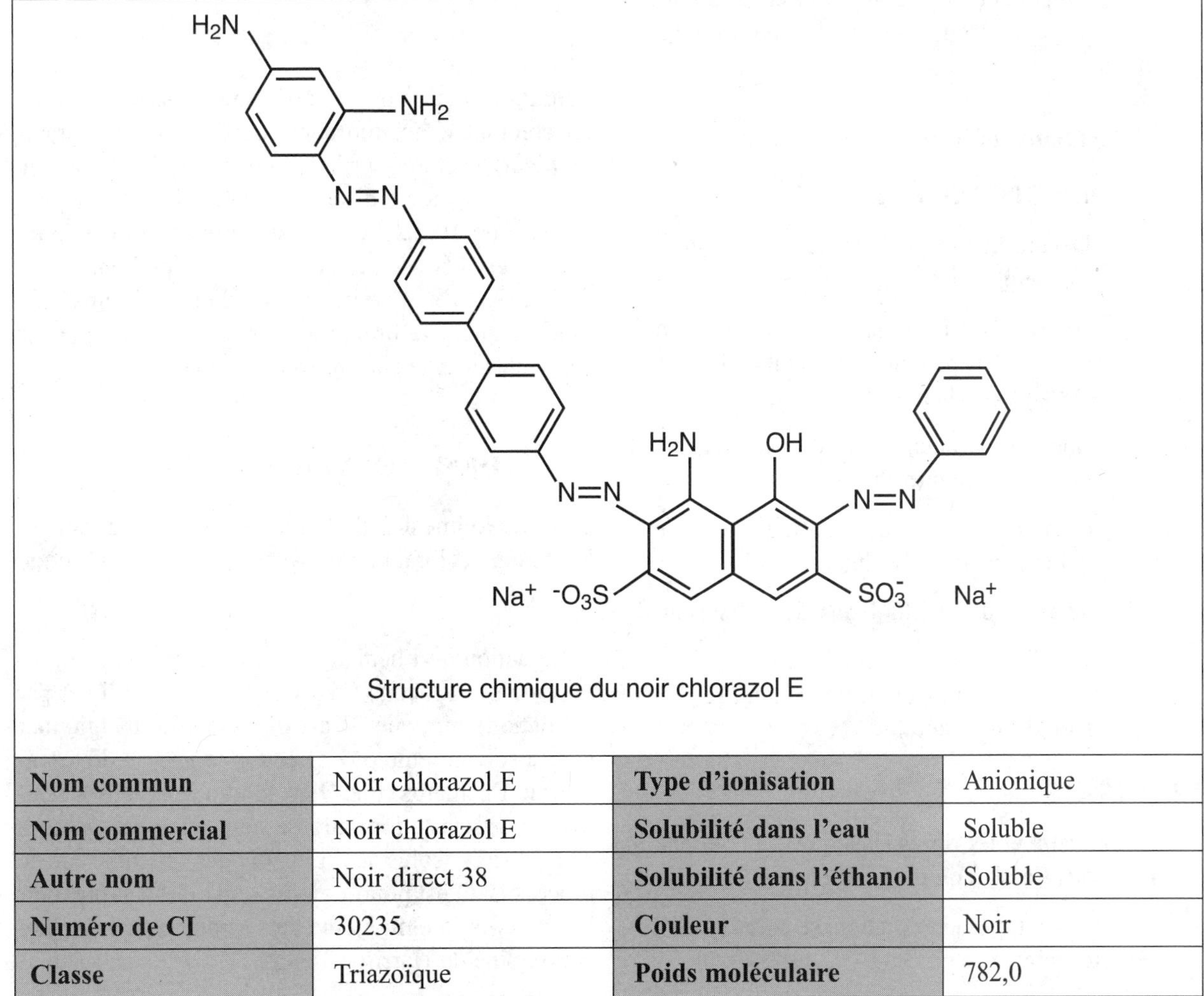

Structure chimique du noir chlorazol E

Nom commun	Noir chlorazol E	**Type d'ionisation**	Anionique
Nom commercial	Noir chlorazol E	**Solubilité dans l'eau**	Soluble
Autre nom	Noir direct 38	**Solubilité dans l'éthanol**	Soluble
Numéro de CI	30235	**Couleur**	Noir
Classe	Triazoïque	**Poids moléculaire**	782,0

En tant que colorant utilisé en histotechnologie, le noir chlorazol E est classé parmi les colorants anioniques. Néanmoins, la molécule colorante possède de nombreux groupements NH_2, ce qui lui confère un caractère amphotère. Dans les solutions fortement acides, elle se comporte comme ayant une charge positive très forte.

TECHNIQUE DE COLORATION AU NOIR CHLORAZOL E

a) Préparation de la solution alcoolique de noir chlorazol E à 1 %

- 3 g de noir chlorazol E
- 300 ml d'éthanol à 70 %

Dissoudre le colorant dans l'éthanol sur une plaque magnétique pendant environ 30 minutes, à la température ambiante. Filtrer la solution. Celle-ci peut se conserver pendant environ 9 à 10 mois.

b) Coloration nucléaire au noir chlorazol E

MODE OPÉRATOIRE

1. Déparaffiner et hydrater les coupes jusqu'à l'éthanol à 70 %;
2. colorer dans la solution alcoolique de noir chlorazol E pendant 10 minutes. Le temps n'est pas un facteur critique;
3. rincer dans deux bains d'éthanol à 95 % pendant 1 minute chacun;
4. compléter la déshydratation dans deux bains d'éthanol absolu;
5. éclaircir dans trois bains de xylène ou de toluène;
6. monter au moyen d'un milieu résineux, l'Eukitt par exemple.

RÉSULTATS

- Les noyaux et les fibres élastiques se colorent en noir sous l'action du noir chlorazol E;
- les autres composantes du tissu se colorent en différentes teintes de gris;
- le cytoplasme prend souvent une teinte verdâtre;
- la coloration de la matrice du cartilage va du rose pâle à gris;
- le collagène est très légèrement coloré en gris très pâle.

c) Remarques sur la technique

- Après une première fixation dans le formaldéhyde à 10 %, il est fortement conseillé de fixer les tissus dans l'acide picrique, le Bouin, le chlorure mercurique ou le dichromate de potassium.
- S'il y a surcoloration après l'étape 2 de la technique, il est possible de contrôler la qualité de la coloration par une différenciation à l'éthanol à 95 %.

12.3 COLORANTS AVEC MORDANTS

Pour la coloration nucléaire, les mélanges comportant un colorant et un mordant (ou complexe colorant-mordant) sont très utilisés. Le mécanisme d'action des mordants a été discuté en détail dans le chapitre 10 (section 10.7.2). Cette catégorie comprend, entre autres, les hématéines aluminiques, les hématéines ferriques, l'hématéine tungstique, l'hématéine molybdique, la braziline, l'acide carminique, le Kernechtrot et le chromoxane cyanine R.

12.4 HÉMATOXYLINE

L'hématoxyline doit d'abord être oxydée pour donner le principe colorant actif, l'hématéine (voir la section 10.5.1.1).

L'oxydation de l'hématoxyline en hématéine peut se faire de deux façons : par oxydation naturelle et par oxydation chimique. Il est important de mentionner que le solvant employé affectera la vitesse d'oxydation de l'hématoxyline. Les solutions aqueuses neutres favorisent la formation d'hématéine en quelques heures. Les solutions plus acides ralentissent le processus. C'est pourquoi, lorsque l'on veut prévenir la suroxydation, on ajoute de l'acide acétique à l'hématoxyline de Harris.

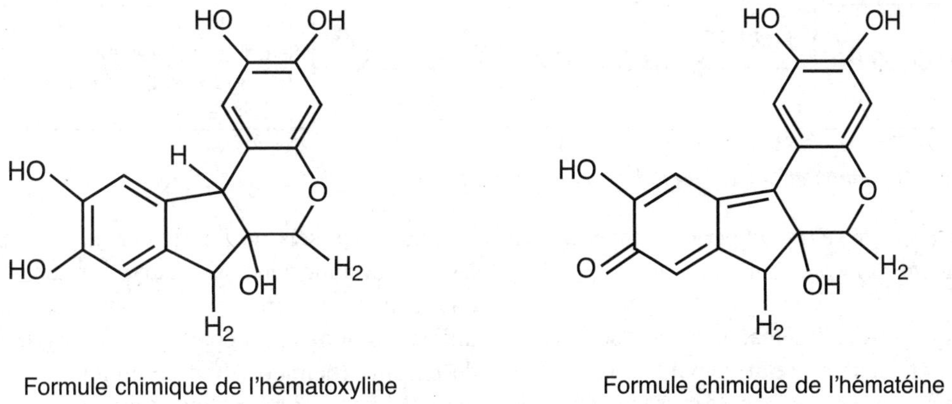

Formule chimique de l'hématoxyline

Formule chimique de l'hématéine

Figure 12.9 : *Représentation de la formule chimique de l'hématoxyline et de l'hématéine.*

12.4.1 OXYDATION NATURELLE

Lorsque l'hématoxyline est en solution aqueuse ou alcoolique, la réaction se produit très lentement, pendant 1 à 2 mois, parfois davantage. Ce processus de transformation s'appelle le « mûrissement ». On peut accélérer le processus en exposant la solution au soleil ou en la laissant en contact avec l'air libre. Comme le temps de mûrissement est long, on préfère souvent procéder à une oxydation chimique, beaucoup plus rapide.

12.4.2 OXYDATION CHIMIQUE

En comparaison de l'oxydation naturelle, l'oxydation chimique est très rapide. Elle ne requiert que 24 heures au maximum; dans bien des cas, elle est instantanée. Les principaux produits utilisés pour l'oxydation chimique de l'hématoxyline en hématéine sont les oxydants chimiques suivants : l'iodate de sodium ($NaIO_3$), l'iodate de potassium (KIO_3), le permanganate de potassium ($KMnO_4$), le bichromate de potassium ($K_2Cr_2O_7$), le chlorate de potassium ($KClO_3$), le biiodate acide de potassium $KH(IO_3)_2$, le perchlorate de potassium ($KClO_4$), l'oxyde mercurique (HgO), l'iode (I_2), le chlorure ferrique ($FeCl_3$), le chlorure mercurique ($HgCl_2$), le périodate de potassium ($NaIO_4$) et le peroxyde d'hydrogène (H_2O_2).

Lors de cette oxydation, des composés autres que l'hématéine sont produits; certains d'entre eux sont aussi des colorants actifs, mais de moindre importance que l'hématéine. Un colorant à l'hématoxyline oxydée est un mélange d'hématoxyline, d'hématéine, de produits actifs de l'oxydation de l'hématéine (hématoxylon) et de produits inactifs de suroxydation, l'hématéine subissant aussi une oxydation par l'agent oxydant utilisé (voir la figure 12.10).

Certains produits de suroxydation de l'hématéine sont insolubles et doivent être enlevés périodiquement par filtration. La nécessité d'une filtration se manifeste par la présence, à la surface de l'hématéine, d'une pellicule luisante à reflets métalliques. Si l'on omet de filtrer la solution, des pigments bleu-noir se déposeront sur le tissu. La surproduction d'éléments d'oxydation rend l'hématéine inutilisable. Il est possible de ralentir la suroxydation de l'hématéine en réduisant le *p*H de la solution, par l'addition d'acide acétique lors de la préparation.

12.4.3 LAQUES D'HÉMATÉINE

Nous avons déjà vu que l'hématéine se prête très bien à la coloration indirecte. Elle n'a qu'un faible pouvoir colorant et n'a de valeur qu'avec un mordant approprié. Tous les métaux pouvant servir de mordant sont cationiques et obligatoirement trivalents. Un métal bivalent, le calcium par exemple, ne peut servir de mordant, car les valences cationiques du calcium neutralisent les deux auxochromes anioniques ortho-diphénoliques (groupement OH du noyau benzène)

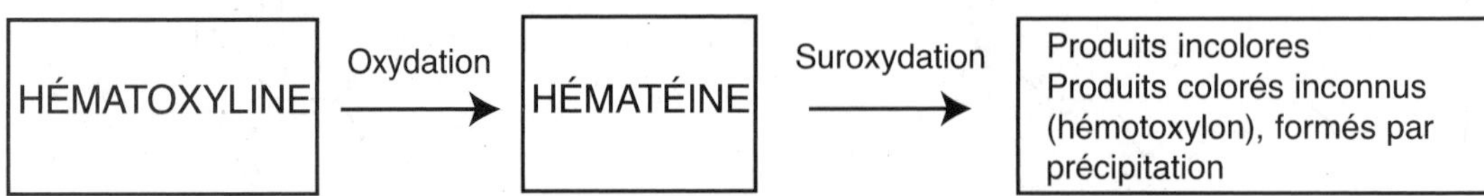

Figure 12.10 : *Oxydation et suroxydation de l'hématoxyline.*

de l'hématéine, ce qui se traduit par la formation d'un complexe chélaté amorphe, coloré en bleu.

Les laques que forme l'hématéine avec ses divers mordants sont toutes relativement insolubles. Lorsqu'on mélange le colorant et le mordant dans une seule et même solution (solution métachrome), la précipitation de la laque est inhibée par l'utilisation d'un excès de mordant ou par l'addition d'acide à la solution. La coloration séquentielle, c'est-à-dire l'utilisation successive de solutions séparées de mordant puis d'hématéine, permet d'éviter cet inconvénient.

L'utilisation d'un fort excès de mordant et l'abaissement du *p*H de la solution par addition d'un acide peuvent présenter un avantage supplémentaire : la sélectivité de la laque pour les noyaux est améliorée. Cela minimise la coloration d'autres structures, et la suroxydation de l'hématéine est ralentie, comme dans le cas des hématéines ferriques de Weigert (voir la section 12.8.1) et de Verhoeff (voir la section 12.8.2). S'il s'agit d'une hématoxyline aluminique, elle sera régressive.

12.4.4 PRINCIPAUX MORDANTS DE L'HÉMATÉINE

Les principaux mordants utilisés avec l'hématéine sont les sels d'aluminium (hématoxyline aluminique), les sels de fer (hématoxyline ferrique) et les sels de tungstène (hématoxyline tungstique). En outre, il arrive fréquemment que des techniques utilisent d'autres sels comme mordants, dont les sels de chrome (hématoxyline chromique) et de molybdène (hématoxyline molybdique).

Les solutions faites d'hématéine et de sels d'aluminium, ou hématéine aluminique, donnent une laque rougeâtre en milieu acide, mais bleue en solution alcaline (voir le bleuissement à la section 12.5.3). Par contre, l'utilisation de sels ferriques comme mordants donne une hématéine ferrique, qui permet d'obtenir une laque dont la couleur varie de marine à noir (voir les figures 12.11 et 12.12).

12.5 GÉNÉRALITÉS SUR LES HÉMATOXYLINES ALUMINIQUES

Les solutions faites d'hématoxyline et d'aluminium ont diverses appellations : hématoxyline aluminique, hémalun, ou encore hématéine aluminique. Le terme « hématoxyline » indique que la base de la solution colorante est une poudre commerciale d'hématoxyline que l'on a oxydée au laboratoire (sans prendre en considération le mordant utilisé). Le terme « hémalun » désigne une solution faite à partir d'hématéine commerciale que l'on a mise en solution avec un mordant d'aluminium. Il va sans dire que la première de ces

Tableau 12.2 LES PRINCIPAUX MORDANTS DE L'HÉMATÉINE.

Nom du mordant	Formule chimique	Métal qui se lie à l'hématéine
Alun de potasse	$Al_2(SO_4)_3 \cdot K_2SO_4 \cdot 24H_2O$	Aluminium
Alun d'ammonium	$Al_2(SO_4)_3 \cdot (NH_4)_2SO_4 \cdot 24H_2O$	Aluminium
Chlorure ferrique	$FeCl_3$	Fer ferrique
Alun de chrome	$Cr_2(SO_4)_3 \cdot K_2SO_4 \cdot 24H_2O$	Chrome
Acide phosphotungstique	$H_3PW_{12}O_{40} \cdot x\ H_2O$	Tungstène
Acide phosphomolybdique	$H_3O_{40}PMo_{12} \cdot 14H_2O$	Molybdène

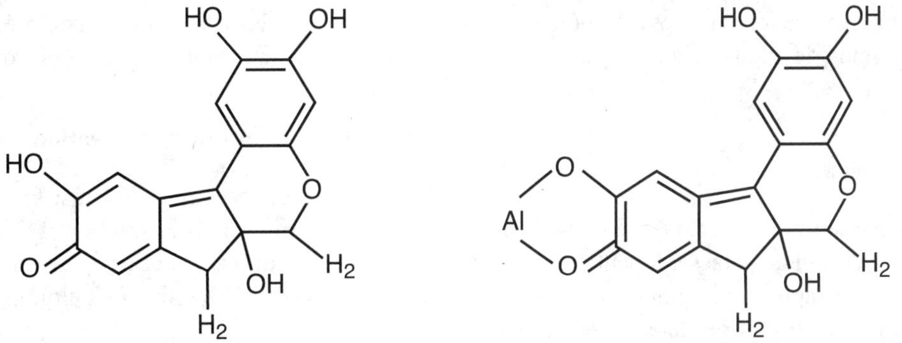

Molécule d'hématéine

Laque d'hématéine aluminique

Figure 12.11 : *Représentation schématique d'une molécule d'hématéine et d'une laque d'hématéine aluminique.*

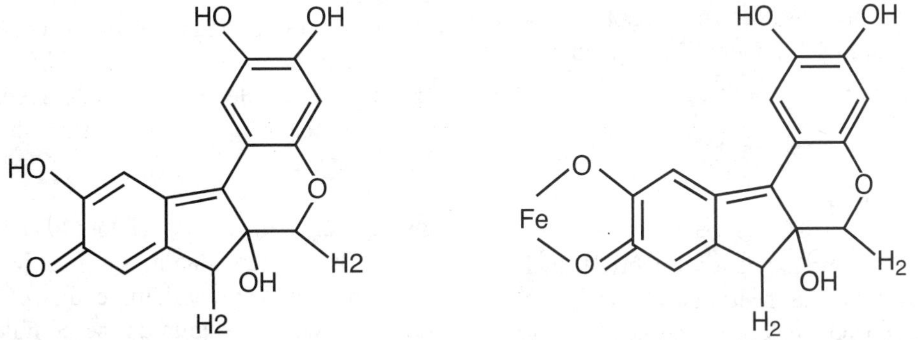

Molécule d'hématéine

Laque d'hématéine ferrique

Figure 12.12 : *Représentation schématique d'une molécule d'hématéine et d'une laque d'hématéine ferrique.*

appellations a le défaut de laisser croire que l'hématoxyline est en soi le principe colorant. La façon la plus claire de désigner ces solutions est de leur donner le nom d'hématéine suivi de celui de leur inventeur.

Les hématéines aluminiques sont, pour ainsi dire, toujours utilisées pour la coloration des noyaux, quelquefois comme contrecolorants dans certaines méthodes. Elles donnent des laques bleues qui mettent très bien en évidence les détails de la chromatine.

12.5.1 MÉCANISME D'ACTION

Le mécanisme d'action des laques d'hématéine doit être envisagé selon deux étapes : d'abord la liaison du mordant au colorant, puis la liaison du mordant (ou du complexe mordant-colorant) au tissu.

Il faut d'abord préciser que les métaux pouvant servir de mordants ont la propriété de former des liens polaires avec les molécules d'eau.

La façon dont les laques d'hématéine se distribuent dans les tissus est directement fonction de l'affinité qu'a le mordant pour les divers constituants tissulaires. L'aluminium a tendance à se lier avec les fonctions phosphate des acides nucléiques et avec les groupes acides, surtout avec les sulfates des mucopolysaccharides acides. Le mécanisme d'action exact des laques d'hématéine reste mal connu.

12.5.2 INGRÉDIENTS

Parmi les ingrédients des hématéines aluminiques, on retrouve souvent les mêmes produits de base, qui peuvent être combinés dans des proportions variables.

12.5.2.1 Colorant

L'hématoxyline est l'ingrédient de base du colorant; on l'incorpore sous forme d'hématéine commerciale, dans le cas des hémaluns, ou sous forme d'hématoxyline que l'on oxyde « naturellement » ou « artificiellement », selon le choix désiré, et qui devient alors de l'hématéine.

12.5.2.2 Mordant

L'aluminium est habituellement utilisé comme mordant sous forme d'alun de potasse. Il peut être plus ou moins en excès par rapport à l'hématéine. Une façon relativement simple permet de déterminer de quelle manière une solution d'hématéine peut être utilisée : si le mordant est fortement en excès par rapport à l'hématéine, par exemple dans une proportion de 50:1, la solution pourra être utilisée pour colorer les noyaux de façon progressive; en revanche, lorsque l'excès de mordant est moindre, par exemple dans une proportion de 8:1, l'hématéine doit être utilisée de manière régressive.

12.5.2.3 Oxydant

On peut utiliser comme oxydant n'importe lequel de ceux que nous avons déjà mentionnés (voir la section 12.4.2). Il est cependant de mise de ne pas oxyder d'un seul coup toute l'hématoxyline présente dans la solution. Lorsqu'il n'y a pas d'oxydant, cela signifie que la solution, confectionnée avec de l'hématéine, est déjà oxydée, ou bien qu'il faut oxyder « naturellement » l'hématoxyline. Les hématoxylines oxydées naturellement ont une durée de vie « active » plus longue que les hématoxylines oxydées chimiquement.

12.5.2.4 Solvant

L'eau est le solvant primaire de l'hématoxyline. Par contre, l'hématéine étant plus soluble dans l'éthanol que dans l'eau, on ajoute très souvent de l'éthanol dans la solution pour favoriser sa dissolution. L'éthanol joue de plus le rôle d'agent de conservation.

12.5.2.5 Stabilisateur

On peut utiliser comme stabilisateur la glycérine, l'hydrate de chloral, le propylène-glycol ou des acides, comme l'acide acétique, l'acide citrique, l'acide malonique, etc. La stabilisation, surtout dans les méthodes régressives, empêche l'évaporation de la solution, et donc la formation de précipité. L'ajout d'un stabilisateur retarde également l'oxydation.

12.5.2.6 Agent de conservation

L'agent de conservation empêche la croissance des microorganismes dans la solution. Le produit le plus fréquemment utilisé à cet effet est l'éthanol. On se sert également de l'hydrate de chloral.

12.5.3 BLEUISSEMENT

Il est nécessaire de procéder au bleuissement des coupes lors de chaque utilisation de l'hématéine aluminique, sa coloration rougeâtre ne présentant pas assez de contrastes avec celle des autres colorants, l'éosine par exemple. Sans le bleuissement, les contrastes entre le noyau et les autres structures ne seront pas assez évidents.

Dans le bleuissement des coupes colorées à l'hématéine aluminique, l'alun, sous forme de sulfate d'aluminium ou de potassium, tend à se dissocier en solution aqueuse; l'aluminium se combine avec un groupement –OH de l'eau pour former de l'hydroxyde d'aluminium [$Al(OH)_3$] insoluble. L'hydrogène libre tend de son côté à former de l'acide sulfurique en s'unissant au sulfate de l'alun. Toutefois, s'il existe un excès d'acide, sulfurique ou autre, l'hydroxyde d'aluminium ne peut se former : les groupements –OH se combineront davantage avec l'ion H^+ de l'acide et la laque insoluble ne pourra se former faute d'ions hydroxyle. En résumé, les solutions acides d'hémalun ou d'hématéine aluminique sont rougeâtres alors que la laque de l'hématéine, en solution alcaline, est bleue. La solution alcaline employée pour le bleuissement neutralise l'acide et rend disponibles des groupements hydroxyle; la laque formée par l'hématéine et le sel d'aluminium est un complexe insoluble qui se présente en bleu. La neutralisation doit être complète, sinon la coloration peut pâlir assez rapidement. Il faut s'assurer de bien laver la coupe à l'eau courante froide afin de permettre le développement adéquat du bleuissement (un lavage à l'eau chaude risquerait de provoquer le décollement de la coupe).

Pour bleuir des coupes colorées à l'hématéine aluminique, on peut utiliser différents produits :

– l'eau courante froide ou tiède dont la température se situe entre 40 et 50 °C, pendant environ 3 à 5 minutes, seulement si le *p*H de l'eau courante est alcalin;
– une solution d'eau ammoniacale à 0,1 % pendant une minute donne de très bons résultats;
– une solution aqueuse de carbonate de lithium à 1 % pendant 15 à 60 secondes procure également de très bons résultats. Cette solution ayant tendance à provoquer la formation de petits cristaux sur les tissus, il est nécessaire d'agiter les lames et de procéder à un très bon lavage par la suite;
– une solution aqueuse de bicarbonate de sodium ou de potassium à 0,2 ou 0,5 % pendant 15 à 60 secondes;
– une solution d'acétate de sodium ou de potassium peut également être utilisée;
– l'eau de Scoot est un bon substitut à tous ces produits. Elle se compose de :
  – 2 à 3,5 g de bicarbonate de sodium ou de potassium dissous dans de l'eau distillée;
  – 20 g de sulfate de magnésie dissous dans de l'eau distillée; mélanger les deux solutions;
  – eau distillée pour porter le mélange à 100 ml;
  – quelques cristaux de thymol ou 5 à 10 ml de formaldéhyde du commerce, si désiré, afin d'empêcher la croissance de champignons (levures).

  Un passage d'environ 15 à 60 secondes dans l'eau de Scoot est suffisant pour le bleuissement des coupes.

Les principales hématéines aluminiques sont l'hématéine de Mayer, de Harris, d'Ehrlich et de Gill.

12.5.4 TEMPS DE COLORATION

Il est impossible de déterminer avec précision le temps que prennent les hématéines aluminiques pour colorer les noyaux, parce que cette durée varie en fonction de plusieurs facteurs :

– le type d'hématéine utilisé : par exemple, l'hématéine d'Ehrlich nécessite une exposition des tissus allant de 20 à 45 minutes et l'hématéine de Harris, de 1 à 5 minutes;
– l'âge de la solution colorante : plus une solution est mûre, plus le temps de coloration est réduit;
– la concentration des solutions d'hématéine : plus une solution est concentrée, plus le temps de coloration sera court;
– l'utilisation régressive ou progressive des différents types d'hématéines : par exemple, l'hématéine de Mayer, utilisée progressivement, nécessite un temps d'exposition d'environ 5 à 10 minutes alors que la même solution, utilisée régressivement, nécessitera de 10 à 20 minutes;
– les traitements subis par les tissus avant la coloration : si les tissus ont séjourné trop longtemps dans un fixateur acide, leur temps de coloration sera plus long que s'ils ont été fraîchement congelés;
– les traitements postérieurs à la coloration : lorsque les tissus doivent passer dans des solutions acides après la coloration nucléaire, ils sont décolorés et doivent donc être surcolorés. Le temps de coloration en sera d'autant plus long;
– les préférences des techniciens et des pathologistes : les intensités de coloration désirées peuvent varier d'un individu à un autre.

Le tableau 12.3 donne une indication générale des écarts de temps selon les différentes hématéines utilisées en histotechnologie pour des coupes d'abord soumises à une circulation de routine puis à une inclusion dans la paraffine. Le temps optimal ne peut être déterminé que par essai et erreur. Pour les coupes au cryotome, la durée de la coloration sera plus courte, alors que pour les tissus soumis à une décalcification, elle sera plus longue.

12.5.5 DÉSAVANTAGE

Le principal désavantage que représentent les hématoxylines aluminiques est leur grande sensibilité aux solutions acides dans lesquelles doivent passer les tissus après la coloration. Les meilleurs exemples de ce phénomène sont observés lors de la coloration par les méthodes de Van Gieson (voir le chapitre 14) et du trichrome de Masson (voir le chapitre 14). Ces deux techniques utilisent des solutions acides après coloration, qui ont pour effet d'enlever une très grande

Tableau 12.3 DURÉE DE LA COLORATION PAR LES HÉMATOXYLINES ALUMINIQUES.

Types d'hématéine	Durée de la coloration
Hématoxyline de Cole	20 à 45 minutes
Hématoxyline de Delafield	15 à 20 minutes
Hématoxyline d'Ehrlich	20 à 45 minutes
Hématoxyline de Mayer (progressif)	5 à 10 minutes
Hématoxyline de Mayer (régressif)	10 à 20 minutes
Hématoxyline de Harris (progressif en cytologie)	4 à 30 secondes
Hématoxyline de Harris (régressif)	1 à 5 minutes
Hématoxyline de Carazzi (progressif)	45 secondes
Hématoxyline de Carazzi (régressif)	1 à 2 minutes
Hématoxyline de Carazzi (coupe en congélation)	1 minute
Hématoxyline de Gill 1	5 à 15 minutes

partie du colorant nucléaire aluminique. Dans de tels cas, les hématéines ferriques sont recommandées (voir la section 12.7) : elles résistent beaucoup mieux aux différentes solutions acides.

12.6 PRINCIPALES HÉMATOXYLINES ALUMINIQUES

Les hématoxylines aluminiques utilisent des sels d'aluminium comme mordant. Les principales formules sont les hématoxylines de Mayer, de Harris, d'Ehrlich, de Delafield, de Cole, de Carazzi et de Gill.

12.6.1 HÉMATOXYLINE DE MAYER

Cette solution, largement utilisée en histologie, agit plus vigoureusement que celle d'Ehrlich (voir la section 12.6.3). De plus, elle colore les mucopolysaccharides d'une teinte plus ou moins prononcée. La solution d'hématoxyline de Mayer contient :

- 1 g d'hématoxyline (colorant nucléaire)
- 0,2 g d'iodate sodium (agent oxydant)
- 50 g d'alun de potasse ou d'ammonium (mordant)
- 1 g d'acide citrique (accentuateur); ce produit peut être remplacé par 20 ml d'acide acétique
- 50 g d'hydrate de chloral (stabilisateur)
- 1 litre d'eau distillée (solvant)

Dissoudre d'abord l'hématoxyline dans de l'eau légèrement chaude, puis ajouter l'alun et ensuite l'iodate de sodium. Remuer jusqu'à dissolution complète avant d'ajouter l'acide et l'hydrate de chloral. La solution obtenue est alors rouge-violet; elle peut se conserver pendant 3 à 6 mois, dans une bouteille brune, à la température ambiante.

Cette formule peut être utilisée pour la coloration progressive des noyaux à cause du rapport mordant-hématéine qui est de 50:l. La faible quantité d'hématéine utilisée est un avantage de la méthode.

La durée de la coloration nucléaire par l'hématoxyline de Mayer est d'environ 5 à 10 minutes. Les noyaux se détacheront en bleu après le bleuissement. L'action de ce colorant est rapide et simple. Il peut être utilisé comme contrecolorant au cours de la coloration des graisses neutres par le soudan IV ou l'huile rouge O (voir le chapitre 16). Il sert également pour l'analyse des coupes en congélation au cryotome afin d'établir des diagnostics cliniques urgents. Comme il s'agit d'une hématéine aluminique, il est possible de récupérer la solution après usage, et ce à plusieurs reprises, à condition de la filtrer avant chaque usage.

12.6.2 HÉMATOXYLINE DE HARRIS

Ce type d'hémalun est probablement le plus utilisé en histotechnologie. Il contient :

- 5 g d'hématoxyline (colorant nucléaire)
- 50 ml d'éthanol (solvant de l'hématoxyline et agent de conservation)
- 1 litre d'eau distillée (solvant)
- 32 ml d'acide acétique glacial (stabilisateur et accentuateur de la solution); les ouvrages de référence parlent de mettre 8 ml par 250 ml de solution
- 100 g d'alun de potasse ou d'ammonium (mordant)
- 2,5 g d'oxyde mercurique (agent oxydant); assure le mûrissement rapide de l'hématoxyline, la transformant en hématéine. Cependant, l'oxyde mercurique étant très toxique, on tend à le remplacer par l'iodate de sodium

Dissoudre l'alun dans l'eau distillée chaude à environ 60 °C; parallèlement à cette opération, dissoudre l'hématoxyline dans l'éthanol légèrement chaud. Laisser refroidir lentement, puis mélanger les deux solutions. Porter le mélange à ébullition, puis le retirer du feu et y ajouter lentement l'oxyde mercurique. Remettre le mélange sur le feu jusqu'à ce qu'il prenne une teinte violet foncé. Laisser bouillir de 3 à 5 minutes, puis faire refroidir rapidement dans un bain d'eau glacée. Filtrer la solution. Immédiatement avant l'emploi, ajouter l'acide acétique glacial. Filtrer la solution avant chaque usage.

Cette formule peut être utilisée de façon régressive ou progressive puisque le rapport mordant-hématéine est de 20:1. La solution peut se conserver jusqu'à 6 mois. Le temps de coloration varie de 3 à 10 minutes selon la maturité de la solution, la nature du tissu et l'intensité de la coloration désirée. Les noyaux seront colorés en bleu après le bleuissement.

12.6.3 HÉMATOXYLINE D'EHRLICH

Ce type d'hématoxyline ressemble à celle de Harris. Elle contient :

- 2 g d'hématoxyline (colorant nucléaire)
- 100 ml d'éthanol absolu (solvant et agent de conservation)
- 100 ml de glycérine (agent stabilisateur de la solution, empêchant la suroxydation de l'hématéine; la glycérine donne en outre aux noyaux une couleur plus douce et plus égale)
- 100 ml d'eau distillée (solvant)
- 10 ml d'acide acétique glacial (agent accentuateur)
- 3 g d'alun de potasse ou d'ammonium (mordant)

Dissoudre l'hématoxyline dans l'éthanol légèrement chauffé à 55 °C, puis ajouter tous les autres réactifs et remuer le tout jusqu'à dissolution complète. Pour favoriser l'oxydation naturelle de la solution, la mettre dans un bocal transparent placé sur le bord de la fenêtre, à la lumière du jour. De temps à autre, agiter la solution et la laisser occasionnellement en contact avec l'air libre. Le mûrissement prendra au moins deux semaines. Si, par contre, la solution mère est obtenue à partir d'hématéine alcoolique, l'hématoxyline d'Ehrlich est utilisable dès sa préparation. On peut procéder à une oxydation ou mûrissement « artificiel », ou « chimique », en ajoutant 0,4 g d'iodate de sodium ($NaIO_3$) à la préparation initiale.

Cette solution est stable et peut se conserver pendant plusieurs années dans une bouteille ambrée, sans se détériorer. Il faut évidemment la filtrer avant chaque utilisation. La coloration des noyaux sera bleue après le bleuissement. L'hématéine d'Ehrlich donne aux noyaux une couleur très intense. Elle est particulièrement utile pour colorer les tissus qui ont été exposés à des acides, par exemple les tissus qui ont subi une décalcification par les acides, ou les tissus qui ont séjourné très longtemps dans des solutions fixatives comme le formaldéhyde à 10 % ou le Bouin. Cependant, l'hématéine d'Ehrlich n'est pas l'idéal pour colorer les coupes sous congélation.

12.6.4 HÉMATOXYLINE DE DELAFIELD

Cette hématoxyline est également oxydée de façon naturelle, tout comme celle d'Ehrlich, et sa durée de vie est similaire. L'hématoxyline de Delafield contient :

- 4 g d'hématoxyline (colorant nucléaire)
- 125 ml d'éthanol à 95 % (solvant et agent de conservation)
- 100 ml de glycérine (agent stabilisateur de la solution, empêchant la suroxydation de l'hématéine; la glycérine donne en outre aux noyaux une couleur plus douce et plus égale)
- 400 ml d'alun d'ammonium aqueux saturé (mordant)

Dissoudre l'hématoxyline dans environ 25 ml d'éthanol à 95 %. Quand la solubilisation est complète, ajouter la solution d'alun d'ammonium. Laisser reposer le mélange à la lumière et à l'air pendant 5 jours. Filtrer la solution et ajouter au filtrat la glycérine et l'éthanol à 95 % restant, soit 100 ml. La solution doit rester en contact avec la lumière et l'air pendant environ 3 à 4 mois, ou jusqu'à ce qu'elle soit suffisamment foncée. Filtrer à nouveau. La solution est prête pour l'emploi. Toujours filtrer la solution avant usage.

12.6.5 HÉMATOXYLINE DE COLE

L'hématoxyline de Cole est oxydée artificiellement au moyen d'une solution d'iode alcoolique. Elle contient :

- 1,5 g d'hématoxyline (colorant nucléaire)
- 700 ml de solution aqueuse d'alun de potassium (mordant)
- 50 ml d'une solution iode à 1 % dans de l'éthanol à 95 % (agent oxydant)
- 250 ml d'eau distillée (solvant)

Dissoudre l'hématoxyline dans l'eau chauffée à environ 55 °C. Y ajouter la solution d'iode alcoolique, puis la solution d'alun de potassium; porter à ébullition. Immédiatement après, faire refroidir rapidement la solution et la filtrer. L'hématoxyline de Cole est prête pour un usage immédiat.

Elle demeurera stable pendant 3 à 4 mois. Ne jamais oublier de filtrer avant usage.

12.6.6 HÉMATOXYLINE DE CARAZZI

L'hématoxyline de Carazzi peut être utilisée pour la coloration des noyaux de façon progressive dans le cadre d'une technique rapide; elle est alors bleuie par un lavage à l'eau courante alcaline. L'hématoxyline de Carazzi donne une coloration pâle mais précise du noyau, sans colorer les organites cytoplasmiques anioniques. L'utilisation de cette hématéine est principalement limitée à la coloration des coupes sous congélation pour des examens extemporanés. Lorsque l'on double ou triple la quantité d'hématoxyline dans la solution, les résultats sont plus prononcés et le temps de coloration est encore plus rapide. La vitesse de coloration de cette hématoxyline en fait un colorant de choix pour l'examen extemporané de tissus sous congélation. Elle contient :

- 5 g d'hématoxyline (colorant nucléaire); cette quantité peut être doublée ou même triplée selon les besoins
- 100 ml de glycérol (agent stabilisant)
- 25 g d'alun de potassium (mordant)
- 400 ml d'eau distillée (solvant)
- 0,1 g d'iodate de potassium (agent oxydant)

Dissoudre l'hématoxyline dans le glycérol et l'alun dans l'eau. Une fois les substances dissoutes, on mélange lentement la solution d'alun de potassium à celle d'hématoxyline. Ajouter ensuite très lentement l'iodate de potassium au mélange. La solution peut être utilisée aussitôt. Elle restera relativement stable pendant environ 6 mois. Toujours filtrer avant usage.

12.6.7 HÉMATOXYLINE DE GILL

L'hématoxyline de Gill contient les ingrédients suivants :

- 2 g d'hématoxyline (colorant nucléaire)
- 0,2 g d'iodate de sodium (agent oxydant)
- 17,6 g de sulfate d'aluminium (mordant)
- 750 ml d'eau distillée (solvant)
- 250 ml d'éthylène-glycol (stabilisateur de la solution)
- 20 ml d'acide acétique glacial (agent accentuateur)

Mélanger l'éthylène-glycol et l'eau distillée. Ajouter l'hématoxyline et agiter pour en favoriser la dissolution. Dissoudre le sulfate d'aluminium dans la solution. Enfin, ajouter l'acide acétique glacial et agiter pendant 1 heure. Filtrer avant usage.

Tout comme dans le cas de l'hématoxyline de Carazzi, il est possible de doubler ou de tripler la quantité d'hématoxyline dans la solution. Cette pratique a donné lieu à l'attribution de noms différents à la solution. Ainsi, la solution de Gill 1 est celle qui contient 2 g d'hématoxyline; le Gill 2 contient 4 g d'hématoxyline et enfin le Gill 3 contient 6 g d'hématoxyline. Plus la solution contient de colorant, plus la coloration est intense et plus la durée de la coloration est brève.

12.7 HÉMATOXYLINES FERRIQUES

Dans les hématoxylines ferriques, les sels ferriques servent à la fois de mordant et d'agent oxydant. Les plus courants sont le chlorure ferrique et le sulfate d'ammonium ferrique. Les hématoxylines ferriques les plus utilisées sont l'hématoxyline de Weigert, l'hématoxyline de Verhoeff, l'hématoxyline de Heidenhain et l'hématoxyline de Loyez.

Ces hématoxylines ferriques ont la capacité de colorer des éléments tissulaires très diversifiés. L'hématoxyline de Heidenhain est particulièrement polyvalente : elle permet la mise en évidence des noyaux, des striations musculaires et de certains phospholipides, particulièrement ceux présents dans la myéline. La teinte de la laque produite varie de bleu marine à noir et se caractérise par sa résistance exceptionnelle à la différenciation aux acides; on l'utilise donc lorsque l'élément principal à mettre en évidence doit être coloré en bleu ou lorsque la coupe doit passer dans des solutions à faible *p*H après la coloration nucléaire : ce genre d'hématoxyline résiste très bien aux solutions acides, contrairement aux hématoxylines aluminiques.

12.7.1 MÉCANISME D'ACTION

Les remarques déjà faites au sujet du mécanisme de liaison de l'aluminium et de l'hématéine sont applicables ici, sauf que la liaison mordant-colorant est moins sensible au *p*H. De plus, les mordants utilisés ont un caractère oxydant, de sorte qu'il est nécessaire de colorer de façon séquentielle si l'on veut conserver les solutions pendant un certain temps.

12.7.2 INGRÉDIENTS

Ces solutions sont, en général, plus simples que les hématoxylines aluminiques, bien que leurs modes de préparation se ressemblent. La solution colorante d'hématoxyline et la solution mordant-oxydant sont préparées séparément, cette dernière possédant un puissant caractère oxydant et produisant une suroxydation de l'hématoxyline en très peu de temps. Habituellement, les deux solutions sont mélangées juste avant la coloration, ou encore, elles sont utilisées de façon consécutive, sans être mélangées (coloration séquentielle). Les hématoxylines ferriques se conservent sous forme de deux et parfois même de trois solutions, contrairement aux hématoxylines aluminiques qui se conservent en une seule solution.

L'oxydation est rarement produite artificiellement avec un agent autre que le mordant lui-même; en fait, il arrive même que le contact de la solution d'hématoxyline avec une coupe qui vient tout juste de passer dans une solution de mordant à caractère oxydant, suffise à produire l'oxydation désirée. Le solvant de l'hématoxyline contient une certaine proportion d'éthanol, qui agit comme solvant et agent de conservation. Le stabilisateur le plus couramment employé est la glycérine qui, comme l'éthanol, empêche la suroxydation de l'hématéine. L'acide chlorhydrique, souvent présent dans les formules ferriques, joue le rôle d'accentuateur. De plus, il améliore la sélectivité de la laque ferrique et permet d'effectuer une coloration progressive. En effet, l'acide chlorhydrique abaisse suffisamment le *p*H pour bloquer tous les sites acides plus ou moins faibles, principalement à l'extérieur du noyau, tout en laissant les sites acides du noyau ionisés. Ce phénomène est particulièrement observable lors d'une coloration à l'hématoxyline de Weigert. Au contraire, l'hématoxyline de Verhoeff ne contient pas d'acide chlorhydrique et sa laque ferrique se lie aux groupements acides sans distinction.

12.8 PRINCIPALES HÉMATOXYLINES FERRIQUES

12.8.1 HÉMATOXYLINE DE WEIGERT

L'hématoxyline de Weigert se compose de deux solutions : une solution colorante, dite solution A, et une autre contenant le mordant - oxydant, ou solution B. Le mélange de ces deux solutions se fait juste avant usage.

Solution A (solution colorante)

- 1 g d'hématoxyline (colorant nucléaire)
- 100 ml d'éthanol absolu (solvant et agent de conservation)

Il est recommandé de laisser s'oxyder naturellement la solution pendant 4 semaines avant usage. Elle peut alors se conserver pendant 3 ans.

Solution B (solution mordant-oxydant)

- 4 ml de chlorure ferrique aqueux à 30 % (mordant et oxydant)
- 1 ml d'acide chlorhydrique concentré (agent accentuateur); il abaisse en outre le *p*H de la solution colorante et améliore la sélectivité de la coloration nucléaire
- 95 ml d'eau distillée (solvant)

La durée de conservation de ces solutions est indéfinie.

Les solutions sont entreposées séparément et on utilise un mélange à parties égales de solution A et de solution B, que l'on prépare immédiatement avant usage. La solution de mordant, la solution B, est ajoutée à la solution colorante, c'est-à-dire à la solution A, jamais l'inverse. Le mélange obtenu doit être de couleur violet-noir; s'il passe au brun, il faut le jeter. Ce mélange peut se conserver pendant environ 2 semaines à 4 °C. L'hématoxyline de Weigert est toujours utilisée de façon progressive lorsque les coupes sont passées dans des solutions acides après la coloration nucléaire, par exemple lors de la coloration au trichrome de Masson (voir le chapitre 14). À ce moment, la coloration se trouvera atténuée.

12.8.2 HÉMATOXYLINE DE VERHOEFF

L'hématoxyline ferrique de Verhoeff permet de mettre en évidence les noyaux et les fibres élastiques (voir le chapitre 14). Trois solutions sont requises : une solution colorante d'hématoxyline alcoolique, une solution de chlorure ferrique et une solution d'iode de Lugol.

a) Solution A, ou solution colorante d'hématoxyline alcoolique à 5 %

- 5 g d'hématoxyline (colorant)
- 100 ml d'éthanol (solvant et agent de conservation)

b) Solution B, ou solution de chlorure ferrique à 10 %

- 10 g de chlorure ferrique (mordant et agent oxydant)
- 100 ml d'eau distillée (solvant)

c) Solution C, ou solution d'iode de Lugol

- 1 g d'iode
- 2 g d'iodure de potassium
- 100 ml d'eau distillée

Cette solution joue le rôle d'agent de rétention du colorant dans les fibres élastiques.

SOLUTION DE TRAVAIL

La solution de travail d'hématoxyline de Verhoeff se prépare en mélangeant les trois solutions juste avant usage; il est essentiel de respecter l'ordre suivant :

- 30 ml de solution A
- 12 ml de solution B
- 12 ml de solution C

L'oxydation de l'hématoxyline s'effectue ici au moyen de la solution de chlorure ferrique à 10 % alors que la différenciation se fait avec une solution de chlorure ferrique à 2 % (2 g de chlorure ferrique dans 100 ml d'eau distillée). La différenciation se produit grâce à un effet de compétition entre cette dernière et le complexe colorant-mordant. Il s'agit d'une étape critique, car il est très facile de surdifférencier et de perdre la coloration des fibres élastiques; nous devons donc vérifier périodiquement au microscope l'évolution de la différenciation. Lorsqu'un tissu a été fixé avec un liquide mercurique, il n'est pas nécessaire de retirer le pigment de mercure dans le tissu avant la coloration, puisque l'hématoxyline de Verhoeff contient de l'iode.

12.8.3 HÉMATOXYLINE DE HEIDENHAIN

Dans la méthode de coloration à l'hématoxyline ferrique de Heidenhain, le sulfate d'ammonium ferrique sert à la fois de mordant, d'oxydant et de différenciateur. Les coupes sont d'abord mordancées dans la solution de fer (solution B), puis passées dans la solution colorante d'hématoxyline alcoolique (solution A) jusqu'à ce qu'il y ait surcoloration des structures. Enfin, les coupes sont par la suite décolorées petit à petit dans la même solution ferrique utilisée comme mordant et oxydant (solution C). Cette différenciation doit être accompagnée de vérifications régulières au microscope.

L'hématoxyline de Heidenhain peut mettre en évidence diverses structures selon le degré de différenciation. Après la coloration, toutes les structures sont colorées en noir ou dans une teinte variant de gris à noir. Le surplus de colorant est enlevé de façon séquentielle par le différenciateur, ce qui permet de distinguer plusieurs structures qui autrement n'auraient pas été colorées : c'est le cas des mitochondries, des striations musculaires, de la chromatine nucléaire et de la myéline. Au fur et à mesure que se poursuit la différenciation, les mitochondries perdent en premier la coloration noire, puis successivement les striations musculaires et ensuite la chromatine nucléaire, d'où l'importance de suivre la différenciation au microscope. Les globules rouges et la kératine conservent le colorant plus longtemps. Si la solution de sulfate d'ammonium ferrique à 5 % semble différencier les structures trop rapidement, on conseille fortement de la diluer dans un volume égal d'eau distillée ou dans une solution alcoolique saturée d'acide picrique. Les solutions nécessaires à la coloration par cette hématéine sont :

a) **Solution A (solution colorante)**

- 0,5 g d'hématoxyline (colorant)
- 10 ml d'éthanol absolu (solvant et agent de conservation)
- 90 ml d'eau distillée (solvant)

b) **Solution B (solution mordante et oxydante et différenciatrice)**

- 5 g de sulfate d'ammonium ferrique (successivement : oxydant, mordant puis différenciateur)
- 100 ml d'eau distillée (solvant)

Dans cette technique, les solutions sont utilisées séparément. Déparaffiner les coupes en les passant dans le toluol, puis les hydrater par des passages dans des solutions alcooliques de moins en moins concentrées jusqu'à l'eau distillée. Passer les coupes dans la solution mordant-oxydant, ou solution B, pendant 30 à 60 minutes, parfois plus selon le liquide utilisé pour la fixation du tissu :

- si le liquide fixateur initial est le formaldéhyde à 10 %, le formaldéhyde sublimé (B5), le liquide de Susa, le Bouin ou le Carnoy, il est recommandé de mordancer les tissus pendant 1 heure;
- si le fixateur initial est le liquide de Helly ou de Zenker, le mordançage doit se poursuivre pendant environ 3 heures;
- si le fixateur est le tétroxyde d'osmium ou le liquide de Flemming, les tissus doivent demeurer dans la solution de sulfate d'ammonium ferrique pendant au moins 24 heures.

Une fois le mordançage terminé, déposer les coupes tissulaires dans l'hématéine de Heidenhain et les y laisser pendant la même durée de temps qu'elles ont passé dans le liquide mordanceur. Procéder ensuite à la différenciation par un passage dans le sulfate d'ammonium ferrique à 5 %. Si la différenciation est trop prononcée, colorer de nouveau les coupes et reprendre la différenciation jusqu'à l'obtention de la teinte désirée.

12.8.4 HÉMATOXYLINE DE LOYEZ

La méthode de coloration à l'hématoxyline de Loyez utilise le sulfate d'ammonium ferrique comme mordant tout comme le fait la formule de Heidenhain. Cette hématoxyline est surtout utilisée pour la mise en évidence de la myéline et elle peut être pratiquée tout aussi bien sur des coupes de tissus traités à la paraffine que sur des coupes congelées ou incluses dans la nitrocellulose. L'hématoxyline de Loyez contient les ingrédients suivants :

a) Solution d'hématoxyline et de carbonate de lithium

- 10 ml d'hématoxyline alcoolique à 10 % (colorant)
- 83 ml d'eau distillée (solvant)
- 7 ml de carbonate de lithium saturé en milieu aqueux. Son rôle est de rendre la solution alcaline, ce qui permet à l'hématéine de se charger négativement et de se lier plus rapidement et plus intensément au mordant (le fer dans ce cas-ci), de charge positive

b) Solution d'alun ferrique

- 4 g d'alun ferrique (mordant)
- 100 ml d'eau distillée (solvant)

Bien qu'il s'agisse d'une hématoxyline, elle ne permet pas la mise en évidence des noyaux, les colorants d'une teinte allant du gris au noir, tout comme le fond de la lame. Son principal avantage réside dans le fait qu'elle colore plus spécifiquement la myéline.

12.9 AUTRES TYPES D'HÉMATOXYLINES

Mises à part les hématoxylines aluminiques et ferriques, les hématoxylines tungstique et molybdique présentent également un intérêt pour l'histotechnologie.

12.9.1 HÉMATOXYLINE TUNGSTIQUE

La méthode de coloration à l'hématoxyline tungstique est l'une des nombreuses variantes de la méthode à l'APTH, ou acide phosphotungstique hématoxyline (voir le chapitre 14). L'hématoxyline est ici combinée à une solution d'acide phosphotungstique aqueux à 1 % qui agit comme mordant. Si, dans la préparation de cette formule, on utilise de l'hématéine, l'oxydation n'est pas nécessaire. On peut également employer de l'hématoxyline qui pourra être oxydée chimiquement par l'ajout de permanganate de potassium, ce qui demandera environ 24 heures. L'oxydation peut aussi être obtenue de façon naturelle, ce qui demande quelques mois. Le mûrissement naturel présente plus d'un avantage : la solution obtenue reste stable pendant plusieurs années et les résultats de la coloration sont plus satisfaisants. Malgré tout, il semble y avoir une nette tendance à utiliser l'oxydation chimique, pour sa rapidité.

La solution d'hématoxyline tungstique oxydée chimiquement comprend :

- 0,5 g d'hématoxyline (colorant)
- 10 g d'acide phosphotungstique (mordant)
- 500 ml d'eau distillée (solvant)
- 25 ml de permanganate de potassium aqueux à 0,25 % (agent oxydant)

Dissoudre l'hématoxyline dans 100 ml d'eau distillée. Mélanger l'acide phosphotungstique dans les 400 ml d'eau qui reste. Mélanger ensemble les deux solutions obtenues. Ajouter le permanganate de potassium. La solution colorante peut alors être utilisée le lendemain, bien qu'elle donne de meilleurs résultats après un repos d'environ sept jours.

L'hématéine tungstique permet la coloration de nombreuses structures. Les résultats obtenus sont les suivants :

- les striations musculaires, les fibres névrogliques et la fibrine prennent des teintes allant du bleu marine au noir;
- les noyaux et les globules rouges prennent une coloration bleue;
- la myéline se colore en bleu pâle;
- le collagène, le cartilage et les fibres élastiques se colorent en rouge brun foncé;
- le cytoplasme prend des teintes allant du rose pâle au rouge.

12.9.2 HÉMATOXYLINE MOLYBDIQUE

La solution d'hématoxyline contenant de l'acide molybdique, également connue sous le nom d'hématoxyline de Thomas, est assez peu utilisée en histotechnologie. Elle est recommandée pour mettre en évidence les fibres de collagène et les fibres de réticuline grossières. La méthode nécessite le mélange de deux solutions juste avant usage. Le produit obtenu demeure stable pendant 24 heures.

a) Solution A, ou solution d'hématoxyline à 5 %

- 2,5 g d'hématoxyline (agent colorant)
- 49 ml de dioxane, substitut de l'éthanol (solvant)
- 1 ml d'hydroxyde d'hydrogène (agent oxydant)

b) Solution B, ou solution d'acide phosphomolybdique

- 16,5 g d'acide phosphomolybdique (mordant)
- 44 ml d'eau distillée (solvant)
- 11 ml de diéthylène-glycol (agent de stabilisation et de conservation) tout comme la glycérine ou l'éthanol dans d'autres méthodes de coloration à l'hématoxyline

Filtrer la solution d'acide phosphomolybdique et mettre 50 ml de ce filtrat dans la solution d'hématéine. La solution qui en résulte est de couleur violet foncé et n'est utilisable que 24 heures plus tard. Cette hématoxyline permet la coloration de plusieurs structures :

- les noyaux se colorent en bleu pâle;
- le collagène et les fibres de réticuline grossières se colorent en violet foncé.

Si les tissus ont été préalablement fixés dans un liquide agent fixateur de type dichromate comme le Zenker ou le Helly, les résultats ne seront pas satisfaisants.

12.10 AUTRES COLORANTS NUCLÉAIRES AVEC MORDANTS

Cette catégorie de colorants comprend la braziline, l'acide carminique et le Kernechtrot.

12.10.1 BRAZILINE

La braziline est extraite d'un arbre que l'on retrouve au Brésil et en Indonésie; il s'agit d'un colorant naturel. Une fois oxydée, elle donne un colorant appelé braziléine. De couleur rouge, ce colorant est très semblable à l'hématoxyline. Il diffère de celle-ci du fait qu'il présente un groupe hydroxyle en moins. Pour être un bon colorant, la braziléine doit être utilisée avec un mordant aluminique. Le complexe braziléine-aluminium s'appelle également « brazalun » (voir la figure 12.13).

La braziline est une excellent contrecolorant dans les techniques utilisant des colorants verts ou bleus, et permet un contraste très bien défini. La solution colorante est plus stable que celle de l'hématoxyline aluminique, probablement parce que la braziline ne possède qu'une paire de groupements hydroxyle. Le temps de coloration est d'environ 5 minutes. Il est possible, si nécessaire, de procéder à la différenciation avec une solution d'alcool-acide, le brazalun étant facile à extraire par les acides. La méthode de préparation de la solution est la même que celle de l'hématoxyline de Mayer (voir la section 12.6.1).

12.10.2 ACIDE CARMINIQUE

L'acide carminique, combiné avec le sulfate d'aluminium et de potassium, sert à produire ce que certains auteurs appellent le carmalum de Mayer.

Le temps de coloration peut varier de 10 à 30 minutes selon la fraîcheur de la solution colorante; en effet, une solution fraîchement préparée agira plus rapidement qu'une solution datant de deux ou trois semaines. Laver ensuite à l'eau courante pendant 1 minute pour enlever le surplus de colorant. Procéder à la déshydratation de la coupe, à son éclaircissement,

Tableau 12.4 PRINCIPALES HÉMATOXYLINES UTILISÉES EN HISTOTECHNOLOGIE.

	Hématoxylines aluminiques			Hématoxylines ferriques	
	Mayer	**Harris**	**Gill**	**Weigert**	**Verhoeff**
Colorant	Hématoxyline	Hématoxyline	Hématoxyline	Hématoxyline	Hématoxyline
Mordant	Sulfate d'aluminium, de potassium ou d'ammonium	Sulfate d'aluminium, de potassium ou d'ammonium	Sulfate d'aluminium	Chlorure ferrique	Chlorure ferrique
Solvant	Éthanol et eau	Éthanol et eau	Eau	Éthanol	Éthanol
Oxydant	Iodate de sodium	Oxyde mercurique	Iodate de sodium	Chlorure ferrique	Chlorure ferrique
Accentuateur	Acide citrique	Acide acétique	Acide acétique ou citrique	S/O	Acide chlorhydrique
Stabilisateur	Hydrate de chloral	Glycérol	Éthylène glycol	S/O	S/O
Rapport colorant/ mordant	1 : 50	1 : 20	1 : 9	S/O	S/O
Commentaires	Progressive ou régressive. Stable. Agit rapidement. Se conserve de 3 à 6 mois.	Coloration rapide et régulière. Polyvalent. Solution prête à servir aussitôt faite.	Progressive ou régressive. Agit rapidement Stable.	Instable (quelques jours)	Colore les fibres élastiques. Instable (quelques heures). L'iode est un agent de rétention.

S/O = sans objet.

puis la monter dans un milieu résineux, permanent, l'Eukitt par exemple. Les noyaux se colorent en pourpre. L'acide carminique peut être un excellent contre-colorant nucléaire dans le cas des techniques argentiques permettant la mise en évidence des éléments du système nerveux. La figure 10.21 présente les caractéristiques de l'acide carminique.

Solution de carmalun

- 1 g d'acide carminique (colorant)
- 10 g de sulfate d'aluminium et de potassium (mordant)
- 200 ml d'eau distillée (solvant)
- 1 ml de formaldéhyde du commerce (agent de conservation)

Mélanger l'acide carminique et l'alun de potasse dans l'eau et porter à ébullition. Retirer du feu et laisser refroidir à la température ambiante. Filtrer et ajouter 1 ml de formaldéhyde du commerce qui servira d'agent de conservation. La solution commence à perdre ses propriétés colorantes après 2 ou 3 semaines.

12.10.3 KERNECHTROT

Mise à part l'hématoxyline, le Kernechtrot, aussi appelé « rouge nucléaire solide », est l'un des colorants les plus utilisés pour les noyaux. Il doit être associé à un mordant de type aluminium. Ce mélange colore non seulement les noyaux, mais aussi les cytoplasmes et le collagène, d'une teinte allant du rouge au rosé.

Figure 12.13 : **FICHE DESCRIPTIVE DE LA BRAZILINE ET DE LA BRAZILÉINE**

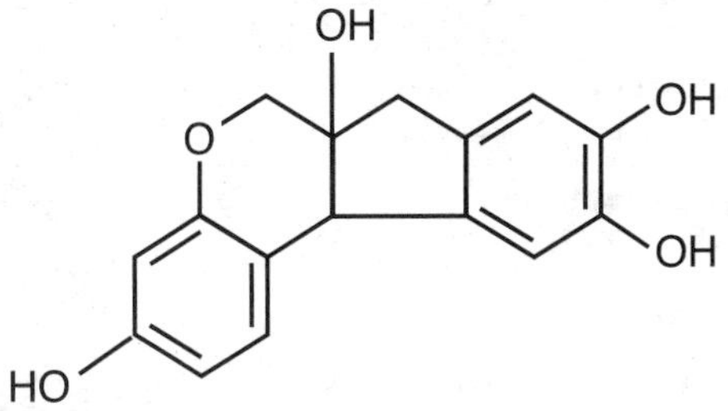

Structure chimique de la braziline

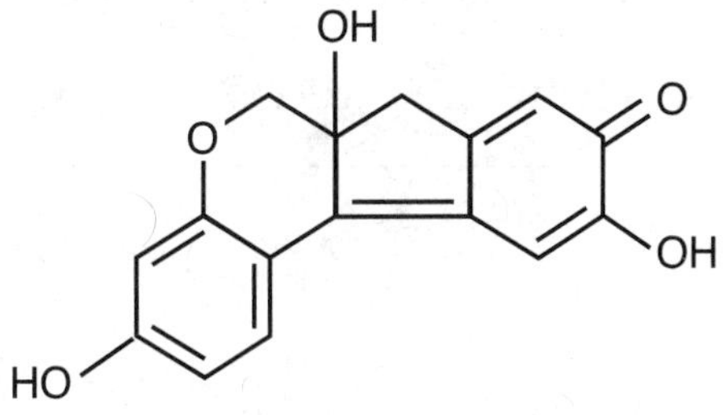

Structure chimique de la braziléine

Nom commun	Braziline	**Classe**	Hydroxycétone
Nom commercial	Braziléine	**Type d'ionisation**	Anionique
Autre nom	Rouge naturel 24	**Couleur**	Rouge
Numéro de CI	75280	**Poids moléculaire**	Braziline : 286,0 Braziléine : 284,0

Solution de Kernechtrot

- 0,2 g de Kernechtrot (colorant)
- 10 g de sulfate d'aluminium (mordant)
- 200 ml d'eau distillée (solvant)

Dissoudre à chaud le sulfate d'aluminium dans l'eau distillée. Ajouter la poudre de Kernechtrot et faire dissoudre en agitant la solution à l'aide d'un agitateur magnétique.

Pour la coloration des noyaux, le Kernechtrot nécessite la présence d'un mordant, le sulfate d'aluminium : il agit donc en tant que colorant nucléaire indirect. La laque cationique ainsi produite se lie aux acides nucléiques du noyau pour former des liens sel, puis il y a absorption de la coloration. Lorsqu'il s'agit de colorer les structures tissulaires acidophiles, comme les fibres musculaires et les fibres de collagène, il n'est pas nécessaire d'ajouter de mordant au Kernechtrot, car celui-ci agit directement sur les structures cationiques en formant des liens sel; l'absorption se produit ensuite. Il agit alors comme un colorant direct.

Lorsque la solution vieillit, son efficacité diminue; dans ce cas, il est possible d'améliorer les résultats en chauffant la solution jusqu'à 58 à 60 °C avant de procéder à la coloration des tissus.

12.10.4 CHROMOXANE CYANINE FERRIQUE

Le chromoxane cyanine R est également appelé « ériochrome R », ou encore « solochrome cyanine R ». Il colore sélectivement le noyau selon le même mécanisme que l'hématoxyline aluminique, le chlorure ferrique remplaçant toutefois l'alun de potasse comme mordant (voir la figure 12.15).

Ce colorant nécessite une différenciation par une solution constituée d'acide hydrochlorhydrique, d'éthanol absolu et d'eau.

Solution colorante de chromoxane cyanine à 0,2 %

- 20 ml de chlorure ferrique 0,21 *M* (mordant)
- 1 g de chromaxane cyanine R (colorant)
- 2,5 ml d'acide sulfurique concentré (agent accentuateur et agent d'oxydation ou de mûrissement)
- eau distillée (solvant) pour compléter le mélange à 500 ml

Dissoudre tous les produits ensemble dans environ 400 ml d'eau distillée. Puis, compléter le volume final à 500 ml. La filtration ne devrait pas être nécessaire. La solution est réutilisable et peut se conserver pendant environ 8 ans. Elle permet la coloration de la myéline (voir le chapitre 22).

Figure 12.14 : **FICHE DESCRIPTIVE DU KERNECHTROT**

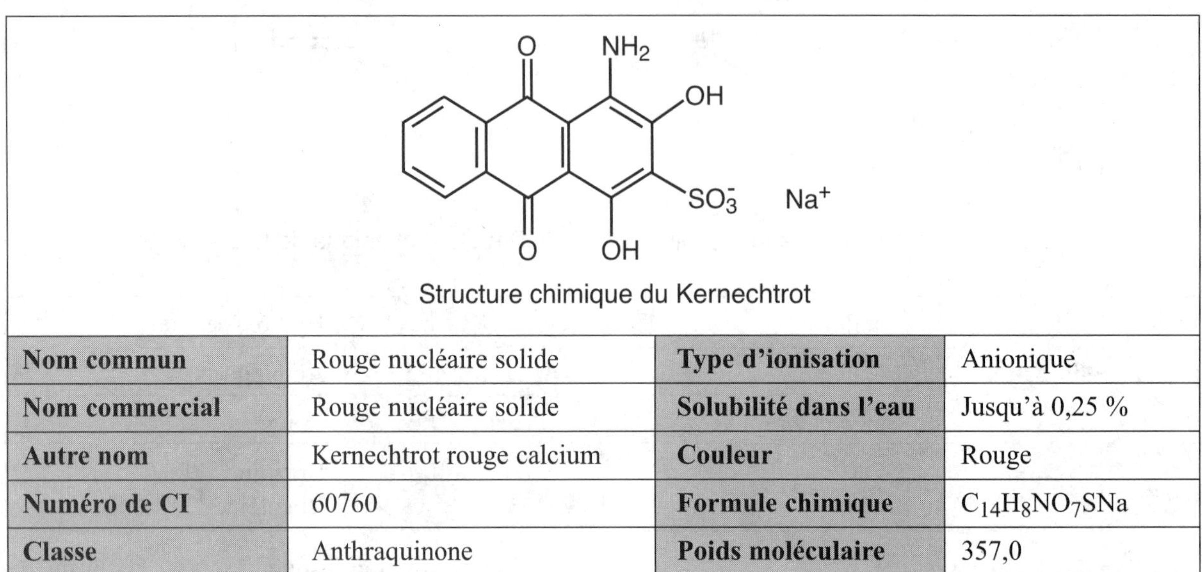

Structure chimique du Kernechtrot

Nom commun	Rouge nucléaire solide	**Type d'ionisation**	Anionique
Nom commercial	Rouge nucléaire solide	**Solubilité dans l'eau**	Jusqu'à 0,25 %
Autre nom	Kernechtrot rouge calcium	**Couleur**	Rouge
Numéro de CI	60760	**Formule chimique**	$C_{14}H_8NO_7SNa$
Classe	Anthraquinone	**Poids moléculaire**	357,0

Figure 12.15 : **FICHE DESCRIPTIVE DE L'ÉRIOCHROME CYANINE R**

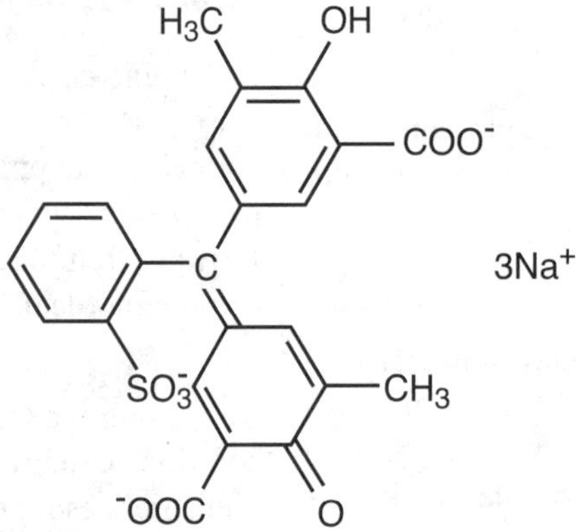

Structure chimique de l'Ériochrome cyanine R

Nom commun	Solochrome cyanine R	**Type d'ionisation**	Anionique
Nom commercial	Ériochrome cyanine R	**Solubilité dans l'eau**	Soluble
Autre nom	Chromaxane cyanine R	**Solubilité dans l'éthanol**	Soluble
Numéro de CI	43820	**Couleur**	Jaune brun
Nom du CI	Mordant bleu 3	**Formule chimique**	$C_{23}H_{15}O_9SNa_3$
Classe	Triphénylméthane	**Poids moléculaire**	492,0

Solution de différenciation

- 500 ml d'éthanol absolu
- 500 ml d'eau distillée
- 5 ml d'acide hydrochlorhydrique 12 *M*

Cette solution peut se conserver pendant plusieurs mois, mais ne peut servir qu'une seule fois. Le temps de coloration peut être de 1 à 5 minutes, alors que la différenciation ne prend généralement que de 5 à 30 secondes. Il est donc important de vérifier la différenciation à l'aide de l'observation au microscope. Par cette méthode, les noyaux se colorent en bleu.

12.11 RÉSUMÉ DES COLORATIONS À L'HÉMATOXYLINE

Le tableau 12.5 présente un résumé des différentes composantes et applications des hématoxylines utilisées en histotechnologie.

12.12 COLORATION CYTOPLASMIQUE

Les colorants utilisés pour la mise en évidence du cytoplasme sont habituellement anioniques, sauf dans les cas où l'on colore l'ARN cytoplasmique.

Parmi la gamme de colorants acides pouvant servir à la coloration des cytoplasmes, on en trouve de toutes les couleurs et de toutes les variétés chimiques, si bien que l'on a l'embarras du choix. Ce choix doit toutefois être orienté en fonction des facteurs suivants : couleur des autres structures mises en évidence, solvants dans lesquels les coupes sont passées, fixation subie par le tissu, etc.

Un certain nombre de colorants cytoplasmiques peuvent également servir à la coloration spécifique des fibres de collagène. Les méthodes faisant appel à ces colorants seront décrites dans les chapitres suivants.

Tableau 12.5 UTILISATION DES DIFFÉRENTES HÉMATOXYLINES EN HISTOTECHNOLOGIE.

Mordant utilisé	Type d'oxydation ou produit utilisé	Hématoxyline	Applications en histotechnologie
Alun	Naturelle	Ehrlich	Coloration nucléaire avec l'éosine, coloration de certaines mucines
Alun	Naturelle	Delafield	Coloration nucléaire avec l'éosine
Alun	Iodate de sodium	Mayer	Coloration nucléaire avec l'éosine
Alun	Oxyde mercurique	Harris	Coloration nucléaire avec l'éosine
Alun	Iode	Cole	Coloration nucléaire avec l'éosine
Alun	Iodate de potassium	Carazzi	Coloration nucléaire avec l'éosine
Alun	Iodate de sodium	Gill	Coloration nucléaire avec l'éosine
Fer	Naturelle	Weigert	Coloration nucléaire avec des colorants acides
Fer	Naturelle	Heidenhain	Coloration de détails intranucléaires et striations musculaires
Fer	Naturelle	Verhoeff	Noyaux et fibres élastiques
Fer	Naturelle	Loyez	Noyaux et myéline
Tungstène	Naturelle ou permanganate de potassium	Mallory (APTH)	Noyaux, fibrine, striations musculaires, fibres névrogliques

COLORATIONS DE ROUTINE

INTRODUCTION

Tous les tissus qui arrivent au laboratoire d'histopathologie subissent une coloration de routine appelée par certains auteurs « coloration topographique générale ». Ce type de coloration permet de mettre en évidence les principaux éléments morphologiques des tissus, comme le noyau, le cytoplasme et les fibres de collagène.

Le noyau est une structure qu'il est extrêmement important de mettre en évidence à cause de son utilité comme point de repère au cours de l'étude morphologique des tissus. En règle générale, on le colore d'une teinte assez foncée pour lui permettre de bien contraster avec la coloration de fond constituée surtout du cytoplasme et des fibres conjonctives. Il arrive cependant que les diverses structures ou la substance que l'on met en évidence prennent une teinte opaque, ce qui rend le noyau plus difficilement discernable s'il est coloré en bleu ou en noir. Dans ce cas, il est recommandé de le colorer à l'aide de colorants basiques rouges. À titre d'exemple, la méthode de coloration au bleu alcian permet la mise en évidence des mucosubstances sulfatées en bleu (voir le chapitre 15), ce qui rend difficile la distinction des noyaux, également colorés en bleu; on utilise alors un colorant nucléaire rouge comme la fuchsine basique. Dans le cas des imprégnations métalliques, par exemple lors de la mise en évidence des fibres de réticuline (voir le chapitre 14), le contrecolorant nucléaire est généralement le Kernechtrot (rouge nucléaire solide), colorant acide utilisé en association avec un mordant (voir la section 12.10.3), ce qui forme une laque basique et permet la coloration des noyaux.

Parmi les principales techniques de coloration de routine, on utilise généralement la méthode à l'hématoxyline et à l'éosine (H et É) ainsi que celle à l'hématoxyline-phloxine-safran (HPS).

13.1 HÉMATOXYLINE ET ÉOSINE

La coloration de routine à l'hématoxyline et à l'éosine est une coloration bichromique, c'est-à-dire de deux couleurs : une coloration nucléaire bleue provenant de l'action de l'hématoxyline aluminique et une coloration orangé-rouge, variant selon les structures, produite par l'éosine.

13.1.1 HÉMATOXYLINE

Tel que mentionné dans le chapitre 10 (voir la section 10.5.1.1), l'hématoxyline est considérée comme un colorant légèrement acide de type quinone. Elle doit être oxydée en hématéine pour acquérir un certain pouvoir colorant (voir la figure 10.20). À cette oxydation s'ajoute l'addition d'un mordant qui est habituellement un sel d'aluminium ou un sel ferrique. Le complexe colorant-mordant ainsi formé devient chargé positivement et agit comme un colorant basique. La présence du mordant indique qu'il s'agit d'un colorant indirect. Dans le cas d'une coloration de routine, on prend de préférence une hématéine aluminique, soit la formule de Harris, celle de Mayer ou celle de Gill. Cette préférence s'explique par la simplicité d'utilisation de l'hématoxyline aluminique en comparaison de l'hématoxyline ferrique. L'hématoxyline aluminique offre moins de détails nucléaires, mais les résultats obtenus sont en général suffisants et la technique de routine est plus rapide. L'hématoxyline aluminique nécessite une différenciation. Pour ce faire, on devra utiliser une solution d'acide chlorhydrique aqueuse si les solvants de l'hématoxyline sont l'alcool et l'eau, comme dans le cas des hématoxylines de Harris et de Mayer. Il faudra par contre utiliser une solution d'acide chlorhydrique alcoolique si le solvant de l'hématoxyline est uniquement l'eau, comme dans le cas de la solution de Gill. Ainsi la différenciation sera-t-elle graduelle, et non soudaine et brusque. La solution de différenciation agit par solubilisation acide. En effet, l'acide chlorhydrique brise les liens chimiques entre la laque colorante basique et les structures acides tissulaires et cellulaires aux endroits où ce lien n'est pas suffisamment solide pour résister à une telle compétition. Une fois la laque colorante détachée du tissu, l'alcool ou l'eau peut alors dissoudre le colorant ainsi libéré.

Après la différenciation, on procède au bleuissement des coupes dans une solution alcaline, par exemple dans du carbonate de lithium en solution aqueuse ou encore dans de l'eau ammoniacale. La solution utilisée doit obligatoirement posséder un *p*H alcalin. Dans le cas du carbonate de lithium, cette solution doit être saturée.

13.1.2 MÉCANISME D'ACTION DE L'HÉMATÉINE

La laque résultant de la combinaison de l'hématéine avec le sel d'aluminium est fortement cationique et forme des liens sels avec les acides nucléiques présents dans les noyaux. La coloration de ces derniers fait donc appel à un mécanisme chimique. Une fois ces liens formés, la couleur diffuse dans les structures nucléaires. Ce phénomène s'appelle « absorption ». La coloration des noyaux par l'hématéine aluminique fait donc appel à deux types de réactions, soit un mécanisme chimique, la formation de liens sels, et un mécanisme physique, l'absorption.

13.1.3 ÉOSINE

L'éosine est un colorant acide appartenant au groupe des xanthènes (voir la section 10.5.3.1.3). Elle possède un chromophore de type quinone, un auxochrome carboxyle (COO^-), provenant de l'ionisation du groupement COONa, et un auxochrome acide de type phényl (O^-) provenant de l'ionisation du groupement NaO. La présence de ces deux auxochromes donne à ce colorant son caractère acide.

Plusieurs colorants portent le nom d'éosine : l'éosine Y (Y signifiant *yellowish*), l'éosine B, l'éosine G et l'éosine J. L'éosine Y provoque une coloration jaunâtre tirant sur le vert fluorescent. En réalité, il s'agit plutôt de fluorescéine, et l'intensité de la couleur obtenue est déterminée par la quantité de groupements de brome ou d'iode présents dans la molécule : plus il y en a, plus le colorant tire sur le rouge. À ce titre, le brome ou l'iode, selon le cas, deviennent des groupements modificateurs du colorant. Si on compare la composition de l'éosine Y avec celle de l'érythrosine B (voir la figure 13.3), on remarque que la première contient du brome et la seconde, de l'iode.

L'éosine est soluble à la fois dans l'eau et dans l'alcool. Il s'agit d'un bon colorant du cytoplasme et du tissu conjonctif. La présence d'ions calcium (provenant de l'ionisation du carbonate de calcium, $CaCO_3$) ou d'ions magnésium (provenant de l'ionisa-

Figure 13.1 : **FICHE DESCRIPTIVE DE L'ÉOSINE Y**

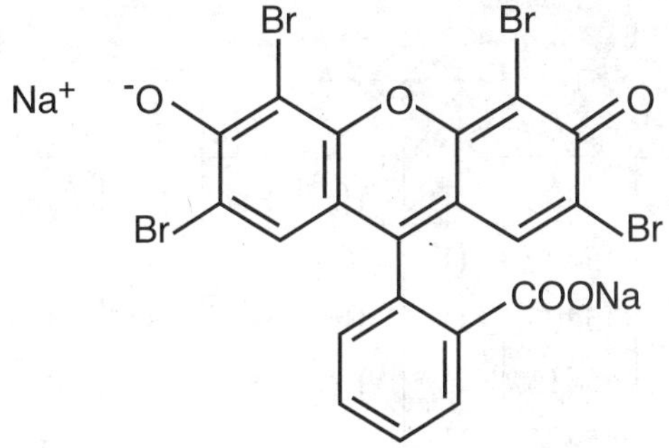

Structure chimique de l'éosine Y

Nom commun	Éosine Y	**Solubilité dans l'eau**	Jusqu'à 40 %
Nom commercial	Éosine Y ws	**Solubilité dans l'éthanol**	Jusqu'à 2 %
Autre nom	Bromoéosine Tétrabromofluorescéine	**Absorption maximale**	516 nm
Numéro de CI	45380	**Couleur**	Rouge
Nom du CI	Rouge acide 87	**Formule chimique**	$C_{20}H_6O_5Br_4Na_2$
Classe	Xanthène	**Poids moléculaire**	691,9
Type d'ionisation	Anionique		

tion du carbonate de magnésium, $MgCO_3$) accroît les propriétés colorantes de l'éosine Y; ces ions lui sont donc nécessaires. De plus, on recommande l'utilisation d'eau distillée et d'alcool éthylique comme solvants de ce colorant. L'éosine Y peut être utilisée soit progressivement, soit régressivement. L'observation au microscope permet de déterminer la coloration adéquate finale. Chaque laboratoire détermine ses préférences et par le fait même l'intensité des colorations désirées.

Les tissus fixés par un liquide mercurique, comme le Helly, le Zenker ou le B5, sont plus facilement colorés par l'éosine Y. Si on utilise l'éosine Y de façon régressive, la différenciation se fera par l'alcool servant à la déshydratation des tissus avant l'éclaircissement.

On pourrait remplacer l'éosine Y par l'éosine B, l'érythrosine ou la phloxine B. Ces produits diffèrent un peu de l'éosine Y par leur teinte rouge. Tel que mentionné plus haut, la présence du brome caractérise la couleur de l'éosine Y, alors que l'iode caractérise celle de l'érythrosine B (voir la fiche descriptive). Dans le cas de la phloxine, le brome ou l'iode est remplacé par le chlore (voir la section 13.2.2). Chacun de ces trois groupements modificateurs, brome, iode et chlore, nuance la teinte de l'un de ces trois colorants (voir le tableau 13.1). L'observation de la figure 13.2 en étroite relation avec le tableau 13.1, où se retrouve la numérotation des carbones, aidera à comprendre le phénomène abordé ci-dessous.

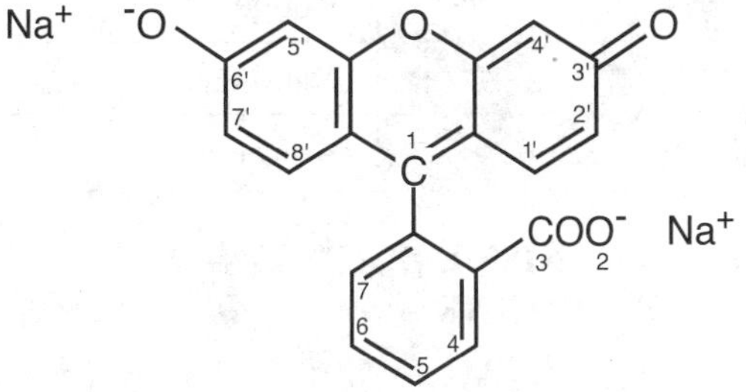

Figure 13.2 : *Structure chimique de la fluorescéine de sodium.*

Tableau 13.1 FORMATION DE DIFFÉRENTS COLORANTS PAR LA SUBSTITUTION DES GROUPEMENTS SUR LES DIFFÉRENTS CARBONES DE LA FLUORESCÉINE DE SODIUM.

Nom du colorant	N° de	Numéro du carbone où se fait la substitution									
	CI	1'	2'	4'	5'	7'	8'	4	5	6	7
Éosine Y (rouge acide 87)	45380	H	Br	Br	Br	Br	H	H	H	H	H
Éosine B (rouge acide 91)	45400	H	NO_2	Br	Br	NO_2	H	H	H	H	H
Phloxine (rouge acide 98)	45405	H	Br	Br	Br	Br	H	Cl	H	H	Cl
Phloxine B (rouge acide 92)	45410	H	Br	Br	Br	Br	H	Cl	Cl	Cl	Cl
Érythrosine (rouge acide 95)	45425	H	H	I	I	H	H	H	H	H	H
Érythrosine B (rouge acide 51)	45430	H	I	I	I	I	H	H	H	H	H
Rose de Bengale (rouge acide 94)	45440	H	I	I	I	I	H	Cl	Cl	Cl	Cl

Figure 13.3 : **FICHE DESCRIPTIVE DE L'ÉRYTHROSINE B**

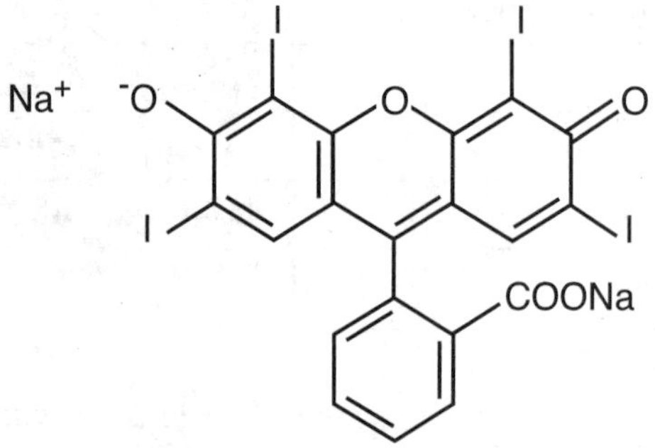

Structure chimique de l'érythrosine B

Nom commun	Érythrosine B	Solubilité dans l'eau	Jusqu'à 11 %
Nom commercial	Érythrosine B	Solubilité dans l'éthanol	Jusqu'à 1,8 %
Autre nom	Rouge 14	Absorption maximale	524 nm
Numéro de CI	45430	Couleur	Rouge
Nom du CI	Rouge acide 51 Rouge 14	Formule chimique	$C_{20}H_6O_5I_4Na_2$
Classe	Xanthène	Poids moléculaire	879,9
Type d'ionisation	Anionique		

13.1.4 MÉCANISME D'ACTION DE L'ÉOSINE

L'éosine est un colorant acide qui agit directement sur le tissu. Elle forme des liens sel avec les structures basiques cytoplasmiques et celles du tissu conjonctif. Après la formation de ces liens chimiques survient un phénomène d'absorption. Par conséquent, la coloration par l'éosine se caractérise par deux mécanismes d'action : un mécanisme chimique par la formation de liens sel, puis un mécanisme physique, l'absorption.

13.1.5 MÉTHODE DE COLORATION

La méthode à l'hématoxyline et à l'éosine est très populaire parce que l'utilisation de l'éosine Y permet de distinguer le cytoplasme et le collagène : le cytoplasme se colore en rose, le collagène en jaune orangé. La différenciation se fait au cours des passages dans les alcools de la déshydratation à la fin de la coloration. Il faut cependant procéder avec minutie et prendre garde de ne pas laisser séjourner trop longtemps les coupes dans l'alcool, si on veut obtenir une bonne différenciation des teintes.

13.1.5.1 Préparation des solutions

1. Solution d'hématoxyline de Harris

Voir la préparation de la solution d'hématoxyline de Harris à la section 12.6.2.

Dans cette méthode, on peut substituer à l'hématoxyline de Harris celle de Mayer dont la préparation est présentée à la section 12.6.1.

2. Solution d'eau acidifiée

- 30 ml d'acide acétique glacial
- 970 ml d'eau distillée

ou

- 0,5 ml d'acide chlorhydrique concentré
- 100 ml d'eau distillée

Il est préférable d'employer une telle solution puisque le solvant de l'hématoxyline de Harris est constitué d'eau et d'alcool. L'utilisation d'une solution d'alcool-acide agirait trop rapidement.

3. Solution de carbonate de lithium à 1 %

- 10 g de carbonate de lithium
- 1 litre d'eau distillée

Il s'agit d'une solution standardisée, fabriquée avec la plus grande précision et conservée selon les normes particulières.

4. Solution d'eau ammoniacale à 0,2 %

- 2 ml d'ammoniaque
- 1 litre d'eau distillée

5. Solutions d'éthanol

- **Éthanol à 70 %**
  - 70 ml d'éthanol concentré
  - 30 ml d'eau distillée
- **Éthanol à 50 %**
  - 50 ml d'éthanol concentré
  - 50 ml d'eau distillée

6. Solution mère d'éosine alcoolique à 1 %

- 5 g d'éosine Y
- 100 ml d'eau distillée
- 400 ml d'alcool éthylique à 95 %

7. Solution de travail d'éosine alcoolique

- 20 ml de solution mère d'éosine (solution n° 6)
- 60 ml d'alcool éthylique à 80 %
- 0,5 ml d'acide acétique glacial concentré

13.1.5.2 Méthode de coloration à l'hématoxyline et à l'éosine

MODE OPÉRATOIRE

1. Déparaffiner les coupes dans trois bains de toluol ou de xylol pendant 1 minute dans chaque bain;
2. commencer l'hydratation des coupes en mettant les lames dans 1 bain d'éthanol à 100 % pendant 1 minute, puis dans un bain d'éthanol à 70 % pendant 1 minute et, enfin, dans un bain d'éthanol à 50 % pendant 1 minute;
3. rincer les coupes à l'eau courante pendant 30 secondes;

4. enlever les pigments ou artéfacts de fixation, le cas échéant (voir la section 2.3);
5. rincer les coupes dans l'eau distillée pendant 15 à 20 secondes;
6. colorer dans un bain d'hématoxyline de Harris fraîchement filtrée pendant 1 à 4 minutes;
7. bien laver les coupes à l'eau courante pendant environ 30 secondes;
8. différencier les coupes au moyen de 2 ou 3 immersions de 5 à 10 secondes chacune dans un bain d'eau acidifiée;
9. rincer à l'eau courante pendant 2 à 3 minutes;
10. bleuir les coupes dans la solution de carbonate de lithium à 1 % ou dans l'eau ammoniacale à 0,2 % pendant environ 20 secondes ou en les y plongeant 6 à 8 fois;
11. laver à l'eau courante pendant 5 minutes;
12. déshydrater partiellement les tissus au moyen de passages rapides dans l'éthanol à 50 %, puis à 70 %;
13. contrecolorer dans la solution d'éosine de travail pendant 30 secondes à 2 minutes;
14. déshydrater les coupes au moyen de passages rapides dans l'éthanol à 70 % et à 100 %;
15. éclaircir dans trois bains de toluol à raison de 2 à 3 immersions par bain;
16. monter avec une résine permanente comme l'Eukitt.

RÉSULTATS

- Les noyaux se colorent en bleu sous l'effet de l'hématoxyline;
- les cytoplasmes se colorent en rose sous l'effet de l'éosine;
- les fibres conjonctives (surtout les fibres de collagène) se colorent en rose foncé sous l'effet de l'éosine;
- les érythrocytes et les éosinophiles se colorent en rouge intense sous l'effet de l'éosine;
- la fibrine se colore en rose foncé sous l'effet de l'éosine;
- les fibres musculaires se colorent en rose pâle sous l'effet de l'éosine.

13.1.5.3 Remarques sur la méthode H et É

- L'éosine doit produire une coloration franche du cytoplasme et donner une gamme de roses plus ou moins vifs aux diverses structures, selon l'intensité de l'acidophile de chacune. Avec l'éosine, il faut utiliser l'éthanol avec mesure, car tout en déshydratant la coupe, il différencie l'éosine. On doit donc pousser plus ou moins loin la décoloration, en ajustant les durées de déshydratation selon les parties que l'on désire mettre en évidence.
- Les tissus fixés au formaldéhyde à 10 % additionné de sulfate de zinc à 1 % sont ceux qui se prêtent le mieux à cette méthode de coloration.
- Comme avec toutes les méthodes de coloration ayant cours en histotechnologie, on doit vérifier régulièrement au microscope les résultats de la coloration des divers éléments à différentes étapes du processus. Dans cette méthode de coloration, une telle vérification s'impose aux étapes suivantes :
  - après l'étape 7 (lavage faisant suite au bain d'hématéine) : la coloration des noyaux va du rose foncé au rouge et le fond de la lame est rose pâle, si le *p*H de l'eau courante est acide. Par contre, s'il est le moindrement alcalin, les noyaux sont légèrement colorés en bleu;
  - après l'étape 10 (bleuissement) : les noyaux et la chromatine sont colorés en bleu alors que le cytoplasme et les tissus conjonctifs demeurent incolores;
  - après l'étape 13 (coloration à l'éosine) : les fibres de collagène prennent une teinte rose foncé, les érythrocytes se colorent en rouge intense et les noyaux gardent leur couleur bleue due à l'hématéine;
  - après l'étape 15 (éclaircissement) : toutes les structures doivent être colorées tel que prévu. Avant de passer au montage, les tissus

peuvent séjourner assez longtemps dans le dernier bain de toluol sans perdre leur coloration.

- Si, lors d'une vérification au microscope, on s'aperçoit que la coloration diffère de ce qu'elle devrait être, il est possible de rincer les coupes et de recommencer la coloration. Dans les laboratoires cliniques, étant donné le grand volume de lames à colorer, cette vérification s'effectue de manière périodique, surtout lors d'un changement de colorant, mais pas nécessairement tous les jours.
- Si l'on craint que le tissu adhère mal à la lame, on peut utiliser des lames chargées ioniquement; il est même conseillé de le faire.
- Le bain d'alcool-acide ou d'eau acidifiée est un différenciateur de l'hématéine dont le rôle consiste à enlever le surplus de colorant qui se serait déposé ailleurs que sur les structures visées. Cette situation est courante lorsque l'on a surcoloré le tissu pour ensuite le décolorer légèrement au moyen d'un différenciateur. Il s'agit alors d'une coloration régressive. La différenciation nécessite une vérification régulière au microscope, ce qui permet de mettre fin à la décoloration au moment opportun.
- La solution de carbonate de lithium à 1 % ou d'eau ammoniacale à 0,2 % est une solution dont le *p*H est alcalin. Son rôle consiste à alcaliniser l'hématéine, qui, en milieu alcalin, passe du rouge ou bleu. Cette étape, exposée plus haut, s'appelle « bleuissement ».
- Les bains d'éthanol de l'étape 12 sont deux bains aux concentrations croissantes dont la fonction est de préparer le tissu à recevoir l'éosine, en solution alcoolique. Il s'agit de bains de transfert.
- Une faible coloration nucléaire peut être due à une exposition excessive dans les solutions acides, par exemple dans un liquide fixateur de formaldéhyde non tamponné. Il est cependant possible de restaurer la chromophilie nucléaire en traitant les coupes dans un bain hydratant à base de bicarbonate de sodium aqueux à 5 % ($NaHCO_3$) ou dans une solution aqueuse d'acide picrique à 5 % pendant 10 à 12 heures. Il est important alors de bien laver les coupes à l'eau courante.
- Il arrive également que l'on retrouve sur certaines coupes des dépôts amorphes basophiles colorés en bleu. Il s'agit de petits dépôts de calcium qui ont capté l'hématéine, provoquant la formation d'une laque calcique entre l'hématéine et le calcium, laquelle se colore en bleu.
- Lors de la coloration des tissus par l'hématéine et l'éosine, ce sont les globules rouges que l'éosine colore le plus intensément. Cependant, sur certains tissus comme la glande thyroïde, on remarque que l'éosine colore également de façon très intense la colloïde, matière gélatineuse analogue à la mucine; cependant, l'aspect physique du colloïde étant différent de celui des globules rouges, il y a peu de chances que l'on confonde les deux structures lors de l'observation au microscope.

13.1.5.4 Erreurs de coloration pouvant survenir avec la méthode de coloration à l'hématoxyline et à l'éosine

- On recommande de filtrer la solution de carbonate de lithium avant usage afin de prévenir l'accumulation de précipités bleus ou noirs sur les coupes.
- L'hématoxyline de Harris ayant tendance à développer une pellicule métallique en surface pendant sa conservation, on recommande de la filtrer tous les jours; autrement, cette pellicule pourrait se déposer sur les tissus et y apparaître sous forme de taches bleutées.
- Si les noyaux se colorent en rouge-brun, c'est qu'il y a suroxydation de l'hématéine ou que le bleuissement est insuffisant. Il faut donc renouveler la solution d'hématéine.
- Si la coloration des noyaux est uniformément pâle, ceci est probablement le résultat d'une différenciation trop longue. Il est donc préférable de rincer la coupe et de reprendre le processus à partir de l'étape de l'hématoxyline.

- Si la solution d'hématéine est trop vieille, les noyaux prendront une teinte grisâtre. Il faut donc renouveler la solution.
- Si les noyaux sont bleu foncé mais qu'il y a absence de détails nucléaires, c'est que la différenciation a été insuffisante. Il faut reprendre le processus à l'étape de l'eau acidifiée.
- Si l'éosine colore les tissus en rouge brillant, c'est que la différenciation de l'éosine par les alcools a été insuffisante. Il faut allonger la durée des bains de déshydratation qui font suite à la contrecoloration à l'éosine.
- Si, au microscope, on s'aperçoit que la coloration de fond est rose autour des tissus et dans les espaces tissulaires, c'est probablement dû à une quantité excessive d'adhésif dans le bain d'étalement, l'adhésif étant souvent à base de protéines éosinophiles. Il s'agit donc d'un artéfact relié à l'étalement.
- Si, au microscope, les coupes présentent des zones de coloration inégale, c'est-à-dire des endroits plus pâles que d'autres, le problème est généralement dû à un mauvais déparaffinage. Il faut alors renouveler les bains de toluol ou de xylol et reprendre le processus de coloration avec des lames de tissus non colorées ou encore décolorer complètement la lame et recommencer (voir la section 13.3). Ce problème peut survenir autant lors des colorations manuelles que lors des colorations effectuées au moyen d'un appareil automatique de coloration.
- Si, au microscope, on observe que les noyaux sont mal colorés, c'est-à-dire que le bleu n'est pas assez intense, le problème est probablement dû au fait que le *p*H de l'agent de bleuissement n'est pas assez alcalin. Il faudra refaire la coloration en ajustant d'abord correctement le *p*H du carbonate de lithium ou de l'eau ammoniacale.

13.2 HÉMATOXYLINE, PHLOXINE ET SAFRAN (HPS)

Cette méthode est moins utilisée que la coloration à l'hématoxyline et à l'éosine, pour des raisons économiques d'abord, car le safran coûte très cher, mais aussi parce que la préparation de la solution colorante est relativement longue. En revanche, la marche à suivre est simple et les résultats obtenus sont plus diversifiés qu'avec la méthode à l'H et É. La méthode de coloration à l'HPS permet en effet de mettre évidence les noyaux, les fibres conjonctives et plus spécifiquement les fibres de collagène. Le tissu conjonctif se colore en rouge rosé sous l'effet de la phloxine et les fibres de collagène se colorent en jaune sous celui du safran en solution alcoolique.

13.2.1 HÉMATOXYLINE

Les explications concernant l'hématoxyline sont présentées à la section 13.1.1. Pour d'autres renseignements, on peut se reporter à la section 10.5.1.1 ainsi qu'à la figure 10.20.

13.2.2 PHLOXINE

La phloxine, ou phloxine B, est un sel de sodium de la fluorescéine tétrabromée et tétrachlorée (voir la figure 13.4). Comme l'érythrosine B, elle donne une coloration plus vive et plus persistante que la coloration obtenue avec l'éosine Y. La phloxine est surtout utilisée comme colorant cytoplasmique, en association avec l'hématéine aluminique et le safran. Dans les procédés de coloration bichromique, tous ces colorants acides s'emploient de façon régressive, ce qui implique une surcoloration et une différenciation ultérieure au moyen d'éthanol.

13.2.3 SAFRAN

Tel que mentionné à la section 10.5.1.4, le safran est un colorant naturel. Le safran en solution alcoolique reste mieux fixé sur le collagène que le safran en solution aqueuse, pourvu que le lavage à l'alcool absolu qui suit la coloration soit effectué rapidement.

13.2.4 MÉCANISMES D'ACTION

Les mécanismes d'action de la phloxine et du safran sont encore mal connus et difficilement dissociables. Comme il s'agit de deux colorants anioniques, on pense que le mécanisme d'action de ces colorants repose principalement sur le fait que la phloxine serait plus diffusible que le safran. Dans un premier temps, toutes les structures acidophiles sont colorées en rouge par la phloxine. Après différenciation dans l'éthanol, seules les fibres de collagène, structures acidophiles les plus lâches, seraient décolorées, ce qui permettrait au safran de venir s'y installer et de les colorer en jaune. Donc, la phloxine se fixe sur les structures acidophiles denses (structures cytoplasmiques, globules rouges et fibres élastiques) par des liens sel, ou chimiques, puis le colorant diffuse dans ces structures tissulaires et cellulaires. Le safran, pour sa part, serait un colorant acide moins diffusible que la phloxine et qui ferait concurrence à celle-ci auprès des structures tissulaires acidophiles. Le principal avantage du safran, en solution alcoolique, est donc la coloration jaune donnée au collagène.

La méthode à l'HPS permet d'obtenir les plus belles colorations topographiques qui soient à la condition que les tissus aient été fixés à la perfection.

13.2.4.1 Préparation des solutions

1. Solution d'hématoxyline de Harris

- Voir la préparation de la solution d'hématoxyline de Harris à la section 12.6.2.

2. Solution d'eau acidifiée

- Voir la préparation de cette solution à la section 13.1.5.1, solution n° 2.

3. Solution de phloxine B à 1,5 %

- 1,5 g de phloxine B
- 100 ml d'eau distillée chaude
- 1,0 g de phénol

4. Solution d'éthanol à 95 %

- 95 ml d'éthanol absolu
- 5 ml d'eau distillée

5. Solution de carbonate de lithium à 1 %

Voir la préparation du carbonate de lithium à la section 13.1.5.1, solution n° 3.

6. Solution mère de safran du Gatinais

- 10,0 g de safran du Gatinais
- 500 ml d'éthanol à 100 %

Déposer le ballon contenant le safran et l'éthanol absolu dans un récipient d'eau chaude. Relier le

Figure 13.4 : **FICHE DESCRIPTIVE DE LA PHLOXINE B**

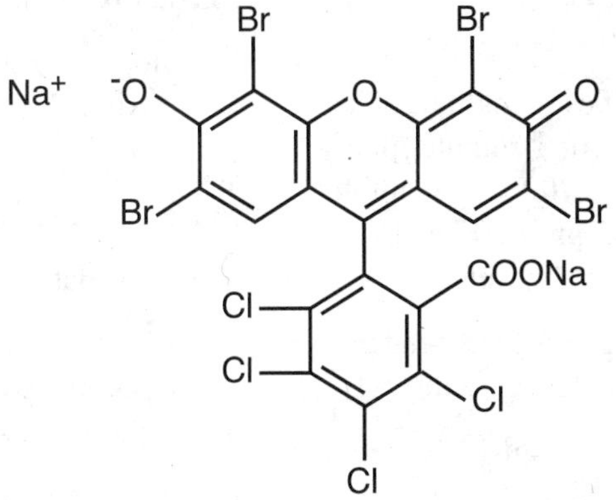

Structure chimique de la phloxine B

Nom commun	Phloxine	**Solubilité dans l'eau**	Jusqu'à 10 %
Nom commercial	Phloxine B	**Solubilité dans l'éthanol**	Jusqu'à 5 %
Numéro de CI	45410	**Absorption maximale**	546 nm
Nom du CI	Rouge acide 92	**Couleur**	Rouge
Classe	Xanthène	**Formule chimique**	$C_{20}H_2Br_4Cl_4Na_2$
Type d'ionisation	Anionique	**Poids moléculaire**	829,7

goulot du ballon à une colonne de distillation et ajuster hermétiquement le bouchon. Chauffer l'eau du récipient (bain-marie) jusqu'à ce que les vapeurs d'éthanol se condensent dans la colonne de distillation et retombent dans le ballon sous forme de gouttelettes. Laisser chauffer pendant une heure environ. Refroidir et recueillir le liquide surnageant. Conserver la poudre de safran et répéter l'extraction deux autres fois.

7. Solution de travail de safran

- 1 volume de la solution mère de safran (voir la solution n° 6, ci-dessus)
- 1 volume d'éthanol absolu

8. Solution de méthanol-éthanol

- 1 volume de méthanol
- 6 volumes d'éthanol concentré

13.2.4.2 Méthode de coloration à l'HPS

MODE OPÉRATOIRE

1. Déparaffiner les coupes dans trois bains de toluol ou de xylol en les laissant tremper 1 minute dans chaque bain;
2. passer ensuite les coupes dans un bain d'éthanol à 100 % pendant 1 minute, puis dans un bain d'éthanol à 70 % pendant 1 minute et, enfin, dans un dernier bain d'éthanol à 50 % pendant 1 minute;
3. rincer les coupes à l'eau courante pendant 30 secondes;
4. rincer les coupes dans l'eau distillée pendant 15 à 20 secondes;
5. colorer dans un bain d'hématoxyline de Harris fraîchement filtrée pendant 1 à 4 minutes;
6. laver à l'eau courante pendant 1 minute;
7. différencier les coupes au moyen de deux ou trois immersions dans un bain d'eau acidifiée;
8. rincer à l'eau courante pendant 30 secondes;
9. bleuir les coupes au moyen de deux à six immersions dans le carbonate de lithium à 1 %;
10. laver à l'eau courante pendant 5 minutes;
11. colorer dans la phloxine B à 1,5 % pendant 1 à 5 minutes;
12. déshydrater les coupes dans un bain d'éthanol à 95 %, puis dans deux bains d'éthanol absolu à raison de 10 à 15 immersions dans chacun des bains;
13. contrecolorer dans la solution de travail de safran pendant 5 minutes;
14. déshydrater les coupes au moyen de quatre ou cinq immersions dans le mélange méthanol-éthanol;
15. éclaircir dans trois bains de toluol à raison de deux à trois immersions dans chacun des bains;
16. monter avec une résine permanente comme l'Eukitt.

RÉSULTATS

- Les noyaux se colorent en bleu sous l'action de l'hématoxyline de Harris;
- les cytoplasmes se colorent en rose sous l'effet de la phloxine B;
- les érythrocytes prennent une coloration rouge foncé sous l'effet de la phloxine;
- les fibres élastiques se colorent en rose sous l'action de la phloxine;
- les fibres musculaires prennent une teinte allant du rose à rouge sous l'effet de la phloxine;
- les fibres de collagène se colorent en jaune sous l'effet du safran.

13.2.4.3 Remarques sur la méthode HPS

- Le bleuissement des noyaux colorés par l'hématoxyline peut se faire dans une solution d'eau ammoniacale ou de carbonate de lithium. Il importe que cette solution soit standardisée, sinon elle risque de ne pas produire les résultats escomptés.

- Il est préférable de procéder à la différenciation au moyen d'eau acidifiée; cependant, certains auteurs recommandent d'utiliser de l'alcool acidifié même si son action est plus rapide (plus violente).
- Après la coloration dans la solution de safran, l'observation au microscope est difficilement réalisable, car les bains subséquents sont tous alcooliques. En effet, le safran étant soluble dans l'alcool, la durée de l'examen alors que le tissu est dans l'alcool serait suffisante pour faire disparaître la coloration.

13.2.4.4 Caractéristiques de la méthode de coloration à l'HPS

- En tant que différenciateur, le bain d'eau acidifiée enlève le surplus d'hématéine; il s'agit donc d'une coloration régressive. L'acide entre en concurrence avec les structures acides du noyau, ce qui brise les liens entre le mordant et le tissu. Ce processus décolore le tissu aux endroits où la laque est moins bien fixée au tissu ou est présente en moins grande quantité. Pour une différenciation adéquate, on recommande un suivi régulier au microscope, ce qui permet de mettre fin à la décoloration au moment opportun.
- Le bain contenant la phloxine servira à colorer les structures tissulaires et cellulaires acidophiles en rouge.
- Les bains d'éthanol de l'étape 12, juste avant le passage des coupes dans la solution de travail de safran, jouent deux rôles distincts : ce sont des bains de transfert, en ce sens qu'ils préparent le tissu pour la coloration au safran en solution alcoolique à 100 %; en outre, ils servent d'agent de différenciation en délogeant la phloxine qui s'est introduite dans le collagène. Donc, à cette étape, les éthanols à 95 % et à 100 % permettent de différencier les fibres de collagène. Là encore, la phloxine est utilisée de façon régressive.
- La durée du passage dans la solution de travail de safran peut varier selon les préférences des pathologistes.
- Le mélange méthanol-éthanol, à la fin du processus, sert de bain de transfert en vue de l'éclaircissement; il agit également comme différenciateur au cas où la coloration au safran serait trop intense.
- Une coloration nucléaire médiocre peut être due à une exposition trop longue dans les solutions acides ou dans un liquide fixateur de formaldéhyde non tamponné. Il est cependant possible de restaurer la chromophilie nucléaire en traitant les coupes dans un bain hydratant à base de bicarbonate de sodium aqueux à 5 % ($NaHCO_3$) ou dans une solution aqueuse d'acide picrique à 5 % pendant 10 à 12 heures. Par la suite, il est important de bien laver les coupes à l'eau courante.
- En Europe, on remplace souvent la phloxine par l'érythrosine B. Cette technique porte le nom de méthode à l'HES (hématoxyline-érythrosine B-safran).

13.3 DÉCOLORATION DES COUPES

À l'occasion, il peut arriver qu'après l'observation au microscope d'un tissu coloré par une coloration de routine, le pathologiste demande de refaire un autre type de coloration sur ce même tissu; le technicien doit alors procéder au démontage de la lame et à la décoloration de la coupe. Une telle demande fait souvent suite à l'observation d'une zone tissulaire suspecte après une première coloration. Craignant que cet arrangement tissulaire ou cellulaire ne soit pas présent ailleurs dans le bloc de tissu, on se doit alors de procéder à la décoloration de la coupe. Il peut arriver également que la coloration mal réussie d'une coupe doive être reprise à partir de la même lame. Il faudra alors décolorer le tissu et recommencer la coloration.

13.3.1 PRÉPARATION DE LA SOLUTION D'ALCOOL-ACIDE

- 35 ml d'acide chlorhydrique concentré
- 2450 ml d'éthanol absolu
- compléter à 3500 ml avec de l'eau distillée

13.3.2 MÉTHODE DE DÉCOLORATION

MODE OPÉRATOIRE

1. Immerger les lames à décolorer dans le toluol ou le xylol jusqu'à ce que les lamelles se décollent facilement;
2. passer les lames dans deux bains de toluol ou de xylol pendant 2 minutes dans chacun, afin d'enlever tout le surplus de résine qui a servi au milieu de montage;
3. passer ensuite les lames dans deux bains d'éthanol absolu pendant 2 minutes dans chacun afin de rendre le tissu perméable à un colorant aqueux;
4. laver à l'eau courante pendant 2 minutes, puis rincer à l'eau distillée;
5. déposer les lames dans la solution d'alcool-acide jusqu'à disparition complète des couleurs, ce qui peut prendre de 5 à 60 minutes selon le colorant. Vérifier au microscope s'il reste encore des traces de colorant sur les structures tissulaires, et ce, de façon régulière;
6. rincer à l'eau distillée.

13.3.3 REMARQUE SUR LA MÉTHODE DE DÉCOLORATION DES COUPES

Il est impossible de décolorer des coupes colorées au moyens de méthodes faisant intervenir des réactions histochimiques. C'est le cas des coupes sur lesquelles ont été effectuées des imprégnations métalliques au moyen de méthodes telles que :

- la méthode de Grocott;
- la méthode de Fontana-Masson;
- la méthode de Gridley, celle au méthénamine d'argent de Gomori;
- la méthode de Whartin-Starry;
- etc.

C'est aussi le cas de coupes qui ont fait l'objet de colorations spéciales utilisant les substances suivantes :

- le bleu de Prusse de Perls;
- le bleu alcian;
- l'acide périodique de Schiff (APS);
- l'APS-bleu alcian;
- le Ziehl-Neelsen.

14

MISE EN ÉVIDENCE DES STRUCTURES DU TISSU DE SOUTIEN

INTRODUCTION

L'expression « tissu de soutien » désigne l'ensemble des tissus conjonctifs, des tissus cartilagineux et des tissus osseux. Il est important de faire la distinction entre tissu de soutien et tissu conjonctif; il existe une certaine ambiguïté sur cette question, ce qui donne lieu à des discussions. Plusieurs auteurs utilisent en effet l'expression « tissu conjonctif » ou même « tissu conjonctif de soutien » pour désigner le tissu de soutien, ce qui ne contribue en rien à la compréhension des rôles que jouent ces différents tissus.

Tous les tissus de soutien sont constitués de cellules, de fibres et de substance fondamentale, le tout baignant dans un liquide interstitiel. Les fibres et la substance fondamentale forment ensemble la matrice. Les fibres se trouvent en quantité plus ou moins importante selon le type de tissu. La substance fondamentale diffère elle aussi suivant le type de tissu et elle est constituée de matériel de remplissage. Celle du tissu conjonctif est semi-liquide et contient des cellules, par exemple les fibroblastes, les fibrocytes, les adipocytes, les histiocytes et les mastocytes. Celle du tissu cartilagineux est solide et élastique, et elle renferme des cellules appelées « chondrocytes ». Enfin, celle du tissu osseux est solide et rigide; on y retrouve des ostéoblastes, des ostéocytes et des ostéoclastes.

On procède à la coloration des tissus de soutien lorsque l'on désire étudier et identifier les éléments fibreux extracellulaires d'un tissu humain spécifique. Généralement, les différentes techniques de coloration utilisées dans de tels cas permettent également de colorer les fibres musculaires lisses et striées, les globules rouges ainsi que les cytoplasmes de plusieurs cellules de ce tissu. Par exemple, les fibres présentes dans le tissu conjonctif sont une composante essentielle de la plupart des organes du corps humain. Des anomalies dans leur formation ou dans leur distribution peuvent être la cause ou le symptôme de diverses maladies; c'est pourquoi leur mise en évidence est souvent requise en histopathologie.

On distingue trois principaux types de fibres conjonctives : les fibres de collagène ou fibres blanches, les fibres élastiques ou fibres jaunes et les fibres de réticuline ou fibres réticulaires. Elles ont pour fonction de maintenir les autres tissus et organes et de les relier entre eux. La grande majorité des cellules présentes dans le tissu de soutien servent à produire la matrice extracellulaire. Cette matrice se compose de deux éléments principaux : les glycosaminoglycanes et les protéines fibrillaires. La structure générale des tissus de soutien est donc formée de cellules de soutien qui sécrètent un réseau de protéines fibrillaires baignant dans un gel aqueux de glycosaminoglycanes.

Les glycosaminoglycanes sont de longues chaînes de polysaccharides portant une forte charge négative, le principal glucide présent étant une glycosamine qui peut être soit un glucide de type N-acétylglucosamine, soit un N-acétylgalactosamine. Ces deux glucides sont porteurs d'un radical sulfaté (SO_3^-). Un autre glucide dont l'importance n'est pas négligeable est présent; il s'agit de l'acide uronique, qui possède un groupement carboxyle (COO^-). Le réseau fibrillaire a une grande capacité de rétention des ions positifs, comme le sodium (Na^+).

14.1 FIBRES DE COLLAGÈNE

Les fibres de collagène que l'on retrouve dans tous les types de tissus de soutien peuvent se présenter soit isolées, soit en faisceaux de diamètres variables. Elles sont peu extensibles et très résistantes à la tension, bien que parfaitement flexibles. Elles sont constituées d'une protéine appelée « collagène », de la famille des glycoprotéines cationiques. Le collagène est synthétisé par les fibroblastes du tissu conjonctif, par les ostéoblastes du tissu osseux et par les chondrocytes du tissu cartilagineux. Il contient de grandes quantités de glycine et de proline. Dans le tissu conjonctif, les fibres de collagène sont plus abondantes que les autres types de fibres. Elles se retrouvent partout dans l'organisme, sauf dans le système nerveux central. Il est possible de les étudier sous plusieurs aspects : leur caractère morphologique, leur composition chimique, leur structure moléculaire, leurs propriétés et leur synthèse.

14.1.1 HISTOCHIMIE DES FIBRES DE COLLAGÈNE

14.1.1.1 Caractéristiques morphologiques

On peut voir à l'œil nu que les organes ou les structures riches en fibres de collagène, comme les tendons et l'épimysium, sont de couleur blanche et qu'ils possèdent une grande résistance à la tension de même qu'une inextensibilité relative. Toutefois, malgré leur apparente rigidité, ces structures sont très flexibles.

Au microscope optique, les fibres de collagène se présentent comme des bandes ondulées et non anastomosées, dont le diamètre varie habituellement de 1 à 12 µm, quoiqu'il puisse être parfois beaucoup plus important. Les fibres sont composées de fibrilles de 0,2 à 0,5 µm de diamètre qu'il est tout juste possible de détecter au microscope optique. Certaines de ces fibrilles peuvent quitter une fibre pour se joindre à une autre.

Au microscope électronique, on voit que les fibrilles sont elles-mêmes composées d'unités plus petites, de 20 à 40 nm de diamètre, les microfibrilles. Les fibrilles sont striées transversalement (voir la figure 14.1) et les plus importantes de ces stries se répètent à tous les 64 à 68 nm. Les fibrilles sont formées de macromolécules de tropocollagène, de nature polypeptidique (voir la section 14.1.1.3). La constitution et la disposition des molécules de tropocollagène au sein de la fibrille déterminent les striations transversales. Les microfibrilles ainsi que les fibrilles sont séparées les unes des autres par un cément mucopolysaccharidique.

14.1.1.2 Composition chimique

Les fibres de collagène sont formées d'une substance principalement protidique, qui se transforme en gélatine lorsqu'on la traite à l'eau bouillante. Le collagène contient des acides aminés dont le plus abondant est la glycine; on y décèle également d'importantes quantités de proline, d'hydroxyproline et d'alanine. Il est par ailleurs dépourvu de cystine et de cystéine, ce qui explique l'absence de ponts disulfure.

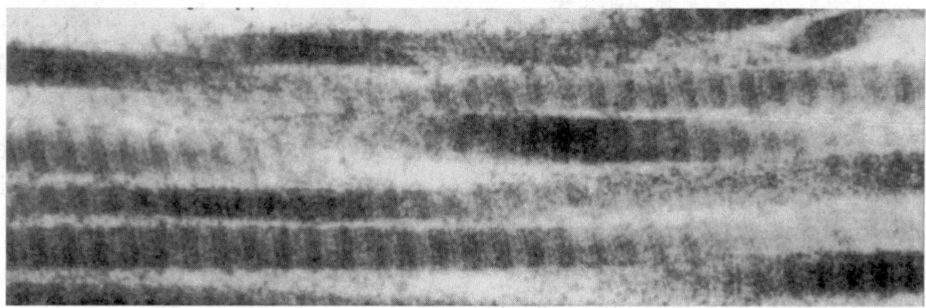

Figure 14.1 : *Fibre de collagène (au microscope électronique).*

En plus de sa composante protéique, le collagène comprend une faible quantité (0,2 à 0,5 %) de glucides neutres, glucose ou galactose, et de glucides cationiques, les hexosamines.

14.1.1.3 Structure moléculaire

On a une idée assez précise des arrangements moléculaires qui donnent au collagène ses caractéristiques. Il est constitué d'une unité de base, une protéine appelée tropocollagène, de 280 nm de longueur et de 1,5 nm de diamètre. Les molécules de tropocollagène, disposées parallèlement, s'agrègent en microfibrilles. Chacune de ces molécules est décalée du quart de sa longueur par rapport à sa voisine, ce qui explique la striation des microfibrilles, la périodicité du décalage pouvant varier de 64 à 68 nm, soit environ le quart de la longueur de la molécule de tropocollagène.

La molécule de tropocollagène est composée de trois chaînes polypeptidiques hélicoïdales (voir la figure 14.2) appelées « chaînes alpha » (α) et enroulées les unes sur les autres. On distingue deux classes de chaînes α dans le tropocollagène, les chaînes α_1 et α_2 et plusieurs types de chaînes α_1. La composition exacte du tropocollagène, qui peut varier d'un site à l'autre, influe sur les caractéristiques du collagène.

Figure 14.2 : *Représentation d'une fibre de collagène avec ses trois chaînes polypeptidiques disposées en hélice (hélicoïdal).*

Les chaînes α sont liées les unes aux autres par des liens hydrogène; elles sont constituées d'environ 1000 acides aminés, et leur masse moléculaire est d'environ 100 000.

14.1.1.4 Propriétés

Les fibres de collagène ont une biréfringence intrinsèque due à leur constitution moléculaire et une biréfringence de forme causée par la disposition parallèle des fibrilles et des microfibrilles qui composent le collagène. De plus, ces fibres présentent un certain dichroïsme lorsqu'elles sont colorées par des colorants particuliers. Le dichroïsme se caractérise par la propriété que possèdent certaines substances d'absorber de façon spécifique la lumière polarisée dans un certain plan tout en laissant passer la lumière qui vibre dans les autres plans.

Le point isoélectrique des fibres de collagène ne se détermine pas de façon identique selon tous les auteurs; mais ceux-ci le situent habituellement entre *p*H 8 et *p*H 10.

Du point de vue de la solubilité, on distingue trois types de collagène : le collagène soluble en milieu acide, le collagène contenant des sels et soluble en milieu neutre ou alcalin et le collagène insoluble. Notons cependant que ces trois types de collagène sont insolubles dans l'eau, même s'ils peuvent être hydratés à des degrés variables.

Les fibres de collagène se laissent pénétrer facilement par les colorants, de sorte qu'il est possible de les distinguer des cytoplasmes sur la coupe même. Elles sont gonflées par les solutions à bas *p*H, par exemple un liquide fixateur contenant de l'acide acétique, et digérées par la pepsine, la collagénase et, à un moindre degré, la trypsine.

14.1.1.5 Synthèse

Les fibres de collagène sont surtout sécrétées par les fibroblastes dans le tissu conjonctif, par les ostéoblastes dans le tissu osseux et par les chondrocytes dans le tissu cartilagineux. La synthèse des fibres de collagène commence au niveau des polyribosomes du réticulum endoplasmique rugueux. C'est là que se constituent les chaînes proalpha, dont la masse moléculaire est de 112 000 et dont l'arrangement n'est pas définitif.

Dans l'appareil de Golgi, les glucides du collagène viennent se rattacher aux chaînes proalpha par l'intermédiaire d'un acide aminé, l'hydroxylysine. Les chaînes proalpha prennent alors leur forme définitive et s'unissent pour constituer le procollagène, dont la masse moléculaire est de 336 000.

Le procollagène se distingue du tropocollagène par la présence d'une « queue » qui en empêche la polymérisation. Après avoir été synthétisé dans l'appareil de Golgi, le procollagène est inclus dans des vésicules de sécrétion qui le transportent près de la membrane plasmique.

Au niveau de la membrane plasmique, à l'intérieur ou tout juste à l'extérieur de la cellule, le procollagène subit l'action d'un enzyme procollagène, la peptidase, et perd sa « queue »; il devient alors tropocollagène et peut se polymériser.

14.1.2 MÉTHODES DE MISE EN ÉVIDENCE

Nous avons vu au chapitre précédent, dans les colorations de routine, que les fibres de collagène sont acidophiles, ce qui semble aller de soi puisque leur point isoélectrique se situe à des valeurs de *p*H relativement élevées. Bien qu'il n'existe pas de réaction histochimique particulière qui permette de mettre en évidence les fibres de collagène, leur acidophilie et leur perméabilité les rendent clairement visibles sur les coupes histologiques.

Les méthodes de mise en évidence des fibres de collagène sont de trois types : les méthodes basées sur la concurrence de deux colorants acides, les méthodes trichromiques mettant en jeu l'acide phosphomolybdique (APM) ou l'acide phosphotungstique (APT), et enfin, la méthode jumelant l'acide phosphotungstique et l'hématéine de Mallory (APTH).

14.1.2.1 Méthodes basées sur la concurrence de deux colorants anioniques

Dans la catégorie des méthodes basées sur la concurrence de deux colorants anioniques, les plus connues sont la méthode de Van Gieson et la méthode de coloration au trichrome de Masson. La méthode de Van Gieson utilise un mélange d'acide picrique et de fuchsine acide, d'où le nom de méthode de coloration à la picro-fuchsine acide de Van Gieson, alors que la méthode de coloration au trichrome de Masson utilise un mélange de Biebrich écarlate et de fuchsine acide. Selon différents auteurs, la méthode de Van Gieson serait la plus spécifique pour la mise en évidence du collagène, car le trichrome de Masson colorerait non seulement le collagène, mais les fibres de réticuline également.

a) Principe de base

Le principe d'action des méthodes basées sur la concurrence de deux colorants anioniques repose sur le fait que lorsqu'une coupe est traitée simultanément par deux colorants anioniques à bas *p*H, le plus diffusible des deux se fixe sur les structures acidophiles les plus denses, comme le cytoplasme et les globules rouges, tandis que le moins diffusible donne sa couleur aux structures acidophiles les plus lâches, comme le collagène.

b) Mécanisme d'action

La méthode de Van Gieson est reconnue pour sa spécificité quant à la mise en évidence du collagène puisqu'elle ne colore pas la réticuline. Le mécanisme exact de liaison de la fuchsine acide est mal connu; néanmoins, il est possible que les fonctions hydroxyle latérales des acides aminés du collagène entrent en jeu. Le type de liaison impliqué n'est pas non plus très bien défini.

Plusieurs hypothèses ont été émises pour expliquer les résultats obtenus avec cette méthode. Il semble que le pouvoir de diffusion des colorants ne dépende pas uniquement de la taille de la molécule, mais aussi de l'agrégation des ions colorants en solution; c'est ce qui amènerait certains colorants à se présenter sous forme d'ions complexes de charge globale et de taille variables. Cette dernière particularité modifierait le pouvoir de diffusion des ions colorants et leur affinité pour le tissu, tout en les rendant capables de s'associer à des groupes tissulaires pour lesquels ils n'auraient, en temps normal, aucune affinité. Dans la méthode de Van Gieson, la fuchsine acide agit probablement de cette façon, ce qui expliquerait l'absence de traces d'acide picrique dans le collagène, même s'il doit certainement pouvoir y pénétrer.

Certains auteurs ont expliqué l'absence de teinte jaune sur les fibres de collagène par le fait que le jaune de l'acide picrique y serait masqué par le rouge de la fuchsine acide. D'autres suggèrent la formation d'un complexe fuchsine acide-acide picrique qui aurait une affinité particulière pour le collagène. Une autre explication pourrait être que le cytoplasme et l'acide picrique, le collagène et la fuchsine acide ont des indices H/S qui les portent à se lier entre eux comme ils le font.

L'acide picrique contrecolore les cytoplasmes et, en même temps, acidifie la solution; cependant, cette utilisation d'une solution à bas *p*H rend inutilisables les hématéines aluminiques, qui se décolorent facilement en milieu acide : c'est pourquoi la coloration des noyaux doit être assurée par une laque ferrique d'hématéine beaucoup plus résistante aux solutions acides.

Il importe de retenir que la formule chimique de l'acide picrique est très voisine de celle du trinitrotoluène, ou TNT, de sorte qu'il est très explosif à l'état sec. Pour cette raison, il est impératif de toujours le garder sous sa forme humide, c'est-à-dire sous une bonne couche d'eau, et de l'utiliser à l'état hydraté lors de la préparation de solutions. Une solution aqueuse saturée se compose de 1 g d'acide picrique pour 78 ml d'eau, et une solution alcoolique saturée contient 1 g d'acide picrique pour 12 ml d'éthanol à 95 % (voir la figure 14.3). Il faut porter une attention particulière aux tissus qui ont séjourné longtemps dans une solution de liquide fixateur contenant de l'acide picrique car de gros cristaux d'acide picrique ont pu s'y déposer.

La fuchsine acide est fabriquée à partir de la molécule de fuchsine basique à laquelle on a ajouté un groupement sulfonique (SO_3^-). En solution, le groupement NH_2 s'ionise et devient un groupement NH^+, ce qui donne alors à la molécule un léger caractère cationique (voir la figure 14.4).

Figure 14.3 : **FICHE DESCRIPTIVE DE L'ACIDE PICRIQUE**

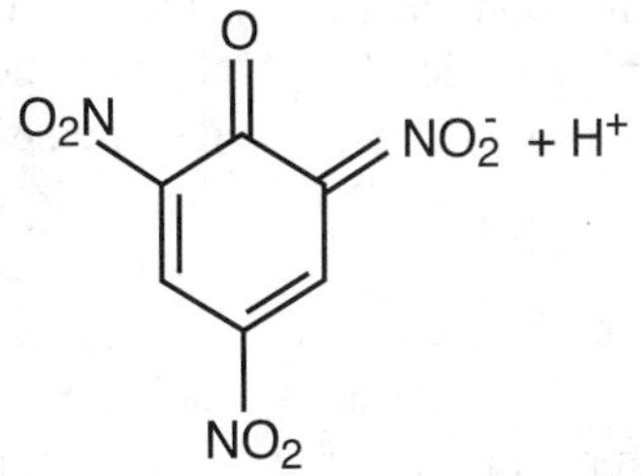

O
O_2N NO_2^- + H^+
NO_2

Structure chimique de l'acide picrique

Nom commun	Acide picrique	**Solubilité dans l'eau**	Jusqu'à 1,2 %
Nom commercial	Acide picrique	**Solubilité dans l'éthanol**	Jusqu'à 9 %
Autre nom	Trinitrophénol	**Absorption maximale**	360 nm
Numéro de CI	10305	**Couleur**	Jaune
Classe	Nitro	**Formule chimique**	$C_6H_3N_3O_7$
Type d'ionisation	Anionique	**Poids moléculaire**	229,1

Figure 14.4 : **FICHE DESCRIPTIVE DE LA FUCHSINE ACIDE**

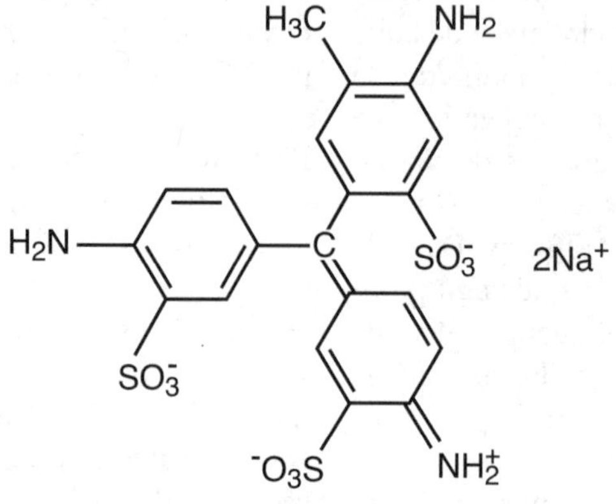

Structure chimique de la fuchsine acide

Nom commun	Fuchsine acide	**Solubilité dans l'eau**	1 g dans 7 ml d'eau
Nom commercial	Fuchsine acide	**Solubilité dans l'éthanol**	Légèrement
Autre nom	Magenta acide Roséine acide	**Absorption maximale**	Entre 540 et 545 nm
Numéro de CI	42685	**Couleur**	Rouge
Nom du CI	Violet acide 19	**Formule chimique**	$C_{20}H_{17}N_3Na_2O_9S_3$
Classe	Triphénylméthane	**Poids moléculaire**	585,6
Type d'ionisation	Anionique		

14.1.2.1.1 *Méthode de Van Gieson*

Pour appliquer cette méthode, il est préférable que les tissus aient été fixés dans un mélange contenant du chlorure mercurique, comme le Zenker ou le Helly. Cependant, la plupart des fixateurs usuels donnent des résultats satisfaisants.

Après la coloration nucléaire avec une hématéine ferrique, les coupes doivent être plongées dans une solution de fuchsine acide aqueuse presque saturée d'acide picrique, sans quoi les résultats de la coloration seront imprécis et imprévisibles. Certains auteurs conseillent de laver rapidement les coupes à l'eau distillée dans le but d'accentuer la coloration des fibres musculaires, ce qui est risqué puisque l'eau peut dissoudre les picrates et diminuer ainsi l'intensité de la coloration. Il est donc préférable de procéder à une déshydratation partielle avec de l'éthanol à 95 %. La fuchsine acide étant facilement soluble dans l'eau, le passage dans l'éthanol à 95 % permet également d'intensifier la coloration des fibres de collagène, ce qui est d'ailleurs le but de cette méthode de coloration. Généralement, on utilise une solution contenant de la fuchsine acide et de l'acide picrique dans une proportion de 1 : 9. Le collagène se colore en rouge sous l'effet de la fuchsine acide, le cytoplasme en jaune sous celui de l'acide picrique et les noyaux en noir ou marine sous celui de l'hématéine ferrique. On peut remplacer la fuchsine acide par un autre colorant acide, le plus utilisé étant le ponceau S.

Le principe de base de la méthode de coloration de Van Gieson repose sur le fait que les deux molécules colorantes sont de taille différente. Beaucoup d'auteurs affirment que, lorsque deux colorants anioniques à bas *p*H (1,0 à 2,0) sont appliqués simultanément sur une coupe de tissu, il y a concurrence entre les sites cationiques tissulaires. Le colorant dont la molécule est la plus petite, en l'occurrence l'acide picrique, a un pouvoir de diffusion plus grand et se fixe sur les structures acidophiles denses comme les globules rouges et les cytoplasmes, alors que le colorant dont la molécule est de plus grande taille, soit la fuchsine acide, agit plus lentement et se fixe sur les structures acidophiles lâches comme les fibres de collagène. Parce que les deux colorants sont de teinte différente, fuchsine acide rouge et acide picrique jaune, on dit que la solution colorante contient deux chromophores différents, soit un chromophore nitro provenant de l'acide picrique et un chromophore quinone provenant de la fuchsine acide.

a) Mécanisme d'action de l'hématoxyline ferrique

L'hématoxyline (voir le chapitre 12) est un colorant de la famille des quinones ayant un pouvoir acide très léger. Le chlorure ferrique l'oxyde très rapidement et agit en plus comme mordant. Il en résulte une laque ferrique d'hématéine fortement cationique (voir la figure 12.12), laquelle formera des liens sel avec les acides nucléiques (mécanisme chimique). Une fois ces liens formés, la couleur diffusera dans les structures nucléaires (mécanisme physique appelé « absorption »).

b) Mécanisme d'action de la picro-fuchsine

L'acide picrique et la fuchsine acide sont deux colorants acides, donc anioniques, qui colorent sélectivement les structures tissulaires cationiques. À volume égal, l'acide picrique est beaucoup plus acide que la fuchsine acide. De plus, en un temps donné, l'acide picrique a un pouvoir de pénétration plus grand que la fuchsine acide, même si le pouvoir colorant de la fuchsine est plus intense. La fuchsine acide, de poids moléculaire supérieur, se fixe sur les structures tissulaires poreuses et lâches, comme les fibres de collagène. L'acide picrique, pour sa part, colore les structures acidophiles les plus denses comme les cytoplasmes, les fibres musculaires lisses et les globules rouges. Il s'agit d'un mécanisme physique basé sur la porosité du tissu ou sur la perméabilité tissulaire, n'entrant en jeu que lorsqu'une méthode de coloration repose sur la concurrence de deux colorants de même caractère ionique (ou colorants anioniques), comme la fuchsine acide et l'acide picrique (méthode de Van Gieson) ou le Biebrich écarlate et la fuchsine acide (trichrome de Masson). Une fois que chacun des colorants a pénétré dans certaines structures spécifiques, un mécanisme chimique agit, soit la formation de liens sel entre les molécules colorantes anioniques et les structures tissulaires cationiques. Les molécules colorantes diffusent alors dans les structures tissulaires par absorption. En résumé, trois mécanismes d'action sont impliqués : un mécanisme physique lié à la porosité des structures tissulaires; un mécanisme chimique, la formation de liens sel; enfin, un autre mécanisme physique, l'absorption.

c) Préparation des solutions

1. Solution d'hématoxyline ferrique de Weigert

La préparation de cette solution est présentée à la section 12.8.1.

2. Solution de picro-fuchsine de Van Gieson

- 50 ml d'une solution aqueuse saturée d'acide picrique
- 9 ml d'une solution aqueuse de fuchsine acide à 1 %
- 50 ml d'eau distillée

Cette solution peut se conserver indéfiniment.

Note : On peut remplacer la fuchsine acide par du ponceau S (voir la figure 14.5). La coloration est alors moins terne, mais les fibres de collagène sont moins nettement visibles.

3. Solution d'eau acidifiée à 0,5 %

- 5 ml d'acide acétique glacial
- 1 litre d'eau distillée

d) Méthode de Van Gieson

MODE OPÉRATOIRE

1. Déparaffiner et hydrater les coupes jusqu'à l'étape de l'eau distillée;
2. colorer les noyaux dans la solution de travail d'hématéine ferrique de Weigert pen-

dant 5 minutes environ. Évaluer au microscope : les noyaux devraient être colorés en noir. Rincer à l'eau courante pendant environ 10 minutes, puis à l'eau distillée pendant 30 secondes;

3. colorer dans la solution de Van Gieson pendant 2 à 5 minutes;
4. différencier par un passage rapide dans deux bains d'eau acidifiée à 0,5 %, cette étape restant facultative (voir les remarques);
5. déshydrater rapidement dans trois bains d'éthanol (95 %, 100 % et 100 %);
6. clarifier dans trois bains de toluol ou de xylol selon la méthode habituelle;
7. monter avec une résine permanente, par exemple l'Eukitt.

RÉSULTATS

- Les noyaux sont colorés en noir ou en marine sous l'effet de l'hématéine ferrique;
- le collagène se colore en rouge sous l'action de la fuchsine acide;
- les cytoplasmes, les fibres musculaires, les globules rouges, la kératine et la fibrine se colorent en jaune sous l'effet de l'acide picrique.

e) Remarques

- Il n'est pas nécessaire de différencier les noyaux, car les hématéines ferriques ne sont pas sensibles aux acides : elles contiennent du HCl, ce qui les rend plus spécifiques;
- le passage dans l'acide picrique assure l'élimination de tout excès de colorant nucléaire sur la coupe;
- le passage dans un bain d'eau acidifiée permet de différencier l'excès de colorant sur le tissu. Cette étape reste facultative puisque le lavage dans une solution aqueuse tend à solubiliser les picrates et ainsi à pâlir la teinte jaune laissée par l'acide picrique;
- dans les solutions vieillies, il peut arriver que le *p*H ne soit plus suffisamment bas, ou encore que la saturation de l'acide picrique devienne insuffisante : dans ce cas, la méthode perd de sa sélectivité, et on obtient une coloration rosée de toutes les structures acidophiles;
- si l'acide picrique n'est pas en solution saturée, les muscles lisses et les cytoplasmes, au lieu de se colorer en jaune, prendront une teinte allant de pêche à orangé, car la fuchsine acide déloge l'acide picrique non saturé beaucoup plus facilement;
- certains auteurs recommandent d'ajouter 0,25 ml d'acide chlorhydrique concentré à la solution de travail afin d'obtenir un *p*H suffisamment bas.

f) Avantages de la méthode

Les principaux avantages de la méthode de Van Gieson sont sa simplicité et sa rapidité d'exécution. C'est pourquoi on l'utilise souvent pour la contrecoloration, à condition que les éléments mis en évidence soient d'une teinte capable de résister au passage dans l'acide picrique. De plus, le risque de décollement des coupes est restreint au minimum.

g) Inconvénients de la méthode

La durée de coloration des fibres est limitée, car les couleurs ont tendance à pâlir rapidement; les détails cytoplasmiques mis en évidence sont peu nombreux à cause de la coloration pâle que donne l'acide picrique.

14.1.2.1.2 *Méthode de Van Gieson modifiée*

Cette méthode modifiée se distingue de la première par l'emploi successif de deux produits pour colorer les noyaux, soit le bleu céleste et l'hématéine aluminique de Mayer. Cette méthode n'est pas la meilleure pour la coloration des coupes imprégnées dans la celloïdine ou dans le LVN (voir la section 4.2.3.2.2 c), car le bleu céleste colore ces deux produits.

Le bleu céleste B (voir la figure 14.6) est un colorant indirect. La molécule contient deux groupements OH; ces auxochromes anioniques peuvent former des liens chimiques avec le sulfate d'ammonium ferrique.

Figure 14.5 : **FICHE DESCRIPTIVE DU PONCEAU S**

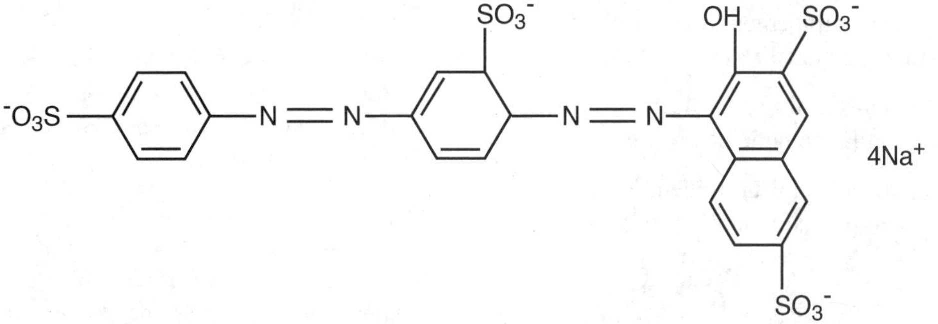

Structure chimique du ponceau S

Nom commun	Ponceau S	**Solubilité dans l'eau**	Soluble
Nom commercial	Ponceau S	**Couleur**	Rouge
Numéro de CI	27195	**Formule chimique**	$C_{22}H_{12}N_4O_{13}S_4Na_4$
Classe	Diazoïque	**Poids moléculaire**	760,6
Type d'ionisation	Anionique		

Il en résulte une laque ferrique cationique qui colore les noyaux.

a) Préparation des solutions

1. Solution de bleu céleste

- 2,5 g de bleu céleste
- 25 g de sulfate d'ammonium ferrique
- 70 ml de glycérine
- 500 ml d'eau distillée

Faire dissoudre le sulfate d'ammonium ferrique par agitation dans de l'eau distillée froide. Après dissolution, ajouter le bleu céleste et porter la solution à ébullition pendant quelques minutes, ce qui favorisera la dissolution de ce dernier. Laisser refroidir la solution. La filtrer puis y ajouter la glycérine. La solution reste stable pendant environ 5 mois. Il faut cependant la filtrer avant chaque usage.

2. Solution d'hématoxyline de Mayer

Voir la préparation de cette solution à la section 12.6.1.

3. Solution de Van Gieson

- 50 ml d'une solution aqueuse saturée d'acide picrique
- 9 ml d'une solution aqueuse de fuchsine acide à 1 %
- 50 ml d'eau distillée

b) Méthode de Van Gieson modifiée

MODE OPÉRATOIRE

1. Déparaffiner et hydrater les coupes jusqu'à l'étape de l'eau distillée;
2. colorer les noyaux dans la solution de bleu céleste pendant 5 minutes;
3. rincer à l'eau distillée pendant une trentaine de secondes;
4. colorer de nouveau les noyaux dans la solution d'hématéine de Mayer pendant 5 minutes;
5. laver à l'eau courante pendant 1 minute;
6. colorer avec la solution de Van Gieson pendant 3 minutes;

7. essuyer l'excès de colorant autour des tissus;
8. déshydrater rapidement dans trois bains d'éthanol (95 %, 100 % et 100 %);
9. clarifier dans trois bains de toluol ou de xylol selon la méthode habituelle;
10. monter au moyen d'un milieu de montage permanent, par exemple l'Eukitt.

RÉSULTATS

- Les noyaux prennent une teinte variant de bleu à noir sous l'effet de la combinaison de bleu céleste et d'hémalun;
- le collagène se colore en rouge sous l'effet de la fuchsine acide;
- les autres tissus se colorent en jaune sous l'action de l'acide picrique.

c) Remarques

- Le choix du liquide fixateur n'a pas une importance cruciale, mais le formaldéhyde 10 % tamponné permet d'obtenir des résultats très satisfaisants;
- le lavage à l'eau après le passage dans la solution de Van Gieson devrait être évité : les picrates étant solubles dans l'eau, celle-ci a tendance à faire disparaître la coloration jaune laissée par l'acide picrique;
- la coloration des noyaux devrait être intense avant le passage dans la solution de Van Gieson, car l'acide picrique que contient ce réactif agit comme différenciateur;
- lorsque les tissus sont inclus dans la celloïdine, le bleu céleste peut colorer cette dernière de façon intense. Il est alors préférable d'utiliser une hématéine ferrique, celle de Weigert par exemple;
- la méthode comme telle n'a pas d'avantages particuliers.

14.1.2.1.3 *Van Gieson au four à micro-ondes*

L'utilisation du four à micro-ondes dans les laboratoires d'histotechnologie permet des économies de temps fort appréciables. La plupart des procédés de coloration peuvent aujourd'hui comporter l'utilisation de ce type d'appareil, la méthode de Van Gieson également. Toutes les informations pertinentes à la technique sont présentées à la section 14.1.2.1.1. Pour plus d'information sur l'utilisation du four à micro-ondes, voir l'annexe I.

Figure 14.6 : **FICHE DESCRIPTIVE DU BLEU CÉLESTE B**

Structure chimique du bleu céleste B

Nom commun	Bleu céleste	**Solubilité dans l'eau**	Jusqu'à 2 %
Nom commercial	Bleu céleste B	**Solubilité dans l'éthanol**	Jusqu'à 1,5 %
Numéro de CI	51050	**Absorption maximale**	654,5 nm
Nom du CI	Mordant bleu 14	**Couleur**	Bleu
Classe	Oxazine	**Formule chimique**	$C_{17}H_{13}N_3O_4Cl$
Type d'ionisation	Cationique	**Poids moléculaire**	363,8

a) Préparation des solutions

1. Solution de chlorure ferrique hexahydraté à 10 %

- 10 g de chlorure ferrique hexahydraté
- 100 ml d'eau distillée

2. Solution d'élastine

Solution A

- 2 g de fuchsine acide
- 4 g de résorcine
- 200 ml d'eau distillée
- 25 ml de solution de chlorure ferrique hexahydraté à 10 % (voir la solution précédente).

Faire dissoudre la fuchsine acide et la résorcine dans 200 ml d'eau distillée bouillante. Ajouter lentement 25 ml de chlorure ferrique hexahydraté à 10 %; laisser bouillir pendant 5 minutes. Laisser refroidir à la température ambiante, puis filtrer et conserver le filtrat : il servira à la préparation de la solution B.

Solution B

- Faire dissoudre le résidu séché de la solution A (le filtrat) dans 200 ml d'éthanol à 96 %, puis chauffer lentement;
- laisser refroidir, puis ajouter 4 ml de solution de HCl à 25 %.

Solution de travail

- 1 volume de la solution A
- 2 volumes de la solution B
- Préparer cette solution juste avant usage, ou au plus dans les 24 heures précédant son utilisation.

3. Solution d'hématoxyline de Weigert

- Voir la section 12.8.1 pour la préparation de cette solution.

4. Solution d'éthanol à 96 %

- 96 ml d'éthanol à 100 %
- 4 ml d'eau distillée

5. Solution d'éthanol à 70 %

- 70 ml d'éthanol à 100 %
- 30 ml d'eau distillée

6. Solution de Van Gieson

- Voir la section 14.1.2.1.1 pour la préparation de ces solutions.

b) Méthode de Van Gieson au four à micro-ondes

MODE OPÉRATOIRE

1. Déparaffiner et hydrater jusqu'à l'étape de l'éthanol à 70 %;
2. immerger les coupes dans la solution de travail d'élastine et mettre au four à micro-ondes pendant 5 minutes à la puissance 2;
3. rincer à l'eau courante et différencier deux fois par immersion à raison de quelques secondes dans l'éthanol à 96 % et une fois dans l'éthanol à 70 %;
4. colorer les coupes dans la solution de travail d'hématoxyline ferrique de Weigert et mettre au four à micro-ondes pendant 20 secondes à la puissance 2, puis rincer à l'eau courante pendant 5 minutes;
5. contrecolorer dans la solution de picrofuchsine de Van Gieson pendant 1 à 3 minutes à la température ambiante ou pendant 45 secondes dans le four à micro-ondes à la puissance 2;
6. passer rapidement dans l'éthanol à 70 %, puis dans l'éthanol à 96 %;
7. déshydrater dans l'éthanol à 100 %, clarifier dans le xylène ou le toluène, puis monter à l'aide d'une résine permanente comme l'Eukitt.

RÉSULTATS

- Les noyaux prennent une couleur allant de marine à noir sous l'effet de l'hématéine ferrique;

- les fibres de collagène se colorent en rouge grâce à l'action de la fuchsine acide;
- les cytoplasmes et les muscles se colorent en jaune sous l'effet de l'acide picrique;
- les fibres élastiques se colorent en noir sous l'effet de la solution d'élastine.

14.1.2.1.4 *Méthode de Verhoeff-Van Gieson*

Cette méthode utilise l'hématoxyline ferrique de Verhoeff et d'un mélange d'acide picrique et de fuchsine acide. Elle permet la mise en évidence des fibres élastiques et des fibres de collagène, et sera donc étudiée plus en détail à la section 14.2.2.3.5.

14.1.2.1.5 *Autres méthodes utilisant deux colorants anioniques*

Les solutions suivantes sont utilisées exactement de la même façon que celles présentes dans la méthode de Van Gieson, sauf indication contraire.

a) Méthode de coloration au picro-indigocarmin

Cette méthode permet la coloration des cytoplasmes en jaune sous l'effet de l'acide picrique, et celle des fibres de collagène en une teinte allant de bleu à bleu-vert sous l'action de l'indigocarmin. Il est possible d'obtenir plus de contrastes si on procède d'abord à la coloration des noyaux avec une solution aqueuse de fuchsine basique à 0,2 %. Cette méthode, également appelée « trichrome de Cajal », ne doit pas être confondue avec les méthodes trichromiques dont il sera question à la section 14.1.2.2.

1. Solution de picro-indigocarmin

- 0,5 g d'indigocarmin
- 200 ml d'une solution aqueuse d'acide picrique saturé

Cette solution peut se conserver indéfiniment.

2. Fiches descriptives

Pour la fiche descriptive de l'acide picrique, voir la figure 14.3.

Les fiches descriptives de l'indigocarmin et de la fuchsine basique sont présentées ci-dessous (voir les figures 14.7 et 14.8).

La fuchsine basique se compose de trois produits différents, le plus important étant la pararosaniline. Viennent ensuite, en quantités moindres, la rosaniline et le magenta II.

b) Méthode au picro-bleu d'aniline

Cette méthode permet de colorer les cytoplasmes en jaune sous l'effet de l'acide picrique, alors que le bleu d'aniline WS colore les fibres de collagène en bleu.

1. Solution de picro-bleu d'aniline

- 0,1 g de bleu d'aniline WS ou de bleu de méthyle
- 200 ml d'une solution aqueuse saturée d'acide picrique

2. Fiches descriptives

- Pour la fiche descriptive du bleu d'aniline WS, voir la figure 14.10;
- pour la fiche descriptive du bleu de méthyle, voir la figure 12.7;
- pour la fiche descriptive de l'acide picrique, voir la figure 14.3.

14.1.2.2 *Méthodes utilisant l'APM ou l'APT*

Toutes les méthodes mettant en jeu l'APT ou l'APM dérivent de la méthode de coloration au trichrome de Mallory. La plus populaire est la méthode dite « du trichrome de Masson », qui implique l'utilisation successive de la fuchsine acide, de l'APM, de l'APT et du bleu d'aniline, ce dernier pouvant être remplacé par le vert lumière.

a) Principe de base de ce type de méthodes

Ces méthodes reposent sur les différences de perméabilité entre les fibres de collagène et les autres éléments acidophiles du tissu. Elles supposent l'action de l'APM et de l'APT pour que les colorants comme le vert lumière ou le bleu d'aniline ne se fixent que sur les fibres de collagène.

b) Mécanisme d'action

Les différences de perméabilité entre le collagène et les autres éléments acidophiles du tissu jouent un rôle primordial dans ce type de technique. Par contre, les rôles précis de l'acide phosphomolybdique (APM) et de l'acide phosphotungstique (APT) sont extrêmement controversés, et les deux principales hypothèses sur le sujet sont diamétralement opposées.

D'une part, on suppose que l'APM et l'APT, deux hétéropolyacides solubles dans l'eau et dans l'alcool, possèdent un poids moléculaire intermédiaire, c'est-à-dire inférieur à celui du colorant des fibres de collagène, mais supérieur à celui du colorant cytoplasmique. Plusieurs auteurs les nomment « colorants acides incolores ». Ces acides jouent le rôle de différenciateurs des fibres de collagène. Ainsi, lorsque le tissu est mis en contact avec le colorant cytoplasmique, celui-ci, grâce à son fort pouvoir de pénétration, comparativement à celui de ces acides ou à celui du colorant des fibres de collagène, se distribue dans toutes les structures acidophiles du tissu. Par la suite, l'acide (APT ou APM) vient concurrencer le colorant cytoplasmique au niveau des groupes cationiques présents dans les structures lâches comme le collagène ou la réticuline, sans pouvoir toutefois pénétrer les structures denses comme le cytoplasme et les globules rouges; il se comporte donc comme un colorant acide. Le colorant des fibres, également acide, vient ensuite prendre la place de l'acide dans les fibres; pas plus que l'acide, il ne peut pénétrer les cytoplasmes ou autres structures acidophiles denses.

D'autre part, on a émis l'hypothèse que l'acide pourrait jouer les rôles de mordant et de différenciateur. Cette théorie s'appuie sur le fait que les colorants des fibres, dans ce type de méthode, pourraient posséder un caractère amphotère : utilisés à bas *p*H, ils se comporteraient comme des colorants cationiques plutôt que comme des colorants anioniques. Cette théorie est d'ailleurs la plus répandue et la plus vraisemblable.

L'acide se localise dans les fibres, qu'il décolore de manière sélective : il y déloge le colorant cytoplasmique, principalement la fuchsine acide. Les ions des acides utilisés sont pentavalents et possèdent donc plus de charges négatives que le tissu ne possède de charges positives; il en résulte une charge acide libre qui peut se lier aux colorants ayant des groupes basiques en excès; c'est le cas des colorants basiques et des colorants amphotères en solution acide faisant partie du groupe des triphénylméthanes (le *p*H de la solution colorante est inférieur au point isoélectrique, *p*I, des fibres de collagène). En effet, les colorations trichromiques se font à un *p*H acide afin d'augmenter la sélectivité du colorant à l'avantage des fibres de collagène qui ont un *p*I élevé, soit autour de 8 à 10. L'APT agit mieux à un *p*H voisin de 2,0 alors que l'APM a une action maximale quand le *p*H est inférieur à 1,5. L'APM se lie davantage au collagène qu'aux cytoplasmes; les noyaux ont, quant à eux, une très petite affinité avec l'APM. Le bleu d'aniline est un bon exemple de colorant amphotère agissant de cette façon. L'acide agirait donc comme un trait d'union ou mordant entre les fonctions cationiques du tissu et celles du colorant.

Les deux théories sont basées sur la notion de perméabilité différentielle et ce qu'elle implique : agrégation des ions et indice H/S (voir la section 10.11.6). Il convient cependant de noter qu'aucune des deux ne permet d'expliquer tous les résultats expérimentaux obtenus jusqu'à aujourd'hui.

14.1.2.2.1 *Méthode de coloration au trichrome de Masson*

Généralement, une coloration de type trichrome signifie que l'on utilise au moins deux colorants anioniques en même temps que l'acide phosphomolybdique (APM), l'acide phosphotungstique (APT) ou les deux. Ces deux acides peuvent être combinés aux colorants ou appliqués successivement, en tant que réactifs distincts.

Parmi les différentes hypothèses émises sur le principe d'action de cette méthode, la plus répandue demeure celle voulant que l'APT et l'APM jouent le même rôle et soient interchangeables, quelle que soit la méthode. Dans la documentation sur la coloration trichromique, on fait fréquemment référence au rôle mordanceur de ces acides; néanmoins, plusieurs autres auteurs leur donnent plutôt un rôle de différenciateurs. Comme il n'y a pas unanimité sur le rôle précis de ces acides, les deux hypothèses sont admises, à savoir qu'ils sont à la fois différenciateurs et mordants.

Figure 14.7 : **FICHE DESCRIPTIVE DE L'INDIGOCARMIN**

Structure chimique de l'indigocarmin

Nom commun	Indigocarmin	Type d'ionisation	Anionique
Nom commercial	Indigocarmin	Solubilité dans l'eau	Soluble jusqu'à 3 g/litre
Numéro de CI	73015	Couleur	Bleu
Nom du CI	Bleu acide 74	Formule chimique	$C_{18}H_8N_2Na_2O_8S_2$
Classe	Naturel	Poids moléculaire	466,0

Figure 14.8 : **FICHE DESCRIPTIVE DE LA PARAROSANILINE**

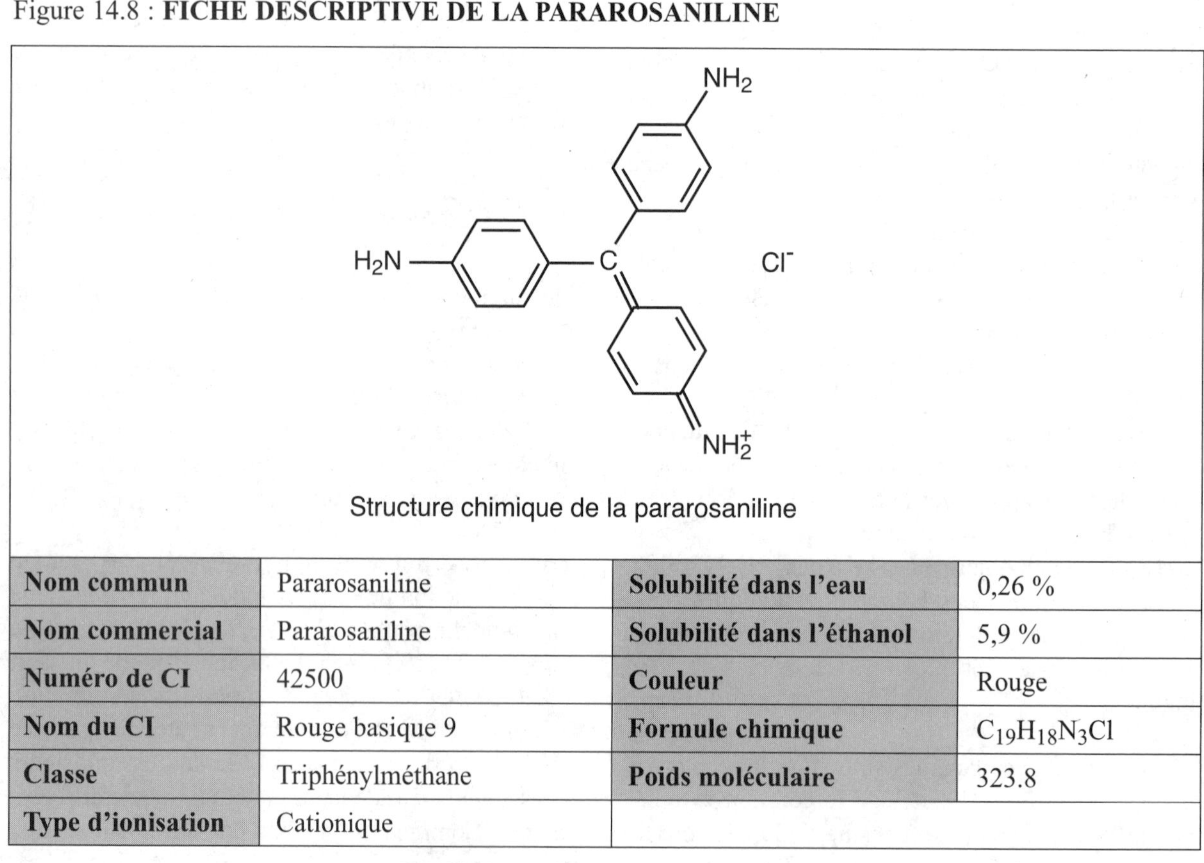

Structure chimique de la pararosaniline

Nom commun	Pararosaniline	Solubilité dans l'eau	0,26 %
Nom commercial	Pararosaniline	Solubilité dans l'éthanol	5,9 %
Numéro de CI	42500	Couleur	Rouge
Nom du CI	Rouge basique 9	Formule chimique	$C_{19}H_{18}N_3Cl$
Classe	Triphénylméthane	Poids moléculaire	323.8
Type d'ionisation	Cationique		

Par ailleurs, on sait que l'APT accentue la coloration cytoplasmique alors que l'APM accentue la coloration des fibres, d'où l'intérêt de les associer. Avec la méthode au trichrome de Masson, le cartilage et les sécrétions muqueuses acquièrent la même coloration que le collagène, mais la différence d'intensité permet de les distinguer.

a) Mécanisme d'action de l'hématoxyline ferrique de Weigert

Tel qu'exposé dans les chapitres précédents, l'hématoxyline appartient à la famille des quinones et possède un caractère anionique très léger. Elle subit une oxydation très rapide au contact du chlorure ferrique; ce dernier, agissant en plus comme mordant, forme avec l'hématéine une laque ferrique fortement cationique, laquelle, grâce à un mécanisme chimique forme à son tour des liens sel avec les acides nucléiques. La couleur diffuse alors dans les structures nucléaires selon le mécanisme physique d'absorption. L'utilisation d'une hématéine ferrique est fortement recommandée lors d'une coloration trichromique, car elle résiste mieux à une différenciation par les acides présents dans les contrecolorants, contrairement à l'hématéine aluminique. Il est possible de remplacer l'hématéine ferrique par un mélange de bleu céleste et d'hématéine aluminique de Mayer (voir la section 14.1.2.1.2).

b) Mécanisme d'action du mélange Biebrich-fuchsine acide

Ce mélange de deux colorants de même caractère ionique agit de la même façon que la solution picro-fuchsine acide dans la technique de Van Gieson. En effet, le Biebrich et la fuchsine acide sont deux produits anioniques qui colorent sélectivement les structures cationiques tissulaires. Le poids moléculaire de la fuchsine acide est de 585,6 alors que celui du Biebrich est de 556,5 (voir la figure 14.9). Cette petite différence entre les tailles des ions colorants permet à la plus petite molécule, le Biebrich, de pénétrer dans les structures acidophiles denses comme les cytoplasmes et les globules rouges, alors que la fuchsine acide (voir la figure 14.4) ira se fixer dans les structures acidophiles un peu moins denses comme les fibres musculaires. À la sortie des borels, même les fibres de collagène, structures acidophiles lâches, auront été colorées en rouge par la fuchsine acide. Il s'agit d'un mécanisme physique, puisque les colorants pénètrent les tissus selon la porosité ou la perméabilité tissulaire. Ce mécanisme n'entre en jeu que lorsqu'on utilise une solution colorante combinant des colorants qui possèdent l'un et l'autre un même caractère ionique. Lorsque les molécules colorantes ont pénétré le tissu, il y a formation de liens sel entre les colorants anionique et les structures cationiques, puis les structures se colorent par absorption de la couleur. Donc, dans cette technique, trois mécanismes d'action entrent successivement en jeu : la porosité, la formation de liens sel, puis l'absorption.

c) Mécanisme d'action du bleu d'aniline WS

Le bleu d'aniline WS est un mélange de bleu à l'eau et de bleu de méthyle. Ces deux produits sont anioniques, bien que certains auteurs les considèrent comme amphotères. La molécule du bleu d'aniline WS possède un groupement SO_3 anionique; de plus, elle comprend deux autres groupements soufre qui, une fois ionisés, donneront des groupements anioniques. Cependant, la présence d'un atome d'azote (N^+) lui confère un caractère cationique, d'où l'attitude ambivalente des auteurs : certains le considèrent comme anionique et d'autres comme cationique ou carrément amphotère. Il n'en demeure pas moins que la molécule est largement anionique : le colorant peut donc être qualifié d'anionique. Les échantillons commerciaux peuvent contenir du bleu à l'eau ou du bleu de méthyle, voire un mélange des deux, ce qui ne cause aucun problème pour les colorations histotechnologiques. La fiche descriptive du bleu de méthyle se trouve à la figure 12.7.

Le bleu d'aniline est un colorant dont les molécules, de grande taille, ont un poids moléculaire d'environ 738 (voir la figure 14.10). Par conséquent, il ne peut se fixer sur les structures acidophiles denses comme les cytoplasmes et les globules rouges : seules les structures acidophiles lâches, les fibres de collagène par exemple, lui sont accessibles. Différents auteurs prétendent que le bleu d'aniline est un colorant amphotère. Ils précisent néanmoins qu'en solution alcoolique, il se comporte comme un colorant cationique et qu'en solution acide, il se comporte également comme un colorant cationique puisqu'il est amphotère. Peu importe son véritable caractère ionique, ce colorant, dans la technique au trichrome de Masson, est employé en solution acide, il se comporte donc comme un colorant cationique.

Pour qu'un colorant cationique colore une structure cationique, comme les fibres de collagène, il faut absolument qu'une autre substance permette leur association et joue le rôle de mordant ; c'est ici qu'intervient l'APM ou l'APT.

En effet, si les deux acides sont présents dans la technique, l'APM joue le rôle de mordant entre le collagène et le colorant cationique. L'APM se fixe sur les sites cationiques du collagène et, étant pentavalent, capte la molécule du bleu d'aniline. Le complexe formé par le bleu d'aniline et l'APM est une laque anionique, seule laque de ce genre utilisée en histotechnologie, toutes les autres étant cationiques. Après la formation du complexe colorant-APM-collagène, il y a absorption de la couleur par le tissu. Ce processus n'est possible que grâce à la porosité du tissu, les fibres de collagène étant lâches et la molécule colorante de grande taille. En résumé, la coloration des fibres de collagène par le bleu d'aniline fait successivement appel à un mécanisme d'action physique basé sur la porosité du tissu, puis à un mécanisme chimique, la formation de liens sel, et enfin à un autre mécanisme physique, l'absorption.

d) Mécanisme d'action du vert lumière SF

Dans cette méthode, le vert lumière SF est un très bon substitut du bleu d'aniline. Ce produit est utilisé régulièrement en Amérique du Nord pour colorer les fibres de collagène parce qu'il offre un bon contraste par rapport à la coloration rouge de la fuchsine acide. On le retrouve également dans la méthode de Papanicolaou avec l'éosine Y et le brun de Bismarck (voir la section 26.7.1).

Le vert lumière est un colorant anionique ayant, tout comme le bleu d'aniline, des propriétés amphotères. Il possède un poids moléculaire élevé et va directement se fixer sur les structures lâches, délogeant ainsi l'APM ou l'APT. Il peut se lier fermement aux structures cationiques du collagène grâce à la formation de liens sel très résistants au lavage. Après formation des liens sel, il y a absorption de la couleur par les structures.

Figure 14.9 : **FICHE DESCRIPTIVE DU BIEBRICH ÉCARLATE**

Structure chimique du Biebrich écarlate

Nom commun	Biebrich écarlate	**Solubilité dans l'eau**	Soluble
Nom commercial	Biebrich écarlate	**Solubilité dans l'éthanol**	Jusqu'à 0,05 %
Autre nom	Crocetine écarlate / Ponceau B	**Absorption maximale**	504 nm
Numéro de CI	26905	**Couleur**	Rouge
Nom du CI	Rouge acide 66	**Formule chimique**	$C_{22}H_{14}N_4O_7S_2Na_2$
Classe	Diazoïque	**Poids moléculaire**	556,5
Type d'ionisation	Anionique		

Cette grosse molécule anionique de vert lumière ne peut colorer que les structures acidophiles lâches, d'où une certaine spécificité de la technique au trichrome de Masson. Le vert lumière agit d'abord physiquement grâce au mécanisme physique lié à la porosité des tissus; viennent ensuite l'action d'un mécanisme chimique, la formation de liens sels, et enfin l'absorption de la couleur par le tissu, mécanisme physique. On peut remplacer le vert lumière SF (voir la figure 14.11) par le vert lumière FCF (voir la figure 14.12). Ce dernier colore les fibres de collagène de façon plus brillante.

e) Préparation des solutions

1. Solution d'hématoxyline ferrique de Weigert

Pour la préparation de la solution, voir la section 12.8.1.

2. Solutions de Biebrich écarlate et de fuchsine acide

- **Solution mère de Biebrich écarlate à 1 %**
  - 1 g de Biebrich écarlate
  - 100 ml d'eau distillée
- **Solution mère de fuchsine acide à 1 %**
  - 1 g de fuchsine acide
  - dans 100 ml d'eau distillée

3. Solution de travail de Biebrich et de fuchsine acide

- 90 ml de solution mère de Biebrich écarlate à 1 %
- 10 ml de la solution mère de fuchsine acide à 1 %
- 1 ml d'acide acétique glacial

Figure 14.10 : **FICHE DESCRIPTIVE DU BLEU D'ANILINE WS**

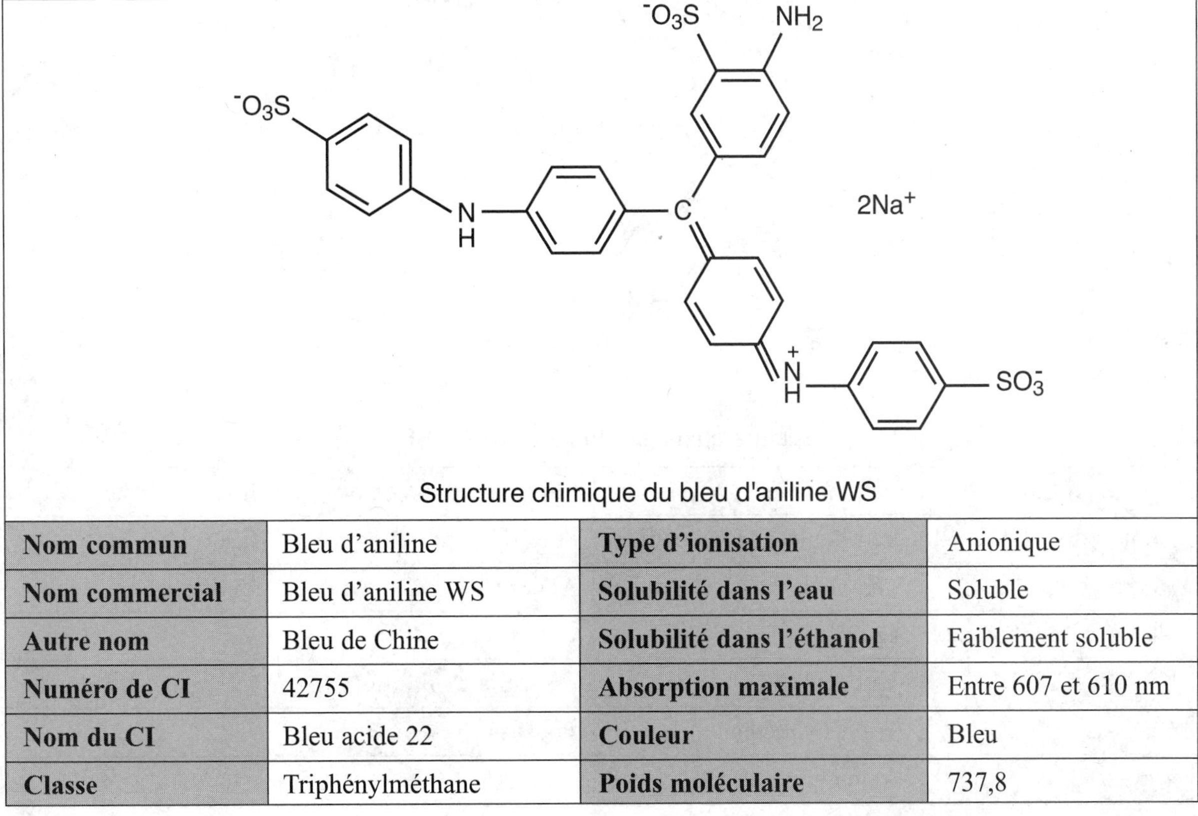

Structure chimique du bleu d'aniline WS

Nom commun	Bleu d'aniline	**Type d'ionisation**	Anionique
Nom commercial	Bleu d'aniline WS	**Solubilité dans l'eau**	Soluble
Autre nom	Bleu de Chine	**Solubilité dans l'éthanol**	Faiblement soluble
Numéro de CI	42755	**Absorption maximale**	Entre 607 et 610 nm
Nom du CI	Bleu acide 22	**Couleur**	Bleu
Classe	Triphénylméthane	**Poids moléculaire**	737,8

4. Solution d'APT et D'APM

- 5 g d'acide phosphotungstique
- 5 g d'acide phosphomolybdique
- 200 ml d'eau distillée

5. Solution de bleu d'aniline à 2,5 %

- 2,5 g de bleu d'aniline
- 2,0 ml d'acide acétique glacial
- 98 ml d'eau distillée

6. Solution de vert lumière à 2 %

- 2 g de vert lumière, SF
- 99 ml d'eau distillée
- 1 ml d'acide acétique

7. Solution d'acide acétique à 1 %

- 1 ml d'acide acétique glacial
- 100 ml d'eau distillée

8. Solution saturée d'acide picrique

- 10 g d'acide picrique
- 120 ml d'éthanol à 95 %

9. Solution de carbonate de lithium à 1 % (facultatif)

- 1 g de carbonate de lithium
- 100 ml d'eau distillée

f) Méthode de coloration au trichrome de Masson

MODE OPÉRATOIRE

1. Déparaffiner et hydrater jusqu'à l'étape de l'eau distillée;
2. mordancer dans une solution saturée d'acide picrique ou encore dans le liquide fixateur de Bouin à 56 °C pendant 10 minutes, si les tissus ont été fixés au départ dans

Figure 14.11 : **FICHE DESCRIPTIVE DU VERT LUMIÈRE SF**

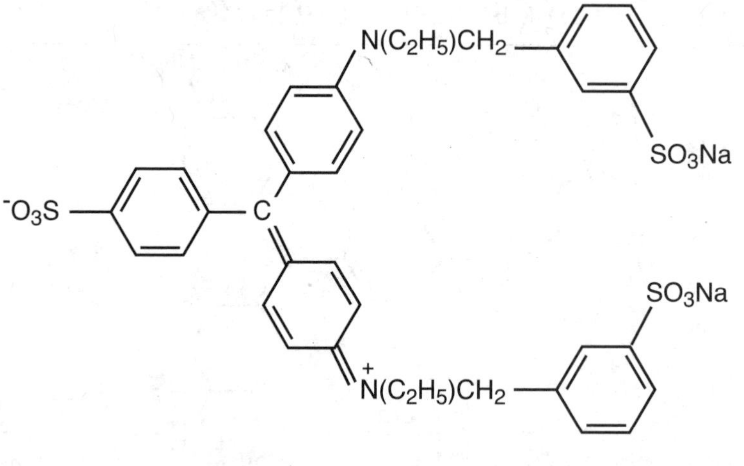

Structure chimique du vert lumière SF

Nom commun	Vert lumière	**Solubilité dans l'eau**	Jusqu'à 20 %
Nom commercial	Vert lumière SF jaunâtre	**Solubilité dans l'éthanol**	Jusqu'à 0,8 %
Autre nom	Vert acide	**Absorption maximale**	630 nm
Numéro de CI	42095	**Couleur**	Vert
Nom du CI	Vert acide 53	**Formule chimique**	$C_{37}H_{34}N_2O_9S_3Na_2$
Classe	Triphénylméthane	**Poids moléculaire**	792,9
Type d'ionisation	Anionique		

le formaldéhyde à 10 % (voir les remarques);

3. laver à l'eau distillée jusqu'à disparition de la coloration jaune, ou 1 minute dans le carbonate de lithium à 1 % (solution n° 9), puis rincer à l'eau distillée (cette étape n'est nécessaire que si le postmordançage s'est fait avec le liquide de Bouin);
4. colorer dans la solution de travail d'hématoxyline de Weigert pendant 10 minutes, puis laver à l'eau courante pendant 10 minutes, et rincer à l'eau distillée;
5. colorer dans la solution de travail de Biebrich et de fuchsine acide (solution n° 3) pendant 15 minutes, puis rincer à l'eau distillée;
6. différencier et mordancer dans la solution d'APT-APM (solution n° 4) pendant 10 à 15 minutes;
7. contrecolorer dans le bleu d'aniline (solution n° 5) ou le vert lumière (solution n° 6) pendant 5 minutes et rincer à l'eau distillée;
8. laver dans la solution d'acide acétique à 1 % (solution n° 7) pendant environ 3 minutes;
9. déshydrater, éclaircir et monter avec une résine permanente, par exemple l'Eukitt.

RÉSULTATS

– Les noyaux prennent une couleur allant de marine à noir sous l'effet de l'hématéine ferrique de Weigert;

Figure 14.12 : **FICHE DESCRIPTIVE DU VERT LUMIÈRE FCF**

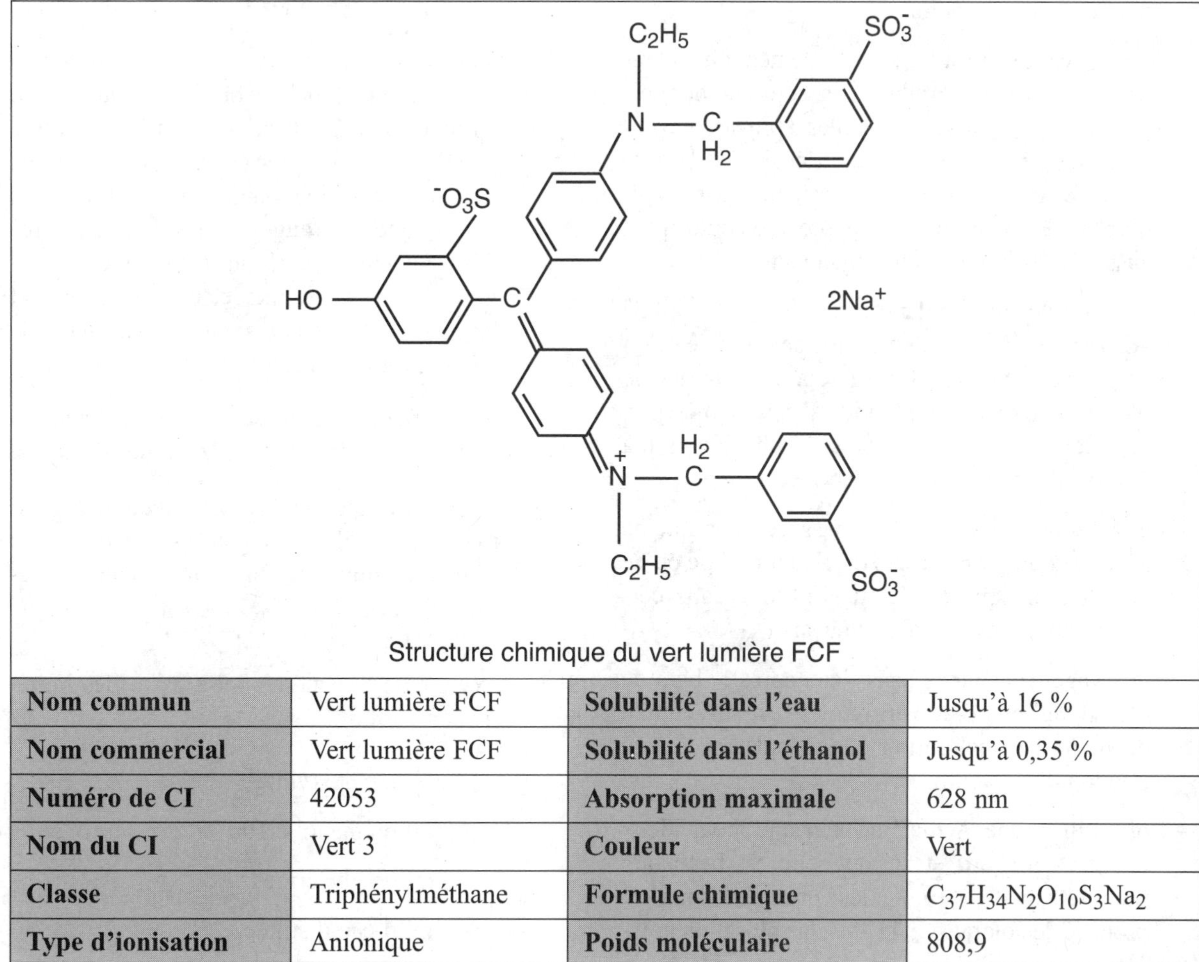

Structure chimique du vert lumière FCF

Nom commun	Vert lumière FCF	**Solubilité dans l'eau**	Jusqu'à 16 %
Nom commercial	Vert lumière FCF	**Solubilité dans l'éthanol**	Jusqu'à 0,35 %
Numéro de CI	42053	**Absorption maximale**	628 nm
Nom du CI	Vert 3	**Couleur**	Vert
Classe	Triphénylméthane	**Formule chimique**	$C_{37}H_{34}N_2O_{10}S_3Na_2$
Type d'ionisation	Anionique	**Poids moléculaire**	808,9

- les cytoplasmes, la kératine et les globules rouges se colorent en rouge sous l'effet du Biebrich écarlate;
- les fibres musculaires sont colorées en rouge par la fuchsine acide;
- les fibres de collagène sont colorées en bleu par le bleu d'aniline, ou en turquoise par le vert lumière.

g) Remarques sur la technique

- Le passage dans le liquide fixateur de Bouin, soit l'étape 2 du mode opératoire, est facultatif, mais ce traitement favorise grandement l'obtention de belles colorations;
- le poids moléculaire des colorants utilisés en fonction de la porosité tissulaire est l'un des principaux facteurs qui peuvent influer sur la qualité de la coloration;
- la perméabilité tissulaire est également un facteur important, car les érythrocytes sont acidophiles, denses et presque imperméables à plusieurs colorants anioniques importants. L'éosine et l'acide picrique sont capables de les pénétrer assez rapidement; le Biebrich, une petite molécule, peut aussi s'y fixer, mais plus lentement;
- le temps de passage dans la solution de travail de Biebrich écarlate et de fuchsine acide varie selon le liquide fixateur utilisé; il sera plus court si le tissu a été fixé dans un liquide à base de mercure, de chrome ou d'acide picrique, et plus long s'il a été fixé dans un fixateur formolé;
- à la fin de la technique, le passage dans l'acide acétique enlève le surplus de bleu d'aniline ou de vert lumière qui aurait pu s'infiltrer dans certaines structures cytoplasmiques;
- le lavage des coupes dans l'eau après le bain de bleu d'aniline ou de vert lumière est susceptible de nuire à la coloration des cytoplasmes, d'où l'action d'eau acidifiée;
- on utilise une hématéine ferrique pour deux raisons : d'abord et surtout, elle est beaucoup plus résistante aux acides présents dans ce procédé de coloration; de plus, la coloration noire qu'elle communique aux noyaux fait contraste avec les autres couleurs obtenues;
- le mucus, la matrice du cartilage et quelques granulations sécrétrices sont également colorés en turquoise ou en bleu selon le produit utilisé;
- dans la méthode de coloration au trichrome de Masson, le temps de passage dans la solution de travail de Biebrich écarlate et de fuchsine acide est plus long que dans celle de Van Gieson, dont la solution de travail est constituée d'acide picrique et de fuchsine acide. La solution de la fuchsine acide est également plus concentrée dans la méthode au trichrome de Masson que dans celle de Van Gieson.
- Toutes les techniques trichromiques comportent les mêmes étapes successives :
  - une coloration nucléaire allant de marine à noir par une hématéine ferrique, celle de Weigert par exemple;
  - une coloration cytoplasmique faite au moyen du ponceau S, du Biebrich écarlate ou du chromotrope 2R (voir la fiche descriptive plus loin). Ce dernier colore non seulement le cytoplasme, mais aussi la kératine et les érythrocytes en rouge intense. Un autre produit souvent associé au colorant cytoplasmique, la fuchsine acide, colore également les fibres musculaires en rouge, mais de façon moins intense;
  - une différenciation et un mordançage au moyen de l'APT, de l'APM ou des deux;
  - l'hématoxyline de Weigert peut être remplacée par celle de Régaud, une variante de l'hématoxyline de Heidenhain (voir la section 12.8.3).

L'hématoxyline de Régaud se fait à partir des ingrédients suivants :

- 10 g d'hématoxyline
- 100 ml d'éthanol à 100 %
- 100 ml de glycérine
- 800 ml d'eau distillée

Préparation : faire dissoudre l'hématoxyline au bain-marie dans l'éthanol à 100 % tout en agitant constamment. Une fois la dissolution complétée, verser cette solution dans l'eau distillée chaude, puis ajouter la glycérine. Les résultats de la coloration sont les mêmes que ceux obtenus avec l'hématoxyline de Weigert : les noyaux prennent une coloration allant de marine à noir;

- le collagène se colore en bleu sous l'action du bleu d'aniline, en turquoise sous celle du vert lumière;
- le trichrome de Mallory (coloration au moyen du bleu d'aniline) est beaucoup plus vif et agressif que le trichrome de Masson (coloration avec le vert lumière), lequel est plus discret et terne. Le choix de l'un ou de l'autre n'est, semble-t-il, qu'une question de préférence.

14.1.2.2.2 *Trichrome de Masson au four à micro-ondes*

La méthode du trichrome de Masson au four à micro-ondes utilise soit les mêmes produits que la méthode type, soit des substituts présentant des caractéristiques analogues. Toutes les informations se rapportant à l'utilisation du four à micro-ondes en histotechnologie sont présentées à l'annexe I.

a) Préparation des solutions

1. Solution d'iode de Weigert

- 2 g d'iode de potassium
- 1g d'iode sublimé
- 100 ml avec de l'eau distillée

Faire dissoudre l'iode de potassium dans 5 ml d'eau distillée, ajouter ensuite l'iode sublimé et compléter le volume à 100 ml avec de l'eau distillée.

2. Solution de ponceau et de fuchsine acide

- 1,8 g de ponceau S (voir la figure 14.5)
- 0,2 g de fuchsine acide (voir la figure 14.4)
- 2 ml d'acide acétique glacial

Faire dissoudre le ponceau S dans 100 ml d'eau distillée et ajouter ensuite la fuchsine acide. Lorsque les produits sont bien dissous, ajouter l'acide acétique glacial.

3. Solution d'acide phosphorique

Solution mère d'acide molybdatophosphorique à 10 %

- 10 g d'acide molybdatophosphorique
- 100 ml d'eau distillée

Solution mère d'acide tungstophosphorique à 10 %

- 10 g d'acide tungstophosphorique
- 100 ml d'eau distillée

4. Solution de travail d'acide phosphorique

- 10 ml de solution mère d'acide molybdatophosphorique à 10 %
- 10 ml de solution mère d'acide tungstophosphorique à 10 %
- 20 ml d'eau distillée

5. Solution de bleu de méthyle

- 100 ml d'une solution aqueuse de bleu de méthyle saturée (voir la figure 12.7)
- 2 ml d'acide acétique glacial

b) Méthode de coloration au trichrome de Masson au four à micro-ondes

MODE OPÉRATOIRE

1. Déparaffiner et hydrater les coupes jusqu'à l'étape de l'éthanol à 70 %, puis rincer dans l'eau distillée pendant 5 minutes;
2. colorer les coupes dans la solution d'iode de Weigert au four à micro-ondes à la puissance 2 pendant 30 secondes, puis rincer pendant 2 minutes à l'eau courante (voir la remarque en c);
3. différencier pendant 30 secondes dans de l'éthanol à 95 %, puis rincer pendant 2 minutes à l'eau courante;

4. colorer les coupes dans la solution de travail de ponceau S et de fuchsine acide au four à micro-ondes pendant 30 secondes à la puissance 2, puis rincer 2 minutes dans l'eau distillée, en changeant le bain d'eau à plusieurs reprises;
5. différencier pendant 15 secondes dans la solution de travail d'acide phosphorique;
6. colorer les coupes dans le bleu de méthyle au four à micro-ondes pendant 15 secondes à la puissance 2, puis rincer pendant 2 minutes à l'eau distillée;
7. plonger les coupes pendant 30 secondes dans l'acide acétique à 1 %, puis rincer pendant deux minutes à l'eau distillée;
8. déshydrater dans l'éthanol de façon graduelle;
9. éclaircir avec le toluène ou le xylène et monter selon la technique usuelle avec une résine permanente comme l'Eukitt.

RÉSULTATS

- Les noyaux restent incolores ou se colorent légèrement en gris ou en rosé;
- les cytoplasmes se colorent en rouge violet sous l'effet de la fuchsine acide et d'un résidu d'iode;
- les muscles se colorent en rouge sous l'action du ponceau S;
- les fibres de collagène se colorent en bleu sous l'effet du bleu de méthyle;
- la fibrine prend une teinte rose sous l'action de la fuchsine acide;
- les érythrocytes deviennent d'un rouge brillant sous l'effet de la fuchsine acide.

c) Remarques

- On peut incorporer à la technique une solution d'hématoxyline aluminique de Mayer ou d'hématoxyline ferrique de Weigert. Si on utilise l'hématoxyline de Mayer, il n'est pas nécessaire de bleuir. Si l'on choisit une hématoxyline aluminique, on devrait l'introduire après l'étape 7 pour éviter l'effet différenciateur des acides. Quant à l'hématoxyline ferrique de Weigert, elle peut être utilisée au début de la technique, après l'étape 2, puisqu'elle est très résistante aux solutions acides, ce qui n'est pas le cas de l'hématoxyline aluminique;
- toutes les remarques faites sur la méthode type, à la température ambiante, s'appliquent également à cette technique.

Figure 14.13 : **FICHE DESCRIPTIVE DU CHROMOTROPE 2R**

Structure chimique du chromotrope 2R

Nom commun	Chromotrope 2R	**Solubilité dans l'eau**	Jusqu'à 19,3 %
Nom commercial	Chromotrope 2R	**Solubilité dans l'éthanol**	Jusqu'à 0,17 %
Numéro de CI	16570	**Absorption maximale**	503 nm
Nom du CI	Rouge acide 29	**Couleur**	Rouge
Classe	Azoïque	**Formule chimique**	$C_{16}H_{10}N_2O_8S_2Na_2$
Type d'ionisation	Anionique	**Poids moléculaire**	468,4

14.1.2.2.3 *Autres formules de trichrome*

A) Trichrome de Cason

1. Préparation des solutions :

- **Solution d'hématoxyline de Weigert**
  - Pour la préparation de cette solution, voir la section 12.8.1.
- **Solution de Cason**
  - 1 g d'acide phosphotungstique
  - 2 g d'orange G
  - 1 g de bleu d'aniline WS
  - 3 g de fuchsine acide
  - 200 ml d'eau distillée

Faire dissoudre un à un tous les produits dans l'eau distillée. La solution restera stable pendant plusieurs années.

2. Fiches descriptives

- Pour la fiche descriptive du bleu d'aniline WS, voir la figure 14.10;
- pour la fiche descriptive de la fuchsine acide, voir la figure 14.4.

L'orange G (voir la figure 14.14) est un colorant anionique largement utilisé dans la méthode de Papanicolaou (voir la section 26.7.1). Dans certaines méthodes trichromiques, il est utilisé en solution alcoolique pour la coloration des érythrocytes; il est également utilisé pour la mise en évidence des cellules sécrétrices du pancréas et de la glande pituitaire.

3. Méthode de coloration par le trichrome de Cason

MODE OPÉRATOIRE

1. Déparaffiner et hydrater les coupes jusqu'à l'étape de l'eau distillée;
2. colorer les noyaux dans la solution de travail d'hématéine ferrique de Weigert pendant 5 minutes;
3. laver à l'eau courante pendant 2 minutes;
4. colorer dans la solution trichromique de Cason pendant 5 minutes;
5. laver à l'eau courante pendant 3 à 5 secondes;
6. à l'aide d'un papier filtre, enlever le surplus de colorant autour du tissu;
7. déshydrater rapidement dans trois bains d'alcool à 100 %;
8. clarifier dans trois bains de toluol ou de xylol;
9. monter avec une résine permanente comme l'Eukitt.

RÉSULTATS

- Les fibres de collagène se colorent en bleu sous l'effet du bleu d'aniline;
- les cytoplasmes et les muscles se colorent en rouge sous l'action de la fuchsine acide;
- la kératine et les globules rouges se colorent en orangé sous l'effet de l'orange G;
- les noyaux prennent une coloration allant de marine à noir sous l'effet de l'hématoxyline ferrique de Weigert.

La coloration des noyaux par l'hématoxyline de Weigert n'est pas essentielle, mais sans elle, plusieurs noyaux peuvent être colorés en rouge, en bleu, ou tout simplement rester incolores.

B) Trichrome de Gabe

1. Préparation des solutions

- **Solution d'hématoxyline de Weigert**
  - Pour la préparation de cette solution, voir la section 12.8.1.
- **Solution trichromique de Gabe**
  - 2,5 g d'amaranthe
  - 2,5 g d'acide phophomolybdique
  - 1 g de vert lumière FCF
  - 500 ml d'eau distillée
  - 5 ml d'acide acétique glacial
  - 0,5 g de jaune de Mars

Faire dissoudre l'amaranthe, l'acide phosphomolybdique et le vert lumière dans l'eau distillée additionnée d'acide acétique glacial; ajouter le jaune de Mars. Remuer la solution pendant 1 heure, puis filtrer pour enlever le jaune de Mars non dissous. La solution peut alors être utilisée. Elle restera stable pendant environ 5 ans. On peut remplacer le jaune de Mars par le jaune de naphtol S. Ce colorant se dissout complètement dans la solution et la filtration est facultative. Néanmoins, il est toujours préférable de filtrer les solutions colorantes quelles qu'elles soient.

- **Solution d'eau acidifée**
  - 5 ml d'acide acétique glacial
  - 1 litre d'eau distillée

2. **Fiches descriptives**
   - L'amaranthe est un colorant alimentaire naturel de couleur marron. Il s'agit du pigment d'une plante ornementale originaire du Mexique (voir la figure 14.15).
   - Pour la fiche descriptive du vert lumière FCP, voir la figure 14.12;
   - pour la fiche descriptive du jaune de Mars, voir la figure 14.16;
   - pour la fiche descriptive du jaune de naphtol S, voir la figure 14.17.

3. **Méthode de coloration par le trichrome de Gabe**

MODE OPÉRATOIRE

1. Déparaffiner et hydrater les coupes jusqu'à l'étape de l'eau distillée;
2. colorer les noyaux dans la solution de travail d'hématéine ferrique de Weigert pendant 5 minutes (cette étape est facultative);
3. laver à l'eau courante pendant 2 minutes;
4. colorer dans la solution trichromique de Gabe pendant 10 à 15 minutes;
5. laver les coupes dans deux bains d'eau acidifiée, en agitant constamment les lames;
6. déshydrater directement dans trois bains d'éthanol à 100 %;
7. clarifier dans trois bains de toluol ou de xylol;
8. monter avec une résine permanente comme l'Eukitt.

Figure 14.14 : **FICHE DESCRIPTIVE DE L'ORANGE G**

HO
N
N
Na^+ ^-O_3S
SO_3^- Na^+

Structure chimique de l'orange G

Nom commun	Orange G	**Solubilité dans l'eau**	Jusqu'à 10,86 %
Nom commercial	Orange G	**Solubilité dans l'éthanol**	Jusqu'à 0,22 %
Numéro de CI	16230	**Absorption maximale**	476 à 480 nm
Nom du CI	Orange acide 10	**Couleur**	Orange
Classe	Azoïque	**Formule chimique**	$C_{16}H_{10}N_2O_7S_2Na_2$
Type d'ionisation	Anionique	**Poids moléculaire**	452,4

RÉSULTATS

- Les noyaux prennent une coloration allant de marine à noir si l'on a utilisé l'hématoxyline de Weigert, ou se colorent en différentes teintes de rouge sous l'effet de l'amaranthe;
- les cytoplasmes se colorent en rose, en rouge ou en gris-pourpre sous l'effet de l'amaranthe;
- dans les meilleures conditions, les érythrocytes prennent une couleur jaune sous l'effet du jaune de Mars ou du naphtol jaune S. Cependant, il arrive souvent qu'ils prennent une teinte rosée;
- les fibres de collagène se colorent en bleu vert sous l'effet du vert lumière FCF;
- le mucus, la matrice du cartilage et quelques granulations sécrétrices sont également colorés en vert sous l'effet du vert lumière FCF.

Note : les étapes 5 et 6 du mode opératoire ne doivent pas nécessairement être effectuées rapidement puisque ni l'acide ni l'éthanol ne lessivent les colorants.

14.1.2.3 Méthode de coloration à l'acide phosphotungstique et à l'hématoxyline de Mallory (APTH)

L'utilisation de l'hématoxyline tungstique est surtout limitée à des variantes de la méthode de l'hématoxyline acide phosphotungstique, communément appelée « méthode à l'APTH de Mallory ». La méthode originale combine l'hématoxyline avec une solution aqueuse d'acide phosphotungstique à 1 %, lequel sert de mordant. Il est alors préférable d'utiliser de l'hématéine en poudre plutôt que de l'hématoxyline. En effet, l'utilisation de l'hématéine ne nécessite pas d'oxydation et la solution est prête pour usage immédiatement après sa préparation, mais sa durée de vie est beaucoup plus courte. Par contre, si l'on choisit la poudre d'hématoxyline, on peut utiliser le permanganate de potassium comme agent oxydant; la solution colorante peut être utilisée 24 heures après sa préparation. La méthode de Mallory donne de meilleurs résultats lorsque la maturation de l'hématoxyline se fait de façon naturelle, à l'air et à la lumière; la solution ne sera utilisable qu'après plusieurs mois mais elle restera stable pendant plusieurs années.

La coloration à l'APTH permet la mise en évidence de plusieurs structures tissulaires comme la fibrine (voir le chapitre 15), les striations musculaires, les fibres de collagène, les cartilages, les fibres élastiques, les noyaux, les cytoplasmes, les cils et les fibres nerveuses (voir le chapitre 21); la myéline peut également être mise en évidence, mais les résultats ne sont généralement pas satisfaisants. Les résultats de la coloration sont plus précis si les tissus ont été fixés dans une solution de bichromate, comme le Zenker ou le Helly, et s'il y a eu blanchiment après le passage dans la solution de permanganate de potassium. Cette méthode et ses variantes permettent d'obtenir des résultats polychromes à l'aide d'une seule solution colorante. Les teintes obtenues vont du bleu au rouge et se fixent sur une grande gamme d'éléments tissulaires.

a) Principe de base

La méthode de coloration à l'APTH est basée sur le fait que le complexe mordant-colorant a un pouvoir de pénétration supérieur à celui de l'acide seul. Ce complexe colorant-mordant est cationique, mais il se comporte de la même manière que la solution colorante de picro-fuchsine de la méthode de Van Gieson (voir la section 14.1.2.1.1), laquelle est anionique.

b) Mécanisme d'action

La méthode originale utilise successivement du permanganate de potassium et de l'acide oxalique, dont l'importance n'est plus à démontrer : le permanganate fixe les colorants dans certaines structures d'où l'acide oxalique ne parvient pas à les retirer. Cette étape n'est pas obligatoire et est souvent remplacée par un passage des coupes dans l'alun de fer. Les éléments tissulaires plutôt denses prennent une teinte bleue sous l'effet de l'hématéine à la suite de la formation de liens sel.

Les éléments tissulaires dont la perméabilité est faible prennent une teinte bleue, due à la laque d'hématéine, tandis que les éléments tissulaires très perméables sont colorés en rouge. On explique cette dernière teinte par la présence de l'acide phosphotungstique : soit que cet acide, rouge lorsque en solution, donne sa propre couleur à certains éléments tissulaires, soit que sa présence empêche la laque bleue de se constituer, de sorte que les tissus prennent la couleur de l'hématéine en solution acide.

14.1.2.3.1 *APTH avec hématéine en poudre (Shum & Hon, 1969)*

a) Préparation des solutions

1. Solution d'hématéine

- **Solution A**
  - 0,8 g d'hématéine
  - 1 ml d'eau distillée

  Écraser la poudre d'hématéine dans l'eau pour en faire une pâte. Cette dernière doit être de couleur brun chocolat. Si la pâte est trop pâle, on en conclut généralement que la poudre colorante a perdu ses propriétés et devrait être jetée.

- **Solution B**
  - 0,9 g d'acide phosphotungstique
  - 99 ml d'eau distillée

- **Solution de travail d'APTH**

  Mélanger la solution A et la solution B, puis faire bouillir afin de favoriser la dissolution de la pâte d'hématéine. Retirer du feu, laisser refroidir, puis filtrer la solution. Elle peut être utilisée aussitôt.

2. Solution de permanganate de potassium à 0,5 %

- 0,5 g de permanganate de potassium
- 100 ml d'eau distillée

3. Solution d'acide sulfurique à 3 %

- 3 ml d'acide sulfurique concentré
- 97 ml d'eau distillée

4. Solution de permanganate de potassium

- 50 ml de solution de permanganate de potassium à 0,5 % (solution n° 2)
- 2,5 ml d'acide sulfurique à 3 % (solution n° 3)

5. Solution d'acide oxalique à 5 %

- 5 g d'acide oxalique
- 100 ml d'eau distillée

Figure 14.15 : **FICHE DESCRIPTIVE DE L'AMARANTHE**

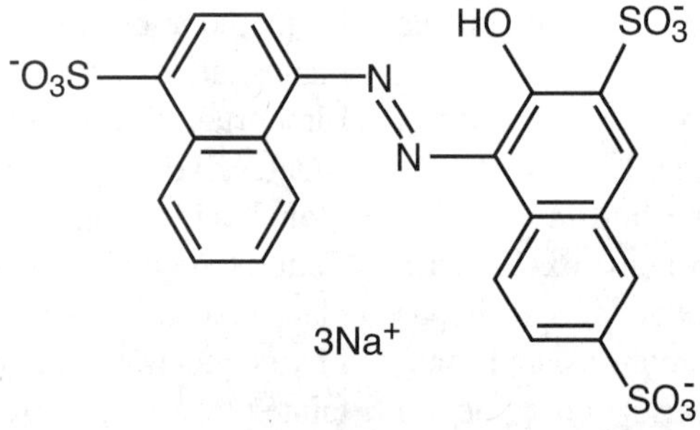

Structure chimique de l'amaranthe

Nom commun	Amaranthe	**Solubilité dans l'eau**	Jusqu'à 6,5 %
Nom commercial	Azorubine S	**Solubilité dans l'éthanol**	Peu soluble
Numéro de CI	16185	**Absorption maximale**	522 nm
Nom du CI	Rouge acide 27	**Couleur**	Rouge
Classe	Azoïque	**Formule chimique**	$C_{20}H_{11}N_2Na_3O_{10}S_3$
Type d'ionisation	Anionique	**Poids moléculaire**	604,5

Figure 14.16 : **FICHE DESCRIPTIVE DU JAUNE DE MARS**

Structure chimique du jaune de Mars

Nom commun	Jaune de Mars	**Solubilité dans l'eau**	Jusqu'à 4,6 %
Nom commercial	Jaune de Mars	**Solubilité dans l'éthanol**	Jusqu'à 0,15 %
Autre nom	Jaune de naphtol	**Absorption maximale**	445 nm
Numéro de CI	10315	**Couleur**	Jaune
Nom du CI	Jaune acide 24	**Formule chimique**	$C_{10}H_6N_2O_5Na$
Classe	Nitro	**Poids moléculaire**	234,2
Type d'ionisation	Anionique		

Le jaune de Mars est surtout utilisé en solution alcoolique pour la coloration des érythrocytes lors de la mise en évidence de la fibrine par des colorants rouges. Il est également utilisé dans diverses méthodes trichromiques comme la méthode à l'acide picrique de Mallory modifiée par Lendrun et la méthode MSB (*Mars, scarlet, blue*) combinant le jaune de Mars, l'écarlate de Biebrich et le bleu de méthyle.

Figure 14.17 : **FICHE DESCRIPTIVE DU JAUNE DE NAPHTOL S**

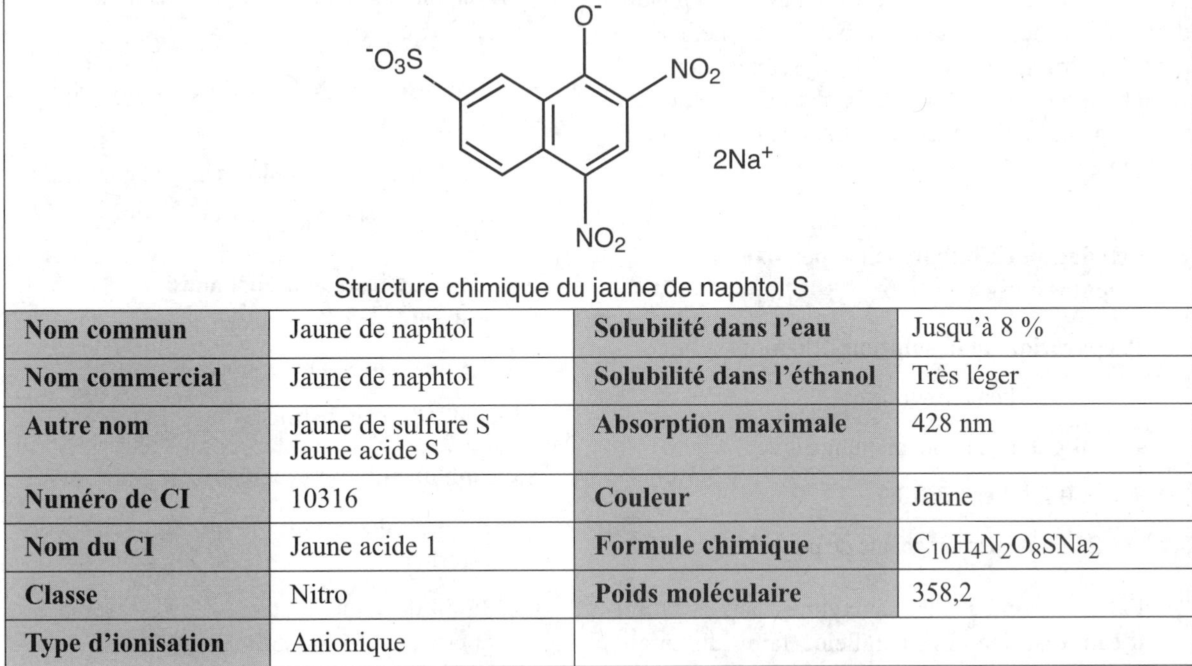

Structure chimique du jaune de naphtol S

Nom commun	Jaune de naphtol	**Solubilité dans l'eau**	Jusqu'à 8 %
Nom commercial	Jaune de naphtol	**Solubilité dans l'éthanol**	Très léger
Autre nom	Jaune de sulfure S Jaune acide S	**Absorption maximale**	428 nm
Numéro de CI	10316	**Couleur**	Jaune
Nom du CI	Jaune acide 1	**Formule chimique**	$C_{10}H_4N_2O_8SNa_2$
Classe	Nitro	**Poids moléculaire**	358,2
Type d'ionisation	Anionique		

b) Méthode à l'APTH utilisant la poudre d'hématéine

MODE OPÉRATOIRE

1. Déparaffiner et hydrater les coupes jusqu'à l'étape de l'eau distillée;
2. traiter dans le permanganate de potassium pendant 5 minutes, puis rincer à l'eau distillée;
3. blanchir les coupes dans la solution d'acide oxalique à 5 % pendant environ 1 minute, puis laver à l'eau courante pendant 1 minute;
4. colorer dans la solution d'APTH pendant 12 à 24 heures à la température ambiante, puis laver à l'eau distillée;
5. déshydrater rapidement, éclaircir et monter avec une résine permanente comme l'Eukitt.

On peut aussi procéder à la coloration à l'APTH à 56 °C. Cependant, la qualité de la coloration peut alors laisser à désirer. Il est préférable de procéder à la coloration à la température ambiante.

14.1.2.3.2 *APTH utilisant l'hématoxyline*

Tel que mentionné, lorsque l'on utilise la poudre d'hématoxyline, elle doit être oxydée en hématéine pour acquérir son pouvoir colorant. L'oxydation peut être chimique ou naturelle. L'oxydation chimique est plus rapide, mais la solution se conserve moins longtemps.

a) Oxydation chimique par le permanganate de potassium

Préparation de la solution d'hématoxyline

- 0,5 g d'hématoxyline
- 10 g d'acide phosphotungstique
- 500 ml d'eau distillée
- 25 ml de permanganate de potassium à 0,25 %

Faire dissoudre l'hématoxyline dans 100 ml d'eau distillée. En parallèle, faire dissoudre l'acide phosphotungstique dans 400 ml d'eau distillée. Ajouter la solution d'acide phosphotungstique à la solution d'hématoxyline, y ajouter celle de permanganate de potassium à 0,25 %. La solution colorante est prête à utiliser le lendemain, et demeure relativement stable pendant environ 7 jours. Après cette période, son pouvoir colorant décroît assez rapidement.

b) Oxydation naturelle

Préparation de la solution d'hématoxyline

- 0,5 g d'hématoxyline
- 5,0 g d'acide phosphotungstique
- 500 ml d'eau distillée

Faire dissoudre chacun des deux produits solides dans une proportion équivalente d'eau distillée, puis mélanger les deux solutions. Placer la solution résultante dans un endroit éclairé pendant plusieurs mois. Elle peut se conserver très longtemps.

c) Préparation des solutions

1. Solution d'hématoxyline

Voir la méthode A ou B décrite à la section 14.1.2.3.1.

2. Solution alcoolique d'acide chlorhydrique à 10 %

- 1 volume d'acide chlorhydrique concentré
- 9 volumes d'éthanol à 100 %

3. Solution aqueuse de dichromate de potassium à 3 %

- 3 g de dichromate de potassium
- 100 ml d'eau distillée

4. Solution alcoolique d'acide dichromique

- 12 ml de solution alcoolique d'acide chlorhydrique (solution n° 2)
- 36 ml de solution aqueuse de dichromate de potassium 3 % (solution n° 3)

5. Solution de permanganate de potassium

- 50 ml de permanganate de potassium à 0,5 %
- 2,5 ml d'acide sulfurique à 3 %

6. Solution d'acide oxalique à 1 %

- 1 g d'acide oxalique
- 100 ml d'eau distillée

d) Méthode à l'APTH avec l'hématoxyline

Que l'hématoxyline ait subi une oxydation naturelle ou chimique, le procédé de coloration demeure le même.

MODE OPÉRATOIRE

1. Déparaffiner et hydrater les coupes jusqu'à l'étape de l'eau distillée;
2. post-mordancer les coupes dans la solution alcoolique d'acide dichromique (solution n° 4) pendant 30 minutes, puis laver à l'eau courante;
3. traiter dans le permanganate de potassium pendant 1 minute et laver à l'eau courante;
4. blanchir les coupes dans la solution d'acide oxalique à 1 % pendant environ 1 minute, puis laver à l'eau courante pendant 1 minute;
5. colorer dans la solution d'APTH pendant 12 à 24 heures à la température ambiante, puis laver à l'eau distillée;
6. déshydrater rapidement, éclaircir et monter avec une résine permanente, comme l'Eukitt.

RÉSULTATS

- Les striations musculaires, les fibres nerveuses et la fibrine se colorent en bleu foncé sous l'effet de l'hématéine;
- les noyaux, les cils et les globules rouges se colorent aussi en bleu sous l'effet de l'hématéine;
- la myéline se colore en bleu pâle sous l'effet de l'hématéine également;
- les fibres de collagène, le cartilage et les fibres élastiques prennent une teinte allant du brun foncé au rouge sous l'effet de l'APTH;
- les cytoplasmes prennent une teinte variant du rose pâle au brun.

e) Remarques sur la technique

- Le passage dans l'acide dichromique peut être omis si les tissus ont été placés dans un fixateur à base de chrome;
- la déshydratation doit être rapide, car l'eau et l'alcool peuvent décolorer les tissus;
- la durée de passage dans les bains de dichromate, de permanganate et de colorant peut être modifiée selon la nature du tissu et des structures à mettre en évidence.

14.1.2.3.3 *Méthode à l'APTH selon S.P. Hicks*

Cette méthode est probablement la plus utilisée. On recommande de fixer les tissus dans le Bouin ou le Zenker, ou de postmordancer au Bouin ou à l'acide picrique en solution aqueuse.

a) Préparation des solutions

1. Solution d'APTH

- 20 g d'acide phosphotunsgtique
- 900 ml d'eau distillée
- 1,0 g d'hématoxyline
- 10 ml d'éthanol absolu à 100 %
- 100 ml de permanganate de potassium à 0,25 %

Faire dissoudre l'acide phosphotungstique dans l'eau distillée chaude. En parallèle, faire dissoudre l'hématoxyline dans l'éthanol absolu. Mélanger cette dernière solution à la première. Ajouter le permanganate de potassium et mélanger. La solution colorante peut être utilisée après 24 heures.

2. Solution d'acide oxalique à 5 %

- 5 g d'acide oxalique
- 100 ml d'eau distillée

3. Solution d'alun de fer à 5 %

- 5 g d'alun de fer
- 100 ml d'eau distillée

b) Méthode à l'APTH modifiée par S.P. Hicks

MODE OPÉRATOIRE

1. Déparaffiner et hydrater les coupes jusqu'à l'étape de l'eau distillée;
2. post-mordancer les coupes dans la solution saturée d'acide picrique pendant 30 minutes si les tissus ont été fixés au formol; ou procéder à l'enlèvement de pigments de mercure si les tissus ont été placés dans un fixateur mercurique;
3. laver à l'eau courante, puis rincer à l'eau distillée;
4. mordancer dans l'alun de fer à 5 % pendant 15 minutes, puis laver à l'eau courante;
5. blanchir les coupes dans la solution d'acide oxalique à 5 % pendant 5 à 7 minutes, puis laver à l'eau distillée pendant 1 minute;
6. colorer dans la solution d'APTH à 56 °C pendant 30 à 60 minutes en évaluant les résultats au microscope après 30 minutes. Quand les noyaux sont d'un bleu net, transférer la lame dans l'éthanol sans lavage préalable;
7. agiter quelques secondes dans l'éthanol à 95 %;
8. déshydrater rapidement, éclaircir et monter avec une résine permanente comme l'Eukitt.

RÉSULTATS

- Les noyaux, les fibres nerveuses, les figures mitotiques, les mitochondries, les striations musculaires, les astrocytes et la fibrine se colorent en bleu sous l'effet de l'hématéine;
- les cytoplasmes et les fibres de collagène prennent une teinte pouvant aller du rose au rouge sous l'effet de l'APTH;
- les grosses fibres élastiques se colorent en pourpre violacé sous l'effet de l'APTH.

14.1.3 IMPORTANCE DE METTRE EN ÉVIDENCE LES FIBRES DE COLLAGÈNE EN HISTOPATHOLOGIE

En histopathologie, on cherche à mettre en évidence les fibres de collagène dans un certain nombre de fibromatoses (palmaire, plantaire ou rétropéritonéale), de tumeurs d'allure fibreuse (fibrome, fibrosarcome, etc.) et, dans des conditions réactionnelles variées, de fibroses.

De manière sommaire, on peut dire que la fibrose apparaît au cours du processus de réparation, après destruction tissulaire ou en réponse à une agression dont l'origine peut être physique ou chimique. Certaines fibroses sont mutilantes, d'autres non, certaines ont des répercussions sur le fonctionnement normal de l'organe, d'autres pas. Il est donc important que le pathologiste puisse juger de la localisation exacte et de l'étendue de ces fibroses afin de mieux comprendre le processus en cause ou de pouvoir fournir un diagnostic très précis (voir le tableau 14.1).

14.2 FIBRES ÉLASTIQUES

L'apparition des fibres élastiques au cours du développement est subséquente à celle des fibres de collagène. Les fibres élastiques sont distribuées dans les organes qui doivent pouvoir subir des déformations et reprendre ensuite leur forme originale.

14.2.1 HISTOCHIMIE DES FIBRES ÉLASTIQUES

14.2.1.1 Caractéristiques morphologiques

À l'œil nu, on voit que les organes ou les structures riches en fibres élastiques ont une couleur jaune caractéristique. Au microscope optique, ces fibres sont minces et ont un diamètre qui peut varier de 0,5 à 1,5 µm, voire 10 µm. Elles sont en général cylindriques, bien que les plus grosses se présentent sous forme de bandes aplaties. Les fibres élastiques sont ramifiées et constituent des réseaux lâches, car elles possèdent de nombreuses anastomoses : elles ne se présentent donc pas en faisceaux. Dans les artères, elles peuvent cependant constituer des lames fenêtrées à disposition concentrique.

Au microscope électronique, on distingue clairement deux composantes dans les fibres élastiques : l'une centrale, amorphe, l'élastine; l'autre périphérique, dite « fibrillaire », car elle est constituée de nombreuses microfibrilles dont le diamètre varie généralement de 11 à 13 nm. Même si les microfibrilles sont surtout présentes en périphérie, il en existe également à l'intérieur des fibres.

Une fois colorées, les fibres élastiques se révèlent sous deux aspects différents : dans le derme et le poumon, elles sont fines et anastomosées, discontinues et disposées de façon très irrégulière en coupe; dans la paroi des artères ou les ligaments élastiques, elles peuvent être très grosses et constituer des membranes discontinues (voir la figure 14.18).

14.2.1.2 Composition chimique

Une confusion risque de se glisser lorsque l'on utilise le terme élastine. En effet, à l'origine, il désignait les substances dont sont composées les fibres élastiques; il est aujourd'hui réservé à leur composante amorphe.

Les fibres élastiques sont constituées de quatre types de substances : des protéines, des glucides, des lipides et des substances fluorescentes.

- **Les protéines :** la fraction protéique du tissu élastique est voisine de celle du collagène, dont elle diffère cependant par plusieurs points : une proportion plus faible d'hydroxyproline, l'absence d'hydroxylysine, une proportion élevée d'acides aminés non polaires et la présence de deux acides aminés particuliers dérivés de la lysine, soit la desmosine et l'isodesmosine.
- **Les glucides :** la fraction glucidique des fibres élastiques est mal connue, tant du point de vue de son importance que de sa composition exacte. Il semble cependant qu'elle comprenne, entre autres, des mucopolysaccharides acides.
- **Les lipides et les substances fluorescentes :** on ne trouve qu'une faible quantité de lipides dans les fibres élastiques; il s'agit de graisses insaturées. On ignore la nature des substances qui confèrent aux fibres élastiques leur fluorescence.

14.2.1.3 Structure moléculaire

La structure moléculaire des fibres élastiques repose sur leur double composition : les microfibrilles et l'élastine.

- **Les microfibrilles :** les microfibrilles sont constituées d'une holoprotéine riche en cystine : il s'agit d'un acide aminé qui sert à joindre les unes aux autres les diverses chaînes polypeptidiques grâce à des ponts disulfure, ce qui a pour effet de les insolubiliser.
- **L'élastine :** l'élastine est la partie amorphe des fibres élastiques; elle contient de la desmosine et de l'isodesmosine, dont le rôle est de lier fermement les chaînes protéiques les unes aux autres. Les composantes glucidique et lipidique du tissu élastique servent probablement de liens entre les composantes protéiques.

14.2.1.4 Propriétés

Les fibres élastiques sont isotropes, mais elles deviennent biréfringentes lorsqu'on les étire, probablement parce que les microfibrilles s'alignent selon l'axe de la fibre lors de l'étirement.

Ces fibres, comme leur nom l'indique, sont élastiques; elles peuvent s'étirer de 120 à 150 % de leur longueur sans pour autant se rompre. Lorsque la tension se relâche, elles reprennent habituellement leur forme initiale. Bien qu'assez résistantes aux tensions, elles le sont beaucoup moins que les fibres de collagène. Leur point isoélectrique se situe à un *p*H inférieur à celui des fibres de collagène, soit entre *p*H 4 et *p*H 6.

Les fibres élastiques sont fluorescentes lorsque soumises à un rayonnement ultraviolet. Elle sont insolubles dans la plupart des solutions acides, neutres ou alcalines, et résistent à la plupart des enzymes digestives, sauf à l'élastase extraite du pancréas. Au microscope électronique, elles ne présentent aucune striation transversale.

Tableau 14.1 CLASSIFICATION SOMMAIRE DES FIBROSES.

Type de fibrose	Caractéristiques	Exemples
Non mutilante		
Diffuse	Augmentation de la trame conjonctive de l'organe sans modification appréciable de l'aspect général de l'organe et de son volume.	Élargissement des portes dans le foie des ouvriers exposés au chlorure de vinyle; fibrose pulmonaire interstitielle idiopathique légère.
Capsulaire	Peu de conséquences au point de vue fonctionnel.	Cicatrice de périsplénite.
	Conséquences au point de vue fonctionnel.	Épaississement fibreux de l'albuginée de l'ovaire dans le syndrome de Stein-Leventhal.
Adhérentielle	Brides scléreuses qui se forment à la suite d'une péricardite, d'une pleurésie ou d'une péritonite.	
Mutilante	Accompagnée d'atrophie.	Cirrhoses; réactions desmoplastiques dans les cancers squirrheux du sein et dans les cancers du pancréas.
	Accompagnée d'hypertrophie.	Cicatrices vicieuses.

14.2.1.5 Synthèse

Les fibres élastiques sont synthétisées par les fibroblastes. Cependant, dans la paroi des vaisseaux sanguins où elles ont la forme de feuillets fenêtrés dotés de pores, il semble qu'elles soient élaborées par les cellules musculaires lisses de la média et par les chondrocytes présents dans le cartilage élastique. Au cours du processus de formation des fibres élastiques, les microfibrilles apparaissent en premier; les fibres jeunes en sont donc richement pourvues. À mesure que la fibre vieillit, l'élastine vient s'ajouter progressivement. Ainsi, les fibres matures se composent surtout d'élastine, et les microfibrilles se retrouvent plutôt en périphérie.

La sécrétion des microfibrilles s'effectue selon le processus général d'élaboration des protéines; celle de la fraction protéique de l'élastine est un peu plus compliquée. Les chaînes peptidiques sont sécrétées séparément sous forme de tropoélastine. À la périphérie de la fibre, une enzyme induit la production d'aldéhyde sur les acides aminés de type lysine présents dans les chaînes, ce qui a pour effet d'entraîner leur liaison quatre par quatre (formation de la desmosine et de l'isodesmosine) et la réunion des chaînes auxquelles ils appartiennent. Les microfibrilles semblent orienter le dépôt de l'élastine au cours de la synthèse des fibres.

En ce qui concerne les autres fractions de l'élastine, plusieurs questions demeurent sans réponses. On ne sait pas avec certitude si ces fibres sont sécrétées spécifiquement par les cellules ou si elles proviennent de la transformation de composants de la substance fondamentale.

14.2.2 MISE EN ÉVIDENCE

Les fibres élastiques ne sont mises en évidence qu'occasionnellement par les méthodes ordinaires de coloration, car en général elles se confondent avec les fibres de collagène. Il est toutefois possible de distinguer les fibres élastiques, particulièrement lorsqu'elles sont grosses, et plusieurs méthodes de coloration, dites spéciales, permettent de les observer de manière spécifique.

Ces méthodes sont, entre autres, celles de la coloration à l'orcéine, à la fuchsine paraldéhyde de

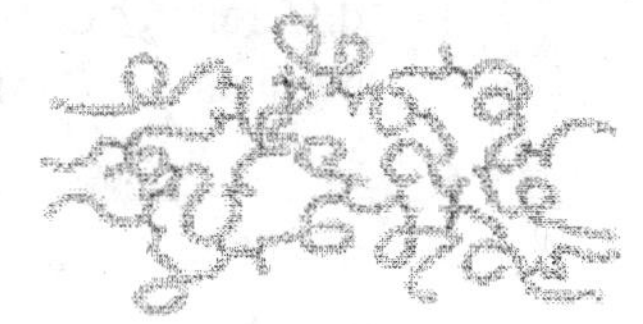

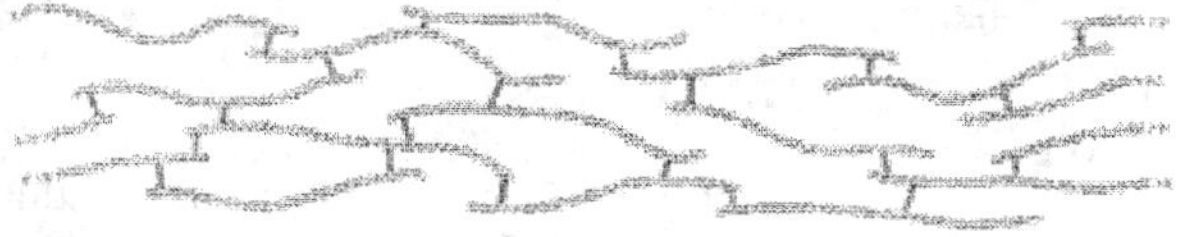

Figure 14.18 : *Représentation schématique des fibres élastiques.*

Gomori, à la résorcine-fuchsine de Weigert et à l'hématéine de Verhoeff. La méthode de coloration à l'orcéine donne aux fibres élastiques une couleur rouge brunâtre. Avec les autres méthodes, elles prennent des teintes variant du bleu au noir.

14.2.2.1 Méthode de coloration à la résorcine-fuchsine de Weigert utilisant le HPS comme colorant

La méthode à la résorcine-fuchsine de Weigert utilise la fuchsine basique. Ce colorant peut être remplacé par n'importe quel colorant cationique du groupe des triphénylméthanes. Constituée de trois colorants différents, la fuchsine basique peut varier d'un lot de colorant à l'autre, si bien que les résultats des colorations peuvent différer d'une fois à l'autre. La présence d'impuretés dans le chlorure ferrique, ce dernier contenant souvent des sels ferreux, est un autre des facteurs pouvant affecter la qualité des résultats obtenus. Il est donc préférable d'utiliser du nitrate ferrique.

On sait bien peu de choses du mécanisme d'action des méthodes de mise en évidence des fibres élastiques. La seule caractéristique commune entre elles est le rôle probable que jouent les liens hydrogène dans ce mécanisme, mais non pas les liens électrostatiques. Tous les fixateurs peuvent être utilisés, sauf les produits contenant du bichromate (voir la section 2.5.4).

a) Principe de la méthode

Les fibres élastiques, oxydées ou non, sont colorées par une laque résorcinique-ferrique de fuchsine basique.

b) Mécanisme d'action

La fuchsine basique ne possède pas les fonctions caractéristiques des colorants indirects; par contre, il est possible que la réaction entre la résorcine et la fuchsine basique donne naissance à une substance colorante capable de capter le mordant ferrique. La résorcine jouerait alors un rôle d'oxydant du colorant (voir la figure 14.19).

Fe^{+++} + O^-–(cycle benzénique)–O^- + Fuchsine basique

Résorcinol

Figure 14.19 : *Représentation schématique de la formation d'une laque résorcinol-ferrique.*

c) Préparation des solutions

1. Réactif de Weigert

- 4 g de fuchsine basique
- 4 g de résorcine
- 2 g de fluorescéine

- 20 g de chlorure ferrique
- 2 ml d'acide chlorhydrique concentré
- 150 ml d'eau distillée
- 100 ml d'éthanol à 90 %

Faire dissoudre les quatre premiers ingrédients dans 150 ml d'eau bouillante, laisser bouillir quelques minutes, puis retirer du feu. Laisser refroidir, puis filtrer. Faire dissoudre le précipité dans 100 ml d'éthanol à 90 %, puis ajouter 2 ml d'acide chlorhydrique concentré. Le réactif restera stable pendant 5 à 6 mois.

2. Solution d'alcool-acide

- 5 ml d'acide chlorhydrique concentré
- 1 litre d'alcool éthylique à 70 %

3. Solutions pour le HPS

Pour la préparation des solutions du HPS, voir la section 13.2.4.1

d) Fiches descriptives

- Pour la fiche descriptive de la fuchsine basique, voir la figure 14.8;
- pour les fiches techniques des produits du HPS, voir les figures 10.20, 13.4, 10.23;
- pour la fiche descriptive de la fluorescéine, voir la figure 14.20.

La fluorescéine est un précurseur de l'éosine. Peu utilisée en microscopie optique, elle est toutefois fortement fluorescente. Elle sert donc surtout à la recherche des anticorps dans les méthodes d'immunofluorescence (voir le chapitre 23).

e) Méthode de coloration à la résorcine-fuchsine de Weigert avec le HPS comme contrecolorant

MODE OPÉRATOIRE

1. Déparaffiner et hydrater partiellement les coupes jusqu'à l'étape de l'éthanol à 70 %;
2. colorer dans la résorcine-fuchsine de Weigert pendant 15 minutes;
3. laver les coupes à l'eau courante pendant 2 minutes;
4. différencier dans la solution d'alcool-acide à raison 5 à 6 immersions;
5. laver à l'eau courante pendant environ 2 minutes;
6. contrecolorer à l'HPS (voir la section 13.2.5), déshydrater, éclaircir et monter avec une résine permanente comme l'Eukitt.

RÉSULTATS

- Les fibres élastiques prennent une teinte allant de bleu-noir à noir sous l'effet du réactif de Weigert;
- les noyaux prennent une coloration allant de bleu à noir sous l'effet du réactif de Weigert;
- les fibres de collagène se colorent de jaune à orangé sous l'effet du safran;
- les cytoplasmes se colorent en rose sous l'effet de la phloxine.

f) Remarques

- Les coupes provenant de tissus richement vascularisés ou encore de l'aorte ont généralement tendance à se décoller de la lame; avec de tels tissus, il est donc très important de prévenir tout décollement en insolubilisant les adhésifs protéiques au moyen d'une solution faite de 9 volumes d'éthanol à 100 % et de 1 volume de formaldéhyde commercial. Cette solution remplace le bain d'éthanol à 95 % lors de l'hydratation des coupes au début du procédé de coloration. Il est préférable, dans de tels cas, d'utiliser des lames chargées ioniquement (voir l'annexe IV);
- la fluorescéine sert à augmenter la force du colorant.

14.2.2.2 Méthode à la résorcine-fuchsine de Weigert utilisant la solution de Van Gieson comme contrecolorant

Cette méthode est une variante de la technique utilisant le HPS comme contrecolorant. Les principes et les mécanismes d'action s'apparentent et il ne semble pas y avoir d'avantages ou d'inconvénients particuliers à utiliser l'une ou l'autre des deux méthodes; ce n'est qu'une question de préférence.

a) Préparation des solutions

1. Solution d'hématoxyline de Weigert

Pour la préparation de cette solution, voir la section 12.8.1.

2. Solution mère de résorcine-fuchsine

- 2 g de fuchsine basique
- 4 g de résorcine
- 200 ml d'eau distillée
- 25 ml de chlorure ferrique à 29 %
- 200 ml d'éthanol à 95 %
- 4 ml d'acide chlorhydrique concentré

Ajouter la fuchsine basique et la résorcine à l'eau distillée bouillante, puis laisser bouillir pendant environ 1 minute. Ajouter 25 ml de chlorure ferrique à 29 %. Laisser refroidir, filtrer et laisser le précipité sur le papier jusqu'à ce qu'il soit bien sec. Ajouter à la solution fraîchement filtrée 200 ml d'alcool à 95 %, chauffer jusqu'à ébullition, puis filtrer de nouveau avec le même papier, sur lequel reposent les produits non dissous de la première filtration. Ajouter finalement 4 ml d'acide chlorhydrique concentré. La solution se conservera pendant plusieurs mois.

3. Solution de travail de résorcine-fuchsine

- 10 ml de solution mère de résorcine-fuchsine
- 100 ml d'éthanol à 70 %
- 2 ml d'acide chlorhydrique concentré

4. Solution de Van Gieson

Pour la préparation de cette solution, voir la section 14.1.2.1.1 c.

b) Fiches descriptives des colorants utilisés

- Pour la fiche descriptive de l'hématoxyline, voir la figure 10.20;
- pour la fiche descriptive de la fuchsine acide, voir la figure 14.4;
- pour la fiche descriptive de l'acide picrique, voir la figure 14.3.

c) Méthode de coloration

MODE OPÉRATOIRE

1. Déparaffiner les coupes et hydrater jusqu'à l'étape de l'eau distillée;
2. colorer les tissus dans l'hématoxyline de Weigert pendant environ 10 minutes;
3. laver les coupes à l'eau courante pendant 1 à 2 minutes, ce qui intensifie la coloration;
4. colorer les coupes dans la solution de travail de résorcine-fuchsine basique pendant environ 30 minutes;
5. rincer dans l'éthanol à 95 % pendant 15 à 25 secondes;
6. laver à l'eau courante pendant 1 minute;
7. contrecolorer dans la solution de Van Gieson pendant 1 minute;
8. déshydrater dans l'alcool à 95 %, puis dans l'éthanol à 100 %;
9. clarifier et monter avec une résine permanente comme l'Eukitt.

RÉSULTATS

- Les fibres élastiques prennent une teinte allant du bleu-noir au noir sous l'effet de la résorcine-fuchsine;
- les noyaux prennent une coloration allant de marine à noir sous l'action de l'hématoxyline de Weigert;
- les fibres de collagène se colorent de rouge à rose sous l'action de la fuchsine acide de la solution de Van Gieson;
- les autres éléments tissulaires se colorent en jaune sous l'effet de l'acide picrique de la solution de Van Gieson.

14.2.2.3 Autres variantes

La plupart des méthodes de coloration dites « spéciales » sont des procédés qui servent à mettre en évidence des structures non pas de façon spécifique, mais suffisamment pour qu'on puisse les repérer

Figure 14.20 : **FICHE DESCRIPTIVE DE LA FLUORESCÉINE**

Structure chimique de la fluorescéine

Nom commun	Fluorescéine	**Solubilité dans l'eau**	Pauvre
Nom commercial	Fluorescéine	**Solubilité dans l'éthanol**	Jusqu'à 2,2 %
Numéro de CI	45350	**Absorption maximale**	493,5 nm
Nom du CI	Jaune solvant 94 Jaune acide 73*	**Couleur**	Jaune
Classe	Fluorochrome	**Formule chimique**	$C_{20}H_{12}O_5$
Type d'ionisation	Anionique	**Poids moléculaire**	332,3

* Si la fluorescéine est unie à un sel de sodium, elle prend le nom de « jaune acide 73 »; sa formule chimique devient $C_{20}H_{10}Na_2O_5$, avec un poids moléculaire de 376,3.

facilement au microscope. Les préférences et les besoins étant différents d'un laboratoire à l'autre, il n'est pas rare de voir des laboratoires adopter certaines variantes d'une même méthode. La méthode de coloration à la résorcine-fuchsine de Weigert et ses variantes en sont un bon exemple. Un coup d'œil rapide permet toutefois de constater que la modification se situe presque toujours dans le choix du contrecolorant. Par exemple, on peut modifier deux techniques décrites dans les pages précédentes en utilisant l'éosine comme contrecolorant, on peut faire appel à une méthode trichromique pour effectuer la contrecoloration. Toutes les modifications sont pratiquement possibles et les mécanismes d'action demeurent sensiblement les mêmes, quelle que soit la modification apportée. Les pages qui suivent présentent d'ailleurs, de façon très succincte, trois autres techniques modifiées qui ont la préférence en histotechnologie.

14.2.2.3.1 *Méthode à la résorcine-fuchsine de Weigert modifiée selon Hart*

L'obtention de résultats satisfaisants au moyen de cette variante dépend de la fixation des tissus. À la section 14.2.2.1, on a précisé que pour la méthode de coloration à la résorcine-fuchsine de Weigert, tous les liquides fixateurs étaient valables, sauf les produits contenant du bichromate. Cependant, il arrive qu'un tissu ait été fixé dans une solution contenant du bichromate; dans de tels cas, la variante de Hart est la plus appropriée. La solution de travail de cette variante comprend une simple dilution de la solution de Weigert dans de l'éthanol à 70 % contenant de l'acide chlorhydrique à 1 %.

a) Préparation des solutions

1. Solution mère de Weigert selon Hart

- 100 ml d'eau distillée
- 1 g de fuchsine basique
- 2 g de résorcine
- 12,5 ml de chlorure ferrique aqueux à 30 %
- 100 ml d'éthanol à 95 %
- 2 ml d'acide chlorhydrique concentré

Ajouter la fuchsine basique et la résorcine à 100 ml d'eau distillée et porter à ébullition. Ajouter la solution de chlorure ferrique et laisser bouillir pendant 5 minutes. Laisser refroidir et filtrer la solution. Conserver le précipité contenu dans le papier filtre et laisser sécher. Quand le tout est sec, y faire passer 100 ml d'éthanol à 95 %. L'éthanol dissoudra complètement le précipité retenu par le papier filtre et s'écoulera dans la solution. Enfin, ajouter 2 ml d'acide chlorhydrique concentré. Pour bien réussir la solution, il est préférable d'utiliser une plaque chauffante ou un bain-marie.

On peut remplacer la solution d'éthanol à 95 % et l'acide chlorhydrique par un mélange de :

- 50 ml de 2-méthoxyéthanol
- 50 ml d'eau distillée
- 2 ml d'acide chlorhydrique

Cette solution réduit le temps nécessaire à la dissolution du précipité.

2. Solution de travail de Weigert selon Hart

- 10 à 20 volumes de la solution mère de Weigert (solution n° 1)
- 70 volumes d'éthanol à 95 % contenant 1 % d'acide chlorhydrique

b) Inconvénient

La coloration dans la solution diluée requiert toute une nuit à la température ambiante.

14.2.2.3.2 *Méthode de coloration à la résorcine et au violet de cristal de Sheridan*

Cette méthode utilise les mêmes solutions que la méthode de Weigert modifiée par Hart, mais on remplace la fuchsine basique de la solution mère de Weigert par 1 g de violet de cristal (voir la figure 14.21) et 1 g de dextrine.

14.2.2.3.3 *Méthode à la résorcine, au violet de méthyle et au violet d'éthyle*

Cette méthode est plus rapide que celle de Weigert, car elle ne demande qu'un traitement de 15 minutes dans la solution colorante à la température ambiante; de plus, les tissus fixés dans la solution de formaldéhyde à 10 % donnent de bons résultats de coloration, à condition de procéder à un traitement des coupes dans une solution de permanganate de potassium et d'acide oxalique.

Le violet de méthyle (voir la figure 14.22) est un mélange de tétraméthyle, de pentaméthyle et d'hexaméthyle de pararosaniline, également connu sous le nom de « violet de cristal ». Les résultats des colorations peuvent différer selon la quantité de chacun des produits. Le plus souvent, ce colorant sert à la mise en évidence de substances métachromatiques (voir la section 10.10.3), par exemple l'amyloïde (voir le chapitre 18). En tant que colorant primaire, il peut également être utilisé dans la méthode de coloration de Gram (voir le chapitre 20).

Le violet d'éthyle (voir la figure 14.23) n'est pas utilisé très fréquemment. Il sert surtout dans les solutions de résorcine ferrique pour la mise en évidence des fibres élastiques.

Préparation des solutions pour la méthode à la résorcine, au violet de méthyle et au violet d'éthyle

1. Solution colorante

- 0,5 g de violet de méthyle
- 0,5 g de violet d'éthyle
- 100 ml d'eau distillée
- 2 g de résorcine
- 25 ml de nitrate ferrique en solution aqueuse à 30 %

Faire dissoudre le violet de méthyle et le violet d'éthyle dans 100 ml d'eau distillée bouillante. Ajouter la résorcine et le nitrate ferrique et laisser bouillir pendant environ 3 minutes. Retirer du feu et laisser refroidir, puis filtrer. Conserver le précipité contenu dans le papier filtre et laisser sécher. Quand le tout est sec, y faire passer 100 ml d'éthanol à 95 %. L'alcool dissolvera complètement le précipité retenu par le papier filtre et s'écoulera dans la solution. Enfin, ajouter 2 ml d'acide chlorhydrique concentré.

Pour bien réussir la solution, il est préférable d'utiliser une plaque chauffante ou un bain-marie.

14.2.2.3.4 *Méthode de coloration à l'hématoxyline de Verhoeff*

La méthode de coloration à l'hématoxyline de Verhoeff sert à colorer les fibres élastiques au moyen de l'hématéine combinée à l'iode et au chlorure ferrique. Elle permet de bien mettre en évidence les fibres élastiques après une fixation de routine dans n'importe quel liquide. Les fibres élastiques grossières sont fortement colorées alors que les fibres les plus fines restent plus pâles. L'étape de la différenciation est cruciale : une trop longue différenciation fera perdre leur coloration aux fibres les plus fines. Tel que mentionné ci-dessus, tous les fixateurs peuvent être utilisés et il n'est pas nécessaire d'enlever les pigments de mercure, puisque le réactif de Verhoeff contient de l'iode (voir la section 2.3.2).

a) Mécanisme d'action

Il existe une affinité entre le fer ferrique et un nombre relativement élevé de structures tissulaires anioniques, si on le compare à l'aluminium. La distribution du mordant, qui détermine celle des laques de l'hématéine, contribue aussi à la polyvalence supérieure des laques ferriques d'hématéine.

En ce qui concerne les fibres élastiques, il est possible que les mucopolysaccharides acides qu'elles contiennent soient responsables de l'affinité qui existe entre ces fibres et la laque colorante. Il se peut également que l'iode joue le rôle d'agent de rétention et empêche la laque de quitter les fibres au cours de la différenciation.

On retiendra de la présence combinée du chlorure ferrique et de l'iode le caractère oxydant de ces deux substances; cette propriété a certainement quelque chose à voir avec le comportement des fibres au cours de la coloration.

b) Solutions pour l'hématoxyline de Verhoeff

1. Solutions pour l'hématoxyline de Verhoeff

Voir la section 12.8.2 pour la préparation des solutions A, B et C.

2. Préparation de la solution de travail

Préparer la solution de travail immédiatement avant l'usage en incorporant, dans l'ordre, 20 ml de la solution A, 8 ml de la solution B et 8 ml de la solution C. La solution de travail ne se conserve pas.

3. Solution de chlorure ferrique à 2 %

– 2 g de chlorure ferrique

– 100 ml d'eau distillée

c) Méthode de coloration à l'hématoxyline de Verhoeff

MODE OPÉRATOIRE

1. Déparaffiner et hydrater les coupes jusqu'à l'étape de l'eau distillée;
2. colorer les tissus dans la solution de travail d'hématéine de Verhoeff jusqu'à ce que les coupes soient noires, soit environ 15 minutes;
3. rincer à l'eau distillée pendant 30 secondes à 1 minute;
4. différencier dans le chlorure ferrique à 2 % pendant environ 1 minute. Arrêter la différenciation quand les fibres paraissent bien distinctes. Si l'on a trop différencié, il faut replonger la coupe dans le bain de colorant (voir les remarques en *d*);
5. laver les coupes à l'eau courante pendant environ 10 minutes;
6. passer les coupes dans un bain d'éthanol à 95 % pendant 15 à 30 minutes pour éliminer l'iode de Verhoeff (facultatif; voir les remarques en *d* à ce sujet);
7. rincer à plusieurs reprises dans l'eau distillée;

Figure 14.21 : **FICHE DESCRIPTIVE DU VIOLET DE CRISTAL**

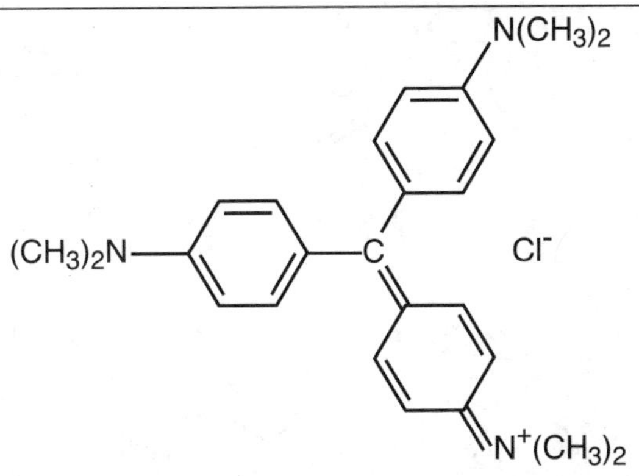

Structure chimique du violet de cristal

Nom commun	Violet de cristal	**Solubilité dans l'eau**	Jusqu'à 1,68 %
Nom commercial	Violet de cristal	**Solubilité dans l'éthanol**	Jusqu'à 13,87 %
Autres noms	Violet de méthyle 10 B Violet de gentiane	**Absorption maximale**	De 589 à 593 nm
Numéro de CI	42555	**Couleur**	Bleu violet
Nom du CI	Violet basique 3	**Formule chimique**	$C_{25}H_{30}N_{33}Cl$
Classe	Triphénylméthane	**Poids moléculaire**	408,0
Type d'ionisation	Cationique		

8. contrecolorer si nécessaire, soit dans la solution de Van Gieson, soit dans la solution d'éosine;
9. déshydrater rapidement dans les différents bains d'éthanol;
10. éclaircir et monter avec une résine permanente comme l'Eukitt.

RÉSULTATS

- Les fibres élastiques se colorent en noir sous l'effet de l'hématoxyline de Verhoeff;
- les noyaux prennent une coloration allant de gris à noir sous l'action de l'hématoxyline de Verhoeff;
- les fibres de collagène, les cytoplasmes, les fibres musculaires et les érythrocytes se colorent selon le contrecolorant utilisé.

d) Remarques

- L'étape 4 de la méthode de coloration nécessite une évaluation au microscope, car il est très difficile d'évaluer la coloration des fibres à l'œil nu;
- après l'hydratation des coupes, un prétraitement dans une solution de permanganate de potassium suivi d'un passage dans l'acide oxalique donne des résultats plus nets et plus intenses;
- le passage des coupes dans un bain d'éthanol à 95 % est facultatif, l'excès d'iode étant généralement éliminé lors des différents traitements précédant cette étape.

14.2.2.3.5 *Méthode de coloration de Verhoeff-Van Gieson*

Cette méthode est considérée comme très fiable. Les fibres élastiques sont colorées par l'hématéine combinée à l'iode et au chlorure ferrique, le collagène est coloré par la fuchsine acide, et les autres structures acidophiles, par l'acide picrique.

Figure 14.22 : **FICHE DESCRIPTIVE DU VIOLET DE MÉTHYLE**

Structure chimique du violet de méthyle

Nom commun	Violet de méthyle	**Solubilité dans l'eau**	Jusqu'à 2,93 %
Nom commercial	Violet de méthyle	**Solubilité dans l'éthanol**	Jusqu'à 15,21 %
Autre nom	Violet de gentiane	**Absorption maximale**	De 583 à 587 nm
Numéro de CI	42535	**Couleur**	Bleu violet
Classe	Triphénylméthane	**Formule chimique**	$C_{23}H_{26}N_3Cl$
Type d'ionisation	Cationique	**Poids moléculaire**	379,9

Figure 14.23 : **FICHE DESCRIPTIVE DU VIOLET D'ÉTHYLE**

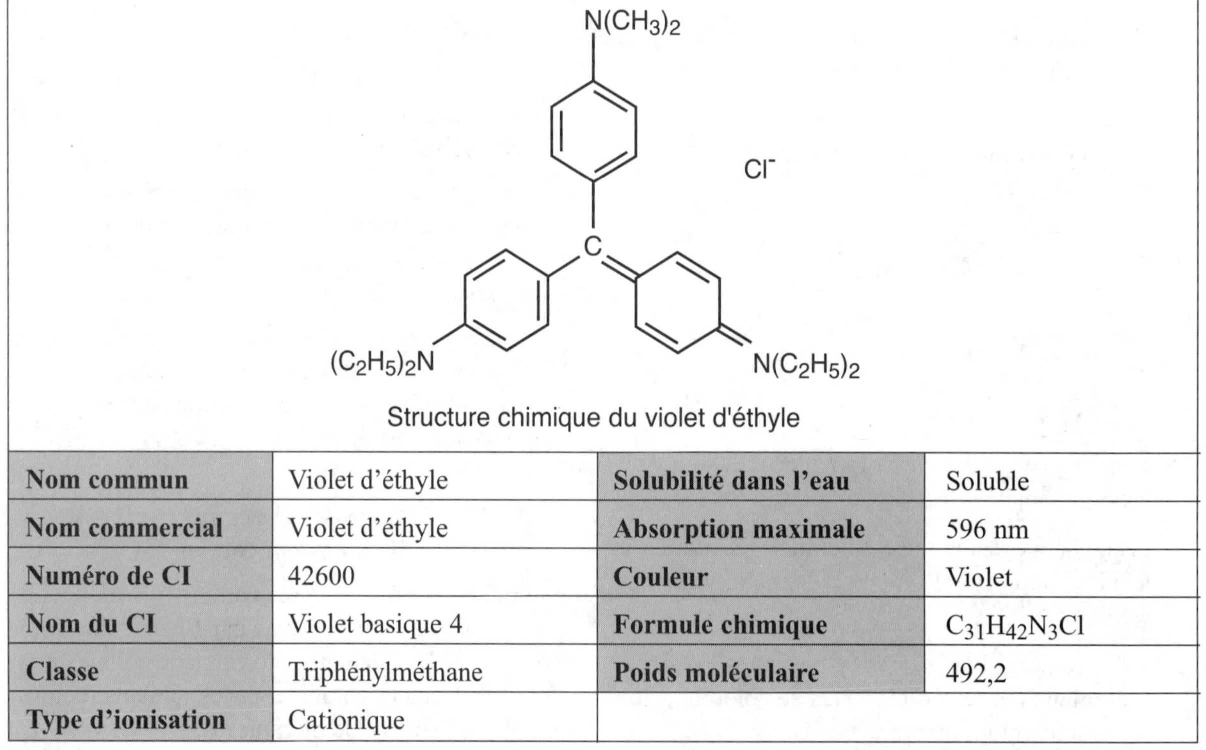

Structure chimique du violet d'éthyle

Nom commun	Violet d'éthyle	**Solubilité dans l'eau**	Soluble
Nom commercial	Violet d'éthyle	**Absorption maximale**	596 nm
Numéro de CI	42600	**Couleur**	Violet
Nom du CI	Violet basique 4	**Formule chimique**	$C_{31}H_{42}N_3Cl$
Classe	Triphénylméthane	**Poids moléculaire**	492,2
Type d'ionisation	Cationique		

a) Mécanismes d'action de l'hématéine de Verhoeff

Dans la méthode de Verhoeff-Van Gieson, la première étape consiste à colorer le tissu au moyen d'une laque soluble d'hématéine ferrique de Verhœff (hématéine, iode et chlorure ferrique). Cette laque pénètre les fibres élastiques et y précipite. On procède à la différenciation au moyen d'une solution de chlorure ferrique qui agit selon le principe de la compétition de mordants. En présence d'un excès de mordant, le colorant a tendance à se détacher du tissu pour devenir une laque soluble qui pourra être éliminée par un lavage à l'eau.

Cependant, les fibres élastiques ayant une grande affinité pour la laque, elles retiendront celle-ci plus longtemps et se coloreront en noir. L'iode utilisé dans la solution de mordançage augmente la basophilie de la laque et permet ainsi une meilleure réaction des anions tissulaires avec la laque ferrique. En outre, l'iode retarde l'extraction de la laque, jouant un rôle de rétention lors de la différenciation. De plus, il est possible qu'il agisse comme agent oxydant et favorise la conversion de l'hématoxyline en hématéine. Le thiosulfate de sodium est utilisé pour éliminer l'excès d'iode.

La solution de Van Gieson est une solution polychrome anionique composée de fuchsine acide et d'acide picrique. Son mécanisme d'action repose avant tout sur la porosité des tissus. En fonction du degré de porosité de chaque structure, la fuchsine acide pénètre le collagène plus rapidement que l'acide picrique alors que ce dernier pénètre plus rapidement le cytoplasme. En règle générale, une solution polychrome contient un colorant de faible poids moléculaire qui entre facilement dans le cytoplasme, une structure plutôt dense, et un colorant de poids moléculaire plus élevé qui, lui, pénétrera dans les structures les plus lâches comme le collagène. Ainsi, par le biais de cette technique, le collagène se colore en rouge sous l'effet de la fuchsine acide, les autres structures sont colorées en jaune par l'acide picrique, et les fibres élastiques en bleu noir par l'hématéine de Verhoeff.

b) Solutions requises

1. Solution d'hématoxyline alcoolique à 5 % (solution A)

- 5 g d'hématoxyline
- 100 ml d'éthanol absolu

Faire dissoudre l'hématoxyline dans l'éthanol en chauffant la solution dans un grand récipient ouvert. Refroidir et filtrer.

2. Solution de chlorure ferrique à 10 % (solution B)

- 10 g de chlorure ferrique
- 100 ml d'eau distillée

3. Solution de Lugol (solution C)

- 2 g d'iodure de potassium
- 1g de cristaux d'iode
- 100 ml d'eau distillée

Faire dissoudre l'iodure de potassium dans quelques millilitres d'eau, puis y faire dissoudre les cristaux. Compléter à 100 ml avec de l'eau distillée.

4. Solution de travail de Verhoeff

- 20 ml de solution d'hématoxyline alcoolique (solution A)
- 8 ml de solution de chlorure ferrique à 10 % (solution B)
- 8 ml de solution de Lugol (solution C)

Ajouter la solution B à la solution A, puis ajouter la solution C au mélange A et B.

5. Solution de chlorure ferrique à 2 %

- 20 ml de solution de chlorure ferrique à 10 % (solution B)
- 100 ml d'eau distillée

6. Solution de thiosulfate de sodium à 3 %

- 3 g de thiosulfate de sodium
- 100 ml d'eau distillée

7. **Solution colorante de Van Gieson**

   Solution 7.1

   – 1 g de fuchsine acide
   – 100 ml d'eau distillée

   Solution 7.2

   – 6 g d'acide picrique
   – 200 ml d'eau distillée

   Faire dissoudre l'acide picrique dans l'eau distillée à l'aide de chaleur. Laisser refroidir, puis décanter le surnageant.

8. **La solution de travail de Van Gieson**

   – 5 ml de fuchsine acide (solution n° 7.1)
   – 95 ml de solution d'acide picrique (solution n° 7.2)

c) Méthode de coloration de Verhoeff-Van Gieson

MODE OPÉRATOIRE

1. Déparaffiner et hydrater les coupes jusqu'à l'étape de l'eau distillée;
2. colorer dans la solution de travail de Verhoeff pendant 15 minutes;
3. différencier pendant environ 2 minutes dans le chlorure ferrique à 2 % en évaluant la différenciation à l'aide du microscope;
4. laver à l'eau courante, puis dans le bain de thiosulfate de sodium ou d'éthanol à 95 %;
5. contrecolorer dans la solution de Van Gieson pendant 5 minutes;
6. déshydrater à partir de l'éthanol à 95 %, éclaircir, puis monter avec une résine permanente comme l'Eukitt.

RÉSULTATS

– Les fibres élastiques prennent une coloration allant de bleu-noir à noir sous l'effet de l'hématéine ferrique de Verhoeff;
– les noyaux prennent une coloration allant de bleu-noir à noir sous l'effet de l'hématoxyline ferrique de Verhoeff;
– les cytoplasmes, les fibres musculaires, les globules rouges et les autres structures acidophiles se colorent en jaune sous l'action de l'acide picrique;
– le collagène est coloré en rouge par la fuchsine acide.

d) Remarques

– Il est préférable de vérifier la différenciation en examinant les lames au microscope à intervalles réguliers, par exemple toutes les 30 secondes, en prenant soin de laver les lames à l'eau avant chaque observation afin d'interrompre la différenciation. Poursuivre la différenciation jusqu'à ce que les fibres élastiques d'un vaisseau sanguin paraissent noires et que le reste du tissu soit gris. Si la différenciation est trop prononcée, immerger de nouveau les coupes dans le colorant;
– il est important que les réactifs entrant dans la composition de la solution de travail de Verhoeff soient mélangés selon l'ordre prescrit : ajouter la solution B à la solution A, puis la solution C au mélange A et B;
– dans cette technique, le contrecolorant est la picrofuchsine de Van Gieson, que l'on peut remplacer par un autre mélange acide utilisé dans une technique trichromique, par exemple la solution de fuchsine acide et de Biebrich écarlate;
– lors de la contrecoloration par la picrofuchsine de Van Gieson, il est recommandé de différencier délicatement, car la picrofuchsine peut déloger le colorant des fibres élastiques;
– compte tenu du fait qu'il est difficile d'obtenir une bonne coloration des fibres élastiques fines par cette technique, surtout à cause de la différenciation, il est recommandé de la réserver pour la mise en évidence des fibres élastiques grossières. Pour la coloration des fibres élastiques fines, on recommande plutôt la méthode de coloration à la fuchsine paraldéhyde de Gomori;
– il est important de noter que la concentration de la solution de chlorure ferrique, différenciateur

de l'hématéine de Verhoeff, sera de 2 % alors que celle de l'agent oxydant de cette hématoxyline, aussi une solution de chlorure ferrique, sera de 10 %;

- pour un contrôle de la coloration, il est important de travailler en parallèle sur une lame témoin, par exemple avec une coupe de poumon, de peau, d'intestin ou d'artère.

14.2.2.3.6 *Méthode de coloration à la fuchsine paraldéhyde (ou fuchsine aldéhyde)*

Cette méthode fut introduite en histotechnologie par Gomori, en 1950, pour la mise en évidence des fibres élastiques. Elle permet de colorer adéquatement les fibres grossières et fines ainsi que d'autres composantes tissulaires comme les cellules β du pancréas et les mucosubstances sulfatées. Avec l'oxydation dans l'acide picrique, l'acide acétique ou le permanganate de potassium, d'autres substances sont également mises en évidence, comme le glycogène et les mucosubstances neutres, mais elles sont colorées de façon moins intense. De plus, la configuration de ces structures diffère énormément de celle des fibres élastiques, de sorte que les risques de méprise sont assez faibles.

La solution colorante se prépare en ajoutant du paraldéhyde à une solution alcoolique de fuchsine basique acidifiée par de l'acide chlorhydrique. Elle doit mûrir pendant quelques jours avant utilisation; sa couleur passe alors du magenta au bleu violacé, changement dû à la formation d'azométhine de pararosaniline, un constituant de la fuchsine basique; cette dernière est la substance qui se prête le mieux à la fabrication de la solution.

En premier lieu, le paraldéhyde en solution acide se dépolymérise en présence d'HCl, ce qui donne de l'acétaldéhyde :

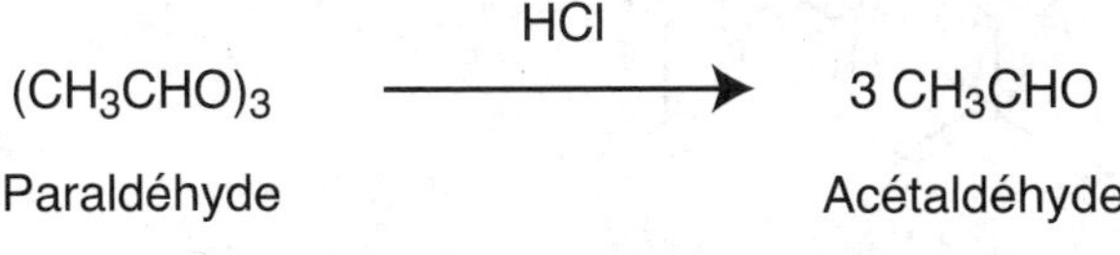

Figure 14.24 : *Dépolymérisation du paraldéhyde pour donner de l'acétaldéhyde.*

L'acétaldéhyde réagit ensuite avec la pararosaniline pour former de l'azométhine de pararosaniline (voir la figure 14.25).

a) Mécanisme d'action

Le mécanisme d'action de cette méthode est encore mal connu. Cependant, on constate que la fuchsine paraldéhyde peut se lier à deux types de groupes chimiques différents : les sulfates, par la formation de liens électrostatiques, et les aldéhydes, par addition non polaire.

Tel que mentionné un peu plus haut, la méthode n'est pas spécifique à la mise en évidence des fibres élastiques. D'autres éléments tissulaires qui ne sont colorés par la fuchsine paraldéhyde qu'après oxydation, comme la kératine et les granulations des cellules β des îlots de Langerhans, sont riches en cystine; cette dernière est un acide aminé qui peut facilement donner naissance à des groupes sulfoniques lorsqu'il est oxydé. Il se peut donc que la liaison se fasse avec des fonctions fortement acides, comme le sulfate et le sulfone.

b) Spécificité

À l'origine, cette méthode a été élaborée en rapport avec la coloration des fibres élastiques. On sait aujourd'hui qu'elle colore de façon spécifique certaines mucines ainsi que les granulations des cellules β des îlots de Langerhans, qui sécrètent l'insuline, et les cellules de l'hypophyse qui produisent la TSH. Elle peut également colorer les cellules principales des glandes fundiques et les mastocytes.

La méthode peut être utilisée avantageusement lorsque combinée avec le bleu alcian à un *p*H de 2,5 : elle colore de façon spécifique les mucosubstances acides sulfatées, et le bleu alcian colore les mucosubstances acides non sulfatées.

c) Fiches descriptives

- Pour la fiche descriptive de la fuchsine basique, voir la figure 14.8;
- pour la fiche descriptive du vert lumière SF, voir la figure 14.11.

d) Préparation des solutions

1. Solution d'éthanol à 70 %

- 140 ml d'éthanol à 100 %
- 60 ml d'eau distillée

2. Solution de fuchsine paraldéhyde

- 1,0 g de fuchsine basique
- 2,0 ml de paraldéhyde
- 2,0 ml de HCl concentré
- 200 ml de solution d'éthanol à 70 %

Faire dissoudre la fuchsine basique dans la solution d'éthanol à 70 %, ajouter le paraldéhyde, puis le HCl. Garder à la température ambiante et attendre au moins 24 heures, et si possible 2 à 3 jours, avant utilisation. La solution deviendra d'un violet intense. Conservée au réfrigérateur, elle restera stable pendant 1 mois. Filtrer avant usage.

3. Solution d'acide oxalique à 1 %

- 1 g d'acide oxalique
- 100 ml d'eau distillée

4. Solution mère de vert lumière à 0,2 %

- 0,2 g de vert lumière
- 100 ml d'eau distillée
- 20 gouttes d'acide acétique glacial

5. Solution de travail de vert lumière

- 20 ml de solution mère de vert lumière à 0,2 % (solution n° 4)
- 79 ml d'eau distillée
- 1 ml d'acide acétique glacial

6. Solution d'éthanol à 95 %

- 95 ml d'éthanol à 100 %
- 5 ml d'eau distillée

7. Solution de permanganate de potassium à 1 %

- 1 g de permanganate de potassium
- 100 ml d'eau distillée

e) Méthode de coloration à la fuchsine paraldéhyde

MODE OPÉRATOIRE

1. Déparaffiner et hydrater les coupes jusqu'à l'étape de l'eau courante, puis rincer à l'eau distillée;
2. oxyder les coupes dans la solution de permanganate de potassium à 1 % pendant 5 minutes, puis rincer à l'eau courante;
3. enlever le surplus de permanganate de potassium par un passage dans l'acide oxalique à 1 % pendant environ 1 minute, puis laver à l'eau courante;

Figure 14.25 : *Représentation schématique de la formation d'azométhine de pararosaniline à partir de la pararosaniline.*

4. passer les coupes dans le bain de transfert d'éthanol à 70 % pendant 3 minutes;
5. colorer les coupes dans la solution de fuchsine paraldéhyde fraîchement filtrée en fermant le bocal afin d'éviter l'évaporation des solvants; y laisser tremper les coupes pendant 15 minutes;
6. enlever le surplus de colorant par 3 ou 4 immersions rapides dans l'éthanol à 70 %, puis laver à l'eau courante;
7. contrecolorer dans la solution de travail de vert lumière pendant 1 minute à 90 secondes, puis rincer rapidement à l'eau distillée;
8. déshydrater, éclaircir et monter avec une résine permanente comme l'Eukitt.

RÉSULTATS

- Les fibres élastiques, les mucosubstances sulfatées, la colloïde thyroïdienne, les granulations des cellules β des îlots de Langerhans, quelques champignons, la matrice du cartilage, les granulations des mastocytes et les granulations argentaffines prennent une coloration allant de violet intense à pourpre sous l'effet de la fuchsine paraldéhyde;
- les autres structures acidophiles se colorent en vert sous l'action du vert lumière.

f) Remarques

- La solution d'aldéhyde fuchsine ne peut se conserver beaucoup plus longtemps qu'un mois au réfrigérateur. Passé ce temps, elle donne une coloration de fond qui rend difficile la lecture des lames colorées, puisque la mise en évidence des mucosubstances sulfatées est moins intense et se confond avec la couleur du fond de la lame;
- la coloration a tendance à pâlir si on utilise un milieu de montage naturel comme le baume du Canada;
- il faut absolument filtrer la solution de fuchsine paraldéhyde avant usage;
- les résultats de la coloration sont nettement supérieurs avec une fuchsine basique à base de pararosaniline plutôt qu'à base de rosaniline;
- cette méthode est la meilleure pour mettre en évidence les petites fibres élastiques.

14.2.2.3.7 *Importance de mettre en évidence les fibres élastiques en histopathologie*

La plupart des cas pathologiques nécessitant une mise en évidence des fibres élastiques sont des lésions dégénératives. Certaines sont congénitales, comme le syndrome de Marfan, une dégénérescence des fibres élastiques de la media de l'aorte, ou le pseudo-xanthome élastique; d'autres sont acquises, comme les vergetures, l'élastose solaire et l'élastose postradiothérapie.

Il arrive aussi qu'on ait à mettre en évidence les fibres élastiques lorsqu'il y a surproduction de ces fibres dans certaines affections, comme dans l'élastose pulmonaire et la fibro-élastose de l'endocarde.

14.3 FIBRES DE RÉTICULINE

Les fibres de réticuline sont les premières fibres conjonctives que l'on peut observer au cours du développement. Chez l'adulte, on les rencontre associées aux lames basales sur lesquelles reposent tous les types d'épithélium, ainsi que dans les organes hématopoïétiques et lymphoïdes. De plus, elles semblent parfois être en continuité directe avec les fibres de collagène.

14.3.1 HISTOCHIMIE DES FIBRES DE RÉTICULINE

14.3.1.1 Caractéristiques morphologiques

Au microscope optique, les fibres de réticuline se présentent comme des fibrilles très minces, d'un diamètre de 0,2 à 1,0 µm, très ramifiées et anastomosées, formant des fibres grillagées pouvant constituer des réseaux à mailles plus ou moins serrées. Au microscope électronique, on voit que les fibrilles de réticuline sont constituées de microfibrilles dont le diamètre varie de 20 à 60 nm, présentant un décalage périodique à tous les 64 à 68 nm, comme les microfibrilles de collagène. De plus, les microfibrilles de réticuline, tout comme celles de collagène, sont associées à un matériel amorphe ou cément mucopolysaccharidique.

14.3.1.2 Composition chimique

Le mot réticuline désigne la substance dont sont constituées les fibres réticulaires. La réticuline, composé en majeure partie de tropocollagène, est assez semblable au collagène, mais elle s'en distingue par la présence d'une fraction glucidique de 3 à 5 % plus élevée. Elle présente aussi une fraction lipidique alors que le collagène n'en possède pas.

La nature exacte des glucides et des lipides présents dans la réticuline n'est pas établie avec certitude; les glucides ne sont certainement pas acides, car il y a absence d'acides uroniques et d'esters sulfatés, tandis que les lipides sont certainement des acides gras insaturés liés, comme les acides myristique et palmitique, par exemple.

14.3.1.3 Structure moléculaire

Les fibres de réticuline ont une structure moléculaire assez semblable à celle des fibres de collagène, à deux différences près : le diamètre des fibres et les anastomoses qu'on y observe. Le petit diamètre des fibres de réticuline est, bien sûr, fonction de la taille réduite des faisceaux de microfibrilles qui les composent.

L'aspect grillagé que prennent les fibres tient au fait que les microfibrilles ne cheminent dans un faisceau donné que sur une certaine distance, pour ensuite le quitter et s'associer provisoirement à une autre fibrille.

La microfibrille de réticuline est entourée d'une gaine à base de glucides et de lipides plus importante que celle que l'on peut observer dans le collagène (cément). Cette gaine suscite et stabilise les anastomoses entre les fibres de réticuline.

14.3.1.4 Propriétés

Les fibres de réticuline présentent une biréfringence de forme, ce qui permet de déterminer qu'elles sont constituées de molécules parallèles de tropocollagène. Par contre, elles ont une biréfringence intrinsèque négative, ce qui dénote chez elles la présence d'une substance disposée perpendiculairement aux molécules de tropocollagène, qui pourrait bien être constituée par les acides gras de la fraction lipidique. La réticuline se comporte de la même manière que le collagène envers les enzymes protéolytiques.

Les autres propriétés importantes de la réticuline sont souvent reliées à leur contenu en glucides et en lipides; elles ont un rapport direct avec la mise en évidence de ces substances (voir les chapitres 15 et 16).

14.3.1.5 Synthèse

Le processus de synthèse des fibres de réticuline est, à quelques variantes près, le même que celui des fibres de collagène. Son étude approfondie permet de découvrir que les fibres appelées « fibres de réticuline » sont de deux types principaux : les fibres de collagène jeunes et les fibres de réticuline vraies.

14.3.1.5.1 *Fibres de collagène jeunes*

Les fibres de collagène jeunes sont des fibrilles de collagène qui ne sont pas intégrées aux faisceaux que l'on appelle fibres de collagène. La proportion de cément glucidique qu'on peut y détecter est plus grande que dans les grosses fibres de collagène, de sorte qu'elles se comportent comme des fibres de réticuline.

14.3.1.5.2 *Fibres de réticuline vraies*

Les microfibrilles qui composent les fibres de réticuline vraies sont réellement différentes de celles du collagène en ce qui concerne leur contenu en glucides et en lipides. Dans le cas de ces fibres, les transformations subies par le procollagène au niveau de l'appareil de Golgi ne sont pas les mêmes que dans les fibres de collagène : la fraction glucidique de la réticuline est différente et celle-ci présente une fraction lipidique qui est absente du collagène. Le comportement des deux types de fibres, à l'extérieur de la cellule, est également différent : les fibres de réticuline ne viennent pas s'additionner à des fibres déjà existantes comme le font les fibres de collagène, mais forment plutôt des réseaux caractéristiques.

14.3.2 MISE EN ÉVIDENCE DES FIBRES DE RÉTICULINE

Les fibres de réticuline sont mises en évidence par les méthodes de coloration du collagène, à l'exception de la méthode de Van Gieson; mais, à cause de leur taille réduite, il est difficile de les distinguer de façon précise. C'est pourquoi on met à profit les différences de composition chimique qui existent entre la réticuline et le collagène, c'est-à-dire une proportion plus élevée de glucides et la présence probable de lipides dans la gaine qui entoure les microfibrilles de réticuline.

Du point de vue de l'histotechnologie, ces différences de composition chimique entraînent deux conséquences : premièrement, les fibres de réticuline sont fortement positives à l'acide périodique de Schiff ou APS (voir le chapitre 15), tandis que les fibres de collagène ne le sont que faiblement; deuxièmement, les fibres de réticuline sont argyrophiles et, de ce fait, sont colorées en noir, à la suite de certaines imprégnations argentiques, après oxydation et réduction.

La positivité à l'APS est relative, car le faible calibre des fibres de réticuline et la teinte pâle qui leur est donnée par cette méthode ne les rendent pas très visibles sur les coupes lors de l'examen microscopique.

Les méthodes de mise en évidence basées sur l'argyrophilie des fibres de réticuline sont utilisées de préférence à d'autres, car la coloration noire qu'elles produisent permet de distinguer facilement les plus fines fibrilles. Toutefois, comme ces méthodes sont relativement capricieuses et présentent des difficultés lors de l'exécution, il en existe maintenant un nombre considérable de variantes qui se déroulent toutes sensiblement de la même façon.

14.3.2.1 *Principales méthodes d'imprégnation métallique de la réticuline*

La méthode de Gordon et Sweet est la plus couramment utilisée pour la mise en évidence de la réticuline. Suivent la méthode de Gomori, puis la méthode de Rio Hortega modifiée. Évidemment, d'autres techniques existent; la méthode de Gridley, par exemple, de moindre importance, est probablement une variante de la méthode de Gomori. Une autre technique, la méthode de Laidlaw, permet la coloration des fibres de réticuline en utilisant le four à micro-ondes.

Conformément à ce qui est exposé au chapitre 10 (voir la section 10.13), les imprégnations métalliques à base d'argent se divisent en deux catégories : les méthodes argentaffines et les méthodes argyrophiles. La grande différence entre les deux repose essentiellement sur le pouvoir réducteur de la substance tissulaire à mettre en évidence. Si ce pouvoir réducteur est réellement présent dans la structure, comme dans le cas de la mélanine, on utilisera une méthode dite argentaffine (voir le chapitre 19); par contre, s'il est très faible ou nul, comme dans le cas des champignons (voir le chapitre 20) et des fibres de réticuline (voir les sections qui suivent), la méthode argyrophile sera utilisée.

Principales étapes de l'imprégnation métallique de type argyrophile

En résumé, les principales étapes de la méthode argyrophile (voir la section 10.13) sont les suivantes :

a) Oxydation : la mise en évidence des fibres de réticuline est possible parce qu'elles sont riches en glucides, plus particulièrement en hexoses. Les groupements hydroxyles adjacents aux hexoses des glycoprotéines, les groupements 1,2 glycol, sont oxydés en aldéhydes par un agent oxydant. Parmi les agents oxydants les plus utilisés, on retrouve :

- le permanganate de potassium ($KMnO_4$), suivi d'un blanchiment à l'acide oxalique. Il a malheureusement tendance à favoriser le décollement des coupes;
- le métabisulfite de sodium ($K_2S_20_5$);
- l'acide phosphomolybdique ($H_3PMo_{12}0_{40}$);
- l'acide périodique (HIO_4).

b) Sensibilisation : il est possible que la sensibilisation soit une préimprégnation au cours de laquelle des complexes organométalliques se forment dans le tissu; leur partie métallique serait remplacée par l'argent pendant l'imprégnation. Plusieurs sels ont été utilisés en guise de sensibilisateurs, mais les meilleurs demeurent l'alun ferrique, le nitrate d'argent et le nitrate d'uranyle. Cette étape est facultative.

c) **Imprégnation :** l'imprégnation se fait généralement avec de l'hydroxyde d'argent ammoniacal $Ag(NH_3)_2OH$ ou du carbonate d'argent ammoniacal $[Ag(NH_3)_2]_2CO_3$. Dans la documentation scientifique, il est souvent question de diamine d'argent; il ne s'agit que d'une molécule d'ion argent ammoniacal sans le radical OH ou CO_3. Le diamine d'argent se représente donc sous la forme $[Ag(NH_3)_2]^+$. Dans plusieurs techniques, le réactif détecteur d'aldéhydes n'est pas un diamine d'argent, mais plutôt un complexe formé d'argent et d'hexaméthylène tétramine $[(CH_2)_6N_4]$. Le $(CH_2)_6N_4$, produit par la condensation de l'ammoniaque et du formaldéhyde, forme avec l'argent un complexe cationique, l'héxaméthylène tétramine, ou hexamine ou méthénamine, similaire à celui formé entre l'argent et l'ammoniaque seule. Cette substance peut être beaucoup plus stable qu'un complexe argent-solution aqueuse d'ammoniaque, lequel perd de son potentiel avec le temps, une fois la bouteille ouverte. La préparation des coupes et autres modalités peuvent varier selon les méthodes utilisées. La forte alcalinité des solutions d'argent cause souvent le décollement des coupes; il est donc fortement suggéré d'étaler les tissus sur des lames chargées ioniquement (voir l'annexe IV).

d) **Réduction :** sous l'effet de la réduction, l'argent ionique présent dans les fibres de réticuline est réduit en argent métallique. Le produit le plus utilisé à cette fin est le formaldéhyde à 10 %.

e) **Virage :** le virage permet la substitution de l'argent dans le sel chlorique et le dépôt d'or métallique à la place de l'argent. On utilise à cette fin le chlorure d'or ($AuCl_3$). Ce traitement permet d'obtenir un fond plus pâle et un dépôt métallique plus stable.

f) **Deuxième réduction :** le but de la deuxième réduction, aussi appelée « fixage », est de débarrasser la coupe des dernières traces d'argent ou d'or ionique qui pourraient éventuellement constituer des dépôts non spécifiques. Le produit le plus utilisé pour cette opération est une solution de thiosulfate de sodium à 5 %.

g) **Contrecoloration :** la contrecoloration est facultative. Si elle est nécessaire, il est important de choisir une coloration qui mettra en évidence les éléments à visualiser, en tenant compte de la solubilité du métal qui imprègne les fibres. On utilise habituellement le Kernechtrot ou la safranine.

14.3.2.2 Méthodes de mise en évidence des fibres de réticuline

Plusieurs méthodes employant des sels d'argent pour la mise en évidence des fibres de réticuline ont fait l'objet de publication. La composition des solutions varie énormément d'une méthode à l'autre, mais elles ont toutes en commun l'utilisation de sels d'argent en solution alcaline capables de précipiter sous forme d'argent métallique. Les fibres de réticuline n'ont qu'une faible affinité pour les sels d'argent et, de ce fait, requièrent un pré-traitement, l'oxydation, ce qui accroît la sélectivité de la technique.

14.3.2.2.1 *Méthode de Gordon et Sweets*

a) Préparation des solutions

1. Solution de permanganate de potassium à 1 %

- 1 g de permanganate de potassium ($KMnO_4$)
- 95 ml d'eau distillée
- 5 ml d'une solution aqueuse d'acide sulfurique à 3 %

2. Solution d'acide oxalique à 1 %

- 5 g d'acide oxalique
- 500 ml d'eau distillée

Cette solution se conserve indéfiniment

3. Solution d'alun ferrique à 2 %

- 2 g d'alun ferrique ($NH_4Fe(SO_4)_2 \cdot 12H_2O$)
- 100 ml d'eau distillée

Cette solution doit être préparée le jour même de son utilisation. Toutefois, on peut préparer en plus grande quantité une solution à 4 % avec un produit contenant 6 H_2O au lieu de 12 et cette solution se conservera pendant plusieurs mois dans une bouteille brune, à l'abri de la lumière.

4. Solution de nitrate d'argent à 10 %

- 10 g de nitrate d'argent
- 100 ml d'eau distillée

5. Solution aqueuse d'hydroxyde de sodium à 4 %

- 4 g d'hydroxyde de sodium
- 100 ml d'eau distillée

Cette solution ayant tendance à interagir avec le verre, il vaut mieux, à longue échéance, la conserver dans une bouteille de plastique.

6. Solution de travail d'argent ammoniacal

- 10 ml de solution aqueuse de nitrate d'argent 10 % (solution n° 4)
- de l'hydroxyde d'ammonium concentré (NH_3 à 28 %) ajouté goutte à goutte
- 7,5 ml de la solution aqueuse d'hydroxyde de sodium à 4 % (solution n° 5)

Préparation de la solution d'argent ammoniacal : ajouter de l'hydroxyde d'ammonium concentré, goutte à goutte, dans 10 ml de nitrate d'argent à 10 % jusqu'à ce qu'il y ait formation d'un précipité brun (AgO_2), lequel demeure en suspension. Ajouter ensuite 7,5 ml d'hydroxyde de sodium aqueux à 4 % qui dissoudra le précipité; ajouter plusieurs gouttes d'hydroxyde d'ammonium concentré jusqu'à ce qu'il y ait formation d'un nouveau précipité. Continuer à ajouter ce produit jusqu'à ce que ce nouveau précipité se dissolve à son tour. Il est très important de ne pas ajouter trop d'ammoniaque : le précipité ne disparaissant pas instantanément, il faut remuer régulièrement le cylindre et surveiller la disparition graduelle du précipité. Une fois le précipité dissous, compléter à 100 ml avec de l'eau distillée.

Cette solution devrait être préparée juste avant usage. Après utilisation, la neutraliser avec de la solution saline ou une solution d'acide chlorhydrique dilué. En effet, avec le temps, les solutions d'argent ammoniacal se dégradent en des produits explosifs (voir la section 10.13). Il est par contre possible de les conserver quelques semaines à 4 °C, dans une bouteille brune.

7. Solution d'eau formolée (agent réducteur)

- 10 ml de formaldéhyde commercial (38 à 40 %)
- 90 ml d'eau distillée

Cette solution se prépare juste avant usage.

8. Solution de chlorure d'or à 0,2 %

- 1 g de tétrachloroaurate de sodium
- 500 ml d'eau distillée

Cette solution se conserve pendant plusieurs mois, et peut être réutilisée plusieurs fois si elle n'est pas contaminée par les autres produits de la méthode de coloration. Le tétrachloroaurate de sodium étant très coûteux, il est sage de réutiliser la solution.

9. Solution de thiosulfate de sodium à 5 %

- 25 g de thiosulfate de sodium
- 500 ml d'eau distillée

Cette solution peut se conserver pendant plusieurs mois, et peut être réutilisée quelques fois si elle n'est pas contaminée par les autres produits de la méthode de coloration. La contamination se manifeste par une apparence trouble et, souvent, la formation de précipités.

b) Méthode d'imprégnation de Gordon et Sweets

MODE OPÉRATOIRE

1. Déparaffiner et hydrater les coupes jusqu'à l'étape de l'eau distillée;
2. oxyder les coupes dans la solution de permanganate de potassium à 1 % pendant 1 minute, puis rincer à l'eau distillée;
3. enlever le surplus de permanganate de potassium par un passage dans l'acide oxalique à 1 % pendant 30 secondes, puis laver dans trois bains d'eau distillée;

4. sensibiliser les coupes en les immergeant dans la solution d'alun ferrique pendant 10 minutes, puis laver dans trois bains d'eau distillée;
5. immerger les coupes pendant 2 minutes dans la solution d'argent ammoniacal fraîchement préparée;
6. rincer les coupes en les plongeant rapidement dans de l'eau distillée;
7. traiter les coupes dans la solution réductrice d'eau formolée pendant 2 minutes, puis laver dans trois bains d'eau distillée;
8. procéder au virage dans la solution de chlorure d'or à 0,2 % pendant 2 à 3 minutes, puis laver dans deux bains d'eau distillée;
9. immerger les coupes dans la solution de fixage au thiosulfate de sodium à 5 % pendant 3 minutes, puis laver dans trois bains d'eau distillée;
10. procéder à la contrecoloration dans la solution colorante choisie;
11. déshydrater graduellement dans les alcools, éclaircir et monter avec une résine permanente comme l'Eukitt.

RÉSULTATS

- Les fibres de réticuline se colorent en noir sous l'action de l'argent ammoniacal;
- les noyaux peuvent se colorer en noir ou tout simplement rester incolores;
- les autres éléments se colorent en gris pâle s'il n'y a pas utilisation de contrecolorant; si oui, ils prennent la couleur de ce dernier.

c) Remarques

- Un passage de moins de 5 minutes dans la solution d'alun ferrique donnera des noyaux très pâles ou, fort probablement, incolores;
- plusieurs auteurs recommandent l'utilisation de l'éosine comme contrecolorant (voir la section 13.1.3), ce qui permet de bien mettre en évidence la fibrine et les fibres de collagène en rose foncé, les cytoplasmes en rose orangé, les érythrocytes et les éosinophiles en rouge intense et les fibres musculaires en rose pâle. La safranine et le Kernechtrot sont également très utilisés. La safranine colore les éléments tissulaires dans divers tons de rouge, le Kernechtrot dans des tons de rose;
- la rapidité du rinçage décrit à l'étape 6 de la technique est cruciale; en effet, un temps de rinçage trop long rendra inadéquate la coloration des fibres de réticuline;
- si l'on prévoit que les coupes seront photographiées, il est préférable, à l'étape du virage (étape 8), de remplacer le chlorure d'or par une solution d'hexachloropalladate de potassium (K_2PdCl_6) à 0,05 % dans du HCl à 4*M*. Les dépôts d'argent deviennent uniformément noirs, sans coloration de fond associée au chlorure d'or.

14.3.2.2.2 *Méthode de Gomori*

La méthode de Gomori permet l'obtention de bons résultats après une fixation dans une solution de formaldéhyde à 10 % tamponné et une postfixation au sulfate de zinc-formaldéhyde (1 % de sulfate de zinc dans du formaldéhyde à 10 % non tamponné). Les résultats sont satisfaisants si la fixation est faite avec le liquide de Carnoy, le Bouin, le Susa de Heidenhain, et même après une fixation de courte durée avec le Zenker et le Helly.

a) Préparation des solutions

1. Solution de permanganate de potassium à 1 %

- 1 g de permanganate de potassium
- 100 ml d'eau distillée

2. Solution de métabisulfite de potassium à 3 %

- 3 g de métabisulfite de potassium
- 100 ml d'eau distillée

3. Solution d'alun ferrique à 2 %

- 2 g de sulfate ferrique d'ammonium
- 100 ml d'eau distillée

4. Solution de formaldéhyde à 10 %

- 10 ml de formaldéhyde du commerce
- 90 ml d'eau distillée

5. Solution de chlorure d'or à 0,2 %

- 20 ml de chlorure d'or en solution aqueuse à 1 %
- 80 ml d'eau distillée

OU

- 1 g de tétrachloroaurate de sodium
- 500 ml d'eau distillée

6. Solution de thiosulfate de sodium à 3 %

- 3 g de thiosulfate de sodium
- 100 ml d'eau distillée

7. Solution de nitrate d'argent à 10 %

- 10 g de nitrate d'argent
- 100 ml d'eau distillée

8. Solution d'hydroxyde de potassium à 10 %

- 10 g d'hydroxyde de potassium
- 100 ml d'eau distillée

9. Préparation de la solution d'argent de Gomori

À 30 ml d'une solution de nitrate d'argent à 10 % préparée à l'eau distillée, ajouter 7,5 ml d'une solution aqueuse d'hydroxyde de potassium à 10 %; ajouter goutte à goutte de l'eau ammoniacale (hydroxyde d'ammonium) commerciale à 28 % en remuant sans arrêt, jusqu'à ce que le précipité soit complètement dissous. Ajouter de nouveau de la solution de nitrate d'argent, goutte à goutte, jusqu'à ce que le précipité disparaisse aisément lorsqu'on brasse la solution. Doubler le volume de la solution avec de l'eau distillée.

Pour la méthode de Gomori, le contenant et la verrerie doivent avoir été nettoyés dans une solution de chromerge et d'acide sulfurique et soigneusement rincés à l'eau distillée.

b) Méthode d'imprégnation de Gomori

MODE OPÉRATOIRE

1. Déparaffiner et hydrater les coupes jusqu'à l'étape de l'eau distillée;
2. oxyder les coupes dans la solution de permanganate de potassium à 1 % pendant 2 minutes, puis rincer à l'eau courante;
3. blanchir les coupes dans la solution de métabisulfite de potassium à 3 % pendant 2 minutes, puis laver à l'eau courante pendant 3 minutes;
4. sensibiliser les coupes dans la solution d'alun ferrique à 2 % pendant 1 minute, puis laver pendant 3 minutes à l'eau courante;
5. rincer plusieurs fois à l'eau distillée (15 secondes chaque fois);
6. imprégner les coupes dans la solution d'argent ammoniacal fraîchement préparée, pendant 2 minutes, c'est-à-dire jusqu'à ce que les coupes prennent une teinte beige pâle;
7. rincer rapidement à l'eau distillée, pas plus de 15 secondes;
8. réduire les sels d'argent en immergeant les coupes dans la solution de formaldéhyde à 10 % pendant 1 minute, ou jusqu'à ce que les coupes deviennent noires;
9. laver à l'eau courante pendant 10 minutes, puis rincer à l'eau distillée;
10. procéder au virage dans la solution de chlorure d'or à 0,2 % pendant 5 minutes, puis laver à l'eau distillée;
11. réduire l'agent de virage en immergeant les coupes dans la solution de métabisulfite de sodium à 3 % pendant 5 minutes, puis rincer à l'eau distillée;
12. procéder au fixage par la solution de thiosulfate de sodium à 3 % pendant 1 minute, puis rincer à l'eau distillée;
13. procéder à la contrecoloration dans la solution colorante choisie;

14. déshydrater graduellement dans les alcools, éclaircir et monter avec une résine permanente comme l'Eukitt.

RÉSULTATS

- Les fibres de réticuline se colorent en noir sous l'action de l'argent ammoniacal;
- les noyaux se colorent en gris ou restent tout simplement incolores;
- les autres éléments se colorent en gris pâle ou prennent une autre teinte selon le contrecolorant choisi.

14.3.2.2.3 ***Méthode de Gridley***

La méthode de Gridley, une variante de la méthode de Gomori, est très efficace et assez facile à mettre en œuvre. Tous les mécanismes d'action des différentes solutions servant à l'imprégnation métallique ont été expliqués aux sections 14.3.2.1 et 10.13. Celui du Kernechtrot, utilisé comme contrecolorant, a été exposé à la section 12.10.3.

a) Solutions requises

1. Solution à l'acide périodique à 0,5 %

- 0,5 g d'acide périodique
- 100 ml d'eau distillée

2. Solution aqueuse de nitrate d'argent à 5 %

- 10 g de nitrate d'argent
- 200 ml d'eau distillée

3. Solution aqueuse de nitrate d'argent à 2 %

- 200 ml de solution de nitrate d'argent à 5 % (voir la solution n° 2)
- 300 ml d'eau distillée

4. Solution aqueuse d'hydroxyde de sodium à 10 %

- 10 g d'hydroxyde de sodium
- 100 ml d'eau distillée

5. Solution de travail de nitrate d'argent ammoniacal

- 20 ml de solution de nitrate d'argent à 5 % (solution n° 2)
- 20 gouttes de solution d'hydroxyde de sodium à 10 % (solution n° 4)
- hydroxyde d'ammonium concentré (environ 28 %), ajouté goutte à goutte
- 60 ml d'eau distillée

Verser 20 ml de la solution de nitrate d'argent à 5 % dans un cylindre de 100 ml, puis ajouter 20 gouttes de la solution d'hydroxyde de sodium à 10 %. Une fois bien mélangée, la solution devient trouble. Toujours en agitant le cylindre, ajouter goutte à goutte l'hydroxyde d'ammonium concentré jusqu'à ce que la solution redevienne claire; poursuivre ainsi jusqu'à ce qu'il ne reste que quelques cristaux dans le cylindre. Compléter le volume à 60 ml avec de l'eau distillée. Préparer cette solution juste avant usage.

6. Solution de formaldéhyde à 30 %

- 30 ml de formaldéhyde commercial à 38-40
- 70 ml d'eau distillée

7. Solution de chlorure d'or à 0,5 %

- 1 g de chloroaurate de sodium
- 200 ml d'eau distillée

8. Solution de thiosulfate de sodium à 5 %

- 5 g de thiosulfate de sodium
- 100 ml d'eau distillée

9. Solution de Kernechtrot

La préparation de cette solution est présentée à la section 12.10.3.

b) Fiche descriptive du Kernechtrot et mécanisme d'action

On trouvera la fiche descriptive et le mécanisme d'action du Kernechtrot à la section 12.10.3 ainsi qu'à la figure 12.14.

c) Méthode d'imprégnation de Gridley

MODE OPÉRATOIRE

1. Déparaffiner et hydrater les coupes avec des alcools à concentration décroissante;
2. laver les coupes à l'eau courante pendant 2 minutes, puis les rincer à l'eau distillée pendant 30 secondes;
3. oxyder les coupes dans la solution d'acide périodique à 0,5 % pendant 15 minutes, puis rincer à l'eau distillée;
4. sensibiliser le tissu dans le nitrate d'argent à 2 % pendant 30 minutes, puis laver à l'eau distillée pendant 30 secondes;
5. imprégner les coupes dans la solution de nitrate d'argent ammoniacal fraîchement préparée, assez longtemps pour que les coupes deviennent de couleur beige pâle, puis rincer rapidement à l'eau distillée, pas plus de 15 secondes;
6. réduire les sels d'argent dans la solution de formaldéhyde à 30 % pendant 3 minutes, puis laver dans trois bains d'eau distillée à raison de 15 à 30 secondes par bain;
7. procéder au virage dans la solution de chlorure d'or à 0,5 % pendant 8 minutes, puis laver à l'eau courante pendant 3 à 4 minutes;
8. procéder au fixage dans la solution de thiosulfate de sodium à 5 % pendant 3 à 4 minutes, puis laver à l'eau courante pendant 4 minutes;
9. contrecolorer dans la solution de Kernechtrot pendant 1 à 2 minutes, puis laver à l'eau distillée pendant 30 secondes;
10. déshydrater graduellement dans les alcools en commençant par un bain d'éthanol à 95 % suivi par trois bains d'éthanol à 100 %.
11. éclaircir dans 3 bains de toluol ou de xylol et monter avec une résine permanente comme l'Eukitt.

RÉSULTATS

- Les fibres de réticuline se colorent en noir sous l'action de l'argent ammoniacal;
- les noyaux se colorent en rouge sous l'effet de la laque aluminique de Kernechtrot;
- les structures acidophiles sont colorées en rose ou rouge pâle par le Kernechtrot.

d) Remarques

- De nos jours, on utilise rarement le collodion pour faire adhérer les coupes aux lames. On emploie de préférence des lames chargées ioniquement (voir l'annexe IV) pour des coupes à traiter avec des méthodes d'imprégnation à l'argent et plus particulièrement des méthodes argyrophiles;
- il faut poursuivre le virage jusqu'à ce que le tissu ait perdu toute trace de coloration jaune et qu'il prenne une coloration de lavande à gris. Si, plongé dans la solution de chlorure d'or, le tissu devient rose brunâtre, cela indique que la solution d'or est périmée;
- comme dans toute méthode d'imprégnation métallique, il ne faut jamais utiliser de pinces métalliques pour cueillir les lames dans les différentes solutions, sauf si ces pinces ont été au préalable recouvertes d'une pellicule de paraffine;
- il est nécessaire de neutraliser les solutions d'argent avec du HCl dilué ou avec de la saline avant de les jeter aux rebuts;
- on peut utiliser une coupe de poumon, de rate, de pancréas ou de ganglion lymphatique pour faire une lame témoin;
- pour la contrecoloration, on peut utiliser le rouge neutre au lieu du Kernechtrot;
- les coupes surimprégnées par suite d'une exposition prolongée dans la solution d'argent ammoniacal peuvent être blanchies par un passage dans un bain d'alun ferrique, soit après le virage dans le chlorure d'or, soit après la réduction par le formaldéhyde à 30 %. La technique se poursuit à partir de cette étape du procédé de coloration.

14.3.2.2.4 *Méthode de Del Rio Hortega*

Les tissus fixés dans une solution de formaldéhyde à 10 % tamponné donnent de bons résultats, qu'ils soient postmordancés ou non à l'aide des fixateurs usuels comme le Bouin.

a) Solutions requises

1. Solution d'acide périodique à 0,25 %

- 0,25 g d'acide périodique
- 100 ml d'eau distillée

2. Solution d'eau distillée ammoniacale

- 5 gouttes d'hydroxyde d'ammonium (qualité ACS)
- 500 ml d'eau distillée

3. Solution de carbonate d'argent ammoniacal

- 10 g de nitrate d'argent (qualité ACS)
- 20 ml d'eau bidistillée
- 200 ml de solution de carbonate de lithium saturée dans de l'eau bidistillée
- 750 ml d'hydroxyde d'ammonium concentré

Faire dissoudre le nitrate d'argent dans l'eau bidistillée. Ajouter ensuite les 200 ml de solution de carbonate de lithium préalablement filtrée. Un précipité brunâtre se dépose. Décanter le surnageant de teinte grisâtre dans un cylindre afin d'en mesurer le volume; le remplacer par un volume identique d'eau bidistillée fraîche, puis agiter le tout. Laisser reposer jusqu'à ce que se forme un nouveau dépôt. Décanter et remplacer le liquide perdu par de l'eau bidistillée fraîche. Répéter cette opération cinq fois.

Après la dernière décantation, faire dissoudre le précipité par de l'hydroxyde d'ammonium ajouté goutte à goutte. À la fin de cette opération, le volume doit être d'environ 40 ml ± 5 ml. Le compléter à 100 ml avec de l'eau bidistillée, puis filtrer le tout. Conserver la solution dans une bouteille brune, à 4 °C.

4. Solution d'eau formolée

- 2,5 ml de formaldéhyde commercial (qualité ACS)
- 500 ml d'eau distillée

On maintient le *p*H 7,0 de cette solution en la saturant de carbonate de calcium.

5. Solution de chlorure d'or à 0,2 %

- 1 g de chloroaurate de sodium
- 500 ml d'eau distillée

6. Solution de thiosulfate de sodium à 5 %

- 5 g de thiosulfate de sodium
- 100 ml d'eau distillée

b) Méthode d'imprégnation de Del Rio Hortega

MODE OPÉRATOIRE

1. Déparaffiner et hydrater les coupes jusqu'à l'étape de l'eau courante, puis rincer à l'eau distillée;
2. oxyder les coupes pendant 15 minutes dans la solution d'acide périodique à 0,25 % fraîchement filtrée, puis rincer à l'eau distillée à raison de 15 immersions rapides dans deux bains d'eau distillée;
3. imprégner les coupes pendant 6 minutes dans la solution de carbonate d'argent ammoniacal fraîchement filtrée;
4. mettre les lames dans un bain d'eau distillée ammoniacale et les y agiter pendant 10 secondes;
5. réduire la coloration des coupes dans un bain d'eau formolée à *p*H 7,0 pendant 10 minutes, puis rincer à l'eau distillée à raison d'environ 15 plongées dans deux bains d'eau distillée;
6. procéder au virage dans la solution de chlorure d'or à 0,2 % pendant 5 minutes, puis rincer à l'eau distillée, à raison de 15 immersions rapides dans deux bains d'eau distillée;

7. procéder au fixage de la coloration dans un bain de solution de thiosulfate de sodium à 5 % fraîchement filtré pendant 1 minute, puis rincer à l'eau courante pendant 4 minutes;
8. déshydrater, éclaircir et monter avec une résine permanente comme l'Eukitt.

RÉSULTATS

- Les fibres de réticuline se colorent en noir sous l'effet de l'argent ammoniacal;
- le fond de la lame demeure clair et incolore.

c) Remarques

- Il est nécessaire de vérifier chaque nouvelle solution de carbonate d'argent sur une coupe témoin de ganglion lymphatique ou de foie afin d'évaluer le temps optimal nécessaire à l'obtention d'une coloration des fibres de réticuline franche, fine et non granulée et d'un fond clair, et à la disparition maximale de l'imprégnation des noyaux;
- la verrerie doit être impeccable, lavée à l'acide nitrique à 10 % ou au mélange sulfochromique, afin d'éviter la contamination et la formation de précipités non spécifiques;
- le carbonate d'argent ammoniacal doit être préparé avec de l'eau bidistillée, ce qui empêche la formation d'un surnageant trouble et favorise la pureté et la stabilité de la solution. L'expérience prouve que le contenu de 6,5 pipettes Pasteur d'hydroxyde d'ammonium est suffisant pour dissoudre le maximum de précipité et que cela stabilise le temps d'imprégnation, à environ 6 minutes;
- une solution fraîche donne un fond légèrement grisâtre qui s'éclaircira à chaque filtration de la solution, c'est-à-dire avant chaque usage;
- il est conseillé de filtrer la solution de carbonate d'argent ammoniacal avec un papier filtre n° 1 et de conserver la solution dans une bouteille brune, ce qui préviendra toute contamination ou réduction de l'argent par la lumière, la poussière ou d'autres agents;
- une solution périmée laisse des granulations sur les fibres de réticuline et les imprègne inégalement;
- il est déconseillé d'agiter les lames dans la solution d'argent; par contre, une agitation dans l'eau ammoniacale favorise la décoloration maximale des noyaux et la coloration légère du fond;
- lorsque l'on utilise l'eau distillée, les résultats semblent constants, peu importe les variations de *p*H. Le *p*H de l'eau distillée se situe entre 5,0 et 6,5, soit en moyenne à 6,0; le *p*H de l'eau distillée ammoniacale se situe autour de 10,6 et le *p*H de l'eau formolée, autour de 7,0.

14.3.2.2.5 *Méthode de Laidlaw (utilisant le four à micro-ondes)*

La méthode de Laidlaw est également une variante de la méthode de Gomori. Celle-ci a été modifiée afin de permettre l'utilisation du four à micro-ondes. L'information pertinente concernant l'utilisation du four à micro-ondes est présentée à l'annexe I.

Tous les mécanismes d'action sont les mêmes que ceux expliqués antérieurement dans la présente section consacrée à la mise en évidence des fibres de réticuline. Que les tissus aient été fixés dans une solution de formaldéhyde à 10 % ou postmordancés dans un fixateur secondaire, cette technique donne de bons résultats.

a) Solutions requises

1. Solution de permanganate de potassium à 0,25 %

- 0,25 g de permanganate de potassium
- 100 ml d'eau distillée

2. Solution d'acide oxalique à 5 %

- 5 g d'acide oxalique
- 100 ml d'eau distillée

3. Solution d'eau ammoniacale

- 4 à 5 gouttes d'hydroxyde d'ammonium
- 500 ml d'eau distillée

4. Solution mère de Fontana à 10 %

- 12 g de nitrate d'agent
- 120 ml d'eau distillée
- hydroxyde d'ammonium concentré

Faire dissoudre le nitrate d'argent dans l'eau distillée. À 95 ml de ce mélange, ajouter goutte à goutte de l'hydroxyde d'ammonium concentré jusqu'à ce que la solution devienne claire, sans aucun précipité. Ajouter goutte à goutte la solution restante de nitrate d'argent jusqu'à ce que la solution devienne légèrement trouble. Laisser reposer à 4 °C pendant 12 heures avant usage.

5. Solution de travail de Fontana

- 12,5 ml de la solution mère de Fontana (solution n° 4)
- compléter à 50 ml avec de l'eau distillée

Ne préparer cette solution qu'au moment de s'en servir et la filtrer avant usage.

6. Solution d'eau formolée à 1 %

- 1 ml de formaldéhyde commercial
- 100 ml d'eau distillée

7. Solution de chlorure d'or à 0,2 %

- 10 ml de chlorure d'or en solution aqueuse à 1 %
- 40 ml d'eau distillée

OU

- 1 g de tétrachloroaurate de sodium
- 500 ml d'eau distillée

8. Solution de thiosulfate de sodium à 5 %

- 5 g de thiosulfate de sodium
- 100 ml d'eau distillée

9. Solution de Kernechtrot

La préparation de cette solution est présentée à la section 12.10.3.

b) Fiche descriptive du Kernechtrot

Pour la fiche descriptive du Kernechtrot, voir la figure 12.14.

c) Méthode d'imprégnation de Laidlaw

MODE OPÉRATOIRE

1. Déparaffiner et hydrater les coupes jusqu'à l'étape de l'eau distillée;
2. oxyder les coupes dans la solution de permanganate de potassium à 0,25 % pendant 3 minutes à la température ambiante, puis rincer à l'eau distillée;
3. blanchir les coupes dans la solution d'acide oxalique à 5 % pendant 3 minutes à la température ambiante, laver à l'eau courante pendant 3 minutes, puis rincer dans quatre bains d'eau distillée;
4. imprégner les coupes dans la solution de travail de Fontana fraîchement préparée et filtrée en plaçant le tout au four à micro-ondes pendant 2 minutes à la puissance 2. Sortir le borel contenant les coupes, laisser reposer à la température ambiante pendant 2 minutes, puis rincer les coupes à l'eau distillée;
5. rincer les coupes dans un bain d'eau ammoniacale pendant 10 à 20 secondes, les passer dans deux ou trois bains différents d'eau formolée à 1 %, puis les rincer à l'eau distillée (bidistillée serait préférable) pendant 1 minute;
6. procéder au virage dans la solution de chlorure d'or à 0,2 % jusqu'à ce que les coupes soient grises (quelques immersions rapides seulement);
7. rincer les coupes à l'eau distillée, les tremper 10 à 15 secondes dans le thiosulfate de sodium à 5 %, puis les rincer à l'eau distillée;
8. contrecolorer dans la solution de Kernechtrot pendant 4 minutes à la température ambiante, puis laver à l'eau distillée pendant 30 secondes pour enlever le surplus de colorant;
9. déshydrater, éclaircir et monter avec une résine permanente comme l'Eukitt.

RÉSULTATS

- Les fibres de réticuline se colorent en noir sous l'action de l'argent ammoniacal;
- les noyaux se colorent en rouge sous l'effet de la laque aluminique de Kernechtrot;
- les structures acidophiles sont colorées en rose ou rouge pâle par le Kernechtrot.

d) Remarques

- Voir les remarques se rapportant à la méthode de Gridley, à la section 14.3.2.2.3 d.

14.3.3 IMPORTANCE DE METTRE LES FIBRES DE RÉTICULINE EN ÉVIDENCE EN HISTOPATHOLOGIE

En pratique pathologique, la mise en évidence des fibres de réticuline présente un intérêt particulier pour l'étude des lésions affectant des organes dont la trame est riche en réticuline, comme le foie, la rate, les ganglions lymphatiques et la moelle osseuse, ou encore, lorsque l'on veut observer la lame basale des capillaires, par exemple dans les cas d'hémangiome capillaire, d'acini glandulaires ou d'adénome pur du sein.

De plus, au cours de l'étude histologique des tumeurs malignes, la mise en évidence des fibres de réticuline peut aider le pathologiste à poser un diagnostic précis. En effet, dans les épithéliomas, des fibres de réticuline entourent plus ou moins parfaitement des amas de cellules néoplasiques; dans les sarcomes, le réseau de réticuline est en général beaucoup plus important, et les fibres entourent la plupart des cellules tumorales.

14.4 MISE EN ÉVIDENCE DES AUTRES STRUCTURES PRÉSENTES DANS LE TISSU DE SOUTIEN

La mise en évidence des tissus de soutien permet la visualisation de plusieurs structures qui ne sont pas nécessairement recherchées pour elles-mêmes, mais qui permettent de mieux expliquer certaines pathologies de par leur composition chimique : les structures réagissent avec les colorants et sont, de ce fait, visibles lors de l'observation au microscope. Il est donc fréquent, lors de l'observation microscopique d'une coupe tissulaire, d'observer, en plus des fibres conjonctives, les cellules présentes dans ces tissus, qu'il s'agisse d'érythrocytes, de muscles, de cartilages ou d'os, si ces derniers sont décalcifiés.

14.4.1 AUTRES STRUCTURES DU TISSU CONJONCTIF

Parmi les autres structures du tissu conjonctif généralement mises en évidence par les différentes colorations mentionnées plus haut dans ce chapitre, on retrouve les cytoplasmes, les globules rouges et autres cellules propres au tissu conjonctif.

14.4.1.1 Cytoplasmes

Le cytoplasme contient du cytosol, ou hyaloplasme, lequel en constitue la matrice fluide. Il contient une quantité importante d'organites impliqués dans la synthèse et le métabolisme des protéines; il contient également des protéines filamenteuses qui forment le cytosquelette et certains produits du métabolisme même de la cellule qui sont constitués de glycogène et de lipides libres.

En ce qui concerne les protéines, l'actine, une des 20 protéines présentes dans le cytosol, constitue environ 5 % des protéines totales dans la plupart des types de cellules. Elle est un composant important du cytosquelette. L'actine présente une forte concentration d'ions calcium (Ca^{++}), ce qui confère à cette structure un caractère cationique plus ou moins important. Le cytoplasme est un fluide riche en acides aminés qui ont à la fois une fonction anionique, presque toujours carboxyle, et une fonction cationique, habituellement amine. On peut donc écrire la formule générale de la façon suivante :

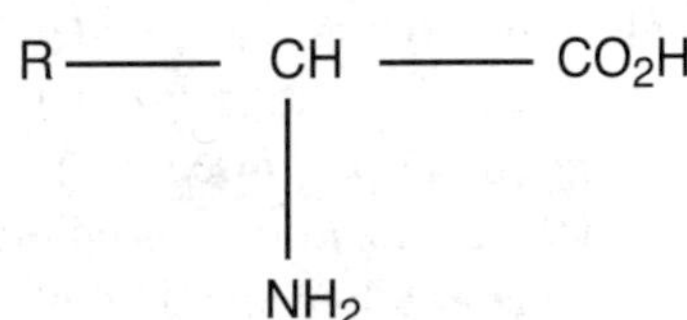

Figure 14.26 : *Représentation chimique d'une molécule protéique.*

Le radical R est variable et il est propre à chaque acide aminé. Selon l'action du liquide fixateur sur la structure de la protéine, le groupe aminé NH_2 s'ionise et devient NH^+. La présence en très grande quantité de ce radical dans le cytoplasme donne à ce dernier un caractère fortement cationique et explique sa grande affinité pour les colorants anioniques grâce à la formation de liens sel entre la molécule colorante et le radical NH^+.

Dans la plupart des techniques de coloration, le cytoplasme est donc mis en évidence par un colorant anionique, par exemple l'éosine, lors d'une coloration de routine, ou le Biebrich écarlate lors de la coloration au trichrome de Masson. Néanmoins, une gamme assez variée de colorants anioniques peuvent servir à la coloration du cytoplasme. Le choix du colorant doit être orienté en fonction de la coloration des autres structures à mettre en évidence, du solvant dans lequel les coupes sont passées et de la fixation subie par le tissu.

14.4.1.2 Globules rouges

Les globules rouges, érythrocytes ou hématies, sont l'un des « éléments figurés » du sang qui est considéré comme un tissu liquide. À l'état frais, les hématies ont une teinte jaune orangé, et c'est leur accumulation qui donne au sang sa couleur rouge typique. La cellule sanguine est très malléable, peut prendre toutes sortes de formes et s'étirer suffisamment pour passer dans les plus fins capillaires. Dépourvue de noyau, l'hématie possède en revanche un important réseau de tubules jouant le rôle de cytosquelette étroitement lié à la membrane plasmique, ce qui lui permet de reprendre sa forme après avoir été déformée. On retrouve dans les globules une grande quantité de protéines comme l'érythropoïétine, la thrombopoïétine et l'interleukine, et la plus importante, la spectrine, un tétramère formé de quatre longues chaînes protéiques liées entre elles par de l'actine érythrocytaire. De par sa composition protéique, le globule rouge est cationique et possède un arrangement cytoplasmique assez dense. Par conséquent, il sera coloré par un colorant anionique de faible poids moléculaire. Lors de la coloration de routine à l'hématéine et à l'éosine, le globule rouge est coloré le plus intensément par l'éosine, à cause de sa densité corpusculaire. Pour plus d'information sur la coloration du sang, voir le chapitre 24.

14.4.1.3 Mise en évidence des autres cellules du tissu conjonctif

14.4.1.3.1 *Cellules du tissu de soutien*

Tel que signalé dans l'introduction du présent chapitre, la mise en évidence des différentes structures du tissu de soutien suppose la coloration des cellules de ce tissu, ce qui nécessite l'utilisation d'un colorant nucléaire, par exemple l'hématoxyline aluminique ou ferrique. Ces cellules sont entre autres les fibroblastes et les fibrocytes du tissu conjonctif, les chondrocytes du tissu cartilagineux, les ostéoblastes, les ostéocytes et les ostéoclastes du tissu osseux.

Le mécanisme d'action de chacun des colorants nucléaires est décrit dans les sections du présent volume consacrées aux divers procédés de coloration.

14.4.1.3.2 *Cellules adipeuses*

Les cellules adipeuses, ou adipocytes, sont des cellules spécialisées dans la mise en réserve des lipides, qui se retrouvent dispersées ou en petits amas dans la plupart des tissus conjonctifs. On appelle « tissu adipeux » un regroupement de plusieurs adipocytes. Il existe deux types de cellules adipeuses : les adipocytes blancs et les adipocytes bruns.

L'adipocyte blanc est une cellule sphérique ou polyédrique dont le noyau est petit et dense, refoulé à la périphérie de la cellule. Le cytoplasme se réduit à une mince enveloppe qui contient de nombreuses mitochondries, un appareil de Golgi, ainsi qu'une grande vacuole lipidique n'ayant pas de membrane. Les lipides sont de consistance presque liquide chez l'humain; ils sont constitués à environ 95 % de triglycérides, d'un peu d'acide gras et de pigments de caroténoïde jaunes. Les techniques histologiques utilisent généralement des solvants des graisses qui ont pour effet de dissoudre le contenu de la vacuole. Pour mettre en évidence les lipides, il est préférable de faire des coupes de tissus congelés et d'utiliser des colorants liposolubles, comme les lysochromes, c'est-à-dire une substance colorée non ionisée, soluble dans les lipides liquides et dont le mécanisme d'action est basé sur la solubilité préférentielle. Après la circulation, la partie lipidique a disparu de la cellule adipeuse et il ne reste plus que la membrane cytoplasmique, laquelle est facilement colorée par les colorants anioniques, l'intérieur de la cellule étant complètement vide de son contenu lipidique (voir le chapitre 16).

De leur côté, les adipocytes bruns sont des cellules polyédriques dont le cytoplasme contient un grand nombre de vacuoles lipidiques de petite taille et des mitochondries. Ces adipocytes sont toujours regroupés; ils forment la graisse brune.

14.4.1.3.3 *Macrophages*

Les macrophages sont des cellules qui se développent dans la moelle osseuse hématopoïétique, voyagent dans le sang sous forme de monocytes, puis migrent dans les tissus afin d'exercer leur fonction de défense de l'organisme. Leur morphologie varie légèrement selon leur localisation anatomique. Leur noyau est basophile alors que leur cytoplasme est légèrement acidophile. Les macrophages, impliqués dans tous les grands mécanismes de défense contre les agents étrangers, peuvent agir par phagocytose, par sécrétion de substances toxiques, ou par le déclenchement d'une réaction immunitaire. On retrouve environ la moitié des macrophages de l'organisme dans le foie, sous forme de cellules de Kupffer.

Parmi les principaux macrophages, on retrouve les monocytes, les histiocytes, les cellules de Kupffer, les macrophages des tissus hématopoïétiques et alvéolaires, les microgliocytes et les ostéoclastes. Leur nom varie en fonction de leur localisation (voir le tableau 14.2).

14.4.1.3.4 *Mastocytes*

Les mastocytes sont présents dans presque tous les tissus conjonctifs, plus abondamment au niveau de la peau, des voies respiratoires et de l'appareil digestif. Les cellules mobiles se situent le long des vaisseaux sanguins et des nerfs, et se caractérisent par un petit noyau et un cytoplasme granulaire. Ces granulations, riches en enzymes protéolytiques et en héparine, présentent une forte basophilie et peuvent être mises en évidence par métachromasie (voir la section 25.4.4).

14.4.2 MUSCLES

La locomotion et les mouvements volontaires et involontaires des différentes parties du corps sont régis par l'action des cellules musculaires. Il existe trois types de muscles : le muscle lisse, le muscle cardiaque et le muscle squelettique.

14.4.2.1 Muscle lisse

Ce type de muscle est associé aux tissus conjonctifs, au système vasculaire et au système nerveux central. Il participe à la composition des tuniques musculaires des parois vasculaires et des voies respiratoires, urinaires et génitales. Grâce à leur activité contractile, les cellules musculaires lisses interviennent dans la régulation des grandes fonctions vitales.

Lors des colorations utilisées en histotechnologie, les noyaux se colorent selon le type de colorant nucléaire utilisé (voir les sections traitant des colorations nucléaires). Le cytoplasme de la cellule musculaire lisse, appelé « sarcoplasme », est constitué de myofilaments qui le parcourent sur toute sa longueur, sans traverser le noyau. À chaque extrémité du noyau, il y a donc formation d'un cône sarcoplasmique dans lequel on retrouve des mitochondries, du réticulum sarcoplasmique lisse et rugueux, un Golgi peu important, des ribosomes libres et une paire de centrioles.

Les myofilaments sont de trois types : les filaments fins, les filaments épais et les filaments intermédiaires. Ces filaments sont principalement constitués d'actine et de myosine. On y retrouve également des protéines de type desmine et skelétine dans le cas des muscles viscéraux, ou de type desmine et vimentine dans le cas des muscles artériels. De plus, on y retrouve d'autres protéines comme de la filamine, de la vinculine et de l'alpha-actine mais en quantité moindre. Ces protéines contiennent un radical amine (NH_2) qui s'ionise lors de la fixation en groupement NH^+, donnant ainsi à la structure sarcoplasmique un caractère cationique qui le rendra apte à s'unir à des colorants anioniques grâce à la formation de liens sel suivie d'absorption. Le sarcoplasme du muscle lisse possède une densité moyenne; par conséquent, les petites et les moyennes molécules de colorants anioniques peuvent le colorer assez facilement. Cependant, il demeure difficile pour un débutant de différencier les muscles lisses des fibres de collagène sur une coupe colorée par l'hématoxyline et par l'éosine. En effet, les distinctions sont difficiles à percevoir : le muscle lisse se colore plus intensément puisqu'il est plus dense que le collagène, et la fibre musculaire lisse possède un noyau central orienté dans le même sens que la fibre musculaire, alors que la fibre de collagène n'en possède pas; enfin, les noyaux qui se retrouvent tout près des fibres de collagène sont plutôt arrondis.

Cette difficulté d'établir une distinction nette entre les fibres de collagène et les cellules musculaires lisses (fibres musculaires lisses) disparaît avec l'utilisation de procédés de coloration plus spécifiques. En voici quelques exemples : la méthode à l'hématoxyline-éosine-safran colore les fibres de collagène en jaune grâce au safran et les fibres musculaires en rose au moyen de l'éosine, le trichrome de Masson colore le collagène en bleu et le muscle en rose, le trichrome de Mallory colore le collagène en bleu et le cytoplasme (le sarcoplasme dans le cas du muscle) en brun orangé, et enfin, la méthode de Van Gieson colore le muscle en jaune et le collagène en rouge.

14.4.2.2 Muscle cardiaque

Le muscle cardiaque est un muscle strié qui se contracte de façon involontaire, rythmique, sans jamais se fatiguer. On distingue deux types de cellules musculaires cardiaques : les cellules myocardiques, dont la fonction principale est la contraction, et les cellules cardionectrices, dont le rôle est la conduction.

14.4.2.2.1 *Cellules myocardiques*

Le noyau de ces cellules est unique, volumineux, central et de forme ovoïde ou rectangulaire. La chromatine est très délicate et on y distingue un nucléole. Le sarcoplasme est entièrement occupé par les myofilaments sauf autour du noyau. Là encore, il y a un cône sarcoplasmique, ou fuseau sarcoplasmique. Les faisceaux de myofilaments sont striés et divisés en sarcomères, comme dans le cas des muscles squelettiques. Quelquefois, la strie Z est remplacée par une strie scalariforme (ou disque intercalaire), ce qui indique une jonction entre deux cellules. Ces stries scalariformes ont pour rôle d'assurer la cohésion des cellules entre elles.

14.4.2.2.2 *Cellules cardionectrices*

Dans le cœur, la fonction du tissu nodal constitué de ces cellules cardionectrices est essentiellement d'assurer la conduction des influx nerveux dans un ordre convenable. Ce tissu comprend le nœud de Keith et Flack, le nœud d'Aschoff et Tawara, le faisceau de His et le réseau de Purkinje. Il est possible de distinguer les cellules cardionectrices des cellules myocardiques parce qu'elles contiennent un faisceau de myofilaments moins abondant et plus de glycogène.

Méthode de détection de la déshydrogénase sur les tissus cardiaques frais

La méthode de coloration des tissus cardiaques au bleu de tétrazolium est importante lors d'une autopsie, lorsqu'il est important d'obtenir un diagnostic provisoire immédiat, par exemple lors d'un décès attribuable à un infarctus. Les sels de tétrazolium sont des composés incolores et solubles dans l'eau qui, une fois réduits, constituent des pigments colorés et insolubles appelés formazans. Un précipité bleu de formazan indique une réaction positive en ce sens que l'enzyme, la déshydrogénase, a réagi avec le sel de tétrazolium (voir la section 21.7.3.2).

a) Préparation des solutions

1. Solution tampon

- 15,52 g de phosphate monosodique anhydre (H_2PO_4Na)
- 3,38 g de phosphate disodique anhydre (PO_4HNa)
- 0,1 g d'azide de sodium
- 1 litre d'eau distillée

Il est important que le *p*H de la solution tampon soit de 7,0.

2. Solution de bleu de tétrazolium

- 150 mg de bleu de tétrazolium
- 2 mg de NAD
- 3,783 g d'acide hydroxybutirique
- 300 ml de solution tampon (voir la solution n° 1)

b) Mode opératoire

- Placer une coupe de tissu cardiaque dans un bécher contenant la solution colorante et agiter légèrement pendant 15 à 20 minutes.

c) Résultats

- Les zones où il y a infarctus demeurent incolores;
- les zones où le tissu est normal se colorent en bleu.

14.4.2.3 Muscle squelettique

Le muscle squelettique humain, à l'état frais, présente une couleur rouge. Ceci est dû à deux facteurs : une vascularisation abondante et la présence de pigments respiratoires, les cytochromes, et de myoglobine. Ce muscle possède, tout comme le muscle cardiaque, des striations longitudinales composées de myofilaments ainsi que des striations transversales, d'où son nom de « muscle strié ».

La cellule musculaire squelettique, multinucléée, peut compter jusqu'à 35 noyaux par millimètre. Ces derniers se situent à la périphérie de la cellule et ne se divisent jamais. Leur chromatine est plus dense que celle du muscle lisse et il arrive parfois que l'on puisse y voir un ou deux nucléoles.

Le cytoplasme, ou sarcoplasme, est rempli de myofibrilles. On y retrouve un appareil de Golgi peu important localisé près de chaque noyau, des inclusions glucidiques (principalement du glycogène) et lipidiques, une importante quantité de mitochondries et du réticulum endoplasmique. L'actine et la myosine sont deux protéines particulièrement importantes dans la composition du sarcoplasme.

L'étude histologique des muscles striés squelettiques et cardiaques doit être méthodique et se faire à partir de coupes rigoureusement transversales et longitudinales préparées et colorées avec soin. Les principaux procédés de coloration utilisés pour l'étude des muscles striés sont la méthode à l'hématoxyline-phloxine-safran (HPS), la coloration au trichrome de Masson, la méthode utilisant l'acide phosphotungstique et l'hématoxyline de Mallory (APTH) et celle faisant usage du bleu d'aniline de Heidenhain et de l'hématoxyline ferrique.

14.4.3 TISSUS CARTILAGINEUX

Les tissus cartilagineux se distinguent des autres tissus de soutien par leur substance fondamentale, ou matrice extracellulaire. Celle-ci est constituée de 60 à 70 % d'eau et contient des protéoglycanes sulfatés, dont 60 % de chondroïtine-4-sulfate et de chondroïtine-6-sulfate, et 40 % de kératane sulfate. Ces glucides, conjointement avec les protéines auxquelles ils sont liés, constituent le chondromucoïde ou les chondromucoprotéines. La présence de groupements sulfatés dans la matrice du cartilage fait en sorte que celle-ci puisse être mise en évidence par un procédé de coloration métachromatique.

Le cartilage lui-même ne contient qu'un seul type de cellules, les chondrocytes, dispersées dans tout le tissu. Chacune de ces cellules est localisée dans un petit compartiment, ou lacune, appelé « chondroplaste ». Le

Tableau 14.2 LA CLASSIFICATION DES MACROPHAGES SELON LEUR LOCALISATION.

NOM	LOCALISATION
Monocyte	Dans le sang circulant
Histiocyte	Dans le tissu conjonctif lâche
Cellule de Kupffer	Dans les capillaires sinusoïdes du foie
Macrophage des tissus hématopoïétiques	Dans les tissus myéloïdes
Macrophage alvéolaire	Sur la surface alvéolaire du poumon
Microgliocyte	Dans le tissu nerveux central
Ostéoclaste	Dans le tissu osseux

cytoplasme de ces cellules contient des ribosomes libres ou associés au réticulum endoplasmique, des mitochondries, un appareil de Golgi, des gouttelettes lipidiques et des grains de glycogène. Il est acidophile et présente de grosses vacuoles.

Le cartilage contient des fibres de collagène et des fibres élastiques. La quantité des unes par rapport aux autres caractérise les différents types de cartilage, à savoir le cartilage hyalin, le cartilage élastique et le cartilage fibreux, appelé aussi « fibrocartilage ».

14.4.3.1 Cartilage hyalin

Le cartilage hyalin est le plus abondant des tissus cartilagineux. Le squelette du fœtus en est entièrement constitué. Chez l'adulte, on le retrouve au niveau du nez, du larynx, de la trachée, des bronches et des extrémités des côtes. La matrice du cartilage hyalin présente un aspect homogène et translucide. Elle se caractérise par sa substance fondamentale uniforme et lisse, et par la présence de fibrilles de collagène. Tout près des chondroplastes, la substance fondamentale est abondante et rend la matrice basophile. À mesure que l'on s'éloigne des chondroplastes, la proportion de substance fondamentale dans le cartilage hyalin diminue, de sorte que les fibres de collagène prennent une importance prépondérante et, dès lors, rendent la matrice plutôt acidophile.

14.4.3.2 Cartilage élastique

On retrouve le cartilage élastique dans le pavillon de l'oreille, le conduit auditif externe, l'épiglotte et le larynx. Son organisation est semblable à celle du cartilage hyalin, sauf que la matrice contient, en plus des fibrilles de collagène et de la substance fondamentale, de nombreuses fibres élastiques qui confèrent à ce cartilage une grande flexibilité ainsi qu'une couleur jaunâtre.

14.4.3.3 Cartilage fibreux ou fibrocartilage

On retrouve le cartilage fibreux au niveau des disques intervertébraux, de la symphyse pubienne, des ménisques des genoux et du point d'insertion de certains tendons et de certains ligaments. Ce tissu est toujours en continuité avec du cartilage hyalin ou du tissu conjonctif dense et n'est jamais limité par un périchondre. Il est principalement constitué de fibres de collagène groupées en faisceaux orientés dans tous les sens. La substance fondamentale est abondante mais peu perceptible, sauf autour des chondroplastes où elle forme la capsule des chondrocytes. Ceux-ci, peu nombreux, sont souvent masqués par les fibres de collagène.

14.4.4 TISSU OSSEUX

Le tissu osseux est constitué de cellules, de fibres et de substance fondamentale comme tous les autres tissus de soutien. Cependant, un nouvel élément s'ajoute : les sels minéraux, dont le tissu est imprégné et qui constituent plus de 60 % du poids de l'os. Ces sels minéraux cristallisés rendent le tissu rigide et imperméable. Malgré son aspect minéral, le tissu osseux est parfaitement vivant et en perpétuel renouvellement.

La matrice osseuse est composée d'une matière inorganique constituée de sels minéraux dont 85 % de phosphate de calcium et 10 % de carbonate de calcium et d'une autre matière organique comprenant les fibres et la substance fondamentale. Les fibres de collagène du composant organique s'orientent de façon à donner naissance à des lamelles concentriques ou irrégulières, ou encore, sur la partie externe de l'os, de façon à produire les lamelles périphériques. Il est important de noter que la partie glucidique de la substance fondamentale osseuse est moins sulfatée que celle du cartilage. Enfin, étant donné la forte présence de fibres de collagène dans la matrice osseuse, cette substance fondamentale peut être mise en évidence par les colorants anioniques.

Les cellules responsables de la synthèse de la matrice extracellulaire sont les ostéoblastes. En effet, ceux-ci synthétisent les fibres de collagène et les protéoglycanes et contrôlent le processus de minéralisation de la matrice extracellulaire. Une fois leur travail accompli, les ostéoblastes s'enferment dans la matrice qu'ils ont eux-mêmes élaborée et deviennent alors des ostéocytes. Ces derniers, cellules matures du tissu osseux, sont fusiformes et vivent dans des cavités appelées ostéoplastes ou lacunes ostéocytaires.

Les ostéocytes sont métaboliquement actifs, mais les échanges nutritifs sont difficiles; leur survie est donc de durée relativement courte, ce qui explique que le tissu osseux soit en perpétuel renouvellement. Ce sont d'ailleurs les ostéoclastes, cellules multinucléées de la familles des macrophages, qui assurent la résorption osseuse, ou destruction de la matrice minéralisée, nécessaire au développement, à la croissance, au maintien et à la réparation de l'os. Les ostéoclastes sont situées à la surface des os, dans des cavités appelées « lacunes de Howship ».

L'os long, selon son axe longitudinal, est formé d'ostéones. L'ostéone, ou système de Havers, est une structure tubulaire composée du canal de Havers, de lamelles concentriques, de fibres de collagène, d'ostéoplastes et de leurs ostéocytes, et de canicules. Ostéoplastes et ostéocytes se retrouvent la plupart du temps entre les fibres de collagène. Le canal de Havers central, tapissé d'un tissu conjonctif lâche, contient des vaisseaux sanguins et des nerfs.

Tous les noyaux des cellules osseuses peuvent être colorées par l'hématoxyline aluminique et prennent une teinte bleue après l'étape du bleuissement. Quant à la matrice extracellulaire, elle se colore en rouge sous l'action de l'éosine.

15

MISE EN ÉVIDENCE DES GLUCIDES

INTRODUCTION

À l'origine, les glucides, ou sucres, étaient décrits comme des composés organiques contenant du carbone, de l'hydrogène et de l'oxygène, ces deux derniers dans la proportion de 2 pour l, tout comme dans la molécule d'eau. Leur formule chimique générale était $C_n(H_2O)_n$, d'où les termes « carbohydrates » et « hydrates de carbone » qui servaient à les désigner. Depuis, on a trouvé des glucides qui n'obéissaient pas à cette règle, de même que des composés ayant les mêmes proportions relatives d'hydrogène et d'oxygène (2 pour 1) sans avoir pour autant les propriétés des sucres; c'est pourquoi on utilise maintenant le terme « glucides ». L'histochimie des glucides a donc beaucoup évolué au cours des 30 dernières années, par suite des recherches effectuées pour corriger le manque de connaissances sur la synthèse de ces substances par l'organisme vivant. Le rôle joué par le glycogène (voir la section 15.1.2.1) dans le métabolisme en tant que précurseur du glucose est bien établi, mais les fonctions précises des mucosubstances sous toutes leurs formes ne sont pas encore bien connues. Leur fonction lubrifiante semble évidente, mais on pense également que leur présence à la surface de certaines substances constitue un environnement favorable pour la diffusion de certaines molécules et de certains ions. Par ailleurs, des chercheurs ont constaté que la présence de mucines sur certaines cellules provoquait une diminution de l'adhésivité des cellules entre elles. D'autres travaux ont établi que la présence de mucus sur les cellules épithéliales des parois urinaires agissait comme une surface antiadhésive pour les bactéries, ce qui favorisait l'élimination de celles-ci lors des mixtions urinaires.

Les deux principaux produits glucidiques sont le glycogène et les mucosubstances; celles-ci comprennent les mucines ou mucosubstances épithéliales et les mucopolysaccharides ou mucosubstances conjonctives. L'étude des mucines a commencé il y a longtemps. Vers le milieu du siècle dernier, le glycogène fut l'objet des premières recherches importantes. Un peu plus tard, Fisher et Boedeker étudièrent les mucines présentes dans le cartilage, que l'on appela plus tard la « chondroïtine sulfate ». Au milieu des années 1930, le lyoglycogène, soluble, et le desmoglycogène, insoluble, furent caractérisés par Willstatter et Raldenward. Un peu plus tard, ce fut au tour de l'acide hyaluronique d'être isolé par Palmer et Meyer. À la même époque, l'acide sialique, une importante mucine épithéliale, fut isolé par Blix; l'acide sialique est aussi appelé « acide neuraminique ». Malgré toutes ces découvertes, il fallut attendre le début des années 1950 avant de voir apparaître une première classification des mucosubstances.

On classe parmi les glucides les polyhydroxyaldéhydes, les polyhydroxycétones et leurs dérivés, ainsi que toutes les substances qui peuvent donner, par hydrolyse, l'un de ces produits. La classification des glucides, particulièrement dans le cas des mucosubstances, a toujours posé des difficultés aux histochimistes : d'une part, les mucosubstances sont souvent considérées comme des constituants tissulaires riches en glucides; d'autre part, les méthodes histochimiques d'identification des glucides sont peu précises et en nombre insuffisant.

Le fait de devoir identifier une substance tout en protégeant la morphologie des tissus élimine l'utilisation, en histochimie, des méthodes biochimiques de caractérisation des mucosubstances. La classification biochimique des glucides ne satisfait pas les histochimistes, car il y a peu de concordance entre cette classification et les méthodes utilisées dans leur discipline.

Cela dit, il est quand même important de rappeler la classification biochimique des glucides avant d'expliquer les règles de la classification histochimique des mucosubstances. Les classifications biochimique et histochimique présentées ici sont basées sur celles proposées par Pearse (voir le tableau 15.1).

15.1 CLASSIFICATION BIOCHIMIQUE DES GLUCIDES

Les glucides se divisent en deux grands groupes : les oses, ou monosaccharides, qui ne peuvent être dégradés par simple hydrolyse acide en dérivés de poids moléculaire plus faibles, et les osides qui, par hydrolyse, donnent un ou plusieurs oses et éventuellement des substances d'un autre type. Les osides comprennent les holosides, constitués exclusivement d'oses, et les hétérosides, dont la molécule comporte, outre des oses, un corps non glucidique appelé « aglycone ». Selon l'importance de leur molécule, les osides se partagent entre les oligosaccharides, qui ont en principe cinq oses ou moins, et les polysaccharides, qui en comportent un plus grand nombre.

15.1.1 MONOSACCHARIDES

Les monosaccharides sont des glucides simples dont la structure très particulière leur confère des propriétés caractéristiques; ce sont des polyalcools qui possèdent une fonction réductrice spéciale. Cette fonction peut être pseudo-aldéhydique ou pseudo-cétonique.

Tableau 15.1 CLASSIFICATION DES MUCOSUBSTANCES.

<table>
<tr><th colspan="2">Classification des mucosubstances</th></tr>
<tr><td rowspan="3">Mucosubstance : macromolécule composée entièrement ou en grande partie de glucides.</td><td>Polysaccharides (glycanes) : composés uniquement de glucides.</td></tr>
<tr><td>Protéoglycanes : longue chaîne de polysaccharides liée de façon covalente à une petite fraction protéique.</td></tr>
<tr><td>Glycoprotéines : longue chaîne de monosaccharides (ou oligosaccharides) qui se rattache à une fraction protéique, par exemple les protéines sériques, le collagène ou l'amyloïde.</td></tr>
</table>

La longueur de la chaîne carbonée permet de distinguer les oses les uns des autres. On les appelle « pentose », si leur chaîne est constituée de cinq atomes de carbone, « hexoses » s'il y en a six ou encore « heptose » s'il y en a sept (voir la figure 15.1) et ainsi de suite.

D-ribose	D-glucose
CHO	CHO
HCOH	HCOH
HCOH	HOCH
HCOH	HCOH
CH_2OH	CH_2OH

Figure 15.1 : *Représentation schématique de deux pentoses.*

15.1.2 POLYSACCHARIDES (GLYCANES)

Les polysaccharides sont des substances à composition purement glucidique. Ils possèdent des chaînes carbonées de longueur variable constituées par la répétition (polymérisation) d'une même unité de base. Les monosaccharides qui composent les polysaccharides sont rattachés les uns aux autres par des liens glycosidiques. Les liens de rattachement du glucose sont des liens glucosidiques. Ces liens se constituent par la condensation d'un radical hydroxyle rattaché à un carbone porteur de la fonction carbonyle d'un monosaccharide avec un radical hydroxyle provenant d'un autre monosaccharide. La constitution de ce type de lien est accompagnée de la libération d'une molécule d'eau (voir la figure 15.2). L'identité de l'unité de base permet de distinguer des sous-classes dans le groupe.

15.1.2.1 Homoglycanes

Lorsqu'on les hydrolyse, les homoglycanes ne produisent qu'un seul monosaccharide non substitué (ose). Le principal homoglycane en histochimie animale est le glycogène : il est composé de chaînes ramifiées de D-glucose. Les molécules de glucose y sont unies les unes aux autres par des liens glucosidiques en l-4. La chaîne se ramifie grâce à des liens glucosidiques en l-6 (voir la figure 15.3).

^-O, H, C, ^-C, OH + H, C^-, C, HC, C^- ⟶ ^-O, H H, C^-, C, C, ^-C, O, C^- + H_2O

Monosaccharide + Monosaccharide ⟶ Formation d'un lien glucosidique + Eau

Figure 15.2 : *Représentation schématique d'un lien glucosidique.*

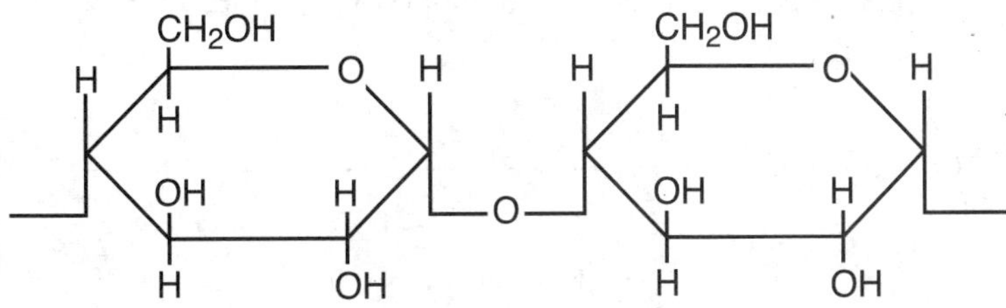

Figure 15.3 : *Représentation schématique d'un segment de la molécule de glycogène.*

15.1.2.2 Homopolyaminosaccharides

Les homopolyaminosaccharides possèdent comme unité de base une osamine. Celles qu'on rencontre le plus souvent dans l'étude des polysaccharides sont la D-glucosamine et la D-galactosamine (voir la figure 15.4).

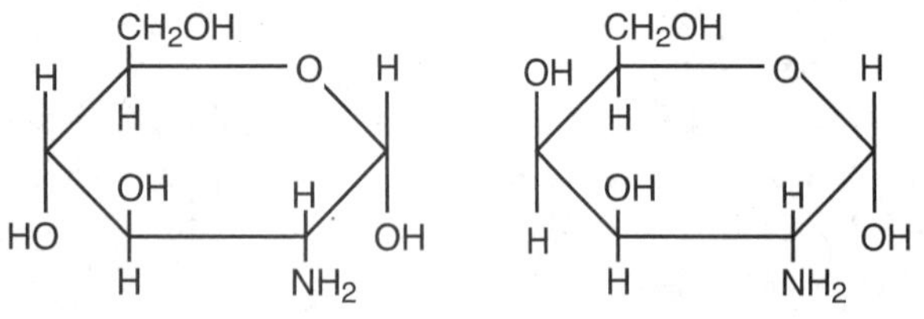

Figure 15.4 : *Représentation schématique des deux principales osamines.*

Le seul glucide de ce groupe ayant une certaine importance en histochimie animale est la chitine, un polymère de la N-acétyl-D-glucosamine (voir la figure 15.5).

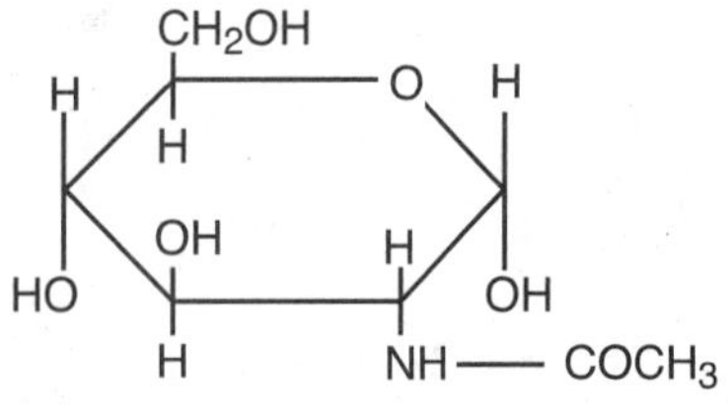

Figure 15.5 : *Représentation schématique de la N-acétyl-D-glucosamine.*

15.1.2.3 Homopolyuronosaccharides

Les homopolyuronosaccharides ont comme unité de base un acide uronique. Les acides uroniques que l'on rencontre le plus souvent dans l'étude des polysaccharides sont l'acide D-glucuronique, un dérivé du glucose, et l'acide L-iduronique (voir la figure 15.6).

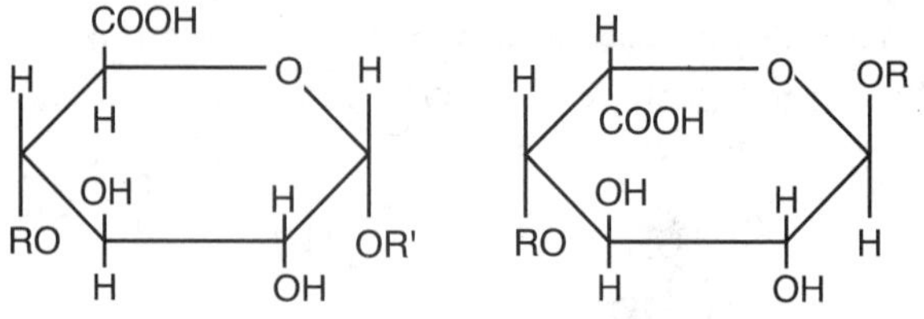

Figure 15.6 : *Représentation schématique des deux principaux homopolyuronosaccharides.*

Aucun glucide de ce groupe n'a d'importance en histotechnologie.

15.1.2.4 Hétéroglycanes

Les hétéroglycanes sont des polysaccharides dont l'unité de base est constituée par plus d'un monosaccharide, dont chacun comprend presque toujours un ou des acides uroniques ou sialiques ainsi qu'une ou des hexosamines.

15.1.2.4.1 *Glycosaminoglycanes*

Les glycosaminoglycanes comprennent des glycanes qui ne possèdent pas d'acide uronique. Ce sont le kératosulfate, ou kératane sulfate ou acide kératosulfurique, et les sialoglycanes. Le kératosulfate se caractérise par l'absence d'acide uronique ou d'acide sialique. Il est constitué par la répétition d'un diasaccharide lui-même constitué par le D-galactose et la N-acétyl-D-glucosamine. Sur le carbone en position 6 de la N-acétyl-D-glucosamine, on remarque la présence d'un ester sulfurique. Un ester se définit comme un composé qui résulte de l'interaction d'un acide organique ou d'un acide non organique et d'un alcool (voir la figure 15.7).

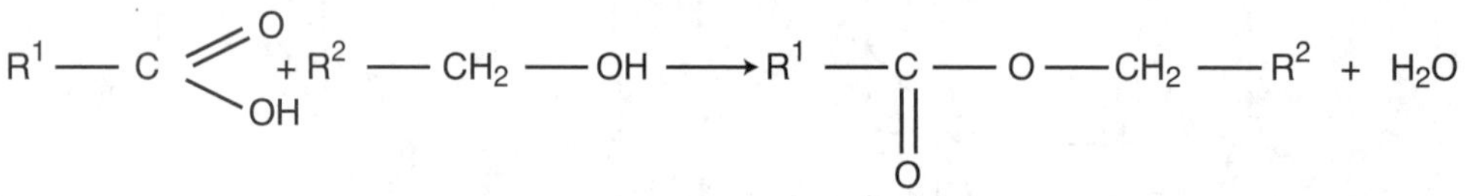

$$R^1 - C \begin{matrix} \nearrow O \\ \searrow OH \end{matrix} + R^2 - CH_2 - OH \longrightarrow R^1 - \underset{\underset{O}{\|}}{C} - O - CH_2 - R^2 + H_2O$$

Figure 15.7 : *Représentation schématique d'une réaction entre un acide organique et un alcool pour former un ester et de l'eau.*

Acide + Base → Sel + H_2O

Acide organique + Alcool → Ester + H_2O

Les sialoglycanes ont une unité de base qui contient de l'acide sialique ainsi qu'une hexosamine, qui est souvent la N-acétyl galactosamine (voir la figure 15.8). Ils sont habituellement sécrétés par des cellules glandulaires (cellules épithéliales).

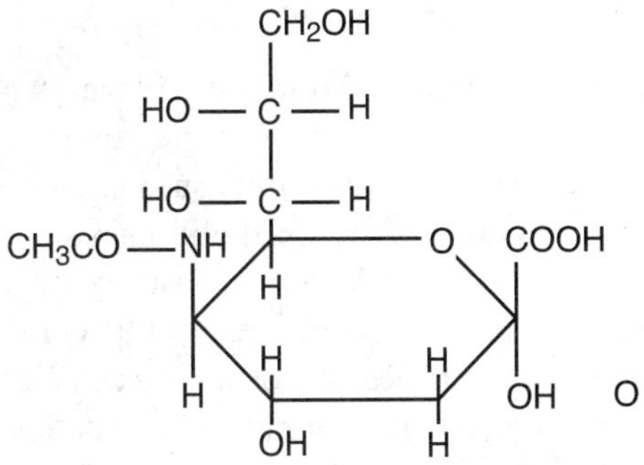

Figure 15.8 : *Représentation schématique de l'acide sialique.*

15.1.2.4.2 *Glycosaminoglucuronoglycanes*

Les glycosaminoglucuronoglycanes se conforment tous à la règle générale que nous avons déjà mentionnée, c'est-à-dire la présence d'un ou de plusieurs acides uroniques et d'une ou de plusieurs hexosamines dans le monomère. Les principaux membres de ce groupe sont l'acide hyaluronique, la chondroïtine et ses dérivés, ainsi que l'héparine.

L'acide hyaluronique est constitué par la polymérisation d'un disaccharide, l'acide hyalobiuronique, lequel comprend l'acide D-glucuronique et la N-acétyl-D-glucosamine. Le degré de polymérisation de l'acide hyaluronique est variable; par conséquent, sa masse moléculaire peut varier de 200 000 à 6 000 000; comme cet acide est sous le contrôle de l'enzyme appelée « hyaluronidase », il est possible d'ajuster la perméabilité tissulaire selon les besoins; la dépolymérisation de l'acide hyaluronique se traduit par une augmentation de la perméabilité tissulaire.

La chondroïtine est un polymère de la chondrosine (voir la figure 15.9); celle-ci est un disaccharide composé d'acide D-glucuronique et de N-acétyl-D-galactosamine. En soi, la chondroïtine ne présente que peu d'intérêt en histochimie. Par contre, ses dérivés sont très caractéristiques de la substance fondamentale conjonctive, particulièrement celle des cartilages. Ces dérivés sont la chondroïtine-4 sulfate, ou chondroïtine sulfate A, et la chondroïtine-6 sulfate, ou chondroïtine sulfate C, dont la masse moléculaire varie de 50 000 à 90 000.

Le dermatane sulfate, ou chondroïtine sulfate B, ressemble beaucoup à la chondroïtine-4 sulfate, sauf que l'acide D-glucuronique y est remplacé par l'acide L-iduronique. On le trouve en grande quantité dans la substance fondamentale des tissus conjonctifs, particulièrement dans la peau.

De son côté, l'héparine est constituée par la répétition d'un tétrasaccharide. L'identité des sucres qui composent le tétrasaccharide n'est pas encore établie avec certitude. On trouve l'héparine en grande quantité dans les granulations des mastocytes; elle y joue le rôle d'anticoagulant.

15.1.3 COMPLEXES POLYSACCHARIDES-PROTÉINES

Les complexes polysaccharides-protéines sont des substances dont la fraction glucidique peut être extraite sans dommages. Traditionnellement, on pen-

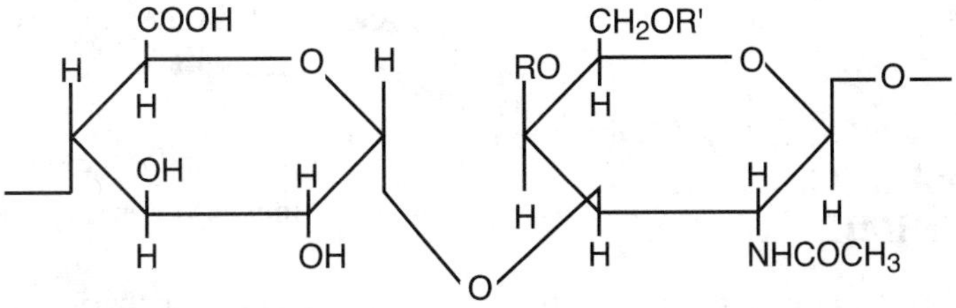

Figure 15.9 : *Représentation schématique de la chondrosine (si R = H et R'= H).*

sait que les liens unissant les glucides et les protéines dans les complexes de ce groupe étaient des liens labiles (ioniques, hydrogène, ou les deux). On croit maintenant que leur fraction glucidique, même si elle est liée à la fraction protéique par des liens covalents stables (N-glycosides, éthers) en plus des liens labiles, est constituée par des glycanes comme la chitine, l'acide hyaluronique et l'héparine.

15.1.3.1 Glycoprotéines

Les glycoprotéines sont des substances composées d'une fraction glucidique et d'une fraction protéique, tout comme celles du groupe précédent; cependant, dans ce cas-ci, la séparation des deux fractions s'accompagne fréquemment de la destruction de la fraction glucidique. On croit que ce phénomène vient du fait que les glucides sont d'une taille inférieure à celle des glycanes et qu'il ne s'agit pas de chaînes polymériques.

Les antigènes des groupes ABO et Lewis, les hormones LH (hormone luéotrope), FSH (hormone folliculostimulante) et TSH (hormone thyréotrope), ainsi que les immunoglobulines sont des glycoprotéines. On peut en trouver en de nombreux endroits : dans les sécrétions muqueuses du tube digestif, où elles peuvent avoir un caractère neutre ou acide, ou encore dans les œufs, le lait et l'urine.

15.1.3.2 Glycolipides

Les glycolipides sont des complexes lipides-glucides. Les principaux sont les cérébrosides et les gangliosides, qui peuvent contenir du glucose ou du galactose (voir le chapitre 16 pour plus de détails).

15.1.3.3 Complexes protéines-glycolipides

On extrait les complexes protéines-glycolipides du cerveau animal. Ce sont des glycolipides liés à des protéines.

15.2 RÈGLES DE CLASSIFICATION DES MUCOSUBSTANCES EN HISTOCHIMIE

Les informations que nous fournissent les méthodes histochimiques pour l'étude des mucosubstances ne permettent pas de placer celles-ci directement dans le système de classification des biochimistes. Il a donc fallu élaborer un système de « traduction » qui permette d'identifier une mucosubstance donnée à partir des renseignements fournis par les procédés histochimiques.

En 1965, Spicer et ses collaborateurs ont proposé un système de traduction que la plupart des auteurs utilisent encore aujourd'hui. Les règles générales de ce système sont les suivantes :

a) Une mucosubstance est considérée comme un constituant tissulaire riche en glucides, ces derniers contenant une ou des osamines. Les mucosubstances épithéliales sont appelées « mucines » et les mucosubstances conjonctives, « mucopolysaccharides ». On commence donc par décrire les mucosubstances selon leur provenance, ce qui permet de les partager en mucopolysaccharides et en mucines.

b) On cherche ensuite la présence, dans la molécule étudiée, de certains groupes de base : les vic-glycols (G), les acides uroniques (U), les radicaux sulfates (S) ou encore les acides sialiques (C); on place à gauche des mots « mucopolysaccharide » ou « mucine » les lettres qui correspondent aux noms des groupes présents dans la substance étudiée.

c) On étudie enfin le comportement de la substance au cours de diverses réactions histochimiques : la métachromasie (B) en présence de certains colorants (comme l'azur A) en fonction du *p*H (voir la section 15.4.2.10); l'affinité pour le bleu alcian (A) en fonction de diverses concentrations de $MgCl_2$ (voir la section 15.4.2.1); la sensibilité à la hyaluronidase testiculaire (T) (voir la section 15.4.2.3.3); la sensibilité à la sialidase (N) (voir la section 15.4.2.3.4). Les lettres qui symbolisent ces comportements histochimiques se placent à droite des mots « mucopolysaccharide » ou « mucine ».

Voici, par exemple, comment sont identifiées les chondroïtines-sulfates du cartilage :

– S-mucopolysaccharide B2,0T, signifie que ces mucosubstances sont sulfatées et qu'elles sont présentes dans un tissu conjonctif (S). Elles sont azurophiles à *p*H 2,0 et au-dessus (B2,0) et elles sont hydrolysées par l'hyaluronidase testiculaire (T).

Le tableau 15.2 donne un aperçu des principaux types de glucides ainsi que de leurs localisations les plus fréquentes.

15.3 FIXATION DES TISSUS POUR LA MISE EN ÉVIDENCE DES GLUCIDES

La fixation a une grande importance dans la mise en évidence des glucides, dont le glycogène, l'un des plus importants. Les fixateurs à base d'alcool, comme le Carnoy, ou d'acide picrique, comme le Bouin ou le Duboscq-Brasil, sont reconnus comme les meilleurs pour la mise en évidence du glycogène. Les fixateurs aqueux comme le formaldéhyde à 10 % donnent aussi d'excellents résultats. Par contre, les liquides fixateurs de Susa et le Zenker acétique sont contre-indiqués. La meilleure façon de préserver le glycogène au moyen d'un liquide fixateur chimique consiste à laisser reposer la pièce de tissu dans une solution de formaldéhyde à 10 % dans de l'alcool saturé d'acide picrique pendant 1 à 2 jours, à 4 °C. En ce qui concerne la fixation physique, la cryodessiccation donne d'excellents résultats; en effet, tous les fixateurs chimiques sont susceptibles de produire des artéfacts, par exemple des images de fuite ou de polarisation, c'est-à-dire une accumulation du glycogène à l'un des pôles ou à la périphérie de la cellule, le glycogène étant entraîné par le solvant du fixateur (voir la section 2.1.4.1). Notons, par ailleurs, la diffusion qui se produit par suite de l'accentuation du même phénomène, le glycogène étant dans ce cas entraîné hors de la cellule, et les images granulaires causées par l'agrégation des grains cytoplasmiques de glycogène, dont le diamètre est d'environ 20 nm, ce qui donne l'illusion de granulations de taille beaucoup plus grande.

15.4 DÉTECTION DES GLUCIDES

Il existe un très grand nombre de méthodes pour l'étude histochimique des glucides. Seules les plus couramment utilisées en milieu clinique et de recherche seront décrites ici, ainsi que les mécanismes d'action propres à chacune.

15.4.1 MISE EN ÉVIDENCE DES GLUCIDES NEUTRES

Parmi les glucides neutres, le glycogène est le plus important. On a donc souvent tendance à confondre les deux termes (glucide neutre et glycogène). Le glycogène est un polysaccharide de type homoglycane, car il est constitué d'une longue chaîne sur laquelle un sucre simple, le *D*-glucose, se répète plusieurs fois. Dans des conditions normales, le glycogène se retrouve en grande quantité dans le foie, les muscles cardiaque et squelettiques, et en quantité moindre dans les follicules pileux, les glandes de l'endomètre, le cordon ombilical, les cellules mésothéliales, les neutrophiles et les mégacaryocytes. Le glycogène se situe à l'intérieur des tissus dans un environnement riche en protéines.

15.4.1.1 Coloration à l'hématoxyline et à l'éosine

La coloration à l'hématoxyline et à l'éosine ne permet pas de mettre clairement le glycogène en évidence. L'éosine le colore faiblement si les cellules en contiennent beaucoup et ne le colore pas du tout si elles n'en contiennent que très peu. Par conséquent, cette méthode n'est pas très recommandée pour une telle mise en évidence.

15.4.1.2 Coloration à l'acide périodique de Schiff (APS)

La méthode de coloration à l'acide périodique de Schiff peut être considérée comme un très bon indicateur de la présence de glucides dans les tissus. Il est cependant nécessaire d'identifier avec plus de précision le glucide recherché au moyen de méthodes complémentaires telles que la digestion enzymatique (voir la section 15.4.1.2.9).

La méthode de Schiff, ou réaction de Hotchkiss-McManus, repose sur deux réactions : celle de Malaprade, basée sur l'oxydation des groupes glycols par l'acide périodique, qui les transforme en aldéhydes, et celle qui se produit entre la leucofuchsine de

Schiff et les aldéhydes libres, produisant un complexe de couleur rouge pourpre.

En résumé, la méthode à l'APS comprend essentiellement deux étapes, l'oxydation périodique et la détection des aldéhydes par le réactif de Schiff.

15.4.1.2.1 *Oxydation périodique*

L'acide périodique, dont la formule chimique est $HIO_4.2H_2O$, est un oxydant sélectif qui rompt les liaisons entre deux carbones d'un certain nombre de groupes chimiques. Parmi ces groupes, trois types retiennent particulièrement notre attention :

a) les groupes l,2-glycol (vic-glycol, α-glycol) :

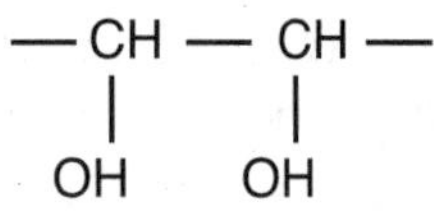

```
— CH — CH —
  |     |
  OH    OH
```

b) les groupes 1 ,2-hydroxyle, amine :

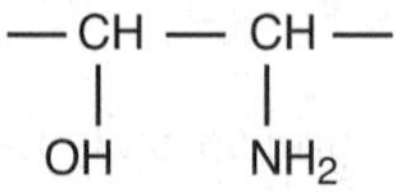

```
— CH — CH —
  |     |
  OH    NH2
```

(le groupe amine étant un amine primaire)

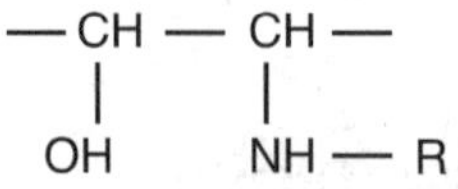

```
— CH — CH —
  |     |
  OH    NH — R
```

(le groupe amine étant un amine secondaire)

c) les groupes l,2-hydroxyle, cétone et l,2-hydroxyle, aldéhyde :

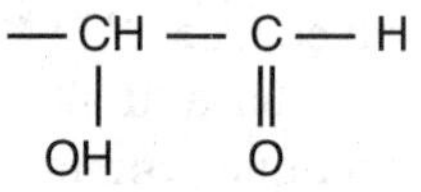

```
— CH — C — H
  |    ||
  OH   O
```

(1,2-hydroxyle, aldéhyde)

```
— CH — C ═ O
  |
  OH
```

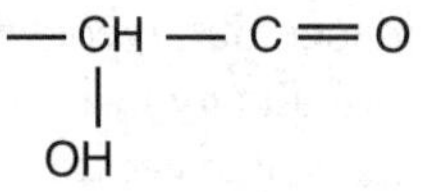

(1,2-hydroxyle, cétone)

Tableau 15.2 PRINCIPAUX GLUCIDES ET LOCALISATIONS LES PLUS FRÉQUENTES DE CHACUN.

Types de glucides	Localisation
Cellulose	anormalement trouvée dans la peau et le tractus gastro-intestinal
Chitine	les kystes au niveau du foie, du cerveau et du poumon
Chondroïtine sulfate A	le cartilage hyalin
Chondroïtine sulfate B	la peau et les valves cardiaques
Chondroïtine sulfate C	le cordon ombilical et la peau
Glycogène	le foie, le muscle squelettique et les follicules pileux
Héparine sulfate	les mastocytes et la paroi de l'aorte
Acide hyaluronique	le cordon ombilical, la peau et le placenta
Kératane sulfate	le cartilage hyalin et les disques intervertébraux
Mucine neutre	l'estomac, la prostate et les glandes de Brünner
Sialomucine	le gros intestin
Amidon	parfois dans la peau et le péritoine
Mucine fortement sulfatée	le mucus bronchique
Sialomucine sulfatée	les carcinomes prostatiques
Mucine faiblement sulfatée	les cellules caliciformes du gros intestin

En règle générale, lors de l'oxydation des groupements glycol, l'acide périodique brise le lien carbone-carbone et il y a libération des aldéhydes réactifs :

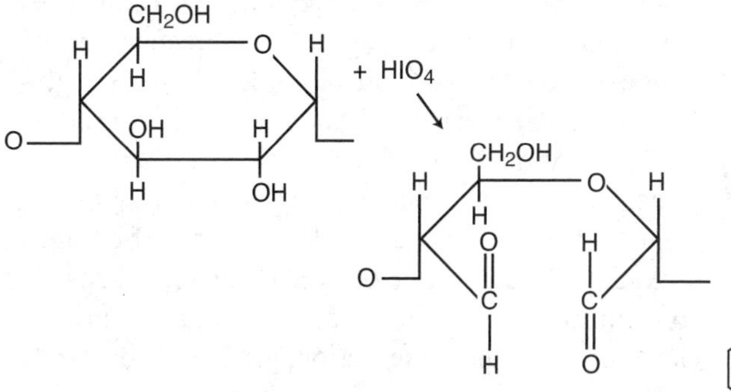

Figure 15.10 : *Représentation schématique de l'oxydation d'un groupement glycol par l'acide périodique pour donner un groupement aldéhyde.*

En histochimie, quatre conditions sont nécessaires pour que l'oxydation périodique cause l'apparition d'aldéhydes décelables par le réactif de Schiff. Il faut :

- que la substance à mettre en évidence contienne des groupes l,2-glycol ou 1,2-hydroxyle, amine ou qu'elle donne un produit d'oxydation contenant des aldéhydes;
- que la substance ne diffuse pas durant la fixation et les opérations subséquentes;
- que la substance donne un produit d'oxydation non diffusible et non soluble;
- que la substance soit présente en quantité suffisante pour se colorer de façon à être détectable.

15.4.1.2.2 *Détection des aldéhydes à l'aide du réactif de Schiff*

Le réactif de Schiff est le produit de la réduction de la fuchsine basique, ou pararosaniline. La fuchsine basique est un mélange de trois colorants de type triaminotriphénylméthane : la rosaniline, la pararosaniline et le magenta II.

Il est possible de représenter de quatre façons différentes la structure de résonance de la pararosaniline. La fiche descriptive de la pararosaniline est présentée à la figure 14.8.

Lorsque la fuchsine basique est mise en présence d'un acide sulfureux, les groupements chromophores du colorant sont brisés par sulfuration; il y a alors production d'un composé incolore, la leucofuchsine, un leucocolorant.

La leucofuchsine est incolore parce que sa double liaison chromophore, et par conséquent sa structure quinone, ont été détruites. La réaction de réduction de la fuchsine basique par l'acide sulfureux se présente de la façon suivante :

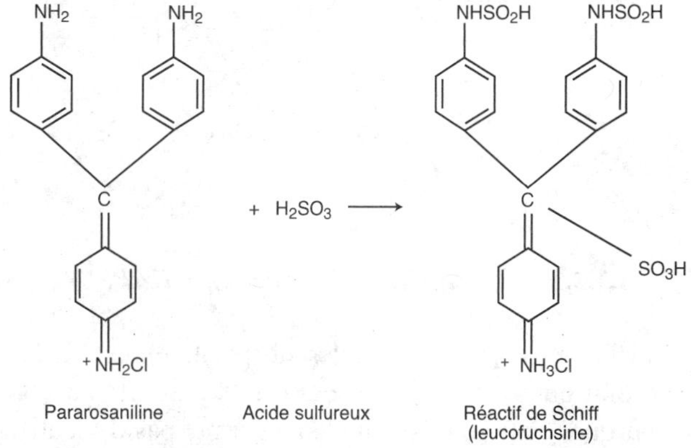

Pararosaniline — Acide sulfureux — Réactif de Schiff (leucofuchsine)

Figure 15.11 : *Représentation schématique de la formation d'une leucofuchsine à partir de l'action de l'acide sulfureux sur la pararosaniline.*

Le H_2SO_3 provient de la réaction entre le métabisulfite de sodium ($Na_2S_2O_3$) et l'acide chlorhydrique (HCl).

En 1866, Schiff prouvait que les aldéhydes rendaient sa couleur magenta à la fuchsine basique décolorée par l'acide sulfureux, produisant ainsi une leucofuchsine. En effet, en présence d'un aldéhyde, le leucocolorant se transforme en une substance colorée, insoluble, similaire au colorant original.

Ce qui nous intéresse particulièrement dans cette technique, c'est que les aldéhydes contribuent également à reformer une structure quinonique et à redonner une coloration à la fuchsine. La réoxydation de la molécule de Schiff peut aussi survenir par exposition à l'air et à la lumière, ce qui lui rend sa double liaison et par le fait même sa couleur. Dans ce cas, l'intensité de la couleur pourpre rougeâtre est légèrement modifiée par rapport à celle du composé original. Il faut donc conserver cette solution leucocolorante dans un endroit frais et sombre.

Comme on vient de le voir, l'acide périodique agit sur les groupements glycol des glucides pour former des groupements aldéhyde. Il oxyde également d'autres dérivés des glycols, comme les dérivés dicétoniques ou les dérivés méthoxy, mais, dans de tels cas, il n'y a aucune formation de groupements aldéhyde.

– les dérivés dicétoniques

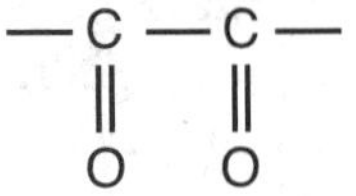

```
—C —C—
 ‖   ‖
 O   O
```

– les dérivés méthoxy

```
—C —C—
 |   |
 O   O
 /     \
CH3    CH3
```

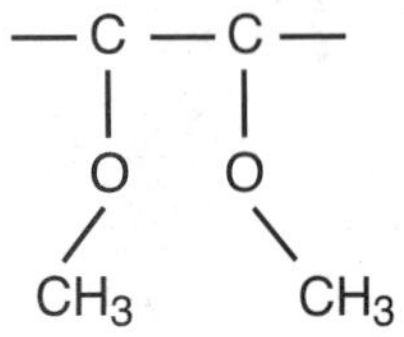

15.4.1.2.3 *Spécificité de la réaction à l'APS*

Plusieurs substances réagissent positivement à la coloration à l'acide périodique de Schiff; c'est pourquoi cette seule méthode ne permet pas d'identifier avec une précision satisfaisante les glucides. Les renseignements qu'elle fournit doivent être complétés par d'autres techniques indispensables.

Voici une liste des principales substances glucidiques qui réagissent positivement à l'APS :

- les homoglycanes : le glycogène, l'amidon et la cellulose principalement;
- les homopolyaminosaccharides : la chitine principalement;
- les hétéroglycanes : les sialomucines et l'acide hyaluronique (mucines acides) principalement. Ces substances réagissent positivement à la coloration au bleu alcian à *p*H 2,5 et 0,5 ainsi qu'à la méthode de coloration à la fuchsine paraldéhyde de Gomori;
- les glycoprotéines : les hormones hypophysaires glycoprotéiques comme la LH, la TSH et la FSH, la thyroglobuline, les mucines gastriques, le mucus des glandes salivaires et la réticuline principalement;
- les glycolipides : ce sont principalement les cérébrosides et les gangliosides.

15.4.1.2.4 *Mécanismes d'action de la méthode à l'APS*

a) Acide périodique

L'acide périodique ($HIO_4.2H_2O$) oxyde les composés qui ont des groupements hydroxyle libres lorsque les groupements –OH sont près l'un de l'autre (1:2 glycol, CHOH-CHOH); ce faisant, il libère deux groupements aldéhyde (CHO). Il est préférable d'utiliser cet acide, car il ne provoque pas l'oxydation des groupements aldéhyde jusqu'au stade carboxyle. Le temps d'oxydation peut varier de 5 à 10 minutes selon la concentration de l'acide périodique utilisé. Généralement, un acide périodique à 1 % demande un temps d'oxydation de 5 minutes. L'utilisation d'autres acides nécessite un contrôle précis du temps d'oxydation afin de ne pas perdre les aldéhydes au profit des carboxyles; ces derniers ne réagiront pas avec le réactif de Schiff et provoqueront ainsi des résultats faussement négatifs. En somme, un contact trop prolongé du tissu avec l'acide périodique, de même qu'une solution dont le *p*H est trop acide, entraîneront des effets semblables.

L'acide périodique est l'oxydant de choix et son *p*H doit se situer entre 3 et 4,5 afin qu'il puisse produire les groupements aldéhyde nécessaires à la réaction. Si le *p*H est inférieur à 3, il provoque une suroxydation des aldéhydes en carboxyles, ce qui se traduit par une réaction faussement négative. S'il est supérieur à 4,5, la réaction d'oxydation des glycols en aldéhydes se produira mais demandera beaucoup plus de temps.

b) Réactif de Schiff

Le réactif de Schiff se combine aux groupements aldéhydes libres, lesquels redonnent une couleur rouge pourpre au leucocolorant. Il s'agit d'un mécanisme d'action histochimique. Le mécanisme exact de la réaction d'addition entre le réactif de Schiff et les aldéhydes est encore mal connu. Cependant, on peut avancer que le produit coloré obtenu à la fin de la réaction est très certainement différent du produit original, c'est-à-dire de la fuchsine basique.

c) Hématoxyline de Mayer

La laque formée par la combinaison hématoxyline-aluminium est fortement cationique et formera des liens sel avec les acides nucléiques. La coloration des noyaux par l'hématoxyline aluminique correspond donc à un mécanisme d'action de type chimique. Une fois les liens formés entre la laque colorante cationique et les acides nucléiques, la couleur diffuse dans les structures nucléaires par un phénomène d'absorption. La coloration des noyaux par l'hématoxyline aluminique se produit donc grâce à deux types de réactions : la formation de liens sel, un mécanisme chimique, et l'absorption, un mécanisme physique.

d) Jaune de méthanile

Le jaune de méthanile est un colorant acide qui agit directement sur le tissu. Il forme avec les structures basiques cytoplasmiques et tissulaires des liens sel. Il s'agit donc d'un mécanisme chimique. Le mécanisme physique de l'absorption se produit ensuite (voir la figure 15.12).

Dans différentes méthodes, ce colorant se révèle excellent pour la mise en évidence des fibres de collagène.

15.4.1.2.5 *Préparation des solutions*

1. **Réactif de Schiff**
   - 1 g de fuchsine basique
   - 200 ml d'eau distillée
   - 20 ml d'acide chlorhydrique 1 *N*
   - 1 g de métabisulfite de sodium ou de potassium
   - si nécessaire : 2 g de charbon activé en poudre (dans la pratique courante, il est toujours nécessaire)

   Dissoudre la fuchsine basique dans l'eau distillée et amener à ébullition pendant environ 5 minutes, puis refroidir à environ 50 °C et filtrer. Ajouter alors le HCl 1 *N* au filtrat et laisser refroidir à environ 25 °C. Ajouter ensuite le métabisulfite de Na ou de K. Laisser reposer à l'obscurité pendant 18 à 24 heures. Si, après ce délai, la solution n'est pas incolore, ajouter le charbon activé, remuer pendant environ 1 minute et filtrer la solution. Conserver le filtrat incolore au réfrigérateur, dans une bouteille brune. Si le nouveau filtrat obtenu possède encore une teinte colorée, généralement jaunâtre, cela signifie que la réaction est incomplète. Il est alors conseillé de laisser la réaction se poursuivre pendant une douzaine d'heures à l'obscurité avant d'ajouter de nouveau 1 g de charbon activé. Mélanger et filtrer de nouveau. Répéter ce processus jusqu'à ce que le filtrat soit limpide. La durée de vie de la solution est d'environ deux mois, conservée au réfrigérateur dans une bouteille brune bien bouchée.

   Il peut arriver, après un certain temps, que l'on veuille s'assurer de la qualité du réactif de Schiff, et ce même si la solution est toujours incolore. Un petit test simple permet de déterminer si la solution est encore utilisable : mettre environ 10 ml de la solution de Schiff dans un tube à essai et ajouter quelques gouttes de formaldéhyde. Si la solution vire au rose, le réactif est encore bon. Ce test peut également se faire avec du glutaraldéhyde. En principe, la réaction devrait alors être plus prononcée puisque le glutaraldéhyde possède deux groupements aldéhydes pouvant réagir avec le leucocolorant.

2. **Solution d'acide chlorhydrique 1 *N***
   - 8,35 ml de HCl concentré
   - compléter à 100 ml avec de l'eau distillée

3. **Solution de bisulfite de Na (ou de K) à 10 %**
   - 10 g de bisulfite de Na ou de K
   - 100 ml d'eau distillée

4. **Solution d'eau sulfureuse**
   - 5 ml d'HCl 1*N* (solution n° 2)
   - 6 ml de bisulfite de Na ou de K à 10 % (solution n° 3
   - 100 ml d'eau distillée

   Cette quantité permet la coloration de quatre lames.

5. **Solution d'acide périodique à 1 %**
   - 1 g d'acide périodique
   - 100 ml d'eau distillée

Figure 15.12 : **FICHE DESCRIPTIVE DU JAUNE DE MÉTHANILE**

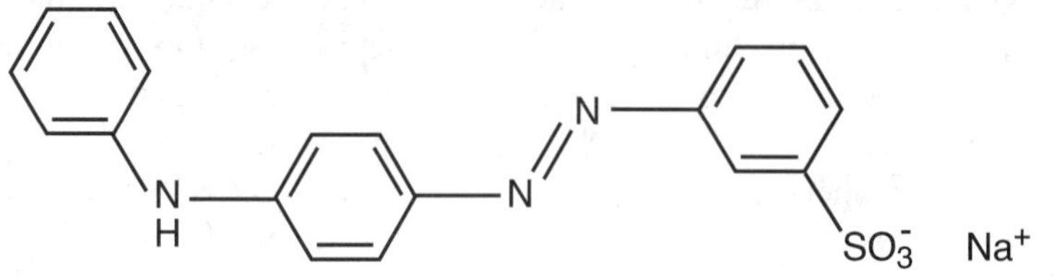

Structure chimique du jaune de méthanile

Nom commun	Jaune de méthanile	**Solubilité dans l'eau**	Jusqu'à 5,4 %
Nom commercial	Jaune de méthanile	**Solubilité dans l'éthanol**	Jusqu'à 1,4 %
Autre nom	Tropaéoline G	**Absorption maximale**	Entre 414 et 536 selon les auteurs
Numéro de CI	13065	**Couleur**	Jaune
Nom du CI	Jaune acide 36	**Formule chimique**	$C_{18}H_{14}N_3O_3SNa$
Classe	Azoïque	**Poids moléculaire**	375,4
Type d'ionisation	Anionique		

6. **Solution d'hématoxyline de Harris**

   Voir la préparation de la solution d'hématoxyline de Harris à la section 12.6.2.

7. **Solution d'eau acidifiée**
   - 0,5 ml d'acide chlorhydrique concentré
   - 100 ml d'eau distillée

8. **Solution de carbonate de lithium à 1 %**
   - 1 g de carbonate de lithium
   - 100 ml d'eau distillée

   OU

   Solution d'eau ammoniacale à 0,2 %
   - 2 ml d'ammoniaque
   - 1 litre d'eau distillée

9. **Solution de jaune de méthanile à 0,25 %**
   - 0,25 g de jaune de méthanile
   - 99,75 ml d'eau distillée
   - 0,25 ml d'acide acétique glacial

15.4.1.2.6 *Méthode de coloration à l'APS à la température ambiante*

MODE OPÉRATOIRE

1. Déparaffiner et hydrater les coupes, jusqu'au rinçage à l'eau distillée;
2. oxyder dans la solution d'acide périodique à 1 % pendant 5 à 10 minutes, puis laver à l'eau courante pendant 10 minutes et rincer à l'eau distillée pendant 15 secondes;
3. colorer les tissus dans le réactif de Schiff, préalablement filtré et porté à la température ambiante, pendant 15 minutes;
4. laver les coupes dans trois bains d'eau sulfureuse de 2 minutes chacun pour enlever le surplus de réactif de Schiff;
   OU
   laver dans l'eau courante pendant 10 à 15 minutes;
5. colorer les noyaux dans la solution d'hématoxyline de Harris pendant 1 à 4 minutes, puis rincer à l'eau courante pendant 10 à 30 secondes;

6. différencier au moyen de trois ou quatre immersions dans la solution d'eau acidifiée;
7. bleuir dans le carbonate de lithium pendant 1 minute, puis laver à l'eau courante pendant 5 minutes;
8. contrecolorer dans la solution de jaune de méthanile à 0,25 % pendant 1 minute, puis laver à l'eau courante pendant 1 minute;
9. déshydrater rapidement dans un bain d'éthanol à 90 % suivi de deux bains d'éthanol absolu;
10. clarifier dans trois bains de toluol ou de xylol selon la méthode habituelle et monter avec une résine permanente, par exemple l'Eukitt.

RÉSULTATS

- Les noyaux sont colorés en bleu sous l'effet de l'hématoxyline de Harris;
- le glycogène et les autres substances réagissant positivement à l'APS se colorent en rouge pourpre sous l'effet du réactif de Schiff;
- les structures acidophiles comme le collagène, les globules rouges, la kératine et les fibres musculaires se colorent en jaune sous l'action du jaune de méthanile.

15.4.1.2.7 *Remarques*

- L'intensité de la coloration des substances sensibles à l'APS dépend de la durée du passage dans l'acide périodique. Les durées données dans ce mode opératoire tiennent compte de la formule du réactif de Schiff. L'utilisation d'une autre formule pourrait nécessiter une modification du temps de passage dans ce réactif;
- la coloration nucléaire est généralement accentuée après le traitement dans l'APS, probablement à cause de l'étape de l'oxydation qui aurait le même rôle que l'agent accentuateur présent dans la solution d'hématoxyline de Mayer; à cet effet, certains auteurs recommandent de réduire le temps de coloration des noyaux de 50 % du temps normalement consacré à cette étape.
- ne jamais utiliser d'adhésifs à base d'amidon dans le bain d'étalement; cela provoquerait de faux résultats positifs;
- la contrecoloration au jaune de méthanile est facultative. Dans certaines techniques, on utilise le vert lumière comme contrecolorant. En pratique, cependant, il est très rare que l'on utilise un contrecolorant, car pour permettre une évaluation critique de la réaction à l'APS, il est préférable de ne pas contrecolorer;
- il est possible d'utiliser des hématoxylines ferriques pour la coloration des noyaux, et les résultats seront tout aussi satisfaisants. Cependant, la préparation des hématoxylines ferriques est plus longue et plus laborieuse;
- les compagnies vendent maintenant des fuchsines basiques destinées tout particulièrement à la préparation du réactif de Schiff, ainsi que des solutions de réactif de Schiff prêtes à servir. De toute manière, tout nouveau réactif devrait être testé sur une coupe témoin dont on prévoit déjà le comportement à la coloration. Pour être utilisable, le réactif devrait être parfaitement limpide. Dès qu'on y décèle une teinte rosée ou brunâtre, il faut vérifier s'il est encore utilisable au moyen du test du formaldéhyde ou du glutaraldéhyde, cité plus haut;
- selon plusieurs auteurs, l'hématoxyline de Mayer peut être utilisée comme colorant progressif; dans ce cas, les étapes 6 et 7 sont exclues du mode opératoire, cependant; mais il faut vérifier le *p*H de l'eau courante. Si ce dernier est acide, il est nécessaire de bleuir dans une solution alcaline, par exemple une solution de carbonate de lithium, ou de l'eau ammoniacale à 0,2 %;
- dans l'éventualité où l'on voudrait observer la portion glycogène de façon plus précise, il faudra prévoir une digestion enzymatique par l'amylase de malt en solution. Cette étape s'appelle la « diastase » et se fait avant l'oxydation par l'acide périodique;
- il est possible de procéder à la digestion du glycogène après une coloration au carmin de Best, mais il est impossible de le faire après la méthode de coloration à l'APS;

– les poudres commerciales de diastase ou d'amylase varient considérablement d'un lot à l'autre. Il est donc préférable d'effectuer des vérifications sur des lames témoins avant de procéder à l'analyse sur les tissus.

15.4.1.2.8 *Méthode de coloration à l'APS au four à micro-ondes*

Les mécanismes d'action sont les mêmes que pour la technique à la température ambiante.

a) Préparation des solutions

1. Solution d'acide périodique à 0,5 %

- 0,5 g d'acide périodique
- 100 ml d'eau distillée

2. Solution du réactif de Schiff modifié

- 5 g de pararosaniline
- 1 litre d'eau distillée
- 10 ml d'acide hydrochlorhydrique
- 10 g de métabisulfite de sodium
- charbon de bois activé si nécessaire

Dissoudre la pararosaniline dans l'eau par agitation, en amenant au point d'ébullition. Refroidir et filtrer. Ajouter l'acide hydrochlorhydrique en agitant constamment, puis ajouter le métabisulfite de sodium et le dissoudre par agitation. Laisser reposer à l'obscurité pendant 24 à 48 heures. Après ce temps, si la solution est le moindrement colorée, ajouter du charbon de bois activé et agiter vigoureusement. Filtrer à l'aide de deux papiers-filtres. Conserver la solution limpide au réfrigérateur, dans une bouteille brune.

3. Solution d'hématoxyline de Harris

Voir la section 12.6.2

4. Solution d'eau acidifiée

Voir la section 15.4.1.2.5, solution n° 7

5. Solution d'eau ammoniacale à 0,2 %

Voir la section 15.4.1.2.5, solution n° 8

b) Méthode de coloration à l'APS au four à micro-ondes

MODE OPÉRATOIRE

1. Déparaffiner et hydrater les coupes, jusqu'au rinçage à l'eau distillée;
2. oxyder dans la solution d'acide périodique à 0,5 % pendant 5 minutes, puis rincer à l'eau distillée à deux reprises;
3. préparer un borel; y mettre 5 ml de réactif de Schiff modifié et 45 ml d'eau distillée; y déposer les coupes et mettre le tout au four à micro-ondes; irradier à la puissance 2 (soit 20 %) pendant 5 minutes; sortir les coupes du four et les laisser dans la solution, sur le plan de travail, pendant 5 minutes; rincer à l'eau courante pendant 2 minutes;
4. contrecolorer dans la solution d'hématoxyline de Harris fraîchement filtrée pendant 3 minutes, puis rincer dans de l'eau acidifiée;
5. laver à l'eau courante pendant 1 minute, puis bleuir à l'eau ammoniacale; rincer à l'eau courante;
6. déshydrater, éclaircir et monter avec une résine permanente.

RÉSULTATS

- Les mucopolysaccharides neutres se colorent en rouge sous l'action du réactif de Schiff;
- les noyaux se colorent en bleu sous l'effet de l'hématoxyline de Harris;
- le fond de la coupe reste incolore.

c) Remarques

- Mêmes remarques que celles qui s'appliquent à la méthode exécutée à la température ambiante (voir la section 15.4.1.2.7).

15.4.1.2.9 *Contrôle enzymatique par l'amylase*

L'amylase est une enzyme qui catalyse l'hydrolyse des liens glucosiques de l'amidon et du glycogène. Traditionnellement, on la prélevait dans la salive filtrée. Cependant, comme les différences génétiques font varier le taux d'enzymes d'un individu à l'autre et que des modifications physiologiques ou pathologiques peuvent également la faire varier chez un même individu, on conseille d'utiliser des préparations commerciales purifiées de diastase du malt.

En fait, on sépare les amylases en α-amylases et en β-amylases, selon le type d'hydrolyse qu'elles effectuent. Cette distinction devient importante lorsqu'il s'agit d'effectuer des études de structure.

Les préparations commerciales de diastase du malt sont des mélanges qui contiennent pour la plupart des enzymes α-amylases et β-amylases ainsi que certaines quantités de ribonucléase. La salive aussi contient des ribonucléases; l'amylase salivaire est de type α-amylase alors que la β-amylase est d'origine essentiellement végétale.

Lors d'une étude précise du glycogène, il faut travailler avec deux coupes de tissu provenant du même bloc tissulaire et, dans la mesure du possible, voisines l'une de l'autre. La première coupe de tissu sera traitée par l'amylase, et l'autre non. Après la coloration, la comparaison entre les deux coupes permettra de localiser le glycogène; il s'agit donc d'une méthode comparative. En effet, sur une portion de la coupe non traitée à l'amylase, on observera une réaction positive à l'APS, tandis que sur la portion correspondante de la coupe traitée à l'amylase, on observera une réaction négative à l'APS. La réaction négative est un indice du fait que le glycogène a disparu, digéré par l'amylase. La réaction positive, c'est-à-dire la coloration, dans la portion correspondante de l'autre coupe, signale la présence de glycogène. Sur la coupe traitée à l'amylase, d'autres portions peuvent avoir été colorées par l'APS, signe qu'elles renferment des mucopolysaccharides neutres autres que le glycogène.

a) Préparation des solutions

1. Solution de diastase du malt à 1 %

- 0,1 g de diastase
- 10 ml d'eau distillée

La solution enzymatique ne se conserve que quelques jours à 4 °C.

2. Solutions pour la coloration à l'APS

Voir la section 15.4.1.2.5.

b) Méthode de coloration à l'APS-diastase

La méthode de coloration est la même que celle présentée à la section 15.4.1.2.6. Cependant, après l'étape de l'hydratation, l'une des coupes demeure dans l'eau distillée pendant que l'autre est incubée dans un bain avec régulateur thermostatique à 37 °C pendant 30 minutes. Poursuivre en colorant ensemble les deux coupes en partant de l'étape 2, soit la méthode à la température ambiante (voir la section 15.4.1.2.6) ou celle au four à micro-ondes (voir la section 15.4.1.2.7).

c) Remarques

- En plus du glycogène, l'amidon aussi est digéré par la diastase, mais en quantité moindre;
- le type de liquide fixateur utilisé peut affecter la digestion enzymatique; par exemple, le liquide de Gendre (voir section 2.6.2.5), le glutaraldéhyde (voir section 2.5.3.2) ou le tétroxyde d'osmium (voir section 2.5.10) rendent le tissu plus résistant à la digestion; il est alors préférable de prolonger la durée de cette étape;
- certains laboratoires préfèrent utiliser des solutions de diastase tamponnées, par exemple l'α-amylase à *p*H entre 5,5 et 6,0 ou la β-amylase dont le *p*H se situe autour de 4,0 et 5,7.

15.4.1.3 Méthode au carmin de Best

Cette méthode de coloration, utilisée de façon empirique pour la mise en évidence du glycogène, a été l'objet de nombreuses études durant ces 40 dernières années.

15.4.1.3.1 *Mécanismes d'action*

a) Acide carminique

Il est maintenant admis que la coloration du glycogène est possible grâce à la formation de liens hydrogène entre les groupements OH du glycogène et les atomes hydrogène de l'acide carminique. La figure 10.21 présente les principales caractéristiques de ce colorant.

La méthode au carmin de Best est pratique pour colorer le glycogène, mais elle est également capricieuse, car la solution mère se détériore lentement. Elle donne toutefois de bons résultats pour la mise en évidence du glycogène et colore par la même occasion, mais plus faiblement, la fibrine et des mucines neutres (voir la section 10.5.1.2).

b) Sels de potassium

Avec la méthode de coloration au carmin de Best, on assiste souvent à la formation d'une coloration de fond qui nuit à l'obtention d'une bonne image représentative des substances recherchées. Afin d'éliminer ce problème, on ajoute à la solution mère d'acide carminique du carbonate de potassium et du chlorure de potassium. En effet, ces deux sels inhibent toute coloration de fond non spécifique causée par la formation de liens électrostatiques entre les charges cationiques des protéines tissulaires et les charges anioniques de l'acide carminique. Ces sels ne permettent que la formation de liens hydrogène entre le glycogène et l'acide carminique.

c) Hydroxyde d'ammonium

Dans la solution mère de carmin, l'hydroxyde d'ammonium joue deux rôles : premièrement, il donne à la solution un *p*H fortement alcalin se situant entre 10 et 11, ce qui aide à diminuer la coloration de fond puisque les groupements OH en excès à ce *p*H bloquent l'action des groupements cationiques protéiniques; deuxièmement, il sert de solvant à l'acide carminique. L'utilisation de l'hydroxyde d'ammonium rend préférable de procéder à la coloration des tissus dans une hotte ventilée, car l'ammoniaque s'évapore rapidement, ce qui cause la précipitation de l'acide carminique.

15.4.1.3.2 *Préparation des solutions*

1. Solution mère de carmin

- 2 g d'acide carminique
- 1 g de carbonate de potassium
- 5 g de chlorure de potassium
- 60 ml d'eau distillée
- 20 ml d'hydroxyde d'ammonium

Dissoudre en premier lieu l'acide carminique, le carbonate de potassium et le chlorure de potassium dans l'eau distillée. Porter à ébullition, puis laisser bouillir pendant environ 5 minutes. Sous l'effet de la chaleur, il y a production d'un complexe carmin-ions métallique, lequel devient l'ingrédient colorant. Laisser refroidir, puis ajouter 20 ml d'hydroxyde d'ammonium. Remuer légèrement, filtrer et conserver la solution dans une bouteille brune à l'abri de la lumière, à 4 °C. Cette solution peut se conserver pendant deux à trois mois.

2. Solution de travail d'acide carminique

- 15 ml de la solution mère de carmin
- 12,5 ml d'hydroxyde d'ammonium
- 12,5 ml de méthanol

Cette solution peut se conserver une semaine à 4 °C, dans une bouteille brune.

3. Solution différenciatrice de Best

- 40 ml de méthanol absolu
- 80 ml d'éthanol absolu
- 100 ml d'eau distillée

Il est préférable de préparer cette solution immédiatement avant usage seulement.

4. Solution d'hématoxyline ferrique de Weigert

La préparation de cette solution est présentée à la section 12.8.1.

5. Solution de travail d'hématoxyline ferrique de Weigert

- 1 volume de solution A
- dans 1 volume de solution B

Préparer cette solution immédiatement avant usage.

15.4.1.3.3 *Méthode de coloration au carmin de Best*

MODE OPÉRATOIRE

1. Déparaffiner et hydrater les coupes, jusqu'au rinçage à l'eau distillée;
2. colorer les noyaux dans la solution de travail d'hématoxyline ferrique de Weigert pendant environ 5 minutes. Vérifier au microscope : les noyaux devraient être colorés en noir. Rincer à l'eau courante de 10 à 30 minutes, puis à l'eau distillée pendant 30 secondes (voir la première remarque);
3. colorer dans la solution de travail d'acide carminique pendant 5 à 15 minutes (la durée du bain dépend de l'âge de la solution);
4. bien laver dans le différenciateur de Best pendant 30 secondes à 1 minute;
5. rincer dans un bain d'éthanol absolu;
6. déshydrater dans trois bains d'éthanol absolu;
7. clarifier dans trois bains de toluol ou de xylol selon la méthode habituelle et monter avec une résine permanente, par exemple l'Eukitt.

RÉSULTATS

- Les noyaux se colorent en noir sous l'effet de l'hématoxyline de Weigert;
- le glycogène se colore en rouge foncé sous l'effet de l'acide carminique;
- les mucosubstances neutres et la fibrine sont colorées en rouge pâle par l'acide carminique.

15.4.1.3.4 *Remarques*

- Il est préférable d'utiliser un fixateur alcoolique pour préserver le glycogène, car un fixateur aqueux entraînera un artéfact de diffusion avec les fixateurs aqueux;
- on peut remplacer l'hématoxyline de Weigert par une hématoxyline aluminique comme celle de Harris. Il faudra alors différencier au moyen d'eau acidifiée, et bleuir au moyen d'une solution de carbonate de lithium ou de l'eau ammoniacale à 0,2 %. Les noyaux seront colorés en bleu sous l'action de ce type d'hématoxyline;
- il arrive fréquemment que les résultats des colorations produites par la solution de carmin ne soient pas tous de la même qualité. Ces différences sont habituellement dues à la détérioration de la solution mère de ce colorant. Mais il peut s'agir aussi d'un séjour trop prolongé dans l'eau acidifiée lors de la différenciation, si l'on a utilisé une hématoxyline aluminique;
- un autre artéfact assez fréquent est la présence de précipités de colorant sur les coupes. Afin de réduire les risques de voir apparaître ce problème, il est fortement suggéré de prendre les précautions suivantes : la solution de travail devrait toujours être filtrée immédiatement avant usage; la coloration devrait se faire dans des récipients fermés afin d'éviter que les liquides ne s'évaporent; enfin, il faut aussi éviter que la coupe ne sèche entre les différents bains; après le bain dans la solution d'acide carminique en particulier, la coupe devrait être déposée le plus rapidement possible dans le différenciateur;
- il est essentiel de travailler avec deux coupes provenant du même bloc de tissu, l'une dont le glycogène a été soumis à l'action digestive de l'amylase et l'autre non. On pourra ainsi examiner le même tissu avec et sans glycogène.

15.4.1.4 Méthode de coloration à l'hexamine d'argent (Gomori modifié par Grocott)

La méthode de coloration à l'hexamine d'argent est utile pour mettre le glycogène en évidence; elle produit une coloration noire intense.

15.4.1.4.1 *Mécanismes d'action*

a) Mécanisme d'action de la méthode argyrophile

Cette méthode repose sur l'oxydation des groupements glycols en aldéhydes par l'acide chromique. Les aldéhydes réduisent par la suite le mélange formé d'hexamine et de nitrate d'argent en un composé noir amorphe. Il s'agit donc d'une méthode argyrophile (voir la section 10.6.6).

Dans cette méthode argentique, il est préférable d'utiliser l'acide chromique ou le permanganate de potassium comme agents oxydants. L'acide périodique peut aussi être employé à la place de l'acide chromique. Pour la fixation des glucides des tissus devant subir ce type de coloration, le formaldéhyde à 10 % est recommandé.

b) Mécanisme d'action du contrecolorant

Le contrecolorant est constitué d'orange G, de vert lumière SF, d'acide phosphotungstique, d'alcool à 50 % et d'acide acétique glacial.

– **Orange G**

La solution alcoolique d'orange G en combinaison avec l'acide phosphotungstique colore les éléments cytoplasmiques acidophiles et les érythrocytes grâce à la formation de liens sel. Par la suite, les structures visées absorbent la couleur jaune (voir la figure 14.14).

– **Vert lumière SF**

Le vert lumière SF est lui aussi un colorant anionique, mais de poids moléculaire plus élevé que l'orange G. Il colore les éléments acidophiles lâches, par exemple les fibres de collagène, par formation de liens sel suivie d'absorption (voir la figure 14.11).

15.4.1.4.2 *Préparation des solutions*

1. **Solution de tétraborate de sodium à 5 %**
   - 5 g de tétraborate de sodium
   - 100 ml d'eau distillée
2. **Solution d'hexamine d'argent**
   - 5 ml de nitrate d'argent à 5 %
   - 100 ml d'hexamine ou de méthénamine à 3 % en solution aqueuse

   En ajoutant le nitrate d'argent goutte à goutte dans la solution de méthénamine, il se forme un précipité. Continuer à verser le nitrate d'argent jusqu'à ce que le précipité initial se dissolve complètement. La solution peut se conserver de 1 à 2 mois à 4 °C, dans un contenant ambré.
3. **Solution d'incubation de méthénamine d'argent**
   - 5 ml de la solution de tétraborate de sodium (voir solution n° 1)
   - 25 ml d'eau distillée
   - 25 ml de la solution de méthénamine d'argent (voir solution n° 2)

   Idéalement, les solutions devraient être préchauffées à 56 °C et mélangées juste avant usage. Cette précaution est importante, car la solution d'argent commence à se dégrader dès qu'elle entre en contact avec le borax.
4. **Solution contrecolorante d'Arzac**
   - 0,25 g d'orange G
   - 1 g de vert lumière
   - 0,5 g d'acide phosphotungstique
   - 100 ml d'alcool à 50 %
   - 1,25 ml d'acide acétique glacial

   La solution se conserve très bien pendant plusieurs mois.
5. **Solution de métabisulfite de sodium à 1 %**
   - 1 g de métabisulfite de sodium
   - 100 ml d'eau distillée
6. **Solution de chlorure d'or à 0,1 %**
   - 1 ml de chlorure d'or commercial à 10 %
   - compléter à 100 ml avec de l'eau distillée
7. **Solution de thiosulfate de sodium à 3 %**
   - 3 g de thiosulfate de sodium
   - 100 ml d'eau distillée

15.4.1.4.3 *Méthode de coloration à l'hexamine d'argent : méthodes standard et au four à micro-ondes*

MODE OPÉRATOIRE

1. Déparaffiner et hydrater les coupes, jusqu'au rinçage à l'eau distillée;
2. oxyder dans l'acide chromique en solution aqueuse à 5 % pendant 60 minutes et laver

à l'eau courante OU pendant 1 minute au four à micro-ondes à la puissance 8;

3. laver dans le métabisulfite de sodium à 1 % pendant 30 secondes; laver à l'eau courante pendant 5 minutes, puis dans l'eau distillée pendant 30 secondes;
4. immerger les coupes pendant 1 heure (voir la remarque à ce sujet) dans la solution d'incubation de méthénamine d'argent préchauffée à 56 °C, puis rincer à l'eau distillée OU pendant 4 minutes 30 secondes au four à micro-ondes à la puissance 2;
5. virer dans le chlorure d'or à 0,1 % pendant environ 4 minutes puis rincer à l'eau distillée;
6. fixer dans la solution de thiosulfate de sodium à 3 % pendant 5 minutes;
7. contrecolorer dans la solution d'Arzac (voir la remarque à ce sujet) pendant 15 à 30 secondes;
8. enlever le surplus de liquide autour du tissu, déshydrater et éclaircir, puis monter avec une résine permanente, par exemple l'Eukitt.

RÉSULTATS

- Les champignons, les mucines, le glycogène et la mélanine se colorent en noir sous l'effet du méthénamine d'argent;
- les cytoplasmes et les érythrocytes se colorent en jaune sous l'action de l'orange G;
- les structures acidophiles tissulaires se colorent en vert pâle sous l'effet du vert lumière SF.

15.4.1.4.4 *Remarques*

- Le temps d'incubation dans la solution de méthénamine d'argent peut varier selon l'agent fixateur utilisé. Comme dans toutes les techniques utilisant l'argent comme agent d'imprégnation, il est préférable de procéder à une vérification de la coloration au microscope. On conseille d'arrêter le processus lorsque les champignons prennent une teinte brun foncé. Si l'imprégnation est excessive, on perd les détails internes des champignons, ce qui rend l'interprétation difficile, voire impossible;
- le borax assure l'alcalinité de la solution;
- la solution de métabisulfite de sodium enlève le surplus d'acide chromique;
- il est possible de contrecolorer dans le vert lumière à 0,1 % et d'acide acétique à 0,1 %, ou encore, dans les solutions de la méthode à l'hématoxyline et à l'éosine. Les résultats de la coloration seront donc fonction des contrecolorants utilisés.

15.4.2 MISE EN ÉVIDENCE DES MUCINES ACIDES

Comme nous l'avons vu dans la classification des glucides, plusieurs de ces derniers ont un caractère anionique, donc basophile, qui peut être dû à trois groupes différents : les esters sulfuriques, les fonctions carboxyle des acides uroniques et les fonctions carboxyle de l'acide sialique.

15.4.2.1 Méthode de coloration au bleu alcian

La méthode de coloration au bleu alcian est la plus couramment utilisée pour l'étude des mucosubstances à caractère acide. La composition de ce colorant n'est pas totalement connue. La substitution du groupement C_2H_5 est variable. Le répertoire *Merck index* précise que les substituants peuvent s'attacher aux endroits marqués d'un « X » dans la structure chimique (voir la figure 15.13). Le bleu alcian est un phtalocyanine cuivrique dont le caractère basique est assumé par les radicaux X, qui sont des isothiouroniums, au nombre de quatre par molécule de colorant; le carbone du noyau benzène auquel le « X » est rattaché peut être le C_4 ou le C_5.

Dans cette catégorie de colorants, on retrouve le bleu alcian 8 GX, le jaune alcian, ou un mélange de ces deux colorants, soit le vert alcian 2 GX, qui colore en vert émeraude, soit le vert alcian 3 BX, qui colore en bleu-vert.

Figure 15.13 : **FICHE DESCRIPTIVE DU BLEU ALCIAN***

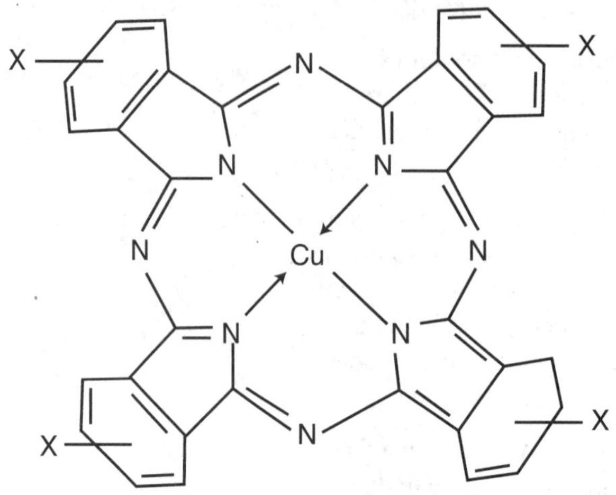

Structure chimique du bleu alcian

Nom commun	Bleu alcian	**Type d'ionisation**	Cationique
Nom commercial	Bleu alcian	**Solubilité dans l'eau**	Jusqu'à 9,5 %
Numéro de CI	74240	**Solubilité dans l'éthanol**	Jusqu'à 6 %
Nom du CI	Teinte bleu 1	**Couleur**	Bleu
Classe	Phtalocyanine	**Poids moléculaire**	Probablement plus de 1300

* La formule chimique du bleu alcian n'étant pas encore établie avec précision, il n'est pas possible de représenter de façon entièrement satisfaisante la structure chimique de cette molécule.

Le X présent dans la structure chimique du bleu alcian indique un groupement onium, c'est-à-dire un groupe dont la composition générale est telle que représentée ci-dessous :

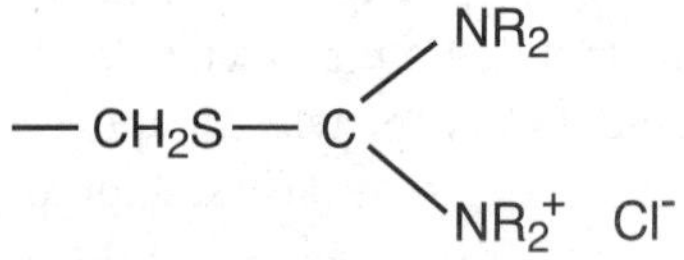

$$-CH_2S-C\begin{cases}NR_2\\NR_2^+\ Cl^-\end{cases}$$

Le radical R peut être un alkyde ou un aryle

L'alkyde est un produit d'une réaction permettant de convertir un amine primaire en amines secondaires et tertiaires sous l'action du chlorure d'hydrogène méthanolique et de l'acide chlorhydrique; ainsi un groupement NH_2 se transforme en un groupement $NH\text{-}CH_3$.

De son côté l'aryl serait le produit de la réaction d'un groupement alkyde qui, sous l'effet du chlorure d'hydrogène méthanolique et de l'acide chlorhydrique, produirait un groupement $N(CH_3)_2$.

15.4.2.1.1 *Spécificité du bleu alcian*

Les conditions dans lesquelles se déroule la réaction ont une importance déterminante sur sa spécificité. Les deux principaux paramètres sont le *p*H et la concentration du milieu en électrolytes.

Lorsque l'on étudie le comportement des diverses mucosubstances acides en présence du bleu alcian, on constate que certains types de mucosubstances réagissent différemment selon les valeurs de *p*H. Le tableau 15.3 présente un sommaire de ces diverses réactions.

Notons cependant que les valeurs de *p*H mentionnées dans le tableau ne correspondent pas à des résultats clairement définis. On constate néanmoins que le bleu alcian, à un *p*H variant de 2,5 à 2,7, colore la plupart des mucosubstances acides; c'est pourquoi, en solution dans de l'acide acétique à 3 %, c'est-à-dire dans une solution dont le *p*H est d'environ 2,5 à 2,7, il constitue un excellent moyen de mise en évidence générale des mucosubstances acides.

À un *p*H se situant entre 5,7 et 5,8, l'alcianophilie des anions glucidiques est inhibée sélectivement par diverses concentrations en électrolytes; ce phénomène constitue la base d'une méthode appelée « concentration critique en électrolytes » (*Critical Electrolyte Concentration* ou *CEC*).

On fait varier la concentration de la solution en chlorure de magnésium ($MgCl_2$) de 0,05 à 1,00 mol/L. À faible concentration, les groupes carboxyle sont colorés et les groupes sulfate demeurent incolores; ces résultats s'inversent progressivement à mesure que la concentration en $MgCl_2$ augmente. Ainsi, si la solution contient une concentration de 0,006 M de chlorure de magnésium, toutes les mucines acides sont colorées en bleu par le bleu alcian. Lorsque la concentration se situe entre 0,2 M et 0,3 M, les mucines acides faiblement et fortement sulfatées se colorent en bleu. Si la concentration varie entre 0,5 M et 0,6 M, seules les mucines acides fortement sulfatées se colorent; et si la concentration se situe entre 0,7 M et 0,8 M, seuls l'héparine sulfate et le kératane sulfate se colorent en bleu. Enfin, avec une concentration de 0,9 M de chlorure de magnésium, on ne colore en bleu que les kératanes sulfates.

15.4.2.1.2 *Mécanisme d'action*

Le bleu alcian se lie aux anions tissulaires sulfatés et carboxyliques grâce à des liaisons électrostatiques. Le fait qu'il ne réagisse pas avec les groupes phosphates des acides nucléiques s'explique de deux façons : soit que la configuration spatiale des acides nucléiques ne permette pas à la liaison de se constituer, soit que la taille de la molécule colorante soit trop importante, ce qui l'empêche de pénétrer la chromatine et d'accéder aux fonctions phosphates. On ne peut cependant déterminer laquelle des deux causes est la plus importante.

15.4.2.1.3 *Mécanisme d'action du contrecolorant*

Comme cette méthode fait appel à un colorant bleu, il est préférable de choisir un contrecolorant de couleur rouge comme le Kernechtrot (voir la section 12.10.3).

15.4.2.1.4 *Préparation des solutions pour le bleu alcian à pH 2,5*

1. Solution d'acide acétique à 3 %

- 3 ml d'acide acétique glacial
- 97 ml d'eau distillée

2. Solution de bleu alcian

- 0,1 g de bleu alcian 8 GX
- 100 ml d'acide acétique à 3 % (voir la solution n° 1)

Filtrer la solution et y ajouter l0 à 20 mg de thymol en cristaux, en tant qu'agent de conservation. Le *p*H de la solution doit être d'environ 2,5. La durée de conservation de la solution est très variable, de deux semaines à un an, selon les critères de conservation. Il faut vérifier le *p*H de la solution et la filtrer avant chaque usage.

3. Solution de Kernechtrot à 0,1 %

Ce colorant et sa préparation sont abordés en détail à la section 12.10.3.

15.4.2.1.5 *Méthode au bleu alcian à pH 2,5*

MODE OPÉRATOIRE

1. Déparaffiner et hydrater les coupes, jusqu'au rinçage à l'eau distillée;
2. colorer dans la solution de bleu alcian à 0,01 % à *p*H 2,5 pendant 30 minutes, rincer à l'eau courante pendant 10 minutes, puis à l'eau distillée pendant environ 30 secondes;
3. contrecolorer dans la solution de Kernechtrot à 0,1 % pendant 6 minutes, puis rincer à l'eau distillée pendant environ 1 minute;
4. déshydrater, éclaircir et monter avec une résine permanente, par exemple l'Eukitt.

Tableau 15.3 RELATION ENTRE LE *p*H DE LA SOLUTION DE BLEU ALCIAN ET LA RÉACTION DES MUCOSUBSTANCES SELON LE TYPE DE CELLES-CI.

Types de mucosubstances	Valeurs de *p*H auxquelles correspondent des réactions positives des mucosubstances
Fortement sulfatées	$pH < 1{,}0$
Faiblement sulfatées	$1{,}0 < pH < 2{,}5$
Sialomucines résistant à la sialidase	$1{,}5 < pH < 3{,}2$
Acide hyaluronique; sialomucines labiles à la sialidase	$1{,}7 < pH < 3{,}2$

RÉSULTATS

- Les mucosubstances acides faiblement sulfatées se colorent en bleu sous l'effet du bleu alcian;
- les noyaux se colorent en rouge sous l'action de la laque aluminique de Kernechtrot;
- les structures acidophiles tissulaires prennent une teinte allant du rouge pâle au rose sous l'effet du Kernechtrot.

15.4.2.1.6 *Remarques*

- L'emploi d'une solution dont le *p*H est inférieur à 0,5 permet de mettre en évidence les mucosubstances fortement sulfatées, ce qui a pour effet secondaire de faire disparaître les autres.
- Il est contre-indiqué de travailler avec des coupes collodionnées ou des coupes à la celloïdine, car le bleu alcian colore le collodion.
- On peut remplacer le bleu alcian par le jaune alcian GX (voir la figure 15.14) ou le vert alcian 2 GX.
- Le bleu alcian peut également servir à effectuer des colorations combinées dans lesquelles, par exemple, l'APS met en évidence les glucides neutres, et le bleu alcian les glucides acides (voir la section 15.4.2.5), ou dans lesquelles la fuchsine paraldéhyde (voir la section 15.4.2.6) met en évidence les mucosubstances sulfatées, et le bleu alcian les mucosubstances non sulfatées.

15.4.2.2 *Méthode de coloration au bleu alcian au four à micro-ondes*

L'utilisation du four à micro-ondes repose sur les mêmes principes que ceux présentés pour la méthode de coloration à la température ambiante.

15.4.2.2.1 *Solutions requises*

1. **Solution d'acide acétique à 3 %**
   - 3 ml d'acide acétique glacial concentré
   - 97 ml d'eau distillée
2. **Solution de bleu alcian à 0,1 %**
   - 0,1 g de bleu alcian
   - 100 ml d'acide acétique à 3 % (voir la solution n° 1)

   La solution doit avoir un *p*H de 2,5. Il est préférable de filtrer la solution et de procéder à la mesure du *p*H avant chaque usage.
3. **Solution de Kernechtrot à 0,1 %**

   Ce colorant et sa préparation sont abordés en détail à la section 12.10.3.

15.4.2.2.2 *Méthode au bleu alcian utilisant le four à micro-ondes*

MODE OPÉRATOIRE

1. Déparaffiner et hydrater les coupes, jusqu'au rinçage à l'eau courante;
2. mordancer pendant 3 minutes dans l'acide acétique à 3 %;

3. plonger les coupes dans la solution de bleu alcian à 0,1 % et les irradier au four à micro-ondes pendant 2 minutes, à la puissance 2 (voir l'annexe I), puis retirer le borel du four à micro-ondes et laisser reposer pendant 5 minutes dans la solution, sur le comptoir, à la température ambiante;
4. laver à l'eau courante pendant 3 minutes;
5. contrecolorer dans la solution de Kernechtrot à 0,1 % pendant 6 minutes à la température ambiante et rincer à l'eau courante pendant 30 secondes;
6. déshydrater, éclaircir et monter avec une résine permanente comme l'Eukitt.

RÉSULTATS

- Les mucosubstances acides faiblement sulfatées se colorent en bleu sous l'effet du bleu alcian à *p*H 2,5;
- les noyaux se colorent en rouge sous l'effet de la laque aluminique de Kernechtrot;
- le fond de la lame prend une teinte rosée sous l'action du Kernechtrot.

15.4.2.2.3 *Remarques*

- Une solution à *p*H 0,5 permet de mettre en évidence les mucosubstances fortement sulfatées, mais ne colore pas les autres.
- Il ne faut pas collodionner les coupes, car le bleu alcian colore le collodion; on obtiendrait alors de faux résultats positifs.
- On peut remplacer le bleu alcian par le jaune alcian GX ou le vert alcian 2 GX, mais il ne faut pas utiliser le bleu alcian 8 GX. Ce dernier sert surtout pour la différenciation par le bleu alcian dans les solutions d'électrolytes.
- On peut procéder à une coloration combinée en utilisant l'APS pour les glucides neutres et le bleu alcian pour les glucides acides, ou encore la fuchsine paraldéhyde pour les mucosubstances sulfatées combinée au bleu alcian pour les mucosubstances carboxyliques.

15.4.2.3 Méthode au bleu alcian des mucines acides en fonction du *p*H de la solution colorante

Un composant tissulaire se colore plus intensément si le colorant utilisé est grandement ionisé. Un des avantages de l'utilisation du bleu alcian comme colorant des mucines acides réside dans le fait qu'il peut être utilisé à différents *p*H, ce qui permet de différencier les mucines ainsi colorées et de les identifier. En règle générale, la réaction des esters sulfatés s'effectue à un *p*H plus bas que celle des esters carboxylés.

Il est donc possible de préparer des solutions de bleu alcian à différents *p*H et d'obtenir la mise en évidence d'une mucine en particulier. Plus la solution de bleu alcian possède un *p*H acide, plus sa conservation sera de courte durée.

Préparation de solutions colorantes de bleu alcian à différents *p*H :

- 1 g de bleu alcian dans 100 ml d'acide sulfurique à 10 % donne un *p*H d'environ 0,2;
- 1 g de bleu alcian dans 100 ml d'acide chlorhydrique à 0,2 M donne un *p*H d'environ 0,5;
- 1 g de bleu alcian dans 100 ml d'acide chlorhydrique à 0,1 M donne un *p*H d'environ 1,0;
- 1 g de bleu alcian dans 100 ml d'acide acétique à 3 % donne un *p*H d'environ 2,5;
- 1 g de bleu alcian dans 100 ml d'acide acétique à 0,5 % donne un *p*H d'environ 3,2.

15.4.2.3.1 *Méthode de coloration au bleu alcian en fonction du pH*

MODE OPÉRATOIRE

1. Déparaffiner et hydrater les coupes, jusqu'au rinçage à l'eau courante;
2. rincer dans le solvant qui a servi à dissoudre la solution de bleu alcian désirée pendant environ 1 minute;
3. colorer dans la solution de bleu alcian à 0,1 %, dont le *p*H correspond à la recherche

envisagée pendant 5 minutes, puis rincer rapidement à l'eau courante;

4. contrecolorer dans la solution de Kernechtrot à 0,5 % pendant 6 minutes à la température ambiante et rincer à l'eau courante pendant 30 secondes;
5. déshydrater, éclaircir et monter avec une résine permanente comme l'Eukitt.

RÉSULTATS

- Les noyaux se colorent en rouge sous l'action de la laque aluminique de Kernechtrot;
- les mucines acides se colorent en bleu sous l'effet du bleu alcian :
- les mucines fortement sulfatées se colorent si la technique a été effectuée avec une solution dont le *p*H est inférieur à 1,0;
- les mucines faiblement sulfatées se colorent si le *p*H de la solution colorante varie entre 1,0 et 2,5;
- l'acide hyaluronique et la N-acétyl sialomucine se colorent si le *p*H se situe entre 1,7 et 3,2;
- la N-acétyl-O-acétyl sialomucine se colore à un *p*H d'environ 1,5.

15.4.2.3.2 *Remarques*

- Tel que mentionné antérieurement, une solution de bleu alcian dans de l'acide acétique à 3 % demeure une solution de choix;
- il est toujours préférable de filtrer la solution colorante avant usage, surtout si elle a été entreposée pendant un certain temps;
- la durée de coloration est approximative et dépend de l'âge de la solution colorante ainsi que de la concentration de celle-ci. En effet, il y a très peu de différence dans l'intensité de la coloration, que les coupes restent 5 minutes dans une solution à 1 % ou 30 minutes dans une solution à 0,1 %;
- il est important de contrecolorer avec une solution de faible concentration afin de ne pas masquer les sites alcianophiles.

15.4.2.3.3 *Méthode par digestion à l'hyaluronidase*

L'hyaluronidase s'extrait de trois sources différentes : le testicule, le pneumocoque (ou le staphylocoque) et la tête de sangsue. Ces espèces d'hyaluronidases n'ont pas toutes la même activité. L'hyaluronidase testiculaire diffère nettement des autres types, son action étant beaucoup plus diversifiée. Ainsi, elle hydrolyse les chondroïtines sulfates A et C, le kératosulfate et l'acide hyaluronique. Les autres hyaluronidases sont spécifiques à l'acide hyalorunique. La digestion à l'hyaluronidase est utilisée généralement en combinaison avec la coloration au bleu alcian et la contrecoloration au Kernechtrot.

a) Préparation des solutions

1. Solution de tampon phosphate à *p*H 6,7

Pour préparer le tampon phosphate à *p*H 6,7, il faut d'abord procéder comme suit :

Solution A : 12,4 g de NaH_2PO_4 dans 1 litre d'eau distillée

Solution B : 14,2 g de Na_2HPO_4 dans 1 litre d'eau distillée

- prendre 104 ml de la solution A
- ajouter 96 ml de la solution B

2. Solution d'hyaluronidase testiculaire bovine

- 10 mg d'hyaluronidase testiculaire bovine de type IV (produit commercial, vendu entre autres par Sigma Chemical, souvent distribué en pharmacie comme médicament à administrer par injection)
- 10 ml de solution tampon phosphate à *p*H 6,7 (voir la solution n° 1)

3. Solution de bleu alcian à *p*H 2,5

- voir la section 15.4.2.1.4

4. Solution de Kernechtrot à 0,1 %

- ce colorant et sa préparation sont abordés en détail à la section 12.10.3

b) Méthode de coloration utilisant l'hyaluronidase

Le mode opératoire est semblable à celui de la coloration au bleu alcian (voir la section 15.4.2.1.5), mais il faut prévoir une digestion enzymatique sur une coupe dans la solution d'hyaluronidase tamponné pendant 3 heures dans un bain avec régulation thermostatique à 37 °C. Pendant ce temps, une coupe voisine, provenant du même spécimen, demeurera dans la solution tampon. Poursuivre la coloration dans la solution de bleu alcian à *p*H 2,5, puis avec la contrecoloration dans le Kernechtrot.

Les résultats obtenus permettront de localiser l'acide hyalurique et la chondroïtine sulfate A et C : ces substances, qui apparaissent colorées sur la coupe non traitée à l'enzyme, sont disparues de la coupe traitée, qui présente des espaces incolores aux endroits où elles se trouvaient.

15.4.2.3.4 *Sialidase (ou neuraminidase)*

La sialidase peut être extraite de plusieurs microorganismes. L'enzyme la plus utilisée est tirée de *Vibrio cholerœ*. Son action consiste à couper les liens glycosodiques qui unissent l'acide sialique et l'acide neuraminique aux chaînes glucidiques.

La sialidase permet de confirmer la présence d'acide sialique dans des mucosubstances. Cependant, la réactivité des diverses sialomucines à la sialidase est variable : certaines sont facilement digérées, d'autres ne le sont que lentement et d'autres, enfin, résistent carrément à l'enzyme.

a) Préparation des solutions pour la méthode de digestion par la sialidase

1. Solution tampon à 0,2 *M*

- solution tampon commerciale d'acétate à *p*H 5,5
- ajouter du chlorure de calcium à 1 %

2. Solution de sialidase

- 1 volume d'une solution commerciale de sialidase (comme le *Vibrio cholerœ*) dont la concentration est de 1 unité/ml
- 5 volumes de solution tampon d'acétate dont le *p*H est à 5,5

Cette solution peut se conserver au réfrigérateur pendant plusieurs semaines.

3. Solutions nécessaires selon la méthode de coloration désirée :

i) Solutions pour la coloration au bleu alcian suivie d'une contrecoloration avec le Kernechtrot : prendre les solutions présentées dans la section 15.4.2.1.4

ii) Solutions nécessaires pour la coloration combinant le bleu alcian et l'acide périodique de Schiff : prendre les solutions présentées dans la section 15.4.2.5.2

b) Méthode utilisant la sialidase

Le mode opératoire est semblable à celui de la coloration au bleu alcian (voir la section 15.4.2.1.5), mais il faut prévoir une digestion enzymatique sur une coupe dans la solution de sialidase tamponnée pendant 3 heures dans un bain avec régulation thermostatique à 37 °C. Pendant ce temps, une coupe voisine, provenant du même spécimen, demeurera dans la solution tampon. Poursuivre avec la coloration de votre choix, le bleu alcian et le Kernechtrot ou le bleu alcian combinant l'APS.

Les résultats obtenus permettent entre autres de vérifier la présence de sialomucines. En effet, ces substances, qui apparaissent colorées sur la coupe non traitée à l'enzyme, sont disparues de la coupe traitée, qui présente des espaces incolores aux endroits où elles se trouvaient.

c) Remarques

- L'enzyme devrait être utilisée en petite quantité;
- le chlorure de calcium ajouté à la solution tampon agit comme un activateur de l'enzyme; sa présence est donc essentielle.

15.4.2.4 Méthode combinant le bleu alcian et le jaune alcian

Cette méthode permet de différencier les mucines acides fortement sulfatées et carboxylées de celles qui le sont faiblement. Elle implique une coloration

Figure 15.14 : **FICHE DESCRIPTIVE DU JAUNE ALCIAN**

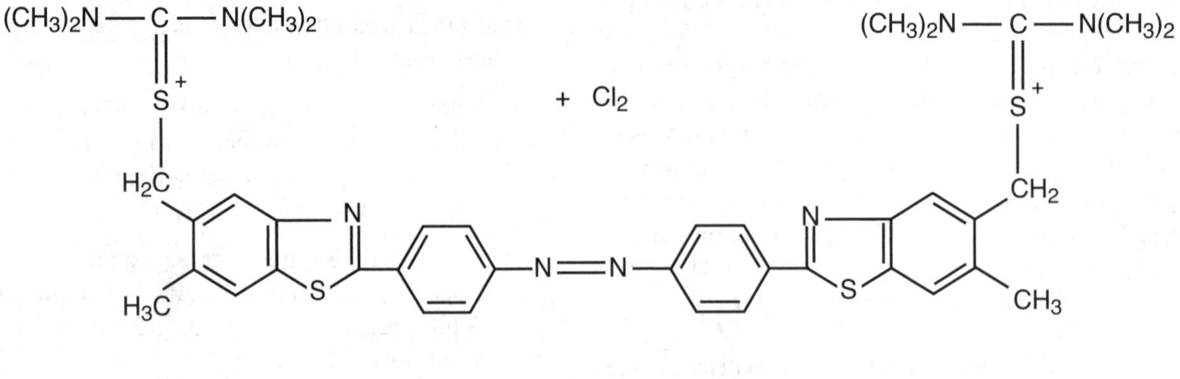

Structure chimique du jaune alcian

Nom commun	Jaune alcian	**Type d'ionisation**	Cationique
Nom commercial	Jaune alcian	**Absorption maximale**	388 nm
Autre nom	Teinte jaune 1	**Couleur**	Jaune
Numéro de CI	12840	**Formule chimique**	$C_{40}H_{36}N_8S_4Cl_2$
Nom du CI	Teinte jaune 1	**Poids moléculaire**	838,0
Classe	Azoïque		

Le jaune alcian n'est pas un colorant couramment utilisé en histotechnologie; à l'occasion, il permet la mise en évidence des mucines acides qu'il colore en jaune. Il a cependant les mêmes caractéristiques que le bleu alcian.

dans une solution de bleu alcian à bas *p*H suivie d'une coloration dans une solution de jaune alcian à haut *p*H. Le contraste entre les couleurs peut ainsi mettre en évidence deux types de mucines acides.

15.4.2.4.1 *Préparation des solutions*

1. **Solution de bleu alcian**
   - 1 g de bleu alcian
   - 100 ml d'acide chlorhydrique à 0,2 *M*
2. **Solution de jaune alcian**
   - 1 g de jaune alcian
   - 100 ml d'acide acétique à 3 %
3. **Solution de Kernechtrot à 0,1 %**

   Ce colorant et sa préparation sont abordés en détail à la section 12.10.3

15.4.2.4.2 *Méthode au bleu alcian-jaune alcian*

MODE OPÉRATOIRE

1. Déparaffiner et hydrater les coupes, jusqu'au bain de rinçage à l'eau courante;
2. rincer dans une solution de HCl 0,2 *M*;
3. colorer les coupes dans la solution de bleu alcian à 0,1 % pendant 5 minutes, rincer de nouveau dans la solution de HCl 0,2 *M*, puis rincer dans de l'eau distillée;
4. colorer les coupes dans la solution de jaune alcian à 0,1 % pendant 5 minutes, puis rincer à l'eau distillée;
5. contrecolorer dans le Kernechtrot à 0,1 % pendant 6 minutes et rincer à l'eau courante pendant 30 secondes;

6. déshydrater, éclaircir et monter avec une résine permanente comme l'Eukitt.

RÉSULTATS

- Les mucosubstances acides sulfatées se colorent en bleu sous l'effet du bleu alcian;
- les mucines acides carboxylées se colorent en jaune sous l'action du jaune alcian;
- les noyaux se colorent en rouge sous l'effet de la laque aluminique de Kernechtrot;
- le fond de la lame prend une teinte rosée sous l'action du Kernechtrot.

15.4.2.4.3 *Remarque*

- Il est important de noter que le bleu alcian est solubilisé dans une solution d'acide chlorhydrique alors que le jaune alcian l'est dans une solution d'acide acétique. L'usage de deux colorants en solution acide nécessite l'utilisation de solvants différents en fonction de l'affinité particulière de chacun des colorants pour un solvant ou pour un autre afin d'éviter qu'il y ait conflit entre les colorants eux-mêmes, ce qui pourrait affecter la qualité des colorations.

15.4.2.5 Méthode combinant le bleu alcian et l'APS

Presque considérée comme une méthode de routine, cette méthode permet de mettre clairement en évidence les mucines acides et les mucines neutres. Les mucines acides sont colorées en bleu par le bleu alcian, alors que les mucines neutres prennent une teinte magenta sous l'action du réactif de Schiff.

La préparation des coupes nécessite l'utilisation du même type de liquide fixateur que pour la coloration à l'APS ou au bleu alcian, c'est-à-dire le formaldéhyde à 10 % tamponné ou le Bouin.

15.4.2.5.1 *Mécanismes d'action*

Les mécanismes d'action de l'APS ou du bleu alcian sont les mêmes que dans chacune des méthodes prises séparément. Pour l'APS, voir la section 15.4.1.2; pour le bleu alcian, voir la section 15.4.2.1.

15.4.2.5.2 *Préparation des solutions*

1. Solution d'acide périodique à 0,5 %

- 0,5 g d'acide périodique
- 100 ml d'eau distillée

2. Réactif de Schiff

- Voir la section 15.4.1.2

3. Solution d'hématoxyline de Harris

La préparation de cette solution est expliquée à la section 12.6.2

4. Solution d'eau acidifiée

- Voir la section 13.1.5.1, B

5. Solution de carbonate de lithium à 1 %

- 1 g de carbonate de lithium
- 100 ml d'eau distillée

6. Solution d'acide acétique à 3 %

- 3 ml d'acide acétique glacial
- 100 ml d'eau distillée

7. Solution mère de bleu alcian

- 1 g de bleu alcian
- 100 ml d'acide acétique à 3 % (solution n° 6)

8. Solution de travail de bleu alcian à *p*H 2,5

- 5 ml de solution mère de bleu alcian (solution n° 7)
- 45 ml d'acide acétique 3 % (solution n° 6)

15.4.2.5.3 *Méthode au bleu alcian-APS*

MODE OPÉRATOIRE

1. Déparaffiner et hydrater les coupes jusqu'au bain de rinçage à l'eau distillée;
2. passer les coupes dans la solution d'acide acétique à 3 % pendant 5 minutes; rincer à l'eau courante;
3. colorer pendant 5 minutes dans la solution de travail de bleu alcian à *p*H 2,5 OU 3 minutes au four à micro-ondes à la puissance 2; rincer à l'eau courante, puis à l'eau distillée;

4. oxyder dans la solution d'acide périodique à 0,5 % pendant 5 minutes, puis rincer à l'eau distillée;
5. colorer pendant 20 minutes dans le réactif de Schiff porté à la température ambiante OU pendant 3 minutes au four à micro-ondes à la puissance 2; laver à l'eau courante pendant environ 10 minutes;
6. colorer les noyaux dans l'hématoxyline de Harris pendant 3 minutes, puis rincer à l'eau courante;
7. différencier dans l'eau acidifiée en y plongeant la coupe une dizaine de fois, puis laver à l'eau courante;
8. bleuir dans la solution de carbonate de lithium à 1 % ou dans l'eau ammoniacale à 0,2 % en y plongeant la lame une dizaine de fois; rincer à l'eau distillée;
9. déshydrater, éclaircir et monter avec une résine permanente comme l'Eukitt ou le DPX.

RÉSULTATS

- Les noyaux se colorent en bleu pâle sous l'effet de l'hématoxyline aluminique de Harris;
- les mucopolysaccharides neutres se colorent en rouge violacé sous l'action du réactif de Schiff;
- les mucopolysaccharides acides faiblement sulfatés se colorent en bleu sous l'effet du bleu alcian à *p*H 2,5.

15.4.2.5.4 *Remarques*

- Il est important de colorer très légèrement les noyaux afin que leur couleur, obtenue par l'hématoxyline de Harris, ne se confonde pas avec celle des granulations des mucines acides colorées par le bleu alcian;
- il est essentiel de garder pour la fin la coloration des noyaux par l'hématoxyline aluminique, à cause du caractère acide des autres solutions;
- toutes les autres remarques concernant aussi bien la méthode de coloration à l'APS que la coloration au bleu alcian s'appliquent également.
- Il est toujours préférable d'ajouter un tissu contrôle qui sera positif pour la mise en évidence autant des mucosubstances neutres que des mucosubstances acides.

15.4.2.6 Méthode à la fuchsine paraldéhyde

Cette méthode a été abordée dans le chapitre 14 (voir la section 14.2.2.3.6).

15.4.2.7 *Méthode combinant fuchsine paraldéhyde et bleu alcian à pH 2.5*

Cette technique est une méthode fiable pour mettre en évidence de façon efficace les mucines sulfatées ainsi que les mucines carboxyliques. Elle repose sur le fait que la fuchsine aldéhyde a une grande affinité pour les mucines sulfatées, qu'elle colore en pourpre, ce qui explique que ce colorant soit utilisé en premier dans la méthode. On utilise par la suite le bleu alcian comme contrecolorant, lequel colore les mucines carboxyliques en bleu.

15.4.2.7.1 *Mécanismes d'action*

La remarquable affinité de la fuchsine paraldéhyde pour les groupements sulfatés n'est pas encore très bien comprise, mais les principaux auteurs pensent que la solution de fuchsine paraldéhyde pourrait provoquer l'oxydation des acides aminés présents dans les tissus et ainsi dégager des résidus de sulfate chargés négativement, lesquels pourraient alors former des liens sel avec la fuchsine basique.

Le bleu alcian, de son côté, se lie aux anions tissulaires sulfatés et carboxyliques grâce à des liaisons électrostatiques (voir la section 15.4.2.1.2), mais comme les groupements sulfatés sont déjà occupés par la fuchsine paraldéhyde, le bleu alcian ne peut agir que sur les liens carboxyliques.

15.4.2.7.2 *Préparation des solutions*

1. Solution de fuchsine paraldéhyde

- 1 g de fuchsine basique
- 2 ml de paraldéhyde

- 1 ml d'acide chlorhydrique concentré
- 58 ml d'éthanol absolu
- 49 ml d'eau distillée

2. **Solution d'acide acétique à 3 %**
   - 3 ml d'acide acétique glacial
   - 97 ml d'eau distillée
3. **Solution mère de bleu alcian**
   - 1 g de bleu alcian
   - 100 ml d'acide acétique à 3 % (solution n° 2)
4. **Solution de travail de bleu alcian à *p*H 2,5**
   - 7 ml de solution mère de bleu alcian (solution n° 3)
   - 63 ml d'acide acétique à 3 % (solution n° 2)

   Ne pas oublier de vérifier le *p*H de la solution avant de procéder à la coloration.

15.4.2.7.3 *Méthode combinant fuchsine paraldéhyde et bleu alcian à pH 2,5*

MODE OPÉRATOIRE

1. Déparaffiner et hydrater les coupes jusqu'au bain de rinçage à l'eau distillée;
2. rincer dans un bain d'éthanol à 70 % pendant 10 à 15 secondes;
3. colorer dans la solution de fuchsine paraldéhyde pendant 20 minutes, rincer adéquatement dans un bain d'éthanol à 70 %, puis dans un bain d'eau distillée;
4. contrecolorer dans la solution de travail de bleu alcian pendant 5 minutes, puis rincer à l'eau courante;
5. déshydrater, éclaircir et monter avec une résine permanente comme l'Eukitt ou le DPX.

RÉSULTATS

- Les mucosubstances sulfatées se colorent en pourpre sous l'effet de la fuchsine paraldéhyde;
- les mucosubstances carboxyliques se colorent en bleu sous l'action du bleu alcian;
- il est possible que les fibres élastiques se colorent en pourpre sous l'effet de la fuchsine paraldéhyde, mais de façon très pâle. De toute façon, leur structure, différente de celle des mucosubstances, rend toute confusion improbable.

15.4.2.7.4 *Remarques*

- La solution de fuchsine paraldéhyde peut se conserver pendant environ 1 mois. Passé ce temps, elle donnera une coloration de fond qui rendra difficile la mise en évidence des mucosubstances sulfatées;
- l'utilisation du baume du Canada comme milieu de montage affadit la coloration donnée aux mucosubstances sulfatées par la fuchsine paraldéhyde;
- il est toujours important de filtrer la solution de fuchsine paraldéhyde avant usage : moins la solution est fraîche, plus le filtrage est important;
- on obtient de meilleurs résultats si la fuchsine basique utilisée contient plus de pararosaniline que de rosaniline.

15.4.2.8 Méthodes de coloration aux diamines

Les méthodes de coloration aux diamines ont été mises au point au cours des années 1960 par Spicer. Elles sont assez compliquées, mais peuvent cependant fournir des renseignements précieux sur les polysaccharides présents dans les tissus. Ces méthodes sont au nombre de trois : la méthode à l'acide périodique-N,N-diméthylparaphénylènediamine, la méthode aux diamines mélangés et les méthodes mettant en jeu un oxydant et un mélange de diamines.

15.4.2.8.1 *Principe et mécanismes d'action*

a) Méthode combinant acide périodique et -N, N diméthylparaphénylènediamine

Les coupes sont placées dans une solution aqueuse d'acide périodique et de chlorhydrate de N,N-diméthylparaphénylènediamine. L'acide périodique provoquera l'oxydation des groupements 1,2 glycol en aldéhydes. Les aldéhydes provenant des mucosubstances neutres réagiront avec le chlorhydrate de N,N- diméthylparaphénylènediamine et prendront une teinte brun orangé alors que les aldéhydes provenant de mucosubstances acides entraîneront la formation de complexes salins noirs.

Lorsque la solution est fraîchement préparée, la coloration des aldéhydes provenant des mucosubstances neutres se produit rapidement alors que celle des mucosubstances acides se fait plus lentement.

Les mucosubstances comportant à la fois des groupes acides et des groupes 1,2 glycol, se colorent dans des teintes intermédiaires, allant du brun au gris-noir.

b) Méthode aux diamines mélangés

En travaillant sur l'utilisation des diamines pour la mise en évidence des mucosubstances neutres et acides, les chercheurs ont essayé plusieurs méthodes. Ces recherches ont permis de constater que le *p*H de la solution avait une grande importance dans la détermination des résultats. Par exemple, une solution de métaphénylènediamine conserve sa couleur pendant plusieurs jours, mais ne colore les mucosubstances acides que très faiblement. Une solution de paraphénylènediamine développe en quelques heures une couleur rouge pourpre qui s'assombrit progressivement pour se situer entre le gris et le noir.

Enfin, une solution des deux isomères méta et para (voir la figure 15.15) vire au bleu pourpre et confère aux mucosubstances acides une coloration pourpre intense qu'il est possible de rendre sélective par différenciation au moyen d'alcool-acide. L'acidité de la solution de diamines mélangés, à un *p*H de 3,4 à 4,0, colore de façon sélective les mucosubstances acides sans qu'il soit nécessaire de les différencier par la suite.

Ces observations démontrent que la méthode de coloration aux diamines mélangés en solution acide permet la mise en évidence exclusive des mucosubstances acides, sulfatées et carboxyliques qui se colorent alors en pourpre.

c) Méthodes mettant en jeu un oxydant et un mélange de diamines

La coloration aux diamines est ici facilitée par la présence d'agents oxydants. À partir de ce principe, deux méthodes ont été mises au point : la première consiste en l'emploi d'un mélange de diamines et d'une faible concentration de chlorure ferrique (*low iron diamine*); la seconde suppose un mélange de diamines et d'une forte concentration de chlorure ferrique (*high iron diamine*).

Dans la méthode de coloration avec solution diluée de chlorure ferrique (0,08 %), ce dernier joue strictement le rôle d'agent oxydant en facilitant la coloration des mucosubstances acides en des teintes qui vont du gris-pourpre au noir.

Par contre, lorsque la concentration de chlorure ferrique augmente, une dimension supplémentaire s'ajoute à l'action de l'agent oxydant puisque les ions ferriques viennent bloquer les fonctions carboxyles et phosphates des acides nucléiques : le mélange de diamines ne peut alors colorer que les mucosubstances sulfatées dans des teintes allant du gris-pourpre au noir.

Dans les deux cas, si les coupes sont oxydées à l'acide périodique avant la coloration, il y aura mise en évidence des mucosubstances neutres et des homoglycanes.

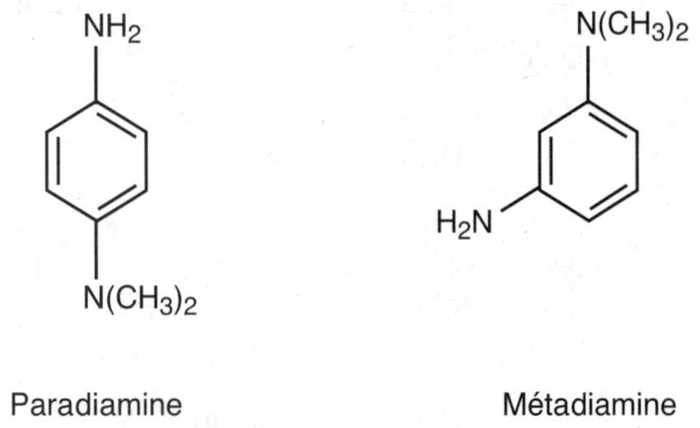

Figure 15.15 : *Représentation schématique des isomères para et métadiamine.*

15.4.2.8.2 *Spécificité des méthodes aux diamines*

Tel que mentionné au paragraphe précédent, la spécificité de ces méthodes permet la mise en évidence des mucosubstances. Néanmoins, il existe des exceptions à la règle.

15.4.2.8.3 *Préparation des solutions*

1. **Solution d'acide acétique à 3 %**
   - 3 ml d'acide acétique glacial
   - 100 ml d'eau distillée
2. **Solution mère de bleu alcian**
   - 1 g de bleu alcian
   - 100 ml d'acide acétique à 3 % (solution n° 1)
3. **Solution de travail de bleu alcian à *p*H 2,5**
   - 7 ml de solution mère de bleu alcian (solution n° 2)
   - 63 ml d'acide acétique à 3 % (solution n° 1)
4. **Solution de chlorure ferrique à 60 %**
   - 6 g de chlorure ferrique
   - 10 ml d'eau distillée
5. **Solution de diamines ferriques**
   - 120 mg de dihydrochlorure N,N-diméthyle-métaphénylènediamine
   - 20 mg de dihydrochlorure N,N-diméthyle-paraphénylènediamine
   - 58,6 ml d'eau distillée
   - 1,4 ml de chlorure ferrique à 60 % (solution n° 4)
6. **Solution de Kernechtrot à 0,5 %**

   Ce colorant et sa préparation sont abordés à la section 12.10.3.

15.4.2.8.4 *Méthode de coloration combinant diamines ferriques et bleu alcian à pH 2,5*

MODE OPÉRATOIRE

1. Déparaffiner et hydrater les coupes jusqu'au bain de rinçage à l'eau distillée;
2. immerger les coupes dans la solution de diamine ferrique pendant 18 à 24 heures, puis laver adéquatement à l'eau courante;
3. colorer dans la solution de bleu alcian à *p*H 2,5 pendant 5 minutes, puis rincer à l'eau courante;
4. contrecolorer dans la solution de Kernechtrot à 0,5 % pendant 2 à 3 minutes, puis rincer à l'eau courante;
5. déshydrater, éclaircir et monter avec une résine permanente comme l'Eukitt ou le DPX.

RÉSULTATS

- Les mucosubstances sulfatées se colorent en brun-noir sous l'effet de la diamine ferrique;
- les mucosubstances carboxyliques se colorent en bleu sous l'action du bleu alcian;
- les noyaux se colorent en rouge sous l'action de la laque aluminique de Kernechtrot;
- les autres structures acidophiles se colorent en rouge pâle sous l'action du Kernechtrot.

15.4.2.8.5 *Remarque*

- Les deux sels de diamine sont potentiellement toxiques et leur manipulation doit se faire avec toutes les précautions nécessaires afin d'éviter tout contact avec la peau.

15.4.2.9 Méthode au fer colloïdal de Hale

15.4.2.9.1 *Principe*

La méthode de coloration au fer colloïdal repose sur l'affinité des ions ferriques (Fe^{+++}) d'une solution d'un sel ferrique dialysé pour les anions tissulaires. Le fer ainsi fixé est mis en évidence en bleu par le ferrocyanure de potassium, réaction connue sous le nom de « réaction au bleu de Prusse ».

La méthode de coloration au fer colloïdal, tout comme ses nombreuses variantes, met en œuvre des mécanismes plus sensibles que ne le fait la méthode au bleu alcian et produit une réaction plus intense.

15.4.2.9.2 *Mécanismne d'action*

Le mécanisme exact de la fixation du fer sur les structures tissulaires fait encore l'objet de discussions et de recherches. En effet, il pourrait s'agir d'un lien électrostatique ou d'un phénomène de chélation ou d'adsorption.

Une fois lié au tissu, le fer est mis en évidence grâce à la réaction au bleu de Prusse de Perls. La réaction de coloration est la suivante (si on représente le fer ferrique par le sel $FeCl_3$) :

$$4\ FeCl_3 + 3\ K_4Fe(CN)_6 \rightarrow Fe_4[Fe(CN)_6]_3 + 12\ KCl$$

ferrocyanure de potassium — ferrocyanure ferrique (bleu de Prusse)

15.4.2.9.3 *Spécificité*

La méthode originale, publiée par Hale, présentait des inconvénients importants quant à la spécificité; en effet, plusieurs structures autres que les mucosubstances acides peuvent réagir positivement à la réaction, dont les noyaux, le collagène et la fibrine. Certains variantes furent proposées par la suite, dans lesquelles le *p*H était abaissé entre 1,8 et 1,9; cette acidification de la solution accentue l'affinité spécifique du fer colloïdal pour les fonctions sulfate et carboxyle tout en inhibant les colorations non spécifiques.

Ainsi, lorsque les conditions liées au *p*H, à la concentration de la solution de fer et au type de solution de fer sont optimales, et que les techniques de contrôle de la qualité sont adéquates, ce type de méthode peut donner des résultats très intéressants. La plus importante de ces méthodes de coloration est celle de Hale.

Pour cette méthode, on recommande de fixer les tissus soit dans une solution de formaldéhyde à 10 % tamponnée, soit dans le liquide fixateur de Carnoy, ou encore, dans un mélange de formaldéhyde à 10 % et d'éthanol absolu. Les liquides fixateurs à base de chromate ne devraient pas être utilisés pour les tissus à traiter au moyen de cette méthode.

15.4.2.9.4 *Préparation des solutions*

1. Solution de chlorure ferrique aqueux à 29 %

- 29 g de chlorure ferrique
- 100 ml d'eau distillée

2. Solution mère de fer colloïdal

- 125 ml d'eau distillée
- 22 ml de chlorure ferrique aqueux à 29 % (solution n° 1)

Faire bouillir l'eau dans un bécher contenant un agitateur magnétique pour que le mélange se fasse de façon uniforme. S'assurer que l'eau soit bouillante, puis ajouter lentement le chlorure ferrique. Laisser bouillir la solution jusqu'à ce qu'elle prenne une teinte rouge foncé. La retirer du feu et laisser refroidir. La solution se conserve au réfrigérateur à 4 °C, pendant une longue période.

3. Solution d'acide acétique 2 *M*

- On peut se procurer cette préparation sur le marché.

4. Solution de travail de fer colloïdal

- 1 volume de solution mère de fer colloïdal (solution n° 2)
- 1 volume d'acide acétique 2 *M* (solution n° 3)

5. Solution de ferrocyanure de potassium aqueux à 2 %

- 2 g de ferrocyanure de potassium
- 100 ml d'eau distillée

6. Solution d'acide chlorhydrique à 2 %

- 2 ml d'acide chlorhydrique concentré
- 98 ml d'eau distillée

7. Solution de bleu de Prusse de Perls

- 1 volume de ferrocyanure de potassium à 2 % (solution n° 5)
- 1 volume d'acide chlorhydrique à 2 % (solution n° 6)

8. Solution de Schiff

- Voir la technique, section 15.4.1.2.5, solution n° 1

9. Solution de Kernechtrot à 0,5 %

- Voir la section 12.10.3

15.4.2.9.5 *Méthode au fer colloïdal de Hale*

MODE OPÉRATOIRE

1. Déparaffiner et hydrater les coupes jusqu'au bain de rinçage à l'eau distillée;
2. immerger les coupes dans la solution de travail de fer colloïdal fraîchement préparée pendant 10 minutes, bien laver à l'eau courante, puis rincer dans deux ou trois bains d'eau distillée;
3. immerger dans la solution de bleu de Prusse de Perls fraîchement préparée pendant 10 minutes, bien laver à l'eau courante, puis rincer dans deux ou trois bains d'eau distillée;
4. contrecolorer dans le Kernechtrot à 0,5 % pendant 5 minutes, OU poursuivre avec la méthode de coloration à l'APS (voir la section 15.4.1.2.6);
5. bien laver à l'eau courante;
6. déshydrater, éclaircir et monter avec une résine permanente comme l'Eukitt ou le DPX de préférence.

RÉSULTATS

- Les mucosubstances acides se colorent en bleu foncé sous l'effet du réactif de bleu de Prusse de Perls;
- les noyaux se colorent en rouge sous l'action de la laque aluminique de Kernechtrot.

OU, si la technique à suivre est celle de l'APS :

- les mucosubstances acides se colorent en bleu foncé sous l'effet du réactif de bleu de Prusse de Perls;
- les mucosubstances neutres se colorent en rouge pourpre sous l'action du réactif de Schiff;
- les noyaux se colorent en bleu sous l'action de l'hématoxyline aluminique.

15.4.2.9.6 *Remarques*

- Une bonne façon d'éliminer les interactions non désirées entre le fer ferrique et le réactif de bleu de Prusse de Perls, est de travailler en parallèle sur deux coupes, dont l'une sera traitée uniquement avec le réactif de bleu de Prusse de Perls;
- un traitement de 10 minutes dans le réactif de Perls est amplement suffisant. Si le bain dure plus longtemps, on assistera à la formation d'une forte coloration de fond;
- il est préférable de procéder au montage des coupes avec le DPX. Ce dernier préviendra l'affadissement des colorations avec le temps, ce qui n'est pas le cas de l'Eukitt;
- le *p*H de la solution de fer colloïdal de travail doit se situer autour de 1,9.

15.4.2.10 Utilisation de la métachromasie

15.4.2.10.1 *Principe*

La métachromasie se caractérise par la capacité d'une molécule colorante à donner au tissu des couleurs différentes selon les circonstances (voir la section 10.10.3). Les colorants qui entraînent de tels effets, ou colorants métachromatiques, ne sont que des colorants cationiques qui agissent directement, sans mordant et sans agent de rétention. Ces colorants métachromatiques sont tous de nature cationique; par conséquent, ils peuvent agir directement sur les structures anioniques des mucosubstances acides. Les méthodes d'étude des mucosubstances acides au moyen de la métachromasie sont basées sur le fait que, en histotechnologie, les principaux chromotropes (voir la section 10.10.3.1), présents dans la matrice du cartilage, les granulations des mastocytes et certaines mucines acides, par exemple, doivent leur caractère chromotropique aux mucosubstances acides qu'ils contiennent.

En histologie, tous les chromotropes sont des structures fortement basophiles, donc anioniques. Néanmoins, les groupes anioniques tissulaires n'ont pas tous la même capacité de déclencher la métachromasie : ce sont, du plus fort au plus faible, les esters sulfuriques, les groupes phosphate et les fonctions carboxyle.

15.4.2.10.2 *Mécanisme d'action*

La métachromasie est due à la polymérisation du colorant lorsque celui-ci entre en contact avec une structure tissulaire qui contient une quantité suffisante de charges négatives par unité de surface (voir la section 10.10.3).

15.4.2.10.3 *Spécificité*

Les mucosubstances fortement acides présentent un phénomène de métachromasie soit à cause d'esters sulfuriques, ou sulfates, soit à cause de groupes carboxyle. Comme la plupart des méthodes histochimiques, la métachromasie ne donne elle-même que peu de renseignements sur l'identité chimique des substances étudiées. On peut cependant, en jouant sur certains facteurs connus, préciser les informations obtenues. Le *p*H en est un. Ainsi, à un *p*H inférieur à 3,0, la métachromasie que l'on observe est due aux esters sulfuriques; celle qui est suscitée par les carboxyles est inhibée.

La concentration en électrolytes est un autre facteur. Lorsqu'on ajoute à la solution colorante des sels neutres comme le chlorure de sodium ou de calcium, les cations minéraux entrent en concurrence avec le colorant pour les anions tissulaires, ce qui tend à inhiber la métachromasie.

On peut jouer également sur la déshydratation. Il a déjà été noté que l'implication des molécules d'eau dans la constitution des polymères de colorant rendait la déshydratation des coupes très nuisible; certains auteurs, au contraire, utilisent ce phénomène pour faire la distinction entre une métachromasie stable et une métachromasie labile à l'éthanol.

Signalons enfin qu'il est possible d'altérer chimiquement les substances tissulaires, soit pour susciter une métachromasie là où il n'en existe pas normalement (comme la sulfatation ou la suroxydation volontaire des groupements glycol), soit pour inhiber celle que l'on s'attendait à observer en l'absence de prétraitement (comme la méthylation). L'une des principales méthodes utilisant la métachromasie est la méthode à l'azur A (voir la figure 12.5); celle où il y a méthylation est la méthode au bleu alcian avec méthylation.

15.4.2.10.4 *Préparation des solutions*

1. **Solution à l'azur A**
   - 0,2 g d'azur A
   - 100 ml d'eau distillée
2. **Solution de permanganate de potassium à 1 %**
   - 1 g de permanganate de potassium
   - 100 ml d'eau distillée
3. **Solution d'acide oxalique à 5 %**
   - 5 g d'acide oxalique
   - 100 ml d'eau distillée
4. **Solution de nitrate d'uranyle à 0,2 %**
   - 1 ml de nitrate d'uranyle à 2 % (produit commercial)
   - 99 ml d'eau distillée

15.4.2.10.5 *Méthode métachromatique à l'azur A*

MODE OPÉRATOIRE

1. Déparaffiner et hydrater les coupes jusqu'au bain de rinçage à l'eau distillée;
2. traiter les coupes dans la solution de permanganate de potassium à 1 % pendant 5 minutes, puis laver rapidement à l'eau courante;
3. blanchir dans la solution d'acide oxalique à 5 % pendant environ 30 secondes ou plus si nécessaire, puis laver à l'eau courante pendant 3 à 5 minutes;
4. colorer dans la solution d'azur A pendant 5 minutes, puis laver à l'eau courante;
5. différencier avec la solution de nitrate d'uranyle pendant 10 à 30 secondes, laver à l'eau courante, puis enlever le surplus d'eau autour du tissu;
6. rincer dans l'éthanol absolu;

7. éclaircir et monter avec une résine permanente comme l'Eukitt ou le DPX.

RÉSULTATS

- Les mucines acides prennent une coloration allant du pourpre au rouge sous l'effet de l'azur A;
- le fond de la lame se colore en bleu sous l'action de l'azur A.

15.4.2.10.6 *Remarques*

- Le fait d'enlever le surplus d'eau avant la déshydratation aide à limiter la perte de métachromasie, qui se produit souvent dans les solutions d'éthanol diluées;
- il peut arriver que les résultats de la coloration soient médiocres, ce qui est généralement dû à la qualité du colorant;
- le montage avec le DPX retarde l'affadissement des colorations avec le temps;
- il peut y avoir la mise en évidence des granulations des mastocytes si les tissus ont été fixés dans un liquide fixateur mercurique et que le traitement à l'iode a été omis avant la coloration;
- la différenciation par le nitrate d'uranyle sert à enlever le surplus de colorant; de plus, ce réactif permet de rétablir les liaisons entre le colorant et le tissu, si nécessaire, en jouant le rôle de mordant.

15.5 MÉTHODES DE CONTRÔLE DANS L'ÉTUDE DES GLUCIDES

La spécificité des diverses méthodes de mise en évidence des glucides n'est pas absolue. On doit donc travailler en parallèle sur des coupes intactes et sur des coupes témoins qui ont subi des traitements chimiques ayant pour effet d'éliminer ou de stimuler la réaction que provoquent certaines substances données. On distingue deux classes de méthodes de contrôle qui permettent de bloquer sélectivement certains groupes réactifs glucidiques : le blocage chimique et le contrôle enzymatique. Trois méthodes de contrôle enzymatique ont été exposées plus haut : les méthodes de digestion par la diastase (voir la section 15.4.2.9.1, A), par l'hyaluronidase (voir la section 15.4.2.3.3) et par la sialidase (voir la section 15.4.2.3.4).

15.5.1 BLOCAGE CHIMIQUE

Le blocage chimique peut viser les groupes 1,2-glycol ou les groupes acides. Les méthodes de blocage chimique sont beaucoup plus utilisées dans le domaine de la recherche qu'en milieu clinique.

15.5.1.1 Blocage des groupes 1, 2-glycol

Le blocage des groupes 1,2-glycol inhibe leur réactivité à l'APS, car s'ils ont été substitués dans la molécule, celle-ci ne peut plus être oxydée par l'acide périodique. Le blocage peut s'effectuer par benzoylation ou par acétylation. Ces deux procédés peuvent aussi être utilisés pour le blocage des fonctions aldéhydes.

La benzoylation se fait à l'aide de chlorure de benzoyle en solution avec la pyridine; elle est très peu utilisée. L'acétylation, par contre, est une réaction plus répandue, quoique sa spécificité soit mise en doute.

Pour l'acétylation, on utilise un mélange d'anhydride acétique et de pyridine qui, semble-t-il, causerait une estérification des groupes 1,2-glycol, selon la réaction illustrée à la figure 15.16.

Il semble que ce blocage soit spécifique des groupes 1,2-glycol et 1,2-hydroxyle, amine. Cependant, seuls les groupes 1,2-glycol, de façon certaine, ont la propriété de colorer de nouveau le réactif de Schiff après saponification. Toutefois, certains auteurs considèrent que les deux fonctions des groupes 1,2-hydroxyle, amine ne peuvent être saponifiées, alors que d'autres affirment que la fonction hydroxyle peut facilement l'être et que la fonction amine ne peut l'être que très difficilement.

Le renversement de cette réaction de saponification peut être effectué par hydrolyse acide avec du HCl à 0,1*N* ou par hydrolyse alcaline avec du KOH, du NaOH, ou encore, de l'alcool ammoniacal. Le renversement de la saponification est surtout utile dans la mesure où elle permet d'établir la nature lipidique ou glucidique d'une substance (voir la figure 15.17).

15.5.1.2 Blocage des groupes acides

On donne au blocage des fonctions acides le nom de « méthylation », le réactif utilisé étant un mélange d'acide chlorhydrique et de méthanol. Cette réaction provoque la perte de la basophilie qui était liée autant aux fonctions sulfate qu'aux fonctions carboxyle. Après la méthylation, seuls les groupes carboxyle ainsi bloqués peuvent être saponifiés au moyen du KOH, tandis que les groupes sulfate disparaissent et ne peuvent pas être colorés de nouveau, même après saponification.

Le mécanisme de ces réactions n'est pas parfaitement connu. On a longtemps cru que les carboxyles subissaient une estérification réversible avec l'alcool méthylique, tandis que les sulfates étaient éliminés dès cette étape. Aujourd'hui, on croit plutôt que les deux fonctions subissent une estérification avec des hydroxyles tissulaires, estérification appelée « lactonisation ». Selon cette hypothèse, c'est au cours de la saponification que les groupes sulfate seraient perdus.

15.5.1.2.1 *Méthode au bleu alcian avec méthylation*

L'immersion des coupes dans du méthanol pendant 4 heures à une température de 37 °C, a pour effet d'estérifier toutes les mucines carboxyliques présentes dans le tissu, ce qui bloque leur basophilie. Cependant, avec la méthode traditionnelle d'application du bleu alcian, il est possible de mettre en évidence soit les sialomucines, soit l'acide hyaluronique, malgré une légère perte d'alcianophilie. L'acide chlorhydrique est mélangé au méthanol et, ensemble, ils agissent comme catalyseur de la réaction.

En pratique, bien que cette méthode semble précise, certains types de mucines sulfatées présentes dans les tissus conjonctifs peuvent également être bloquées par le méthanol. Pour cette raison, il est préférable d'utiliser cette technique seulement lorsqu'il faut différencier les mucines sulfatées des mucines carboxyliques. Si la méthode combinant APS et bleu alcian se fait après la méthylation, les sialomucines qui se colorent en bleu sous l'effet du bleu alcian changent de couleur et prennent la coloration pourpre de l'APS. Cela est dû à la fraction terminale du carboxyle qui forme un ester de méthyle ne réagissant pas avec le bleu alcian. Par conséquent, les groupements glycol présents dans la molécule d'acide sialique sont mis en évidence par le réactif de Schiff utilisé dans cette méthode.

15.5.1.2.2 *Préparation des solutions*

1. **Solution de méthylation**
   - 0,8 ml d'acide chlorhydrique concentré
   - 99,2 ml de méthanol à 100 %
2. **Solution de bleu alcian à *p*H 2,5**
   - Voir la section 15.4.2.1.4, solution n° 2.
3. **Solution de Kernechtrot à 0,5 %**
   - Voir la section 12.10.3.

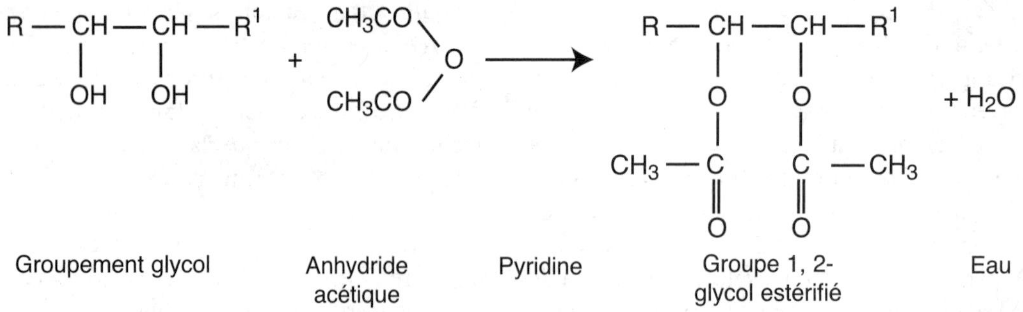

$$R-CH(OH)-CH(OH)-R^1 + (CH_3CO)_2O \xrightarrow{\text{Pyridine}} R-CH(O-CO-CH_3)-CH(O-CO-CH_3)-R^1 + H_2O$$

Groupement glycol | Anhydride acétique | Pyridine | Groupe 1, 2-glycol estérifié | Eau

Figure 15.16: *Représentation schématique de l'estérification des groupements 1,2-glycol sous l'action de l'anhydride acétique.*

15.5.1.2.3 *Méthode au bleu alcian avec méthylation*

MODE OPÉRATOIRE

1. Déparaffiner et hydrater les coupes jusqu'au bain de rinçage à l'eau distillée;
2. plonger les coupes dans la solution méthanol-acide chlorhydrique préchauffée à 37 °C pendant 4 heures, puis les laver adéquatement à l'eau courante;
3. colorer les coupes dans la solution de bleu alcian à *p*H 2,5 pendant 5 minutes, puis les laver à l'eau distillée;
4. contrecolorer dans la solution de Kernechtrot à 0,5 % pendant 6 minutes, puis laver à l'eau distillée;
5. déshydrater, éclaircir et monter avec une résine permanente comme le DPX ou l'Eukitt.

RÉSULTATS

- Seules les mucines sulfatées se colorent en bleu sous l'effet du bleu alcian;
- les noyaux se colorent en rouge sous l'action de la laque aluminique de Kernechtrot;
- les autres structures acidophiles se colorent en rouge pâle sous l'action du Kernechtrot.

15.6 MISE EN ÉVIDENCE DES GLUCIDES EN PATHOLOGIE

Le glycogène et les mucosubstances, acides ou neutres, sont les principaux composés glucidiques qui intéressent le pathologiste. Le glycogène se trouve surtout dans le foie, les tubules rénaux et les muscles; dans certaines circonstances, comme les cas d'hyperglycémie prolongée, il peut y avoir surcharge de glycogène dans ces tissus. Les autres cas où il est intéressant de mettre en évidence le glycogène sont les glycogénoses, maladies héréditaires dues à des déficiences enzymatiques qui entraînent l'accumulation dans l'organisme de molécules glycogéniques anormales, par exemple la maladie de Pompe ou la maladie de Van Gierke.

Les mucosubstances sont des glycanes qui contiennent des osamines. Ces glycanes entrent dans la composition du mucus, sécrété par certaines glandes, par exemple les glandes salivaires, bronchitiques et digestives (mucines). On en trouve également dans le tissu interstitiel, dans la paroi des artères, sous forme de mucopolysaccharides, et dans la capsule des champignons. Il est non seulement intéressant, mais essentiel de mettre en évidence les mucosubstances lorsqu'on est en présence d'une pathologie affectant ces organes ou ces tissus. Par exemple, si l'examen porte sur une métastase d'épithéliome indifférencié, le fait de pouvoir mettre en évidence des gouttelettes de mucus à l'intérieur de quelques cellules peut aider à trouver l'origine exacte de la tumeur et donc à poser un diagnostic plus précis. Il en va de même lorsqu'on soupçonne une infection à champignons ou une pathologie touchant les vaisseaux.

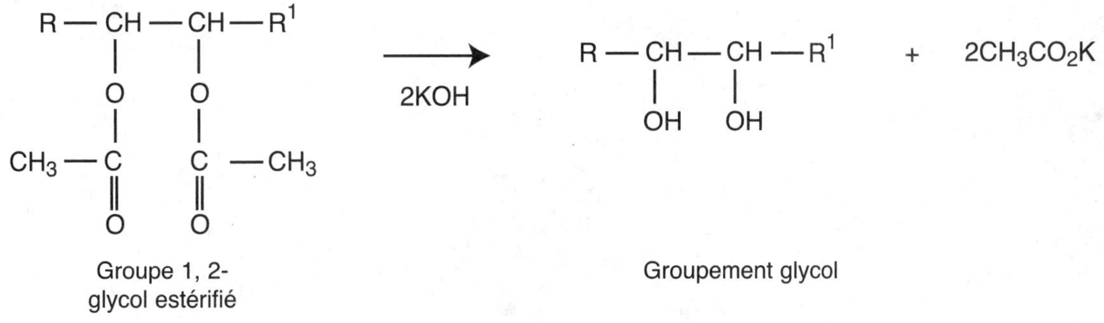

$$R{-}CH(O{-}CO{-}CH_3){-}CH(O{-}CO{-}CH_3){-}R^1 \xrightarrow{2KOH} R{-}CH(OH){-}CH(OH){-}R^1 + 2CH_3CO_2K$$

Groupe 1, 2-glycol estérifié — Groupement glycol

Figure 15.17 : *Représentation schématique du renversement de la saponification d'un groupement glycol estérifié en un groupement glycol.*

Tableau 15.4 CORRESPONDANCE ENTRE LES GLUCIDES ET LES DIFFÉRENTES MÉTHODES DE LEUR MISE EN ÉVIDENCE.

MÉTHODES DE COLORATION	SUBSTANCES DÉMONTRÉES
Acide périodique de Schiff	Polysaccharides simples, mucosubstances neutres, quelques mucosubstances acides, membrane basale, certains pigments, mucolipides, certains dépôts d'amyloïdes, champignons, cellules mucoïdes de la pituitaire
Carmin de Best	Glycogène
Hexamine d'argent	Champignons, mucines acides, glycogène, mélanine
Bleu alcian à *p*H 2,5	Mucosubstances faiblement sulfatées
Bleu alcian à *p*H 0,5	Mucosubstances fortement sulfatées
APS-bleu alcian	Mucosubstances neutres et acides
Fuchsine paraldéhyde	Mucosubstances sulfatées
Fuchsine paraldéhyde-bleu alcian	Mucosubstances acides et sulfatées
Diamines avec une grande concentration en fer	Esters sulfatés
Diamines avec une faible concentration en fer	Mucines sulfatées et non sulfatées
Fer colloïdal	Mucosubstances acides
Métachromasie avec modification du *p*H	Mucosubstances fortement ou faiblement acides

Tableau 15.5 RÉACTION PERMETTANT L'IDENTIFICATION DES GLUCIDES EN FONCTION DES MÉTHODES UTILISÉES.

Méthodes / Glucides	Acide périodique de Schiff	Bleu alcian *pH 2,5*	Bleu alcian *pH 0,5*	Diamine	Fuchsine paraldéhyde	Hyaluronidase	Sialidase	Diastase	Carmin de Best	Métachromasie	Grocott
Cellulose	+	–	–	–	–	–	–	–	–	–	+
Chitine	+	–	–	–	–	–	–	–	–	–	+
Glycogène	+	–	–	–	–	–	–	d.	+	–	+
Acide hyaluronique	–	+	–	–	–	d.	–	–	–	+	–
Mucines neutres	+	–	–	–	–	–	–	–	±	–	+
Sialomucine sensible à l'enzyme	+	+	–	–	–	–	d.	–	–	+	+
Sialomucine résistant à l'enzyme	–	+	–	–	–	–	–	–	–	+	–
Amidon	+	–	–	–	–	–	–	d.	–	–	+
Mucine fortement sulfatée	–	v	+	+	+	d.p.	–	–	–	+	–
Mucine faiblement sulfatée	v	+	–	+	+	–	–	–	–	+	+
Sialomucine sulfatée	+	+	–	+	+	–	d.	–	–	+	+

Explication des codes :

+ : réaction positive
± : réaction plus ou moins positive
v : réaction variable

– : réaction négative
d. : digestion
d.p. : réaction partiellement digérée

16

MISE EN ÉVIDENCE DES LIPIDES

INTRODUCTION

Les lipides sont des corps gras présents dans le corps humain. Leur réserve est observée entre autres au niveau des membranes des cellules normales, de la myéline, des hormones et des sécrétions. La fonction principale des lipides est d'apporter à l'organisme une quantité d'énergie suffisante à son fonctionnement. De plus, ils ont un rôle dans le transport de certaines protéines ou de certaines hormones dans le sang. Les lipides diffèrent par leur longueur et la structure de certains de leurs composants : les acides gras. Lorsque toutes les liaisons sont simples, on dit que l'acide gras est « saturé », et quand certaines d'entre elles se doublent, il est alors « insaturé ». Si l'acide gras comporte une seule double liaison, il est dit « mono-insaturé », mais s'il en comporte deux ou plus, il est alors polyinsaturé.

Le terme lipide signifie substance grasse, onctueuse et regroupe de ce fait plusieurs produits de nature très diversifiée, comme les lipides, les graisses, les huiles et les cires. Comme propriétés physiques communes, on peut dire qu'ils sont anhydres, insolubles dans l'eau, mais ils sont solubles dans les solvants organiques non polaires, comme le chloroforme, l'éther, le benzène et l'acétone. Les lipides sont reliés directement ou indirectement à des esters d'acides gras et peuvent être utilisés par l'organisme animal pour son métabolisme. De leur côté, les graisses sont des lipides solides à la température de la pièce et contiennent surtout des acides gras saturés. Pour ce qui est des huiles, ce sont des lipides liquides à la température de la pièce. Ces lipides sont habituellement des triglycérides qui contiennent une forte proportion d'acides gras insaturés. Il faut prendre garde de ne pas les confondre avec les huiles minérales, qui sont des hydrocarbures et n'ont aucun rapport avec les lipides. Enfin, les cires sont des esters non polaires formés d'acides gras à longue chaîne et d'alcools aliphatiques monohydroxyliques à plus de 10 atomes de carbone. Leur importance est très relative en histochimie animale.

Lorsque les lipides d'un tissu présentent des anomalies du point de vue de la quantité ou de la qualité, il devient nécessaire de les mettre en évidence. Les différentes méthodes histochimiques en usage permettent de les détecter et de les localiser dans les structures tissulaires et cellulaires. Cependant, leur identification précise nécessite l'utilisation de certaines méthodes biochimiques et chromatographiques, en combinaison avec les méthodes histochimiques.

16.1 CLASSIFICATION DES LIPIDES

La très grande majorité des auteurs s'accordent sur le fait que les lipides forment l'un des groupes les plus hétérogènes des composés organiques en biochimie. Un même terme peut être utilisé avec des acceptions différentes selon l'auteur et l'époque, si bien qu'il devient difficile d'établir un consensus quant à une classification unique, admise par tous les chercheurs dans ce domaine. La classification présentée ici ne constitue donc que l'une des façons d'ordonner les lipides.

16.1.1 LIPIDES SIMPLES

En général, les lipides simples sont des esters d'acides gras et d'alcools. On peut les subdiviser en glycérides (triacétylglycéroles), stérides et cérides.

16.1.1.1 Glycérides

Les glycérides, ou graisses neutres, sont des triesters du glycérol avec des acides gras. Ils diffèrent les uns des autres selon l'identité des acides gras qui estérifient les groupes hydroxyles du glycérol. Largement répandus dans les tissus animaux, ils représentent avant tout des réserves énergétiques. Le caractère saturé des acides gras a pour conséquence que le point de fusion de l'ester est plus élevé; solide à la température ambiante, il est appelé « graisse ».

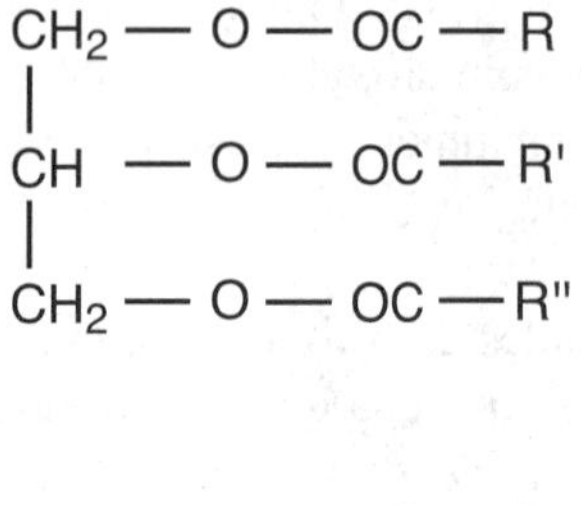

$$
\begin{array}{l}
CH_2 - O - OC - R \\
| \\
CH \;\; - O - OC - R' \\
| \\
CH_2 - O - OC - R''
\end{array}
$$

Figure 16.1 : *Représentation schématique d'un glycéride.*

Les symboles OC—R, OC—R' et OC—R" représentent les résidus des acides gras. Si R, R' et R" sont identiques, on est en présence d'un glycéride homogène. Des acides gras différents signalent un glycéride mixte, qui est symétrique si R et R" sont identiques ou asymétrique si R et R" sont différents. Les glycérides mixtes asymétriques ont la propriété de faire tourner le plan de la lumière polarisée.

Certains glycérides n'ont qu'un groupement hydroxyle (OH) estérifié; ce sont les monoglycérides. D'autres en ont deux, les diglycérides, ou encore trois, les triglycérides.

16.1.1.2 Stérides

Les stérides sont des esters du cholestérol ou d'un autre stérol. Dans le règne végétal, on les assimile aux cires. Dans le règne animal, on leur attribue leur propre place étant donné leur importance. On les trouve en grande quantité dans le plasma et les graisses épidermiques.

16.1.1.3 Cérides (ou cires estérifiées)

Les cérides, ou cires estérifiées, sont des esters aliphatiques de masse moléculaire élevée formés d'un acide gras et d'un alcool, l'acide gras possédant plus de 10 atomes de carbone. On en retrouve surtout dans les huiles de foie de poisson. Ce type de glycérides occupe une place très restreinte en histochimie humaine.

16.1.2 LIPIDES COMPLEXES

Les lipides complexes sont composés d'acides gras et d'un alcool, en plus d'autres substances. On les partage en plusieurs groupes : les phospholipides, les glycolipides, les sulfolipides, les stérols et stéroïdes, les caroténoïdes et les chromolipoïdes.

16.1.2.1 Phospholipides

Hydrolysés, les phospholipides donnent des acides gras, du glycérol ou un autre alcool, de l'acide phosphorique et une base comme la choline, l'éthanolamine ou la sérine. On les considère comme des phosphatides, ou esters de l'acide phosphatidique. Les principaux types de phospholipides que l'on trouve couramment dans les tissus animaux sont les lécithines, les céphalines, les phosphoïnositides, les plasmalogènes et les sphingomyélines.

16.1.2.1.1 *Lécithines*

Les lécithines sont des phospholipides composés d'acides gras, de glycérol, d'acide phosphorique et d'une base, la choline. Elles représentent la principale classe de phospholipides qu'on trouve dans les tissus animaux. Il peut y en avoir un grand nombre selon les acides gras représentés par R–CO et R'–CO (voir la figure 16.2). Ces derniers peuvent être saturés ou insaturés.

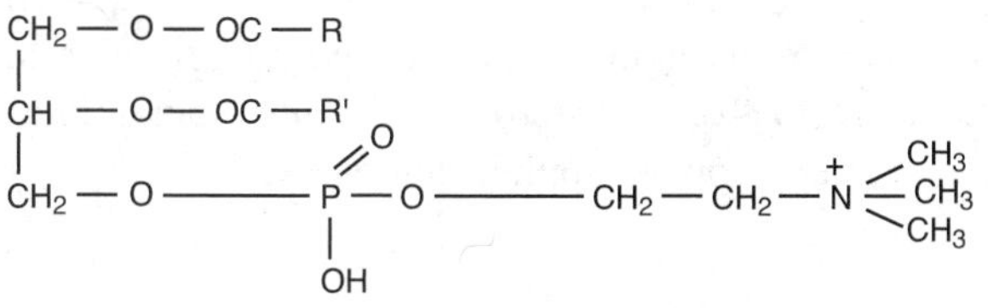

```
CH2 — O — OC — R
|
CH  — O — OC — R'
|                 //O                        +  _CH3
CH2 — O ———————— P — O ———————— CH2 — CH2 — N <— CH3
                 |                              `CH3
                 OH
```

Figure 16.2 : *Représentation schématique de la phosphatidylcholine, une α-lécithine.*

16.1.2.1.2 *Céphalines*

Les céphalines sont des phospholipides dont la constitution se rapproche de celle des lécithines, sauf que leur base organique n'est pas la choline mais plutôt l'éthanolamine (voir la figure 16.3), ou encore la sérine.

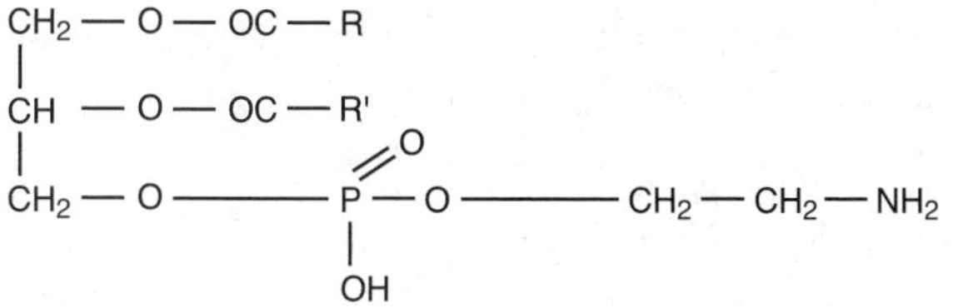

```
CH2 — O — OC — R
|
CH  — O — OC — R'
|                 //O
CH2 — O ———————— P — O ———————— CH2 — CH2 — NH2
                 |
                 OH
```

Figure 16.3 : *Représentation schématique de la phosphatidyléthanolamine, une α-céphaline.*

16.1.2.1.3 *Phosphoïnositides*

Les phosphoïnositides sont des phospholipides de moindre importance impliqués dans la formation de la gaine de myéline; ils se distinguent des autres phospholipides par la présence dans la molécule d'un alcool cyclique, l'inositol.

16.1.2.1.4 *Plasmalogènes*

Les plasmalogènes sont des composés qui ressemblent d'assez près aux céphalines et aux lécithines. Aujourd'hui, il est généralement admis qu'une seule des fonctions alcool, en position α, est liée à un aldéhyde, et ce par une liaison éther insaturée (voir la figure 16.4).

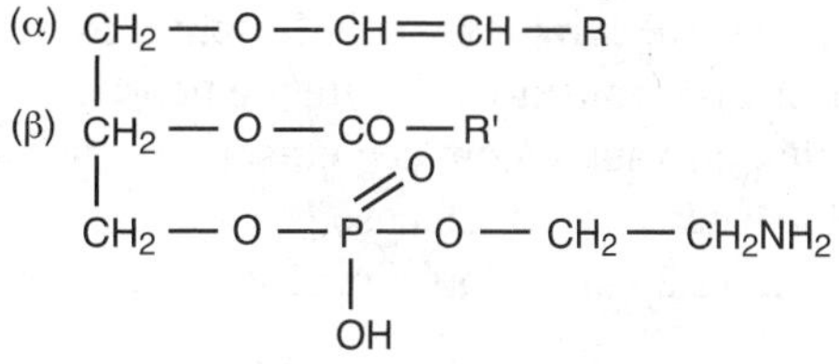

```
(α) CH2 — O — CH == CH — R
    |
(β) CH2 — O — CO — R'
    |            //O
    CH2 — O — P — O — CH2 — CH2NH2
              |
              OH
```

Figure 16.4 : *Représentation schématique du plasmalogène.*

16.1.2.1.5 *Sphingomyélines*

Les sphingomyélines sont des phospholipides composés d'un acide gras, d'un acide phosphorique, d'une molécule de choline et d'une molécule de sphingosine (voir la figure 16.5). En général, les phospholipides ont une tête polaire hydrophile et une queue non polaire hydrophobe. Ils sont donc qualifiés d'amphipatiques, en ce sens qu'ils prennent une orientation déterminée lorsqu'ils sont placés à l'interface entre deux phases de constantes diélectriques (polarités) différentes, par exemple entre les lipides et l'eau.

16.1.2.2 Glycolipides

Les glycolipides sont des lipides qui contiennent des sucres, mais pas d'acide phosphorique. Ils se subdivisent en cérébrosides et en gangliosides.

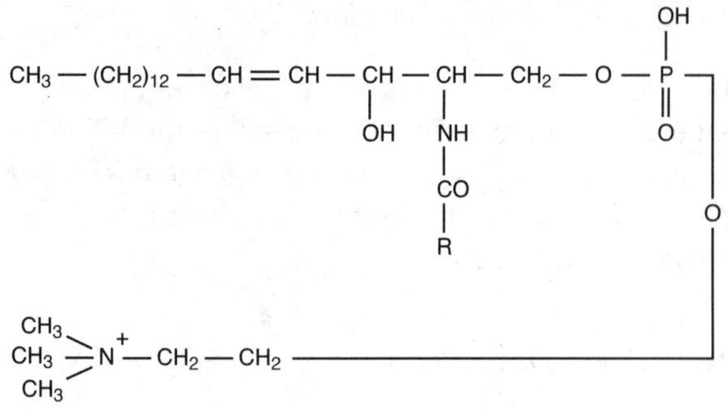

OH

$CH_3 — (CH_2)_{12} — CH = CH — CH — CH — CH_2 — O — P$

OH NH O

CO O

R

CH_3, CH_3, CH_3 $\geq \overset{+}{N} — CH_2 — CH_2$

Figure 16.5 : *Représentation schématique de la sphingomyéline.*

16.1.2.2.1 *Cérébrosides*

Les cérébrosides contiennent des acides gras, un sucre et un alcool complexe, telle la sphingosine. Le sucre qu'ils contiennent est habituellement le galactose, ce qui leur vaut le nom de kérasines (cérasines). Lorsque le sucre est le glucose, ce qui est moins fréquent, on les appelle alors « phrénosines » (voir la figure 16.6).

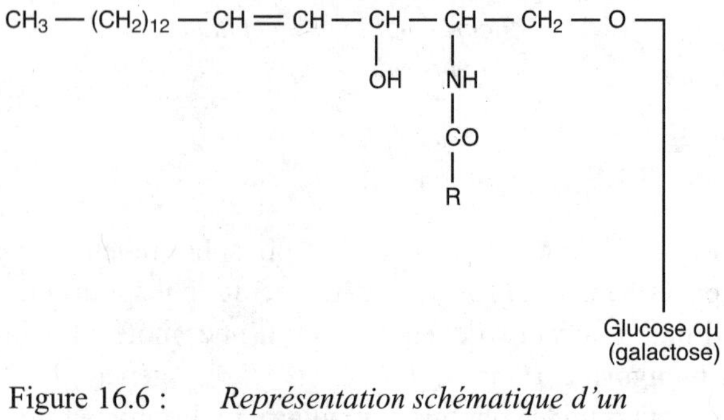

$CH_3 — (CH_2)_{12} — CH = CH — CH — CH — CH_2 — O$

OH NH

CO

R

Glucose ou (galactose)

Figure 16.6 : *Représentation schématique d'un cérébroside.*

16.1.2.2.2 *Gangliosides*

Les gangliosides contiennent une molécule d'acide gras, une molécule de sphingosine, une molécule d'acide neuraminique et trois molécules de galactose.

16.1.2.3 Sulfolipides

Les sulfolipides, ou sulfatides, sont des lipides qui contiennent des sucres porteurs d'un groupe sulfate (voir la figure 16.7).

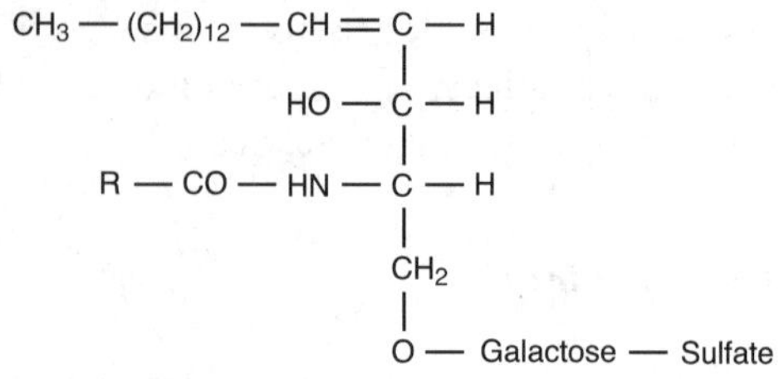

$CH_3 — (CH_2)_{12} — CH = C — H$

HO — C — H

R — CO — HN — C — H

CH_2

O — Galactose — Sulfate

Figure 16.7 : *Représentation schématique d'un sulfolipide.*

16.1.2.4 Stérols et stéroïdes

Les stérols et les stéroïdes sont des alcools complexes monohydroxyles. Le plus connu et le plus répandu dans les tissus animaux est le cholestérol (voir la figure 16.8). Tous les stérols et stéroïdes sont dérivés du noyau cyclopentanophénanthrène.

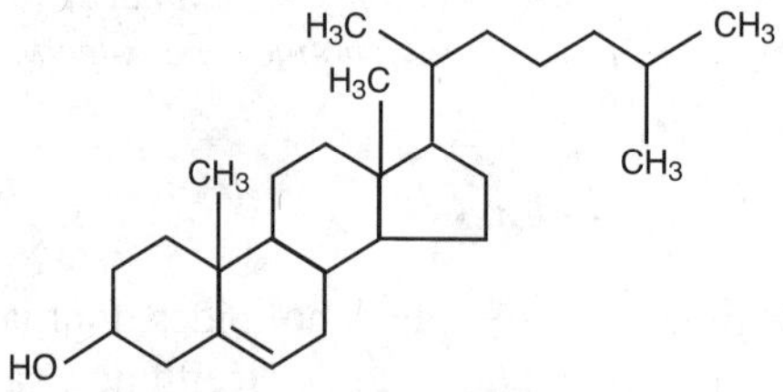

H_3C CH_3

H_3C

CH_3 CH_3

HO

Figure 16.8 : *Représentation schématique d'une molécule de cholestérol.*

Quant aux stéroïdes, certaines hormones, telles la testostérone, l'œstrone et la progestérone, sont classées dans cette catégorie (voir la figure 16.9).

16.1.2.5 Caroténoïdes

Le principal caroténoïde est la vitamine A (voir la figure 16.10). Ces substances sont naturellement colorées et ont souvent été classées avec les pigments lipogéniques (lipochromes).

16.1.2.6 Chromolipoïdes ou lipochromes

Les chromolipoïdes sont des pigments dérivés des lipides par autooxydation. Le pigment céroïde, l'hémofuchsine et la lipofuchsine cardiaque sont des exemples de chromolipoïdes.

16.2 PRÉPARATION DES TISSUS

De façon générale, la détection histochimique des lipides s'effectue sur des fragments tissulaires fixés. Cependant, la fixation n'est pas sans influence sur la préservation des lipides tissulaires. La meilleure façon de garder intacts les lipides et les structures avoisinantes demeure la congélation suivie d'une coupe au cryotome. Ce procédé ne permettant pas de conserver les coupes indéfiniment, il faut donc avoir recours à la fixation chimique. Le choix du liquide fixateur reste délicat et complexe, car tout dépend du type de lipides à mettre en évidence.

Contrairement à la fixation des protéines, celle des lipides n'a pas donné lieu à un très grand nombre d'études. Il est cependant possible de prévoir certains résultats selon le liquide fixateur choisi.

Dans le meilleur des cas, le liquide fixateur doit protéger les tissus contre la putréfaction et l'autolyse sans altérer les groupements réactifs des composés à mettre en évidence en vue d'une analyse qualitative en microscopie optique. Les seuls réactifs qui fixent efficacement les lipides sont le tétroxyde d'osmium et l'acide chromique. Cependant, ces deux réactifs modifient radicalement la réactivité chimique des lipides. Bien que moins efficace, le formaldéhyde-calcium de Baker (voir la section 2.5.2.4) est le liquide fixateur le plus approprié pour l'étude histochimique des lipides, ces derniers étant mieux retenus sur les coupes parce que la matrice protéique qui les entoure est bien fixée. En substituant le chlorure de calcium par du nitrate de cobalt (voir la section 2.5.1.2), on obtient des résultats similaires.

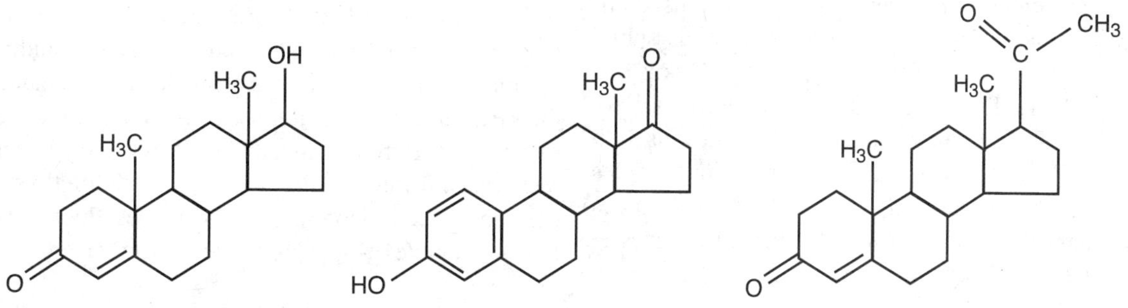

Testostérone

Œstrone (folliculine)

Progestérone

Figure 16.9 : *Représentation schématique d'hormones stéroïdiennes.*

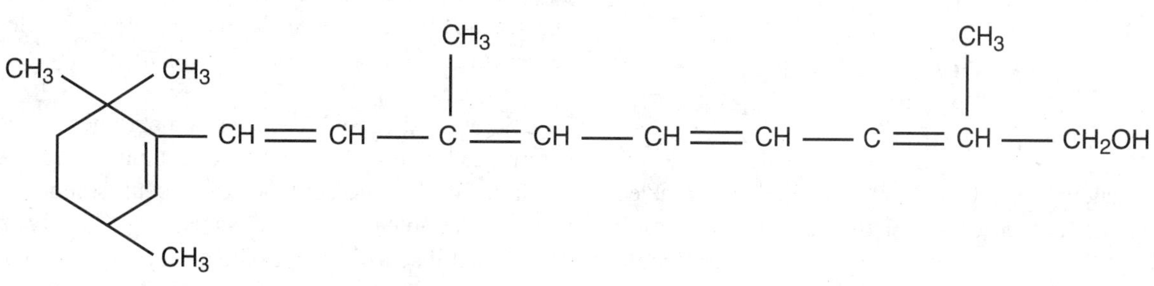

Figure 16.10 : *Représentation schématique de la vitamine A.*

Le formaldéhyde peut altérer chimiquement certains lipides et les dégrader lentement en dérivés solubles dans l'eau. Un certain nombre de lipides, comme le cholestérol et les cholestérides, les glycérides et les acides gras, la sphingomyéline, les phosphoïnositides, les cérébrosides et les sulfatides, ne subissent pas de dégradation après un séjour prolongé dans ce liquide fixateur, contrairement aux phosphatidyléthanolamines, aux phosphatidylsérines, aux lécithines et aux plasmalogènes, qui subissent une dégradation progressive en acides gras et en acides phosphatidiques. La diminution de la quantité de phospholipides serait due à une lente hydrolyse provoquée par l'acidification du formaldéhyde. Il y a alors une légère diminution de la quantité totale de lipides, par formation de composés phosphorylés hydrosolubles, et une légère augmentation des acides gras libres.

Les liquides fixateurs à base de chrome sont essentiellement réservés à la préservation des phospholipides. En effet, les sels de chrome possèdent la propriété de rendre ces substances insolubles; les tissus qui les contiennent peuvent alors subir sans dommage une inclusion à la paraffine. Les tissus subissent d'abord une fixation primaire dans le formaldéhyde de Baker, puis ils sont soumis à l'action de sels de chrome durant la postchromisation (voir la section 2.4.4). L'acide chromique et les bichromates insolubilisent environ 50 % des lipides en formant des produits d'oxydation de protéines et de lipides.

Actuellement, aucun liquide fixateur ne permet de préserver l'ensemble des lipides présents dans un tissu. Il faut donc composer avec cette situation et recourir à la cryotomie (voir le chapitre 7) afin de préserver au maximum l'architecture tissulaire et de prévenir le mieux possible l'altération des lipides.

16.3 MÉTHODES DE MISE EN ÉVIDENCE DES LIPIDES PAR LES LYSOCHROMES

Un grand nombre de méthodes, si elles sont jumelées et appliquées ensemble, permettent la détection et l'identification assez précises des molécules lipidiques. En milieu clinique, on a rarement besoin d'identifier les lipides pour eux-mêmes, mais plutôt de vérifier leur présence et de les localiser dans le tissu. La méthode la plus répandue est la détection au moyen de lysochromes.

16.3.1 GÉNÉRALITÉS

La détection au moyen de lysochromes est la plus répandue en milieu clinique, car le procédé, simple, permet de localiser les lipides liquides et semi-liquides dans les tissus. Les lysochromes sont des substances non polarisées et colorées qui ne sont pas des colorants au sens strict du terme. Ils colorent les lipides en s'y dissolvant. Les méthodes de détection au moyen de lysochromes sont basées sur le fait que les lipides liquides et semi-liquides peuvent capter et conserver, par simple dissolution, certains chromogènes. Dépourvus de groupements auxochromiques et non ionisés, les lysochromes ne sont pas de véritables colorants. Ils sont colorés puisqu'ils possèdent un chromophore, le plus souvent un groupement azoïque (-N=N-); c'est le cas du Soudan II, du Soudan III et du Soudan IV ou écarlate R, de l'huile rouge O, du rouge à l'huile 4B et du noir Soudan B. Certains lysochromes sont cependant au nombre des anthraquinones, comme le violet Soudan, le bleu Soudan ou bleu BZl, le vert Soudan, le bleu à l'huile N, le rouge carycinel et le rouge coccinelle. Il existe également des lysochromes parmi les triphénylméthanes, comme le bleu alcoolique, et parmi les fluorochromes, comme le 3,4-benzopyrène et l'anthracène.

Avant de choisir un lysochrome pour des fins histochimiques, surtout lorsqu'il est nécessaire de combiner la mise en évidence des lipides et d'autres colorations ou réactions histochimiques, il faut prendre en considération la teinte propre de ce lysochrome et la présence naturelle de pigments colorés dans le tissu, par exemple la mélanine. Le lysochrome doit avoir une grande affinité pour les lipides et aucune pour les autres constituants tissulaires et cellulaires.

La coloration des lipides par les lysochromes est de nature beaucoup plus physique que chimique : il ne s'agit pas de liaisons ioniques entre deux composés, mais d'un simple transfert du lysochrome, du solvant dans lequel il se trouve au lipide qu'il est censé colorer. La condition fondamentale d'une coloration

Tableau 16.1 CLASSIFICATION DES LIPIDES ET LEURS CARACTÉRISTIQUES HISTOCHIMIQUES.

Classe de lipides	Type de lipides	Caractéristiques histochimiques
Lipides simples (non polaires)		
1. Lipides non conjugués	Glycérides (graisses neutres)	Point d'ébullition et soudanophilie variables selon le nombre de liaisons doubles Insolubles dans l'eau
	Stérides (esters du cholestérol)	Point d'ébullition autour de 144 °C Non soudanophiles à la température ambiante Insolubles dans l'eau Biréfringents en lumière polarisée
2. Esters	Cérides (cires estérifiées) – monoglycérides – diglycérides – triglycérides	Point d'ébullition variable selon le degré de saturation en acides gras Insolubles dans l'eau
Lipides complexes		
1. Phospholipides (à base de glycérol)	Lécithines (phosphatidylcholine)	Contiennent de l'acide phosphorique, une longue chaîne d'acides gras, de l'alcool polyhydrique et une base azotée variable Basiques et solubles dans l'eau
	Céphalines (phosphatidyléthanolamine ou sérine)	Contiennent des liaisons ester Basiques
	Phosphoïnositides	Contiennent des liaisons ester Basiques
	Plasmalogènes	Contiennent des liaisons ester et éther Basiques
	Sphingomyélines (à base de sphingosine)	Basiques
2. Glycolipides	Cérébrosides	Contiennent un hexose (généralement un glucose ou un galactose) lié à la céramide Neutres
	Gangliosides	Contiennent un acide N-acétyl neuraminique Solubles dans l'eau (acide sialique) Basiques
3. Sulfolipides	Sulfolipides	Hautement acidophiles
4. Stérols et stéroïdes	Stérols et stéroïdes	Se retrouvent sous forme d'hormones
5. Caroténoïdes	Caroténoïdes	La vitamine A est le principal caroténoïde
6. Chromolipoïdes	Chromolipoïdes (lipochromes)	Dérivés des lipides par autooxydation

satisfaisante demeure que le lysochrome présente une solubilité préférentielle, c'est-à-dire qu'il soit plus soluble dans ce lipide que dans son propre solvant (voir la figure 16.11). En résumé, le lysochrome doit être suffisamment coloré pour être mis en évidence malgré l'utilisation d'un contrecolorant, être très soluble dans les lipides et dépourvu d'affinité pour les autres structures tissulaires.

Le solvant ne doit pas être miscible avec les lipides. Il doit tout juste solubiliser le lysochrome pour que le transfert de celui-ci vers les lipides à colorer se fasse vite et bien; c'est ce que l'on appelle le « coefficient de partage ».

Parmi les lysochromes rouges, on retrouve le Soudan III, l'un des premiers colorants à avoir été utilisés en histotechnologie. Il l'est encore, mais tend à disparaître des procédés de coloration, car il colore faiblement et inégalement les lipides. Il a été avantageusement remplacé par le Soudan IV, ou écarlate R, qui entraîne une coloration beaucoup plus vive. Aujourd'hui, les Soudan III et IV sont de plus en plus remplacés par l'huile rouge O qui agit rapidement et donne des résultats encore plus intenses. Les colorants Soudan et l'huile rouge O sont activement absorbés par les lipides hydrophobes comme les triglycérides, les cholestérides et les acides gras insaturés, mais ne colorent que faiblement les phospholipides.

Les lysochromes noirs, dont le noir Soudan B, semblent bien supérieurs aux lysochromes rouges cités ci-dessus puisqu'ils colorent en bleu-noir intense non seulement les triglycérides, les cholestérides et les acides gras insaturés, mais également les phospholipides et, à un moindre degré, les glycolipides. Le noir Soudan B apparaît actuellement comme le meilleur colorant général des lipides. Il permet la coloration de très petites gouttelettes lipidiques qui risqueraient de passer inaperçues avec les colorants rouges. Cependant, la solution doit toujours être fraîchement préparée, car elle se décompose facilement en produits d'hydrolyse de coloration brune capables de colorer les nucléoprotéines et les mucopolysaccharides. Dans de telles circonstances, il ne faut tenir compte que des seules structures colorées en noir intense.

Parmi les lysochromes rouges, l'huile rouge O semble préférable à tous les autres. Elle serait même supérieure au noir Soudan B pour la mise en évidence des lipides neutres.

Les lysochromes sont utilisés en solution saturée ou sursaturée. Parmi les types de solvants utilisés, on retrouve les solutions d'alcool éthylique à 60 % ou à 70 %, d'alcool méthylique à 70 % et d'alcool isopropylique à 99 %. On utilise de plus en plus l'isopropanol en solutions plus diluées afin de colorer le plus de lipides possible. En effet, les résultats obtenus sont meilleurs lorsque la concentration du solvant du lysochrome est à 70 % plutôt qu'à 100 %. D'autres solutions sont aussi recommandées. Un mélange d'éthanol, d'eau et de glycérol donne d'excellents résultats avec le noir Soudan B; de plus, il ne provoque pas de précipités du lysochrome sur les coupes. Par contre, utilisée avec le Soudan IV et l'huile rouge O, cette solution est trop faible pour colorer efficacement les lipides tissulaires. Le diacétate de glycérol à 50 % est au nombre des bons solvants des principaux lysochromes; on l'utilise surtout avec le Soudan IV. Cependant, on a plus fréquemment recours au propylène-glycol et à l'éthylène-glycol pour solubiliser le Soudan, en particulier le Soudan IV et le noir Soudan B, ces derniers étant beaucoup plus solubles dans ce type de solvants que dans les alcools. De plus, ces solvants n'ont pas tendance à extraire les fines gouttelettes lipidiques et favorisent

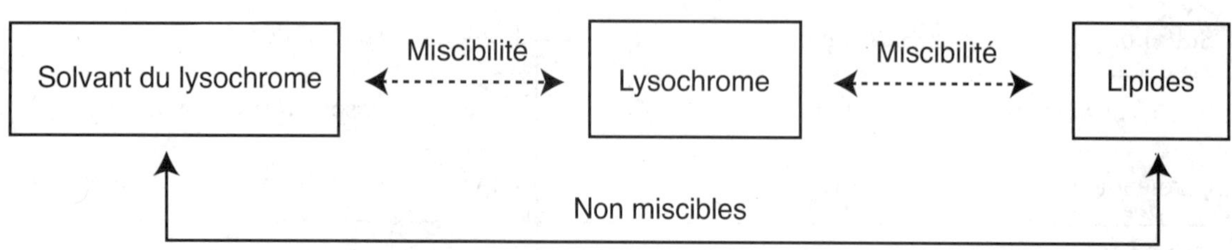

Figure 16.11 : *Représentation schématique du rôle de la miscibilité dans la coloration des lipides par les lysochromes.*

une coloration des graisses neutres beaucoup plus intense que les solutions alcooliques. De nombreux phospholipides et des structures comme les mitochondries peuvent être colorés par cette méthode, en particulier avec le lysochrome noir Soudan B. Dans ce type de solution, cependant, le Soudan IV a parfois tendance à former des cristaux qui nuisent à l'observation microscopique.

16.3.2 SPÉCIFICITÉ DES LYSOCHROMES

Les méthodes de coloration aux lysochromes sont jugées « hautement satisfaisantes » pour la mise en évidence des lipides en phase liquide. Cependant, deux cas d'exception doivent être soulignés : l'obtention de résultats faussement positifs ou faussement négatifs.

16.3.2.1 Résultats faussement positifs

En dépit du fait que les lysochromes ne soient pas de véritables colorants, il n'en demeure pas moins que certains d'entre eux pourraient, dans certaines conditions, agir comme des colorants faiblement cationiques, et donc réagir ioniquement avec quelques structures anioniques, comme certaines granulations des polynucléaires pourtant dépourvues de lipides. Une telle soudanophilie, pourtant spécifique des lipides, se produit généralement sur des tissus traités dans un liquide fixateur contenant soit de l'acide chromique, soit un sel de chrome. Des coupes n'ayant subi que la congélation comme fixation ne présentent pas cet inconvénient. De toute façon, étant donné la configuration physique des graisses, il est rare qu'on les confonde avec d'autres éléments tissulaires.

16.3.2.2 Résultats faussement négatifs

Les risques sont plus grands de ne pas colorer certains lipides. Ainsi, si la méthode utilisée donne comme résultat une absence de lipides, on ne peut en conclure qu'ils sont effectivement absents du tissu. En effet, surtout avec l'emploi du Soudan IV, et selon les opérations effectuées, certains lipides peuvent ne pas être mis en évidence, ce qui est suffisant pour donner un résultat négatif. S'il s'agit de phospholipides ou de sphingolipides, ils peuvent se retrouver à l'état solide ou encore être liés et masqués.

On ne peut conclure formellement à l'absence de lipides que si la coloration par les lysochromes demeure négative en dépit des opérations suivantes : s'assurer que la fixation chimique est adéquate, en particulier pour les phospholipides; transformer les lipides solides en lipides liquides en utilisant une technique de coloration à une température plus élevée, soit autour de 60 °C; enfin, procéder au démasquage des lipides liés (voir la section 16.8).

16.3.3 HUILE ROUGE O AVEC ISOPROPANOL

Pour localiser de façon générale des lipides, la majorité des auteurs recommandent l'utilisation de l'huile rouge O (voir la fiche descriptive 16.12). Il est possible, avec ce lysochrome, de procéder également à une contrecoloration nucléaire avec une hématoxyline aluminique comme celle de Harris ou celle de Carazzi. Il est recommandé de travailler avec des coupes obtenues à partir de tissus congelés sans fixation préalable ou de tissus fixés pendant une courte période dans le mélange formaldéhyde-calcium de Baker (voir la section 2.5.2.4), rincés abondamment, puis congelés.

Le mécanisme d'action des lysochromes demeure la solubilité préférentielle alors que celui des hématoxylines aluminiques a été vue en détail dans le chapitre 12 (voir la section 12.5.1).

16.3.3.1 Préparation des solutions

1. **Solution mère saturée d'huile rouge O alcoolique**
   - 300 mg d'huile rouge O
   - 100 d'alcool éthylique à 70 %
2. **Solution de travail d'huile rouge O**
   - 6 ml de la solution mère d'huile rouge O (voir solution n° 1)
   - 4 ml d'eau distillée

   Mettre le bécher sur un agitateur magnétique et faire tourner lentement jusqu'à dissolution; laisser reposer pendant une dizaine de minutes. Filtrer juste avant usage. La solution d'huile rouge O diluée ne demeure stable que pendant

1 à 2 heures. Elle doit être préparée juste avant usage. Sa filtration est rapide.

3. Solution d'hématoxyline

L'utilisation de l'hématoxyline de Harris est très répandue à titre de colorant nucléaire et de contrecolorant. Il est également possible d'utiliser celle de Carazzi ou celle d'Ehrlich.

- La solution d'hématoxyline de Harris est décrite à la section 12.6.2;
- la solution d'hématoxyline de Carazzi est présentée à la section 12.6.6;
- la solution d'hématoxyline d'Ehrlich est présentée à la section 12.6.3.

16.3.3.2 Méthode de coloration à l'huile rouge O avec l'isopropanol

MODE OPÉRATOIRE

1. Si les coupes ont été faites au cryotome, les laisser sécher à l'air libre puis les rincer très rapidement, soit pendant environ 10 secondes, dans une solution d'éthanol à 70 %;
2. colorer les coupes avec la solution de travail d'huile rouge O pendant 6 à 15 minutes;
3. différencier dans une solution d'éthanol à 70 % pendant environ 10 secondes puis laver les coupes à l'eau distillée;
4. contrecolorer avec l'hématoxyline de Harris pendant 3 minutes, puis rincer à l'eau courante pour enlever le surplus de colorant;
5. bleuir les noyaux en immergeant les coupes dans le carbonate de lithium à 1 % ou dans l'eau ammoniacale à 0,2 % pendant environ 30 secondes, puis rincer à l'eau distillée;
6. monter les lames avec un milieu de montage aqueux comme le sirop de lévulose ou la gelée de glycérine. Luter les lames s'il est nécessaire de les conserver.

RÉSULTATS

- Les noyaux et les structures tissulaires se colorent en bleu sous l'action de l'hématoxyline aluminique;

Figure 16.12 : **FICHE DESCRIPTIVE DE L'HUILE ROUGE O**

CH_3 CH_3 HO N N N N CH_3 CH_3

Structure chimique de l'huile rouge O

Nom commun	Huile rouge O	**Solubilité dans l'eau**	Insoluble
Nom commercial	Huile rouge O	**Solubilité dans l'éthanol**	Modérée
Numéro de CI	26125	**Couleur**	Rouge
Nom de CI	Rouge soluble 27	**Formule chimique**	$C_{26}H_{24}N_4O$
Classe	Diazoïque	**Poids moléculaire**	408,5
Type d'ionisation	Lysochrome		

- les lipides liquides et semi-liquides se colorent en rouge sous l'effet du lysochrome huile rouge O;
- les lipides solubles dans l'eau restent incolores.

16.3.3.3 Remarques

- Prendre soin de ne pas laisser évaporer le solvant de l'huile rouge O à cause du risque de précipitation que présente le travail en solution sursaturée.
- Préparer le sirop de lévulose selon la description faite à la section 9.2.2.3.
- Le sirop de lévulose peut être remplacé par la gelée de glycérine décrite à la section 9.2.2.2.
- Le lutage des lames est présenté à la section 9.7.

16.3.4 HUILE ROUGE O AVEC PROPYLÈNE-GLYCOL

Cette variante de la méthode précédente nécessite l'utilisation de coupes préparées au cryotome, n'ayant subi aucune fixation chimique au préalable, ayant été fixées pendant une courte période dans le formaldéhyde de Baker ou dans le Bouin.

16.3.4.1 Préparation des solutions

1. Solution d'huile rouge O

- 7 g d'huile rouge O
- 100 ml de propylène-glycol

Ajouter lentement l'huile rouge O au propylène-glycol. Chauffer le mélange jusqu'à 100 °C pendant quelques minutes tout en agitant la solution. La température ne doit pas dépasser 110 °C. Filtrer la solution pendant qu'elle est chaude, puis laisser refroidir à la température ambiante. Filtrer de nouveau. La solution peut se conserver quelques semaines dans une étuve chauffante à 60 °C. S'il se forme un précipité d'huile rouge O, remuer la solution pour qu'il remonte à la surface, puis l'enlever avec un papier filtre.

2. Solution de propylène-glycol à 85 %

- 85 ml de propylène-glycol
- 15 ml d'eau distillée

3. Solution d'hématoxyline aluminique

L'hématoxyline de Harris est très répandue comme colorant nucléaire. Il est aussi possible d'utiliser celle de Carazzi ou celle d'Ehrlich.

- la solution d'hématoxyline de Harris est décrite à la section 12.6.2;
- la solution d'hématoxyline de Carazzi est présentée à la section 12.6.6;
- la solution d'hématoxyline d'Ehrlich est présentée à la section 12.6.3.

16.3.4.2 Méthode de coloration à l'huile rouge O avec le propylène-glycol

MODE OPÉRATOIRE

1. Après la coupe au cryotome, laisser sécher les coupes à l'air, puis les tremper dans du propylène-glycol à 100 % pendant quelques secondes, tout en les agitant afin de déshydrater complètement le tissu;
2. colorer les coupes avec la solution d'huile rouge O à 60 °C pendant 7 minutes; agiter occasionnellement;
3. placer les coupes dans une solution de propylène-glycol à 85 % pendant 3 minutes en les agitant délicatement, puis laver à l'eau distillée;
4. contrecolorer les coupes avec l'hématoxyline de Harris pendant 3 minutes, puis les rincer à l'eau courante pour enlever le surplus de colorant;
5. bleuir les noyaux en immergeant les coupes dans une solution de carbonate de lithium à 1 % ou d'eau ammoniacale à 0,2 % pendant environ 30 secondes; rincer à l'eau distillée;
6. monter les lames avec un milieu de montage aqueux comme le sirop de lévulose ou la gelée de glycérine. Luter les lames pour assurer la conservation des coupes.

RÉSULTATS

- Les noyaux et les structures tissulaires se colorent en bleu sous l'action de l'hématoxyline aluminique;

- les lipides liquides et semi-liquides se colorent en rouge sous l'effet du lysochrome huile rouge O.

16.3.4.3 Remarques

- Préparer le sirop de lévulose selon la description faite à la section 9.2.2.3.
- Le sirop de lévulose peut être remplacé par la gelée de glycérine décrite à la section 9.2.2.2.
- Le lutage des lames est présenté à la section 9.7.

16.3.5 MÉTHODE AU NOIR SOUDAN B

Les meilleurs résultats de coloration au noir Soudan B sont obtenus sur des tissus non fixés chimiquement et dont les coupes ont été faites au cryotome. Des résultats très satisfaisants s'obtiennent également sur des tissus fixés pendant une courte période dans une solution de formaldéhyde-calcium de Baker suivi d'un long rinçage. Cette méthode permet la mise en évidence des lipides et des phospholipides. La fiche descriptive du noir Soudan B est présentée ci-dessous.

16.3.5.1 Préparation des solutions

1. Solution du noir Soudan B

- 0,7 g de noir Soudan B
- 100 ml de propylène-glycol

Ajouter lentement le noir Soudan B au propylène-glycol. Chauffer le mélange jusqu'à 100 °C pendant quelques minutes en agitant la solution. La température ne doit pas dépasser 110 °C. Filtrer la solution pendant qu'elle est chaude, puis laisser refroidir à la température ambiante. Filtrer de nouveau. La solution peut se conserver quelques semaines dans une étuve chauffante à 60 °C. S'il se forme un précipité de noir Soudan B, remuer la solution pour qu'il remonte à la surface, puis l'enlever avec un papier filtre.

2. Solution de propylène-glycol à 85 %

- 85 ml de propylène-glycol
- 15 ml d'eau distillée

3. Solution de Kernechtrot

La préparation de la solution et l'information sur ce colorant sont présentées à la section 12.10.3.

16.3.5.2 Méthode de coloration au noir Soudan B

MODE OPÉRATOIRE

1. Après la coupe au cryotome, laisser sécher les coupes à l'air, puis les tremper dans du propylène-glycol à 100 % pendant 10 à 15 minutes, tout en les agitant afin de déshydrater complètement le tissu;
2. colorer les coupes dans la solution de noir Soudan B pendant 10 minutes;
3. différencier dans une solution de propylène-glycol à 85 % pendant quelques secondes, puis laver à l'eau distillée;
4. contrecolorer les coupes avec la solution de Kernechtrot à 0,1 % pendant 6 minutes, puis enlever le surplus de colorant par un lavage à l'eau distillée;
5. monter les lames avec un milieu de montage aqueux comme le sirop de lévulose ou la gelée de glycérine. Luter les lames pour assurer la conservation des coupes.

RÉSULTATS

- Les noyaux se colorent en rouge sous l'action de la laque de Kernechtrot aluminique;
- les structures tissulaires acidophiles se colorent en rouge sous l'action du Kernechtrot;
- les esters non saturés et les triglycérides se colorent en noir sous l'effet du noir Soudan B;
- les phospholipides apparaissent en gris sous l'action du noir Soudan B;
- en lumière polarisée, la myéline devrait donner une biréfringence de couleur bronze.

16.3.5.3 Remarques

- Prendre soin de ne pas laisser évaporer le solvant du noir Soudan B à cause du risque de précipitation que présente le travail en solution sursaturée;
- préparer le sirop de lévulose selon la description faite à la section 9.2.2.3;

Figure 16.13 : **FICHE DESCRIPTIVE DU NOIR SOUDAN B**

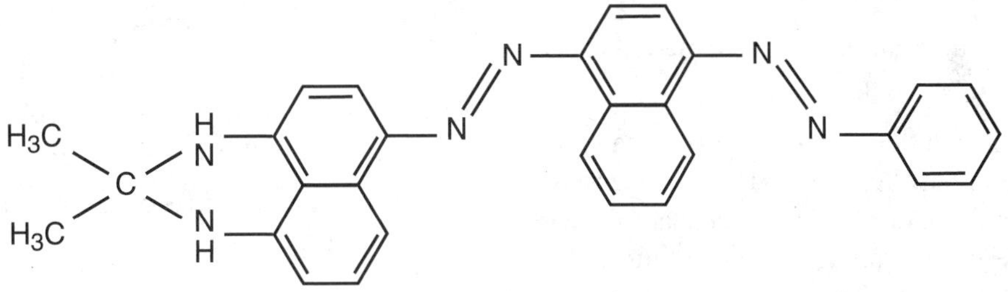

Structure chimique du noir Soudan B

Nom commun	Noir Soudan B	**Solubilité dans l'eau**	Insoluble
Nom commercial	Noir Soudan B	**Solubilité dans l'éthanol**	Modérée
Numéro de CI	26150	**Absorption maximale**	596 à 605 nm
Nom de CI	Noir soluble 3	**Couleur**	Noir
Classe	Diazoïque	**Formule chimique**	$C_{29}H_{24}N_6$
Type d'ionisation	Lysochrome	**Poids moléculaire**	456,6

– le sirop de lévulose peut être remplacé par la gelée de glycérine décrite à la section 9.2.2.2;

– le lutage des lames est présenté à la section 9.7.

16.4 MISE EN ÉVIDENCE DU CARACTÈRE ACIDE DE CERTAINS LIPIDES

La détection du caractère acide d'une inclusion lipidique peut révéler la présence d'acides gras libres, de phospholipides, de glycolipides ou de chromolipoïdes. Parmi les méthodes qui permettent une telle mise en évidence, on a surtout recours à la coloration au sulfate de bleu de Nil.

16.4.1 MÉTHODE DE COLORATION DES LIPIDES ACIDES ET NEUTRES PAR LE SULFATE DE BLEU DE NIL

Le sulfate de bleu de Nil colore les lipides neutres en rose, les lipides acides en bleu, les noyaux, le cytoplasme et certaines autres structures en bleu pâle. Le sulfate de bleu de Nil commercial n'est pas un colorant pur. On y trouve une oxazine (voir la section 10.5.3.1.5, B), de couleur bleue, le bleu de Nil proprement dit. En plus de cette oxazine, le sulfate de bleu de Nil contient une oxazine basique rouge, qui n'a ici aucune importance, ainsi qu'une oxazone rouge, le rouge de Nil.

Le rouge de Nil agit comme un lysochrome en se dissolvant dans tous les lipides liquides et semi-liquides, ce qui produit une coloration rose.

Le bleu de Nil est un colorant basique qui colore tous les composés à caractère acide, qu'il s'agisse ou non de lipides. Donc, pour confirmer la nature lipidique d'une structure colorée en bleu par cette méthode, il est nécessaire de comparer les résultats obtenus avec ceux que l'on peut observer sur une autre coupe dont on a extrait les lipides (voir la section 16.9).

La méthode originale, décrite par Smith, est désuète et a été remplacée par des variantes, comme celles de Cain, de Menschik, de Dunnigan, de Bridley et de Lillie.

16.4.1.1 Préparation des solutions

1. Solution mère de bleu de Nil à 1 %

– 1 g de bleu de Nil

– 100 ml d'eau distillée

2. **Solution de sulfate de bleu de Nil**
   - 10 ml d'acide sulfurique à 1 %
   - 200 ml de solution colorante mère de bleu de Nil à 1 % (solution n°1)

   Amener la solution à ébullition pour faciliter la dissolution, puis laisser baisser la température et la maintenir autour de 70 °C pendant 2 heures. Le *p*H de la solution doit se situer autour de 2,0 si l'on veut minimiser les risques de réaction avec des substances non lipidiques.

3. **Solution d'acide acétique à 1 %**
   - 1 ml d'acide acétique glacial
   - 99 ml d'eau distillée

16.4.1.2 Méthode de coloration au sulfate de bleu de Nil selon Cain et Dunnigan

MODE OPÉRATOIRE

1. Assécher les coupes à l'air ambiant dès qu'elles sont retirées du cryotome;
2. colorer les coupes dans la solution de sulfate de bleu de Nil à 60 °C pendant 30 minutes;
3. différencier dans la solution d'acide acétique à 1 % pendant 1 à 2 minutes;
4. laver abondamment à l'eau courante et monter les lames avec un milieu de montage aqueux comme la gelée de glycérine ou le sirop de lévulose;
5. luter les lames pour assurer la conservation des coupes.

RÉSULTATS

- Les lipides non solubles dans l'eau et les acides gras libres se colorent en bleu-rosé sous l'effet du bleu de Nil;
- les phospholipides et toutes les structures tissulaires et cellulaires basophiles se colorent en bleu sous l'effet du bleu de Nil.

16.4.2 MÉTHODE DE COLORATION DES PHOSPHOLIPIDES AU SULFATE DE BLEU DE NIL ET À L'ACÉTONE

Cette méthode est une variante de celle de Cain et Dunnigan.

Figure 16.14 : **FICHE DESCRIPTIVE DU BLEU DE NIL**

$(C_2H_5)_2N$ … $\overset{+}{N}H_2$ $\frac{1}{2} SO_4^{2-}$

Structure chimique du bleu de Nil

Nom commun	Bleu de Nil	Type d'ionisation	Cationique
Nom commercial	Bleu de Nil A	Solubilité dans l'eau	Soluble
Autre nom	Sulfate de bleu de Nil	Absorption maximale	638 nm
Numéro de CI	51180	Couleur	Bleu
Nom de CI	Bleu basique 12	Formule chimique	$C_{20}H_{20}N_3OSO_4$
Classe	Oxazine	Poids moléculaire	353,9

Figure 16.15 : **FICHE DESCRIPTIVE DU ROUGE DE NIL**

Structure chimique du rouge de Nil

Nom commun	Rouge de Nil	Solubilité dans l'éthanol	Soluble
Nom commercial	Rouge de Nil A	Absorption maximale	553 nm
Classe	Oxazine	Couleur	Rouge
Type d'ionisation	Lysochrome	Formule chimique	$C_{20}H_{18}N_2O_2$
Solubilité dans l'eau	Soluble	Poids moléculaire	318,4

16.4.2.1 Préparation des solutions

1. **Solution d'acide chlorhydrique 1 *M***
   – Cette solution est vendue telle quelle par la plupart des compagnies de produits de laboratoire.
2. **Solution d'acétone**
   – Cette solution est vendue telle quelle par la plupart des compagnies de produits de laboratoire.
3. **Solution de sulfate de bleu de Nil**
   – Voir la section 16.4.1.1, les solutions 1 et 2.
4. **Solution d'acide acétique à 1 %**
   – 1 ml d'acide acétique glacial
   – 99 ml d'eau distillée
5. **Solution de Kernerchtrot**
   – La préparation de la solution et l'information sur ce colorant sont présentées à la section 12.10.3.

16.4.2.2 Méthode de coloration des phospholipides par le sulfate de bleu de Nil selon Dunnigan

MODE OPÉRATOIRE

1. Mettre les coupes congelées sur des lames et les laisser sécher à l'air ambiant;
2. les traiter ensuite dans la solution de HCl à 1 *M* pendant 1 heure afin de désaponifier les savons de calcium des acides gras libres;
3. laver les coupes à l'eau courante puis dans de l'acétone pendant 20 minutes à 4 °C afin d'en extraire les acides gras libres;
4. assécher rapidement les coupes et les colorer dans la solution de sulfate de bleu de Nil à 60 °C pendant 30 minutes;
5. différencier dans une solution d'acide acétique à 1 % pendant 1 à 2 minutes;
6. bien laver à l'eau courante et contrecolorer dans le Kernechtrot pendant 6 minutes; enlever le surplus de colorant par un lavage à l'eau distillée;
7. monter les lames avec un milieu de montage aqueux comme la gelée de glycérine ou le sirop de lévulose;
8. luter les lames pour assurer la conservation des coupes.

RÉSULTATS

– Les noyaux se colorent en rouge sous l'effet de la laque Kernechtrot aluminique;
– les structures tissulaires acidophiles se colorent en rouge sous l'effet du Kernechtrot;
– les phospholipides se colorent en bleu sous l'action du sulfate de bleu de Nil.

16.4.3 MÉTHODE DE COLORATION AU BLEU LUXOL SOLIDE (*LUXOL FAST BLUE*)

On a beaucoup utilisé la méthode au bleu Luxol solide pour la mise en évidence de la gaine de myéline sur des coupes traitées à la paraffine. En histochimie, on ne s'en sert que très peu. Cette méthode est surtout appliquée dans le domaine de la neurohistopathologie et sera abordée dans le chapitre 22.

16.5 MISE EN ÉVIDENCE DU CARACTÈRE INSATURÉ DE CERTAINS LIPIDES

Il peut être intéressant de savoir si les lipides étudiés sont constitués d'acides gras saturés ou insaturés. Trois méthodes s'y prêtent : la réduction du tétroxyde d'osmium, les réactions par addition d'halogènes et les réactions d'oxydation par les peracides.

16.5.1 RÉDUCTION DU TÉTROXYDE D'OSMIUM

La réduction du tétroxyde d'osmium est la plus ancienne méthode de détection des lipides. Cependant, son mécanisme complet et exact n'est pas encore totalement connu. En plus de colorer les lipides, les mélanges osmiques ont pour propriété d'insolubiliser les lipides et de prévenir ainsi leur dégradation lors de l'inclusion des tissus dans la paraffine. La méthode est moins utilisée qu'auparavant, surtout à cause du coût du réactif et des critiques dont elle a été l'objet.

16.5.1.1 Mécanisme d'action

Le mécanisme d'action est très complexe et repose largement sur des facteurs connexes tels que la durée d'action et l'influence des autres substances réductrices ou oxydantes. En ce qui concerne l'action du tétroxyde d'osmium seul sur coupes de tissu fixées au formaldéhyde-calcium de Baker pendant 6 heures, le mécanisme est connu.

Le tétroxyde d'osmium réagit avec les lipides au niveau des doubles liaisons des acides gras non saturés selon la réaction présentée ci-dessous (voir la figure 16.16). Le produit résultant de cette réaction n'étant pas stable, l'oxydation se poursuit et on obtient le dioxyde d'osmium (noir).

Cette interaction explique donc la réaction de réduction du tétroxyde d'osmium, c'est-à-dire la réduction qui a lieu lors du contact de l'OsO_4 et du tissu. Cette réaction serait très spécifique aux lipides non saturés. Cependant, cela n'explique pas tous les phénomènes observés, dont les deux principaux sont les suivants :

– le noircissement secondaire de certains lipides qui ne sont pas noircis immédiatement, mais qui le sont par le passage dans l'éthanol. Ce phénomène s'explique par le fait que le tétroxyde d'osmium est soluble dans tous les lipides liquides, saturés ou insaturés, et que, dès lors, même si un lipide n'a pas réduit le tétroxyde d'osmium, il peut en avoir dissous une certaine quantité. L'éthanol, puissant agent réducteur, va évidemment noircir le tétroxyde d'osmium présent sur la coupe;

– l'influence des groupes polaires : certaines études en microscopie électronique ont prouvé

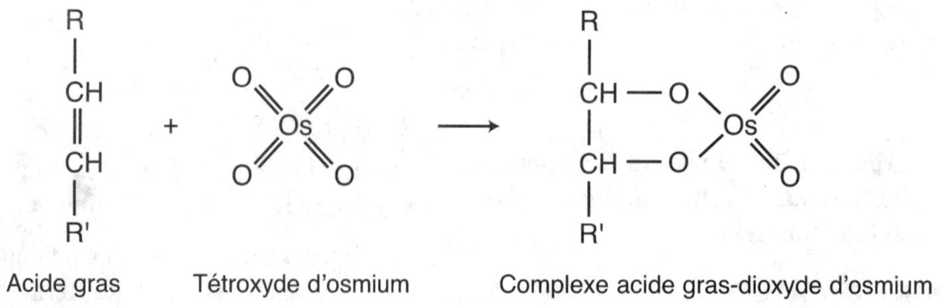

R–CH=CH–R' + OsO_4 ⟶ R–CH(–O)–CH(–O)–R' / OsO_2

Acide gras | Tétroxyde d'osmium | Complexe acide gras-dioxyde d'osmium

Figure 16.16 : *Représentation schématique de la réaction entre un acide gras et le tétroxyde d'osmium.*

que les lécithines, en particulier, fixaient le tétroxyde d'osmium sur leur tête polaire plutôt que sur leur queue non polaire. Des études subséquentes ont permis de penser que la choline est l'élément de la tête polaire qui réagit avec le tétroxyde d'osmium. Le mécanisme exact n'est cependant pas précisé.

16.5.1.2 Spécificité

La propriété de réduire le tétroxyde d'osmium n'est pas une caractéristique générale de tous les lipides et ne leur est pas exclusive. Donc, l'absence de réduction du tétroxyde d'osmium n'est pas une preuve absolue de l'absence de lipides sur une coupe. De même, la réduction du tétroxyde d'osmium n'est pas une preuve absolue de la présence de lipides sur une coupe. C'est pourquoi plusieurs auteurs conseillent de n'utiliser la méthode que pour mettre en évidence des doubles liaisons dans des composés dont la nature lipidique est déjà établie.

16.5.2 RÉACTIONS PAR ADDITION D'HALOGÈNES

Le mécanisme d'action des réactions par addition d'halogènes a été adapté de la chimie. Il repose sur le fait que les halogènes, surtout le brome et l'iode, peuvent réagir facilement avec les carbones porteurs de doubles liaisons dans les chaînes aliphatiques pour former des composés d'addition instables.

Ces méthodes se déroulent en trois étapes :

1) la fixation de l'iode ou du brome pendant 5 minutes;
2) la transformation de l'halogène en halogénure d'argent par l'action d'une solution de nitrate d'argent pendant 20 minutes;
3) la réduction de l'halogénure d'argent; l'argent métallique noir qui se dépose indique la localisation des doubles liaisons. Cette réduction se fait à l'aide de révélateurs photographiques, comme le métolhydroquinone ou le Dektol pendant 10 à 20 minutes.

Certaines méthodes, surtout celles utilisant le brome, ont fait l'objet d'études de spécificité qui ont démontré leur valeur. Théoriquement, trois types de composés peuvent brouiller les résultats : les aldéhydes, le glycogène et certains acides aminés. Parmi les aldéhydes, il y a ceux qui étaient déjà là et ceux qui sont induits par l'action du brome, lequel peut hydrolyser l'ADN et causer la production d'aldéhydes. Les noyaux sont effectivement colorés dans une certaine mesure par certaines techniques, alors qu'ils ne le sont pas du tout par d'autres. Le glycogène peut réagir avec le brome pour donner des résultats faussement positifs. Le brome peut aussi s'additionner à certains acides aminés aromatiques, mais cette réaction prend beaucoup de temps à se produire; c'est pourquoi elle n'est pas nuisible.

Pour s'assurer de la spécificité de la réaction, on procède habituellement à deux contrôles; les techniques de contrôle sont les suivantes :

a) l'utilisation de techniques d'extraction sur des coupes témoins pour s'assurer de la nature lipidique des produits réactifs (pyridine ou méthanol-chloroforme);
b) la digestion du glycogène par amylase.

16.5.3 RÉACTIONS D'OXYDATION PAR LES PERACIDES

Le mécanisme de ces réactions s'explique par le fait que les lipides insaturés fixés dans une solution de

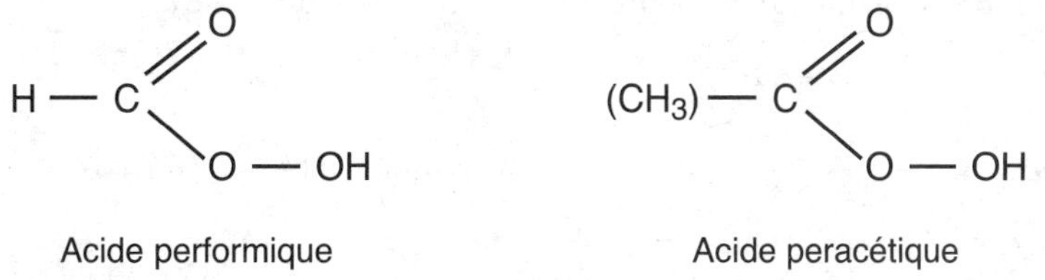

$$\mathrm{H-C(=O)-O-OH}$$

Acide performique

$$\mathrm{(CH_3)-C(=O)-O-OH}$$

Acide peracétique

Figure 16.17 : *Représentations graphiques des acides performique et peracétique.*

formaldéhyde à 10 % sont traités soit dans l'acide performique, soit dans l'acide peracétique (voir la figure 16.17), provoquant une oxydation des doubles liaisons qui produit des aldéhydes. Ces derniers sont colorés par le réactif de Schiff (voir la figure 16.18).

Ces techniques peuvent être appliquées sur des coupes imprégnées de paraffine ou faites en congélation.

La spécificité de ces réactions repose sur la vérification de la nature lipidique des substances mises en évidence. On conseille donc l'utilisation de coupes témoins sur lesquelles on fait des extractions ou des colorations par les lysochromes. Une autre façon de vérifier la spécificité des résultats consiste à utiliser la bromuration (voir la section 16.6), en omettant les deuxième et troisième étapes.

16.6 MISE EN ÉVIDENCE DES COMPLEXES LIPIDES-BROME (BROMURATION)

Ces méthodes ont longtemps été considérées comme spécifiques de la mise en évidence des phospholipides. Aujourd'hui, on leur reconnaît la propriété de révéler les phospholipides qui contiennent de la choline (lécithines et sphingomyéline). La principale méthode est celle de Baker, modifiée par Elftmann, une amélioration de la méthode originale de Smith-Dietrich.

16.6.1 MÉTHODE DE COLORATION À L'HÉMATOXYLINE ACIDE-DICHROMATE DE BAKER MODIFIÉE PAR ELFTMANN

Pour cette méthode, il est fortement recommandé de procéder avec des coupes congelées plutôt que des tissus fixés par des liquides chimiques. Par contre, les tissus ayant subi une très courte fixation sont utilisables, après un rinçage abondant à l'eau. Le dichromate de potassium insolubilise les lipides à mettre en évidence en leur adjoignant des composés d'addition. Cette étape est suivie d'une coloration par l'hématoxyline, qui se termine par la formation d'une laque chromique d'hématéine bleu-noir.

Le mécanisme d'action est encore mal établi, mais deux hypothèses prévalent. Certains spécialistes pensent que les groupes non saturés des lipides sont responsables des résultats, de par la réaction suivante :

$$3(\text{—CH=CH—}) + 2K_2Cr_2O_7 + 2H_2O \downarrow$$
$$\rightarrow 6(\text{–CHO}) + 4KOH + 2Cr_2O_3$$

L'oxyde de chrome produit servirait de mordant entre les groupes phosphates des phospholipides et l'hématéine. D'autres auteurs pensent que la choline jouerait un rôle très important dans cette réaction. Des tests *in vitro* ont révélé que seuls les phospholipides contenant de la choline (lécithines et sphingomyélines) peuvent réagir positivement à cette méthode. Le mécanisme de fixation du chrome sur la choline n'est pas encore défini avec précision. Plusieurs auteurs ont émis l'hypothèse de la formation d'une liaison sel entre l'azote de la choline et les ions chromate. Il semble aussi que le chlorure de calcium ait un rôle à jouer dans une réaction intermédiaire.

Quant à la spécificité de la méthode, les recherches les plus récentes semblent indiquer qu'une réaction de Baker nettement positive, c'est-à-dire avec des résultats de coloration bleu-noir, révèle la présence de lécithines ou de sphingomyélines. Cependant, il est essentiel de procéder à des extractions pour prouver la nature lipidique des composés étudiés.

16.6.2 PRÉPARATION DES SOLUTIONS

1. Solution d'hématoxyline selon Elftmann

- 50 ml d'une solution alcoolique d'hématoxyline à 0,1 %
- 1 ml d'une solution aqueuse de périodate de sodium à 1 %

$$R-CH=CH-R' + 2H-C(=O)-O-OH \longrightarrow R-CHO + R'-CHO + 2HC(=O)-OH$$

Figure 16.18 : *Représentation de la réaction de Schiff.*

2. Solution de dichromate de potassium à 5 % et de calcium à 1 %

- 5 g de dichromate de potassium
- 100 ml d'eau distillée
- 1 g de chlorure de calcium

3. Solution de tétraborate de sodium et de ferricyanure de potassium

- 0,25 g de tétraborate de sodium
- 100 ml d'eau distillée
- 0,25 g de ferricyanure de potassium

4. Solution de vert de méthyle à 1 %

- 1 g de vert de méthyle
- 100 ml d'eau distillée

La figure 12.3 présente les principales caractéristiques de ce colorant.

5. Le milieu de montage à la gelée glycérine

La préparation de ce milieu de montage est présentée à la section 9.2.2.

16.6.3 MÉTHODE DE COLORATION À L'HÉMATOXYLINE ET À L'ACIDE-DICHROMATE DE BAKER MODIFIÉE PAR ELFTMANN

MODE OPÉRATOIRE

1. Traiter les coupes dans la solution de dichromate de potassium à 5 % et de calcium à 1 % pendant 18 heures à la température ambiante;
2. laver abondamment à l'eau distillée pendant 30 minutes;
3. colorer dans la solution d'hématoxyline acide pendant 2 heures à 37 °C, puis laver les coupes à l'eau courante;
4. différencier dans une solution de tétraborate-ferricyanure pendant 1 heure à 37 °C;
5. contrecolorer les noyaux dans la solution de vert de méthyle à 1 % jusqu'à ce que la coloration soit optimale;
6. bien laver à l'eau courante;
7. monter les lames avec un milieu de montage aqueux comme la gelée de glycérine ou le sirop de lévulose;
8. luter les lames pour assurer la conservation des coupes.

RÉSULTATS

- Les noyaux et les structures tissulaires basophiles se colorent en vert sous l'effet du vert de méthyle;
- la lécithine et la sphingomyéline se colorent en bleu-noir sous l'action de l'hématoxyline ferrique.

16.6.4 REMARQUES

- Il est important d'inclure dans la série de coupes à traiter une coupe témoin dont on a au préalable extrait les lipides à l'aide d'un mélange de chloroforme et de méthanol dans des proportions de 2 pour 1 (voir la section 16.12).
- La qualité de la solution d'hématoxyline acide se modifie avec le temps, parce que l'oxydation se poursuit rapidement et peut entraîner une diminution de la coloration.

16.7 MISE EN ÉVIDENCE DES CARBOXYLES LIPIDIQUES (RÉACTION PLASMALE DE FEULGEN ET VOIT)

Le principe de cette méthode repose sur le fait que les plasmogènes, lorsqu'ils sont légèrement hydrolysés, libèrent des aldéhydes d'acides gras. Ces aldéhydes sont alors détectés à l'aide du réactif de Schiff. Trois conditions sont essentielles pour que la réaction plasmale puisse survenir : il faut travailler sur des coupes de tissus congelés sans fixation chimique préalable, il faut que l'hydrolyse soit faite rapidement par le chlorure mercurique (2 à 10 minutes), et il faut que la coloration par le réactif de Schiff soit brève (pas plus de 15 minutes). Le mécanisme d'action est illustré à la figure 16.19.

Cette réaction appelée « réaction plasmale vraie », serait responsable de la libération d'un aldéhyde d'acide gras détecté par le réactif de Schiff. Par contre, sur coupes fixées, certains lipides donnent une réaction plasmale positive; certains lipides donnent aussi une coloration sur coupes non fixées mais prétraitées différemment. Ces deux cas sont désignés par l'appellation de « réactions pseudoplasmales ». On doit donc porter une attention particulière aux conditions d'exercice de la réaction si l'on veut obtenir une réaction plasmale vraie et fiable.

Il semble que la réaction de Feulgen et Voit soit spécifique aux plasmogènes. Cependant, il faut garder à l'esprit que la chimie de ces substances est encore mal établie et l'objet de controverses. En outre, la réaction ne peut être spécifique que si l'on respecte très strictement la technique. Une fixation prolongée oxydera toutes les liaisons éther, ce qui empêchera leur mise en évidence. De plus, elle fera voir des substances non affectées par le chlorure mercurique. Un séjour prolongé dans un liquide sublimé diminue l'intensité de la réaction, à cause de la solubilité des aldéhydes produits.

Pour assurer la spécificité de la réaction, on peut traiter au réactif de Schiff, pendant 10 à 15 minutes, des coupes en congélation de tissus non fixés et non traités par le chlorure mercurique. Ces coupes ne devraient présenter aucune coloration.

16.8 DÉMASQUAGE DES LIPIDES LIÉS

Certains lipides sont impossibles à mettre en évidence par les méthodes usuelles lorsqu'ils sont liés, que ce soit par des liens chimiques à d'autres substances, par exemple aux protéines ou aux polysaccharides, ou par des liaisons purement physiques, par exemple des lipides intercalés entre deux couches de phospholipides. Dans les deux cas, que les lipides soient faiblement ou fortement liés, il est nécessaire de procéder à leur démasquage avant de tenter de les détecter.

Les lipides faiblement liés peuvent être mis en évidence par différentes techniques. Ils sont d'abord fixés dans une solution de formaldéhyde à 10 % additionnée de calcium ou de cadmium, ou subissent simplement une post-chromisation; le liquide fixateur de Flemming (voir la section 2.6.2.4) est aussi un excellent agent de démasquage. On met ensuite ces lipides en évidence au moyen de noir Soudan en solution saturée dans de l'alcool à 70 %. Il est préférable de procéder à cette mise en évidence à chaud, c'est-à-dire à 60 °C.

Le démasquage des lipides fortement liés peut s'effectuer soit sur un tissu fixé par un liquide à base de formaldéhyde puis bien rincé, soit sur un tissu non fixé, mais coupé en congélation. Les protéines et les acides nucléiques solubles des tissus sont éliminés par l'immersion des coupes dans un acide organique, comme l'acide formique, l'acide acétique, l'acide citrique ou l'acide oxalique, dans des enzymes protéolytiques, telles la trypsine et l'élastase, ou encore dans des solutions salines, par exemple le chlorure de sodium en solution aqueuse. Les lipoprotéines, toujours en place, peuvent alors être mises en évidence par les lysochromes habituels comme le noir Soudan B ou le Soudan III en solution dans de l'éthanol à 70 %. Plusieurs méthodes permettent de mettre en évidence les lipides masqués, mais on ne les utilise plus en histotechnologie de routine, non pas à cause de la complexité des manipulations, mais du temps qu'il faut y consacrer. Parmi ces méthodes de coloration, celle de Berenbaum utilise le noir Soudan en solution dans l'acétone, ou encore dans l'éthanol.

16.8.1 PRINCIPE

Avant de colorer les lipides masqués avec le noir Soudan, les lipides sont démasqués selon l'une des méthodes décrites ci-dessus. Les coupes sont alors lavées à l'eau courante et à l'acétone, lequel sert de

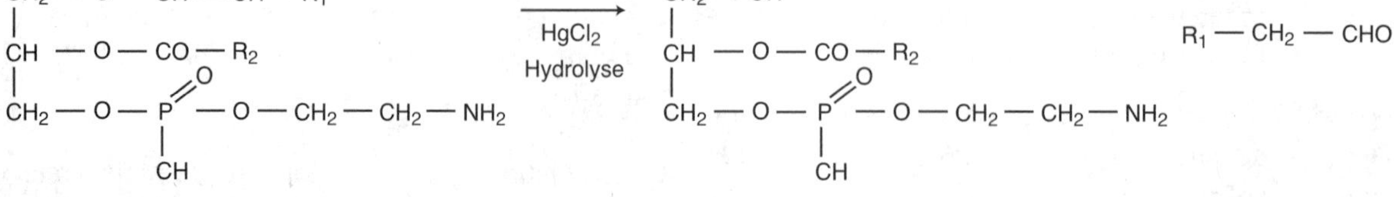

$CH_2 — O — CH = CH — R_1$
$CH — O — CO — R_2$
$CH_2 — O — P(=O)(CH) — O — CH_2 — CH_2 — NH_2$

→ $HgCl_2$ Hydrolyse

$CH_2 — OH$
$CH — O — CO — R_2$
$CH_2 — O — P(=O)(CH) — O — CH_2 — CH_2 — NH_2$

$R_1 — CH_2 — CHO$

Figure 16.19 : *Représentation de la réaction plasmale de Feulgen et Voit.*

solvant du colorant et aura pour effet d'accroître la pénétration du noir Soudan dans les lipides. Les deux méthodes décrites ci-dessous permettent de mettre en évidence des types différents de lipides masqués : il y a donc intérêt à utiliser l'une et l'autre.

Les tissus peuvent être fixés dans le formol, l'éthanol, le Carnoy, le Zenker ou autres liquides fixateurs usuels. Ils sont par la suite soumis aux étapes de la circulation, inclus dans la paraffine et coupés au microtome. S'il s'agit de tissus congelés, ils sont coupés au cryotome.

16.8.2 MÉTHODE DE COLORATION AU NOIR SOUDAN EN SOLUTION DANS L'ACÉTONE SELON BERENBAUM POUR LA MISE EN ÉVIDENCE DES LIPIDES MASQUÉS

16.8.2.1 Préparation de la solution d'acétone saturée de noir Soudan B

- Environ 2 g de noir Soudan B
- 100 ml d'acétone

Faire dissoudre la poudre de noir Soudan B dans l'acétone jusqu'à saturation de la solution.

16.8.2.2 Méthode de mise en évidence des lipides masqués utilisant l'acétone et le noir Soudan B

MODE OPÉRATOIRE

1. Déparaffiner les coupes s'il y a lieu, et les traiter jusqu'à l'étape de l'eau distillée où elles seront rincées abondamment; si la coupe provient du cryotome, la laisser sécher à l'air ambiant;
2. laver à l'eau courante pendant 2 à 24 heures, puis rincer à l'acétone;
3. placer les coupes dans une solution d'acétone saturée de noir Soudan B à environ 2 % à une température pouvant varier de 37 ° à 60 °C pendant 2 à 24 heures;
4. laver au xylène jusqu'à ce qu'aucune trace de colorant ne soit plus extraite de la coupe, soit pendant environ 10 minutes;
5. monter avec une résine permanente.

RÉSULTATS

- Voir ci-dessous, à la section 16.8.3.2.

16.8.3 MÉTHODE DE COLORATION AU NOIR SOUDAN B EN SOLUTION DANS L'ÉTHANOL À 70 % SELON BERENBAUM POUR LA MISE EN ÉVIDENCE DES LIPIDES MASQUÉS

16.8.3.1 Préparation de la solution alcoolique saturée de noir Soudan B

- 50 ml d'éthanol à 100 %
- environ 2 g de noir Soudan B

Faire dissoudre la poudre de noir Soudan B dans l'éthanol jusqu'à saturation de la solution.

16.8.3.2 Méthode de mise en évidence des lipides masqués utilisant l'alcool saturée de noir Soudan B selon Berenbaum

MODE OPÉRATOIRE

1. Déparaffiner les coupes s'il y a lieu, et les traiter jusqu'à l'étape de l'eau distillée où elles seront rincées abondamment; si la coupe provient du cryotome, la laisser sécher à l'air ambiant;
2. laver à l'eau courante pendant 2 à 24 heures, puis rincer dans l'éthanol à 70 %;
3. placer les coupes horizontalement sur un support et les recouvrir d'une solution fraîchement filtrée de noir Soudan B à saturation dans de l'éthanol à 70 %;
4. faire flamber; éliminer le résidu, ajouter une autre quantité de noir Soudan B filtrée et faire flamber à nouveau. Répéter cette opération environ 6 fois;
5. laver dans l'éthanol absolu jusqu'à ce qu'aucune trace de colorant ne soit plus extraite de la coupe, soit pendant environ 10 minutes;
6. éclaircir dans le xylène et monter avec une résine permanente.

RÉSULTATS

– Chacune des deux méthodes permet de colorer les lipides masqués en gris-noir sous l'action du noir Soudan B. La spécificité de ces méthodes pour mettre en évidence les lipides masqués peut être vérifiée en colorant une coupe témoin dont on aura au préalable extrait les lipides au moyen de méthanol-chloroforme.

16.9 TECHNIQUES D'EXTRACTION

Les biochimistes utilisent régulièrement les techniques d'extraction pour la purification et l'identification distincte des différents lipides. Cependant, ces techniques sont difficiles à mettre en pratique en histochimie, principalement parce que la fixation modifie les caractères de solubilité des lipides soit en agissant sur les lipides eux-mêmes, soit en les emprisonnant dans une trame de protéines dénaturées. De plus, le fait que les lipides soient présents en mélanges complexes dans les tissus accentue les modifications de leur comportement en présence des solvants usuels des graisses.

Les techniques d'extraction comportent donc un problème de mise en application. Certaines, cependant, peuvent être très utiles; voici la description de trois d'entre elles.

16.9.1 MÉTHODE DE CIACCIO II

Cette méthode se distingue de la méthode de Ciaccio I (du même auteur) pour les phospholipides. Les tissus sont fixés au formaldéhyde puis passés dans des solutions de concentrations croissantes d'acétone contenant du nitrate de cadmium à 1 % (70 %, 80 %, puis 90 %). Ils séjournent ensuite 24 heures dans de l'acétone qui contient 2 % d'une solution saturée de nitrate de cadmium. Ils sont de nouveau passés dans des solutions aqueuses d'acétone de concentrations décroissantes contenant du nitrate de cadmium à 1 %. Ils subissent par la suite une post-chromisation, sont coupés en congélation puis colorés au Soudan III ou au noir Soudan B.

Le procédé est destiné à extraire tous les lipides sauf les phospholipides et les glycolipides. Mais un problème demeure : les phospholipides et les glycolipides peuvent devenir solubles dans l'acétone et dans les mélanges acétone-cadmium.

16.9.2 MÉTHODE DE BAKER À LA PYRIDINE

Cette technique est utilisée en combinaison avec la méthode à l'hématéine acide, du même auteur. Le tissu frais est fixé avec un fixateur spécial, variante faible du liquide de Bouin. Le passage dans ce fixateur est essentiel à la réussite de l'extraction. Suivent l'extraction dans la pyridine à 60 °C, puis la post-chromisation. Les tissus sont alors coupés en congélation avant d'être colorés par la méthode à l'hématéine acide.

Les phospholipides sont censés être extraits par la pyridine, mais le mécanisme exact de la coloration à l'hématéine acide est mal connu. De plus, la spécificité de l'extraction à la pyridine est également remise en cause. Il faut donc être prudent lorsqu'on utilise cette méthode.

16.10 EXAMEN À LA LUMIÈRE POLARISÉE

Théoriquement, l'examen à la lumière polarisée est d'une grande utilité. Cependant, les résultats peuvent être modifiés par plusieurs facteurs, tels les effets du fixateur, de la température et du milieu de montage. Le comportement des lipides examinés à la lumière polarisée varie selon la classe à laquelle ils appartiennent.

16.10.1 LIPIDES NEUTRES ET ACIDES GRAS

Les lipides neutres et les acides gras, à l'état liquide dans l'organisme, sont monoréfringents, c'est-à-dire isotropes. Il est impossible de les détecter à la lumière polarisée. Parfois, après fixation au formaldéhyde à 10 % et coupe sous congélation, ils peuvent apparaître biréfringents ou anisotropes.

16.10.2 PHOSPHOLIPIDES, GLYCOLIPIDES ET CHOLESTÉRIDES

Ces trois substances peuvent se trouver sous forme de sphérocristaux biréfringents, lesquels présentent le phénomène de croix de Malte. Aussi appelé « croix de polarisation », ce phénomène ne se produit que dans certaines conditions de température : si la température est trop élevée, c'est-à-dire à partir de ce qu'on appelle le point d'éclaircissement, les phospholipides, les glycolipides et les cholestérides perdent leur biréfringence; si la température est trop basse, ils demeurent biréfringents mais ne présentent plus de croix de polarisation.

La seule observation qui permette de tirer des conclusions est celle de la croix de polarisation. En effet, elle révèle avec certitude que les substances en présence ne sont pas des lipides neutres ni des acides gras, mais qu'elles peuvent être des cholestérides, des phospholipides ou des glycolipides.

Le procédé ne peut être utile qu'à titre indicatif et les résultats obtenus doivent absolument être confirmés par d'autres procédés d'étude du tissu.

16.11 MISE EN ÉVIDENCE DES LIPIDES EN PATHOLOGIE

Il y a très peu de circonstances où le pathologiste cherche à mettre en évidence les lipides. Les plus fréquentes sont les cas d'embolies graisseuses chez les grands traumatisés souffrant, par exemple, de fractures osseuses importantes ayant libéré de la moelle osseuse en abondance dans le sang en circulation. On le fait également dans l'étude des cas de dyslipidose, maladie héréditaire rare caractérisée par l'accumulation de lipides complexes dans les histiocytes, les cellules nerveuses, le rein, etc. Enfin, devant les cas de sarcomes de tissus mous, on met en évidence les lipides dans le but d'établir un diagnostic précis de liposarcome ou d'éliminer celui-ci.

16.12 CHOIX DES CONTRÔLES

Quelle que soit la mise en évidence visée et la technique choisie, il est essentiel de procéder à un contrôle positif et à un autre négatif, puisque les résultats obtenus peuvent être faussement positifs ou faussement négatifs.

16.12.1 CHOIX DE CONTRÔLES POSITIFS

Lors d'une autopsie ou de chirurgies nécessitant un diagnostic pathologique des graisses, le tissu visé devrait être congelé à –70 °C, puis coupé au cryotome en prévision de contrôles positifs éventuels. Le tableau 16.2 donne un aperçu des principaux lipides présents dans certains tissus.

16.12.2 CHOIX DE CONTRÔLES NÉGATIFS

Une analyse de contrôle effectuée sur une coupe de tissu débarrassé de ses lipides devrait faire partie de la routine de toutes les techniques de mise en évidence des graisses. La comparaison entre la lame de contrôle négatif et une lame de tissu du patient sur laquelle seront mis en évidence les lipides permettra de situer réellement les graisses.

Afin d'extraire les lipides du tissu, la coupe contrôle est traitée dans un mélange contenant du chloroforme, du méthanol à 100 %, de l'acide chlorhydrique à 1 % et de l'eau distillée. La solution se prépare de la façon suivante :

- 66 ml de chloroforme
- 33 ml de méthanol à 100 %
- 4 ml d'eau distillée
- 1 ml d'acide chlorhydrique à 1 %

Faire tremper la coupe dans la solution pendant 1 heure à la température ambiante. La présence de l'acide chlorhydrique permettra de briser les liens lipidiques alors que l'eau distillée facilitera l'extraction des phospholipides.

Tableau 16.2 APERÇU DES PRINCIPAUX LIPIDES PRÉSENTS DANS CERTAINS TISSUS.

TISSUS	TYPES DE LIPIDES
Foie stéatique	Triglycérides et acides gras libres
Artère athéromateuse	Cholestérol libre et estérifié
Vascularisation cérébrale athéromateuse	Phospholipides et myéline

17

MISE EN ÉVIDENCE DES PROTÉINES ET DES NUCLÉOPROTÉINES

INTRODUCTION

Les protéines sont les constituants majeurs des cellules et des tissus. La synthèse d'une protéine se fait à partir d'acides aminés (voir la figure 17.1) reliés entre eux par des liaisons peptidiques; en effet, la fonction amine (NH_2) d'un acide aminé peut se joindre au groupement carboxyle (COOH) d'un autre acide aminé pour constituer ce qu'on appelle un « lien peptidique » (voir la figure 17.2). En matière de coloration histochimique, la mise en évidence des protéines passe par la coloration des acides aminés, constituants de base des protéines.

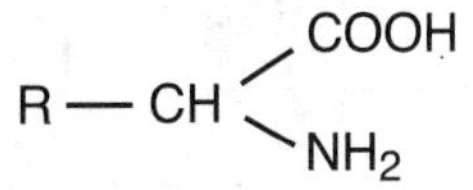

$$R - CH \begin{matrix} \diagup COOH \\ \diagdown NH_2 \end{matrix}$$

Figure 17.1 : *Représentation schématique de la formule générale d'un acide aminé.*

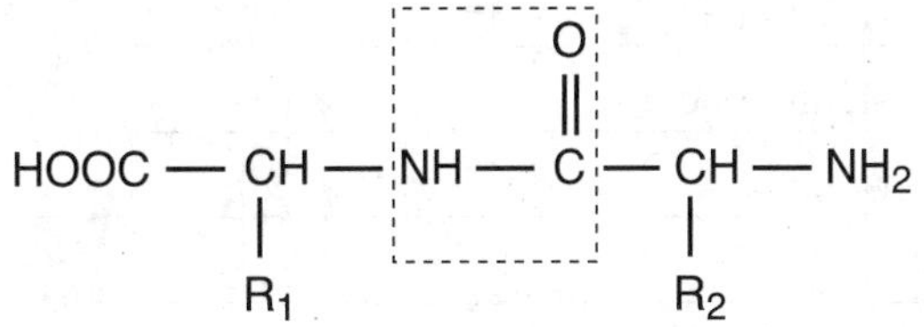

$$\begin{array}{ccccccccc} & & & & O & & & & \\ & & & & \| & & & & \\ HOOC & - & CH & - NH - & C & - & CH & - & NH_2 \\ & & | & & & & | & & \\ & & R_1 & & & & R_2 & & \end{array}$$

Figure 17.2 : *Représentation schématique d'une liaison peptidique.*

Les protéines présentes dans les tissus peuvent être seules ou former des combinaisons avec diverses substances; il existe un grand nombre de combinaisons dont les principales sont les lipoprotéines, les mucoprotéines et les nucléoprotéines. Les méthodes histochimiques de mise en évidence des protéines colorent en général toute la coupe de tissu. Seule des nuances et des intensités différentes de la teinte obtenue permettent de différencier les organites cellulaires. De rares produits de sécrétion ou certaines substances de réserve sont entièrement dépourvus de protéines. Le présent chapitre traite des méthodes permettant de démontrer la présence des protéines simples et des protéines conjuguées.

Les divers acides aminés en viennent à s'unir pour former des polymères auxquels on donne le nom de peptides; il existe donc des dipeptides, des tripeptides, des tétrapeptides, etc., selon le cas. Les peptides de taille réduite portent le nom d'« oligopeptides », tandis que les peptides de taille moyenne sont appelés « polypeptides ». Le nom de « protéines » n'est donné qu'aux chaînes peptidiques les plus grosses.

Les divers acides aminés se distinguent les uns des autres par leurs radicaux R, qui confèrent aux chaînes peptidiques des propriétés particulières. Les principales propriétés ayant de l'importance en histotechnologie sont les suivantes : le caractère polaire

Tableau 17.1 CARACTÉRISTIQUES DES PRINCIPAUX ACIDES AMINÉS PRÉSENTS DANS LES PROTÉINES.

Acide aminé	**Caractère polaire**	**Ionisation (charge à *p*H 6,0 à 7,0)**	**Type de R**	**Groupements particuliers dans le R**
1. Glycine	+	0	Aliphatique	
2. Alanine	–	0	Aliphatique	
3. Sérine	+	0	Aliphatique	Fonction hydroxyle
4. Cystéine	+	0	Aliphatique	Fonction thiol (sulfhydrile) pouvant constituer des ponts disulfure
5. Thréonine	+	0	Aliphatique	Fonction hydroxyle
6. Méthionine	–	0	Aliphatique	
7. Valine	–	0	Aliphatique	
8. Leucine	–	0	Aliphatique	
9. Isoleucine	–	0	Aliphatique	
10. Acide aspartique	+	–	Aliphatique	Fonction carboxyle
11. Acide glutamique	+	–	Aliphatique	Fonction carboxyle
12. Asparagine	+	0	Aliphatique	Fonction amide
13. Glutamine	+	0	Aliphatique	Fonction amide
14. Lysine	+	+	Aliphatique	Fonction amine (amine primaire)
15. Arginine	+	+	Aliphatique	Fonction guanidyle
16. Phénylalanine	–	0	Aromatique	Noyau benzénique
17. Tyrosine	+	0	Aromatique	Noyau phénolique
18. Tryptophane	–	0	Hétérocyclique	Noyau hétérocyclique dérivé de l'indole (incluant un anneau benzénique)
19. Histidine	+	+ à *p*H 6,0	Cyclique aliphatique	Fonction imidazole
20. Proline	–	0	Cyclique aliphatique	Fonction amine (amine secondaire)

qui modifie la solubilité des protéines, le pouvoir ionisant qui influe sur le point isoélectrique (*p*I), les affinités tinctoriales et enfin la capacité de liaison avec d'autres molécules selon le caractère aliphatique ou aromatique de la protéine. De plus, la mise en évidence de groupes chimiques particuliers présents dans le radical R de certains acides aminés facilite l'identification de ceux-ci (voir le tableau 17.1).

17.1 CLASSIFICATION DES PROTÉINES

Il n'existe pas de classification proprement dite des protéines; il est cependant possible de les diviser en deux groupes, les protéines simples et les protéines conjuguées.

17.1.1 PROTÉINES SIMPLES

Les protéines simples sont uniquement constituées d'acides aminés. Bien qu'on les appelle « simples », ces protéines se trouvent tout de même souvent associées à d'autres types de substances. En se basant sur leurs caractéristiques de solubilité, il est possible de grouper ces protéines simples en plusieurs catégories : on distingue ainsi les albumines, les globulines, les scléroprotéines (les albuminoïdes et les fibroprotéines), les globines, les protamines et les histones.

17.1.2 PROTÉINES CONJUGUÉES (OU HÉTÉROPROTÉINES)

Les protéines conjuguées sont toujours associées à d'autres substances que des acides aminés. On peut les classer selon la nature de la fraction non protéique qui y est décelée. Ainsi, on retrouve :

- les nucléoprotéines, associées à des acides nucléiques; elles constituent avec ceux-ci la chromatine nucléaire;
- les glycoprotéines, qui sont des complexes glucides-protéines (voir la section 15.1.3.1);
- les protéines-polysaccharides, qui constituent des complexes glucides-protéines d'un deuxième type (voir la section 15.1.2);
- les lipoprotéines, substances constituées de protéines liées à des lipides; on en trouve dans le plasma, où elles servent au transport des lipides;
- les chromoprotéines, ces substances comprenant une fraction protéique associée à un pigment coloré; l'hémoglobine est un exemple type de ce groupe;
- les phosphoprotéines, des protéines associées à de l'acide phosphorique; la caséine du lait en est un exemple parfait.

17.2 MÉTHODES DE MISE EN ÉVIDENCE DES PROTÉINES

Sur le plan pratique, l'intérêt de la mise en évidence des protéines est de savoir s'il y a présence ou non de protéines dans le matériel intracellulaire ou extracellulaire. La plupart des techniques cliniques ne détectent pas la présence de chacun des types d'acides aminés, mais bien l'ensemble du matériel protéique.

Les méthodes de mise en évidence des protéines sont ou bien physiques ou bien chimiques, la distinction entre les unes et les autres étant cependant souvent arbitraire. On en dénombre quatre types : les méthodes dites histophysiques, les méthodes histochimiques pour les acides aminés, les méthodes histoenzymologiques et les méthodes immunocytochimiques.

17.2.1 MÉTHODES HISTOPHYSIQUES

Les méthodes histophysiques sont régulièrement utilisées pour la mise en évidence des protéines fibreuses comme le collagène, la fibrine, l'élastine, la réticuline (voir la section 14.3) et l'amyloïde (voir le chapitre 18). Axées davantage sur les particularités physiques des molécules protéiques que sur leur composition chimique, ces méthodes font appel à des procédés de coloration basés sur la porosité des structures. Cette catégorie comprend les méthodes de coloration trichromique utilisant de petites ou de grosses molécules colorantes, les méthodes de coloration à l'argent comme dans le cas de la mise en évidence de la réticuline, et les méthodes de coloration par le rouge Congo, utilisées pour la mise en évidence de la substance l'amyloïde.

17.2.2 MÉTHODES HISTOCHIMIQUES

Ce genre de méthodes permet de mettre en évidence des acides aminés qui se trouvent dans les constituants protéiques. Elles sont basées sur l'identification du groupement chimique présent dans le radical R de l'acide aminé étudié. La lysine, par exemple, est une protéine qui présente un second groupe aminé; la tyrosine contient un anneau phénolique; la cystine et la cystéine contiennent des ponts disulfures et des groupements sulfhydriles; le tryptophane et la tryptamine comportent des groupements indoles et l'arginine, des groupements guanidyles (voir le tableau 17.1).

17.2.2.1 Protéines associées à des groupements aminés

Pour mettre en évidence les groupements α-aminés, il faut d'abord les oxyder dans une solution alcoolique de ninhydrine, ce qui donne des aldéhydes (voir la section 15.4.1.2.1). Ces derniers réagiront par la suite avec le réactif de Schiff et prendront une teinte allant du rouge foncé au pourpre. La formule chimique de la ninhydrine est $C_9H_4O_3.H_2O$.

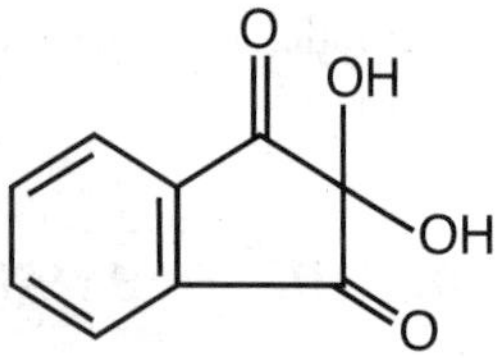

O
OH
OH
O

Figure 17.3 : *Représentation schématique de la formule chimique de la ninhydrine.*

a) Méthode de mise en évidence des groupements aminés par la ninhydrine et le réactif de Schiff

Par cette méthode, il est possible de colorer aussi bien des tissus préalablement fixés dans le formaldéhyde tamponné à 10 % que des coupes sous congélation. Dans ce dernier cas, il est préférable de fixer les tissus dans une solution de formaldéhyde-alcool ou de formaldéhyde à 10 % pendant 30 secondes.

b) Préparation des solutions

1. Solution de ninhydrine à 0,5 % en solution alcoolique

- 0,5 g de ninhydrine
- 100 ml d'alcool éthylique à 100 %

2. Réactif de Schiff

Voir la section 15.4.1.2.5 (solution n°1).

3. Solution d'hématoxyline de Mayer

Voir la section 12.6.1.

c) Méthode de coloration à la ninhydrine et au réactif de Schiff

MODE OPÉRATOIRE

1. Déparaffiner et traiter les tissus jusqu'à l'étape de l'éthanol à 70 %;
2. oxyder les tissus dans la solution de ninhydrine à 0,5 % pendant une dizaine d'heures à 37 °C;
3. laver ensuite les tissus à l'eau courante et les colorer pendant 45 minutes dans le réactif de Schiff préalablement filtré;
4. contrecolorer les noyaux avec une hématoxyline aluminique progressive (celle de Mayer, par exemple) pendant 10 à 15 minutes, puis rincer à l'eau courante pendant 10 à 30 secondes;
5. déshydrater, éclaircir et monter avec une résine permanente comme l'Eukitt.

RÉSULTATS

- Les noyaux sont colorés par l'hématoxyline de Mayer;
- les groupements aldéhydes se colorent en rouge pourpre sous l'effet du réactif de Schiff.

d) Remarques

- Il faut utiliser une coupe témoin afin d'exclure tout matériel pouvant réagir positivement avec l'APS (voir la section 15.4.1.2).

- Les groupements aminés peuvent également être mis en évidence par la méthode de Weiss, laquelle utilise l'hydroxynaphthaldéhyde comme agent oxydant; dans ce cas, les tissus ne doivent pas être fixés au moyen de formaldéhyde.

17.2.2.2 Protéines contenant des groupements phénoliques

Le procédé qui met le mieux en évidence la présence de groupements phénoliques est la réaction de Millon, dont on se sert pour la tyrosine. Quand les tissus sont en contact avec une solution contenant du sulfate mercurique, de l'acide sulfurique et du nitrite de sodium, une coloration rouge ou rose intense apparaît sur les sites des groupements phénoliques. Même si la tyrosine est le seul acide aminé qui contienne des groupements hydroxyphénoliques, on ne considère pas que ce procédé lui est spécifique, puisque d'autres substances tissulaires peuvent posséder de tels groupements. On l'utilise donc surtout à titre indicatif.

a) Méthode de Millon pour la mise en évidence de la tyrosine

Il est préférable de travailler sur des tissus fixés avec du formaldéhyde à 10 %, neutre et tamponné. Quant aux coupes sous congélation, elles doivent être fixées dans une solution de formaldéhyde-alcool ou de formaldéhyde à 10 % pendant 30 secondes.

b) Préparation des solutions

1. Solution de sulfate mercurique

- 10 g de sulfate mercurique
- 90 ml d'eau distillée
- 10 ml d'acide sulfurique

Chauffer la solution afin de faciliter la solubilisation des produits, laisser refroidir, puis ajouter :

- 100 ml d'eau distillée

2. Solution de nitrite de sodium à 2,5 %

- 2,5 g de nitrite de sodium
- 100 ml d'eau distillée

3.. Solution colorante

- 5 ml de la solution de sulfate mercurique (solution n° 1)
- 50 ml de la solution de nitrite de sodium (solution n° 2)

c) Méthode de coloration par la réaction de Millon

MODE OPÉRATOIRE

1. Déparaffiner si nécessaire et hydrater jusqu'à l'étape de l'eau distillée;
2. immerger les coupes dans la solution colorante. Il est préférable d'utiliser un petit récipient, d'amener lentement la solution à ébullition et de faire bouillir pendant environ 2 minutes. Laisser refroidir à la température ambiante;
3. laver dans trois bains d'eau distillée pendant 2 minutes par bain;
4. déshydrater, éclaircir et monter avec une résine permanente comme l'Eukitt.

RÉSULTATS

Les groupements phénoliques présents dans la tyrosine se colorent en rouge ou en rose intense sous l'effet du mélange sulfate mercurique, acide sulfurique et nitrite de sodium.

d) Remarque sur la technique

Il est fortement conseillé de prendre une coupe témoin provenant du pancréas, où les probabilités d'obtenir des résultats positifs sont très élevées étant donné la richesse de cet organe en produits de sécrétion protéique.

17.2.2.3 Protéines contenant des ponts disulfures et des groupements sulfhydriles

Ces groupements sont présents dans la cystine, la cystéine et la méthionine. Le pont disulfure se situe entre deux atomes de soufre (-S-S-) alors que le lien sulfhydrile se localise entre un atome de soufre et un atome d'hydrogène (-S-H-). Le lien sulfhydrile peut provenir de la réduction d'un pont disulfure. Plusieurs méthodes permettent de mettre en évidence ces groupements, l'une des meilleures étant la coloration à l'acide performique et au bleu alcian (voir la section 15.4.2.1).

a) Méthode de mise en évidence des ponts disulfures et des groupements sulfhydriles à l'acide performique et au bleu alcian

Comme dans le cas précédent, cette méthode donne de meilleurs résultats si les tissus sont fixés dans une solution de formaldéhyde neutre tamponné. S'il s'agit d'une coupe congelée, il est souhaitable de fixer le tissu dans une solution de formaldéhyde-alcool ou de formaldéhyde à 10 % pendant 30 secondes.

b) Préparation des solutions

1. Solution d'acide performique

- 40 ml d'acide formique à 98 %
- 4 ml de peroxyde d'hydrogène
- 0,5 ml d'acide sulfurique concentré

2. Solution de bleu alcian à 2 %

- 2 g de bleu alcian
- 5,4 ml d'acide sulfurique à 98 %
- 94,6 ml d'eau distillée

Pour plus d'information sur le colorant bleu alcian, voir la section 15.4.2.1.

3. Solution de Kernechtrot

Voir la section 12.10.3.

c) Méthode de coloration à l'acide performique et au bleu alcian

MODE OPÉRATOIRE

1. Déparaffiner si nécessaire et hydrater jusqu'à l'étape de l'eau distillée;
2. immerger les coupes dans la solution d'acide performique fraîchement préparée pendant 5 minutes;
3. laver à l'eau courante pendant 10 minutes;
4. bien assécher les coupes dans un four à 60 °C;
5. humidifier les coupes avec de l'eau courante, puis les colorer dans la solution de bleu alcian à la température ambiante pendant 1 heure. Laver à l'eau courante;
6. contrecolorer avec le Kernechtrot si nécessaire puis laver à l'eau courante;
7. déshydrater, éclaircir et monter avec une résine permanente comme l'Eukitt.

RÉSULTATS

- Les groupements disulfures se colorent en bleu sous l'action du bleu alcian;
- les noyaux se colorent en rouge sous l'action de la laque aluminique de Kernechtrot;
- les structures acidophiles se colorent en rouge pâle sous l'action du Kernechtrot.

d) Remarques

- La solution d'acide performique doit être fraîchement préparée car elle ne reste stable que pendant 1 heure.
- Les coupes doivent être lavées adéquatement et avec soin; si le lavage est insuffisant, l'acide performique restant nuira à la coloration.
- La kératine contient beaucoup de groupements disulfures et peut donc servir de contrôle positif.

17.2.2.4 Protéines contenant des groupements indoles

Les groupements indoles se retrouvent surtout dans la tryptamine et le tryptophane. Ils peuvent être mis en évidence par des méthodes histochimiques dont la plus connue est la méthode au diméthylaminobenzaldéhyde (DMAB) et au nitrite de sodium. La coloration des groupements est plus intense et leur localisation plus précise sur des coupes congelées; néanmoins, les résultats obtenus sur des tissus imprégnés de paraffine demeurent satisfaisants. Le principe de la méthode repose sur le fait que le tryptophane et la tryptamine réagissent avec le DMAB pour former un nouveau produit, le β-carboline, qui sera oxydé par le nitrite de sodium en un pigment bleu foncé.

a) Méthode au DMAB-nitrite de sodium pour la mise en évidence du tryptophane

Idéalement, on emploie cette méthode avec des tissus congelés; s'il s'agit d'un tissu fixé, on aura utilisé de préférence une solution de formaldéhyde neutre. Afin d'obtenir une meilleure adhésion des tissus, il est recommandé d'utiliser des lames chargées (voir l'annexe IV).

b) Préparation des solutions

1. Solution de DMAB à 5 %

- 5 g de ρ-diméthylaminobenzaldéhyde
- 100 ml d'acide hydrochlorhydrique concentré

2.. Solution de nitrite de sodium à 1 %

- 1 g de nitrite de sodium
- 100 ml d'acide hydrochlorhydrique concentré

3. Solution de Kernechtrot

Voir la section 12.10.3.

4. Solution d'acool-acide

Voir la section 13.3.1.

c) Méthode de coloration du tryptophane au DMAB-nitrite de sodium

MODE OPÉRATOIRE

1. Déparaffiner les coupes si nécessaire et les garder dans l'éthanol à 100 %;
2. plonger les coupes dans la solution de DMAB pendant 1 minute;
3. transférer les coupes dans la solution de nitrite de sodium pendant 1 à 2 minutes;
4. laver délicatement à l'eau courante pendant 30 secondes, rincer à l'alcool-acide pendant environ 15 secondes, puis laver à l'eau courante pendant 2 à 3 minutes;
5. contrecolorer dans le Kernechtrot à 1 % pendant 5 minutes, puis laver à l'eau courante;
6. déshydrater, éclaircir et monter avec une résine permanente comme l'Eukitt.

RÉSULTATS

- Le tryptophane et la tryptamine riches en groupements indoles se colorent en bleu foncé;
- les noyaux se colorent en rouge sous l'action de la laque aluminique de Kernechtrot;
- les structures acidophiles se colorent en rouge pâle sous l'action du Kernechtrot.

d) Remarques

- Le pancréas est un bon tissu pour la confection de coupes témoins si l'on veut s'assurer d'obtenir une réaction positive.
- Comme les réactifs dégagent des vapeurs toxiques, ils doivent être préparés sous la hotte.
- Les différents bains contenant ces produits doivent être munis de couvercles afin de limiter l'émanation de vapeurs toxiques.
- Le port de gants est essentiel.

17.2.2.5 Protéines contenant des groupements guanidyles

Les groupements guanidyles ne sont présents que dans l'arginine et peuvent être mis en évidence par la réaction de Sakaguchi, où les groupements guanidyles de l'arginine se colorent en rouge orangé au contact d'une solution contenant de l'α-naphtol et de l'hypochlorite de sodium. La couleur ainsi produite pâlit rapidement; l'observation microscopique doit donc se faire immédiatement après la coloration.

a) Réaction de Sakaguchi pour la mise en évidence de l'arginine

Il est préférable de procéder à cette réaction sur des coupes provenant soit de tissus congelés, soit de tissus fixés dans une solution de formaldéhyde neutre tamponné ou un autre fixateur à base de formaldéhyde. Il faut utiliser les lames qui retiennent bien les coupes, c'est-à-dire des lames chargées ioniquement (voir l'annexe IV).

b) Préparation des solutions

1. Solution d'incubation d'α-naphtol et d'hypochlorite de sodium

- 2 ml d'hydroxyde de sodium à 1 %

- 2 gouttes d'α-naphtol à 1 % en solution alcoolique à 70 %
- 4 gouttes d'hypochlorite de sodium à 1 % en solution aqueuse

2. Solution de pyridine-chloroforme

- 30 ml de pyridine
- 10 ml de chloroforme

c) Méthode de Sakaguchi pour la mise en évidence de l'arginine

MODE OPÉRATOIRE

1. Déparaffiner les coupes si nécessaire et les garder dans de l'éthanol à 100 %;
2. procéder à l'hydratation partielle dans de l'alcool éthylique à 70 % pendant 2 minutes;
3. immerger les coupes dans la solution d'incubation d'α-naphtol et d'hypochlorite de sodium pendant 15 minutes;
4. enlever le surplus de réactif; assécher les lames et la coupe au moyen de papier buvard;
5. immerger les coupes dans la solution de pyridine-chloroforme pendant 2 minutes;
6. les plonger rapidement dans une solution fraîche de pyridine-chloroforme, les recouvrir d'une lamelle et procéder immédiatement à l'observation microscopique.

RÉSULTAT

- L'arginine se colore en rouge orangé.

d) Remarques

- Les meilleurs résultats proviennent de coupes dont l'épaisseur varie entre 12 et 15 microns.
- Les colorations sont généralement pâles, sauf si les quantités d'arginine sont importantes comme dans les testicules. Ces dernières procurent, à ce titre, des tissus excellents pour la confection de coupes témoins.
- Il est très important de procéder à l'observation microscopique immédiatement après la coloration, car cette dernière s'affadit rapidement.

17.2.3 MÉTHODES HISTOENZYMOLOGIQUES

Les protéines possédant une activité enzymologique peuvent être mises en évidence grâce aux effets spécifiques qu'ils exercent sur des substrats. Les méthodes histoenzymologiques seront abordées au chapitre 21.

17.2.4 MÉTHODES IMMUNOCYTOCHIMIQUES

Ces méthodes récentes se sont révélées très efficaces pour identifier et localiser certaines protéines comme l'immunoglobuline, les enzymes et les hormones. Elles présentent de nombreuses possibilités de développement. Le principe et les méthodes de l'immunocytochimie sont exposés au chapitre 23.

17.3 MISE EN ÉVIDENCE DES ACIDES NUCLÉIQUES

Les nucléoprotéines résultent de l'association de protéines basiques, comme les protamines et les histones, et d'acides nucléiques. Il existe deux acides nucléiques, l'acide désoxyribonucléique (ADN), que l'on retrouve uniquement dans le noyau, et l'acide ribonucléique (ARN). L'ADN est la principale composante des chromosomes et sert de support à l'information génétique; l'ARN, pour sa part, possède une fonction reliée à la synthèse des protéines, principalement dans les ribosomes (qui se trouvent essentiellement dans le cytoplasme).

L'ADN est un polymère de poids moléculaire élevé, formé par une succession de monomères ou nucléotides. Chaque nucléotide est constitué d'une base azotée, d'un sucre à 5 carbones, ou pentose, et d'un groupement phosphate. La base azotée peut être de type pyrimidique, comme la thymine et la cytosine, ou de type purique, comme l'adénine et la guanine. Le pentose porte le nom de « désoxyribose ». Le groupement phosphate assure la liaison entre deux nucléotides voisins par un lien de type phosphodiester entre le carbone 3' d'un désoxyribose et le carbone 5' d'un autre.

L'ARN diffère de l'ADN sur quelques points dont certains ont plus d'importance du point de vue histochimique. Par exemple, l'ARN se retrouve à la fois dans le noyau et dans le cytoplasme. Autre différence, le sucre qui y est présent est un D-ribose. De plus, il existe différents types d'ARN; mentionnons, par exemple, l'ARN messager, l'ARN de transfert, l'ARN ribosomique et l'ARN nucléaire.

17.3.1 NOTES GÉNÉRALES CONCERNANT LA MISE EN ÉVIDENCE DES ACIDES NUCLÉIQUES

De façon générale, les acides nucléiques sont bien préservés par les fixateurs alcooliques comme le Carnoy (voir la section 2.6.2.1). Le formaldéhyde n'a qu'une action limitée sur l'ADN et l'ARN, mais convient pour les traitements histotechnologiques de routine. Les résultats seront meilleurs si la fixation se fait avec du formaldéhyde neutre tamponné à 4 °C, ce qui réduit la dégradation de l'ADN par les nucléases.

Certains tissus doivent subir une décalcification; ce traitement, s'il fait appel à un acide inorganique fort, comme l'acide nitrique ou l'acide chlorhydrique, entraîne l'extraction progressive des acides nucléiques. Cependant, la décalcification rapide au moyen d'un acide organique préserve les acides nucléiques et rend possible l'utilisation de colorants particuliers comme le vert de méthyle-pyronine, qui offre une bonne mise en évidence. L'EDTA est un bon agent décalcifiant, mais il agit lentement lorsque utilisé seul.

Les colorants cationiques colorent intensément l'ADN et l'ARN. L'hydrolyse de ces acides nucléiques permet leur coloration en fonction soit de la présence du groupement phosphate, soit de la formation de groupements aldéhydes par suite de l'oxydation des glucides présents dans leur molécule. Aucun procédé de coloration n'est fondé sur la présence de bases azotées dans ces acides nucléiques.

17.3.2 MISE EN ÉVIDENCE DE L'ADN ET DE L'ARN

La mise en évidence de l'ADN se fait généralement par la méthode de Feulgen. Dans cette méthode, l'ADN est soumis à une hydrolyse acide modérée, ce qui brise les liens purines-désoxyribose et entraîne la production d'aldéhydes réactifs; ces derniers peuvent ensuite être détectés grâce à leur réaction avec le réactif de Schiff. La méthode au vert de méthyle et à la pyronine en *p*H acide permet de démontrer la présence de groupements phosphates. L'ADN et l'ARN peuvent également être mis en évidence par des méthodes mettant en œuvre des fluorochromes comme l'acridine orange, mais ce type de méthode est moins certaine que les précédentes. De plus, il est possible de mettre en évidence l'ADN et l'ARN par la méthode utilisant l'alun de chrome et de gallocyanine; cependant, cette méthode ne fait pas de distinction entre les deux acides nucléiques. Enfin, on peut utiliser des techniques enzymatiques basées sur la digestion enzymatique de l'ADN par la désoxyribonucléase ou sur celle de l'ARN par la ribonucléase.

17.4 RÉACTION DE FEULGEN

Tel que mentionné ci-dessus, la méthode de Feulgen repose sur l'hydrolyse des acides nucléiques par l'acide chlorhydrique à 1 *N*, ce qui entraîne la production de groupements aldéhydes; ceux-ci réagiront par la suite avec le réactif de Schiff et se coloreront en rouge pourpre.

Le moment crucial de ce processus est l'hydrolyse des acides nucléiques par l'acide chlorhydrique, au cours de laquelle les aldéhydes sont produits : la production maximale d'aldéhydes correspond à la durée optimale de l'hydrolyse. En effet, si cette étape est trop courte, l'oxydation sera insuffisante et les résultats seront faussement abaissés et ne rendront pas compte de la présence des acides nucléiques. Mais une action trop prolongée donnera des résultats du même genre, qui réduiront faussement l'intensité de la réaction : la suroxydation des aldéhydes par l'acide produira des groupements carboxyles qui ne pourront réagir adéquatement avec le leucocolorant de Schiff (voir la section 15.4.1.2). La durée de l'hydrolyse est déterminée selon le type de liquide fixateur utilisé (voir le tableau 17.2); le liquide de Bouin ne doit pas être employé comme agent fixateur de tissus dont il faut mettre en évidence l'ADN, car il hydrolyse l'ADN durant la fixation (voir la section 2.6.1.4.2). Il est préférable de procéder à l'hydrolyse à une température de 60 °C.

17.4.1 MÉTHODE DE COLORATION DE L'ADN AU MOYEN DE LA RÉACTION DE FEULGEN

Tous les fixateurs peuvent être utilisés sur les tissus à traiter selon cette méthode, sauf le liquide de Bouin.

17.4.2 PRÉPARATION DES SOLUTIONS

1. **Solution d'acide chlorhydrique à 1 *N***
   - 8,5 ml d'acide chlorhydrique concentré
   - 91,5 ml d'eau distillée
2. **Réactif de Schiff**

   Pour la préparation de cette solution, voir la section 15.4.1.2.5, solution n° 1.
3. **Solution de métabisulfite de potassium**
   - 5 ml de métabisulfite de potassium à 10 % en solution aqueuse
   - 5 ml d'acide chlorhydrique à 1 *N*
   - 90 ml d'eau distillée
4. **Solution de vert lumière à 1 %**

   Voir la section 14.1.2.2.1, solution n° 6 et la figure 14.11 présentant les principales caractéristiques de ce colorant.

17.4.3 MÉTHODE DE COLORATION DE L'ADN AU MOYEN DE LA RÉACTION DE FEULGEN

MODE OPÉRATOIRE

1. Déparaffiner et hydrater les coupes jusqu'à l'étape de l'eau courante;
2. rincer les coupes dans un bain de HCl à 1 *N* à la température ambiante pendant quelques secondes;
3. procéder à l'hydrolyse des acides nucléiques par un bain de HCl à 1 *N* à 60 °C d'une durée définie selon le tableau 17.2;
4. rincer ensuite dans un bain de HCl à 1 *N* à la température ambiante pendant quelques secondes;
5. colorer les coupes dans un bain de réactif de Schiff pendant 45 minutes;
6. rincer les coupes dans une solution de métabisulfite de potassium pendant 2 minutes;
7. répéter ce rinçage dans deux autres bains de métabisulfite de potassium à raison de 2 minutes par bain;
8. rincer à l'eau distillée pendant quelques secondes;
9. contrecolorer dans le vert lumière à 1 % pendant 1 minute;
10. déshydrater, éclaircir et monter avec une résine permanente comme l'Eukitt.

RÉSULTATS

- L'ADN se colore en rouge pourpre sous l'action du réactif de Schiff;
- le cytoplasme et les autres structures acidophiles se colorent en vert sous l'action du vert lumière.

17.4.4 REMARQUES

- Ne pas oublier de tenir compte du liquide fixateur utilisé pour évaluer la durée de l'hydrolyse.
- Il est préférable de procéder à l'hydrolyse dans une solution de HCl à 1 *N* à 60 °C, préalablement chauffée.
- Le temps de lavage dans la solution de métabisulfite de potassium n'est pas précis, il est laissé à la discrétion des techniciens et de leur appréciation de la coloration.
- La réaction de Feulgen est considérée comme la meilleure méthode de mise en évidence de l'ADN, la liaison ne se produisant pas avec le ribose de l'ARN.

17.5 MÉTHODE DE COLORATION AU VERT DE MÉTHYLE ET À LA PYRONINE POUR LA MISE EN ÉVIDENCE DE L'ADN ET DE L'ARN

La méthode de coloration au vert de méthyle en association avec la pyronine Y (voir la figure 17.4) est une excellente technique pour la mise en évidence de l'ADN et de l'ARN. Le vert de méthyle, un colorant impur qui contient du violet de méthyle, peut être purifié par un lavage dans le chloroforme. Utilisé en solution acide, à un *p*H se situant autour de 4,0, il colore très bien l'ADN. La figure 12.3 présente les principales caractéristiques de ce colorant.

Les mécanismes d'action de ces deux colorants sont encore imparfaitement connus, mais il semble fort probable que les cations de la molécule du vert de méthyle se joignent à des groupements phosphates situés sur les parois de l'hélice de l'ADN. À cause de la densité de l'ADN, le vert de méthyle ne peut colorer les phosphates se trouvant à l'intérieur de cette même hélice. L'ARN possède une structure plus ouverte que l'ADN, ce qui favorise l'action de la pyronine Y, une plus petite molécule colorante que le vert de méthyle.

17.5.1 MÉTHODE DE COLORATION AU VERT DE MÉTHYLE ET À LA PYRONINE

Pour appliquer cette méthode, il est préférable que les tissus soient fixés dans le liquide de Carnoy. Le formaldéhyde à 10 % donne aussi des résultats acceptables.

17.5.2 PRÉPARATION DES SOLUTIONS

1. **Solution tampon de phtalate à 0,2 %, *p*H 4,0**
   - 1 g de phtalate de potassium hydrogène ($KHC_8H_4O_4$)
   - 490 ml d'eau distillée
   - 1 ml d'acide chlorhydrique concentré
   - compléter le volume à 500 ml avec de l'eau distillée et vérifier le *p*H
2. **Solution colorante de vert de méthyle et de pyronine Y**
   - 0,15 g de vert de méthyle purifié
   - 0,03 g de pyronine Y
   - 100 ml de solution tampon de phtalate à 0,2 %, *p*H 4,0 (solution n° 1)

17.5.3 COLORATION DE L'ADN ET DE L'ARN PAR LE VERT DE MÉTHYLE ET À LA PYRONINE Y

MODE OPÉRATOIRE

1. Déparaffiner et hydrater les coupes jusqu'à l'étape de l'eau distillée;
2. colorer les coupes dans la solution colorante de vert de méthyle et de pyronine Y pendant 5 minutes;
3. rincer les coupes dans deux bains d'eau distillée à raison de 5 secondes par bain,

Tableau 17.2 TEMPS REQUIS POUR L'HYDROLYSE ADÉQUATE DES ACIDES NUCLÉIQUES PAR LE HCl À 1 *N* À 60 °C SELON LE LIQUIDE FIXATEUR EMPLOYÉ.

LIQUIDE FIXATEUR	TEMPS D'OXYDATION (en minutes)
Liquide de Bouin	Inutilisable
Liquide de Carnoy	8
Liquide de Flemming	16
Formaldéhyde	8
Formaldéhyde sublimé de Lillie (B5)	8
Liquide de Helly	8
Regaud	14
Liquide de Susa	18
Liquide de Zenker acétique	5

puis secouer légèrement les lames afin d'enlever le plus d'eau possible;

4. déshydrater dans trois bains de n-butanol pendant 1 minute chacun tout en agitant les lames;
5. éclaircir et monter avec un milieu permanent comme l'Eukitt.

RÉSULTATS

- l'ADN se colore en vert ou en bleu-vert sous l'effet du vert de méthyle;
- l'ARN se colore en rose intense ou en rouge sous l'action de la pyronine Y.

17.5.4 REMARQUES

- Quelques cellules muqueuses peuvent se colorer en rouge sous l'effet de la pyronine.
- Si les tissus ont subi une décalcification et qu'il reste sur les coupes des traces de l'acide décalcifiant, ce dernier pourrait atténuer les résultats de la coloration.
- Pour augmenter la spécificité de la technique, principalement pour la mise en évidence de l'ARN, il est préférable de procéder à une digestion enzymatique selon la méthode décrite à la section 17.6.
- Les meilleurs résultats s'obtiennent lorsque le *p*H de la solution colorante se situe entre 4,0 et 4,6. Cependant, des variantes de cette méthode utilisent une solution tampon de phtalate dont le *p*H est de 4,8 et les résultats semblent satisfaisants, du moins selon les auteurs de ces variantes.

17.6 MÉTHODES DE DIGESTION DE L'ACIDE NUCLÉIQUE

Souvent, on a recours à la digestion de l'acide nucléique sur une des coupes du tissu étudié afin de confirmer que la coloration obtenue sur l'autre coupe est bien celle de l'acide nucléique que l'on veut mettre en évidence. Les coupes de tissus peuvent être traitées au moyen d'enzymes pancréatiques comme la désoxyribonucléase (DNase) ou la ribonucléase (RNase), ce qui a pour effet de retirer complètement et sélectivement la substance visée. La coupe non exposée à la digestion enzymatique sera la coupe témoin.

17.6.1 DIGESTION DE L'ADN

La désoxyribonucléase, ou désoxyribonucléate oligonucléotido-hydrolase, est une enzyme capable de digérer l'ADN. Elle attaque les esters d'acide phosphorique et les transforme en oligonucléotides

Figure 17.4 : **FICHE DESCRIPTIVE DE LA PYRONINE Y**

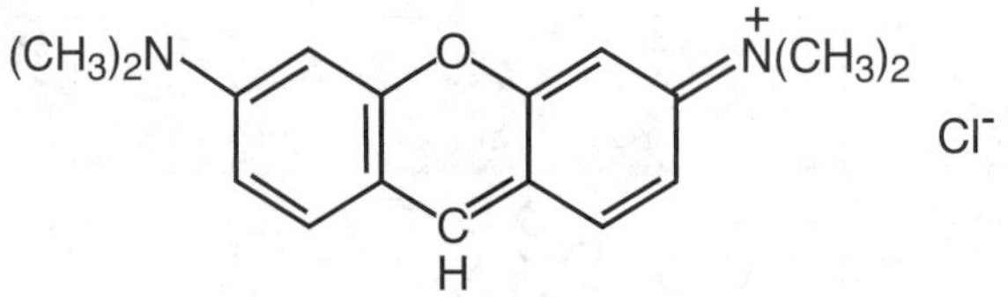

Structure chimique de la pyronine Y

Nom commun	Pyronine Y	**Solubilité dans l'eau**	8,96 %
Nom commercial	Pyronine Y	**Solubilité dans l'alcool**	0,6 %
Autre nom	Pyronine G	**Absorption**	552 nm
Numéro de CI	45005	**Couleur**	Rouge
Classe	Xanthène	**Formule chimique**	$C_{17}H_{19}N_2OCl$
Type d'ionisation	Cationique	**Poids moléculaire**	302,8

solubles dans l'eau. Sur la coupe témoin, non soumise à l'action des enzymes, la réaction de Feulgen permet de colorer l'ADN, ce qui confirmera les sites d'ADN. Il s'agit d'une méthode comparative.

Lors de la fixation d'un tissu où il faudra mettre en évidence les acides nucléiques, il est conseillé d'employer un autre agent que le liquide fixateur de dichromate de potassium, celui-ci inhibant la digestion de l'ADN.

17.6.1.1 Préparation des solutions

1. Solution enzymatique

- 20 mg de désoxyribonucléase
- 20 ml de tampon Tris à *p*H 7,6
- 100 ml d'eau distillée

2. Réactif de Schiff

Voir la section 15.4.1.2.5, solution n° 1, pour la préparation de cette solution colorante.

3. Solution de métabisulfite de potassium

Voir la section 17.4.2, solution n° 3.

17.6.1.2 Méthode de coloration par digestion enzymatique de l'ADN

MODE OPÉRATOIRE

1. Déparaffiner et hydrater deux coupes provenant d'un même tissu jusqu'à l'étape de l'eau distillée;
2. placer l'une des coupes dans la solution enzymatique à 37 °C pendant 4 heures et l'autre dans l'eau distillée;
3. laver adéquatement à l'eau courante la coupe qui a séjourné dans la solution enzymatique, puis colorer les deux coupes dans le réactif de Schiff pendant 45 minutes;
4. rincer les coupes dans une solution de métabisulfite de potassium pendant 2 minutes;
5. rincer de nouveau dans deux autres bains de métabisulfite de potassium à raison de 2 minutes par bain, puis à l'eau distillée pendant quelques secondes;
6. déshydrater, éclaircir et monter avec un milieu permanent comme l'Eukitt.

RÉSULTATS

Tissus ayant subi la digestion à la DNase :

- l'ADN n'apparaît pas sur la coupe.

Tissus n'ayant pas subi la digestion, soit sur la coupe témoin :

- l'ADN se colore en rouge pourpre sous l'action du réactif de Schiff.

17.6.2 DIGESTION DE L'ARN

L'enzyme utilisée pour la digestion de l'ARN est la ribonucléase ou, plus précisément, la polyribonucléotide 2-oligonucléotido-transférase. Cette enzyme agit sur les groupements phosphates des riboses de l'ARN et fragmente celui-ci en oligonucléotides solubles dans l'eau. Les liquides fixateurs à base de dichromate de potassium ou de chlorure mercurique sont à éviter, car ils inhibent la digestion enzymatique. On procède à la coloration de l'ARN de la coupe témoin avec le vert de méthyle et la pyronine Y. Il s'agit d'une méthode comparative.

Une lame témoin provenant du même tissu, sera soumise à toutes les procédures techniques sauf à la digestion enzymatique, ce qui permettra de confirmer les sites d'ARN.

17.6.2.1 Préparation des solutions

1. Solution enzymatique

- 80 mg de ribonucléase
- 100 ml d'eau distillée

2. Solution tampon de phtalate à 0,2 %, *p*H 4,0

Voir la section 17.5.2, solution n° 1.

3. Solution colorante de vert de méthyle-pyronine Y

Voir la section 17.5.2, solution n° 2.

17.6.2.2 Méthode de coloration par digestion enzymatique de l'ARN

MODE OPÉRATOIRE

1. Déparaffiner et hydrater deux coupes provenant d'un même tissu jusqu'à l'étape de l'eau distillée;
2. placer l'une des coupes dans la solution enzymatique à 37 °C pendant 1 heure, et l'autre dans l'eau distillée;
3. colorer les deux coupes dans la solution de vert de méthyle et de pyronine Y pendant 5 minutes;
4. rincer les coupes dans deux bains d'eau distillée pendant 5 secondes par bain, puis secouer légèrement les lames afin d'enlever le plus d'eau possible;
5. déshydrater dans trois bains de n-butanol pendant 1 minute chacun tout en agitant légèrement les lames;
6. éclaircir et monter avec un milieu permanent comme l'Eukitt.

RÉSULTATS

Tissus ayant subi la digestion à la RNase :

- l'ADN se colore en vert sous l'effet du vert de méthyle;
- l'ARN n'apparaît pas sur la coupe.

Tissus n'ayant pas subi la digestion, soit sur la coupe témoin :

- l'ADN se colore en vert sous l'action du vert de méthyle;
- l'ARN se colore en rouge sous l'effet de la pyronine Y.

17.6.3 MISE EN ÉVIDENCE DE L'ADN ET DE L'ARN PAR L'ALUN DE CHROME ET DE GALLOCYANINE

La gallocyanine, un colorant basique du groupe des oxazines, est surtout utilisée avec l'alun de chrome pour former une laque chromique fortement cationique. Ce colorant sert aussi de colorant nucléaire et permet la mise en évidence des corps de Nissl des neurones. De nos jours, on lui reconnaît une plus grande application en tant que colorant des acides nucléiques, même s'il ne permet pas de distinguer l'ADN de l'ARN. Il est facile à préparer et peut se conserver pendant deux à trois mois. La technique de coloration ne pose pas de problèmes spécifiques, les résultats obtenus sont stables et la coloration résiste aux acides, aux alcalis et aux différents solvants organiques utilisés lors de l'éclaircissement.

Cette méthode ne permet pas d'identifier spécifiquement l'ADN ou l'ARN, les deux acides nucléiques se colorant de façon identique. Pour les distinguer, il devient obligatoire de procéder soit à la digestion de l'une ou l'autre des nucléoprotéines, soit à leur extraction et de colorer ensuite.

Le groupement –COOH s'ionise en solution aqueuse pour devenir du COO^-, et le chrome (Cr^+) s'y fixe pour former avec la gallocyanine une laque cationique qui, lorsqu'elle est en contact avec les groupements anioniques des acides nucléiques, forme un lien sel. La teinte de la molécule colorante est alors absorbée par la structure en question.

17.6.3.1 Préparation de la solution de gallocyanine chromique

- 5 g d'alun de chrome
- 100 ml d'eau distillée
- 150 mg de gallocyanine

Dissoudre l'alun de chrome dans l'eau distillée puis ajouter la gallocyanine. Porter à ébullition pendant 5 minutes, puis laisser refroidir à la température ambiante. Filtrer avant usage.

17.6.3.2 Méthode de coloration

MODE OPÉRATOIRE

1. Déparaffiner et hydrater les coupes provenant d'un même tissu jusqu'à l'étape de l'eau distillée;
2. colorer les coupes dans la solution de gallocyanine chromique pendant 24 heures;
3. laver les coupes à l'eau courante pour enlever le surplus de colorant;

4. déshydrater, éclaircir et monter avec un milieu permanent comme l'Eukitt.

RÉSULTATS

- L'ADN et l'ARN se colorent en bleu sous l'action de la gallocyanine.

17.6.3.3 Remarque

- La spécificité de la technique est améliorée par une digestion soit de l'ADN, soit de l'ARN, selon les indications des méthodes précédentes.

17.7 MÉTHODES DE COLORATION DE L'ADN ET DE L'ARN PAR FLUORESCENCE

Parmi les nombreuses méthodes permettant la mise en évidence des acides nucléiques par fluorescence, les plus usuelles font appel à l'acridine orange, à la phénanthridine et à la benzimidazole. Ces fluorochromes doivent être utilisés à des concentrations très diluées pour pouvoir se fixer aux structures nucléiques. La méthode de coloration à l'acridine orange en est un bon exemple.

17.7.1 PRÉPARATION DES SOLUTIONS

1. Solution mère d'acridine orange

- 1 mg d'acridine orange (voir la figure 17.6)
- 1 ml d'eau distillée

2. Solution de travail d'acridine orange

- 1 volume de la solution mère d'acridine orange
- 10 volumes d'une solution de tampon phosphate 0,1 *M*, dont le *p*H se situe autour de 6,0

17.7.2 MÉTHODE DE MISE EN ÉVIDENCE DES ACIDES NUCLÉIQUES PAR L'ACRIDINE ORANGE

MODE OPÉRATOIRE

1. Fixer le spécimen, la suspension cellulaire ou le liquide contenant des acides nucléiques sur une lame de verre, de préférence avec un mélange de formaldéhyde et d'alcool;
2. rincer la préparation dans une solution tampon servant de solvant au fluorochrome;

Figure 17.5 : **FICHE DESCRIPTIVE DE LA GALLOCYANINE**

Structure chimique de la gallocyanine

Nom commun	Gallocyanine	**Solubilité dans l'eau**	Faible
Nom commercial	Gallocyanine	**Solubilité dans l'alcool**	Soluble
Numéro de CI	51030	**Absorption**	636 nm
Nom de CI	Bleu mordant 10	**Couleur**	Bleu
Classe	Oxazine	**Formule chimique**	$C_{15}H_{13}N_2O_5Cl$
Type d'ionisation	Cationique	**Poids moléculaire**	336,7

3. colorer la préparation en la plongeant dans la solution de travail d'acridine orange pendant 15 minutes à la température ambiante;
4. laver dans trois bains de solution tampon;
5. recouvrir d'une lamelle et observer le plus rapidement possible au microscope à fluorescence.

RÉSULTATS

- L'ADN se colore en vert.
- L'ARN se colore en rouge.

17.7.3 REMARQUES

- L'avantage de cette technique est qu'elle différencie bien l'ADN de l'ARN.
- Il est très important de procéder à l'observation microscopique immédiatement après la coloration, la lame n'étant pas montée de façon permanente.
- De plus, avec une exposition trop longue à la lumière ultraviolette, la fluorescence rouge de l'ARN tend à devenir verte, ce qui diminue la différenciation de l'ADN et de l'ARN.

Figure 17.6 : **FICHE DESCRIPTIVE DE L'ACRIDINE ORANGE**

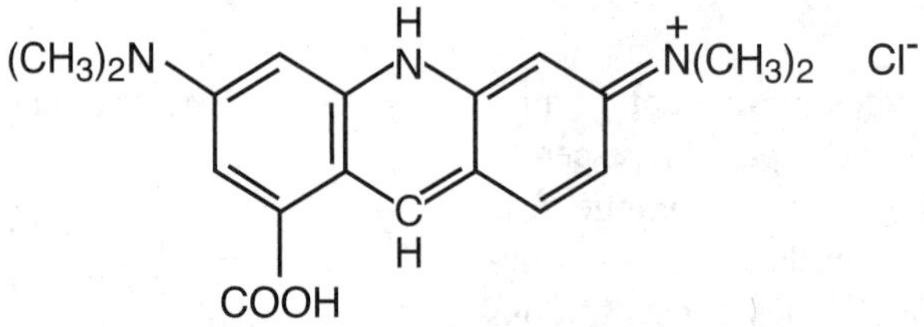

Structure chimique de l'acridine orange

Nom commun	Acridine orange	**Type d'ionisation**	Cationique
Nom commercial	Acridine orange	**Absorption**	467 nm
Numéro de CI	46005	**Couleur**	Jaune
Nom de CI	Orange basique 14	**Formule chimique**	$C_{17}H_{20}N_3Cl$
Classe	Fluorochorme	**Poids moléculaire**	301,8

MISE EN ÉVIDENCE DE LA SUBSTANCE AMYLOÏDE

INTRODUCTION

Plusieurs états pathologiques sont liés à l'accumulation de dépôts de substances protéiques plus ou moins complexes dans les tissus intercellulaires. Certaines de ces substances peuvent être normalement présentes dans l'organisme tandis que d'autres sont des protéines anormales. Ces dernières peuvent s'accumuler dans les tissus conjonctifs les plus divers comme ceux du cœur, de la rate, des ganglions, du foie, des reins, des surrénales, des parois des gros vaisseaux sanguins ou des artérioles; ces dépôts se présentent de manière diffuse ou localisée.

La substance amyloïde est l'une des substances dont les dépôts ou altérations intercellulaires sont particulièrement importants. Les méthodes histochimiques qui contribuent à sa mise en évidence présentent donc un intérêt de premier plan.

La substance amyloïde est un complexe de mucopolysaccharides acides du type de l'acide chondroïtine-sulfurique et de protéines. Cette composition particulière justifie qu'un chapitre distinct lui soit consacré. L'amyloïde est insoluble dans l'eau, l'alcool, l'éther et les acides dilués de sorte que la plupart des liquides fixateurs usuels permettent de la conserver. On peut la mettre en évidence sur des coupes produites sous congélation ou imprégnées de paraffine ou de celloïdine. Sa biréfringence en lumière polarisée est une des grandes particularités de cette substance, particularité que la coloration au rouge Congo a pour effet d'accroître.

Le terme « amyloïde » vient du fait que le traitement de cette substance avec une solution d'iode lui donne une coloration semblable à celle de l'amidon. Ce nom lui est resté, même si que l'on sait aujourd'hui que la substance amyloïde possède une nature beaucoup plus complexe que celle de l'amidon. En effet, il semble qu'elle contienne une fraction glucidique, des groupements sulfatés et des constituants protéiques. Cependant, la nature des fractions glucidique et protéique n'est pas encore connue. Plusieurs auteurs ont signalé la présence de globulines de types α, β et γ et de fibrinogène dans la fraction protéique.

La substance amyloïde ne siège qu'à l'extérieur des cellules et peut prendre la forme de petits dépôts filamenteux ou nodulaires. Dans le cas d'amyloïdoses primaires, l'envahissement peut être généralisé ou au contraire localisé dans quelques organes. L'amyloïdose secondaire, rarement généralisée, accompagne une pathologie grave telle la tuberculose, un cancer, un myélome ou une maladie inflammatoire chronique. Sur une coupe histologique, la substance amyloïde se présente comme une matière homogène, captant faiblement les colorants acides comme l'éosine, le bleu d'aniline et le vert lumière. Lorsque les dépôts sont abondants, ils ont souvent un aspect strié en raison de la configuration particulière de l'amyloïde.

L'abondance et la consistance des dépôts d'amyloïdes se définissent d'après leur morphologie microscopique : ainsi on parlera de nodules, de travées, de plages plus ou moins diffuses. Une description macroscopique tiendra également compte de l'apparence du dépôt, que l'on qualifiera de lisse, brillant, cireux, lardacé, ferme plutôt que dur; on constatera sa façon très caractéristique de coller au couteau qui coupe l'organe atteint. Certaines particularités macroscopiques apparaissent pour des organes comme le foie, la rate, les reins et le cœur, par exemple, lorsqu'ils sont atteints. Le foie, ainsi, présentera une coloration beige non uniforme. On parlera alors d'un foie « muscadé ».

Dans tous les types d'amyloïdose, la substance amyloïde présente deux aspects morphologiques caractéristiques : elle est faite de fibrilles d'épaisseur variable, constituées de filaments agglomérés et disposés concentriquement autour d'une zone claire centrale, et de bâtonnets de longueurs et de diamètres variables. La densité et le type d'enchevêtrement des formations fibrillaires varient selon les dépôts; elles forment parfois de gros faisceaux de fibrilles orientées parallèlement ou s'agglutinent en une masse centrale d'où irradient des paquets de fibrilles agglomérées.

18.1 MÉTHODES USUELLES DE COLORATION DE L'AMYLOÏDE

Sur une coupe histologique colorée par des méthodes usuelles, la substance amyloïde se colore en rose sous l'effet de l'éosine ou des colorants acides de la même famille, comme l'érythrosine et la phloxine. Cependant, après une coloration à l'hématoxyline et à l'éosine, elle peut prendre une teinte plus ou moins bleue violacée sous l'effet de l'hématoxyline aluminique. Une certaine hétérogénéité de coloration se produit lors de l'utilisation de colorants anioniques comme le bleu d'aniline ou le vert lumière dans le cas d'une méthode trichromique (par exemple, le trichrome de Masson). En effet, dans l'ensemble, l'amyloïde se colore en bleu ou en vert, suivant le colorant utilisé, mais certaines plages prennent une teinte rose ou rouge surtout si le colorant chromotrope 2R est employé comme contrecolorant. La méthode de Van Gieson donne à l'amyloïde une teinte jaune kaki assez caractéristique et la méthode à l'hématoxyline-phloxine-safran la colore en ocre rose. La méthode à l'hématoxyline phosphotungstique de Mallory lui confère une teinte rose brique où se détachent parfois des masses en bleu violacé. Enfin, la méthode à l'acide périodique de Schiff donne des résultats très variables. Il convient de noter que les méthodes argentiques ne colorent pas la substance amyloïde. Le tableau 18.1, à la fin de ce chapitre, présente sommairement les résultats obtenus selon les différentes méthodes de coloration. Aucune de celles-ci ne permet de colorer la substance amyloïde de manière spécifique et toutes permettent de la détecter; pour faire une étude approfondie de cette substance, on devra se tourner vers des méthodes plus appropriées.

À une certaine époque, on avait recours à la réaction à l'iode, qui donne à l'amyloïde une teinte brun-acajou d'intensité variable. Cette méthode n'est pratiquement plus utilisée, en raison de son manque de spécificité étant donné que l'iode colore également le glycogène en brun. Néanmoins, la réaction à l'iode est utile sur des pièces macroscopiques : sur la surface d'un spécimen de tissu, on verse délicatement une solution aqueuse d'iode et d'iodure de potassium appelée « solution de Lugol ». Les zones pathologiques prennent alors une teinte brun noirâtre sur fond jaune. On y verse ensuite une solution d'acide sulfurique dilué et la substance amyloïde prend alors une teinte bleutée. Ce virage au bleu n'est cependant pas constant de sorte que le procédé est rarement utilisé. Enfin, le mécanisme de cette réaction demeure inconnu.

18.2 MÉTHODES DE MISE EN ÉVIDENCE DE LA SUBSTANCE AMYLOÏDE

Trois des méthodes les plus utilisées pour la mise en évidence de la substance amyloïde offrent une certaine spécificité : la coloration au rouge Congo, au violet de cristal avec réaction métachromatique et à la thioflavine T accompagnée de fluorescence.

18.2.1 COLORATION AU ROUGE CONGO

La substance amyloïde prend une teinte rouge après un traitement au rouge Congo. Cette méthode n'est cependant pas spécifique puisque le colorant se fixe sur plusieurs structures autres que l'amyloïde : par exemple, les fibres élastiques, les fibres de collagène, la kératine et les granulations des éosinophiles. En revanche, en lumière polarisée, l'amyloïde colorée par le rouge Congo a un comportement unique : les fibrilles montrent une biréfringence verte due à un phénomène de dichroïsme causé par l'alignement parallèle des molécules colorantes et des fibrilles.

Lorsque le colorant se lie aux fibrilles, des liens hydrogène se forment entre les groupes hydroxyle des glucides présents dans l'amyloïde et les groupes amine et azoïque du colorant.

Les meilleurs liquides fixateurs pour les tissus où l'on veut mettre en évidence la substance amyloïde au moyen du rouge Congo sont l'éthanol absolu et le Carnoy. Après fixation dans le Helly, le Bouin ou le formaldéhyde neutre, les colorations sont souvent faibles et peu contrastées. L'inclusion dans la paraffine entraîne souvent, pour des raisons inconnues, une diminution de la coloration. Il sera donc toujours préférable d'utiliser des coupes congelées, ou des

Figure 18.1 : **FICHE DESCRIPTIVE DU ROUGE CONGO**

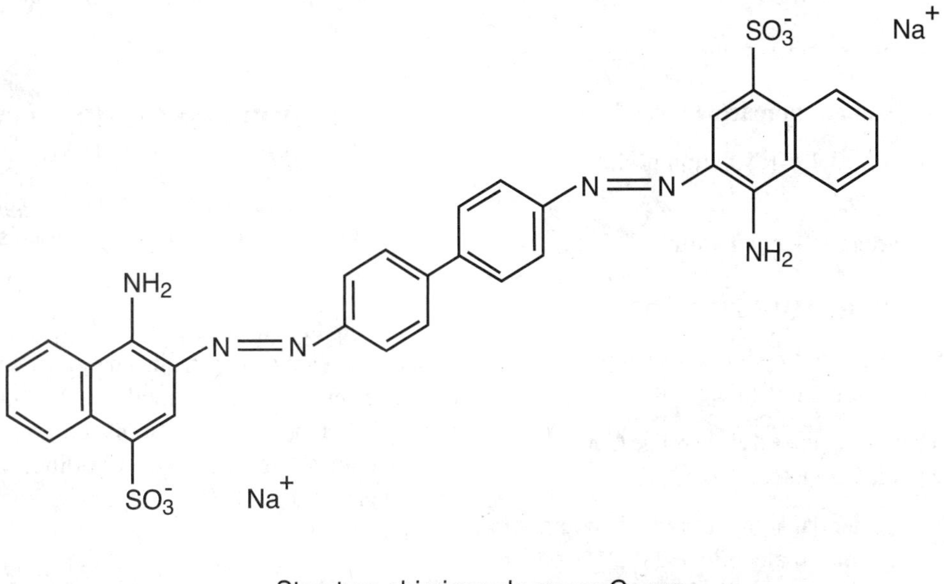

Structure chimique du rouge Congo

Nom commun	Rouge Congo	**Solubilité dans l'eau**	Soluble
Nom commercial	Rouge Congo	**Solubilité dans l'alcool**	0,19 %
Numéro de CI	22120	**Absorption**	Entre 488 et 497 nm
Nom de CI	Rouge direct 28	**Couleur**	Rouge
Classe	Diazoïque	**Formule chimique**	$C_{32}H_{22}N_6O_6S_2Na_2$
Type d'ionisation	Anionique	**Poids moléculaire**	696,7

coupes paraffinées de 6 µm, l'épaisseur des coupes favorisant la visualisation de la configuration particulière en feuillet plissé de l'amyloïde.

18.2.1.1 Préparation des solutions

1. Solution de rouge Congo à 1 %

- 1 g de rouge Congo
- 100 ml d'eau distillée

2. Solution d'hydroxyde de potassium (ou de sodium) alcoolique à 0,2 %

- 0,2 g d'hydroxyde de potassium (ou de sodium)
- 100 ml d'éthanol à 80 %

3. Solution d'hématoxyline de Harris

Voir la section 12.6.2.

4. Solution d'eau acidifiée

Voir la section 13.1.5.1, solution n° 2.

5. Solution d'eau ammoniacale à 0,2 %

Voir la section 13.1.5.1, solution n° 4.

18.2.1.2 Méthode de coloration

MODE OPÉRATOIRE

1. Déparaffiner et hydrater les coupes jusqu'à l'étape de l'eau distillée;
2. colorer les coupes dans le rouge Congo à 1 % pendant 5 minutes;
3. différencier dans l'hydroxyde de potassium (ou de sodium) alcoolique à 0,2 % pendant 3 à 10 secondes, puis laver à l'eau courante;
4. contrecolorer dans l'hématoxyline de Harris pendant 3 à 10 minutes selon l'âge de la solution, différencier à l'eau acidifiée et bleuir dans l'eau ammoniacale 0,2 %, puis laver à l'eau courante;
5. déshydrater, éclaircir et monter avec une résine permanente comme l'Eukitt.

RÉSULTATS

- Les noyaux se colorent en bleu sous l'effet de l'hématoxyline de Harris.
- La substance amyloïde, les fibres élastiques et les granulations des éosinophiles prennent une teinte rouge sous l'action du rouge Congo.

18.2.1.3 Remarques

- À l'étape 3, il est important de vérifier la différenciation au microscope; elle doit être assez avancée mais pas trop prononcée : une surdifférenciation rendrait la coloration au rouge Congo inefficace.
- L'identification précise de la substance amyloïde peut être confirmée par l'observation de la coupe au microscope en lumière polarisée; l'amyloïde prendra alors une teinte verte.
- Si l'épaisseur de la coupe de tissu est suffisamment épaisse, soit de 6 µm, il sera possible de distinguer sa configuration particulière au microscope optique.

18.2.2 MÉTHODE MÉTACHROMATIQUE AU VIOLET DE CRISTAL

La présence de mucopolysaccharides acides carboxylés confère à l'amyloïde des propriétés métachromatiques.

Les principaux colorants avec lesquels l'amyloïde donne des réactions métachromatiques sont le violet de cristal et le violet de méthyle, de la famille des triphénylméthanes. Les colorants du groupe des thiazines, comme le bleu de toluidine, le bleu de méthylène et l'azur A, ne donnent aucun résultat satisfaisant.

Les caractéristiques de la réaction de coloration permettent de douter qu'il s'agisse vraiment d'une métachromasie. En effet, l'amyloïde ne possède pas suffisamment de groupes anioniques pour qu'il se produise une réaction métachromatique (voir la section 10.10.3) dans des conditions normales. S'il y a effectivement métachromasie, c'est probablement parce que les molécules de colorant sont captées par le tissu grâce à des liens hydrogène plutôt que par des liens électrostatiques.

De plus, la coloration rouge de l'amyloïde résiste davantage à la déshydratation, à la chaleur et à la présence de sels dans la solution que les réactions métachromatiques ordinaires. Enfin, étant donné que le violet de méthyle est un mélange de plusieurs colorants apparentés, dont le violet de cristal, il s'agirait plutôt d'une polychromie où la coloration distincte de l'amyloïde serait attribuable à un seul des colorants présents dans le mélange.

La spécificité de la réaction n'est pas entière, car certaines mucines et certaines substances hyalines (autre type de dépôt pathologique) y réagissent positivement.

Les modalités techniques ont une grande importance dans le domaine de la métachromasie. La fixation n'est pas sans effet et la métachromasie est généralement plus intense sur des tissus fixés dans le méthanol ou dans un mélange d'éthanol et d'acide acétique. Le formaldéhyde sublimé donne également de bons résultats. Les coupes congelées se traitent nettement mieux que les coupes effectuées après inclusion à la paraffine. L'éthanol, l'alcool, l'acétone et le dioxane atténuent considérablement la métachromasie ou la font disparaître : il faut donc procéder au montage des coupes en milieu aqueux. Toutefois, avec ce type de milieu, il est impossible d'assurer la conservation permanente des préparations; très rapidement, une diffusion du colorant se produit, ce qui gêne la lecture des coupes. L'emploi d'une solution aqueuse saturée de lévulose ou d'acétate de potassium permet d'éviter en grande partie cet inconvénient.

Que l'on emploie le violet de cristal ou le violet de méthyle, il est préférable d'inclure de l'oxalate d'ammonium dans la solution colorante, ce produit ayant pour effet d'accentuer la polychromie. De plus, après la coloration, le milieu de montage au sirop d'Apathie donne de meilleurs résultats que la gelée de glycérine, car il ralentit le processus de diffusion du colorant. La figure 14.21 présente les principales caractéristiques du violet de cristal.

18.2.2.1 Préparation des solutions

1. La solution d'oxalate d'ammonium à 1 %

- 1 g d'oxalate d'ammonium
- 100 ml d'eau distillée

2. Solution de violet de cristal à 2 %

- 2 g de violet de cristal
- 20 ml d'éthanol à 95 %
- 80 ml d'oxalate d'ammonium à 1 % (solution n° 1)

3. Solution d'acide acétique à 0,2 %

- 0,2 ml d'acide acétique glacial
- 100 ml d'eau distillée

4. Milieu de montage au sirop d'Apathie

La préparation de ce milieu de montage est expliquée à la section 9.2.2.4.

18.2.2.2 Méthode de coloration

MODE OPÉRATOIRE

1. Déparaffiner et hydrater les coupes jusqu'à l'étape de l'eau distillée;
2. colorer les coupes dans le violet de cristal à 2 % pendant 5 minutes;
3. laver à l'eau courante et différencier avec l'acide acétique à 0,2 % en contrôlant régulièrement la différenciation au microscope. L'arrêter lorsqu'il y a un bon contraste entre l'amyloïde et le fond du tissu;
4. laver à l'eau et monter avec le sirop d'Apathie.

RÉSULTATS

- La substance amyloïde, certaines mucines et certaines substances hyalines rénales se colorent en rouge pourpre sous l'effet du violet de cristal (métachromasie);
- le fond de la lame se colore en bleu sous l'action du violet de cristal (sans métachromasie).

18.2.2.3 Remarques

- Afin d'éviter les problèmes d'interprétation des résultats dus à la diffusion du colorant, il est recommandé de procéder à l'examen microscopique immédiatement après la coloration, ou de luter la lame pour une observation plus tardive.

– Ne jamais mettre les lames sur une plaque chauffante : le milieu de montage pourrait cristalliser par suite de l'évaporation de l'eau.

18.2.3 MÉTHODE À LA FLUORESCENCE AVEC LA THIOFLAVINE T

L'utilisation de la thioflavine T comme fluorochrome est un avantage puisqu'elle permet de détecter avec une grande précision les dépôts d'amyloïde intratissulaires les plus fins. De plus, la technique est facile à exécuter. Bien que le mécanisme d'action du fluorochrome sur l'amyloïde reste encore inconnu, on soupçonne qu'il se produit une combinaison électrostatique entre le colorant et la fraction glucidique de l'amyloïde.

Certaines précautions doivent être prises afin d'empêcher ou d'inhiber l'apparition de fluorescences non spécifiques comme celles des acides nucléiques des noyaux ou des gouttelettes de mucus, fluorescences susceptibles de gêner la lecture des préparations. Il faut donc éviter de les contrecolorer avec une hématoxyline aluminique, ce qui entraînerait une excitation de la fluorescence due aux acides nucléiques; il faut en outre rincer les coupes à l'acide acétique dilué afin d'inhiber l'autofluorescence cytoplasmique. Avec ces précautions, la méthode est alors hautement sélective et se révèle supérieure à la coloration au rouge Congo de même qu'à la méthode métachromatique au violet de cristal. Enfin, même si la kératine apparaît fluorescente avec la thioflavine T, cela ne pose aucun problème d'interprétation, la morphologie de la kératine étant différente.

18.2.3.1 Préparation des solutions

1. **Solution d'hématoxyline de Mayer**
   – Voir la section 12.6.1.
2. **Solution d'eau ammoniacale à 0,2 %**
   – Voir la section 13.1.5.1, solution n° 4.
3. **Solution de thioflavine T à 1 %**
   – 1 g de thioflavine T
   – 100 ml d'eau distillée
4. **Solution d'acide acétique à 1 %**
   – 1 ml d'acide acétique glacial
   – 99 ml d'eau distillée
5. **Milieu de montage au sirop d'Apathie**
   – Voir la section 9.2.2.4.

Figure 18.2 : **FICHE DESCRIPTIVE DE LA THIOFLAVINE T**

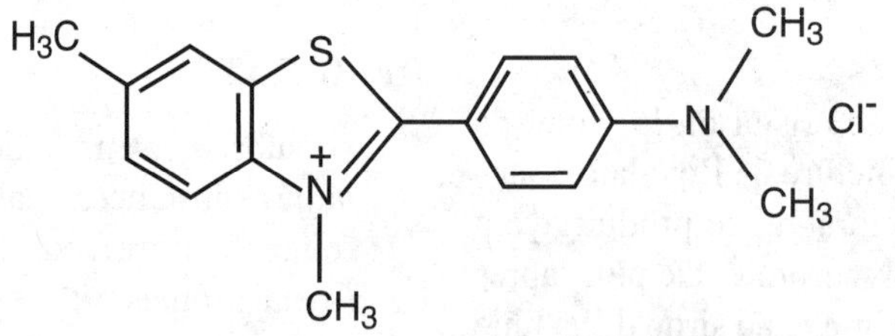

Structure chimique de la thioflavine T

Nom commun	Thioflavine T	**Solubilité dans l'eau**	Soluble
Nom commercial	Thioflavine T	**Absorption**	412 nm
Numéro de CI	49005	**Couleur**	Jaune
Nom de CI	Jaune basique 1	**Formule chimique**	$C_{17}H_{19}N_2SCl$
Classe	Thiazine	**Poids moléculaire**	318,9
Type d'ionisation	Cationique		

18.2.3.2 Méthode de coloration

MODE OPÉRATOIRE

1. Déparaffiner et hydrater les coupes jusqu'à l'étape de l'eau distillée;
2. colorer les coupes dans l'hématoxyline progressive de Mayer pendant 2 à 5 minutes selon l'âge de la solution, bleuir dans l'eau ammoniacale à 0,2 %, puis laver à l'eau courante;
3. colorer les coupes dans la solution de thioflavine T à 1 % pendant 3 minutes et rincer à l'eau pour enlever l'excès de fluorochrome;
4. différencier les coupes dans un bain d'acide acétique à 1 % pendant 20 minutes pour enlever la coloration de fond;
5. bien laver à l'eau courante;
6. monter avec le milieu de montage au sirop d'Apathie, puis luter les lames.

RÉSULTATS

- Si l'examen microscopique se fait avec un microscope à la fluorescence muni d'un filtre excitant BG12 et d'un filtre barrière OG4 ou OG5, les dépôts d'amyloïde apparaîtront jaune sur fond noir;
- si le microscope est muni d'un filtre excitant UG1 ou UG2 et d'un filtre barrière aux couleurs de l'ultraviolet, les dépôts d'amyloïde apparaîtront jaune brillant sur fond bleu noir. Ce dernier type de microscopie permet de visualiser les dépôts d'amyloïde les plus fins.

18.2.3.3 Remarques

- Il est possible de remplacer la thioflavine T par la thioflavine S.
- L'utilisation d'une solution de thioflavine dont le *p*H est acide (autour de 1,4) a pour effet d'accroître la sélectivité du colorant, de favoriser une meilleure adhésion du fluorochrome à l'amyloïde et de diminuer la coloration des substances non amyloïdiques. Ce *p*H de 1,4 s'obtient en ajoutant de l'acide chlorhydrique à 0,1 *M* à la solution colorante.

Tableau 18.1 CARACTÉRISTIQUES TINCTORIALES ET HISTOCHIMIQUES DE LA SUBSTANCE AMYLOÏDE.

Colorations ou réactions histochimiques		**Amyloïdose secondaire**	**Amyloïdose primaire**
Réactions colorées	Hématoxyline et éosine	rose	rose
	Hématoxyline-phloxine-safran	rose brique	rose brique
	Trichrome de Masson avec le bleu d'aniline	bleu avec zones ± roses	bleu avec zones ± roses
	Trichrome de Masson avec le vert lumière	vert avec zones ± roses	vert avec zones ± roses
	Van Gieson	ocre	ocre ou rouge
	Hématoxyline-acide phosphotungstique (PTAH)	rose	rose
	Weigert	négatif	négatif
	Violet de cristal	++	± ou +
	Rouge Congo	négatif à ±	+ à ++
Fluorescence	Thioflavine T	++	+ à ++
Coloration des glucides	Acide périodique de Schiff	+	+
	Bleu alcian à *p*H 2,5	négatif à +	négatif
	Bleu de toluidine	peut être +	négatif
Coloration des lipides	Huile rouge O ou rouge Soudan	négatif à +	négatif à ±
	Noir Soudan B	négatif à +	négatif ou ± à ++
	Sulfate au bleu de Nil	+	+
Coloration des protides	Réaction de Millon	± à +	± à +

MISE EN ÉVIDENCE DES PIGMENTS, PRÉCIPITÉS ET MINÉRAUX

INTRODUCTION

Un pigment est une substance présente dans les organismes vivants à l'état normal ou pathologique et qui a la propriété d'absorber la lumière visible. En principe, une structure particulaire incolore ne doit pas être considérée comme un pigment; dans la pratique, cependant, on regroupe aussi sous cette appellation des particules incolores auxquelles on donne une coloration artificielle – par exemple, l'hémoglobine, qui n'apparaît pas colorée sur les coupes histologiques.

Ainsi, dans le présent chapitre, il est brièvement question des pigments artéfacts dont la présence dans les tissus relève uniquement du mode de préparation des spécimens. Ce chapitre porte principalement sur les pigments endogènes, dont la présence est due à un effet du métabolisme dans des conditions physiologiques normales ou dans des conditions pathologiques. Enfin, il traite aussi des pigments exogènes que constituent divers dépôts ou de substances provenant de l'extérieur de l'organisme.

19.1 PIGMENTS ARTÉFACTS

Dans le groupe des pigments artéfacts, on retrouve les pigments de formaldéhyde, de mercure et de chrome ainsi que le pigment de Nedzel. Ces pigments ne font pas partie du tissu vivant; ils sont attribuables à des produits chimiques employés dans les différentes étapes du processus histotechnologique, par exemple la fixation.

19.1.1 PIGMENT DE FORMALDÉHYDE

Le pigment de formaldéhyde est le plus connu et le plus commun des pigments artéfacts. Il résulte de l'interaction entre l'hémoglobine, ses sous-produits et le formaldéhyde dont le *p*H est inférieur à 6,0. La couleur du pigment varie du brun au noir et sa structure cristalline le rend biréfringent sous la lumière polarisée. Lorsque ces pigments apparaissent sur une coupe, on peut généralement en voir sur toute la surface, bien qu'ils soient toujours situés à l'extérieur des cellules. Leur apparition est graduelle et non instantanée. Étant un dérivé de l'hémoglobine, le pigment de formaldéhyde contient du fer très étroitement lié à la fraction protéique, ou masqué, ce qui entraîne une réaction négative aux méthodes de mise en évidence de l'hémosidérine. On le rencontre surtout dans les tissus riches en sang comme la rate, les infarctus pulmonaires et les foyers hémorragiques. Il est possible d'éviter l'apparition du pigment en utilisant du formaldéhyde tamponné dont le *p*H est supérieur à 6,5, mais une fixation trop prolongée dans ce liquide peut quand même provoquer sa formation. Pour éliminer ce pigment, il suffit de placer le tissu dans une solution alcoolique saturée d'acide picrique pendant environ deux heures (voir la section 2.3.1). Il sera davantage question de ses propriétés chimiques dans la section sur les pigments endogènes pyrroliques.

19.1.2 PIGMENT DE MALARIA

Le pigment de malaria est classé avec les pigments artéfacts bien qu'il ne soit pas causé par des réactions chimiques d'origine histotechnologique, mais plutôt par la présence d'un parasite. La majorité des auteurs le placent dans cette catégorie en raison de sa très grande ressemblance avec le pigment de formaldéhyde : il est, lui aussi, brun-noir et anisotrope. Il est donc facile de le confondre avec le pigment de formaldéhyde, sauf que celui-ci est extracellulaire alors que le pigment de malaria semble situé à l'intérieur ou juste au-dessus des globules rouges infectés par le *Plasmodium falciparum*. Tout comme le pigment de formaldéhyde, il se manifeste dans les cellules phagocytaires qui ont ingéré les globules rouges infectés, comme les cellules de Küpffer, dans les cellules bordant les sinus des ganglions lymphatiques et spléniques, ainsi que dans les cellules phagocytaires de la moelle osseuse. Sa présence est souvent associée à une hémosidérose, c'est-à-dire une augmentation anormale du taux d'hémosidérine, en particulier dans le foie. Les trophozoïtes du parasite ingèrent l'hémoglobine des globules rouges infectés et produisent graduellement le pigment.

a) Enlèvement des pigments de formaldéhyde et de malaria

Généralement, la méthode utilisée pour l'enlèvement des pigments de formaldéhyde et de malaria consiste à immerger les coupes dans une solution alcoolique saturée d'acide picrique pour une durée de 12 à 24 heures.

Préparation de la solution alcoolique saturée d'acide picrique

- 50 ml de solution alcoolique saturée d'acide picrique
- 50 ml d'éthanol absolu

b) Méthode d'enlèvement des pigments de formaldéhyde et de malaria

MODE OPÉRATOIRE

1. Placer les coupes déparaffinées dans un bain d'éthanol absolu;
2. transférer les coupes dans un récipient contenant la solution alcoolique saturée d'acide picrique et les laisser reposer pendant 12 à 24 heures;
3. rincer dans une solution d'éthanol à 90 %;
4. rincer dans une solution d'éthanol à 70 %;
5. bien laver dans l'eau distillée et procéder à la coloration.

c) Remarques

- Le temps nécessaire à l'enlèvement du pigment de formaldéhyde dépend de la quantité de pigment présent.
- Le pigment de malaria ne disparaît complètement qu'après au moins 24 heures d'immersion dans la solution alcoolique saturée d'acide picrique.

19.1.3 PIGMENT DE MERCURE

Tous les tissus fixés au chlorure mercurique contiennent un pigment brun-noir non biréfringent. Ce pigment se retrouve surtout vers le milieu de la coupe. On croit que ce pigment est constitué de chlorure mercureux (HgCl) insoluble. Pour s'en débarrasser, on l'oxyde en iodure mercurique à l'aide d'une solution alcoolique d'iode. On enlève ensuite l'excès d'iode, qui donne une coloration brune, à l'aide de thiosulfate de sodium; il en résulte deux produits solubles dans l'eau, l'iodure de sodium et le tétrathionate de sodium (voir la section 2.3.2).

19.1.4 PIGMENT DE CHROME

Le pigment de chrome est un pigment jaunâtre qui résulte de la réaction entre le bichromate de potassium et l'éthanol. Par conséquent, les tissus fixés dans un liquide contenant du bichromate de potassium, ou de l'acide chromique, doivent être lavés à l'eau courante pendant toute une nuit avant d'être déshydratés. Toutefois, si le pigment de chrome se retrouve sur la coupe, il est relativement facile de l'enlever en passant la coupe dans un mélange d'alcool-acide pendant 20 à 30 minutes (voir la section 2.3.3).

19.1.5 PIGMENT DE NEDZEL (PARAFFINE)

Il arrive parfois que l'immersion dans le xylène froid de coupes imprégnées de paraffine et non séchées à la chaleur n'élimine pas toute la paraffine présente dans les tissus. Dans de tel cas, des cristaux biréfringents sont visibles dans les noyaux des cellules.

Ces cristaux ont un point de fusion identique à celui de la paraffine utilisée pour l'imprégnation. Il est possible de les colorer à l'huile rouge O chauffée à une température supérieure au point de fusion de la paraffine. Leur mise en évidence donne de meilleurs résultats sur une coupe déshydratée à l'acétone que sur une coupe déshydratée à l'éthanol. Un simple séchage des coupes dans un séchoir à chaud, après l'étalement, permet d'éviter la formation de tels pigments.

Pour éliminer les pigments de Nedzel, le cas échéant, on peut employer du xylène chaud à l'étape du déparaffinage, c'est-à-dire au début du processus de coloration, ou durant l'éclaircissement, c'est-à-dire à la fin de la coloration. On peut également faire fondre la paraffine avant l'immersion dans le xylène. Une autre façon d'éliminer ces pigments de Nedzel après le montage des coupes dans des résines est de chauffer les lames à une température de 60 °C à 65 °C.

19.2 PIGMENTS ENDOGÈNES

Cette catégorie de pigments se divise en deux classes : les pigments endogènes de type hématogène, qui proviennent du système hématopoïétique, et ceux de type non hématogène.

19.2.1 PIGMENTS ENDOGÈNES HÉMATOGÈNES

Les pigments endogènes hématogènes comprennent entre autres la porphyrine, l'hémoglobine, l'hémosidérine et les pigments biliaires. Tous ces pigments ont comme structure de base la pyrrole (voir la figure 19.1).

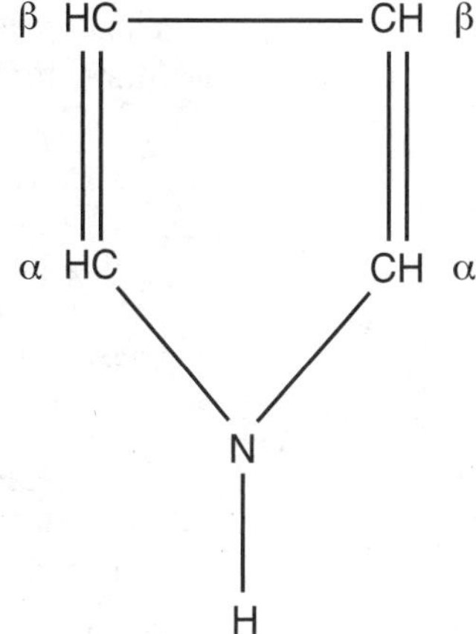

Figure 19.1 : *Représentation de la pyrrole. Les carbones immédiatement voisins de l'azote (N) sont appelés α, et les autres β.*

La réunion de quatre pyrroles par l'entremise de liens méthéniques, ou méthène, –CH=, qui mettent en œuvre les carbones α–, permet d'obtenir une structure théorique, la porphine, qui, même si elle peut être synthétisée en laboratoire, n'a jamais été observée *in vivo* (voir la figure 19.2).

19.2.1.1 Porphine et porphyrines

La porphine est considérée comme le précurseur de tous les pigments hématogènes. Les carbones β des pyrroles et les azotes (N) peuvent réagir et se substituer de diverses façons, ce qui rend possible la formation de multiples dérivés. Dans le cas des porphyrines, les carbones en β peuvent être substitués par des groupes méthyle ($-CH_3$), des groupes éthyle ($-CH_2-CH_3$), des groupes vinyle ($-CH=CH_2$) et des groupes propioniques ($-CH_2-CH_2-CO_2H$).

Les porphyrines ne sont généralement présentes qu'en petites quantités dans les tissus. Elles sont considérées comme des précurseurs d'un constituant de l'hémoglobine, l'hème. Il est possible de les apercevoir dans de rares cas pathologiques reliés à des désordres dans la biosynthèse des porphyrines et de l'hème. Sur coupes, les porphyrines sont reconnaissables grâce à la fluorescence rouge ou orange intense qu'elles affichent à la lumière ultraviolette. En fait, elles sont à l'origine de la plupart des cas de fluorescence primaire de cette teinte. En contraste de phase, elles montrent une couleur rouge brillante accompagnée d'une croix de Malte foncée dans le centre du dépôt.

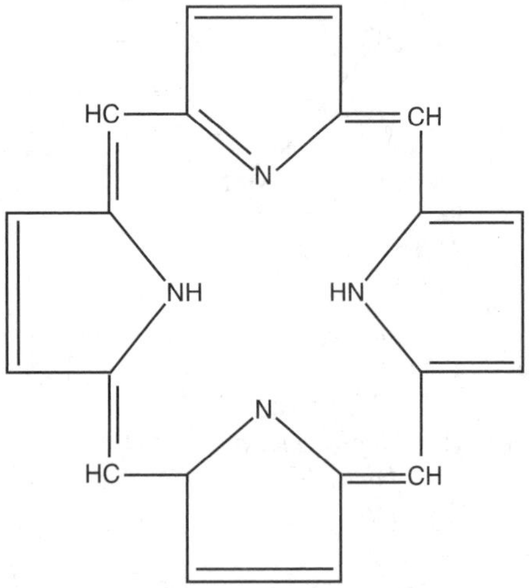

Figure 19.2 : *Représentation schématique de la porphine.*

19.2.1.2 Hémoglobine

L'hémoglobine est le principal agent qui achemine l'oxygène vers les tissus et qui ramène le CO_2 aux poumons. Sa présence dans les globules rouges augmente considérablement la quantité d'oxygène et de CO_2 que le sang peut transporter.

L'hémoglobine est une protéine conjuguée constituée d'une partie protéique, la globine, et d'une partie porphyrique, l'hème. L'hème est composé d'une molécule de protoporphyrine liée par chélation à un atome de fer ferreux. Quatre de ces molécules d'hème doivent se lier à une molécule de globine pour produire une molécule d'hémoglobine. La masse moléculaire de l'hémoglobine est de 68 000 et son point isoélectrique est de 6,8; elle a donc un caractère cationique, ou acidophile, que ne possèdent pas les autres protéines tissulaires, dont le *p*I varie de 3,5 à 5,0.

L'oxygène se lie à l'hémoglobine par l'intermédiaire du fer de l'hème. S'il se combine au fer, cependant, ce n'est pas grâce aux deux valences positives de celui-ci, mais plutôt grâce aux liaisons de coordinence qui rattachent le fer à la protoporphyrine. Voilà qui explique pourquoi l'oxygène ainsi lié demeure sous forme moléculaire et ne prend pas une forme ionique.

L'oxydation du fer ferreux de l'hémoglobine en fer ferrique produit la méthémoglobine, substance qui ne peut se combiner à l'oxygène. L'oxydation de l'hème à l'aide du ferricyanure alcalin produit de l'hématine, qui contient du fer ferrique (voir la figure 19.3).

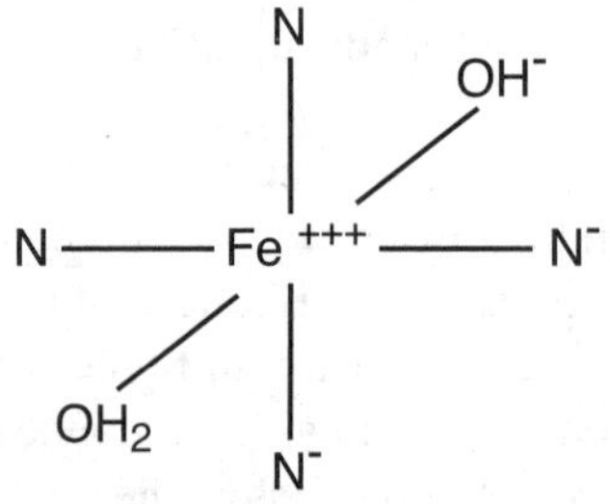

Figure 19.3 : *Représentation d'une molécule d'hématine.*

Il est possible de mettre en évidence l'hémoglobine à l'intérieur ou à l'extérieur des hématies. Dans les deux cas, il est préférable de fixer les tissus avec du formaldéhyde neutre et, si possible, tamponné, ou avec un mélange de formaldéhyde-acétate de plomb qui transforme l'hémoglobine en hématine insoluble. Cependant, ce mélange de formaldéhyde et d'acétate de plomb aura sûrement une influence sur les résultats des méthodes ultérieures, car il transforme l'hémoglobine.

Il est assez rare que l'on doive mettre l'hémoglobine en évidence dans les tissus. Cependant, il est quelquefois souhaitable d'identifier le pigment dont il y a accumulation dans la lumière des tubules rénaux de sujets présentant une hémoglobinurie, par exemple dans les cas d'hémolyse intravasculaire. Cette mise en évidence peut aussi être utile dans les cas de glomérulonéphrite où l'on observe la présence d'amas de globules rouges endommagés dans lesquels il est possible de voir l'hémoglobine.

Il existe deux façons de mettre en évidence l'hémoglobine : utiliser la méthode enzymatique ou une méthode tinctoriale. La méthode enzymatique, pour sa part, s'effectue avec l'hémoglobine peroxydase, dont la réaction est relativement stable avec des tissus fixés pendant une courte période de temps. Comme la méthode nécessite l'emploi de benzidine-nitroprussiate et que la benzidine est fortement carcinogène, elle n'est plus utilisée. Dans le cas des méthodes tinctoriales, il en existe plusieurs, mais celle qui est privilégiée de nos jours est la méthode de Dunn-Thompson utilisant l'hématoxyline aluminique et la picro-fuchsine de Van Gieson.

19.2.1.2.1 *Mécanisme d'action de la méthode de Dunn-Thompson*

Le principe de cette méthode est encore mal connu, mais il semble que l'hématoxyline, qui possède un caractère légèrement anionique, puisse colorer l'hémoglobine, dont le caractère est cationique, pour former, suivant le mécanisme de formation des liens sel un produit de couleur vert émeraude. La contrecoloration est assurée par la méthode à la picro-fuchsine de Van Gieson (voir la section 14.1.2.1.1), qui permet de distinguer le cytoplasme et les fibres de collagène. De plus, l'hématoxyline aluminique colore les noyaux en bleu (voir la section 12.5.1).

19.2.1.2.2 *Préparation des solutions*

1. Solution aqueuse d'hématoxyline aluminique

- 2,5 g d'hématoxyline
- 50 g d'alun d'ammonium
- 0,44 g de permanganate de potassium
- 0,25 g de thymol
- diluer dans 1 litre d'eau distillée

Ajouter l'hématoxyline et l'alun d'ammonium à l'eau distillée et lorsque la solution est complètement limpide, ajouter le permanganate de potassium (agent oxydant) et le thymol (préservatif).

2. Solution de fuchsine acide à 1 %

- 1 g de fuchsine acide
- dissoudre dans 100 ml d'eau distillée

Pour de l'information supplémentaire sur ce colorant, voir la section 14.1.2.1

3. Solution de picro-fuchsine

- 13 ml de fuchsine acide à 1 % en solution aqueuse
- 87 ml d'acide picrique saturé en milieu aqueux

4. Solution d'alun ferrique à 4 %

- 4 g d'alun ferrique
- dissoudre dans 100 ml d'eau distillée

19.2.1.2.3 *Méthode de coloration de Dunn-Thompson*

MODE OPÉRATOIRE

1. Déparaffiner les coupes et les hydrater jusqu'au rinçage à l'eau distillée;
2. colorer dans la solution d'hématoxyline pendant 15 minutes, laver à l'eau courante pour enlever le surplus de colorant;
3. mordancer dans la solution d'alun de fer à 4 % pendant 1 minute; rincer à l'eau courante;
4. contrecolorer dans la solution de picro-fuchsine pendant 15 minutes;
5. différencier dans trois bains d'éthanol à 95 %, laisser reposer 1 minute par bain et compléter rapidement la déshydratation dans deux bains d'éthanol à 100 %;
6. clarifier dans le xylène ou le toluène et monter avec une résine synthétique et permanente comme l'Eukitt.

RÉSULTATS

- Les cytoplasmes prennent une teinte qui varie du jaune au brun sous l'action de l'acide picrique;
- le collagène se colore en rouge sous l'effet de la fuchsine acide;

- les noyaux se colorent en bleu sous l'effet de l'hématoxyline aluminique;
- l'hémoglobine, les particules phagocytées et les globules rouges se colorent en vert émeraude sous l'action de l'hématéine aluminique.

19.2.1.2.4 *Remarques*

- La fiche descriptive de l'hématoxyline est présentée à la figure 10.20, celle de l'acide picrique à la figure 14.3 et celle de la fuchsine acide à la figure 14.4.
- La solution d'hématoxyline n'est pas acidifiée dans cette technique.
- Selon un mécanisme d'action préférentielle, les globules rouges se colorent en vert foncé, alors que l'hémoglobine se colore en vert pâle.

19.2.1.3 Hémosidérine et fer

L'hémosidérine est un pigment protidique qui renferme du fer à l'état ionique, décelable par les méthodes histochimiques de mise en évidence du fer. C'est d'ailleurs ce qui distingue l'hémosidérine de l'hémoglobine : dans cette dernière, en effet, le fer ne peut être mis en évidence puisqu'il est très fortement lié à la partie protéique de la molécule. Par conséquent, le métabolisme de l'hémosidérine est très étroitement lié à celui du fer, ce qui explique pourquoi les deux sujets sont abordés simultanément.

Le fer est un constituant très important de l'organisme puisqu'on le retrouve dans l'hémoglobine, la myoglobine et les enzymes de types cytochrome-oxydase et peroxydase. Il est d'abord absorbé au niveau de l'intestin, puis aussitôt lié à une protéine de transport, la transferrine, ou sidérophiline, qui l'amène aux sites où il sera utilisé ou entreposé. Le principal de ces sites est la moelle osseuse. Lorsque l'organisme contient des quantités normales de fer, celui-ci se retrouve couplé à une protéine soluble appelée apoferritine; le complexe fer-apoferritine ainsi formé prend alors le nom de « ferritine ». Cependant, l'organisme a une capacité limitée d'entreposage du fer sous forme de ferritine. Si la quantité d'apoferritine disponible est insuffisante pour lier la totalité du fer présent dans l'organisme, le surplus est alors couplé à une molécule insoluble qu'on appelle l'« aposidérine ». Une telle situation se produit lorsque du fer est administré par voie intraveineuse, lorsque les mécanismes de contrôle de l'absorption du fer ne fonctionnent pas, c'est-à-dire dans le cas d'une hémochromatose, ou encore dans les cas de transfusions sanguines massives. Le complexe fer-aposidérine a reçu le nom « hémosidérine ». L'hémosidérine apparaît dans l'organisme lorsqu'une grande quantité de fer doit y être entreposée. Dans les cas cités ci-dessus, on retrouve de l'hémosidérine dans les organes du système réticulo-endothélial comme la rate, les ganglions lymphatiques et le foie. À l'état pathologique, il s'agit d'hémosidérose.

Il faut tout de même préciser qu'il est normal de trouver une certaine quantité d'hémosidérine dans la moelle osseuse où, par la force des choses, de grandes quantités de fer sont toujours présentes. C'est aussi le cas pour la rate, organe où se produit l'élimination de globules rouges, une opération qui se traduit par la présence normale d'une faible quantité d'hémosidérine.

Avant de continuer, il importe de préciser que certains états pathologiques peuvent entraîner un manque d'hémosidérine. En effet, une carence en fer provoque une diminution anormale de la quantité d'hémosidérine habituellement décelée dans la moelle osseuse. Une telle situation peut survenir à l'occasion d'une hémorragie, comme l'anémie causée par une trop forte hémorragie menstruelle, ou résulter de carences alimentaires en fer. Il faut également souligner qu'on peut trouver de l'hémosidérine sur n'importe quel site où il y a destruction localisée et anormale de globules rouges, comme les sites hémorragiques, infarctuels et traumatiques.

L'hémosidérine se présente sous l'aspect de granules bruns réfringents (non biréfringents), de formes irrégulières et groupés en amas. Plusieurs indices portent à croire qu'il existe une relation assez étroite entre l'hémosidérine et la ferritine. On suppose également qu'il n'y a pas qu'une sorte d'hémosidérine bien définie chimiquement, mais plutôt un certain nombre de composés différents qui ne possèdent que quelques caractères communs. Sur le plan ultrastructural, les pigments d'hémosidérine sont généralement constitués d'amas de petits grains électroniquement denses enrobés dans une gaine protéique. Selon plusieurs auteurs, ces granules seraient de la ferritine.

On a également observé des membranes doubles renfermant de l'hémosidérine, ce qui invite à penser que la synthèse de celle-ci se fait à l'intérieur d'organites cellulaires, fort probablement des mitochondries; ces structures ont été nommées « sidérosomes ».

La composition chimique de l'hémosidérine ne fait toujours pas l'unanimité chez les auteurs. Pourtant, les observations de plusieurs d'entre eux portent à croire qu'il existe trois caractères constants propres à l'hémosidérine : elle se présente sous la forme de granulations brunâtres et isotropes, visibles au microscope optique, contient du fer ferrique et apparaît sur certains sites de l'organisme en rapport avec le métabolisme normal de l'hémoglobine, ou y est présente en proportions supérieures ou inférieures à la normale, selon certains états pathologiques.

La mise en évidence de l'hémosidérine se fait grâce à la détection du fer qu'elle contient et qui s'y trouve habituellement sous forme ferrique. La meilleure façon de mettre en évidence le fer ferrique est d'utiliser la méthode au bleu de Prusse de Perls. Par contre, les tissus peuvent également contenir du fer ferreux, qu'il est possible de déceler grâce à la méthode au bleu de Turnbull; il est cependant rare que l'on cherche à détecter uniquement le fer ferreux. Il existe une méthode très répandue destinée à mettre en évidence la totalité du fer (ferrique et ferreux) présent dans le tissu : il s'agit de la méthode de Tirman-Schmeltzer.

19.2.1.3.1 *Méthode au bleu de Prusse de Perls*

La méthode au bleu de Prusse de Perls est basée sur l'obtention d'une substance colorée et insoluble à la suite de la réaction entre le fer ferrique et le ferrocyanure de potassium. Le mécanisme d'action se déroule en deux étapes : d'abord, l'acide chlorhydrique présent dans la solution de travail libère le fer de l'hémosidérine en hydrolysant légèrement la fraction protéique; ensuite, une réaction colorée se produit selon l'équation suivante :

$$\underset{\text{chlorure ferrique}}{4\,FeCl_3} + \underset{\text{ferrocyanure de potassium}}{3[K_4Fe(CN)_6]} \longrightarrow \underset{\text{ferrocyanure ferrique}}{Fe_4[Fe(CN)_6]_3} + \underset{\text{chlorure de potassium}}{12\,KCl}$$

Afin d'équilibrer cette équation, le fer y est présenté sous forme de chlorure ferrique. Le ferrocyanure ferrique est bleu et insoluble; c'est lui qu'on surnomme « bleu de Prusse ».

En prévision de l'emploi de cette méthode, il est recommandé de fixer les tissus au formaldéhyde à 10 % tamponné. Les fixateurs acides sont déconseillés, c'est aussi le cas de ceux qui contiennent du chrome, car ils peuvent nuire à la préservation du fer. De plus, il faut éviter l'utilisation de matériel métallique, comme des récipients ou des pinces.

a) Préparation des solutions

1. Solution de ferrocyanure de potassium à 2 %

- 2 g de ferrocyanure de potassium
- 100 ml d'eau distillée

2. Solution d'acide chlorhydrique à 2 %

- 2 ml d'acide chlorhydrique concentré
- 98 ml d'eau distillée

3. Solution d'incubation de ferrocyanure acidifié

- 50 ml de ferrocyanure de potassium à 2 %
- 50 ml d'acide chlorhydrique à 2 %

Préparer ce mélange immédiatement avant usage.

4. Solution de Kernechtrot à 0,1 %

Pour de l'information sur ce colorant et sa préparation, voir la section 12.10.3 ainsi que la figure 12.14 pour sa fiche technique.

b) Méthode de coloration au bleu de Prusse de Perls

MODE OPÉRATOIRE

1. Déparaffiner et hydrater les coupes jusqu'au rinçage à l'eau courante, puis les rincer à l'eau distillée;
2. traiter les coupes dans la solution d'incubation de ferrocyanure acidifié fraîchement préparée, pendant 10 minutes, puis les laver à l'eau distillée;

3. contrecolorer légèrement dans le Kernechtrot à 0,1 % (voir les remarques sur la technique);
4. laver rapidement dans l'eau distillée;
5. déshydrater, éclaircir et monter à l'aide d'une résine permanente.

RÉSULTATS

- Les ions ferriques se colorent en bleu après la formation du ferrocyanure ferrique;
- les noyaux se colorent en rouge sous l'action de la laque aluminique de Kernechtrot;
- les substances tissulaires acidophiles se colorent en rose-rouge sous l'action du Kernechtrot;
- les substances basophiles et amphotères se colorent également en rose-rouge sous l'effet de la laque aluminique de Kernechtrot.

c) Remarques

- Il est très important de faire le montage dans une résine synthétique, car les résines naturelles (surtout le baume du Canada) ont tendance à s'acidifier avec le temps, ce qui peut entraîner une perte de pigmentation.
- On doit prendre soin d'utiliser uniquement de la verrerie et des réactifs qui ne contiennent ni fer ni acide.
- La solution de travail doit être préparée immédiatement avant l'emploi.
- Il est essentiel d'utiliser une coupe témoin qui renferme une bonne quantité de fer ferrique.
- Il est préférable que la coloration nucléaire au Kernechtrot soit légère afin de ne pas masquer les fins dépôts de fer ferriques.
- Les dépôts de fer ferrique fraîchement formés peuvent se dissoudre dans l'acide acétique à 5 % : voilà pourquoi la solution d'incubation de ferrocyanure acidifié est constituée d'acide chlorhydrique.

19.2.1.3.2 *Méthode au bleu de Prusse de Perls au four à micro-ondes*

Le principe est le même que celui de la méthode réalisée à la température ambiante.

a) Préparation des solutions

1. Solution d'acide chlorhydrique à 20 %

- 20 ml d'acide chlorhydrique concentré
- 80 ml d'eau distillée

2. Solution de ferrocyanure de potassium à 10 %

- 10 g de ferrocyanure de potassium
- 100 ml d'eau distillée

3. Solution de travail de ferrocyanure acidifié

- 25 ml d'acide chlorhydrique à 20 %
- 25 ml de ferrocyanure de potassium à 10 %

Cette solution doit être préparée immédiatement avant usage.

4. Solution de phloxine à 0,2 %

- 0,2 g de phloxine
- 100 ml d'eau distillée

Voir la fiche descriptive de ce colorant à la figure 13.4.

b) Méthode de coloration au bleu de Prusse de Perls au four à micro-ondes

MODE OPÉRATOIRE

1. Déparaffiner et hydrater les coupes jusqu'au rinçage à l'eau courante, puis les rincer à l'eau distillée;
2. traiter les coupes dans la solution d'incubation de ferrocyanure acidifié, fraîchement préparée, en les irradiant pendant 1 minute à 20 % de la puissance maximale; les rincer à l'eau distillée;
3. contrecolorer légèrement dans la phloxine à 0,2 % pendant 1 minute;
4. rincer à l'eau distillée;
5. déshydrater, éclaircir et monter à l'aide d'une résine permanente.

RÉSULTATS

- Les ions ferriques se colorent en bleu après la formation du ferrocyanure ferrique;

- les substances tissulaires acidophiles se colorent en rose-rouge sous l'action de la phloxine.

c) Remarques

- Les remarques concernant la méthode à la température ambiante s'appliquent également à la méthode au four à micro-ondes.
- Il est possible de remplacer la phloxine par le Kernechtrot à 0,1 %, comme dans la méthode précédente (voir également la fiche descriptive de ce colorant à la section 12.10.3).

19.2.1.3.3 *Mise en évidence du fer ferrique et ferreux par la méthode de Schmeltzer*

Lorsqu'il s'agit de mettre en évidence le fer ferrique ou ferreux, la méthode de Schmeltzer fournit de bons résultats. Le type de fixation a peu d'influence sur les résultats, mais il est recommandé d'éviter de prolonger inutilement le temps d'exposition aux liquides fixateurs acides, susceptibles de nuire à la préservation du fer. Cette mise en garde s'applique aussi aux liquides fixateurs à base de chromate.

Cette méthode est basée sur la combinaison de deux procédés distincts : la réaction de Quinke, au cours de laquelle le fer ferrique est réduit en fer ferreux à la suite d'un traitement au sulfure d'ammonium, et la réaction au bleu de Turnbull, qui permet d'obtenir une substance colorée et insoluble grâce à la réaction entre le fer ferreux et le ferricyanure de potassium. De cette façon, le fer ferreux présent au départ n'est pas modifié.

L'acide chlorhydrique est de nouveau employé pour démasquer le fer tissulaire par l'intermédiaire d'une hydrolyse modérée des protéines auxquelles il est lié. La réaction histochimique qui se produit est la suivante :

$$\underset{\text{chlorure ferreux}}{3\,FeCl_2} + \underset{\text{ferricyanure de potassium}}{2[K_3Fe(CN)_6]} \longrightarrow \underset{\text{ferricyanure ferreux}}{Fe_3[Fe(CN)_6]_2} + \underset{\text{chlorure de potassium}}{6\,KCl}$$

Le fer ferreux est présenté sous forme de chlorure pour assurer l'équilibre de l'équation. Le ferricyanure ferreux est bleu et insoluble; c'est lui qui porte le nom de « bleu de Turnbull ».

a) Préparation des solutions

1. Solution de sulfure d'ammonium concentré

- Solution commerciale Anala R (HH_4S)

2. Solution d'acide chlorhydrique à 1 %

- 1 ml d'acide chlorhydrique concentré
- 99 ml d'eau distillée

3. Solution de ferricyanure de potassium acidifié

- 25 ml d'acide chlorhydrique à 4 %
- 5 g de ferricyanure de potassium (Anala R)
- 25 ml d'eau distillée

4. Solution de Kernechtrot à 0,1 %

Pour de l'information sur ce colorant et sa préparation, voir la section 12.10.3 ainsi que la figure 12.14 pour sa fiche technique.

b) Méthode de Schmeltzer pour le fer ferrique et ferreux

MODE OPÉRATOIRE

1. Déparaffiner et hydrater jusqu'au rinçage à l'eau distillée;
2. traiter les coupes pendant 15 minutes dans le sulfure d'ammonium concentré; rincer à l'eau distillée;
3. colorer dans la solution de ferricyanure de potassium acidifié pendant 15 minutes; rincer à l'eau distillée;
4. contrecolorer dans la solution de Kernechtrot à 0,1 % pendant 10 minutes; rincer à l'eau distillée;
5. déshydrater, éclaircir et monter avec une résine synthétique et permanente comme l'Eukitt.

RÉSULTATS

- Les ions ferriques et ferreux se colorent en bleu sous l'action du ferricyanure de potassium;
- les noyaux se colorent en rouge sous l'action de la laque aluminique de Kernechtrot;

- les substances tissulaires acidophiles se colorent en rose-rouge sous l'action du Kernechtrot;
- les substances basophiles ou amphotères se colorent également en rose-rouge sous l'effet de la laque aluminique de Kernechtrot.

c) Remarques

- Il est possible de remplacer le sulfure d'ammonium concentré par une solution diluée à 10 %, mais il faut alors prolonger le traitement de 15 minutes à 2 heures.
- Aux étapes 2 et 3 du mode opératoire, il est préférable de travailler avec des récipients fermés afin d'éviter autant que possible le contact avec les vapeurs d'ammoniaque.

19.2.1.3.4 *Méthode de coloration au bleu de Turnbull*

La méthode de coloration au bleu de Turnbull est spécifique au fer ferreux et comporte deux étapes. La première consiste à réduire à l'état ferreux les composés ferriques. Cette réduction est obtenue grâce à la réaction de Quincke, qui nécessite du sulfure d'ammonium à 20 % dissous dans une solution acide. Le sulfure ferreux ainsi produit est ensuite converti en bleu de Turnbull par l'entremise d'une solution acide de ferricyanure de potassium.

Les tissus destinés à ce traitement peuvent être fixés dans le formaldéhyde à 10 % tamponné jusqu'à neutralité.

Cette méthode présente de graves inconvénients sur le plan morphologique puisque la forme des inclusions ferrifères, qui ne subit aucune altération au contact du sulfure d'ammonium, est souvent modifiée par le ferricyanure de potassium en milieu acide. Bien qu'elle ne soit pratiquement plus utilisée, cette méthode conserve une importance théorique. Dans les faits, la méthode de Hukill et Putt est moins capricieuse et plus facile à appliquer avec succès (voir la section 19.2.1.3.5).

a) Préparation des solutions

1. Solution de ferricyanure de potassium et d'acide chlorhydrique

- 1 volume de ferricyanure de potassium à 20 %
- 1 volume d'acide chlorhydrique à 1 %

2. Solution de Kernechtrot à 0,1 %

Voir la section 12.10.3 pour de l'information sur ce colorant et sa préparation ainsi que la figure 12.14 pour sa fiche technique.

b) Méthode de coloration au bleu de Turnbull

MODE OPÉRATOIRE

1. Déparaffiner et hydrater les coupes jusqu'au rinçage à l'eau distillée;
2. traiter les coupes dans la solution fraîchement préparée de ferricyanure de potassium et d'acide chlorhydrique pendant 15 minutes; rincer à l'eau distillée;
3. contrecolorer dans la solution de Kernechtrot à 0,1 % pendant 5 minutes; rincer à l'eau distillée;
4. déshydrater, éclaircir et monter avec une résine synthétique et permanente comme l'Eukitt.

RÉSULTATS

- Le fer ferreux se colore en bleu sous l'action de la solution de ferricyanure ferrique et d'acide chlorhydrique;
- les noyaux se colorent en rouge sous l'action de la laque aluminique de Kernechtrot;
- les substances tissulaires acidophiles se colorent en rose-rouge sous l'action du Kernechtrot;
- les substances basophiles et amphotères se colorent également en rose-rouge sous l'effet de la laque aluminique de Kernechtrot.

19.2.1.3.5 *Méthode de Hukill et Putt*

Tous les liquides fixateurs, sauf les produits acides, peuvent servir à la fixation des tissus destinés à un traitement par la méthode de Hukill et Putt. Le mécanisme d'action de cette méthode est mal connu. Cependant, il semble que l'acide thioglycolique ($HS.CH_2.COOH$) joue un rôle similaire à celui du sulfure d'ammonium qui, dans la réaction de Quincke, transforme le fer ferrique en fer ferreux. Celui-ci réagit ensuite avec la bathophénanthroline, un produit incolore qui prend alors une coloration rouge. Il s'agit donc d'une réaction histochimique. Le contrecolorant utilisé pour cette méthode est le bleu de méthylène, dont le caractère cationique permet de former des liens sel avec les anions des acides nucléiques et, ainsi, de colorer les noyaux en bleu.

a) Préparation des solutions

1. Solution de bathophénanthroline à 0,1 %

- 0,1 g de bathophénanthroline (4,7-diphényl-1,10-phénanthroline)
- 100 ml d'eau distillée

Dissoudre la bathophénanthroline dans l'eau distillée, puis laisser le mélange pendant 24 heures dans une chambre chauffée à 60 °C; agiter à intervalles réguliers. Cette solution demeure stable pendant 4 semaines. Avant usage, ajouter une quantité d'acide thioglycolique concentré qui équivaut à 0,5 % du volume de la solution. Il est toujours nécessaire de rajouter de l'acide à chaque utilisation de la solution, car l'exposition à l'air provoque son oxydation.

2. Solution de bleu de méthylène à 0,5 %

- 0,5 g de bleu de méthylène
- 100 ml d'eau distillée

Pour un complément d'information sur ce colorant, voir la section 12.1.4 et sa fiche technique à la figure 12.4.

b) Méthode de Hukill et Putt pour le fer ferreux et le fer ferrique

MODE OPÉRATOIRE

1. Déparaffiner et hydrater les coupes jusqu'au rinçage à l'eau distillée;
2. traiter les coupes dans la solution de bathophénanthroline à 0,1 % pendant 2 heures à la température ambiante; bien les rincer à l'eau distillée;
3. contrecolorer dans la solution de bleu de méthylène à 0,5 % pendant 2 minutes; bien rincer à l'eau distillée;
4. placer les coupes dans une chambre chauffée à 37 °C jusqu'à ce qu'elles soient bien sèches, puis éclaircir et monter avec une résine synthétique et permanente comme l'Eukitt.

RÉSULTATS

- Le fer ferreux et le fer ferrique se colorent en rouge sous l'effet de la bathophénanthroline;
- les noyaux et autres structures basophiles se colorent en bleu sous l'action du bleu de méthylène.

c) Remarques

- Il est très important que la bathophénanthroline soit complètement dissoute avant usage.
- Il faut éviter la déshydratation par l'alcool, car ce produit fait disparaître la coloration rouge.

19.2.1.4 Pigments biliaires

La durée de vie moyenne des globules rouges, ou hématies, est de 120 jours. Au terme de son existence, l'hématie est phagocytée par les cellules du système réticulo-endothélial, qui brisent la membrane cellulaire et séparent les composantes de l'hémoglobine : la globine et l'hème. Ce processus s'effectue surtout au niveau de la rate. Le noyau tétrapyrrolique est coupé en un seul endroit, ce qui produit une chaîne linéaire de quatre noyaux pyrroliques dont le fer se détache pour retourner dans le métabolisme. Cette chaîne tétrapyrrolique est appelée « biliverdine »; on la trouve surtout dans les phagocytes de la rate, de la moelle osseuse ou du foie. La biliverdine est ensuite réduite en bilirubine, qui est alors couplée aux albumines plasmatiques pour être transportée vers le foie. À ce stade-ci, elle porte le nom de « bilirubine libre », même si le terme n'est pas tout à fait exact. La bilirubine libre, ou indirecte, est insoluble dans l'eau.

Lorsqu'elle arrive au foie, elle subit une transformation chimique, la glucuroconjugaison, qui donne naissance à la bilirubine soit monoglucuronique, soit diglucuronique, soluble dans l'eau. Cette transformation s'effectue dans les hépatocytes grâce à la présence d'un donneur d'acide glucuronique, l'acide uridine-diphosphoglucuronique, et de l'enzyme glucuronyl transférase, qui sépare l'acide glucuronique de son nucléotide et le transfère sur la bilirubine. Cette bilirubine, monoglucuronique ou diglucuronique, prend alors le nom de « bilirubine conjuguée » et passe dans les canalicules et canaux biliaires pour être entreposée dans la vésicule biliaire.

La bilirubine est ensuite redirigée avec la bile vers l'intestin, où elle subit d'autres transformations ou réductions. Parmi les produits obtenus, l'urobiline est excrétée dans l'urine, alors que l'urobilinogène et la stercobilinogène sont excrétées dans les fèces. Il arrive aussi que ces substances soient retournées au foie, où elles sont retransformées en bilirubine.

L'expression « pigments biliaires » désigne un ensemble habituellement constitué, en proportions variables, de biliverdine, de bilirubine libre, de bilirubine conjuguée et d'hématoïdine. Il faut être au fait de cette particularité et tâcher d'en tenir compte au moment de choisir la méthode de mise en évidence et d'en évaluer les résultats.

Il est possible de connaître l'identité exacte des pigments biliaires présents sur une coupe grâce à l'organe d'où celui-ci provient. Par exemple, s'il y a un excès de pigments biliaires dans le foie à la suite d'une obstruction des canaux biliaires, d'une déficience dans le métabolisme biliverdine-bilirubine, ou encore, après la mort ou la dégénérescence des hépatocytes, il s'agit certainement d'un mélange de biliverdine, de bilirubine libre et de bilirubine conjuguée.

Au niveau du foie, il est possible de trouver les pigments biliaires dans les hépatocytes et les canalicules biliaires. Dans celles-ci, cependant, on peut penser qu'il s'agit d'une stase biliaire causée par des calculs ou une obstruction attribuable à un cancer de la tête du pancréas. Dans les hépatocytes, la bilirubine revêt une apparence exactement semblable à celle d'une autre substance souvent présente dans ces cellules, la lipofuchsine. Enfin, dans la vésicule biliaire, les pigments biliaires n'ont pas exactement les mêmes caractéristiques que ceux qui se trouvent dans le foie.

Les techniques de détection des pigments biliaires sont divisées en trois groupes : les réactions d'oxydation, les réactions aux sels de diazonium et les autres méthodes.

19.2.1.4.1 *Réactions d'oxydation*

Ce groupe de techniques de détection des pigments biliaires comprend la réaction de Fouchet et celle de Gmelin.

a) Réaction de Fouchet

La réaction de Fouchet se fait sur des coupes de tissus paraffinés. Cette méthode consiste à employer du chlorure ferrique, en présence d'acide trichloroacétique, pour oxyder le pigment de la bilirubine, qui produit alors de la biliverdine verte et de la cholécyanine bleu-vert.

Préparation des solutions

1. **Solution d'acide trichloroacétique à 25 %**
   - 25 ml d'acide trichloroacétique concentré
   - 75 ml d'eau distillée
2. **Solution de chlorure ferrique à 10 %**
   - 10 g de chlorure ferrique
   - dissoudre dans 100 ml d'eau distillée
3. **Solution de Fouchet**
   - 75 ml d'acide trichloroacétique à 25 %
   - 30 ml de chlorure ferrique à 10 %

   Cette solution ne doit être préparée qu'immédiatement avant usage.
4. **Solution de fuchsine acide à 1 %**
   - 1 g de fuchsine acide
   - 100 ml d'eau distillée

   Pour un complément d'information sur ce colorant, voir la section 14.1.2.1 et la figure 14.4.
5. **Solution de Van Gieson**
   - 13 ml de fuchsine acide à 1 % en solution aqueuse
   - 87 ml d'acide picrique saturé en milieu aqueux

   Pour un complément d'information sur cette solution colorante, voir la section 14.1.2.1.1.

Méthode de Fouchet modifiée

MODE OPÉRATOIRE

1. Déparaffiner et hydrater les coupes jusqu'au rinçage à l'eau distillée;
2. traiter les coupes dans la solution de Fouchet fraîchement préparée pendant 5 minutes; les laver à l'eau courante pendant 10 minutes et les rincer à l'eau distillée;
3. contrecolorer dans la solution de Van Gieson pendant 2 minutes; rincer rapidement à l'eau distillée;
4. déshydrater, éclaircir et monter avec une résine synthétique et permanente comme l'Eukitt.

RÉSULTATS

- Les pigments biliaires se colorent en vert olive à la suite de la formation de biliverdine et de cholécyanine;
- les cytoplasmes et les muscles se colorent en jaune sous l'effet de l'acide picrique;
- les fibres de collagène se colorent en rouge sous l'action de la fuchsine acide.

Remarques

- Il est fortement recommandé d'utiliser deux lames témoins : la première doit être colorée de la même façon et en même temps que celle du tissu étudié alors que l'autre doit uniquement subir un traitement à la solution de Fouchet.
- Il est préférable d'utiliser une solution de Fouchet fraîchement préparée; ses composantes ont une durée de vie assez longue tant qu'ils ne sont pas mélangés ensemble, mais le mélange des deux constitue un produit instable.

b) Réaction de Gmelin

La méthode de Gmelin s'emploie également avec des coupes paraffinées. Son principe est basé sur le changement de couleur caractéristique des pigments biliaires lorsqu'ils sont soumis à l'action de l'acide nitrique ou sulfurique. La séquence est la suivante : jaune – vert – bleu – violet - mauve.

Étant donné que cette méthode peut se révéler très capricieuse et aléatoire, elle est fort peu utilisée. Cependant, il faut noter qu'il s'agit de la seule méthode dont la réaction donne toujours le même résultat, quel que soit le site où se trouvent les pigments biliaires.

Préparation des solutions

1. Solution d'acide nitrique concentré

Solution concentrée de type Anala R.

OU

2. Solution d'acide sulfurique concentré

Solution concentrée de type Anala R.

Méthode de Gmelin

MODE OPÉRATOIRE

1. Déparaffiner et hydrater les coupes jusqu'au rinçage à l'eau distillée;
2. placer la lame sur le microscope et y déposer 2 ou 3 gouttes d'acide nitrique ou sulfurique concentré; remuer à l'aide d'une tige de verre tout en observant le changement de couleur des pigments biliaires.

RÉSULTAT

- Les pigments biliaires passent graduellement du jaune au vert, puis au bleu et, finalement, au violet-mauve.

Remarques

- Les résultats sont temporaires et les coupes ainsi colorées ne se conservent pas.
- La réaction d'oxydation est très rapide. Il est possible de la ralentir et d'obtenir les mêmes résultats en utilisant des solutions d'acide dont la concentration se situe autour de 50 ou 70 %.

19.2.1.4.2 *Réactions aux sels de diazonium*

Les méthodes employant les sels de diazonium permettent de distinguer, sur coupes, la bilirubine libre de la bilirubine conjuguée. La méthode consiste à traiter à la dichloro-2,4 aniline diazotée, des coupes congelées. En raison de sa solubilité, la bilirubine conjuguée réagit directement avec le sel de diazonium et prend une teinte bleue. La bilirubine libre, quant à elle, a besoin d'un accélérateur pour réagir : sa réaction est donc indirecte. Par exemple, lorsque le sel de diazonium est mis en présence de ce catalyseur, qui peut prendre la forme d'un mélange de caféine, de benzoate de soude et d'urée, toute la bilirubine passe au rouge. Cette méthode est peu utilisée.

19.2.1.4.3 *Autres réactions*

Il existe d'autres méthodes, dont la réaction à l'argentaffinité, l'observation des coupes non colorées et la méthode de Van Gieson.

a) Argentaffinité

L'argentaffinité est une propriété de la bilirubine et de l'hématoïdine. Il est possible de vérifier la spécificité de la réaction en effectuant une désargentation au moyen d'un mélange de ferricyanure de potassium et de thiosulfate de sodium, puisque les pigments biliaires sont les seules substances qui ne sont plus visibles après ce traitement.

b) Coupes non colorées

En observant des coupes non colorées au microscope, on remarque que l'aspect des pigments biliaires varie selon leur origine et leur nature : ceux du foie sont généralement verts, alors que ceux de la vésicule biliaire prennent une teinte jaune or, tout comme l'hématoïdine.

c) Méthode de Van Gieson

Avec la méthode de Van Gieson (voir la section 14.1.2.1.1), les pigments biliaires hépatiques sont colorés en vert par le réactif de Van Gieson selon un mécanisme d'action encore inconnu, alors que les lipofuchsines hépatiques restent jaunes.

19.2.2 PIGMENTS ENDOGÈNES NON HÉMATOGÈNES

On appelle « pigments endogènes non hématogènes » le groupe de pigments qui comprend la mélanine et la pseudomélanine, les lipofuchsines, les pigments de Dubin-Johnson, les céroïdes de type lipofuchsine et les corps de Hamazaki-Weisenberg.

19.2.2.1 Mélanine et pseudomélanine

Les pigments phénoliques, dont les deux plus importants sont la mélanine et la pseudomélanine, ont en commun une structure qui renferme un noyau phénol ou indole (voir la figure 19.4).

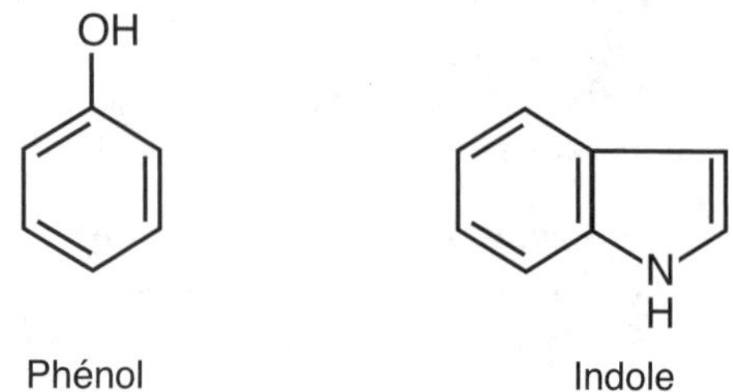

Figure 19.4 : *Représentation schématique des noyaux phénol et indole.*

Dans un organisme en santé, la mélanine est présente dans plusieurs tissus dont ceux de la peau, de l'œil et du cerveau; elle est d'ailleurs responsable, entre autres, de la coloration de la peau et des yeux. Les follicules pileux, les poils et les cheveux contiennent également de la mélanine. Sur des coupes histologiques non colorées ou colorées au moyen de colorations de routine, la mélanine prend l'aspect de pigments brun-noir.

En ce qui a trait à la peau, la mélanine se situe dans les couches profondes de l'épiderme, essentiellement dans la couche germinative de l'épithélium. Elle y est produite par les mélanocytes. Chez les sujets atteints de certaines pathologies, on peut aussi en trouver dans la partie supérieure du derme, à l'intérieur de cellules phagocytaires qu'on nomme « mélanophages ». Il y en a également des quantités importantes dans les cellules de *naevus* (grain de beauté), une lésion cutanée qui est en fait une tumeur bénigne productrice de mélanine. Il existe une tumeur maligne liée au *naevus*; il s'agit du mélanome malin de la peau. La mise en évidence de la mélanine est importante dans le diagnostic de cette tumeur et de ses métastases.

Au niveau de l'œil, la mélanine est présente dans la choroïde, le corps ciliaire et l'iris. Il semble que l'épithélium rétinien en contienne aussi, mais cette hypothèse ne fait pas l'unanimité. Dans le cerveau, enfin, c'est surtout la *substantia nigra*, ou substance noire, qui renferme de la mélanine. Dans les cas de maladie de Parkinson, par exemple, la quantité de

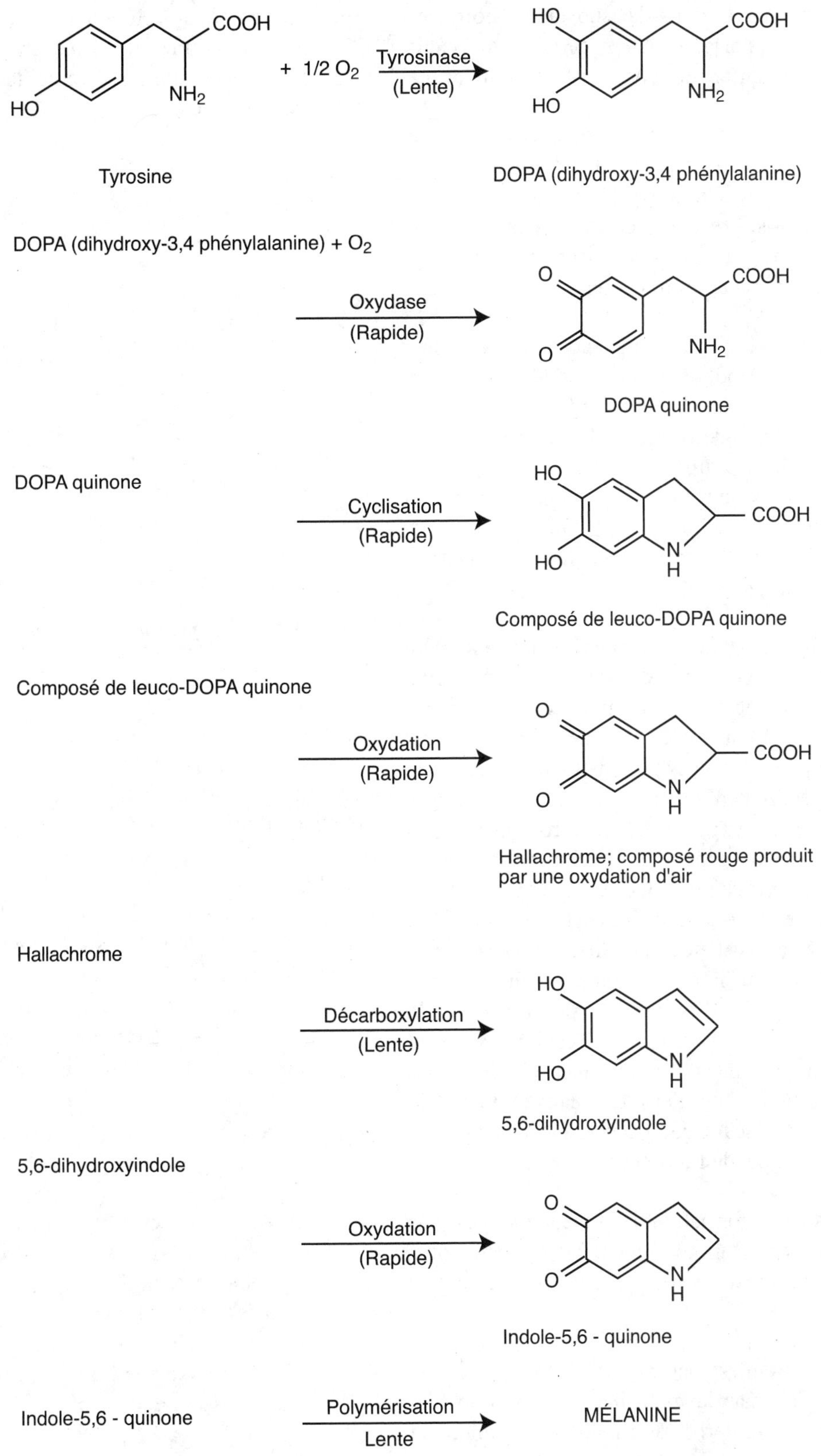

Figures 19.5 : *Représentation schématique du métabolisme de la mélanine.*

mélanine contenue dans la substance noire est inférieure à la normale. Chez certains individus, l'arachnoïde renferme aussi de la mélanine.

Les grains de mélanine sont de grosseurs variables et se présentent sous différents aspects. En petites quantités, ils prennent une teinte qui varie du brun pâle au noir. Lorsqu'ils se présentent en amas de taille importante, cependant, ils sont souvent entièrement noirs sans même avoir subi un traitement de coloration.

Les grains de mélanine, ou mélanosomes, semblent se former par le dépôt de matériel pigmentaire sur un squelette protéique que la cellule a fabriqué. Comme dans le cas des sidérosomes, il est présentement impossible de déterminer exactement dans quel organite cellulaire sont formés les mélanosomes. Les auteurs hésitent entre l'appareil de Golgi et les mitochondries. Il est fort probable que plusieurs mécanismes soient impliqués.

La mélanine est vraisemblablement un polymère azoté dont le monomère de base est une molécule d'indole substituée. Sa composition exacte n'a pas encore été entièrement définie, car la mélanine est presque toujours liée à des protéines dans le tissu. On a réussi à créer *in vitro* divers types de mélanines synthétiques grâce à l'action de la tyrosinase, de la DOPA oxydase ou de la catéchol oxydase, et de l'oxydation du produit qui en résulte. Toutefois, il n'a pas été prouvé que ces mélanines synthétiques soient identiques à la substance naturelle. La forme de la molécule influe sur la couleur du pigment. En effet, les divers degrés d'oxydation possibles de la molécule sont responsables de la création d'anneaux orthoquinoniques dans la mélanine. De plus, les mélanines sont solubles dans les alcalis et possèdent un grand pouvoir réducteur. Une déficience en tyrosinase est à l'origine de l'albinisme.

Le mécanisme de formation de la mélanine n'est pas encore connu en détail, mais il est tout de même possible de le schématiser de la façon illustrée par la figure 19.4.

Sa composition n'est pas non plus encore connue avec certitude, mais la mélanine est fort probablement un polymère dérivé de l'indole-5,6-quinone et relié à une matrice protéinique (voir la figure 19.5). Elle forme ainsi une substance granulaire stable et insoluble dans l'eau. La molécule de mélanine pourrait ressembler à ceci :

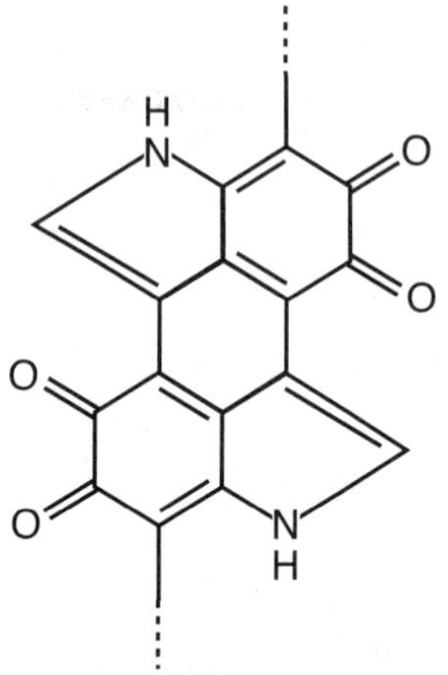

H
N
O
O
O
O
N
H

Figure 19.6 : *Représentation schématique de la mélanine.*

La pseudomélanine est un pigment jaune-brun qu'on trouve parfois dans le chorion du gros intestin ou de l'appendice. Elle est habituellement localisée tout près de l'épithélium, dans le cytoplasme des macrophages. On peut aussi l'observer près de la musculaire muqueuse (*muscularis mucosae*). On en trouve des quantités élevées dans les organismes atteints de la pseudomélanose du côlon causée par le *pseudomelanosis coli*. L'origine et la signification pathologique de cette maladie sont inconnues. Ce pigment ne semble pas être apparenté chimiquement à la mélanine, mais plutôt aux lipofuchsines.

19.2.2.1.1 *Méthodes de mise en évidence de la mélanine*

Les méthodes de mise en évidence de la mélanine sont nombreuses. Elles sont réparties en quatre groupes principaux selon les caractéristiques de la mélanine mises en jeu : les propriétés physiques de la mélanine, son caractère réducteur, sa propriété de fixer les ions ferreux et, enfin, la mise en évidence de la tyrosinase, essentielle à la métabolisation de la mélanine.

A) Méthodes basées sur les propriétés physiques de la mélanine

Les méthodes qui se fondent sur les propriétés physiques de la mélanine sont essentiellement la solubilisation et le blanchiment. En effet, la mélanine formée est insoluble dans les solvants organiques, probablement à cause des liens qui l'attachent aux protéines. Elle est cependant soluble dans les alcalis, par exemple l'hydroxyde de sodium (NaOH) à 2,5 *N* et chaud, ce qui la différencie des lipofuchsines.

Par ailleurs, le blanchiment de la mélanine la distingue des lipopigments, qui ne sont pas blanchis ou qui le sont beaucoup plus lentement. Les agents oxydants les plus utilisés pour cette opération sont le permanganate de potassium, les acides performique et peracétique, ainsi que le peroxyde d'hydrogène. La vitesse à laquelle la mélanine est blanchie varie selon son origine : ainsi, la mélanine d'origine cutanée réagit plus rapidement au permanganate de potassium que la mélanine d'origine oculaire.

Méthode de blanchiment par le peroxyde d'hydrogène

Pour la fixation préalable des tissus, tous les liquides fixateurs peuvent servir.

Préparation des solutions

1. **Solution de peroxyde d'hydrogène (H_2O_2) à 30 %**
   - Solution commerciale de peroxyde d'hydrogène à 30 %.
2. **Solution de Kernechtrot à 0,1 %**

   Pour de l'information sur ce colorant et sa préparation, voir la section 12.10.3, ainsi que la figure 12.14 pour sa fiche descriptive.

Méthode de blanchiment par le peroxyde d'hydrogène

MODE OPÉRATOIRE

1. Déparaffiner et hydrater les coupes jusqu'au rinçage à l'eau distillée;
2. mettre les coupes dans la solution de peroxyde d'hydrogène à 30 % et les y laisser reposer pendant 4 à 5 minutes; rincer à l'eau courante pendant 10 minutes;
3. contrecolorer dans la solution de Kernechtrot à 0,1 % pendant 10 minutes; rincer à l'eau distillée;
4. déshydrater, éclaircir et monter avec une résine synthétique et permanente comme l'Eukitt.

RÉSULTATS

- Les dépôts de mélanine sont blanchis sous l'effet du peroxyde d'hydrogène;
- les noyaux se colorent en rouge sous l'effet de la laque aluminique de Kernechtrot;
- les structures acidophiles prennent une teinte rose-rouge sous l'action du Kernechtrot.

Méthode de blanchiment par le permanganate de potassium

Il est également possible de blanchir la mélanine au moyen du permanganate de potassium.

Préparation des solutions

1. **Solution aqueuse de permanganate de potassium à 0,25 %**
   - 0,25 g de permanganate de potassium
   - 100 ml d'eau distillée
2. **Solution aqueuse d'acide oxalique à 5 %**
   - 5 g d'acide oxalique
   - 100 ml d'eau distillée
3. **Solution de Kernechtrot à 0,1 %**

   Pour de l'information sur ce colorant et sa préparation, voir la section 12.10.3 ainsi que la figure 12.14 pour sa fiche descriptive.

Méthode de blanchiment par le permanganate de potassium

MODE OPÉRATOIRE

1. Déparaffiner et hydrater les coupes jusqu'au rinçage à l'eau distillée;
2. mettre les coupes dans la solution de permanganate de potassium à 0,25 % et les y laisser reposer pendant 1 à 4 heures; puis les laver à l'eau courante;
3. enlever l'excès de permanganate de potassium en lavant les coupes dans une solution aqueuse d'acide oxalique à 5 % chauffée à 55 °C pendant 5 minutes; puis rincer à l'eau distillée;
4. contrecolorer dans le Kernechtrot à 0,1 % pendant 10 minutes; rincer à l'eau courante;
5. déshydrater, éclaircir et monter avec une résine synthétique et permanente comme l'Eukitt.

RÉSULTATS

- Les résultats obtenus par cette méthode sont les mêmes que ceux de la méthode de blanchiment utilisant le peroxyde d'hydrogène.

Remarques

- Ces méthodes sont habituellement employées conjointement avec une autre technique de mise en évidence de la mélanine.
- La mélanine ne perd pas son argentaffinité lorsqu'elle est blanchie.
- En plus de favoriser l'identification de la mélanine, les procédés de blanchiment permettent de rendre visibles d'autres structures qui sont susceptibles d'être masquées par un excès de mélanine.

B) Méthodes basées sur le caractère réducteur

Le caractère réducteur de la mélanine est à la base des méthodes de mise en évidence de la mélanine les plus répandues. Ainsi, on peut mettre celle-ci en évidence grâce à des réactions argyrophiles et argentaffines, ainsi que des méthodes de réduction de sels de nature ferrique ou autres.

L'argyrophilie n'est presque jamais mise à profit, car elle n'est pas spécifique à la mélanine. Par contre, l'argentaffinité est une propriété sur laquelle reposent certaines des méthodes les plus couramment utilisées pour mettre en évidence la mélanine; il s'agit alors d'une réaction argentaffine (voir la section 10.13.1.1). Cette réaction n'est pas seulement propre à la mélanine puisqu'elle peut aussi relever la présence de céroïdes, de lipofuchsines, du pigment de la maladie de Dubin-Johnson et la pseudomélanine, surtout lorsqu'elle se produit en milieu alcalin. L'emploi d'un *p*H neutre ou acide, cependant, semble accroître le degré de précision des méthodes basées sur l'argentaffinité.

Méthode de Fontana-Masson

La méthode de Fontana-Masson est basée sur le caractère réducteur de la mélanine. En effet, la mélanine est une substance argentaffine capable de réduire spontanément une solution d'argent sans l'aide d'agent réducteur externe. La mélanine et les granulations argentaffines renferment des composés phénoliques dérivés de la tyrosine qui ont le pouvoir de réduire l'argent ionique en argent métallique amorphe. Cette méthode n'est pas spécifique à la mélanine puisque d'autres substances, comme les lipofuchsines et les pseudomélanines, peuvent réagir positivement avec l'argent ammoniacal. L'emploi d'un *p*H neutre ou légèrement acide permet de pallier ce problème et d'augmenter le degré de précision de la méthode.

Pour la fixation préalable des tissus, on recommande fortement d'utiliser une solution de formaldéhyde à 10 % tamponné ou des liquides fixateurs à base de chromate et de chlorure mercurique. Les tissus fixés avec le liquide de Bouin ou le formaldéhyde à 10 % donnent également de bons résultats.

Préparation des solutions

1. Solution de nitrate d'argent à 10 %

- 10 g de nitrate d'argent (qualité ACS)
- 100 ml d'eau distillée

2. Solution d'argent de Fontana

- l0 ml de nitrate d'argent à 10 % (solution n° 1)
- hydroxyde d'ammonium concentré en quantité variable
- nitrate d'argent (solution n° 1) en quantité variable
- amener le volume de la solution à 100 ml avec de l'eau distillée

Dans un cylindre gradué de 100 ml, mettre 10 ml de nitrate d'argent à 10 % et ajouter de l'hydroxyde d'ammonium concentré au compte-gouttes en agitant constamment le cylindre. Un précipité noirâtre se formera; il faut alors continuer à ajouter de l'hydroxyde d'ammonium jusqu'à ce que le précipité noirâtre disparaisse. Travailler sous la hotte et procéder lentement afin que le mélange ait le temps de réagir à l'ajout de chaque goutte d'ammoniaque. Quand le précipité est complètement dissous, ajouter, toujours goutte à goutte, du nitrate d'argent à 10 % jusqu'à l'obtention d'une solution d'une opalescence persistante. Compléter à 100 ml avec de l'eau distillée. Ce réactif ne doit dégager aucune odeur d'ammoniaque. Il peut servir à plusieurs reprises, mais doit être conservé dans une bouteille brune à une température de 4 °C.

3. Solution de chlorure d'or à 0,2 %

- 10 ml de chlorure d'or à 1 % en solution aqueuse
- 40 ml d'eau distillée

4. Solution de thiosulfate de sodium à 5 %

- 5 g de thiosulfate de sodium
- 100 ml d'eau distillée

5. Solution de Kernechtrot à 0,1 %

Pour de l'information sur ce colorant et sa préparation, voir la section 12.10.3, ainsi que la figure 12.14 pour sa fiche descriptive.

Méthode de Fontana-Masson

MODE OPÉRATOIRE

1. Déparaffiner et hydrater les coupes jusqu'au rinçage à l'eau distillée;
2. procéder à l'imprégnation des coupes en les immergeant dans la solution de Fontana préchauffée à 56 °C pendant 30 minutes ou jusqu'à ce que les coupes prennent une teinte brun pâle; puis rincer à l'eau distillée;
3. placer les coupes dans la solution de virage de chlorure d'or à 0,2 % pendant environ 10 minutes; rincer dans trois bains d'eau distillée consécutifs;
4. provoquer la réduction des sels d'argent en immergeant les coupes pendant 5 minutes dans la solution de thiosulfate de sodium à 5 %; rincer à l'eau distillée;
5. contrecolorer dans le Kernechtrot à 0,1 % pendant 5 minutes et rincer dans deux bains d'eau distillée consécutifs;
6. déshydrater, éclaircir et monter avec une résine synthétique et permanente comme l'Eukitt.

RÉSULTATS

- La mélanine se colore en noir intense sous l'action de l'argent ammoniacal;
- les noyaux se colorent en rouge sous l'action de la laque aluminique de Kernechtrot;
- les structures tissulaires acidophiles se colorent en rose sous l'effet du Kernechtrot.

Remarques

- En présence d'une tumeur, les dépôts argentaffines (qui proviennent de la réduction de l'argent) sont généralement situés dans les glandes intestinales et pyloriques, ainsi que dans la muqueuse de l'appendice.
- Il est fortement conseillé de traiter en parallèle deux coupes voisines du même tissu, l'une au moyen de cette méthode, l'autre par blanchiment (voir le paragraphe A-1 de la présente section).
- Il est possible d'exécuter cette méthode à la température ambiante, mais la durée de la réaction s'en trouverait inutilement rallongée.
- Certains auteurs font débuter la coloration par une séquence d'iode-thiosulfate; l'iode serait

destiné à empêcher les réactions que provoquent les groupes sulfydryles.

- Dans certaines variantes de cette méthode, on emploie une solution d'hexaméthylènamine d'argent ou de méthénamine d'argent de Gomori; cette dernière est surtout utilisée pour la mise en évidence des champignons (voir la section 20.4).
- Le complexe formé par l'argent et l'ammoniaque dans la méthode type, est susceptible de produire plus de faux positifs que celui formé par la solution d'hexamine d'argent et l'ammoniaque.
- Les solutions ne doivent jamais être exposées à la lumière.
- Avant d'être jeté, l'argent ammoniacal doit absolument être inactivé en y ajoutant du chlorure de sodium aqueux à 0,85 %, c'est-à-dire une solution saline.

Méthode de Fontana-Masson au four à micro-ondes

Tous les mécanismes d'action des différents réactifs sont les mêmes que ceux de la méthode type.

Préparation des solutions

1. Solution de nitrate d'argent à 10 %

- Voir la solution n° 1 en page 422.

2. Solution mère de Fontana

- 95 ml de solution de nitrate d'argent à 10 % (solution n° 1)
- 9 à 10 ml d'hydroxyde d'ammonium concentré
- nitrate d'argent à 10 % (solution n° 1) en quantité variable

À 95 ml de la solution de nitrate d'argent à 10 %, ajouter au compte-goutte de l'hydroxyde d'ammonium concentré. La solution deviendra trouble et grisâtre au début; poursuivre jusqu'à l'obtention d'une solution claire et sans précipité, ce qui peut nécessiter entre 9 et 10 ml d'hydroxyde d'ammonium. Incorporer ensuite, goutte à goutte, du nitrate d'argent à 10 % jusqu'à l'obtention d'une solution légèrement trouble. Laisser reposer pendant une dizaine d'heures à une température de 4 °C.

3. Solution de travail de Fontana

Filtrer 12,5 ml de la solution mère de Fontana (solution n° 2).

Amener le volume de la solution à 50 ml avec de l'eau distillée.

4. Solution de thiosulfate de sodium à 5 %

Voir la préparation de cette solution à la page 423, solution n° 4.

5. Solution de chlorure d'or à 0,2 %

Voir la préparation de cette solution à la page 423, solution n° 3.

6. Solution de phloxine à 0,2 %

- 0,2 g de phloxine
- 100 ml d'eau distillée

Voir la fiche descriptive de ce colorant à la section 13.2.2, figure 13.4.

Méthode de Fontana-Masson au four à micro-ondes

MODE OPÉRATOIRE

1. Déparaffiner et hydrater les coupes jusqu'au rinçage à l'eau distillée;
2. immerger les coupes dans la solution de travail de Fontana et les mettre au four à micro-ondes pendant 2 minutes à la puissance 2 (20 % de la puissance maximale);
3. laisser reposer les coupes dans cette solution pendant 60 secondes; elles devraient alors être brunes. Si ce n'est pas le cas, les remettre au four à micro-ondes pour des périodes de 30 secondes à la fois jusqu'à ce qu'elles deviennent brunes; rincer à l'eau distillée;
4. plonger les coupes dans le chlorure d'or à 0,2 % à plusieurs reprises jusqu'à ce que les coupes prennent une teinte grise; rincer à l'eau distillée;
5. rincer dans le thiosulfate de sodium à 5 % et de nouveau à l'eau distillée;

6. contrecolorer dans la phloxine à 0,2 % pendant 2 minutes; rincer à l'eau distillée;
7. déshydrater, éclaircir et monter avec une résine synthétique et permanente comme l'Eukitt.

RÉSULTATS

- Les granulations argentaffines (qui résultent de la réduction de l'argent) se colorent en noir sous l'action de l'argent ammoniacal;
- les substances acidophiles tissulaires se colorent en rose rouge sous l'action de la phloxine.

Remarque

- Le Kernechtrot à 0,1 % peut être substitué à la solution de phloxine à 0,2 %.

Méthodes basées sur la réaction de fixation des ions ferreux

La plus connue de ces méthodes est la réaction de Schmorl. Elle est basée sur la capacité du pigment de mélanine à réduire un mélange de chlorure ferrique et de ferrocyanure de potassium avec production de ferrocyanure ferrique, le bleu de Prusse.

Réaction de Schmorl

La méthode appelée réaction de Schmorl est sensible à la mélanine, mais ne lui est pas spécifique puisqu'elle met aussi en évidence les lipofuchsines, les pigments biliaires, les cellules argentaffines et chromaffines, de même que les fonctions sulfhydryle. Il est également possible de tirer parti de la capacité de la mélanine à réduire le tétroxyde d'osmium et le chlorure d'or, mais ces procédés sont rarement utilisés.

Préparation des solutions

1. **Solution de ferrocyanure de potassium à 1 %**
   - 1 g de ferrocyanure de potassium
   - 100 ml d'eau distillée
2. **Solution de chlorure ferrique à 1 %**
   - 1 g de chlorure ferrique
   - 100 ml d'eau distillée
3. **Solution de sulfate ferrique à 1%**
   - 1 g de sulfate ferrique
   - 100 ml d'eau distillée
4. **Solution de travail de Schmorl**
   - 4 ml de la solution de ferrocyanure de potassium à 1 % préparée immédiatement avant usage
   - 30 ml de la solution de chlorure ferrique ou de sulfate ferrique à 1% préparée immédiatement avant usage
   - 6 ml d'eau distillée
5. **Solution de Kernechtrot à 0,1 %**

   Pour de l'information sur ce colorant et sa préparation, voir la section 12.10.3, ainsi que la figure 12.14 pour sa fiche descriptive.

Méthode de coloration de Schmorl

MODE OPÉRATOIRE

1. Déparaffiner et hydrater les coupes jusqu'au rinçage à l'eau distillée;
2. traiter les coupes dans la solution de Schmorl fraîchement préparée pendant 5 à 10 minutes; bien les laver à l'eau courante pour enlever le surplus de ferrocyanure;
3. contrecolorer légèrement avec le Kernechtrot à 0,1 %; laver à l'eau distillée;
4. déshydrater, éclaircir et monter avec une résine synthétique et permanente comme l'Eukitt.

RÉSULTATS

- La mélanine, les cellules argentaffines, la chromatine, quelques lipofuchsines, la colloïde de la thyroïde et les dépôts biliaires se colorent en bleu foncé sous l'action de la solution de Schmorl;
- les noyaux se colorent en rouge sous l'action de la laque aluminique de Kernechtrot;
- les structures tissulaires acidophiles se colorent en rose sous l'effet du Kernechtrot.

Remarques

- Il est important d'utiliser une coupe témoin à laquelle on fera subir le même procédé qu'aux coupes à étudier.
- Le temps de la réaction dépend de la substance mise en évidence; par exemple, la mélanine réduit le mélange de ferrocyanure de potassium et de chlorure ferrique plus rapidement que les lipofuchsines.

C) Réaction de fixation des ions ferreux

La mélanine est capable de fixer l'ion ferreux à l'aide d'une solution de sulfate ferreux. Le complexe probablement formé par chélation, est mis en évidence par la réaction au bleu de Turnbull. La spécificité de la réaction est son principal avantage.

D) Mise en évidence de la tyrosinase

Les cellules qui produisent la mélanine le font grâce à l'enzyme tyrosinase. Il est possible de mettre cette enzyme en évidence en provoquant une réaction avec la DOPA (dihydroxyphénylalanine), qui est alors transformée en mélanine brun-noir et insoluble. Pour la fixation des tissus, il est recommandé d'utiliser un mélange de formaldéhyde et de sucrose (voir la section 2.5.2.7). La réaction à la tyrosinase peut s'effectuer sur des coupes à la paraffine, mais donne de meilleurs résultats sur des coupes sous congélation. Cependant, cette réaction n'est pas spécifique à la tyrosinase, car elle peut révéler la présence d'autres enzymes.

Préparation des solutions

1. Solution tampon à *p*H 7,4

- 42,8 g de cacodylate de sodium
- 9,6 ml d'acide chlorhydrique 1 *M*
- amener le volume de la solution à 1 litre avec de l'eau distillée

2. Solution d'incubation de DOPA

Préparer une solution de DOPA à 0,1 % dans la solution tampon à *p*H 7,4.

3. Solution d'hématoxyline de Mayer

Pour la préparation de cette solution, voir la section 12.6.1. La fiche descriptive de ce colorant est présentée à la figure 10.20.

Méthode de mise en évidence de la tyrosinase

MODE OPÉRATOIRE

1. Déparaffiner et hydrater les coupes jusqu'au rinçage à l'eau distillée. S'il s'agit de coupes congelées, rincer à l'eau distillée pendant environ 1 minute;
2. placer les coupes à étudier pendant 30 minutes dans la solution d'incubation de DOPA à 37 °C. Placer la coupe témoin dans la solution tampon pendant 30 minutes;
3. observer au microscope les coupes à étudier. S'il y a formation d'un précipité noir, poursuivre à l'étape 4; si ce n'est pas le cas, mettre les coupes à étudier dans une nouvelle solution de DOPA à 37 °C pour une autre période de 30 minutes; répéter ce processus jusqu'à l'apparition du précipité brun-noir anticipé;
4. laver les coupes à l'eau distillée;
5. contrecolorer dans la solution d'hématoxyline de Mayer pendant 2 minutes; laver les coupes à l'eau courante dont le *p*H est légèrement alcalin, jusqu'à leur coloration bleue;
6. déshydrater, éclaircir et monter avec une résine synthétique et permanente comme l'Eukitt.

RÉSULTATS

- Les dépôts de DOPA oxydase prennent une teinte brun-noir sur les coupes à étudier;
- les noyaux se colorent en bleu sous l'action de l'hématoxyline aluminique de Mayer;
- il n'y a pas de dépôts brun-noir sur les coupes témoins.

E) Fluorescence

Certaines amines aromatiques comme la 5-hydroxytryptamine, la dopamine, l'adrénaline, la noradrénaline et l'histamine, entre autres, montrent une fluorescence primaire jaune lorsqu'elles sont exposées au formaldéhyde. Cette propriété est particulièrement utile pour déceler la présence de mélanomes amélanotiques, car il est difficile de diagnostiquer ces tumeurs à l'aide des méthodes conventionnelles en raison de leur pigmentation noire. Les meilleurs résultats sont obtenus sur des coupes congelées puis fixées aux vapeurs de formaldéhyde. Les tissus fixés dans le formaldéhyde à 10 %, s'ils sont bien lavés et coupés au cryotome, donnent aussi des résultats très satisfaisants. Cependant, les tissus qui ont subi une circulation et une imprégnation à la paraffine affichent une fluorescence très faible et difficile à percevoir.

Méthode à la fluorescence

MODE OPÉRATOIRE

1. Si nécessaire, déparaffiner les coupes dans le xylène; dans le cas des coupes fixées, mais non circulées, bien laver à l'eau courante, rincer à l'eau distillée, déshydrater et éclaircir dans le xylène;
2. rincer dans une solution de xylène propre;
3. monter avec une résine qui n'a pas de propriété fluorescente.

RÉSULTATS

- La mélanine et les précurseurs de la mélanine présentent une fluorescence jaune visible en microscopie par fluorescence à l'aide d'un filtre BG38.

Remarque

- Il est difficile de conserver ces coupes, car la fluorescence tend à diminuer avec le temps.

19.2.2.2 Lipopigments

Les lipopigments sont des substances pigmentées dérivées de précurseurs lipidiques. Les principaux éléments de ce groupe sont les lipofuchsines, les céroïdes et les lipochromes. Les pigments de lipofuchsine, ou chromolipoïdes, sont produits par l'autooxydation et la polymérisation de lipides ou de lipoprotéines. De nombreux sites sont propices à la présence de ces pigments; c'est le cas des cellules musculaires cardiaques, des hépatocytes, des cellules de la zone réticulée de la corticosurrénale et des cellules nerveuses ganglionnaires, entre autres. La quantité de ces pigments augmente proportionnellement avec l'âge du sujet; c'est pourquoi on les appelle « pigments d'usure ». Le foie et d'autres organes de sujets atteints d'hémochromatose contiennent une lipofuchsine associée à l'hémosidérine. Elle portait autrefois le nom d'« hémofuchsine », mais elle est aujourd'hui considérée comme une simple lipofuchsine. Les lipofuchsines sont de couleur jaune-brun; elles sont réfringentes, montrent une fluorescence brune à la lumière ultraviolette et semblent être apparentées aux lysosomes.

Les propriétés des lipofuchsines sont les suivantes : un pouvoir réducteur élevé qui se traduit par une réaction positive à la méthode de Schmorl; une basophilie forte; une positivité constante à l'APS; une acido-alcoolo-résistance faible ou nulle; une fluorescence brune.

Les céroïdes sont des pigments considérés comme les précurseurs des lipofuchsines. Aussi, on les trouve à peu près aux mêmes endroits que les lipofuchsines, dont elles se distinguent toutefois par deux propriétés particulières. Elles sont acido-résistantes et ne réagissent pas à la méthode de Schmorl.

Si l'on accepte la théorie selon laquelle les céroïdes sont les précurseurs des lipofuchsines, il est facile de comprendre l'ambiguïté que représente leur étude; de plus, comme ces substances se présentent souvent en mélanges, il n'est pas surprenant d'observer des contradictions chez les auteurs qui abordent le sujet. Ce sont les lysochromes qui colorent les céroïdes et les lipofuchsines et ce processus est possible autant sur coupes sous congélation que sur les coupes à la paraffine.

Les caractéristiques des pigments céroïdes sont les suivantes : un faible pouvoir réducteur qui se traduit par une réaction négative à la méthode de Schmorl; une basophilie faible; une positivité variable des réactions à l'APS; une forte acido-alcoolo-résistance; une fluorescence qui varie du vert au jaune sur les coupes en congélation et qui prend une teinte jaune-brun sur les coupes à la paraffine.

De leur côté, les lipochromes sont des complexes formés de caroténoïdes en solution dans des lipides. Les caroténoïdes sont responsables, entre autres, de la couleur du corps jaune.

Les caroténoïdes, qui donnent aux lipochromes leur couleur, sont des substances très solubles dans les solvants des graisses; ils se dissolvent au cours du procédé d'inclusion à la paraffine. Leur caractéristique principale est la couleur que leur fait prendre, sur les coupes sous congélation de tissus frais, un passage dans un acide fort, comme l'acide sulfurique, ou dans l'iode. Cette couleur varie du vert au violet.

Les méthodes de mise en évidence des lipofuchsines sont basées sur les propriétés spécifiques de celles-ci. Trois méthodes sont exposées dans les pages qui suivent.

19.2.2.2.1 *Méthode de coloration de Ziehl-Neelsen*

a) Préparation des solutions

1. Solution de fuchsine carbolique

Voir la section 20.2.1.2.1.

2.. Solution d'alcool-acide à 1 %

- 1 ml d'acide chlorhydrique concentré
- 99 ml d'éthanol à 95 %

3. Solution d'hématoxyline de Carazzi

La préparation de cette hématoxyline est présentée à la section 12.6.6. La figure 10.20 présente la fiche descriptive de l'hématoxyline.

OU

4. Solution aqueuse de bleu de méthylène à 0,5 %

- 0,5 g de bleu de méthylène
- 100 ml d'eau distillée

Pour un complément d'information sur ce colorant, voir la section 12.1.4 et la figure 12.4.

b) Méthode de Ziehl-Neelsen pour la mise en évidence des lipofuchsines

MODE OPÉRATOIRE

1. Si nécessaire, déparaffiner et hydrater les coupes jusqu'au rinçage à l'eau distillée;
2. colorer en immergeant pendant 3 heures dans la solution de fuchsine carbolique à 60 °C; bien laver à l'eau distillée;
3. différencier dans la solution d'alcool-acide à 1 % jusqu'à la disparition de la coloration de fond; rincer à l'eau courante, puis à l'eau distillée;
4. contrecolorer dans l'hématoxyline de Carazzi ou le bleu de méthylène pendant 1 minute; puis rincer à l'eau distillée;
5. déshydrater, éclaircir et monter avec une résine synthétique et permanente comme l'Eukitt.

RÉSULTATS

- Les pigments de lipofuchsine se colorent en magenta sous l'effet de la fuchsine carbolique;
- les noyaux et les structures tissulaires basophiles se colorent en bleu sous l'action de l'hématoxyline de Carazzi ou du bleu de méthylène.

c) Remarques

- Les résultats peuvent varier quelque peu si le bain de fuchsine carbolique n'est pas maintenu à une température constante à l'aide d'un thermostat.
- Certains spécialistes ont modifié la technique en remplaçant la fuchsine carbolique par le bleu de Victoria. Cependant, cette modification rend difficile l'observation des pigments de lipofuchsines. En effet, le bleu de Victoria les colore en brun-rouge et le contraste avec le colorant nucléaire n'est pas assez marqué pour bien les identifier.

19.2.2.2.2 *Méthode au noir Soudan B*

a) Préparation de la solution alcoolique saturée de noir Soudan B

- 2 g de noir Soudan B
- 50 ml d'éthanol absolu

Pour un complément d'information sur ce colorant, voir la section 16.3.5.

b) Méthode au noir Soudan B pour la mise en évidence des lipofuchsines

MODE OPÉRATOIRE

1. Déparaffiner les coupes et les hydrater partiellement jusqu'au bain d'éthanol à 70 %;
2. colorer en immergeant pendant 10 à 12 heures dans la solution alcoolique saturée de noir Soudan B à la température ambiante;
3. rincer dans l'éthanol à 70 % pour enlever la coloration de fond;
4. laver à l'eau distillée et monter avec un milieu de montage aqueux temporaire.

RÉSULTATS

- Les pigments de lipofuchsine et les globules rouges se colorent en noir sous l'action du noir Soudan B;
- le fond de la coupe prend une teinte gris pâle.

19.2.2.2.3 ***Méthode de coloration à la fuchsine aldéhyde***

Le contrecolorant employé dans cette méthode est la tartrazine, dont le mécanisme d'action est similaire à celui de l'éosine. En effet, ce colorant anionique forme des liens sels avec les structures tissulaires et cellulaires acidophiles et permet ainsi aux structures d'absorber la couleur. En ce qui concerne la fuchsine aldéhyde, il en a été question à la section 14.2.2.3.6.

a) Préparation des solutions

1. Solution aqueuse de permanganate de potassium à 0,25 %

- 0,25 g de permanganate de potassium
- 100 ml d'eau distillée

2. Solution d'acide sulfurique à 3 %

- 3 ml d'acide sulfurique concentré
- 97 ml d'eau distillée

Figure 19.7 : **FICHE DESCRIPTIVE DE LA TARTRAZINE**

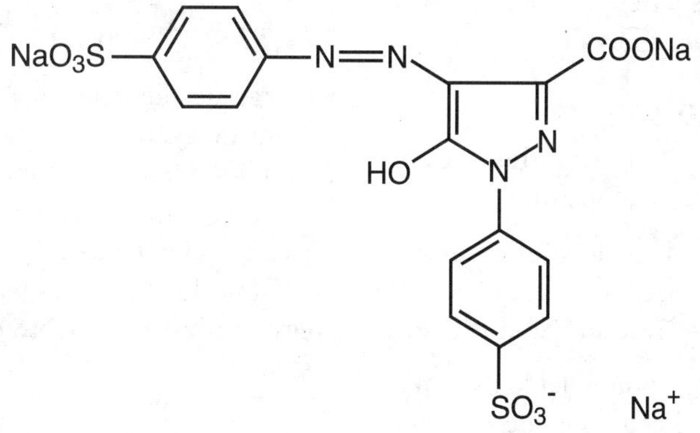

Structure chimique du tartrazine

Nom commun	Tartrazine	**Solubilité dans l'eau**	Soluble
Nom commercial	Tartrazine	**Solubilité dans l'éthanol**	Partiellement
Numéro de CI	19140	**Absorption maximale**	425 nm
Nom de CI	Jaune acide 23	**Couleur**	Jaune
Classe	Azoïque	**Formule chimique**	$C_{16}H_9N_4O_9S_2Na_3$
Type d'ionisation	Anionique	**Poids moléculaire**	534,4

3. **Solution de permanganate de potassium acidifié**
   - 47,5 ml de permanganate de potassium à 0,25 % en solution aqueuse (solution n° 1)
   - 2,5 ml d'acide sulfurique à 3 % en solution aqueuse (solution n° 2)
4. **Solution aqueuse d'acide oxalique à 5 %**
   - 5 g d'acide oxalique
   - 100 ml d'eau distillée
5. **Solution de fuchsine aldéhyde**

   Voir la préparation de cette solution à la section 14.2.2.3.6, partie D, solution n° 2, ainsi que la fiche descriptive de la fuchsine basique à la figure 14.8.
6. **Solution de tartrazine et de cellosolve**
   - 2,5 g de tartrazine
   - 100 ml d'éther monoéthylique d'éthylène-glycol (cellosolve)

   Ce produit sert également comme agent déshydratant (voir la section 4.2.1.1.6).

b) Méthode à la fuchsine aldéhyde pour la mise en évidence des lipofuchsines

MODE OPÉRATOIRE

1. Déparaffiner et hydrater les coupes jusqu'au rinçage à l'eau distillée;
2. traiter les coupes dans la solution de permanganate de potassium acidifié pendant 1 minute; bien les laver à l'eau distillée;
3. blanchir dans la solution d'acide oxalique à 5 %; bien laver à l'eau courante et ensuite à l'eau distillée;
4. rincer dans l'éthanol à 70 %;
5. colorer les coupes dans la solution de fuchsine aldéhyde pendant 4 minutes;
6. différencier à l'éthanol à 70 % et rincer à l'eau distillée;
7. contrecolorer dans la solution de tartrazine et de cellosolve pendant 1 minute; rincer dans le cellosolve anhydre;
8. déshydrater, éclaircir et monter avec une résine synthétique et permanente comme l'Eukitt.

RÉSULTATS

- Les pigments de lipofuchsine se colorent en pourpre sous l'action de la fuchsine aldéhyde;
- les structures tissulaires et cellulaires acidophiles se colorent en jaune sous l'action de la tartrazine.

c) Remarques

- En raison de sa fine texture, la fuchsine basique est parfaite pour ce type de coloration, ainsi que pour la méthode à l'acide périodique de Schiff (APS).
- Le contenant de paraldéhyde ne doit être ouvert qu'immédiatement avant d'être utilisé pour la préparation de la solution de fuchsine paraldéhyde.
- L'emploi de cette méthode entraîne la coloration de certains autres constituants tissulaires, comme les cellules bêta du pancréas et de la pituitaire, l'élastine, les mucines sulfatées et les granulations de cellules neurosécrétrices.

19.2.2.3 Pigments de Dubin-Johnson

Ce type de pigment apparaît dans le foie de sujets atteints du syndrome de Dubin-Johnson, une maladie caractérisée par une déficience dans le transport de la bilirubine. On le retrouve précisément dans le cytoplasme des hépatocytes sous la forme de granulations brun-noir. La véritable nature du pigment de Dubin-Johnson n'est pas encore connue; d'un point de vue histochimique, il est similaire aux lipofuchsines.

19.2.2.4 Corps de Hamazaki-Weisenberg

Les corps de Hamazaki-Weisenberg sont de minuscules granulations en forme de fuseau qui peuvent être observées dans plusieurs tissus tels les sinus des nodules lymphoïdes. Ils sont parfois libres et se retrouvent alors dans les tissus extracellulaires et, occasionnellement, dans les inclusions cytoplasmiques. Leur présence est habituellement liée à la sarcoïdose ou maladie de Besnier-Boeck-Schaumann, qui se caractérise par des lésions cutanées, ganglionnaires ou pulmonaires. Chez les sujets atteints de cette affection, la présence des corps de Hamazaki s'étend jusqu'aux os, à la rate, au foie et à d'autres viscères. Leur présence est associée aux mélanomes *coli*. Ces corps possèdent des propriétés similaires à celles des pigments de lipofuchsines et, au microscope électronique, ils ressemblent à des lysosomes géants.

19.3 DÉPÔTS ET MINÉRAUX ENDOGÈNES

Les dépôts et les minéraux endogènes sont des substances organiques ou minérales qui servent aux voies métaboliques normales et qui peuvent contribuer à la formation de pigments endogènes ou de dépôts pathologiques; les principaux éléments de ce groupe sont le fer, le calcium et le cuivre ainsi que l'acide urique et les urates.

19.3.1 FER

Cet élément a déjà fait l'objet d'une description et d'une analyse à la section 19.2.1.3.

19.3.2 CALCIUM

Le calcium est l'élément minéral le plus répandu dans l'organisme. Il y prend la forme de dépôts de sels, surtout dans les dents et les os, mais également la forme ionique dans le plasma et le liquide interstitiel.

En histochimie, seuls les dépôts de calcium peuvent être mis en évidence.

Des accumulations anormales de calcium se forment dans les fibres élastiques en dégénérescence de même que dans certaines lésions spécifiques, comme les lésions caséeuses de la tuberculose.

Il est possible de classer les méthodes de mise en évidence du calcium en deux groupes : les méthodes de substitution, qui consistent à remplacer le calcium des sels tissulaires par un autre métal plus facile à détecter, et les méthodes dans lesquelles le calcium est impliqué dans la formation d'une laque.

19.3.2.1 Méthodes de substitution

Lorsqu'une coupe contenant des sels de calcium est traitée avec une solution qui renferme certains cations comme l'argent, le cobalt ou le plomb, entre autres, ceux-ci se substituent au calcium en se liant à l'anion phosphate ou carbonate auquel il était lié.

La plus répandue de ces méthodes est celle de von Kossa, dans laquelle ce phénomène est mis à profit par une transformation des sels de calcium en sels d'argent. Il y a ensuite réduction de l'argent à sa forme métallique, ce qui révèle les sites où il y a calcification.

19.3.2.1.1 *Méthode de von Kossa*

La méthode de von Kossa n'est pas spécifique au calcium lui-même, mais plutôt aux phosphate et carbonates tissulaires. Cependant, comme la proportion de ces deux anions liés à des métaux autres que le calcium est négligeable, on peut considérer que cette méthode est spécifique aux phosphates et carbonates de calcium. Il s'agit d'une méthode qui fait appel à une réaction argyrophile, puisqu'il y a imprégnation métallique par l'argent ainsi qu'un agent réducteur externe, la lumière (voir la section 10.13.1.2).

Pour la fixation préalable des tissus, il est recommandé d'utiliser l'éthanol absolu ou le formaldéhyde à 10 % tamponné. Il faut surtout éviter d'utiliser un mélange comme le formaldéhyde-calcium, car il pourrait entraîner des résultats faussement positifs.

19.3.2.1.2 *Préparation des solutions*

1. **Solution de nitrate d'argent à 5 %**
   - 5 g de nitrate d'argent
   - 100 ml d'eau distillée
2. **Solution de thiosulfate de sodium à 5 %**
   - 5 g de thiosulfate de sodium
   - 100 ml d'eau distillée
3. **Solution de Kernechtrot à 0,1 %**

   Pour de l'information sur ce colorant et sa préparation, voir la section 12.10.3, ainsi que la figure 12.14 pour sa fiche descriptive.

19.3.2.1.3 *Méthode de von Kossa pour la mise en évidence du calcium*

MODE OPÉRATOIRE

1. Déparaffiner et hydrater les coupes jusqu'au rinçage à l'eau distillée;
2. immerger dans la solution de nitrate d'argent à 5 % pendant 30 minutes : dans la solution, les coupes doivent être exposées à la lumière et il faut placer la source d'éclairage, une lampe de 100 watts ou de la lumière ultraviolette, aussi près que possible des coupes;
3. rincer à l'eau distillée;
4. fixer dans la solution de thiosulfate de sodium à 5 % pendant 3 minutes; rincer à l'eau distillée;
5. contrecolorer dans la solution de Kernechtrot à 0,1 % pendant 10 minutes; rincer à l'eau distillée;
6. déshydrater, éclaircir et monter avec une résine synthétique et permanente comme l'Eukitt.

RÉSULTATS

- Les dépôts de sels de calcium prennent une teinte noire sous l'effet du nitrate d'argent;
- les noyaux se colorent en rouge sous l'action de la laque aluminique de Kernechtrot;
- les structures tissulaires acidophiles se colorent en rose sous l'action du Kernechtrot.

19.3.2.1.4 *Remarques*

- Il faut éviter de mettre le tissu en contact avec des contaminants métalliques au cours du processus de mise en évidence.
- Si le nitrate d'argent est appliqué directement sur les coupes, il faut régulièrement en vérifier la quantité. Puisque la chaleur que dégage la lumière augmente le taux d'évaporation de la solution, il est nécessaire d'en rajouter à plusieurs reprises.

19.3.2.2 Méthodes impliquant le calcium dans la transformation d'une laque

Le calcium est un métal que peuvent chélater les molécules colorantes qui possèdent les propriétés

Figure 19.8 : **FICHE DESCRIPTIVE DU ROUGE D'ALIZARINE S**

O OH OH SO_3^- Na^+ O

Structure chimique du rouge d'alizarine S

Nom commun	Rouge d'alizarine S	**Solubilité dans l'eau**	Jusqu'à 7,7 %
Nom commercial	Rouge d'alizarine S	**Solubilité dans l'éthanol**	Jusqu'à 0,15 %
Numéro de CI	58005	**Absorption maximale**	557 nm
Nom de CI	Rouge mordant 3	**Formule chimique**	$C_{14}H_7O_7SNa$
Classe	Anthraquinone	**Poids moléculaire**	342,3
Type d'ionisation	Anionique		

nécessaires pour constituer des laques. L'hématéine, par exemple, provoque la formation d'une laque bleue qui, d'ailleurs, peut faire croire que le calcium est basophile, ce qui n'est pas le cas. Le Kernechtrot, quant à lui, est surnommé le « rouge au calcium », parce qu'il est capable de se lier à ce métal.

19.3.2.2.1 *Méthode au rouge d'alizarine S pour la mise en évidence du calcium*

Le rouge d'alizarine S est probablement le colorant le plus utilisé dans le but précis de mettre en évidence le calcium tissulaire. Ce colorant réagit avec le calcium à des *p*H qui se situent entre 4,0 et 8,0. D'autres métaux peuvent également constituer des laques avec le rouge d'alizarine S (voir la figure 19.9), mais la couleur de celles-ci diffère de la laque calcique. De plus, seul le calcium réagit à un *p*H de 4,2. Il est recommandé d'employer au préalable le formaldéhyde à 10 % tamponné ou l'éthanol absolu comme liquides fixateurs. Il est cependant déconseillé, pour des raisons évidentes, d'utiliser un mélange comme le formaldéhyde-calcium.

19.3.2.2.2 *Préparation des solutions*

1. **Solution d'hydroxyde d'ammonium à 10 %**
   - 10 ml d'hydroxyde d'ammonium
   - 90 ml d'eau distillée
2. **Solution de rouge d'alizarine S à 2 %**
   - 2 g de rouge d'alizarine S
   - 100 ml d'eau distillée

   Ajuster le *p*H à 4,2 avec la solution d'hydroxyde d'ammonium à 10 %.
3. **Solution de transfert**
   - 1 volume d'acétone
   - 1 volume de xylène

19.3.2.2.3 *Méthode de mise en évidence du calcium avec le rouge d'alizarine S*

MODE OPÉRATOIRE

1. Déparaffiner et hydrater les coupes jusqu'au rinçage à l'eau distillée;
2. colorer les coupes en les immergeant pendant 1 à 5 minutes dans la solution de rouge d'alizarine S à 2 % à *p*H 4,2; vérifier régulièrement la coloration au microscope (voir la remarque ci-dessous);
3. essuyer le surplus de colorant avec un papier absorbant; rincer ensuite les coupes dans une solution d'acétone pendant 30 secondes;
4. passer les coupes dans un bain de transfert d'acétone-xylène pendant 15 secondes;
5. éclaircir dans le xylène et monter avec une résine synthétique et permanente comme l'Eukitt.

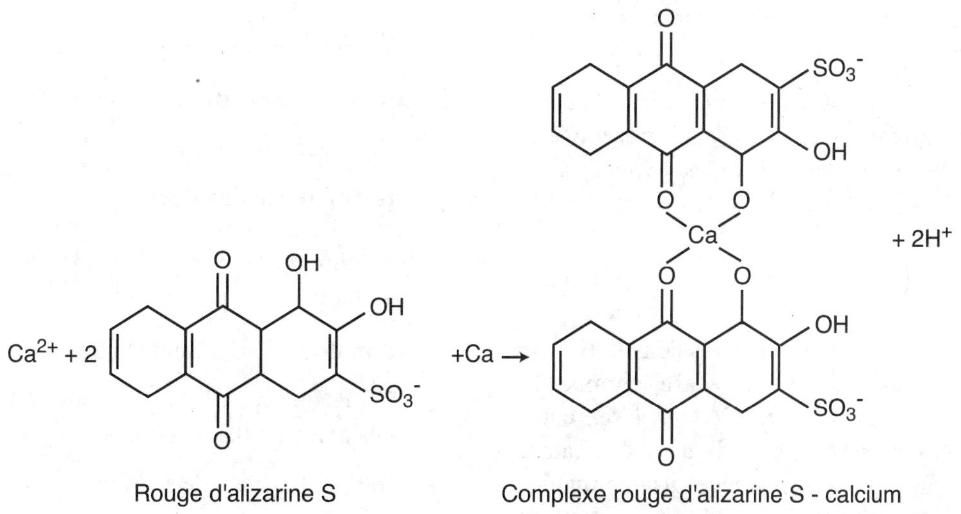

Figure 19.9 : *Représentation schématique de la réaction de chélation entre le rouge d'alizarine S et le calcium.*

RÉSULTAT

- Les dépôts de calcium se colorent en rouge orangé sous l'action du rouge d'alizarine S qui forme un complexe avec le calcium.

19.3.2.2.4 *Remarques*

- Le temps de coloration dans la solution de rouge d'alizarine S dépend de la quantité de calcium présent.
- Le dépôt de calcium est biréfringent en lumière polarisée après sa coloration dans le rouge d'alizarine S.
- Il est essentiel d'arrêter la coloration lorsque le calcium est de couleur rouge orangé. Si cette consigne n'est pas respectée, le fond de la coupe prend alors une teinte rose orangé qui peut nuire à l'interprétation des résultats, d'où l'importance de vérifier régulièrement au microscope l'évolution de la coloration.
- Cette méthode est particulièrement utile pour détecter de petites calcifications, surtout dans le foie, où une augmentation anormale de la quantité de calcium dans ce tissu est nommé « hypercalcie ». Au niveau du sein, la méthode au rouge d'alizarine S permet de déceler les microcalcifications présentes à l'état pré-cancréreux.
- Le foie constitue un excellent tissu témoin pour cette méthode de mise en évidence.
- Il faut éviter la contamination métallique par le biais de solutions ou d'instruments en contact avec le tissu.
- Si la solution colorante est préparée adéquatement, elle prend une couleur qui ressemble à celle de l'iode et elle demeure stable pendant au moins un an.

19.3.3 CUIVRE

Normalement, le cuivre contribue à la constitution de certaines enzymes du type oxydase comme le cytochrome oxydase et la DOPA oxydase, entre autres, mais il est présent dans les tissus en trop faible quantité pour être mis en évidence histochimiquement. Il devient cependant possible de le détecter lorsqu'il s'accumule de façon excédentaire dans les tissus, en particulier dans le cas de maladies telles que l'hématocupréine, l'hépatocupréine et la maladie de Wilson, celle-ci se caractérisant par une augmentation de cuivre dans les tissus du système nerveux.

Selon la majorité des auteurs, la meilleure méthode de mise en évidence des dépôts pathologiques de cuivre est basée sur la chélation de l'ion cuivrique (Cu^{+2}) par le dithiooxamide, ou acide rubéanique. Cette réaction produit alors du rubéanate de cuivre (voir la figure 19.10), insoluble et de couleur vert foncé tendant vers le noir.

19.3.3.1 Méthode à l'acide rubéanique pour la mise en évidence du cuivre

Pour la fixation des tissus sur lesquels il peut être utile de procéder à la mise en évidence du cuivre, il est fortement recommandé d'employer le formaldéhyde à 10 % neutre tamponné. Il est déconseillé d'utiliser des liquides fixateurs contenant des sels de mercure ou de chrome, car ils peuvent mener à des résultats faussement positifs. Le mécanisme d'action est présenté dans la figure 19.10 et le rubéanate de cuivre produit est de couleur vert foncé.

a) Préparation des solutions

1. Solution alcoolique d'acide rubéanique à 0,1 %

- 0,1 g d'acide rubéanique
- 100 ml d'éthanol absolu

2. Solution d'acétate de sodium à 10 %

- 10 g d'acétate de sodium
- 100 ml d'eau distillée

Cette solution doit être préparée immédiatement avant usage.

3. Solution de travail d'acide rubénaique-acétate

- 5 ml de la solution alcoolique d'acide rubéanique à 0,1 % (solution n° 1)
- 100 ml d'acétate de sodium à 10 % (solution n° 2)

4. Solution de Kernechtrot à 0,1 %

Pour de l'information sur ce colorant et sa préparation, voir la section 12.10.3, ainsi que la figure 12.14 pour sa fiche descriptive.

b) Méthode à l'acide rubéanique pour la mise en évidence du cuivre

MODE OPÉRATOIRE

1. Déparaffiner et hydrater les coupes jusqu'au rinçage à l'eau distillée;
2. mettre les coupes dans la solution de travail d'acide rubéanique-acétate pendant au moins 16 heures à une température de 37 °C;
3. laver les coupes à l'éthanol à 70 %; bien rincer, mais brièvement, à l'eau distillée;
4. essuyer le surplus d'alcool si nécessaire; laisser sécher;
5. contrecolorer légèrement dans la solution de Kernechtrot pendant 1 minute; rincer à l'eau distillée;
6. déshydrater, éclaircir et monter avec une résine synthétique et permanente comme l'Eukitt.

RÉSULTATS

- Les dépôts de cuivre prennent une teinte qui varie du vert foncé au noir grâce à la formation de rubéanate de cuivre;
- les noyaux se colorent en rouge sous l'action de la laque aluminique de Kernechtrot;
- les substances acidophiles tissulaires se colorent en rose-rouge sous l'action du Kernechtrot;
- les substances basophiles et amphotères se colorent également en rose-rouge sous l'effet de la laque aluminique de Kernechtrot.

c) Remarques

- Il faut éviter de mettre les tissus en contact avec des contaminants métalliques au cours de leur manipulation, puisque la méthode est sensible à tous les cations métalliques.
- À l'instar des autres méthodes de mise en évidence, il est conseillé d'utiliser une coupe témoin à laquelle on fera subir le même procédé que la coupe étudiée.
- La méthode donne de meilleurs résultats si la température du bain est réglée au thermostat.

19.3.3.2 Méthode de mise en évidence du cuivre par la rhodamine modifiée

La méthode à la rhodamine modifiée est la plus répandue des méthodes employées pour mettre en évidence le cuivre libre et le cuivre associé à des protéines. Le succès de cette méthode repose sur la qualité des produits utilisés.

Pour la fixation préalable des tissus, il est recommandé d'utiliser du formaldéhyde à 10 % neutre tamponné. L'épaisseur des coupes paraffinées devrait se situer entre 6 et 10 microns.

a) Préparation des solutions

1. Solution mère de rhodamine saturée

- 0,2 g de *p*-diméthylaminobenzalrhodamine
- 100 ml d'éthanol absolu

Garder la solution dans un récipient de verre fermé avec un bouchon en verre.

2. Solution de travail de rhodamine

- 6 ml de solution mère de rhodamine bien mélangée (solution n° 1)

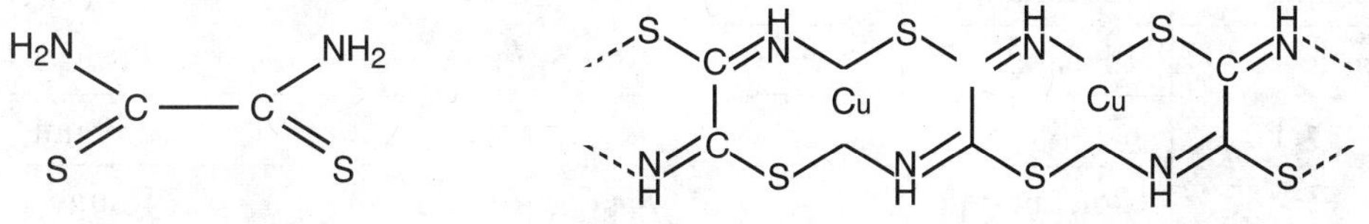

Acide rubéanique

Produit de chélation : le rubéanate de cuivre

Figure 19.10 : *Représentation schématique de la réaction de chélation qui se produit entre l'acide rubéanique et le cuivre.*

- 94 ml d'eau distillée ou, si possible, bidistillée

3. Solution d'hématoxyline de Mayer

La préparation de cette solution est présentée à la section 12.6.1 et la fiche descriptive de ce colorant est présentée à la figure 10.20.

4. Solution d'hématoxyline de Mayer diluée

- 50 ml de la solution mère d'hématoxyline de Mayer (solution n° 3)
- 50 ml d'eau distillée

5. Solution de borate de sodium (borax) à 0,5 %

- 0,5 g de borate de sodium
- 100 ml d'eau distillée

b) Méthode de mise en évidence du cuivre par la rhodamine

MODE OPÉRATOIRE

1. Déparaffiner et hydrater les coupes jusqu'au rinçage à l'eau distillée;
2. incuber les coupes dans la solution de travail de rhodamine pendant 18 heures à une température de 37 °C; bien les laver avec de l'eau distillée;
3. contrecolorer dans la solution d'hématoxyline de Mayer diluée pendant 10 minutes; rincer à l'eau distillée;
4. rincer rapidement dans la solution de borate de sodium à 0,5 % pendant 10 secondes; rincer ensuite à l'eau distillée;
5. déshydrater les coupes à l'éthanol à 95 % puis à l'éthanol à 100 % et éclaircir dans deux bains de xylène; monter à l'aide d'une résine synthétique et permanente comme le DPX.

RÉSULTATS

- Le cuivre se colore en rouge brillant ou en rouge orangé sous l'effet de la rhodamine;
- les noyaux se colorent en bleu sous l'action de l'hématoxyline de Mayer;
- les pigments biliaires prennent une teinte verte sous l'effet de la rhodamine.

c) Remarques

- Certains milieux de montage permanent peuvent pâlir la coloration du cuivre; il semble que le

Figure 19.11 : **FICHE DESCRIPTIVE DE LA RHODAMINE B**

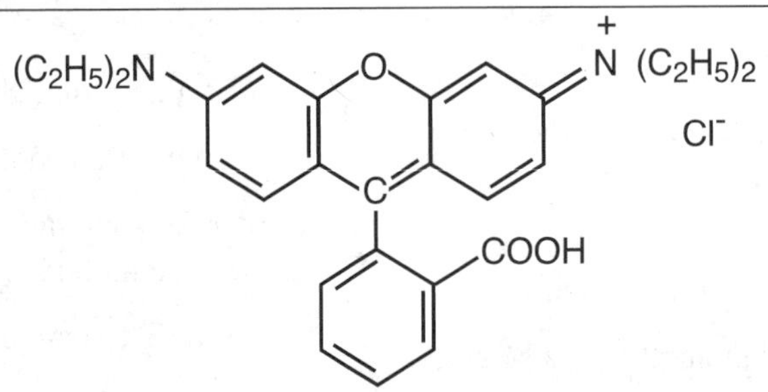

Structure chimique de la rhodamine B

Nom commun	Rhodamine B	**Solubilité dans l'eau**	Jusqu'à 0,78 %
Nom commercial	Rhodamine B	**Solubilité dans l'éthanol**	Jusqu'à 1,47 %
Numéro de CI	45170	**Absorption maximale**	556 nm
Nom de CI	Violet basique 10	**Couleur**	Rouge
Classe	Xanthène	**Formule chimique**	$C_{28}H_{31}N_2O_3Cl$
Type d'ionisation	Cationique	**Poids moléculaire**	479,0

DPX soit le meilleur choix pour éviter ce problème (voir la section 9.2.1.2.4).

- Cette méthode donne généralement des résultats constants si le procédé est rigoureusement suivi.
- Cette méthode permet de faire la distinction entre les pigments de la bile et ceux du fer que renferme l'organisme.
- L'utilisation d'eau bidistillée ou tridistillée permet d'obtenir de meilleurs résultats.
- Les meilleurs tissus témoins proviennent du foie de sujets atteints de la maladie de Wilson ou d'une cirrhose primaire;
- L'utilisation d'un thermostat pour régler la température de l'eau du bain permet d'accroître les chances d'obtenir de bons résultats.

19.3.3.3 Méthode de Mallory pour la mise en évidence du cuivre

Cette méthode utilise une hématoxyline fraîchement diluée mais non oxydée et sans mordant, et consiste à provoquer une chélation entre l'hématoxyline et l'ion cuivrique; le complexe qui en résulte prend alors une coloration bleue (hématoxyline cuivrique). S'il y a chélation entre l'hématoxyline et le fer, le complexe ainsi formé sera noir (hématoxyline ferrique). Pour la fixation préalable des tissus, il est recommandé d'utiliser de l'éthanol; le formaldéhyde donnerait une coloration jaune-brun aux pigments de fer. Les coupes paraffinées ne doivent pas excéder 5 µm.

a) Préparation de la solution d'hématoxyline

- 50 mg d'hématoxyline
- 10 ml d'éthanol absolu
- 100 ml de dioxyde de carbone anhydre

Porter à ébullition pendant 5 minutes pour faire disparaître le CO_2. Laisser refroidir à la température ambiante.

b) Méthode de Mallory pour la mise en évidence du cuivre

MODE OPÉRATOIRE

1. Déparaffiner et hydrater les coupes jusqu'au rinçage à l'eau distillée;
2. colorer les coupes dans la solution d'hématoxyline pendant 1 heure; bien les laver à l'eau courante puis rincer à l'eau distillée;
3. déshydrater, éclaircir et monter avec un milieu de montage synthétique et permanent comme l'Eukitt.

RÉSULTATS

- Les noyaux prennent une teinte gris-bleu sous l'effet de l'hématoxyline;
- les pigments de fer se colorent en noir grâce à la formation du complexe hématoxyline-fer;
- le cuivre se colore en bleu grâce à la formation du complexe hématoxyline-cuivre.

19.3.4 ACIDE URIQUE ET URATES

L'acide urique et les urates constituent des déchets du métabolisme des purines et sont normalement éliminés par les reins. Les sujets atteints de goutte sont incapables de métaboliser ces substances normalement : elles s'accumulent donc dans les articulations, ce qui est très douloureux. Une destruction cellulaire anormalement élevée peut entraîner la production d'une quantité d'urates supérieure à la capacité d'élimination des reins, ce qui provoque parfois l'apparition de dépôts d'urates dans les tubules rénaux.

Ces substances sont présentes dans les tissus ou le liquide synovial sous forme de cristaux d'urate de sodium. La principale caractéristique qui permet de les mettre en évidence est l'argentaffinité, d'où l'emploi de méthodes comme celles de Fontana-Masson (voir la section 19.2.2.1.1) ou de Grocott (voir la section 20.4.1) pour en révéler la présence.

La biréfringence de l'acide urique et des urates permet leur mise en évidence au microscope polarisant. Leur solubilité dans l'eau revêt une importance particulière au cours des étapes de préparation du tissu à l'imprégnation et à la coloration. En effet, ces substances risquent de se dissoudre durant le passage des tissus dans les liquides aqueux, tels ceux de la fixation. Il est donc essentiel de fixer ces tissus à l'éthanol absolu.

19.3.4.1 Méthode de coloration au méthénamine d'argent de Gomori

Tel que mentionné ci-dessus, les cristaux d'acide urique sont solubles dans l'eau. Il est possible de procéder à la fixation et à la circulation des tissus de la façon suivante :

- placer immédiatement les spécimens tissulaires dans l'éthanol absolu pendant 24 heures et renouveler régulièrement le liquide;
- ensuite mettre les tissus dans trois bains d'acétone consécutifs et les laisser reposer 90 minutes par bain;
- transférer les tissus dans trois bains consécutifs contenant un volume égal d'acétone et de xylène et les laisser reposer une heure par bain;
- placer ensuite les tissus dans deux bains de xylène consécutifs et les laisser reposer 30 minutes par bain;
- imprégner les tissus en les immergeant dans deux bains de paraffine consécutifs et les laisser reposer une heure par bain; procéder à l'enrobage.

19.3.4.2 Préparation des solutions

1. Solution de méthénamine à 3 %

- 3 g de méthénamine
- 100 ml d'eau distillée

2. Solution de borax à 5 %

- 5 g de borate de sodium
- 100 ml d'eau distillée

3. Solution de nitrate d'argent à 5 %

- 5 g de nitrate d'argent
- 100 ml d'eau distillée

4. Solution de méthénamine d'argent de Gomori

- 25 ml de méthénamine à 3 %
- 25 ml d'eau distillée
- 2 ml de borax à 5 %
- 1,2 ml de nitrate d'argent à 5 %

Un précipité se forme au moment où ces produits entrent en contact, mais il disparaît rapidement lorsque le contenant est agité.

5. Solution de chlorure d'or à 0,1 %

- 0,1 g de chlorure d'or
- 100 ml d'eau distillée

6. Solution de thiosulfate de sodium à 3 %

- 3 g de thiosulfate de sodium
- 100 ml d'eau distillée

7. Solution mère de vert lumière à 0,2 %

- 1 g de vert lumière SF
- 499 ml d'eau distillée
- 1 ml d'acide acétique glacial

Bien mélanger et filtrer. La solution demeure stable pendant 2 à 3 mois. La fiche descriptive de ce colorant est présentée à la figure 14.11.

8. Solution de travail de vert lumière

- 10 ml de solution mère de vert lumière à 0,2 % (solution n° 7)
- 50 ml d'eau distillée

19.3.4.3 Méthode au méthénamine d'argent de Gomori pour la mise en évidence des cristaux d'urates

MODE OPÉRATOIRE

1. Déparaffiner les coupes dans trois bains de xylène consécutifs et les placer dans l'éthanol absolu;
2. transférer les coupes dans la solution de travail de méthénamine d'argent préchauffée à 60 °C pendant 30 minutes. Les cristaux d'urates prennent une teinte noire; rincer les coupes à l'eau distillée;
3. procéder au virage avec la solution de chlorure d'or à 0,1 % pendant 5 minutes;
4. rincer les coupes dans quatre ou cinq bains d'eau distillée;

5. procéder au fixage de la coloration en passant les coupes dans le thiosulfate de sodium à 3 % pendant 5 minutes; rincer à l'eau distillée;
6. contrecolorer dans la solution de travail de vert lumière pendant 2 minutes;
7. déshydrater, éclaircir et monter avec une résine synthétique et permanente comme l'Eukitt.

RÉSULTATS

- Les cristaux d'acide urique se colorent en noir sous l'effet du méthénamine d'argent;
- les structures acidophiles se colorent en vert sous l'effet du vert lumière.

19.3.4.4 Remarques

- Pour un complément d'information sur les réactions argentiques, voir la section 10.13.1.
- Pour un complément d'information sur le colorant vert lumière, voir la section 14.1.2.2.1, d.

19.4 PIGMENTS EXOGÈNES

Les pigments exogènes sont des pigments dont l'origine est extérieure à l'organisme et qui y pénètrent le plus souvent par inhalation ou implantation sous la peau. On distingue quatre types de pigments exogènes : le carbone, la silice, l'amiante et l'encre de tatouage.

19.4.1 CARBONE

En règle générale, le carbone présent dans l'organisme provient de particules en suspension dans l'air, comme la poussière industrielle et la fumée de cigarette. On le trouve habituellement dans les organes de l'appareil respiratoire et dans certains organes voisins tels que les ganglions lymphatiques et les glandes. Il arrive, rarement, qu'il soit présent sous la peau à la suite de blessures. Les sujets victimes d'un envahissement particulièrement important souffrent alors d'anthracose; à ce stade, le foie et la rate peuvent être atteints.

Sur coupes, les précipités de carbone ont une couleur noire et une forme irrégulière bien caractéristique. L'inertie chimique du carbone et les sites où se manifestent les précipités sont des indices supplémentaires qui facilitent son identification. En fait, on ne risque de le confondre qu'avec le pigment de la mélanine, dont la distinction est aisément accomplie grâce aux méthodes de blanchiment de la mélanine (voir la solution à la page 421).

19.4.2 SILICE

En plus de la poussière du minerai qu'ils extraient, les mineurs absorbent souvent des particules de silice ou sable qui entraînent l'apparition d'une silicose. Par exemple, les ouvriers qui travaillent dans les mines de charbon développent une anthracose, que cause l'absorption de carbone, laquelle, en soi, ne semble pas être particulièrement dommageable pour leur santé. En revanche, la silicose, qui accompagne souvent l'anthracose, entraîne des affections qui peuvent devenir très graves. En effet, la silicose provoque une diminution de la résistance au bacille de la tuberculose; les sujets atteints de silicose sont donc susceptibles de contracter la tuberculose. De plus, la présence de silice dans les poumons provoque une réaction fibreuse qui risque de se traduire, avec le temps, par une sclérose pulmonaire, laquelle peut dégénérer en emphysème et causer des insuffisances cardiaques comme effets secondaires.

Dans les tissus, les précipités de silice sont chimiquement amorphes et de couleur grise. La silice a une grande résistance à la chaleur qui lui permet de subsister sur des coupes soumises à la micro-incinération. Ce procédé consiste à utiliser deux coupes voisines provenant d'un même bloc : l'une subit une coloration de routine alors que l'autre est exposée à une chaleur variant de 650 °C à 700 °C, ce qui entraîne la destruction de tous les constituants organiques du tissu. Il est possible de repérer les dépôts métalliques qui ont résisté à la chaleur et, en comparant la coupe chauffée avec l'autre, d'en arriver à localiser les dépôts minéraux dans le tissu. La silice a la particularité d'être biréfringente et elle conserve cette propriété après micro-incinération.

19.4.3 AMIANTE

L'amiante est une variété de silice dont les particules prennent la forme de fibres fines et allongées, lorsque l'organisme subit une exposition plus ou moins longue à ces fibres, celles-ci provoquent l'apparition d'une maladie qui porte le nom d'amiantose. Il existe deux formes d'amiantose : cutanée, lorsque l'implantation de fibres sous la peau entraîne l'apparition de verrues, et pulmonaire, lorsqu'une exposition prolongée aux fibres provoque des symptômes semblables à ceux de la silicose. L'exposition aux fibres d'amiante peut également donner lieu à la formation d'un mésothéliome de la plèvre.

Les fibres d'amiante fraîchement ingérées ont un comportement similaire à celui de la silice. Cependant, elles sont rapidement recouvertes d'une gaine protéique qui contient de l'hémosidérine : on leur donne alors le nom de « corps asbestosiques » (*Asbestos bodies*). La couleur des corps asbestosiques est brune; ils ne sont plus biréfringents et réagissent positivement à la méthode au bleu de Prusse (voir la section 19.2.1.3.1).

19.4.4 AUTRES PIGMENTS EXOGÈNES

Il existe plusieurs autres minéraux et pigments exogènes, tels que l'argent, le plomb, l'aluminium, les pigments de tatouage, etc.

MISE EN ÉVIDENCE DES MICROORGANISMES

INTRODUCTION

L'avènement de nouveaux et puissants antibiotiques, jumelé à une meilleure hygiène et aux progrès remarquables en techniques microbiologiques, a permis d'entrevoir une diminution importante des recherches d'agents infectieux dans les tissus. C'était sous-estimer la très grande capacité de mutation et d'adaptation des bactéries; ainsi, il y a présentement une recrudescence des infections contre lesquelles les défenses immunitaires naturelles sont inadéquates et dont les agents responsables sont résistants aux antibiotiques traditionnels. Les principaux facteurs qui contribuent à l'augmentation des désordres infectieux sont d'abord reliés à l'extrême mobilité de la population en général, qui voyage de plus en plus, à l'immigration, au commerce international, à l'apparition de nouvelles maladies comme le sida et, enfin, aux mutations des microorganismes, lesquelles leur permettent de résister aux antibiotiques et de vivre dans des milieux qui, jusqu'à tout récemment, leur étaient inhospitaliers. Individuellement ou non, ces facteurs ont grandement modifié l'image des maladies infectieuses, ce qui donne lieu à des manifestations cliniques pouvant être attribuées à de multiples pathologies.

En ce qui a trait à la sécurité des technologistes, il a été démontré que le traitement des coupes dans le formaldéhyde salin rend les agents infectieux inoffensifs. Une fixation standard est suffisante pour tuer tous les microorganismes, à l'exception du prion responsable de la maladie de Creutzfeldt-Jakob (voir la section 2.2.14). La circulation des tissus avec des bains d'éthanol et de toluène contribue également à inhiber les agents infectieux.

La mise en évidence des microorganismes peut être ardue, non pas en raison des méthodes employées, mais plutôt à cause de différents facteurs comme la présence, sur les coupes, de structures tissulaires qui peuvent capter les colorants destinés à mettre en évidence les microorganismes, ou encore, parce que ces mêmes structures masquent les microorganismes. C'est pour ces raisons que les différentes méthodes de détection généralement utilisées en microbiologie doivent être modifiées en fonction des situations qui se présentent aux techniciens dans le domaine de l'histotechnologie.

L'apparence macroscopique de tissus infectés par des microorganismes varie considérablement de l'un à l'autre. Ainsi, il peut s'agir d'un abcès avec formation de pus, d'une cavité tissulaire, d'une hyperkératinisation ou d'une démyélinisation, ou encore, de la formation de fibrine, d'une pseudomembrane ou d'un foyer nécrosé.

Lorsqu'une coupe à étudier est potentiellement porteuse de microorganismes, on devrait toujours les jumeler à des coupes témoins appropriées aux microorganismes recherchés afin de s'assurer que la technique de mise en évidence est bien exécutée. Les principales classes de microorganismes qui comportent un intérêt médical et qui peuvent faire l'objet d'une recherche sur coupe tissulaire sont les bactéries, les virus ou inclusions virales, les champignons et les protozoaires.

20.1 DÉTECTION ET IDENTIFICATION DES BACTÉRIES PAR LA MÉTHODE DE GRAM

Les bactéries sont des organismes unicellulaires microscopiques présents en quantité considérable dans le sol, l'air, les produits alimentaires et bon nombre de tissus humains. Leur taille varie de 0,2 à 1,5 µm. On peut les classer en trois groupes de base selon leur forme : sphérique, en bâtonnet (bacille) ou spiralée. L'analyse de leur morphologie requiert l'utilisation de colorants. Les bactéries ne sont pas seulement classées en fonction de leur aspect morphologique et de leurs affinités tinctoriales, puisque ces deux caractéristiques peuvent varier considérablement selon les inclusions pathologiques dont elles font partie. Les méthodes les plus utilisées pour la mise en évidence des bactéries sont celles de Gram et de Giemsa, ainsi que les méthodes dites d'« alcoolo-acido-résistance » (AAR) et certains procédés d'imprégnation à l'argent.

Lorsque les bactéries sont présentes en grand nombre dans un tissu, elles forment une masse granulaire qui prend une teinte gris-bleu à la suite d'une coloration à l'hématoxyline et à l'éosine. Généralement, les microorganismes sont invisibles ou dissimulés en bonne partie derrière des débris cellulaires. Il est possible d'établir une classification simple de la plupart des bactéries grâce à leur apparence morphologique et à leur réaction à la méthode de Gram (voir le tableau 20.1).

20.1.1 MÉTHODE DE GRAM

Le mécanisme d'action des colorants de cette méthode demeure encore obscur, bien qu'il existe de nombreuses théories qui tentent d'expliquer la coloration des bactéries Gram positif. En règle générale, les bactéries Gram positif contiennent une couche de peptidoglycane plus épaisse que les bactéries Gram négatif. Ce peptidoglycane représente environ 90 % de tous les constituants de la paroi des bactéries Gram positif alors que, dans les bactéries Gram négatif, il ne représente que 5 à 10 % des constituants. De plus, les bactéries Gram positif contiennent environ 4 % de lipides alors que cette proportion se situe entre 11 et 12 % chez les bactéries Gram négatif. Ces lipides sont généralement liés à des protéines pour former des lipoprotéines, ou à des glucides pour former des lipopolysaccharides.

Tableau 20.1 CLASSIFICATION SIMPLE DES PRINCIPALES BACTÉRIES EN FONCTION DE LEUR RÉACTIVITÉ AU GRAM ET LEUR MORPHOLOGIE.

GRAM POSITIF		GRAM NÉGATIF		
Cocci	**Bacilles**	**Cocci**	**Bacilles**	**Cocobacilles**
Staphylocoque Streptocoque	Bacillus Clostridium Corynébactérium Mycobactérium Lactobacille Listeria	Neisseria	Escherichia Klebsiella Salmonelle Shigelle Proteus Pseudomonas Pasteurella	Brucella Hæmophilus

De plus, des études ont démontré que la paroi des bactéries Gram positif est constituée de trois à quatre couches de recouvrement dont l'épaisseur varie de 15 à 25 nm, alors que les bactéries Gram négatif ne contiennent que deux couches dont l'épaisseur varie de 8 à 12,5 nm chacune. Cette paroi cellulaire renferme une grande quantité d'acide téichoïque, un polymère constitué de glycérol-phosphate ou de ribitol-phosphate (voir la figure 20.1).

La paroi des bactéries Gram négatif est plus complexe que celle des bactéries Gram positif. La couche de peptidoglycane est fine et elle est adjacente à la membrane plasmique. La membrane externe est située à l'extérieur du peptidoglycane et la protéine la plus abondante est une petite lipoprotéine reliée par liaison covalente au peptidoglycane. La membrane externe et le peptidoglycane sont tellement bien reliés ensemble grâce à la lipoprotéine qu'ils peuvent être considérés comme un seul et même constituant.

Plusieurs théories tentent d'expliquer le mécanisme d'action de la méthode de Gram, mais il semble que la composition de la paroi cellulaire, qui diffère entre les bactéries Gram positif et négatif, soit l'unique responsable des différences dans la coloration. En effet, si on enlève la paroi cellulaire des bactéries Gram positif, elles deviennent Gram négatif. Le peptidoglycane lui-même ne se colore pas; il semble plutôt se joindre aux acides lipotéichoïques pour former une barrière perméable qui empêche la perte du colorant, c'est-à-dire le violet de cristal. Il apparaît évident qu'une décoloration excessive des bactéries Gram positif fera croire qu'il s'agit de bactéries Gram négatif.

Le processus de coloration consiste d'abord à soumettre les bactéries au violet de cristal, puis à les traiter à l'iode dans le but de fixer le colorant. Les bactéries sont ensuite traitées à l'éther-acétone, substance qui joue le même rôle que l'éthanol et consiste à réduire les pores du peptidoglycane. Le complexe colorant-iode demeure donc prisonnier durant la décoloration et la bactérie Gram positif reste colorée. De son côté, le peptidoglycane des bactéries Gram négatif est très mince et contient de larges pores; de plus, le traitement à l'éther-acétone extrait assez de lipides de la paroi des cellules Gram négatif pour en accroître la porosité. C'est pour cette raison que l'éther-acétone élimine plus facilement le violet de cristal combiné à l'iode dans les bactéries Gram négatif.

La méthode de Gram est particulièrement appropriée pour vérifier la présence de bactéries dans des amas de pus, mais elle est aussi d'une grande valeur dans l'établissement de diagnostics pathologiques à la suite d'analyses de régions nécrosées, d'abcès pulmonaires ou septicémiques, et de méningites. La méthode de coloration de Gram comporte l'utilisation d'un colorant primaire, le violet de cristal; celui-ci colore provisoirement la paroi des bactéries en bleu-violet. Il y a ensuite ajout d'une solution d'iode qui exerce le rôle d'agent de rétention et, indirectement, celui de mordant, et qui forme une laque bleu-noir avec le violet de cristal. Les bactéries Gram positif et Gram négatif ont une teinte bleu-noir à la suite de ces deux étapes. Il est important de souligner que, peu importe la modification apportée à la méthode, l'agent de rétention doit toujours être appliqué après le colorant primaire; si les coupes sont exposées à l'agent de rétention en premier, la décoloration des bactéries Gram positif et négatif sera similaire. La troisième étape de cette technique consiste à décolorer les bactéries Gram négatif en s'assurant que la

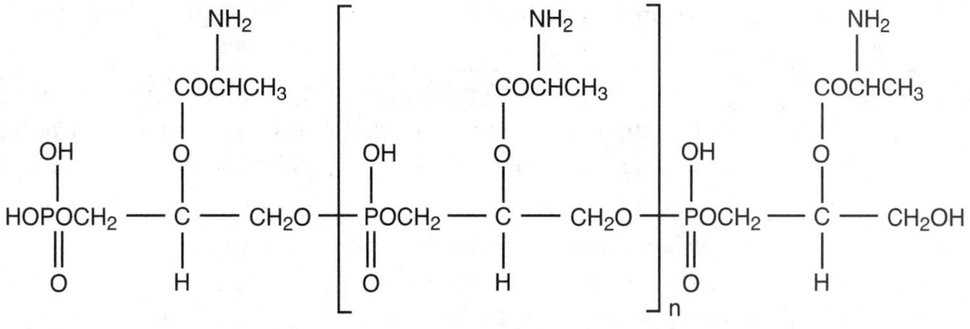

Figure 20.1 : *Représentation schématique d'une section de l'acide téichoïque.*

laque bleu-noir demeure sur la paroi intérieure des bactéries Gram positif. Si les coupes tissulaires sont exposées trop longtemps à l'action de l'agent décolorant, les bactéries Gram positif perdront leur coloration. La décoloration constitue donc l'étape la plus cruciale. L'étape finale de la méthode est la coloration des bactéries Gram négatif, débarrassées du violet de cristal; elle peut se faire avec de la safranine ou de la fuchsine basique. Ces colorants donnent une teinte rouge-rose aux bactéries Gram négatif ainsi qu'aux structures tissulaires et cellulaires basophiles (voir le tableau 20.2).

20.1.1.1 Préparation des solutions pour la méthode de Gram, selon Brown et Brenn

1. **Solution de violet de cristal à 1 %**
   - 1 g de violet de cristal
   - 100 ml d'eau distillée

Pour un complément d'information sur ce colorant, voir la section 18.2.2, ainsi que sa fiche descriptive à la figure 14.21.

2. **Solution de bicarbonate de sodium à 5 %**
   - 5 g de bicarbonate de sodium
   - 100 ml d'eau distillée
3. **Solution colorante primaire**
   - 2 ml de violet de cristal à 1 % (solution n° 1)
   - 10 gouttes de bicarbonate de sodium à 5 % (solution n° 2)

   Cette solution ne convient qu'à une seule lame et ne doit être préparée qu'immédiatement avant usage. Il faut doubler cette quantité pour le traitement d'une lame témoin.
4. **Solution d'iode de Gram (solution iodo-iodurée)**
   - 1 g d'iode
   - 2 g d'iodure de potassium
   - 300 ml d'eau distillée
5. **Solution mère de fuchsine basique à 0,25 %**
   - 0,25 g de fuchsine basique
   - 100 ml d'eau distillée

Tableau 20.2 ACTION DES PRINCIPAUX PRODUITS PENDANT LA COLORATION DE GRAM.

COLORANTS APPLIQUÉS	BACTÉRIES GRAM POSITIF	BACTÉRIES GRAM NÉGATIF
Violet de cristal	La paroi est colorée en bleu violet	Idem
Iode de Gram	L'action du violet de cristal est renforcée (donnant ainsi une apparence violet-noir)	Idem
Éther-acétone	La déshydratation de la paroi et de la membrane bactérienne entraîne le resserrement des pores membranaires. Le complexe violet de cristal-iode est retenu.	L'action de l'éther-acétone provoque la dissolution des lipides. La paroi bactérienne est fragilisée et le complexe violet de cristal-iode est extrait.
Fuchsine basique	Le complexe d'iode violet de cristal masque l'action de la fuchsine basique et les bactéries demeurent colorées en bleu-violet.	Le complexe d'iode violet de cristal ayant été enlevé, la fuchsine basique colore les bactéries en rouge.
Acide picrique-acétone	Ce mélange enlève le surplus de colorant sur les tissus et l'acide picrique peut contrecolorer les structures acidophiles en jaune.	Idem

Pour un complément d'information sur ce colorant (pararosaniline), voir la section 14.2.2.1, ainsi que sa fiche descriptive à la figure 14.8.

6. Solution de travail de fuchsine basique

- 10 ml de la solution mère de fuchsine basique (solution n° 5)
- 100 ml d'eau distillée

7. Solution d'acide picrique à 0,1 % dans de l'acétone

- 0,1 g d'acide picrique
- 100 ml d'acétone

8. Solution d'acétone-toluène

- 1 volume d'acétone
- 1 volume de toluène

9. Solution d'éther-acétone

- 1 volume d'éther
- 1 volume d'acétone

10. Solution de safranine O à 0,5 %

- 0,5 g de safranine O
- 100 ml d'eau acidifiée à 1 %

La figure 12.6 présente les principales caractéristiques de ce colorant.

20.1.1.2 Méthode de coloration de Gram selon Brown et Brenn

MODE OPÉRATOIRE

1. Déparaffiner et hydrater les coupes jusqu'au bain de rinçage à l'eau distillée;
2. mettre les coupes à plat et verser le colorant primaire sur la lame. Laisser agir pendant 1 minute; laver à l'eau courante;
3. immerger les coupes dans la solution d'iode de Gram pendant 1 minute; rincer à l'eau courante et bien assécher la lame avec un papier buvard;
4. décolorer avec la solution d'éther-acétone en la versant lentement sur la coupe pour enlever le surplus de colorant; poursuivre cette opération pendant 5 à 10 secondes ou jusqu'à ce qu'il n'y ait plus de colorant qui s'écoule;
5. contrecolorer les coupes dans la solution de travail de fuchsine basique fraîchement préparée pendant 1 minute; rincer à l'eau courante; agiter délicatement les lames pour enlever le surplus d'eau;
6. amorcer la différenciation en plongeant les coupes dans de l'acétone, puis les différencier dans la solution d'acide picrique-acétone jusqu'à ce que le tissu devienne jaunâtre-rosé;
7. poursuivre la déshydratation en plongeant les coupes dans l'acétone à une ou deux reprises;
8. passer ensuite les coupes dans un bain de transfert d'acétone-toluène;
9. éclaircir dans le toluène et monter avec une résine permanente.

RÉSULTATS

- Les bactéries Gram positif, les filaments des *Nocardia* et des actinomycètes se colorent en bleu sous l'effet du violet de cristal;
- les bactéries Gram négatif et les noyaux se colorent en rouge sous l'action de la fuchsine basique;
- les cytoplasmes et les éléments tissulaires acidophiles se colorent en jaune sous l'action de l'acide picrique.

20.1.1.3 Remarques

- Il est extrêmement important de passer les coupes dans le violet de cristal avant de les traiter à l'iode; dans le cas contraire, on n'observera plus la moindre différence entre les bactéries Gram + et Gram –.
- La différenciation est une opération très délicate; il est fortement recommandé d'en vérifier l'évolution à l'aide d'une coupe témoin dont on s'est assuré qu'elle contient des bactéries Gram + et Gram – : il est conseillé de prélever cette coupe sur l'appendice ou l'intestin, ou encore d'utiliser un modèle artificiel.

- Les passages dans l'acétone et dans l'acide picrique-acétone jouent un rôle de différenciation et de contrecoloration. L'acétone ne laisse la fuchsine basique que dans les structures fortement basophiles (noyaux, bactéries Gram –) et décolore les autres éléments tissulaires. L'acide picrique, tout en soutenant probablement la différenciation, sert de contrecolorant : il se fixe sur les structures acidophiles et amphotères.
- Il est possible de remplacer le violet de cristal par le violet de méthyle, le violet d'éthyle, le violet de Hoffman, le vert brillant, le vert malachite ou la fuchsine basique. Le violet de gentiane peut aussi être utilisé, mais il est peu recommandé en raison de sa composition (il s'agit d'un mélange de plusieurs colorants), qu'il est impossible de certifier.
- On peut remplacer l'iode par le brome, l'acide picrique ou l'iodure mercurique.
- Certains champignons comme les *Nocardia*, les actinomycètes et le *Candida albicans* sont Gram positif.

20.1.2 MÉTHODE DE GRAM-TWORT

La méthode de Gram-Twort est une variante de la méthode de Gram selon Brown et Brenn. La solution colorante utilisée est composée de Kernechtrot et de vert solide et présente l'avantage de contrecolorer les éléments acidophiles lâches en vert et les denses en rouge. La détection des bactéries Gram négatif est facilitée grâce à une coloration plus vive que celle de la méthode de Brown et Brenn.

20.1.2.1 Préparation des solutions

1. **Solution de violet de cristal à 1 %**

   Voir la section 20.1.1.1, solution n° 1.

2. **Solution iodo-iodurée**

   Voir la section 20.1.1.1, solution n° 4.

3. **Solution de vert lumière à 0,2 % en solution alcoolique**

   - 0,2 g de vert lumière FCF
   - 100 ml d'éthanol absolu

   La fiche descriptive de ce colorant est présentée à la figure 14.12.

4. **Solution de Kernechtrot à 0,2 % en solution alcoolique**

   - 0,2 g de Kernechtrot
   - 100 ml d'éthanol absolu

   La figure 12.14 présente les caractéristiques de ce colorant.

5. **Solution de Twort**

   - 9 ml de Kernechtrot à 0,2 % en solution alcoolique (solution n° 4)
   - 1 ml de vert lumière à 0,2 % en solution alcoolique (solution n° 3)
   - 30 ml d'eau distillée

   Cette solution ne doit être préparée qu'immédiatement avant usage.

6. **Solution d'alcool-acétique**

   - 2 ml d'acide acétique glacial
   - 98 ml d'éthanol à 100 %

20.1.2.2 Méthode de coloration de Gram-Twort

MODE OPÉRATOIRE

1. Déparaffiner et hydrater les coupes jusqu'au bain de rinçage à l'eau distillée;
2. colorer dans le violet de cristal à 1 % pendant 3 minutes; rincer à l'eau courante;
3. traiter les coupes dans la solution iodo-iodurée pendant 3 minutes; rincer à l'eau courante, essuyer le surplus d'eau avec un papier buvard et placer les coupes dans une enceinte chauffée pour sécher complètement;
4. différencier dans la solution d'alcool-acétique préchauffée à 56 °C jusqu'à ce que le colorant ne se dissolve plus; les coupes devraient être brun clair à la fin de cette étape;
5. rincer rapidement à l'eau distillée; colorer pendant 5 minutes dans la solution de

Twort fraîchement préparée; bien laver à l'eau distillée;

6. rincer à nouveau dans la solution d'alcool-acétique jusqu'à ce que le colorant rouge ne soit plus visible sur les coupes; cette étape peut prendre quelques secondes;

7. rincer rapidement dans l'alcool absolu, éclaircir et monter avec une résine permanente.

RÉSULTATS

- Les organismes Gram positif se colorent en bleu foncé sous l'action du violet de cristal;
- les organismes Gram négatif prennent une teinte qui varie du rose au rouge sous l'effet du Kernechtrot alcoolique;
- les cytoplasmes et les globules rouges se colorent en vert sous l'action du vert lumière FCF;
- les fibres élastiques se colorent en noir sous l'action du violet de cristal et de la solution iodo-iodurée.

20.2 MISE EN ÉVIDENCE DES MYCOBACTÉRIES

La coloration de Gram ne permet pas de mettre en évidence certaines bactéries, dont les mycobactéries. En effet, ces microorganismes possèdent une capsule constituée d'une longue chaîne d'acide mycolique, un acide gras, qui les rend hydrophobes. Cette capsule lipidique inhibe la pénétration et le retrait des colorants, que ce soit au moyen d'alcools ou d'acides. Le phénol et, assez fréquemment, la chaleur sont utilisés pour réduire la tension de surface, ce qui augmente d'une certaine façon la porosité de la capsule et facilite l'entrée des colorants à l'intérieur de la capsule. La vitesse de décoloration d'une solution d'alcool-acide est proportionnelle, jusqu'à un certain degré, à l'épaisseur de la couche lipidique. Dans le cas du *Mycobacterium leprae*, la paroi lipidique se dissout très facilement sous l'effet de l'alcool ou du xylène; par conséquent, il faut prendre des précautions particulières afin de la préserver durant des manipulations antérieures à leur coloration.

La méthode de coloration à l'acide périodique de Schiff (voir la section 15.4.1.2) permet de colorer les mycobactéries, car leur paroi contient des glucides. Cependant, la réaction ne sera positive que si la concentration en glucides est élevée. C'est également la présence des glucides qui permet de mettre les mycobactéries en évidence en employant la méthode de Grocott (voir la section 20.4.1).

Les mycobactéries sont réfractaires à tous colorants auxquels elles sont soumises dans des conditions normales. Une fois colorées, cependant, elles résistent beaucoup mieux que les bactéries ordinaires à la décoloration, ou différenciation, à l'aide d'un acide en solution alcoolique ou aqueuse; dans le premier cas, on parle d'« acido-alcoolo-résistance » alors que dans le second, il s'agit d'« acido-résistance ».

Toutefois, l'acido-alcoolo-résistance, ou AAR, n'est pas le propre des mycobactéries. En effet, des structures comme les grains de kératohyaline de l'épiderme, le cortex des poils, la partie postérieure de la tête des spermatozoïdes humains, les corps de Russel, les pigments céroïdes et autres lipopigments, ainsi que certains champignons, dont le *Nocardia*, peuvent être mises en évidence grâce à cette propriété.

Les mycobactéries ne se comportent pas nécessairement toutes de la même manière lorsque soumises à un traitement donné. Par exemple, si la différenciation est effectuée avec de l'alcool-acide, le bacille de la lèpre conserve mal le colorant, tandis que celui de la tuberculose garde très bien sa coloration.

20.2.1 DIFFÉRENTS TYPES D'ACIDO-ALCOOLO-RÉSISTANCE

On distingue trois types d'AAR. Le premier s'observe chez les mycobactéries et les spermatozoïdes humains. Il présente trois caractéristiques : il se colore avec la fuchsine carbolique ou avec d'autres colorants cationiques, que ce soit avec ou sans phénol; il est possible de l'inhiber en procédant, au préalable, à une hydrolyse acide des tissus; enfin, il entraîne la formation d'un complexe colorant-tissu ayant une bande d'absorption lumineuse de 350 nm.

Le deuxième type d'ARR se trouve chez les corps de Russel et les grains de kératohyaline. Ce type d'AAR se colore lui aussi avec la fuchsine carbolique ou avec d'autres colorants cationiques, que ce soit avec ou sans phénol, une hydrolyse acide des tissus ne permet pas de l'inhiber, et les caractéristiques d'absorption lumineuse du complexe colorant-tissu demeurent inchangées après la réaction.

Le troisième et dernier type est associé aux pigments lipidiques, particulièrement les céroïdes. Il se distingue surtout par le fait qu'il est impossible de l'obtenir autrement qu'avec la fuchsine carbolique.

En plus des méthodes de mise en évidence des AAR, dont la plus connue est celle de Ziehl-Neelsen, il est possible de mettre en évidence les mycobactéries à l'aide d'un fluorochrome.

20.2.1.1 Mécanisme d'action

Le cas des mycobactéries est le seul pour lequel le mécanisme de l'acido-alcoolo-résistance est relativement bien connu; on lui attribue deux origines. La première est une imperméabilité cellulaire basée sur le fait que la destruction d'une cellule facilite la perte du colorant. Cette propriété de la cellule peut être localisée dans la membrane ou dans la capsule, pour les types de mycobactéries qui en possèdent. La seconde origine est basée sur la présence, dans les mycobactéries, d'un groupe de lipides qui renferment des acides gras monohydroxylés auxquels on donne le nom d'« acides mycoliques ». La liaison d'un acide mycolique avec un colorant cationique entraîne la formation d'un complexe très résistant aux acides. Cette liaison implique probablement les fonctions carboxyle autant que les fonctions hydroxyle, dont la position relative dans les acides mycoliques varie d'une espèce à l'autre; il en résulte d'ailleurs des différences dans la réactivité des diverses mycobactéries, comme c'est le cas entre le *Mycobacterium tuberculosis* et *Mycobacterium leprae*. Le complexe colorant-acide mycolique a une nouvelle bande d'absorption, se situant autour de 350 nm, qui porte à croire qu'il y a eu modification dans le système de résonance. Cette modification indique que la liaison colorant-acide mycolique n'est probablement pas électrostatique, ce qui expliquerait sa résistance aux acides. Il semble que la capsule, lorsqu'il y en a une, et le protoplasme des mycobactéries contiennent des acides mycoliques.

20.2.1.2 Méthode de coloration de Ziehl-Neelsen à la température ambiante

Pour la fixation des tissus, il est possible d'utiliser le formaldéhyde à 10 % tamponné ou tout autre liquide fixateur, sauf le liquide de Carnoy puisque ce dernier contient de l'alcool et du chloroforme, ce qui a pour effet de dissoudre la capsule lipidique et de rendre la coloration inutile (voir la section 2.6.2.1.2).

20.2.1.2.1 *Préparation des solutions*

1. **Solution de fuchsine carbolique (ou phénolée)**
   - 2,5 g de fuchsine basique
   - 250 ml d'eau distillée
   - 25 ml d'éthanol absolu
   - 12,5 ml de phénol

   Il faut d'abord mélanger, dans un bécher, le phénol liquide et l'eau distillée. Dans un autre, procéder à la solubilisation de la fuchsine basique dans l'éthanol. Quand les deux solutions sont bien mélangées, incorporer la solution de fuchsine basique dans la solution de phénol aqueux. Laisser reposer la solution pendant 2 ou 3 jours. Bien mélanger la solution et filtrer avant usage.

   Pour un complément d'information sur la fuchsine basique, ou pararosaniline, voir la section 14.2.2.1 et la figure 14.8.

2. **Solution mère de bleu de méthylène à 1,5 %**
   - 0,15 g de bleu de méthylène
   - 100 ml d'éthanol à 95 %

   Pour un complément d'information sur ce colorant, voir la section 12.1.4 ainsi que la figure 12.4.

3. **Solution de travail de bleu de méthylène**
   - 10 ml de la solution mère de bleu de méthylène (solution n° 2)
   - 90 ml d'eau distillée

4. Solution d'alcool-acide

- 297 ml d'éthanol à 95 %
- 3 ml d'acide chlorhydrique concentré

Cette solution se conserve plusieurs mois.

20.2.1.2.2 *Méthode de coloration de Ziehl-Neelsen à la température ambiante*

MODE OPÉRATOIRE

1. Déparaffiner et hydrater les coupes jusqu'au bain de rinçage à l'eau distillée;
2. colorer les coupes dans la solution de fuchsine carbolique pendant 30 minutes; laver à l'eau courante pendant 5 minutes;
3. différencier les coupes en les plongeant dans l'alcool-acide à plusieurs reprises, jusqu'à ce que la coupe soit rose; laver à l'eau courante pendant 5 minutes;
4. contrecolorer dans la solution de travail de bleu de méthylène pendant 3 minutes; rincer à l'eau courante pendant environ 15 secondes;
5. déshydrater rapidement, éclaircir et monter avec une résine permanente.

RÉSULTATS

- Les bacilles acido-alcoolo-résistants se colorent en rouge sous l'effet de la fuchsine carbolique;
- les noyaux et toutes les substances basophiles se colorent en bleu sous l'action du bleu de méthylène.

20.2.1.2.3 *Remarques*

- Il est possible de remplacer la fuchsine basique par le violet de cristal.
- Le phénol joue le rôle d'agent d'accentuation tout en contribuant à la dissolution du colorant; l'éthanol a une fonction similaire. Aussi, la présence de phénol dans la solution n'est indispensable que dans le cas du *Mycobacterium tuberculosis*.
- Si on laisse sécher les coupes après la coloration primaire, il se forme un précipité impossible à enlever par la suite.
- La différenciation à l'alcool-acide sert principalement à mettre en évidence le *Mycobacterium tuberculosis* car celui-ci est acido-alcoolo-résistant. Ainsi, le bacille de la lèpre se décolore très facilement avec cette technique. La différenciation à l'acide sulfurique, quant à elle, permet uniquement de détecter les bactéries acido-résistantes. Parfois, les bactéries acido-alcoolo-résistantes sont colorées inégalement : cette situation serait due à un problème lié à la différenciation.
- Il est fortement recommandé d'utiliser des coupes témoins positives.
- Certains champignons sont acido-alcoolo-résistants.
- La décalcification du tissu, à l'aide d'un acide fort, a pour effet de détruire l'acido-résistance des mycobactéries. Si la décalcification préalable est requise, il est conseillé d'utiliser de l'acide formique.
- Si des problèmes d'identification se posent, il est alors possible de modifier la technique en remplaçant la fuchsine basique par le bleu de Victoria et le bleu de méthylène par l'acide picrique.

20.2.1.3 Méthode de Ziehl-Neelsen au four à micro-ondes

Cette méthode fait appel aux mêmes mécanismes d'action et fait appel aux mêmes colorants que la méthode présentée à la section 20.2.1.2.

20.2.1.3.1 *Préparation des solutions*

1. Solution de fuchsine carbolique (ou phénolée)

Voir la section 20.2.1.2.1, solution n° 1.

2. Solution d'alcool-acide

Voir la section 20.2.1.2.1, solution n° 4.

3. Solution de bleu de méthylène à 0,5 %

- 0,5 g de bleu de méthylène
- 0,5 ml d'acide acétique glacial concentré
- 95,5 ml d'eau distillée

20.2.1.3.2 *Méthode de Ziehl-Neelsen au four à micro-ondes*

MODE OPÉRATOIRE

1. Déparaffiner et hydrater les coupes jusqu'au bain de rinçage à l'eau distillée;
2. déposer les coupes dans la solution de fuchsine phénolée fraîchement filtrée. Irradier au four à micro-ondes pendant 90 secondes à 20 % de la puissance maximale;
3. rincer les coupes une à une, à l'eau distillée;
4. différencier dans la solution d'alcool-acide jusqu'à ce que la coupe soit rose pâle; rincer immédiatement à l'eau distillée;
5. contrecolorer dans la solution de bleu de méthylène à 0,5 % pendant 3 minutes à la température ambiante; rincer à l'eau distillée;
6. déshydrater, éclaircir et monter avec une résine permanente.

RÉSULTATS

- Les bacilles AAR se colorent en rouge sous l'effet de la fuchsine phénolée;
- les noyaux et les substances tissulaires basophiles se colorent en bleu sous l'action du bleu de méthylène.

20.2.1.3.3 *Remarques*

- Les remarques émises pour la coloration à la température ambiante s'appliquent aussi à la méthode au four à micro-ondes.

20.2.2 MISE EN ÉVIDENCE DES MYCOBACTÉRIES PAR LA FLUORESCENCE

La méthode de mise en évidence à la fluorescence est semblable à celle de Ziehl-Neelsen. Il faut, cependant, remplacer la fuchsine basique par un fluorochrome cationique, l'auramine O, et le bleu de méthyle par la rhodamine. Le grand avantage de cette méthode est qu'elle permet d'effectuer un repérage précis et rapide des mycobactéries dans le tissu, celles-ci se présentant comme des points brillants sur un fond obscur. Cette technique requiert un niveau d'expertise moins élevé que la précédente lorsque vient le moment d'accomplir l'évaluation microscopique.

20.2.2.1 Préparation des solutions

Pour la fixation des tissus, il est recommandé d'utiliser le formaldéhyde à 10 % tamponné bien que tous les autres liquides fixateurs usuels puissent convenir à cette méthode, à l'exception du liquide de Carnoy qui détruit la capsule lipidique (voir la section 2.6.2.1.2).

1. Solution d'auramine-rhodamine

- 10,5 g d'auramine O
- 5,25 g de rhodamine B
- 525 ml de glycérol
- 70 ml de phénol liquéfié à 50 °C
- 350 ml d'eau distillée

La verrerie qui servira à la fabrication de cette solution doit être rincée avec de l'eau distillée stérile. Une fois la solution bien mélangée, elle est déposée dans un four à 60 °C pendant 12 heures, puis elle est filtrée. Elle se conserve à la température ambiante, dans des bouteilles brunes.

2. Solution d'alcool-acide à 0,5 %

- 1,5 ml d'acide chlorhydrique concentré
- 298,5 ml d'éthanol à 95 %

3. Solution d'eau acidifiée à 0,5 %

- 0,5 ml d'acide chlorhydrique
- 99,5 ml d'eau distillée

4. Solution de permanganate de potassium à 0,5 %

- 0,5 g de permanganate de potassium ($KMnO_4$)
- 100 ml d'eau distillée

20.2.2.2 Méthode traditionnelle de mise en évidence à l'auramine-rhodamine et méthode au four à micro-ondes

MODE OPÉRATOIRE

1. Déparaffiner les coupes dans le toluol ou le xylène sans poursuivre jusqu'aux bains d'éthanol. Laisser sécher à l'air après le déparaffinage. Dans les cas de mise en évidence du *M. leprae*, le déparaffinage se fait au moyen d'un mélange de 1 volume d'huile d'arachides et 2 volumes de xylène;
2. mettre les coupes dans la solution d'auramine-rhodamine préchauffée dans

Figure 20.2 : **FICHE DESCRIPTIVE DE L'AURAMINE O**

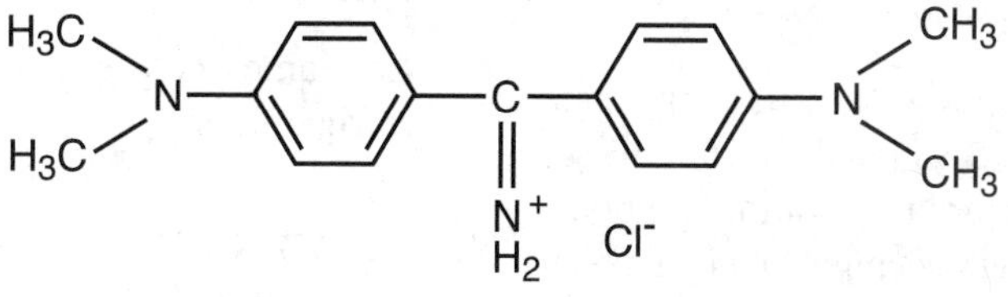

Structure chimique de l'auramine O

Nom commun	Auramine O	**Solubilité dans l'eau**	Jusqu'à 0,74 %
Nom commercial	Auramine O	**Solubilité dans l'éthanol**	Jusqu'à 4,49 %
Numéro de CI	41000	**Absorption maximale**	380 à 432 nm
Nom de CI	Jaune basique 2	**Couleur**	Jaune
Classe	Diphénylméthane	**Formule chimique**	$C_{17}H_{22}N_3Cl$
Type d'ionisation	Cationique	**Poids moléculaire**	321,9

Figure 20.3 : **FICHE DESCRIPTIVE DE LA RHODAMINE B**

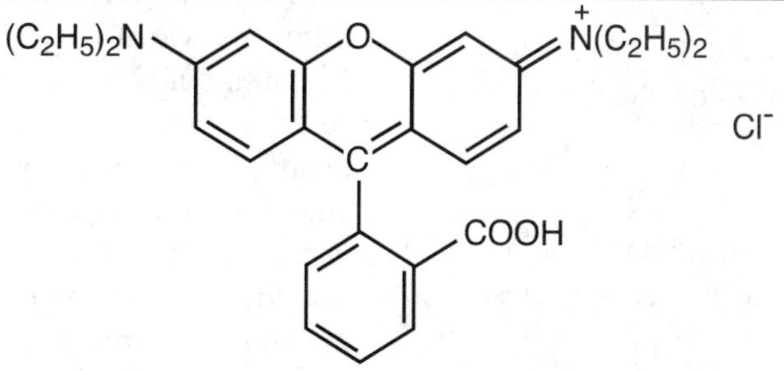

Structure chimique de la rhodamine B

Nom commun	Rhodamine B	**Solubilité dans l'eau**	Jusqu'à 0,78 %
Nom commercial	Rhodamine B	**Solubilité dans l'éthanol**	Jusqu'à 1,47 %
Numéro de CI	45170	**Absorption maximale**	556 nm
Nom de CI	Violet basique 10	**Couleur**	Rouge
Classe	Xanthène	**Formule chimique**	$C_{28}H_{31}N_2O_3Cl$
Type d'ionisation	Cationique	**Poids moléculaire**	479,0

un bain-marie à 60 °C pendant 10 minutes; rincer à l'eau courante; pour la méthode au four à micro-ondes, irradier les coupes dans la solution d'auramine-rhodamine pendant 30 secondes à 10 % de la puissance maximale;

3. différencier avec la solution d'alcool-acide pour les cas de *M. tuberculosis,* ou avec l'eau acidifiée pour les cas du *M. leprae*; laver à l'eau courante;
4. immerger les coupes dans le permanganate de potassium à 0,5 % pendant 15 à 30 secondes pour enlever la coloration qui pourrait s'avérer fluorescente; laver à l'eau courante et assécher les coupes avec un papier buvard;
5. dans le cas du *M. tuberculosis*, déshydrater, clarifier et monter avec une résine qui ne présente pas de fluorescence; dans le cas du *M. leprae*, ne pas déshydrater, laisser sécher les coupes à l'air et monter ensuite avec un milieu qui ne présente pas de fluorescence.

RÉSULTATS

- Les bacilles *tuberculosis* et *lepræ* démontrent une fluorescence jaune or lorsque la longueur d'onde est inférieure à 530 nm, avec un filtre bleu;
- le fond de la coupe apparaît coloré en vert foncé.

20.2.2.3 Remarques

- Il importe de faire l'examen microscopique à l'éclairage ultraviolet pour être en mesure de détecter la fluorescence.
- Si le fond demeure fluorescent, il faut vérifier les temps de passage dans l'alcool-acide et dans le permanganate de potassium.
- L'examen doit être effectué le plus tôt possible après la fin de la coloration; toutefois, avec un milieu de montage comme l'Eukitt, les résultats demeurent lisibles pendant environ un mois; de plus, comparativement aux milieux de montage hydrosolubles, l'Eukitt facilite l'observation en faisant disparaître le flou.
- Cette méthode est très efficace pour mettre en évidence les mycobactéries, malgré certains inconvénients reliés à l'utilisation du microscope à fluorescence.
- Les préparations ternissent après un certain temps, selon la durée d'exposition de la coupe aux rayons ultraviolets.
- Le séchage des lames, à la dernière étape, doit se faire à l'obscurité.
- Les lames colorées doivent être conservées au réfrigérateur.

20.3 MISE EN ÉVIDENCE DES SPIROCHÈTES

Les *Spirochetaceæ* sont de longues bactéries fines, en forme d'hélice souple, qu'il est impossible de mettre en évidence par la coloration de Gram. Les principaux genres de cette famille, qui peuvent être nuisibles à l'humain, sont les tréponèmes, les borrélies et les leptospires. L'enveloppe du spirochète se compose, entre autres, de lipides, de protéines et de glucides. Étant donné leur petite taille, les spirochètes passent inaperçus avec les méthodes de coloration habituelles. Il est toutefois possible de les déceler grâce à des méthodes argentiques de type argyrophile (voir la section 10.13).

Au milieu du XXe siècle, la principale méthode de mise en évidence de ces bactéries était celle de Levaditi, qui consistait à imprégner les blocs de tissus d'une solution argentique avant de les inclure à la paraffine. Il était ensuite possible de procéder à la coupe des tissus. Cette méthode a été abandonnée car elle n'était pas fiable. Il est possible d'étudier ces bactéries en microscopie à fond noir, mais cette méthode est très peu utilisée. Actuellement, les méthodes les plus courantes sont celles de Whartin-Starry et de Steiner-Steiner. Cependant, les techniques d'immunohistotechnologie sont de plus en plus utilisées pour mettre en évidence les spirochètes. En effet, elles permettent de gagner du temps sur les techniques traditionnelles puisque les sites antigéniques marqués se repèrent plus facilement que les spirochètes eux-mêmes.

La méthode de Whartin-Starry, contrairement aux autres méthodes argentiques, s'emploie sans ammonium. Elle s'apparente à la méthode de Fontana-Tribondeau, utilisée pour mettre en évidence des organismes spiralés en microbiologie. Le mécanisme d'action de la méthode de Whartin-Starry repose fort probablement sur la teneur particulièrement élevée de glucides présents dans la paroi des spirochètes. Cette technique se divise en plusieurs étapes dont la première consiste à imprégner les coupes d'une solution de nitrate d'argent à 1 %; il se forme alors des complexes organo-métalliques. Les coupes sont ensuite placées dans une solution de nitrate d'argent-hydroquinone gélatinisée qu'on appelle le « développeur ». Pendant l'incubation, l'hydroquinone joue un double rôle : il joue le rôle d'agent réducteur, qui permet à l'argent de se déposer sur les structures organo-métalliques, et celui d'agent de développement, en augmentant la vitesse de transformation de l'argent ionique en argent métallique; en outre, il empêche la retransformation de l'argent métallique en argent ionique. Dans les autres méthodes argyrophiles, le formaldéhyde joue le rôle d'agent de développement, alors que le thiosulfate de sodium empêche la retransformation de l'argent métallique en argent ionique. L'acide citrique que contient la solution favorise l'oxydation des groupements glycols en groupements aldéhydes libres qui peuvent alors réagir avec l'argent. Avec cette méthode, les spirochètes se colorent en noir sur fond jaune doré.

Pour la fixation des tissus, il est conseillé d'employer le formaldéhyde à 10 % tamponné. En outre, l'épaisseur des coupes devrait être de 5 µm. Comme pour toutes les colorations, l'utilisation de coupes témoins est particulièrement recommandée. L'ensemble de la verrerie doit être lavée dans une solution d'acide-dichromate, puis rincée à l'eau courante et, finalement, rincée à trois reprises à l'eau distillée. Comme c'est le cas pour toutes les méthodes d'imprégnation argentique, on ne doit jamais utiliser d'instruments métalliques.

20.3.1 MÉTHODE DE WHARTIN-STARRY

20.3.1.1 Préparation des solutions

1. Solution d'eau acidifiée

- 500 ml d'eau distillée
- ajouter de l'acide citrique goutte à goutte jusqu'à ce que le *p*H se situe entre 3,8 et 4,4 (soit environ 4,5 ml)

2. Solution de nitrate d'argent à 1 %

- 1 g de nitrate d'argent
- 100 ml d'eau acidifiée

3. Solution de nitrate d'argent à 2 %

- 2 g de nitrate d'argent
- 100 ml d'eau acidifiée

4. Solution de gélatine à 5 %

- 1,5 g de gélatine
- 30 ml d'eau acidifiée

Il ne faut préparer que de petites quantités de cette solution, car elle ne se conserve pas longtemps.

5. Solution d'hydroquinone à 0,15 %

- 0,15 g d'hydroquinone
- 100 ml d'eau acidifiée

6. Développeur

- 12 ml de solution de nitrate d'argent à 2 % (solution n° 2)
- 30 ml de solution de gélatine à 5 % (solution n° 4)
- 16 ml de solution d'hydroquinone à 0,15 % (solution n° 5)

Prévoir un bain vide et un bain d'eau courante; mesurer les trois solutions qui composeront le développeur et les laisser chacune dans son contenant; incuber le tout dans un bain d'eau thermostaté à 56 °C.

20.3.1.2 Méthode de mise en évidence des spirochètes selon Whartin-Starry et méthode au four à micro-ondes

MODE OPÉRATOIRE

1. Déparaffiner et hydrater les coupes jusqu'au rinçage à l'eau distillée;

2. immerger les coupes pendant 15 minutes dans la solution de nitrate d'argent à 1 % maintenue à une température de 43 à 45 °C; OU, dans le four à micro-ondes, irradier pendant 45 secondes à 80 % de la puissance maximale;
3. préparer le développeur en mélangeant rapidement dans le bain vide les trois réactifs, dans l'ordre; bien agiter; déposer les coupes dans cette solution et les laisser reposer pendant 2 à 5 minutes, à une température de 56 °C, jusqu'à ce que les coupes prennent une teinte brunâtre; OU, au four à micro-ondes, irradier pendant 15 secondes à la puissance maximale; attendre le virage au brun-bronze;
4. rincer rapidement dans le bain d'eau courante préchauffée à 56 °C; puis dans deux bains d'eau distillée à la température ambiante;
5. déshydrater dans deux bains d'éthanol absolu, éclaircir dans le xylène et monter avec une résine permanente, de type Permount (voir la remarque à ce sujet).

RÉSULTATS

- Les spirochètes se colorent en noir sous l'effet du nitrate d'argent;
- le fond de la coupe se colore en jaune sous l'action de l'hydroquinone.

20.3.1.3 Remarques

- Des spirochètes jaunâtres signifient que le développement a été insuffisant.
- La mélanine, les noyaux et certains pigments peuvent avoir une grande affinité pour la solution d'argent. Ainsi, il peut être difficile d'identifier les spirochètes qui se trouvent dans le voisinage de ces structures.
- Le rinçage à l'eau courante préchauffée à 56 °C, après l'immersion dans le développeur, est essentielle pour dégélatiniser les coupes.
- Le temps d'immersion des coupes dans le développeur peut varier selon les besoins; en effet, si le pathologiste préfère des résultats plus contrastés, la personne chargée de la mise en évidence prolongera l'étape du développement; à l'opposé, elle l'abrégera si le pathologiste travaille de préférence avec des coupes aux contrastes moins prononcés.
- Le Permount est une résine qui empêche la décoloration des spirochètes mieux que tout autre milieu de montage.

20.3.2 MÉTHODE DE STEINER-STEINER

Contrairement à la méthode de Whartin-Starry qui fait intervenir avec le nitrate d'argent, celle de Steiner-Steiner est à base de nitrate d'uranyle qui, selon plusieurs auteurs, procure une stabilité accrue. Cette méthode est surtout utilisée pour la mise en évidence de l'*Helicobacter pylori*, bactérie principalement reconnue pour être à l'origine des ulcères d'estomac. Les patients infectés peuvent ressentir des brûlures d'estomac et, dans certains cas, un reflux gastro-œsophagien. Entre 10 et 15 % d'entre eux peuvent développer un ulcère peptidique de l'estomac ou du duodénum. Il est possible de mettre en évidence ce microorganisme à l'aide d'une coloration de routine à l'hématoxyline et à l'éosine. Il prend alors une teinte gris pâle sous l'action de la laque d'hématéine aluminique. La méthode de Giemsa (voir la section 20.3.5) et celle de Gram selon Brown et Brenn, où la fuchsine basique colore la bactérie (voir la section 20.1), donnent également des résultats satisfaisants. Le plus souvent, cependant, l'*Helicobacter pylori* est présent sur des prélèvements tissulaires provenant d'une autopsie ou d'une résection chirurgicale de l'estomac ou du duodénum. Dans ces cas, on a habituellement recours à la méthode de Steiner-Steiner pour le mettre évidence.

20.3.2.1 Préparation des solutions

1. Solution de nitrate d'uranyle à 1 %

- 1 g de nitrate d'uranyle
- 100 ml d'eau distillée

2. Solution de nitrate d'argent à 1 %

- 1 g de nitrate d'argent
- 100 ml d'eau déminéralisée

3. Solution alcoolique de gomme mastique à 2,5 %

- 2,5 g de gomme mastique
- 100 ml d'éthanol absolu

4. Solution d'hydroquinone à 2 %

- 1 comprimé d'hydroquinone dans 25 ml d'eau déminéralisée

OU

- 0,5 g d'hydroquinone dans 25 ml d'eau distillée

5. Solution réductrice

- 25 ml de solution d'hydroquinone à 2 % (solution n° 4)
- 10 ml de solution alcoolique de gomme mastique à 2,5 % (solution n° 3)
- 5 ml d'éthanol absolu

20.3.2.2 Méthode de Steiner-Steiner au four à micro-ondes

MODE OPÉRATOIRE

1. Déparaffiner et hydrater les coupes jusqu'au bain de rinçage à l'eau déminéralisée;
2. immerger les coupes dans le nitrate d'uranyle à 1 %; irradier pendant 40 secondes à 10 % de la puissance maximale; rincer dans quatre bains d'eau déminéralisée;
3. imprégner par immersion dans le nitrate d'argent à 1 %; irradier les coupes à 10 % de la puissance maximale pendant 30 secondes : sortir le bain contenant les coupes et laisser reposer à la température ambiante pendant 10 minutes; rincer les coupes dans quatre bains d'eau déminéralisée;
4. rincer dans deux bains d'éthanol à 95 %, puis dans deux bains d'éthanol absolu; laisser égoutter et sécher les coupes à l'air pendant 5 minutes;
5. préchauffer la solution réductrice pendant 15 secondes à 10 % de la puissance maximale; ajouter à cette solution 200 microlitres de nitrate d'argent à 1 %; mettre les coupes dans cette solution chaude et irradier pendant 20 secondes à 10 % de la puissance maximale; sortir le bain du four et le laisser reposer à la température ambiante, de 2 à 3 minutes;
6. déshydrater dans deux bains d'éthanol absolu, éclaircir et monter avec une résine permanente comme le Permount.

RÉSULTATS

- Les spirochètes et les bactéries filamenteuses prennent une teinte qui varie du brun foncé au noir sous l'effet du nitrate d'argent;
- le fond de la coupe prend une teinte qui varie de jaune à brun très pâle sous l'effet de l'hydroquinone qui se trouve dans la solution réductrice.

20.3.3 MÉTHODE AU VIOLET DE CRÉSYL ACÉTATE POUR LA MISE EN ÉVIDENCE DE L'*HELICOBACTER PYLORI*

« Violet de crésyl acétate » est le nom moderne attribué au « violet de crésyl solide ». Il s'agit d'un colorant cationique, soluble dans l'eau et l'alcool, et qui appartient à la famille des oxazines. Malheureusement, il ne porte aucun numéro de CI. Il est surtout utilisé pour la coloration des corps de Nissl. Son poids moléculaire est de 321,0. La structure chimique du violet de crésyl est la suivante :

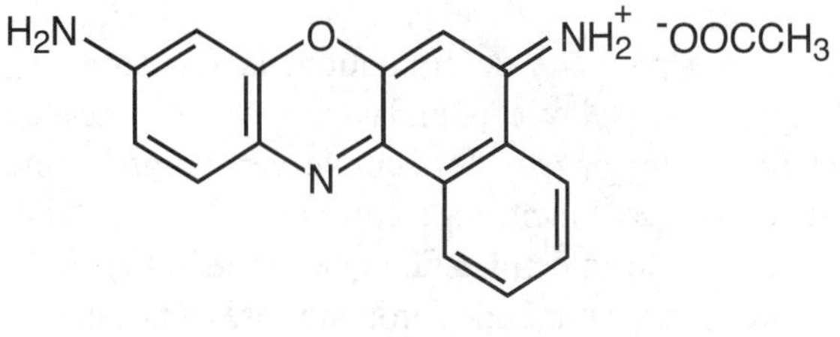

Figure 20.4 : *Représentation schématique de la molécule du violet de crésyl.*

Le mécanisme d'action n'est pas bien connu mais, selon la grande majorité des auteurs, il semble que le colorant cationique forme des liaisons sel avec les acides aminés des protéines présentes à la surface de la bactérie.

20.3.3.1 Préparation de la solution de violet de crésyl acétate à 0,1 %

- 0,1 g de violet de crésyl acétate
- 100 ml d'eau distillée

20.3.3.2 Méthode de coloration au violet de crésyl acétate

MODE OPÉRATOIRE

1. Déparaffiner et hydrater les coupes jusqu'au bain de rinçage à l'eau distillée;
2. colorer les coupes dans la solution fraîchement filtrée de violet de crésyl acétate à 0,1 % pendant 5 minutes; rincer à l'eau distillée;
3. assécher les coupes avec un papier absorbant, déshydrater rapidement à l'alcool, clarifier et monter avec une résine permanente comme l'Eukitt.

RÉSULTATS

- L'*Helicobacter pylori* et les noyaux se colorent en bleu violet sous l'action du violet de crésyl acétate;
- les autres éléments tissulaires prennent divers tons de bleu violacé.

20.3.4 MÉTHODE DE GIMENEZ POUR LA MISE EN ÉVIDENCE DE L'*HELICOBACTER PYLORI*

Dans cette méthode de coloration, la fuchsine carbolique est employée pour la mise en évidence de l'*Helicobacter pylori*, alors que le vert de malachite sert de contrecolorant. La théorie exposée plus haut, qui veut que le colorant cationique forme des liens sel avec les acides aminés des protéines présents à la surface de la bactérie, semble de nouveau faire l'unanimité auprès des auteurs.

20.3.4.1 Préparation des solutions

1. **Solution tampon phosphate à *p*H 7,5**
   - 3,5 ml de dihydrogène de sodium orthophosphate à 0,1 *M*
   - 15,5 ml d'hydrogène de disodium orthophosphate à 0,1 *M*
2. **Solution mère de fuchsine carbolique**
   - 1 g de fuchsine basique
   - 10 ml d'éthanol absolu
   - 10 ml de phénol liquéfié en solution aqueuse à 5 %

   La figure 14.8 présente les principales caractéristiques de ce colorant.
3. **Solution de travail de fuchsine carbolique tamponnée**
   - 10 ml de tampon phosphate à *p*H 7,5 (solution n° 1)
   - 4 ml de la solution mère de fuchsine carbolique (solution n° 2)
4. **Solution de vert de malachite à 0,8 %**
   - 0,8 g de vert de malachite
   - 100 ml d'eau distillée

20.3.4.2 Méthode de coloration de Gimenez

MODE OPÉRATOIRE

1. Déparaffiner et hydrater les coupes jusqu'au bain de rinçage à l'eau distillée;
2. colorer les coupes dans la solution de travail de fuchsine carbolique pendant 2 minutes; puis laver les coupes à l'eau courante;
3. contrecolorer dans la solution de vert de malachite à 0,8 % de 15 à 20 secondes; laver rapidement à l'eau distillée;
4. répéter l'étape 3 jusqu'à l'obtention d'une teinte bleu-vert visible à l'œil nu;
5. assécher complètement les coupes à l'air, clarifier et monter avec une résine permanente comme l'Eukitt.

RÉSULTATS

- L'*Helicobacter pylori* se colore en rouge magenta sous l'action de la fuchsine carbolique;
- le fond de la coupe prend une coloration bleu-vert sous l'effet du vert de malachite.

20.3.4.3 Remarques

- Le principal désavantage de cette méthode est le manque de fiabilité du colorant de malachite, qui a tendance à surcolorer les coupes.
- Cette méthode permet également de mettre en évidence la bactérie du Légionnaire dans les poumons des personnes décédées de la maladie du même nom.

20.3.5 MÉTHODE DE GIEMSA MODIFIÉE POUR LA MISE EN ÉVIDENCE DE L'*HELICOBACTER PYLORI*

La méthode de Giemsa sera abordée en détail au chapitre 24. Il est cependant nécessaire de mentionner que cette technique peut être utilisée pour la mise en évidence de certains microorganismes. L'utilisation du Giemsa dans ce but est une question de préférence de la part des pathologistes. Cette méthode de coloration n'est pas particulière aux microorganismes. En effet, elle est généralement employée dans l'étude des organes hématopoïétiques et pour les cas de réactions inflammatoires. Il est possible d'utiliser une méthode de Giemsa modifiée pour mettre en évidence les spirochètes, les Rikettsies et certains parasites (hématozoaires). Le Giemsa porte le nom de « May-Grünwald » et consiste en un mélange d'éosinate et de bleu de méthylène dissous dans l'alcool méthylique. Il s'agit d'un colorant neutre qui, au contact des tissus, se dissocie en un colorant cationique bleu, le bleu de méthylène, et un colorant anionique rouge, l'éosine. La dilution du colorant dans l'eau favorise cette dissociation. Le bleu de méthylène se fixe essentiellement sur les noyaux et les structures basophiles cytoplasmiques, alors que l'éosine se pose surtout sur les structures acidophiles tissulaires.

À l'instar du cas précédent, la grande majorité des auteurs s'entendent pour affirmer que le mécanisme d'action est relié à la formation de liens sel entre le colorant cationique et les acides aminés de la paroi de l'*Helicobacter pylori*.

20.3.5.1 Préparation des solutions

1. Solution mère de Giemsa à 0,8 %

- 4 g de poudre de Giemsa
- 250 ml de glycérol
- 250 ml de méthanol absolu

Dissoudre la poudre de Giemsa dans le glycérol chauffé à 60 °C tout en brassant régulièrement la solution. Une fois la poudre dissoute, ajouter le méthanol et bien mélanger. Laisser reposer pendant sept jours. Filtrer avant usage.

Figure 20.5 : **FICHE DESCRIPTIVE DU VERT DE MALACHITE**

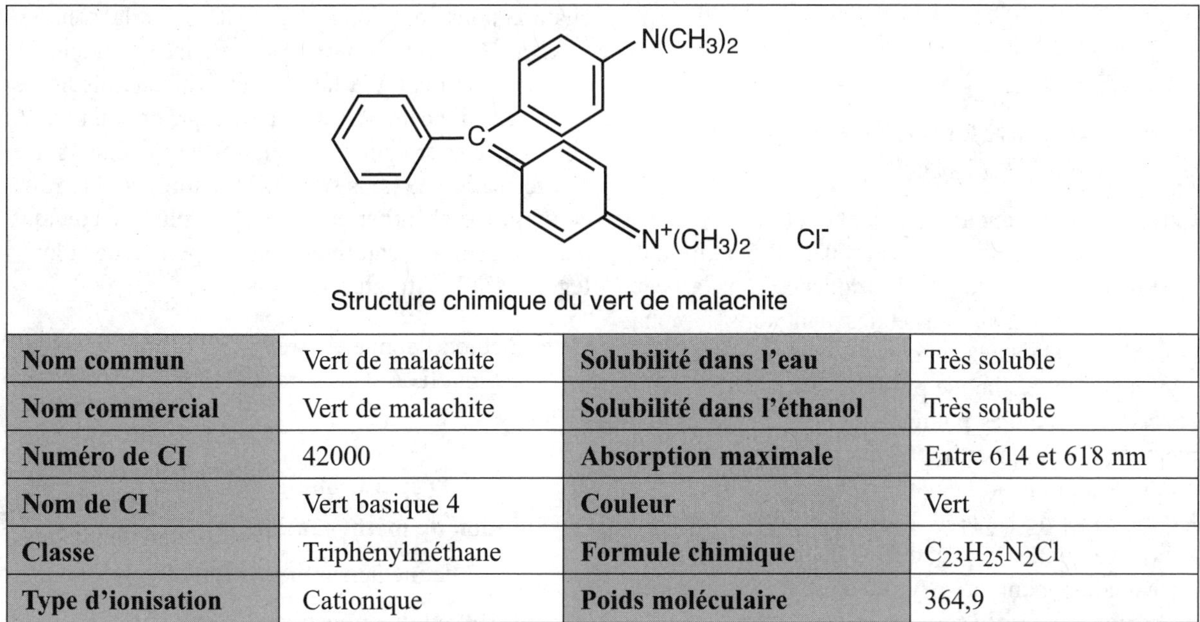

Structure chimique du vert de malachite

Nom commun	Vert de malachite	Solubilité dans l'eau	Très soluble
Nom commercial	Vert de malachite	Solubilité dans l'éthanol	Très soluble
Numéro de CI	42000	Absorption maximale	Entre 614 et 618 nm
Nom de CI	Vert basique 4	Couleur	Vert
Classe	Triphénylméthane	Formule chimique	$C_{23}H_{25}N_2Cl$
Type d'ionisation	Cationique	Poids moléculaire	364,9

Il est à noter que la solution mère de Giemsa est disponible sur le marché.

2. **Solution de travail de Giemsa**
   - 1 ml de la solution mère de Giemsa (solution n° 1)
   - 50 ml d'eau distillée stérile

   L'utilisation d'une solution mère commerciale ne change en rien la préparation de la solution de travail.

20.3.5.2 Méthode de Giemsa

MODE OPÉRATOIRE

1. Déparaffiner et hydrater les coupes jusqu'au bain de rinçage à l'eau distillée;
2. déposer les coupes dans la solution de travail de Giemsa pendant 30 minutes;
3. plonger rapidement les coupes dans un bain d'éthanol absolu;
4. éclaircir et monter avec une résine permanente comme l'Eukitt.

RÉSULTATS

- L'*Helicobacter pylori* se colore en bleu foncé sous l'effet du bleu de méthylène;
- le fond de la coupe prend différentes teintes, qui varient du rouge au bleu selon les quantités de colorants dissociés.

20.4 MISE EN ÉVIDENCE DES CHAMPIGNONS

Certains champignons sont pathogènes et peuvent infecter les tissus humains, entraînant l'apparition de mycoses. Les principaux sites touchés sont la peau, les ongles, les poumons et les ganglions lymphatiques. Le *pneumocystis carinii*, par exemple, revêt une importance clinique puisque, libre ou enkysté, il obstrue les alvéoles pulmonaires. Il existe plusieurs méthodes pour le mettre en évidence, comme la coloration de routine à l'hématoxyline et à l'éosine (H et É), au cours de laquelle le parasite libre capte l'hématéine et prend l'aspect de très fines granulations. Il en est ainsi pour la majorité des autres types de champignons. Les kystes, quant à eux, ont la taille et la forme des globules rouges et peuvent être mis en évidence grâce à la méthode de Giemsa (voir le chapitre 24), tout comme les méthodes de Gram et de Ziehl-Neelsen. La teneur élevée en glucides permet également de les mettre en évidence en utilisant la coloration à l'acide périodique de Schiff (APS, voir la section 15.4.1.2). La pertinence de ces méthodes dépend du caractère particulier des microorganismes recherchés. La méthode de détection des champignons la plus connue est la méthode de Grocott. Il est toutefois important de mentionner que la méthode à l'APS est de plus en plus utilisée, car elle est supérieure aux autres sur le plan technique. En effet, il y a presque toujours surimprégnation avec la méthode de Grocott.

20.4.1 MÉTHODE DE GROCOTT

La méthode de Grocott est basée sur la teneur particulièrement élevée en glucides de la paroi des champignons. La méthode débute avec l'oxydation des glucides à l'acide chromique, ce qui suscite la production d'aldéhydes, et se poursuit avec la suroxydation d'une fraction importante des aldéhydes en carboxyles. Ce phénomène permet de ne conserver des quantités détectables d'aldéhydes qu'uniquement dans les structures très riches en glucides, comme les champignons. Les aldéhydes sont ensuite détectés à l'aide d'une solution de méthénamine d'argent.

Afin de faire ressortir davantage la coloration des champignons, on utilise habituellement la solution d'Arzac ou le vert lumière comme contrecolorant. Ce dernier appartient à la famille des triphénylméthanes et possède donc un caractère anionique qui lui permet de s'unir aux structures tissulaires cationiques grâce à la formation de liens sel; ces structures sont ensuite en mesure d'absorber la couleur. De plus, ce colorant a un auxochrome cationique qui lui permet de colorer légèrement les structures anioniques.

Cette méthode donne de très bons résultats lorsque les tissus sont fixés dans le formaldéhyde à 10 % tamponné.

20.4.1.1 Préparation des solutions

1. **Solution de méthénamine à 3 %**
   - 3 g de méthénamine
   - 100 ml d'eau distillée

2. Solution de borax à 5 %

- 5 g de borate de sodium
- 100 ml d'eau distillée

3. Solution de nitrate d'argent à 5 %

- 5 g de nitrate d'argent
- 100 ml d'eau distillée

4. Solution de méthénamine d'argent de Grocott

- 25 ml de méthénamine à 3 % (solution n° 1)
- 25 ml d'eau distillée
- 2 ml de borax à 5 %
- 1,2 ml de nitrate d'argent à 5 % (solution n° 3)

Le mélange de ces produits entraîne la formation d'un précipité, mais celui-ci disparaît rapidement lorsque le contenant est agité.

5. Solution d'acide chromique à 5 %

- 5 g d'acide chromique
- 100 ml d'eau distillée

6. Solution de bisulfite de sodium à 0,1 %

- 0.1 g de bisulfite de sodium
- 100 ml d'eau distillée

7. Solution de chlorure d'or à 1 %

- 1 g de chloroaurate de sodium
- 100 ml d'eau distillée

8. Solution de thiosulfate de sodium à 5 %

- 5 g de thiosulfate de sodium
- 100 ml d'eau distillée

9. Solution d'Arzac

- 1 g de vert lumière SF (voir la fiche descriptive, figure 14.11)
- 0,25 g d'orange G (voir la fiche descriptive, figure 14.14)
- 0,5 g d'acide phosphotungstique
- 100 ml d'éthanol à 50 %
- 1,25 ml d'acide acétique glacial

OU

10. La solution mère de vert lumière à 0,2 %

- 0,2 g de vert lumière SF (voir la fiche descriptive, figure 14.11)
- 100 ml d'eau distillée
- 0,2 ml d'acide acétique glacial

11. La solution de travail de vert lumière

- 10 ml de la solution mère de vert lumière à 0,2 %
- 50 ml d'eau distillée.

Pour un complément d'information sur le vert lumière et l'orange G, voir la section 15.4.1.4.1.

20.4.1.2 Méthode de Grocott

MODE OPÉRATOIRE

1. Déparaffiner et hydrater les coupes jusqu'au bain de rinçage à l'eau distillée;
2. procéder à l'oxydation dans un bain d'acide chromique à 5 % pendant 60 minutes; laver à l'eau courante pendant 10 minutes; rincer à l'eau distillée;
3. blanchir les coupes dans une solution de bisulfite de sodium à 1 % pendant 1 minute; laver à l'eau courante pendant 3 minutes; rincer à l'eau distillée;
4. imprégner les coupes en les immergeant dans la solution de méthénamine d'argent préchauffée à 56 °C jusqu'à ce qu'elles deviennent jaune-brun, ce qui peut prendre jusqu'à 60 minutes; rincer à l'eau distillée à plusieurs reprises;
5. provoquer le virage en plongeant les coupes dans la solution de chlorure d'or à 1 % pendant 5 minutes; rincer à l'eau distillée;
6. fixer dans le thiosulfate de sodium à 5 % pendant 2 minutes; laver à l'eau courante pendant 3 minutes; rincer à l'eau distillée;
7. contrecolorer dans la solution d'Arzac (ou la solution de travail de vert lumière) pendant 1 minute; rincer à l'eau distillée;
8. déshydrater, éclaircir et monter avec une résine permanente comme l'Eukitt.

RÉSULTATS

- Le contour des champignons, les levures, les hyphes kystiques, les mucines, le glycogène et la mélanine se colorent en noir sous l'effet du méthénamine d'argent;
- la partie interne des champignons se colore en gris plus ou moins foncé, selon la teneur en glucides des champignons, sous l'effet du méthénamine d'argent;
- les cytoplasmes et les érythrocytes se colorent en jaune sous l'action de l'orange G;
- les structures acidophiles tissulaires se colorent en vert sous l'effet du vert lumière SF;
- les noyaux se colorent en vert pâle sous l'effet du vert lumière SF.

20.4.1.3 Remarques

- Le blanchiment au bisulfite de sodium sert à retirer l'acide chromique résiduel de la coupe. En effet, le chrome peut entraîner la formation de précipités noirs et donner des résultats faussement positifs.
- Si l'objectif est de mettre en évidence les filaments de *Norcadia* ou d'*Actinomices bovis*, il faut prolonger l'imprégnation au méthénamine d'argent, c'est-à-dire la faire passer de 60 à 90 minutes. Par contre, il peut en résulter une surimprégnation des champignons, ce qui risque de nuire à l'observation de détails internes, comme la cloison des hyphes.
- La température de l'incubation ne doit pas dépasser 56 °C.
- La fibrine risque de devenir noire si l'incubation est trop longue.
- La verrerie doit être lavée à l'acide avant la mise en évidence au méthénamine d'argent. De plus, il faut éviter d'utiliser du matériel métallique comme les pinces et les supports de coloration, entre autres, car il pourrait donner des résultats faussement positifs.
- Les noyaux se colorent en vert pâle sous l'action du vert lumière, car ce dernier possède un auxochrome cationique (NH_2) qui s'ionise en solution pour devenir du NH^+, capable de s'unir aux éléments nucléaires anioniques. Comme la molécule du colorant est assez grosse, cependant, peu d'entre elles s'unissent aux noyaux, et ces derniers prennent alors une teinte vert pâle au lieu de vert foncé.

20.4.2 MÉTHODE DE GROCOTT AU FOUR À MICRO-ONDES

Les réactifs sont sensiblement les mêmes que pour la méthode type, et les mécanismes d'action sont identiques (voir la section 20.4.1).

20.4.2.1 Préparation des solutions

1. **Solution d'acide chromique à 5 %**

   Voir la section 20.4.1.1, solution n° 5.

2. **Solution de nitrate d'argent à 5 %**

   Voir la section 20.4.1.1, solution n° 3.

3. **Solution de méthénamine à 3 %**

   Voir la section 20.4.1.1, solution n° 1.

4. **Solution de borax à 5 %**

   Voir la section 20.4.1.1, solution n° 2.

5. **Solution mère de méthénamine d'argent**

   - 5 ml de solution de nitrate d'argent à 5 % (solution n° 2)
   - 100 ml de méthénamine à 3 % (solution n° 3)

   Un précipité blanc se forme dans la solution, mais il se dissout facilement par agitation. Cette solution se conserve plusieurs mois à 4 °C.

6. **Solution de travail de méthénamine d'argent**

   - 2 ml de solution de borax à 5 % (solution n° 4)
   - 25 ml d'eau distillée
   - 25 ml de la solution mère de méthénamine d'argent (solution n° 5)

7. **Solution de bisulfite de sodium à 1 %**

   Voir la section 20.4.1.1, solution n° 6.

8. Solution de chlorure d'or à 0,1 %

- 10 ml de chlorure d'or à 1 %
- 90 ml d'eau distillée

9. Solution de thiosulfate de sodium à 2 %

- 2 g de thiosulfate de sodium
- 100 ml d'eau distillée

10. Solution mère de vert lumière SF à 0,2 %

Voir section 20.4.1.1, solution n° 10.

11. Solution de travail de vert lumière

Voir section 20.4.1.1, solution n° 11.

OU

12. Solution d'Arzac

Voir section 20.4.1.1, solution n° 12.

20.4.2.2 Méthode de Grocott au four à micro-ondes pour la mise en évidence des champignons

MODE OPÉRATOIRE

1. Déparaffiner et hydrater les coupes jusqu'au bain de rinçage à l'eau distillée;
2. procéder à l'oxydation dans un bain d'acide chromique à 5 %; irradier pendant 3 minutes à 20 % de la puissance maximale; rincer à l'eau courante;
3. blanchir les coupes dans la solution de bisulfite de sodium à 1 % pendant 1 minute; rincer à l'eau courante;
4. imprégner les coupes en les immergeant dans la solution de travail de méthénamine d'argent; irradier pendant 3 minutes à 20 % de la puissance maximale; sortir le bain du four et le laisser reposer durant 45 à 60 secondes à la température ambiante ou jusqu'à ce que les coupes deviennent jaune-brun; rincer à l'eau distillée à plusieurs reprises;
5. provoquer le virage en plongeant les coupes dans la solution de chlorure d'or à 1 % jusqu'à l'obtention d'une teinte grise; rincer à l'eau distillée;
6. fixer dans le thiosulfate de sodium à 2 % pendant 25 à 30 secondes; rincer à l'eau distillée;
7. contrecolorer dans la solution de travail de vert lumière (ou dans la solution d'Arzac) pendant 1 minute; rincer à l'eau distillée;
8. déshydrater, éclaircir et monter avec une résine permanente.

RÉSULTATS

- Les champignons se colorent en noir sous l'action du méthénamine d'argent;
- la partie interne des champignons se colore en gris plus ou moins foncé, selon la teneur en glucides des champignons, sous l'action du méthénamine d'argent;
- les noyaux et le fond de la coupe se colorent en vert sous l'action du vert lumière.

20.4.2.3 Remarque

- Il est très facile de surimprégner le tissu au complet. Afin de pallier cet inconvénient, il faut modifier les temps d'irradiation aux micro-ondes en fonction du type de tissu et de sa densité.

20.4.3 MÉTHODE DE CHURUKIAN ET SCHENK POUR LA MISE EN ÉVIDENCE DU PNEUMOCYSTIS CARINII

Cette méthode est une variante de la méthode de Grocott au four à micro-ondes. Certains changements sont apportés aux réactifs, mais les mécanismes d'action demeurent les mêmes. Dans le cas de cette méthode, cependant, les spécimens sont généralement acheminés sous forme de frottis d'expectoration ou de lavages bronchique. Les cellules sont habituellement fixées dans de l'éthanol à 70 %.

20.4.3.1 Préparation des solutions

1. Solution d'acide périodique à 0,5 %

- 0,5 g d'acide périodique
- 100 ml d'eau distillée

2. Solution de nitrate d'argent à 10 %

- 1 g de nitrate d'argent
- 10 ml d'eau distillée

3. Solution d'hydroxyde d'ammonium à 4 %

- 0,4 g d'hydroxyde d'ammonium
- 10 ml d'eau distillée

4. Solution de travail de nitrate d'argent et d'hydroxyde d'ammonium (solution de nitrate d'argent ammoniacal)

- 10 ml de nitrate d'argent à 10 % (solution n° 2)
- ajouter 5 ml de la solution d'hydroxyde d'ammonium à 4% (solution n° 3) goutte à goutte, en brassant constamment jusqu'à dissolution du précipité
- amener le volume total à 1 litre avec de l'eau distillée

La solution se conserve pendant environ 3 mois à 4 °C.

5. Solution de chlorure d'or à 0,2 %

- 10 ml de chlorure d'or à 1 %
- 40 ml d'eau distillée

6. Solution de thiosulfate de sodium à 2 %

- 1 g de thiosulfate de sodium
- 50 ml d'eau distillée

7. Solution mère de vert lumière à 0,2 %

Voir la section 20.4.1.1, solution n° 10.

8. Solution de travail de vert lumière

Voir la section 20.4.1.1, solution n° 11.

20.4.3.2 Méthode de Churukian et Schenk au four à micro-ondes

MODE OPÉRATOIRE

1. Placer les coupes fixées dans l'acide périodique à 0,5 % pendant 5 minutes; rincer dans cinq bains d'eau distillée;
2. mettre environ 45 ml de la solution de travail de nitrate d'argent ammoniacal dans un bocal de plastique dans le four à micro-ondes; irradier pendant 1 minute à 20 % de la puissance maximale;
3. sortir le bocal; mélanger avec une tige de verre et y ajouter immédiatement les coupes; irradier à 20 % de la puissance maximale pendant 2 minutes;
4. sortir le bocal et laisser reposer à la température ambiante pendant environ 1 minute ou jusqu'à ce que les coupes prennent une teinte brun pâle; rincer dans quatre bains d'eau distillée;
5. provoquer le virage en plongeant les coupes dans le chlorure d'or à 0,2 % pendant 30 secondes; rincer à l'eau distillée;
6. procéder au fixage dans le thiosulfate de sodium à 2 % pendant 30 secondes; rincer dans un bain d'eau distillée;
7. contrecolorer dans la solution de travail de vert lumière pendant 30 secondes; rincer à l'eau distillée;
8. déshydrater, éclaircir et monter avec une résine permanente comme l'Eukitt.

RÉSULTATS

- Le contour des champignons, le glycogène, certaines mucines et la mélanine se colorent en noir sous l'effet de la solution de nitrate d'argent ammoniacal;
- la partie interne du champignon se colore en gris plus ou moins foncé selon la teneur en glucides du champignon.

20.4.4 MÉTHODE À L'APS

En raison de la teneur en glucides très élevée de la paroi de certains champignons, il peut être utile d'employer la méthode à l'APS (voir la section 15.4.1.2), sans contrecolorant, pour mettre en évidence les champignons dans quelques cas particuliers. Les résultats obtenus sont les suivants :

- les structures fongiques se colorent en magenta sous l'action du réactif de Schiff;
- le fond de la coupe prend une teinte rose pâle sous l'action du réactif de Schiff;

– les autres substances riches en glucides se colorent en rouge magenta vif sous l'effet du réactif de Schiff.

20.5 MISE EN ÉVIDENCE DES INCLUSIONS VIRALES

Individuellement, les virus sont trop petits pour être détectés au microscope optique. Par contre, ils se réunissent souvent en très grand nombre au sein d'inclusions localisées dans le cytoplasme des cellules infectées. Les corps de Negri, que l'on observe dans les cas de rage, en sont un exemple. Il est possible de déceler les inclusions virales à l'aide des méthodes de colorations de routine, en particulier l'HPS. En effet, ces méthodes peuvent servir à détecter et à localiser la présence d'inclusions virales sur les coupes. Les procédés spécifiques, quant à eux, font appel à la différenciation; il est alors préférable d'avoir une idée assez précise de l'emplacement des inclusions avant d'effectuer la coloration.

Les réactions aux diverses méthodes de coloration diffèrent d'une inclusion virale à l'autre. La méthode la plus couramment utilisée pour la mise en évidence des inclusions virales est la méthode à la phloxine-tartrazine de Lendrum.

La méthode à la phloxine-tartrazine est basée sur la forte affinité des inclusions virales pour la phloxine, un colorant anionique de couleur rouge. En effet, elles ne perdent pas facilement leur couleur lorsque soumises à un autre colorant anionique, jaune celui-là, la tartrazine.

Le mécanisme d'action de cette méthode repose donc sur la concurrence entre deux colorants anioniques pour la même structure tissulaire cationique. L'application individuelle des colorants prouve clairement l'affinité différentielle des inclusions pour la phloxine. Plusieurs facteurs sont susceptibles de renforcer ou d'affaiblir la liaison d'un colorant à une structure donnée : la porosité, l'ionisation des colorants et des structures tissulaires, le *p*H des solutions et les indices H/S en sont quelques-uns.

Dans le cas des structures peu poreuses, la capacité de pénétration entre en ligne de compte et le plus diffusible des deux supplante généralement l'autre dans la coloration des structures. Toutefois, la porosité ne semble pas être un facteur important dans le cas

Tableau 20.3 PRINCIPALES MÉTHODES DE MISE EN ÉVIDENCE DES CHAMPIGNONS PATHOGÈNES.

Champignons	Méthodes de mise en évidence
Actinomices bovis	Grocott et Gram
Aspergilus fumigatus	APS, Gridley et Grocott Gram est satisfaisante
Blastomyces dermatitdis	APS et Grocott Gridley est satisfaisante
Candida albicans	Gridley, APS et Grocott Gram est satisfaisante
Cocidioides immitis	Grocott Gram, APS et Gridley sont satisfaisantes
Cryptococcus neoformans	Grocott et APS Gridley et Gram sont satisfaisantes
Histoplasma capsulatum	Grocott APS, Gridley et Gram sont satisfaisantes
Sporotrichum schenckii	Grocott, Gridley et APS Gram est satisfaisante

présent, puisque la phloxine et la tartrazine sont assez diffusibles et que leurs molécules sont de taille équivalente.

Sur le plan de l'ionisation des colorants et des structures, il est permis de croire que les structures fortement ionisées retiennent le colorant primaire plus fermement, et donc plus longtemps, que les structures dont l'ionisation est faible. Selon cette hypothèse, les inclusions virales sont probablement chargées d'une très grande quantité d'ions positifs, supérieure à la plupart des autres structures tissulaires.

Le *p*H de la solution de tartrazine influence l'ionisation des structures et peut entraîner des conditions défavorables au remplacement de la phloxine par la tartrazine.

Si l'indice H/S des inclusions virales et celui de la phloxine sont identiques et diffèrent grandement de celui de la tartrazine, celle-ci aura alors énormément de difficulté à remplacer la phloxine dans les structures.

La spécificité de la réaction est relative. En effet, cette méthode ne permet pas de détecter facilement toutes les inclusions virales, comme les corps de Negri, entre autres, alors qu'elle permet de mettre en évidence plusieurs autres types d'inclusions comme les corps de Russel, les granulations des cellules de Paneth, etc. L'intensité avec laquelle les diverses structures positives sont mises en évidence varie en fonction de la différenciation.

En prévision de l'utilisation de cette méthode, il est fortement recommandé de fixer les tissus dans le formaldéhyde à 10 % tamponné.

20.5.1 MÉTHODE À LA PHLOXINE-TARTRAZINE DE LENDRUM

20.5.1.1 Préparation des solutions

1. Solution d'hématoxyline de Mayer

Voir la section 12.6.1

2. Solution de phloxine B À 0,5 %

- 1 g de phloxine B
- 200 ml d'éthanol à 70 %
- 1 g de chlorure de calcium

Pour un complément d'information sur ce colorant, voir la section 13.2.2 et la fiche descriptive à la figure 13.4.

3. Solution de tartrazine-cellosolve

- 2,5 g de tartrazine
- 100 ml de cellosolve (éther monoéthylique d'éthylène-glycol)

Pour un complément d'information sur ce colorant, voir la section 19.2.2.2.3, et pour consulter sa fiche descriptive, voir la figure 19.7.

20.5.1.2 Méthode de coloration à la phloxine-tartrazine

MODE OPÉRATORIE

1. Déparaffiner et hydrater les coupes jusqu'au bain de rinçage à l'eau courante;
2. colorer dans la solution d'hématoxyline de Mayer pendant 5 à 10 minutes ; bleuir à l'eau courante pendant 10 minutes;
3. colorer dans la solution de phloxine B à 0,5 % pendant 30 minutes ; rincer rapidement à l'eau distillée;
4. mettre les lame à plat et recouvrir les coupes de la solution de tartrazine en la déposant goutte à goutte à l'aide d'une pipette Pasteur jusqu'au changement de couleur, ce qui peut prendre de 30 à 60 secondes;
5. replacer les coupes dans un bain d'eau distillée ; vérifier la différenciation au microscope;
6. déshydrater dans l'éthanol à 60 %, puis à 95 % et finalement, à 100 %;
7. éclaircir et monter avec une résine permanente comme l'Eukitt.

RÉSULTATS

- Les corps d'inclusion se colorent en rouge sous l'action de la phloxine B;
- les noyaux se colorent en bleu sous l'effet de l'hématoxyline de Mayer;

- les structures acidophiles se colorent en jaune sous l'action de la tartrazine;
- les globules rouges peuvent se colorer en jaune orangé sous l'action de la tartrazine.

20.5.1.3 Remarques

- Toutes les structures acidophiles prennent d'abord une teinte rouge sous l'effet de la phloxine B, puis virent au jaune sous l'action de la tartrazine, les fibres musculaires étant les premières à changer de couleur.
- Il est possible que les cellules de Paneth, les corps de Russel et la kératine retiennent la phloxine. Il faut en tenir compte au moment de l'examen microscopique pour éviter toute confusion.

20.5.2 MÉTHODE DE SHIKATA

La méthode de Shikata a pour but de mettre en évidence les cellules infectées par le virus de l'hépatite B. L'orcéine est employée comme colorant principal et la tartrazine joue le rôle de contrecolorant. Il semble que cette méthode repose sur l'action du permanganate de potassium, lequel oxyde les groupements sulfures présents à la surface des protéines contaminées par le virus de l'hépatite B, ce qui entraîne la production de résidus sulphydriles (S-S). Il est alors possible de mettre en évidence ces protéines grâce à l'orcéine (voir la section 10.5.1.3).

20.5.2.1 Préparation des solutions

1. Solution de permanganate de potassium

- 95 ml de permanganate de potassium à 0,25 %
- 5 ml d'acide sulfurique à 3 % en solution aqueuse

2. Solution d'orcéine à 1 %

- 1 g d'orcéine (voir la fiche descriptive à la figure 10.22)
- 99 ml d'éthanol à 70 %
- 1 ml d'acide chlorhydrique, qui donne à la solution un *p*H se situant entre 1,0 et 2,0

3. Solution de tartrazine-cellosolve

Voir la section 20.5.1.1, solution n° 3.

4. Solution d'acide oxalique à 1,5 %

- 1,5 g d'acide oxalique
- 100 ml d'eau distillée

20.5.2.2 Méthode de coloration de Shikata

MODE OPÉRATOIRE

1. Déparaffiner les coupes et les hydrater graduellement jusqu'au bain de rinçage à l'eau distillée;
2. traiter les coupes dans la solution de permanganate de potassium pendant 5 minutes;
3. blanchir dans la solution aqueuse d'acide oxalique à 1,5 %; laver à l'eau distillée pendant 5 minutes; rincer ensuite dans un bain d'éthanol à 70 %;
4. colorer dans la solution d'orcéine à la température ambiante pendant 4 heures, ou à 37 °C pendant 90 minutes; rincer rapidement dans l'éthanol à 70 %; rincer à l'eau distillée pour examen microscopique de la coupe. Si l'intensité de la coloration n'est pas satisfaisante, reprendre l'étape 4 du début;
5. déshydrater dans le cellosolve; contrecolorer dans le mélange tartrazine-cellosolve pendant 2 minutes;
6. poursuivre la déshydratation dans un bain de cellosolve, clarifier et monter avec une résine synthétique permanente comme l'Eukitt.

RÉSULTATS

- Les cellules infectées par le virus de l'hépatite B, les fibres élastiques et quelques mucines se colorent en brun-noir sous l'action de l'orcéine;
- le fond de la coupe se colore en jaune sous l'action de la tartrazine.

20.5.2.3 Remarque

- La réussite de la méthode dépend en grande partie de la qualité de l'orcéine et de la fraîcheur de la solution.

20.6 PRÉCISIONS CONCERNANT LA MISE EN ÉVIDENCE DES MICROORGANISMES EN PATHOLOGIE

Dans un contexte anatomopathologique, la recherche et l'identification des bactéries, des virus, des mycoses et des parasites constitue un moyen efficace de poser un diagnostic, mais il est primordial d'en connaître et d'en respecter les limites et les imperfections. Dans ce domaine, en effet, les méthodes de coloration utilisées en histotechnologie ne sont pas parfaites et, par conséquent, les résultats sont souvent subjectifs et la marge d'erreur est relativement élevée dans le cas de certains microorganismes, comme le bacille de la tuberculose, par exemple. De plus, même si la mise en évidence d'un organisme est habituellement réussie, il n'est pas toujours possible de différencier celui-ci d'un autre de la même famille avec précision. En fait, cette responsabilité revient aux bactériologistes.

En pratique, lorsqu'un pathologiste est en présence d'une lésion qui ressemble à une infection dont un microorganisme serait à l'origine, il tente de mettre celui-ci en évidence au moyen des colorations appropriées. Par exemple, le pathologiste cherchera la présence de bactéries dans une méningite purulente, une pneumonie lobaire ou un abcès. S'il croit être devant une lésion granulomateuse, il tentera de mettre en évidence le bacille de la tuberculose ou encore un champignon; enfin, s'il soupçonne un herpès ou une encéphalite à virus, il cherchera la présence d'inclusions virales dans les cellules. Cependant, il doit toujours y avoir évaluation et consultation sur les données bactériologiques afin de vérifier les résultats anatomopathologiques.

Le tableau 20.4 offre un bref aperçu des principales colorations utilisées pour la mise en évidence des microorganismes, mais aussi des avantages et désavantages de celles-ci.

Tableau 20.4 RÉSUMÉ DES PRINCIPALES MÉTHODES DE MISE EN ÉVIDENCE DES MICROORGANISMES, DE LEURS AVANTAGES ET DÉSAVANTAGES.

Méthodes de coloration	Avantages	Désavantages	Éléments dérangeants
Gram, selon Brown et Brenn	La coloration des bactéries Gram positif s'effectue relativement bien. Meilleure méthode pour vérifier la présence de bactéries	Les bactéries Gram négatifs se colorent relativement mal Les tissus tachés d'exsudat doivent être traités dans le formaldéhyde	Des débris de noyaux ou des fragments de tissu ont parfois l'aspect des bactéries Gram positif. Les bactéries Gram négatif, quant à elles, se perdent souvent dans la coloration de fond et sont alors difficilement observables
Ziehl-Neelsen	Meilleure méthode pour déterminer la morphologie des bactéries	Cette méthode permet uniquement de mettre en évidence les bactéries acido-résistantes et requiert l'observation microscopique à l'immersion	Les lipofuchsines et autres débris de tissus acido-résistants peuvent compliquer l'interprétation des résultats
Auramine-rhodamine	Méthode appropriée pour mettre en évidence plusieurs mycobactéries Il est nécessaire, cependant, d'observer tout le tissu au microscope	Méthode qui ne met que partiellement en évidence des organismes acido-résistants De plus, elle requiert l'utilisation d'un microscope à fluorescence	Les tissus qui renferment des lipofuchsines peuvent présenter des résultats difficiles à interpréter
Grocott (méthénamine d'argent)	Méthode appropriée pour la mise en évidence des actinomycès aérobiques comme le *Nocardia*	Elle permet également de colorer d'autres microorganismes. Les résultats doivent être vérifiés au moyen de la coloration de Gram. De plus, il y a souvent surimprégnation	L'élastine et le collagène, ou encore, les précipités d'argent, peuvent mener à une mauvaise interprétation des résultats
Acide périodique de Schiff (APS)	Méthode qui permet de mettre en évidence des bactéries, bien qu'elle ne soit pas la meilleure pour cette tâche	Cette méthode ne permet pas de connaître la nature des bactéries colorées	Les débris de tissus peuvent entraîner une fausse interprétation des résultats
Whartin-Starry et Steiner-Steiner	Développée au départ pour la syphilis, cette méthode est la plus sensible pour la mise en évidence de bactéries de toutes morphologies et apparences	Les tissus sont susceptibles d'être contaminés par des bactéries saprophytes	La coloration de fibres de réticuline ou de membranes cellulaires ainsi que les précipités de colorant peuvent nuire à l'interprétation des résultats

HISTOENZYMOLOGIE

INTRODUCTION

On a vu au chapitre 17 qu'il est possible de détecter certains types de protéines grâce à leur activité biologique. C'est le cas des enzymes. Les enzymes sont des protéines qui ont la propriété de catalyser les réactions biochimiques cellulaires et tissulaires. La catalyse correspond à l'accélération d'une réaction chimique sous l'effet d'une substance appelée « catalyseur ». Les catalyseurs, c'est-à-dire les enzymes, ne sont pas nécessairement altérés à la suite de ce phénomène; ils sont réutilisables.

Les réactions catalysées sont habituellement réversibles; par contre, lorsque les réactions se déroulent dans certaines conditions, le renversement peut être impossible. Chaque enzyme agit sur une substance particulière à laquelle on donne le nom de « substrat ». En règle générale, une réaction enzymatique comporte plusieurs étapes qu'il est possible de résumer de la façon suivante :

$$E + S = ES = EP = E + P$$

L'enzyme (E) et le substrat (S) se lient pour constituer un complexe (ES). Le substrat est alors transformé en produit de réaction lié à l'enzyme (EP). Ce nouveau complexe se dissocie à la fin de la réaction, alors que l'enzyme et le produit (P) se séparent. Cette réaction en chaîne est généralement réversible, mais si le produit ainsi formé sert à son tour de substrat pour une autre enzyme, la réaction cesse d'être réversible.

L'enzyme est une protéine très sélective. Dans la majorité des cas, l'action d'une enzyme ne s'exerce que sur un type de réaction; à chaque enzyme correspondent donc une action et un seul type de substrat spécifiques. Cette réaction est étroitement liée à la structure tridimensionnelle de l'enzyme. Tous les acides aminés qui entrent en contact avec le substrat sont appelés des « sites actifs »; on distingue le site de fixation, qui ne sert qu'à fixer le substrat, et le site catalytique, où s'effectue la réaction chimique proprement dite.

21.1 NOMENCLATURE ET CLASSIFICATION DES ENZYMES

Les enzymes ont une très grande importance en biochimie. Les biochimistes s'entendent pour classer les enzymes selon le type de réaction qu'elles provoquent et le substrat concerné. Cependant, cette classification systématique est trop vaste pour les besoins de l'histotechnologie. Dans ce domaine, on compte principalement quatre groupes d'enzymes qui présentent une certaine importance lors des mises en évidence : les hydrolases, les oxydoréductases, les transférases et les liases.

21.1.1 HYDROLASES

Les hydrolases sont des enzymes qui catalysent l'hydrolyse des liaisons ester, éther, peptidique et glycosyle en insérant dans les substrats des composants d'une molécule d'eau (H^+ et OH^-). Par exemple, l'acétylcholine acétyl-hydrolase ou pseudocholinestérase agit sur les esters, alors que la β-D-galactoside galactohydrolase ou β-galactosidase agit sur les glycosyles; les peptidases et les protéinases sont également des hydrolases.

21.1.2 OXYDORÉDUCTASES

Les oxydoréductases sont des enzymes qui catalysent l'oxydoréduction, réaction au cours de laquelle se produisent des transferts d'électrons ou d'ions hydrogène.

21.1.3 TRANSFÉRASES

Les transférases sont des enzymes qui catalysent le transfert de groupes fonctionnels d'un substrat à un autre pour former un nouveau produit. Une multitude de réactions chimiques et un grand nombre de méthodes histotechnologiques sont associées à ce type d'enzymes.

21.1.4 LYASES

Les lyases sont des enzymes qui catalysent la transformation d'une substance en un ou plusieurs de ses isomères. La racémase et la cis-transisomérase en sont des exemples.

21.2 CONSIDÉRATIONS TECHNIQUES

21.2.1 COFACTEURS ET COENZYMES

Même si les enzymes sont des protéines, il en existe un certain nombre qui possèdent une fraction non protéique. On les appelle « holoenzymes ». La fraction protéique de l'holoenzyme est appelée « apoenzyme », alors que la fraction non protéique, qui peut être liée plus ou moins fermement à l'apoenzyme, est appelée « groupement prosthétique ».

Certains groupes prosthétiques jouent un rôle actif dans les réactions enzymatiques : ce sont des cofacteurs. On distingue deux types de cofacteurs : des ions métalliques et des molécules organiques. Les cofacteurs, qu'on appelle « coenzymes » comptent entre autres les nucléotides de type nicotinamide adénine dinucléotide (NAD) ou de type nicotinamide adénine dinucléotide phosphate (NADP).

21.2.2 FACTEURS INFLUANT SUR LES RÉACTIONS ENZYMATIQUES

À l'instar des autres réactions chimiques, les réactions enzymatiques sont sensibles à plusieurs facteurs, dont la température, la concentration de l'enzyme, celle du substrat, la dénaturation et les effecteurs enzymatiques.

21.2.2.1 Température

L'activité des enzymes varie en fonction de la température. Normalement, elle passe du simple au double pour chaque augmentation de 10 °C. À basse température toutefois, cette activité est plus ou moins inhibée. La nature protéique des enzymes limite la température maximale à laquelle on peut les faire réagir. En effet, si l'on étudie l'activité des enzymes en fonction de la température, on constate que le phénomène ne se manifeste que jusqu'à 40 °C à 45 °C; au-delà de ce seuil, on observe une diminution rapide d'activité, en raison de la dénaturation des enzymes. Il est donc possible de déterminer la température optimale d'action pour chaque enzyme, c'est-à-dire la température qui correspond à l'activité maximale de l'enzyme.

21.2.2.2 *p*H

Comme dans le cas de la température, il existe pour chaque enzyme un *p*H optimal auquel correspond une activité maximale. L'activité diminue au fur et à mesure que le *p*H s'éloigne de ce point, dans un sens ou dans l'autre. Voilà pourquoi, la plupart du temps, il est nécessaire d'effectuer les études d'activité enzymatique dans une solution tamponnée.

21.2.2.3 Concentration de l'enzyme

La catalyse nécessite la liaison du substrat au site actif de l'enzyme. Étant donné que chaque molécule d'enzyme ne possède qu'un seul site actif, l'augmentation de la concentration de l'enzyme a pour effet d'accroître la vitesse à laquelle le substrat peut se lier et réagir.

21.2.2.4 Concentration du substrat

Lorsque la concentration de l'enzyme est constante, on constate, pour de faibles concentrations de substrat, qu'il existe une relation directe entre la concentration du substrat et la vitesse de la réaction; on parle alors d'une réaction de premier ordre, c'est-à-dire que la vitesse dépend d'un seul réactif, l'enzyme étant considérée comme un catalyseur et non comme un réactif. Cependant, lorsqu'une certaine concentration de substrat est atteinte, la vitesse de la réaction cesse d'augmenter et demeure stable, quelle que soit l'augmentation ultérieure de la concentration du substrat; l'enzyme fonctionne alors à plein rendement. On dit alors que la réaction est « d'ordre zéro » puisque la vitesse ne dépend que de la concentration de l'enzyme. En général, l'étude des enzymes se fait en cinétique d'ordre zéro.

Malgré cela, il faut prendre garde de ne pas utiliser des concentrations trop élevées de substrat puisqu'un excès de celui-ci peut, dans certains cas, entraîner une inhibition de la réaction.

21.2.2.5 Dénaturation de l'enzyme

La chaleur excessive et une valeur de *p*H extrême peuvent provoquer la dénaturation des enzymes et, par conséquent, entraîner leur inactivation. Cependant, plusieurs manipulations histologiques, dont la fixation, la déshydratation et l'imprégnation peuvent également mener à la dénaturation des enzymes.

21.2.2.6 Effecteurs enzymatiques

Les effecteurs enzymatiques sont des substances qui modifient le déroulement des réactions enzymatiques. Certains favorisent ces réactions, d'autres les inhibent. On les choisit en fonction de l'effet recherché.

21.2.2.6.1 *Activateurs de réactions enzymatiques*

Les activateurs de réactions enzymatiques sont habituellement des ions métalliques bivalents comme le magnésium, le manganèse et le calcium. Certains auteurs les classent parmi les cofacteurs; leur mécanisme d'action est plus ou moins connu.

21.2.2.6.2 *Inhibiteurs de réactions enzymatiques*

On distingue deux types d'inhibitions enzymatiques : l'inhibition réversible et l'inhibition irréversible. L'inhibition réversible peut s'effectuer de deux façons : compétitive ou non compétitive.

Les inhibiteurs compétitifs sont des substances qui ont la propriété de se lier au site actif de l'enzyme et d'y prendre ainsi la place du substrat. Le degré d'inhibition dépend du rapport entre la concentration de l'inhibiteur et celle du substrat. Il arrive que le produit final d'une réaction en chaîne inhibe la première enzyme de la chaîne : il se produit alors un effet de rétroaction qui se traduit par l'autorégulation de la production de ces substances.

Les inhibiteurs non compétitifs se lient de façon réversible à l'enzyme, mais sur un site différent du site actif. Cette liaison, par contre, modifie la structure chimique de l'enzyme, si bien que la réaction catalytique ne peut se dérouler normalement. De plus, certains agents vont fixer de façon réversible des ions nécessaires à l'action de l'enzyme (cofacteurs).

Il existe un autre type d'inhibition réversible non compétitive, c'est-à-dire qui ne peut être renversée par une élévation de la concentration de l'enzyme. Cette inhibition est précisément causée par une concentration excessive de substrat. En effet, l'excès de molécules de substrat n'empêche pas leur liaison au site actif, mais celle-ci s'effectue de façon anormale.

Dans le cas de l'inhibition irréversible, les inhibiteurs sont des substances qui modifient de façon irréversible la molécule enzymatique de manière à rendre impossible la réalisation des réactions catalytiques.

21.3 PRÉPARATION DES TISSUS

Il n'existe pas de méthode parfaite de préparation des tissus pour l'histoenzymologie. Chaque enzyme représente un cas particulier et nécessite une approche spécifique. En règle générale, les enzymes sont inactivées par la chaleur, ce qui rend pratiquement impossible l'inclusion à la paraffine. La coupe en congélation est donc la méthode que l'on privilégie davantage.

La fixation soulève un problème plus délicat. D'une part, elle préserve la morphologie du tissu et empêche la diffusion des enzymes; par contre, elle tend aussi à inactiver les enzymes, ce qui nuit à leur détection. Il faut donc faire un choix : fixer les spécimens et obtenir une localisation plus précise de l'enzyme ou ne pas les fixer et obtenir ainsi une image plus diffuse de sa localisation, mais quantitativement plus exacte. Comme l'évaluation quantitative relève principalement de la biochimie, l'histochimie se contentera de déterminer la localisation et, surtout, la présence de l'enzyme.

En pratique, les fixateurs les plus utilisés sont l'acétone et le formaldéhyde calcium à 4 °C. Lorsqu'on doit conserver le tissu pendant quelque temps avant de le fixer, la réfrigération ou la congélation est non seulement recommandée, mais indispensable. Il faut cependant être prudent, car la réfrigération altère certaines enzymes, dont l'isocitrate-déshydrogénase, et la congélation en altère d'autres, dont la lactico-déshydrogénase (LDH-4 et LDH-5).

21.4 PROCÉDÉS DE BASE POUR LA LOCALISATION DES ENZYMES

La majorité des enzymes dont on peut faire l'étude histochimique sont regroupées dans les deux classes suivantes : les oxydoréductases et les hydrolases. Les autres classes ne contiennent qu'un petit nombre d'enzymes qu'il est possible de mettre en évidence sur coupes.

Idéalement, une réaction histoenzymologique devrait se dérouler de la façon suivante : un substrat, dont le degré de pureté et la solubilité sont très élevés, est présenté à une enzyme qui catalyse immédiatement sa conversion en une grande quantité de produits de réaction. Ce catalyseur, c'est-à-dire cette enzyme, serait coloré ou facilement colorable et insoluble dans l'eau ou les lipides; de plus, il aurait une affinité pour les protéines en général, ce qui faciliterait davantage son immobilisation.

Bien entendu, on travaille rarement dans de telles conditions. Il faut donc avoir recours à des méthodes indirectes. Celles-ci sont d'ailleurs peu nombreuses et peuvent être réparties en cinq catégories : les réactions de couplage simultané (*simultaneous capture*), les réactions de post-couplage, l'utilisation de films de substrat, les réactions de réarrangement intramoléculaire et les réactions d'altération de la solubilité.

21.4.1 RÉACTIONS DE COUPLAGE SIMULTANÉ (*SIMULTANEOUS CAPTURE*)

Les réactions de couplage simultané constituent la méthode de choix en histoenzymologie. Le tissu est incubé dans une solution tamponnée qui contient le substrat et une substance ayant la propriété de former avec le produit de la réaction un complexe insoluble détectable. On donne au produit de la réaction enzymatique le nom de « produit de réaction primaire » (PRP) et au complexe insoluble celui de « produit de réaction finale » (PRF). Trois types de substances sont principalement surtout utilisés en tant qu'agents de couplage dans ce type de réaction : les sels de diazonium, les ions métalliques et les sels de tétrazolium.

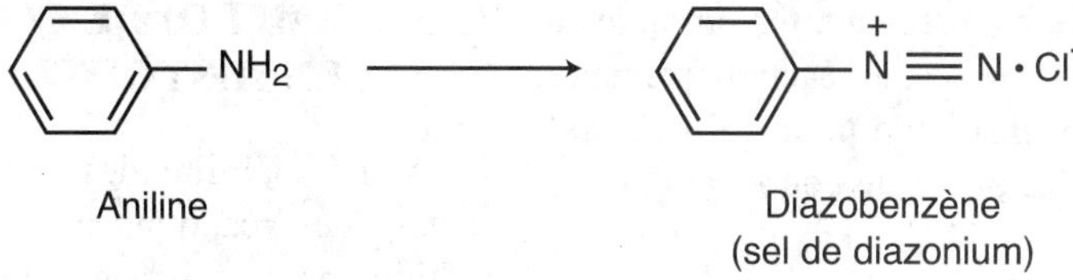

Figure 21.1 : *Représentation de la formation d'un sel de diazonium à partir de l'aniline.*

21.4.1.1 Sels de diazonium

Les sels de diazonium constituent un groupe de dérivés diazotés d'amines aromatiques. Ils ont un caractère cationique et se présentent sous forme de sels (voir la figure 21.1).

Habituellement incolores, ces substances sont également instables en solution; elles réagissent avec certains groupes fonctionnels, dont les plus connus sont les dérivés du naphtol, pour former des colorants azoïques insolubles.

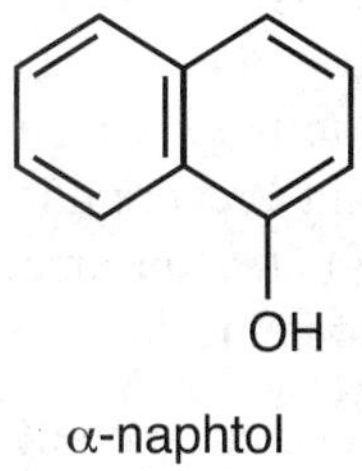

Figure 21.2 : *Représentation chimique de l'α-naphtol.*

Il existe des dérivés de sels de diazonium qui possèdent deux groupes N^+= N. Ils reçoivent alors le nom de « sels de tétrazolium ». On peut les utiliser de la même manière que les sels de diazonium, mais ils donnent des produits aux couleurs plus vives.

Toutefois, les sels de diazonium présentent trois inconvénients notables : leur efficacité varie en fonction du *p*H auquel ils sont soumis, leur instabilité les empêche de bien supporter les longues périodes d'incubation et leur emploi inhibe l'activité de certaines enzymes.

21.4.1.2 Ions métalliques

Dans certains cas, le produit de la réaction enzymatique présente un caractère anionique; on le met alors en présence d'un sel et il se lie au cation métallique de ce dernier pour former un précipité insoluble. Si nécessaire, le précipité ainsi formé est ensuite traité pour être visible au microscope.

21.4.1.3 Sels de tétrazolium

Les sels de tétrazolium sont des composés incolores et solubles dans l'eau qui, lorsque réduits, forment des pigments colorés et insolubles appelés « formazans » (voir la figure 21.3).

On emploie donc ces substances pour mettre en évidence les enzymes qui catalysent des réactions d'oxydation puisqu'elles ont la capacité d'utiliser les hydrogènes libérés pendant le déroulement de ces réactions.

21.4.2 RÉACTIONS DE POST-COUPLAGE

Dans les réactions de post-couplage, on introduit l'agent de couplage non pas dans le bain où se produit

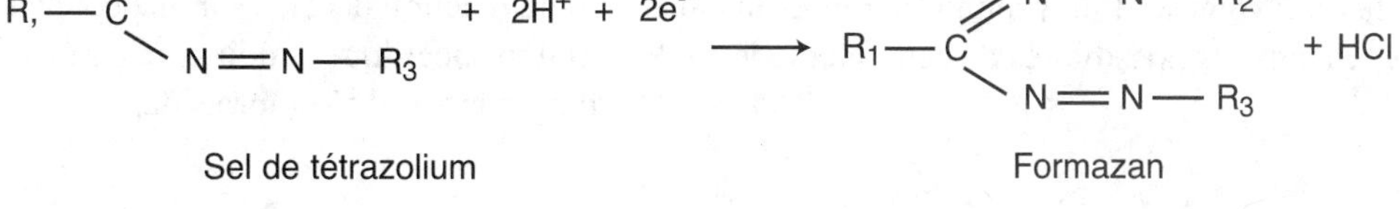

Figure 21.3 : *Représentation de la réaction d'un sel de tétrazolium en présence de l'hydrogène pour donner un formazan.*

la catalyse, mais dans le bain suivant. On emploie ce procédé lorsque le produit de la réaction primaire (PRP) est suffisamment insoluble pour qu'il ne soit pas nécessaire d'inclure l'agent de couplage dans le bain de catalyse.

Le post-couplage est particulièrement indiqué lorsque des sels de diazonium servent d'agents de couplage et que leur présence dans le bain de catalyse serait susceptible de nuire à la réaction ou encore lorsque les conditions de la réaction enzymatique (le *p*H, la durée de l'incubation) compromettraient l'utilisation de ces sels. Le fait d'introduire les sels de diazonium dans le bain suivant le bain de catalyse permet de surmonter ces obstacles.

21.4.3 UTILISATION DE FILMS DE SUBSTRAT

Cette méthode comparative consiste d'abord à recouvrir la coupe d'un film de substrat. Une fois la réaction terminée, on colore le substrat qui reste, ce qui permet de déterminer les sites où la catalyse a effectivement eu lieu.

21.4.4 RÉACTIONS DE RÉARRANGEMENT INTRAMOLÉCULAIRE

Les réactions de réarrangement intramoléculaire nécessitent l'emploi de substrats solubles et incolores qui, à la suite de la catalyse enzymatique, se transforment en produits colorés et insolubles. Beaucoup reste à faire dans la mise au point de tels substrats, mais plus elle progressera, plus on aura recours à ce type de procédé.

21.4.5 RÉACTIONS D'ALTÉRATION DE LA SOLUBILITÉ

Les réactions d'altération de la solubilité sont basées sur la présence de substrats colorés dont la catalyse enzymatique élimine les « solubilisateurs », entraînant ainsi la synthèse d'un produit coloré et insoluble. Cependant, les possibilités de cette méthode sont limitées.

21.5 EMPLOI DE COUPES TÉMOINS EN HISTOENZYMOLOGIE

La grande labilité des enzymes, de même que la finesse des réactions histoenzymologiques, rendent pratiquement indispensable l'utilisation de coupes témoins, les unes positives, les autres négatives.

21.5.1 TÉMOINS POSITIFS

Les témoins positifs sont des coupes dont on sait pertinemment qu'elles contiennent une quantité d'enzymes qu'on peut détecter; ces coupes sont colorées exactement de la même manière que les coupes à étudier : si on n'y décèle rien, il est clair que la méthode a failli.

21.5.2 TÉMOINS NÉGATIFS

Les témoins négatifs offrent une plus grande marge de manœuvre. Ce sont des coupes voisines de celles sur lesquelles porte la recherche, mais qui reçoivent un traitement visant à rendre impossible leur réaction à la méthode de détection employée. Il existe différents types de traitements :

– l'omission d'une étape ou d'un ingrédient essentiel à la réussite de la méthode; il s'agit, par exemple, de ne pas inclure de substrat ou d'activateur dans le milieu d'incubation;

– l'introduction, dans le mode opératoire, d'un inhibiteur spécifique de l'enzyme recherchée;

– le traitement de la coupe témoin au moyen d'inhibiteurs non spécifiques des activités enzymatiques; par exemple, la chaleur. D'ailleurs, pour toute méthode de mise en évidence de l'activité enzymatique, il est possible d'obtenir des coupes témoins négatives en soumettant des coupes à la chaleur, car celle-ci élimine les enzymes, qui sont thermolabiles.

Toute réaction décelée sur une coupe témoin négative est non spécifique et doit susciter une remise en question de la validité du procédé.

21.6 EXEMPLE DE MÉTHODE HISTOENZYMOLOGIQUE

Voici un exemple de méthode de détection, la méthode de Leder, qui permet de mettre en évidence les estérases non spécifiques.

21.6.1 PRINCIPE ET MÉCANISME D'ACTION

La méthode de Leder est une technique de couplage simultané avec un sel d'hexazonium, une variante des sels de diazonium. La réaction se fait dans une seule solution, mais il convient d'aborder cette méthode en deux parties : le substrat et l'agent de couplage.

21.6.1.1 Substrat

Le substrat employé est un dérivé du naphtol. En effet, le naphtol et certains de ses dérivés sont reconnus pour réagir avec les sels de diazonium et leurs variantes pour constituer des composés colorés insolubles. On présente à l'enzyme un dérivé naphtolique substitué à la fois pour empêcher toute réaction avec le sel de diazonium et pour s'assurer que le groupe substitué sera éliminé par l'action de l'enzyme. On obtient ainsi un PRP qui se lie avec le sel de diazonium pour constituer un PRF coloré, car il contient un chromophore azoïque, et insoluble.

Dans la méthode de Leder, on utilise comme substrat le chloracétate de naphtol AS-D et il appartient à l'un des groupes de dérivés naphtoliques substitués les plus fréquemment utilisés et dont les éléments sont apparentés à l'acétate de naphtol AS (voir la figure 21.4) :

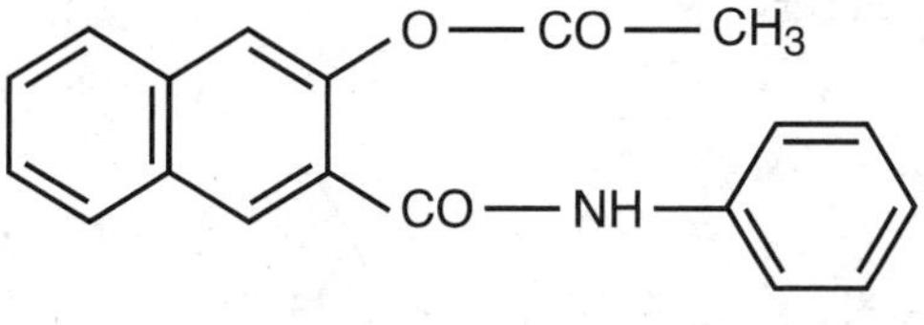

O — CO — CH_3

CO — NH —

Acétate de naphtol AS

Figure 21.4 : *Représentation chimique de l'acétate de naphtol AS.*

Le principal avantage des réactifs de ce groupe est leur capacité de former avec les sels de diazonium, les sels de tétrazolium et la pararosaniline hexazotée des composés colorés d'une grande stabilité, donc peu susceptibles de diffuser dans les tissus.

Les dérivés du naphtol sont relativement peu solubles dans l'eau; pour en faciliter la dissolution, il est nécessaire d'ajouter de l'acétone ou du diméthylformamide (DMF), dont la formule chimique est C_3H_7ON. Cependant, comme la présence d'acétone a tendance à rendre le PRF soluble, du moins temporairement, il est préférable d'employer du DMF.

21.6.1.2 Agent de couplage

Lorsque des amines aromatiques subissent une réaction dite de « diazotation », elles en viennent à présenter un groupe $-N^+\equiv N$ et prennent le nom de « diazonium ». Lorsqu'une substance possède deux groupes aminés et que la diazotation suscite l'apparition de deux groupes $-N^+\equiv N$, il s'agit alors de sels de tétrazolium. Des chercheurs ont fait subir cette réaction à une molécule triaminée comme la pararosaniline. Ils ont obtenu un composé appelé « pararosaniline hexazotée », ou « hexazonium pararosaniline » (HPR), que l'on emploie comme agent de couplage dans les réactions histoenzymatiques (voir la figure 21.5).

Le chromophore quinonique caractéristique de la pararosaniline ne joue aucun rôle dans la production de la couleur; en effet, lorsque le HPR entre en contact avec le PRP, celui-ci s'additionne à chacun des groupes $-N^+\equiv N$ pour y constituer un chromophore azoïque. Ainsi, la quinone est détruite au cours de la diazotation.

La diazotation se fait généralement en quatre étapes :

- la dissolution de l'amine aromatique dans l'eau;
- l'ajout d'un acide minéral à la solution;
- le refroidissement de la solution à une température n'excédant pas 4 °C;
- l'ajout de nitrite de sodium ($NaNO_2$) à la solution.

Les sels de diazonium sont instables; cependant, on peut se les procurer dans le commerce sous forme stabilisée ou encore les préparer soi-même immédiatement avant l'emploi. Dans le cas du HPR, le produit doit être fraîchement préparé.

21.6.2 SPÉCIFICITÉ

Ce type de méthode enzymatique est reconnu pour mettre en évidence des estérases non spécifiques par opposition aux autres types d'estérases, comme les lipases et cholinestérases, des entités chimiques dont le classement et, forcément, l'identification sont difficiles. Il est impossible de déterminer avec certitude l'identité exacte de l'enzyme mise en évidence. Par contre, cette méthode est utilisée à un *p*H de 6,3, ce qui permet de mettre en évidence les polynucléaires neutrophiles, les promyélocytes, les cellules leucémiques myéloïdes, les mastocytes et les histiocytes. La méthode de Leder peut donc servir à distinguer la leucémie granulocytaire aiguë, puisque les myéloblastes réagissent positivement, de la leucémie lymphocytaire aiguë dont les lymphoblastes ne réagissent pas au traitement.

21.6.3 MÉTHODE DE LEDER

En prévision d'une recherche au moyen de la méthode de Leder, il est possible de fixer les tissus dans le formaldéhyde à 10 % tamponné. On doit cependant éviter d'employer le liquide de Zenker et les fixateurs à base d'acide picrique.

21.6.3.1 Préparation des solutions

1. **Solution de pararosaniline à 4 %**
   - 1 g de chlorhydrate de pararosaniline
   - 20 ml d'eau distillée
   - 5 ml d'acide chlorhydrique concentré

   Mélanger, puis chauffer à feu doux, refroidir et filtrer. Au réfrigérateur, la solution se conserve plusieurs mois. La figure 14.8 présente les principales caractéristiques de ce colorant.

2. **Solution de nitrite de sodium à 4 %**
   - 2 g de nitrite de sodium
   - 50 ml d'eau distillée

   Cette solution doit être fraîchement préparée, car elle ne se conserve pas.

3. **Solution mère de tampon de Michælis**
   - 9,714 g d'acétate de sodium trihydraté
   - 14,714 g de barbiturate de sodium
   - 500 ml d'eau distillée exempte d'anhydride carbonique

   Conservée au réfrigérateur, cette solution demeure stable pendant plusieurs mois.

4. **Solution d'acide chlorhydrique à 1 *M***
   - 8,35 ml d'acide chlorhydrique concentré
   - 91,65 ml d'eau distillée

5. **Solution d'acide chlorhydrique à 0,1 *M***
   - 10 ml d'acide chlorhydrique 1 *M* (solution n° 4)
   - 90 ml d'eau distillée

6. **Solution de travail de tampon de Michælis**
   - 42,4 ml de la solution mère de tampon de Michælis fraîchement filtrée (solution n° 3)
   - 37,6 ml d'acide chlorhydrique à 0,1 M (solution n° 5)

   Il faut préparer cette solution tout juste avant de s'en servir.

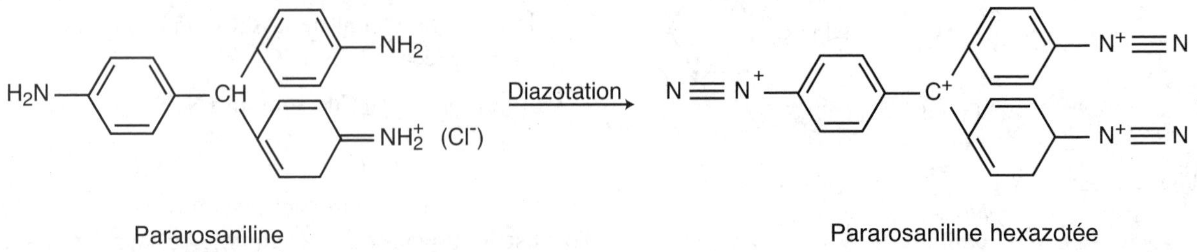

Figure 21.5 : *Représentation de la formation de la pararosaniline hexazotée à la suite de la diazotation de la pararosaniline.*

7. **Solution de substrat de chloracétate de naphtol AS-D**

   – 0,02 g de chloracétate de naphtol AS-D
   – 2 ml de N,N-diméthylformamide

   Ce réactif ne doit pas être préparé plus de 10 minutes avant son emploi.

8. **Réactif de Leder**

   Très labile, le réactif de Leder doit absolument être préparé pendant le processus de coloration, immédiatement avant de recevoir les coups. Il se prépare de la façon suivante :

   – 2 gouttes de solution de pararosaniline à 4 % (solution n° 1)
   – 2 gouttes de solution de nitrite de sodium à 4 % (solution n° 2)
   – 60 ml de solution de travail de tampon de Michælis (solution n° 6)
   – 2 ml de solution de substrat de chloracétate de naphtol AS-D (solution n° 7)

   Mélanger les solutions 1 et 2 et laisser reposer 2 minutes. Ajouter le tampon (solution n° 6), mélanger et ajuster le *p*H à 6,3 en ajoutant 30 gouttes d'acide chlorhydrique 1 *M*; ajouter la solution n° 7 et bien mélanger. La solution obtenue a un aspect laiteux rosé. Une fois filtré, le réactif sera rosé mais translucide.

9. **Solution d'hématoxyline de Mayer modifiée**

   L'hématoxyline de Mayer utilisée comme contre-colorant dans cette méthode est une formule différente de la solution généralement utilisée en histotechnologie (voir la section 12.6.1). Dans le cas présent, elle se prépare de la façon suivante :

   – 1 g de poudre d'hématoxyline certifiée BaH-4
   – 4 g de perborate de sodium
   – 50 g d'alun de potasse
   – 1 g d'acide citrique anhydre
   – 50 g d'hydrate de chloral
   – 10 ml d'éthanol à 95 %
   – 1 litre d'eau distillée

   Dissoudre l'hématoxyline dans l'éthanol à 95 %. Dans un autre récipient, bien mélanger l'eau distillée, le perborate de sodium et l'alun de potasse. Lorsque l'hématoxyline est bien dissoute, procéder au mélange des deux solutions. Placer ensuite ce nouveau mélange dans une étuve à 37 °C pendant quelques heures, puis ajouter l'hydrate de chloral et l'acide citrique; laisser dissoudre. Filtrer avant chaque utilisation.

21.6.3.2 Méthode de Leder

MODE OPÉRATOIRE

1. Déparaffiner et hydrater les coupes jusqu'à l'eau courante, puis les rincer à l'eau distillée;
2. laisser reposer les coupes dans le réactif de Leder à la température ambiante pendant 30 minutes. Vérifier la réaction au microscope. Si les granulations ou les cellules ne sont pas assez rouges, replacer les coupes dans la solution pour une période de 30 minutes additionnelle. La durée maximale de l'incubation est d'environ 120 minutes;
3. laver à l'eau courante pendant 3 minutes;
4. contrecolorer dans la solution d'hématoxyline de Mayer modifiée pendant 3 à 5 minutes et rincer à l'eau distillée;
5. monter les coupes avec de la gelée glycérinée de Kaiser ou les assécher et les monter avec une résine synthétique et permanente comme l'Eukitt. Il est essentiel de ne pas traiter les coupes au toluène, c'est pourquoi il est préférable d'utiliser un milieu aqueux ou de faire sécher les tissus avant le montage avec un milieu permanent.

RÉSULTATS

– La réaction positive des granulations cytoplasmiques se traduit par une coloration en rouge sous l'effet du réactif de Leder;
– les noyaux se colorent en bleu sous l'action de l'hématoxyline de Mayer.

21.6.3.3 Remarque

– Le succès de ce procédé est étroitement lié à l'emploi de solutions fraîches; on doit donc porter une attention particulière à la synchronisation des étapes de la coloration et de la préparation des solutions.

21.7 MISE EN ÉVIDENCE DES ENZYMES HYDROLYTIQUES

Tel que mentionné précédemment, cette catégorie d'enzymes comprend les phosphatases acide et alcaline, les estérases carboxyliques, ainsi que la peptidase et la protéinase. Consacrée à cette catégorie d'enzymes, la présente section se limitera aux phosphatases et à quelques enzymes appartenant au groupe des estérases.

21.7.1 PHOSPHATASES

Les phosphatases sont présentes dans un grand nombre de tissus animaux et végétaux et sont responsables de l'hydrolyse des esters-phosphates organiques. Les phosphates acide et alcaline se distinguent l'une de l'autre par l'écart important qui sépare leurs *p*H optimaux de réaction; la phosphatase acide réagit en présence d'un *p*H se situant autour de 4,5 à 5,5, alors que la phosphatase alcaline réagit en présence d'un *p*H optimal qui varie de 9,0 à 9,6. Cependant, en présence d'un *p*H se situant entre 5,5 et 9,0, les enzymes de type phosphatase ne sont pas spécifiques; pour qu'elles le soient, il faut combiner à ce *p*H un substrat spécifique. Par exemple, l'enzyme glucose-6-phosphatase a la propriété de déphosphoryler le substrat glucose-6-phophate à *p*H 6,5. Il s'agit alors d'une réaction spécifique à l'enzyme phosphatase acide. Ainsi, il est possible de répartir les phosphatases en trois groupes : les phosphatases alcalines, les phosphatases acides et les phosphatases spécifiques.

21.7.1.1 Phosphatase alcaline

Cette enzyme est surtout localisée dans les membranes cellulaires du foie mais elle est également présente dans les cellules des autres organes. Plusieurs méthodes peuvent servir à sa mise en évidence et à sa caractérisation, mais deux d'entre elles sont utilisées de façon plus courante : la méthode au calcium de Gomori, qui met en œuvre un substrat de glycérophosphate de sodium, et la méthode au naphtol AS-BI, qui s'emploie avec un substrat de naphtol phosphate.

21.7.1.1.1 *Méthode au calcium de Gomori*

La méthode de mise en évidence au calcium de Gomori se déroule de la façon suivante : les coupes sont d'abord placées en présence du substrat, le β-glycérophosphate, qui produit par hydrolyse des ions phosphate; il s'agit de la réaction primaire. Les ions phosphate réagissent ensuite avec les ions calcium pour former du phosphate de calcium. Puis le phosphate de calcium est mis en présence de nitrate de cobalt, ce qui crée un précipité de phosphate de cobalt, qui n'est pas visible au microscope optique; cependant, un traitement dans le sulfure d'ammonium produira un précipité granulaire noir visible au microscope optique. En résumé, les réactions sont les suivantes :

1. substrat de β-glycérophosphate de sodium $\xrightarrow{\text{enzyme}}$ ions phosphate (PRP, invisible)
2. ions phosphate + ions calcium $\longrightarrow$ phosphate de calcium (invisible)
3. phosphate de calcium + ions cobalt $\longrightarrow$ phosphate de cobalt (invisible)
4. phosphate de cobalt + ions sulfure $\longrightarrow$ sulfure de cobalt (précipité visible)

On peut constater que cette réaction est de type histochimique. Cependant, il est essentiel d'en comparer le résultat avec celui que l'on obtient sur une coupe témoin provenant du même tissu et où la réaction a été rendue impossible, soit par un traitement dans un milieu additionné d'un inhibiteur spécifique, soit par la destruction de l'activité enzymatique par une exposition à la chaleur avant l'incubation.

Plusieurs recherches ont démontré que la méthode est satisfaisante du point de vue spécificité. Par contre, elle perd de sa valeur lorsque vient le temps de localiser avec précision l'activité enzymatique, surtout à cause de la diffusion du produit de la réaction primaire, mais aussi du produit de la réaction de capture. Cette méthode est donc plus utile pour confirmer la présence de l'enzyme, plutôt que pour la localiser.

Dans la mise en œuvre de la méthode au calcium de Gomori, il est préférable de travailler à partir de tissus congelés. Cependant, si le tissu doit être traité dans un liquide fixateur, il est possible d'obtenir une préservation acceptable de l'activité enzymatique au moyen de divers produits : le formaldéhyde à 4 °C, l'alcool éthylique à 80 % ou à 95 %, l'alcool isopropylique, le formaldéhyde à 15 %, une solution composée de pyridine à 25 % et d'alcool éthylique à 80 %, une solution de pyridine à 20 % et d'alcool éthylique à 70 % additionnée de formaldéhyde à 4 % et l'acétone, enfin, qui présente un certain intérêt puisqu'il permet également la recherche d'autres enzymes.

Les pertes d'activité enzymatique dépendent des liquides fixateurs et de leur durée d'action, qui ne doit en aucun cas dépasser 24 heures. La fixation sous vide est déconseillée. Pour l'inclusion de tissus dans la paraffine, la température d'imprégnation ne doit pas dépasser 46 °C.

Si on souhaite comparer la coupe étudiée avec une coupe témoin positive, une coupe de rein conviendra très bien puisque les phosphatases alcalines se distribuent uniformément dans cet organe.

a) Préparation des solutions pour la méthode au calcium de Gomori

1. Solution de glycérophosphate à 2 %

- 2 g de glycérophosphate
- 100 ml d'eau distillée

2. Solution de véronal de sodium à 2 %

- 2 g de véronal de sodium
- 100 ml d'eau distillée

3. Solution de nitrate de cobalt à 2 %

- 2 g de nitrate de calcium
- 100 ml d'eau distillée

4. Solution de chlorure de magnésium à 1 %

- 1g de chlorure de magnésium
- 100 ml d'eau distillée

5. Solution d'incubation

- 25 ml de solution de glycérophosphate de sodium à 2 % (solution n° 1)
- 25 ml de véronal de sodium à 2 % (solution n° 2)
- 50 ml de nitrate de calcium à 2 % (solution n° 3)
- 2,5 ml de chlorure de magnésium à 1 % (solution n° 4)
- 12,5 ml d'eau distillée

Le *p*H final de cette solution doit se situer entre 9,0 et 9,6. Le véronal de sodium agit comme tampon alors que les ions magnésium servent à activer l'enzyme.

6. Solution de nitrate de cobalt à 2 %

- 2 g de nitrate de cobalt
- 100 ml d'eau distillée

7. Solution de sulfure d'ammonium à 1 %

- 1 g de sulfure d'ammonium
- 100 ml d'eau distillée

8. Solution de vert de méthyle à 2 %

- 2 g de vert de méthyle
- 100 ml d'eau distillée

Purifier la solution en la mélangeant dans 100 ml du chloroforme, puis filtrer. Ajuster le *p*H de la solution entre 4,0 et 4,5 avec de l'acide acétique glacial. La solution peut se conserver pendant plusieurs mois. Il est aujourd'hui possible de se procurer du vert de méthyle purifié chez les fabricants de colorants. Pour plus d'information sur ce colorant, voir la section 12.1.3, alors que la figure 12.3 en présente les principales caractéristiques.

b) Méthode au calcium de Gomori

MODE OPÉRATOIRE

1. Après une fixation adéquate, placer les coupes dans l'eau distillée pendant quelques secondes et les incuber à 37 °C pendant une durée de 25 minutes à 6 heures, suivant le type de fixation, dans la solution d'incubation fraîchement préparée (voir la remarque ci-dessous);
2. laver à l'eau distillée à plusieurs reprises, puis traiter les coupes dans le nitrate de cobalt à 2 % pendant 3 minutes; procéder de nouveau à deux ou trois bons lavages à l'eau distillée;

3. placer les coupes dans la solution de sulfure d'ammonium à 1 % pendant 3 minutes et procéder ensuite à un bon lavage des coupes à l'eau distillée;
4. contrecolorer dans la solution de vert de méthyle à 2 % jusqu'à ce que les noyaux prennent une teinte verte (vérifier la coloration au microscope); laver à l'eau courante;
5. monter avec un milieu de montage temporaire de type gelée glycérinée pour éviter tout contact des coupes avec du toluène.

RÉSULTATS

- Les sites d'activité de la phosphatase alcaline se colorent en brun-noir;
- les noyaux se colorent en vert sous l'action du vert de méthyle.

c) Remarques

- Le temps d'incubation peut varier selon le type de fixation utilisée. Par exemple, l'emploi d'une coupe congelée réduit le temps d'incubation.
- Il est possible d'observer le pigment du phosphate de calcium en microscopie polarisée, sans effectuer de traitement après l'incubation.
- La contrecoloration peut se faire avec divers colorants; cependant, lorsque les sites d'activité enzymatique sont marqués par un dépôt de sulfure de cobalt, il faut éviter l'emploi d'agents oxydants, puisqu'ils feraient disparaître le sulfure. Quant aux noyaux, l'hématoxyline aluminique, le Kernechtrot, le bleu de toluidine et le vert de méthyle peuvent servir à leur mise en évidence.
- La présence de calcium ou de fer dans le tissu peut mener à des résultats faussement positifs, d'où la nécessité d'effectuer des vérifications avec des coupes témoins positives et négatives.

21.7.1.1.2 ***Méthode au naphtol AS-BI***

Le mécanisme d'action de cette méthode est sensiblement le même que celui de la méthode au calcium de Gomori, avec la différence que le naphtol phosphate sert ici de substrat. Les produits de l'hydrolyse enzymatique sont des dérivés du naphtol : ils sont insolubles et leur diffusion est minimale. Ces dérivés sont ensuite mis en présence d'un sel de diazonium, le rouge *Fast Red TR* (voir la figure 21.6), qui produit alors un précipité rouge insoluble.

Figure 21.6 : **FICHE DESCRIPTIVE DU ROUGE SOLIDE (*FAST RED TR*)**

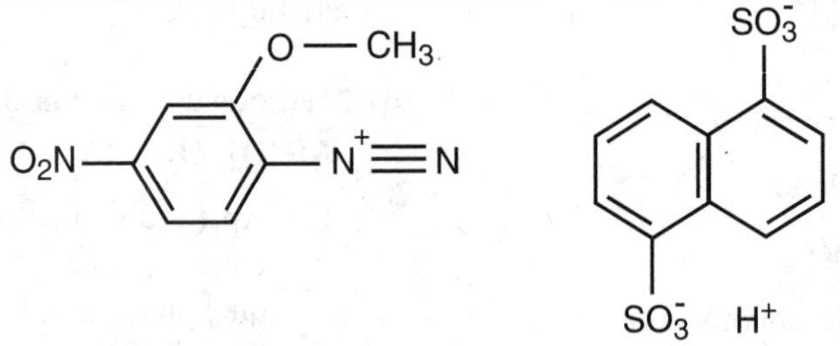

Structure chimique du rouge *Fast Red TR*

Nom commun	Rouge *Fast Red*	**Type d'ionisation**	Sel de diazonium
Nom commercial	*Fast Red*	**Solubilité dans l'eau**	Jusqu'à 20 %
Numéro de CI	37125	**Couleur**	Rouge
Nom du CI	Azoïque-diazoïque 5	**Poids moléculaire**	467,4
Classe	Azoïque		

a) Préparation des solutions

1. Solution mère de naphtol AS-BI

- 25 mg de naphtol AS-BI
- 10 ml de N,N-diméthylformamide
- 10 ml d'eau distillée
- 5 à 6 gouttes de carbonate de sodium 1*M*

Il est important d'ajouter ces produits dans l'ordre établi ci-dessus. Ajouter le carbonate de sodium jusqu'à ce que le *p*H soit autour de 8,0, puis ajouter :

- 300 ml d'eau distillée
- 180 ml de tampon Tris à 0,2 *M*

Cette solution aura une très légère opalescence, mais elle demeurera stable pendant plusieurs mois.

2. Solution d'incubation

- 10 ml de solution mère de naphtol AS-BI
- 10 mg de rouge *Fast Red TR*

3. Solution de vert de méthyle à 2 %

Voir la solution n° 8 à la section 21.7.1.1.1.

b) Méthode au naphtol AS-BI

MODE OPÉRATOIRE

1. Après une fixation adéquate, faire tremper les coupes dans l'eau distillée pendant quelques minutes, puis les laisser reposer dans la solution d'incubation, à la température ambiante, pendant 5 à 15 minutes; laver adéquatement à l'eau distillée;
2. contrecolorer dans le vert de méthyle à 2 % jusqu'à ce que les noyaux prennent une teinte verte (vérifier la coloration au microscope) ; laver à l'eau distillée;
3. monter avec un milieu de montage aqueux comme la gelée glycérinée, afin d'éviter tout contact des coupes avec du toluène.

RÉSULTATS

- Les sites d'activité de la phosphatase alcaline se colorent en rouge sous l'effet du rouge *Fast Red TR*;
- les noyaux se colorent en vert sous l'action du vert de méthyle.

c) Remarques

- Les remarques faites sur la méthode au calcium de Gomori s'appliquent également à cette technique.
- La contrecoloration au Kernechtrot est à rejeter, en raison de sa teinte rouge qui se confondrait avec celle du rouge *Fast Red TR*.

21.7.1.2 Phosphatase acide

On retrouve une concentration assez importante de cette enzyme dans les cellules phagocytaires ainsi que dans les cellules des tubules rénaux et des glandes prostatiques. Par contre, sa concentration est plus faible dans les lysosomes, qu'on retrouve dans la plupart des autres cellules.

La détection histochimique de cette activité enzymatique ressemble beaucoup à celle de la phosphatase alcaline, mais les méthodes utilisées donnent des résultats beaucoup moins satisfaisants. Le maintien de l'activité enzymatique sur les coupes entraîne de sérieux problèmes, et le faible *p*H optimal de réaction (entre 4,5 et 5,0) est à l'origine de plusieurs inconvénients dont les effets sont assez difficiles à contrer.

La phosphatase acide est inactivée par l'alcool éthylique et par divers sels minéraux dont le cyanure de potassium, le sulfate de zinc, le sulfate de cobalt, le fluorure de sodium et le molybdate d'ammonium. Plus sensible à la chaleur que la phosphatase alcaline, elle résiste mal à l'imprégnation à la paraffine et même à l'étalement des coupes sur une plaque chauffante, ce qui peut se traduire par une perte de l'activité enzymatique et des résultats incertains.

En ce qui a trait à la préparation des tissus, la fixation à l'acétone refroidie à la température de la glace fondante, suivie d'une déshydratation à l'acétone et d'une imprégnation très rapide à la paraffine, représente un compromis acceptable lorsque l'examen de coupes sériées est absolument indispensable ou lorsque la mise en évidence des enzymes n'est prévue qu'à titre accessoire dans le travail. La cryodessiccation suivie de l'inclusion à la paraffine donne des résultats supérieurs, de même qu'une fixation de 16 heures dans le formaldéhyde à 10 %, neutralisé et refroidi. L'utilisation du formaldéhyde à 4 °C et celle du cryotome représentent aussi des solutions de choix pour préserver l'activité de la phosphatase acide.

Parmi les méthodes de mise en évidence les plus efficaces, on retrouve la méthode de Gomori au nitrate de plomb, la méthode de couplage avec un colorant azoïque et la méthode au naphtol AS-BI. Le principe de ces méthodes est le même que dans la mise en évidence de la phosphatase alcaline, sauf que le *p*H des réactions se situe autour de 5,0.

21.7.1.2.1 *Méthode de Gomori au nitrate de plomb*

La méthode de Gomori au nitrate de plomb utilise le glycérophosphate de sodium comme substrat avec une solution tampon dont le *p*H est à 5,0. L'hydrolyse du substrat produit des ions phosphate qui, en présence d'ions de plomb fournis par le nitrate de plomb, forment des phosphates de plomb qui précipitent. Ce précipité n'est pas visible en microscopie optique, mais il l'est au microscope en lumière polarisée. Cependant, il est possible de rendre ce précipité visible au microscope optique en le traitant avec du sulfure d'ammonium. Il prend alors une coloration noire.

a) Préparation des solutions

1. Solution d'incubation

- 100 ml de tampon acétate 0,05 *M* à *p*H 5,0
- 320 mg de β-glycérophosphate de sodium
- 200 mg de nitrate de plomb

Faire dissoudre d'abord le nitrate de plomb puis le glycérophosphate dans la solution de tampon acétate. Il faut également s'assurer que le *p*H de cette solution se situe à 5,0.

2. Solution de sulfite d'ammonium à 1 %

- 1 g de sulfite d'ammonium
- 100 ml d'eau distillée

3. Solution de vert de méthyle à 2 %

Voir la solution 8 à la section 21.7.1.1.1. De plus, la figure 12.3 en présente les principales caractéristiques.

b) Méthode de Gomori au nitrate de plomb

MODE OPÉRATOIRE

1. Placer les coupes dans la solution d'incubation à 37 °C pendant 30 à 120 minutes; laver à l'eau distillée;
2. immerger les coupes dans la solution de sulfure d'ammonium à 1 % fraîchement préparée pendant 2 minutes; laver adéquatement à l'eau distillée;
3. contrecolorer dans le vert de méthyle à 2 % en vérifiant régulièrement la coloration au microscope;
4. laver à l'eau courante et monter avec un milieu de montage aqueux comme la gelée glycérinée, afin d'éviter tout contact de la coupe avec du toluène.

RÉSULTATS

- Les sites d'activité de la phosphatase acide se colorent en noir;
- les noyaux se colorent en vert sous l'action du vert de méthyle.

c) Remarque

- Il est possible de remplacer le vert de méthyle par le Kernechtrot ou par une hématoxyline aluminique.

21.7.1.2.2 *Méthode par couplage avec un colorant azoïque*

La méthode de couplage avec un colorant azoïque rappelle les procédés propres à la phosphatase alcaline. En effet, elle permet l'utilisation de deux substrats différents : l'α-naphtol de sodium phosphate et le naphtol phosphate AS-BI. Dans le premier cas, l'enzyme provoque l'hydrolyse du substrat et donne de l'α-naphtol comme produit de la réaction primaire. Celui-ci est ensuite couplé à un sel de diazonium d'un rouge sombre, le *Fast Garnet GBC*. Il est préférable d'utiliser des coupes au cryotome pour cette méthode, mais des coupes ayant séjourné dans le formaldéhyde à 10 % à une température de 4 °C donnent aussi de bons résultats.

a) Préparation des solutions

1. Solution d'incubation

- 10 mg d'α-naphtol de sodium phosphate
- 10 ml de solution de tampon acétate à 0,1 *M*
- 10 mg de *Fast garnet GBC*

Cette solution se prépare immédiatement avant usage. Faire dissoudre d'abord l'α-naphtol de sodium phosphate dans le tampon, puis ajouter le colorant. Filtrer la solution et l'utiliser immédiatement.

2. Solution de vert de méthyle À 2 %

Voir la solution n° 8 à la section 21.7.1.1.1, ainsi que la figure 12.3.

b) Méthode par couplage avec un colorant azoïque

MODE OPÉRATOIRE

1. Incuber les coupes dans la solution d'incubation pendant 15 à 60 minutes à 37 °C, puis bien laver à l'eau distillée;
2. contrecolorer dans la solution de vert de méthyle à 2 % en vérifiant la coloration nucléaire au microscope, poursuivre la coloration jusqu'à ce que les noyaux prennent une couleur verte facile à distinguer sur la coupe, puis laver celle-ci à l'eau courante;
3. monter avec un milieu de montage aqueux comme la gelée glycérinée afin d'éviter tout contact des coupes avec du toluène.

RÉSULTATS

- Les sites d'activité de la phosphatase acide se colorent en rouge sous l'effet du *Fast Garnet GBC*;
- les noyaux se colorent en vert sous l'action du vert de méthyle.

21.7.2 MISE EN ÉVIDENCE DES ESTÉRASES

Il est possible de mettre en évidence une certaine quantité des estérases présentes sur des coupes imprégnées à la paraffine, mais ces enzymes sont en grande partie détruites par la fixation et au cours de la circulation des tissus. La présente section porte sur trois estérases : la lipase, la glucuronidase et la leucine aminopeptidase (LAP).

21.7.2.1 Lipase

Les lipases sont des enzymes qui ont la propriété d'hydrolyser de longues chaînes d'esters particulièrement présentes dans les acides gras insaturés. Ce type d'enzyme se retrouve principalement dans le pancréas; il est aussi présent, en plus petites quantités, dans les surrénales et le foie. Le mécanisme d'action

Figure 21.7 : **FICHE DESCRIPTIVE DU *FAST GARNET GBC***

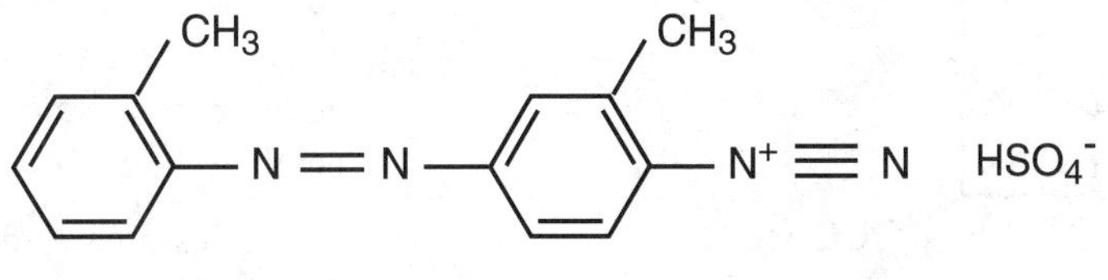

CH_3, CH_3 — N = N — N⁺ ≡ N HSO_4^-

Structure chimique du rouge *Fast Garnet GBC*

Nom commun	*Fast Garnet GBC*	**Classe**	Azoïque
Nom commercial	*Fast Garnet GBC*	**Type d'ionisation**	Sel de diazonium
Numéro de CI	37210	**Couleur**	Rouge sombre
Nom du CI	Azoïque-diazoïque 4	**Poids moléculaire**	334,0

de la mise en évidence des lipases se résume à l'hydrolyse des acides gras, qui se combinent avec les ions calcium pour former un précipité insoluble. Ce dernier est ensuite soumis à un traitement au plomb, puis au sulfure d'ammonium. Il en résulte un précipité noir visible au microscope.

21.7.2.1.1 *Méthode de Tween*

a) Préparation des solutions

1. Solution de tampon TRIS à *p*H 7,2

- Utiliser un produit commercial certifié.

2. Solution de Tween

- 5 g de solution de Tween commercial
- 100 ml de solution de tampon Tris à *p*H 7,2
- 1 cristal de thymol

Le thymol agit comme agent de conservation, la quantité n'est pas déterminante. La solution de Tween est un composé d'esters et d'esters-éther dont l'hydrolyse produit des groupes d'acides gras. La formule chimique, complexe, peut être représentée de la façon suivante :

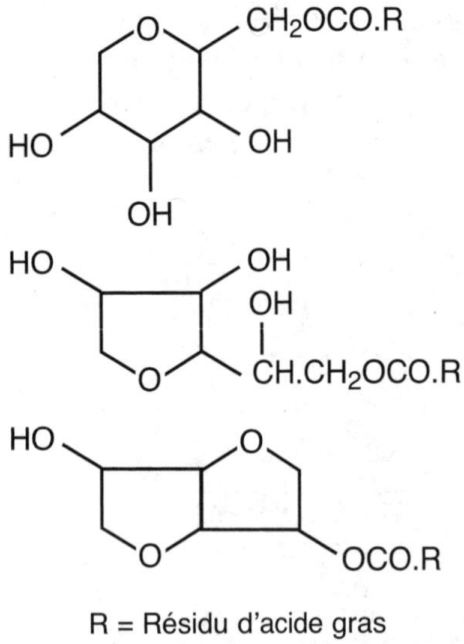

$CH_2OCO.R$
HO OH
OH
HO OH
OH
$CH.CH_2OCO.R$
HO
OCO.R

R = Résidu d'acide gras

Figure 21.8 : *Représentation d'un résidu d'acide gras.*

3. Solution de chlorure de calcium à 2 %

- 200 mg de chlorure de calcium
- 10 ml d'eau distillée

4. Solution de nitrate de plomb à 2 %

- 1 g de nitrate de plomb
- 50 ml d'eau distillée

5. Solution d'incubation

- 9 ml de la solution de tampon Tris à *p*H 7,2 (solution n° 1)
- 0,6 ml de la solution de Tween (solution n° 2)
- 0,3 ml de la solution de chlorure de calcium (solution n° 3)

6. Solution de sulfure d'ammonium à 1 %

- 1 g de sulfure d'ammonium
- 100 ml d'eau distillée

7. Solution de carmalun de Mayer

Pour la préparation de cette solution, voir la section 12.10.2.

B) Méthode de Tween

MODE OPÉRATOIRE

1. Si les coupes ont été imprégnées de paraffine, il faut les déparaffiner et les hydrater jusqu'à l'étape de l'eau distillée. Quant aux coupes congelées, il suffit de les passer à l'eau distillée;
2. incuber les coupes dans la solution d'incubation à 37 °C pendant 2 à 8 heures si elles proviennent du cryotome et pendant 24 heures si elles ont été imprégnées de paraffine. Rincer dans trois bains d'eau distillée;
3. placer les coupes dans la solution de nitrate de plomb 55 °C pendant 10 minutes; ensuite, rincer à l'eau distillée pendant 2 minutes, puis à l'eau courante à faible débit pendant 3 heures;
4. mettre les coupes dans le sulfure d'ammonium à 1 % pendant 3 minutes, puis les rincer à l'eau distillée; laver à l'eau courante;
5. contrecolorer dans la solution de carmalun de Mayer pendant 5 minutes; laver à l'eau courante pendant 5 minutes;
6. monter avec un milieu de montage aqueux comme la gelée glycérinée afin d'éviter tout contact du tissu avec du toluène.

RÉSULTATS

- Les sites d'activité de la lipase seront colorés en jaune brunâtre;
- les noyaux se colorent en rouge sous l'effet du carmalun de Mayer.

c) Remarques

- Dans l'exécution de cette technique, il est très important d'utiliser des coupes témoins positives et négatives.
- Dans le cas des coupes imprégnées de paraffine, la fixation préalable doit avoir été faite avec de l'acétone froide.
- Le tissu du pancréas est particulièrement indiqué pour la fabrication de coupes témoins positives.

21.7.2.2 Mise en évidence de la β-glucuronidase par le naphtol AS-BI

La *β*-glucuronidase se retrouve dans les tubules proximales du rein et plusieurs tissus épithéliaux, dont l'endomètre, mais elle se concentre principalement dans les lysosomes. Il ne s'agit pas d'une seule enzyme, mais plutôt d'un groupe d'enzymes dont les propriétés hydrolytiques sont spécifiques au *β*-glycoside et à plusieurs glucuronides.

Parmi les nombreuses méthodes de mise en évidence de la *β*-glucuronidase, on utilise seulement celle qui donne un produit primaire de la réaction avec le naphtol glucuronide, produit qui peut réagir à son tour avec la pararosaniline hexazotée pour former un précipité rouge facile à reconnaître sur les coupes tissulaires. La méthode retenue ici est la méthode de mise en évidence de la *β*-glucuronidase par le naphtol AS-BI.

a) Préparation des solutions

1. Solution de bicarbonate de sodium à 0,42 %

- 42 mg de bicarbonate de sodium
- 10 ml d'eau distillée.

2. Solution de substrat

- 28 mg de naphtol AS-BI glucuronique
- 1,2 ml de solution de bicarbonate de sodium à 0,42 % (solution n° 1)
- 100 ml de solution de tampon acétate à 0,1 *M*

3. Solution de nitrite de sodium à 4 %

- 2 g de nitrite de sodium
- 50 ml d'eau distillée

4. Solution mère de pararosaniline-HCl

- 2 g de pararosaniline hydrochlorique
- 40 ml d'eau distillée
- 10 ml d'acide chlorhydrique concentré

Chauffer légèrement pour faciliter la dissolution, puis refroidir à la température ambiante et filtrer.

5. Solution de pararosaniline hexazonium

- 1 volume de la solution mère de pararosaniline-HCl (solution n° 4)
- 1 volume de nitrite de sodium à 4 % (solution n° 3)

6. Solution d'incubation

- 10 ml de la solution de substrat (la solution n° 2)
- 0,6 ml de pararosaniline hexazonium (la solution n° 5)
- 10 ml d'eau distillée

La pararosaniline est ajoutée immédiatement avant l'utilisation de la solution. Le *p*H de la solution est ajusté à 5,2 avec de l'hydroxyde de sodium à 1 *M*.

7. Solution de vert de méthyle à 2 %

Voir la solution n° 8, à la section 21.7.1.1.1; la figure 12.3 présente les principales caractéristiques de ce colorant.

b) Méthode de mise en évidence de la β-glucuronidase par le naphtol AS-BI

MODE OPÉRATOIRE

1. Verser la solution d'incubation sur les coupes et laisser reposer pendant 20 à 40 minutes à une température de 37 °C; rincer à l'eau distillée pendant 2 minutes;

2. contrecolorer avec le vert de méthyle à 2 % pendant 2 minutes; laver rapidement à l'eau courante;

3. déshydrater dans trois bains d'éthanol à concentration croissante, éclaircir et monter avec une résine permanente et synthétique comme l'Eukitt ou le DPX.

RÉSULTATS

- Les sites d'activité enzymatique de type glucuronidase se colorent en rouge;
- les noyaux se colorent en vert sous l'action du vert de méthyle.

c) Remarques

- Le *p*H de la solution d'incubation doit se situer entre 5,0 et 5,3.
- Le nitrite de sodium doit être fraîchement préparé.
- La localisation de l'activité enzymatique est relativement précise avec cette méthode.
- Pour cette méthode, le foie et le rein peuvent fournir des coupes témoins efficaces.

21.7.2.3 Leucine aminopeptidase (LAP)

La méthode de choix pour ce type d'enzyme est celle de Nachlas. Cette méthode est basée sur l'action de l'enzyme sur un substrat de β-naphthylamine; les produits de l'hydrolyse réagissent avec un sel de diazonium, le bleu *Fast Blue B*, et produisent un colorant azoïque quand ce sel de diazonium est chélaté avec un ion cuivrique.

Pour la fixation préalable des tissus, il est recommandé de prendre du formaldéhyde à 10 % et de procéder à la fixation à froid, c'est-à-dire à 4 °C. Cependant, comme c'est le cas pour toutes les études enzymatiques, les coupes fixées par congélation donnent de meilleurs résultats.

a) Préparation des solutions

1. Solution de substrat

- 8 mg de l-leucocyl-4-méthoxyl β-naphthylamide
- 0,2 ml d'alcool éthylique
- 9,8 ml d'eau distillée

2. Solution de chlorure de sodium à 0,85 %

- 85 mg de chlorure de sodium
- 10 ml d'eau distillée

3. Solution de sulfate de cuivre

- 159,6 mg de sulfate de cuivre
- 10 ml d'eau distillée

4. Solution de cyanure de potassium

- 13 mg de cyanure de potassium
- 10 ml d'eau distillée

5. Solution de tampon acétate à 0,1 *M* et *p*H 6,5

- Prendre le produit commercial vendu à cet effet.

6. Solution d'incubation

- 1 ml de la solution de substrat (solution n° 1)
- 10 ml de la solution de tampon acétate à *p*H 6,5 (solution n° 5)
- 8 ml de chlorure de sodium à 0,85 % (solution n° 2)
- 1 ml de cyanure de potassium (solution n° 4)
- 10 mg de bleu *Fast Blue B*

7. Solution de vert de méthyle à 2 %

Voir la solution n° 8, à la section 21.7.1.1.1; la figure 12.3 présente les principales caractéristique de ce colorant.

b) Mise en évidence de la LAP selon la méthode de Nachlas

MODE OPÉRATOIRE

1. Verser la solution d'incubation sur les coupes et laisser reposer pendant 60 minutes; rincer dans un bain de saline (chlorure de sodium à 0,85 %);

2. verser sur les coupes la solution de sulfate de cuivre à 0,1 *M*; attendre 2 minutes, rincer dans la saline;

3. contrecolorer dans le vert de méthyle à 2 % en vérifiant la coloration nucléaire au microscope; poursuivre jusqu'à ce que les noyaux prennent une couleur verte; laver à l'eau courante;
4. déshydrater dans trois bains d'éthanol à concentration croissante, éclaircir et monter avec une résine synthétique permanente comme l'Eukitt.

RÉSULTATS

- Les sites d'activité de la leucine aminopeptidase se colorent en rouge;
- les noyaux se colorent en vert sous l'action du vert de méthyle.

21.7.3 ENZYMES QUI POSSÈDENT UN CARACTÈRE OXYDANT

Les enzymes qui possèdent un caractère oxydant sont habituellement mises en évidence par un couplage simultané entre l'oxydation du substrat enzymatique et la réduction du sel de tétrazolium, ce qui se traduit par la formation d'un précipité insoluble, appelé « formazan », aux endroits où il y a activité enzymatique. L'oxydation se produit de deux manières : d'abord, un certain nombre d'enzymes, les oxydases, dont les principales sont la tyrosinase et la peroxydase, catalysent la réaction entre le substrat et l'oxygène présent dans l'air; puis un second groupe d'enzymes, les déshydrogénases, déplacent l'hydrogène du substrat et le transforment en hydrogène accepteur d'électrons.

Les sels de tétrazolium servent d'accepteurs d'électrons, de sorte qu'ils subissent une réduction au cours de laquelle ils acquièrent une couleur noirâtre visible au microscope optique. Deux sels de tétrazolium possèdent les propriétés requises pour ce type de mise en évidence : le ditétrazolium chlorure nitré (NBT), qui produit un formazan (voir la section 21.4.1.3) insoluble dans les lipides, et le monotétrazolium 3-(4:5-diméthylthiazolyl-2)-2:5-diphényle tétrazolium bromure (MTT), qui forme de fines granulations de formazan soluble dans les lipides.

21.7.3.1 Tyrosinase

Cette enzyme catalyse l'oxydation de la tyrosine en dihydroxyphénylalanine (DOPA); son oxydation finale produit des pigments de mélanine. Cette méthode peut servir à évaluer la capacité de certaines cellules de produire de la mélanine.

Figure 21.9 : **FICHE DESCRIPTIVE DU BLEU *FAST BLUE B***

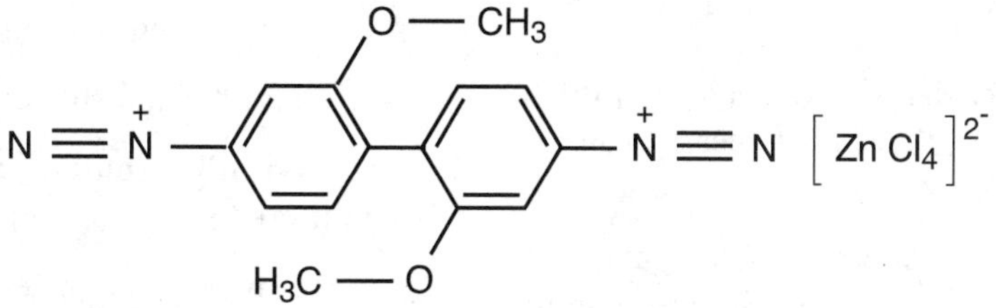

Structure chimique du bleu *Fast Blue B*

Nom commun	Bleu *Fast Blue B*	**Type d'ionisation**	Sel de diazonium
Nom commercial	Bleu *Fast Blue B*	**Solubilité dans l'eau**	10 %
Numéro de CI	37235	**Couleur**	Bleu
Nom du CI	Azoïque diazo 48	**Poids moléculaire**	475,5
Classe	Azoïque		

a) Préparation des solutions

1. Solution d'incubation

- 10 mg de DL-β-dihydroxyphénylalanine (DOPA)
- 10 ml de solution commerciale de tampon phosphate à 0,06 *M* et *p*H 7,4

Chauffer la solution tampon à 37 °C, ajouter la DOPA, poser le récipient sur une plaque agitatrice et remuer vigoureusement pendant 10 à 15 minutes. Filtrer la solution si elle n'est pas absolument claire.

2. Solution de Kernechtrot à 0,1 %

Pour plus d'information sur le colorant et sa préparation, voir la section 12.10.3. De plus, la figure 12.14 présente les principales caractéristiques de ce colorant.

b) Méthode de mise en évidence de la tyrosinase

MODE OPÉRATOIRE

1. Verser la solution d'incubation sur les lames et déposer celles-ci dans l'incubateur à 37 °C pendant 60 minutes; les coupes doivent rester à l'obscurité. Préparer une nouvelle solution d'incubation, la chauffer à 37 °C, la verser sur les coupes et poursuivre l'incubation pendant 60 minutes additionnelles;
2. laver les coupes dans trois bains d'eau courante;
3. contrecolorer dans le Kernechtrot à 0,1 % pendant 2 minutes, puis rincer à l'eau distillée;
4. déshydrater, éclaircir et monter avec une résine synthétique permanente comme l'Eukitt ou le DPX.

RÉSULTATS

- Les noyaux se colorent en rouge sous l'effet de la laque Kernechtrot sulfate d'aluminium;
- les structures acidophiles se colorent en rouge sous l'action du Kernechtrot;
- sur les coupes, les dépôts de pigment de mélanine brun-noir indiquent qu'il y a eu activité enzymatique.

c) Remarques

- Il est très important d'utiliser les coupes témoins et de les placer uniquement dans la solution tampon, exempte de DOPA.
- Si nécessaire, on peut prolonger l'incubation jusqu'à 6 heures, à la condition de changer la solution d'incubation à toutes les heures.

21.7.3.2 Déshydrogénases

Les déshydrogénases catalysent le transfert d'hydrogène d'un donneur spécifique vers un accepteur, généralement un sel de tétrazolium. Ce dernier, ainsi réduit, forme des formazans qui précipitent et prennent une coloration qui varie en fonction du type de sel de tétrazolium utilisé. À titre d'exemple, il est possible d'utiliser le tétrazolium MTT [monotétrazolium 3-(4:5-diméthyl thiazolyl-2)-2:5-diphényle tétrazolium bromure] ou le tétrazolium NBT (ditétrazolium chlorure nitré) (voir la section 21.4.1.3).

Pour la mise en évidence de ce type d'enzyme, il est fortement conseillé d'utiliser des coupes sous congélation, dont l'épaisseur peut varier de 5 à 7 µm.

a) Préparation des solutions

1. Solution de tétrazolium MTT

- 20 mg de tétrazolium MTT
- 10 ml d'eau distillée

2. Solution d'incubation de tétrazolium MTT (solution A)

- 2,5 ml de solution de tétrazolium MTT (solution n° 1)
- 2,5 ml de tampon Tris 0,2 *M* à *p*H 7,4
- 0,5 ml de chlorure de cobalt à 0,05 *M*
- 1,0 ml de chlorure de magnésium à 0,05 *M*
- 2,5 ml d'eau distillée

Ajuster le *p*H à 7,0 si nécessaire.

3. Solution de tétrazolium NBT

- 40 mg de tétrazolium NBT
- 10 ml d'eau

4. Solution d'incubation de tétrazolium NBT (solution B)

- 2,5 ml de solution de tétrazolium NBT (solution n° 3)
- 2,5 ml de tampon Tris à 0,2 *M* et *p*H 7,4
- 1,0 ml de chlorure de magnésium à 0,05 *M*
- 3 ml d'eau distillée

5. Solution de vert de méthyle 2 %

Voir la solution n° 8 à la section 21.7.1.1.1, et la figure 12.3 qui présente les principales caractéristiques de ce colorant.

b) Méthode de mise en évidence de la déshydrogénase

MODE OPÉRATOIRE

1. Verser sur les coupes la solution d'incubation A ou B à 37 °C et laisser reposer pendant 30 à 60 min;
2. transférer les coupes dans une solution de formaldéhyde saline à 15 % pendant 15 minutes, puis bien laver à l'eau distillée;
3. contrecolorer dans la solution de vert de méthyle à 2 % et vérifier régulièrement la coloration nucléaire au microscope; poursuivre jusqu'à ce qu'elle soit satisfaisante;
4. laver à l'eau distillée;
5. monter avec une résine temporaire comme la gelée glycérinée, gelée de Kaiser. Si le NBT a été utilisé comme solution d'incubation, il est alors possible d'utiliser la déshydratation, l'éclaircissement et le montage avec une résine permanente synthétique comme l'Eukitt ou le DPX.

RÉSULTATS

- Si l'incubation a été faite au moyen de la solution A (MTT), le formazan est noir;
- si l'incubation a été faite au moyen de la solution B (NBT), le formazan se colore en pourpre;
- les noyaux se colorent en vert par le vert de méthyle.

c) Remarque

- Dans le cas du tétrazolium NBT, il est préférable de contrecolorer avec le carmalun de Mayer dont la coloration rouge pâle contraste bien avec les dépôts pourpres des sites enzymatiques.

21.8 APPLICATIONS DE L'HISTOENZYMOLOGIE

La mise en évidence de l'activité enzymatique dans les tissus, ou histoenzymologie, est une branche de l'histochimie générale. Une exécution minutieuse est essentielle pour obtenir de bons résultats, car les méthodes histoenzymologiques sont souvent complexes, délicates et difficiles à mettre en œuvre. C'est ce qui explique pourquoi les laboratoires de centres hospitaliers sont peu nombreux à pratiquer ces méthodes. Cependant, la simplification de plusieurs de ces techniques au cours des années a entraîné une hausse du nombre de laboratoires d'anatomie pathologique qui utilisent les méthodes histoenzymologiques en raison de la précision de leurs résultats.

L'étude des biopsies musculaires est la principale application des méthodes histoenzymologiques dans le domaine de la pathologie. En effet, il n'est aujourd'hui plus possible de prétendre étudier sérieusement une biopsie musculaire sans avoir recours à l'histoenzymologie.

Il existe deux types de biopsies musculaires : la biopsie qui se fait sous anesthésie générale et qui consiste à prélever une quantité assez importante de tissu, et la biopsie à l'aiguille qui permet de ne prélever qu'une très petite quantité de tissu. Dans les deux cas, le laboratoire d'histotechnologie doit procéder rapidement à la congélation des fragments de tissus.

Les enzymes les plus souvent recherchées dans les tissus musculaires sont l'ATPase, ou adénosine triphosphate, la NADH-TR, ou nicotinamide adénine nucléotide réduite – tétrazolium réductase, et la phosphatase acide. Par exemple, la mise en évidence de l'ATPase et de la NADH-TR permet de différencier les types de fibres musculaires; celle de la NADH-TR permet en outre de déceler certaines modifications de ces fibres : les fibres en cible, les aspects mités des fibres, etc.; enfin, la mise en évidence de la phosphatase acide contribue à situer les fibres en dégénérescence et les phagocytes, notamment dans le cas de dystrophie musculaire.

Parmi les autres usages de l'histoenzymologie dans le domaine de la pathologie, il convient de signaler l'étude des biopsies rectales en rapport avec la maladie de Hirschsprung, le diagnostic de certaines maladies de surcharge ou encore l'étude des télangiectasies par la mise en évidence de la phosphatase alcaline.

Il est également important de mentionner que, grâce à l'utilisation d'anticorps spécifiques, l'immunohistochimie remplace de plus en plus les méthodes histoenzymologiques.

Tableau 21.1 LES TYPES DE FIBRES MUSCULAIRES ET LA MISE EN ÉVIDENCE DE CERTAINES ENZYMES.

Types de fibres	**Adénosine-triphosphatase**			**NADH diaphorase**	**Phosphorylase**
	*p*H 4,2	*p*H 4,6	*p*H 9,4		
Type I	+++	+++	+	+++	+/–
Type 2A	–	–	+++	++	+++
Type 2B	–	+++	+++	+	+++
Type 2C	+	+++	+++	++	+++

HISTOCHIMIE DU SYSTÈME NERVEUX

INTRODUCTION

Le système nerveux est d'une incroyable complexité, que ce soit sur le plan anatomique, physiologique, pathologique, ou autre. D'ailleurs, même les spécialistes qui l'étudient ne le comprennent encore qu'imparfaitement. L'objectif de ce chapitre est de présenter, d'une façon simple, les méthodes d'étude morphologique en vigueur dans un laboratoire de neuropathologie ou de neuroanatomie, et les plus pertinentes.

Le tissu nerveux est principalement constitué, d'une part, de cellules nerveuses, les neurones, qui assurent la conduction de l'influx nerveux, et, d'autre part, de cellules gliales, qui remplissent des fonctions de soutien.

Le neurone, unité fonctionnelle, anatomique et génétique du système nerveux, est composé de trois parties : le corps cellulaire, l'axone et les dendrites. En règle générale, c'est aux dendrites et au corps cellulaire qu'incombe la tâche de recueillir l'information qui est ensuite acheminée le long de l'axone vers une cellule voisine ou vers d'autres régions.

Au sein du tissu nerveux, l'information voyage sous forme d'influx nerveux et celui-ci se transmet de deux façons. À l'intérieur d'une cellule, l'influx se propage le long de la membrane sous la forme d'une onde de dépolarisation, donc par conduction. La transmission de l'influx d'une cellule à une autre s'effectue par médiation chimique au niveau des structures appelées « synapses ». Lorsque l'onde de dépolarisation atteint la synapse, elle provoque la libération, par exocytose, d'un neurotransmetteur qui se lie ensuite à un récepteur membranaire spécifique situé sur la cellule qui reçoit l'influx. Lorsqu'il s'agit d'une synapse excitante, la liaison neurotransmetteur-récepteur suscite la conduction de l'influx dans la seconde cellule grâce à l'initiation d'une nouvelle onde de dépolarisation. Si la synapse est inhibitrice, cependant, cette liaison a pour effet d'arrêter la transmission de l'influx. Il est évident que l'action du neurotransmetteur doit être limitée dans le temps. Ainsi, chaque neurotransmetteur possède son enzyme spécifique dont le rôle est d'arrêter l'effet du neurotransmetteur en l'inactivant.

Le neurone est le siège d'activités complexes qui entraînent le transport de macromolécules et de glycoprotéines tout le long de l'axone; il s'agit du transport axonal.

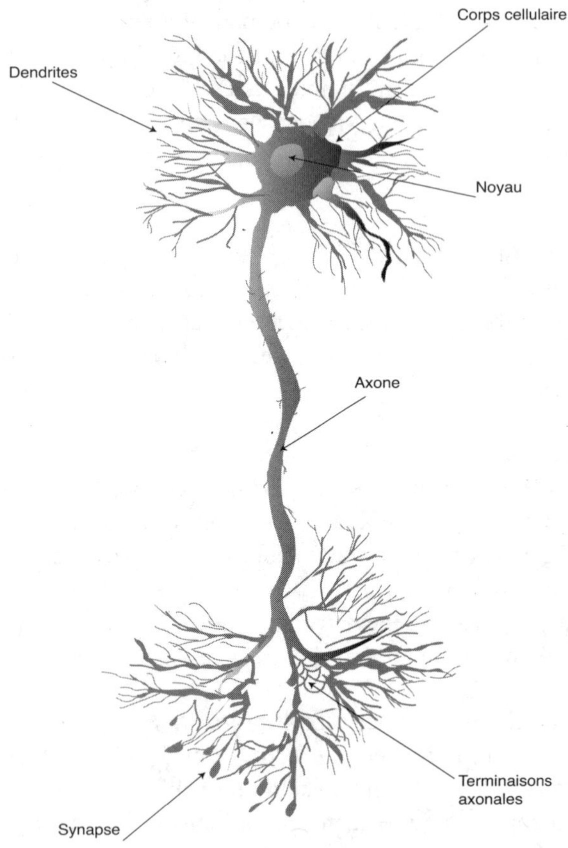

Figure 22.1 : *Représentation schématique d'un neurone standard.*

Les cellules gliales se situent surtout dans le système nerveux central. Elles se divisent en quatre types : les astrocytes, qui assument les fonctions de soutien et de nutrition des neurones, les oligodendrocytes, dont les prolongements constituent la gaine de myéline, les épendymocytes, qui bordent les cavités ventriculaires, et les microgliocytes, dont le rôle principal est de se transformer en phagocytes.

Les cellules de Schwann, qui composent la gaine de myéline au niveau du système nerveux périphérique et y entourent également les axones amyéliniques, et les cellules satellites, qui entourent les corps cellulaires des neurones ganglionnaires, sont souvent assimilées aux cellules gliales.

On distingue deux parties dans le système nerveux : le système nerveux périphérique et le système nerveux central. Le système nerveux périphérique est composé des récepteurs nerveux, des nerfs, des ganglions nerveux et des effecteurs nerveux. Ces éléments sont répartis dans l'ensemble de l'organisme et leur rôle consiste, d'une part, à recueillir les stimuli sensoriels et à les acheminer vers le système nerveux central où ils sont traités et, d'autre part, à acheminer et à convertir en réponses les influx moteurs qui proviennent du système nerveux central.

Les organes du système nerveux central sont probablement les mieux protégés du corps humain : l'encéphale, qui comprend le cerveau, le cervelet et le tronc cérébral, est protégé par la boîte crânienne, alors que la moelle épinière est protégée par la colonne vertébrale. Le cerveau est le plus étudié de ces organes.

L'encéphale d'un adulte normal pèse entre 1200 et 1400 g et il s'agit, avec le foie, d'un des organes les plus lourds du corps. Le cerveau en constitue la portion la plus importante. Son aspect macroscopique rappelle celui d'une noix; en effet, il est possible de le diviser clairement en deux moitiés, appelées « hémisphères », et sa surface est irrégulière et sinueuse. Il est gris rosé à l'extérieur et blanc jaune à l'intérieur.

Ces deux couleurs caractérisent également le reste du système nerveux central; le gris représente la matière grise, riche en corps cellulaires neuronaux, tandis que le blanc correspond à la matière blanche, principalement constituée de fibres nerveuses. La matière grise située en périphérie, comme c'est le cas dans le cerveau et le cervelet, est désignée sous le nom de « cortex »; lorsqu'elle prend la forme d'îlots distribués au sein de la matière blanche, il s'agit alors de « noyaux ». Enfin, on appelle « faisceau », la matière blanche qui constitue un ensemble de fibres cheminant en parallèle.

Un examen sommaire du cerveau donne l'impression qu'il existe une symétrie bilatérale entre les deux hémisphères, chacune apparaissant comme le miroir de l'autre. Cependant, la consultation d'un ouvrage ou d'un atlas de neuroanatomie permet de constater qu'en fait le cerveau humain est un organe extrêmement complexe. Les divers groupes de corps cellulaires et de fibres nerveuses constituent des sous-structures que désigne un nom latin ou dérivé du latin; ces sous-structures possèdent chacune une fonction propre et communiquent entre elles ou avec d'autres parties du système nerveux. Celui-ci constitue en fait le centre de réception et d'analyse des stimuli sensoriels, ainsi que le siège d'élaboration des influx moteurs en réponse à ces stimuli.

22.1 TRAITEMENT DES TISSUS NEUROPATHOLOGIQUES

Les tissus cérébraux ont des caractéristiques structurales et biochimiques qui diffèrent grandement de celles des autres tissus humains. Par conséquent, bien que certaines techniques procurent d'excellents résultats lorsqu'il s'agit, par exemple, de tissus hépatiques, rénaux ou pulmonaires, la situation est entièrement différente avec le tissu cérébral.

Les techniques à la paraffine, dont l'emploi est universel, permettent d'obtenir une conservation tissulaire optimale pour l'étude en microscopie optique. Les blocs de paraffine ne peuvent toutefois présenter une surface supérieure à 5 cm^2 puisqu'ils doivent respecter les dimensions des microtomes disponibles sur le marché. Il est possible d'effectuer des coupes de spécimens très larges, telles que des coupes d'hémisphères cérébraux entiers, mais leur mode de préparation diffère beaucoup des techniques à la paraffine conventionnelles. De telles coupes sont habituellement utilisées pour les musées ou pour la recherche.

Comme les méthodes traditionnelles de déshydratation nécessitent l'utilisation d'éthanol, substance qui provoque la solubilisation des fractions lipidiques, ces dernières sont absentes du tissu imprégné. La cryotomie est donc impérative dans les cas où la conservation de ces fractions lipidiques est nécessaire.

22.1.1 FIXATION ET TAILLE DES SPÉCIMENS

Le liquide fixateur le plus souvent utilisé en vue d'accomplir un examen en microscopie optique est le formaldéhyde en solution aqueuse à 10 %, de préférence tamponné à un *p*H de 7,0. Les fixateurs à base de chlorure mercurique, tels que Zenker et le Helly, ou d'acide picrique, tel que le Bouin, peuvent être dommageables en raison du durcissement qu'ils provoquent, sans compter d'autres effets indésirables, telle une rétraction cellulaire importante.

Il est possible d'entreposer les spécimens fixés dans le formaldéhyde à 10 % et, ainsi, de garder intactes leurs caractéristiques cellulaires, pendant une période maximale de six mois. Dans les cas où la conservation doit excéder six mois, il est préférable d'utiliser l'éthanol à 70 % ou l'éthylène glycol à 20 %. Pour obtenir une fixation adéquate dans un délai variant entre 24 et 48 heures, les fragments de spécimens cérébraux ne doivent pas dépasser 0,3 cm d'épaisseur. Quant aux cerveaux entiers, leur fixation nécessite un séjour minimal de dix jours. Les perfusions intraventriculaires ou artérielles ne comportent habituellement aucun avantage, sauf s'il s'agit de spécimens infantiles présentant une hydrocéphalie tellement avancée qu'une perfusion intraventriculaire préviendrait l'affaissement du spécimen tout en offrant une fixation adéquate.

La surface des spécimens d'autopsies doit se situer entre 3 et 5 cm^2, particulièrement dans le cas des ganglions de la base où il est important de conserver les lésions selon leur ordre anatomique. Ces spécimens doivent mesurer de 0,4 à 0,5 cm d'épaisseur afin d'offrir, au microtome, une surface de coupe qui présente toute la région à examiner.

22.1.2 CIRCULATION ET ENROBAGE

La circulation et l'enrobage des pièces de tissu, en particulier l'étape de la déshydratation, peuvent avoir des répercussions importantes sur la qualité des résultats. En effet, le système nerveux central se caractérise par un contenu très élevé en eau; celle-ci constitue 70 % des fractions tissulaires de la substance blanche et 80 % de celles du cortex. L'élimination complète de cette phase aqueuse et son remplacement par la paraffine exigent donc une période de déshydratation plus longue que celle nécessaire dans le cas des autres tissus humains. Ainsi, le temps minimal de la circulation avant d'entamer l'étape de l'imprégnation, est habituellement de 24 heures. En règle générale, la déshydratation jusqu'à l'enrobage, il est possible d'appliquer aux tissus du système nerveux les mêmes règles que pour les autres tissus. Cependant, il est avantageux de prolonger le passage dans chaque solution et d'effectuer celui-ci sous vide partiel surtout au cours de l'imprégnation. Il est important de signaler que le chloroforme, en raison de son niveau de tolérance élevé, semble être un meilleur agent éclaircissant que le xylène ou le toluène.

22.1.3 COUPE ET ÉTALEMENT

Les procédés de coupe, d'étalement et de coloration des spécimens sont fondamentalement les mêmes que pour les tissus extracérébraux. Les couteaux doivent être bien aiguisés et ne présenter aucune encoche. L'épaisseur optimale des coupes varie de 5 à 7 µm. Toutefois, il est difficile de maintenir intactes les coupes de spécimens relativement larges si l'épaisseur de celles-ci est inférieure à 7 µm. De plus, certaines colorations requièrent une épaisseur de 10 µm. Après les avoir étalées sur les lames, il faut laisser sécher les coupes à une température de 37 °C, de 18 à 24 heures. Les étapes de la coloration sont les mêmes que pour les tissus extracérébraux. Comme le risque de pulvériser ces tissus est élevé s'ils sont trop refroidis, leur température doit correspondre le mieux possible à la température ambiante au moment de la coupe.

22.1.4 COLORATION DE ROUTINE

La méthode à l'hématoxyline et à l'éosine constitue la coloration de base pour tous les tissus nerveux parce qu'elle permet d'obtenir une excellente mise en évidence des noyaux, de la substance de Nissl et même, en accentuant la coloration à l'hématoxyline, des axones. Les noyaux prennent des teintes variant du bleu foncé au gris pâle, ce qui représente un excellent contraste par rapport aux cytoplasmes et à la myéline, qui sont éosinophiles. Cette méthode permet également de bien mettre en évidence l'architecture cérébrale. Le violet de crésyl constitue, dans certains laboratoires, une épreuve de routine qui sert à accentuer la mise en évidence de la composante neuronale grâce à son affinité avec la substance de Nissl. L'hématoxyline-phloxine-safran donne des résultats moins satisfaisants; toutefois, si le réseau conjonctivo-vasculaire présente des particularités spéciales, comme c'est le cas dans certains types de néoplasies, il est plus facile de le visualiser grâce à la couleur jaune que le safran communique au collagène.

22.2 MÉTHODES DE COLORATION

Les méthodes de coloration spécifiques aux éléments proprement nerveux se divisent en colorations applicables aux neurones, y compris les dendrites et les axones, à la myéline et aux cellules gliales.

22.2.1 COLORATION DES NEURONES

Les méthodes de coloration des neurones sont nombreuses. La plupart d'entre elles sont basées sur la grande affinité des membranes dendritiques et axonales, de même que celles des neurotubules et les neurofilaments pour les sels d'argent. Trois de ces méthodes de coloration sont particulièrement recommandées : celles de Holmes, de Bielschowsky et de Bodian. La méthode de Holmes donne une teinte noire aux dendrites et aux axones ainsi qu'aux réseaux neurotubulaires et filamenteux des cytoplasmes neuronaux. Ces structures prennent également une teinte noire, mais un peu plus foncée, avec la méthode de Bielschowsky. Celle-ci est particulièrement efficace pour l'étude des dégénérescences neurofibrillaires et des plaques séniles, lésions propres à la maladie d'Alzheimer. Par contre, la méthode de Bielschowsky donne de meilleurs résultats avec des coupes en congélation. Contrairement aux deux premières méthodes, qui s'emploient avec le nitrate d'argent, la méthode de Bodian requiert l'utilisation du protargol, un produit particulièrement difficile à obtenir sur le marché. De plus, la coloration finale est généralement plus pâle et moins contrastée que celle des deux premières méthodes.

22.2.1.1 Méthode de Holmes

La méthode de coloration au nitrate d'argent de Holmes a pour but de mettre en évidence les corps cellulaires neuronaux du cerveau et leurs prolongements, les axones et les dendrites, grâce à une imprégnation argentique des neurofibrilles qu'ils contiennent.

Le mécanisme d'action est basé sur la forte argyrophilie que démontrent les neurofibrilles à *p*H alcalin supérieur à 8,0, bien que les raisons qui expliquent cette argyrophilie soient plutôt obscures. L'utilisation de pyridine assure un *p*H autour de 8,4, lequel modifie avantageusement les conditions électrostatiques des tissus. Les autres étapes de la méthode sont les mêmes que celles utilisées pour la mise en évidence des fibres de réticuline (voir la section 14.3). Pour la fixation des tissus, il est préférable d'employer le formaldéhyde à 10 % ou un mélange de formaldéhyde et d'alcool composé de 9 volumes d'alcool éthylique à 95 % et de 1 volume de formaldéhyde commercial à 40 %.

a) Préparation des solutions

1. Solution aqueuse de nitrate d'argent à 20 %

- 20 g de nitrate d'argent
- 100 ml d'eau distillée

2. Solution de nitrate d'argent à 1 %

- 1 g de nitrate d'argent
- 100 ml d'eau distillée

3. Solution d'acide borique à 1,24 %

- 1,24 g d'acide borique
- 100 ml d'eau distillée

4. Solution de pyridine à 10 %

- 1 ml de pyridine (C_5H_5N)
- 9 ml d'eau distillée

OU
Prendre le produit commercial à 10 %.

5. Solution de borate de sodium à 1,9 %

- 1,9 g de borate de sodium (borax)
- 100 ml d'eau distillée

6. Solution d'imprégnation

- 11 ml de solution d'acide borique à 1,24 % (solution n° 3)
- 9 ml de solution de borate de sodium à 1,9 % (solution n° 5)
- 78 ml d'eau distillée
- 0,2 ml de nitrate d'argent à 1 % (solution n° 2)
- 1 ml de pyridine à 10 % (solution n° 4)

Mélanger d'abord les trois premiers produits, puis ajouter les deux autres.

7. Solution de réduction

- 1 g d'hydroquinone
- 5 g de sulfite de sodium en cristaux
- 100 ml d'eau distillée

Cette solution demeure stable pendant plusieurs jours si elle est conservée à une température de 4 °C.

8. Solution de chlorure d'or à 0,2 %

- 2 g de chlorure d'or
- 100 ml d'eau distillée
- 3 gouttes d'acide acétique glacial

9. Solution d'acide oxalique à 2 %

- 2 g d'acide oxalique
- 100 ml d'eau distillée

10. Solution de thiosulfate de sodium à 5 %

- 5 g de thiosulfate de sodium
- 100 ml d'eau distillée

b) Coloration au nitrate d'argent de Holmes pour les fibres nerveuses

MODE OPÉRATOIRE

1. Déparaffiner et hydrater les coupes jusqu'au bain de rinçage à l'eau courante;
2. sensibiliser dans le nitrate d'argent à 20 % pendant 1 heure, dans une chambre noire; (profiter de cette heure d'attente pour préparer la solution d'imprégnation);
3. rincer dans trois bains d'eau distillée pendant une période totale de 10 minutes;
4. déposer les coupes dans la solution d'imprégnation fraîchement préparée, préchauffée à 37 °C et maintenue dans un contenant fermé, et laisser reposer pendant 1 minute;
5. déposer les coupes dans la solution de réduction pendant 2 minutes; laver à l'eau courante pendant 3 minutes; rincer à l'eau distillée;

6. provoquer le virage en plongeant les coupes dans le chlorure d'or à 0,2 % pendant 3 minutes; rincer à l'eau distillée;
7. traiter les coupes dans la solution d'acide oxalique à 2 % pendant 5 minutes; rincer à l'eau distillée;
8. traiter les coupes dans la solution de thiosulfate de sodium à 5 % pendant 5 minutes; rincer à l'eau distillée;
9. déshydrater, éclaircir et monter avec une résine synthétique permanente comme l'Eukitt.

RÉSULTATS

- Les fibres nerveuses et les neurofibrilles se colorent en noir sous l'effet de l'argent;
- le fond de la coupe prend une teinte qui varie de gris pâle à gris pâle rosé.

22.2.1.2 Méthode de Gros-Bielschowski

Cette méthode donne généralement de meilleurs résultats avec des coupes sous congélation. La coupe subit d'abord une préimprégnation au nitrate d'argent, puis un traitement dans une solution de nitrate d'argent ammoniacal. L'argent se dépose sur les neurofibrilles et les axones, pour ensuite former un précipité noir sous l'action de la solution de formaldéhyde. Le chlorure d'or est utilisé comme agent de virage et il permet de faire disparaître la coloration jaunâtre non désirée que prennent les coupes après l'étape de l'imprégnation à l'argent. Le thiosulfate de sodium est employé pour éliminer le surplus d'argent non réduit et pour arrêter la réaction d'imprégnation (pour un complément d'information sur la méthode d'imprégnation métallique, voir la section 10.13).

a) Préparation des solutions

1. Solution aqueuse de nitrate d'argent à 20 %

- Voir la section 22.2.1.1, a, la solution n° 1.

2. Solution de formaldéhyde à 20 %

- 20 ml de formaldéhyde commercial
- 80 ml d'eau distillée

3. Solution aqueuse d'hydroxyde de sodium à 40 %

- 40 g d'hydroxyde de sodium
- 100 ml d'eau distillée

Cette solution peut se conserver dans un flacon de plastique.

4. Solution de nitrate d'argent à 10 %

- 10 g de nitrate d'argent
- 100 ml d'eau distillée

5. Solution d'hydroxyde d'ammonium

Prendre la solution commerciale.

6. Solution de nitrate d'argent ammoniacal

Mettre lentement 5 gouttes de la solution d'hydroxyde de sodium à 40 % dans 10 ml de nitrate d'argent à 10 %. Il se forme alors un précipité brun-noir. Dissoudre ce précipité en ajoutant goutte à goutte de l'hydroxyde d'ammonium concentré et en prenant soin de bien mélanger après l'ajout de chaque goutte. En général, moins de 18 gouttes sont nécessaires pour faire disparaître le précipité. Une fois la solution devenue homogène, ajouter 10 ml d'eau distillée, ce qui donne un volume total d'environ 20 ml.

7. Solution de chlorure d'or à 1 %

- 1 g de chlorure d'or
- 100 ml d'eau distillée

8. Solution de chlorure d'or à 0,1 %

- 10 ml de chlorure d'or à 1 %
- 90 ml d'eau distillée

9. Solution d'eau ammoniacale à 20 %

- 20 ml d'hydroxyde d'ammonium concentré
- 80 ml d'eau distillée

10. Solution de thiosulfate de sodium à 5 %

- 5 g de thiosulfate de sodium
- 100 ml d'eau distillée

11. Solution d'eau acidifiée à 0,1 %

- 0,1 ml d'acide acétique glacial
- 99,9 ml d'eau distillée

b) Coloration de Gros-Bielschowski pour les axones

MODE OPÉRATOIRE

1. Placer les coupes sous congélation dans un bain d'eau distillée de 3 à 4 minutes;
2. mettre les coupes dans la solution de nitrate d'argent à 20 %; laisser reposer à l'obscurité pendant une heure;
3. mettre les coupes dans un bain de formaldéhyde à 20 %; laisser reposer pendant 5 minutes;
4. transférer les coupes dans la solution d'argent ammoniacal. Vérifier régulièrement la coloration des neurofibrilles au microscope; arrêter la coloration lorsque ces dernières commencent à être faciles à distinguer; cette étape peut prendre jusqu'à 10 minutes;
5. transférer les coupes dans la solution d'eau ammoniacale; laisser reposer pendant 1 minute; neutraliser les coupes en les laissant dans un bain d'eau acidifiée pendant 1 minute; rincer à l'eau distillée;
6. provoquer le virage en laissant les coupes dans le chlorure d'or à 0,1 % pendant 1 heure; laver à l'eau courante pendant une trentaine de secondes;
7. mettre les coupes dans la solution de thiosulfate de sodium à 5 % pendant 5 minutes; laver les coupes à l'eau courante;
8. monter à l'aide d'un milieu de montage temporaire comme la gelée glycérinée.

RÉSULTATS

- Les axones et les neurofibrilles se colorent en noir sous l'action de l'argent ammoniacal;
- le fond de la coupe prend une teinte grisâtre.

c) Remarques

- À la première étape, il est préférable de placer les coupes dans un bain d'eau distillée plutôt que de les passer à l'eau courante, car le mouvement de l'eau pourrait faire décoller le tissu de la lame.
- À l'étape 4, si la coloration noire est insuffisante, ou trop pâle, recommencer avec une autre coupe en augmentant légèrement le nombre de gouttes d'hydroxyde d'ammonium ajoutées au bain de nitrate d'argent ammoniacal.
- Les résultats de cette méthode de coloration ne sont pas toujours précis. C'est pourquoi il est essentiel de laisser les coupes dans la solution initiale de nitrate d'argent jusqu'à ce qu'elles prennent une teinte brunâtre.

22.2.2 MYÉLINE

Formée de membranes lipoprotéiques, la gaine de myéline est enroulée autour des cylindraxes des fibres nerveuses. Dans les nerfs périphériques, ces membranes proviennent des cellules de Schwann alors que, dans le système nerveux central, elles proviennent des oligodendrocytes.

La gaine de myéline est fortement biréfringente, ce qui indique un haut degré d'organisation infrastructurale que seul le microscope électronique a permis de préciser. Elle est formée par l'alternance de lamelles lipidiques et protéiques liées entre elles. Il a été démontré que les différents types de lipides sont la céphaline, la sphingomyéline, le cérébroside, le cholestérol libre et, en très petite quantité, le sulfatide et la lécithine.

De toutes les méthodes de mise en évidence de la myéline, la plus pratique est celle qui met en œuvre le bleu de Luxol solide (*Luxol fast blue*), habituellement combiné au violet de crésyl, ce qui permet de distinguer aussi bien les neurones que la myéline. Cette méthode double est surnommée la « méthode de Klüver-Barrera ». La méthode de Heidenhain peut aussi servir, mais elle ne met en évidence que la myéline, qu'elle colore d'un bleu plus foncé que ne le fait la méthode précédente. Il y a aussi la méthode de Marchi, modifiée par Swank-Davenport, qui permet de mettre en évidence les segments myéliniques dégénérés en utilisant du tétroxyde d'osmium. Avec cette méthode, la myéline prend une teinte noire sur fond pâle, mais le tissu doit séjourner pendant sept jours dans le tétroxyde d'osmium, période de temps quand même plus courte qu'avec la méthode originale de Marchi, laquelle requiert plusieurs semaines d'imprégnation. D'autres méthodes combinent le bleu de Luxol solide à différents colorants. Par exemple, la méthode au bleu de Luxol solide à l'APS et à l'hématoxyline et celle au bleu de Luxol solide et à l'huile rouge O permettent de mettre en évidence la myéline dégénérée sur fond contrastant.

22.2.2.1 Méthode de Klüver-Barrera

La méthode de Klüver-Barrera permet de mettre en évidence la myéline à l'aide du bleu de Luxol solide (*Luxol Fast Blue*), et les corps cellulaires, en particulier la substance de Nissl, à l'aide du violet de crésyl.

Le bleu de Luxol solide est un phtalocyanine de cuivre cationique analogue au bleu alcian; il s'en différencie par sa solubilité dans l'éthanol plutôt que dans l'eau. Ce sont les radicaux anioniques des lipides acides qui captent le colorant et entraînent la coloration de la myéline. Le mécanisme semble s'appuyer sur la formation de liens sel. On ignore cependant pourquoi le bleu de Luxol solide ne colore que la myéline.

Le violet de crésyl présente une très forte affinité pour la substance de Nissl, affinité qui s'explique par la présence d'ARN ribosomique dans le réticulum endoplasmique rugueux. Encore une fois, il semble que la coloration soit le fruit de liens sel. Une augmentation du *p*H de la solution colorante permet aussi de mettre en évidence des noyaux.

Ce type de colorant est généralement représenté de la façon suivante : (CuPC)SO_3H.base. La base présente dans la molécule colorante est remplacée par la base présente dans les lipoprotéines. C'est le cas de la choline, par exemple, dont la présentation est illustrée à la figure 22.3.

Le violet de crésyl acétate est le nom moderne du violet de crésyl solide. Il s'agit d'un colorant cationique qui appartient à la famille des oxazines. Il est soluble dans l'eau et l'alcool. Il ne porte cependant pas de numéro de CI. Il est surtout utilisé pour la coloration des corps de Nissl et son poids moléculaire est de 321,0. La figure 20.4 présente la formule chimique du violet de crésyl.

Le mécanisme d'action du violet de crésyl n'est pas bien connu, mais les auteurs croient pour la plupart que ce colorant cationique forme des liens sel avec les acides aminés des protéines présentes dans la substance de Nissl.

Pour la fixation préalable des tissus, il est recommandé d'utiliser du formaldéhyde à 10 % tamponné et de faire de coupes à 10 μm d'épaisseur.

Figure 22.2 : **FICHE DESCRIPTIVE DU BLEU DE LUXOL SOLIDE**

Nom commun	Bleu de Luxol solide	**Solubilité dans l'eau**	Insoluble
Nom commercial	Bleu de Luxol solide MBS	**Solubilité dans l'éthanol**	Jusqu'à 3 %
Nom du CI	Solvant bleu 38	**Couleur**	Bleu
Classe	Phtalocyanine	**Poids moléculaire**	Plus de 1341
Type d'ionisation	Cationique		

Actuellement, l'information disponible sur ce colorant est limitée.

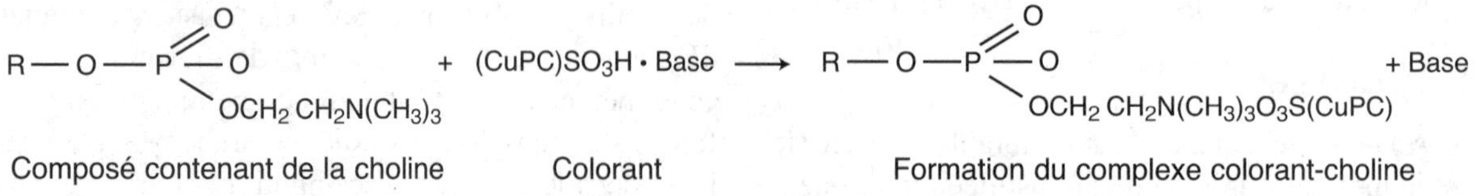

$$R{-}O{-}P(=O)(-O)(-OCH_2CH_2N(CH_3)_3) + (CuPC)SO_3H \cdot Base \longrightarrow R{-}O{-}P(=O)(-O)(-OCH_2CH_2N(CH_3)_3O_3S(CuPC)) + Base$$

Composé contenant de la choline — Colorant — Formation du complexe colorant-choline

Figure 22.3 : *Représentation schématique d'une réaction acide-base, entre le bleu de Luxol solide et un composé contenant de la choline, pour former un complexe coloré en bleu.*

a) Préparation des solutions

1. Solution d'acide acétique à 10 %

- 10 ml d'acide acétique glacial
- 90 ml d'eau distillée

2. Solution de bleu de Luxol solide à 0,1 %

- 0,1 g de bleu de Luxol solide MBS
- 99,5 ml d'éthanol à 95 %
- 0,5 ml d'acide acétique à 10 %

Filtrer la solution jusqu'à la disparition complète du précipité. Plusieurs filtrations peuvent être nécessaires.

3. Solution de carbonate de lithium à 0,05 %

- 0,05 g de carbonate de lithium
- 100 ml d'eau distillée

4. Solution de violet de crésyl à 0,1 %

- 0,1 g de violet de crésyl
- 100 ml d'eau distillée

Immédiatement avant usage, ajouter 5 gouttes d'acide acétique à 10 % pour chaque volume de 30 ml de solution de violet de crésyl à 0,1 %, puis chauffer lentement à 60 °C.

b) Coloration au bleu de Luxol solide pour la myéline

MODE OPÉRATOIRE

1. Déparaffiner et hydrater les coupes jusqu'au bain d'éthanol à 95 %;
2. colorer les tissus dans la solution de bleu de Luxol solide à 0,1 % pendant 1 heure à la température ambiante; rincer rapidement dans l'éthanol à 95 %; laver soigneusement à l'eau distillée;
3. amorcer la différenciation dans la solution de carbonate de lithium à 0,05 %; laisser reposer 5 à 20 secondes ou jusqu'à ce que le fond soit clair;
4. poursuivre la différenciation dans la solution d'éthanol à 70 % et arrêter lorsqu'il est possible de bien distinguer la matière grise; il faut éviter de trop différencier;
5. laver à l'eau distillée et vérifier au microscope si la différenciation est suffisante; si ce n'est pas le cas, reprendre les étapes 3 et 4 jusqu'à l'obtention d'un contraste marqué entre la matière blanche, qui doit être colorée en bleu-vert et la matière grise, qui doit être incolore; rincer à l'eau distillée;
6. contrecolorer dans la solution de violet de crésyl à 0,1 % pendant 6 minutes;
7. déshydrater dans un bain d'éthanol à 95 %, puis dans deux bains d'éthanol à 100 %;
8. éclaircir dans le xylène et monter avec une résine synthétique permanente comme l'Eukitt.

RÉSULTATS

- La myéline se colore en bleu sous l'action du bleu de Luxol solide;
- les corps cellulaires, comme la substance de Nissl, se colorent en violet sous l'action du violet de crésyl.

c) Remarque

- Il est possible de remplacer le violet de crésyl par le rouge neutre; la substance de Nissl se colore alors en rouge et le contraste est amplifié.

22.2.2.2 Méthode au bleu de Luxol solide à l'APS et à l'hématoxyline

Cette méthode est particulièrement intéressante puisqu'elle permet d'établir une corrélation entre divers éléments du système nerveux : les fibres nerveuses, la myéline, la membrane basale, les noyaux, les plaques séniles et les champignons, s'il y a lieu. Pour cette méthode, il est possible de fixer les tissus dans le formaldéhyde à 10 % tamponné, mais il est préférable d'utiliser des coupes en congélation. L'épaisseur des coupes doit être d'environ 10 µm.

a) Préparation des solutions

1. Solution d'acide acétique à 10 %

- 10 ml d'acide acétique glacial
- 90 ml d'eau distillée

2. Solution de bleu de Luxol solide à 0,1 %

- 0,1 g de bleu de Luxol solide MBS
- 99,5 ml d'éthanol à 95 %
- 0,5 ml d'acide acétique à 10 %

3. Solution de carbonate de lithium à 0,05 %

- 0,05 g de carbonate de lithium
- 100 ml d'eau distillée

4. Solution d'acide périodique à 0,5 %

- 0,5 g d'acide périodique
- 100 ml d'eau distillée

5. Réactif de Schiff

Voir la section 15.4.1.2.5, solution n° 1.

6. Solution d'hématoxyline de Harris

Pour plus d'information sur la préparation de cette solution, voir la section 12.6.2.

7. Solution d'eau ammoniacale à 0,002 %

- 0,02 ml d'ammoniaque
- 1 litre d'eau distillée

8. Solution d'eau acidifiée à 0,5 %

- 0,5 ml d'acide chlorhydrique concentré
- 100 ml d'eau distillée

c) Coloration au bleu de Luxol solide, à l'APS et à l'hématoxyline

MODE OPÉRATOIRE

1. Déparaffiner et hydrater les coupes jusqu'au bain d'éthanol à 95 %;
2. colorer les tissus dans la solution de bleu de Luxol solide à 0,1 % pendant 1 heure à la température ambiante; rincer rapidement dans l'éthanol à 95 %; laver soigneusement à l'eau distillée;
3. amorcer la différenciation dans la solution de carbonate de lithium à 0,05 %; laisser reposer pendant 5 à 20 secondes;
4. poursuivre la différenciation dans la solution d'éthanol à 70 %, et arrêter lorsqu'il est possible de bien distinguer la matière grise; il faut éviter de trop différencier;
5. laver à l'eau distillée et vérifier au microscope si la différenciation est suffisante; si ce n'est pas le cas, reprendre les étapes 3 et 4 jusqu'à l'obtention d'un contraste marqué entre la matière blanche, qui doit être colorée en bleu-vert, et la matière grise, qui doit être incolore; rincer à nouveau dans l'eau distillée;
6. mettre les coupes dans la solution d'acide périodique à 0,5 % pendant 5 minutes; rincer dans deux bains d'eau distillée;
7. placer les coupes dans le réactif de Schiff de 15 à 30 minutes; laver à l'eau courante pendant 5 minutes;
8. contrecolorer dans l'hématoxyline de Harris pendant 1 minute; laver à l'eau courante pendant 5 minutes;
9. si nécessaire, différencier dans un bain d'eau acidifiée et rincer à l'eau distillée;
10. bleuir dans un bain d'eau ammoniacale à 0,2 %;
11. déshydrater, éclaircir et monter avec une résine synthétique permanente comme l'Eukitt.

RÉSULTATS

- La gaine de myéline se colore en bleu-vert sous l'effet du bleu de Luxol solide;
- la membrane basale des capillaires et les plaques séniles se colorent en rose sous l'action du réactif de Schiff;
- les noyaux se colorent en bleu sous l'effet de l'hématoxyline de Harris;
- les champignons, s'ils sont présents, se colorent en rose sous l'action du réactif de Schiff.

22.2.2.3 Méthode au bleu de Luxol solide combiné à l'huile rouge O

Cette méthode permet de distinguer la gaine de myéline des graisses généralement abondantes dans le tissu nerveux. Pour la fixation, la congélation des pièces offre les meilleurs résultats. Si le tissu doit être fixé dans un liquide, il est préférable de choisir le formaldéhyde à 10 % tamponné puis de procéder à la coupe au cryotome, après un très long rinçage à l'eau distillée. Les coupes doivent avoir une épaisseur de 10 μm.

a) Préparation des solutions

1. Solution d'acide acétique à 10 %

Voir la section 22.2.2.2, solution n° 1.

2. Solution de bleu de Luxol solide à 1 %

Voir la section 22.2.2.2, solution n° 2.

3. Solution d'huile rouge O à 0,4 %

- 0,4 g d'huile rouge O
- 10 ml d'acétone
- 90 ml d'éthanol à 80 %

Bien mélanger les deux premiers ingrédients, puis ajouter l'éthanol à 80 %.

4. Solution de carbonate de lithium à 0,005 %

- 0,05 g de carbonate de lithium
- 1000 ml d'eau distillée

5. Solution d'hématoxyline de Harris

Pour l'information concernant la préparation de cette solution, voir la section 12.6.2.

6. Solution d'eau ammoniacale à 0,002 %

- 0,02 ml d'ammoniaque
- 1 litre d'eau distillée

7. Solution d'eau acidifiée à 0,5 %

- 0,5 ml d'acide chlorhydrique concentré
- 100 ml d'eau distillée

b) Coloration au bleu de Luxol solide et à l'huile rouge O

MODE OPÉRATOIRE

1. Placer les coupes fraîchement faites dans un bain d'éthanol à 50 % pendant 1 minute; mettre dans un bain d'éthanol à 70 % pendant une minute;
2. colorer les tissus pendant 1 heure dans un bain de bleu de Luxol solide maintenu à la température ambiante; passer rapidement les coupes dans un bain d'éthanol à 70 %, puis dans un bain d'éthanol à 50 %;
3. commencer la différenciation en passant les coupes dans le carbonate de lithium à 0,005 % de 20 à 30 secondes; poursuivre la différenciation en passant les coupes dans un bain d'éthanol à 70 % pendant 15 à 20 secondes;
4. passer les coupes dans un bain d'éthanol à 50 %, puis dans un bain d'eau distillée contenant quelques gouttes d'éthanol à 95 %; laver à l'eau distillée pendant 2 à 3 minutes;
5. passer rapidement dans un bain d'éthanol à 70 %;
6. placer les lames à plat et ajouter la solution d'huile rouge O; laisser agir pendant 30 secondes; passer rapidement les coupes dans l'éthanol à 70 %, puis dans l'éthanol à 50 %; rincer à l'eau distillée;
7. contrecolorer dans l'hématoxyline de Harris pendant 2 minutes; rincer à l'eau distillée pendant 2 minutes;
8. différencier dans un bain d'eau acidifiée; rincer à l'eau distillée;
9. bleuir dans l'eau ammoniacale à 0,2 %; rincer à l'eau distillée;
10. monter avec une résine temporaire comme la gelée glycérinée.

RÉSULTATS

- Les graisses se colorent en rouge sous l'action de l'huile rouge O;
- la gaine de myéline se colore en bleu-vert sous l'effet du bleu de Luxol solide.

22.2.3 COLORATION DES CELLULES GLIALES

Il existe bon nombre de méthodes pour la mise en évidence des cellules gliales. Dans le cas des astrocytes, la méthode au chlorure d'or sublimé de Cajal est fortement recommandée parce qu'elle met clairement en évidence le cytoplasme en leur donnant l'aspect d'un réseau de couleur noire sur fond violacé. Cette méthode s'emploie sur des coupes sous congélation fixées dans un mélange de formaldéhyde et de bromure d'ammonium. Elle est bien plus efficace avec les astrocytes réactifs du type non tumoral qu'avec les astrocytes néoplasiques, qui s'imprègnent beaucoup moins fortement. La méthode de Holzer est une des méthodes de mise en évidence des filaments gliaux que produisent les astrocytes. Cette technique nécessite une différenciation adéquate afin d'éviter une surcoloration susceptible de rendre la coupe indéchiffrable. La méthode à l'APTH (voir la section 14.1.2.3) n'entraîne pas une coloration aussi prononcée des fibres gliales, mais elle met bien en évidence les « blépharoplastes », des structures punctiformes situées à l'apex des épendymocytes et qui constituent les pieds d'insertion cytoplasmiques des cils de surface. Le carbonate d'argent utilisé dans la méthode de Del Rio-Hortega (voir la section 14.3.2.2.4) colore à la fois les oligodendrocytes et les microgliocytes. Cette méthode est peu utilisée, cependant, puisqu'il est facile de mettre en évidence ces cellules à l'aide des méthodes de coloration de routine.

22.2.3.1 Astrocytes

22.2.3.1.1 *Méthode de Cajal*

Le principe de base de cette méthode repose sur l'aurophilie, c'est-à-dire une affinité pour l'or, que les astrocytes montrent en présence de chlorure mercurique. Le mécanisme d'action de ce type d'imprégnation est encore obscur. Pour cette méthode, il est fortement recommandé de fixer les tissus dans une solution de formaldéhyde et de bromure d'ammonium de Cajal (FAB, pour *formol-ammonium bromide*), pendant une période 24 à 48 heures. Au-delà de cette durée, les astrocytes se colorent mal. Le tissu est ensuite bien lavé à l'eau courante, puis il y a coupe au cryotome. L'épaisseur des coupes doit se situer de préférence entre 15 et 25 μm.

a) Préparation des solutions

1. Solution de formaldéhyde et de bromure d'ammonium (FAB)

- 2 g de bromure d'ammonium
- 15 ml de formaldéhyde commercial
- 85 ml d'eau distillée

Le tissu est traité dans la solution de FAB seulement s'il a été fixé au préalable dans le formaldéhyde à 10 %. La solution agit donc comme liquide fixateur secondaire. Ce traitement précède la technique proprement dite.

2. Solution de chlorure d'or à 1 %

- 1 g de chlorure d'or
- 100 ml d'eau distillée

3. Solution de chlorure d'or sublimé

- 2 g de chlorure mercurique
- 20 ml de chlorure d'or à 1 %
- 80 ml d'eau distillée

Déposer le chlorure mercurique dans l'eau et chauffer légèrement jusqu'à dissolution. Ajouter le chlorure d'or, agiter pendant quelques secondes et filtrer la solution.

4. Solution de thiosulfate de sodium à 5 %

- 5 g de thiosulfate de sodium
- 100 ml d'eau distillée

b) Coloration au chlorure d'or sublimé de Cajal

MODE OPÉRATOIRE

1. Rincer les coupes dans plusieurs bains d'eau distillée;
2. déposer les coupes dans la solution de chlorure d'or sublimé maintenue à la température ambiante et gardée dans un endroit sombre. Laisser reposer de 3 à 4 heures ou jusqu'à l'obtention d'une teinte légèrement pourpre. La solution d'incubation peut être chauffée à 25 ou 30 °C dans le but d'augmenter la vitesse d'imprégnation. Rincer les coupes à l'eau distillée;
3. placer les coupes dans la solution de thiosulfate de sodium à 5 % pendant 5 minutes; rincer à l'eau distillée;
4. déshydrater, éclaircir et monter avec une résine synthétique permanente comme l'Eukitt.

RÉSULTATS

- Les astrocytes prennent une teinte qui varie de mauve à mauve foncé sous l'effet du chlorure d'or;

- le fond de la coupe se colore en mauve pâle encore sous l'effet du chlorure d'or;
- les neurones prennent une légère teinte mauve assez facile à distinguer en raison de leur structure particulière.

c) Remarques

- L'imprégnation à la température ambiante entraîne une coloration mauve pâle, alors que si la température d'incubation se situe entre 25 à 30 °C, la teinte sera plus foncée.
- Il est nécessaire d'observer les coupes au microscope durant l'imprégnation afin de déterminer le point d'imprégnation optimal.

Si le tissu a préalablement été fixé dans le formaldéhyde à 10 %, il faudra envisager un traitement dans la solution de FAB.

22.2.3.1.2 *Méthode de Holzer*

La méthode de coloration au violet de cristal selon Holzer permet de mettre en évidence les fibres gliales d'origine astrocytaire; le mécanisme d'action de cette technique est cependant inconnu. Pour obtenir des résultats de coloration concluants, il est préférable de fixer les tissus dans le formaldéhyde à 10 %. L'épaisseur des coupes doit être de 10 μm.

a) Préparation des solutions

1. Solution aqueuse d'acide phosphomolybdique à 0,5 %

- 0,5 g d'acide phosphomolybdique
- 100 ml d'eau distillée

2. Solution d'éthanol et d'acide phosphomolybdique

- 30 ml de solution aqueuse d'acide phosphomolybdique à 0,5 %
- 60 ml d'éthanol à 95 %

3. Solution d'éthanol et de chloroforme

- 20 ml de chloroforme
- 80 ml d'éthanol absolu

4. Solution de violet de cristal à 5 %

- 2 g de violet de cristal
- 6 ml d'éthanol absolu
- 32 ml de chloroforme

Pour un complément d'information sur le violet de cristal, voir la section 18.2.2.

5. Solution de bromure de potassium à 10 %

- 10 g de bromure de potassium
- 100 ml d'eau distillée

6. Solution différenciatrice

- 18 ml d'huile d'aniline
- 27 ml de chloroforme
- 3 gouttes d'hydroxyde d'ammonium concentré

Il est important de mentionner que toutes ces solutions doivent être fraîchement préparées.

b) Coloration de Holzer pour les atrocytes

MODE OPÉRATOIRE

1. Déparaffiner et hydrater partiellement les coupes jusqu'au bain d'éthanol à 95 %;
2. traiter les coupes dans la solution d'éthanol et d'acide phosphomolybdique pendant 3 minutes;
3. laver les coupes dans la solution d'éthanol et de chloroforme pendant 1 à 2 minutes;
4. colorer les coupes dans la solution de violet de cristal pendant 30 secondes;
5. plonger les coupes dans l'éthanol à 95 % à quelques reprises;
6. plonger les coupes dans l'éthanol à 70 %, puis dans l'eau distillée;
7. passer les coupes dans la solution de bromure de potassium à 10 % pendant 1 minute; assécher le pourtour des coupes avec du papier absorbant;
8. différencier dans la solution jusqu'à ce que le fond de la coupe soit incolore et que les fibres gliales aient pris une teinte bleu-mauve;

9. éclaircir dans le xylène; bien assécher le pourtour des coupes; répéter ce procédé deux autres fois, puis monter avec une résine synthétique permanente comme l'Eukitt.

RÉSULTATS

- Les fibres gliales astrocytaires se colorent en bleu foncé sous l'effet du violet de violet;
- le fond de la coupe se colore en bleu pâle sous l'action du violet de cristal.

22.2.3.2 Oligodendrocytes

Les oligodendrocytes sont présentes dans la matière blanche du système nerveux central et sont responsables de la formation de la myéline. Elles se trouvent aussi dans la matière grise, mais elles n'y jouent que le rôle de cellules de soutien. Il est facile d'identifier ces cellules à l'aide d'une coloration de routine à l'hématoxyline et à l'éosine grâce à leur petite taille, soit environ 7 µm de diamètre, et leur apparence, qui est celle d'une structure dense. Le cytoplasme cependant, n'est pas distinguable. Les principales méthodes de mise en évidence sont des méthodes d'imprégnation métallique dont la plus connue est celle de Weil et Davenport, laquelle permet de mettre en évidence les oligodendrocytes et les micogliocytes. Pour cette méthode, il est préférable de fixer les tissus dans une solution de formaldéhyde et de bromure d'ammonium, ou encore dans le formaldéhyde salin. Les coupes à la paraffine doivent avoir une épaisseur de 5 µm. Elles sont ensuite directement transférées dans le xylène pour le déparaffinage, puis dans l'éthanol absolu. Elles sont alors plongées dans l'éthanol à 50 % pour finalement être lavées à l'eau distillée. Dans le cas des coupes sous congélation, elles doivent avoir une épaisseur d'environ 15 µm. Elles sont placées dans une solution d'ammoniaque à 10 % pendant 2 heures avant d'être colorées.

a) Préparation des solutions

1. Solution d'ammoniaque à 10 %

- 10 ml d'ammoniaque
- 90 ml d'eau distillée

2. Solution de nitrate d'argent à 5 %

- 5 g de nitrate d'argent
- 100 ml d'eau distillée

3. Solution de nitrate d'argent ammoniacal

Prendre 2 ml d'ammoniaque concentré et ajouter lentement le nitrate d'argent à 5 % jusqu'à turbidité persistante. La solution devrait avoir une teinte orangé-brun.

4. Solution d'eau formolée à 3 %

- 3 ml de formaldéhyde commercial
- 97 ml d'eau distillée

5. Solution de thiosulfate de sodium à 5 %

- 5 g de thiosulfate de sodium
- 100 ml d'eau distillée

b) Coloration de Weil et de Davenport pour les oligodendrocytes

MODE OPÉRATOIRE

1. Laver adéquatement les coupes à l'eau distillée;
2. imprégner les coupes de la solution de nitrate d'argent ammoniacal pendant 15 à 20 secondes;
3. transférer les coupes dans l'eau formolée; remuer continuellement pendant environ 30 secondes ou jusqu'à ce que les coupes soient brunes; rincer à l'eau distillée;
4. passer les coupes dans la solution de thiosulfate de sodium à 5 % pendant une période de 2 à 5 minutes; laver à l'eau distillée;
5. déshydrater, éclaircir et monter avec un milieu naturel permanent comme le baume du Canada.

RÉSULTATS

- Les oligodendrocytes, les microgliocytes et les astrocytes se colorent en noir sous l'action du nitrate d'argent ammoniacal;
- le fond de la coupe prend une teinte gris pâle.

c) Remarques

- L'utilisation de nitrate d'argent à 10 % et de formaldéhyde à 10 % augmente la spécificité de la méthode pour les microgliocytes.

- L'utilisation de nitrate d'argent à 15 % et de formaldéhyde à 15 % augmente la spécificité de la méthode pour les oligodendrocytes.

22.3 ÉTUDES HISTOTECHNOLOGIQUES EN NEUROLOGIE

Une population vieillissante entraîne nécessairement une hausse du nombre de maladies neurodégénératives. Celles-ci incluent la maladie d'Alzheimer, les maladies démentes vasculaires, la démence à corps de Lewy et les dégénérescences frontotemporelles. Des méthodes de coloration spéciales sont nécessaires pour mettre en évidence ces anomalies structurales spécifiques.

22.3.1 MALADIE D'ALZHEIMER

La maladie d'Alzheimer présente deux caractéristiques faciles à identifier au cours de la mise en évidence. Premièrement, le neurone développe des inclusions intracellulaires filamenteuses connues sous le nom de « neurofibrilles enchevêtrées ». Ces structures entourent les noyaux des neurones et atteignent parfois la base des axones. Ces neurofibrilles peuvent être mises en évidence au moyen de colorations argentiques et de méthodes immunohistochimiques. Deuxièmement, la maladie d'Alzheimer entraîne la présence de dépôts d'amyloïde dans le cortex cérébral. Ces dépôts prennent de l'expansion et finissent par former des plaques séniles qui inhibent le fonctionnement normal des neurones. Il est également possible de mettre en évidence ces plaques à l'aide de coloration argentiques, mais aussi grâce aux méthodes de coloration de l'amyloïde (voir le chapitre 18) et à des techniques immunohistochimiques. La méthode fluorescente à la thioflavine S permet aussi de mettre en évidence les plaques séniles, ainsi que les myofibrilles enchevêtrées. La thioflavine S est fabriquée à partir de la primuline, dont la fiche descriptive est présentée à la figure 22.4.

22.3.1.1 Méthode à la thioflavine S

Cette méthode tire profit de la fluorescence qui se forme au moment de la combinaison du colorant avec la substance amyloïde et les neurofibrilles. Pour la fixation des tissus, il est recommandé d'employer le formaldéhyde à 10 %.

a) Préparation de la thioflavine S

- 1 g de thioflavine S
- 100 ml d'eau distillée

Figure 22.4 : **FICHE DESCRIPTIVE DE LA PRIMULINE**

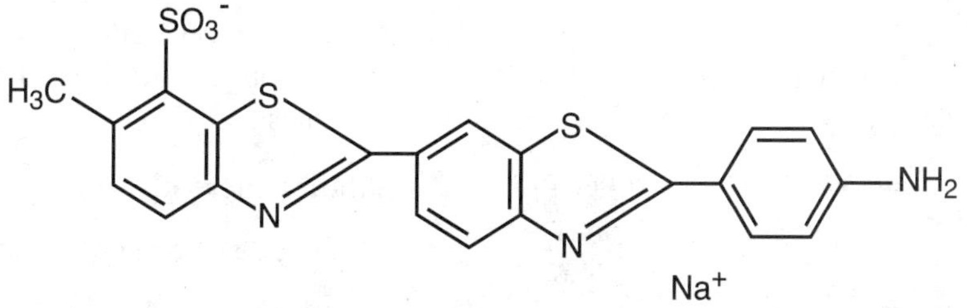

Structure chimique de la primuline

Nom commun	Primuline	**Solubilité dans l'eau**	Soluble
Nom commercial	Primuline	**Solubilité dans l'éthanol**	Soluble
Numéro de CI	49000	**Absorption**	412 nm
Nom du CI	Jaune direct 7	**Couleur**	Jaune
Classe	Thiazine	**Poids moléculaire**	478
Type d'ionisation	Anionique		

b) Coloration par la thioflavine S

MODE OPÉRATOIRE

1. Hydrater les coupes jusqu'au rinçage à l'eau distillée;
2. mettre les coupes dans la solution de thioflavine S pendant 7 minutes;
3. laver les coupes dans trois bains d'éthanol à 80 %;
4. compléter la déshydratation, éclaircir et monter avec un milieu de montage exempt de fluorescence.

RÉSULTATS

- Si l'examen microscopique se fait avec un microscope à fluorescence muni d'un filtre excitant BG12 et un filtre barrière OG4 ou OG5, les dépôts d'amyloïde apparaissent en jaune sur un fond noir;
- si le microscope est muni d'un filtre excitant UG1 ou UG2 et d'un filtre barrière aux couleurs de l'ultraviolet, les dépôts d'amyloïde apparaissent en jaune brillant sur fond bleu-noir. Ce dernier type de microscopie permet de distinguer les dépôts d'amyloïde les plus fins;
- pour un complément d'information sur la technique, voir la section 18.2.3.2.

c) Remarques

- La méthode met en évidence tous les types de plaques anormales.
- Il est nécessaire d'utiliser une coupe témoin positive pour vérifier les résultats.

22.3.1.2 Méthode de Gallyas

Cette méthode colore efficacement les plaques et les cellules nerveuses, surtout lorsqu'il y a présence de la maladie d'Alzheimer. Elle ne permet pas de mettre en évidence l'amyloïde, mais les plaques peuvent afficher une coloration de fond très prononcée en présence de cellules anormales. Pour la fixation préalable des tissus, il est recommandé de prendre du formaldéhyde à 10 %. Les coupes de tissus inclus à la paraffine doivent avoir une épaisseur de 8 µm.

a) Préparation des solutions

1. Solution d'acide périodique à 5 %

- 5 g d'acide périodique
- 100 ml d'eau distillée

2. Solution de nitrate d'argent à 1 %

- 1 g de nitrate d'argent
- 100 ml d'eau distillée

3. Solution alcaline d'iodure de potassium

- 40 g d'hydroxyde de sodium
- 100 g d'iodure de potassium
- 500 m d'eau distillée
- 35 ml de nitrate d'argent à 1 %

Dissoudre l'hydroxyde de sodium dans l'eau, puis ajouter l'iodure de potassium et agiter pour faciliter la dissolution. Une fois les substances dissoutes, ajouter lentement le nitrate d'argent et agiter vigoureusement jusqu'à l'obtention d'une solution claire. Amener le volume total à 1 litre avec de l'eau distillée.

4. Solution d'acide acétique à 0,5 %

- 0,5 ml d'acide acétique glacial
- 99,5 ml d'eau distillée

5. Solution de développement

Avant de procéder à la préparation de la solution de développement, il faut préparer les solutions suivantes :

Solution mère n° 1

- 50 g de carbonate de sodium
- 1 litre d'eau distillée

Solution mère n° 2

- 1 litre d'eau distillée
- 2 g de nitrate d'ammonium
- 2 g de nitrate d'argent
- 10 g d'acide tungstosilicique

Dissoudre ces produits en respectant l'ordre indiqué.

Solution mère n° 3

- 1 litre d'eau distillée
- 2 g de nitrate d'ammonium
- 2 g de nitrate d'argent
- 10 g d'acide tungstosilicique
- 7,3 ml de formaldéhyde commercial

Dissoudre ces produits en respectant l'ordre indiqué.

La solution de développement se prépare de la façon suivante :

Mettre 3 volumes de la solution mère n° 2 dans 10 volumes de la solution mère n° 1. Bien agiter et ajouter 7 volumes de la solution mère n° 3. Agiter jusqu'à l'obtention d'une solution claire.

6. Solution de chlorure d'or à 0,1 %

- 0,1 g de chlorure d'or
- 100 ml d'eau distillée

7. Solution de Kernechtrot à 0,1 %

Voir la section 12.10.3 pour la préparation de la solution, et la figure 12.4 pour la fiche descriptive de ce colorant.

8. Solution de thiosulfate de sodium à 1 %

- 1 g de thiosulfate de sodium
- 100 ml d'eau distillée

b) Coloration de Gallyas pour les neurofibrilles

MODE OPÉRATOIRE

1. Hydrater les coupes jusqu'au bain de rinçage à l'eau distillée;
2. placer les coupes dans la solution d'acide périodique à 5 % pendant 5 minutes; laver à l'eau distillée à deux reprises pendant 5 minutes dans chaque bain;
3. placer les coupes dans la solution alcaline d'iodure de potassium pendant 1 minute; laver dans la solution d'acide acétique à 0,5 % pendant 10 minutes;
4. placer les coupes dans la solution de développement fraîchement préparée pendant 5 à 30 minutes en prenant soin de vérifier au microscope l'intensité de la coloration; mettre dans l'acide acétique à 0,5 % pendant 3 minutes; rincer à l'eau distillé pendant 5 minutes;
5. provoquer le virage en plongeant les coupes dans la solution de chlorure d'or à 0,1 % pendant 5 minutes; rincer à l'eau distillée;
6. laisser reposer les coupes dans la solution de thiosulfate de sodium à 1 % pendant 5 minutes; rincer à l'eau courante;
7. contrecolorer dans la solution de Kernechtrot à 0,1 % pendant 2 minutes; laver à l'eau distillée;
8. déshydrater, éclaircir et monter à l'aide d'une résine synthétique permanente comme l'Eukitt.

RÉSULTATS

- Les neurofibrilles et les plaques neurologiques se colorent en noir sous l'effet du nitrate d'argent;
- les noyaux se colorent en rouge sous l'action de la laque aluminique de Kernechtrot;
- les structures acidophiles se colorent en rouge-rose sous l'effet du Kernechtrot.

22.4 COLORATIONS NON DESTINÉES AUX ÉLÉMENTS NERVEUX

Les colorations abordées dans les sections précédentes sont généralement utilisées pour mettre en évidence les lésions du système nerveux central rencontrées dans la pratique quotidienne. Cependant, il arrive qu'on ait recours à des méthodes de mise en évidence non spécifiques aux éléments du tissu nerveux pour mettre en évidence les fibres de réticuline (voir la section 14.3), les fibres élastiques (voir la section 14.2), l'amyloïde (voir le chapitre 18) et les fibres de collagène (voir la section 14.1).

Il est possible de mettre en évidence les nerfs périphériques et le muscle squelettique, après fixation dans le formaldéhyde, en utilisant les colorations plus spécifiques aux éléments nerveux. Cependant, la tendance actuelle en matière de mise en évidence des nerfs et des muscles consiste à effectuer des coupes sous congélation et à employer des méthodes histochimiques.

Bien que ces colorations ne soient pas spécifiques aux divers composants cellulaires du système nerveux, elles demeurent néanmoins indispensables pour certaines études qui touchent à trois types de pathologies : les adénomes hypophysaires, les tumeurs métastatiques et les méningo-encéphalites.

22.4.1 ADÉNOMES HYPOPHYSAIRES

Les adénomes hypophysaires sont de petites lésions tumorales, habituellement bénignes, que l'on résèque à cause des troubles endocriniens qu'ils provoquent chez les patients. Ils sont constitués de cellules épithéliales d'origine anté-hypophysaire qui peuvent être chromophobes, éosinophiles ou basophiles. Ces affinités tinctoriales dépendent du type de grains de sécrétion que renferment ces cellules. Les granulations éosinophiles contiennent l'hormone de croissance ou la prolactine. Les granulations basophiles, quant à elles, contiennent habituellement l'ACTH, ou hormone adrénocorticotrope, qui est souvent liée à l'hormone mélanotrope, de même que la TSH, la LH et la FSH.

Les adénomes chromophobes (voir les photos en couleurs à la fin du présent ouvrage) sont pauvres en grains de sécrétion et ne présentent donc aucune affinité tinctoriale cytoplasmique. Ainsi, il est fortement recommandé de poursuivre l'étude de ces adénomes en utilisant la microscopie électronique et l'immunoperoxydase, des méthodes qui offrent de bien meilleurs résultats dans la mise en évidence des grains de neurosécrétion que les colorations associées à la microscopie optique. Le trichrome de Masson et la méthode à l'APS-orange G sont les seules méthodes conventionnelles appropriées parce qu'elles permettent de différencier les cellules acidophiles, basophiles et chromophobes.

22.4.2 TUMEURS MÉTASTATIQUES

En présence de tumeurs métastatiques du système nerveux, il est souvent nécessaire de procéder à une étude approfondie pour déterminer le foyer de croissance primaire. Il faut donc disposer d'une batterie de colorations spéciales qui inclue l'APS avec et sans diastase, le mucicarmin, le bleu alcian et le Fontana-Masson pour la mélanine et les granulations argentaffines.

Dans certains cas, le trichrome de Masson est très utile pour mettre en évidence les myofibrilles des fibres musculaires lisses ou striées, qui prennent alors une teinte rouge foncé. D'autres colorations peuvent contribuer à l'étude de ces lésions : le carmin de Best, qui est spécifique au glycogène, le noir Soudan B, dans le cas des graisses neutres, et le Verhoeff ou encore le Weigert qui colore les membranes artérielles et artériolaires élastiques d'un noir foncé et permettent ainsi d'évaluer l'état des vaisseaux au sein de régions envahies par la tumeur ou dans les parois vasculaires touchées par une atteinte inflammatoire.

22.4.3 PROCESSUS INFECTIEUX

Les processus infectieux, qu'ils soient d'origine bactérienne, fungique ou virale, peuvent atteindre n'importe quelle partie du système nerveux. Les principaux microorganismes qui présentent une menace pour le système nerveux sont les bactéries, les mycobactéries, les champignons, les parasites et les virus. Pour les mettre en évidence, il est recommandé d'utiliser les colorations suivantes : le Gram, le Ziehl-Neelsen, le Grocott, le Giemsa et le Lendrum (voir le chapitre 20).

22.5 TECHNIQUES DE CONGÉLATION

Les techniques de congélation sont employées lorsqu'il s'agit d'obtenir rapidement un diagnostic, en pathologie neurochirurgicale, durant la phase opératoire, ou de réaliser des épreuves histochimiques sur du tissu frais sans que la fixation vienne inhiber les réactions biochimiques, ou les deux. Le dernier objectif est particulièrement important dans l'étude des pathologies neuromusculaires.

Les congélations qui ont lieu au cours d'une opération donnent de meilleurs résultats si le tissu est congelé lentement, à l'intérieur du cryotome (voir le chapitre 7). Ce processus requiert de cinq à sept minutes pour un spécimen de taille moyenne, c'est-à-dire mesurant l,5 cm de diamètre. Pour les spécimens de taille inférieure ou supérieure, il faut modifier le temps de congélation en conséquence. L'utilisation d'agents de refroidissement rapides, tels que le fréon en vaporisateur, créent des artéfacts qui prennent la forme de larges vacuoles et rendent presque impossible l'interprétation des coupes. La coloration se fait généralement à l'aide de la méthode à l'éosine et au bleu de méthylène de Reid, une variante de la méthode à la phloxine et au bleu de méthylène (voir la section 7.6.7). Cette coloration procure d'excellents résultats sur des frottis confectionnés à partir de petits fragments tissulaires prélevés sur les spécimens qui proviennent de la salle d'opération. La coupe sous congélation peut également être mise à profit lorsqu'il s'agit de colorer les fractions lipidiques des tissus; par exemple, la technique au Soudan IV (voir le chapitre 16) colore en orangé foncé les graisses neutres en un laps de temps qui varie de 15 à 30 minutes. Le Soudan IV est donc utilisé pour mettre en évidence certaines formes de tumeurs cérébrales riches en lipides, tels que les hémangioblastomes, ou de démyélinisation du système nerveux central, telle que la sclérose en plaques ou certaines formes de leucodystrophie.

Depuis plusieurs années, il est d'usage d'utiliser les méthodes histochimiques pour l'étude des pathologies neuromusculaires. Leur avantage réside dans la capacité de ces méthodes à mettre en évidence les différentes propriétés métaboliques du muscle strié, constitué de fibres des types I et II. Les fibres du type I, riches en lipides et en enzymes oxydatives, se procurent leur énergie au moyen d'un processus relativement lent qui met en jeu le cycle de Krebs pour la formation d'ATP. Les fibres du type II sont riches en glycogène, une source d'énergie rapidement disponible, et leur métabolisme est basé sur la dégradation de celui-ci. Les fibres du type I prédominent surtout dans les groupes musculaires à fonction posturale, alors que les fibres du type II sont beaucoup plus nombreuses dans les muscles phasiques, dont le travail est rapide et demande un effort peu soutenu. Par ailleurs, la congélation de ces spécimens doit s'effectuer promptement et à la plus basse température possible. Les coupes peuvent être entreposées au fond du cryotome à -20 °C pendant une période maximale de 24 heures. Après cette période de temps, l'activité enzymatique du tissu décroît progressivement, ce qui diminue sensiblement la qualité de la réaction histochimique, la fiabilité du typage des fibres et la précision des détails histologiques utiles à l'interprétation.

Il est possible d'obtenir d'excellents résultats en traitant le muscle strié de la même façon que les nerfs périphériques. La mise en évidence du muscle nécessite une coloration à l'hématoxyline et à l'éosine et une autre au trichrome de Gomori. Le trichrome permet d'évaluer l'état des terminaisons nerveuses endomysiales en colorant la myéline d'un rouge foncé et en laissant le collagène vert. Certaines anomalies des fibres musculaires se colorent en rouge foncé, comme les agrégats sous-sarcolemmaux de mitochondries pathologiques observés dans certaines maladies musculaires métaboliques. Il est également fort utile de colorer le muscle au Soudan IV ou à l'huile rouge O (voir le chapitre 16) pour dépister tout dépôt excessif de graisses neutres. Les deux épreuves histochimiques de base sont le NADH-tétrazolium réductase et l'ATPase (voir le chapitre 21); elles permettent d'obtenir une image en miroir du typage des fibres I et II. Le NADH-TR (voir les photos couleurs à la fin du présent ouvrage) dégage bien le réseau myofibrillaire et, puisqu'il s'agit d'une enzyme oxydative, laisse sa trace, sous la forme d'un dépôt de formazan bleuté, principalement à l'intérieur des fibres de type I et IIa. L'ATPase à *p*H 9,4 colore sélectivement les fibres du type II et leurs sous-types a, b et c (voir les photos en couleurs à la fin de l'ouvrage).

22.6 SÉCURITÉ EN LABORATOIRE DE NEUROPATHOLOGIE

Le personnel d'un laboratoire de neuropathologie est souvent appelé à manipuler des tissus infectés par des microorganismes tels que les bactéries ou les virus; on doit alors prendre des précautions particulières pour prévenir toute contamination. Lorsqu'il risque d'y avoir contact avec des tissus étiquetés « infecté », l'usage de gants de caoutchouc, la désinfection des instruments et le lavage des mains au savon antiseptique, à base d'iode ou d'hexachlorophène, par exemple, sont des mesures qu'il faut obligatoirement adopter. Toute blessure subie pendant la manipulation de ces spécimens doit être désinfectée à l'aide d'un agent antiseptique comme tel le peroxyde d'hydrogène.

Il est particulièrement important d'insister sur ces procédures aseptiques dans un cas en particulier : la manipulation d'un tissu cérébral infecté par un virus de forme lente appelé « prion », qui provoque chez l'humain un syndrome démentiel associé à des crises convulsives auxquelles on donne le nom de « myoclonies », et qui entraîne inéluctablement la mort en l'espace de quelques mois. Cette maladie qui porte le nom de « Creutzfeld-Jakob » d'après les auteurs qui l'ont décrite les premiers, est transmise expérimentalement à diverses espèces animales en 1969 et montre la capacité à reproduire un type de dégénérescence spongiforme de la substance grise provoquée par l'atteinte des membranes cytoplasmiques neuronales et astrocytaires par un virus lent. La manipulation de tissus prélevés chez des patients atteints de ce mal, de leur vivant ou à leur décès, comporte des risques graves. Le liquide céphalo-rachidien et les viscères extra-cérébraux, en particulier ceux qui font partie du système réticulo-endothélial comme la rate, le foie et les ganglions lymphatiques, doivent être considérés comme dangereux.

Il est donc recommandé d'aseptiser tous les instruments ayant servi à manipuler ces tissus, y compris les bocaux qui servent à recueillir et à fixer ces spécimens ainsi que tous les instruments employés pour opérer sur les spécimens de liquide céphalo-rachidien, en plongeant dans une solution d'hypochlorite de sodium à 5 % communément appelée « eau de javel ». Les articles réutilisables, comme les gants, les éponges et les pinces, entre autres, peuvent être décontaminés à l'autoclave pendant une heure à une température de 121 °C et à une pression de 138 kPa.

La fixation de ces spécimens se fait dans le formaldéhyde à 10 % qui contient 15 g de phénol par 100 ml de solution. Elle nécessite environ deux semaines dans les cas de cerveaux entiers ou 48 heures pour des spécimens plus petits, comme ceux prélevés au cours d'une biopsie cérébrale, par exemple. Il est recommandé d'ajouter une semaine supplémentaire pour les coupes prélevées sur les spécimens entiers. Dans cette solution de phénol et de formaldéhyde, les pièces se conservent indéfiniment et en solution en toute sécurité. L'éclaircissement s'effectue avec du chloroforme. Ce procédé a pour but de pallier la résistance des virus lents au formaldéhyde et de tirer avantage du fait qu'ils sont sensibles au phénol, à l'hypochlorite de sodium et au chloroforme. Ces propriétés spécifiques ont valu à ces virus l'appellation d'agents « non conventionnels » puisque, à cet égard, leur comportement diffère de celui des autres virus et des bactéries. L'expérience montre que ce procédé ne nuit pas de façon significative à la qualité des coupes, même dans le cas des colorations spéciales.

Étant donné les conséquences graves que peut entraîner toute contamination accidentelle, les mesures décrites ci-dessus doivent être appliquées à tous les spécimens suspectés d'être affectés de dégénérescence spongiforme, jusqu'à preuve du contraire, car l'aspect macroscopique des spécimens demeure, dans 95 % des cas, parfaitement normal.

IMMUNOHISTOCHIMIE ET IMMUNOFLUORESCENCE

INTRODUCTION

L'immunohistochimie est un domaine scientifique qui fait intervenir l'action d'enzymes et d'anticorps. Elle repose sur l'affinité naturelle entre un antigène tissulaire et un anticorps couplé à un enzyme. Cette affinité peut se définir comme une force d'attraction entre les molécules qui finissent par demeurer liées l'une à l'autre. La découverte des réactions entre antigènes et anticorps, vers la fin du XIXe siècle, a d'abord ouvert la voie au diagnostic immunologique des maladies infectieuses; un peu plus tard, l'immunologie fut appliquée à la mise en évidence précise d'une « substance » particulière dans un tissu donné. En immunohistochimie, les propriétés antigéniques de certaines substances sont mises à profit. L'immunohistochimie permet d'effectuer la localisation de plusieurs types de substances dans les tissus, les cellules et les organites intracellulaires; par exemple, il est possible de localiser une protéine non enzymatique, comme une hormone peptidique, au moyen des techniques histochimiques. Cependant, la localisation immunohistochimique d'une substance tissulaire ou cellulaire dépend de deux conditions : premièrement, la possibilité d'extraire la substance en question et de la purifier suffisamment pour que la synthèse d'anticorps spécifiques à cette substance soit possible; deuxièmement, la préservation, du moins partielle, de l'antigénicité de la substance afin qu'il soit possible de la localiser durant les manipulations immunohistochimiques. Lorsque ces deux conditions sont réunies, l'une ou l'autre des techniques immunohistochimiques peut être employée.

23.1 RAPPEL SUR L'IMMUNOLOGIE

Ce rappel des principales notions d'immunologie a pour but de permettre au lecteur de bien comprendre la matière exposée dans le présent chapitre et le sens des termes employés. L'immunologie est une science qui étudie les réactions mettant en cause les antigènes et les anticorps.

23.1.1 IMMUNOHISTOCHIMIE ET IMMUNOCYTOCHIMIE

L'immunohistochimie est un ensemble de procédés spécialisés qui permettent de détecter certains constituants cellulaires ou tissulaires, généralement des antigènes, en suscitant une réaction entre un antigène et l'anticorps correspondant et, ainsi, la formation d'un complexe, le complexe antigène-anticorps. Ce dernier est facilement repérable grâce à un marqueur chromogénique. Il existe en immunohistochimie des méthodes directes et des méthodes indirectes.

L'immunocytochimie concerne plus spécifiquement les recherches sur des substances antigéniques présentes uniquement dans les cellules.

23.1.2 ANTIGÈNE

Un antigène, ou immunogène, est une substance qui entraîne une réaction immunitaire lorsqu'elle est introduite dans un organisme vivant. Cette capacité de provoquer une réaction immunologique s'appelle « pouvoir antigénique » ou « antigénicité ». Les antigènes peuvent être de nature protéique, polysaccharidique ou lipoprotéique. Cependant, l'antigénicité d'une substance n'existe que si cette substance :

- possède un caractère étranger par rapport à l'hôte; plus la structure chimique et l'origine génétique de la substance sont éloignées de celles de l'hôte, plus son pouvoir antigénique est grand;
- possède une masse moléculaire suffisante, c'est-à-dire de 8 000 à 10 000 daltons au minimum. Selon plusieurs auteurs, le pouvoir antigénique d'une substance dont la masse moléculaire atteindrait un million de daltons serait optimal;
- présente une grande complexité chimique; plus la structure chimique de la substance est complexe, plus son pouvoir antigénique est grand;
- est présente chez l'hôte en quantité suffisante pour provoquer la formation de l'anticorps correspondant.

Quand une substance possède une masse moléculaire trop petite, il est possible de lui conférer un pouvoir antigénique en la combinant à une molécule de transport dont la masse moléculaire est élevée, par exemple l'albumine. Ainsi, les antigènes qu'il est possible de localiser par les techniques d'immunohistochimie peuvent être des bactéries, des virus, des hormones ou toute autre substance présente dans les tissus et susceptible de provoquer la formation d'anticorps.

Il existe dans tout antigène des régions spécifiques constituées d'un petit nombre d'acides aminés ou d'unités de monosaccharides; il s'agit du groupe déterminant antigénique ou épitope (voir figure 23.2).

23.1.3 ANTICORPS

Les anticorps sont des protéines sériques, principalement des globulines plasmatiques de type gamma,

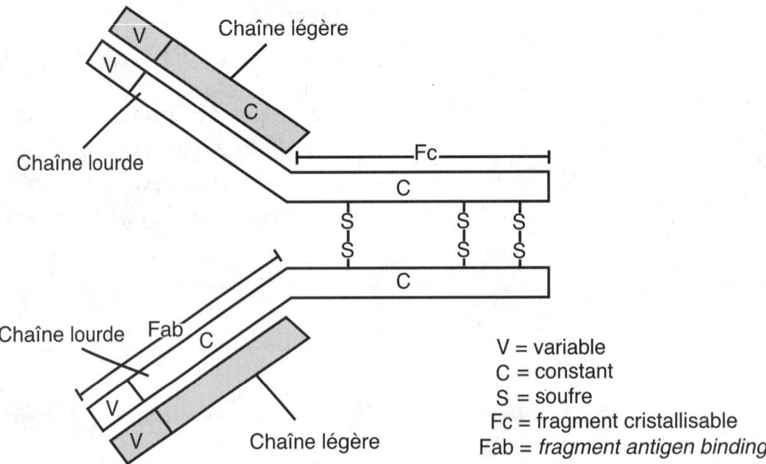

Figure 23.1 : *Représentation schématique d'une immunoglobuline.*

d'où leurs noms de gammaglobulines ou immunoglobulines (Ig). Il existe quelques anticorps de type bêtaglobulines. Un type de globules blancs, les lymphocytes B, produisent des anticorps à la suite de l'introduction dans l'organisme d'une substance étrangère possédant un pouvoir antigénique. Les immunoglobulines présentes dans le corps humain se répartissent en cinq grandes classes : IgA, IgD, IgE, IgG et IgM. Les plus communes sont les IgG. En forme de Y, la molécule d'Ig se compose de deux paires de chaînes polypeptidiques, une paire de chaînes légères et une paire de chaînes lourdes, reliées ensemble par des ponts disulfures (voir figure 23.1).

L'extrémité de chaque bras du « Y », c'est-à-dire de chaque fragment FAB (*fragment antigen binding*), renferme une séquence d'acides aminés que l'on appelle « domaine variable », ou « paratope » (voir la figure 23.2). Cette variabilité de la séquence d'acides aminés explique la correspondance entre un paratope et un épitope spécifique et permet à l'anticorps de s'unir à l'antigène spécifiquement dirigé contre lui.

Du point de vue histochimique, la molécule d'immunoglobuline possède trois caractéristiques :

- l'extrémité de chaque fragment FAB, comporte un site capable de s'unir à un déterminant antigénique spécifique, ce qui confère à l'anticorps un caractère bivalent;
- une partie de la molécule d'IgG, le fragment constant, ou FC, est commun à tous les anticorps du règne animal et n'est pas camouflé par l'union de l'anticorps avec l'antigène;
- les immunoglobulines sont de grosses molécules qu'il est possible d'injecter à l'une ou l'autre des espèces animales afin de produire des anticorps propres à cette espèce.

La technique de production des anticorps comporte les étapes décrites ci-dessous :

- l'injection d'un immunogène d'origine humaine, par exemple une hormone, une enzyme ou une protéine, à un animal : souris, lapin, rat, chèvre, porc, ou autre. D'origine humaine, l'antigène est étranger à l'animal : celui-ci produira donc des anticorps contre cette substance, des anticorps anti-humains;
- le prélèvement d'échantillons de sang de l'animal en question, puis l'isolement et la purification de l'anticorps. Le sérum ainsi purifié est spécifique à l'antigène humain injecté à l'animal.

L'anticorps ainsi produit peut être utilisé sur des prélèvements de tissus, de cellules ou de sérums humains. Si l'antigène est présent dans le prélèvement, il se produit une réaction antigène-anticorps. Pour observer le produit de la réaction, on doit fixer sur l'anticorps un marqueur qui produira un signal visible en microscopie optique ou par fluorescence.

Les immunoglobulines ont une masse moléculaire d'environ 150 000 daltons. Leur fonction première est de détruire un corps étranger, un antigène, se trouvant dans l'organisme. Un anticorps est spécifique lorsqu'il ne se lie qu'avec l'antigène qui a provoqué sa formation. Aucun autre antigène ne pourra s'unir à cet anticorps avec la même affinité. Par définition, tout anticorps est une gammaglobuline, propre à l'espèce animale chez laquelle l'anticorps a été développé; un anticorps est rarement une bêtaglobuline. Comme il s'agit de protéines ayant une masse moléculaire élevée, il est possible de développer des anticorps contre ces gammaglobulines en injectant celles-ci à d'autres espèces animales. Par exemple, on peut facilement obtenir des anticorps contre les gammaglobulines de lapin en injectant celles-ci à des chèvres ou à des moutons; ces animaux produiront des antigammaglobulines de lapin.

23.1.4 RÉACTION ANTIGÈNE-ANTICORPS

L'union d'un antigène et de l'anticorps correspondant repose sur le fait que les molécules en suspension sont constamment en mouvement dans un liquide, de sorte qu'ils peuvent entrer en contact les unes avec les autres. Si le déterminant antigénique de l'épitope est complémentaire au paratope de l'anticorps, il y aura formation d'un complexe antigène-anticorps (voir la figure 23.2). Cette union se maintient grâce à quatre types de forces particulières : les forces de Van der Waals, les forces électrostatiques, les liaisons hydrogène et les interactions hydrophobes.

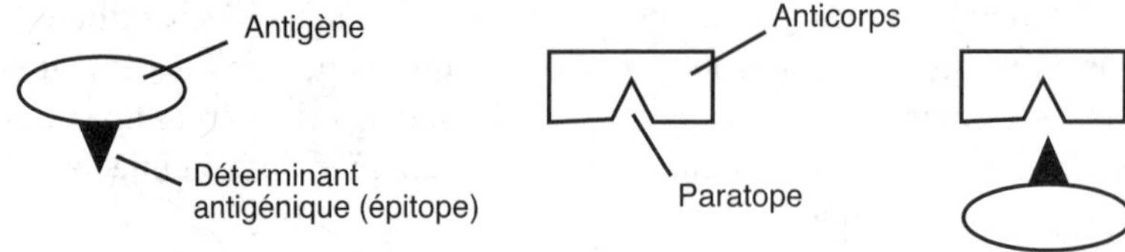

Figure 23.2 : *Représentation graphique d'un antigène et de son épitope, puis d'un anticorps et de son paratope, et de la réaction spécifique entre les deux.*

23.1.4.1 Forces de Van der Walls

Les forces de Van der Waals sont créées par le mouvement des électrons dans les molécules. Ce mouvement génère des champs électriques momentanés et provoque la formation de dipôles. Ces dipôles se caractérisent par une répartition inégale des charges électriques dans la molécule et l'apparition de zones chargées négativement ou positivement, ce qui attire les molécules et les maintient en contact les unes avec les autres.

23.1.4.2 Forces électrostatiques

Les forces électrostatiques, ou électrochimiques, attirent les ions de charges opposées.

23.1.4.3 Liaisons hydrogène

Une liaison hydrogène provient du fait qu'un atome d'hydrogène déjà impliqué dans une liaison covalente polaire et possédant une légère charge positive est attiré par les électrons libres d'un atome légèrement négatif également impliqué dans un lien covalent. Lorsque ces dipôles sont bien orientés, il s'établit une attraction électrique qui crée un lien hydrogène.

23.1.4.4 Interactions hydrophobes

Les interactions hydrophobes contribuent à stabiliser les liaisons macromoléculaires, et donc les liens entre l'antigène et l'anticorps. Il ne s'agit pas à proprement parler de liaisons chimiques, car elles ne reposent pas sur une interaction spécifique et directe entre deux atomes. Ces interactions résultent de la présence de groupements hydrophobes (c'est-à-dire répulseurs des molécules d'eau) caractéristiques de certains acides aminés, dont les acides aminés aromatiques, la valine et la leucine. Ce type d'interaction ressemble à ce qui se produit avec des gouttelettes d'huile à la surface de l'eau, qui tendent à former spontanément une goutte unique plus volumineuse. Ce contact entre les molécules d'huile se renforce au fur et à mesure que les molécules d'eau diminuent autour des gouttelettes d'huile. Les interactions hydrophobes représenteraient environ 50 % de toutes les forces qui maintiennent l'antigène et l'anticorps unis l'un à l'autre.

23.1.5 ANTISÉRUM

Un antisérum, ou sérum immun, est tout simplement un sérum contenant des anticorps. Les antisérums sont généralement vendus par des compagnies spécialisées. Les antisérums contiennent des anticorps spécifiques et connus qui agiront sur un antigène précis. Certains antisérums peuvent contenir des anticorps additionnels, ce qui a pour effet de produire des réactions multiples et de rendre l'interprétation des résultats très difficile.

23.1.6 ANTISÉRUM CONJUGUÉ

Un antisérum conjugué (*labelled*) est un antisérum renfermant un anticorps conjugué à un marqueur enzymatique.

23.1.7 MARQUEURS

La mise en évidence d'un antigène par un anticorps sur une coupe histologique nécessite l'utilisation d'un marqueur fixé à l'anticorps. Plusieurs types de marqueurs peuvent être utilisés, chacun offrant des avantages et des inconvénients. Parmi les principaux types de marqueurs, il y a les radio-isotopes, les fluorochromes et les enzymes. Même en très petites quantités, les radio-isotopes sont détectables mais leur utilisation demande de travailler avec du matériel radioactif et nécessite une instrumentation particulière, dont le radiographe. En outre, ces marqueurs ont une durée de vie relativement courte, de sorte qu'ils ne sont pratiquement pas utilisés en immunohistochimie.

L'emploi d'enzymes et de fluorochromes comme marqueurs est très répandu. Les méthodes immunoenzymatiques mettent en œuvre des enzymes alors que l'immunofluorescence utilise des fluorochromes.

23.1.8 ANTICORPS MONOCLONAL

Un anticorps monoclonal est un anticorps formé par l'hybridation d'un plasmocyte et d'une cellule tumorale placés dans un milieu de culture. La fusion de ces deux cellules donne naissance à un hybridome. Placé dans un milieu de culture, cet hybridome se divise et se reproduit pour donner naissance à un clone qui, injecté dans le corps d'un individu, produira une grande quantité d'anticorps monoclonaux spécifiques à un seul type d'antigène (voir figure 23.3).

23.1.9 ANTICORPS POLYCLONAL

Une molécule d'antigène possède plusieurs épitopes ou déterminants antigéniques. Ainsi, lorsqu'un antigène provenant d'un animal d'une espèce est injecté à un animal d'une autre espèce, les lymphocytes B de ce dernier produisent des anticorps contre l'antigène. Plus précisément, un lymphocyte produira des anticorps contre un seul épitope, puis un autre lymphocyte B en produira contre un autre déterminant et ainsi de suite. Étant donné que plusieurs lymphocytes ensemble produisent des anticorps contre tous les épitopes, l'antisérum ainsi obtenu est constitué d'une multitude d'anticorps monoclonaux différents, c'est-à-dire d'un mélange d'anticorps pouvant réagir contre une multitude de déterminants différents. Il faut donc purifier avec soin les sérums de ce type afin d'en éliminer les protéines sériques indésirables (voir la figure 23.4).

23.2 APPLICATIONS DE L'IMMUNOHISTOCHIMIE

La préparation des tissus en prévision de l'application de méthodes immunohistochimiques demande une attention particulière, étant donné la nature des résultats recherchés. Plusieurs aspects sont à surveiller, dont la préservation de l'antigène tissulaire ou cellulaire, le blocage des enzymes endogènes, la réduction des risques de coloration de fond (*background staining*) et l'emploi nécessaire de lames témoins.

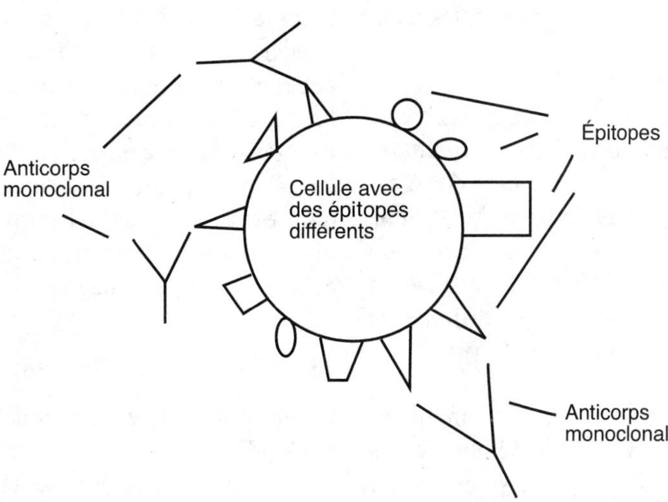

Figure 23.3 : *Représentation schématique d'une cellule possédant plusieurs épitopes différents et mise en présence d'un seul type d'anticorps, des anticorps monoclonaux qui ne réagissent qu'avec un seul type d'épitope.*

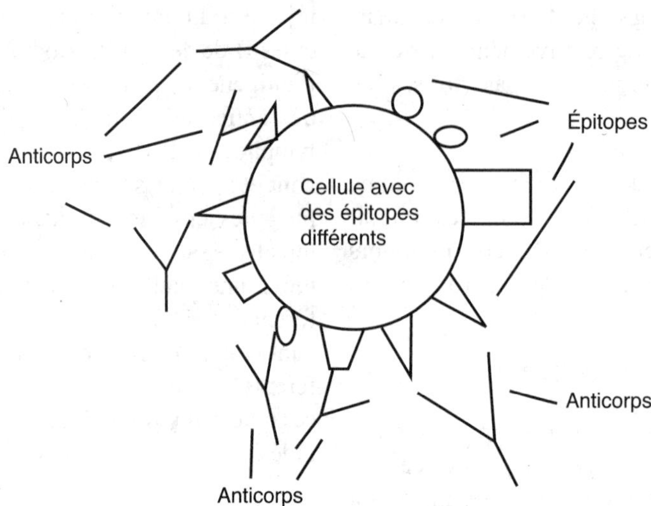

Figure 23.4 : *Représentation schématique d'une cellule possédant plusieurs épitopes différents et mise en présence d'anticorps qui réagissent avec plusieurs types d'épitopes; il s'agit d'anticorps polyclonaux*

23.2.1 PRÉSERVATION DE L'ANTIGÈNE

Il existe des liquides fixateurs plus appropriés que d'autres pour la mise en évidence de certains antigènes. Il est cependant difficile de prévoir dès l'étape de la fixation toutes les procédures techniques nécessaires au diagnostic. C'est souvent au moment de l'examen du tissu, à l'étape de la coloration de routine, que l'étude immunohistochimique est nécessaire. Des méthodes de restauration des antigènes ont été mises au point afin de contrer les effets néfastes des traitements histopathologiques comme la fixation, la circulation et l'enrobage. Ces méthodes sont nombreuses et les préférences varient selon les techniciens et les pathologistes.

Lorsque, dès le stade de la chirurgie, il est possible de prévoir qu'il faudra soumettre le tissu à des études immunohistochimiques, il est recommandé de réserver une partie de ce tissu frais et de la congeler à une température de – 70 °C. Des coupes sous congélation pourront être effectuées en prévision de la mise en évidence de certains antigènes qu'il est difficile de détecter sur des coupes paraffinées.

La préservation de l'antigène dépend du mode de fixation des tissus et de sa durée, de même que des traitements auxquels les coupes sont soumises au cours de la technique immunohistochimique. Dans les méthodes immunoenzymatiques en particulier, certains facteurs peuvent affecter la qualité des tissus et, par conséquent, influer sur la qualité des réactions. Les liquides utilisés pour la fixation et la décalcification des tissus, le cas échéant, et la durée de ces traitements sont au nombre de ces facteurs, de même que la nature du milieu d'imprégnation et d'enrobage, la nature même de l'antigène recherché et la méthode de mise en évidence.

23.2.1.1 Congélation

Il est fréquent que la recherche d'antigènes se fasse sur des tissus congelés. En effet, il est généralement plus facile d'interpréter des résultats obtenus sur des tissus congelés que sur des tissus fixés d'une autre manière et ces résultats sont plus probants. La congélation est préférée aux autres méthodes en particulier dans des circonstances telles que le recours à l'immunofluorescence, l'emploi de marqueurs cellulaires de surface et la mise en évidence d'antigènes qui ne résistent pas à l'action des fixateurs et des divers produits chimiques utilisés au cours de la circulation et de l'enrobage.

23.2.1.2 Agents fixateurs chimiques

Le choix du liquide fixateur détermine la qualité de la fixation des tissus destinés à une recherche immunologique. Il doit se faire en fonction de la nature de la substance à identifier : hormones, antigène, polysaccharides, etc., et, s'il s'agit d'un antigène, de l'activité de celui-ci. Les fixateurs utilisés habituellement sont, entre autres, le formaldéhyde, les fixateurs mercuriques, le liquide de Bouin, l'acétone, l'éthanol et le liquide de Carnoy. Chacun d'entre eux présente des avantages et des inconvénients dans le cadre d'une recherche immunologique.

23.2.1.2.1 *Formaldéhyde*

Le formaldéhyde peut préserver plusieurs types d'antigènes. Il forme des liaisons croisées avec les protéines. L'intensité de la réaction et l'avidité des antigènes pour les anticorps sont inversement proportionnelles à la durée de la fixation au formaldéhyde. Ainsi, plus la durée de la fixation est longue, moins le résultat de la coloration est satisfaisant. Étant donné que le formaldéhyde masque les sites antigéniques, il faut alors procéder à la restauration de l'antigène. Il existe diverses façons de restaurer l'antigène (voir la section 23.2.4).

23.2.1.2.2 *Fixateurs mercuriques*

Les fixateurs mercuriques sont le B5, le Helly et le Zenker. En général, ils préservent mieux certains antigènes que le formaldéhyde; c'est le cas des antigènes intracytoplasmiques en particulier. Pour un complément d'information sur les fixateurs à base de mercure, voir le chapitre 2.

23.2.1.2.3 *Fixateurs à base d'acide picrique*

Les liquides fixateurs à base d'acide picrique, comme le liquide de Bouin, préservent convenablement plusieurs types d'antigènes; ils sont supérieurs au formaldéhyde pour la fixation de tissus destinés à l'étude des immunoglobulines intracellulaires. Ils produisent des résultats plutôt satisfaisants, quoique inconstants. Pour un complément d'information sur les liquides fixateurs à base d'acide picrique, voir le chapitre 2.

23.2.1.2.4 *Acétone*

L'acétone est surtout utilisé pour la fixation de coupes de tissus fraîchement congelés. Cependant, il préserve mal la morphologie tissulaire, car il provoque un rétrécissement excessif du tissu et réduit son affinité pour l'hématoxyline.

23.2.1.2.5 *Éthanol*

L'éthanol est supérieur au formaldéhyde pour la préservation de plusieurs types d'antigènes; par exemple, pour les antigènes nucléaires, il est le meilleur fixateur. En somme, il sera plus facile d'appliquer les procédés immunohistochimiques à des tissus fixés à l'éthanol qu'au formaldéhyde. Cependant, il ne préserve pas très bien la morphologie tissulaire. L'éthanol est donc un bon fixateur cellulaire, qui préserve bien les organites cytoplasmiques. En outre, la durée de la fixation n'est pas un facteur déterminant.

23.2.1.2.6 *Fixateurs commerciaux*

Il existe sur le marché des liquides fixateurs dont on vante l'excellence dans le domaine de l'immunohistochimie, ce qui se vérifie dans certains contextes. Dans la majorité des cas, cependant, les coupes de tissus fixés au moyen de ces produits présentent, après coloration à l'hématoxyline et à l'éosine, une morphologie moins bien préservée que si le fixateur avait été le formaldéhyde.

23.2.2 DÉCALCIFICATION

Si la décalcification du tissu est nécessaire à la recherche immunologique, il est préférable d'utiliser l'EDTA comme agent décalcifiant. C'est la méthode la moins dommageable, pour les tissus comme pour les antigènes.

23.2.3 CIRCULATION ET ENROBAGE

La circulation ne semble causer aucun problème particulier aux tissus ou aux antigènes pourvu qu'elle se déroule à la température prévue dans la méthode utilisée. Par contre, lorsqu'il s'agit de mettre en évidence certains marqueurs cellulaires de surface, il faut absolument procéder d'emblée à la congélation des tissus et éviter de les soumettre à la fixation chimique, à la circulation et à l'enrobage de routine. Il est possible d'utiliser des coupes enrobées dans la paraffine ou dans le plastique en tenant compte du fait que le processus d'enrobage à la paraffine peut inactiver ou détruire la réactivité de certains antigènes si la température de la paraffine dépasse les 60 °C. À cette température, il y a dénaturation de l'antigène, ce qui l'inactive ou le détruit sans qu'il soit possible de le restaurer. De plus, à cette température, il y a déperdition de la morphologie nucléaire.

23.2.4 RESTAURATION DES ANTIGÈNES

La restauration, ou démasquage, de l'antigène s'effectue par différents moyens dont la digestion enzymatique, l'incubation dans l'acide chlorhydrique ou acétique, le traitement à l'acide citrique ou par l'utilisation de métaux lourds. Les progrès dans ce domaine sont constants et les nouvelles méthodes mises au point sont de plus en plus simples, rapides et efficaces.

23.2.4.1 Digestion enzymatique

En soumettant des tissus fixés par le formaldéhyde à l'action digestive des enzymes, il est possible de démasquer ou de réactiver l'antigène. L'enzyme digère sélectivement les liaisons aldéhydiques. Cependant, il faut surveiller le processus de près, car sa durée excessive peut entraîner la digestion complète du tissu. Ce traitement fait principalement appel à des enzymes protéolytiques comme la trypsine, la pronase, la pepsine et la protéase. La qualité de l'activité enzymatique peut dépendre de plusieurs facteurs comme le type d'enzyme utilisé, sa concentration et le *p*H de la solution enzymatique, la température du bain d'incubation et la durée de l'incubation.

23.2.4.2 Incubation dans l'acide

Le processus par lequel l'incubation dans l'acide chlorhydrique ou acétique restaure l'antigène est mal connu, mais il semble que la solution acide supprime les liaisons croisées entre les résidus d'acides aminés et l'aldéhyde, ce qui aurait pour effet de restaurer l'activité antigénique. Comme il est difficile de surveiller le processus de démasquage et d'évaluer sa progression, cette méthode est peu utilisée.

23.2.4.3 Acide citrique

La restauration de l'activité antigénique au moyen de l'acide citrique est également un processus mal connu. La majorité des auteurs pensent que la solution acide supprime par lavage les liaisons croisées entre les résidus d'acides aminés et les aldéhydes du formaldéhyde. Pour ce faire, il suffit d'immerger les coupes dans une solution chaude d'acide citrique dont le *p*H se situe autour de 6,0 pendant 10 à 30 minutes. Par contre, ce traitement occasionne la formation de bulles et le décollement des coupes; de plus, les tissus mal fixés ou mal enrobés n'y résistent pas. Cette méthode étant plutôt agressive, de même que la précédente, elle est peu utilisée.

23.2.4.4 Métaux lourds

Le mécanisme de restauration de l'activité antigénique au moyen de métaux lourds est lui aussi mal connu. Semblable à la méthode à l'acide citrique, celle-ci nécessite en outre une chaleur humide; par ailleurs, elle présente les mêmes inconvénients que celle à l'acide citrique. De plus, les métaux lourds sont coûteux et il n'est pas facile de les éliminer, et les règles de santé et de sécurité sont rigoureuses à cet égard.

23.2.5 PRÉPARATION DES TISSUS IMPRÉGNÉS À LA PARAFFINE

Avant de soumettre à des traitements immunohistochimiques les tissus imprégnés à la paraffine, il importe de les préparer adéquatement. Cette préparation comporte les étapes suivantes.

1. Confectionner des coupes de 2 à 5 µm et les déposer sur des lames chimiquement nettoyées et chargées ioniquement.
2. Chauffer les lames sur une plaque à thermostat dont la température est maintenue à 56 °C pendant une période de 1 à 2 heures; une trop longue exposition à la chaleur ou une température d'exposition trop élevée entraînent la détérioration des antigènes.
3. Déparaffiner les coupes puis les placer dans un bain d'éthanol absolu.
4. Bloquer l'activité de la peroxydase endogène en incubant les coupes dans une solution de peroxyde d'hydrogène (H_2O_2) à 0,5 % dans du méthanol pendant 10 minutes. Par contre, si l'on prévoit utiliser une méthode de dépistage des

antigènes par la phosphatase alcaline, il faut bloquer la phosphatase alcaline endogène par une incubation dans une solution aqueuse d'acide acétique à 20 % pendant 10 minutes. À la place de cette solution, il est possible d'employer une solution aqueuse de peroxyde d'hydrogène à 0,3 % et d'acide périodique à 2,5 % pendant 1 heure à 37 °C. Il faut être prudent, car les acides endommagent certains antigènes.

Si la méthode immunohistochimique choisie prévoit l'utilisation d'avidine-biotine, il faut bloquer la biotine endogène, plutôt que la peroxydase ou la phosphatase endogène, par une incubation dans une solution de phénylhydrazine à 0,1 % dans de l'acide chlorhydrique pendant 1 heure à 37 °C.

Cette étape a pour but de supprimer complètement l'activité enzymatique endogène sans affecter l'immunoréactivité de l'antigène. Cependant, ces différents acides (H_2O_2, HIO_4 et HCl) ont une caractéristique commune : ils endommagent certains antigènes. Pour contourner ce problème, il est possible d'utiliser comme marqueur enzymatique soit la glucose oxydase, soit la bêta-2-galactosidase bactérienne. L'utilisation de ces produits ne cause pas de problème puisque les tissus humains ne contiennent aucune de ces enzymes.

5. Rincer et hydrater complètement les coupes au moyen de trois lavages à l'eau courante; terminer par un dernier lavage dans un bain d'eau distillée.

6. Transférer les coupes dans un bain de tampon TBS.

7. Le démasquage des antigènes, si nécessaire, doit se faire à cette étape. S'il y a des pigments de fixation, c'est également à cette étape qu'ils doivent être enlevés, car ils pourraient fausser l'interprétation des résultats de la méthode immunohistochimique; l'élimination de ces pigments se fait par blanchiment des coupes dans une solution de H_2O_2 à 30 % (30 ml de peroxyde d'hydrogène avec 70 ml d'eau distillée), où les coupes doivent reposer pendant toute une nuit.

23.2.6 ARTÉFACTS ET AUTRES FACTEURS NUISIBLES

Les procédés immunohistochimiques sont sensibles à certains facteurs qui peuvent donner lieu à des réactions faussement positives ou faussement négatives. Parmi ces facteurs, on compte la coloration non spécifique et la présence d'artéfacts, tels que les précipités, les artéfacts de fixation et de coupe, et les artéfacts cellulaires.

Avant de procéder à la coloration, il faut absolument éliminer tous les précipités, dont les pigments de formaldéhyde et de mercure, de même que la coloration jaune laissée par les liquides fixateurs à base d'acide picrique. Le substrat chromogénique doit également être filtré avant usage : autrement, il s'y formerait des précipités non spécifiques; de plus, il faut l'utiliser aussitôt filtré puisque sa stabilité est de courte durée.

Les artéfacts de coupe, c'est-à-dire les stries, les plis ou les coupes trop épaisses, peuvent retenir des anticorps et entraîner une coloration non spécifique. Il faut donc s'assurer que les coupes sont minces, dépourvues de stries et de plis et, surtout, qu'aucun adhésif n'a été utilisé. En général, les cellules nécrosées, écrasées ou mortes prennent une coloration non spécifique; il est donc nettement préférable de ne travailler que sur des cellules viables. Le dessèchement du tissu avant la fixation favorise l'apparition d'une coloration non spécifique distribuée sur toute la coupe. Enfin, s'il s'établissait des liens dans le tissu entre les fibres de collagène et un réactif, ces liens pourraient entraîner l'apparition d'une coloration de fond.

Selon certains auteurs, la coloration naturelle du fond de la coupe ne présente aucun problème, sauf si le tissu contient de l'exsudat inflammatoire ou des tissus nécrosés, qui peuvent entraîner des réactions faussement positives. Il est possible d'éviter le risque d'une mauvaise interprétation de cette nature au moyen d'une coupe témoin où un anti-albumine aura permis de détecter les cellules affectées. Il existe d'autres moyens pour vérifier la nature de la coloration de fond, en fonction des différentes méthodes immunohistochimiques (voir la section 23.10).

23.3 CONSIDÉRATIONS PRATIQUES

Tel que mentionné précédemment, les techniques immunohistochimiques sont basées sur des réactions immunoenzymatiques où des anticorps monoclonaux ou polyclonaux servent à détecter les antigènes présents dans les tissus ou les cellules. La mise en évidence de ces réactions se fait selon diverses méthodes, dont celles qui emploient la peroxydase ou la phosphatase alcaline, deux enzymes qui sont par la suite mises en présence de différentes solutions chromogéniques.

Les recherches dans ce domaine progressent constamment : chaque année, de nouveaux réactifs sont mis au point dans le but d'amplifier et d'améliorer l'expression des interactions antigènes-anticorps-enzymes. Il est maintenant possible de détecter de très petites quantités d'antigènes.

Pour prévenir toute contamination d'un réactif à l'autre, il est nécessaire de laver à diverses reprises dans une solution tampon appelé TBS (*Tris Buffer Saline*, c'est-à-dire tampon salin Tris) les tissus traités en immunohistochimie. Effectués de manière techniquement adéquate, ces lavages visent à enlever complètement du tissu l'excès de réactif pouvant causer une coloration de fond.

D'autres précautions s'imposent également. Pour obtenir un résultat optimal, il faut en effet, prévenir la précipitation non spécifique d'anticorps sur les tissus. Chaque anticorps choisi doit donc être utilisé selon la dilution appropriée, habituellement indiquée par le fournisseur. Il faut en outre éviter l'évaporation du sérum immun, c'est-à-dire la solution qui contient des anticorps, pendant les incubations.

23.3.1 DILUTION DES SÉRUMS IMMUNS

Pour mettre en évidence de façon optimale un antigène donné, il est essentiel d'utiliser l'antisérum primaire spécifique à cet antigène, selon la dilution recommandée. Une dilution inadéquate peut causer des résultats faussement négatifs, lors de l'interprétation microscopique, en particulier dans le cas de tissus très riches en antigènes recherchés. Il est cependant possible d'ajuster la dilution selon les besoins spécifiques de la technique choisie; il s'agit alors de procéder par essais à partir de barèmes connus.

La meilleure façon consiste à évaluer une série de dilutions sur différents tissus connus. La dilution optimale d'un anticorps donné ne sera pas nécessairement la même avec un tissu normal et un tissu pathologique. Par exemple, l'activité antigénique de certaines cellules tumorales est souvent plus difficile à déceler; il faut donc ajuster les dilutions en conséquence.

Tout en suivant les recommandations du fabricant, il est important d'effectuer régulièrement des contrôles de dilution sur divers tissus dont l'activité antigénique est connue. L'ouverture d'un nouveau contenant d'antisérum est le meilleur moment pour effectuer ces vérifications. Sauf exception, seul l'anticorps primaire doit faire l'objet d'ajustements de dilution.

23.3.2 LAVAGES

Dans le but de prévenir la formation d'un complexe antigène-anticorps non recherché qui se traduit par un précipité, il est nécessaire d'éliminer les anticorps en trop en lavant les coupes entre les incubations au moyen d'une solution tampon, comme le TBS. Cette solution étant abondamment utilisée dans les techniques immunohistochimiques, il est possible d'en préparer à l'avance de grandes quantités.

Solution tampon TBS à 0, 005 *M*

- 1 L d'eau déionisée et distillée
- 80 g de chlorure de sodium
- 6,05 g de base Tris commerciale
- 44 ml d'acide chlorhydrique 1 *M*

Faire dissoudre la base Tris commerciale dans 500 ml d'eau déionisée et distillée. Ajuster le *p*H à 7,6 avec de l'acide chlorhydrique 1 *M* (généralement la quantité nécessaire se situe autour de 44 à 45 ml). Amener le volume à 1 litre avec de l'eau déionisée et distillée.

23.3.3 MÉTHODES D'INCUBATION

23.3.3.1 Méthode manuelle

Afin de prévenir l'évaporation des antisérums, il importe que les étapes d'incubation se succèdent dans une atmosphère très humide. On utilise habituellement des chambres humides dotées de casiers distincts pour toutes les lames; celles-ci demeurent en place alors qu'un bac récupère les liquides tout au long du processus. Un cercle tracé au crayon de cire autour du tissu retient les liquides et prévient le dessèchement.

23.3.3.2 Méthodes automatisées

De nos jours, la mise au point de plusieurs appareils offre un éventail appréciable de possibilités en matière d'automatisation des techniques immunohistochimiques. Certaines compagnies fabriquent des appareils où les solutions se distribuent par capillarité; d'autres favorisent plutôt les méthodes de distribution des solutions par vaporisation.

23.3.4 RESTAURATION DES ANTIGÈNES

Tel que signalé plus haut (section 23.2.1), les techniques histopathologiques sont susceptibles d'altérer le pouvoir antigénique de certains antigènes. Il est cependant possible de restaurer l'activité de ces antigènes grâce à diverses méthodes.

23.3.4.1 Utilisation des enzymes protéolytiques

Les méthodes faisant appel à la digestion enzymatique au moyen d'enzymes protéolytiques sont utiles dans le cas des tissus traités dans un liquide fixateur contenant du formaldéhyde, puis soumis à la circulation et enrobés à la paraffine. Tous les antigènes ne subissent pas un blocage de leur activité par la fixation, la circulation et l'enrobage. Il faut donc déterminer avec soin lesquels il faudra démasquer.

L'activité des enzymes protéolytiques décroissant avec le temps, il importe de préparer la solution enzymatique immédiatement avant de s'en servir.

La durée optimale de la digestion enzymatique est directement proportionnelle à la durée de la fixation, compte tenu de la grosseur du spécimen, de la température et de la vitesse de pénétration du liquide fixateur. La durée de digestion doit être établie en fonction de données provenant de vérifications antérieures.

23.3.4.1.1 *Méthode à la trypsine*

Cette méthode de restauration utilise une solution aqueuse de trypsine à 0,1 % et de chlorure de calcium ($CaCl_2$) à 0,1 %, dont il faut ajuster le *p*H à 7,8 en ajoutant du NaOH à 0,1 *N*.

Les coupes sont d'abord incubées dans un bain d'eau distillée et chauffée à 37 °C, puis elles sont transférées dans la solution enzymatique fraîchement préparée et chauffée à 37 °C, où elles demeurent pendant une période de temps prédéterminée. Lorsqu'il faut mettre un terme à la digestion, il suffit d'immerger les coupes dans un bain d'eau courante.

23.3.4.1.2 *Méthode à la protéase*

Dans cette méthode, on emploie une solution aqueuse de protéase à 0,1 % et dont le *p*H est ajusté à 7,8 avec du NaOH à 1 *M*. Le procédé est le même que dans le cas de la trypsine, mais la digestion est plus rapide qu'avec la trypsine. Là encore, l'incubation se fait à 37 °C, et l'immersion des coupes dans un bain d'eau courante arrête le processus de digestion.

23.3.4.1.3 *Méthode à la pepsine*

La méthode de restauration à la pepsine favorise certains antigènes comme les protéines de la membrane basale. Pour démasquer ou restaurer les antigènes au moyen de cette enzyme, il est recommandé d'utiliser une solution aqueuse de pepsine à 0,4 % dont le *p*H a été ajusté à 2,0 avec de l'acide chlorhydrique à 0,01 *M*. La durée de traitement du tissu dans cette solution peut varier de 15 à 20 minutes, selon l'évaluation effectuée au préalable sur des coupes témoins. L'incubation se fait toujours à 37 °C et l'arrêt de la digestion survient dès l'immersion des coupes dans un bain d'eau courante.

23.3.4.2 Méthodes utilisant la chaleur

23.3.4.2.1 *Utilisation du four à micro-ondes*

Le four à micro-ondes doit être chauffé au préalable pendant 5 minutes à la puissance maximale avec, à l'intérieur, un litre d'eau distillée pour en assurer l'humidification. Il existe deux façons de procéder : l'une avec un bocal Coplin, l'autre avec un portoir en plastique.

a) Bocal Coplin

Cette méthode consiste à mettre au maximum trois lames dans un bocal Coplin contenant une solution tampon de citrate de sodium à 0,01 *M* et à *p*H 6,0, et, après avoir recouvert le bocal avec un couvercle ajouré, à le faire chauffer pendant 10 à 15 minutes à la puissance maximale. Les lames sont ensuite placées dans une solution tampon chaude que l'on remplace graduellement par de l'eau courante. Il faut toujours maintenir les lames dans un liquide afin de prévenir le dessèchement des tissus.

b) Portoir de plastique

Il est possible de déposer jusqu'à 10 lames sur le portoir de plastique. Le procédé consiste à immerger le tout dans un contenant de plastique rempli d'une solution tampon de citrate de sodium à 0,01 *M* et à *p*H 6,0 et à le faire chauffer au four à micro-ondes à la puissance maximale pendant 30 à 40 minutes. Il importe de vérifier régulièrement la quantité de liquide et d'en ajouter au besoin afin d'éviter le dessèchement des tissus. Après le traitement, il faut mettre le contenant sous le robinet et remplacer graduellement la solution tampon chaude par de l'eau courante fraîche. Les lames, toujours en contact avec une solution, ne sèchent pas.

23.3.4.2.2 *Autocuiseur*

Dans un autocuiseur ou une marmite à pression en acier inoxydable d'une capacité de 5 litres, il est possible de faire chauffer jusqu'à 75 lames en quelques minutes. Cette méthode consiste à placer l'autocuiseur sur une plaque chauffante électrique et à y amener à ébullition 3 litres de solution tampon de citrate de sodium à 0,01 *M* et à *p*H 6,0, sans fermer le couvercle hermétiquement. Les lames, disposées sur un support de métal, sont immergées dans la solution tampon bouillante. L'autocuiseur est ensuite fermé hermétiquement et amené à la pression maximale; le calcul de la durée du traitement commence au moment où cette pression est atteinte. La durée moyenne du traitement est de 2 minutes. Dans ce type d'appareil, il est possible d'introduire trois supports d'une capacité de 25 lames chacun.

23.3.4.2.3 *Étuve à légumes*

L'utilisation d'un cuiseur à vapeur (*Veggie Steamer*) sans pression est de plus en plus répandue. Cet appareil électrique de fabrication récente produit une vapeur constante et une chaleur égale. Pour un nombre croissant de spécialistes, c'est le meilleur outil pour démasquer les antigènes par la chaleur.

Pour utiliser cet appareil, il faut d'abord y verser de l'eau distillée puis le préchauffer pendant environ 20 minutes afin d'humidifier complètement l'intérieur de l'étuve; placer ensuite les lames sur une grille métallique à l'intérieur du cuiseur. Pour déterminer la durée optimale de traitement, il faut se baser sur des données vérifiées. L'obtention de résultats satisfaisants nécessite habituellement 40 minutes de traitement. Si les tissus ont été mal fixés, 20 minutes de traitement suffisent.

23.4 MÉTHODES IMMUNOHISTOCHIMIQUES

En immunohistochimie, toutes les méthodes comportent à peu près les mêmes étapes (voir section 23.3). Il est possible d'exécuter de façon directe ou indirecte les méthodes enzymatiques et les méthodes à la fluorescence.

23.4.1 MÉTHODES IMMUNOHISTOCHIMIQUES DIRECTES

Dans les méthodes immunohistochimiques directes, l'anticorps primaire dirigé contre un antigène est lié à un marqueur (voir la figure 23.5). Ce type de méthode est simple, rapide et très facile à exécuter. Par contre, ce ne sont pas tous les anticorps primaires qui sont vendus sous forme conjuguée. De plus, les méthodes directes se caractérisent par une sensibilité moins grande que les méthodes indirectes et les risques de formations d'une coloration de fond non spécifique y sont plus élevés.

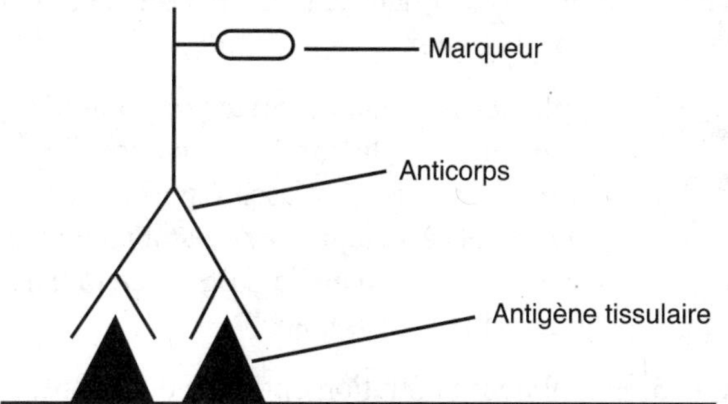

Figure 23.5 : *Représentation schématique d'une réaction directe en immunohistochimie.*

23.4.2 MÉTHODES IMMUNOHISTOCHIMIQUES INDIRECTES

Dans les méthodes immunohistochimiques indirectes, un anticorps primaire est d'abord appliqué sur le tissu et, après incubation, un deuxième anticorps marqué est apposé; ce dernier est dirigé contre l'anticorps primaire (voir la figure 23.6). Les méthodes indirectes comportent l'avantage d'être beaucoup plus sensibles que les méthodes directes. Par contre, elles exigent un peu plus de temps et les antisérums conjugués sont coûteux.

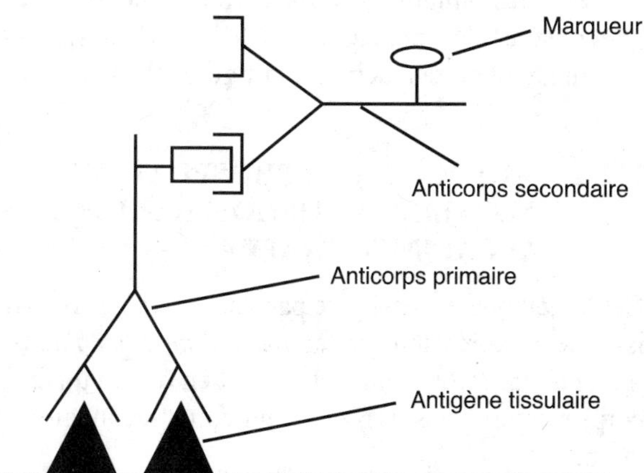

Figure 23.6 : *Représentation schématique d'une réaction indirecte en immunohistochimie.*

23.5 IMMUNOENZYMOLOGIE

L'immunoenzymologie rassemble une série de méthodes permettant de mettre en évidence des antigènes tissulaires à l'aide d'anticorps conjugués à des enzymes, chaque anticorps étant conjugué à une enzyme. Ce complexe antigène-anticorps est par la suite révélé grâce à un substrat chromogénique visible en microscopie optique. Les méthodes immunoenzymologiques peuvent être mises en œuvre de façon directe ou indirecte.

a) Méthodes immunoenzymatiques directes

MODE OPÉRATOIRE

1. Préparer les coupes jusqu'à l'étape du bain de TBS inclusivement;
2. essorer **sans assécher**;
3. incuber dans le mélange contenant l'anticorps primaire associé à une enzyme selon la dilution optimale, à la température et au temps recommandés par le fabricant de l'anticorps ou pendant toute une nuit à 4 °C; rincer dans le tampon TBS;
4. essorer **sans assécher**;
5. appliquer le substrat chromogénique et laisser reposer pendant 4 à 10 minutes; rincer dans le TBS puis à l'eau courante;
6. contrecolorer dans une solution d'hématoxyline de Harris et rincer à l'eau distillée;
7. déshydrater, éclaircir et monter.

RÉSULTATS

- Les noyaux se colorent en bleu sous l'action de l'hématoxyline de Harris;
- les sites immunoréactifs prennent la teinte du substrat chromogénique choisi.

Remarque : la représentation schématique de la réaction est identique à celle présentée à la figure 23.5, le marqueur étant une enzyme.

b) Méthodes immunoenzymatiques indirectes

MODE OPÉRATOIRE

1. Préparer les coupes jusqu'à l'étape du bain de TBS inclusivement;
2. essorer **sans assécher**;
3. incuber dans le mélange contenant l'anticorps primaire selon la dilution optimale, à la température et au temps recommandés par le fabricant de l'anticorps; rincer dans le tampon TBS;
4. essorer **sans assécher**;
5. appliquer le mélange contenant l'anticorps secondaire associé à une enzyme, l'anticorps secondaire étant dirigé contre l'anticorps primaire, et laisser reposer pendant 30 minutes; rincer par la suite dans le TBS puis à l'eau courante;
6. appliquer le substrat chromogénique (le révélateur) et laisser reposer pendant 4 à 10 minutes; rincer dans le TBS puis à l'eau courante;
7. contrecolorer dans une solution d'hématoxyline de Harris et rincer à l'eau distillée;
8. déshydrater, éclaircir et monter.

RÉSULTATS

- Les noyaux se colorent en bleu sous l'action de l'hématoxyline de Harris;
- les sites immunoréactifs prennent la teinte du substrat chromogénique choisi.

Remarque : la représentation schématique de la réaction est identique à celle présentée à la figure 23.6, le marqueur étant une enzyme.

23.5.1 MÉTHODE À LA PEROXYDASE-ANTIPEROXYDASE (PAP)

MODE OPÉRATOIRE

1. Préparer les coupes jusqu'à l'étape du bain de TBS inclusivement;
2. essorer **sans assécher**;
3. incuber dans le mélange contenant l'anticorps primaire de souris selon la dilution optimale, à la température et au temps recommandés par le fabricant de l'anticorps; rincer dans le tampon TBS et essorer **sans assécher**;
4. appliquer le mélange contenant l'anticorps secondaire de lapin dirigé contre l'anticorps de souris et laisser reposer pendant 30 minutes à la température ambiante; rincer par la suite dans le TBS et essorer les lames **sans les assécher**;
5. appliquer la dilution optimale du complexe PAP et incuber à la température ambiante pendant 30 minutes; rincer dans le TBS et essorer **sans assécher**;
6. appliquer le substrat chromogénique et laisser reposer pendant 4 à 10 minutes à la température ambiante; rincer dans le TBS puis à l'eau courante;
7. contrecolorer dans une solution d'hématoxyline de Harris et rincer à l'eau distillée;
8. déshydrater, éclaircir et monter.

RÉSULTATS

- Les noyaux se colorent en bleu sous l'action de l'hématoxyline de Harris;
- les sites immunoréactifs prennent la teinte du substrat chromogénique choisi (voir le schéma illustrant cette réaction à la figure 23.7).

23.5.2 MÉTHODE À LA PHOSPHATASE ALCALINE ANTIPHOSPHATASE ALCALINE (APAAP)

Cette méthode est désignée par l'anagramme APAAP issu de l'expression anglaise *Alkaline Phosphatase Anti-alkalin Phosphatase*. Elle met en œuvre un anticorps primaire de souris et un anticorps secondaire de lapin.

MODE OPÉRATOIRE

1. Préparer les coupes jusqu'à l'étape du bain de TBS inclusivement;
2. essorer **sans assécher**;

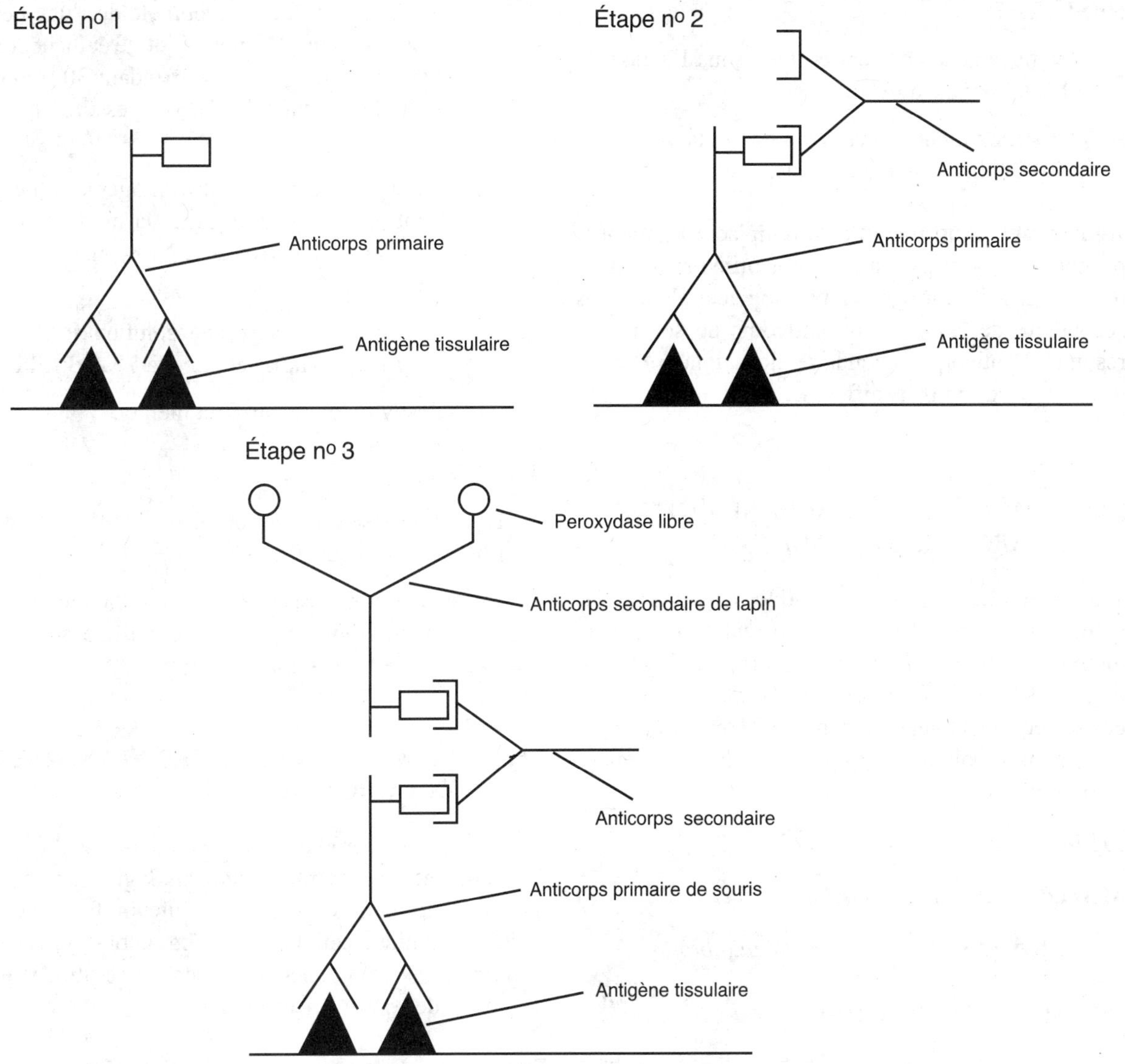

Figure 23.7 : *Représentation schématique d'une réaction à la peroxydase-antiperoxydase.*

3. incuber dans le mélange contenant l'anticorps primaire de souris selon la dilution optimale, à la température et au temps recommandés par le fabricant de l'anticorps; rincer dans le tampon TBS;
4. essorer **sans assécher**;
5. appliquer le mélange contenant l'anticorps secondaire de lapin dirigé contre l'anticorps de souris et laisser reposer pendant 30 minutes à la température ambiante; rincer dans le TBS et essorer **sans assécher**;
6. appliquer la dilution optimale du complexe APAAP et incuber à la température ambiante pendant 30 minutes; rincer dans le TBS et essorer **sans assécher**;
7. appliquer le substrat chromogénique et laisser reposer pendant 4 à 10 minutes à la température ambiante; rincer dans le TBS puis à l'eau courante;
8. contrecolorer dans une solution d'hématoxyline de Harris et rincer à l'eau distillée;
9. déshydrater, éclaircir et monter.

RÉSULTATS

- Les noyaux se colorent en bleu sous l'action de l'hématoxyline de Harris;
- les sites immunoréactifs prennent la teinte du substrat chromogénique choisi.

Remarque : Il est possible de remplacer l'anticorps primaire de souris par un anticorps primaire de lapin; dans ce cas, il faut également remplacer l'anticorps secondaire de lapin par un anticorps de souris. En résumé, l'anticorps secondaire doit donc provenir d'une espèce animale différente de l'anticorps primaire.

23.5.3 MÉTHODES À L'AVIDINE-BIOTINE (ABC, LAB ET LSAB)

Trois méthodes à l'avidine-biotine sont principalement utilisées : l'ABC (*Avidin Biotin Complex*), la méthode LAB (*Labelled Avidine Biotin*) et la méthode LSAB (*Labelled Streptavidin Biotin*). Ces méthodes se déroulent toutes de la même façon et font appel aux mêmes solutions tampons, seul le marqueur (*label*) diffère.

Méthode ABC (*Avidin biotin complexe*)

Méthode LAB (*Labelled avidin biotin*)

Méthode LSAB (*Labelled streptavidin biotin*)

MODE OPÉRATOIRE

1. Préparer les coupes jusqu'à l'étape du bain de TBS inclusivement; essorer **sans assécher**;
2. incuber dans le mélange contenant l'anticorps primaire de souris selon la dilution optimale, à la température et au temps recommandés par le fabricant de l'anticorps; rincer dans le tampon TBS et essorer **sans assécher**;
3. appliquer le mélange contenant l'anticorps secondaire jumelé à la biotine et laisser reposer pendant 30 minutes à la température ambiante; rincer dans le TBS et essorer **sans assécher** (l'anticorps secondaire est dirigé contre l'anticorps primaire);
4. appliquer la dilution optimale de l'une des trois solutions d'avidine-biotine et incuber à la température ambiante pendant 30 minutes; rincer dans le TBS et essorer **sans assécher**;
5. appliquer le substrat chromogénique pendant 4 à 10 minutes à la température ambiante; rincer dans le TBS puis à l'eau courante;
6. contrecolorer dans une solution d'hématoxyline de Harris et rincer à l'eau distillée;
7. déshydrater, éclaircir et monter.

RÉSULTATS

- Les noyaux se colorent en bleu sous l'action de l'hématoxyline de Harris;
- les sites immunoréactifs prennent la teinte du substrat chromogénique choisi (voir le schéma illustrant cette réaction à la figure 23.8).

23.5.4 PRINCIPAUX ENZYMES, SUBSTRATS ET CHROMOGÈNES

Les principaux produits utilisés comme substrats chromogéniques en immunoenzymologie confèrent aux sites immunoréactifs des couleurs facilement visibles en microscopie optique. La coloration issue de la réaction sera fonction des enzymes utilisés et des méthodes qui y correspondent.

Dans les méthodes utilisant le HRPO (*Horseradish Peroxydase*); les produits et leurs résultats sont les suivants :

- *DAB-three* ou 3'*–Diamin° benzidine tétrahydrochloride* – Résultat : le site immunoréactif est coloré en brun foncé.
- *DAB/*Ni_2^+ – Résultat : le site immunoréactif est coloré en noir.
- *DAB/ferricyanide ferrique* – Résultat : le site immunoréactif est coloré en turquoise.
- *AEC-three-Amino-9-Ethylcarbazole* – Résultat : le site immunoréactif est coloré en rouge/brun, coloration soluble dans les alcools. La contrecoloration et le montage doivent être faits en

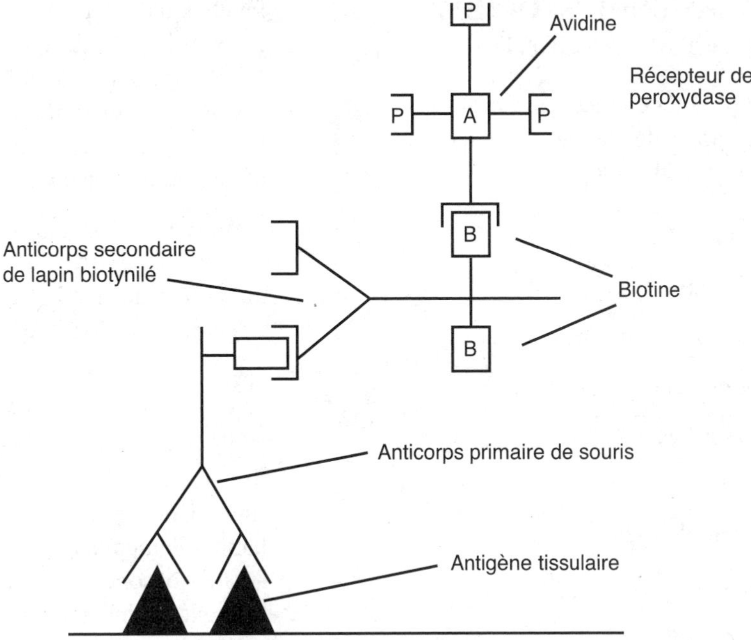

Figure 23.8 : *Représentation schématique d'une réaction à l'avidine-biotine complexe.*

milieux aqueux. Exposée à la lumière, la couleur est susceptible de s'estomper par oxydation.

- *CN-Chloro naphtol* – Résultat : le site immunoréactif est coloré en bleu, coloration soluble dans les alcools. Ce produit a tendance à diffuser à l'extérieur de son site de précipitation. La contrecoloration et le montage doivent être faits en milieux aqueux. Exposée à la lumière, la couleur est susceptible de s'estomper par oxydation.

Dans les méthodes utilisant la phosphatase alcaline; les produits et leurs résultats respectifs sont les suivants :

- *Naphtol-AS-MX-phosphate/Fast red TR* – Résultat : le site immunoréactif est coloré en rouge, coloration soluble dans les alcools. La contrecoloration et le montage doivent être faits en milieux aqueux.
- *Naphtol-AS-MX-Phosphate/Fast Blue BB* – Résultat : le site immunoréactif est coloré en bleu, coloration soluble dans les alcools. La contrecoloration et le montage doivent être faits en milieux aqueux.
- *N-AS-BI-P/New Fuchsin* – Résultat : le site immunoréactif est coloré en rouge violacé, coloration soluble dans les alcools. La contrecoloration et le montage doivent être faits en milieux aqueux.
- *BCIP/NBT-Bromo-chloro-indolyl phosphate/Nitro blue Tétrazolium* – Résultat : le site immunoréactif est coloré en bleu mauve.

Dans les méthodes utilisant le glucose oxydase; les produits et leurs résultats respectifs sont les suivants :

- *B-D-glucose/NBT* – Résultat : le site immunoréactif est coloré en bleu mauve.

Dans les méthodes utilisant la β-galactosidase; les produits et leurs résultats respectifs sont les suivants :

- *BCIG/ferro ferricyanide Bromo-chloro-indolyl-B-D-galactosidase/ferro ferricyanide* – Résultat : le site immunoréactif est coloré en turquoise.
- *BCIG/NBT - Bromo-chloro-indolyl-B-D-galatosidase/Nitro Blue Tetrazolium* – Résultat : le site immunoréactif est coloré en bleu mauve.

23.6 MÉTHODE IMMUNOHISTOCHIMIQUE À L'OR ET À L'ARGENT

Cette méthode permet d'éviter de recourir à des solutions enzymatiques et donc de devoir faire face à l'activité nuisible des enzymes endogènes.

Préparation des solutions

1. **Solution tampon citrate**
   - 23,5 g de citrate de trinatrium
   - 25,5 g d'acide citrique
   - 100 ml d'eau distillée
2. **Solution d'argent**
   - 110 mg de lactate d'argent
   - 15 ml d'eau distillée
3. **Solution d'hydroquinone**
   - 950 mg d'hydroquinone
   - 15 ml d'eau distillée
4. **Solution de gomme acacia**
   - 1 volume de gomme acacia
   - 1 volume d'eau distillée
5. **Solution d'incubation à l'argent**
   - 10 ml de la solution tampon citrate (solution n° 1)
   - 15 ml de la solution d'argent (solution n° 2)
   - 15 ml de la solution d'hydroquinone (solution n° 3)
   - 7 ml de la solution de gomme acacia (solution n° 4)
   - 60 ml d'eau distillée

   Cette solution se conserve dans une bouteille brune, à l'abri de la lumière.

Méthode immunohistochimique à l'or et à l'argent

MODE OPÉRATOIRE

1. Préparer les coupes jusqu'à l'étape du bain de TBS inclusivement; essorer **sans assécher**;
2. incuber dans le mélange contenant l'anticorps primaire de souris ou de lapin selon la dilution optimale, à la température et au temps recommandés par le fabricant de l'anticorps; rincer dans le tampon TBS et essorer **sans assécher**;
3. appliquer le mélange contenant l'anticorps secondaire conjugué à l'or pendant 30 à 60 minutes à la température ambiante; rincer dans le TBS et essorer **sans assécher**;
4. appliquer la solution d'incubation à l'argent et vérifier régulièrement au microscope la formation du dépôt d'argent sur le tissu (cette incubation se déroule à l'obscurité). Une incubation de 5 minutes est habituellement suffisante. Si la vérification au microscope révèle que la coloration à l'argent est insuffisante, rincer à l'eau distillée et reprendre cette étape avec une nouvelle solution d'incubation à l'argent; rincer dans le TBS puis à l'eau courante;
5. contrecolorer dans une solution d'hématoxyline de Harris et rincer à l'eau distillée;
6. déshydrater, éclaircir et monter.

RÉSULTATS

- Les noyaux se colorent en bleu sous l'effet de l'hématoxyline de Harris;
- les sites immunoréactifs se colorent en noir sous l'effet des sels d'argent.

23.7 DÉTECTION À L'AIDE DE POLYMÈRES

La méthode de détection à l'aide de polymères se caractérise par sa rapidité d'exécution et la sensibilité des ingrédients. Méthode de détection immunohistochimique, elle peut également être utile dans le cadre de l'hybridation *in situ* (voir le chapitre 29). Cette méthode est basée sur la conjugaison d'un enzyme et d'un anticorps secondaire; l'enzyme spécifique est liée à un polymère et est soluble dans l'eau.

Comparativement à la méthode immunoenzymatique conventionnelle, la détection des polymères présente plusieurs avantages. Le protocole technique est beaucoup plus rapide et plus simple. La sensibilité des substances est plus grande et les effets de coloration non spécifique sont très faibles. Il s'agit d'une technique de détection en une étape, appelée EPOS (*Enhanced Polymer One Step detection*).

23.8 IMMUNOHISTOCHIMIE APPLIQUÉE AUX COUPES ÉPAISSES SOUS CONGÉLATION

Le meilleur moyen de conserver l'activité antigénique d'un tissu demeure la congélation. Cependant, ce procédé n'assure pas la conservation des tissus. Pour conserver ces tissus durant plusieurs mois, voire une année, il suffit d'en faire des coupes congelées relativement épaisses, soit entre 10 et 100 µm, et de les conserver dans une solution saline à la température de 4 °C. Le grand avantage de ce procédé demeure la possibilité de conserver des tissus en vue d'un usage futur, tel que des analyses immunologiques. Il est possible d'utiliser ces coupes en tout temps et de procéder à la recherche d'antigènes différents selon les besoins du laboratoire; ces tissus peuvent même à l'occasion servir de tissus témoins pour la recherche d'antigènes connus et déjà révélés. Il est possible de traiter de cette façon la majorité des tissus.

Méthode immunohistochimique appliquée aux coupes épaisses sous congélation

MODE OPÉRATOIRE

1. Retirer les coupes de la solution tampon et les immerger dans une solution enzymatique, afin de bloquer l'enzyme endogène qui pourrait entrer en compétition avec l'enzyme choisi pour la mise en évidence; le processus de blocage peut prendre 1 heure à la température ambiante;
2. rincer dans un premier bain d'eau distillée pendant 10 minutes puis dans un second pendant 20 à 30 minutes;
3. selon l'origine de l'anticorps secondaire qui sera utilisé, bloquer cette fois l'effet hydrophobe dans du sérum normal de lapin ou de souris auquel on aura ajouté 1 ou 2 gouttes de détergent comme le NP40, l'Igepal à 1 % ou un autre, selon le choix du laboratoire; incuber dans cette solution pendant une période de 30 minutes à 1 heure à la température ambiante ou pendant toute une nuit à 4 °C;
4. rincer dans la solution tampon, généralement le TBS;
5. appliquer la dilution optimale de l'anticorps primaire; pour une coupe épaisse, l'incubation idéale est de 12 heures à 4 °C; dans certains cas, l'incubation peut se prolonger durant 1 à 5 jours;
6. laver dans un premier bain de tampon TBS pendant 10 minutes puis dans un second pendant 20 à 30 minutes;
7. poursuivre avec la méthode à l'avidine-biotine, préférable pour les coupes épaisses. Il est également possible d'utiliser une méthode indirecte utilisant un anticorps secondaire. La durée d'incubation de cette étape peut varier de 1 à 4 heures à la température ambiante ou de 8 heures à 2 jours à 4 °C.

RÉSULTATS

- Les sites immunoréactifs prennent la teinte du chromogène choisi;
- les noyaux demeurent incolores puisqu'il n'y a pas de contrecolorant.

Remarque : L'ajout de 1 ou 2 gouttes de détergent de type NP40 ou de l'Igepal commercial à 1 % aux dilutions d'anticorps favorise la pénétration de l'anticorps dans le tissu plus épais.

23.9 SOLUTIONS ET CALCULS

23.9.1 PRÉPARATION DES SOLUTIONS

1. Solution tampon TBS (*Tris Buffer Solution*) à 1 *M*

- 121 g de base Tris commerciale
- 1 L d'eau déionisée et distillée
- acide chlorhydrique 2 mol/L

Faire dissoudre la base Tris commerciale dans 500 ml d'eau déionisée et distillée. Ajuster le *p*H à 7,6 avec de l'acide chlorhydrique 2 mol/L (généralement, la quantité nécessaire varie de 200 à 300 ml). Compléter à 1 litre avec de l'eau déionisée et distillée.

Solution de travail TBS à 100 mol/L

– 1 volume de solution TBS à 1 *M*

– 9 volumes d'eau déionisée et distillée

2. **Solution de blocage pour la peroxydase endogène**

– 1 ml de peroxyde d'hydrogène à 3 %

– 4 ml de méthanol à 100 %

3. **Solution de blocage pour la phosphatase alcaline endogène**

Trois solutions peuvent être utilisées pour bloquer la phosphatase endogène : l'acide citrique, le réactif de Bouin et la solution commerciale de levamisole.

3.1 Solution d'acide citrique à 1 *M*

– 192 g d'acide citrique

– 1 L d'eau distillée

Faire dissoudre l'acide citrique dans environ 500 ml d'eau distillée, puis compléter à 1 L.

3.2 Solution de Bouin

Pour la préparation de cette solution, voir la section 2.6.1.4.

3.3 Solution de levamisole (solution commerciale)

Pour bloquer la phosphatase alcaline de l'intestin, il convient d'utiliser cette solution de préférence à toute autre, car elle est spécifique à cette enzyme.

23.9.2 CALCULS SE RAPPORTANT À LA DILUTION DES SOLUTIONS D'ANTICORPS

Tel que mentionné dans l'exposé sur les méthodes de mise en évidence de sites immunoréactifs, il est important d'utiliser les solutions d'anticorps sous forme diluée afin d'obtenir des résultats concluants.

La méthode de calcul pour obtenir la dilution optimale est la suivante : prendre la concentration initiale de la solution d'anticorps commerciale, la multiplier par le volume de la solution d'anticorps désirée et diviser ce résultat par le volume total de la solution finale contenant l'anticorps et le diluant, ce qui se traduit par la formule suivante :

$$\frac{\text{concentration initiale de l'anticorps} \times \text{volume d'anticorps nécessaire}}{\text{volume total de la solution finale*}} = \text{concentration désirée de la solution diluée}$$

*volume total = volume de l'anticorps + volume de diluant de l'anticorps

Exemple 1

Les données sont :

– la concentration initiale de l'anticorps commercial indiquée par le fabricant est de 100 µg/ml;

– il faut préparer 2 ml de cette solution;

– la méthode de mise en évidence des sites immunoréactifs demande une concentration de 5 µl;

– dans l'équation, il s'agit de trouver le volume d'anticorps nécessaire, appelé ici « *Y* ».

Calcul :

$$\frac{100\ \mu\text{g/ml} \times Y\ \text{ml d'anticorps}}{2\ \text{ml}} = 5\ \mu\text{g/ml}$$

Exemple 2

Les données concernant l'anticorps primaire (un échantillon d'antisérum de lapin) :

– concentration protéinique : 4,8 g/L

– dilution recommandée : 1:200

Les données concernant le contrôle négatif à base de sérum (un échantillon de sérum non immun de lapin) :

– concentration protéinique : 20 g/L

– dilution recommandée : à déterminer par calcul

Calculs

Étape 1 : calculer la concentration de la solution d'anticorps primaire selon la formule présentée ci-dessus :

4,8 g/L ÷ 200 = 0,023 g/L

Étape 2 : calculer la dilution du sérum non immun de lapin de manière que sa concentration protéinique corresponde à la concentration protéique de la dilution de l'anticorps primaire, toujours selon la formule présentée ci-dessus :

20 g/L ÷ 0,024 g/L = 833

Étape 3 : diluer une partie de sérum non immun de lapin dans 800 parties de solution tampon : cette dilution donne des résultats satisfaisants.

Ce deuxième exemple se rapporte à la section 23.14.2.1, où il est question de substitution de réactifs dans le but d'obtenir des réactions négatives.

23.10 DÉPISTAGE ET RÉSOLUTION DE PROBLÈMES LIÉS À LA COLORATION DE FOND

L'expression anglaise « *background staining* » se traduit en français par « bruit de fond » ou « coloration de fond ». Il s'agit du problème le plus fréquemment rencontré en immunohistochimie. Les principales causes et les solutions possibles pour y remédier sont présentées ci-dessous.

23.10.1 INTERACTION HYDROPHOBE

Les immunoglobulines contenues dans les sérums immuns sont des protéines particulièrement hydrophobes. Cette caractéristique, l'hydrophobicité, peut se définir comme la propriété d'une substance à résister à la dissolution dans l'eau ou encore sa non-affinité pour les molécules d'eau. La fixation des tissus au moyen de liquides fixateurs aqueux, de même que la présence des aldéhydes dans le formaldéhyde et le glutaraldéhyde, accentuent la manifestation de l'hydrophobicité des immunoglobulines. Les facteurs extérieurs de fixation comme la durée, la température et le *p*H peuvent également avoir une influence sur le phénomène. Celui-ci se traduit par une coloration de fond non désirée.

Les tissus les plus susceptibles de présenter une coloration non désirée en raison de l'hydrophobicité des immunoglobulines sont les tissus conjonctifs, les épithéliums et les adipocytes. La meilleure façon d'éviter cet artéfact est d'inhiber l'interaction des protéines et de l'eau dans le tissu en utilisant un bloqueur de protéines avant d'introduire l'anticorps primaire dans le processus ou en le mélangeant avec le diluant de cet anticorps. La réussite de cette étape est mieux assurée si l'utilisation du bloqueur précède l'application de l'anticorps primaire.

Il est également possible de prévenir la coloration de fond en ajoutant un détergent au diluant de l'anticorps primaire : le Berol® 072 à 0,5 %, l'éthylène glycol à 1 %, le Tween 20, le NP40 à 1 % et l'Igepal à 1 % sont les produits le plus fréquemment utilisés à cette fin. Enfin, une autre façon de prévenir le bruit de fond consiste à élever le *p*H du diluant.

La solution utilisée comme bloqueur doit contenir les mêmes protéines, par exemple des IgG, que celles présentes dans l'anticorps de liaison (*labelled antibody*) et non les mêmes que celles présentes dans l'anticorps primaire; cette précaution a pour but d'éviter l'accolement non spécifique de ces protéines à l'anticorps secondaire.

23.10.2 INTERACTION IONIQUE

Malheureusement, la plupart des situations où apparaît une coloration de fond non spécifique sont causées par la combinaison de l'interaction ionique et de l'hydrophobicité protéique. Souvent, lorsque l'on veut remédier à l'un, les effets négatifs de l'autre s'en trouvent accrus. L'interaction ionique survient lorsque des protéines de charges ioniques opposées se rejoignent. Les immunoglobulines de type G possèdent un point isoélectrique (*p*I) se situant entre 5,8 à 7,3. La plupart ont une charge de surface négative lorsque le *p*H du tampon se situe entre 7,0 et 7,8. L'interaction ionique des IgG peut survenir si les protéines tissulaires ont une charge de surface positive.

23.10.3 ACTIVITÉ ENDOGÈNE DES ENZYMES

L'activité endogène de la peroxydase, qui décompose le peroxyde d'hydrogène (H_2O_2), est un type d'activité enzymatique qui peut causer une coloration de fond indésirable. Il s'agit là d'une propriété commune à toutes les hémoprotéines : l'hémoglobine présente dans les globules rouges, la myoglobine que l'on retrouve dans les fibres musculaires, les cytochromes présents dans les granulocytes et les monocytes et enfin les catalases présentes dans le foie et le rein.

D'autres activités enzymatiques, par exemple celle de la phosphatase alcaline endogène, surtout dans l'intestin, peuvent avoir un effet semblable si ces enzymes ne sont pas inhibées. Voir la section 23.2.5 pour les méthodes d'inhibition des enzymes endogènes.

23.10.3.1 Anticorps naturels

La plupart des anticorps naturels sont non précipitants et sont présents en très petites quantités. Ils sont habituellement non réactifs, lorsque l'antisérum est suffisamment dilué et que la durée d'incubation avec le sérum immun est techniquement adéquate. Il peut cependant arriver, dans certains cas, que ces anticorps naturels présents dans le sérum immun occasionnent des problèmes.

23.10.3.2 Anticorps contaminants

Les antigènes utilisés pour provoquer l'immunisation d'un organisme hôte sont rarement purs. Si des antigènes indésirables sont présents parmi les antigènes utiles, le système immunitaire de l'hôte réagit à ces antigènes indésirables en provoquant des anticorps contaminants. Ces derniers, présents en très faible concentration, n'affectent habituellement pas la spécificité immunohistochimique d'un antisérum au titre élevé, pourvu que l'antisérum soit dilué selon la méthode recommandée.

23.10.3.3 Diffusion antigénique

Si un marqueur antigénique devant être détecté a diffusé de son site initial de synthèse ou encore s'il s'accumule à la périphérie du site, cela peut produire une coloration de fond indésirable. Cet effet peut également se produire lorsque le marqueur tissulaire antigénique est présent en très grande quantité dans le plasma sanguin avoisinant et qu'il diffuse dans le tissu avant la fixation de celui-ci.

23.11 ARTÉFACTS NUISIBLES ET LEURS CAUSES

La présence d'artéfacts au moment de l'observation microscopique du produit fini de la réaction est due à une multitude de causes. En voici des exemples :

- la nécrose du tissu ou l'hémorragie occasionne généralement un marquage non spécifique;
- le collagène et la couche cornéenne absorbent de façon non spécifique certains anticorps, ce qui se manifeste par de faux positifs;
- la présence de pigments tels que la mélanine et l'hémosidérine dans le tissu donne lieu à de faux positifs, car il y a absorption non spécifique de ces pigments;
- la fixation incomplète du centre du tissu entraîne un marquage non spécifique des noyaux;
- la surfixation détruit les antigènes contenus dans le tissu, ce qui se traduit par de faux négatifs;
- une mauvaise déshydratation, au cours de la circulation, causera une extension non spécifique du marquage;
- la confection de coupes trop épaisses sans traitement particulier en rapport avec leur épaisseur (voir la section 23.8) peut entraîner une mauvaise pénétration de l'anticorps primaire, ce qui se traduit par de fausses réactions et une coloration non spécifique des tissus de surface;
- tout pli dans le tissu rend difficile l'évaluation du résultat final de la réaction;
- le déparaffinage incomplet des coupes occasionne un marquage douteux et non fiable;
- les artéfacts d'assèchement produits au cours des étapes techniques se manifestent par de faux positifs sur les portions séchées;
- les lavages mal exécutés, dans le déroulement des étapes techniques, produisent également de faux positifs;

- lorsque le révélateur chromogénique n'est pas filtré avant usage, la présence de granules de chromogène occasionne de faux positifs;
- la dilution insuffisante de la solution d'anticorps produit un effet de prozone;
- la présence de l'effet « dunes de sable », causé par l'interaction des anticorps polyclonaux et des muscles, entraîne un marquage non spécifique.

23.12 PRÉCAUTIONS

Il est possible de prévenir certaines situations à l'origine de problèmes observables sur les coupes et les frottis lors de l'examen microscopique de la réaction finale. Voici quelques-uns des moyens recommandés :

- augmenter la dilution de l'anticorps primaire ou réduire le temps d'incubation du tissu en présence de celui-ci. Divers artéfacts de coloration sont en effet attribuables à un excès d'anticorps : une coloration beaucoup trop foncée, une coloration qui apparaît partout sur le tissu, plutôt que sur les sites immunoréactifs, ou une coloration qui semble quitter le tissu après ou même pendant l'application du substrat chromogénique;
- réduire le temps d'incubation lorsque le substrat chromogénique est ajouté sur les tissus;
- s'assurer que les enzymes endogènes ont été inhibés;
- élever le *p*H ou augmenter la force ionique du tampon TBS. Ajouter au tampon du chlorure de sodium d'une concentration de 0,1 à 0,5 *M* réduit le marquage non spécifique dans le cas des endothéliums et des fibres de collagène;
- appliquer le blocage des protéines, pour inhiber l'effet hydrophobe, avant l'application de l'anticorps primaire;
- ajouter un détergent au diluant d'anticorps pour favoriser la pénétration de celui-ci (voir la section 23.10.1);
- augmenter la quantité et la durée des lavages dans le tampon TBS entre les étapes des techniques;
- essorer moins les lames entre les différentes étapes de la technique;
- employer un système enzymatique différent, comme la phosphatase alcaline, le HRPO (*Horseradish peroxydase*) ou la β-galactosidase.

23.13 MILIEUX DE MONTAGE

Pour le montage des tissus qui ont reçu un traitement immunohistochimique, il est possible d'utiliser un milieu aqueux comme la gelée glycérinée, sans risquer de perdre les résultats de la réaction, à la condition de poser une lamelle sur le tout et de luter la lamelle sur la lame, ce qui confère au montage une certaine permanence. Il existe sur le marché des produits de montage aqueux permanent, comme le *Crystal Mount* (voir la section 9.2.3). Par ailleurs, l'utilisation de milieux de montage permanents ne pose aucun problème.

23.14 MESURES DE CONTRÔLE

Il est essentiel de valider les méthodes immunohistochimiques par la vérification des réactifs et des procédures. Il serait très hasardeux de porter un jugement sur le produit final d'une réaction en l'absence de toute mesure de contrôle, puisque cet aspect des méthodes immunohistochimiques, l'évaluation des réactions, est en quelque sorte un art qui repose sur la subjectivité.

23.14.1 VÉRIFICATION DES RÉACTIFS

La vérification des réactifs consiste à évaluer la spécificité des anticorps primaires et secondaires selon la cible antigénique recherchée. Les méthodes utilisées sont souvent basées sur le principe de l'électrophorèse et ces évaluations sont faites par les compagnies qui distribuent les anticorps sous forme de produits commerciaux.

23.14.2 CONTRÔLE DES PROCÉDURES

Le contrôle des procédures correspond à l'évaluation de la mise en œuvre de chacune des méthodes choisies. Pour ce faire, il faut vérifier si chaque étape de la méthode se déroule correctement, et si elle est exécutée avec constance de jour en jour et d'un technicien à l'autre.

Cette vérification se fait par substitution de réactifs et par l'emploi de spécimens témoins (contrôles) dont on connaît la réactivité.

23.14.2.1 Substitution de réactifs

De tous les réactifs, l'anticorps primaire est le plus important à évaluer puisque sa réaction détermine toutes les réactions subséquentes; il s'agit donc d'une étape cruciale vers l'obtention d'un produit final adéquat.

Le meilleur moyen pour obtenir un bon contrôle négatif consiste à remplacer la solution d'anticorps primaire diluée par le solvant de l'anticorps, sans la présence de celui-ci, et de poursuivre l'exécution de la méthode. De cette façon, la réaction entre l'antigène et l'anticorps ne peut avoir lieu et le résultat final est négatif (voir la méthode de calcul à la section 23.9.2).

23.14.2.2 Emploi de spécimens témoins

Les spécimens témoins servent à des essais de contrôle dont les résultats seront négatifs, positifs ou intermédiaires.

23.14.2.2.1 *Essais de contrôle négatifs*

Les spécimens témoins servant aux essais de contrôles négatifs subissent les mêmes traitements histopathologiques (fixation, circulation et enrobage) que ceux sur lesquels porte l'étude. Ils ne renferment cependant pas le marqueur tissulaire, c'est-à-dire, en règle générale, l'antigène recherché. Par exemple, si l'étude porte sur des tissus provenant d'un foie atteint de l'hépatite B et possédant des antigènes de surface positifs, il s'agira de soumettre aux mêmes traitements des tissus provenant d'un foie normal.

23.14.2.2.2 *Essais de contrôle positifs*

Les spécimens témoins servant aux essais de contrôle positifs, qui sont soumis au même processus histopathologique, doivent pour leur part contenir la cible antigénique recherchée.

23.15 MARQUEURS DES TISSUS MOUS

23.15.1 PRINCIPAUX MARQUEURS

Le tableau ci-dessous (tableau 23.1) présente une liste des principaux marqueurs immunohistochimiques utilisés pour les tissus mous en fonction de l'histogénèse du cas.

23.15.2 UN MARQUEUR RÉVOLUTIONNAIRE : LE HER2

La découverte et l'identification, au cours des années 1990, d'un marqueur spécifique appelé HER2 représente une avancée remarquable en matière de recherche et de traitement du cancer du sein. Le récepteur 2 du facteur de croissance épidermique humain (*Human Epidermal Growth Factor Receptor 2*, d'où HER2) est en fait un marqueur de mauvais pronostic lorsqu'il est en surexpression dans une cellule cancéreuse, c'est-à-dire lorsqu'il s'y trouve en plus de deux copies : la croissance et la prolifération de la cellule est alors plus rapide.

L'immunohistochimie permet de déterminer s'il y a surexpression du marqueur HER2 dans des cellules tumorales et, en conséquence, si le traitement au moyen d'un anticorps monoclonal, l'herceptine, est indiqué : en neutralisant l'effet du HER2, l'anticorps arrête la croissance et la prolifération des cellules cancéreuses qui possèdent ce marqueur en surexpression. Dans ce cas précis, l'immunohistochimie contribue directement à cibler les patientes susceptibles de présenter une réponse positive à un tel traitement.

23.16 IMMUNOHISTOCHIMIE AUTOMATISÉE

Lorsque les techniques d'immunohistochimie sont pratiquées sur une base quotidienne et en fonction d'une abondante production, il peut devenir difficile de gérer l'utilisation d'un grand nombre d'anticorps en tenant compte des particularités de chaque procédé. L'automatisation des processus apparaît alors comme une voie à suivre.

Plusieurs compagnies offrent des appareils dotés de microprocesseurs capables de gérer simultanément

Tableau 23.1 PRINCIPAUX MARQUEURS UTILISÉS EN FONCTION DE LA NATURE DU SPÉCIMEN.

NATURE DU SPÉCIMEN	MARQUEURS UTILISÉS
Marqueur de différenciation mésenchymale	Vimentin
Marqueur de différenciation épithéliale	Cytokératines, antigène de la membrane épithéliale
Marqueur de différenciation spécifique au muscle lisse	Desmine, HHF 35, actine du muscle lisse
Marqueur de différenciation spécifique au muscle squelettique	Myoglobine
Marqueur de différenciation histiocytaire	CD68, facteur XIIIa
Marqueur de différenciation mélanocytaire	HMB45
Marqueur de différenciation neuronale	Protéine S-100, HMB45, Leu-7, synaptophysine, protéine de neurofilament
Marqueur de différenciation endothéliale et périvasculaire	Facteur VIII, CD31, CD34, Vlex europaeus
Marqueur de différenciation hématopoïétique	Antigène commun aux leucocytes, CD3, CD20, Ki-1
Marqueur de différenciation lipomateuse	L'immunohistochimie n'est pas utilisée de façon habituelle
Marqueur de différenciation neuroendocrine	Enolase spécifique aux neurones, chromogranine, synaptolysine
Marqueur de différenciation spécifique au sarcome d'Ewing	MIC-2 (O-13)

une multitude de fonctions différentes. Avec ce type d'appareil, il est possible de traiter jusqu'à 40 lames en 60 minutes et jusqu'à 20 anticorps primaires différents, le tout à des températures différentes. À chaque position de l'appareil correspond un contrôle de température indépendant.

Avant de procéder à l'automatisation des techniques d'immunohistochimie, il faut tout d'abord évaluer les besoins du laboratoire en ce qui concerne la performance et la productivité.

23.17 INTRODUCTION AUX MÉTHODES IMMUNOFLUORESCENTES

Les méthodes immunofluorescentes sont utilisées depuis une quarantaine d'années dans le but de localiser des sites antigéniques tissulaires visibles au microscope. Au moyen de ces méthodes, il est possible de démontrer les interactions antigène-anticorps au niveau des constituants cellulaires tel que les mitochondries et les microsomes; ces méthodes sont également utiles dans diverses recherches sur les fibres musculaires, de même que pour l'identification de petites structures à la surface des cellules, comme les récepteurs FC présents sur les lymphocytes. Étant donné la grande spécificité des réactions, il est possible de se servir de ces méthodes pour étudier la topographie générale des coupes tissulaires. Le succès des méthodes immunofluorescentes dépend de plusieurs facteurs, dont les plus importants sont :

- la préservation du matériel antigénique;
- l'adéquation de l'anticorps conjugué;
- la bonne qualité des systèmes d'éclairage fluorescent des microscopes;
- l'application de procédés appropriés pour la mise en évidence.

L'évolution des techniques d'immunofluorescence permet maintenant d'offrir tout un spectre de couleurs et d'intensités différentes. De plus en plus, les histopathologistes sont séduits par cette magie de l'immunofluorescence. Ce qui était considéré comme éphémère en immunofluorescence est maintenant devenu quasi permanent grâce à la mise au point de milieux de montage semi-permanents. Bien que surtout employées pour l'étude de spécimens de peau, de rein et de poumon, les méthodes immunofluorescentes peuvent également être utilisées pour la mise en évidence de sites antigéniques tissulaires de nature aussi différentes que les virus, les protozoaires, les bactéries, les enzymes, les hormones, les protéines plasmiques, les cellules et leurs composantes.

Avec des tissus comme le rein et la peau, il est recommandé de fabriquer des coupes au cryotome, car la congélation préserve mieux la sensibilité de l'antigène que les liquides fixateurs. De façon générale, avec les méthodes immunofluorescentes il est préférable d'utiliser des coupes de tissus congelés. Le formaldéhyde peut provoquer la dénaturation des antigènes intracellulaires tels que les immunoglobulines.

Il faut procéder le plus rapidement possible à la congélation de tissu frais et ne travailler qu'avec de petits fragments tissulaires. L'épaisseur des coupes devrait être de 2 à 5 µm; il est en outre recommandé de les monter sur des lames chargées ioniquement (voir l'annexe IV).

Pour obtenir le maximum d'information lors de l'observation sous rayonnement UV, il est important de choisir avec soin la source lumineuse de même que les filtres afin que la lecture du produit final soit le plus précise possible. Le condensateur doit être soigneusement ajusté, tout comme les miroirs. Tous ces facteurs peuvent donner lieu à une mauvaise interprétation s'ils ne sont pas correctement vérifiés.

23.17.1 NOTIONS DE FLUORESCENCE

Certaines substances sont décrites comme fluorescentes, ce qui signifie généralement que leurs électrons peuvent absorber la lumière dans la région des ultraviolets. Quand ces électrons subissent l'influence de ce rayonnement lumineux, ils se chargent d'une énergie excitatrice. L'état d'excitation ne peut durer indéfiniment et l'énergie ainsi captée tend à se dissiper et l'électron à retrouver son état « normal ». Cette perte d'énergie se manifeste par une émission de couleur visible seulement en microscopie par fluorescence. Bref, en fluorescence, la lumière émise par une substance n'est visible que lorsque sa molécule est excitée par une source lumineuse ultraviolette; quand cette excitation cesse, la substance perd sa fluorescence. C'est ce qui différencie la fluorescence de la phosphorescence, qui persiste même après la fin de l'excitation par la lumière.

Plusieurs composés tissulaires peuvent présenter de la fluorescence naturellement, sans la présence d'un fluorochrome : ils sont autofluorescents (voir le tableau 23.2).

23.17.2 MILEUX DE MONTAGE

Avec les méthodes immunofluorescentes, il convient d'utiliser des milieux de montage aqueux; certains d'entre eux sont semi-permanents; le Crystal Mount (voir la section 9.3.2), un produit commercial, en est un exemple. Il est également possible de fabriquer un milieu de montage qui présente sensiblement les mêmes caractéristiques, la glycérine. Ce milieu de montage maison contient :

- 6 g de glycérine
- 2,4 g de Mowiol (produit commercial)
- 6 ml d'eau distillée
- 12 ml de tampon Tris à 0,2 *M* et à *p*H 8,5

Peser la glycérine dans un contenant de verre, puis ajouter le Mowiol; bien mélanger les deux poudres et ajouter l'eau distillée, agiter et laisser reposer pendant 2 heures à la température ambiante. Ajouter le tampon Tris et incuber la solution à 53 °C jusqu'à ce que le mélange soit complètement dissous. Brasser occasionnellement. Quand le mélange semble être complètement dissous, le clarifier par centrifugation à une vitesse de 4 000 à 5 000 tr/min pendant 20 minutes. Séparer dans des aliquotes. La solution peut se conserver jusqu'à 1 an au congélateur, mais, à la

Tableau 23.2 EXEMPLES DE L'AUTOFLUORESCENCE DES STRUCTURES TISSULAIRES.

Structure tissulaire	Couleur de la fluorescence
Le tissu en général	Bleu pâle
Les fibres de collagène	Bleu vert
Les fibres élastiques	Bleu brillant
Les gouttelettes lipidiques	Jaune foncé
La substance de Nissl	Jaune brillant
Les céroïdes	Jaune foncé
La lipofuchsine	Orangé
La porphyrine	Rouge intense
Les vitamines	Différentes couleurs : jaune, vert, bleu

température ambiante, elle n'est stable que pendant environ 1 mois. Il est également conseillé d'ajouter de petites quantités de stabilisateur de fluorescence (de la compagnie DABCO) à chaque aliquote juste avant son utilisation; ce produit a pour effet de limiter la diminution du signal sous lumière UV.

23.18 MÉTHODES FLUORESCENTES

La liaison d'un anticorps spécifique avec la région du tissu où l'antigène correspondant est présent, produit une réaction immunologique. Les méthodes d'immunofluorescence nécessitent l'emploi d'un anticorps conjugué à un fluorochrome; celui-ci doit pouvoir se conjuguer à l'anticorps sans en modifier la spécificité. Les fluorochromes habituellement utilisés sont la fluorescéine, qui donne une coloration verte, ainsi que la rhodamine, qui induit une fluorescence rouge orangé. Ces couleurs fluorescentes permettent de distinguer la réaction immunohistochimique de l'autofluorescence bleue des acides nucléiques présents dans tous les tissus. Le fluorochrome peut être conjugué soit au premier anticorps, soit à l'antigammaglobuline, le deuxième anticorps; dans le premier cas, la méthode est dite directe; dans le deuxième, elle est indirecte.

23.18.1 MÉTHODE D'IMMUNOFLUORESCENCE DIRECTE

Avec la méthode directe, les meilleurs résultats s'obtiennent sur des coupes congelées dont l'épaisseur est inférieure à 6 µm.

Solutions nécessaires

Solution tampon PBS (*Phosphate Buffer Salin*)

- 9 g de chlorure de sodium
- 1 litre de tampon phosphate à 0,1 *M* à *p*H 7,7

Si elle n'est pas contaminée, cette solution se conserve indéfiniment à la température de la pièce.

Solution d'anticorps choisie

- 1 volume de sérum immun
- 40 volumes de tampon PBS

Méthode d'immunofluorescence directe

MODE OPÉRATOIRE

1. Congeler la biopsie dans de l'azote liquide (utiliser une seringue avec un milieu d'enrobage froid);
2. déposer la seringue dans le cryotome pendant 10 minutes;
3. couper la biopsie à 3 µm, préparer 7 lames (IgG, IgA, IgM, C3, fibrinogène, H.É. et une en surplus). Pour les coupes de reins, préparer 5 lames additionnelles (K, Y, C1Q, albumine, et une en surplus);
4. laisser sécher à l'air pendant au moins 15 minutes, mais garder au réfrigérateur si la méthode doit être appliquée plus tard dans la journée. Les lames ne devront plus sécher entre les étapes à partir de cet instant;

5. tremper les lames dans la solution tampon PBS pendant 2 minutes;
6. ajouter l'anticorps dilué 1/40 et incuber pendant 30 minutes à la température ambiante et pendant 30 minutes dans une chambre humide;
7. laver les lames pendant 10 minutes dans la solution tampon PBS;
8. monter avec un milieu de montage adéquat. Une représentation graphique de la réaction est présentée à la figure 23.5. Le marqueur est un fluorochrome.

RÉSULTATS

– Selon le marqueur fluorescent utilisé, différents sites immunoréactifs seront visibles en microscopie par fluorescence.

23.18.2 MÉTHODE D'IMMUNOFLUORESCENCE INDIRECTE

La méthode d'immunofluorescence indirecte sert à la détection d'autoanticorps. Généralement, cette méthode est utilisée comme une technique « *multiblock* » où, avec un seul sérum, il est possible de mettre en évidence un grand nombre d'antigènes tissulaires différents. Avec un seul sérum immun dilué de façon appropriée, il est en effet possible de détecter une ou plusieurs réactions d'autoanticorps. Le tableau 23.3 présente quelques types d'autoanticorps détectés et la provenance du sérum immun utilisé dans chaque cas.

Solutions nécessaires

Sérum du patient dilué

– Diluer le sérum du patient de la façon suivante : 1/40, 1/80 et 1/160.

Sérums contrôles positifs

– Ne pas diluer les sérums devant servir aux essais de contrôle positif.

Solution tampon PBS

– Prendre le même produit que dans le cas de la méthode à l'immunofluorescence directe.

Solution d'IgG

– Préparer une solution d'IgG diluée à 1/20 avec du tampon PBS.

Méthode d'immunofluorescence indirecte

MODE OPÉRATOIRE

1. Traiter les lames jusqu'au bain de tampon PBS;
2. essorer les lames sans les assécher;
3. dans le puits n° 1 de la lame, mettre 25 µl de contrôle positif;
   dans le puits n° 2 de la lame, mettre 25 µl de sérum de patient 1/40;
   dans le puits n° 3 de la lame, mettre 25 µl de sérum de patient 1/80;
   dans le puits n° 4 de la lame, mettre 25 µl de sérum de patient 1/160;

Tableau 23.3 AUTOANTICORPS DÉTECTÉS ET PROVENANCE DU SÉRUM IMMUN UTILISÉ.

AUTOANTICORPS	PROVENANCE DU SÉRUM IMMUN
Anticorps antinucléaire (ANA)	Foie et reins de rat
Anticorps du muscle lisse (SMA)	Rein et estomac de rat
Anticorps mitochondrial (AMA)	Rein de rat
Anticorps microsomal du foie et des reins	Foie et rein de rat
Anticorps microsomal de la thyroïde	Thyroïde humaine seulement
Anticorps des muscles striés	Œsophage de rat
Anticorps de la réticuline	Foie de rat

Selon le tableau, l'animal qui a servi à la fabrication des sérums immuns est le rat; plusieurs espèces d'animaux peuvent cependant servir à la production de ces substances.

4. incuber pendant 30 minutes à la température ambiante et pendant 30 minutes dans une chambre humide; puis laver pendant 10 minutes dans la solution tampon PBS en agitant doucement;
5. dans chaque puits, ajouter 25 µl de la solution d'IgG 1/20 conjugués au fluorochrome choisi; incuber pendant 30 minutes à la température ambiante et pendant 30 minutes dans une chambre humide;
6. laver avec la solution tampon PBS pendant 10 minutes en agitant doucement;
7. monter avec un milieu de montage approprié.

Une représentation graphique de la réaction est présentée à la figure 23.6. Le marqueur est un fluorochrome.

23.19 FLUOROCHROMES LES PLUS UTILISÉS

Parmi les nombreux fluorochromes mis en œuvre en immunofluorescence, l'isothiocyanate de fluorescéine, ou FITC (*Fluorescein Isothiocyanate*), est probablement le plus utilisé. Le FITC est une petite molécule organique qui sert à marquer les anticorps à raison de 3 ou 6 molécules par anticorps habituellement. Ce fluorochrome est excité à 488 nm par une lampe à argon et il émet à une longueur de 530 nm; il est alors visible et de couleur vert pomme.

D'autres fluorochromes sont également utilisés; en voici certains : le rouge Texas, le tétraméthylrhodamine isothiocyanate (TRITC), la chromomycine A3, le Bodipy, l'iodure de propidium, l'acridine orange, le bleu de Nil, le rouge de Nil, la tétracycline, le bleu d'Evans, le jaune Lucifer, le *styryl dye TIII*, le bromure d'éthidium, le Fluo-3, le DiI, le DiOC, la quinacrine, la BCECF, le SNARF, l'Ultralight T680, le CY5 et le CY3.

23.20 IMPORTANCE DE L'IMMUNOFLUORESCENCE EN HISTOPATHOLOGIE

Les méthodes d'immunofluorescence sont utilisées en histopathologie pour la détection d'anticorps ou d'antigènes présents dans des tissus ou des sérums. Il est habituellement nécessaire de travailler sur des coupes sous congélation surtout s'il s'agit de spécimens prélevés par biopsie. L'immunofluorescence sert également à l'étude de la moelle osseuse et à la recherche de certains marqueurs présents à la surface des cellules.

Dans la mesure où les tissus ont été fraîchement congelés, les méthodes d'immunofluorescence contribuent de manière très fiable à la détermination de processus infectieux, par exemple l'identification de virus dans des cas d'hépatite virale ou de maladie du Légionnaire.

Enfin, pour la mise en évidence de très petites quantités d'anticorps, l'immunofluorescence est la méthode la plus appropriée, quel que soit le tissu examiné, car le marquage fluorescent, même subtil, est plus facile à repérer sur la coupe qu'une faible coloration provenant d'un marquage enzymatique.

ÉTUDE HISTOLOGIQUE DU SANG ET DES ORGANES HÉMATOPOÏÉTIQUES

INTRODUCTION

L'étude morphologique du sang est intimement liée à celle des organes hématopoïétiques. Le sang circulant contient principalement des cellules matures de différentes origines cellulaires. D'un point de vue purement technique, l'examen morphologique du sang fait appel à des méthodes particulières, propres à l'hématologie. L'importance de l'hémogramme en médecine explique le raffinement de certaines méthodes de coloration. L'étude morphologique des cellules sanguines se fait par l'examen du frottis sanguin ou de la mœlle osseuse, alors que l'étude des organes hématopoïétiques est basée sur l'examen de coupes de tissus provenant de ces organes.

Il est possible d'étudier les cellules sanguines sur frottis secs ou humides, selon l'objectif de l'étude. Les frottis secs sont généralement confectionnés sur lames de verre à partir d'une goutte de sang qu'on laisse sécher à la température ambiante. Un frottis sec réussi est mince et régulier; la goutte de sang est étalée en entier, bref, elle est prête pour l'examen microscopique, comme si on l'avait étirée sur la lame de verre. C'est le genre de frottis généralement utilisé en hématologie. Les frottis humides sont également confectionnés sur lames de verre, et il est important d'empêcher leur dessiccation. À cette fin, le frottis est placé, dès sa confection, dans un liquide fixateur particulièrement conçu pour les techniques histologiques. En histotechnologie, il est nettement préférable de travailler avec des frottis humides.

Les tissus les plus fréquemment utilisés pour la mise en évidence du sang sont ceux du foie, de la rate, de la moelle osseuse et le sang lui-même. Dans l'étude des cas de polytraumatismes, il est normal de congeler un spécimen de sang et de procéder à la recherche de gras; il ne s'agit pas alors d'une analyse hématologique.

Les méthodes de coloration les plus utilisées pour la mise en évidence des éléments figurés du sang sont apparentées à la méthode de Romanowsky, qui donne des résultats très satisfaisants. Il s'agit, entre autres, des méthodes de May-Grünwald, de Leishman, de Jenner, de Giemsa et de Wright. Les principales caractéristiques de ces méthodes sont leur capacité à mettre en évidence une grande variété de granulations et l'intensité des colorations qu'elles confèrent aux éléments à étudier, ce qui permet d'en saisir les détails les plus subtils. Ces caractéristiques reposent sur les deux principaux ingrédients employés : l'azur B, un colorant appartenant au groupe des thiazines cationiques, et l'éosine Y, qui fait partie des xanthènes anioniques.

24.1 COLORANTS DE ROMANOWSKY

Les colorants de Romanowsky sont des solutions neutres (voir la section 10.3.2) utilisées principalement en hématologie, où ils servent à la coloration différentielle des globules blancs. Les colorants cationiques mettent en évidence les granulations des basophiles, qui se colorent habituellement en bleu, les colorants anioniques mettent en évidence les granulations des éosinophiles, qui se colorent généralement en rose-rouge. Les granulations des neutrophiles sont mises en évidence dans une teinte intermédiaire, habituellement mauve. Quant aux deux autres types de leucocytes présents dans le sang, les lymphocytes et les monocytes, leur cytoplasme, légèrement basophile tout comme leur noyau, prend une teinte bleue, qui s'apparente à celles produites par les colorants cationiques.

Les colorants apparentés à la formule de Romanowsky contiennent un composant cationique; les substances cationiques les plus utilisées sont le bleu de méthylène et ses dérivés de type azur, et un composant anionique, généralement l'éosine, d'où leur nom de colorants d'azur-éosine. La concentration du bleu de méthylène qui entre dans la composition de la solution colorante neutre peut varier suivant son lot d'origine. Quand les deux substances colorantes, anionique et cationique, sont mises en présence l'une de l'autre dans l'eau, il y a formation d'un précipité insoluble, mais elles se dissolvent dans une solution alcoolique. Cependant, si l'un des deux colorants est vraiment en excès par rapport à l'autre, les précipités peuvent se dissoudre en solution aqueuse. Quand l'un des composants anioniques est l'éosine, la solution colorante porte le nom d'« éosinate ».

En plus de leur utilité pour la coloration des globules blancs, les colorants d'azur-éosine ont une particularité commune : ils colorent en rouge les noyaux des protozoaires parasites. En effet, chez ces unicellulaires, ce sont les protéines cationiques du substrat nucléaire qui sont mis en évidence, plutôt que les acides nucléiques; c'est pourquoi leurs noyaux prennent une teinte rouge.

Les résultats particuliers de la coloration par les colorants d'azur-éosine s'expliquent par les propriétés respectives des colorants anioniques et cationiques. Ils peuvent aussi être affectés par des phénomènes d'allochromasie ou de métachromasie. L'allochromasie se caractérise par une différence entre la couleur obtenue au terme du processus et celle du colorant; cette différence est attribuable à la présence d'impuretés dans la solution colorante ou à la dégradation du colorant; par exemple, le bleu de méthylène en solution s'oxyde en dérivés azurs A et B. La métachromasie est le résultat de l'action même de l'azur A et de l'azur B qui possèdent cette caractéristique. Dans la métachromasie, le changement de couleur est causé par des structures présentes dans le tissu, les chromotropes, qui agissent sur la molécule colorante et modifient sa couleur. Selon certains auteurs, la couleur rouge qu'affichent les noyaux des protozoaires parasites serait due à la forme γ de certains colorants métachromatiques de la solution plutôt qu'à l'éosine. Efficaces pour la mise en évidence des éléments du sang, les colorants d'azur-éosine sont aussi très utiles à la coloration des cellules myéloïdes dans les frottis sanguins ou les spécimens de mœlle osseuse obtenus par biopsie.

Comme en témoignent les remarques ci-dessus, le mécanisme d'action exact des colorants d'azur-éosine n'est pas encore bien compris, loin de là, et il est l'objet de nombreux débats dans les revues et les ouvrages spécialisés.

Les méthodes traditionnelles de coloration du sang mettent en oeuvre deux ou trois colorants du groupe des thyazines, dont le bleu de méthylène et les deux produits de son oxydation, l'azur A et l'azur B (voir la figure 12.5). Ces colorants sont dissous dans le méthanol et le glycérol. Le glycérol, qui sert à stabiliser la solution mère, peut être remplacé par l'hydrochlorure diéthylamine. Contrairement au glycérol, ce dernier présente l'avantage de ne pas augmenter la viscosité de la solution colorante. Ces diverses solutions sont généralement connues sous le nom de

« colorants de Romanowsky-Giemsa ». Il existe des préparations commerciales prêtes à servir et qui donnent des résultats aussi valables que les solutions préparées en laboratoire à partir des ingrédients de base.

Il est nécessaire de diluer les solutions d'éosinate avec de l'eau ou un tampon immédiatement avant usage, afin de libérer les ions colorants sous leur forme active. Le *p*H des solutions diluantes et de l'eau de rinçage est un élément crucial, en particulier au moment de la mise en évidence du sang dans les tissus fixés chimiquement. Autre aspect important, la qualité des ingrédients; par exemple, le bleu de méthylène est un colorant impur dont l'oxydation produit des substances dont on ne connaît pas à l'avance ni la quantité ni l'influence exacte sur le résultat de la coloration. Aujourd'hui, cependant, il est possible de prévenir de tels problèmes en ayant recours à des solutions normalisées, c'est-à-dire conformes à des normes internationales de la qualité des produits. L'éosine (voir la figure 13.1) et l'azur B purifié (voir la figure 12.5) sont les seuls colorants qui entrent dans la composition de ces solutions. Il est important que le pathologiste soit en mesure de fournir des résultats précis à propos d'anomalies sanguines pouvant provenir aussi bien du sang circulant que de la moelle osseuse; pour ce faire, les solutions colorantes doivent être pures et normalisées.

Les différentes cellules sanguines se distinguent, entre autres, par la couleur de leur noyau, de leur cytoplasme et de leurs granulations cytoplasmiques. Les globules rouges se colorent par les anions de l'éosine et l'intensité de leur coloration sera proportionnelle à leur concentration en hémoglobine.

Tel que mentionné plus haut, les colorants utilisés pour la mise en évidence des constituants du sang sont des variantes de la formule de Romanowsky, et il semble parfois y avoir une confusion entre ces différentes solutions colorantes. Trois méthodes sont ainsi apparentées :

- La méthode de coloration de May-Gründwald-Giemsa (voir la section 24.1.3) : davantage utilisée en hématologie qu'en histotechnologie, elle est considérée comme la méthode universelle de coloration des frottis sanguins. En histotechnologie, les résultats que l'on obtient au moyen de cette méthode, en particulier dans l'étude des organes hématopoïétiques et des réactions inflammatoires sont d'une grande valeur.
- La méthode de coloration de May-Gründwald (voir la section 24.1.2) : la solution colorante est un éosinate de bleu de méthylène dissous dans du méthanol; il s'agit d'une solution neutre qui, grâce à la présence de l'eau, se dissocie en deux substances colorantes, un colorant cationique bleu, soit le bleu de méthylène, et un colorant anionique rouge, soit l'éosine. Le premier se fixe essentiellement sur les noyaux, alors que le second se fixe sur les cytoplasmes.
- La méthode de coloration de Romanowsky : la solution se compose d'éosinate d'azur A et d'azur B dans un mélange de méthanol et de glycérine. L'azur B est lui-même un mélange de deux colorants cationiques, le chlorhydrate de bleu de méthylène et son dérivé sulfoné, l'azur de méthylène. Le mélange renferme toujours, en outre, du violet de méthylène, un dérivé du bleu de méthylène ne comportant que deux groupements méthyles. Ce colorant n'agit que s'il est dilué dans l'eau : cependant, comme il a une forte tendance à précipiter en solution aqueuse, son action est brève et dès que sa précipitation est complète, il n'agit plus. Il importe donc de ne préparer la solution qu'immédiatement avant de l'utiliser.

24.1.1 MÉTHODES DE LEISHMAN ET DE WRIGHT

Les méthodes de Leishman et de Wright servent à la coloration de frottis sanguins. Dans les deux cas, il est possible d'acheter la solution mère dans le commerce ou de la préparer soi-même à partir de poudres vendues à cet effet; le méthanol est employé comme solvant. Les deux méthodes ne diffèrent l'une de l'autre que par la manière dont se produit la métachromasie impliquant le bleu de méthylène.

Si on prépare soi-même la solution mère, il faut s'assurer que la concentration de la poudre dans le méthanol soit de 0,15 %, bien mélanger la solution et l'incuber à 37 °C pendant 24 heures avant de s'en servir. Il importe, en outre, de filtrer la solution et de ne diluer avec de l'eau qu'immédiatement avant usage.

Les deux méthodes prévoient l'emploi d'une solution tampon. Le tampon phosphate constitue une bonne solution tampon pour la coloration du sang. Le *p*H de la solution tampon se situant entre 6,4 et 6,8, il est possible de la remplacer par de l'eau courante si le *p*H de celle-ci n'est pas alcalin. L'eau distillée est habituellement trop acide, car son *p*H se situe généralement autour de 5,5; il est toutefois possible de l'utiliser si on y dissout du dioxyde de carbone atmosphérique.

24.1.1.1 Coloration de Leishman et de Wright

Le méthanol utilisé comme solvant dans ces méthodes peut également servir de fixateur pour les cellules et le plasma; mais il est tout de même préférable de fixer le frottis avec du méthanol à 100 % pendant 1 minute avant de commencer la coloration.

Il est recommandé de travailler au-dessus d'un évier et d'utiliser un support métallique pour y déposer les lames.

MODE OPÉRATOIRE

1. Déposer les lames à l'horizontale sur le support métallique, recouvrir les frottis de solution de travail de Leishman ou de Wright pendant 1 minute;
2. ajouter suffisamment de solution tampon pour diluer la solution colorante, soit au moins trois fois le volume nécessaire pour recouvrir le frottis; le surplus de solution s'échappera de chaque côté de la lame et tombera dans l'évier. Laisser le tampon agir pendant 3 minutes;
3. laver les frottis avec une grande quantité de solution tampon;
4. essuyer le dessous des lames, enlever le surplus de liquide près du frottis et déposer les lames à la verticale sur un support destiné au séchage des lames;
5. lorsque les lames sont sèches, éclaircir les frottis dans une solution de xylène sans les passer dans l'éthanol, monter les lames avec une résine permanente comme l'Eukitt.

RÉSULTATS

- Les globules rouges se colorent en rose-rouge;
- les noyaux des lymphocytes se colorent en bleu foncé;
- les cytoplasmes et les leucocytes agranulaires se colorent en bleu pâle ou lilas;
- les granulations des basophiles se colorent en bleu foncé;
- les granulations des neutrophiles se colorent en pourpre;
- les granulations des éosinophiles se colorent en rouge orangé;
- les plaquettes prennent une teinte allant du bleu au pourpre;
- les noyaux des protozoaires et les inclusions du parasite de la malaria se colorent en rouge brillant.

24.1.1.2 Remarques

- Il est déconseillé d'utiliser des objets en métal pour la préparation de la solution colorante ou sa conservation, car la présence de particules métalliques provoque une détérioration du colorant.
- Il est possible d'examiner au microscope les frottis colorés, avant de les monter, en y ajoutant de l'huile à immersion directement sur le frottis. Ceci permet de mieux distinguer les détails cytologiques et ce, sans montage particulier.
- La coloration inadéquate du frottis peut avoir pour cause l'évaporation du solvant de la solution mère ou encore l'utilisation d'une eau dont le *p*H n'est pas adéquat. Il est parfois nécessaire de faire plusieurs essais, avec des tampons dont le *p*H varie de 6,0 à 7,0, avant afin de trouver celui qui contribuera à la meilleure coloration.

24.1.2 MÉTHODE DE MAY-GRÜNWALD

La méthode de May-Grünwald est parfois utilisée pour la coloration de frottis sanguin, mais elle convient davantage à la coloration des coupes tissulaires que la méthode de Wright ou celle de Leishman. La poudre de Giemsa est un mélange d'azurs A et B qui porte également le nom d'azur II; la concentration est de 21 % p/p, avec de l'éosinate à 79 % p/p.

Pour la fixation préalable des tissus, il est recommandé d'utiliser les liquides de Helly, de Zenker ou de Bouin ou encore le formaldéhyde à 10 % tamponné. Si le tissu doit être décalcifié, il est préférable d'utiliser de l'acide formique à 8 % (voir la section 3.4.1.2.1) et de n'allouer que le minimum de temps nécessaire à la décalcification afin de ne pas compromettre les résultats de la coloration.

24.1.2.1 Préparation des solutions

1. **Solution mère de Giemsa à 0,6 %**

   - 2 g de poudre de Giemsa
   - 132 ml de glycérol
   - 132 ml de méthanol absolu

   Mélanger le glycérol et la poudre de Giemsa dans un récipient de 300 ml; fermer celui-ci avec un bouchon muni d'une soupape qui laissera les vapeurs s'échapper. Placer le récipient dans un four à 60 °C pendant 2 heures. Ajouter le méthanol en mélangeant lentement la solution. Laisser refroidir et fermer le bocal hermétiquement. La solution mère peut se conserver pendant 5 ans.

   Le glycérol et le méthanol solubilisent le colorant et ont en outre pour effet d'augmenter la stabilité de la solution mère et de la solution de travail. Cette dernière peut demeurer stable durant plusieurs heures.

2. **Solution tampon**

   Il est fortement recommandé d'employer soit un tampon acétate, soit un tampon phosphate dont le *p*H se situe entre 4,0 et 7,0. Diluer le tampon avec de l'eau distillée et faire des essais à différents *p*H afin de trouver le *p*H qui donnera les meilleurs résultats sur le plan de la coloration. Généralement, le *p*H qui offre les meilleurs résultats se situe autour de 6,8, surtout dans le cas de tissus fixés dans le liquide de Helly.

3. **Solution de travail de Giemsa**

   - 1 volume de solution mère de Giemsa (solution n° 1)
   - 50 volumes de solution tampon (solution n° 2)

4. **Solution d'eau acidifiée à 0,01 %**

   - 0,1 ml d'acide acétique glacial
   - 99,9 ml d'eau distillée

24.1.2.2 Coloration de Giemsa

MODE OPÉRATOIRE

1. Déparaffiner et hydrater les coupes jusqu'au bain de rinçage à l'eau distillée;
2. immerger les coupes dans la solution tampon diluée selon le *p*H souhaité;
3. colorer dans la solution de travail de Giemsa pendant 2 heures à la température ambiante ou faire chauffer la solution de travail à 60 °C puis y déposer les coupes et laisser reposer le tout pendant 15 minutes;
4. rincer rapidement les coupes avec la solution tampon et différencier si nécessaire avec de l'eau acidifiée à 0,01 %; évaluer la différenciation au microscope;
5. enlever l'excès de liquide autour du tissu au moyen d'un papier absorbant; déshydrater rapidement par trois passages dans un bain d'éthanol absolu, clarifier dans le xylène et monter avec une résine synthétique permanente comme l'Eukitt.

RÉSULTATS

- Les noyaux se colorent en bleu pourpre;
- les érythrocytes, le collagène et la kératine se colorent en rose;
- les granulations des leucocytes de même que celles des basophiles et des mastocytes se colorent en pourpre foncé ou en bleu foncé;
- la matrice du cartilage se colore en pourpre.

24.1.2.3 Remarques

- La différenciation effectuée au moyen d'eau acidifiée accentue la métachromasie de la matrice du cartilage et des granulations des mastocytes, qui prennent alors une teinte rouge pourpre.
- Le *p*H de la solution tampon joue un rôle crucial. Il faut vérifier régulièrement le *p*H du tampon,

surtout s'il s'agit d'un tampon acétate, plus variable. Si l'observation microscopique révèle que la couleur rose domine trop, cela signifie que le *p*H est inadéquat, ou encore que la différenciation est excessive.

- Il peut être utile de différencier avec de l'eau acidifiée si les résultats de la coloration sont d'un bleu trop intense.
- Si le spécimen à étudier est un frottis sanguin fixé au préalable dans le méthanol, utiliser une solution de Giemsa diluée avec de l'eau distillée et immerger les coupes dans cette solution pendant 15 à 40 minutes, à la température ambiante. Le temps de coloration idéal varie beaucoup selon le lot de poudre colorante commerciale. Après la coloration, rincer à l'eau, laisser sécher les frottis et, si nécessaire, clarifier dans le xylène et monter avec une résine synthétique permanente, comme l'Eukitt.

24.1.3 MÉTHODE DE MAY-GRÜNDWALD-GIEMSA

Il existe une façon particulière d'utiliser les colorants neutres qui consiste à combiner deux colorants, dont un de type Romanowsky, habituellement la poudre de Giemsa, et un autre colorant d'azur-éosinate dont la composition est moins connue, l'éosinate de bleu de méthylène. Ce mélange de colorants fait partie de la méthode de May-Gründwald-Giemsa.

Pour la fixation préalable des tissus, il est recommandé d'utiliser le Helly, le Bouin ou le formaldéhyde à 10 % tamponné.

24.1.3.1 Préparation des solutions

1. Solution de May-Gründwald à 0,25 %

- 400 ml de méthanol absolu
- 1 g de poudre de May-Gründwald

Bien dissoudre la poudre de May-Gründwald dans le méthanol; filtrer avant usage.

2. Solution mère de Giemsa à 0,75 %

- 375 ml de méthanol absolu
- 250 ml de glycérine
- 3,8 g de poudre de Giemsa

Mélanger le méthanol et la glycérine, puis ajouter la poudre de Giemsa et bien mélanger. Laisser reposer dans une étuve à 60 °C pendant 48 heures, laisser refroidir et filtrer avant usage.

3. Solution de travail de Giemsa

- 7 gouttes de la solution mère de Giemsa fraîchement filtrée
- 5 ml d'eau distillée

Mélanger les ingrédients immédiatement avant usage.

4. Solution d'eau acidifiée à 1 %

- 90 ml d'eau distillée
- 10 ml d'acide acétique glacial

5. Solution d'éthanol et de formaldéhyde à 10 %

- 90 ml d'éthanol à 90 %
- 10 ml de formaldéhyde à 10 %

24.1.3.2 Coloration de May-Gründwald-Giemsa

MODE OPÉRATOIRE

1. Déparaffiner les coupes dans le toluène pendant 5 minutes; les passer dans deux bains d'éthanol à 100 % à raison de 20 immersions rapides par bain;
2. insolubiliser l'adhésif, si nécessaire, dans un bain d'éthanol et de formaldéhyde à 10 % pendant 5 minutes;
3. hydrater les coupes à l'eau courante pendant 10 minutes; rincer les coupes à l'eau distillée pendant 10 minutes;
4. colorer les coupes en déposant sur chacune de 20 à 25 gouttes de solution de May-Gründwald; laisser agir pendant 90 secondes;
5. ajouter directement sur la lame la solution de travail de Giemsa; laisser agir pendant 15 minutes; rincer avec de l'eau distillée;
6. différencier avec de l'eau acidifiée à 1 % pendant environ 20 secondes; rincer à l'eau distillée;

7. passer les coupes très rapidement dans l'éthanol dénaturé ou dans le n-1-ol, ACS;
8. clarifier dans quatre bains de toluène; monter avec une résine synthétique permanente comme l'Eukitt.

RÉSULTATS

- Les noyaux se colorent en rouge;
- les granulations éosinophiles, ou acidophiles, se colorent en rouge-orangé;
- les granulations basophiles se colorent en bleu violacé;
- les cytoplasmes se colorent en bleu ou en rouge selon qu'ils sont basophiles acidophiles.

24.2 ORGANES HÉMATOPOÏÉTIQUES

Le présent ouvrage n'aborde l'étude histotechnologique que des principaux organes hématopoïétiques, soit la moelle osseuse, le foie, la rate, le thymus et les ganglions lymphatiques.

24.2.1 MOELLE OSSEUSE

La biopsie de la moelle osseuse par ponction d'un os long non pneumatisé, consiste à aspirer un mélange de sang et de pulpe médullaire qui est ensuite étalé sur une ou plusieurs lames. Les frottis ainsi confectionnés sont colorés selon une méthode panoptique comme celle de Giemsa. Cette coloration permettra d'établir un myélogramme. D'autres méthodes histochimiques sont parfois utilisées avec les frottis de cette nature, dont les méthodes à la peroxydase qui peuvent faciliter l'identification des cellules de la série myéloïde. La recherche du fer figuré, au moyen de la réaction de Perls ou de celle de Tirman et Schmelzer, peut présenter un intérêt non négligeable. La mise en évidence de l'hémoglobine grâce à ses propriétés peroxydasiques est rarement utile.

Les prélèvements destinés à l'étude sur coupes s'obtiennent en dégageant le plus possible la moelle du tissu osseux qui l'entoure ou, à défaut de pouvoir le faire, en pratiquant des ouvertures assez grandes pour que le liquide fixateur entre rapidement en contact avec les cellules. Il est possible de décalcifier les fragments osseux au moyen d'acide nitrique d'une concentration de 5 à 10 % ou encore avec de l'acide trichloracétique; cependant, ce dernier acide peut provoquer l'extraction de protéines ribonucléiques et modifier de façon irréversible les affinités tinctoriales des cellules souches. En ce qui concerne les tissus conjonctifs, il est possible de les étudier par des méthodes d'imprégnation argentique, particulièrement dans le cas des fibres de réticuline (voir la section 14.3). La répartition, à l'intérieur de la moelle osseuse, du parenchyme hématopoïétique et du tissu adipeux apparaît nettement sur les coupes traitées au moyen des méthodes topographiques (voir la section 14.1.2.2.1). Parmi les techniques histochimiques, la recherche du fer (voir la section 19.2.1.3.1), celle de l'activité de la peroxydase (voir la section 21.7.3) et la réaction à l'APS (voir la section 15.4.1.2) sont les plus utiles pour l'examen de la moelle osseuse à des fins diagnostiques.

24.2.2 FOIE

La complexité anatomique du foie et la diversité des fonctions de la cellule hépatique expliquent le grand nombre et la variété des techniques à mettre en œuvre au cours de l'étude histologique de cet organe. La plupart des liquides fixateurs d'usage courant en histotechnologie fixent correctement les prélèvements hépatiques : le Bouin, le Susa, le mélange formaldéhyde-alcool et même le Carnoy conviennent très bien aux besoins liés à l'histologie du foie. Toutes les techniques histologiques et cytologiques sont applicables à l'étude des cellules hépatiques : la mise en évidence des fibres élastiques par l'hématoxyline de Verhoeff (voir la section 12.8.2); la mise en évidence d'acides nucléiques par les méthodes de coloration à la gallocyanine (voir la section 17.6.3) ou au vert de méthyle-pyronine (voir la section 17.5.1); la mise en évidence du glycogène par la méthode à l'APS avec contrôle à la diastase (voir la section 15.4.1.2.7); la mise en évidence des fibres de réticuline par la méthode de Gomori (voir la section 14.3.2.2.2) et la recherche des lipides figurés (voir le chapitre 16) sont pratiquement obligatoires dans le cadre de l'étude histophysiologique du foie.

Les cellules de Küpffer peuvent être distinguées grâce à leurs caractères morphologiques généraux, surtout après coloration avec le bleu trypan ou la nigrosine (voir la section 27.2.1). Le fer mis en évidence par le bleu de Prusse de Perls (voir la section 19.2.1.3.1) et, dans un grand nombre de cas, les pigments de mélanine (voir la section 19.2.2.1.1) accumulés dans les cellules sont reconnaissables par leur teinte naturelle, et leur oxydation permet de les distinguer des chromolipoïdes. Enfin, la mise en évidence de la bile par la méthode de Fouchet (voir la section 19.2.1.4.1) peut se révéler fort utile dans l'étude des problèmes inhérents à cet organe. À cela s'ajoute le fait que l'oxydation de la mélanine se traduit par un blanchissement dont le fer oxydé se distingue bien.

24.2.3 RATE

La composition cellulaire de la rate est facile à étudier sur frottis séchés et colorés au moyen d'une méthode panoptique comme celle de Giemsa. L'obtention de frottis corrects peut cependant être difficile à réaliser à partir de la ponction splénique; celle-ci fournit en effet un mélange de sang et de pulpe facile à étaler, mais dont l'analyse représente un défi. Le choix des techniques à utiliser pour les études sur coupes doit tenir compte de la nécessité d'une étude anatomique, beaucoup plus complexe que dans le cas de la moelle osseuse.

Dans tous les cas où la taille des spécimens de rate est relativement petite, il est essentiel de débiter les pièces en tranches, ce qui nécessite l'emploi d'instruments bien aiguisés. Si l'étude doit porter sur l'anatomie microscopique et la trame conjonctivo-musculaire de la rate, il faut fixer les tissus dans le liquide de Bouin, le mélange formaldéhyde à 10 % et d'éthanol ou le mélange de Zenker. La fixation dans le formaldéhyde s'impose lorsque la préparation servira à la mise en évidence de l'hémoglobine. On a recours à la congélation suivie de la confection de coupes au cryotome surtout pour les recherches histo-enzymologiques.

La mise en évidence des fibres de collagène et des fibres élastiques et réticulaires est essentielle à l'analyse morphologique de la rate. Parmi les réactions histochimiques, celle qui sert à la recherche du fer doit absolument être mise en œuvre alors que la méthode à l'APS fournit des préparations topographiques de bonne qualité et permet la localisation des glucides porteurs de la fonction glycol. La recherche des lipides (voir la section 16.3.5) et celle des pigments de mélanine (voir la section 19.2.2.1.1) sont indiquées pour l'étude des macrophages spléniques. Les colorations hématologiques proprement dites permettent de compléter les indications fournies par l'étude des frottis.

24.2.4 THYMUS

Le thymus renferme moins de types de cellules différents que ceux de la moelle osseuse ou de la rate. Par conséquent, l'étude de frottis provenant de cet organe est moins importante. L'étude de coupes convenablement colorées peut généralement suffire à démontrer toutes les particularités morphologiques de l'organe.

Il est possible de fixer le thymus *in toto*, c'est-à-dire en entier, dans l'un des liquides courants; en effet, le Helly, le Bouin, le Susa, le Heidenhain conviennent tous pour l'étude morphologique générale. Le liquide de Carnoy sera plus approprié si l'on prévoit, par exemple, mettre en évidence la réticuline au moyen d'une méthode d'imprégnation argentique ou l'ADN par la réaction de Feulgen (voir la section 17.4). L'inclusion à la celloïdine n'est indiquée que pour les tranches relativement grandes; pour tous les autres spécimens de thymus, l'imprégnation à la paraffine convient parfaitement.

Parmi les méthodes de coloration les plus appropriées, on compte les méthodes topographiques, par exemple celles qui prévoient l'utilisation de trichromes, qui permettent d'excellents contrastes entre le cortex et la médullaire des lobes thymiques. Au nombre des méthodes de coloration histochimiques, l'APS est l'une des plus importantes pour la mise en évidence des mucopolysaccharides neutres. Enfin, les méthodes habituelles de coloration des fibres élastiques et des fibres de collagène et de réticuline permettent de procéder à des analyses assez complètes de la composition des tissus conjonctifs et des catégories des cellules du thymus.

24.2.5 GANGLIONS LYMPHATIQUES

Comme dans le cas du thymus, il est habituellement suffisant d'examiner les coupes de ganglions lymphatiques. La ponction ganglionnaire destinée à la confection de frottis n'est indiquée que lorsque la composition cellulaire a été gravement modifiée du fait d'une maladie spontanée à prolifération rapide ou d'une intervention expérimentale.

GRAINS DE SÉCRÉTION ET TISSUS SPÉCIAUX

INTRODUCTION

La présence de grains de sécrétion dans le cytoplasme n'est pas une caractéristique commune à toutes les cellules. Cependant, la mise en évidence de ces structures joue un rôle déterminant dans la recherche histophysiologique liée aux cellules glandulaires, de même que dans la recherche topographique histotechnologique. Par ailleurs, certains tissus spéciaux n'ont pas été abordés dans les chapitres précédents et il convient de le faire dans le cadre de ce chapitre.

Le terme « produit de sécrétion », synonyme de grain de sécrétion, est employé ici selon son acception histologique et désigne des produits figurés de l'activité glandulaire. L'étude morphologique des produits de sécrétion est régie par une règle fondamentale que viennent appuyer de très nombreux exemples : lorsque la mise en évidence d'un produit de sécrétion est possible aussi bien à l'aide de colorations que de réactions histochimiques, il faut toujours privilégier ces dernières. Dans le cas de la réaction histochimique, en effet, il est possible de présenter en termes cliniques, et donc très précis, les conditions d'obtention de la teinte qui traduit le résultat positif; par contre, même les mieux explorées parmi les colorations comportent une part d'empirisme. Il est toujours plus facile de normaliser une réaction histochimique puisque reproduire des conditions techniques rigoureusement identiques à celles d'une expérience antérieure peut être primordial dans la recherche de produits de sécrétion. Une réaction histochimique positive peut, en outre, apporter des précisions concernant la signification fonctionnelle des principes actifs élaborés par les cellules glandulaires, alors qu'une affinité tinctoriale ne permet pas d'obtenir de tels renseignements.

Il existe donc des techniques histochimiques pour la mise en évidence des glucides, des lipides, des protides et de leurs dérivés, ainsi que des matières minérales. En réalité, l'emploi de colorations pour mettre en évidence les grains de sécrétion constitue une solution provisoire qu'il est toujours souhaitable de remplacer en faisant appel à une réaction histochimique. Cependant, celle-ci doit être suffisamment sécuritaire et respecter les conditions morphologiques existantes, notamment l'intégrité des structures.

25.1 FIXATION

La fixation des grains de sécrétion s'effectue, en règle générale, plus facilement que celle des organites cytoplasmiques. Le prélèvement immédiat et la fixation de tranches minces s'imposent surtout lorsque les cellules examinées élaborent des enzymes protéolytiques. Puisque les liquides fixateurs dits « microanatomiques » conservent une grande quantité de produits de sécrétion, des liquides comme celui de Bouin et ses variantes, ou ceux de Zenker, de Susa, de Clarke et de Carnoy peuvent être grandement utiles pour ce type de recherche. L'utilisation de liquides fixateurs contenant des mélanges aqueux et alcooliques, et qui renferment ou non de l'acide acétique ou du bichromate de potassium chromosmique, permet d'affirmer, en cas de résultat négatif, l'absence de grains de sécrétion décelables au microscope électronique. Il arrive que des grains de sécrétion riches en lipides soient perdus au cours des manœuvres préparatoires à l'inclusion à la paraffine. Parallèlement à ces méthodes de routine, il peut être utile d'examiner des coupes congelées provenant de pièces de tissu ayant subi une fixation dans le formaldéhyde à 10 % ou encore de tissus fraîchement congelés. L'absence de rétraction qui accompagne l'inclusion à la celloïdine est un avantage dans certains cas, mais ce n'est que rarement suffisant pour compenser l'investissement de temps que demande ce mode d'inclusion et de fabrication de coupes.

25.2 AFFINITÉS TINCTORIALES

Il est possible de classer les cellules en fonction des affinités tinctoriales de leurs grains de sécrétion : cellules cationiques; cellules anioniques, pourvues de grains de sécrétion; et cellules chromophobes, dépourvues de granulations.

25.2.1 CELLULES CATIONIQUES

Les cellules cationiques ont une affinité pour les colorants acides, comme la fuchsine acide, l'éosine et l'orange G, et certains colorants basiques comme la safranine et la fuchsine basique. Elles portent aussi le nom de cellules α. Il est possible de subdiviser ce groupe en deux : les cellules qui ont une forte affinité pour l'orange G, appelées « cellules orangéophiles », « cellules α_1 », ou « cellules somatotropes », et celles qui montrent plus d'affinité pour l'azocarmin ou l'érythrosine que pour l'orange G, qui sont appelées « carminophiles », « α_2 », ou « mammotropes ».

25.2.2 CELLULES ANIONIQUES

Les cellules anioniques renferment des grains de sécrétion qui réagissent positivement à l'APS car elles sécrètent des hormones glycoprotéiques, contrairement aux cellules cationiques dont les produits de sécrétion peptidiques sont APS-négatifs. Il est possible de diviser les cellules cationiques en deux groupes : celles qui réagissent négativement à la coloration à la fuchsine paraldéhyde, comme les cellules δ, et celles qui réagissent positivement à cette méthode, c'est-à-dire les cellules β. Certaines cellules β, dont la réactivité est inconstante, sécrètent de l'ACTH et sont appelées « cellules β_1 » ou « corticotropes », alors que d'autres, dont la réaction est constamment positive, sécrètent la TSH et portent le nom de « cellules β_2 » ou « thyréotropes ».

25.2.3 CELLULES CHROMOPHOBES

Les cellules chromophobes sont des cellules dépourvues de grains de sécrétion. Il peut s'agir de cellules de réserve, de chromophiles en phase de repos ou, selon certains, de cellules corticotropes, ce qui va à l'encontre de l'opinion selon laquelle seules les cellules β_1 seraient responsables de la sécrétion de l'ACTH. Quant aux corticotropes, on peut les identifier avec précision grâce à la teneur élevée en cystine de l'ACTH : il suffit d'effectuer la mise en évidence des radicaux sulfhydryles et des ponts disulfures qui sont associés à la présence de cet acide aminé (voir la section 17.2.2.3, et aussi la section 25.4.1 sur ces types de cellules).

25.3 MÉTHODES DE MISE EN ÉVIDENCE

La majorité des méthodes décrites dans les chapitres précédents permettent de mettre en évidence les grains de sécrétion. L'énumération des cas particuliers auxquels peuvent s'appliquer ces différentes colorations et réactions histochimiques serait longue sans être exhaustive. Il est toutefois possible de préciser le champ d'action de ces méthodes selon le type de grains de sécrétion qu'elles peuvent efficacement mettre en évidence.

Certaines méthodes de routine, ou colorations topographiques, comme la méthode à l'Azan de Heidenhain (voir la section 25.3.1), la méthode au bleu de méthyle et à l'éosine (voir la section 25.3.1), la méthode au trichrome de Masson (voir la section 14.1.2.2.1) et, généralement, toutes les méthodes qui nécessitent l'emploi de plusieurs colorants anioniques, peuvent être très utiles. Bien qu'elles ne soient pas spécifiquement conçues pour ce type de mise en évidence, ces méthodes permettent d'obtenir des renseignements très pertinents sur la nature des grains de sécrétion présents dans les cellules. Il en est de même avec la méthode de coloration à l'APS et à l'orange G (voir la section 25.3.3), très reconnue pour sa fiabilité dans la distinction des grains de sécrétion cationiques et anioniques.

25.3.1 MÉTHODE À L'AZAN DE HEIDENHAIN

Cette méthode combine une coloration cytoplasmique, au moyen d'un colorant anionique, l'azocarmin, différencié dans le bleu d'aniline alcoolique, et une coloration fibrillaire, au moyen d'un autre colorant anionique, le bleu d'aniline, après traitement dans l'acide phosphotungstique, qui agit comme mordant. Il est possible de remplacer cet acide par l'acide phosphomolybdique sans modifier la technique. Surtout utilisée pour la mise en évidence des fibres de collagène, cette méthode permet également de mettre en évidence des grains de sécrétion présents dans les cellules, d'où son intérêt dans le cadre de ce chapitre. Pour la fixation préalable, les liquides fixateurs recommandés sont le Zenker, le Helly et, à la rigueur, le Bouin.

25.3.1.1 Préparation des solutions

1. Solution d'azocarmin B à 1%

- 1 g d'azocarmin B (voir la figure 25.1)
- 99 ml d'eau distillée
- 1 ml d'acide acétique glacial

Mettre l'azocarmin dans l'eau et porter la solution à ébullition. Filtrer la solution lorsque sa température est autour de 56 °C. Laisser refroidir à la température ambiante et ajouter l'acide acétique glacial. Conserver à 4 °C. Filtrer à nouveau avant chaque usage. Il est possible de remplacer l'azocarmin B par l'azocarmin G pour cette méthode.

2. Solution d'azocarmin G à 0,1 %

- 0,1 g d'azocarmin G (voir la figure 25.2)

Figure 25.1 : **FICHE DESCRIPTIVE DE L'AZOCARMIN B**

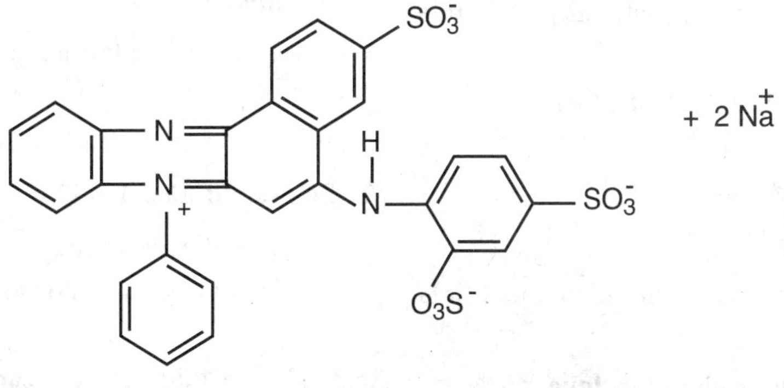

Structure chimique de l'azocarmin B

Nom commun	Azocarmin	**Solubilité dans l'eau**	Très soluble
Nom commercial	Azocarmin B	**Solubilité dans l'éthanol**	Modérée
Numéro de CI	50090	**Absorption maximale**	De 505 à 516 nm
Nom de CI	Rouge acide 103	**Couleur**	Rouge
Classe	Quinone-imine	**Formule chimique**	$C_{28}H_{17}N_3O_9S_3Na_2$
Type d'ionisation	Anionique	**Poids moléculaire**	681,6

Figure 25.2 : **FICHE DESCRIPTIVE DE L'AZOCARMIN G**

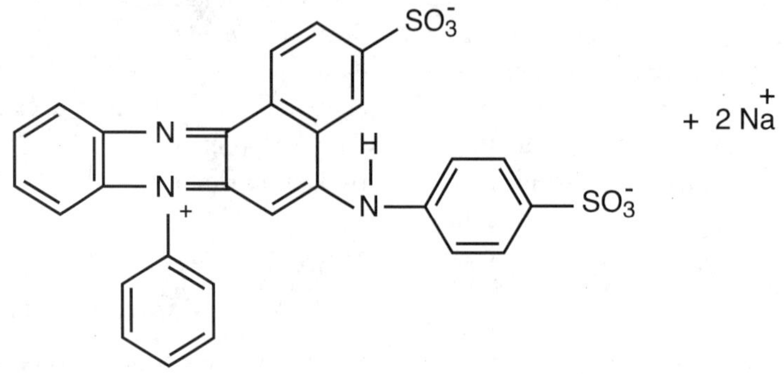

Structure chimique de l'azocarmin G

Nom commun	Azocarmin	**Solubilité dans l'eau**	Partiellement soluble
Nom commercial	Azocarmin G	**Solubilité dans l'éthanol**	Modérée
Numéro de CI	50085	**Absorption maximale**	510 nm
Nom de CI	Rouge acide 101	**Couleur**	Rouge
Classe	Quinone-imine	**Formule chimique**	$C_{28}H_{18}N_3O_6S_2Na_2$
Type d'ionisation	Anionique	**Poids moléculaire**	579,6

- 99 ml d'eau distillée
- 1 ml d'acide acétique glacial

Faire bouillir l'eau et ajouter la poudre colorante tout en agitant la solution. Laisser refroidir et ajouter l'acide acétique glacial, qui joue le rôle d'agent accentuateur.

3. **Solution de bleu d'aniline à 0,1 % en solution alcoolique à 95 %**
   - 0,1 g de bleu d'aniline
   - 100 ml d'éthanol à 95 %

   Pour la fiche descriptive du bleu d'aniline, voir la figure 14.10.

4. **Solution d'acide phosphotungstique à 5 %**
   - 5 g d'acide phosphotungstique
   - 100 ml d'eau distillée

5. **Solution mère de bleu d'aniline et d'orange G**
   - 0,5 g de bleu d'aniline
   - 2 g d'orange G
   - 8 ml d'acide acétique glacial
   - 100 ml d'eau distillée

   Pour un complément d'information sur l'orange G, voir la section 14.1.2.2.3 ainsi que la figure 14.14.

6. **Solution de travail de bleu d'aniline et d'orange G**
   - 1 volume de la solution mère de bleu d'aniline et d'orange G
   - 3 volumes d'eau distillée

7. **Solution d'alcool-acide**
   - 1 ml d'acide acétique glacial
   - 99 ml d'éthanol à 95 %

25.3.1.2 Coloration d'Azan de Heidenhain

MODE OPÉRATOIRE

1. Hydrater les coupes jusqu'au bain de rinçage à l'eau distillée et enlever le pigment de mercure, si nécessaire (voir le chapitre 2);
2. incuber la solution d'azocarmin B fraîchement filtrée dans une étuve à 56 °C; déposer les coupes dans cette solution pendant 15 minutes; rincer à l'eau distillée;

3. différencier les coupes dans la solution de bleu d'aniline alcoolique à 95 % jusqu'à ce que les cytoplasmes et les tissus conjonctifs prennent une teinte rose pâle et que les noyaux soient nettement plus foncés. Surveiller la différenciation au microscope;
4. poursuivre la différenciation avec un passage rapide dans la solution d'alcool-acide; laver soigneusement à l'eau distillée;
5. mordancer dans la solution d'acide phosphotungstique à 5 % pendant 10 à 15 minutes; rincer à l'eau distillée;
6. contrecolorer dans la solution de bleu d'aniline et d'orange G pendant 15 minutes; rincer à l'eau distillée;
7. déshydrater, éclaircir et monter avec une résine synthétique permanente comme l'Eukitt.

RÉSULTATS

- Les noyaux prennent une teinte qui varie de rouge à rouge violacé sous l'effet de l'azocarmin;
- les cytoplasmes prennent une teinte qui varie d'orangé à bleu pâle sous l'effet combiné du bleu d'aniline et de l'orange G;
- les grains de sécrétion se colorent en rouge ou en bleu selon qu'ils sont acidophiles ou basophiles;
- la chromatine, les ostéocytes et le tissu nerveux se colorent en rouge sous l'effet de l'azocarmin;
- les fibres musculaires se colorent en orangé sous l'action de l'orange G;
- les fibres de collagène et les fibres de réticuline se colorent en bleu sous l'action du bleu d'aniline;
- les globules rouges se colorent en rouge sous l'effet de l'azocarmin.

25.3.2 MÉTHODE DE MANN AU BLEU DE MÉTHYLE ET À L'ÉOSINE

La méthode de Mann fait aussi appel à deux colorants anioniques. Utilisée pour la mise en évidence des grains de sécrétion, cette méthode est également connue sous le nom de « méthode aux biacides de Mann ».

25.3.2.1 Préparation des solutions

1. Solution aqueuse de bleu de méthyle à 1 %

- 1 g de bleu de méthyle
- 100 ml d'eau distillée

Pour la fiche descriptive du bleu de méthyle, voir la figure 12.7.

2. Solution aqueuse d'éosine Y à 1 %

- 1 g d'éosine Y
- 100 ml d'eau distillée

Pour la fiche descriptive de l'éosine, voir la figure 13.1.

3. Solution de bleu de méthyle et d'éosine

- 6 ml de bleu de méthyle à 1 % en solution aqueuse
- 6 ml d'éosine Y à 1 % en solution aqueuse
- 28 ml d'eau distillée

4. Solution mère de soude en solution alcoolique

- 10 ml d'éthanol absolu
- 0,1 ml de soude à 1 *N*

5. Solution de travail de soude en solution alcoolique

- 0,1 ml de la solution mère de soude en solution alcoolique
- 25 ml d'éthanol absolu

25.3.2.2 Coloration de Mann

MODE OPÉRATOIRE

1. Hydrater les coupes jusqu'au bain de rinçage à l'eau distillée;
2. colorer les coupes dans la solution de bleu de méthyle et d'éosine pendant 24 heures; laver à l'eau distillée;
3. différencier dans la solution de soude alcoolique jusqu'à l'obtention d'une teinte rouge;
4. transférer les coupes dans un bain d'éthanol à 100 % pour les laver soigneusement; transférer dans un bain d'eau acidi-

fiée à 0,1 % jusqu'à coloration bleue des noyaux; surveiller la différenciation au microscope, laquelle peut prendre de 3 à 5 minutes;

5. rincer rapidement à l'eau distillée; essorer les coupes;
6. déshydrater, éclaircir et monter avec une résine synthétique permanente comme l'Eukitt.

RÉSULTATS

- Les noyaux se colorent en bleu sous l'effet du bleu de méthyle;
- les cytoplasmes se colorent en lilas sous l'action combinée du bleu de méthyle et de l'éosine;
- les grains de sécrétion se colorent en rouge sous l'action de l'éosine;
- les globules rouges et les fibres musculaires se colorent en rouge rose sous l'action de l'éosine.

25.3.3 MÉTHODE À L'APS-ORANGE G

La méthode à l'APS et à l'orange G permet de distinguer, sur une coupe donnée, les grains de sécrétion acidophiles et des grains de sécrétion basophiles. Pour obtenir des résultats satisfaisants, il est fortement recommandé de procéder avec des tissus fixés dans le liquide de Susa, le Bouin ou le formaldéhyde à 10 % tamponné.

Les cellules anioniques renferment des grains de sécrétion qui produisent des hormones glycoprotéiques, et celles-ci réagissent positivement à l'APS puisqu'il contient de la fuchsine basique.

25.3.3.1 Préparation des solutions

1. Solution d'acide périodique à 1 %

- 1 g d'acide périodique
- 100 ml d'eau distillée

2. Solution d'acide chlorhydrique

- 8,35 ml d'acide chlorhydrique concentré
- amener le volume total à 100 ml avec de l'eau distillée

3. Réactif de Schiff

Pour un complément d'information sur la préparation de ce colorant, voir la section 15.4.1.2.5, solution n° 1.

4. Solution de bisulfite de sodium (ou de potassium) à 10 %

- 10 g de bisulfite de sodium ou de potassium
- 100 ml d'eau distillée

5. Solution d'eau sulfureuse

- 5 ml de la solution d'acide chlorhydrique
- 6 ml de bisulfite de sodium ou de potassium à 10 %
- 100 ml d'eau distillée

Cette quantité ne suffit que pour la coloration de quatre lames.

6. Solution d'orange G à 2 %

- 2 g d'orange G
- 100 ml d'eau distillée

Pour un complément d'information sur ce colorant, voir la section 14.1.2.2.3 et la figure 14.14.

25.3.3.2 Coloration à l'APS et à l'orange G

MODE OPÉRATOIRE

1. Déparaffiner et hydrater les coupes jusqu'au bain de rinçage à l'eau distillée;
2. oxyder les groupements glycol des glycoprotéines à l'acide périodique à 1 % pendant 15 minutes; laver à l'eau courante pendant 10 minutes; rincer à l'eau distillée;
3. colorer au moyen du réactif de Schiff les aldéhydes produits au cours de l'oxydation; laisser agir pendant 30 minutes;
4. procéder au rinçage à l'eau sulfureuse en travaillant sur lames : placer celles-ci à l'horizontale sur des baguettes de verre; rincer à cinq reprises et laisser agir pendant 2 minutes chaque fois; laver les coupes à l'eau courante pendant 10 minutes;
5. colorer dans la solution d'orange G à 2 % pendant 10 secondes; rincer à l'eau

courante jusqu'à l'obtention d'une coloration jaune pâle, ce qui peut prendre jusqu'à 30 secondes;

6. déshydrater, éclaircir et monter à l'aide d'une résine synthétique permanente comme l'Eukitt.

RÉSULTATS

- Les grains de sécrétion des cellules anioniques se colorent en rose-rouge sous l'action du réactif de Schiff;
- les grains de sécrétion des cellules cationiques se colorent en jaune sous l'action de l'orange G;
- la kératine et les globules rouges se colorent en orange sous l'effet de l'orange G.

25.4 MISE EN ÉVIDENCE DES TISSUS SPÉCIAUX

25.4.1 CELLULES DE L'HYPOPHYSE

En milieu clinique, ce sont les cellules hypophysaires du lobe antérieur qui sont mises en évidence le plus souvent. Voici les types de cellules qui occupent cette partie de l'hypophyse, avec les hormones qu'elles sécrètent : les somatotropes (GH), les mammotropes (PRL), les gonadotropes (LH et FSH), les thyréotropes (TSH) et les corticotropes (ACTH). Il est possible d'identifier avec précision chacun de ces types cellulaires en microscopie électronique et en immunohistochimie. Cependant, les techniques d'histologie et d'histochimie classiques ne permettent pas de les caractériser avec autant de succès.

À partir des coupes colorées à l'hématoxyline et à l'éosine, on peut regrouper ces cellules en deux catégories de base : les chromophiles, qu'il est possible de colorer grâce aux grains de sécrétion qu'ils renferment, et les chromophobes, dont l'absence de grains de sécrétion rend la coloration du cytoplasme difficile. Les cellules chromophiles sont réparties en deux groupes selon le colorant qu'elles captent : celles dont les grains de sécrétion ont une affinité pour l'éosine sont appelées « acidophiles », alors que celles dont les grains de sécrétion ont une affinité pour la laque d'hématéine prennent le nom de « basophiles ». Ces données sont liées à l'élaboration de nombreuses méthodes visant à établir des distinctions entre les diverses cellules du lobe frontal et de plusieurs systèmes de classification de ces cellules, chacun correspondant à une ou à plusieurs méthodes spécifiques.

Parmi ces méthodes figure celle qui utilise le tétrachrome d'Herlant, un procédé qui permet de mettre en évidence de manière sélective les principaux types de cellules du lobe antérieur de l'hypophyse. Les mammotropes sont colorés en rouge sous l'effet de l'érythrosine, alors que les somatotropes prennent une teinte jaune-orangé sous l'action de l'orange G. Quant aux basophiles, le bleu d'aniline et la laque aluminique de bleu d'alizarine acide BB, un colorant nucléaire, leur donnent différentes teintes de bleu ou de violet. Le mécanisme d'action est mal connu, mais la formation de liens sel, suivie d'un phénomène d'absorption, serait une hypothèse appropriée pour ce type de coloration.

Pour la fixation des tissus, il est recommandé d'utiliser le liquide fixateur de Susa de Heidenhain (voir la section 2.6.1.3), le Bouin (voir la section 2.6.1.4) ou le formaldéhyde à 10 % tamponné (voir la section 2.5.2.3).

a) Préparation des solutions

1. Solution tampon acétate *M*/5 à *p*H 6,21

Solution A

- 1,12 ml d'acide acétique glacial
- 100 ml d'eau distillée

Solution B

- 1,64 g d'acétate de sodium
- 100 ml d'eau distillée

Solution C

- 2,5 ml de solution A
- 97,5 ml de solution B

2. Solution d'érythrosine B à 1 % dans le tampon acétate à *p*H 6,21

- 1 g d'érythrosine B
- 100 ml de tampon acétate à *p*H 6,21 (solution C)

Pour un complément d'information sur l'érythrosine B, voir la section 13.1.3 et la figure 13.3.

3. **Solution mère de bleu de Mallory II**
   - 0,5 g de bleu d'aniline
   - 5 g d'orange G
   - 100 ml d'eau distillée
   - 8 ml d'acide acétique glacial

   Dissoudre les colorants dans l'eau distillée, puis ajouter l'acide acétique glacial. Pour un complément d'information sur le bleu d'aniline, consulter la section 14.1.2.2.1c et la figure 14.10. Dans le cas de l'orange G, voir la section 26.7.1 et la figure 14.14.

4. **Solution de travail de bleu de Mallory II**
   - 1 volume de la solution mère de bleu de Mallory II
   - 1 volume d'eau distillée

5. **Solution de bleu d'alizarine acide BB**
   - 5 g de bleu d'alizarine acide BB (voir la figure 25.3)
   - 10 g de sulfate ou de chlorure d'aluminium
   - 100 ml d'eau distillée

   Mélanger le colorant et le sulfate d'aluminium à l'eau et amener à ébullition pendant 5 minutes afin de favoriser la dissolution. Refroidir et ramener le volume à 100 ml avec de l'eau distillée pour remplacer l'eau évaporée. Il est possible de remplacer le bleu d'alizarine par l'hématoxyline pour la coloration nucléaire.

6. **Solution aqueuse d'acide phosphomolybdique à 5 %**
   - 5 g d'acide phosphomolybdique
   - 100 ml d'eau distillée

7. **Solution d'acide phosphomolybdique à 1 % dans l'éthanol à 70 %**
   - 1 g d'acide phosphomolybdique
   - 100 ml d'éthanol à 70 %

8. **Solution d'acide phosphomolybdique à 1 % dans l'éthanol à 90 %**
   - 1 g d'acide phosphomolybdique
   - 100 ml d'éthanol à 90 %

Figure 25.3 : **FICHE DESCRIPTIVE DU BLEU D'ALIZARINE BB**

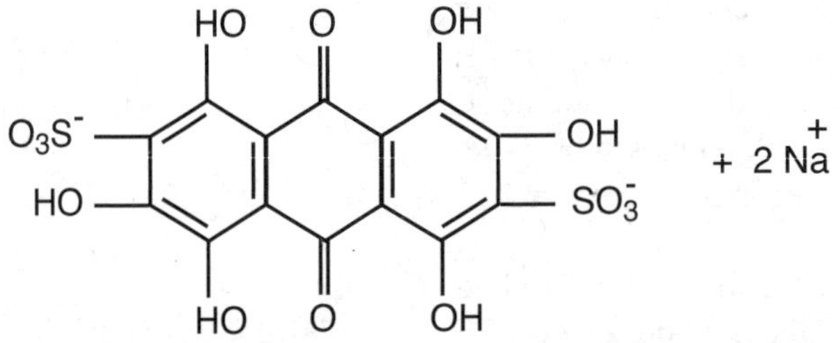

Structure chimique du bleu d'alizarine BB

Nom commun	Bleu d'alizarine BB	**Solubilité dans l'eau**	Soluble
Nom commercial	Alizarine cyanine BBS	**Solubilité dans l'éthanol**	Modérée
Numéro de CI	58610	**Couleur**	Bleu
Nom de CI	Mordant bleu 23	**Formule chimique**	$C_{14}H_6O_{14}S_2Na_2$
Classe	Anthraquinone	**Poids moléculaire**	508,3
Type d'ionisation	Anionique		

b) Coloration au tétrachrome d'Herlant

MODE OPÉRATOIRE

1. Déparaffiner et hydrater les coupes jusqu'au bain de rinçage à l'eau courante;
2. colorer les coupes dans la solution de travail d'érythrosine B à 1 % dans le tampon acétate à *p*H 6,21 pendant 2 heures; rincer à l'eau distillée;
3. colorer les coupes dans la solution de travail de bleu de Mallory II pendant 5 minutes; rincer à l'eau distillée;
4. colorer les coupes dans la solution de bleu d'alizarine acide BB pendant 10 minutes; rincer à l'eau distillée;
5. passer les coupes dans la solution aqueuse d'acide phosphomolybdique à 5 % pendant 15 minutes;
6. transférer directement les coupes dans la solution d'acide phosphomolybdique à 1 % dans l'éthanol à 70 % pendant 15 secondes; passer dans la solution d'acide phosphomolybdique à 1 % dans l'éthanol à 90 % pendant 15 autres secondes (voir remarque);
7. déshydrater à l'éthanol absolu, éclaircir et monter avec une résine synthétique permanente comme l'Eukitt.

RÉSULTATS

- Les cellules somatotropes se colorent en jaune orangé sous l'effet de l'orange G;
- les cellules mammotropes se colorent en rouge sous l'action de l'érythrosine B;
- les cellules gonadotropes LH se colorent en violet sous l'effet du bleu d'alizarine acide BB;
- les cellules gonadotropes FSH se colorent en bleu sous l'action du bleu d'aniline;
- les cellules thyréotropes se colorent en bleu foncé sous l'action du bleu d'aniline;
- les noyaux se colorent en bleu violacé sous l'action du bleu d'alizarine acide BB.

c) Remarques

- Il est crucial de respecter les temps d'immersion dans les deux bains d'acide phosphomolybdique alcoolique, car ils peuvent influer sur la différenciation entre le rouge et le jaune. Le premier bain élimine principalement l'orange G et le bleu d'aniline, alors que le second élimine principalement l'érythrosine.
- La coloration que prennent les corticotropes est plutôt ambiguë; en fait, ils semblent réagir de la même façon que les mammotropes.
- L'acide phosphomolybdique et l'acide phosphotungstique ne sont pas interchangeables, car l'acide phosphotungstique donne à la laque de bleu d'alizarine acide BB une teinte rouge, ce qui n'est pas souhaitable.

25.4.2 CELLULES DU PANCRÉAS ENDOCRINE

Comme le pancréas est une glande amphicrine, il est à la fois exocrine et endocrine. Sa fonction exocrine l'amène à produire des enzymes digestives qui sont déversées dans le duodénum. Sa fonction endocrine est associée à la sécrétion de trois hormones différentes : l'insuline, qui diminue la glycémie; le glucagon, qui augmente la glycémie; la gastrine, enfin, qui gère l'action des glandes gastriques, surtout la sécrétion de l'acide chlorhydrique.

L'activité endocrine du pancréas est localisée au sein d'amas cellulaires, les îlots de Langerhans, dispersés parmi les acini séreux du pancréas exocrine. Ces îlots contiennent trois principaux types de cellules : les cellules α, qui produisent le glucagon et les cellules δ, qui produisent la gastrine et la somatostatine (GIF). Les cellules β sont les plus étudiées en clinique, car leur dysfonctionnement est associé au diabète. Il est possible de les mettre en évidence à la fuchsine paraldéhyde après oxydation des coupes à l'aide d'un mélange de permanganate de potassium et d'acide sulfurique. Le mécanisme d'action de la fuchsine paraldéhyde est encore mal connu. Cependant, on constate que ce colorant peut se lier à deux types de groupes chimiques différents : les sulfates, par la formation de liens électrostatiques, et les aldéhydes, par addition non polaire. Les granulations des cellules β des îlots de Langerhans sont riches en cystine, un acide aminé qui peut facilement donner naissance à des groupes sulfoniques lorsqu'il est oxydé. Il se peut donc que la liaison se fasse avec des fonctions fortement acides, comme le sulfate et le sulfone.

La coloration des deux autres types cellulaires peut être obtenue grâce à la contrecoloration qui s'effectue généralement avec le vert lumière.

a) Méthode à la fuchsine paraldéhyde

Cette méthode est une variante de celle présentée à la section 14.2.2.3.6 pour la mise en évidence des fibres élastiques. Il y est d'ailleurs mentionné que la fuchsine paraldéhyde permet la coloration des fibres élastiques grossières et fines, mais aussi d'autres composantes tissulaires comme les cellules β du pancréas et les mucosubstances sulfatées. Avec l'oxydation dans l'acide picrique, l'acide acétique ou le permanganate de potassium, d'autres substances sont également mises en évidence, comme le glycogène et les mucosubstances neutres.

Pour la fixation préalable des tissus, il est fortement recommandé d'utiliser l'un des liquides fixateurs suivants : le liquide de Bouin, celui de Susa de Heidenhain, le formaldéhyde à 10 % tamponné ou un liquide fixateur sublimé, comme le B5.

b) Préparation des solutions

1. Solution d'oxydation ($KMnO_4$-H_2SO_4)

- 5 g de permanganate de potassium
- 1 ml d'acide sulfurique concentré
- 200 ml d'eau distillée

2. Solution d'acide oxalique à 3 %

- 3 g d'acide oxalique
- 100 ml d'eau distillée

3. Solution de fuchsine paraldéhyde

Pour un complément d'information sur la préparation de cette solution, voir la section 14.2.2.3.6d, solution 2. La fiche descriptive de la fuchsine basique (pararosaniline) est présentée à la figure 14.8.

4. Solution d'alcool-acide

- 300 ml d'éthanol à 95 %
- environ 1,5 ml d'acide chlorhydrique concentré, soit le contenu d'une pipette Pasteur

5. Solution mère de vert lumière à 0,2 %

- 0,2 g de vert lumière SF
- 99,8 ml d'eau distillée
- 20 gouttes d'acide acétique glacial, soit environ 0,2 ml

Pour un complément d'information, voir la section 14.1.2.2.1, d, et la figure 14.11.

6. Solution de travail de vert lumière à 0,02 %

- 20 ml de la solution mère de vert lumière à 0,2 %
- 79 ml d'eau distillée
- 1 ml d'acide acétique glacial

OU

- 0,2 g de vert lumière SF
- 499 ml d'eau distillée
- 10 ml d'acide acétique glacial

c) Coloration à la fuchsine paraldéhyde et à l'oxydation

MODE OPÉRATOIRE

1. Déparaffiner et hydrater les coupes jusqu'au bain de rinçage à l'eau distillée;
2. oxyder les coupes dans la solution d'oxydation pendant 3 minutes; rincer rapidement à l'eau courante, puis à l'eau distillée;
3. blanchir à l'acide oxalique à 3 % pendant 2 minutes; rincer à l'eau courante pendant 5 minutes, puis faire suivre d'un rinçage à l'eau distillée;
4. colorer les coupes dans la solution de fuchsine paraldéhyde pendant 5 minutes;
5. différencier dans l'alcool-acide en vérifiant régulièrement au microscope l'évolution de la différenciation; lorsque la coloration désirée est atteinte, arrêter le processus en lavant les coupes dans un bain d'éthanol à 95 % pendant 5 minutes; laver à l'eau courante;

6. contrecolorer dans la solution de travail de vert lumière pendant 2 minutes; rincer à l'eau courante;
7. déshydrater, éclaircir et monter avec une résine synthétique permanente comme l'Eukitt.

RÉSULTATS

- Les granulations des cellules β et les fibres élastiques se colorent en violet sous l'action de la solution de fuchsine paraldéhyde;
- le fond de la coupe se colore en vert pâle sous l'effet du vert lumière.

25.4.3 CELLULES APUD

Il existe de nombreuses cellules disséminées dans l'organisme qui réagissent positivement aux diverses méthodes d'imprégnation métallique, dont les cellules chromaffines, les cellules argentaffines et les cellules argyrophiles. Ces cellules sont habituellement associées à l'accumulation ou à la sécrétion d'amines biogènes (la 5-hydroxytryptamine dans le cas des cellules argentaffines du tube digestif et la norépinéphrine dans celui des cellules chromaffines de la médullo-surrénale), ou les deux. Toutes ces cellules sont regroupées sous l'appellation de cellules APUD, qui signifie *Amine Precursor Uptake and Decarboxylation*. Elles ont la même origine nerveuse et elles exécutent une fonction commune : la sécrétion d'hormones peptidiques. Des études approfondies ont permis de découvrir que plusieurs autres types de cellules, qui ne réagissent pas aux techniques d'imprégnation métallique, ont leur place au sein du groupe et ce, même si les amines qu'ils produisent, comme la dopamine et l'histamine, ne leur donnent aucune propriété argentaffine, chromaffine ou argyrophile.

Dispersées dans l'organisme, les cellules APUD forment un « système neuroendocrinien diffus » qui se divise en deux parties : une partie centrale, reliée au cerveau, dont les cellules sont situées dans le cerveau moyen, le mésencéphale, et dans l'hypothalamus, la glande pinéale et l'hypophyse, et une seconde partie, périphérique, dont les cellules sont disséminées. Cette seconde partie regroupe les cellules α, β et δ des îlots de Langerhans, les mastocytes, les cellules entéroendocrines du tube digestif, les cellules phéochromes de la médullo-surrénale, les cellules parafolliculaires de la thyroïde, les cellules adrénocorticotropes de l'adénohypophyse et les cellules endocrines des bronches et de la prostate. Les tumeurs qui contiennent des cellules APUD prennent le nom d'« apudomes » et incluent, entre autres, les tumeurs carcinoïdes du tube digestif.

La méthode la plus sûre pour mettre en évidence les cellules APUD est une imprégnation métallique de type argyrophile, la méthode de Grimelius. Pour la fixation préalable des tissus, le formaldéhyde à 10 % tamponné et le liquide de Bouin sont recommandés.

a) Méthode Grimelius

Il a été question à la section 10.13, des imprégnations métalliques à base d'argent. Il convient de rappeler brièvement que ces méthodes se divisent en deux catégories : les méthodes argentaffines et les méthodes argyrophiles. La grande différence entre ces deux types de réactions repose essentiellement sur le pouvoir réducteur de la substance tissulaire à mettre en évidence. Si cette propriété est réellement présente dans cette substance, on utilise une méthode dite argentaffine, comme c'est le cas pour la mise en évidence de la mélanine (voir le chapitre 18); par contre, si le pouvoir réducteur de la substance est très faible ou inexistant, on utilise alors une méthode dite argyrophile, comme c'est précisément le cas pour les cellules APUD.

La technique consiste d'abord à préimprégner les coupes dans une solution de nitrate d'argent pour former des complexes organométalliques. Les coupes sont ensuite placées dans une solution d'hydroquinone et de sulfite de sodium, l'hydroquinone jouant un double rôle : celui d'agent réducteur, qui permet à l'argent de se déposer sur les structures organométalliques, et celui d'agent de développement, en augmentant la vitesse de transformation de l'argent ionique en argent métallique; en outre, il empêche la retransformation de l'argent métallique en argent ionique. Dans les autres méthodes argyrophiles, le formaldéhyde joue le rôle d'agent de développement, alors que le thiosulfate de sodium empêche la retransformation de l'argent métallique en argent ionique. La présence du sulfite de sodium favorise l'oxydation des groupements glycols en groupements aldéhydes libres et en amines biogéniques qui acquièrent alors la capacité de réagir avec l'argent. Avec cette méthode, les granulations argyrophiles et argentaffines se colorent en brun noir. Quant au Kernechtrot, il agit comme contrecolorant sur les structures anioniques aussi bien que sur les structures cationiques.

b) Préparation des solutions

1. Solution de nitrate d'argent à 1 %

- 1 g de nitrate d'argent
- 100 ml d'eau distillée

2. Solution tampon acétate à *p*H 5,6

- prendre le produit commercial à *p*H 5,6

3. Solution d'imprégnation d'argent

- 3 ml de nitrate d'argent à 1 %
- 10 ml de tampon acétate à *p*H 5,6
- 87 ml d'eau bidistillée

4. Solution réductrice

- 1 g d'hydroquinone
- 5 g de cristaux de sulfite de sodium
- 100 ml d'eau acidifiée à *p*H 4,2

5. Solution de Kernechtrot à 0,1 %

Pour plus d'information sur ce colorant et sa préparation, voir la section 12.10.3, et la figure 12.14 qui présente les principales caractéristiques de ce colorant.

c) Méthode d'imprégnation de Grimelius

MODE OPÉRATOIRE

1. Déparaffiner et hydrater les coupes jusqu'au bain de rinçage à l'eau distillée;
2. procéder à l'imprégnation des coupes dans la solution d'argent, préchauffée 60 °C, pendant 3 heures; laver les coupes avec soin à l'eau distillée;
3. mettre les coupes dans la solution réductrice fraîchement préparée, préchauffée à 45 °C pendant 1 minute; rincer dans un bain d'eau distillée. Vérifier au microscope le degré d'imprégnation et, si la coupe n'est pas suffisamment imprégnée, la remettre dans la solution d'argent à 60 °C pendant quelques minutes; répéter ces étapes jusqu'à l'obtention du degré d'imprégnation désiré;
4. laver les coupes à l'eau distillée et les tremper à nouveau dans la solution réductrice;
5. laver adéquatement les coupes à l'eau distillée pendant 1 minute;
6. contrecolorer dans la solution de Kernechtrot à 0,1 % pendant 5 minutes; rincer à l'eau distillée;
7. déshydrater, éclaircir et monter avec une résine synthétique permanente comme l'Eukitt.

RÉSULTATS

- Les granulations argentaffines et argyrophiles se colorent en brun-noir sous l'action des sels d'argent;
- les noyaux se colorent en rouge sous l'effet de la laque aluminique de Kernechtrot;
- les structures acidophiles se colorent en rouge sous l'action du Kernechtrot;
- le fond de la coupe prend une teinte jaune-orangé pâle sous l'action de la solution d'argent et de l'hydroquinone.

d) Remarques

- Cette technique donne de meilleurs résultats lorsque des solutions fraîchement préparées sont utilisées.
- Il est possible d'utiliser le vert lumière comme contrecolorant.

25.4.4 MASTOCYTES

Les mastocytes sont des cellules fréquemment observées dans les tissus conjonctifs, à proximité des vaisseaux sanguins. Leur cytoplasme est chargé de gros grains de sécrétion, riche en héparine et en histamine, qui sont difficiles à percevoir à la suite d'une simple coloration de routine à l'hématoxyline et à l'éosine. Dans les cas d'inflammation de la peau, cependant, ces granulations sont particulièrement évidentes. L'héparine contenue dans les grains de sécrétion les rend fortement basophiles; il est donc possible de les mettre en évidence par métachromasie. Le bleu de toluidine, l'azur A, le brun de Bismarck et la thionine permettent de colorer les granulations des mastocytes par voie métachromatique. Le bleu de toluidine tamponné à *p*H 4,0 donne d'excellents résultats. Pour la fixation préalable des tissus, il est recommandé d'utiliser le formaldéhyde à 10 % tamponné ou un liquide fixateur sublimé comme le B5.

D'autres méthodes sont également employées pour la mise en évidence des granulations des mastocytes; c'est le cas de la méthode de coloration au bleu alcian et à la safranine ou méthode de Csaba. Celle-ci permet de faire la distinction entre les jeunes mastocytes et les plus âgés. La méthode de choix pour la mise en évidence et l'identification des granulations des mastocytes est à base de chloroacétate estérase et s'emploie avec le bleu solide RR (*fast blue RR*). Cette méthode permet de distinguer les mastocytes matures des précurseurs de la série myéloïde. Le tableau 25.1 montre les principales méthodes de coloration des mastocytes.

25.4.4.1 Méthode de coloration au bleu de toluidine

Tel que mentionné à la section 10.10.3, les colorants directs qui suscitent la métachromasie sont tous des colorants cationiques. Seuls certains constituants tissulaires sont capables de déclencher le phénomène de la métachromasie. Il s'agit de la matrice du cartilage, des sécrétions de certaines glandes muqueuses (mucines), des granulations des mastocytes, de la substance amyloïde (voir le chapitre 18) et, en certaines circonstances, de la chromatine. Les constituants tissulaires responsables de la métachromasie sont appelés « chromotropes » et ils sont fortement basophiles, donc anioniques. Néanmoins, les groupes anioniques tissulaires n'ont pas tous la même capacité à déclencher la métachromasie : ce sont, du plus fort au plus faible, les esters sulfuriques, les groupes phosphate et les fonctions carboxyle disposés selon un arrangement linéaire, à des intervalles de ± 5 Å ou moins. Les principaux colorants métachromatiques utilisés en histotechnologie sont le violet de méthyle, le bleu de crésyl brillant, la thionine, l'azur A, l'azur B, le bleu de toluidine, le rouge neutre et la safranine.

a) Préparation des solutions

1. Solution tampon phosphate à 0,02 mol/litre, à *p*H 4,0

- 2,7598 g de phosphate monosodique (NaH_2PO_4)
- 1 litre d'eau distillée

2. Solution de bleu de toluidine à 0,01 %

- 0,1 g de bleu de toluidine
- 100 ml de tampon phosphate à 0,02 mol/litre, à *p*H 4,0

Dissoudre complètement le colorant dans la solution tampon et filtrer avant usage. La figure 12.1 présente les principales caractéristiques du bleu de toluidine.

Tableau 25.1 MÉTHODES DE COLORATION DES MASTOCYTES ET LEURS RÉSULTATS.

Méthodes de coloration	Résultats obtenus
Bleu de toluidine	Rouge
Thionine	Bleu ou rouge selon la maturité de la cellule
Csaba	Rouge violacé
Acide périodique de Schiff	Variable
Chloroacétate estérase	Bleu foncé
Fuchsine paraldéhyde	Brun jaunâtre

b) Coloration des granulations des mastocytes au bleu de toluidine

MODE OPÉRATOIRE

1. Déparaffiner et hydrater les coupes jusqu'au bain de rinçage à l'eau courante;
2. plonger les coupes dans la solution de tampon phosphate à 0,02 mol/litre, à *p*H 4,0 pendant 1 minute;
3. plonger les coupes dans la solution de bleu de toluidine à 0,01 % tamponné pendant 3 à 5 minutes;
4. rincer les coupes pendant quelques instants dans la solution de tampon phosphate à 0,02 mol/litre, à *p*H 4,0;
5. monter avec un milieu de montage aqueux temporaire comme la gelée glycérinée de Kaiser et luter au besoin.

RÉSULTATS

- Les noyaux se colorent en bleu sous l'effet du bleu de toluidine;
- les granulations des mastocytes se colorent en pourpre sous l'action du bleu de toluidine.

c) Remarques

- Il est possible d'obtenir d'aussi bons résultats sur des coupes de tissu exécutées au cryotome.
- Il est important d'employer un milieu de montage temporaire, car la présence de l'eau est essentielle à la coloration métachromatique des granulations des mastocytes. L'utilisation d'un milieu permanent nécessite la déshydratation et l'éclaircissement, étapes qui consistent à éliminer l'eau, ce qui supprimerait en même temps la métachromasie (voir la section 10.10.3.1).

25.4.4.2 Méthode de Csaba (bleu alcian-safranine)

Tel qu'indiqué au chapitre 12, la safranine O est généralement utilisée comme contrecolorant nucléaire et, par conséquent, colore les noyaux en rouge. Cependant, elle peut posséder des groupements méthyle (CH_3) qui peuvent être ajoutés directement au radical phényle ou enlevés de celui-ci, au site d'attachement du nitrogène. Selon les groupements méthyles qu'il possède, ce colorant deviendra rouge ou orange; c'est cette propriété qui permet la métachromasie.

a) Préparation de la solution colorante au bleu alcian et à la safranine

- 350 mg de bleu alcian;
- 18 mg de safranine;
- 0,48 g d'ammonium de sulfate ferrique;
- 100 ml de tampon acétate à *p*H 1,42.

Pour un complément d'information sur le bleu alcian, voir la section 15.4.2.1 et la figure 15.13; pour la safranine, voir la section 12.1.5 et la figure 12.6.

b) Coloration de Csaba

MODE OPÉRATOIRE

1. Déparaffiner et hydrater les coupes jusqu'au bain de rinçage à l'eau distillée;
2. colorer les coupes dans la solution colorante de bleu alcian et de safranine pendant 15 minutes; rincer à l'eau courante;
3. déshydrater avec du butanol à 100 %, clarifier dans le xylol et monter avec une résine synthétique permanente comme l'Eukitt ou le PDX.

RÉSULTATS

- Les mastocytes qui renferment des amines biogéniques se colorent en bleu sous l'action du bleu alcian;
- les mastocytes riches en héparine se colorent en rouge sous l'action de la safranine.

25.4.4.3 Méthode à la thionine

La thionine est un colorant fortement métachromatique. En plus de servir à mettre en évidence les granulations des mastocytes, il peut être utilisé pour la coloration des mucopolysaccharides. Il s'agit du colorant de la famille des thiazines, le moins soluble dans l'eau. Il est possible d'utiliser le tartrazine comme contrecolorant pour accentuer les contrastes de cette méthode. Le mécanisme d'action de la tartrazine, un colorant anionique, est similaire à celui de l'éosine, car elle forme des liens sel avec les structures tissulaires et cellulaires acidophiles, ce qui entraîne une absorption de la couleur par les structures (voir la section 19.2.2.2.3).

a) Préparation des solutions

1. Solution mère de thionine aqueuse à 0,6 %

- 0,6 g de thionine (voir la figure 25.4)
- 100 ml d'eau distillée

La solution est saturée.

2. Solution de travail de thionine

- 0,5 ml de solution mère de thionine fraîchement filtrée
- 75 ml d'eau courante

3. Solution d'eau acidifiée à 0,2 %

- 0,2 ml d'acide acétique glacial
- 99,8 ml d'eau distillée

4. Solution de tartrazine saturée

- 2,5 g de tartrazine (voir la figure 19.7)
- 100 ml de cellosolve (éther monoéthylique d'éthylène-glycol)

Ce produit sert également d'agent déshydratant (voir la section 4.2.1.1.6).

b) Coloration à la thionine

MODE OPÉRATOIRE

1. Déparaffiner et hydrater les coupes jusqu'au bain de rinçage à l'eau courante;
2. colorer les coupes dans la solution de travail de thionine pendant 30 minutes;
3. laver et différencier dans la solution d'eau acidifiée à 0,2 %. Vérifier la différenciation au microscope et poursuivre jusqu'à la coloration pourpre des noyaux et des granulations des mastocytes, mais d'aucune autre structure; laver à l'eau courante pour enlever le surplus d'eau acidifiée;
4. plonger les coupes dans un bain d'éthanol à 100 %; contrecolorer dans la solution de tartrazine saturée pendant 30 secondes;
5. plonger dans l'éthanol à 100 % à une ou deux reprises pour bien déshydrater; éclaircir et monter avec une résine synthétique permanente comme l'Eukitt.

RÉSULTATS

- Les granulations des mastocytes se colorent en pourpre sous l'action de la thionine;

Figure 25.4 : **FICHE DESCRIPTIVE DE LA THIONINE**

Structure chimique de la thionine

Nom commun	Thionine	**Solubilité dans l'éthanol**	Jusqu'à 0,25 %
Nom commercial	Thionine	**Absorption maximale**	De 598 à 602 nm
Numéro de CI	52 000	**Couleur**	Bleu violacé
Classe	Thiazine	**Formule chimique**	$C_{12}H_{10}ClN_3S$
Type d'ionisation	Cationique	**Poids moléculaire**	263,8
Solubilité dans l'eau	Jusqu'à 0,25 %		

- les noyaux se colorent en bleu sous l'effet de la thionine;
- les structures acidophiles se colorent en jaune sous l'action de la tartrazine.

c) Remarques

- La dilution de la thionine doit se faire avec de l'eau courante dont le *p*H est alcalin.
- Il est préférable de procéder à une différenciation excessive plutôt qu'insuffisante.

25.4.5 CELLULES DE PANETH

Les cellules de Paneth sont situées à la base des glandes de Liberkühn, dans l'intestin grêle. De gros grains de sécrétion acidophiles et solubles dans les agents fixateurs les caractérisent. Leur fonction exacte est mal connue, mais il est possible qu'elles sécrètent des enzymes bactéricides, de type lysozyme, ou qu'elles aient une fonction phagocytaire, ou les deux.

La meilleure méthode pour mettre en évidence les grains de sécrétion de ces cellules est la méthode de Lendrum à la phloxine et à la tartrazine (voir la section 20.5.1), qui les colore en rose sur fond jaune.

25.4.6 MITOCHONDRIES

Les mitochondries sont des organites cytoplasmiques présents dans un grand nombre de cellules animales. Elles sont de forme et de taille variables et ne sont visibles en microscopie optique que si leur taille est relativement grande. Les petites mitochondries ne sont visibles qu'en microscopie électronique. Il existe trois façons principales de mettre en évidence les mitochondries : la microscopie électronique, les méthodes enzymatiques et les méthodes histochimiques. Cependant, la microscopie électronique est la seule qui donne des résultats très satisfaisants. Les méthodes enzymatiques doivent être utilisées avec un substrat de succinate déshydrogénase et les résultats sont très peu concluants. Le succès des méthodes histochimiques repose sur deux facteurs importants : le tissu doit être fixé aussi rapidement que possible après le prélèvement et les coupes au microtome ne doivent pas dépasser 2 à 3 μm d'épaisseur. Le liquide de Champy (voir la section 2.6.2.3.1) est sans contredit le meilleur pour la préservation des mitochondries. Par contre, le liquide de Helly (voir la section 2.6.1.2.2) permet également d'obtenir de bons résultats. Le liquide de Champy contient du tétroxyde d'osmium qui donne aux différentes structures cellulaires et tissulaires une teinte qui varie de gris à noir.

La méthode d'Altman est la plus importante technique de mise en évidence des mitochondries. Elle s'emploie avec la fuchsine acide et de l'huile d'aniline en solution aqueuse, mais son mécanisme de coloration n'est pas encore connu. L'acide picrique en solution alcoolique sert à la fois de différenciateur et de contrecolorant pour les structures acidophiles.

a) Préparation des solutions pour la méthode d'Altman

1. Solution d'aniline à 5 %

- 5 ml d'huile d'aniline
- 95 ml d'eau distillée

2. Solution de fuchsine acide-aniline

- ajouter graduellement la fuchsine acide à la solution d'huile d'aniline jusqu'à saturation de celle-ci, ce qui équivaut généralement à 15 g de colorant. Le succès de la préparation repose sur l'ajout progressif de la fuchsine acide; en effet, il est préférable d'accomplir cette étape sur une période pouvant aller jusqu'à 24 heures. Lorsque le degré de saturation est atteint, laisser reposer quelques jours avant l'utilisation. Filtrer avant usage. Pour un complément d'information sur la fuchsine acide, voir la section 14.1.2.1 et la figure 14.4.

3. Solution alcoolique d'acide picrique n° 1

- 10 ml d'éthanol saturé d'acide picrique
- 40 ml d'éthanol à 30 %

Cette solution agit comme premier différenciateur dans la technique.

4. Solution alcoolique d'acide picrique n° 2

- 5 ml d'éthanol saturé d'acide picrique
- 40 ml d'éthanol à 30 %

Cette solution agit comme deuxième différenciateur dans la technique.

b) Coloration d'Altman

MODE OPÉRATOIRE

1. Déparaffiner et hydrater les coupes jusqu'au bain de rinçage à l'eau distillée; poser les lames sur des tiges de verre;
2. immerger les coupes de la solution de fuchsine acide-aniline; chauffer très légèrement le dessous de la lame, à l'aide d'une flamme légère, pendant 5 minutes; rincer avec de l'eau courante;
3. différencier dans la solution alcoolique d'acide picrique n° 1, jusqu'à élimination de tout excès de colorant rouge;
4. poursuivre la différenciation avec la solution alcoolique d'acide picrique n° 2 en vérifiant régulièrement au microscope;
5. déshydrater rapidement dans deux bains d'éthanol absolu;
6. clarifier dans le xylol ou le toluol et monter avec une résine synthétique permanente comme l'Eukitt.

RÉSULTATS

- Les mitochondries se colorent en rouge sous l'effet de la fuchsine acide;
- les globules rouges se colorent en rouge sous l'action de la fuchsine acide;
- les autres structures acidophiles se colorent en jaune sous l'effet de l'acide picrique.

c) Remarques

- Il est important d'utiliser les deux solutions alcooliques d'acide picrique afin de préserver la coloration de l'acide picrique, ce qui permet d'obtenir un meilleur contraste avec le rouge et facilite la détection de petites mitochondries.
- Au cours de la différenciation, l'éthanol déloge la fuchsine acide des structures acidophiles et permet ainsi à l'acide picrique de s'y infiltrer.

CYTOLOGIE

INTRODUCTION

La cytologie est une spécialité qui, bien que différente de l'histopathologie, s'apparente à celle-ci par certaines méthodes et par la poursuite d'un objectif commun, celui de la pathologie. Ces affinités justifient l'attribution d'un chapitre entier aux techniques cytologiques. Ce texte ne constitue bien sûr qu'une introduction destinée à sensibiliser les futurs techniciens aux buts et méthodes de la cytotechnologie; les étudiants qui désirent se spécialiser dans ce domaine ne pourront se contenter de l'information offerte dans ce chapitre.

On sait depuis longtemps que le cancer est une maladie essentiellement cellulaire. Cependant, ce n'est qu'au cours de la première moitié du XXe siècle qu'on a découvert la possibilité d'effectuer un diagnostic précoce du cancer grâce à l'examen des cellules desquamantes. Le premier spécialiste à véritablement entrevoir le potentiel de la cytologie exfoliatrice comme outil de dépistage du cancer fut G.N. Papanicolaou, dont le travail a porté sur le cancer de l'utérus. L'efficacité de la méthode fut rapidement prouvée et on s'est empressé de l'appliquer à d'autres types de cancer.

De nos jours, la cytologie, que ce soit pour le dépistage ou pour le diagnostic de plusieurs types de cancer, est mondialement utilisée, surtout depuis l'utilisation de nouveaux moyens de prélèvement comme la cytoponction. Une analyse cytologique peut ainsi contribuer au diagnostic clinique, seule ou combinée à une biopsie chirurgicale; par exemple, les résultats cytodiagnostiques d'une cytoponction faite lors d'une biopsie transbronchique peuvent confirmer ou infirmer les conclusions pathologiques émises à la suite d'une biopsie à l'aiguille du poumon. Il est aujourd'hui possible d'identifier les changements cellulaires qui trahissent la présence d'un cancer dans des organes autrefois inaccessibles par la cytologie exfoliatrice.

L'analyse cytologique permet également d'obtenir d'autres types de renseignements comme l'état hormonal de la femme, ou d'évaluer la chromatine sexuelle; elle peut servir occasionnellement à faire la recherche de lipophages ou d'hémosidérophages dans le contexte de certaines maladies.

La cytologie est généralement divisée en deux parties : la cytologie gynécologique et la cytologie non gynécologique.

26.1 CYTOLOGIE GYNÉCOLOGIQUE

Telle que décrite dans Lemay et coll. (2000), la cytologie gynécologique vise à détecter les changements cellulaires précancéreux et cancéreux du col utérin afin de contribuer, par un dépistage précoce de la maladie, à réduire le nombre de décès associés au cancer du col. Dans certaines conditions, cette analyse permet aussi de mettre en évidence les cellules d'un cancer affectant les régions avoisinantes. Les images cytohormonales non caractéristiques sont signalées, ainsi que la présence de certains parasites, virus ou champignons, s'ils se trouvent en assez grand nombre ou s'ils modifient l'aspect du frottis.

26.2 CYTOLOGIE NON GYNÉCOLOGIQUE

La cytologie non gynécologique consiste, comme l'indique son nom, en l'analyse des cellules provenant de sites anatomiques humains autres que la région gynécologique. Une analyse microscopique est alors menée dans le but de confirmer ou d'infirmer la nature cancéreuse ou inflammatoire d'un spécimen prélevé sur le corps humain. Cette analyse s'inscrit dans un contexte clinique de diagnostic ou de traitement de maladie.

26.3 CENTRIFUGATION ET CYTOCENTRIFUGATION

Dans le présent chapitre, il sera souvent question de centrifugation et de cytocentrifugation. Afin d'éviter toute confusion, il est important de bien expliquer la différence entre ces deux techniques de séparations, avant même d'aborder la collecte des spécimens.

La centrifugation est utilisée depuis très longtemps dans la majorité des laboratoires. Ce procédé de séparation utilise la force centrifuge pour faire descendre les substances les plus lourdes d'une solution dans le fond du tube, où elles forment une partie distincte appelée le « culot ». La densité relative des différentes substances présentes dans la solution détermine le nombre de couches qui se superposent dans le tube centrifugé, les substances les plus lourdes occupant le fond et les plus légères formant les couches supérieures. Le volume maximal de la solution est uniquement déterminé par la capacité de la centrifugeuse.

La cytocentrifugation s'emploie avec des volumes de liquide qui ne dépassent jamais 1 ml et même, parfois, avec quelques gouttes seulement. La cytocentrifugeuse est munie de cupules et non de tubes. La force centrifuge provoque le transfert des cellules contenues dans le liquide sur une lame attachée à l'extrémité de la cupule. Cet instrument permet un étalement circonscrit du matériel à examiner et offre habituellement un échantillonnage valable du prélèvement. Généralement, la cytocentrifugeuse est utilisée pour la majorité des liquides biologiques qui nécessitent un examen cytologique : les produits des lavages bronchiques, les liquides d'épanchement et même les liquides employés pour rincer des seringues ayant servi à la cytoponction. Afin d'assurer la qualité de l'échantillonnage, il y a souvent combinaison des deux techniques : d'abord la centrifugation, qui permet d'obtenir un culot, puis la cytocentrifugation de ce dernier, auquel est ajoutée, si nécessaire, une certaine quantité de solution de Saccomanno pour assurer la conservation du spécimen. Cette solution se prépare de la façon suivante :

1. **Solution mère de rifampicine**
   - 1 capsule de rifampicine commerciale dont la concentration est de 300 mg
   - 100 ml d'éthanol à 50 %

   Mélanger les ingrédients et les passer au mélangeur. Cette solution se conserve à la température ambiante. La rifampicine est un antibiotique.

2. **Solution de Saccomanno**
   - 429 ml d'eau distillée
   - 526 ml d'éthanol à 95 %
   - 25 ml de polyéthylène glycol au poids moléculaire d'environ 1540, de préférence
   - 20 ml de la solution mère de rifampicine

   Mélanger l'eau et l'éthanol, incorporer le polyéthylène glycol et mélanger; ajouter la rifampicine et bien mélanger. La solution de Saccomanno sert de liquide fixateur en cytologie. Elle se conserve à la température ambiante.

26.4 COLLECTE DES SPÉCIMENS

Les prélèvements cytologiques peuvent être effectués de différentes façons. En cytologie gynécologique, il est possible de prélever un spécimen à l'aide d'un écouvillon, ou de procéder par grattage, au moyen d'une spatule ou d'une cytobrosse, ou encore, par aspiration. Un spécimen non gynécologique est prélevé au moyen d'instruments et de techniques spécifiques aux sites concernés.

26.4.1 PRÉLÈVEMENTS GYNÉCOLOGIQUES

En cytologie gynécologique, le meilleur moment pour effectuer un prélèvement est la période d'ovulation. Cependant, la présence de glaire durant cette période peut causer problème. On enlève donc l'excès de cette substance à l'aide d'une tige montée de coton non absorbant, ou encore, avec une gaze stérile, avant de procéder au prélèvement.

Un prélèvement gynécologique est habituellement effectué en trois étapes : les prélèvements vaginal et cervical, réalisés au moyen d'une spatule, constituent les deux premières étapes alors que le prélèvement endocervical, obtenu à l'aide d'un écouvillon ou d'une cytobrosse, représente la troisième étape. En clinique, on parle de « Pap test » ou frottis VCE (vagin/col/endocol), lequel est étalé sur une seule lame. Des prélèvements de l'endomètre sont parfois effectués; dans ces cas, le médecin procède généralement par aspiration.

Les lésions épithéliales cancéreuses ou précancéreuses gynécologiques se développent habituellement à la jonction naturelle, au col utérin, de deux types d'épithéliums : l'épithélium pavimenteux stratifié, qui recouvre l'exocol, et l'épithélium glandulaire simple, qui tapisse l'endocol. Cette jonction pavimento-cylindrique est visible à l'œil nu et porte le nom de « zone de transformation ».

26.4.2 PRÉLÈVEMENTS NON GYNÉCOLOGIQUES

Les méthodes de prélèvement des spécimens pour examen cytologique varient en fonction de l'organe examiné et du type d'examen requis.

26.4.2.1 Prélèvements pulmonaires

Les différents types de prélèvements pulmonaires sont les expectorations, les aspirations bronchiques, les lavages bronchiques, les lavages bronchiolo-alvéolaires, les brossages bronchiques et les biopsies transthoraciques ou transbronchiques.

Dans le cas des expectorations, le prélèvement se fait idéalement le matin et à jeun. Le processus doit être accompli pendant trois matins consécutifs. Le patient doit cracher dans un bocal contenant environ 30 ml d'éthanol à 70 % et il faut bien agiter le récipient après chaque expectoration. L'échantillon peut être conservé à la température ambiante ou au réfrigérateur. En ce qui concerne l'étalement du spécimen, on peut procéder par étalement direct sur une lame de verre ou utiliser la méthode de Saccomanno. Cette méthode comprend les étapes suivantes :

- agiter le mélange spécimen-éthanol dans un mélangeur (*blender*) pendant environ 15 minutes, puis en verser 15 ml dans un tube;
- centrifuger pendant 10 minutes à une vitesse de 1 500 tr/min, puis décanter le surnageant;
- à l'aide du vortex, mettre de nouveau les cellules en suspension et déposer une goutte de ce liquide sur une lame de verre;
- étaler la goutte en faisant glisser une deuxième lame par-dessus la première. Le liquide se disperse alors sur les deux lames par capillarité;
- fixer au *cytospray*, un mélange à base d'alcool isopropylique et de polyéthylène glycol ou à base d'éthanol, de formaldéhyde et d'acide acétique glacial. Ce produit permet d'obtenir des lames prêtes pour la coloration (voir la section 26.7).

Le matériel cellulaire obtenu au cours d'une bronchoscopie par aspiration, lavage bronchique ou lavage bronchiolo-alvéolaire doit être envoyé rapidement au laboratoire de cytologie, où il est préparé selon des procédés techniques propres à ce laboratoire.

Le brossage bronchique nécessite la confection de frottis. Pour ce faire, il faut étaler délicatement le spécimen sur la lame au moyen de la brosse et le fixer avec le *cytospray* ou dans l'éthanol à 95 %. Il est également possible de procéder à l'étalement de façon indirecte. Il faut d'abord immerger la brosse dans l'éthanol à 50 % ou dans une solution saline, en l'agitant pour libérer les cellules. Puis centrifuger la solution, la décanter et faire un frottis à partir du culot. Il suffit alors de fixer le frottis dans l'éthanol à 95 % et de procéder à la coloration (voir la section 26.7).

Les biopsies transthoraciques sont généralement pratiquées par un médecin au moyen d'une aiguille fine dont le calibre peut varier et à l'aide d'un guidage radiologique. Le matériel obtenu est étalé sur une lame de verre et fixé au *cytospray* ou à l'éthanol à 95%.

26.4.2.2 Prélèvements du tube digestif

L'œsophage et l'estomac sont les deux principaux segments du tube digestif qui présentent un intérêt particulier en cytologie, bien que l'étude du côlon et du rectum puisse également être pertinente. Les prélèvements de l'appareil digestif supérieur sont exécutés par brossage, par lavage ou par cytoponction. Les prélèvements de l'appareil digestif inférieur, quant à eux, sont faits par endoscopie. En général, le matériel obtenu est déposé dans un bocal et envoyé rapidement au laboratoire pour subir un traitement approprié. Lorsqu'il y a brossage ou cytoponction, il est possible d'étaler le matériel cellulaire directement sur une lame de verre et de le fixer au *cytospray* avant de l'acheminer au laboratoire de cytologie.

26.4.2.3 Prélèvements des voies urinaires

L'analyse cytologique des voies urinaires est habituellement effectuée sur des spécimens d'urine obtenus par miction spontanée ou par sondage évacuateur. L'urine prélevée est concentrée par centrifugation ou, selon le centre hospitalier, par filtration. Si l'analyse n'est pas réalisée dans un court délai, il faut conserver le spécimen au réfrigérateur. La cytopréparation des urines est généralement accomplie grâce à la centrifugation et à la cytocentrifugation de celle-ci. Les spécimens étalés sur lames sont fixés au *cytospray* avant la coloration.

26.4.2.4 Prélèvements de liquides d'épanchement

Les cavités corporelles contiennent toujours une certaine quantité de liquide destiné à la lubrification. Lorsqu'il y a accumulation excessive de liquide à ces endroits, il est alors question de liquide « d'épanchement ». Ce type d'accumulation peut se produire dans la cavité pleurale, la cavité abdominale, la cavité péricardique ou encore la cavité synoviale des articulations; un épanchement de liquide dans la cavité abdominale s'appelle aussi « ascite ».

Le prélèvement se fait par aspiration au moyen d'une seringue et le liquide ainsi obtenu est versé dans un bocal, puis envoyé au laboratoire pour y subir une centrifugation et une cytocentrifugation. Il peut arriver, au cours de ces manipulations, que des caillots de fibrine se forment. Il est possible d'inclure ces caillots à la paraffine en même temps que le culot du spécimen; l'amas de matériel ainsi rassemblé en vue de l'analyse microscopique porte le nom de « bloc cellulaire ». Celui-ci est traité selon la procédure histotechnologique habituelle : circulation, enrobage, coupe au microtome, coloration et montage. Ultérieurement, il est possible d'utiliser le bloc cellulaire pour réaliser des colorations spéciales et des techniques d'immunocytochimie qui visent à spécifier le type de lésion.

26.4.2.5 Prélèvements du sein

Certains états pathologiques sont accompagnés d'écoulements mammaires qui peuvent être recueillis et étalés sur des lames sous forme de frottis directs, puis sont fixés au *cytospray* pour être examinés au microscope après coloration. On peut aussi prélever du matériel cellulaire provenant de kystes ou de nodules découverts sur le sein en procédant par cytoponction à l'aiguille fine. Ce matériel peut être étalé sous forme de frottis et fixé au *cytospray*, ou déposé dans un bocal et envoyé au laboratoire de cytologie pour subir une cytocentrifugation.

26.4.2.6 Prélèvements de liquide céphalorachidien

Le liquide céphalorachidien est prélevé par ponction lombaire. Il contient habituellement peu de cellules et doit également servir à des examens dans d'autres domaines que la cytologie, comme le décompte cellulaire en hématologie et la culture en microbiologie. Le spécimen doit donc être séparé en trois portions dans un environnement stérile. La portion servant à l'étude cytologique est d'abord centrifugée, puis cytocentrifugée.

26.4.2.7 Cytoponction

La cytoponction est souvent employée pour effectuer le diagnostic ou le suivi de lésions cancéreuses sur plusieurs organes, tels les glandes salivaires, les ganglions, le pancréas et la thyroïde. Cette méthode de prélèvement à l'aiguille fine permet d'obtenir du matériel cellulaire de qualité, sans intervention chirurgicale majeure. Elle peut aussi bien être pratiquée au bureau du médecin qu'en clinique, en salle de radiographie ou en salle d'échographie. Grâce à cette méthode de prélèvement, il est maintenant possible d'examiner sans intervention chirurgicale des organes autrefois inaccessibles par les voies naturelles et d'obtenir un cytodiagnostic souvent très appréciable pour établir un diagnostic clinique de la maladie ou pour traiter celle-ci. Le matériel cellulaire ainsi obtenu est habituellement étalé sur des lames de verre et fixé au *cytospray*.

26.5 ÉTALEMENT DES FROTTIS

La confection de frottis cause parfois des problèmes et la technique varie en fonction du type de prélèvement et de spécimen. Dans le cas des prélèvements effectués par contact direct, comme les grattages, l'étalement se fait directement sur une lame de verre. Lorsqu'il y a cytoponction, le matériel recueilli est déposé délicatement sur une lame de verre, puis étalé. Par contre, certains types de spécimens exigent une manipulation spéciale : les spécimens riches en mucus ou en globules rouges, ceux qui contiennent des protéines ou des lipides, ou encore ceux qui ne sont pas suffisamment concentrés.

Le mucus nuit à l'adhésion des cellules à la lame et rend difficile la manipulation des spécimens. Il est possible d'éviter ce problème en traitant les spécimens riches en mucus avec des agents mucolytiques doux comme la sputolysine, qui n'altère pas la morphologie des cellules.

Si le matériel prélevé contient trop de globules rouges, ces derniers peuvent nuire à l'observation des cellules. Il est possible de les hémolyser en employant une solution aqueuse d'éthanol à 30 % avant la solution d'éthanol à 70 %, ou en ajoutant quelques gouttes d'acide acétique glacial à l'étape de la première centrifugation.

La présence de protéines dans les spécimens favorise généralement l'adhésion des cellules à la lame. Dans le cas des spécimens qui ne renferment pas de protéines, il est possible de faciliter l'adhésion des cellules à la lame grâce à l'emploi de lames chargées ioniquement ou d'une solution adhésive, la solution APES.

Préparation de la solution APES à 2 %

- 2 ml de solution 3-aminopropyl-triéthoxy-silane
- 100 ml de méthanol à 100 %

Confection des lames :

- Tremper les lames dans la solution APES pendant 1 minute
- plonger à cinq reprises dans le méthanol à 100 %
- plonger à cinq reprises dans l'eau distillée
- laisser sécher pendant une douzaine d'heures à 37 °C

Il faut préparer cette solution immédiatement avant usage, car elle ne se conserve pas. Généralement, 100 ml de cette solution permettent la préparation de 100 lames. L'APES laisse sur la lame une pellicule gélatinisée qui améliore l'adhésion des cellules.

Les spécimens obtenus par lavage ou qui sont dilués, ont avantage à subir une centrifugation ou une cytocentrifugation, ou les deux. La technique de centrifugation présentée ici est tirée de Lemay et coll. (2000) :

- d'abord mélanger l'échantillon au mélangeur, puis retirer la fibrine, s'il y a lieu, et centrifuger tout le matériel cellulaire dans un ou deux tubes pendant 10 minutes, à une vitesse de 1 500 ou 1 700 tr/min;
- l'obtention du culot permet la confection immédiate de frottis ou le prolongement du traitement avec une cytocentrifugation;

– fixer ensuite au *cytospray* et procéder à la coloration (voir la section 26.7).

Si l'échantillon contient du sang, il faut ajuster le volume du culot à 0,8 ml avec de la saline et ajouter 2 gouttes d'acide acétique glacial, puis mélanger et procéder à la confection du frottis. Fixer au *cytospray* et procéder à la coloration telle que décrite à la section 26.7.

26.6 FIXATION

Dans tous les cas, la fixation est une étape essentielle à l'obtention de frottis convenables. Papanicolaou utilisait un mélange composé de quantités égales d'éther et d'éthanol à 95 %. L'éther présente des inconvénients en raison de sa volatilité et de son inflammabilité; c'est pourquoi aujourd'hui, dans la majorité des laboratoires, on travaille uniquement avec l'éthanol, à 95 % ou à 70%, ou encore, avec un fixatif spécialement préparé pour les frottis cytologiques. Voici la méthode de préparation de deux de ces produits. Le premier est un mélange de 25 ml de propylène glycol concentré et de 75 ml d'éthanol à 70 %. Il suffit de le verser dans une bouteille munie d'un vaporisateur et d'en humecter les frottis dès leur confection. L'autre mélange porte le nom de « liquide de Davidson » et se compose de 30 ml d'éthanol à 95 %, de 20 ml de formaldéhyde commercial, de 10 ml d'acide acétique glacial et de 30 ml d'eau distillée. Dans ce cas-ci, il faut immerger les frottis dans le mélange pendant une période de 4 à 24 heures. Cependant, l'utilisation de lames chargées ioniquement est nécessaire puisque ce liquide ne peut servir d'agent adhésif pour les cellules.

Les frottis cellulaires ne doivent pas sécher, car les cellules perdent alors leurs caractéristiques morphologiques. Comme les frottis gynécologiques sont souvent effectués dans des bureaux privés ou des cliniques médicales avant d'être expédiés au laboratoire, il faut prendre des mesures préventives pour éviter leur dessiccation au cours du transport. Puisqu'il est impossible de transporter les lames dans un bain de liquide fixateur, on fixe les frottis au moment du prélèvement avec l'une des formes de *cytospray* sur le marché. Quant à l'expédition des lames, il suffit de les placer dans un contenant de carton ou de plastique spécialement fabriqué à cette fin.

Les spécimens non gynécologiques sont généralement prélevés au centre hospitalier. Lorsqu'il s'agit de liquides corporels, ces derniers sont rapidement envoyés au laboratoire à la suite du prélèvement, enfermés dans un bocal auquel on ajoute parfois de l'éthanol à 70 %. Ils subissent alors le traitement nécessaire qui permettra d'étaler le matériel cellulaire sur une lame. Par contre, les spécimens non gynécologiques prélevés par cytoponction sont habituellement étalés sur lame dès le prélèvement, puis immédiatement fixés avec un fixateur en aérosol avant d'être envoyés au laboratoire.

26.7 COLORATION DES FROTTIS

La méthode de choix pour colorer des frottis cytologiques est celle de Papanicolaou. Il est possible d'employer diverses variantes selon les conditions particulières du laboratoire, mais toutes se conforment au principe de base. Il s'agit d'une méthode de coloration polychrome. Les spécimens gynécologiques et non gynécologiques sont colorés séparément afin d'éviter la contamination cellulaire. Il est recommandé de colorer les frottis gynécologiques en premier, de poursuivre avec les cytoponctions, puis de traiter en même temps les expectorations, les brossages et les lavages bronchiques et gastriques, pour terminer avec la coloration des liquides biologiques, ces derniers étant plus susceptibles de contaminer les bains de coloration.

26.7.1 PRINCIPE DE LA MÉTHODE DE PAPANICOLAOU

Cette méthode comprend trois étapes de base. Il faut d'abord colorer les noyaux à l'hématoxyline de Harris, qui peut être utilisée progressivement ou régressivement selon le cas. La deuxième étape consiste à colorer les cytoplasmes à l'aide d'une solution alcoolique d'orange G et d'acide phosphotungstique, colorant qui porte le nom d'OG-6. En plus de colorer les cytoplasmes, cette substance permet de mettre en évidence la kératine, s'il y a lieu. La troisième étape consiste également à colorer les cytoplasmes, cette fois-ci à l'aide d'un mélange d'éosine Y, de vert lumière SF, de brun de Bismarck Y (voir la figure 26.1), d'acide phosphotungstique et de carbonate de lithium en solution alcoolique. Les quantités de ces ingrédients peuvent varier selon la solution utilisée

(EA 36, EA 50, EA 65) et il est possible d'observer des écarts dans les résultats obtenus. En règle générale, les cellules dont le cytoplasme est acidophile, comme les cellules superficielles, prennent des teintes rosées alors que celles dont le cytoplasme est basophile, comme les cellules profondes, prennent des teintes bleutées. L'emploi des colorants cytoplasmiques en solution alcoolique semble donner une transparence particulière aux cellules.

L'orange G est un colorant anionique utilisé dans la méthode de Papanicolaou. Dans certaines méthodes trichromiques, il est employé en solution alcoolique pour la coloration des érythrocytes; il sert également à mettre en évidence les cellules sécrétrices du pancréas et de la glande pituitaire (voir la section 14.1.2.2.3 et la figure 14.14).

L'éosine est soluble à la fois dans l'eau et dans l'alcool et il s'agit d'un bon colorant du cytoplasme et du tissu conjonctif (pour un complément d'information sur ce colorant, voir la section 13.1.3 et la figure 13.1).

Le vert lumière SF est décrit à la section 14.1.2.2.1 d et à la figure 14.11, alors que la fiche descriptive de l'hématoxyline est présentée à la section 10.5.1.1.

Le brun de Bismarck était fréquemment utilisé par le passé, mais son usage a diminué avec le temps. Il s'agit d'un produit métachromatique qui colore les mucines en jaune. La coloration de ces substances au vert lumière est suffisamment précise pour mettre en évidence l'information recherchée à l'aide de la méthode de Papanicolaou.

26.7.2 MÉCANISME D'ACTION DES DIFFÉRENTS COLORANTS

Dans la méthode de Papanicolaou, les cytoplasmes se colorent en rose sous l'action de l'éosine, un colorant anionique qui forme des liaisons sel suivies d'absorption avec les structures cationiques cytoplasmiques. Le mucus prend une teinte vert pâle sous l'action du vert lumière, un triphénylméthane anionique qui possède des propriétés amphophiles grâce à la présence

Figure 26.1 : **FICHE DESCRIPTIVE DU BRUN DE BISMARCK**

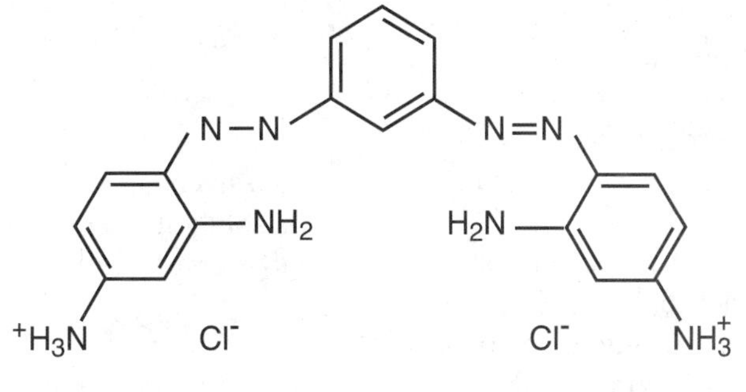

N—N N=N NH$_2$ H$_2$N $^+$H$_3$N Cl$^-$ Cl$^-$ NH$_3^+$

Structure chimique du brun de Bismarck

Nom commun	Brun de Bismarck	Solubilité dans l'eau	Jusqu'à 1,36 %
Nom commercial	Brun de Bismarck Y	Solubilité dans l'éthanol	Jusqu'à 1,08 %
Autre nom	Brun de Manchester	Absorption maximale	463 nm
Numéro de CI	21000	Couleur	Brun
Nom du CI	Brun basique 1	Formule chimique	$C_{18}H_{20}N_8Cl_2$
Classe	Diazoïque	Poids moléculaire	419,3
Type d'ionisation	Cationique		

de deux auxochromes cationiques, CH_2 qui, en solution, deviennent du CH^+. Ces auxochromes sont alors en mesure de se lier aux chromotropes tissulaires anioniques présents dans les mucines et de colorer celles-ci métachromatiquement, probablement grâce à la formation de liaisons hydrogène; les mucines prennent une coloration bleu-vert. Par conséquent, la présence du brun de Bismarck dans les solutions colorantes est facultative. Dans le cas de la kératine, structure acidophile, elle est mise en évidence grâce à l'orange G. La chromatine se colore en bleu à la suite d'une formation de liens sel entre les structures anioniques de la chromatine et des cations de la laque d'hématoxyline aluminique de Harris.

Une fois les noyaux colorés, les petits anions de l'orange G pénètrent dans toutes les structures acidophiles non colorées. Ce colorant s'unit aux protéines seulement lorsqu'il est dissous dans une solution dont le *p*H est inférieur à 3,0. Les petits ions de l'éosine et les gros ions du vert lumière entrent en compétition avec les ions de l'orange G au niveau des cytoplasmes pour déloger ces derniers, mais comme ils n'ont aucun effet sur la kératine, cette structure demeure colorée en orangé.

Les globules rouges que colore intensément l'éosine au cours de la méthode à l'hématoxyline et à l'éosine prennent une teinte rose orangé dans la méthode de Papanicolaou, probablement en raison d'une compétition assez grande entre ces deux colorants, l'orange G et l'éosine, qui ne favorise aucun des deux.

Le *p*H qui favorise au maximum la compétition entre l'éosine et le vert lumière est de 6,5. Le *p*H de chaque solution est déterminé par la quantité d'acide phosphotungstique présent dans la solution. Il est possible de remplacer cet acide par l'acide chlorhydrique, mais il y a une certaine atténuation des nuances dans les colorations et certains colorants perdent même une bonne partie de leur sélectivité. L'acide phosphotungstique possède une molécule de taille intermédiaire et il semble jouer un rôle dans l'extraction de grosses molécules colorantes, comme celles du vert lumière, qui pénètrent le cytoplasme de plusieurs cellules. En fait, il semble jouer le rôle d'un agent différenciateur.

26.7.3 MÉTHODE DE PAPANICOLAOU

Pour cette méthode de coloration, il est préférable que les frottis soient fixés à l'aide d'un fixateur commercial, le *cytospray*.

26.7.3.1 Préparation des solutions

1. **Solution d'hématoxyline de Harris**

   Voir la section 12.6.2 pour la préparation de la solution

2. **Solution d'hydroxyde d'ammonium à 0,125 %**
   - 1,25 g d'hydroxyde d'ammonium
   - 1 litre d'eau distillée

3. **Solution d'orange G à 10 %**
   - 10 g d'orange G
   - 100 ml d'eau distillée

4. **Solution d'orange G et d'acide phosphotungstique (OG-6)**
   - 50 ml d'orange G à 10 % en solution aqueuse (voir la solution n° 3)
   - 950 ml d'éthanol à 95 %
   - environ 0,15 g d'acide phosphotungstique

   Le *p*H de la solution doit se situer entre 2,0 et 2,8. Il faut ajouter l'acide phosphotungstique progressivement en vérifiant constamment le *p*H de la solution. Environ 0,15 g d'acide est nécessaire pour obtenir le *p*H désiré.

5. **Solution de vert lumière à 2 %**
   - 2 g de vert lumière SF
   - 100 ml d'eau distillée

6. **Solution de vert lumière à 0,05 %**
   - 25 ml de vert lumière à 2 % (solution n° 5)
   - 975 ml d'éthanol à 95 %

7. **Solution de brun de Bismarck à 0,5 %**
   - 0,5 g de brun de Bismarck
   - 100 ml d'éthanol à 95 %

8. Solution d'éosine à 0,5 %

- 0,5 g d'éosine Y
- 100 ml d'éthanol à 95 %

9. Solution EA-65

- 450 ml de vert lumière à 0,05 % (solution n° 6)
- 100 ml de brun de Bismarck à 0,5 % (solution n° 7)
- 450 ml d'éosine à 0,5 % (solution n° 8)
- 6 g d'acide phosphotungstique

Cette solution a un *p*H qui oscille autour de 4,6. Afin d'obtenir de bons résultats, le *p*H de cette solution doit être autour de 6,5. Il faut donc ajouter, très lentement, du carbonate de lithium en cristaux jusqu'à l'obtention du *p*H désiré.

10. Solution d'éthanol-toluol (ou éthanol-xylol)

- 1 volume d'éthanol à 100 %
- 1 volume de toluol (ou de xylol)

26.7.3.2 Coloration de Papanicolaou

MODE OPÉRATOIRE

1. Laver les frottis dans une solution d'éthanol à 95 % pendant au moins 20 minutes pour enlever les enduits de fixation, le *cytospray*;
2. commencer l'hydratation en plongeant les frottis à 10 reprises dans un bain d'éthanol à 80 %; si la technique est automatisée, les laisser dans l'éthanol pendant 10 secondes; poursuivre l'hydratation en répétant cette procédure dans l'éthanol à 70 %, puis dans l'éthanol à 50 %; compléter l'hydratation en laissant les coupes dans un bain d'eau distillée pendant 10 secondes;
3. immerger les frottis dans la solution d'hématoxyline de Harris pendant 5 minutes; si la technique est automatisée, les immerger pendant 2 minutes 30 secondes; rincer à l'eau courante jusqu'à l'absence de colorant s'échappant des frottis, ce qui équivaut à plonger les frottis dans l'eau à 20 reprises ou, si la technique est automatisée, à les laisser dans l'eau pendant 10 secondes;
4. plonger les frottis à 10 reprises dans un bain d'éthanol à 50 %; si la technique est automatisée, les laisser dans l'éthanol pendant 10 secondes;
5. bleuir dans la solution d'hydroxyde d'ammonium à 0,125 % pendant 1 minute;
6. alcooliser lentement les frottis en les plongeant à 10 reprises dans l'éthanol à 70 %; si la technique est automatisée, les laisser dans l'éthanol pendant 10 secondes; répéter cette procédure dans l'éthanol à 80 %, puis dans l'éthanol à 95 %;
7. immerger les frottis dans la solution d'orange G et d'acide phosphotungstique pendant 1 minute;
8. procéder à un premier rinçage en plongeant les frottis à 10 reprises dans un bain d'éthanol à 95 %; si la technique est automatisée, les laisser dans l'éthanol pendant 10 secondes; répéter cette procédure deux fois dans deux autres bains d'éthanol à 95 %;
9. immerger les frottis dans la solution EA-65 pendant 3 minutes; si la technique est automatisée, les immerger pendant 2 minutes 30 secondes;
10. rincer les frottis en les plongeant à 10 reprises dans un bain d'éthanol à 95 %; si la technique est automatisée, les laisser dans l'éthanol pendant 20 secondes; répéter cette procédure 2 fois dans deux autres bains d'éthanol à 95 %;
11. compléter la déshydratation en plongeant les frottis à 10 reprises dans un bain d'éthanol à 100 %; si la technique est automatisée, les laisser dans l'éthanol pendant 10 secondes; répéter cette procédure dans un autre bain d'éthanol à 100 %;
12. plonger les frottis à 10 reprises dans un bain de transfert d'éthanol-toluol; si la technique est automatisée, les laisser pendant 10 secondes dans l'éthanol-toluol;

13. éclaircir dans du xylol ou du toluol et monter avec une résine synthétique permanente comme l'Eukitt ou le DPX.

RÉSULTATS

- Les noyaux se colorent en bleu sous l'action de la laque d'hématoxyline aluminique de Harris;
- le nucléole se colore en bleu ou rouge sous l'effet de l'hématoxyline de Harris;
- le cytoplasme des cellules profondes prend une teinte bleu-vert sous l'action du vert lumière;
- le cytoplasme des cellules superficielles prend une teinte rosée sous l'action de l'éosine;
- la kératine se colore en orange sous l'action de l'orange G;
- les globules rouges se colorent en rose orangé sous l'action combinée de l'orange G et de l'éosine.

26.7.3.3 Remarques

- La coloration nucléaire peut s'effectuer avec n'importe quel type d'hématoxyline aluminique. Cependant, il faut ajouter un bain de différenciation, comme un bain d'eau acidifiée par exemple, si la solution choisie est régressive.
- La durée des passages dans les différentes solutions colorantes peut varier d'un laboratoire à un autre selon l'équilibre que les cytologistes désirent obtenir.
- Le seul avantage du brun de Bismarck est sa capacité à colorer les inclusions lipidiques. Cependant, si la mise en évidence de ces inclusions est nécessaire, il est possible d'y parvenir en utilisant la coloration à l'huile rouge O (voir la section 16.3.3).
- Il faut renouveler régulièrement les solutions colorantes afin d'éviter toute contamination.
- Il faut filtrer les colorants et remplacer les bains de rinçage (à l'alcool et à l'eau) avant le début de chaque coloration.
- Entre les colorations, il faut mettre des couvercles sur les récipients afin d'éviter l'évaporation des solvants des solutions colorantes.
- Si le *p*H de l'eau courante n'est pas légèrement alcalin, il est préférable d'ajouter au mode opératoire un bain d'eau ammoniacale à 0,1 % afin de bleuir adéquatement l'hématoxyline.
- Il faut effectuer des analyses de coloration quotidiennes et faire évaluer celles-ci par des cytologistes, puis apporter les modifications nécessaires le jour même.

26.8 COLORATIONS SPÉCIALES

Outre la méthode de Papanicolaou, il existe plusieurs techniques de coloration des frottis cytologiques. Elles incluent la méthode au bleu de Prusse (voir la section 19.2.1.3.1), qui permet de mettre en évidence les sidérophages; la méthode à l'huile rouge O (voir la section 16.3.3), pour la mise en évidence des lipophages; la méthode de Grocott (voir la section 20.4.1), pour la mise en évidence des champignons et, plus particulièrement, du *pneumocystis carinii*; la méthode de Gram (voir la section 20.1.1), pour la mise en évidence des bactéries; l'acide périodique de Schiff (APS, voir la section 15.4.1.2), pour la mise en évidence de parasites; la méthode à l'hématoxyline et à l'éosine, qui agit comme coloration topographique; une coloration au Giemsa (voir la section 24.1.2), pour mettre en évidence les éosinophiles. Il est également possible de procéder à la mise en évidence de l'ADN en employant la réaction de Feulgen (voir la section 17.4) ou l'acridine orange (voir la section 17.7.1), ou encore, de mettre en évidence le bacille de Koch à l'aide de la méthode à l'auramine (voir la section 20.2.2). Pour toutes ces colorations spéciales, il est toujours préférable de faire deux frottis avec chaque échantillon.

26.9 CHROMATINE SEXUELLE

Chez la femme, les deux chromosomes sexuels sont des chromosomes X, alors que chez l'homme, on retrouve un chromosome X et un autre Y. La chromatine sexuelle, ou corps de Barr, se situe dans les noyaux des cellules de la femme : il s'agit d'un chromosome X hétéropicnotique. Les corps de Barr sont riches en ADN et, par conséquent, toutes les méthodes histochimiques qui permettent de mettre en évidence ces cellules peuvent servir à déceler la présence de corps de Barr. Ainsi, la réaction de Feulgen, la coloration à la gallocyanine, celle au bleu de toluidine tamponné à *p*H 4,2 et celle à l'azur A sont préconisées selon les modalités présentées au chapitre 17.

Le frottis buccal est un moyen simple de déterminer très rapidement s'il y a présence d'un nombre anormal de chromosomes sexuels. Il s'agit d'un prélèvement indolore et peu coûteux, qui s'effectue à l'aide d'une spatule d'Ayre. Une fois que le patient s'est rincé la bouche avec de l'eau, on prend sa joue entre l'index et le pouce (l'index à l'intérieur de la bouche, le pouce à l'extérieur). En poussant la spatule avec le pouce, on gratte la muqueuse près de la molaire et on essuie ce qu'on a recueilli sur la spatule. On recommence et, cette fois-ci, on étale sur une lame le matériel recueilli, et on le vaporise au *cytospray*. Il faut obtenir au moins deux lames pour chaque côté de la bouche.

Comme le chromosome Y est beaucoup plus fluorescent que le chromosome X, on le met en évidence à l'aide de la quinacrine fluorescente.

Chez une femme normale, il doit y avoir un corps de Barr par cellule; il est possible de distinguer le corps de Barr dans 15 à 30 % de ses cellules. Chez un homme normal, on devrait pouvoir repérer le corps de Barr dans 0 à 3 % des cellules, au maximum.

26.9.1 MÉTHODE AU VIOLET DE CRÉSYL

Le mécanisme d'action n'est pas bien connu mais, selon une très grande majorité d'auteurs, il semble que le colorant cationique forme des liaisons sel avec les acides nucléiques. Les frottis sont fixés avec de l'éthanol à 95 %.

26.9.1.1 Préparation des solutions

1. Solution de violet de crésyl à 1 %

- 1 g de violet de crésyl
- 100 ml d'eau distillée

Dissoudre le violet de crésyl dans l'eau et filtrer avant usage. Pour un complément d'information sur ce colorant, voir la section 20.3.3 ainsi que la figure 20.4.

2. Solutions d'éthanol à 50 %, à 70 %, à 95 % et à 100 %

- Préparer ces solutions avec de l'éthanol à 100 % et de l'eau distillée

26.9.1.2 Coloration au violet de crésyl pour les chromosomes X

MODE OPÉRATOIRE

1. Hydrater les frottis en les plongeant à 10 reprises dans l'éthanol à 70 %, puis à 10 autres reprises dans l'éthanol à 50 %; laisser reposer dans un premier bain d'eau distillée pendant 5 minutes; terminer l'hydratation dans un second bain d'eau distillée pendant 5 minutes;
2. colorer pendant 10 minutes dans la solution de violet de crésyl à 1 % maintenue à la température ambiante;
3. laver les frottis en les plongeant à 10 reprises dans un bain d'éthanol à 95 %, répéter cette procédure dans un second bain d'éthanol à 95 %;
4. déshydrater complètement en plongeant les frottis à 10 reprises dans un bain d'éthanol à 100 %; répéter cette procédure dans un second bain d'éthanol à 100 %;
5. éclaircir en plongeant les frottis à 10 reprises dans un bain de xylène, puis 10 autres fois dans un second bain de xylène;
6. monter avec une résine synthétique permanente comme l'Eukitt ou le DPX.

RÉSULTATS

- Les corps de Barr se colorent en bleu violacé sous l'effet du violet de crésyl acétate;
- les autres éléments tissulaires prennent divers tons de bleu violacé.

26.9.1.3 Remarques

- Dans le cas du violet de crésyl vendu par la compagnie BDH, il est nécessaire d'immerger les frottis 15 fois au lieu de 10.
- Remplacer le violet de crésyl par le bleu de toluidine permet d'obtenir des résultats similaires mais, en plus, les éléments qui renferment des chromotropes se colorent en rouge grâce au mécanisme de la métachromasie.

26.9.2 MÉTHODE À L'ORCÉINE ACÉTIQUE

L'orcéine, en solution aqueuse acidifiée à l'acide acétique, se prête bien à la coloration des chromosomes. L'orcéine a un caractère anionique. Le mécanisme d'action semble reposer sur le fait que la solution colorante possède un *p*H suffisamment acide pour oxyder les groupements sulfures présents à la surface des acides nucléiques en résidus sulphydriles (S-S), qui réagissent ensuite avec l'orcéine (voir la section 10.5.1.3). Avant de procéder à la coloration des frottis, il faut les fixer dans l'éthanol à 95 % pendant 15 minutes.

26.9.2.1 Préparation de la solution d'orcéine acidifiée

- 5 g d'orcéine;
- 225 ml d'acide acétique glacial, tiède;
- 275 ml d'eau déminéralisée.

Mettre l'acide acétique glacial dans un ballon et placer celui-ci dans un bain-marie à une température qui varie de 80 °C à 85 °C; attendre que l'acide atteigne cette température. Retirer du bain-marie et ajouter l'orcéine en agitant rapidement le ballon, ce qui facilite la dissolution du colorant. Ajouter ensuite l'eau déminéralisée, toujours en agitant le ballon. Fermer celui-ci hermétiquement et le laisser refroidir en le plaçant sous un filet d'eau courante froide.

26.9.2.2 Coloration à l'orcéine acétique pour les chromosomes X

MODE OPÉRATOIRE

1. Commencer l'hydratation en plongeant les frottis à 10 reprises dans une solution d'éthanol à 95 %; laisser tremper les frottis dans un bain d'éthanol à 70 % pendant 2 minutes, puis dans un bain d'éthanol à 50 % pendant 2 autres minutes;
2. compléter l'hydratation en plongeant les frottis à 10 reprises dans l'eau déminéralisée; répéter cette procédure dans deux autres bains d'eau déminéralisée;
3. colorer les frottis dans la solution d'orcéine acétique pendant 30 minutes;
4. laver les frottis en les plongeant à 10 reprises dans un bain d'eau déminéralisée; répéter la procédure dans deux autres bains d'eau déminéralisée;
5. commencer la déshydratation en plongeant les frottis pendant 1 seconde dans un bain d'éthanol à 95 %; poursuivre cette étape en les plongeant à 10 reprises dans un bain d'éthanol à 100 %; terminer la déshydratation en plongeant les frottis 10 autres fois dans un second bain d'éthanol à 100 %;
6. éclaircir en plongeant les frottis à 10 reprises dans un bain de xylène et répéter la procédure dans deux autres bains de xylène. Bien essuyer le dessous de la lame et monter avec une résine synthétique permanente comme l'Eukitt ou le DPX.

RÉSULTATS

- Les corps de Barr se colorent en rouge sous l'effet de l'orcéine;
- le reste des tissus et des cellules prend une teinte qui varie de rouge pâle à rose sous l'action de l'orcéine.

26.9.3 MÉTHODE DE KLINGER ET LUDWIG

Cette méthode est présentée uniquement à titre d'information complémentaire. Ses résultats sont comparables à ceux des techniques précédentes.

26.9.3.1 Préparation des solutions

1. **Solution d'acide chlorhydrique à 5 *N***
   - prendre la solution commerciale préparée à cette concentration
2. **Solution colorante saturée de thionine alcoolique**
   - 100 ml d'éthanol à 50 %
   - ajouter de la thionine jusqu'à saturation de la solution (entre 0,1 et 0,14 g)

   Pour un complément d'information sur la thionine, voir la section 25.4.4.3; la figure 25.4 présente la fiche descriptive de ce colorant.

3. **Solution tampon de Michælis à *p*H 5,7**

   – prendre la solution tampon de Michælis commerciale, qui est en fait du véronal-sodique-acétate de sodium-acide chlorhydrique

4. **Solution colorante de travail**

   – 40 ml de thionine alcoolique (solution n° 2)

   – 60 ml de solution tampon de Michælis (solution n° 3)

5. **Liquide fixateur de Davidson**

   – 30 ml d'éthanol à 95 %

   – 20 ml de formaldéhyde commercial

   – 10 ml d'acide acétique glacial

   – 30 ml d'eau distillée

26.9.3.2 Coloration de Klinger et Ludwig pour la chromatine sexuelle

MODE OPÉRATOIRE

1. Dans le cas des frottis et de la membrane embryonnaire mince, procéder à la fixation par un trempage variant de 30 minutes à 3 heures dans le liquide de Davidson. Pour la fixation des pièces de tissus, les laisser dans ce liquide pendant 4 à 24 heures; déshydrater, éclaircir et inclure à la paraffine, puis couper en sections de 5 µm; procéder au déparaffinage et à l'hydratation;
2. hydrolyser les coupes pendant 5 minutes dans la solution d'acide chlorhydrique à 5 *N* maintenue à la température ambiante; rincer avec soin à l'eau distillée;
3. colorer dans la solution colorante de travail pendant 15 à 60 minutes; laver à l'eau distillée plusieurs fois, puis à l'éthanol à 50 %;
4. différencier dans l'éthanol à 70 %, jusqu'à cessation de toute émission de nuages bleus émanant du tissu;
5. déshydrater dans un bain d'éthanol à 100 %, éclaircir avec un hydrocarbure benzidique et monter avec une résine permanente comme l'Eukitt ou le DPX.

RÉSULTATS

– La chromatine sexuelle se colore en bleu foncé et les autres chromosomes en bleu clair, sous l'effet de la thionine;

– les cytoplasmes demeurent généralement incolores;

– la fibrine et les mucines métachromatiques se colorent en rouge violacé, également sous l'effet de la thionine.

26.9.4 MÉTHODE À LA QUINACRINE FLUORESCENTE POUR LA MISE EN ÉVIDENCE DU CHROMOSOME Y

Comme avec les autres méthodes, les frottis doivent être fixés avec de l'éthanol à 95 % pendant au moins 1 heure. La quinacrine, dont la formule chimique est $C_{23}H_{30}ClN_3O.2HCl.2H_2O$, a un poids moléculaire de 508,9. Sur le marché, on la retrouve sous forme de cristaux jaune brillant. Elle est soluble dans l'eau, peu soluble dans l'éthanol, mais un peu plus dans le méthanol, et insoluble dans l'éther, le benzène et l'acétone. Soumise aux rayons UV, elle émet une couleur jaune si elle est en solution aqueuse. Sa structure chimique est la suivante :

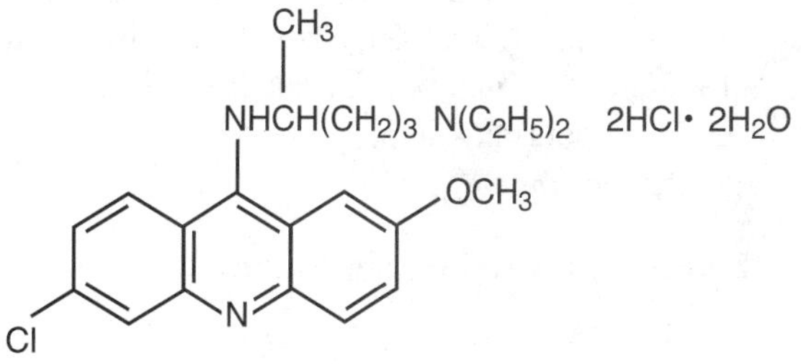

CH_3

$NHCH(CH_2)_3\ N(C_2H_5)_2\quad 2HCl \cdot 2H_2O$

OCH_3

N

Cl

Figure 26.2 : *Structure chimique de la quinacrine hydrochlorique.*

26.9.4.1 Préparation des solutions

1. **Solution de quinacrine à 5 %**

   – 5 g de quinacrine

   – 100 ml d'eau distillée

2. **Solution tampon phosphate et acide citrique à 0,01 mol/L**

   – prendre une solution commerciale à cette concentration

3. Solution d'acide citrique à 0,01 mol/L

- 1,92 g d'acide citrique à 0,1 mol/L
- 100 ml d'eau distillée
- dissoudre l'acide citrique dans l'eau

4. Solution de Na_2HPO_4 à 0,2 mol/L

- 2,84 g de Na_2HPO_4
- 100 ml d'eau distillée

5. Solution tampon acide citrique et phosphate à 0,01 mol/L, à *p*H 5,5

- 9 ml d'acide citrique à 0,01 mol/L (solution n° 3)
- 11 ml de Na_2HPO_4 à 0,2 mol/L (solution n° 4)
- 2 ml de tampon phosphate et d'acide citrique à 0,01 mol/L (solution n° 2)
- 48 ml d'eau distillée

Si le *p*H est supérieur à 5,5, on doit ajouter quelques gouttes d'acide chlorhydrique. On peut également ajouter quelques gouttes de chloroforme afin d'éviter la croissance microbienne. Cette solution tampon sert à la différenciation; par conséquent, il ne faut pas y faire séjourner les frottis pendant une période supérieure à 3 minutes, car il pourrait y avoir perte de la fluorescence du chromosome Y.

6. Solution de KH_2PO_4 à 0,1 mol/L

- 1,36 g de KH_2PO_4
- 100 ml d'eau distillée

7. Solution de Na_2HPO_4 à 0,1 mol/L

- 1,42 g de Na_2HPO_4
- 100 ml d'eau distillée

8. Solution tampon phosphate à 0,1 mol/L à *p*H 7,4

- 8 ml de KH_2PO_4 à 0,1 mol/L (solution n° 6);
- 42 ml de Na_2HPO_4 à 0,1 mol/L (solution n° 7);
- 450 ml d'eau distillée

Cette solution sert à alcaliniser les frottis, ce qui permet de stabiliser la fluorescence.

26.9.4.2 Coloration à la quinacrine fluorescente pour le chromosome Y

MODE OPÉRATOIRE

1. Hydrater les frottis dans un bain d'éthanol à 100 % pendant 3 minutes; répéter la procédure avec de l'éthanol à 95 %, puis à 80 %, à 70 % et à 50 %; laver dans un bain d'eau distillée pendant 3 minutes;
2. colorer les frottis dans la solution de quinacrine à 5 % pendant 5 minutes ou plus, si nécessaire;
3. rincer dans deux bains d'eau distillée pendant 3 minutes dans chaque bain;
4. différencier dans la solution tampon acide citrique et phosphate (solution n° 5) à *p*H 5,5 pendant exactement 3 minutes;
5. plonger les frottis dans deux bains de solution tampon phosphate à *p*H 7,4 pendant 3 minutes dans chaque bain;
6. procéder au montage avec du tampon phosphate à 0,1 mol/L à *p*H 7,4, et luter avec du vernis à ongles transparent, puis examiner en lumière UV.

RÉSULTAT

- La présence de points fluorescents uniques et bien définis, n'importe où dans le noyau de cellules mâles en interphase, indique la présence du chromosome Y.

26.10 RAPPEL SUR LA THÉORIE DE MARY LYON

À un stade précoce de l'embryogenèse, aussitôt après la nidation, l'un des deux chromosomes X du fœtus femelle devient inactif sur le plan génétique. Ce chromosome X est perçu comme un corps de Barr. Dans chaque cellule, l'inactivation se fait au hasard entre les chromosomes X paternel et maternel. Une fois ce choix fait dans une cellule, le même chromosome X sera inactif dans toutes les cellules qui proviendront de la première. Si une cellule anormale a trois chromosomes X, on observe alors deux corps de Barr puisqu'un seul chromosome X est actif.

26.11 PRÉPARATION ET COLORATION D'EMPREINTES

Il est possible d'évaluer la cellularité d'un spécimen histologique en appliquant sur une lame la partie fraîchement coupée de celui-ci. Cette procédure constitue « l'empreinte » du spécimen. L'information recueillie est purement cellulaire et ne permet pas d'analyser l'architecture du tissu.

Cette pratique est couramment employée pour des spécimens riches en cellules comme les ganglions lymphatiques. Elle est utile dans les cas urgents où des lésions malignes, particulièrement les carcinomes primaires ou secondaires, doivent être évaluées. De plus, la technique est simple.

TECHNIQUE DE PRÉPARATION ET DE COLORATION D'EMPREINTES

MODE OPÉRATOIRE

1. Presser fermement la partie fraîchement coupée du spécimen sur une lame chargée ioniquement ou traitée dans la solution APES (voir la section 26.5);
2. laisser sécher pendant 1 minute;
3. placer la lame dans un bain d'éthanol à 95 % pendant 30 secondes;
4. hydrater progressivement en passant dans de l'éthanol à 70 % puis à 50 %; rincer à l'eau distillée;
5. colorer les cellules avec la méthode à l'hématoxyline et à l'éosine (voir la section 13.1.5.2) ou la méthode de Papanicolaou (voir la section 26.7.3.2); c'est au pathologiste, ou au cytologiste, que revient cette dernière décision.

ÉTUDE DU SPERME

INTRODUCTION

En matière d'étude du sperme, les pratiques varient énormément d'un laboratoire à l'autre. Dans certains établissements, cette étude fait partie intégrante de l'histopathologie; dans d'autres, elle relève plutôt de la cytologie; ailleurs enfin, elle est pratiquée dans un petit local isolé des laboratoires. Voilà pourquoi l'étude du sperme fait l'objet d'un chapitre distinct dans le présent ouvrage.

Les deux principaux motifs qui peuvent être invoqués pour une demande de spermogramme sont les suivants : l'évaluation de la fertilité d'un homme et, à l'inverse, l'évaluation de l'infertilité post-vasectomie.

27.1 RAPPEL SUR LA SPERMATOGÉNÈSE

L'appareil génital mâle est constitué de quatre structures ou groupes de structures : les testicules, les tubes séminifères, les glandes accessoires et le pénis.

Le testicule est une glande endocrine ayant deux fonctions principales : produire la testostérone grâce aux cellules interstitielles, et fabriquer des spermatozoïdes de façon continue par la transformation des cellules germinales, appelées « spermatogonies » et situées dans les tubes séminifères. C'est dans l'épididyme, situé le long de chaque testicule, que les spermatozoïdes finissent leur maturation. En se contractant, l'épididyme expulse les spermatozoïdes matures dans le canal déférent où, à la jonction de celui-ci et de la vésicule séminale, les spermatozoïdes se mélangent au sperme.

27.1.1 SPERMATOZOÏDE

Les cellules germinales du testicule fabriquent constamment des spermatozoïdes. Le spermatozoïde, dont une des principales caractéristique est la mobilité, est une cellule constituée de trois parties : la tête, le col et la queue.

27.1.1.1 Tête

La tête mesure environ 5 µm de longueur. Elle est constituée du noyau et d'une coiffe céphalique, l'acrosome, formé à partir de l'appareil de Golgi.

L'acrosome est en quelque sorte un réservoir d'enzymes dont la fonction, au moment de la fécondation, semble être de dissoudre le cément intracellulaire qui lie les unes aux autres les cellules entourant l'ovule.

27.1.1.2 Col

Le col, situé immédiatement à la base du noyau, comprend, entre autres, une zone relativement courte dans laquelle se trouve le centriole proximal, qui joue un rôle dans l'initiation des mitoses de segmentation à l'intérieur du zygote, c'est-à-dire de l'ovule fécondé. Les mitochondries du spermatozoïde se concentrent dans le col où, grâce à la respiration cellulaire, elles fournissent au spermatozoïde l'énergie nécessaire à sa locomotion. Le col renferme en outre un centriole distal.

27.1.1.3 Queue

Tout de suite après le centriole distal commence la queue. On y distingue trois parties : la pièce intermédiaire, la pièce principale et la pièce terminale. La pièce intermédiaire mesure environ 7 µm de longueur sur 1 µm de diamètre, tout au plus. Elle commence après le col, et se termine par une structure circulaire appelée « annulus ». Son centre est constitué de deux microtubules simples entourés de neuf paires, ou doublets, de microtubules. L'ensemble des microtubules constitue le « filament axial » ou « filament interne ». Cette organisation est similaire à celle des composants d'un cil. La queue sert à la propulsion de la cellule.

La pièce principale mesure de 40 à 50 µm sur 0,5 µm de diamètre environ. Elle se compose des mêmes structures de base que la pièce intermédiaire.

La pièce terminale mesure de 5 à 7 µm de longueur. Elle ne comprend que le filament axial, dont le diamètre diminue rapidement, et la membrane plasmique.

27.1.2 ÉJACULAT

Le produit d'une éjaculation, ou éjaculat, dont le volume moyen est d'environ 3,5 ml, peut contenir jusqu'à 400 millions de spermatozoïdes en suspension. Dans un éjaculat normal, environ 99 % du volume est constitué de sperme et environ 1 % de spermatozoïdes. Le sperme produit par les vésicules séminales, la prostate et les glandes de Cowper se compose principalement de fructose, qui nourrit les spermatozoïdes, de substances pouvant neutraliser l'acidité normale du vagin et de liquide prostatique.

L'analyse et la description d'un éjaculat, sur le plan biologique, cellulaire et chimique se nomme « spermogramme ».

27.2 SPERMOGRAMME

Il est préférable que la collecte du sperme se fasse dans les locaux du laboratoire qui en fera l'analyse. Dans certaines circonstances, toutefois, il est acceptable que le patient recueille son sperme à domicile et l'apporte au laboratoire, pourvu que ce sperme soit maintenu à la température du corps pendant son transport et qu'il parvienne au laboratoire moins d'une heure après l'éjaculation. On demande habituellement au patient d'observer deux jours de continence avant de recueillir son sperme, afin que le volume de l'échantillon ainsi que le nombre de spermatozoïdes soient suffisants pour l'analyse.

La méthode de réalisation du spermogramme est différente selon qu'il s'agit d'évaluer la fertilité ou l'infertilité du sujet.

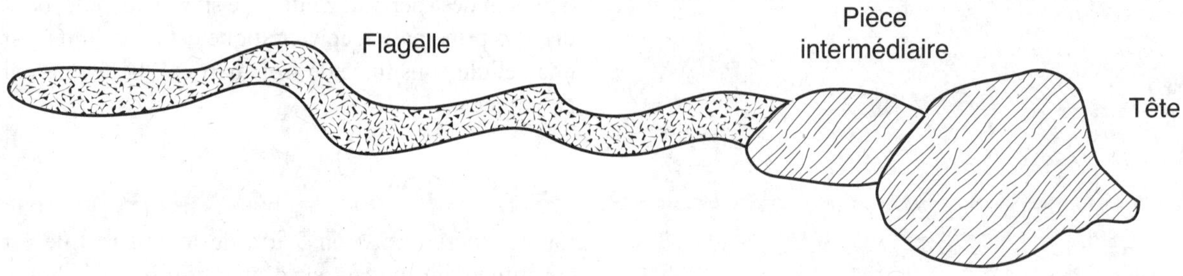

Figure 27.1 : *Représentation schématique d'un spermatozoïde.*

27.2.1 SPERMOGRAMME POUR UN CONTRÔLE DE VASECTOMIE

Cette analyse a pour objectif de vérifier la présence de spermatozoïdes dans le sperme du patient après la vasectomie.

MODE OPÉRATOIRE

1. Laisser le sperme se liquéfier à la température ambiante, ce qui peut prendre de 20 minutes à 2 heures;
2. transvider le sperme dans un tube conique de 15 ml; homogénéiser délicatement le sperme et noter le volume, le *p*H, l'apparence et le degré de liquéfaction (voir le tableau 27.2);
3. faire un frottis sur une lame chargée d'ions; fixer au moyen de *cytospray* (voir la section 26.3.2.1) pour examen microscopique;
4. faire un état frais, en mettant 1 goutte de sperme entre une lame et une lamelle; examiner au microscope optique à grossissement de 40 X; noter également la présence d'autres cellules ou substances;
5. si les résultats des examens microscopiques sont négatifs, centrifuger le sperme pendant 10 minutes à 1500 tr/min, décanter et examiner le culot au microscope;
6. s'il y a présence de spermatozoïdes, noter s'ils sont mobiles ou non; s'il y a plus de cinq spermatozoïdes par champ optique, en faire le décompte.

27.2.2 SPERMOGRAMME POUR L'ÉVALUATION DE LA FERTILITÉ

L'analyse du sperme en vue de l'évaluation de la fertilité consiste à faire une évaluation quantitative et qualitative d'un échantillon de sperme. Le processus se déroule en milieu stérile. L'évaluation de la fertilité se compose de deux tests : le test de mobilité et le test de survie des spermatozoïdes. Le test de mobilité sert à déterminer le taux de spermatozoïdes mobiles et le test de survie, le taux de spermatozoïdes vivants. Dans la présentation des résultats, le nombre de spermatozoïdes vivants est exprimé en pourcentage du total.

MODE OPÉRATOIRE

1. Laisser le sperme se liquéfier à la température ambiante, ce qui peut prendre de 20 minutes à 2 heures;
2. transvider le sperme dans un tube conique de 15 ml; homogénéiser délicatement le sperme et noter le volume, le *p*H, l'apparence et le degré de liquéfaction (voir le tableau 27.2);
3. faire un frottis sur une lame chargée d'ions; fixer au moyen de *cytospray* (voir la section 26.3.2.1) pour examen microscopique en vue d'étudier la morphologie des spermatozoïdes;
4. pour évaluer la mobilité, faire un état frais en mettant une goutte de sperme entre une lame et une lamelle de 24 sur 30 mm ou mettre 10 microlitres entre une lame et une lamelle de 22 sur 22 mm; examiner au microscope optique au grossissement 40 X; évaluer la mobilité des spermatozoïdes selon l'échelle suivante :
   - A = progression rapide
   - B = progression lente
   - C = agitation sans progression
   - D = immobilité

   Noter la présence d'autres composantes ainsi que l'agglutination;
5. faire une dilution de 1/20 de sperme en prenant 100 microlitres de sperme avec 1,9 ml de liquide immobilisant (voir la section 27.2.4, solution n° 1) dans un tube de 12 sur 95 mm. Procéder au décompte sur un hématimètre sous un microscope au grossissement de 16 X. Compter les spermatozoïdes contenus dans chaque portion de l'hématimètre et faire la moyenne;
6. pour évaluer la survie des spermatozoïdes, combiner 2 gouttes de sperme et 2 gouttes d'éosine en solution aqueuse à 1 % (voir la section 27.2.4, solution n° 2); bien mélanger au vortex, attendre 30 secondes, ajouter 2 gouttes de nigrosine en solution aqueuse à 10 % (voir la section 27.2.4, solution n° 3), mélanger au vortex et faire un frottis avec une goutte entre lame et lamelle; dénombrer les spermatozoïdes au microscope au grossissement de 40 X.

RÉSULTATS

- Les spermatozoïdes morts sont colorés en rouge sous l'action de l'éosine;
- les spermatozoïdes vivants résistent à la coloration et apparaissent en blanc.

Remarque sur la survie et la mobilité

- La nigrosine offre un fond noir afin qu'il soit possible de bien différencier les spermatozoïdes rouges des blancs.
- Si la différence entre les résultats du test de mobilité et ceux du test de survie est supérieure à 10 points de pourcentage, il sera nécessaire de procéder à de nouveaux tests, sur la base de 200 spermatozoïdes et non plus de seulement 100.

27.2.3 DÉCOMPTE DES SPERMATOZOÏDES AU MOYEN DE L'HÉMATIMÈTRE

L'hématimètre comporte deux parties. Chaque côté de l'hématimètre mesure 3 mm et est divisé en 9 carrés de 1 mm^2. Le carré du centre, divisé à son tour en 25 petits carrés, est utilisé pour le décompte, ou numération, des spermatozoïdes. Comme l'hématimètre mesure 0,1 mm d'épaisseur, pour un volume total de 0,1 mm^3, il suffit de multiplier par 10 le décompte de spermatozoïdes pour obtenir le nombre correspondant au volume de 1 mm^3.

Ainsi, pour calculer le nombre de spermatozoïdes par millilitre, on utilise la formule générale suivante :

$$\text{Nombre de spermatozoïdes} = \frac{1000 \times \text{nombre de spermatozoïdes comptés} \times \text{la dilution} \times 10}{\text{nombre de mm}^2\text{ comptés}}$$

Si la recherche est faite sans dilution et que le compte est fait sur les 25 carrés du centre de l'hématimètre, la formule suivante est alors utilisée : nombre de spermatozoïdes comptés X 10 000 / ml.

Si la dilution est de 1/20 et que le décompte est effectué dans les quatre carrés situés aux angles de l'hématimètre et dans celui du centre, on utilise la formule suivante : nombre de spermatozoïdes comptés X 1 000 000 / ml.

Si la recherche s'effectue avec une dilution de 1/20 et que le compte est fait dans les 25 petits carrés du centre uniquement, la formule est la suivante : nombre de spermatozoïdes X 200 000 / ml.

Le tableau 27.1 permet de mieux comprendre les différents facteurs utilisés dans les calculs présentés ci-dessus.

Tableau 27.1 DILUTION DE L'ÉCHANTILLON EN FONCTION DE LA CONCENTRATION DE SPERMATOZOÏDES.

Concentration de spermatozoïdes	Décompte	Dilution	Volume de diluant	Volume de sperme	Facteur d'ajustement
Très faible	très abaissé	sans objet	sans objet	1 goutte de l'échantillon pur	nombre* / 20
Faible	abaissé	1/10	180 microlitres	20 microlitres	nombre / 2
Normale	normal	1/20	190 microlitres	10 microlitres	nombre obtenu
Élevée	très élevé	1/40	390 microlitres	10 microlitres	nombre X 2
			195 microlitres	5 microlitres	

* Nombre de spermatozoïdes comptés dans les carrés de chacun des coins de l'hématimètre ainsi que celui du centre, pour un total de 5 carrés. Les résultats s'expriment en millions de spermatozoïdes par millilitre.

27.2.4 PRÉPARATION DES SOLUTIONS

1. **Solution immobilisante**
   - 15 g de bicarbonate de sodium
   - 3 g de phénol
   - 300 ml d'eau distillée

   Bien mélanger avant usage.

2. **Solution aqueuse d'éosine à 1 %**
   - 1 g d'éosine Y
   - 100 ml d'eau distillée

   Bien mélanger avant usage.

3. **Solution aqueuse de nigrosine à 10 %**
   - 10 g de nigrosine (ou noir acide n° 2, dont le CI est 50420)
   - 90 ml d'eau distillée

27.2.5 COLORATION DES SPERMATOZOÏDES PAR L'HÉMATOXYLINE ET L'ÉOSINE

Avec cette méthode de coloration de routine, la tête du spermatozoïde prend une teinte bleue sous l'action de l'hématoxyline aluminique et la queue, une teinte rouge sous l'effet de l'éosine.

27.2.5.1 Préparation des solutions

1. **Solutions d'éthanol à 95, 70 et 35 %**

   Éthanol à 95 %
   - 95 ml d'éthanol absolu
   - 5 ml d'eau distillée

   Éthanol à 70 %
   - 70 ml d'éthanol absolu
   - 30 ml d'eau distillée

   Éthanol à 35 %
   - 35 ml d'éthanol absolu
   - 65 ml d'eau distillée

   Éthanol à 80 %
   - 80 ml d'éthanol absolu
   - 20 ml d'eau distillée

2. **Solution d'hématoxyline de Harris**

   La préparation de cette solution colorante est décrite en détail à la section 12.6.2.

3. **Solution mère d'éosine à 1 % en solution alcoolique**

   La préparation de cette solution colorante est décrite en détail à la section 13.1.5.1, solution n° 6.

4. **Solution de travail d'éosine en solution alcoolique**

   La préparation de cette solution colorante est décrite en détail à la section 13.1.5.1, solution n° 7.

27.2.5.2 Coloration à l'hématoxyline et à l'éosine pour les spermatozoïdes

MODE OPÉRATOIRE

1. Hydrater progressivement les frottis en les plongeant à 10 reprises dans un bain d'éthanol à 95 %, à 10 reprises dans un bain d'éthanol à 70 % et à 10 reprises dans un bain d'éthanol à 35 %;
2. colorer dans la solution d'hématoxyline de Harris pendant 3 minutes; rincer à l'eau courante pendant 3 minutes;
3. déshydrater progressivement les frottis en les plongeant à 10 reprises dans un bain d'éthanol à 35 %; à 10 reprises dans un bain d'éthanol à 70 %, à 10 reprises dans un bain d'éthanol à 95 % et à 10 reprises dans un bain d'éthanol absolu;
4. contrecolorer les frottis en les plongeant à 4 ou 5 reprises dans la solution de travail d'éosine;
5. déshydrater, éclaircir et monter avec une résine synthétique permanente comme l'Eukitt.

RÉSULTATS

- La tête des spermatozoïdes se colore en bleu sous l'action de l'hématoxyline aluminique;
- la queue se colore en rouge sous l'action de l'éosine.

27.3 INTERPRÉTATION DES RÉSULTATS

L'interprétation d'un spermogramme est toujours délicate, car de très nombreux facteurs influencent la composition du sperme humain. Parmi ces facteurs, il y a, entre autres, le délai de continence, le mode de vie, la température du corps (en cas de fièvre, par exemple) la température ambiante, etc. Ainsi, avant de poser un diagnostic définitif, il est préférable de faire au moins trois spermogrammes à quelques semaines d'intervalle.

Chez un homme normal, on compte environ 100 millions de spermatozoïdes par millilitre, dont 60 % de forme normale. Généralement, 30 à 35 % du total des spermatozoïdes ont une anomalie au niveau de la tête et moins de 20 % en ont une au niveau de la queue ou de la pièce intermédiaire. Enfin, le taux de fructose dans le sperme se situe habituellement entre 1 et 5 g/L, ou 5,5 à 27,5 mmol/L.

Les diagnostics possibles comprennent l'azoospermie, l'oligospermie, la tératospermie et la pyospermie. L'azoospermie se définit par l'absence de spermatozoïdes. Elle peut être d'origine sécrétoire, comme dans les cas d'hypogonadisme hypothalamo-hypophysaire, de syndrome de Klinefelter, de séquelles d'orchite bilatérale ou de cryptorchidie. En outre, l'azoospermie peut être d'origine excrétoire, c'est-à-dire causée par une obstruction, congénitale ou au contraire acquise, comme chez les sujets ayant subi une vasectomie.

L'oligospermie se définit par un taux de spermatozoïdes inférieur à 20 millions par millilitre. L'ologoasthénospermie, pour sa part, se caractérise par l'association d'une oligospermie et d'une diminution de la mobilité des spermatozoïdes. On détermine cette mobilité en l'observant d'abord dans l'heure qui suit l'éjaculation, puis 4 heures plus tard, et en comparant les résultats; normalement, 40 % des spermatozoïdes observés dans la première heure devraient être encore mobiles. Dans le cas d'oligoasthénospermie, plus de 50 % des spermatozoïdes sont immobiles au bout d'une heure. Les causes de l'oligoasthénospermie sont l'infection chronique, le diabète, la cryptorchidie, la variocèle, l'anxiété et l'alcoolisme.

Reconnue comme une cause de la stérilité, la tératospermie serait due à l'absence d'acrosomes, d'où l'impossibilité pour les spermatozoïdes de pénétrer l'ovule, ou à un défaut de structure du flagelle, d'où la réduction de mobilité des spermatozoïdes.

La pyospermie, enfin, se caractérise par la présence de pus dans le sperme. Le pus se présente sous forme de leucocytes altérés. Dans de tels cas, il est indispensable d'effectuer une spermoculture afin de mettre en évidence l'agent infectieux et de déterminer sa réponse aux antibiotiques.

Tableau 27.2 L'ÉVALUATION DU SPERME.

État de l'échantillon	Valeurs normales	Valeurs anormales	Pathologie
Volume de sperme	De 2 à 6 ml	Moins de 2 ml Plus de 6 ml	Hypospermie Hyperpermie
Concentration de spermatozoïdes (en millions/ml)	De 25 et 250	0 Si moins de 25	Azoospermie Oligospermie
*p*H	De 7,2 à 7,8	Sans objet	Sans objet
Survie des spermatozoïdes	Plus de 80 %	Plus de 30 % de mortalité	Nécrospermie
Mobilité des spermatozoïdes	Plus de 80 %	Plus de 50 % de spermatozoïdes immobiles après 1 heure	Asthénospermie
Morphologie	Moins de 30 %	Plus de 50 % de spermatozoïdes anormaux	Tératospermie

CYTOGÉNÉTIQUE

INTRODUCTION

La cytogénétique constitue un vaste domaine d'étude, très distinct de l'histopathologie traditionnelle. Cependant, dans les hôpitaux de taille moyenne, la pratique de la cytogénétique est souvent confiée au pathologiste.

En 1956, il est établi qu'une cellule somatique renferme 46 chromosomes. Trois ans plus tard, Lejeune et son équipe relient une aberration chromosomique, la trisomie 21, au syndrome de Down ou mongolisme. De 1960 à 1970, on réussit à améliorer les cultures cellulaires et la microscopie optique. Depuis 1970, le domaine évolue rapidement avec, entre autres, l'élaboration de techniques de marquage qui assurent l'individualisation précise de chaque chromosome.

La découverte de la structure de l'ADN, molécule de l'hérédité, a donné naissance à deux nouveaux domaines de recherche, la génétique et la biologie moléculaire. Depuis cette découverte, les scientifiques ont trouvé de nombreuses applications de cette connaissance et reculent sans cesse les frontières de la médecine.

Il est maintenant possible d'identifier et d'isoler des gènes afin d'en apprendre davantage sur leur comportement à l'intérieur des organismes vivants. De grands progrès ont été accomplis dans l'étude des virus et des infections grâce à l'analyse de l'ADN. L'identification de personnes (dans le domaine médicolégal) et la détection de maladies génétiques chez le fœtus sont deux des nombreuses applications pratiques de ces connaissances.

Le noyau de la cellule est le centre de commande de celle-ci. Les activités des noyaux déterminent la forme, la taille et le comportement d'un organisme. C'est dans le noyau que se trouve le plan génétique, constitué de longues molécules d'ADN dont une courte séquence, appelée gène, renferme les instructions nécessaires à l'élaboration de caractères particuliers comme la couleur des yeux, la fabrication d'une hormone spécifique, etc. Ainsi, il existe dans chaque noyau le plan complet qui permet de construire toutes les parties de l'organisme.

Au cours de la mitose, division cellulaire qui donne naissance à deux cellules filles identiques, une copie de l'ADN dépourvue d'erreur est transmise à chaque cellule fille. Chez l'être humain, un noyau qui ne dépasse pas 0,01 mm de diamètre renferme environ 2 mètres d'ADN. Le plan génétique est divisé en sections appelées « chromosomes ». Le nombre de chromosomes diffère selon les espèces : par exemple, il y en a 46 chez l'humain, 64 chez le cheval et 8 chez la mouche à vinaigre, alors que certains noyaux végétaux en contiennent plus de 1000.

Les chromosomes sont présents en paire, l'un provenant de la mère et l'autre du père. Les 46 chromosomes de l'humain se répartissent en 22 paires d'autosomes et une paire de chromosomes sexuels, ou gonosomes; la femme possède deux chromosomes « X » et l'homme possède un chromosome « X » et un chromosome « Y ».

Une analyse chimique de l'ADN montre que celui-ci se compose d'un sucre (le désoxyribose), de groupes phosphate et d'une quantité variable d'adénine, de thymine, de cytosine et de guanine, quatre petites molécules organiques appelées « bases nucléotidiques ». La cytosine et la thymine sont des pyrimidines alors que l'adénine et la guanine sont des purines.

28.1 CHROMOSOMES, SANTÉ ET MALADIES GÉNÉTIQUES

Toutes les activités métaboliques de la cellule sont dirigées par l'ADN que renferment les chromosomes. Chaque chromosome est constitué d'un grand nombre de gènes dont chacun régit la synthèse d'une protéine spécifique, tels les enzymes. L'identité d'une protéine, c'est-à-dire la séquence des acides aminés qui la composent, est déterminée selon l'ordre d'alignement des nucléotides du bout de la chaîne d'ADN qui constitue le gène correspondant.

Les 46 chromosomes de l'humain sont homologues, c'est-à-dire que leurs gènes ont un alignement identique le long de la chaîne d'ADN sauf, évidemment, les gonosomes « X » et « Y » chez l'homme. L'appariement des chromosomes est indissociable du mécanisme de la reproduction sexuée. En effet, au cours de la fécondation, chaque gamète, l'ovule et le spermatozoïde, apporte 23 chromosomes qui représentent la contribution du parent à l'être en devenir. Au moment de l'amphimyxie, c'est-à-dire au moment de la fécondation de l'ovule par le spermatozoïde, il y a mélange des chromosomes paternels et maternels; par la suite, l'interaction entre les gènes homologues provenant des parents permet au fœtus de développer ses propres caractéristiques tout en conservant quelques traits de ses géniteurs.

Une fois le rôle des chromosomes défini, il est facile de comprendre l'importance du fonctionnement adéquat des mécanismes de reproduction, ou duplication, des chaînes d'ADN, tant au sein des diverses cellules somatiques de l'humain qu'au sein des cellules germinales. Un défaut dans les cellules germinales peut entraîner des désordres fondamentaux chez le futur individu, désordres habituellement regroupés sous l'appellation générale de « maladies génétiques ».

28.2 MALADIES GÉNÉTIQUES ET CYTOGÉNÉTIQUE

Les maladies génétiques peuvent être divisées en deux classes : les anomalies qualitatives et les anomalies quantitatives. Les anomalies qualitatives se caractérisent par des défauts dans la structure même des chromosomes; il s'agit alors de translocations, de rétroversions péricentriques, de cassures, de fragilité, de réarrangement, de délétion ou de duplication. Les anomalies quantitatives sont caractérisées par une altération du nombre de chromosomes de la carte chromosomique du sujet, ce que constituent les trisomies, les monosomies partielles ou complètes, etc.

Le nombre de maladies génétiques possibles est pratiquement illimité, mais de très nombreuses aberrations chromosomiques sont non viables et le sujet meurt *in utero* ou dès sa naissance. Ces morts prématurées viennent ainsi rétrécir l'éventail des cas pouvant être soumis aux généticiens. Par contre, les avortements spontanés qui peuvent être reliés à une maladie génétique présentent un intérêt cytogénétique et sont souvent, à ce titre, soumis à un examen.

Même s'il est évident qu'en raison de l'état actuel des connaissances, des lois et de l'éthique professionnelle, il soit presque impossible de prendre des mesures curatives face aux désordres génétiques, cela ne signifie pas qu'il soit inutile de les diagnostiquer. Un diagnostic est toujours souhaitable dans une optique visant à prévenir et à informer le sujet atteint ou sa famille.

Le diagnostic d'une maladie génétique ne peut être établi que dans le cadre d'une étude précise, et souvent détaillée, des chromosomes d'un sujet. Certaines techniques de dépistage et de diagnostic sont propres à la cytogénétique.

28.2.1 DIAGNOSTICS

Cette section est divisée en deux volets : d'abord, un portrait de quelques sujets types susceptibles de recourir à la cytogénétique, puis une brève description des divers renseignements qui peuvent servir au diagnostic cytogénétique.

28.2.1.1 Sujet

Une consultation en cytogénétique peut porter sur un individu, un couple, des produits de grossesse ou les membres d'une même famille.

28.2.1.1.1 *Individu*

Les principales raisons qui peuvent justifier une recherche cytogénétique sur un individu en particulier sont les suivantes :

- la présence de multiples anomalies congénitales;
- des anomalies congénitales accompagnées de dysmorphie;
- un retard dans le développement mental;
- une courte stature ou un retard de la croissance;
- une ambiguïté génitale ou un retard dans le développement des caractères sexuels;
- l'absence de puberté;
- certains types de cancers.

28.2.1.1.2 *Couple*

Les principales causes qui amènent un médecin à demander des recherches cytogénétiques concernant un couple sont les avortements spontanés répétitifs et l'infertilité.

28.2.1.1.3 *Produits de grossesse*

La recherche cytogénétique sur des produits de grossesse s'effectue généralement sur des fœtus avortés et sur des nouveau-nés malformés.

28.2.1.1.4 *Membres d'une même famille*

Le médecin demande des analyses cytogénétiques lorsque les deux parents d'un enfant présentent un réarrangement de structures chromosomiques, une délétion ou une duplication de chromosomes. De plus, tous les membres d'une même famille font l'objet de recherches lorsqu'on soupçonne l'existence de réarrangements chromosomiques.

28.2.1.2 Signes cliniques et phénotype

Les premiers renseignements qui peuvent contribuer au diagnostic des maladies génétiques sont les signes cliniques qui ont poussé le sujet à consulter un spécialiste. Cependant, comme les demandes ne fournissent habituellement que peu d'information, le technicien, s'il effectue lui-même les prélèvements, doit apprendre à observer le phénotype du sujet : la forme et l'implantation des oreilles, la forme de l'œil, la largeur de la glabelle, les caractéristiques du nez (busqué, retroussé, etc.), la taille, la pilosité et même les lignes de la main (dermatoglyphes).

28.2.1.3 Données de l'étude cytogénétique

L'étude cytogénétique se définit comme l'observation directe des chromosomes en vue d'y déceler des anomalies quantitatives ou qualitatives, ou les deux. Presque toutes les techniques utilisées suivent le même plan général :

- prélever des cellules du sujet, le plus souvent des lymphocytes, puis les cultiver en présence d'un agent chimique qui stimule la division mitotique;
- ajouter à la culture de cellules un agent qui bloque la mitose au stade de la métaphase, c'est-à-dire au moment où les chromosomes sont le plus visibles;
- faire éclater les cellules en provoquant un choc hypotonique, puis observer les chromosomes au microscope après coloration ou marquage, ou les deux;

- au cours de l'observation microscopique, choisir une cellule dont les chromosomes sont bien étalés sur la lame. Dénombrer ensuite ceux-ci, les associer par paires et, finalement, observer leur formation individuelle en portant une attention particulière à la longueur du chromosome, à la disposition des bandes et à la largeur de celles-ci. Par la suite, l'utilisation d'un logiciel spécial permet de placer ces chromosomes par paires et par groupes afin d'en garder une image permanente. Cette image finale est nommée le « caryotype ».

Les méthodes employées pour la coloration et le marquage des chromosomes sont extrêmement variées, tant sur le plan des principes que de leurs modalités d'application; en effet, il peut aussi bien s'agir d'une simple coloration, qui permet l'étude quantitative et qualitative du caryotype, que d'un marquage des chromosomes plus précis, destiné à localiser indirectement les gènes au sein de chacun d'eux, permettant ainsi une étude plus approfondie du caryotype. Dans ce dernier cas, le contact entre les chromosomes et l'agent marqueur peut se faire au cours de la culture cellulaire, alors que l'agent est incorporé au milieu de culture, ou directement sur lames, après l'étalement.

28.3 PLAN DU CHAPITRE

Le présent chapitre comprend deux parties distinctes. La première touche l'aspect descriptif de la cytogénétique. Y sont d'abord définies les règles internationales de classification des chromosomes et la notion de carte génique. Puis, il y a présentation individuelle de tous les chromosomes des huit groupes définis par convention. La description de chaque chromosome porte sur quatre points : sa définition, sa carte génique, son aspect (selon les techniques de marquage usuelles) et quelques exemples de pathologies qui découlent d'anomalies de ce chromosome. La seconde partie du chapitre couvre l'aspect technique de la cytogénétique. Il s'agit d'une description des techniques éprouvées pour le lavage des lames et la culture des divers types de cellules utilisés en cytogénétique, de même que des principaux procédés de coloration et de marquage.

Un résumé des symboles et des termes couramment utilisés en cytogénétique est présenté à la fin du chapitre.

28.4 NOMENCLATURE INTERNATIONALE

Un domaine aussi complexe que l'étude des chromosomes doit nécessairement être assujetti à des règles internationales très précises si on veut instaurer une convention universelle. Au début des années 1970, un comité de normalisation a été formé pour établir les règles présentées ci-dessous.

Ces règles sont élaborées de manière à permettre 1) une homogénéité dans la présentation matérielle des caryotypes; 2) l'identification de chaque paire de chromosomes sur une base morphologique; 3) l'individualisation de chacun des chromosomes formant une paire, grâce aux techniques de marquage; 4) la constitution d'un répertoire des divers loci, ou emplacements, des gènes connus grâce à des cartes géniques de tous les chromosomes.

28.4.1 RÈGLES DE CLASSIFICATION

Les 46 chromosomes sont répartis en 23 paires : 22 paires d'autosomes, homologues, et une paire de gonosomes, « XY » chez l'homme et « XX » chez la femme.

Les paires d'autosomes sont classées par ordre décroissant de longueur et numérotées de 1 à 22. À cette étape-ci, on ne fait pas de différence entre les deux membres d'une paire; par exemple, on donne le nom de chromosome 1 à chacun des chromosomes homologues de la première paire.

Les paires d'autosomes sont réparties en sept groupes identifiés de A à G (voir le tableau 28.1). Ces groupes sont constitués selon deux critères : la longueur des bras chromosomiques et la position du centromère. Il est important de rappeler qu'en cytogénétique, les chromosomes sont étudiés d'après leur aspect au moment de la métaphase. À ce stade de la division cellulaire, la duplication de l'ADN chromosomique est complétée, mais les nouvelles chaînes, ou chromatides, ne sont pas encore séparées et réparties entre les deux cellules filles. Ainsi, dans un caryotype, chacun des chromosomes présente un aspect double caractéristique et ses deux chromatides sont attachées l'une à l'autre en un point appelé le « centromère ».

Tableau 28.1 RÉPARTITION DES CHROMOSOMES SELON LES SEPT GROUPES.

Groupe	Autosomes	Nombre d'autosomes dans le groupe	Gonosomes (groupe auquel ils peuvent être associés)
A	1, 2 et 3	6	
B	4 et 5	4	
C	6 à 12	14	X (groupe C)
D	13, 14 et 15	6	
E	16, 17 et 18	6	
F	19 et 20	4	
G	21 et 22	4	Y (groupe G)

La position du centromère permet de diviser les chromosomes en trois types : le chromosome métacentrique, dont le centromère est médian, c'est-à-dire qu'il est situé au milieu des bras chromosomiques; le chromosome submétacentrique, dont le centromère est submédian puisqu'il se situe vers la partie supérieure des bras chromosomiques; le chromosome acrocentrique, enfin, dont le centromère est distal et se situe donc à l'extrémité des bras chromosomiques (voir la figure 28.1 et le tableau 28.2).

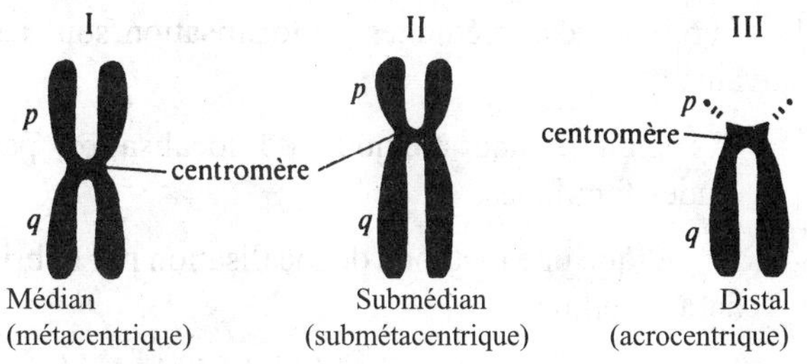

Figure 28.1 : *Représentation graphique des trois types de chromosomes.*

La position du centromère par rapport au chromosome mitotique délimite deux « bras » que symbolisent les lettres *p* et *q*. La zone *p*, généralement appelée « tête », est comprise entre le centromère et l'extrémité supérieure des bras du chromosome, alors que la zone *q*, nommée « queue », est comprise entre le centromère et l'extrémité inférieure des bras du chromosome (voir le tableau 28.2).

Au sein d'une même paire, il est possible d'individualiser chaque chromosome selon l'aspect qu'il présente après avoir subi certains traitements, comme les diverses techniques de marquage. Pour une méthode de coloration donnée, le chromosome présente une alternance de bandes foncées et pâles qui est toujours la même, facilitant ainsi le pairage des chromosomes (voir la figure 28.2). Ce phénomène implique deux notions importantes : la bande et la région.

- La bande représente une partie de chromosome qui est nettement distincte des segments adjacents, par sa coloration plus sombre ou plus pâle, grâce à la technique de bandes Q, R ou G;
- la région constitue la partie de bras chromosomique qui est comprise entre le centre de deux bandes principales.

Tableau 28.2 LES TYPES DE CHROMOSOMES ET LES CARACTÉRISTIQUES DE LEURS BRAS.

Types de chromosomes	Caractéristiques des bras
Métacentrique	$p = q$
Submétacentrique	$p < q$
Acrocentrique	*p* est presque inexistant; souvent, il n'est constitué que de satellites.

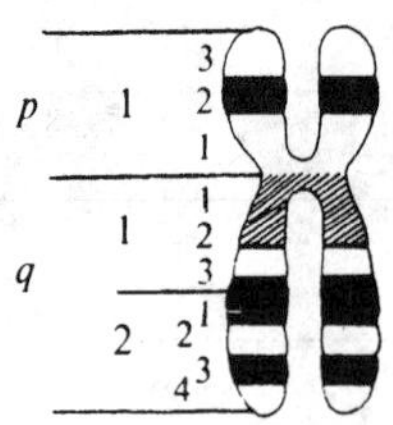

Figure 28.2 : *Représentation graphique du chromosome 16 et de ses bandes.*

La numérotation des bandes et des régions se fait en chiffres arabes en partant du centromère vers la partie distale de chaque bras chromosomique. Voici d'ailleurs un exemple d'application des règles de classification, celui-ci du chromosome 16 :

a) il s'agit d'un chromosome du groupe E (voir le tableau 28.1);

b) il s'agit d'un chromosome submétacentrique (voir les figures 28.1 et 28.2);

c) la longueur de *p* représente environ les sept huitièmes de celle de *q*;

d) le bras *p* ne présente qu'une seule région. En effet, à partir du centromère, il y a alternance d'une bande claire, d'une bande foncée et d'une autre bande claire. Si une région est la partie comprise entre le centre de deux bandes principales, on ne repère effectivement qu'une seule région;

e) l'unique région de *p* est divisée en trois bandes, $p1_1$, $p1_2$ et $p1_3$:
   - $p1_1$ représente une bande claire;
   - $p1_2$ représente une bande foncée;
   - $p1_3$ représente une bande claire.

Le bras *q* possède deux régions, car on peut y dénombrer six bandes (voir la figure 28.2). À partir du centromère, on observe une bande modérément foncée, puis une bande claire, une bande foncée, une autre bande claire, une bande foncée étroite et une dernière bande claire. On considère comme bandes principales la bande modérément foncée et la première bande foncée, la deuxième étant trop étroite pour être bien observée au microscope optique.

On distingue donc, au sein du bras *q*, deux régions. La première est divisée en trois bandes, $q1_1$, $q1_2$ et $q1_3$:

- $q1_1$ représente une bande modérément foncée;
- $q1_2$ représente une bande claire;
- $q1_3$ représente la première moitié d'une bande foncée.

La deuxième région est divisée en quatre bandes, $q2_2$, $q2_1$, $q2_3$ et $q2_4$:

- $q2_1$ représente la seconde moitié d'une bande foncée;
- $q2_2$ représente une bande claire;
- $q2_3$ représente une bande foncée;
- $q2_4$ représente une bande claire.

28.4.2 CARTE GÉNIQUE

La représentation des fonctions des loci chromosomiques est appelée « carte génique ». Tous ces loci ont des fonctions que différentes méthodes permettent de déterminer. Certaines localisations sont confirmées alors que d'autres demeurent encore douteuses.

Les symboles des méthodes de localisation sont les suivants :

- F : indique une méthode de localisation par études familiales;
- S : indique une méthode de localisation par hybridation cellulaire;
- H ou A : représente une méthode de localisation par hybridation d'acides nucléiques;
- D : représente une méthode de localisation par dosage génique;
- C : indique une méthode de localisation cytogénétique;
- L : indique une méthode de localisation par lyonisation.

À titre d'exemple, l'abréviation SC signifie qu'il s'agit d'une méthode cytogénétique par hybridation cellulaire, alors que l'abréviation CF fait référence à une méthode cytogénétique par études familiales.

28.5 CHROMOSOME EN FONCTION DE SON GROUPE

28.5.1 CHROMOSOMES DU GROUPE A

Les chromosomes du groupe A sont les chromosomes 1, 2 et 3 (voir la figure 28.3). Ce sont les plus grands de la carte chromosomique humaine.

- Chromosome 1 : autosome métacentrique dont la carte génique est la plus chargée. Il est l'un des cinq chromosomes qui possèdent une zone hétérochromatique.
- Chromosome 2 : autosome submétacentrique. Les localisations géniques sont peu connues.
- Chromosome 3 : autosome métacentrique dont la carte génique est peu connue. Il est un autre des cinq chromosomes qui possèdent une constriction secondaire, ou zone hétérochromatique.

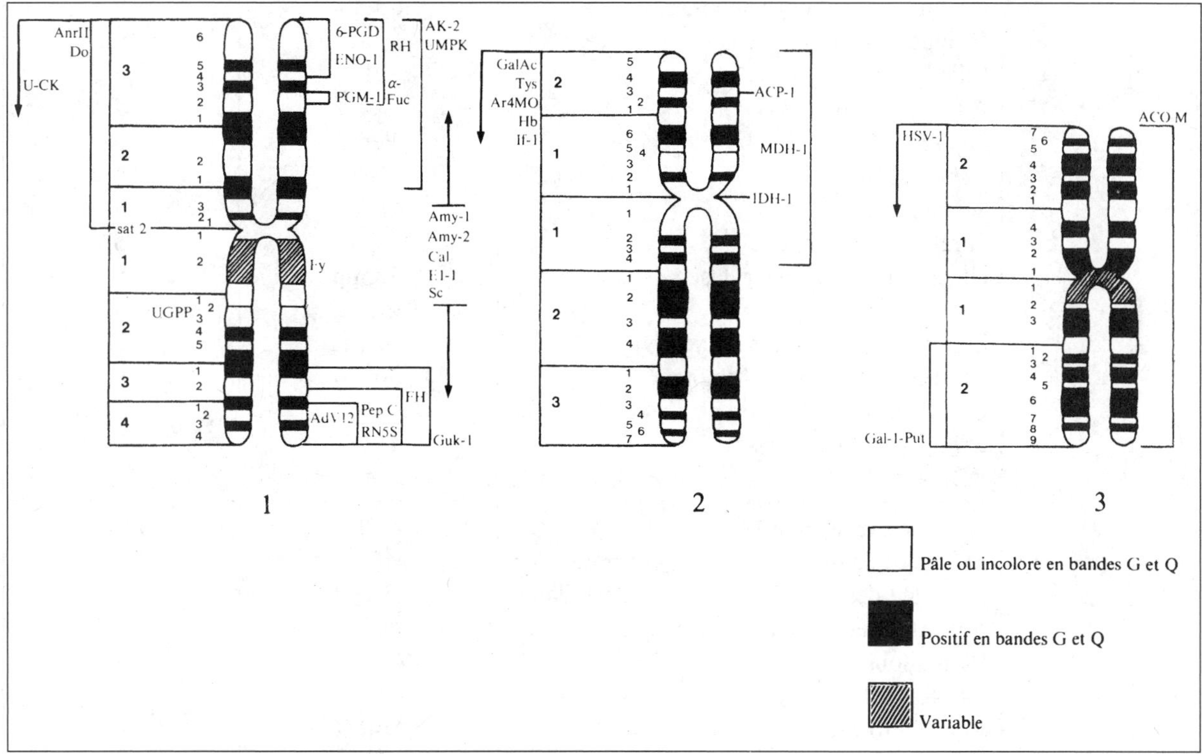

Figure 28.3 : *Carte génique des chromosomes du groupe A.*

Tableau 28.3 SIGNIFICATION DE LA CARTE GÉNIQUE DES CHROMOSOMES DU GROUPE A*.

Chromosome	Fonctions	Symboles	Méthodes de localisation
1	6-phosphogluconate déshydrogénase	6-PGD	FS
	Énolase 1	ENO-1	FS
	Phosphoglucomutase 1	PGM-1	FS
	Amylase salivaire	Amy-1	F
	Amylase pancréatique	Amy-2	F
	Cataracte zonulaire	Cal	F
	Groupe sanguin Duffy	F*y*	F
	Uridine monophosphate kinase	UMPK	F
	Groupe sanguin Rhésus	*RH*	FSD
	Elliptocytose	El-1	F
	Adénylate kinase 2	Ak-2	S
	Peptidase C	Pep C	S
	Gènes RNA 5 S	RNss	A
	Guanylate kinase 1	Guk-1	S
	Furamate hydratase	FH	S
	Glucose pyrophosphorylase	UGpp	S
	α-1-fucosidase	2 Fuc.	S
	Modification du site par adénovirus	AdV12	C
	Aniridie de type II Baltimore	Anr II	F
	Groupe sanguin Dombrock	Do	F
	Uridine-cytidine kinase	U-CK	S
	ADN satellite II	sat. 2	H
2	Phosphatase acide érythrocytaire	ACP-1	FSD
	Malate déshydrogénase-1 cytoplasmique	MDH-1	S
	Isocitrate déshydrogénase ADN dépendante	IDH-1	S
	Activateur enzymatique du galactose	GalAc	S
	Hémoglobine	Hb	S
	Interféron 1	If 1	S
	Aryl hydrocarbure hydrolase	Ar4MO	F
	Sclérotylose	Tys	
3	Galactose-1-phosphate uridyl transférase	Gal-1-Put	SD
	Aconitase mitochondriale	ACO M	S
	Susceptibilité à l'Herpès simplex de type 1	HSV-I	S

* Ouvrages consultés pour la signification de la carte génique du groupe A et des autres groupes :

BORGAONKAR, Digamber S., *Chromosomal Variation in Man*, Alan R. Less Inc., 1977, 403 p.
DE GROUCHY, Jean et Catherine TURLEAU, *Atlas des maladies chromosomiques*, Paris, Expansion scientifique française, 1977, 355 p.

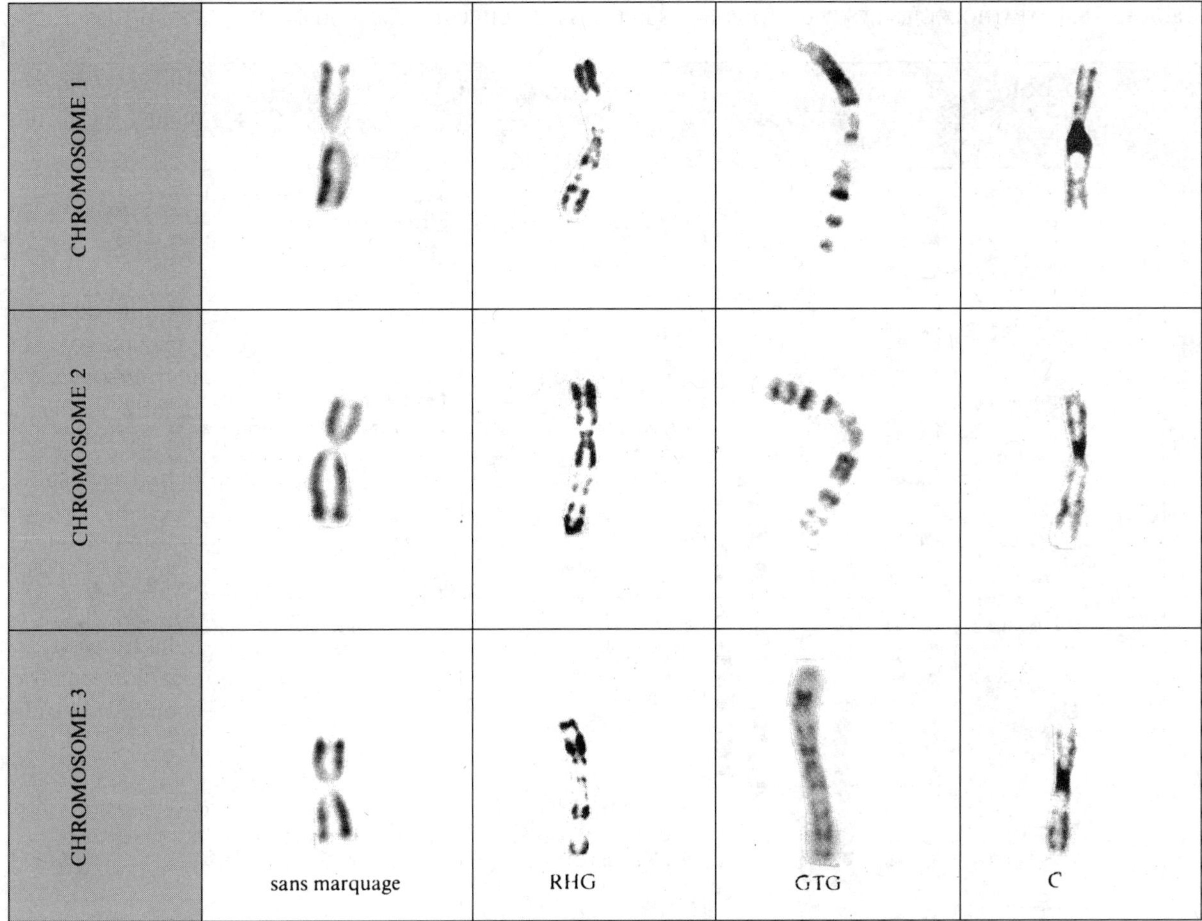

Sans marquage : coloration uniforme au Giemsa
RHG : bandes R après dénaturation par la chaleur et coloration au Giemsa
GTG : bandes G après trypsination et coloration au Giemsa
C : bandes C

Figure 28.4 : *Aspect des chromosomes du groupe A selon les techniques de marquage les plus courantes.*

Tableau 28.4 PATHOLOGIES LES PLUS COURANTES RELIÉES AUX CHROMOSOMES DU GROUPE A*.

Nº	PATHOLOGIE	ASPECT DU CARYOTYPE ANORMAL	EXPRESSION ÉCRITE	PARTICULARITÉS
1	1 en anneau	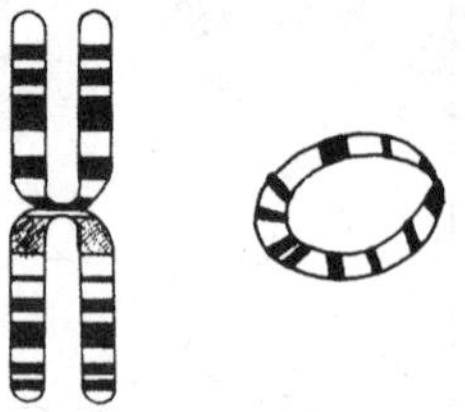	si ♀ : 46, XX, r(1) (*p*36 → q43)	Retard staturo-pondéral: QI ~80 modéré; personnalité vivante, plaisante.
	Trisomie 1 *q*	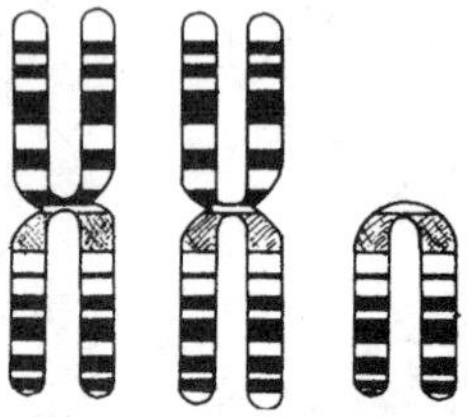	si ♀ : 47, XX, + l*q* (*q*″*q* ter)	Létal, dans les produits d'avortement ou seulement quelques heures de vie.
2	Trisomie 2	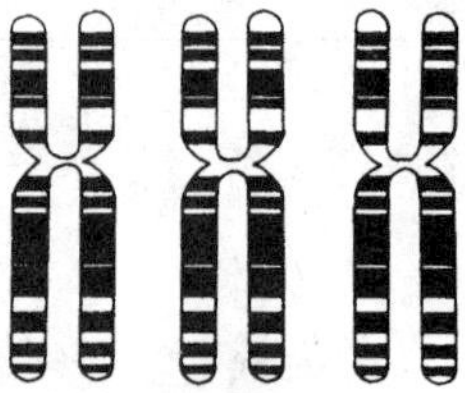	si ♂ : 47, XY, + 2	Létal, retrouvé dans des produits d'avortement.
	Inversion péricentrique	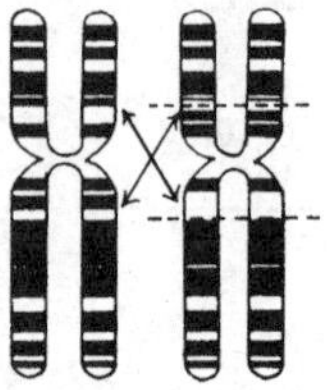	si ♂ : 46, XY, ino(2)	Couple ayant des problèmes de reproduction.
3	Trisomie 3 *p* (partielle)	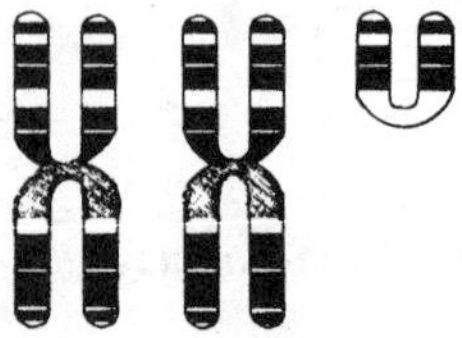	si ♀ : 47, XX, + (3) (*p*21 *p*26)	— Visage carré, microcéphale; — Grande bouche aux commissures tombantes; — Prédominance tourbillon; — Survie de l'enfant difficile.
	Syndrome: duplication 3*q* 21*q* ter + délition 3*p* 25*p* ter	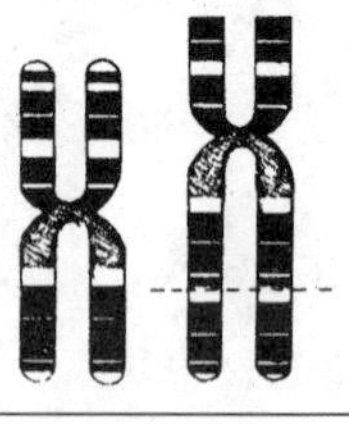	si ♂ : 46, XY, rec(3), def *p*, dup *q*, inv(3) (*p* 25;*q* 21)	— Base du nez et lèvre supérieure surplombant la lèvre inférieure; — Opacité cornéenne; — Anomalies viscérales.

* Ouvrage consulté pour toutes les pathologies courantes décrites dans le présent chapitre : DE GROUCHY, Jean et Catherine TURLEAU, *Atlas des maladies chromosomiques*, Paris, Expansion scientifique française, 1977, 355 p.

28.5.2 CHROMOSOMES DU GROUPE B

Les chromosomes du groupe B sont les chromosomes 4 et 5 (voir le tableau 28.1). Ce sont des chromosomes submétacentriques.

Chromosome 4 : autosome submétacentrique dont la zone *p* représente environ le quart de la zone *q*. Il y a peu de localisations génétiques précises.

Chromosome 5 : autosome submétacentrique dont la délétion d'un bras de *p* est associée au syndrome du « cri du chat ».

Les pathologies associées aux chromosomes du groupe B sont présentées au tableau 28.6.

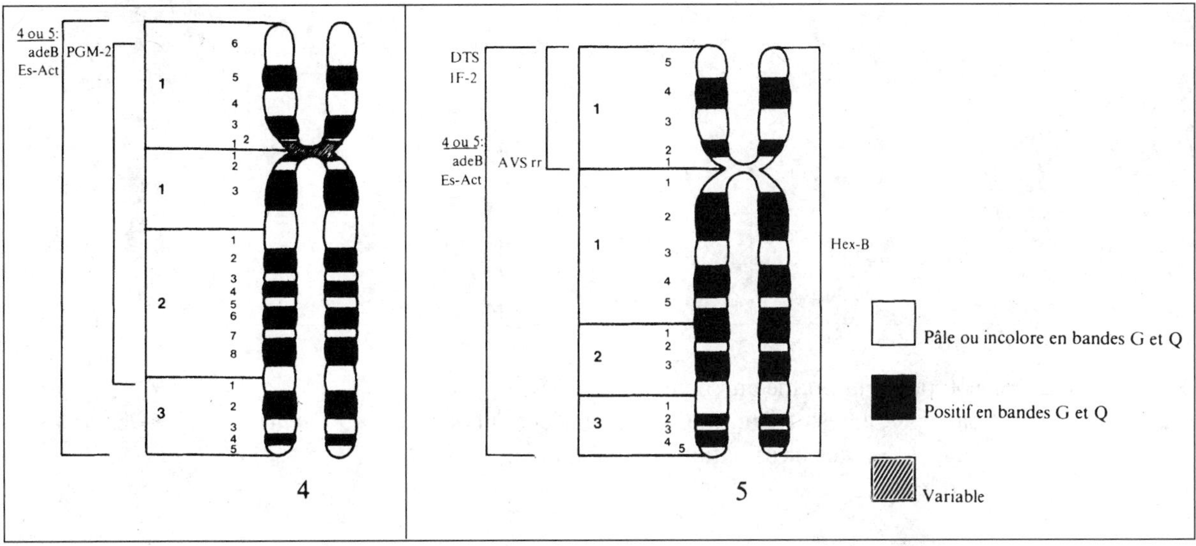

Figure 28.5 : *Carte génique des chromosome du groupe B.*

Tableau 28.5 SIGNIFICATION DE LA CARTE GÉNIQUE DES CHROMOSOMES DU GROUPE B.

Chromosome	Fonctions	Symboles	Méthodes de localisation
4	Phosphoglucomutase 2 Hémoglobine Activateur de l'estérase Adénine B	PMG-2 Hb Es-Act Ade B	SC FH S S
5	Héxosaminidase B Sensibilité à la toxine diphtérique (suspectée) Régulateur ou répresseur d'état antiviral (suspecté) Interféron 2 Activateur de l'estérase Adénine B	Hex-B DTS AVS rr IF-2 Es-Act Ade B	S S D SH S S

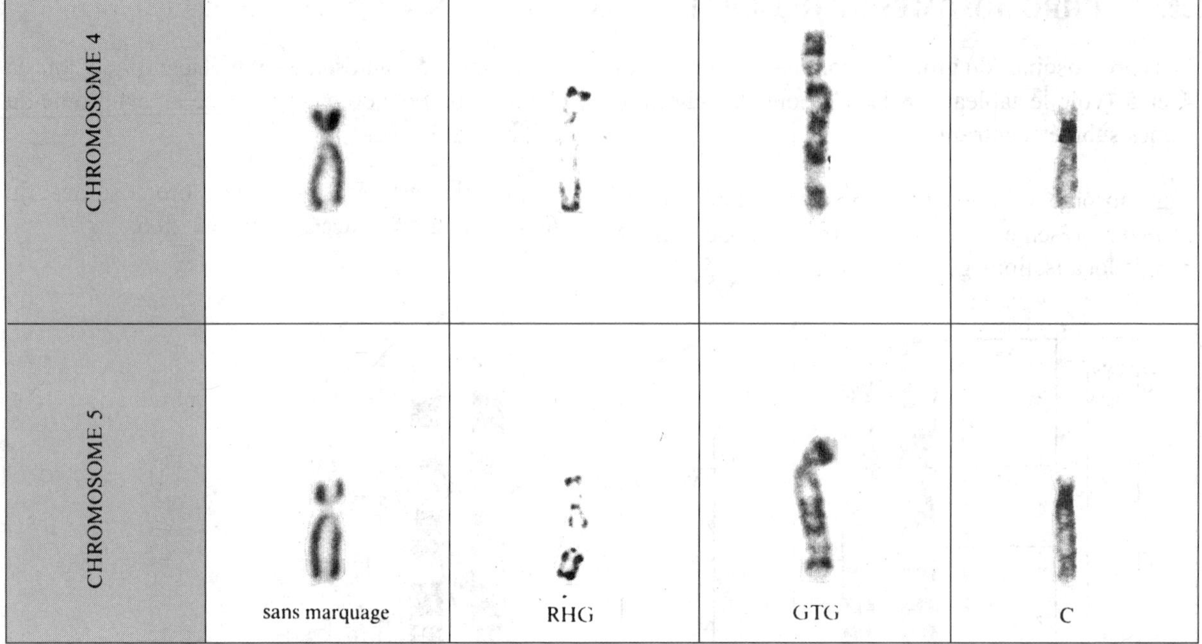

Sans marquage : coloration uniforme au Giemsa
RHG : bandes R après dénaturation par la chaleur et coloration au Giemsa
GTG : bandes G après trypsination et coloration au Giemsa
C : bandes C

Figure 28.6 : *Aspect des chromosomes du groupe B selon les techniques de marquage les plus courantes.*

28.5.3 CHROMOSOMES DU GROUPE C

Les chromosomes 6 à 12 font partie du groupe C (voir le tableau 28.1). Le marquage a grandement facilité la classification des chromosomes de ce groupe.

Chromosome 6 : ce serait un « paléochromosome », c'est-à-dire qu'il n'aurait pas subi de modifications au cours de l'évolution des primates. Il s'agit d'un autosome submétacentrique qui supporte les complexes d'histocompatibilité.

Chromosome 7 : autosome submétacentrique dont *p* représente environ les trois quarts de *q*. Il subit parfois une translocation avec le chromosome 14.

Chromosome 8 : autosome submétacentrique dont *p* représente environ la moitié de *q*. Il se caractérise par de nombreuses pathologies.

Chromosome 9 : autosome submétacentrique qui a une importante zone juxtacentrique (zone hétérochromatique). Il intervient dans le remaniement qui engendre le chromosome de Philadelphie.

Chromosome 10 : autosome submétacentrique dont *p* équivaut à la moitié de *q*. Il y a peu de localisations géniques.

Chromosome 11 : autosome dont *p* équivaut presque à *q*. Peu de pathologies y sont associées.

Chromosome 12 : autosome dont le marquage et les gènes ressemblent à ceux du chromosome 11 (voir p. 606, figure 28.7).

Tableau 28.6 PATHOLOGIES LES PLUS COURANTES RELIÉES AUX CHROMOSOMES DU GROUPE B.

	DU CARYOTYPE ANORMAL	ÉCRITE	
4	Monosomie 4 *p* 	si ♀ : 46, XX, del(4) (*p* 16)	— Grave hypotrophie; — Microcéphalie; — Encéphalopathie; — « Casque de guerrier grec ».
	Monosomie 4 *q* 	si ♀ : 46, XX del (4 $q^{31} \rightarrow q$ ter)	— Oreilles d'elphes; — Fissure palatine; — Déficience mentale.
	Trisomie 4 *p* 	si ♀ : 47, XX, · 4 (*p*11 → *p*16)	— Aplasie des os du nez; — Nez de boxeur; — Retard de l'ossification → scoliose.
	Trisomie 4 *q* 	si ♀ : 47, XX, + 4 (*q* 28 → *q* ter)	— Bouche en « cul-de-poule »; — Retard mental.
5	Monosomie 5 *p* 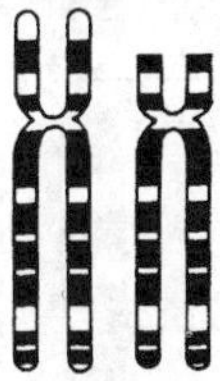 Trisomie 5 *p* 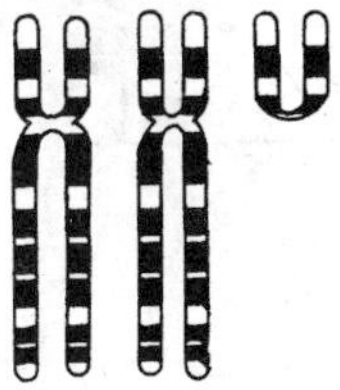	si ♀ : 46, XX, del (5) (*p* 14 → *p* ter) si ♀ : 47, XX, · 5 (*p* 11 → *p* ter)	Maladie «Cri-du-chat»: — Tracé acoustique du nourisson identique à celui du chaton, causé par un larynx « rustique »; — Retard mental; — Visage lunaire, microcéphalie; — Hypertélorisme. — QI entre 20 et 80; — Mandibule large; — Hypotélorisme.

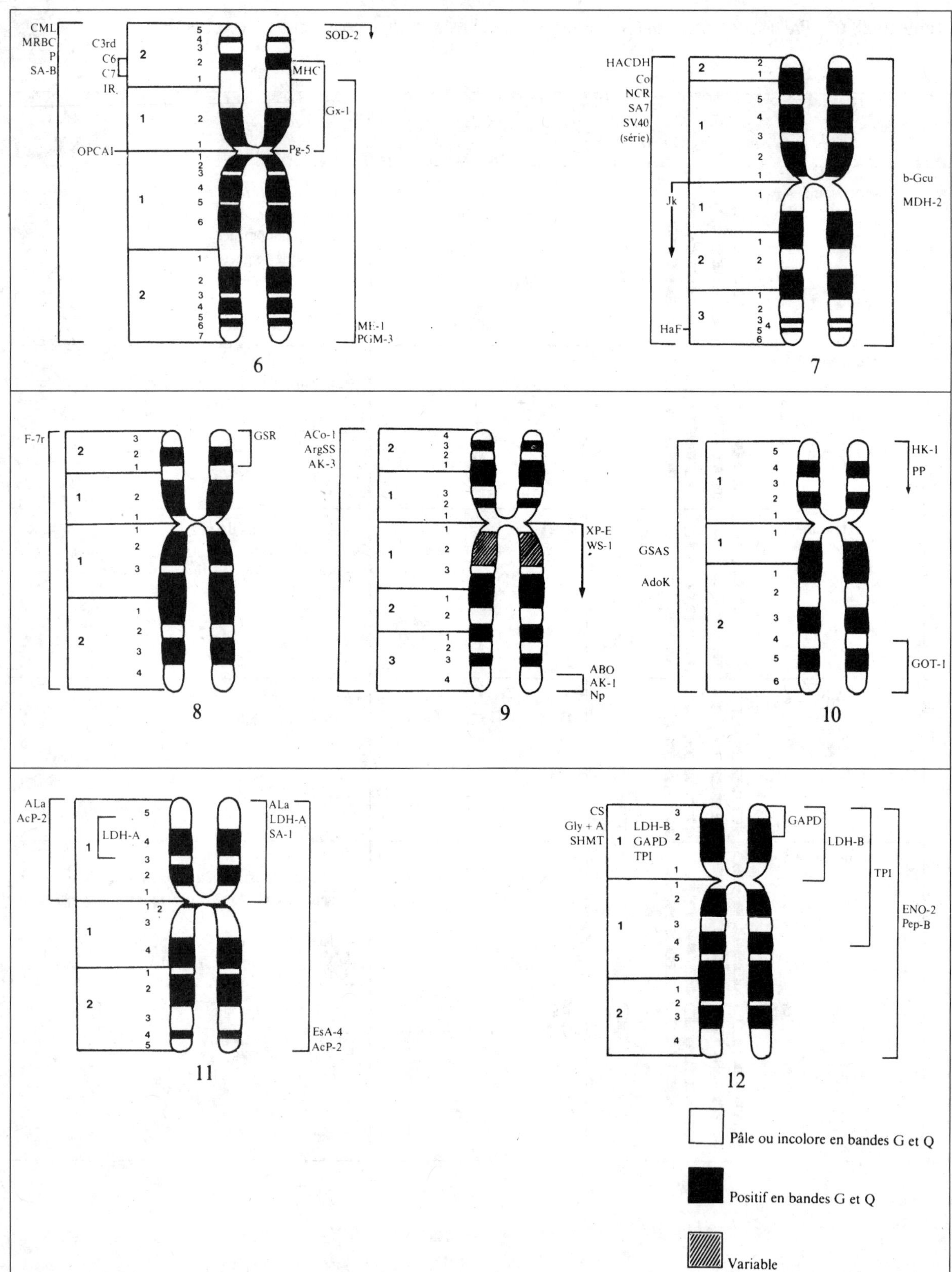

Figure 28.7 : *Carte génique des chromosomes du groupe C.*

Tableau 28.7 Signification de la carte génique des chromosomes du groupe C.

Chromosome	Fonctions	Symboles	Méthodes de localisation
6	Glyoxylase-1 (G10)	Gx-1	F
	Superoxydase dismutase-2 : 1PO-B mitochondriale ou tétramérique	SOD-2	S
	Pepsinogène-5 urinaire	Pg-5	F
	Enzyme maligne-1 soluble	ME-1	S
	Phosphoglucomutase-3	PGM-3	SF
	Complexe d'histocompatibilité majeure :	MHC :	F
	Facteurs du complément	C_2 C_4 C_8	F
	Récepteur du C3b complément	C3rb	F
	Groupe sanguin Chido	Ch	F
	β-glycoprotéine riche en glycine	GB	F
	Antérieurement LA (antigène)	HLA-A	FS
	Antérieurement 4 (antigène)	HLA-B	FS
	Antérieurement AJ (antigène)	HLA-C	FS
	Antérieurement MLC (antigène)	HLA-D	FS
	Réaction de mélange lymphocytaire	MLR-S	F
	Groupe sanguin Rogers	Rg	F
	Lympholyse à médiation cellulaire	CML	F
	Récepteur cellule B spécifique de singe	MRBC	FS
	Groupe sanguin P	P	FS
	Antigènes de la cellule B	SA-B	F
	Forme d'ataxie spinocérébelleuse	OPCAI	F
	Récepteur du C3b	C3rd	S
	Facteur 6 du complément	C_6	F
	Facteur 7 du complément	C_7	F
	Réponse immune du locus	IR	F
7	Malate déshydrogénase-2 mitochondriale	MDH-2	S
	Bêta-glucuronidase (GUS)	b-Gcu	S
	Groupe sanguin Calton	Co	CD
	Hydroxyacyl-CoA déshydrogénase	HACDH	S
	Réponse chimiotactique des neutrophiles	NCR	?
	Antigène 7	SA 7	S
	Génome 40 SV (série)	SV40 (série)	SH
	Groupe sanguin Kidd	JK	FC
	Facteur Hageman (XII)	HaF	FCD
8	Glutathion réductase	Gr	SD
	Régulateur du facteur VII de la coagulation	F-7r	D

Tableau 28.7 (SUITE)

Chromosome	Fonctions	Symboles	Méthodes de localisation
9	Type I du syndrome de Waardenberg	WS-1	F
	Egyptian pigmentasum xerodermia	XP-E	F
	Groupe sanguin ABO	ABO	F
	Adénylate kinase-1	AK-1	FDS
	Syndrome Nail Patella ou ostéo-onicho-dyostose	Np	S
	Aconitase soluble	ACO-1	S
	Adénylate kinase-3	AK-3	S
	Argénosuccinate synthétase	Arg SS	S
10	Hexokinase-1	HK-1	SC
	Pyrophosphatase inorganique	PP	SC
	Adénosine kinase	AdoK (douteux)	S
	Glutamate α-semialdéhydésynthétase	GSAS	S
	Transaminase-1 oxaloacétique-glutamique	GOT-1	S
11	Phosphatase-2 acide	AcP-2	SC
	Estérase A-4	EsA-4	SC
	Antigène létal (3 loci a_1 a_2 a_3)	AL-a	S
	Lactate déshydrogénase-A	LDH-A	SC
	Antigène spécifique humain	SA-1	S
12	Énolase-2 (PPH)	ENO-2	S
	Peptidase B	Pep-B	SC
	Lactate déshydrogénase B	LDH-B	SCD
	Glycéraldéhyde-3-P-déshydrogénase	GAPD	SD
	Triose-phosphate isomérase	TPI	SD
	Citrate synthétase mitochondriale	CS	S
	Glycine A auxotrophe	Gly + A	S
	Sérine hydroxyméthyltransférase	SHMT	S

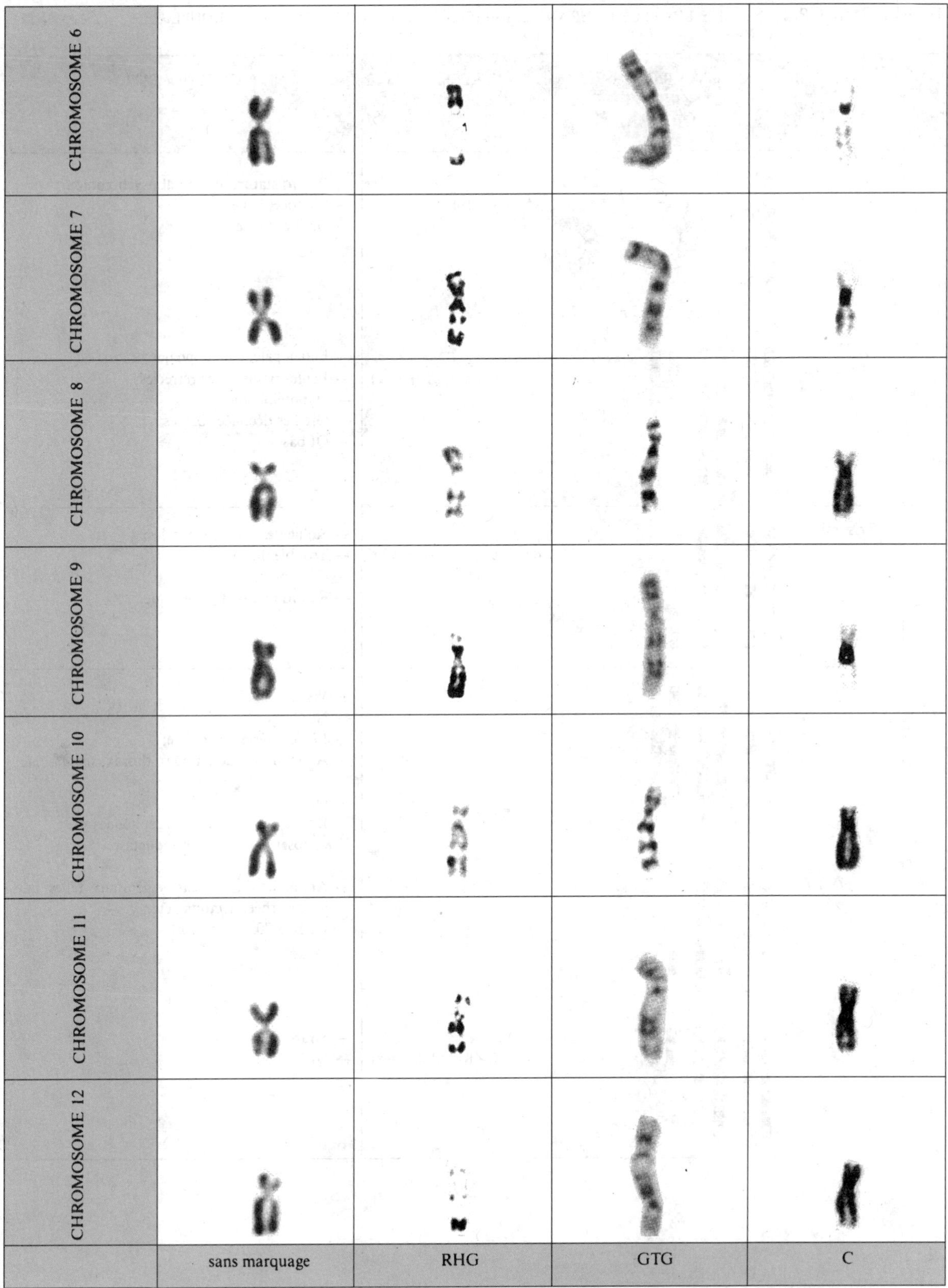

Figure 28.8 : *Aspect des chromosomes du groupe C selon les techniques de marquage les plus courantes.*

Tableau 28.8 PATHOLOGIES LES PLUS COURANTES RELIÉES AUX CHROMOSOMES DU GROUPE C.

Nº	PATHOLOGIE	ASPECT DU CARYOTYPE ANORMAL	EXPRESSION ÉCRITE	PARTICULARITÉS
6	6 en anneau		si ♀ : 46, XX, r (6)	— Retard staturo-pondéral psychomoteur; — Microcéphalie; — Oreilles basses.
	Trisomie 6 p	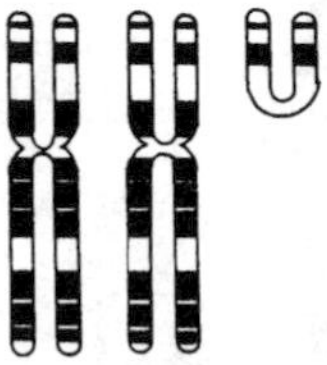	si ♂ : 47, XY, + 6 (p 21 → p ter)	— Enfant pâle, hypotrophique; — Fentes palpébrales rétrécies; — Hypotélorisme; — Oreilles décollées basses; — QI bas.
7	Trisomie 7 q	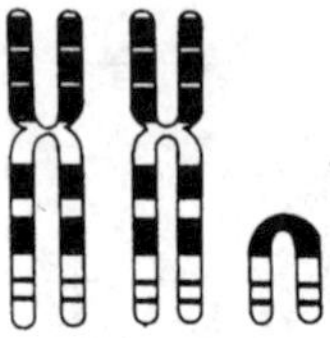	si ♀ : 47, XX, + 7 (q31 → q ter)	— Saillie des bosses frontales; — Trouble du tonus; — Cou court; — Retard mental très marqué.
8	Trisomie 8	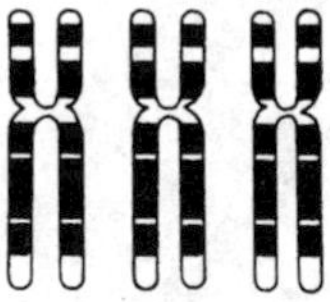	si ♀ : 47, XX, + (8)	— Visage « étiré »; — Nez large; — Lèvre inférieure épaisse; — Anomalies squelettiques: thorax, *spina bifida*, scoliose, etc.; — QI 50 à 80; — Dermatoglyphes à « plis capitonnés »; *Note*: doser la glutathion-réductase.
	Trisomie 8 q ter	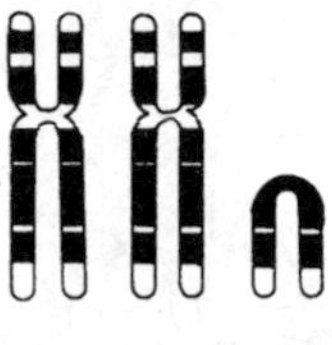	si ♂ : 47, XY, + 8 (q 21 q ter)	— Anomalies des organes génitaux telles que aménorrhée, hectopie, etc.; — QI 50 à 70.
	Trisomie 8 p	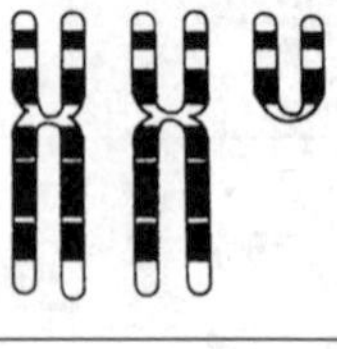	si ♀ : 47, XX, + 8 (p11 → p ter)	— Strabisme; — QI 20 à 30.

Tableau 28.8 (SUITE-1)

N°	PATHOLOGIE	ASPECT DU CARYOTYPE ANORMAL	EXPRESSION ÉCRITE	PARTICULARITÉS
9	Inversion péricentrique (anomalie)	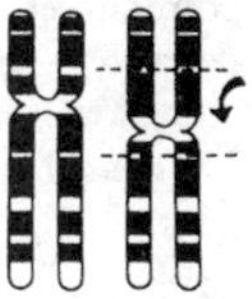	si ♂ : 46, XY	— Anomalie variant selon la race; — Semblerait jouer un rôle dans la formation des gamètes → stérilité;
	Trisomie 9 *p*	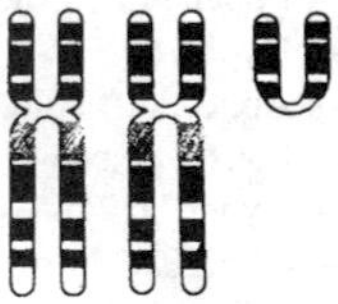	si ♀ : 47, XX, + (9 *p*)	— Nez « grossier »; — Pupilles excentrées; — Oreilles grandes, décollées; — Thorax en entonnoir; — Paumes palmaires très longues; — QI ~55.
	Trisomie 9 *q*	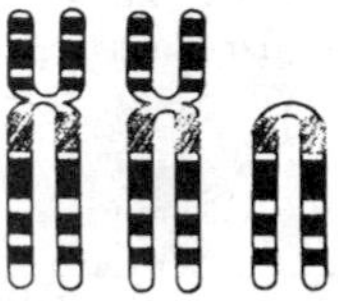	si ♂ : 47, XY, + 9 (*q* 11 → *q* 33)	— Nez busqué; — Doigts longs ou index en flexion sur les autres; — Gros orteil en « tête de marteau ».
	Trisomie 9		si ♀ : 47, XX, + 9	— Microcéphale; — Anomalies ostéo-articulaires telles que luxation des hanches, des genoux, des coudes, etc.; — Malformations cardiaques.
	Monosomie 9 *p*		si ♀ : 46, XX, − (9 *p*) (*p* 22 → *p* ter)	— Exophtalmie; — Nez court; — Oreilles basses bien collées avec aplasie du lobe; — QI 30 à 60.
	9 en anneau		si ♀ : 46, XX, r (9)	— Signes de monosomie 9 *p*.

Tableau 28.8 (SUITE-2)

Nº	PATHOLOGIE	ASPECT DU CARYOTYPE ANORMAL	EXPRESSION ÉCRITE	PARTICULARITÉS
10	Trisomie 10 *q*	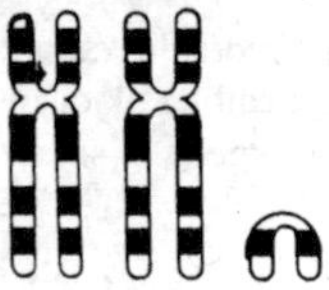	si ♀ : 47, XX, + 10 (*q* 24 → *q* ter)	— Hypotrophie et hypotonie; — Hyperlaxité ligamentaire; — Gros orteil en « tête de marteau », éloigné; — Retard mental grave.
	Trisomie 10 *p*	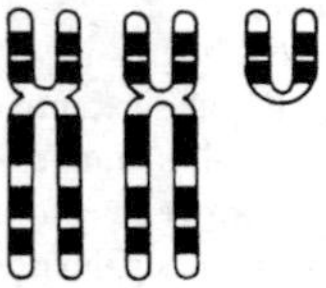	si ♂ : 47, XY, + (10 *p*)	— Bouche de tortue; — Hypotrophie; — Apnée, difficulté à téter; — Pousse de cheveux orientée vers l'arrière; — Hyperflexion des mains et des bras; — QI ~20.
	Monosomie 10 *p*	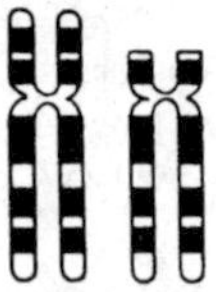	si ♀ : 46, XX, del, 10 (*p* 13 → *p* ter)	— Retard staturo-pondéral; — Mamelons trop écartés; — QI 33 à 47.
11	Trisomie 11 *q*	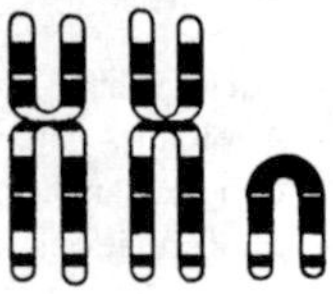	si ♂ : 47, XY, + (11 *q*)	— Narines saillantes, nez charnu; — Hypertrophie : bras en « ailes d'oiseau »; — Teint cireux; — Oreilles grandes, basses et molles; — QI < 20.
	Monosomie 11 *q*	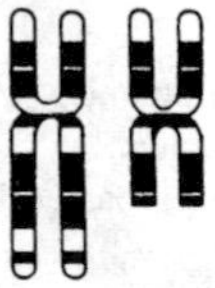	si ♂ : 46, XY, − (*q* 11) (*q* 21 *q* ter)	— Trigonocéphalie; — Retard staturo-pondéral; — QI variable: troubles du langage.
12	Trisomie 12 *p*		si ♀ : 47, XX, + (12 *p*) (*p* 11 → *p* ter)	— Gros nouveau-nés joufflus; — Hypotonie; — Mains aux paumes larges, doigts en flexion; — Retard mental grave.
	Monosomie 12 *p*	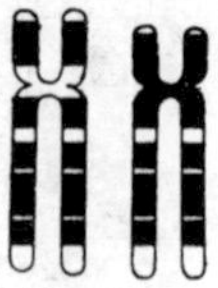	si ♀ : 46, XX, (del) (12) (*p* 11 → *p* ter)	— Microcéphalie; — Hypotrophie; — Retard mental marqué; — Activité LDH ↓ dans les globules rouges.

28.5.4 CHROMOSOMES DU GROUPE D

Les chromosomes du groupe D sont les chromosomes 13, 14 et 15. Ils sont acrocentriques et leur zone *p* est constituée d'un petit segment euchromatique, d'un filament et d'un satellite. Les filaments joueraient le rôle d'organisateur nucléolaire (voir la figure 28.9).

Chromosome 13 : il s'agit du plus grand des autosomes acrocentriques. La trisomie à laquelle il est associé est un syndrome cytogénétique bien connu.

Chromosome 14 : autosome acrocentrique qui a peu de localisations géniques et auquel n'est associée qu'une seule pathologie.

Chromosome 15 : autosome acrocentrique dont la carte génique est élaborée et auquel ne sont associées qu'un petit nombre de pathologies.

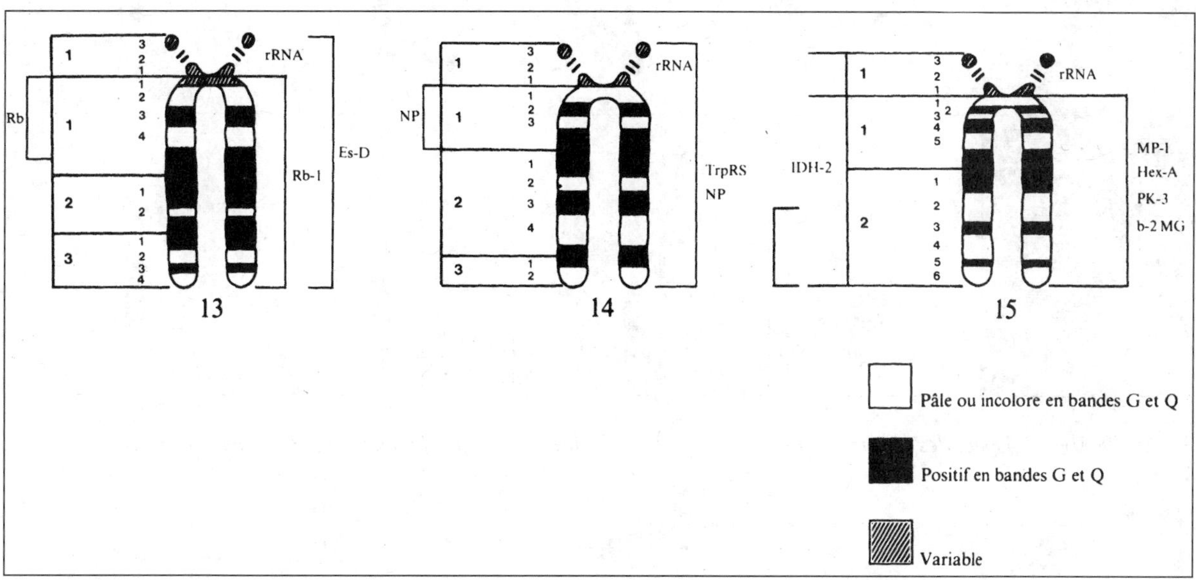

Figure 28.9 : *Carte génique des chromosomes du groupe D.*

Tableau 28.9 SIGNIFICATION DE LA CARTE GÉNIQUE DES CHROMOSOMES DU GROUPE D.

Chromosome	Fonctions	Symboles	Méthodes de localisation
13	Estérase-D Rétinoblastome-1, sensible R X RNA ribosomal	Es-D Rb-1 R RNA	S D H
14	Purine nucléside phosphonylase Tryptophanyl-TRNA synthétase RNA ribosomal	NP TrpRS R RNA	DC S H
15	B-2 microglobuline Hexose aminidase A Pyrunate kinase 3 Mannose phosphate isomérase Pyrunate déshydrogénase mitochondriale RNA ribosomal	b-2 MG Hex-A PK-3 MP 1 IDH-2 R RNA	S SC S S S H

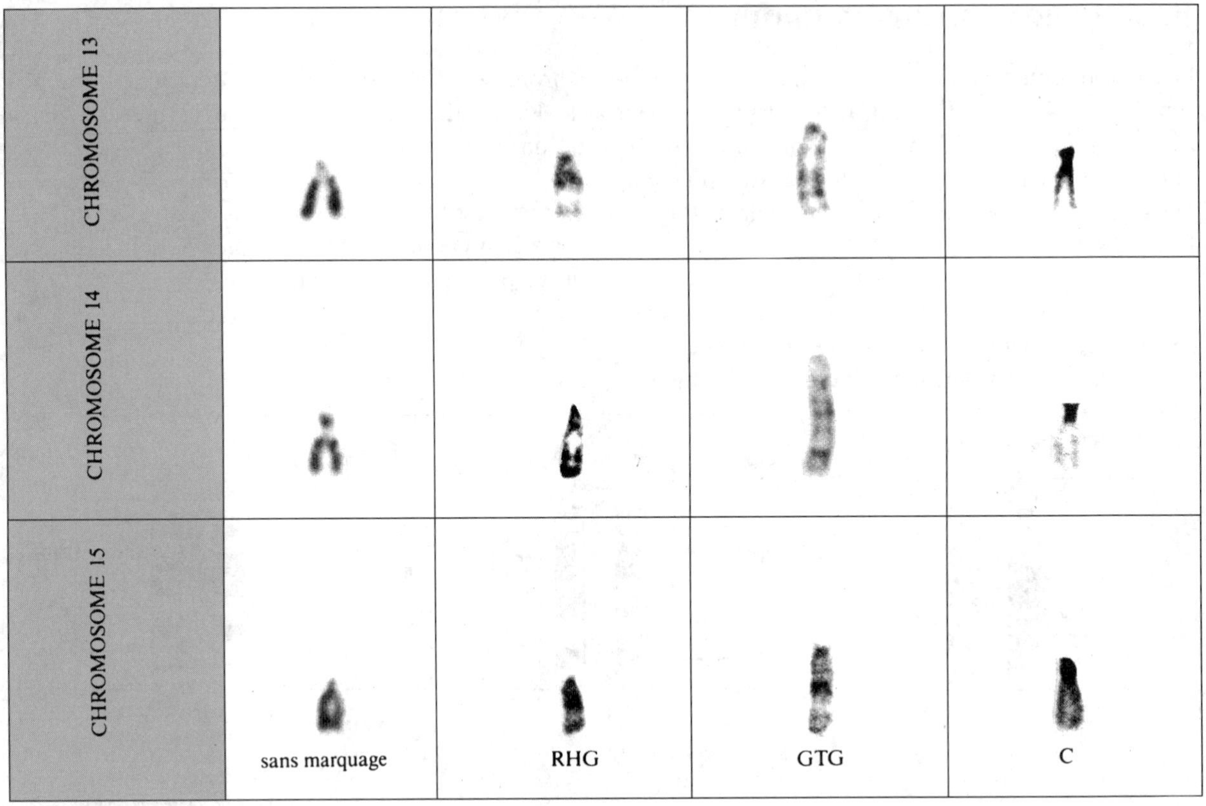

CHROMOSOME 13				
CHROMOSOME 14				
CHROMOSOME 15	sans marquage	RHG	GTG	C

Figure 28.10 : *Aspect des chromosomes du groupe D selon les techniques de marquage les plus courantes.*

Tableau 28.10 PATHOLOGIES LES PLUS COURANTES RELIÉES AUX CHROMOSOMES DU GROUPE D.

Nº	PATHOLOGIE	ASPECT DU CARYOTYPE ANORMAL	EXPRESSION ÉCRITE	PARTICULARITÉS
13	Trisomie 13 (Syndrome de Patau)	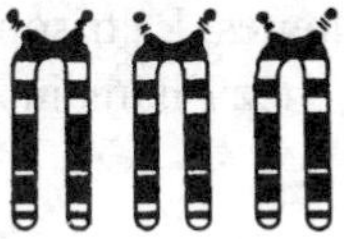	si ♀ : 47, XX, + (13)	— Gueule de loup, fissure palatine; — Microphtalmie: yeux de corbeau; — Hexadactylie; — Pied en « piolet »; — Malformations organiques : cardiaques, urinaires, cérébrales, oculaires, digestives; — Durée de vie ~130 jours; — Dermatoglyphes • pli palmaire unique, • triradius axial en t′ ou t″, • excès de boucles;
	Monosomie 13 et 13 en anneau si ♀ : 46, XX, r (13)	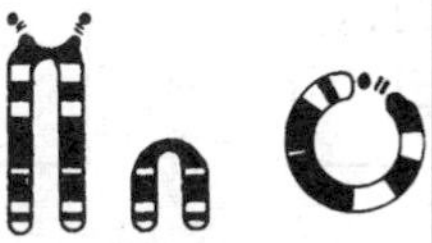	si ♀ : 46, XX, del (13) (*p* ter → *q* 22)	— Profil grec dû à l'absence d'ensellure nasale; — Incisives en « dents de lapin »; — Anomalies oculaires (rétinoblastomes); — QI <50.
14	Trisomie 14 *q*	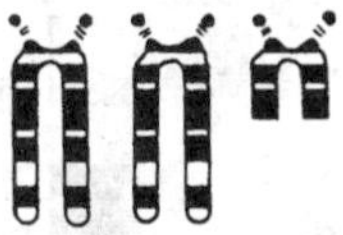	si ♀ : 47, XX, + 14) (*p* → *q* 12)	— Retard staturo-pondéral; — QI bas; — Nez proéminent; — Bouche d'aspect tombant, en arc-de-cercle, lèvres minces, fissure palatine; — Anomalies des membres : pieds bots, implantation anormale des doigts ou des orteils.
	Trisomie 14	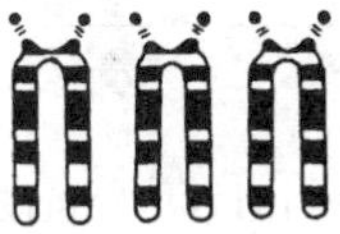	si ♀ : 47, XX, + (14)	La plus fréquente trisomie des chromosomes du groupe D, retrouvée dans les produits d'avortements spontanés.
15	15 en anneau	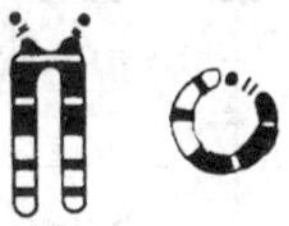	si ♂ : 46, XY, r (15)	— Retard staturo-pondéral; — Retard psychomoteur discret; — QI 35 à normal.
	Trisomie 15 proximale	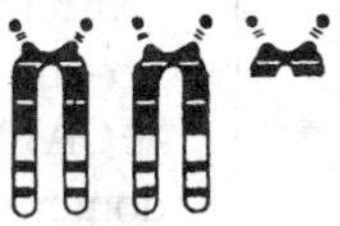	si ♂ : 47, XY, + (15) (*p* → *q* 13)	— Visage ovalaire; — Pommettes hautes, joues pleines; — QI entre 20 et 50 (difficile de faire un diagnostic à l'examen physique).

28.5.5 CHROMOSOMES DU GROUPE E

Les chromosomes 16, 17 et 18 appartiennent au groupe E (voir la figure 28.11).

Chromosome 16 : autosome submétacentrique dont *p* équivaut aux sept huitièmes de *q*. Il porte une constriction secondaire comparable à celle du chromosome 1. Cette constriction serait une structure d'ADN répétitif en partie.

Chromosome 17 : autosome dont la carte génique fut la première localisée par hybridation cellulaire.

Chromosome 18 : autosome caractérisé par de nombreuses pathologies. La trisomie 18 fut la seconde trisomie décrite chez l'humain.

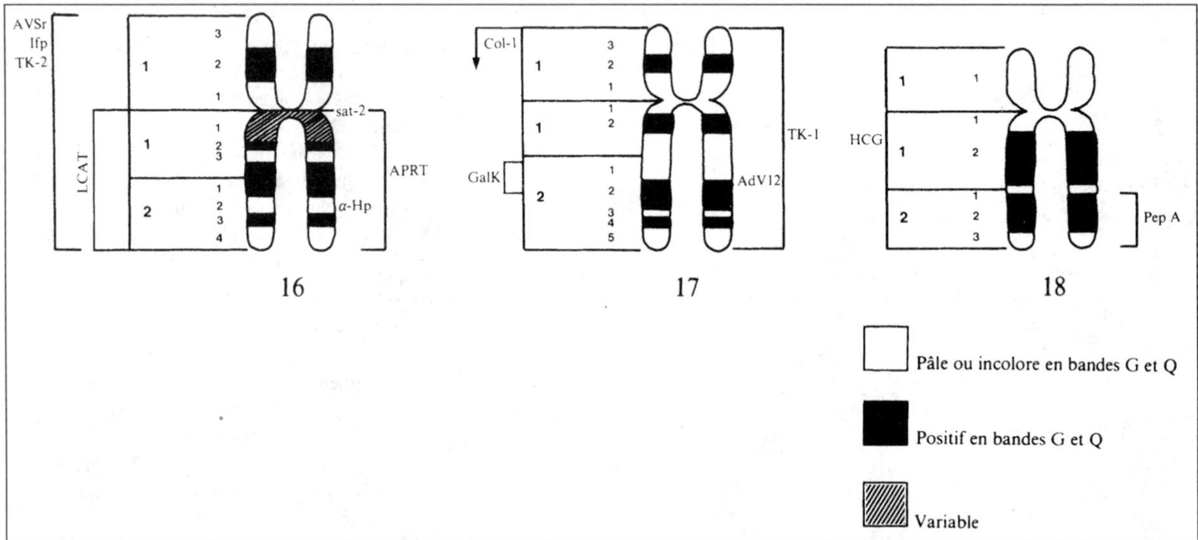

Figure 28.11 : *Carte génique des chromosomes du groupe E.*

Tableau 28.11 Signification de la carte génique des chromosomes du groupe E.

Chromosome	Fonctions	Symboles	Méthodes de localisation
Douteux	ADN satellite-11	Sat-2	H
16	Adénosine phosphoribosyltransférase	APRT	SC
	Chaîne de l'haptoglobine	α-Hp	FC
	Lécithine-cholestérol acéthyltransférase	LCAT (douteux)	F
	Thymidine kinase mitochondriale	TK-2	S
	Contrôleur de production d'interféron	If-p	S
	Antiviral state depressor	A VS-r	SC
17	Thymidine kinase soluble	TK-1	SC
	Modification sito 17 chromosomal par adénovirus-12	ADV-12	SCV
	Procollagène de type I	Col-I	S
	Galactokinase	Gal-K	SC
18	Peptidase A	Pep A	SC
	Gonadotropine chorionique humaine	HCG (douteux)	S

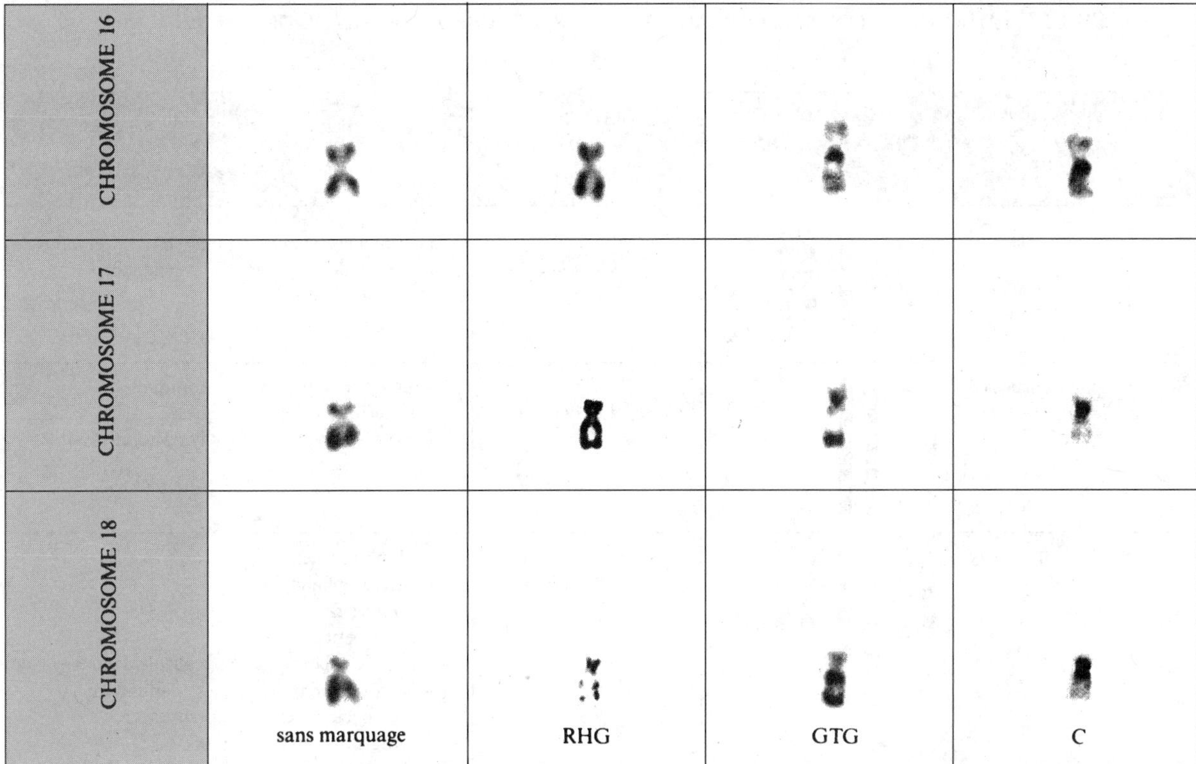

Figure 28.12 : *Aspect des chromosomes du groupe E selon les techniques de marquage les plus courantes.*

Tableau 28.12 PATHOLOGIES LES PLUS COURANTES RELIÉES AUX CHROMOSOMES DU GROUPE E.

N°	PATHOLOGIE	ASPECT DU CARYOTYPE ANORMAL	EXPRESSION ÉCRITE	PARTICULARITÉS
16	Trisomie	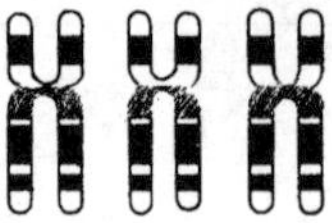	si ♀ : 47, XX, + (16)	Aberration autosomique la plus souvent retrouvée dans les produits d'avortement spontané.
17	Hémopathies malignes Isochromosome (17 *q*)	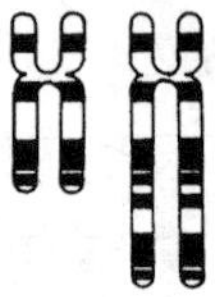	si ♀ : 46, XX, i (17 *q*)	— Leucémies myéloïdes chroniques; — Leucémies myéloïdes aiguës; — Syndromes prolifératifs lymphoréticulaires.
18	Trisomie	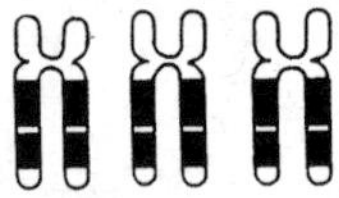	si ♂ : 47, XY, + (18)	— Hypotrophie; — Microcéphalie; — Oreilles faunesques; — Yeux petits; — Fissure palatine, parfois « gueule de loup »; — Malformations organiques : cardiaques, pulmonaires, rénales, digestives, etc.; — Doigts qui se chevauchent.
	Monosomie 18 *p*	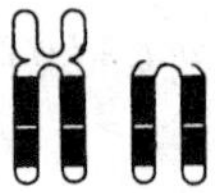	si ♀ : 46, XX, del (18) (*p* 11 *p* ter)	— Petite taille; — Dents souvent cariées; — Grandes oreilles décollées; — Mamelons très écartés; — QI entre 25 et 75; — Taux IgA.
	Monosomie 18 *q*	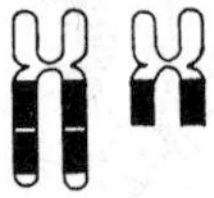	si ♂ : 46, XY, del (18) (*q* 21 *q* ter)	— Hypotonie masquée; — Rétraction au milieu de la figure entre le front et les maxillaires; — Bouche de poisson « carpe »; — Anomalies des organes génitaux: ♀ absence des petites lèvres, ♂ ectopie testiculaire; — QI 30 à 70.
	18 en anneau	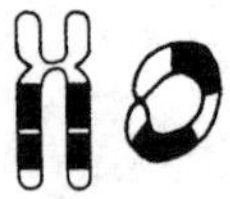	si ♀ : 46, XX, r (18)	— Mêmes que monosomie 18 *q*.

28.5.6 CHROMOSOMES DU GROUPE F

Les chromosomes 19 et 20 appartiennent au groupe F (voir la figure 28.13).

Chromosome 19 : autosome métacentrique qui a peu de localisations géniques et de pathologies.

Chromosome 20 : autosome métacentrique qui a subi des modifications au cours de l'évolution.

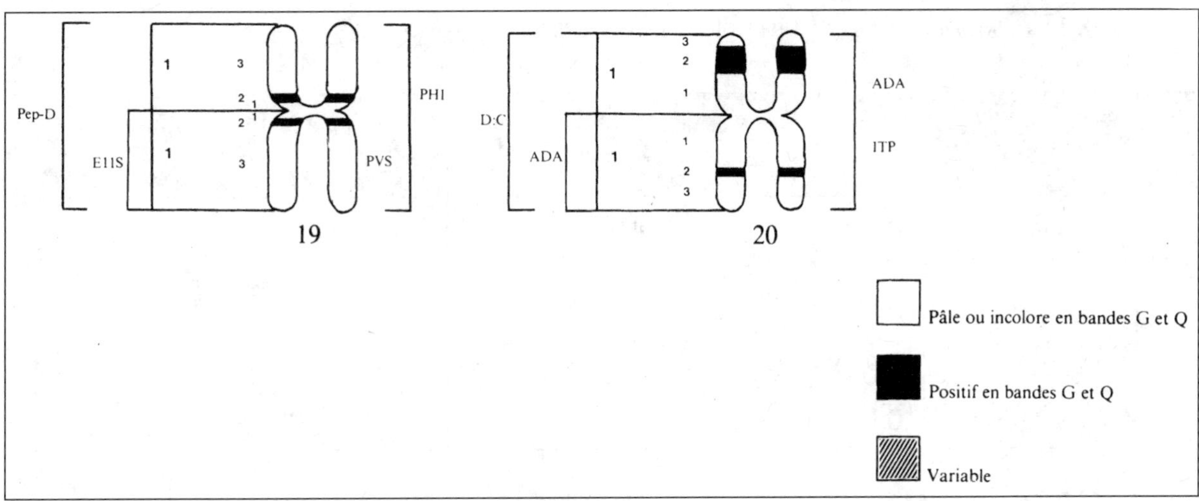

Figure 28.13 : *Carte génique des chromosomes du groupe F.*

Tableau 28.13 SIGNIFICATION DE LA CARTE DES CHROMOSOMES DU GROUPE F.

Chromosome	Fonctions	Symboles	Méthodes de localisation
19	Phosphohexase isomérase	PHI	S
	Sensibilité au virus de la polio	PVS	S
	Peptidase-D	Pep-D	S
	Écho-virus II (sensibilité)	EIIS	C
20	Adénosine désaminase	ADA	S
	Inosine triphosphatase	ITP	S
	Enzyme pour conversion du desmostérol	D.C	
	Enzyme pour conversion du cholestérol	DCE	S

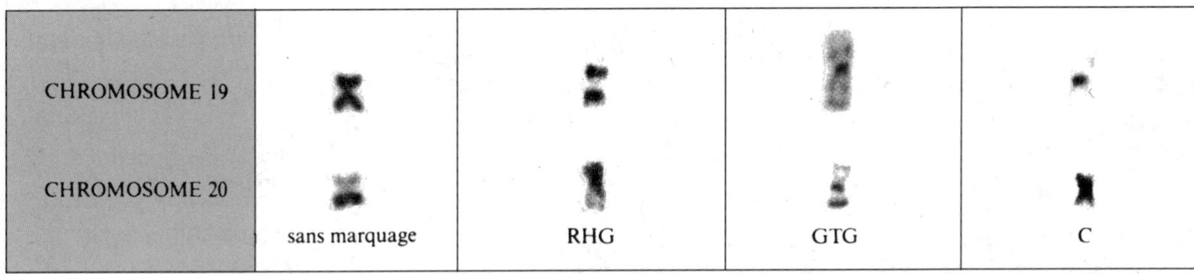

Figure 28.14 : *Aspect des chromosomes du groupe F selon les techniques de marquage les plus courantes.*

Tableau 28.14 PATHOLOGIES LES PLUS COURANTES RELIÉES AUX CHROMOSOMES DU GROUPE F.

N°	PATHOLOGIE	ASPECT DU CARYOTYPE ANORMAL	EXPRESSION ÉCRITE	PARTICULARITÉS
19	Trisomie 19 *q*		si ♀ : 47, XX, + (19 *q*)	— Visage plat; — Ptose des paupières; — Bouche en « gueule de poisson »; — Cardiopathie sévère.
20	Trisomie 20 *p*		si ♂ : 47, XY, + (20 *p*)	— Anomalies discrètes des os; — QI bas; — Pli palmaire unique.

28.5.7 CHROMOSOMES DU GROUPE G

Les chromosomes 21 et 22 font partie du groupe G. Comme ceux du groupe D, ils sont acrocentriques (voir la figure 28.15).

Chromosome 21 : il est depuis longtemps défini comme l'autosome qui, à l'état trisomique, est responsable du syndrome de Down, ou mongolisme.

Chromosome 22 : autosome acrocentrique dont la carte génique est peu connue.

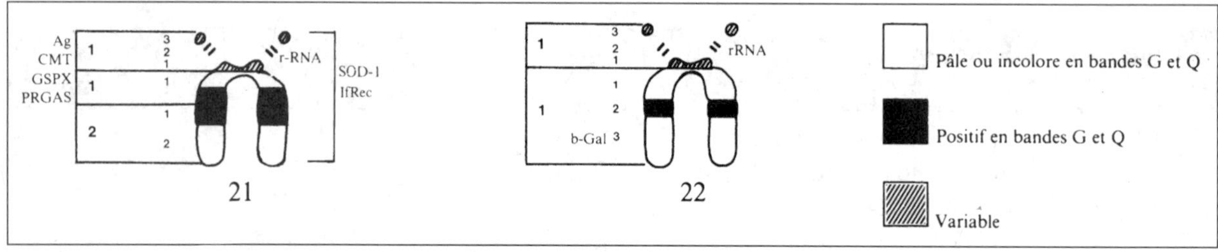

Figure 28.15 : *Carte génique des chromosomes du groupe G.*

Tableau 28.15 SIGNIFICATION DE LA CARTE GÉNIQUE DES CHROMOSOMES DU GROUPE G.

Chromosome	Fonctions	Symboles	Méthodes de localisation
21 – 22	RNA ribosomal	r-RNA	H
21	Système récepteur d'interféron	if-REC	SD
21	Indophénol-oxydase A : IPO-A	SOD-1	SD
Douteux	B-lipoprotéine	Ag (douteux)	F
?	Catéchol-O-ME transférase	CMT	CD
21	Glutathine peroxydase	GSPX	CD
Douteux	Phosphoribosylglycianamide synthétase	PRGAS	S
22	B-Galactosidase	Douteux b-Gal	S

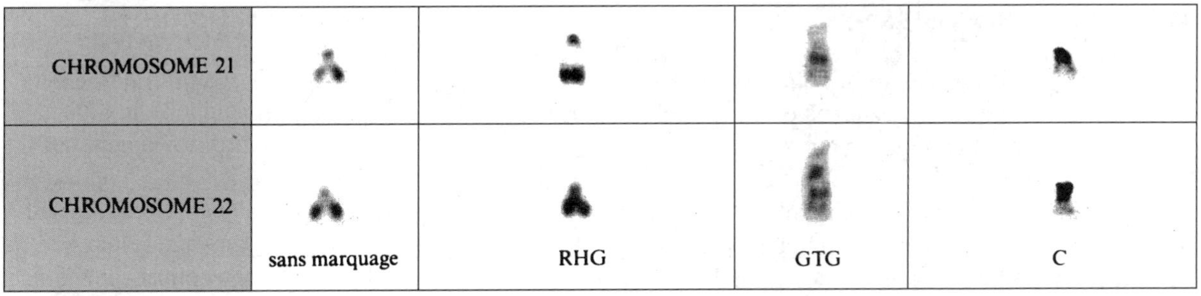

CHROMOSOME 21				
CHROMOSOME 22	sans marquage	RHG	GTG	C

Figure 28.16 : *Aspect des chromosomes du groupe G selon les techniques de marquage les plus courantes.*

Tableau 28.16 PATHOLOGIES LES PLUS COURANTES RELIÉES AUX CHROMOSOMES DU GROUPE G.

Nº	PATHOLOGIE	ASPECT DU CARYOTYPE ANORMAL	EXPRESSION ÉCRITE	PARTICULARITÉS
21	Trisomie (libre)		si ♀ : 47, XX, + (21)	— Hypotonie; — Fentes palbébrales obliques (haut → dehors); — Face lunaire, plate; — Langue large; — Pli palmaire unique transverse; — Mains larges, doigts courts; — Gros orteils trop écartés; — Troubles métaboliques, enzymatiques, immunitaires, hématologiques.
	Trisomie avec t (14, 21)	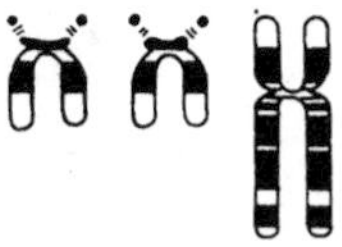	Trisomie avec translocation: 46, XX, t(14, 21) (*p* 14, *p* 21)	
	21 en anneau		si ♂ : 46, XY, r (21)	— Hypertonie; — Lignes de la main normales; — Grandes oreilles; — Malformations multiples: cardiaques, rénales, oculaires, digestives, etc.
	Monosomie 21		Si ♂ : 45, XX, -(21)	Signes discrets apparentés à ceux du chromosome 21 en anneau.
22	Trisomie		si ♂ : 47, XY, + 22	— Hypotrophie staturo-pondérale; — Lèvre supérieure longue; — Grandes oreilles basses; — QI < 20.
	22 en anneau		si ♀ : 46, XX, r (22)	— Yeux de biche; — Sourcils très bas; — QI ~30.
	Monosomie 22	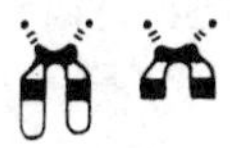	si ♀ : 46, xx del 21 (*q* 12 à fin)	Mêmes que ci-dessus.

28.5.8 CHROMOSOMES SEXUELS

Chez la femelle, les deux chromosomes sexuels sont des chromosomes « X »; chez le mâle, il y a un chromosome « X » et un chromosome « Y ».

Chromosome « X » : chromosome submétacentrique qui a environ 15 loci, d'où les caractères transmis suivant le mode lié au sexe. Il y en a deux chez la femme et un chez l'homme.

Chromosome « Y » : hétérochromosome acrocentrique de longueur variable. Il s'agit du chromosome le plus fluorescent en bandes q. Il est ainsi utilisé pour connaître le sexe fœtal sans élaborer le caryotype. Jusqu'à présent, rien ne permet d'associer un aspect phénotypique à la longueur du segment fluorescent.

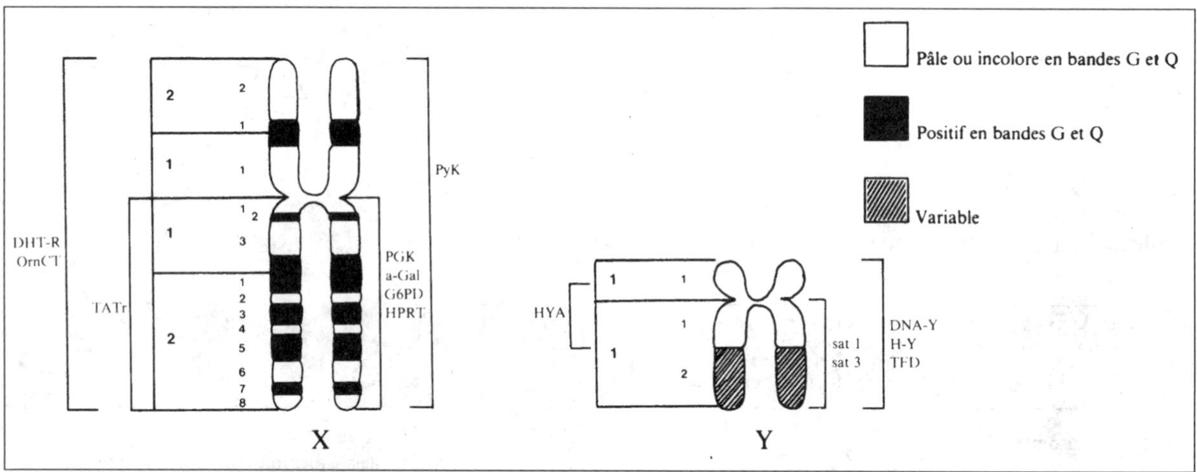

Figure 28.17 : *Carte génique des chromosomes sexuels.*

Tableau 28.17 SIGNIFICATION DE LA CARTE GÉNIQUE DES CHROMOSOMES SEXUELS.

Chromosome	Fonctions	Symboles	Méthodes de localisation
X	Phosphorinase kinase	PyK	SC
	Phosphoglycérate kinase	PGK	SC
	α-galactosidase (maladie de Fabry)	α-Gal	SC
	glucose-6-phosphate déshydrogénase	G6PD	SC
	Hypoxanthine guanine phosphoribosyltransférase	HPRT	SC
	Récepteur androgénique	DHT-R	SL
	Ornithine carbamoyltransférase	OrmCT	L
	Régulateur de la tyrosine aminotransférase	TATr	S
Y	ADN1-ADN3 satellite	Sat-1,Sat-3	H
	Facteur de différenciation testiculaire	TFD	C
	Antigène Y	Hya	S
	ADN spécifique à Y	DNA-Y	S

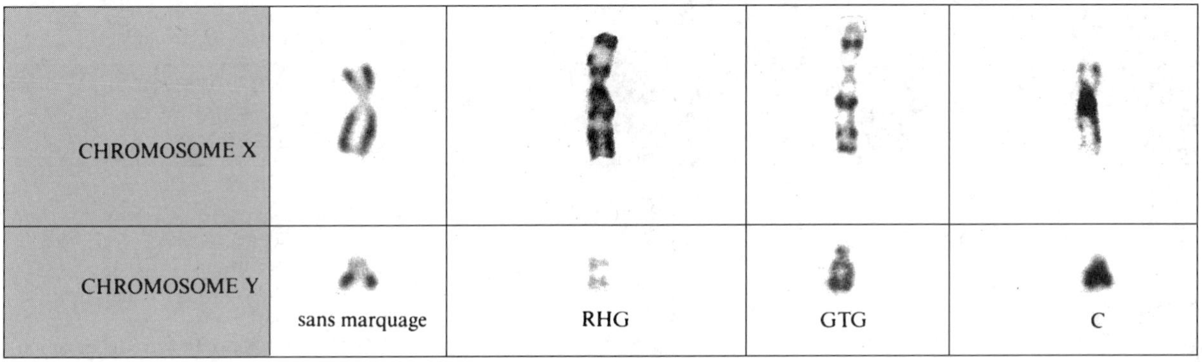

CHROMOSOME X				
CHROMOSOME Y	sans marquage	RHG	GTG	C

Figure 28.18 : *Aspect des chromosomes sexuels selon les techniques de marquage les plus courantes.*

Tableau 28.18 PATHOLOGIES LES PLUS COURANTES RELIÉES AUX CHROMOSOMES SEXUELS.

PATHOLOGIE	ASPECT DU CARYOTYPE ANORMAL	**EXPRESSION ÉCRITE**	PARTICULARITÉS
Klinefelter : classique et en mosaïque	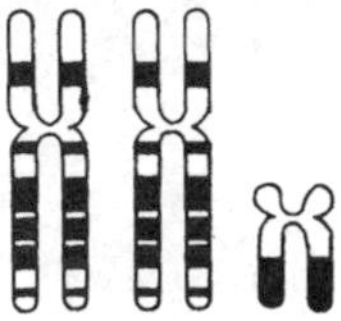	♂ : 47, XXY, classique	— Gynécomastie; — Stérilité, atrophie testiculaire; — Souvent diminution de la pilosité (peu de barbe); — Souvent grand, avec des traits fins; — 1 corps de Barr.
	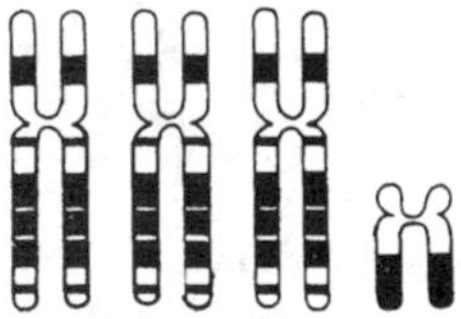	48, XXXY	— Mêmes particularités que pathologie précédente; — QI bas; — Hypogonadisme.
	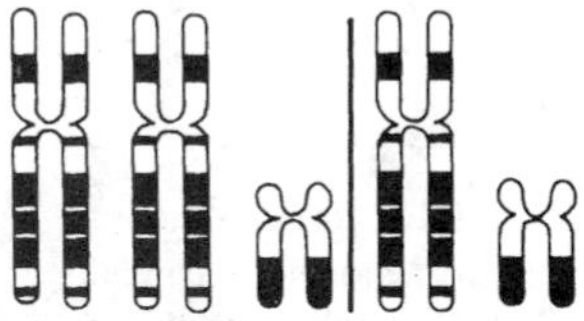	47, XXY / 46, xy	— Infertilité; — QI variable; — Gynocomastie plus ou moins prononcée; — Aspects de la virilité plus ou moins marqués.
	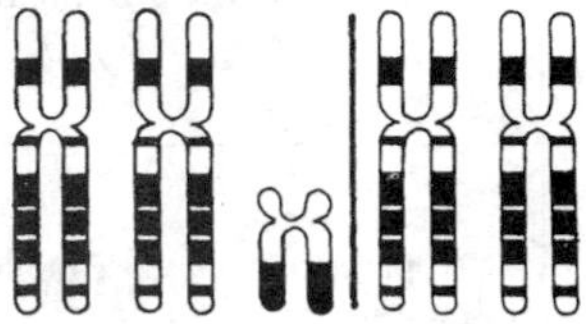	47, XXY / 46, xx	Mêmes que ci-dessus.
	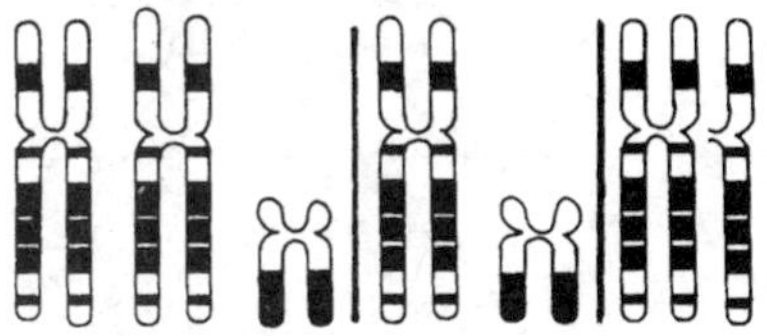	47, XXY / 46 xy/45x	Mêmes que ci-dessus.

Tableau 28.18 (SUITE-1)

PATHOLOGIE	ASPECT DU CARYOTYPE ANORMAL	EXPRESSION ÉCRITE	PARTICULARITÉS
Hommes à 46 XX		♂ : avec caryotype 46, XX	— Gynécomastie; — Atrophie testiculaire, stérilité; — Corps de Barr positif; — Tubes séminifères contenant uniquement des cellules de Sertoli; *Note*: Il y aurait masculinisation avec élimination de Y. On doute du mode de traitement.
47, XYY	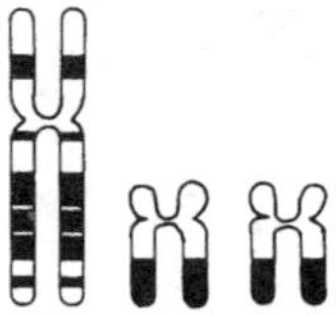	♀ : 47, XYY	— Sujet de grande taille; — Fécond, avec spermatogenèse presque normale, — Agressivité.
48, XXYY	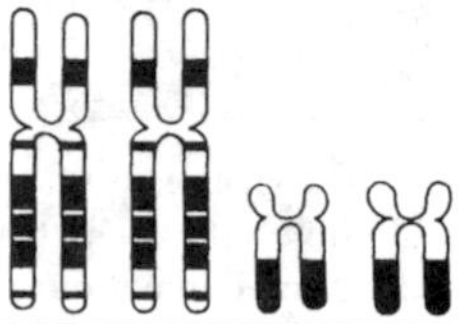	48, XXYY	— Débilité profonde; — Agressivité; — Hypogonadisme.
Turner : monosomie X pure ou en mosaïque, ou les deux	 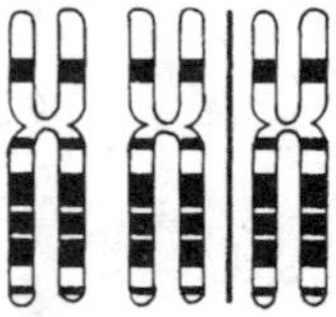	♀ : 45, XD 45,XO / 46, xx	— Petite taille; — Absence de puberté; — Agénésie ovarienne; — Aménorrhée primaire, stérilité; — Absence de corps de Barr ou diminution du nombre; — Cheveux implantés bas dans la nuque; — Cou « palmé »; — Petite selle turcique; *Note*: On traite dès l'âge de 14 ans en administrant des œstrogènes.
Triple X: pure ou en mosaïque	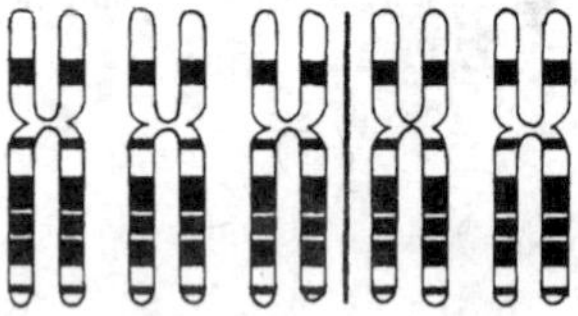	47, XXX (pure) 47, XXX / 46, xx ou 47, XXX / 46, xx/45x	— Deux corps de Barr; — Aménorrhée secondaire; — QI un peu plus bas que la normale; — Tendance à la schizophrénie.
Quadruple X: pure ou en mosaïque	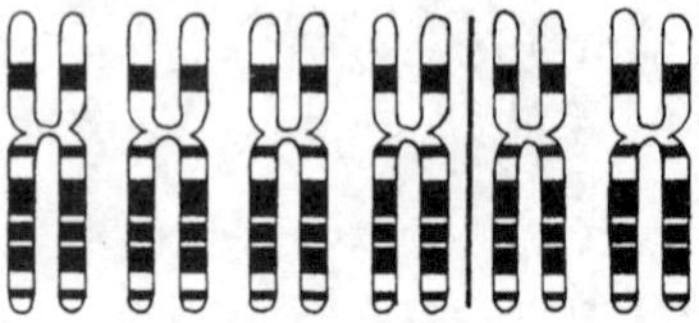	48, XXXX (pure) 48, XXXX / 46 xx	— Visage ovale; — Apparence trompeuse de la trisomie 21; — QI entre 50 et 70; — Trouble des règles, organes génitaux normaux; — Trois corps de Barr;

Tableau 28.18 (SUITE-2)

PATHOLOGIE	ASPECT DU CARYOTYPE ANORMAL	EXPRESSION ÉCRITE	PARTICULARITÉS
Isochromosome: *a*) (X*p*) *b*) (X*q*)	*a*) *b*)	*a*) 46, X, i(X*p*) *b*) 46, X, i(X*q*)	— Phénotypie discrète; — Problèmes de règles;
Délétions de X *a*) del (X*p*) *b*) del (X*q*)	*a*) *b*)	*a*) 46, X, del (X*p*) *b*) 46, X, del (X*q*)	— QI quelquefois légèrement abaissé; — Problèmes de fertilité.
Anneau		46, X, r (X)	Mêmes que ci-dessus.
Fragilité du chromosome X		Frag. X *a*27, *q*28	— Troubles de comportement (autisme, problèmes socio-affectifs).

28.6 ÉTUDE DES CHROMOSOMES

Les techniques présentées dans cette section ont été éprouvées et les résultats se sont révélés concluants. Elles exigent peu de dextérité, mais beaucoup d'attention, car les résultats de l'examen microscopique dépendent essentiellement de la qualité des cultures, des récoltes et du marquage.

28.6.1 MÉTHODES DE MARQUAGE

Les méthodes de marquage servent à isoler chacun des chromosomes pour faciliter sa classification et le repérage des anomalies qualitatives qu'il représente. Avant 1970, les généticiens ne disposaient que d'une seule coloration uniforme des chromosomes, la coloration au Giemsa. Elle est encore utilisée pour préciser rapidement les anomalies de nombre (mosaïques) ou pour évaluer certaines variantes chromosomiques (grands-satellites, etc.). Cependant, au cours d'une conférence tenue à Paris en 1971, on a dévoilé plusieurs techniques de marquage qui, par la suite, ont servi de base à une normalisation internationale de la nomenclature.

28.6.2 NETTOYAGE DES LAMES

Le nettoyage est une étape importante dans la préparation des lames. La qualité du marquage en dépend, surtout dans le cas des bandes R et T. La procédure qui semble donner de meilleurs résultats est la suivante :

MODE OPÉRATOIRE

1. Plonger les lames une à la fois dans une solution commerciale spécialement conçue pour cette opération (*Micro de Labcor n° 8790-00*);
2. rincer à l'eau courante pendant 2 heures, puis dans l'eau distillée pendant quelques minutes;
3. conserver au réfrigérateur dans un bocal d'eau distillée

28.6.3 TEST DE VIABILITÉ DES CELLULES

Le but de ce test est de vérifier si les cellules prélevées seront viables et si, par conséquent, leur analyse est susceptible de donner des résultats cohérents au cours des différentes études des caryotypes. Pour réaliser ce test, il est courant d'utiliser un colorant de type bleu trypan (voir la figure 28.19). Plusieurs auteurs considèrent cependant que ce colorant a des propriétés carcinogènes.

28.6.3.1 Préparation de la solution colorante de bleu trypan à 1 %

- 1 g de bleu trypan
- 100 ml de solution saline à 0,9 %
- La solution se conserve à une température de 2 à 8 °C. Filtrer avant usage.

28.6.3.2 Coloration au bleu trypan

MODE OPÉRATOIRE

1. Dans un petit tube de verre de 3 ml, mettre 5 microlitres de solution colorante de bleu trypan à 1 %; ajouter 20 microlitres de suspension cellulaire;
2. attendre quelques minutes et déposer une goutte de ce mélange entre une lame et une lamelle;
3. observer au microscope; les cellules mortes se colorent en bleu.

Si la quantité de cellules mortes est trop élevée, il faut effectuer un autre prélèvement sanguin.

28.6.4 DÉCOMPTE DES CELLULES NUCLÉÉES

Pour faire le décompte des cellules nucléées, on mélange le sang avec de l'acide acétique. Ce dernier hémolyse les globules rouges et ne laisse dans le sang que les cellules qui possèdent un noyau. Le décompte s'effectue à l'aide d'un hématimètre.

Figure 28.19 : **FICHE DESCRIPTIVE DU BLEU TRYPAN**

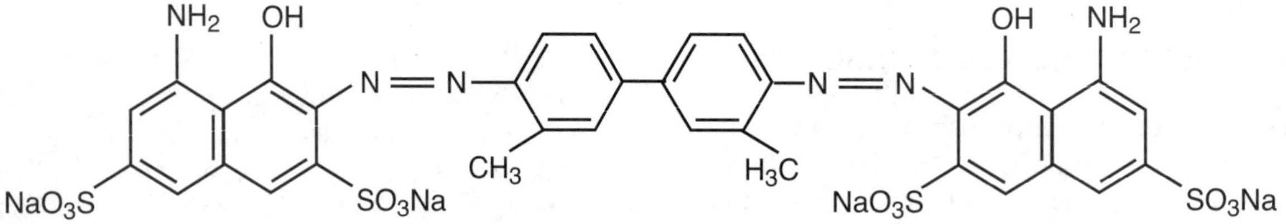

Structure chimique du bleu trypan

Nom commun	Bleu trypan	**Solubilité dans l'eau**	Soluble
Nom commercial	Bleu trypan	**Absorption**	607 nm
Numéro de CI	23850	**Couleur**	Bleu
Nom du CI	Bleu direct 14	**Formule chimique**	$C_{33}H_{23}N_6O_{14}S_4Na_4$
Classe	Diazoïque	**Poids moléculaire**	960,8
Type d'ionisation	Anionique		

28.6.4.1 Préparation de l'acide acétique à 2,86 %

- 28,6 ml d'acide acétique glacial
- amener à 1 litre avec de l'eau distillée

28.6.4.2 Décompte des cellules nucléées

MODE OPÉRATOIRE

1. **Dilution**
   - Prélever 20 microlitres de sang à l'aide d'une pipette capillaire et mélanger avec 1,98 ml de liquide de dilution (solution d'acide acétique à 2,86 %);
   - agiter et laisser reposer; déverser une partie du mélange sur l'hématimètre pour faire le décompte.
2. **Décompte à l'hématimètre**
   - Utiliser l'objectif 10X ou 40X et compter les cellules présentes dans les 9 carrés de l'hématimètre.
3. **Calcul simplifié**
   - Additionner 10 % au nombre de cellules comptées;
   - multiplier ce chiffre par 100.

   Par exemple, si le décompte donne 60 cellules, on additionne 6, puis on multiplie ce résultat (66) par 100. Le total est 6600 (ou 6,600/mm^3) selon le système traditionnel, ou 6,6 x 10^9/L selon le système international.

28.6.5 DILUTION DE LA COLCÉMIDE

La colcémide est un réactif dont l'utilisation est très répandue dans les techniques de cytogénétique. Cette solution est employée afin de permettre l'accumulation des métaphases après la culture des lymphocytes, mais juste avant le choc hypotonique qui provoque l'éclatement des lymphocytes. La solution se prépare de la façon suivante :

1. **Solution mère de colcémide**
   - 5 mg de Colcemid (produit commercial)
   - 10 ml de solution saline stérile

   Répartir le mélange dans des seringues de 1 ml; identifier, dater et conserver au réfrigérateur.
2. **Solution fille de colcémide**
   - 0,1 ml de solution mère de colcémide (solution A)
   - 9,9 ml de solution saline stérile

   Cette solution est utilisée pour les caryotypes constitutionnels.
3. **Solution de travail de colcémide à 0,05 mg/ml**
   - 1 ml de la solution fille de colcémide (solution n° 2)
   - 9 ml de solution saline stérile

   Cette solution est utilisée pour les caryotypes tumoraux.

28.6.6 CARYOTYPE CONSTITUTIONNEL

Pour effectuer l'étude du caryotype constitutionnel, on utilise des lymphocytes qui proviennent du sang périphérique de l'individu. Ces lymphocytes sont d'abord stimulés à l'aide d'un produit appelé « phytohémagglutinine (PHA) », ce qui permet de les transformer en lymphoblastes; ils peuvent alors se diviser. En métaphase (stade de la division mitotique de la cellule), le maximum de cellules est généralement atteint après une incubation à 37 °C, qui varie de 68 à 72 heures. Les noyaux des cellules sont alors dilatés à la suite d'un choc hypotonique, ce qui entraîne la dispersion des chromosomes. Les cellules sont ensuite fixées à l'aide d'un mélange d'éthanol et d'acide acétique glacial, puis étalées sur des lames propres (voir la section 28.6.2). Toute demande de caryotype doit inclure les indications cliniques nécessaires pour orienter le technicien dans le choix des méthodes et des milieux de culture à utiliser.

28.6.6.1 Échantillons nécessaires

Prélèvements veineux : il est essentiel de prendre du sang hépariné. Pour un nouveau-né, jusqu'à l'âge de un an, la quantité requise est de 1 à 2 ml; pour les enfants de plus de un an, la quantité requise varie entre 3 et 5 ml; pour l'adulte, il est recommandé de prélever entre 5 et 10 ml de sang.

Prélèvements capillaires : chez les jeunes enfants, ce type de prélèvement se fait au moyen d'une incision au niveau du talon. Pour les autres patients, il faut recueillir, de façon stérile, environ 0,4 ml de sang à l'aide de deux seringues à tuberculine héparinées.

Échantillons inadéquats : les spécimens sont inadéquats s'ils sont coagulés, prélevés avec un anticoagulant inapproprié, contaminés, exposés à des températures trop hautes ou trop basses ou prélevés depuis plus de 72 heures, ou encore, si leur identification est inadéquate. S'il est impossible de commencer la culture immédiatement, il faut conserver le prélèvement à 4 °C.

Il est important de respecter ces critères, car les laboratoires ne traiteront pas les échantillons qui ne s'y conforment pas. En effet, ces analyses sont coûteuses et le spécimen doit donc être en parfait état.

28.6.6.2 Étude du caryotype constitutionnel

28.6.6.2.1 *Préparation des solutions*

1. **Solution de sérum de jeune bovin (produit commercial)**

   Disponible en bouteille de 100 ml; répartir 10 ml dans des tubes stériles; identifier, inscrire la date de péremption et conserver au congélateur.

2. **Solution de L-Glutamine (produit commercial)**

   Répartir la solution dans des tubes stériles de 3 ml à raison de 1 ml par tube; identifier, inscrire la date de péremption et conserver au congélateur.

3. **Solution de pénicilline-streptomycine 10 000 UI (produit commercial)**

   Répartir la solution dans des tubes stériles de 3 ml, à raison de 0,5 ml par tube; identifier, inscrire la date de péremption et conserver au congélateur. S'il n'est pas ouvert, ce produit se conserve entre –5 et -20 °C jusqu'à la date de péremption.

4. **Solution de phytohémagglutinine (produit commercial)**

   Reconstituer avec 5 ml de solution saline stérile : stériliser le bouchon, le percer verticalement au centre et ajouter la solution saline au moyen d'une seringue. Une fois reconstitué, ce produit se conserve un mois à une température maintenue entre 2 et 8 °C. S'il n'est pas ouvert, il se conserve à cette température jusqu'à la date de péremption.

5. **Solution RPMI-1640**

   Dans une bouteille qui renferme 100 ml de tr/minI-1640 (produit commercial), ajouter :

   – 10 ml de sérum de jeune bovin (solution n° 1)
   – 0,5 ml de pénicilline-streptomycine (solution n° 3)
   – 1 ml de L-Glutamine (solution n° 2)
   – 1 ml de phytohémagglutinine (solution n° 4)
   – 1 ml d'héparine 50 000 UI

   Le RPMI-1640 se conserve entre 2 et 8 °C jusqu'à la date de péremption, si la bouteille n'a pas été ouverte. Cette solution se prépare sous la hotte et requiert des conditions stériles. Une fois le mélange homogène, répartir 5 ml de cette solution dans des tubes de plastique stériles; identifier, dater et conserver au congélateur.

6. **Milieu n° 199**

   Dans chaque bouteille de milieu n° 199 ajouter :

   – 0,5 ml de Garamycine (produit commercial)
   – 5 ml de L-Glutamine (solution n° 2)
   – 5 ml de phytohémagglutinine (solution n° 4)
   – 5 ml d'héparine 50 000 UI

   Le milieu n° 199 se conserve entre 2 et 8 °C jusqu'à la date de péremption, si le contenant n'a pas été ouvert. La solution se prépare sous la hotte et requiert des conditions stériles. Une fois le mélange homogène, répartir 5 ml de cette solution dans des tubes de plastique stériles; identifier, dater et conserver au congélateur.

7. **Solution de colcémide**

   Voir la section 28.6.5, solution n° 2.

8. **Solution de chlorure de potassium à 0,075 *M***

   – 2,8 g de chlorure de potassium

   – 500 ml d'eau distillée

   Identifier, dater et conserver une semaine au réfrigérateur.

9. **Solution d'acide acétique glacial**

   Produit commercial. Il faut le conserver dans une armoire ventilée.

10. **Solution de méthanol à 100 %**

    Produit commercial. Il faut le conserver dans une armoire ventilée.

11. **Liquide fixateur méthanol-acide acétique (liquide de Carnoy modifié)**

    – 3 volumes de méthanol à 100 % (solution n° 10)

    – 1 volume d'acide acétique glacial (solution n° 9)

    Cette solution doit être fraîchement préparée avant chaque utilisation.

28.6.6.2.2 *Méthode d'étude du caryotype constitutionnel*

MODE OPÉRATOIRE

1. **Préparation des tubes pour la culture**

   Retirer du congélateur les tubes de milieux de culture requis et les incuber à 37 °C.

   • **Pour le sang veineux :**

   – Prendre 4 tubes de RPMI-1640 (solution n° 5); deux d'entre eux seront ensemencés le matin et deux autres le seront en fin d'après-midi; cette étape est nécessaire pour procéder à la synchronisation (voir la section 28.6.11);

   – prendre deux tubes de milieu n° 199 (solution n° 6), qui permettront de faire la recherche du « X » fragile.

   • **Pour le sang capillaire :**

   Prendre quatre tubes de RMPI-1640 (solution n° 5)

2. **Ensemencement des milieux**

   • **Pour le sang veineux :**

   En début de matinée, mettre 0,4 ml de sang dans deux tubes de RPMI-1640 et 0,4 ml de sang dans deux tubes de milieu n° 199;

   en fin d'après-midi, mettre 0,4 ml de sang dans deux tubes de RMPI-1640 pour procéder à la synchronisation.

   • **Pour le sang capillaire :**

   Ajouter 0,1 ml de sang capillaire dans quatre tubes de RMPI-1640;

   incuber pendant 72 heures à une température de 37 °C, en atmosphère à 5 % de CO_2. Placer les tubes dans un support incliné et desserrer les bouchons.

   Remarque : la mise en culture se fait sous la hotte et de façon stérile. Le technicien doit porter des gants. Le matériel souillé et les seringues doivent être jetés dans les contenants pour déchets biomédicaux.

3. **Accumulation des cellules en métaphase**

   – Mettre 0,1 ml de la solution de colcémide (solution n° 7) dans chacun des tubes qui a servi à la culture des cellules; bien mélanger et incuber pendant 1 heure à 37 °C.

4. **Choc hypotonique**

   – À l'aide d'une pipette, mélanger le contenu de chaque tube de culture, puis le verser dans des tubes coniques gradués et préalablement identifiés;

   – centrifuger pendant 10 minutes à 800 tr/min; aspirer le surnageant;

   – remettre le culot en suspension et ajouter 10 ml de chlorure de potassium (solution n° 8), préalablement chauffé à 37 °C, et mélanger; incuber pendant 20 minutes à 37 °C.

5. **Préfixation**
   - Ajouter à chacun des tubes 10 gouttes du liquide fixateur méthanol-acide acétique glacial (solution n° 11) fraîchement préparé et mélanger; centrifuger pendant 10 minutes à 800 tr/min.

6. **Fixation**
   - Aspirer le surnageant et remettre le culot en suspension; amener le volume à 5 ml avec du liquide fixateur;
   - laisser reposer pendant 20 minutes à la température ambiante pour permettre à la fixation de s'accomplir; centrifuger pendant 10 minutes à 800 tr/min;
   - recommencer ces étapes à deux autres reprises;
   - aspirer le surnageant, remettre le culot en suspension et ajouter du liquide fixateur (solution n° 11) pour amener le volume à 5 ml; placer les tubes dans le réfrigérateur pendant 12 heures (toute la nuit).

7. **Étalement**
   - Sortir les lames propres (voir la section 28.6.2) du réfrigérateur et en placer quelques-unes dans un récipient contenant de la glace;
   - retirer les tubes du réfrigérateur; les centrifuger pendant 10 minutes à 800 tr/min;
   - aspirer le surnageant et remettre le culot en suspension; faire une nouvelle fixation avec le mélange méthanol-acide acétique glacial (solution n° 11) fraîchement préparé en amenant le volume à 5 ml dans le tube conique; laisser reposer pendant 20 minutes à la température ambiante;
   - centrifuger pendant 10 minutes à 800 tr/min; aspirer le surnageant et remettre le culot en suspension;
   - à l'aide d'une pipette Pasteur, prendre une petite quantité de spécimen et étaler sur la lame refroidie et égouttée (voir les remarques); laisser sécher dans un environnement dont l'humidité relative est d'environ 40 % (voir les remarques).

28.6.6.2.3 *Remarques*

- Ce type de culture est couramment utilisé en raison de la facilité d'obtention du prélèvement et de la durée relativement courte de la culture.
- Le prélèvement doit être effectué en milieu stérile puisque toute contamination est toxique pour les cellules et complique l'analyse des mitoses.
- Le milieu de culture a pour but de favoriser la division des cellules. Voilà pourquoi ses constituants doivent être incoagulables, avoir des propriétés nourricières et antimicrobiennes et faire office d'agent de stimulation mitotique. Un sérum de jeune bovin ou un sérum humain AB est responsable du caractère nourricier du milieu de culture. L'héparine sodique (50 000 UI) en assure le caractère incoagulable, alors que la pénicilline sodique et le sulfate de streptomycine en garantissent le caractère antimicrobien. Les agents de stimulation mitotique, quant à eux, proviennent de la phytohémagglutinine (ou PHA), une microprotéine qui a révolutionné la cytogénétique. En effet, cette hémagglutinine partiellement purifiée et isolée du *phaseolus vulgaris* stimule la transformation du lymphocyte circulant en lymphoblaste divisible.
- Pour l'étalement du spécimen, il faut tenir la pipette droite à environ 15 cm de la lame et laisser tomber le liquide sur celle-ci de façon à provoquer une éclaboussure au contact avec la lame. Cette procédure permet de bien disperser les lymphocytes.
- Il est important qu'un humidificateur soit placé près de l'endroit réservé à l'étalement des pièces et que son degré d'humidité soit réglé à 40 %.

28.6.7 CARYOTYPE TUMORAL

L'étude cytogénétique des hémopathies malignes (maladies qui touchent le sang ou les organes hématopoïétiques) doit nécessairement être effectuée sur des cellules tumorales. Il n'est pas nécessaire d'ajouter aux milieux de culture un agent qui favorise la division cellulaire, comme la phytohémagglutinine, par exemple. En effet, le travail se fait habituellement sur de la moelle osseuse composée de cellules jeunes, lesquelles se divisent rapidement. Les autres types de cellules tumorales, comme les biopsies tissulaires, possèdent également la capacité de se diviser rapidement. Il est important d'établir un caryotype constitutionnel afin de le comparer au caryotype tumoral. En effet, certaines anomalies présentes dans les hémopathies malignes peuvent aussi être des anomalies constitutionnelles; c'est le cas, entre autres, de la trisomie 8, la trisomie 21, la perte d'un chromosome sexuel et la translocation. Les anomalies chromosomiques retrouvées dans les cellules tumorales représentent, chez un individu normal, une mutation acquise.

Parmi les échantillons requis, la moelle osseuse est tout indiquée puisqu'elle est constituée de cellules jeunes qui, par conséquent, se divisent rapidement. La ponction de la moelle osseuse étant toujours une expérience douloureuse, la culture de la moelle n'est effectuée que pour certaines hémopathies malignes qui nécessitent une étude cytogénétique avant l'établissement d'un diagnostic précis et l'évaluation du pronostic.

28.6.7.1 Échantillons nécessaires

Prélèvements de moelle : il est recommandé de prélever 1 ml d'aspiration de moelle osseuse et de mettre cette quantité dans un tube stérile contenant 0,5 ml d'héparine de sodium, sans ajouter d'agent de conservation.

Prélèvements de sang : il faut recueillir, de façon stérile, 10 ml de sang veineux qui est ensuite déversé dans un tube contenant 0,5 ml d'héparine de sodium.

Dans les deux cas, les tubes doivent être correctement identifiés et les renseignements cliniques pertinents doivent être notés au moment de la demande d'analyses.

28.6.7.2 Étude du caryotype tumoral

28.6.7.2.1 *Préparation des solutions*

1. **Sérum de jeune bovin (produit commercial)**

   Disponible en bouteille de 100 ml. Répartir la solution dans des tubes stériles à raison de 10 ml par tube; identifier, inscrire la date de péremption et conserver au congélateur.

2. **Solution de L-Glutamine (produit commercial)**

   Répartir la solution entre des tubes stériles de 3 ml, à raison de 1 ml par tube; identifier, inscrire la date de péremption et conserver au congélateur.

3. **Solution de pénicilline-streptomycine 10 000 unités (produit commercial)**

   Répartir la solution entre des tubes stériles de 3 ml, à raison de 0,5 ml par tube; identifier, inscrire la date de péremption et conserver au congélateur. S'il n'est pas ouvert, ce produit se conserve entre –5 et -20 °C jusqu'à la date de péremption.

4. **Solution d'iscove (produit commercial) : milieu de culture**

   - une bouteille de 500 ml d'iscove;
   - 50 ml de sérum de jeune bovin (produit commercial);
   - 2,5 ml de pénicilline-streptomycine (produit commercial);
   - 5 ml de L-Glutamine (produit commercial).

   La préparation de ce milieu de culture se fait sous la hotte et requiert des conditions stériles. Dans la bouteille de 500 ml d'iscove, ajouter les autres ingrédients et mélanger. Distribuer 5 ml de ce mélange dans des tubes de plastique stériles; identifier, dater et conserver au congélateur. Si elle n'est pas ouverte, une bouteille d'iscove se conserve jusqu'à la date de péremption à une température variant entre 2 et 8 °C.

5. **Solution de travail de colcémide à 0,05 mg/ml**

   Voir la section 28.6.5, solution n° 3.

6. **Solution de chlorure de potassium à 0,075 *M***

   Voir la section 28.6.6.2.1, solution n° 8.

7. **Solution d'acide acétique glacial**

   Produit commercial qu'il faut conserver dans une armoire ventilée.

8. **Solution de méthanol à 100 %**

   Produit commercial qu'il faut conserver dans une armoire ventilée.

9. Liquide fixateur méthanol-acide acétique (liquide de Carnoy modifié)

- 3 volumes de méthanol à 100 %
- 1 volume d'acide acétique glacial

28.6.7.2.2 *Méthode d'étude du caryotype tumoral*

MODE OPÉRATOIRE

1. Préparation des tubes pour la culture

Retirer du congélateur les tubes de milieux de culture requis et les incuber à 37 °C.

- ***Pour le prélèvement de moelle***
- 4 tubes de milieu de culture d'iscove (solution n° 4)
- ***Pour le sang veineux***
- 4 tubes de milieu de culture d'iscove (solution n° 4)

2. Ensemencement des milieux

- ***Pour les deux types de spécimens***
- Faire le décompte des cellules nucléées afin de s'assurer que le spécimen est adéquat;
- ensemencer de façon à obtenir une concentration finale d'un million de cellules par millilitre, soit 5 millions de cellules par tube de 5 ml de milieu de culture.

  Par exemple, un décompte de 50 x 10^6 / ml, signifie que 1 ml du spécimen contient 50 x 10^6 cellules; il faut donc ajouter 0,1 ml de spécimen dans le tube de milieu de culture. Si le décompte donne 5 x 10^6 / ml, cela signifie que 1 ml de spécimen contient 5 x 10^6 cellules; il faut alors ensemencer le milieu avec 1 ml de ce spécimen.
- Incuber de 24 à 48 heures à une température de 37 °C en atmosphère à 5 % de CO_2. Placer les tubes dans un support incliné et desserrer les bouchons. Pour les cas de leucémie lymphoïde chronique, de tricholeucémie et de leucémie aiguë non lymphoblastique, incuber de 48 à 72 heures.

Remarque : la mise en culture se fait sous la hotte et de façon stérile. Le technicien doit porter des gants. Le matériel souillé et les seringues doivent être jetés dans les contenants spécifiques aux déchets biomédicaux.

3. Accumulation des cellules en métaphase

- Mettre 0,5 ml de la solution de colcémide (solution n° 5) dans chacun des tubes qui a servi à la culture des cellules; bien mélanger et incuber pendant 30 minutes à 37 °C.

4. Choc hypotonique

- À l'aide d'une pipette, mélanger le contenu de chaque tube de culture; puis le verser dans des tubes coniques gradués et préalablement identifiés;
- centrifuger pendant 10 minutes à 800 tr/min; aspirer le surnageant;
- remettre le culot en suspension et ajouter 10 ml de chlorure de potassium (solution n° 6), préalablement chauffé à 37 °C, et mélanger à l'aide d'une pipette (ne jamais procéder par inversion); incuber pendant 30 minutes à 37 °C.

5. Préfixation

- Ajouter à chacun des tubes 10 gouttes du liquide fixateur méthanol-acide acétique (solution n° 9) fraîchement préparé, et mélanger; centrifuger pendant 10 minutes à 800 tr/min.

6. Fixation

- Aspirer le surnageant et remettre le culot en suspension; amener le volume à 5 ml avec du liquide fixateur;
- laisser reposer pendant 20 minutes à la température ambiante pour permettre à la fixation de s'accomplir; centrifuger pendant 10 minutes à 800 tr/min;
- recommencer ces étapes à deux autres reprises;
- aspirer le surnageant, remettre le culot en suspension et ajouter du liquide

fixateur (solution n° 9) pour amener le volume à 5 ml; placer les tubes dans le réfrigérateur pendant 12 heures (toute la nuit).

7. **Étalement**

   – Sortir les lames propres (voir la section 28.6.2) du réfrigérateur et en placer quelques-unes dans un récipient contenant de la glace;

   – retirer les tubes du réfrigérateur; les centrifuger pendant 10 minutes à 800 tr/min;

   – aspirer le surnageant et remettre le culot en suspension; faire une nouvelle fixation avec le mélange méthanol-acide acétique glacial (solution n° 9) fraîchement préparé en amenant le volume à 5 ml dans le tube conique; laisser reposer pendant 20 minutes à la température ambiante;

   – centrifuger pendant 10 minutes à 800 tr/min; aspirer le surnageant et remettre le culot en suspension;

   – à l'aide d'une pipette Pasteur, prendre une petite quantité de spécimen et étaler sur la lame refroidie et égouttée; laisser sécher à l'air (humidité relative d'environ 40 %).

28.6.7.2.3 *Remarques*

Les remarques exposées avec la méthode précédente (28.6.6.2.3) s'appliquent également à celle-ci.

28.6.8 CARYOTYPE SUR GANGLION

L'établissement du caryotype sur ganglion se fait à peu près de la même manière que celui sur caryotype tumoral. Dans ce cas-ci, cependant, le spécimen est un fragment tissulaire qui doit être frais et non fixé.

28.6.8.1 Étude du caryotype sur ganglion

28.6.8.1.1 *Préparation des solutions*

1. **Sérum de jeune bovin (produit commercial)**

   Disponible en bouteille de 100 ml. Répartir la solution dans des tubes stériles à raison de 10 ml par tube; identifier, inscrire la date de péremption et conserver au congélateur.

2. ***Solution de L-glutamine (produit commercial)***

   Répartir la solution entre des tubes stériles de 3 ml, à raison de 1 ml par tube; identifier, inscrire la date de péremption et conserver au congélateur.

3. ***Solution de pénicilline-streptomycine 10 000 unités (produit commercial)***

   Répartir la solution entre des tubes stériles de 3 ml, à raison de 0,5 ml par tube; identifier, inscrire la date de péremption et conserver au congélateur. S'il n'est pas ouvert, ce produit se conserve entre –5 et –20 °C jusqu'à la date de péremption.

4. **Solution d'iscove (produit commercial) : milieu de culture**

   Voir la section 28.6.7.2.1, solution n° 4.

5. **Solution de colcémide à 0,05 mg/ml**

   Voir la section 28.6.5, solution n° 3.

6. **Solution de chlorure de potassium à 0,075 *M***

   Voir la section 28.6.6.2.1, solution n° 8.

7. **Solution d'acide acétique glacial**

   Produit commercial qu'il faut conserver dans une armoire ventilée.

8. **Solution de méthanol à 100 %**

   Produit commercial qu'il faut conserver dans une armoire ventilée.

9. **Liquide fixateur méthanol-acide acétique (liquide de Carnoy modifié)**

   – 3 volumes de méthanol à 100 %

   – 1 volume d'acide acétique glacial

28.6.8.1.2 *Méthode d'étude du caryotype sur ganglion*

MODE OPÉRATOIRE

3. Mise en culture

La mise en culture doit se faire sous la hotte biologique dans les 2 heures qui suivent le prélèvement.

Si le spécimen n'est pas stérile, il doit être lavé dans un milieu de culture contenant 500 U/ml de streptomycine et 500 U/ml de pénicilline. Lorsque le spécimen est considéré comme stérile, le transférer dans une boîte de pétri stérile et ajouter de 2 à 3 ml de milieu de culture iscove (solution n° 4). Couper le spécimen en petits morceaux avec une lame de bistouri stérile. Aspirer le liquide qui contient les cellules avec une seringue de 10 ml; utiliser des aiguilles fines afin de désagréger les fragments. Procéder à la numération cellulaire et mettre en culture 1 x10^6 cellules/ml; incuber pendant 24 à 48 heures à une température de 37 °C, en atmosphère contenant 5 % de CO_2.

Poursuivre l'étude de ce caryotype en suivant la méthode du caryotype tumoral.

2. Récolte directe (méthode plus rapide que la méthode traditionnelle)

- Transférer la suspension cellulaire dans un tube de culture; ajouter 6 gouttes de solution de colcémide (solution n° 5) pour chaque volume de 10 ml de suspension; laisser reposer pendant 10 à 25 minutes à la température ambiante;
- centrifuger pendant 10 minutes à 1000 tr/min; aspirer le surnageant et remettre le culot en suspension en ajoutant 10 ml de milieu de culture (solution n° 1) préchauffé à 37 °C;
- centrifuger pendant 10 minutes à 1000 tr/min; aspirer le surnageant, remettre le culot en suspension et ajouter 10 ml de chlorure de potassium (solution n° 6) préchauffé à 37 °C. Mélanger, puis laisser reposer à la température ambiante pendant 20 minutes;
- centrifuger et aspirer le surnageant; remettre le culot en suspension et ajouter 10 ml du liquide fixateur méthanol-acide acétique (solution n° 9); laisser agir pendant 20 minutes à la température ambiante. Répéter les deux étapes de fixation à deux autres reprises et mettre au réfrigérateur pour étalement le lendemain.

3. Culture

- Les cultures préparées peuvent être stimulées au moyen d'un agent mitogène comme la PHA (phytohémagglutinine) et mises en culture, pendant 3 à 7 jours, à 37 °C;
- la récolte se fait selon la technique du caryotype tumoral (voir la section 28.6.7.2.2).

28.6.9 CARYOTYPE SUR LIQUIDE BIOLOGIQUE

Lorsqu'il est question de liquide biologique, il s'agit principalement de liquide d'ascite ou de liquide pleural.

Étude du caryotype sur liquide biologique

MODE OPÉRATOIRE

Mise en culture

La mise en culture des liquides biologiques s'effectue toujours sous la hotte biologique.

- Transférer le spécimen dans un tube à centrifuger stérile; centrifuger pendant 10 minutes à 800 tr/min;
- aspirer le surnageant, remettre le culot en suspension et ajouter de la solution RPMI-1640 (voir la section 28.6.6.2.1, solution n° 5);
- effectuer la numération cellulaire et mettre en culture 1 x10^6 cellules/ml; incuber pendant 72 heures à 37 °C en atmosphère à 5 % de CO_2;
- poursuivre en suivant la méthode du caryotype constitutionnel (voir la section 28.6.6.2.2).

28.6.10 CARYOTYPE SUR TISSU (À LA SUITE D'UN AVORTEMENT)

Afin de bien réussir une étude complète du caryotype sur tissu lorsqu'il y a eu avortement, le technicien doit disposer d'un fragment tissulaire d'environ 1 cm, comme un fragment de foie, de rein, etc. Idéalement, le fragment tissulaire est prélevé de façon stérile dans la salle d'autopsie, puis recouvert de solution saline stérile pour le transport. Si la stérilité du spécimen est douteuse, il est alors nécessaire de lui faire subir un lavage à la streptomycine et à la pénicilline (voir la section 28.6.8.1.1, solution n° 3).

28.6.10.1 Étude du caryotype sur tissu

28.6.10.1.1 *Préparation des solutions*

1. **Solution de RPMI-1640 diluée**
   - 80 ml de RPMI-1640 (produit commercial)
   - 20 ml de sérum de jeune bovin (produit commercial)
   - 1 ml de pénicilline-streptomycine (produit commercial)
   - 1 ml de L-glutamine (produit commercial)

   La préparation de cette solution doit se faire sous la hotte biologique et dans des conditions absolument stériles.

2. **Solution tampon PBS (*Phosphate Buffer Saline*)**
   - 8 g de NaCl
   - 1,15 g de Na_2HPO_4
   - 0,2 g de KH_2PO_4
   - 0,2 g de KCl

   Faire dissoudre dans 1 litre d'eau distillée. Ajuster le *p*H à 7,0 avec du KCl 1 *N*.

3. **Solution de trypsine**
   - 1 volume de trypsine (produit commercial)
   - 1 volume de tampon PBS (solution n° 2)

28.6.10.1.2 *Méthode d'étude du caryotype sur tissu*

MODE OPÉRATOIRE

1. **Mise en culture (sous la hotte biologique)**
   - Transférer le spécimen dans une boîte de pétri stérile et le laver à 2 reprises dans la solution RPMI-1640 diluée (solution n° 1);
   - couper le spécimen en petits morceaux de 0,5 à 1 cm avec une lame de bistouri stérile. Répartir les fragments dans 3 bouteilles Falcon en mettant 5 fragments de spécimen par bouteille; laisser adhérer aux parois pendant 10 minutes en maintenant la bouteille droite;
   - ajouter 2 ml de RPMI-1640 diluée (solution n° 1) par bouteille et incuber toute la nuit à 37 °C en atmosphère à 5 % de CO_2;
   - le lendemain, ajouter 2 ml de RPMI-1640 diluée dans chaque bouteille. Changer le milieu de culture aux trois jours en vérifiant la croissance des cellules au microscope inversé;
   - procéder à la trypsinisation lorsqu'il y a suffisamment de cellules.

2. **Trypsinisation**
   - Aspirer le milieu de culture avec une pipette stérile et transférer la quantité obtenue dans un tube stérile; ajouter 2 ml de solution tampon PBS stérile (solution n° 2); répéter cette opération;
   - ajouter 0,5 ml de trypsine (solution n° 3) dans le tube et incuber à 37 °C pendant 20 minutes ou jusqu'à ce que les cellules se décollent facilement des parois.

Remarque : il faut manipuler le tube délicatement pour ne pas décoller les fragments tissulaires. Plusieurs lavages à la trypsine peuvent être nécessaires pour décoller les cellules.

- transférer les suspensions cellules-trypsine dans le tube stérile contenant les premières suspensions; centrifuger pendant 6 minutes à 800 tr/min;
- aspirer le surnageant, remettre le culot en suspension et transférer celui-ci dans un tube à culture. Ajouter un volume de RPMI-1640 diluée équivalent au volume de cellules recueillies;
- ajouter du RPMI-1640 diluée dans les bouteilles contenant les fragments tissulaires et réincuber pour une seconde culture.

28.6.11 SYNCHRONISATION À LA BRDU

La méthode à la BRDU, 5-bromo-2′-désoxyuridine, sert principalement à étudier les anomalies des chromosomes « X »; ajoutée à une culture, la BRDU prend la place de la thymine. La synchronisation consiste à bloquer les cellules en phase « *S* », c'est-à-dire durant la synthèse de l'ADN dans le cycle de la division cellulaire, et à les accumuler, puis à laisser la division se poursuivre en retirant l'agent bloquant et en remplaçant ce dernier par un milieu de relâche, c'est-à-dire un agent qui contourne le blocage.

28.6.11.1 Préparation des solutions

1. **Solution de BRDU**
   - 0,022 g de BRDU (produit commercial)
   - 10 ml de solution saline stérile

   Conserver dans un tube stérile, identifier, dater et placer au congélateur pendant 4 à 5 jours. Comme il s'agit d'un produit mutagène, il faut le manipuler avec soin. S'il n'est pas dilué, ce produit se conserve au congélateur jusqu'à la date de péremption.

2. **Solution tampon PBS (*Phosphate Buffer Saline*)**

   La préparation de ce réactif est expliquée en détail à la section 28.6.10.1.1, solution n° 2.

3. **Solution de thymidine (produit commercial)**
   - 0,02 g de thymidine
   - 80 ml de liquide de Hank's (produit commercial)

   Lorsque le mélange est complet, répartir également dans huit tubes de type Falcon, identifier, dater et conserver pendant 2 mois à une température variant entre 2 et 8 °C pendant 1 an au congélateur.

4. **Milieu de relâche**
   - 86,9 ml de RPMI-1640
   - 10 ml de sérum de jeune bovin (produit commercial)
   - 2 ml de L-glutamine
   - 0,1 ml de gentamycine
   - 1 ml de thymidine (solution n° 2)

   Quand le mélange est prêt, le verser dans des tubes de plastique à raison de 5 ml par tube; identifier, dater et conserver au congélateur. La préparation de ce réactif doit se faire sous la hotte en suivant les procédures de stérilité appropriées.

28.6.11.2 Méthode de synchronisation à la BRDU

MODE OPÉRATOIRE

1. **Mise en culture**
   - Mettre en culture, selon la technique du caryotype constitutionnel (voir la section 28.6.6.2.2, étape n° 1), dans des tubes de RPMI-1640 le matin et en fin de journée; incuber à 37 °C en atmosphère à 5 % de CO_2;

   Dans le cas d'un caryotype constitutionnel, incuber de 48 à 72 heures; s'il s'agit d'un caryotype tumoral, procéder à une incubation de 4 à 5 heures;

   - ajouter 0,5 ml de solution de BRDU (solution n° 1) dans chaque tube;
   - incuber à nouveau pendant 17 heures à 37 °C en atmosphère à 5 % de CO_2;
   - centrifuger et laver à deux reprises avec du tampon PBS (solution n° 2) préalablement chauffé à 37 °C; remettre en culture pendant 5 heures dans le milieu de relâche (solution n° 3);

- récolter sans ajouter de colcémide. Le temps du choc hypotonique est de 30 minutes pour le caryotype constitutionnel et de 60 minutes pour le caryotype tumoral;
- colorer en employant la méthode FPG (*fluorescence plus Giemsa*, voir la section 28.6.12.), c'est-à-dire faire un marquage fluorescent, afin de mettre les bandes en évidence.

28.6.12 MÉTHODE FPG (FLUORESCENCE PLUS GIEMSA)

La méthode FPG permet la mise en évidence des bandes géniques. Cette technique consiste à colorer les lames à l'aide d'une solution de bisbenzimide, la solution de Hœchst, et de les soumettre à une photolyse. Par la suite, les lames subissent un traitement dans une solution à base de poudre SSC 20 x qui a pour effet de provoquer une régénérescence des fragments d'ADN. Après la coloration de Giemsa, les bandes les plus fluorescentes apparaissent plus foncées que les bandes moins fluorescentes.

28.6.12.1 Préparation des solutions

1. Tampon PBS

La préparation de ce réactif est expliquée en détail à la section 28.6.10.1.1, solution n° 2.

2. Solution de bisbenzimide (solution de Hœchst)

- 0,005 g de bisbenzimide
- 100 ml d'eau distillée

Quand le mélange est prêt, dater et conserver à l'obscurité, au réfrigérateur, pendant 1 mois.

3. Solution PBS-Hœchst

- 1 volume de tampon PBS (solution n° 1)
- 1 volume de solution de Hœchst (solution n° 2)

4. Solution mère de SSC 20 x

- 264 g de poudre SSC 20 x (produit commercial)
- 1 litre d'eau distillée

Ajuster le *p*H à 7,0 avec de l'acide chlorhydrique 1 *N*. Dater et conserver la solution à la température ambiante pour une période maximale de 1 an.

5. Solution de travail de SSC 2 x

- 100 ml de la solution mère de SSC 20 x (solution n° 4)
- 900 ml d'eau distillée

Ajuster le *p*H à 7,0 avec de l'acide chlorhydrique 1 *N*. Conserver à la température ambiante.

6. Solution tampon de Sorensen

a) Solution A

- 4,73 g de Na_2HPO_4,1/15 *M*
- 500 ml d'eau bidistillée

b) Solution B

- 4,54 g de KH_2PO_4, 1/15 *M*
- 500 ml d'eau bidistillée

c) Solution de travail

- 50 ml de solution A
- 50 ml de solution B

Ajuster le *p*H à 6,8 avec l'une ou l'autre des solutions (A ou B)

7. Solution colorante de Giemsa

- 4 ml de solution commerciale de Giemsa
- 46 ml de tampon de Sorensen de travail (solution n° 6, C)

Selon l'intensité désirée pour la coloration, il est possible de choisir entre la solution commerciale de Giemsa à 4 % ou celle à 8 %.

28.6.12.2 Coloration à la FPG pour les bandes géniques

MODE OPÉRATOIRE

1. Placer les lames dans un bain de tampon PBS (solution n° 1) pendant 5 minutes;
2. transférer les lames dans la solution de Hœchst (solution n° 2) pendant 10 minutes à l'obscurité;

3. couvrir les lames de la solution PBS-Hœchst (solution n° 3) et monter avec une lamelle;
4. placer dans une chambre noire pendant 30 minutes; rincer à l'eau distillée;
5. mettre les lames dans la solution de SSC 2 x (solution n° 5) à 60 °C pendant 15 minutes; rincer à l'eau distillée;
6. colorer dans la solution colorante de Giemsa (solution n° 7) pendant 7 minutes; rincer à l'eau courante, puis sécher à l'air.

28.6.13 MÉTHODE TRYPSINE-GIEMSA (GTG) POUR LES BANDES « G »

Les bandes « G » sont similaires aux bandes « Q », car elles correspondent à des segments riches en adénine et en thymine. Bien qu'on puisse les mettre en évidence grâce à différents traitements, la méthode Trypsine-Giemsa demeure une méthode fiable qui donne de bons résultats.

En 1973, Seleznev constate qu'en diminuant la concentration du Giemsa ou le temps de coloration, des bandes « G » apparaissent. Il émet alors l'hypothèse qu'il existe une répartition homogène de la chromophilie sur le chromosome, et qu'à l'emplacement des bandes « G » se trouvent donc des substances chromophiles qu'il est possible de mettre en évidence au Giemsa.

Dans la méthode présentée ci-dessous, les chromosomes sont traités à la trypsine, un enzyme protéolytique, et colorés au Giemsa.

28.6.13.1 Préparation des solutions

1. Solution d'Iso Flow (produit commercial)

La solution doit avoir un *p*H de 6,8.

2. Solution tampon de Sorensen

La préparation de la solution est expliquée en détail à la section 28.6.12.1 (solution n° 6).

3. Solution colorante de Giemsa

La préparation de la solution est présentée à la section 28.6.12.1 (solution n° 7).

4. Solution de trypsine à 0,025 % avec EDTA

- 2,5 ml de trypsine 10 x avec EDTA (produit commercial)
- 47,5 ml d'Iso Flow à *p*H 6,8 (solution n° 1)

5. Solution de chlorure de sodium à 0,9 %

- 9 g de chlorure de sodium (NaCl)
- 1 litre d'eau bidistillée

28.6.13.2 Coloration à la GTG pour les bandes « G »

MODE OPÉRATOIRE

1. Tremper les lames dans la solution de trypsine à 0,025 % (solution n° 4). La durée varie selon l'âge de la lame et la nature du spécimen (voir remarque ci-dessous);
2. rincer dans la solution de chlorure de sodium à 0,9 % (solution n° 5);
3. colorer dans la solution de Giemsa (solution n° 3) pendant 7 à 14 minutes, selon l'efficacité du produit; rincer à l'eau courante et sécher à l'air.

28.6.13.3 Remarque

La durée du séjour dans la solution de trypsine-EDTA varie selon l'âge des lames et la nature du spécimen. Ainsi, pour les lames âgées de trois à quatre jours, le temps recommandé est de 20 secondes à 4 minutes s'il s'agit de sang, alors que pour la moelle il est de 10 secondes à 4 minutes.

28.6.14 MÉTHODE BARYUM-GIEMSA (CBG) POUR LES BANDES « C »

Cette méthode de coloration permet de mettre en évidence le matériel hétérochromatique, les centromères, les augmentations ou les constrictions secondaires des chromosomes 1, 9 et 16, la zone *q* des chromosomes Y, ainsi que l'inversion ou le réarrangement du chromosome 9 ou d'autres chromosomes.

28.6.14.1 Préparation des solutions

1. Solution d'acide chlorhydrique 0,2 *N*

- 10 ml d'acide chlorhydrique 1 *N*
- 40 ml d'eau distillée

2. Solution mère de SSC 20 x (produit commercial)

La préparation de cette solution est présentée à la section 28.6.12.1 (solution n° 4).

3. Solution de travail de SSC 2 x

La préparation de cette solution est présentée à la section 28.6.12.1 (solution n° 5).

4. Solution d'hydroxyde de baryum à 5 %

- 2,5 g d'hydroxyde de baryum (BaOH) anhydre
- 50 ml d'eau bidistillée

Chauffer pendant 3 à 4 minutes à 50 °C avant l'utilisation. Cette solution ne se conserve pas.

5. Solution tampon de Sorensen

La préparation de la solution est détaillée à la section 28.6.8.1 (solution n° 6).

6. Solution colorante de Giemsa

La préparation de cette solution est présentée à la section 28.6.12.1 (solution n° 7).

28.6.14.2 Coloration au CBG pour les bandes « C »

MODE OPÉRATOIRE

1. Tremper les lames dans la solution d'acide chlorhydrique 0,2 *N* (solution n° 1) pendant 30 minutes; puis rincer pendant quelques minutes dans deux bains d'eau bidistillée;
2. placer les lames, une à la fois, dans le bain d'hydroxyde de baryum à 5 % (solution n° 4); la première lame doit y demeurer 30 secondes, la deuxième, 45 secondes; rincer dans deux bains d'eau bidistillée;
3. déshydrater partiellement par un passage de quelques secondes dans deux bains d'éthanol à 70 % puis dans deux bains d'éthanol à 90 %; laisser sécher à l'air;
4. placer les lames dans la solution de travail de SSC 2 x (solution n° 3) à 60 °C pendant 1 heure; rincer quelques minutes à l'eau courante;
5. colorer dans la solution de Giemsa (solution n° 6) pendant 10 minutes, selon l'efficacité du produit; rincer à l'eau courante et sécher à l'air.

28.6.15 MÉTHODE À LA FLUORESCENCE-QUINACRINE (QFQ) POUR LES BANDES « Q »

On utilise les méthodes de marquage pour étudier indirectement la localisation des gènes au sein de chacun des chromosomes, car elles permettent de mettre en évidence des zones particulièrement riches en certaines bases azotées. Ainsi, la méthode à la fluorescence et à la quinacrine sert à situer les structures riches en adénine et en thymine; de façon similaire, la base de la technique à la BRDU est de substituer, pendant la culture cellulaire, un fluorochrome, comme la 5-bromodésoxyuridine ou la quinacrine (appelée aussi atébrine), à la thymine des chaînes d'ADN.

Le principe et l'application de la méthode de mise en évidence des bandes « Q » sont l'œuvre de Caspersson et de son équipe. Elle s'emploie avec un agent alkylant comme la moutarde de quinacrine. À l'instar des autres bandes, les bandes « Q » traduisent des différences locales de la composition structurale de l'ADN. Ainsi, en 1972, Weisblum et Haseth ont signalé que les segments fluorescents correspondant aux bandes « Q » avaient une structure riche en A (adénine) et en T (thymine).

Dans cette méthode, les frottis sont colorés et montés avec un tampon. La coloration s'effectue par interaction entre le colorant (l'atébrine) et le chromosome. Les bandes « Q » représentent l'hétérochromatine intracellulaire adénine-thymine (A-T). Cette méthode est tout indiquée pour identifier le polymorphisme intercalaire localisé au niveau du centromère des chromosomes 3, 4 et 13, ainsi qu'au niveau du segment distal du chromosome « Y ».

28.6.15.1 Préparation des solutions

1. Solution d'atébrine (ou quinacrine) à 0,5 %

- 0,25 g d'atébrine
- 50 ml d'eau bidistillée

Ce produit étant potentiellement mutagène ou cancérigène, ou les deux, il faut éviter d'inhaler la poudre et s'assurer de porter des gants au cours de la manipulation. Couvrir la bouteille avec du papier d'aluminium afin d'éviter tout contact avec la lumière.

2. Solution tampon de Mcllvaine

Solution A

- 4,8 g d'acide citrique
- 250 ml d'eau distillée

Solution B

- 7,1 g de Na_2HPO_4
- 250 ml d'eau distillée

Solution de travail

- 43,1 ml de solution A
- 56,9 ml de solution B
- Ajuster le *p*H à 5,5 avec l'une ou l'autre des solutions (A ou B)

3. Solution de montage

- 1 volume de solution tampon de Mcllvaine (solution n° 2, solution de travail)
- 5 volumes d'eau bidistillée

28.5.15.2 Coloration à la QFQ pour les bandes « Q »

MODE OPÉRATOIRE

1. Placer les lames dans un bain de méthanol à 100 % pendant 5 minutes; transférer dans la solution colorante d'atébrine (solution n° 1) pendant 5 minutes;
2. rincer dans deux ou trois bains d'eau bidistillée et placer les lames dans la solution tampon de travail de Mcllvaine (solution n° 2) pendant 30 secondes;
3. monter à l'aide d'une lamelle en utilisant la solution de montage (solution n° 3); examiner au microscope à fluorescence.

28.6.15.3 Remarque

- Il est possible de décolorer les lames et de les recolorer par d'autres méthodes. Il suffit de laisser sécher les lames parfaitement, ce qui élimine la fluorescence, et de procéder à la recoloration.

28.6.16 ANALYSE DES MITOSES

28.6.16.1 Durant l'étude du caryotype constitutionnel

- Examiner 20 cellules et noter toute anomalie de nombre ou de structure.
- Analyser les chromosomes, bande par bande, dans 10 de ces cellules.
- Photographier 5 cellules; il peut s'agir des cellules déjà analysées.
- Monter 3 caryotypes; dans le cas de mosaïque, monter les caryotypes de 2 cellules par clone.

28.6.16.2 Durant l'étude du caryotype tumoral

- Examiner 30 cellules en analysant chaque chromosome afin de détecter toute anomalie.
- Enregistrer, par ordinateur, la photographie numérisée de 10 de ces cellules.
- Élaborer 5 caryotypes.

28.6.16.3 Durant la recherche du « X » fragile

- Utiliser le milieu de culture n° 199.
- Faire une coloration au Giemsa.
- Observer 50 cellules chez l'homme et 100 cellules chez la femme.
- Décolorer le frottis et mettre en évidence les bandes « G » afin de permettre l'identification des chromosomes.

Un résultat est positif lorsque plus de deux cellules présentent une cassure au site Xq 27. La recherche du « X » fragile accompagne toute demande de caryotype constitutionnel.

28.7 RÉSUMÉ DES MÉTHODES DE MARQUAGE

Le tableau 28.19 présente une vue synoptique et comparative des différentes techniques de marquage, de la préparation des lames jusqu'à l'examen au microscope.

Tableau 28.19 RÉSUMÉ DES PRINCIPALES MÉTHODES DE MARQUAGE.

	BANDE Q Segments riches en adénine, thymine	**BANDE G Segments riches en adénine, thymine**	**BANDE F**	**BANDE C**	**BRDU Remplace la thymine**
Méthode utilisée	QFQ (bande Q fluorescence-quinacrine)	GTG (bande G trypsine-Giemsa)	FPG (bande F plus Giemsa)	CBG (bande C baryum-Giemsa)	BRDU (5-bromo-2'-désoxyuridine)
Lames	- Frottis bucal - Frottis de liquide amniotique - De récolte	De récolte	De récolte	De récolte	De récolte (après incubation dans le RMPI à 37° C de 48 à 72 h pour le caryotype constitutionnel OU 4 h pour le caryotype tumoral)
Âge des lames	Sèches depuis au moins 24 h	Sèches depuis au moins 24 h	Sèches depuis au moins 24 h	Sèches depuis au moins 24 h	Incuber pendant 17 h dans le BRDU à 0,2 mg/ml, à 37 °C; procéder à la récolte
Rinçage	- Eau bidistillée - Tampon de Mcllvaine *p*H 5,5 (30 s)	NaCl à 0,9 %	- Tampon PBS *p*H 7,0 - Solution de Hœchst (10 min)	- Acide chlorhydrique (HCl) 0,2 *M* - Eau bidistillée	Tampon PBS suivi du milieu de relâche
Marquage et coloration	Atébrine (quinacrine) à 50 mg/ml aqueux (5 min)	-Trypsine à 0,025 % -Giemsa 1/20 (7 à 14 min)	- Solution 2 x SSC (15 min) - Giemsa à 4 ou 8 %	- Hydroxyde de baryum à 5 % (30 à 45 s) - Solution 2 x SSC (1 h) - Giemsa à 4 ou 8 % (10 min)	Colorer au FPG (fluorescence plus Giemsa)

Tableau 28.19 (SUITE)

	BANDE Q Segments riches en adénine, thymine	**BANDE G Segments riches en adénine, thymine**	**BANDE F**	**BANDE C**	**BRDU Remplace la thymine**
Rinçage	Tampon de McIlvaine *p*H 5,5	- Eau courante - Sécher les lames	- Eau distillée - Eau courante	Éthanol à 70 % (2 fois) Éthanol à 90 % (2 fois) Sécher à l'air	
Montage	Tampon McIlvaine dilué 1/5 avec eau bidistillée	Laisser sécher à l'air	Laisser sécher à l'air	- Xylène - Eukitt	Monter et luter dans le tampon
Avantages	Polymorphisme intercalaire aux centromères des chromosomes 3, 4 et 13 et au segment distal « Y » : chromosome le plus fluorescent	- Fiabilité - Reproductibilité	Bandes plus fluorescentes se colorent plus intensément		- Bloquer la synchronisation des cellules en phase S (synthèse de l'ADN) - Détection des anomalies de X
Désavantages		Trop de trypsine entraîne pertes de segments terminaux	Bandes moins fluorescentes se colorent plus faiblement		Examen à la lumière U.V.
Examen microscopique	- Lumière U.V. - Filtre d'excitation : 1 - Filtre d'arrêt : 53	Lumière blanche	Lumière blanche	Lumière blanche	Lumière U.V.

28.8 SYMBOLES ET ABRÉVIATIONS

A-G : groupe des chromosomes

1-22 : nombre indiquant l'autosome

« X », « Y » : chromosomes sexuels

/ : diagonale servant à séparer les lignées cellulaires dans la mosaïque

+ ou – : s'il est placé devant le nombre ou le groupe de chromosomes, la particule chromosomique est en plus ou en moins; s'il est placé après le bras, le bras est plus gros ou plus petit qu'en temps normal

(?) : on doute de l'identification de la structure chromosomique

ace. : acentrique

cen. : centromère

del. : délétion

dér.: chromosome « dérivé »

dic. : dicentrique

dup. : duplication

end. : endoréplication

h : constriction secondaire

i. : isochromosome

ins. : insertion

inv. : inversion

mar. : chromosome marqueur

mat. : matériel génétique d'origine maternelle
p : bras courts des chromosomes
pat. : matériel génétique d'origine paternelle
q : bras longs des chromosomes
r : chromosome en anneau
rép. : translocation réciproque
rec. : chromosome « recombiné »
rob. : translocation robertsonienne (fusion centromérique)
s. : satellite
t. : translocation
ter. : terminale ou fin (ex. : p ter = fin des bras courts)
tri. : tricentrique
: : cassure
:: : cassure et union
: de ... à

28.9 LEXIQUE DES TERMES COURANTS

Acentrique : se dit d'un chromosome ou d'un segment de chromosome dépourvu de centromère.

Acrocentrique : se dit d'un chromosome ou d'un segment de chromosome dont le centromère est situé à son extrémité distale (*p* est beaucoup plus court que *q*); syn. : subterminal.

Aneuploïdie : modification du nombre des chromosomes (ex. : par rapport à la normale de $2n = 46$ chez l'homme, on rencontre, dans le syndrome de Turner, 45 chromosomes, soit $2n - 1$).

Autosome : chromosome dont le correspondant est morphologiquement identique, par opposition aux hétérochromosomes où les deux représentants de la paire ne le sont pas (p. ex. : chromosomes « X » et « Y »).

Centromère : portion d'un chromosome qui unit les chromatides.

Chimère : individu dont le corps est constitué de populations cellulaires étrangères qui proviennent de zygotes différents.

Chromosome : structure supportant l'information génétique, constituée d'ADN de types I à IV, de satellites, d'ARN, d'histones et de protéines non histones.

Clone : ensemble des cellules issues de la prolifération d'une seule cellule.

Corps de Barr : chromatine sexuelle. Selon l'hypothèse de Lyon, la chromatine sexuelle est la représentation du « X » inactivé. Le corps de Barr est une masse rattachée à l'enveloppe nucléaire. Chez la femme, on compte habituellement un seul corps de Barr; chez l'homme, il n'y en a habituellement pas.

Cytogénétique : branche de la génétique qui étudie les chromosomes.

Délétion : perte d'une portion de matériel chromosomique.

Dermatoglyphes: ciselures du derme des doigts et de la paume de la main qui permettent d'étudier les plis de flexion et les crêtes épidermiques.

Diploïde : qui comporte deux groupes de chromosomes ($2n$), habituellement situés dans les cellules somatiques des organismes supérieurs.

Duplication : présence d'un segment chromosomique supplémentaire libre ou rattaché à un chromosome.

Euploïde : se dit d'un organisme qui a un nombre régulier de paires de chromosomes.

Gène : unité biologique de l'hérédité.

Génome : ensemble de facteurs héréditaires contenus dans l'ensemble des chromosomes.

Génotype : constitution génétique d'un individu en regard d'un caractère donné.

Haploïde : qui n'a que la moitié du complément chromosomique régulier (n), par opposition à diploïde ($2n$).

Hémizygote : se dit d'un individu ou d'une cellule qui n'a qu'un gène servant à déterminer un trait particulier.

Hermaphrodisme : état d'un individu possédant à la fois des organes mâles et femelles.

Hétérochromatine : ensemble des régions chromosomiques qu'on suppose être dépourvues de gènes et dont la perte n'entraînerait aucune conséquence pathologique. Syn. : chromatine inactive (par opposition à euchromatine).

Holandrique : se dit d'un gène transmis par le chromosome « Y ».

Hyperploïdie : état d'une cellule qui a un nombre de chromosomes supérieur au nombre habituel, dans un état non pairé (aneuploïdie).

Inversion chromosomique : anomalie chromosomique caractérisée par la réunion inversée d'un milieu de segment après cassure.

Isochromosome : chromosome anormal (qui a subi une réplication de l'une de ses zones).

Métacentrique : se dit d'un chromosome dont le centromère est médian.

Monosomie : état résultant de l'absence ou de la perte d'un chromosome ou d'un segment chromosomique, dans une paire déterminée.

Mosaïque : présence, chez un individu, d'une population cellulaire provenant d'un seul zygote, mais caractérisée par la présence de deux sortes de cellules ou plus.

Phénotype : caractères physiologiques, biologiques et génétiques d'un individu définis par ses gènes et son environnement.

Translocation : phénomène par lequel un chromosome ou un segment de chromosome se rattache à un autre chromosome; il en résulte une anomalie chromosomique.

Trisomie : présence d'un troisième chromosome dans une paire.

28.10 PERSPECTIVES DE LA CYTOGÉNÉTIQUE HUMAINE

Aujourd'hui, la cytogénétique est perçue comme une science à part entière et se subdivise en plusieurs domaines de spécialités : la cytogénétique clinique, la cytogénétique constitutionnelle, la cytogénétique prénatale, la cytogénétique hématologique et la cytogénétique histologique.

Malgré tous les progrès accomplis, la cytogénétique demeure une science fragile, soumise aux aléas de la culture cellulaire. Sur le plan de la recherche fondamentale, la cytogénétique a acquis une importance capitale depuis le développement de la génétique inverse. La génétique classique permettait d'aboutir à un gène à partir de l'individualisation d'une protéine, comme ce fut le cas pour les gènes des hémoglobinopathies. La découverte d'une translocation t(X;21) chez un sujet atteint d'une myopathie de Duchenne a, depuis, modifié la stratégie de recherche des gènes.

La cytogénétique contribue largement à la constitution de la carte génétique de l'humain grâce à l'étude de recombinaisons, de localisations précises des points de cassure et des modalités de réarrangement, et de la comparaison avec les phénotypes correspondants.

L'apport de la cytogénétique au domaine de la cancérologie demeure très important. Dès 1914, Boveri avance l'hypothèse que des changements dans la constitution chromosomique constituent un préalable à l'apparition d'un cancer. Nowell et Hungerford, en 1960, découvrent le chromosome de Philadelphie, ou t(9;22), et montrent qu'une translocation spontanée peut survenir entre deux chromosomes de façon indépendante et répétée. L'avenir entraînera certainement la découverte d'autres anomalies spécifiques. Les différentes anomalies cytogénétiques trouvées dans les hémopathies sont à l'origine de la découverte des oncogènes. Dans ce domaine d'anomalies cytogénétiques acquises, la cytogénétique classique joue un rôle très important dans le diagnostic et le pronostic des affections. Les techniques de cytogénétique hématologique ont énormément progressé. L'hybridation *in situ* comparative, qui consiste à marquer les chromosomes d'un patient et d'un témoin normal au moyen de sondes de couleurs différentes, permet de détecter les délétions et les duplications que ne peuvent déceler les techniques classiques.

Enfin, le rôle de la cytogénétique reste fondamental dans la recherche de différentes localisations géniques, dans l'étude du déterminisme génétique du sexe et dans l'étude de la fragilité chromosomique à l'origine de la découverte des mutations instables.

INTRODUCTION À L'HYBRIDATION IN SITU ET À LA BIOLOGIE MOLÉCULAIRE

INTRODUCTION

L'hybridation *in situ* et la biologie moléculaire sont des champs d'études en pleine effervescence et les méthodes qui s'y rattachent évoluent à une vitesse incroyable. Ainsi, il est fort possible que l'information contenue dans les pages qui suivent ne soit plus à jour au moment où le présent ouvrage sera publié. Ce chapitre se veut donc un guide sur les rudiments de l'hybridation *in situ* et de la biologie moléculaire et n'a pas la prétention d'offrir une documentation exhaustive sur le sujet. Des volumes entiers y sont d'ailleurs consacrés et le technicien qui se dirigera vers ces domaines aura la possibilité de trouver tous les renseignements inhérents à l'une ou l'autre de ces spécialités.

29.1 L'HYBRIDATION *IN SITU*

L'affinité entre les bases puriques et pyrimidiques présentes dans les acides nucléiques est très grande. Par conséquent, il est possible de procéder à la synthèse de polynucléotides dans lesquels les séquences des bases nucléiques sont complémentaires à des fragments naturels d'ADN et d'ARN. Ces bases complémentaires sont appelées ADN complémentaire (ADNc) et ARN complémentaire (ARNc). L'hybridation, ou « appariement des bases nucléiques », consiste à faire adhérer une sonde (voir la section 29.1.1) ADNc ou ARNc messager (ADNm) ou à l'ARN messager (ARNm) contenant la séquence complémentaire de l'acide nucléique correspondant. L'expression « *in situ* » est employée lorsque des sondes d'acides nucléiques sont appliquées sur des cellules intactes ou des coupes de tissus, ou encore, dans des suspensions de cellules; elle signifie « sur le site » ou « localisé ».

Les techniques d'hybridation *in situ*, ou HIS, permettent la localisation microscopique des séquences spécifiques d'acides nucléiques présentes dans les chromosomes et les cellules. Jusqu'à tout récemment, la seule façon d'observer l'ultrastructure des cellules consistait à utiliser la microscopie électronique. Cette technique est maintenant améliorée grâce à l'usage croissant de méthodes immunohistochimiques qui font appel à des anticorps dirigés contre certains constituants cellulaires spécifiques afin de mettre en évidence, en microscopie optique, des détails intracellulaires qu'il est impossible d'observer à l'aide d'autres techniques.

Il est aujourd'hui possible de révéler des séquences spécifiques d'ADN et d'ARN grâce à l'hybridation *in situ* et d'obtenir ainsi une connaissance fondamentale des mécanismes moléculaires de la cellule. Bien connaître l'ultrastructure et l'organisation moléculaire des cellules améliore énormément la compréhension des processus biochimiques et physiologiques d'un organisme. Les liens entre les connaissances sur la structure moléculaire, la physiologie et la biochimie des tissus et de leurs composantes ont donné naissance à une nouvelle science, la biologie moléculaire.

L'hybridation *in situ* est basée sur la complémentarité des deux chaînes de l'ADN. Dans la cellule, l'ADN se présente sous forme bicaténaire, c'est-à-dire qu'il est constitué de deux chaînes d'ADN reliées entre elles par des liaisons chimiques. La stabilité de ces deux chaînes polynucléotidiques est assurée par des liaisons hydrogène entre l'adénine et la thimidine, ainsi qu'entre la guanine et la cystosine. *In vitro*, il est possible d'employer la chaleur pour séparer ces deux chaînes; on procède alors à une dénaturation thermique. Ce procédé permet d'obtenir une molécule d'ADN monocaténaire, c'est-à-dire à brin simple. Une baisse de la température et une augmentation de la concentration en ions favorise une réassociation des chaînes complémentaires pour former une structure bicaténaire. Ce phénomène porte le nom d'« hybridation moléculaire » et peut se produire avec des chaînes d'ADN ou avec une chaîne d'ADN et une chaîne d'ARN; il s'agit alors d'un « hétéroduplex ».

29.1.1 SONDES

Les molécules utilisées pour identifier des sections ou des fragments de chaînes portent le nom de « sondes ». Il existe des sondes biologiques et des sondes artificielles. Certaines sondes biologiques, appelées « ribosondes », sont constituées d'ARNm préalablement isolés. D'autres sont obtenues par clonage de l'ADN génomique ou d'un ADNc, lequel est ensuite transcrit *in vitro* à partir de l'ARN correspondant grâce à l'action d'une enzyme spécifique, la transcriptase inverse. Les oligonucléotides de synthèse, employés comme sondes artificielles, sont le résultat d'un assemblage chimique de plusieurs nucléotides dont la séquence des bases correspond à celle des acides aminés de la protéine dont le gène ou le transcrit est recherché. Les sondes ARN sont en général assez longues, de quelques centaines à plusieurs milliers de nucléotides, ce qui favorise la sensibilité, mais au détriment de la spécificité. En revanche, les sondes ADN, assez courtes, comptent quelques dizaines de nucléotides, ce qui favorise la spécificité, mais au détriment de la sensibilité.

Les oligonucléotides sont marqués uniquement à l'une des extrémités d'un seul nucléotide, ce qui réduit l'intensité du signal. Il est possible d'utiliser plusieurs oligonucléotides différents se liant au même messager afin d'accroître ce signal. Les trois principaux types de méthodes d'hybridation *in situ* sont les méthodes autoradiographiques, immunologiques et en fluorescence. Ces méthodes se distinguent les unes des autres par le marqueur utilisé, qui peut être de nature radioactive, immunohistochimique et fluorescente. Ainsi, il existe un grand nombre de sondes qui peuvent servir à la mise en évidence de fragments d'acides aminés.

À l'instar des molécules d'ADN, les sondes utilisées dans une méthode d'HIS en fluorescence (FISH) sont dénaturées afin de les séparer en monobrins. Ce traitement est essentiel puisqu'il permet aux sondes de s'unir spontanément à la séquence complémentaire présente dans l'ADN cible (voir la figure 29.1).

29.1.1.1 Méthodes autoradiographiques

Dans le cas des techniques autoradiographiques, les sondes utilisées sont des nucléotides marqués d'un isotope radioactif comme le tritium (^{3}H), le phosphore (^{32}P ou ^{33}P), l'iode (^{125}I) et le soufre (^{35}S). Le marquage des sondes ARN est réalisé durant la synthèse alors que celui des sondes ADN est effectué après la synthèse, tout juste avant l'analyse.

29.1.1.2 Méthodes immunologiques

Les sondes immunologiques sont également des nucléotides modifiés. Elles portent une molécule de biotine, d'où leur nom de sondes « biotinylés », et peuvent être détectées avec l'avidine (voir le chapitre 23). La présence d'enzymes et d'un substrat chromogénique approprié permet ensuite de localiser avec précision les fragments d'acides nucléiques désirés. Ces mises en évidence sont généralement rapides; elles s'accomplissent en quelques heures.

Il est également possible d'utiliser la digoxigénine comme marqueur de sonde. Celui-ci est révélé au moyen d'un anticorps anti-digoxigénine conjugué à une enzyme ou à de l'or colloïdal. Deux ou trois sondes peuvent être mises en évidence sur le même échantillon en utilisant des marqueurs différents.

Les sondes immunologiques se conservent assez longtemps, mais leur sensibilité est faible, alors que les sondes radioactives, plus sensibles, ne se conservent pas une fois marquées parce que la radioactivité décroît rapidement. Cependant, il est plus facile de reproduire leurs résultats que ceux des sondes froides, généralement fluorescentes.

29.1.1.3 Méthodes en fluorescence

Les méthodes d'hybridation qui utilisent un fluorochrome sont appelées « méthodes d'HIS en fluorescence » ou « FISH » (*fluorescence in situ hybridization*). La réaction qu'elles provoquent n'est visible qu'en lumière ultraviolette. Ces méthodes permettent de détecter des séquences nucléotidiques sur une molécule d'ADN cible à l'aide de sondes liées à un fluorochrome. Le processus consiste à unir des sondes marquées à des segments d'ADN préalablement choisis. Lorsque le complexe est ainsi formé, il est possible de l'observer au microscope à fluorescence. Il est préférable d'employer ces méthodes sur des tissus fraîchement congelés, mais elles peuvent également être appliquées sur des tissus enrobés à la paraffine. Dans un tel cas, cependant, les conditions d'observation liées à la microscopie par fluorescence ne permettent pas d'apprécier les détails cytologiques ni de reconnaître de façon fiable les sous-populations de cellules. De plus, la fluorescence est éphémère et la photomicrographie est la seule façon de conserver les résultats. Toutefois, il existe un milieu de montage des lames qui favorise la conservation de la fluorescence (voir la section 23.17.2).

29.1.2 SURVOL DE L'HIS

Les techniques d'hybridation sont utilisées pour la mise en évidence de séquences d'ADN spécifiques dans les cellules. Par exemple, il est possible de mettre en évidence l'ADN d'un virus dans une cellule humaine à l'aide d'une préparation histologique. Le principe de ces techniques est relativement simple et demande, dans un premier temps, la préparation d'une sonde et un prétraitement des préparations cellulaires en vue de démasquer les acides nucléiques visés. Le processus consiste ensuite à provoquer l'hybridation d'une très petite portion d'une molécule d'ADN, qui est séparée en deux monobrins (figure 29.1), et dont l'un de ceux-ci s'unit à un brin de la sonde marquée (figure 29.2). Ces méthodes se terminent par la mise en évidence de la sonde attachée à l'un des brins simples de l'ADN recherché (figure 29.3) grâce au marquage fluorescent et à l'observation au microscope par fluorescence.

L'hybridation *in situ* est un outil de recherche employé dans trois circonstances particulières : la détection de gènes anormaux; l'identification d'infections virales et l'établissement du phénotype tumoral dans le cas de cancers.

Les nombreuses méthodes qui permettent d'identifier les virus sont regroupées sous trois domaines principaux : l'immunohistochimie (chapitre 23), l'hybridation *in situ* et la biologie moléculaire. Toutes ces méthodes permettent d'obtenir des résultats similaires. De plus, il est maintenant possible de travailler sur l'ARNm avec la même technique que dans le cas du virus d'Epstein-Barr. En effet, l'hybridation *in situ* est tout indiquée pour mettre en évidence l'ARNm en raison de sa sensibilité et de sa rapidité. Ce type d'hybridation possède également l'avantage de détecter plusieurs virus même si leur paroi ne présente pas encore de propriété antigénique, ce qu'une technique histochimique ne permet pas.

L'identification efficace d'un phénotype tumoral est possible aussi bien au moyen de l'hybridation *in situ* que de l'immunohistochimie et de la biologie moléculaire. De plus, ces trois méthodes s'emploient très bien de façon complémentaire. Plusieurs anticorps monoclonaux et polyclonaux (voir le chapitre 23) sont maintenant offerts sur le marché et permettent d'effectuer des recherches sensibles et rapides. Cependant, il est possible que des problèmes surviennent dans l'interprétation des phénotypes de l'ARNm en immunohistochimie, problèmes que l'hybridation *in situ* et la biologie moléculaire peuvent aider à résoudre.

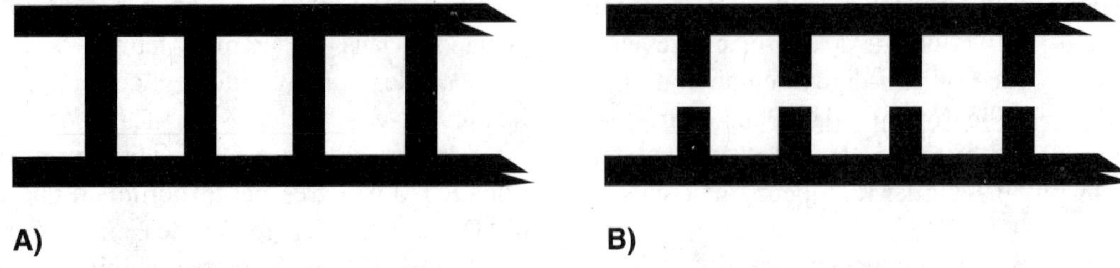

Figure 29.1 : *Représentation schématique d'une séquence d'ADN double brin normale (a), et de la même séquence une fois dénaturée, formée de deux brins simples d'ADN, des monobrins (b).*

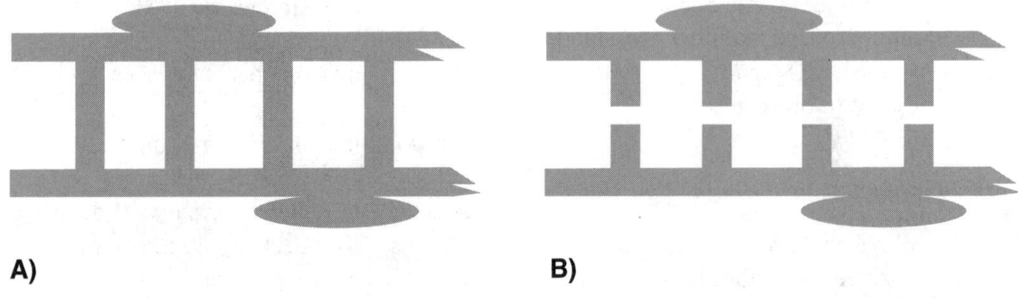

Figure 29.2 : *Représentation schématique d'une sonde marquée d'un fluorochrome (a) et de la même sonde après dénaturation (b).*

Figure 29.3 : *Représentation schématique d'un brin de la séquence d'ADN cible apparié à un brin de la sonde marquée d'un fluorochrome.*

29.1.3 SPÉCIMENS, MATÉRIEL ET PRÉPARATION DES RÉACTIFS

L'ADN et l'ARN se dégradent sous l'action de certaines enzymes, comme les nucléases, présentes dans les cellules. À cet effet, l'utilisation d'une forte concentration d'ADNase et d'ARNase est nécessaire pour confirmer le type d'acide nucléique spécifique à la technique d'hybridation. En plus faibles concentrations, les nucléases présents sur la peau peuvent contaminer les diverses solutions utilisées au cours de la technique et provoquer une dégradation suffisante de l'ADN ou de l'ARN pour donner des résultats inadéquats ou très difficiles à lire. Pour cette raison, il est fortement recommandé de porter des gants et de prendre toutes les précautions nécessaires afin d'éviter toute contamination de la méthode par les nucléases, du moment où débute la fabrication des solutions jusqu'à la toute fin de l'analyse proprement dite.

29.1.3.1 Fixation des spécimens

La fixation est essentielle aux techniques d'hybridation *in situ*, afin de conserver tous les signaux cytologiques. Il s'agit de la première étape dans la préparation des spécimens qui doivent subir une hybridation. La durée et la température de fixation, ainsi que le type de liquide fixateur, peuvent différer selon la préparation à effectuer en prévision de l'hybridation. Ces différents facteurs ont non seulement un effet sur la préservation des tissus, mais également sur la conservation de l'ADN et de l'ARN et leur résistance aux effets néfastes des nucléases. Il est possible de procéder à l'hybridation sur des tissus congelés. Le choix du liquide fixateur a aussi une influence sur la conservation des acides nucléiques et sur leur activité au cours des processus d'hybridation. Le formaldéhyde salin (voir la section 2.5.2.2) et le formaldéhyde tamponné (voir la section 2.5.2.3) sont les liquides fixateurs généralement recommandés pour ce type de recherche (voir le tableau 29.1).

L'ARNm est probablement immobilisé dans les mailles protéiniques croisées alors que l'ADN est immobilisé dans les protéines chromosomiques.

29.1.3.2 Solutions et verrerie

Un traitement particulier des solutions et de la verrerie est essentiel dans le but d'éliminer l'effet de digestion des nucléases. Ainsi, l'autoclavage sert à détruire l'ADNase. De son côté, l'ARNase offre une meilleure résistance à la chaleur et nécessite donc des précautions particulières avant l'étude. La verrerie, quant à elle, doit être soumise à une température de 200 °C pendant 12 heures.

En ce qui a trait à l'adhésion des coupes sur la lame, il est recommandé de prendre des lames chargées ioniquement, surtout si les tissus sont fixés dans le formaldéhyde. Par contre, si le liquide fixateur contient de l'alcool ou de l'acétone, il est préférable de prendre un adhésif à base d'alun de chrome gélatinisé.

Un autre facteur à considérer est la température de la réaction. En effet, selon les protocoles, la température peut varier de 20 à 70 °C.

29.1.4 DISGESTION PROTÉOLYTIQUE

L'enrobage à la paraffine de tissus fixés dans un liquide à base de formaldéhyde a pour conséquence de masquer certaines séquences d'acides nucléiques. Comme dans le cas de méthodes immunohistochimiques (voir le chapitre 23), il est nécessaire de procéder à la digestion protéolytique pour restaurer ces séquences nucléiques. Toutefois, comme cette digestion n'affecte pas directement l'acide nucléique, il est important de bien la surveiller; en effet, une digestion insuffisante donnera des résultats insatisfaisants alors qu'une digestion trop longue affaiblira les structures protéiques et donnera également des résultats insatisfaisants. De plus, la concentration d'enzymes protéolytiques nécessaire au démasquage de l'ARNm doit être plus faible que la concentration nécessaire pour démasquer l'ADN. Le choix de l'enzyme protéolytique est lui aussi important. Le produit utilisé doit être de très bonne qualité et, surtout, exempt de nucléases. La protéinase K constitue un excellent choix, car elle a l'avantage de digérer toutes les nucléases présentes dans les solutions et les tissus.

Dans la mise en évidence de l'ARNm au niveau des tissus épithéliaux, il peut y avoir liaison avec un oligonucléotide marqué à la digoxigénine ou à la fluorescéine, ce qui peut constituer un désavantage de l'HIS. Afin d'éliminer les interférences possibles au cours de l'application des techniques, il peut être utile de procéder à l'acidification des produits après la digestion protéolytique, mais avant la fixation secondaire, s'il y a lieu. L'utilisation d'anhydride acétique n'affecte pas seulement les colorations non spécifiques, mais brise également les liaisons non spécifiques entre les sondes et les cibles d'acides nucléiques. Il est très important de bien vérifier la concentration des sondes utilisées. Le *p*H de la solution d'acide doit être assez élevé pour ne pas hydrolyser les acides nucléiques.

Tableau 29.1 QUALITÉ DE LA PRÉSERVATION DES ACIDES NUCLÉIQUES EN FONCTION DE CERTAINS LIQUIDES FIXATEURS.

Acide nucléique	Bouin	Formaldéhyde salin	Formaldéhyde tamponné	B5
ADN	Pauvre	Très bonne	Très bonne	Moyenne
ARN	Moyenne	Très bonne	Très bonne	Très bonne

29.1.5 UTILISATION DE TÉMOINS

Il est essentiel d'ajouter au protocole l'élaboration de témoins positifs et négatifs qui permettront de vérifier l'exactitude des résultats obtenus par HIS. Le témoin positif ne doit pas seulement contenir les séquences cibles sur lesquelles s'effectue la recherche, mais doit aussi subir une préparation similaire au test à exécuter. De cette façon, le témoin est traité de la même façon que les échantillons, étape par étape, ce qui permet d'évaluer le protocole dans son ensemble.

29.1.6 DÉROULEMENT D'UNE MÉTHODE D'HYBRIDATION *IN SITU*

La majorité des méthodes d'HIS se déroulent sensiblement de la même façon, bien que la fin puisse varier selon qu'il s'agit d'une coloration ou de l'utilisation de la fluorescence. La procédure peut se résumer à ceci :

- procéder à la coupe du tissu à partir d'un bloc de paraffine ou d'un tissu congelé;
- déparaffiner, si nécessaire, avec du toluol ou du xylol;
- procéder à la digestion protéolytique afin de démasquer les acides nucléiques qui, souvent, sont camouflés au cours de la fixation chimique;
- effectuer une préhybridation pour préparer les brins à hybrider;
- exécuter l'hybridation afin de séparer la séquence d'ADN en deux brins;
- procéder à la révélation, enfin, qui se fait soit en incorporant un fluorochrome durant la procédure, soit en effectuant une coloration à la suite d'une réaction enzymatique.

Afin de bien illustrer le déroulement de ces méthodes, en voici un exemple. Il s'agit de la méthode FISH / VYSIS, une méthode à la fluorescence (FISH); le fluorochrome est le Vysis.

Pour cette méthode, la plupart des réactifs nécessaires sont des produits connus uniquement sous leur appellation commerciale, et leur composition est souvent inconnue.

29.1.6.1 Préparation et conservation des solutions

1. Solution SSC 20x

- 264 g de poudre SSC 20x
- 1 litre d'eau déionisée
- acide chlorhydrique 1 *N*

La poudre SSC 20x contient du citrate de sodium à 3 *M* et du chlorure de sodium à 0,3 *M*; elle contient également du mercaptoéthanol à titre d'agent de conservation. Dissoudre la poudre SSC 20x dans 1 litre d'eau déionisée, puis ajuster le *p*H à 7,0 avec l'acide chlorhydrique 1 *N*. Inscrire la date de la préparation. Cette solution se conserve environ 1 an à la température ambiante.

2. Solution SSC 2x

- 100 ml de solution de SSC 20x (solution n° 1)
- 900 ml d'eau déionisée
- acide chlorhydrique 1 *N*

Ajouter 100 ml de solution SSC 20x dans 900 ml d'eau déionisée, mélanger et ajuster le *p*H à 7,0 avec de l'acide chlorhydrique 1 *N*. Conserver à la température ambiante.

3. Solution de RNase à 4 mg/ml

- 100 mg de RNase
- 25 ml d'eau déionisée

La RNase, ou ribonucléase, est un produit à base d'enzymes protéolytiques qui sert au démasquage de l'ARN, qu'il détecte et clive. Dissoudre la RNase dans l'eau distillée en portant celle-ci à ébullition pendant 20 minutes. Lorsque le mélange est homogène, laisser refroidir et transvider dans un ballon ou un cylindre gradué de 25 ml. Amener le volume à 25 ml avec de l'eau déionisée afin de remplacer la quantité d'eau perdue par évaporation.

4. Solution SSC 2x à *p*H 7,0 / RNase

- 39 ml de solution SSC 2x à *p*H 7,0 (solution n° 2)
- 1 ml de solution RNase à 4 mg/ml (solution n° 3)

5. Solution de formamide à 70 % / solution SSC 2x

- 4 ml de solution SSC 20x (solution n° 1)
- 8 ml d'eau déionisée
- 28 ml de formamide
- acide chlorhydrique 1 *N*

Le formamide est une substance qui permet de séparer la séquence d'ADN en deux brins distincts. D'abord, bien mélanger la solution SSC 20x dans l'eau déionisée, puis ajouter le formamide. Lorsque le mélange est complet, ajuster le *p*H à 7,0 avec quelques gouttes d'acide chlorhydrique 1 *N*.

6. Solution de formamide à 50 % / solution 2x SSC

- 15 ml de solution SSC 20x (solution n° 1)
- 60 ml d'eau déionisée
- 75 ml de formamide
- acide chlorhydrique

Bien mélanger le formamide et la solution SSC 20x dans l'eau. Ajuster le *p*H à 7,0 avec quelques gouttes d'acide chlorhydrique.

7. Solution SSC 2x / NP-40 à 0,1 %

- 100 ml de solution SSC 20x (solution n° 1)
- 1 ml de NP-40
- eau déionisée
- NaOH 1 *N*

Le NP-40 est un fluorochrome, ou un marqueur fluorescent. Bien mélanger la solution SSC 20x avec le NP-40 et amener le volume à 1 litre avec de l'eau déionisée. Ajuster le *p*H à 7,0 avec du NaOH 1 *N*. Dater et conserver la solution à la température ambiante. Sa durée de vie est d'environ 6 mois.

29.1.6.2 Méthode d'HIS à la fluorescence FISH/VYSIS

MODE OPÉRATOIRE

Jour 1 :

- Préparer les coupes, de préférence au cryotome, c'est-à-dire à partir d'un tissu congelé, ou au microtome si le tissu est inclus à la paraffine; étaler les coupes sur des lames.

Jour 2 :

Prétraitement des coupes

- Tremper les coupes dans la solution SSC 2x à *p*H 7 / RNase (solution n° 4) pendant 40 minutes à 37 °C afin de démasquer l'ADN (voir la section 29.1.6);
- laver les lames pendant cinq minutes dans la solution SSC 2x (solution n° 2), à la température ambiante; répéter cette opération dans un deuxième bain de solution SSC 2x;
- déshydrater les coupes, à la température ambiante, dans un bain d'éthanol à 50 % puis dans un bain d'éthanol à 70 % et enfin dans un bain d'éthanol à 100 %; laisser reposer 2 minutes par bain;
- laisser sécher les coupes à l'air ambiant;
- préchauffer un bain de formamide à 70 % / solution SSC 2x (solution n° 5) à 70 °C; cette solution permet de séparer la séquence d'ADN en deux brins distincts.

Préparation de la sonde

- Prélever 7 µl de tampon d'hybridation; transvider dans un microtube à centrifugation; ajouter 2 µl d'eau distillée QSP et 1 µl de la sonde sélectionnée; mélanger au vortex.

Dénaturation de la sonde

- Dénaturer la sonde en la plaçant dans une chambre thermostatée à 73 °C pendant 5 minutes; cette étape permet de séparer en deux simples brins correspondant à la séquence d'ADN recherchée;
- placer la sonde sur un bain de glace en attendant la suite de la procédure;

- dénaturer les coupes en les immergeant pendant 2 minutes dans la solution de formamide à 70 % / solution SSC 2x préchauffée; celle-ci doit être placée dans une chambre thermostatée maintenue à 70 °C;
- déshydrater dans trois bains d'éthanol successifs à 70 %, 80 % puis 95 %, 2 min par bain; ces bains doivent être froids et placés dans de la glace;
- laisser sécher les coupes avant d'ajouter la sonde.

Les manipulations suivantes se font dans la pénombre :

- Mettre les lames à plat et déposer 10 µl à l'endroit indiqué; couvrir d'une lamelle et sceller;
- déposer les lames dans une petite boîte de plastique humide et fermer hermétiquement. Procéder à l'hybridation à 37 °C pendant toute la nuit. Cette étape permet l'accolement du brin d'ADN recherché au brin d'ADN de la sonde préalablement sélectionné.

Jour 3 : Travailler dans la pénombre

- Préchauffer les cinq bains décrits ci-dessous dans un bain à 46 °C, 30 min avant le traitement des coupes. Ne pas traiter plus de quatre coupes à la fois et ne démarrer le chronomètre qu'au moment de l'immersion de la 4e lame. Ces bains servent à enlever l'excédent de sonde non hybridée. Le traitement se fait dans les bains suivants :
  - 3 bains de formamide à 50 % / solution SSC 2x, à 46 °C; 10 min par bain;
  - 1 bain de solution SSC 2x à 46 °C; 10 min;
  - 1 bain de solution fluorescente SSC 2x / NP-40 à 0,1 % à 46 °C; 5 min
- Laisser sécher les lames à l'air ambiant, dans l'obscurité. Mettre les lames à plat et ajouter 10 µl de contrecolorant DAPI-II, couvrir d'une lamelle et procéder à l'observation au microscope à fluorescence. La solution de DAPI-II permet la contrecoloration à la suite du marquage fluorescent.

29.1.6.3 Autres exemples de méthodes HIS

29.1.6.3.1 *Méthode d'HIS avec sonde d'ADN, digestion protéolytique et marquage enzymatique*

La méthode d'hybridation utilisant une sonde d'ADN, couplée à une digestion protéolytique et à un marquage enzymatique associé à la biotine ou à l'avidine, se réalise sur des coupes dont l'épaisseur est de 4 µm. Les coupes sont étalées sur des lames chargées et placées pendant 24 heures dans une chambre thermostatée à 45 °C.

a) Préparation des solutions

1. Solution de lavage de PBT

- 0,48 g de phosphate monosodique
- 0,57 g de phosphate disodique
- 10 g d'albumine bovine
- 1,17 g de chlorure de sodium
- 200 µl de triton 100x (produit commercial)
- 200 ml d'eau distillée QSP

L'eau distillée QSP est une eau distillée extrêmement pure, spécialement conçue pour le traitement de l'ADN et de l'ARN. Dissoudre tous les produits dans l'eau distillée QSP en chauffant légèrement, si nécessaire. Le *p*H de cette solution doit être ajusté à 7,4.

2. Solution de pepsine

- 1,2 g de pepsine
- 12 ml d'acide chlorhydrique 5 *N*
- 300 ml d'eau distillée QSP

La pepsine est une enzyme protéolytique utilisée pour le démasquage de l'ARN; elle se conserve au congélateur. La préparation de la solution se fait dans un contenant posé sur une plaque agitatrice : dissoudre complètement la pepsine dans l'eau, puis ajouter l'acide chlorhydrique alors que la solution est encore sur la plaque agitatrice. Une fois constituée, la solution se conserve au réfrigérateur pendant environ 1 mois.

3. Solution de SSC 20x

La préparation de cette solution est présentée à la section 29.1.6.1, solution n° 1.

4. Solution de SSC 4x et de formamide à 50 %

- 20 ml de solution SSC 20x (voir la solution n° 3)
- 100 ml de formamide
- 80 ml d'eau distillée QSP

5. Solution colorante de NBT-BCIP

- 4,4 µl de NBT
- 3,2 µl de BCIP
- 1000 µl de tampon substrat PBS

Le NBT et le BCIP sont des produits commerciaux. Le tampon PBS (*Phosphate Buffer Saline*) peut être fabriqué au laboratoire, mais il est plus avantageux de se le procurer auprès d'entreprises spécialisées dans les produits chimiques. Il est possible de modifier la quantité de solution à la condition de respecter la proportion des produits.

6. Solution d'avidine 1/200

- 1 ml d'avidine
- 200 ml de PBT (solution n° 1)

B) Méthode d'HIS avec sonde d'ADN, digestion protéolytique et marquage enzymatique

MODE OPÉRATOIRE

Traitement des coupes

1. Pour les tissus inclus à la paraffine, faire sécher les coupes pendant 24 h dans une chambre thermostatée à 45 °C;
2. déparaffiner et hydrater les coupes jusqu'au bain de rinçage à l'eau distillée;

Préhybridation

3. Procéder à la digestion protéolytique des coupes, pour démasquer l'ADN, en les plongeant dans un bain de pepsine pendant 10 min; laver à l'eau courante pendant 5 min; passer rapidement dans un bain d'eau distillée;
4. déshydrater dans trois bains d'éthanol à concentration croissante;

Hybridation

5. Disposer les lames horizontalement et appliquer de 10 à 20 µl de la sonde sélectionnée diluée (solution n° 4) sur les coupes; recouvrir d'une lamelle et placer dans une chambre humide, à 95 °C pendant 10 min, ce qui provoque la dénaturation de la sonde en séparant la séquence d'ADN en deux brins distincts; répéter cette étape, mais, cette fois, incuber à 42 °C pendant une douzaine d'heures afin de permettre à l'hybridation de s'accomplir;

Posthybridation

6. Procéder à un lavage de 10 min dans la solution de SSC 4x, ce qui facilitera l'enlèvement des lamelles; poursuivre le lavage dans deux autres bains de SSC 4x pendant 10 min;

Révélation

7. Laver les coupes dans un bain de PBT pendant 10 min; procéder à la révélation en immergeant les lames dans la solution d'avidine 1/200 (solution n° 6) à 37 °C en chambre humide pendant 30 min; rincer dans deux bains de PBT (solution n° 1) pendant 10 min par bain;

Coloration

8. Imprégner les coupes de la solution tampon substrat PBT (solution n° 1) pendant 5 min, puis mettre les lames à plat; déposer 200 µl de solution NBT-BCIP sur chaque lame et laisser agir à l'obscurité pendant 1 heure; procéder à l'observation microscopique : une coloration foncée indique les sites marqués.

29.1.6.3.2 *Méthode HIS avec sonde d'ADN marquée à la digoxygénine*

La méthode qui fait appel à des sondes marquées à la digoxygénine est basée sur l'utilisation d'une enzyme d'origine bactérienne de type oxydase. Cette méthode s'applique autant avec un tissu enrobé dans la paraffine qu'avec un tissu congelé. Des coupes d'une épaisseur de 4 µm permettent d'obtenir les meilleurs résultats.

a) Préparation des solutions

1. Solution tampon A

- 12,1 g de base Trizma (produit commercial)
- 58,4 g de chlorure de sodium
- 0,406 g de chlorure de magnésium ($MgCl_2.6H_2O$)
- 1 litre d'eau distillée QSP

Une fois les produits bien dissous dans l'eau distillée, ajuster le *p*H à 7,5.

2. Solution de SSC 20x

La préparation de cette solution est présentée à la section 29.1.6.1, solution n° 1

3. Solution de SSC 4x

- 1 volume de solution de SSC 20x (solution n° 2)
- 4 volumes d'eau distillée QSP

4. Solution de SSC 2x

- 1 volume de solution de SSC 20x (voir la solution n° 2)
- 9 volumes d'eau distillée QSP

5. Solution de SSC 0,1x et de formamide à 50 %

- 1 ml de solution de SSC 20x (voir la solution n° 2)
- 100 ml d'eau distillée QSP
- 100 ml de formamide commercial

Cette solution est également appelée la « solution d'hybridation ».

6. Solution de pepsine

- 1,2 g de pepsine
- 12 ml d'acide chlorhydrique 5 *N*
- 300 ml d'eau distillée QSP

Dans cette solution, la pepsine sert à démasquer l'ADN. La pepsine en poudre se conserve au congélateur. Une fois la solution constituée, elle se conservera au réfrigérateur pendant environ 1 mois.

7. Solution de sérum de chèvre à 3 %

- 30 µl de sérum de chèvre
- 1 ml de solution tampon A (solution n° 1)
- 3 µl de Triton (produit commercial)

Le Triton possède une structure protéique qui favorise l'adhésion de la digoxygénine aux monobrins d'ADN. Cette solution permet de faire deux lames. Pour quatre lames, il faut doubler les quantités, pour six lames, les tripler, et ainsi de suite.

8. Solution d'anti-digoxygénine 1/500

- 1 g d'anti-digoxygénine
- 500 ml de solution tampon A (solution n° 1)

9. Solution de NBT-BCIP

Voir la section 29.1.6.3.1, a, solution n° 5.

B) MÉTHODE D'HIS AVEC SONDE D'ADN MARQUÉE À LA DIGOXYGÉNINE

MODE OPÉRATOIRE

Traitement des coupes

1. Pour les tissus inclus à la paraffine, faire sécher les coupes pendant 24 h dans une chambre thermostatée à 45 °C;
2. déparaffiner et hydrater les coupes jusqu'au bain de rinçage à l'eau distillée.

Préhybridation

3. Procéder à la digestion (ou démasquage de l'ADN) en plongeant les coupes dans un bain de pepsine pendant 10 min; laver à l'eau courante pendant 5 min; passer rapidement dans un bain d'eau distillée;
4. déshydrater dans trois bains d'éthanol à concentration croissante.

Hybridation

5. Disposer les lames horizontalement et appliquer de 10 à 20 µl de la sonde sélectionnée (solution n° 5) sur les coupes; recouvrir d'une lamelle et placer dans une chambre humide, à 95 °C, pendant 10 min, ce qui provoque la dénaturation de la sonde et de la séquence d'ADN; répéter cette étape, mais, cette fois-ci, incuber à 42 °C pendant une douzaine d'heures afin de permettre à l'hybridation de s'accomplir.

Posthybridation

6. Procéder à un lavage de 10 min dans la solution de SSC 4x, qui facilitera l'enlèvement des lamelles; poursuivre avec un lavage de 10 min dans un bain de solution de SSC 2x et terminer avec un lavage de 40 min dans un bain de solution de SSC 0,1x et de formamide à 50 %, maintenu à une température de 42 °C.

Révélation

7. Immerger les lames dans la solution tampon A (solution n° 1) pendant 10 min, puis dans un bain contenant le sérum de chèvre à 3 % (solution n° 7) pendant 30 min; poursuivre la révélation dans la solution d'antidigoxygénine diluée 1/500 (solution n° 8) pendant 1 h; rincer dans deux bains de solution tampon A pendant 10 min chacun.

Coloration

8. Imprégner les tissus de la solution tampon A pendant 5 min et mettre les lames à plat; déposer 200 µl de solution de NBT-BCIP sur chaque lame et laisser agir à l'obscurité pendant au moins 1 h; procéder à l'observation microscopique.

29.1.6.3.3 Méthode d'HIS avec sonde d'ADN marquée au FITC

L'isothiocyanate de fluorescéine, ou FITC (*fluorecein isothiocyanate*), est un fluorochrome extrêmement pur dont le schéma moléculaire est présenté ci-dessous (figure 29.4). Il est possible d'utiliser cette méthode avec un tissu congelé ou enrobé dans la paraffine. Des coupes d'une épaisseur de 4 µm permettent d'obtenir de meilleurs résultats.

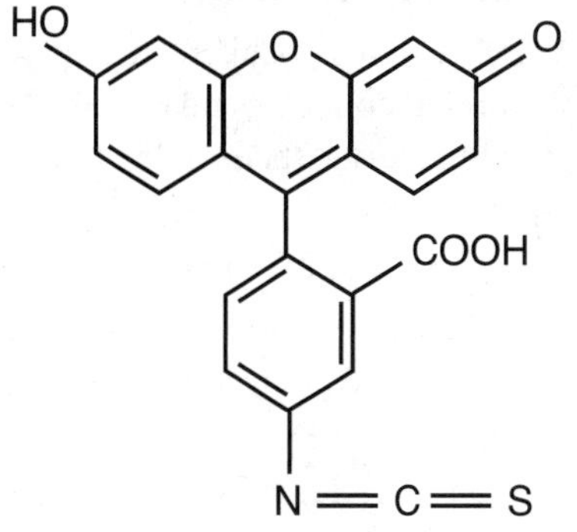

HO O O COOH N=C=S

Figure 29.4 : *Représentation schématique d'une molécule de FITC.*

a) Préparation des solutions

1. Solution de pepsine

Voir la section 29.1.6.3.2 a, solution n° 6.

2. Solution de lavage Dako

- 1 volume de solution de lavage Dako (produit commercial)
- 59 volumes d'eau distillée QSP

3. Solution de TBS 1x (produit commercial)

La solution commerciale est spécialement conçue pour ce type de méthode.

4. Solution d'anti-FITC (produit commercial) 1/40

- 1 volume d'anti-FITC commercial
- 39 volumes de TBS 1x (solution n° 3)

5. Solution de NBT-BCIP

Voir la section 29.1.6.3.1 a, solution n° 5.

6. Solution de la sonde sélectionnée diluée à 50 %

- 1 ml de la sonde sélectionnée
- 1 volume de solution de TBS 1x (solution n° 3)

b) Méthode d'HIS avec sonde d'ADN marquée au FITC

MODE OPÉRATOIRE

Traitement des coupes

1. Pour les tissus inclus à la paraffine, faire sécher les coupes pendant 24 h dans une chambre thermostatée à 45 °C;
2. déparaffiner et hydrater les coupes jusqu'au bain de rinçage à l'eau distillée.

Préhybridation

3. Procéder à la digestion enzymatique pour démasquer l'ADN, en plongeant les coupes dans un bain de solution de pepsine (solution n° 1) pendant 10 min; laver à l'eau courante pendant 5 min; passer rapidement dans un bain d'eau distillée;
4. déshydrater dans trois bains d'éthanol à concentration croissante.

Hybridation

5. Disposer les lames horizontalement et appliquer de 10 à 20 µl de sonde sélectionnée diluée à 50 % (solution n° 6) sur les coupes; recouvrir d'une lamelle et placer dans une chambre humide, à 55 °C pendant une heure, afin de permettre à l'hybridation de s'accomplir.

Posthybridation

6. Procéder à un lavage de 10 min dans la solution de lavage Dako 1/60 (solution n° 2), ce qui facilitera l'enlèvement des lamelles; poursuivre avec un lavage de 25 min dans un deuxième bain de solution de lavage Dako dont la température est maintenue à 55 °C.

Révélation

7. Immerger les lames dans la solution d'anti-FITC 1/40 (solution n° 4) pendant 30 min; rincer dans deux bains de solution tampon TBS 1x (solution n° 3) pendant 3 min par bain.

Coloration

8. Imprégner les tissus de la solution TBS 1x (solution n° 3) pendant 5 min et mettre les lames à plat; déposer 200 µl de solution de NBT-BCIP sur chaque lame et laisser agir à l'obscurité pendant 15 à 30 min; procéder à l'observation microscopique.

29.1.7 SANTÉ ET SÉCURITÉ ET MÉTHODES D'HIS

L'hybridation *in situ* nécessite l'utilisation de réactifs chimiques dont la plupart sont toxiques. C'est à l'étape de l'hybridation que s'effectue la synthèse des oligonucléotides, ou ADNc, dont la détection est rendue possible grâce à un marquage radioactif ou à l'aide de sondes « froides », généralement fluorescentes.

Les principaux risques de nature biologique sont reliés à la contamination possible des tissus par des microorganismes. Les risques de nature chimique sont inhérents à la préparation conventionnelle des tissus (voir l'annexe V), ainsi qu'à une particularité de l'hybridation *in situ*. En effet, le tampon d'hybridation contient du formamide, une substance active dans la séparation des brins d'ADN. Ce produit est dangereux, car il s'attaque à l'embryogenèse et au développement en provoquant des malformations congénitales. De plus, comme tous les amides, le formamide pénètre facilement la peau.

Le tampon d'hybridation contient également du dextran-sulfate, dont les effets touchent essentiellement les systèmes nerveux et respiratoire. De plus, il s'agit d'un antigène puissant et une surexposition entraîne une hausse du rythme cardiaque. Ce tampon contient aussi de l'héparine, de l'ARNt, de l'acide polyadénylique et de l'ADN dénaturé, une substance potentiellement dangereuse dans les méthodes aux ultrasons. Finalement, on y retrouve du polyvinylpyrrolidone (réactif de Denhardt), de la sérum-albumine bovine et une substance appelée le SDS. Celle-ci présente des risques importants pour le système respiratoire.

La sonde radioactive qui se trouve dans le tampon d'hybridation est placée dans un pipetteur. Ce dernier doit être manipulé avec une précaution extrême, car la solution d'hybridation est particulièrement visqueuse et contamine facilement la partie inférieure du pipetteur en passant à travers le cône de plastique.

Après l'incubation des coupes durant la nuit, il faut laver celles-ci avec une solution contenant du SSC, du mercaptoéthanol et du thiosulfate de sodium. Cette solution ne doit pas être inhalée et sa manipulation doit toujours s'effectuer sous la hotte.

Une fois la déshydratation terminée, les coupes sont déposées sur un film photographique qui est ensuite développé et fixé. Les produits utilisés pour le développement et la fixation ont des propriétés caustiques et ils peuvent brûler la peau. Le tableau 29.2 présente un résumé des risques inhérents à l'hybridation *in situ*.

29.2 BIOLOGIE MOLÉCULAIRE

Depuis le début des années 1980, la biologie moléculaire connaît une croissance fulgurante grâce à l'élaboration de la technique d'amplification en chaîne par polymérase, ou PCR (*polymerase chain reaction*), qui permet l'amplification de l'ADN. Son concept est simple, mais son impact est considérable. Depuis 1985, les publications concernant la PCR se multiplient et, en 1989, la revue *Science* a octroyé à cette méthode le titre de développement scientifique le plus important de la décennie.

La PCR est un procédé qui permet d'effectuer rapidement l'amplification *in vitro* de séquences spécifiques d'ADN. Cette méthode est effectuée avec trois fragments d'ADN : la séquence d'ADN à double brin, qui doit être amplifiée, et deux autres séquences, associées à cette molécule d'ADN, qui jouent le rôle d'amorces. Les autres substances nécessaires à l'exécution de cette technique sont l'ADN polymérase, le NTP, un tampon et différents sels. La PCR comporte plusieurs cycles d'amplification également appelés « tours de synthèse ». À chaque cycle d'amplification, la quantité d'ADN est multipliée par deux.

Les applications de la PCR sont multiples, en particulier lorsqu'il s'agit d'effectuer le séquençage de fragments d'ADN. Cependant, la PCR est également une méthode sensible pour détecter les séquences rares et elle permet aussi de détecter les transcrits d'ADN et d'en faire l'analyse. De plus, elle permet d'analyser les séquences très courtes qui contiennent de 40 à 50 nucléotides.

L'optimisation de la PCR nécessite un milieu relativement simple : du chlorure de magnésium ($MgCl_2$), du tampon TRIS-KCl-gélatine, du dNTP, des matrices d'ADN et une Taq polymérase. Toutefois, la PCR requiert l'utilisation d'un autoclave et d'un bloc chauffant programmable à différentes températures, ainsi que l'emploi d'appareils électrophorétiques qui permettent d'obtenir un voltage élevé.

Les progrès réalisés dans la mise en évidence de l'ADN permettent de démontrer cliniquement qu'une tumeur, et en particulier un cancer, est le résultat de l'accumulation, dans les cellules, d'altérations suc-

Tableau 29.2 RISQUES INHÉRENTS À L'UTILISATION DES DIFFÉRENTS PRODUITS LORS DE L'HYBRIDATION *IN SITU*.

Nature du risque	Produits concernés
Biologique	Reliés à la préparation des coupes
Chimique	Anhydride acétique Réactif de Denhardt Dextran-sulfate Dithiotreitol (DTT) Éthanol Formamide Paraformaldéhyde Tampon PBS Chlorure de sodium Citrate de sodium présent dans le SSC Triéthanolamine
Physique	Sondes radioactives

cessives de l'ADN. Ces altérations entraînent le dérèglement de différents types de gènes responsables de la prolifération et de la différenciation des cellules, et aussi de la mort cellulaire programmée. De plus, connaître le type exact de tumeur dont il est question permet d'améliorer grandement la précision des diagnostics et des pronostics.

29.2.1 PRÉTRAITEMENT DES LAMES

En biologie moléculaire, l'obtention de bons résultats passe par l'utilisation de lames traitées à la silane. La silane porte également les noms de silicone tétrahydrique et silicane. Sa formule chimique est SiH_4 et son poids moléculaire est de 32,1. Elle est obtenue à la suite d'une réaction entre l'acide hydrochlorhydrique et la silice d'aluminium. Comme sa préparation est longue et les résultats difficiles à vérifier, il est préférable de se la procurer chez un fournisseur de produits chimiques. La silane se décompose très rapidement dans les solutions d'hydroxyde de potassium, mais très lentement dans l'eau. Par contre, elle est insoluble dans l'éthanol, l'éther, le benzène et le chloroforme.

29.2.1.1 Préparation des solutions

1. **Solution d'éthanol à 95 %**
   - 5 ml d'eau distillée
   - 95 ml d'éthanol à 100 %
2. **Solution de 3-aminopropyltriéthoxy-silane à 2 %**
   - 2 g de 3-aminopropyltriéthoxy-silane (produit commercial)
   - 100 ml d'acétone

29.2.1.2 Méthode de prétraitement des lames à la silane

MODE OPÉRATOIRE

1. Placer les lames sur un portoir, laver, dégraisser (voir la section 28.6.2) et rincer longuement à l'eau courante;
2. immerger les lames dans l'éthanol à 95 %; rincer dans plusieurs bains d'eau distillée; laisser sécher longuement dans une chambre thermostatée;
3. plonger le portoir dans un bain de 3-aminopropyltriéthoxy-silane à 2 % pendant 5 min; laisser sécher 30 secondes à la température ambiante;
4. rincer pendant quelques secondes dans un bain d'acétone propre; laisser sécher à l'air libre, à l'abri de la lumière;
5. une fois sèches, les lames sont prêtes à servir.

29.2.2 SPECTROPHOTOMÈTRE

La compagnie Pharmacia Biotech a récemment mis au point un spectrophotomètre spécialement et uniquement conçu pour la biologie moléculaire, le Gene Quant II. Sa conception particulière lui permet d'effectuer rapidement le calcul de différents paramètres. Par exemple, il mesure simultanément l'absorption à 260, 280 et 320 nm. Les longueurs d'onde de 260 nm et de 280 nm sont utilisées pour le contrôle de pureté et la quantification de l'ADN ou de l'ARN, alors que celle de 320 nm est utilisée pour compenser le bruit de fond. La longueur d'onde de 280 nm peut aussi servir d'indice de la teneur en protéines en utilisant l'ensemble de la liaison peptidique. Après chaque mesure d'échantillon, les données sont mémorisées et intégrées dans les calculs jusqu'à la prise de la mesure définitive.

29.2.3 PURIFICATION ET PRÉCIPITATION DES ACIDES NUCLÉIQUES

29.2.3.1 Purification

La purification consiste à éliminer les substances indésirables comme les protéines ou le bromure d'éthidium. Cette méthode est basée sur la solubilité différentielle des molécules entre deux phases non miscibles, une aqueuse et l'autre organique, les acides nucléiques n'étant pas solubles dans le phénol basique (voir la figure 29.5).

La méthode courante d'élimination des protéines présentes dans les solutions d'acides nucléiques consiste à employer le phénol suivi du chloroforme.

L'utilisation de deux solvants organiques au lieu d'un seul permet d'optimiser l'élimination des protéines. Bien que le phénol dénature de manière efficace les protéines, il n'inhibe pas totalement l'activité des RNases. De plus, le phénol est un solvant pour les molécules d'ARN qui contiennent des séquences ou des « tracts » de poly(A). L'utilisation du chloroforme permet pour sa part d'éliminer les traces de phénol résiduelles.

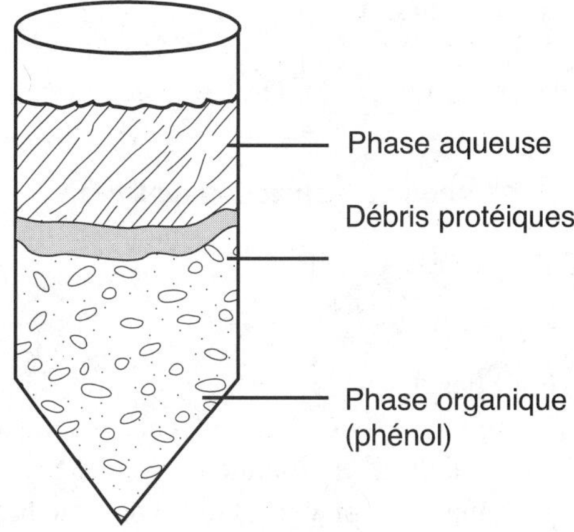

Figure 29.5 : *Représentation schématique des résultats obtenus après la centrifugation d'une suspension cellulaire dans le phénol.*

Les acides nucléiques ont tendance à se répartir dans la phase organique si le *p*H du phénol est maintenu entre 7,8 et 8,0. Il est donc avantageux d'utiliser une solution de phénol saturée par une solution tampon de type Tris-EDTA, ou TE, à *p*H 8,0. Comme la préparation de phénol possède les caractéristiques nécessaires à son application en biologie moléculaire et est une opération longue et dangereuse, il est fortement recommandé d'utiliser le produit commercial déjà saturé. S'il faut procéder à l'extraction de l'ADN, le phénol saturé doit, de préférence, être dilué dans l'acétate de sodium à 0,05 *N*; par contre, s'il faut extraire l'ARN, il est alors préférable d'utiliser la solution TE à *p*H 8,0.

29.2.3.1.1 *Préparation des solutions*

1. Solution de phénol saturé

Prendre la solution commerciale prête à servir.

2. Solution de tampon TRIS-EDTA à pH 8,0 (appelé le TE-50x)

- 15,14 g de base Trizma (produit commercial)
- 4,65 g d'EDTA
- 250 ml d'eau distillée

Le *p*H de la solution doit être à 8,0.

29.2.3.1.2 *Méthode de purification*

MODE OPÉRATOIRE

1. Mettre 1 volume de phénol et 1 volume d'échantillon d'acides nucléiques dans un tube conique de polypropylène;
2. mélanger quelques secondes à l'aide d'un vortex;
3. centrifuger les échantillons à 12 000 g pendant 15 secondes, ou à 1 600 g pendant 4 min à la température ambiante, ou encore, à 400 tr/min pendant 5 minutes; si les phases aqueuse et organique ne sont pas bien séparées, centrifuger de nouveau en augmentant le temps ou la vitesse;
4. récupérer la phase aqueuse à l'aide d'une pipette munie d'une pointe fine à filtre et transvider dans un tube propre;
5. répéter ces étapes de 1 à 4 fois, jusqu'à la disparition des traces de débris protéiques entre les deux phases (organique et aqueuse);
6. ajouter 1 volume de chloroforme et répéter les étapes 2, 3 et 4.

29.2.3.2 Précipitation

La précipitation des acides nucléiques permet de les récupérer sous forme solide. Il est ainsi possible de les protéger et, après séchage, de les solubiliser à la concentration désirée. La précipitation est basée sur la propriété que possèdent les acides nucléiques d'être solubles dans l'eau, mais pas dans l'alcool. Il existe différentes méthodes pour précipiter les acides nucléiques, dont celles à l'éthanol et à l'isopropanol.

29.2.3.2.1 *Précipitation dans l'éthanol*

La précipitation des acides nucléiques dans l'éthanol nécessite une force ionique élevée et la présence d'un demi-volume d'acétate de sodium et de deux volumes et demi d'éthanol très concentré, à 95 % ou à 100 %. Si l'échantillon d'ADN ou d'ARN est peu concentré, la précipitation est assez lente et peut prendre plus de 10 heures. Cependant, il est possible de réduire le temps de la réaction en effectuant celle-ci à basse température (entre –20 °C et –70 °C). Le précipité est récupéré par centrifugation, puis lavé avec de l'éthanol à 70 %. Le précipité est ensuite séché sous une cloche à vide jusqu'à la disparition de toute trace d'éthanol. Avant d'être employé dans différents procédés, le précipité est solubilisé à nouveau dans du tampon Tris-EDTA stérile, de l'eau milliQ stérile ou de l'eau QSP stérile.

29.2.3.2.2 *Précipitation dans l'isopropanol*

La précipitation des acides nucléiques dans l'isopropanol s'effectue de la même façon que dans l'éthanol, à une exception près : les sels de sodium ne sont pas nécessaires. La réaction s'accomplit avec 1 volume de l'échantillon et 1 volume d'isopropanol. Le précipité est récupéré par centrifugation, puis lavé avec de l'éthanol à 70 %. Il est ensuite séché sous une cloche à vide jusqu'à la disparition de toute trace d'éthanol. Avant d'être employé dans différents procédés, le précipité est solubilisé à nouveau dans du tampon Tris-EDTA stérile, de l'eau milliQ stérile ou de l'eau QSP stérile.

29.2.4 MÉTHODE D'EXTRACTION DE L'ADN

29.2.4.1 Préparation des solutions

1. **Liquide de lyse (solution Tris-HCl 0,01 *M* – NaCl 0,4 *M*)**
   - 250 µl de Tris HCl 2 *M* à *p*H 7,6
   - 5 ml de chlorure de sodium à 4 *M*
   - 50 ml d'eau milliQ ou QSP stérile (produit commercial)

   La solution doit être stérilisée avant usage.

2. **Solution de protéinase K à 20 *µ*g/*µ*l**

   Solution commerciale.

3. **Solution d'acétate de sodium 3 *M***
   - 20,4 g d'acétate de sodium
   - 50 ml d'eau milliQ stérile

   Bien mélanger, filtrer et stériliser. La solution demeure stable pendant 1 mois.

4. **Solution de phénol**

   Prendre la solution commerciale prête à servir.

29.2.4.2 Méthode d'extraction de l'ADN

MODE OPÉRATOIRE

Jour 1

- Pour les tissus congelés : mettre chaque fragment de tissu dans un tube Amplicor, ajouter 200 µl de liquide de lyse et 8 µl de protéinase K; placer les tubes dans un bain-marie à 52 °C sous agitation douce, toute la nuit;
- pour les tissus formolés : mettre environ 10 petits fragments d'à peu près 10 µm chacun dans un tube Amplicor, ajouter 200 µl de liquide de lyse et 8 µl de protéinase K (doubler ces quantités si les fragments sont plus gros); placer le ou les tubes dans un bain-marie à 52 °C sous agitation douce, toute la nuit.

Jour 2

- Faire bouillir pendant 30 min pour arrêter l'action de la protéinase K; refroidir rapidement sur de la glace;
- Transvider 200 µl de ce mélange, appelé « lysat », dans un microtube de 1,5 ml; ajouter 200 µl de phénol tamponné saturé, mélanger et centrifuger 5 min à 4 000 tr/min;
- prendre le maximum de surnageant (sans toucher au culot de phénol) et le transvider dans un autre microtube de 1,5 ml; ajouter la même quantité de phénol et centrifuger 5 min à 4 000 tr/min;

- prendre de nouveau le maximum de surnageant (sans toucher au culot de phénol) et le transvider dans un autre microtube de 1,5 ml; ajouter une quantité équivalente de chloroforme et centrifuger 5 minutes à 4 000 tr/min;
- récupérer le surnageant et le transvider dans un microtube de 1,5 ml à capuchon vissant; ajouter 100 µl d'acétate de sodium 3 *M* et 600 µl d'éthanol absolu; centrifuger pendant 10 minutes à 9 000 tr/min;
- jeter le surnageant en le décantant délicatement;
- pour enlever les sels de sodium, ajouter 3 volumes d'éthanol à 70 % (soit environ 600 µl); centrifuger pendant 10 min à 10 000 tr/min;
- décanter délicatement le surnageant sur un papier buvard; faire sécher sous une cloche à vide pendant 15 à 20 min;
- lorsque le culot est bien sec, ajouter 50 µl d'eau milliQ; placer dans un bain-marie à 65 °C pendant 10 min pour solubiliser l'ADN.

29.2.5 QUANTIFICATION DES ADN ET DES ARN

La quantification des acides nucléiques fait généralement appel à deux méthodes selon la pureté de l'échantillon. Si l'échantillon est pur, c'est-à-dire s'il ne contient pas de quantités significatives de contaminants comme les protéines, le phénol, l'agarose et d'autres acides nucléiques, on effectue la mesure spectrophotométrique de la quantité d'irradiation ultraviolette absorbée par les bases. Il s'agit d'une méthode très simple et reproductible. Par contre, si l'échantillon d'ADN ou d'ARN contient des quantités significatives d'impuretés, la concentration en acides nucléiques peut être estimée en mesurant l'intensité de la fluorescence émise par le bromure d'éthidium. Cette méthode n'est pas encore parfaitement au point et il n'en sera donc pas question dans le présent chapitre.

Les bases puriques et pyrimidiques absorbent à 260 nm alors que les protéines absorbent à 280 nm. L'ADN est pur si le rapport entre la valeur obtenue à la suite d'une lecture de la densité optique (DO) à 260 nm et le résultat obtenu avec une lecture de la DO à 280 nm se situe entre 1,8 et 2.

29.2.5.1 Méthode spectrophotométrique

La méthode spectrophotométrique consiste à mesurer l'absorbance à 260 nm, sachant que les bases puriques et pyrimidiques absorbent à cette longueur d'ondes. À l'aide d'une charte de correspondance, cette mesure permet d'évaluer la concentration d'acides nucléiques d'un échantillon donné. Par exemple, une unité d'absorbance correspond à 50 µg/ml d'ADN à double brin ou à 40 µg/ml d'ADN à brin simple et d'ARN, et environ 20 µg/ml d'oligonucléotides à simple brin.

Le rapport entre les lectures d'absorbance à 260 nm et à 280 nm donne une estimation de la pureté des acides nucléiques. Les échantillons d'ADN et d'ARN sont purs si ce rapport varie entre 1,8 et 2,0. Une contamination aux protéines ou au phénol abaisse cette valeur. Il est possible de déterminer s'il y a contamination au phénol en mesurant l'absorbance à 270 nm. Les impuretés entraînent une surestimation de la concentration réelle d'ADN et peuvent également provoquer l'inactivation des enzymes qui seront utilisées ultérieurement ou, encore, troubler leur fonctionnement. Enfin, une concentration d'ADN trop élevée donne une solution très visqueuse qui peut occasionner des erreurs de pipettage.

Au cours de recherches sur la clonalité, il est recommandé de travailler avec des dilutions d'ADN qui se situent autour de 100 ng/µl. Il est très important de nettoyer la cuve du spectrophotomètre avec de l'acide chlorhydrique à 0,6 *N* après chaque utilisation. Finalement, la conservation des ADN se fait à –20 °C.

29.2.5.2 Quantification de l'ADN et de l'ARN

MODE OPÉRATOIRE

1. S'assurer que le spectrophotomètre (le *Gene Quant II*) est bien calibré et que la cuvette est bien nettoyée;

2. diluer les échantillons d'ADN avec de l'eau milliQ stérile pour obtenir une concentration de 1 %;

3. ajuster le zéro de l'appareil avec de l'eau milliQ stérile en suivant les instructions à l'écran; procéder aux lectures des échantillons en respectant la marche à suivre de l'appareil.

29.2.6 EXTRACTION DU LIQUIDE CÉPHALO-RACHIDIEN (LCR) ET DES AUTRES LIQUIDES CONTENANT PEU DE CELLULES

29.2.6.1 Préparation des solutions

1. Solution de protéinase K

- 200 µl de protéinase K (produit commercial)
- 1 ml de solution TE (solution n° 3)

2. Solution d'EDTA à 0,5 *M* et *p*H 8,0

- 18,61 g d'EDTA
- 100 ml d'eau distillée QSP

Ajuster le *p*H à 8,0 avec du NaOH 10 *N*.

3. Solution tampon Tris-HCl-EDTA

- 0,605 g de base Trizma (produit commercial)
- 1 ml d'EDTA à 0,5 *M* et *p*H 8,0 (solution n° 2)
- 400 ml d'eau distillée QSP
- Ajuster le *p*H à 7,4 avec du HCl concentré
- Amener le volume à 500 ml avec de l'eau distillée QSP

4. Liquide de lyse (solution Tris-HCl 0,01 *M* – NaCl 0,4 *M*)

Voir la section 29.2.4.1, solution n° 1.

29.2.6.2 Méthode d'extraction normale

MODE OPÉRATOIRE

Jour 1

- Bien mélanger le liquide (LCR ou autre) et mettre 1,5 ml de ce liquide dans un tube à vis avec bouchon; centrifuger à 1 900 tr/min pendant 15 min; si la quantité de liquide reçue au laboratoire est supérieure à 1,5 ml, centrifuger une première fois, enlever le surnageant avec une pipette et rajouter 1,5 ml du liquide sur le culot déjà accumulé; répéter l'opération jusqu'à utilisation de tout le liquide;
- récupérer le culot de cellules et y ajouter 50 µl de solution Tris-HCl-EDTA (solution n° 3), puis 200 µl de protéinase K (solution n° 1);
- incuber à 37 °C pendant toute une nuit.

Jour 2

- Chauffer la préparation à 70 °C pendant 10 minutes;
- prendre 10 µl de cette solution d'ADN pour effectuer la PCR.

29.2.6.3 Méthode d'extraction modifiée pour l'histologie moléculaire

MODE OPÉRATOIRE

Jour 1

- Bien mélanger le liquide (LCR ou autre) et mettre 1,5 ml de ce liquide dans un tube à vis avec bouchon; centrifuger à 1 900 tr/min pendant 15 min; si la quantité de liquide reçue au laboratoire est supérieure à 1,5 ml, centrifuger une première fois, enlever le surnageant avec une pipette et rajouter 1,5 ml du liquide sur le culot déjà accumulé; répéter l'opération jusqu'à utilisation de tout le liquide;
- ajouter au culot de cellules 100 µl de liquide de lyse (solution n° 4), puis 4 µl de protéinase K (solution n° 1);
- incuber pendant une nuit complète dans un bain-marie à 52 °C.

Jour 2

- Amener la préparation à ébullition pendant 30 minutes, puis plonger le tube dans la glace afin de refroidir rapidement la préparation;
- prendre 10 µl de ce lysat d'ADN pour effectuer la PCR.

29.2.7 SANTÉ ET SÉCURITÉ AU LABORATOIRE DE BIOLOGIE MOLÉCULAIRE

Les principaux dangers inhérents au laboratoire de biologie moléculaire sont d'ordres biologique, chimique et physique. Le principal danger de nature biologique est le risque de contamination par des organismes recombinés à la suite d'une modification génétique. Les dangers de nature physique sont surtout reliés à l'utilisation de méthodes autoradiographiques (section 29.1.1.1) puisque celles-ci nécessitent l'utilisation d'isotopes radioactifs. Enfin, les dangers de nature chimique proviennent de l'utilisation de produits chimiques toxiques et cancérigènes. Le tableau 29.3 présente un bref résumé de ces risques.

Il y a également des dangers liés à la radioactivité de certains produits manipulés, comme le dNTP et les ADNs. Il est donc de mise, au laboratoire de biologie moléculaire, de travailler constamment sous une hotte ventilée, d'être protégé par des écrans bloquant la radioactivité et de porter des gants, des lunettes et une blouse.

Il faut également veiller à la gestion sécuritaire des déchets radioactifs, biologiques, microbiologiques et biochimiques.

29.3 PETIT LEXIQUE

ADN complémentaire (ADNc) : ADN à simple brin résultant de la copie du premier brin par une polymérase ADN.

Amorce : oligonucléotide qui, hybridé avec une matrice d'acide nucléique, permet à une polymérase d'initier la synthèse du brin complémentaire. Il s'agit donc d'une courte séquence d'ADN ou d'ARN complémentaire située au début d'une matrice et servant de point de départ au recopiage de celle-ci par une polymérase.

Amplification en chaîne par polymérase (PCR) : procédé d'amplification exponentielle *in vitro* d'une séquence définie d'ADN, qui comporte des cycles successifs d'appariement d'oligonucléotides spécifiques et d'extension à l'aide d'une polymérase.

Anticorps monoclonal : anticorps homogène produit par un clone de lymphocyte B descendant d'une seule et unique cellule mère et ne détectant généralement qu'un seul déterminant antigénique. Ces anticorps monoclonaux sont produits en grand nombre grâce aux hybridomes.

Dénaturation d'acide nucléique : conversion d'un acide nucléique à double brin en acide nucléique à brin simple. La séparation des brins est habituellement obtenue grâce à la chaleur ou par alcalinisation.

Diméthylsulfoxyde $(CH_3)_2SO$ (DMSO) : solvant aromatique dipolaire capable de dissoudre aussi bien les produits hydrosolubles que liposolubles.

Hybridation : association, par ponts hydrogène, entre les bases de deux acides nucléiques, qui s'accomplit par complémentarité de séquences. Il peut s'agir d'une hybridation ADN/ADN ou ADN/ARN ou

Tableau 29.3 RISQUES INHÉRENTS À LA PCR (AMPLIFICATION EN CHAÎNE PAR POLYMÉRASE).

Nature du risque	**Produits à risques**	
	Amplification de l'ADN	Amplification de l'ARN
Chimique	DMSO Matrice d'ADN Chlorure de magnésium ($MgCl_2$) Oligonucléotides Taq polymérase	Chloroforme ADNc Éthanol Phénol Réserve transcriptase Taq polymérase Isocyanate de guanidium
Physique	Risques électriques reliés au spectrophotomètre Radioactivité	

ARN/ARN. Dans des conditions de faible stringence, elle peut mettre en œuvre des bases non complémentaires.

Hybridation *in situ* : liaison d'une sonde d'ADN ou d'ARN spécifique marquée avec l'ARN ou l'ADN cellulaire correspondant, sur une coupe de tissu ou des cellules fixées.

Hybridation moléculaire : association de chaînes d'acides nucléiques à brin simple pour former des chaînes d'acides nucléiques à double brin. La formation de régions à double brin est l'indication d'une complémentarité de séquences.

Hybridome : cellule qui provient de l'hybridation entre des cellules lymphoïdes normales de mammifères et des cellules myélomateuses de tumeurs malignes du système immunitaire. Les hybridomes donnent des lignées stables productrices d'anticorps.

Marquage : introduction de nucléotides modifiés, ou modification chimique de certains nucléotides d'un acide nucléique afin de pouvoir le repérer. Le marquage peut être radioactif et servir à réaliser des sondes.

Matrice : brin d'acide nucléique copié au cours d'une réplication ou d'une transcription exécutée par les polymérases adéquates.

Modification d'un acide nucléique : toute transformation que subissent les nucléotides après leur assemblage dans un polynucléotide.

Mutagène : caractérise un agent chimique, biologique ou physique susceptible de provoquer des mutations chez les êtres vivants.

Nucléotide : ensemble de composés constitués d'une base purique ou pyrimidique, liée à un ribose ou à un désoxyribose, des pentoses estérifiés au niveau d'une fonction hydroxylée à l'aide d'une phosphatase.

Oncogène : originellement, gène capable de conférer expérimentalement le phénotype cancéreux à une cellule eucaryote et à une tumeur dans un organisme entier. Les premiers oncogènes découverts étaient des gènes rétrovirus, appelés « v-onc », comme l'oncogène v-src.

Protéase : enzyme qui catalyse l'hydrolyse des liaisons peptidiques d'une protéine. Le site actif des protéines comporte un élément nucléophile qui amène à diviser les protéases en protéases à hydroxyde (sérine), à thiol (cystine) et à carboxylate (aspartate glutamate). Il existe aussi des protéases qui sont des métalloprotéines.

Réarrangement génétique : assemblage réunissant plusieurs morceaux d'ADN initialement non contigus. Certains réarrangements conduisent à la formation de gènes fonctionnels, comme les gènes des anticorps. D'autres, au contraire, se traduisent par une inactivation de gènes.

Recombinaison génétique ou recombinaison factorielle : phénomène qui conduit à l'apparition, dans une cellule ou un individu, de gènes ou de caractères héréditaires associés autrement que chez les cellules ou individus parentaux.

Réparation de l'ADN : ensemble des processus qui permettent de reconstituer un duplex normal à partir de structures présentant des anomalies diverses, telles que des interruptions plus ou moins importantes dans la continuité de l'un des brins, la présence de brins surnuméraires ou des défauts de complémentarité.

RNase A : ribonucléase très active sur les ARN à simple brin, mais inactive sur les duplex. Elle détecte et clive les ARN dans certains mésappariements ponctuels.

Séquençage : détermination de l'ordre linéaire des composants d'une macromolécule; par exemple, les acides aminés d'une protéine et les nucléotides d'un acide nucléique.

Sonde nucléique : séquence d'ADN ou d'ARN marquée par un composé fluorescent, un radio-isotope ou une enzyme, et utilisée pour détecter des séquences homologues ou complémentaires au cours d'une hybridation *in situ* ou *in vitro*.

Taq polymérase : ADN polymérase thermorésistante extraite de la bactérie *Thermus aquaticus* et utilisée pour l'amplification en chaîne par polymérase (PCR) à température élevée, c'est-à-dire autour de 70 °C.

Transcriptase inverse : enzyme codée par un gène de rétrovirus assurant la rétrotranscription de l'ARN viral en ADN à double brin indispensable au cycle réplicatif de ce type de virus. Cette enzyme est également indispensable en biologie moléculaire puisqu'elle permet la synthèse *in vitro* de l'ADNc. Syn. : ADN-dépendante.

Transformation génétique : modification du patrimoine génétique d'une cellule hôte après introduction d'une information génétique étrangère dans son génome.

Transformation tumorale : acquisition spontanée ou induite de nouvelles caractéristiques de croissance d'une cellule d'eucaryote, lui permettant une prolifération anarchique généralement possible grâce à l'expression d'oncogènes.

CONTRÔLE DE LA QUALITÉ EN HISTOTECHNOLOGIE

INTRODUCTION

On peut définir le contrôle de la qualité comme la mise en application de méthodes de vérification de la qualité d'un produit, pendant et après sa fabrication. Dans le cas précis des analyses de laboratoire, le « produit » dont on veut vérifier la qualité est le résultat d'une technique ou méthode scientifique.

En règle générale, le terme « qualité » désigne l'ensemble des propriétés d'un produit ou d'un service qui satisfait des besoins explicites ou implicites. L'expression « assurance de qualité », quant à elle, fait référence à un ensemble de démarches bien structurées qui sont nécessaires afin d'assurer la conformité d'un produit ou d'un service aux exigences de la qualité. Pour être en mesure d'affirmer qu'un produit ou un service est de qualité, il faut cependant être capable d'évaluer son processus de production, c'est-à-dire de mesurer le niveau de réalisation des objectifs préalablement déterminés. Cette évaluation concerne donc l'ensemble ou une partie des moyens mis en œuvre afin d'obtenir les résultats attendus. Externe ou interne, elle doit intégrer la possibilité d'effectuer des corrections ou des références entre l'objectif fixé et les caractéristiques du produit évalué. Ainsi, pour atteindre cette qualité, il faut suivre certaines règles ou procédures qui sont regroupées et mises à la disposition du personnel; en fait, ces procédures sont des instructions propres à chaque laboratoire et dans lesquelles sont décrites les précautions à prendre et les règles à appliquer.

Dans les laboratoires cliniques, le contrôle de la qualité s'impose rapidement dans les domaines où les résultats sont numériques, ceux-ci pouvant être facilement soumis à l'analyse statistique. Cette tendance porte alors à croire que seules les méthodes analytiques quantitatives se prêtent bien au contrôle de la qualité et que les procédés dont les résultats sont descriptifs (qualitatifs) sont difficiles à évaluer. Selon la définition proposée plus haut, on constate qu'au contraire tout domaine de production peut et doit être soumis à un contrôle de la qualité et à une normalisation. Bien entendu, ceux-ci doivent être adaptés au produit à évaluer. Ainsi, le programme de contrôle de la qualité appliqué en histotechnologie diffère de celui adopté en biochimie clinique. Le but est cependant le même dans les deux cas : vérifier la qualité du processus, pendant la production du produit, et celle du résultat, après la réalisation du produit.

L'histotechnologie est une spécialité médicale à part entière dont l'objectif est l'étude des modifications morphologiques des organes, des tissus et des cellules au cours d'un processus pathologique. Cette discipline fait donc appel à différentes techniques qui permettent de poser un diagnostic, d'établir un pronostic précis, d'évaluer des traitements et d'offrir une meilleure compréhension de la cause des maladies et de leur pouvoir pathogénique.

Les résultats d'un examen anatomocytopathologique constituent la base du diagnostic clinique et influencent le traitement thérapeutique; ainsi, le contrôle de la qualité et l'obtention de résultats exacts doivent être une préoccupation constante pour tous les intervenants concernés. Chacun d'entre eux, à des étapes différentes, doit avoir le souci constant d'obtenir le résultat optimal, dans les meilleures conditions de sécurité, de fiabilité et de rapidité. Cette situation signifie donc qu'un simple contrôle périodique ou aléatoire n'est pas suffisant, et qu'à chaque étape des procédures, des règles strictes et inflexibles doivent être définies et, surtout, appliquées.

En histotechnologie, il est courant que plusieurs personnes interviennent dans le traitement d'un échantillon, depuis sa réception au laboratoire jusqu'à l'établissement du diagnostic, traitement qui s'effectue en général dans un laps de temps relativement long. Il est plus difficile d'assurer la qualité d'un travail dans une telle situation que dans un cas où la manipulation de l'échantillon est effectuée dans une courte période de temps et confiée à une seule personne. Il est donc primordial d'établir des règles claires et précises afin de minimiser les erreurs qui, trop souvent, ne sont décelées qu'à la fin du traitement.

Ces règles doivent ainsi permettre aux travailleurs des laboratoires d'histotechnologie d'assurer un niveau de qualité nécessaire à l'élaboration d'un diagnostic fiable. Les recommandations qui suivent couvrent les aspects qui peuvent influer sur la qualité du résultat final. Elles sont regroupées selon les différentes étapes qui composent la technique histologique : l'autopsie, les pièces extemporanées ou peropératoires, la préparation et la conservation des spécimens et des réactifs, ainsi que la rédaction de rapports. De plus, ces recommandations renferment des suggestions de mécanismes de contrôle pour chaque étape.

Le contenu du présent chapitre est grandement inspiré de la brochure *Contrôle de la qualité en histopathologie, règles normatives*, 2e édition, publiée par l'Ordre professionnel des technologistes médicaux du Québec (OPTMQ).

30.1 RESPONSABILITÉ DU CONTRÔLE DE LA QUALITÉ

En histotechnologie, on a longtemps considéré le pathologiste comme responsable du contrôle de la qualité; un raisonnement logique, puisque c'est celui-ci qui pose le diagnostic à partir de la lame que lui fournissent les techniciens.

Cependant, cette vision des choses tend à réduire le contrôle de la qualité à une simple évaluation du produit fini et à diminuer l'importance des manipulations qu'il a subies. Il est bien évident, pourtant, qu'une lame insatisfaisante est le résultat d'un mauvais traitement pendant sa confection, qu'il s'agisse de l'emploi d'un liquide fixateur inapproprié, d'une déshydratation trop courte, etc. Toutefois, une évaluation du traitement exige d'informer sur ce qui est arrivé au tissu au cours de sa préparation; seul un système intégré de contrôle de la qualité, appliqué à toutes les étapes du processus, permet d'accomplir cette tâche facilement et rapidement. Un tel système suppose évidemment la participation active de tous les techniciens; d'ailleurs, même si le pathologiste possède un droit de regard, il n'en demeure pas moins qu'un technicien joue habituellement le rôle de coordonnateur du contrôle de la qualité sur le plan technique.

L'objectif du contrôle de la qualité n'est pas de faire la chasse aux techniciens incompétents, mais bien de détecter les erreurs humaines ou encore les manipulations inadéquates qui se produisent à l'occasion. Aussi, il est rare que des techniciens soient ennuyés par l'existence d'un programme de contrôle de la qualité dans leur laboratoire.

30.2 VUE D'ENSEMBLE DU CONTRÔLE DE LA QUALITÉ

30.2.1 PERSONNEL TECHNIQUE

Le personnel technique est le premier facteur dont il faut tenir compte dans le développement d'un bon système de contrôle de la qualité. Ce personnel doit être qualifié ou apte à exécuter les tâches qui lui sont confiées. Il doit avoir accès à une formation de base adéquate et, le cas échéant, à des cours de spécialisation. La formation professionnelle continue doit être accessible et surtout encouragée. Il va de soi que le personnel doit être informé des nouvelles procédures et des modifications apportées aux procédures existantes et qu'il doit être formé en conséquence. Les mesures touchant la santé et la sécurité du personnel, la protection de l'environnement et les maladies professionnelles doivent être strictement appliquées en collaboration avec les pathologistes responsables du laboratoire et de tout organisme que concernent ces mesures. De plus, le technicien doit développer un sentiment d'appartenance à l'équipe et une capacité de communication qui soit profitable à la réalisation d'un travail de qualité. Chaque membre du personnel du laboratoire doit être sensibilisé à la réalité du contrôle de la qualité et en tenir compte dans son travail quotidien.

30.2.2 MESURES DE SÉCURITÉ

Les mesures de sécurité visent d'abord à protéger l'employé des dangers inhérents à l'exercice de sa profession. Le personnel impliqué dans la manipulation de spécimens biologiques doit appliquer ces mesures en tout temps, utiliser l'équipement de prévention approprié (gants, blouses, masques) et employer des contenants à déchets conformes à la politique de l'établissement où il travaille.

Les lieux doivent toujours être propres et les surfaces de travail nettoyées tous les jours et chaque fois qu'il y a risque de contamination, que celle-ci soit visible ou non. Les locaux et l'équipement doivent être appropriés aux types d'examens, au volume d'analyses et à la nature des manipulations effectuées. Il est bon de rappeler que se laver les mains est un moyen efficace de prévenir la transmission d'agents infectieux. Le matériel souillé doit être disposé de façon sécuritaire et conformément aux politiques de l'établissement et à la législation en vigueur.

De plus, le technicien doit être en mesure d'identifier les situations pour lesquelles de l'aide ou de l'équipement spécifique est requis.

30.2.3 MANUELS DES TECHNIQUES ET DES POLITIQUES

Tout le personnel de laboratoire doit participer à l'élaboration d'un manuel couvrant l'ensemble des politiques et des techniques utilisées dans le laboratoire. Ce manuel doit être accessible et contenir des renseignements détaillés et précis. Ce cahier doit être constamment mis à jour et toute nouvelle procédure ou modification aux procédures existantes doivent faire l'objet d'un document écrit, approuvé, daté et, surtout, communiqué au personnel. La formation qui s'ensuit doit être assurée auprès du personnel. Il est fortement conseillé de procéder à la révision de ce manuel au moins une fois l'an.

Toutes les techniques effectuées au laboratoire devraient être consignées et réunies dans ce cahier. Celui-ci devient alors une précieuse source de référence; ainsi, les procédés qui y sont décrits devraient être reproduits et distribués au personnel qui les utilise quotidiennement.

30.2.4 APPAREILS ET INSTRUMENTS

Le laboratoire d'histopathologie doit posséder une liste des appareils et des instruments dont il dispose, accompagnée des instructions de maintenance. Cette liste doit être constamment à la disposition du personnel. Tous les appareils et instruments doivent faire l'objet de vérifications, de nettoyages et d'un entretien régulier de la part des utilisateurs. Les vérifications et les visites d'entretien ou de réparation qu'effectue le fabricant ou le service après-vente doivent être consignées dans le cahier de chaque appareil réservé à cet effet. Ce cahier renferme également des renseignements précis sur le fonctionnement, le calibrage, l'entretien, la maintenance préventive et les procédures à prendre en cas de panne de courant. Chaque procédure visant l'appareil doit être consignée, datée et paraphée par son auteur.

30.2.5 SOLUTIONS ET RÉACTIFS

Il est recommandé de mettre à la disposition du personnel les méthodes de préparation de toutes les solutions utilisées dans le laboratoire. Ces méthodes devraient contenir non seulement les ingrédients qui composent la solution, mais aussi toutes les indications utiles à sa préparation, comme le *p*H, le temps de préparation, la nécessité d'utiliser une bouteille brune ou de garder la solution au réfrigérateur, la filtration à intervalles réguliers, etc.

Les réactifs nécessaires au fonctionnement des appareils doivent être conformes aux exigences du fabricant et respecter les modalités d'utilisation. Les dates de préparation ou de reconstitution des réactifs, ainsi que celles de péremption et de réception, doivent être inscrites dans le registre réservé à cette fin.

Il est obligatoire de respecter les instructions concernant la conservation et l'élimination des réactifs. Celle-ci doit se faire en fonction des conditions particulières de chaque réactif et conformément aux procédures établies par l'établissement et à la législation en vigueur.

Le personnel doit donc être informé de ces particularités et des mesures à prendre afin d'éviter les incidents dangereux, tant pour le travailleur que pour l'environnement. Par conséquent, les fiches de toxicité des réactifs, généralement fournies par le distributeur, doivent toujours être à la disposition du personnel.

Un répertoire de tous les réactifs utilisés doit être disponible et contenir les renseignements suivantes : l'identification du produit, son numéro de référence, son utilité, sa préparation, les conditions que nécessitent sa vérification et sa conservation, ainsi que le nom du distributeur. Au moment de la réception d'un produit, il faut enregistrer le numéro de lot et la date de réception dans le cahier réservé à cette fin. Tout nouveau lot doit être comparé au précédent afin de maintenir un niveau de qualité constant. Tous les produits et réactifs doivent être entreposés selon le SIMDUT. La numérotation de ces produits doit permettre un repérage rapide; les produits doivent donc toujours être remisés au même endroit.

Lorsqu'il y a préparation de solutions, certains renseignements doivent apparaître sur les bouteilles : le nom de la solution, sa concentration, la date de sa préparation et celle de péremption, s'il y a lieu, ainsi que les initiales de la personne qui l'a préparée.

Il faut également enregistrer quotidiennement la température des réfrigérateurs, congélateurs, bains-marie et étuves. De plus, le technicien doit calibrer les balances et les pipettes de précision, puis enregistrer, dater et parapher ces ajustements dans le cahier réservé à cette fin.

30.2.6 ENREGISTREMENT DES PROBLÈMES ET DES MESURES CORRECTRICES

Il est nécessaire d'enregistrer tout bris d'appareil ou d'instrument et tout problème lié à l'emploi de ceux-ci. Il en va de même pour les difficultés rencontrées pendant l'utilisation d'une technique inscrite sur fiche ou formulaire. Le travailleur doit aussi noter les mesures correctrices adoptées et toute indication pertinente. Ces renseignements constituent un outil de travail précieux lorsque des situations similaires se reproduisent. Il faut dater et parapher toutes les interventions.

30.2.7 SYSTÈMES INFORMATISÉS

La grande majorité des laboratoires utilisent un système de gestion informatisée. Ce système doit être déclaré et enregistré au service informatique du centre hospitalier afin que des procédures soient mises en place dans le but d'assurer la confidentialité des données personnelles. Le système informatique doit être conçu de façon à minimiser les erreurs et à ne permettre l'accès qu'aux membres autorisés du personnel. Des mesures doivent également être prises afin de prévenir une perte de données en cas de panne du système. Le droit de modifier des programmes ou des renseignements contenus dans le système informatique doit être réservé aux personnes autorisées. De plus, ces modifications doivent être rigoureusement enregistrées dans le cahier réservé à cette fin. Finalement, les mesures générales concernant l'information et la formation du personnel utilisant le système informatique doivent être faciles d'accès.

30.3 PRÉLÈVEMENT DES ÉCHANTILLONS ET LEUR ACHEMINEMENT AU LABORATOIRE

30.3.1 PRÉLÈVEMENT

Un protocole de prélèvement des échantillons doit être fourni à toute personne susceptible de soumettre des spécimens au laboratoire de pathologie. Ce protocole doit contenir des instructions précises sur les échantillons chirurgicaux. Par exemple :

- éviter de prélever des échantillons aux sites d'injection de produits anesthésiques ou autres;
- éviter le dessèchement des échantillons;
- pour les spécimens fixés sur place, prévoir une quantité de liquide fixateur proportionnelle à la quantité de tissu prélevé; on parle ici d'un rapport de 20 volumes de liquide fixateur pour 1 volume de tissu;
- pour les spécimens non fixés sur place, humidifier l'échantillon avec du sérum physiologique et le conserver au réfrigérateur jusqu'à son acheminement au laboratoire, lequel doit se faire dans les plus brefs délais.

Les instructions relatives aux modalités de transmission des échantillons ont pour but d'assurer un traitement adéquat et d'éviter toute altération pouvant nuire au diagnostic. Elles doivent bien sûr être incluses dans ce protocole.

30.3.2 TRANSMISSION DES ÉCHANTILLONS

Afin d'être acheminés au laboratoire de pathologie selon les procédures établies et dans les meilleurs délais, tous les échantillons cellulaires et tissulaires doivent être clairement identifiés à l'aide d'un formulaire attaché à l'envoi. Ce formulaire, qui peut être sous format papier ou électronique, doit contenir les renseignements suivants :

- nom et prénom du patient;
- numéro de dossier, numéro d'assurance maladie et date de naissance, ou au moins une de ces trois données;
- site et nature du prélèvement;
- date et heure du prélèvement;
- nom du médecin requérant et nom des médecins devant recevoir une copie du rapport final;
- renseignements cliniques pertinents;
- examens prescrits.

La transmission du spécimen doit être planifiée de manière à garantir la sécurité et le délai. Dans le cas des envois à l'extérieur du centre hospitalier, il est fortement recommandé de suivre les procédures décrites dans le document « *Transport et manipulations de produits biologiques et de matières infectieuses* », règles normatives, OPTMQ.

30.3.3 RÉCEPTION DES SPÉCIMENS

La réception des spécimens se fait sous la responsabilité d'un membre du personnel du laboratoire. Cette personne doit avoir les compétences nécessaires pour manipuler en toute sécurité des échantillons potentiellement infectieux et éviter les coupures, les piqûres d'aiguille, l'ingestion de substances toxiques ou infectées, etc. À cet effet, le service de pathologie doit prendre toutes les mesures de prévention adéquates pour minimiser ces risques, comme la vaccination contre l'hépatite B, l'attribution de vêtements de travail et de trousses de secours, l'enseignement des techniques aseptiques de base, etc. Les responsables du laboratoire doivent s'assurer que ces mesures sont bien respectées.

Le préposé à la réception doit également suivre les instructions du cahier de politique du laboratoire concernant la réception et l'acceptation d'échantillon. Ces instructions doivent contenir les points suivants :

- s'assurer que le formulaire d'analyse dûment rempli accompagne le spécimen;
- vérifier s'il y a concordance entre les renseignements du formulaire et le spécimen;
- inscrire sur le formulaire tout phénomène susceptible d'affecter la qualité du spécimen, comme l'autolyse, par exemple;
- assigner à chacun des spécimens un numéro de laboratoire;

- éviter d'inscrire l'un après l'autre les noms de patients identiques ou semblables et les échantillons de même type afin de réduire les risques de confusion et de contamination. Par exemple, des cellules provenant d'un utérus cancéreux pourraient être transmises à un spécimen d'utérus sain par les pinces utilisées pour leur manipulation. Si les spécimens consécutifs sont de nature différente, la présence de cellules contaminantes, en cas de contaminations accidentelles, serait plus facile à établir.

De plus, le préposé à la réception des spécimens doit, selon les politiques et la loi en vigueur, inscrire dans un registre et conserver les renseignements suivants : la date, le numéro de laboratoire, les nom et prénom du patient, le nom du médecin requérant, le type d'échantillon reçu et toute autre donnée pertinente. Il doit ensuite apposer ses initiales.

La consultation des données relatives à l'enregistrement doit être possible en tout temps.

30.4 ASPECT TECHNIQUE ET CONTRÔLE DE LA QUALITÉ

L'aspect technique de l'histotechnologie renferme l'ensemble des étapes comprises entre la description macroscopique et l'émission du rapport, y compris l'autopsie et la conservation des spécimens et des rapports.

30.4.1 EXAMEN MACROSCOPIQUE

L'examen macroscopique (voir la section 1.3) est un élément essentiel de l'étude anatomopathologique des spécimens. Ainsi, tout prélèvement susceptible de faire l'objet d'une étude doit être décrit de façon systématique. Cette description doit préciser l'aspect externe du spécimen, l'aspect de la tranche de section, les mensurations, la masse, l'aspect des lésions et les marges de résection, si nécessaire. Le nombre des fragments reçus et la taille de ceux-ci doivent également être notés. S'il y a divergence entre le formulaire de demande d'analyse et la pièce reçue, la situation doit être éclaircie en collaboration avec le médecin traitant avant toute dissection. Tout envoi étiqueté, ou mal étiqueté, ne devrait pas être enregistré. Il peut cependant faire l'objet d'un enregistrement provisoire jusqu'à ce que le médecin prescripteur et le centre de réception des spécimens aient pu confirmer, sans l'ombre d'un doute, tous les renseignements pertinents concernant ce spécimen. Ainsi, une liste de ces envois mal étiquetés ou non étiquetés doit être tenue et revue périodiquement afin d'en déterminer les causes et de proposer des solutions. Il est important d'éclaircir la situation le plus rapidement possible, car le laboratoire, le pathologiste ou le technicien ne peuvent assumer la responsabilité d'un tel spécimen.

Un étiquetage précis de tous les échantillons est indispensable. Chaque fragment doit être numéroté et le nombre de prélèvements doit être indiqué. De plus, la personne responsable de l'examen macroscopique doit suivre ces étapes spécifiques :

- s'assurer qu'une feuille de route accompagne continuellement l'échantillon, de la macroscopie jusqu'à l'émission du rapport. Sur cette feuille doivent apparaître les observations, les détails techniques et l'identification des personnes qui interviennent à chacune des étapes;
- tenir compte des renseignements cliniques afin de prélever des échantillons représentatifs;
- décrire, mesurer et noter toute altération ou anomalie pathologique, chirurgicale ou physique relative à l'échantillon, en évitant de poser un diagnostic; celui-ci ne doit être émis qu'après l'observation microscopique. Parapher la feuille de route;
- placer l'échantillon dans un volume adéquat de liquide fixateur, si ce n'est déjà fait;
- accorder un temps de fixation approprié en fonction du liquide utilisé, du volume et de la densité de l'échantillon;
- après la première coupe et, le cas échéant, la recoupe, préciser sur la feuille de route le nombre de spécimens histologiques et la quantité de cassettes préparées; indiquer si une partie de l'échantillon est mise en réserve; dater et parapher;
- s'assurer que les fragments histologiques prélevés n'ont pas plus de 2 à 3 mm d'épaisseur afin de favoriser une bonne pénétration des solutions;

- étiqueter clairement les cassettes;
- conserver les restes tissulaires pendant un laps de temps déterminé par les pathologistes des différents établissements dans le but de permettre un nouvel échantillonnage si nécessaire ou si le clinicien le juge utile;
- procéder à l'évacuation et au traitement des déchets anatomiques et des liquides fixateurs souillés conformément aux normes prescrites par le laboratoire et à la législation actuelle.

Il est également avantageux pour le laboratoire de pouvoir utiliser un appareil permettant de photographier les spécimens qui comportent des lésions inhabituelles ou inattendues.

30.4.2 AUTOPSIE

En plus du protocole d'autopsie (voir la section 1.9), la personne responsable doit respecter les directives suivantes :

- établir des procédures de sécurité et s'assurer qu'elles sont respectées;
- s'assurer du double étiquetage du corps : nom et prénom, d'abord, puis numéro de dossier, numéro d'assurance maladie ou date de naissance;
- vérifier que les renseignements du dossier correspondent à l'étiquette qui accompagne le corps;
- s'assurer que la feuille d'autorisation d'autopsie est dûment remplie et signée;
- prendre connaissance des restrictions, s'il y a lieu, et s'assurer qu'elles sont respectées;
- inscrire sur le formulaire d'autopsie les renseignements pertinents : nom, prénom, numéro de dossier, numéro d'assurance maladie, âge, adresse, date et heure du décès, date et heure de l'admission, date et heure de l'autopsie, nom du médecin traitant, nom du pathologiste et nom du technicien;
- étiqueter correctement le corps après l'autopsie.

30.4.3 FIXATION

Si le médecin traitant demande un examen extemporané, l'échantillon doit être mis à l'état frais dans une solution saline et acheminé sans délai au laboratoire de pathologie. Si la congélation d'une partie du matériel est indiquée, elle doit se faire sous la supervision du pathologiste et selon une procédure définie au préalable en collaboration avec le médecin traitant.

Dans le cas des tissus fixés, il est recommandé de procéder en suivant la documentation de chaque laboratoire, la fixation des tissus étant une des étapes cruciales de la technique histologique (voir le chapitre 2). Tous les aspects sont importants : la nature du tissu, le choix du liquide fixateur, la quantité de liquide nécessaire, selon le volume du tissu et son mode d'acheminement au laboratoire, et enfin, les analyses histologiques demandées; en effet, certains liquides fixateurs sont indiqués dans le cas de certains types de coloration, alors que d'autres sont appropriés à des recherches immunohistochimiques.

Toute constatation concernant un spécimen incorrectement fixé doit être immédiatement signalée au clinicien responsable et systématiquement notée dans le rapport d'analyse. Il est possible de refuser un spécimen qui n'est pas fixé et qui présente une autolyse majeure, car un tel état de chose pourrait entraîner un diagnostic inadéquat.

30.4.4 DÉCALCIFICATION

Au cours de la décalcification, le contrôle de la qualité passe par les étapes suivantes :

- s'assurer que le tissu est très bien fixé;
- choisir l'agent décalcifiant approprié en fonction du spécimen et des analyses subséquentes prévues;
- immerger le spécimen dans une quantité suffisante d'agent décalcifiant. Si la méthode choisie le permet, s'assurer de la présence d'un mécanisme permettant le mouvement des spécimens et du liquide afin d'optimiser l'échange d'ions;
- vérifier régulièrement l'état de la décalcification en utilisant des méthodes reconnues;

– évaluer l'efficacité de l'agent décalcifiant en inscrivant, dans le cahier réservé à cette fin, la nature du spécimen, le nombre d'échantillons et le temps nécessaire à la décalcification;

– renouveler l'agent décalcifiant en fonction de son efficacité; inscrire le moment de renouvellement des liquides et parapher.

30.4.5 CIRCULATION

Dans le cas de la circulation des fragments tissulaires, il importe d'effectuer la mise en place adéquate des réactifs afin d'éviter toute inversion ou perte de tissu. Ainsi, le technicien doit respecter les étapes suivantes :

– programmer le circulateur en fonction de la taille des tissus afin d'optimiser la fixation ou la post-fixation, s'il y a lieu;

– au moment de la déshydratation, s'assurer que la concentration du premier bain d'agent déshydratant, généralement de l'éthanol, se situe entre 50 et 70 %, et que celle du dernier bain atteint 100 %;

– à l'étape de l'éclaircissement, s'assurer que les bains sont tous purs;

– sur le plan de l'imprégnation à la paraffine, s'assurer qu'au moins deux bains, sinon trois, contiennent une paraffine pure, sans trace de toluol ou de xylol;

– vérifier quotidiennement le niveau de liquide dans les bains et procéder au renouvellement des solutions et au décalage des bains selon les exigences établies par le laboratoire. Noter le moment de ces changements dans un registre et parapher;

– vérifier et enregistrer quotidiennement la température de la paraffine et s'assurer qu'elle correspond aux normes d'imprégnation;

– procéder à l'entretien des appareils selon le programme d'entretien préventif établi; noter dans le registre approprié les opérations effectuées, puis dater et parapher.

30.4.6 ENROBAGE OU INCLUSION

Au moment de l'enrobage de pièces, le technicien doit respecter les consignes suivantes :

– respecter le plan de coupe établi au cours de la macroscopie. L'orientation de la pièce est de la plus grande importance, car l'étude simultanée des différentes structures du tissu en dépend;

– centrer les spécimens pour éviter qu'ils ne touchent à la paroi du support d'inclusion;

– s'assurer que tous les spécimens sont orientés dans le même sens afin de faciliter le rabotage et la lecture au microscope;

– vérifier quotidiennement la température des composantes du système d'enrobage : le distributeur de paraffine, la plaque chauffante, la plaque réfrigérée et le puits de chauffage des pinces. Enregistrer ces données, dater et parapher;

– établir un horaire pour la vidange et le nettoyage du distributeur de paraffine;

– procéder à l'entretien préventif de l'appareil; noter dans le registre approprié les opérations effectuées, puis dater et parapher.

30.4.7 COUPE AU MICROTOME

En ce qui concerne la coupe au microtome, le technicien doit suivre les consignes décrites ci-dessous :

– s'assurer d'orienter le couteau et les blocs avec précision;

– raboter les blocs de paraffine jusqu'à l'exposition totale de la surface de l'échantillon, ou des fragments d'échantillons, tout en s'assurant de ne pas surexposer le tissu ni causer la perte de lésions importantes;

– s'assurer de la qualité du biseau afin d'obtenir des coupes qui ne sont pas striées;

– couper les pièces en respectant l'épaisseur recommandée par le laboratoire en fonction du type de tissu et des techniques subséquentes;

– nettoyer quotidiennement le microtome;

– procéder à l'entretien des microtomes selon un programme d'entretien préventif établi; noter dans le registre approprié les opérations effectuées, puis dater et parapher.

30.4.8 ÉTALEMENT

Au cours de l'étalement, le technicien doit :

- vérifier fréquemment le bain d'étalement afin de le maintenir à la température optimale;
- maintenir un niveau d'eau optimal afin d'assurer un étalement adéquat;
- ajouter un adhésif à l'eau du bain d'étalement, si nécessaire;
- inscrire quotidiennement la température dans un registre et parapher;
- étiqueter clairement chacune des lames d'après le bloc auquel elles correspondent;
- enlever les plis qui restent sur les coupes, en évitant tout contact avec le fragment tissulaire;
- centrer la coupe sur la lame et essorer celle-ci;
- apposer ses initiales sur la lame;
- faire sécher les lames dans un four ou une étuve à une température adéquate;
- garder le bain d'étalement exempt de débris tissulaires;
- changer le milieu d'étalement au minimum une fois par semaine afin d'éviter l'apparition de contaminants.

30.4.9 COUPE AU CRYOTOME

Afin de satisfaire aux exigences du contrôle de la qualité en matière de coupe au cryotome, le technicien doit respecter les consignes suivantes :

- maintenir le cryotome à une température d'environ –20 °C;
- enregistrer la température du cryotome avant chaque congélation et parapher;
- vérifier les biseaux des couteaux utilisés et s'assurer qu'ils ne sont pas ébréchés;
- toujours garder un couteau de rechange au froid;
- établir un horaire concernant le nettoyage, le dégivrage et la désinfection, et mettre en place un programme d'entretien préventif du cryotome;
- procéder à l'entretien du cryotome tel qu'établi; noter dans le registre approprié les opérations effectuées, dater et parapher.

30.4.10 COLORATION DE ROUTINE

Pour accomplir une coloration de routine de qualité, le technicien doit respecter les critères suivants :

- vérifier quotidiennement le niveau de liquide dans chaque bain;
- filtrer les solutions colorantes quotidiennement ou, s'il y a des débris tissulaires, plus d'une fois par jour;
- établir un horaire concernant le renouvellement des solutions et le décalage des bains : il faut changer les bains d'éthanol et de toluol quotidiennement, et les bains de colorant selon la quantité de lames colorées;
- inclure une lame témoin dans chaque série de lames à colorer. Il est fortement conseillé d'utiliser des coupes témoins provenant d'un même bloc, jusqu'à épuisement de celui-ci, afin d'effectuer une vérification adéquate. La lame témoin permet de confirmer la qualité de la méthode de coloration puisqu'on est certain d'obtenir les résultats attendus avec cette lame;
- vérifier la qualité de la lame témoin au microscope et apporter des corrections, si nécessaires;
- tenir à jour un registre indiquant les corrections apportées.

30.4.11 COLORATIONS SPÉCIALES

Lorsqu'il effectue des colorations spéciales, le technicien doit également respecter certaines démarches spécifiques, comme celles-ci :

- conserver une collection de lames témoins colorées mettant en évidence les éléments recherchés au cours de la coloration spéciale. Ces lames servent à évaluer la qualité pendant et après la coloration;
- conserver une banque de blocs témoins positifs pour chacune des colorations spéciales. À partir

de ces blocs, préparer une série de lames témoins prêtes à colorer et indiquer de quel spécimen elles proviennent;

- colorer une coupe témoin dont la réaction positive est connue en même temps ou de la même façon que les coupes à étudier;
- en plus d'une coupe témoin positive, il est important d'incorporer une coupe témoin négative aux techniques dont la mise en évidence est subtile et facilement trompeuse, comme durant la mise en évidence de pigments;
- vérifier au microscope les étapes critiques et le résultat final de la coloration, autant pour les lames à étudier que pour les lames témoins; il n'est pas nécessaire de les observer toutes, mais il faut en choisir quelques-unes au hasard;
- vérifier quotidiennement la température des bains et des étuves, s'il y a lieu; noter ces renseignements, dater et parapher;
- s'assurer, dans l'utilisation du four à microondes, de respecter la température et les temps recommandés (voir l'annexe I). Éviter d'amener les solutions à ébullition.

À titre indicatif, l'annexe II comporte une liste de tissus pouvant servir à vérifier la qualité des colorations spéciales.

30.4.12 MONTAGE DES LAMES

Lorsqu'il s'agit d'effectuer le montage des lames colorées, le technicien doit respecter les consignes suivantes :

- éviter de laisser sécher la coupe entre la fin de la coloration et le début du montage;
- utiliser des lamelles propres, de bonne qualité et de longueur adéquate;
- s'assurer que le milieu de montage est étendu uniformément et éviter la formation de bulles d'air;
- s'assurer que le nombre de lames montées correspond au nombre de blocs préparés en macroscopie;
- étiqueter la lame de façon claire et précise ou effectuer le marquage permanent de la lame;
- vérifier qu'il y a concordance entre les lames et les requêtes.

30.4.13 IMMUNOHISTOCHIMIE

L'immunohistochimie peut se diviser en deux grands types de méthodes : les méthodes d'immunofluorescence et les méthodes immunoenzymatiques.

30.4.13.1 Immunofluorescence

Dans le cas de l'immunofluorescence, le technicien doit suivre les étapes suivantes :

- vérifier la date d'expiration des réactifs avant chaque usage;
- s'assurer que les modalités de conservation des réactifs sont respectées;
- vérifier le *p*H du tampon utilisé;
- congeler l'échantillon dans les meilleures conditions afin d'éviter la déshydratation. Il doit être conservé à une température de –80 °C et coupé à une température d'environ –20 °C;
- toujours utiliser des coupes témoins positives et négatives pour chacun des anticorps employés.

30.4.13.2 Méthode immunoenzymatique

Dans le cas de l'immunoperoxydase, le technicien doit respecter les différentes étapes décrites ci-dessous :

- vérifier la date d'expiration des réactifs avant chaque usage;
- s'assurer que les modalités de conservation des réactifs sont respectées;
- vérifier le *p*H de la solution tampon;
- vérifier la qualité de la fixation du spécimen. Éviter la surfixation afin d'empêcher la dénaturation antigénique graduelle;
- faire deux lames pour chaque cas à étudier : l'une d'elles ne recevra pas d'anticorps et servira donc de contrôle négatif;
- utiliser des lames témoins positives et négatives pour chacun des anticorps employés;

- établir et respecter rigoureusement la concentration d'anticorps qui permet d'obtenir une réaction optimale;
- effectuer la technique en chambre humide afin d'éviter la déshydratation de la coupe, car le tissu ne doit jamais sécher pendant le déroulement de la méthode de mise en évidence;
- vérifier au microscope le développement de la réaction sur les coupes témoins positives.

30.5 CONSERVATION DES ÉCHANTILLONS ET DES RAPPORTS

Certains laboratoires possèdent une liste précise des délais de conservation du matériel histopathologique. Cette liste peut ressembler à celle du tableau 30.1.

Si le laboratoire ne possède pas de liste des délais de conservation, il est toujours possible de se baser sur le document de l'Association canadienne des pathologistes, *Lignes directrices de base pour l'entreposage des échantillons, des blocs et des lames et la conservation des rapports*, dont les grandes lignes ont été reprises par l'OPTMQ et apparaissent au tableau 30.2.

30.6 CONTRÔLE EXTERNE DE LA QUALITÉ

Il serait utile d'encourager l'échange de lames entre les divers hôpitaux. Ce genre d'initiative donnerait certainement lieu à des partages fructueux entre les différents pathologistes, d'une part, et entre les pathologistes et les techniciens, d'autre part, dans le but d'établir des comparaisons et des préférences.

30.7 UNE PLACE POUR LA DOCUMENTATION

Tout laboratoire doit avoir une bibliothèque riche en ouvrages de référence sur le travail des techniciens et

Tableau 30.1* DÉLAIS DE CONSERVATION DU MATÉRIEL D'HISTOPATHOLOGIE.

MATÉRIEL	DÉLAI DE CONSERVATION	COMMENTAIRES
Restes tissulaires	1 mois après l'émission du rapport final	Ce délai permet une révision de l'examen macroscopique
Examens extemporanés	5 ans	Il n'y a aucun risque de contestation après 5 ans. Le résultat est consigné dans le rapport final et vérifié à l'aide des coupes à la paraffine.
Colorations spéciales	5 ans	Ce délai est nécessaire pour permettre des contrôles, s'il y a lieu. Le résultat est consigné dans le rapport.
Préparations cytologiques	5 ans	Les contestations sont peu probables après ce délai. Le diagnostic cytologique est contrôlé, habituellement grâce à un examen histotechnologique.
Coupes tissulaires et blocs de tissu paraffinés	30 ans pour un adulte et 50 ans pour un enfant	Ces délais sont nécessaires pour permettre une révision des résultats, le cas échéant.
Rapports	30 ans	Ce délai est équivalent à celui du dossier clinique et il est soumis aux mêmes exigences.

* D'après : *Recommandations concernant la pratique correcte de l'anatomie pathologique et de la cytopathologie*, Groupement belge des spécialistes en anatomie pathologique, 2001.

Tableau 30.2* DÉLAIS DE CONSERVATION DU MATÉRIEL D'HISTOPATHOLOGIE.

MATÉRIEL	PÉRIODE DE CONSERVATION
PATHOLOGIE CHIRURGICALE	
Tissus en réserve : Blocs, lames et rapports adultes : enfants :	8 semaines après l'émission du rapport final 20 ans 50 ans
AUTOPSIE Tissus en réserve : Blocs, lames et rapports adultes : enfants :	 8 semaines après l'émission du rapport final 20 ans 50 ans
CYTOLOGIE Lames et rapports a) insatisfaisants, négatifs ou cas d'inflammation atypique : b) tous les autres, y compris effets viraux et d'irradiations, dysplasie, cas suspects ou malins : Cas d'aspiration à l'aiguille :	 5 ans 20 ans 50 ans

* D'après *Contrôle de qualité en histopathologie, Règles normatives*, 2e éd., publié par l'Ordre professionnel des technologistes médicaux du Québec, 2000.

être abonné aux principales revues scientifiques qui portent sur les techniques histologiques. Bien que le prix de ces volumes et des revues soit très élevé de nos jours, ces documents constituent un des meilleurs investissements qu'on puisse faire en matière de développement et de contrôle de la qualité. Le partage d'information entre techniciens de différents laboratoires, par l'intermédiaire des associations existantes, peut contribuer à réduire les coûts d'achat au même titre que les prêts entre bibliothèques qui existent actuellement aux ordres universitaire et collégial.

Offrir l'accès à Internet à des fins scientifiques est un atout précieux dans le développement de nouvelles techniques. Cela permet également des échanges très fructueux avec des techniciens et des cliniciens de laboratoire du monde entier, ce qui peut fort probablement contribuer à renforcer des liens basés sur l'échange et le partage d'information à caractère pratique et scientifique. Un moteur de recherche spécialisé dans le domaine médical devrait être accessible afin que tous puissent consulter les plus récents articles scientifiques.

30.8 ÉLIMINATION DES DÉCHETS

Le personnel de laboratoire doit être informé des normes de sécurité et de respect environnemental concernant l'élimination des déchets. Ces politiques peuvent varier d'un laboratoire à un autre mais, dans tous les cas, elles visent à préserver la santé du personnel et à assurer sa sécurité ainsi que la sécurité de la collecte même des déchets. Elles ont également l'objectif d'éviter toute pollution de l'environnement.

Les déchets peuvent être triés selon le risque qu'ils représentent :

- le matériel potentiellement infectieux, les déchets anatomiques, le matériel comportant un risque de coupure ou de piqûre;

- les produits chimiques ou toxiques;
- les produits radioactifs.

Pour chacun de ces types de déchets, les procédures d'élimination doivent être élaborées de concert avec des entreprises spécialisées dans le domaine. Le laboratoire doit ensuite informer son personnel des procédures adoptées et veiller à ce que celui-ci les respecte.

30.9 ÉVALUATION DU SYSTÈME DE CONTRÔLE DE LA QUALITÉ

La mise en place de procédures visant à évaluer le système de contrôle de la qualité est un élément essentiel dans un processus de reconnaissance de la qualité d'un bon laboratoire. À cet égard, différents moyens peuvent être mis en pratique.

Les visites d'inspection, sous la responsabilité d'une association externe au laboratoire, constituent un excellent moyen de maintenir l'intérêt d'un travail bien fait, à la fois auprès des administrateurs et des techniciens, et d'évaluer le système de contrôle de la qualité.

RÉFÉRENCES BIBLIOGRAPHIQUES

ADAMS, James R. et Mader D. ROBERT. *Autopsy*, Chicago, Year Book Publishers inc., 1976, 196 p.

ALDERICH Chemical Company inc. Milwaukee, WI. USA. 1992.

ALLIET, Jacques et Pierre LALÉGERIE. *Cytobiologie,* Paris, Ellipses, 1997, 860 p.

ATASI, M.Z. *Immunobiology of Proteins and Peptides VII : Unwanted Immune Responses,* New York, Plenum Press, 1994, 231 p.

BAILEY, Jill. *La génétique,* Paris, France Loisirs, collection « La nouvelle encyclopédie des sciences », 1995, 159 p.

BANCROFT, John D. et Harry C. COOK. *Manual of Histological Techniques and their Diagnostic Application*, Edinburg, Churchill Livingstone, 1994, 457 p.

BANCROFT, John D. et Alan STEVENS. *Theory and Practice of Histological Techniques,* 4e éd., New York, Churchill Livingstone, 1996, 766 p.

BARCH M.J., T. KNUTSEN et J. SPURBECK. *The ACT Cytogenetics Laboratory Manual,* 3e éd., Philadelphie, Lippincott-Raven, 1997, 666 p.

BENJAMIN, Eli, Geoffrey SUNSHINE et Richard COICO. *Immunology : a Short Course,* 4e éd., New York, Wiley-Liss, 2000, 498 p.

BOENISCH, Thomas, A.J. FARMILO, Ronald H. STEAD, Marc KEY, Rosanne WELCHER, Richard HARVEY et Karen N. ATWOOD. *Immunochemical Staining Methods*, 3e éd., Dako Corporation, Californie, 2001, 68 p.

BOSSY, Jean *et al. Neuro-anatomie,* Paris, Springer-Verlag, 1990, 475 p.

BURTON, G.R.W. et P.G. ENGELKIRK. *Microbiology for the Health Sciences,* 6e éd., Philadelphie, Lippincott Willams et Wilkins, 2000, 496 p.

CAHILL, Lachman R. et Donald R. CAHILL. *Lachman's Case Studies in Anatomy*, 4e éd., London, Oxford University Press, 1996, 415 p.

CAQUET, René. *Le vademecum des examens de laboratoire,* 7e éd., Paris, Éditions Médicales Spécialisées-MMI Édition, collection « Aide-mémoire », 1992, 324 p.

CERVOS-NAVARRO, Jorge et Henry URICH. *Metabolic and Degenerative Disease of the Central Nervous System : Pathology, Biochemistry and Genetics*, New York, Academic Press, 1995, 873 p.

COLBERT, Dom. *MCQs in Basic Clinical Physiology*, London, Oxford University Press, 1996, 336 p.

COOK, Gordon C. *Manson's Tropical Diseases*, 20e éd., Philadelphie, Saunder W.B., 1995, 1779 p.

COOPER, Louise, Litting SLOAN et David O. SLAUSON. *Mechanics of Disease : A Textbook of Comparative General Pathology*, 2e éd., Baltimore, Williams et Wilkins, 1990, 560 p.

COSSART, P. *Cellular Microbiology,* Washington, D.C., ASM Press, 2000, 362 p.

CUVELIER, C., J. HAMELS, B. MAILLET, M.-P. VAN CRAYNEST et B. VAN DAMME. *L'assurance de la qualité en anatomie pathologique : Recommandation concernant la pratique correcte de l'anatomie pathologique et de la cytopathologie,* Groupement belge des spécialistes en anatomie pathologique, 2001,17 p.

DADOUNE, Jean-Pierre, Peter HADJIISKY, Jean-Pierre SIFFROI et Éric VENDRELY. *Histologie,* 2e éd., Paris, Flammarion, collection « Médecine-Sciences », 2000, 319 p.

DAVID, Jean-Claude. *Éléments de sécurité en biologie moléculaire,* Paris, Flammarion, collection « Médecine-Sciences », 1997, 393 p.

DEVERGNE, O., M. PEUCHMAUR et D. EMILIE. *Hybridation* in situ, Paris, Éditions Einserm, 1991, 79 p.

EROSCHENKO, V.P. *Di Fiore's Atlas of Histology with Functional Correlations,* Philadelphie, Lippincott Willams et Wilkins, 2000, 363 p.

ESIRI, Margaret M. et D.P. OPPENHEIMER. *Oppenheimer's Diagnostic Neuropathology : A Practical Manual*, 2e éd., Chicago, Blackwell Science, 1997, 458 p.

FARKAS, Daniel H. *Molecular Biology and Pathology : A Guidebook for Quality Control*, New York, Academic Press, 1993, 326 p.

FRESHNEY, R. Ian. *Culture of Animal Cells : a Manual of Basic Technique,* 4e éd., New York, J. Wiley, 2000, 577 p.

FRITZ, Peter. « Quantitative Immunohistochemistry : Theoretical Background and its Application in Biology and Surgical Pathology », *Progress in Histochemistry and Cytochemistry*, vol. 2, 1992, 57 p.

GRAMMER, L.C. et Paul A. GREENBERG. *Allergic Diseases : Diagnosis and Management,* Philadelphie, Lippincott-Raven, 1997, 634 p.

GRANNER, D.K., P.A. MAYES, R.K. MURRAY et V.W. RODWELL. *Harper : Précis de biochimie*, 7e éd., Les Presses de l'Université Laval, Éditions ESKA, 1989, 797 p.

HOFFMAN, R. *Hematology : Basic Principles and Practice,* 3e éd., Philadelphie, Churchill Livingstone, 2000, 2584 p.

HOROBINS, Richard W. *Histochemistry : an Explanatory Outline of Histochemistry and Biophysical Staining,* London, Burrerworths, 1982, 310 p.

HOUBAN, Ralph H., William H. WESTRA, Thimothy H. PHELPS et Christina ISACSON. *Surgical Pathology Dissection and Illustrated Guide*, New York, Springer, 1995, 216 p.

HOUDART, Raymond. *Le système nerveux de l'homme : ou le dieu dans la tête emmuré,* Paris, Mercure de France, 1990, 194 p.

HOULD, René. *Histologie descriptive et éléments d'histopathologie,* Montréal, Décarie éditeur, 1983, 303 p.

HOULD, René. *Techniques d'histopathologie et de cytopathologie,* Montréal, Décarie éditeur, 1984, 399 p.

HOWARD, B.J. *Clinical and Pathogenic Microbiology,* 2e éd., Toronto, Mosby, 1993, 195 p.

JASMIN, Gaétan. *Cell Markers,* New York, Basel, 1981, 293 p.

KEISARI, Yona et Ofek ITZHAK. *The Biology and Pathology of Innate Immunity Mechanisms,* New York, Kluwer Academic Plenum Publishers, 2000, 328 p.

KENT, Thomas Hugh et Michael N. HART. *Introduction to Human Disease*, 4e éd., New York, Appleton et Lange, 1998, 656 p.

KIERNAN, J.A. *Histological and Histochemical Methods : Theory and Practice*, 2e éd., Toronto, Pergamon Press, 1990, 433 p.

LEE, G. Richard, Thomas C. BITHELL, John W. ATHENS et John N. LUKENS. *Wintrobe's Clinical Hematology,* 9e éd., vol. 2, Philadelphie, Lea et Febiger, 1993, 1000 p.

LEMAY, Christiane, Hélène BOUDREAU et Sylvia LAMARRE. *Programme d'assurance de la qualité et guide des bonnes pratiques de laboratoire,* Québec, Association des cytologistes du Québec, 1999, 155 p.

LESTER, Susan C. *Manual of Surgical Pathology*, New York, Churchill Livingstone, 2001, 334 p.

LEVER, Walter F., Christin JAWORSKY et Rosalie ELENITSAS. *Lever's Histopathology of the Skin*, 8e éd., Philadelphie, Lippincott-Raven, 1997, 1073 p.

LILLIE, R.D. et H.J. CONN. *Conn's Biological Stains,* Baltimore, Williams et Wilkins, 1977, 692 p.

LIPOSITS, Zsolt. *Ultrastructural Immunocytochemistry of Hypothalamic Corticotropin Releasing Hormone Synthesizing System,* Stuttgart, G. Fisher, 1990, 98 p.

LOGIN, Gary R. et Ann M. DVORAK. *Methods of Microwaves Fixation for Microscopy : a Review of Research and Clinical Applications,* Stuttgart, G. Fisher, 1994, 127 p.

METZLER, David E. *Biochemistry : the Chemical Reactions of Living Cells,* New York, Academic Press, 1977, 1129 p.

MILLER, Linda E. et Julia E. PEACOCK. *Manual of Laboratory Immunology*, 2e éd., Philadelphie, Lea et Febiger, 1991, 427 p.

MORTENSENA, Kirsten et Lars-Inge LARSSONA. « Quantitative and Qualitative Immunofluorescence Studies of Neoplastic Cells Transfected with a Construct Encoding », *Journal of Histochemistry and Cytochemistry*, The Histochemical Society inc., novembre 2001, vol. 49, p. 1363-1368.

MULERIS, Martine. *Hybridation* in situ *en cytogénétique moléculaire : principes et techniques,* Paris, Cachan, Éditions médicales internationales, 1996, 180 p.

NAISH, S.J., T. BOENISH, A.J. FARMILO et Ron H. STEAD. *Immunochemical Staining Methods,* Californie, Dako Corporation, 1989, 65 p.

NIMNI, M.E. et B.R. OLSEN. *Collagen,* Floride, CRC Press, 1989.

NORIYUKI, Sato, Kokichi KIKUCHI et Benoît Van DEN EYNDE. *Recent Advances of Human Tumor Immunology and Immunotherapy,* London, Tokyo, Japan Scientific Societies Press, 1999, 214 p.

ORDRE PROFESSIONNEL DES TECHNOLOGISTES MÉDICAUX DU QUÉBEC. *Contrôle de qualité en histopathologie – Règles normatives,* 2e éd., Montréal, OPTMQ, 2000, 16 p.

ORDRE PROFESSIONNEL DES TECHNOLOGISTES MÉDICAUX DU QUÉBEC. *La référence qualité,* Montréal, OPTMQ, 2000, 26 p.

PARISH, Tanya et Neils G. STOKER. *Mycobacterium Tuberculosis Protocols,* New Jersey, Humana Press, 2001, 403 p.

PONVERT, C., J. PAUPE, C. GRISCELLI. *Immunologie fondamentale et immunopathologie,* 2e éd., Paris, Édition Marketing, 1991, 384 p.

PRESCOTT, HARLEY, KLEIN. *Microbiologie,* Bruxelles, DeBoeck-Wesmael S.A., 1995, 995 p.

PROPHET, Edna, Bob MILLS, Jacquelyn B. ARRINGTON et Leslie H. SOBIN. *Laboratory Methods in Histotechnology,* Washington, American Registry of Pathology, 1994, 274 p.

PRUSINER, S.B. « Novel Proteinaceous Infectious Particles Cause Scarpie », *Science*, 1982, vol. 216 : p 136-144.

REGNAULT, Jean-Pierre. *Immunologie générale*, Montréal, Décarie, 1988, 469 p.

REID, Philip E. et Carol M. PARK. *Carbohydrate Histochemistry of Epithelial Glycoproteins,* Stuttgart, G. Fisher, 1990, 170 p.

SCHLOSSBERG, David. *Tuberculosis and Non-tuberculous Mycobacterial Infections,* Philadelphie, W.B. Saunders, 1999, 422 p.

SHEEHAN, Dezna C. et Barbara B. HRAPCHAK. *Theory and Practice of Histotechnology,* Toronto, 2e éd., Mosby Company, 1980, 481 p.

SILBERNAGL, S. et F. LANG. *Atlas de poche de physiopathologie,* Paris, Flammarion, collection « Médecine-Sciences », 2000, 149 p.

SINARD, John H. et Bill SCHMITT. *Outlines in Pathology*, Philadelphie, Saunders W.B., 1996, 229 p.

SONENSHEIN, A.L., James A. HOCH et Richard LOSICK. *Bacillus Substilis and Other Gram-positive Bacteria,* Washington, American Society for Microbiology, 1993, 987 p.

STECHER, Paul, Martha WINDHOLZ, Dolores S. LEAHY, David M. BOLTON et Leslie G. EATON. *The Merk Index : an Encyclopedia of Chemicals and Drugs*, 8e éd., Rahway N.J. Merck et Co., 1968.

STEVEN, Alan et James LOWE. *Histologie,* Paris, Édition Pradel et Edisem, 1993, 378 p.

SUNDER-PLASSMANN, G. *Erythropoietin and Iron,* Malden, Blackwell Science, 1999, 137 p.

TER-AVANESYAN, M. D., S. V. PAUSHKIN, V. V. KUSHNIROV et N. V. KOCHNEVA-PERVUKHOVA. « Molecular Mechanisms of Protein Heredity : Yeast Prions », *Mol. Biol.*, 1998, vol. 32 : p. 26-35.

TUBBS, Raymond R., G. GORDON, N. GERPHARDT et Robert E. PETRAS. *Atlas of Immunohistology*, Chicago, American Society of Clinical Pathologists Press, 1986, 197 p.

WETZEL, Ronald. *Amyloids, Prions and Other Aggregates,* San Diego, Academic Press, 1999, 820 p.

WICKNER, R.B. « A New Prion Control Fungal Cell Fusion Incompatibility », *Proc. Natl. Acad. Science USA*, 1997, vol. 94, p. 10012-10014.

WILKINSON, D.G. In Situ *Hybridation : a Practical Approach,* New York, IRL Press at Oxford University Press, 1992, 163 p.

ZOLA, Heddy. *Laboratory Methods in Immunology,* Florida, CRC Press, 1990, 267 p.

ENREGISTREMENT VIDÉO

La coloration bactérienne, [Enregistrement vidéo], réalisateur : Benoît Hallée, Sherbrooke, Université de Sherbrooke, 1992, 28 minutes.

FOUR À MICRO-ONDES

Il y a déjà plusieurs années, un nouvel outil a fait son apparition dans les laboratoires. Il s'agit d'un appareil très répandu qui rend de précieux services en histotechnologie : le four à micro-ondes. Il est utilisé à différentes étapes des techniques histologiques comme celle de la décalcification, ainsi que pour des techniques spécifiques à l'immunohistologie et à l'immunohistochimie. Son grand avantage : il permet de diminuer la durée des traitements.

PRINCIPE DE FONCTIONNEMENT

Le fonctionnement de cet appareil est basé sur une superposition des champs électrique et magnétique qui entraîne la production d'ondes électromagnétiques, ou micro-ondes. Sous l'influence de ces champs, les molécules bipolaires effectuent des rotations de 180° plusieurs milliers de fois par seconde. Ces mouvements moléculaires causent une grande friction et provoquent une hausse de la température du milieu où se produit la réaction.

Le noyau est d'ailleurs positif puisqu'il est constitué de protons soudés entre eux par une force qui, supérieure à la force électrique, les empêche de se repousser. Si un atome est introduit dans un champ électrique, les électrons sont attirés d'un côté et le noyau de l'autre, puisqu'ils ont des charges différentes. Ainsi, un côté de l'atome devient positif, alors que l'autre devient négatif; il s'agit du phénomène de polarisation. Le champ électrique a même une influence sur des atomes chimiquement neutres puisque leurs constituants sont toujours sensibles au champ électrique et sont invariablement attirés vers des zones où l'intensité électrique est élevée. Les atomes s'attirent ainsi les uns les autres.

L'absorption des micro-ondes est proportionnelle à la quantité d'eau présente dans le milieu où se produit la réaction. L'eau contenue dans la solution de traitement et celle que renferme le tissu réagissant de la même façon, la réaction attendue est plus rapide que sans le recours aux micro-ondes. Le four à micro-ondes permet donc d'accélérer grandement ce processus, ce qui explique l'usage fréquent de cet appareil dans les laboratoires d'histotechnologie.

TYPES DE FOURS À MICRO-ONDES

Il existe plusieurs modèles de fours à micro-ondes : certains sont munis d'une sonde thermique, alors que d'autres sont plutôt dotés d'un capteur de température ou équipés d'un plateau rotatif. De plus, de nombreuses options sont offertes.

Les fours à micro-ondes des compagnies scientifiques sont coûteux, mais faciles à utiliser. Ils comportent une sonde thermique et leur mode de programmation est convivial. Ces fours sont relativement précis; leur calibrage l'est tout autant et répond aux normes techniques établies.

Les fours à micro-ondes vendus chez les détaillants d'appareils électroménagers représentent un aussi bon achat, mais demandent une attention particulière de la part des techniciens. En effet, la plupart de ces fours sont munis d'un capteur de température et leur programmation se fait donc en calculant le temps d'exposition en fonction d'un degré de puissance défini. Il est alors important de procéder à un calibrage journalier du four, puisque des variations de courant peuvent provoquer des irrégularités dans l'émission des micro-ondes et, par conséquent, modifier les résultats.

CALIBRAGE DU FOUR À MICRO-ONDES

Bien que les techniques qui utilisent le four à micro-ondes peuvent être exécutées à différentes températures, une température de 55 °C permet habituellement d'obtenir de bons résultats. Cette température correspond généralement à la puissance 2 ou 20, selon le calibrage du four à micro-ondes employé. En fait, cette valeur représente 20 % de la puissance maximale du four. Afin de s'assurer que l'appareil donnera la température voulue, il est important de l'évaluer de façon pratique et concrète. Puisque la température de la réaction est importante, il convient de suivre quelques directives :

– si le four est équipé d'un plateau rotatif, toujours mettre le borel de solution au centre du plateau;
– dans un coin du four, placer un borel d'eau distillée presque plein. Il sert à absorber le surplus d'énergie dégagé par le four. Vérifier régulièrement la quantité d'eau et en ajouter au besoin;
– toujours utiliser des borels en plastique, sans couvercle, spécialement conçus pour cet usage. Il ne faut pas mettre le couvercle au moment de chauffer la solution et les lames, car ceci ferait surchauffer la solution et pourrait la faire déborder du borel, causant des dégâts aux tissus et au four;
– calibrer de la façon suivante : mettre un borel rempli d'eau distillée dans un coin du four, puis en placer un autre au centre du four, avec une quantité d'eau distillée équivalente à celle qui doit servir à la technique prévue. Programmer le four selon la température et le temps de radiation de la technique histologique. Dès la fin de la période d'incubation, sortir le borel central et enregistrer immédiatement la température, qui devrait être assez proche de celle souhaitée au départ. Si ce n'est pas le cas, répéter l'opération avec un nouveau borel d'eau distillée en modifiant la puissance du four jusqu'à l'obtention de la température désirée.

Remarque : Les solutions ne doivent jamais être amenées à ébullition durant l'incubation dans le four.

FICHE TECHNIQUE DU FOUR À MICRO-ONDES

Pour les techniques présentées dans ce volume, le four à micro-ondes privilégié est de type domestique, beaucoup moins coûteux que les fours à micro-ondes dits scientifiques. Les caractéristiques techniques d'un four à micro-ondes qui répond aux besoins d'un laboratoire sont présentées dans le tableau à la page suivante.

USAGE DU FOUR À MICRO-ONDES

En règle générale, le four à micro-ondes est utilisé pour réaliser une très grande proportion de colorations spéciales et, parfois, accomplir la décalcification. L'usage du four à micro-ondes pour ce type d'analyse est restreint en raison du risque d'émission de vapeurs potentiellement toxiques et de la trop grande vitesse de décalcification, ce qui cause l'altération des tissus.

L'utilisation du four à micro-ondes n'est pas réservée à l'histologie. En effet, les spécialistes de bien d'autres domaines travaillent à adapter des méthodologies diagnostiques pour l'usage de cet appareil.

Tableau des caractéristiques techniques d'un four à micro-ondes

Éléments du fonctionnement	Caractéristiques
Source d'alimentation	120 volts / 60 hertz
Fréquence de fonctionnement	2450 MHz
Consommation de puissance	1250 W
Rendement maximal	700 watts
Générateur d'énergie des micro-ondes	Magnétron
Voltage de fonctionnement	4,0 kV

ANNEXE II

MATÉRIEL POUVANT SERVIR DE TISSUS TÉMOINS POUR LES COLORATIONS SPÉCIALES

SUBSTANCES RECHERCHÉES	LOCALISATION DE CES SUBSTANCES
6-nucléotidase	Thyroïde et foie
Adénosine triphosphatase	Muscle et foie
Antigène carcino-embryonique (CEA)	Épithélium du côlon à la suite d'un carcinome
Arginine	Cellules de Paneth
ARN (cytoplasmique)	Cellules du plasma, neurones et cellules exocrines du pancréas
Astrocytes	Matière grise du système nerveux central et tissus gliaux
Bilirubine, biliverdine	Cirrhose biliaire et de cholélithiase
Calcitonine	Thyroïde
Cellules de Paneth	Muqueuse du petit intestin
Cholestérol	Cortex des surrénales, dans les cas d'athéromes
Cholinestérase (non spécifique)	Cellules « C » de la thyroïde, nœuds SA (sino-auriculaire)
et AV (auriculo-ventriculaire) du cœur	
Chromatine sexuelle	Parois internes de la bouche (prélèvement par grattage)
Corps de Russell	Synovie rhumatoïde
Cuivre	Foie, dans les cas de maladie de Wilson ou de cirrhose biliaire à l'état primaire
Cystéine	Follicules pileux
Cystine	Couche de kératine et gaine des poils
Cytokératine	Épiderme
Déshydrogénase	Foie, reins et muscle cardiaque
Desmine	Tractus gastro-intestinal
Estérase non spécifique	Foie et tubules rénaux
Fibre de réticuline	Foie, rate et tissu lymphoïde
Inclusion virale	Verrues virales, herpès simplex et cytomégalovirus
Lipide neutre	Tissu sous-cutané et mésentère
Membrane basale	Reins et follicule pileux
Microglie	Matière blanche et grise du système nerveux central dans les cas de dégénérescence de la myéline

SUBSTANCES RECHERCHÉES	LOCALISATION DE CES SUBSTANCES
Mitochondrie	Tubules rénaux, cœur et foie
Mucine neutre	Épithélium de l'estomac
Mucine sulfatée (épithéliale)	Épithélium du côlon
Mucine sulfatée (tissu conjonctif)	Cartilage et parois des gros vaisseaux sanguins
Muramidase (lysosyme)	Macrophages du tissu conjonctif et glandes de Brünner (intestin)
Myéline dégénérée	Myéline, dans les cas de sclérose multiple
Neutrophiles	Sites inflammatoires
Nissl (substance de)	Cordon médullaire, du côté antérieur
Oligodendrocytes	Matière blanche et grise du système nerveux central
Oxalate de calcium et carbonate de calcium	Reins et foie avec excès d'oxalates et de carbonates
Peroxydase	Érythrocytes et granulocytes
Phosphatase acide	Prostate, foie et reins
Phosphatase alcaline	Rein et petit intestin
Phosphate de calcium et carbonate de calcium	Os, dents et certaines nécroses
Phospholipides	Myéline, érythrocytes et mitochondries
Plasmalogènes	Cortex des surrénales
S-100	Naevus et nerfs périphériques
Sérotonine	Cellules argentaffines de l'intestin et mastocytes
Sialomucine (sensible à la sialidase)	Glandes salivaires
Sialomucine (résistante à la sialidase)	Épithélium du côlon
Stérols	Cortex des surrénales
Substance neurosécrétrice	Hypothalamus
Tryptophane	Cellules de Paneth, pancréas et éosinophiles
Tyrosinase	Mélanocytes de la peau
Tyrosine	Portion exocrine du pancréas
Urates	Endroits touchés par la maladie de la goutte (articulations)
Vimentine	Cellules endométriales

ANNEXE III

COLORATIONS : RÉSULTATS, USAGES ET COMMENTAIRES

Colorations	Substances colorées	Usages possibles et commentaires
AAR (voir chapitre 20)	Bacilles AAR : rouge Nocardia : rose Tissu : bleu	Ne pas utiliser le fixateur de Carnoy; le B5 est le meilleur. Des modifications peuvent être apportées pour mettre en évidence le *mycobacterium leprae* et le *nocardia*.
Acide périodique de Schiff (voir chapitre 15)	Glycogène : rouge Membrane basale : rouge Mucine neutre : rouge Colloïde : rouge Champignons : rouge	Classification de tumeurs avec glycogène comme le sarcome d'Ewing, le rhabdomyosarcome, les carcinomes des cellules rénales; désordres glomérulaires, identification des adénocarcinomes, maladies à champignons.
APS-diastase (voir chapitre 15)	Identiques aux résultats obtenus avec l'APS, excepté pour le glycogène puisqu'il est digéré	Identification du glycogène dans les tumeurs.
APTH de Mallory (voir chapitre 14)	Fibres gliales : bleu Noyau : bleu Neurones : saumon Myéline : bleu Striations des muscles squelettiques : bleu Fibrine : bleu Collagène : rouge brun	Mise en évidence des lésions neurologiques; différenciation des muscles squelettiques. La fixation au Zenker est souhaitable.
Bleu alcian (voir chapitre 15)	Mucines acides : bleu Noyau : rouge Cytoplasme : rose	Parfois utilisé pour identifier les mucosubstances dans les métaplasies intestinales ou dans les mésothéliomes. Réaction sensible au *p*H. La digestion à l'hyaluronidase peut être utilisée pour l'identification de l'acide hyaluronique.
Bleu de luxol solide (voir chapitre 22)	Myéline : bleu	Identification de la myéline; peut être combiné à l'H et É, à l'APS ou au violet de crésyl.
Bleu de Prusse de Perls (voir chapitre 19)	Hémosidérine (ions ferriques) : bleu Noyau : rouge Tissu : rose	Sur la moelle osseuse pour mettre en évidence l'accumulation de fer dans les cas de myélodysplasie; sur le foie dans le cas d'hémochromatose.
Bleu de toluidine (voir chapitre 12)	Mastocytes : violet foncé Fond de la coupe : bleu	Maladie des mastocytes, cystite chronique.
Bodian	Fibres nerveuses : noir Neurofibrilles : noir Noyau : noir Tissu : bleu	Mise en évidence des axones.

Colorations	Substances colorées	Usages possibles et commentaires
Carmin de Best (mucicarmin) (voir chapitre 15)	Mucine : rose foncé à rouge Capsule des *cryptococcus* : rose foncé à rouge Noyau : noir; Tissu : bleu à jaune.	Identification des adénocarcinomes; identification des *cryptococcus*.
Chloroacétate estérase de Leder	Cellules myéloïdes matures : noir; Noyau : bleu.	Utilisée pour l'évaluation de la leucémie. Ne peut être employée si les tissus sont fixés avec le Bouin ou le B5.
Fontana-Masson (voir chapitre 19)	Mélanine, substances argentaffines, granulations chromaffines, quelques lipofuschisines : noir; noyau : rouge.	Mélanomes, tumeurs neuroendocrines.
Giemsa (May-Grundwald) (voir chapitre 24)	Bactéries : bleu; Granulations des mastocytes : rouge à pourpre; Noyau : bleu; Cytoplasme des leucocytes : rose à bleu selon le type de différenciation.	Évaluation de désordres lymphoprolifératifs (efficace pour le noyau et les détails cytoplasmiques, les bactéries, les *rikettsies* et le *toxoplasma gondii*).
Giemsa pour *Helicobacter* (voir chapitre 20)	*Helicobacter pylori* : bleu foncé; Autres bactéries : bleu; Noyaux : bleu foncé; Cytoplasme : rose.	Pour l'évaluation de gastrites chroniques.
Gomori (fibre de réticuline) (voir chapitre 14)	Fibres de réticuline : noir; Collagène mature : brun; Collagène immature : noir.	Sur la moelle osseuse dans les cas de destruction osseuse; sur le foie dans les cas de fibroses ou de maladie veino-occlusive (occlusion de vaisseaux sanguins).
Gram (Brown-Brenn) (voir chapitre 20)	Bactéries + : bleu; Bactéries - : rouge; Noyau : rouge; Tissu : jaune.	Les lésions bactériennes donnent des réactions positives, de même que certains cas d'actinomycètes, de *Nocardia*, de coccidioidomycoses, de blastomycoses, de cryptococcosis, d'aspergillose et de rhinosporidiose.
Grimelius (voir chapitre 25)	Granulations argentaffines et argyrophiles : brun-noir à noir; Noyau : rouge; Fond de la coupe : brun-jaune pâle.	Évaluation de tumeurs neuroendocrines (cette technique est graduellement remplacée par l'immunohistochimie).
Grocott (voir chapitre 20)	Champignons : noir; *Pneumocystis carinii* : noir; Mucine : gris à taupe; Tissu : vert.	Évaluation de maladies infectieuses.

Hématoxyline et éosine (voir chapitre 13)	Noyau : bleu; Cytoplasme : rouge; Tissu : rose.	Coloration de routine pour l'évaluation topographique du tissu.
Huile rouge O (voir chapitre 16)	Lipide : rouge; Noyau : bleu.	Demande des coupes à la congélation. Si fixé dans le formaldéhyde, bien laver avant de congeler.
Rouge Congo (voir chapitre 18)	Amyloïde : orange-rouge avec une biréfringence vert pomme en lumière polarisée; Noyau : bleu.	Utilisé pour la mise en évidence de l'amyloïde; l'immunoperoxydase peut être utilisée pour en identifier le type; une surcoloration peut entraîner des résultats faussement positifs.
Steiner (voir chapitre 20)	Spirochètes, *H. pylori, Legionella* et autres bactéries : brun foncé à noir; Tissu : jaune pâle.	Évaluation de maladies infectieuses.
Trichrome de Masson (voir chapitre 14)	Collagène mature : bleu foncé Collagène immature : bleu pâle Mucine : bleu-vert; Noyau : noir; Cytoplasme, kératine, fibres musculaires : rouge.	Fibrose hépatique.
Verhoeff-Van Gieson (voir chapitre 14)	Fibre élastique : bleu-noir à noir; Noyau : bleu à noir; Collagène : rouge; Autres tissus : jaune.	Identification des veines et artères dans les vascularites; cas d'invasion de tumeurs pulmonaires dans la plèvre viscérale; évaluation de fibres élastiques anormales dans les élastofibromes.
Vert de méthyle-pyronine Y (voir chapitre 17)	ADN : vert à bleu-vert; ARN : rouge; Cytoplasme : rose-rouge; Mastocytes : orange; Fond de la coupe : rose pâle à incolore.	Cette méthode est progressivement remplacée par des méthodes immunohistochimiques.
Violet de crésyl (voir chapitre 22)	Noyau : bleu pâle; Substance de Nissl : granulations bleu foncé.	Pour l'identification de neurones et l'examen de la morphologie normale du cortex cérébral.
Von Kossa (voir chapitre 19)	Calcium : noir; Tissu : rouge.	Mise en évidence du calcium dans les tissus.
Warthin-Starry (voir chapitre 20)	Spirochètes : noir; Certains bacilles : noir; Autres bactéries : noir; Tissu : jaune pâle à brun pâle.	Étude de lésions infectieuses.
Wright (voir chapitre 24)	Granulations éosinophiles : rose; Granulations neutrophiles : pourpre; Cytoplasme des lymphocytes : bleu; Noyau : bleu à pourpre.	Étude de frottis sanguins.

ANNEXE IV

LAMES CHARGÉES IONIQUEMENT

INTRODUCTION

Les lames chargées ioniquement, inventées par le Dr David J. Brigati, sont des lames dont le verre possède une charge ionique positive permanente. Cette charge permet de retenir sur la lame, de façon électrostatique, les coupes tissulaires congelées, les préparations cytologiques qui n'ont pas été traitées à l'aide d'un fixateur quelconque ou tout autre tissu susceptible de se détacher facilement de la lame au cours des différentes étapes histologiques. Les propriétés adhésives de ces lames sont équivalentes à celles des autres procédés conventionnels, tel que l'utilisation d'albumine comme adhésif. De plus, avec les tissus fixés dans le formaldéhyde, il se forme un pont qui favorise la formation de liaisons covalentes entre les tissus et le verre.

Par conséquent, les coupes tissulaires et les préparations cytologiques (chapitre 26) adhèrent mieux à ce type de verre, sans qu'il soit nécessaire d'employer des adhésifs spéciaux ou des enduits à base de protéines. De plus, ce procédé n'entraîne pas la formation du fond coloré qu'on retrouve souvent avec des coupes étalées à partir d'un bain d'eau contenant de l'albumine. Enfin, la présence de taches colorées sur les lames, lesquelles apparaissent à la suite de l'utilisation de divers colorants en histochimie, n'est pas à craindre avec ce type de verre. Ces lames possèdent également l'avantage de ne pas provoquer la formation d'un fond brunâtre au cours de l'analyse immunohistochimique à la peroxydase (chapitre 23) ou de l'hybridation *in situ* (chapitre 29). Les préparations cytologiques placées sur ce type de verre résistent mieux à la perte de cellules durant l'absorption enzymatique, la dénaturation de l'ADN et l'hybridation *in situ*. Il est inutile d'effectuer des lavages à l'acide chromique pour l'hybridation moléculaire, puisque ces lames sont exemptes de ribonucléase.

MODE D'EMPLOI

Après la coupe au microtome, faire flotter les coupes de spécimens dans un bain d'eau chaude ne contenant aucun adhésif. Déposer adéquatement les échantillons sur la lame; le processus d'adhésion débute très rapidement; contrairement aux méthodes conventionnelles, il est irréversible. Faire sécher les lames à la température ambiante, en les laissant égoutter à la verticale avant de les mettre au four.

DÉSAVANTAGES

Un prix relativement élevé et l'impossibilité de replacer ou de réorienter une coupe sur la lame, si le premier essai est insatisfaisant, sont les deux seuls désavantages de ce produit.

ANNEXE V

PRÉCAUTIONS À PRENDRE POUR CERTAINS RÉACTIFS

L'utilisation de réactifs chimiques spécifiques à l'histotechnologie nécessite une connaissance des risques biologiques reliés à ces produits. La présente annexe aborde les dangers reliés à l'emploi du formaldéhyde, du xylène et du toluol. Ces trois produits sont utilisés sur une base quotidienne et méritent une attention particulière.

1. FORMALDÉHYDE

A) INTRODUCTION

Le formaldéhyde, ou aldéhyde formique, est une substance très dangereuse qu'il faut absolument éviter d'inhaler. Sa principale caractéristique est qu'il présente une extrême réactivité. De plus, son oxydation lente conduit à la formation d'acide formique. Il faut également mentionner que la réaction de condensation du phénol sur l'aldéhyde formique peut être violente et que, dans certaines conditions de température et d'humidité, l'action de l'aldéhyde formique sur le chlorure d'hydrogène entraîne la formation d'oxyde de méthyle et de chlorométhyle, un produit reconnu pour causer le cancer des poumons.

Il est possible d'entreposer de petites quantités de paraformaldéhyde dans un contenant en verre mais, dans tous les autres cas, l'acier inoxydable doit être privilégié.

Chez le rat, de fortes concentrations de formaldéhyde ont provoqué une intense irritation oculaire et un œdème pulmonaire hémorragique. Ce produit peut également entraîner une cytolyse hépatique et un œdème rénal.

À long terme, la toxicité du formaldéhyde se manifeste d'abord par des lésions dans les fosses nasales, puis par l'eczéma. La plupart des tests de mutagénicité, *in vivo*, sont positifs. De plus, le formaldéhyde cause des lésions chimiques entre les protéines et l'ADN, et une exposition prolongée à ce produit peut provoquer des crises d'épilepsie.

Le formaldéhyde est aussi extrêmement toxique pour la rétine. Cette toxicité semble être essentiellement causée par le formiate qui résulte du métabolisme du formaldéhyde au niveau de la rétine. Le méthanol constitue un agent capable d'augmenter cette toxicité, car il fournit lui-même du formiate.

B) PRÉVENTION

Lorsqu'il y a manipulation du formaldéhyde, une prévention efficace consiste à porter des gants, des lunettes et une blouse de protection. Les laboratoires doivent également être munis de douches et de fontaines oculaires. De plus, il est fortement recommandé de procéder régulièrement à des contrôles de la qualité de l'atmosphère et de maintenir les postes de travail très propres. Il ne faut jamais jeter à l'évier l'aldéhyde formique ou ses déchets.

Le formaldéhyde doit être neutralisé chimiquement avant d'être jeté. Une méthode relativement simple consiste à oxyder ce produit avec un excès de permanganate. La réaction est la suivante :

$$3\,R\text{-}\underset{\underset{O}{\|}}{C}\text{-}H + 2\,KMnO_4 \rightarrow 2\,R\text{-}\underset{\underset{O}{\|}}{C}\text{-}OK + R\text{-}\underset{\underset{O}{\|}}{C}\text{-}OH + 2\,MnO_2 + 2\,H_2O$$

Les personnes qui souffrent d'une maladie respiratoire chronique, ou encore d'irritations oculaires ou cutanées, doivent éviter toute exposition à l'aldéhyde formique.

2. XYLÈNE

Le xylène est un solvant dangereux puisqu'il est inflammable et toxique. Il doit être manipulé sous une hotte ventilée et le technicien doit porter des gants, une blouse protectrice et un protecteur facial. En raison de son inflammabilité, il faut le garder éloigné des agents oxydants.

Le xylène est généralement absorbé par voie pulmonaire, mais il peut également pénétrer le corps par les pores de la peau. Le xylène est un irritant à long terme des muqueuses oculaires. L'intoxication à long terme se manifeste par une irritation nasale et bronchique ainsi que de lésions rénales.

Des locaux bien ventilés sont fortement recommandés pour la conservation du xylène. Il est d'ailleurs primordial d'évacuer les vapeurs directement à la source.

3. TOLUOL

Le toluol, ou toluène, est également un solvant inflammable et toxique. Ainsi, les effets et précautions énoncés pour le xylène s'appliquent aussi à ce produit.

ANNEXE VI

PLANCHES D'HISTOPATHOLOGIE

Anatomopathologie (chapitre 1)

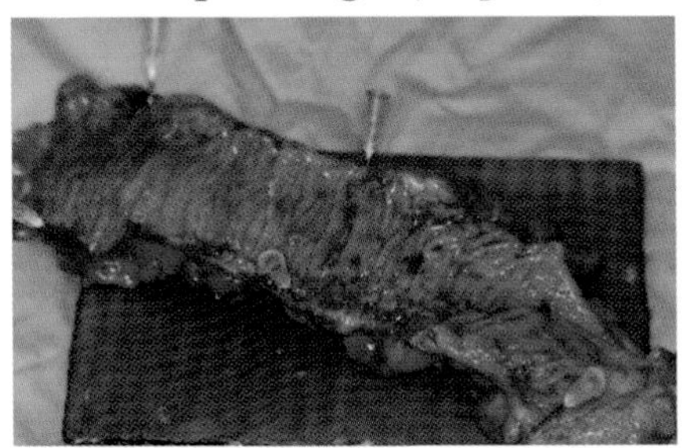

1 Section d'intestin, en position épinglée, prête pour la fixation

2 Fragment tissulaire marqué à l'encre de Chine

3 Cassettes de circulation numérotées, avec fragments tissulaires

Fixation (chapitre 2)

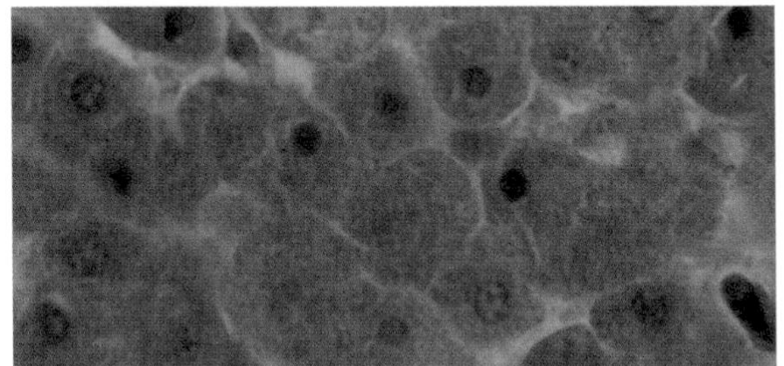

4 Autolyse HPS (foie) (500 X)

Cryotomie (chapitre 7)

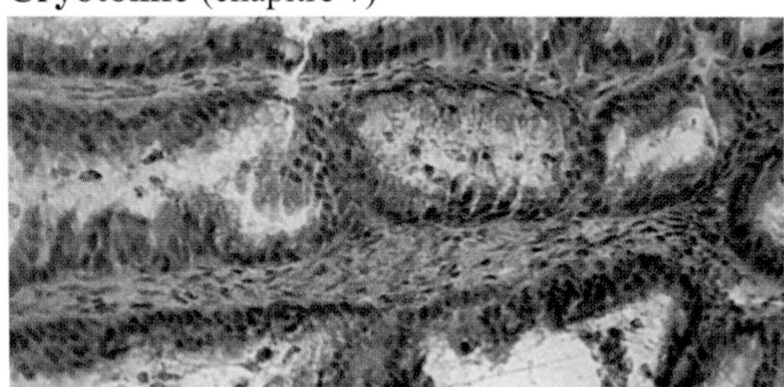

5 HPS rapide (100 X)

Coloration de routine (chapitre 13)

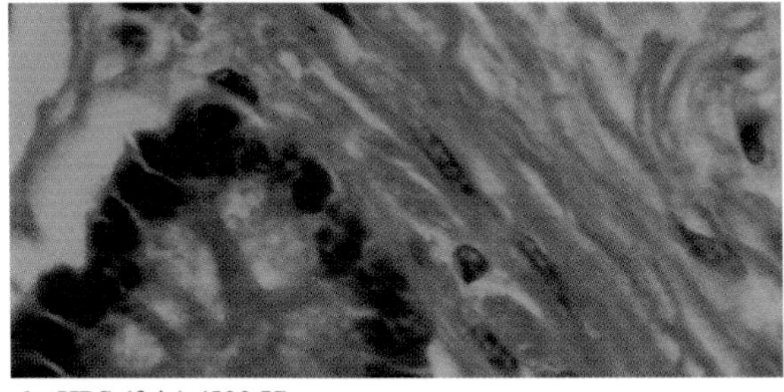

6 HPS (foie) (500 X)

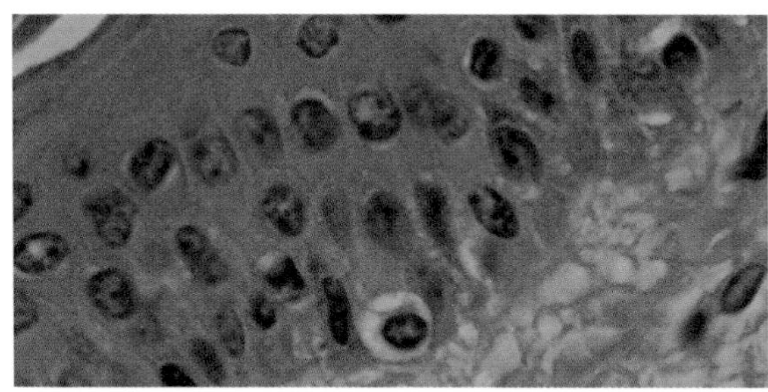

7 H et É (500 X)

Fibres conjonctives (chapitre 14)

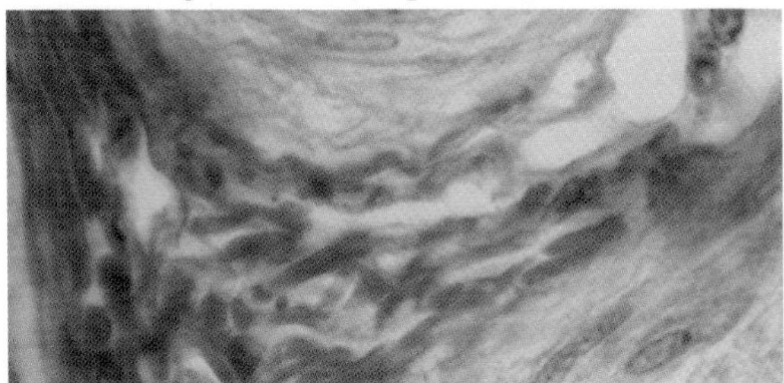

8 Van Gieson (500 X)

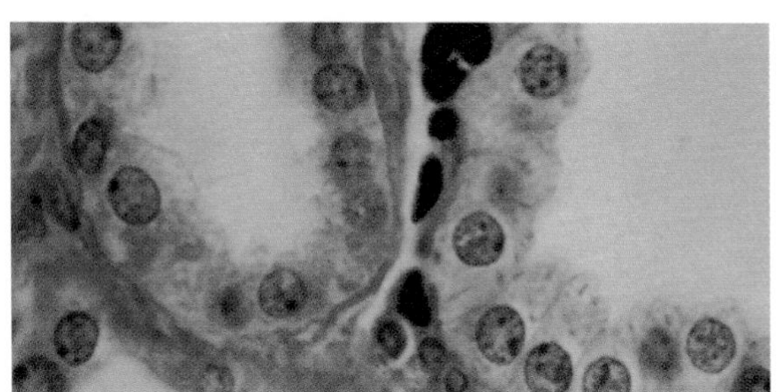

9 Trichrome de Masson au bleu d'aniline (500 X)

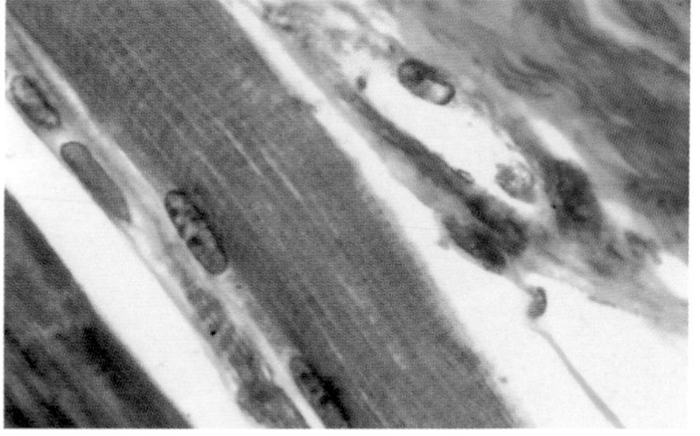

10 Trichrome de Masson au vert lumière (500 X)

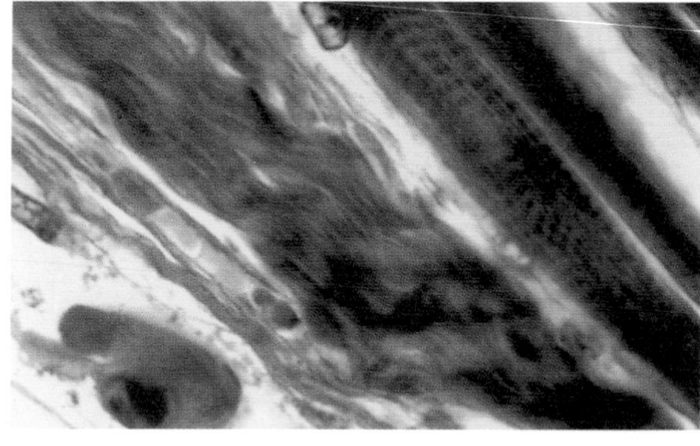

11 APTH : fibres de collagène (500 X)

12 APTH : striations musculaires (500 X)

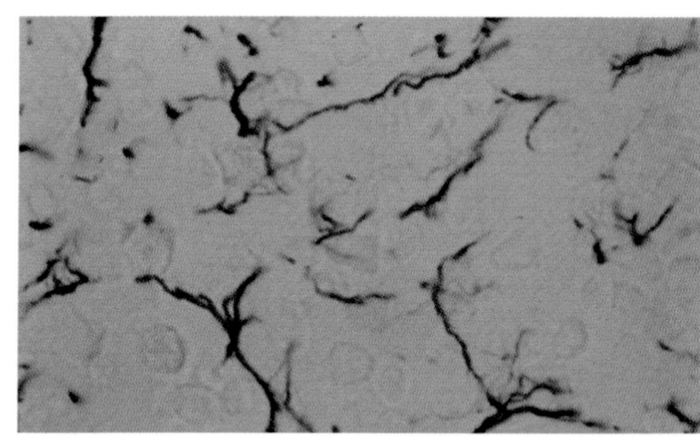

13 Del Rio Hortega (500 X)

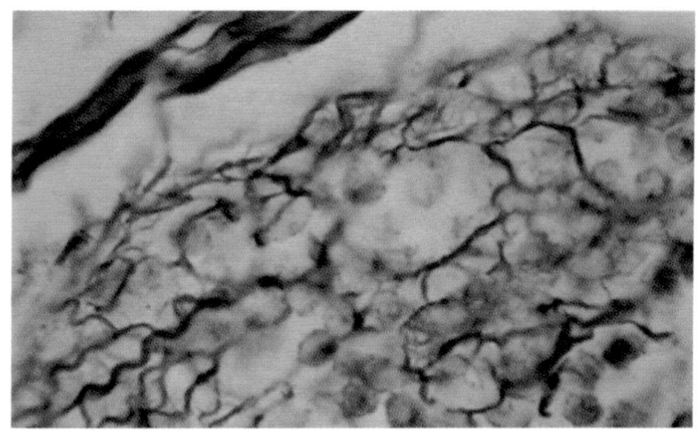

14 Gomori (500 X)

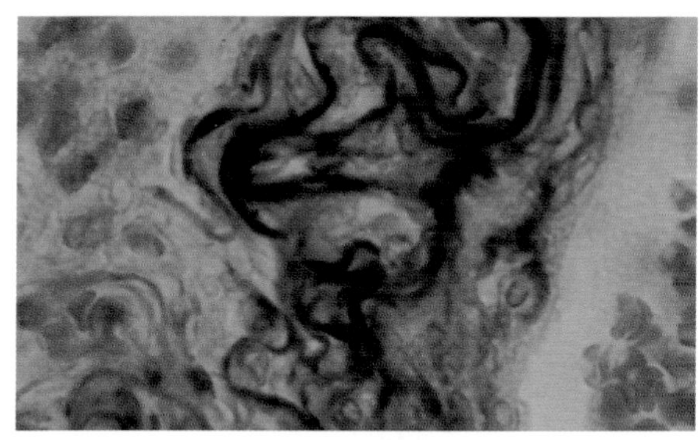

15 Résorcine-fuchsine (500 X)

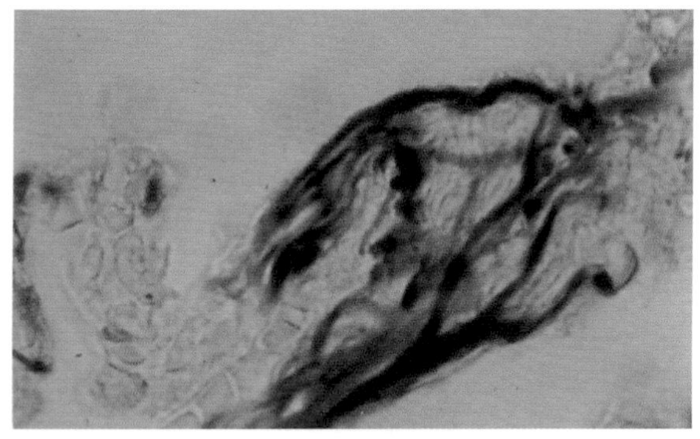

16 Fuchsine-paraldéhyde (500 X)

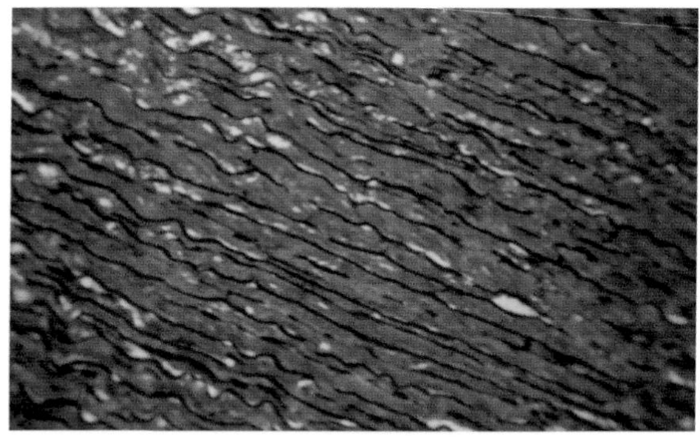

17 Hématéine ferrique de Verhoeff (100 X)

Les glucides (chapitre 15)

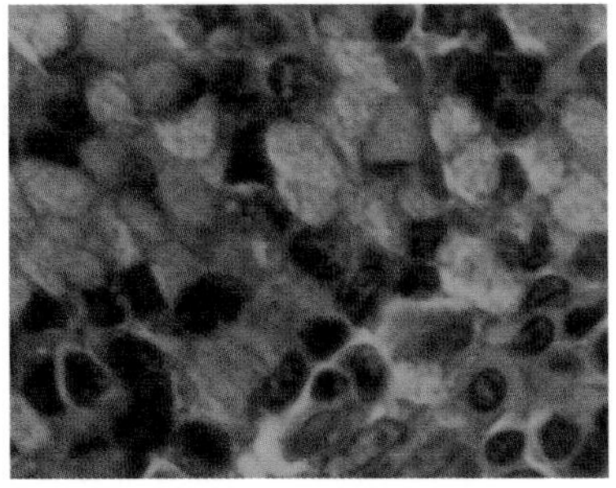
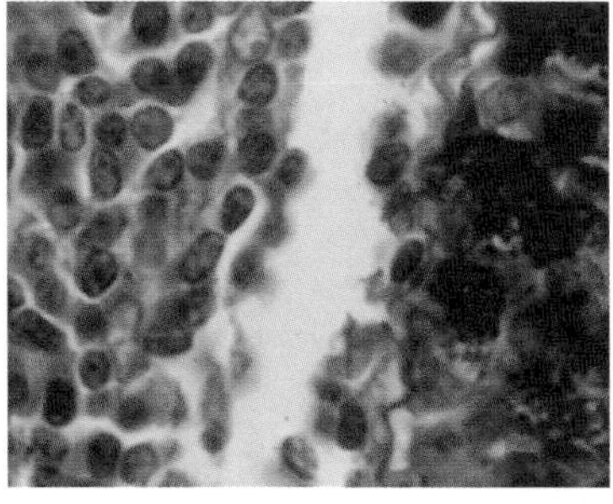
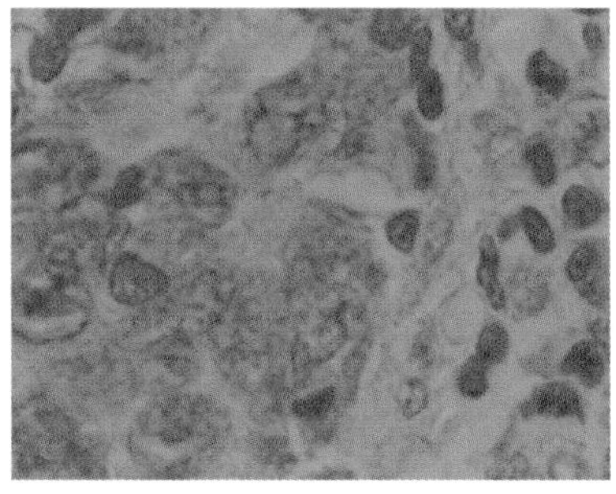

18, 19, 20 Coupes voisines mettant en parallèle les aspects présentés par des mucines colorées respectivement à l'HPS, à l'APS et au bleu alcian (500 X)

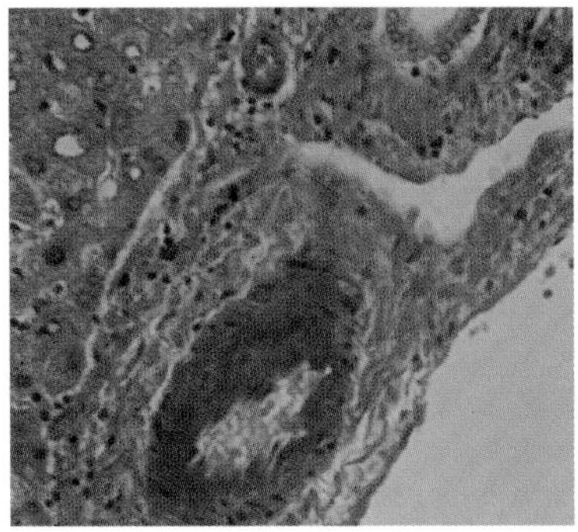
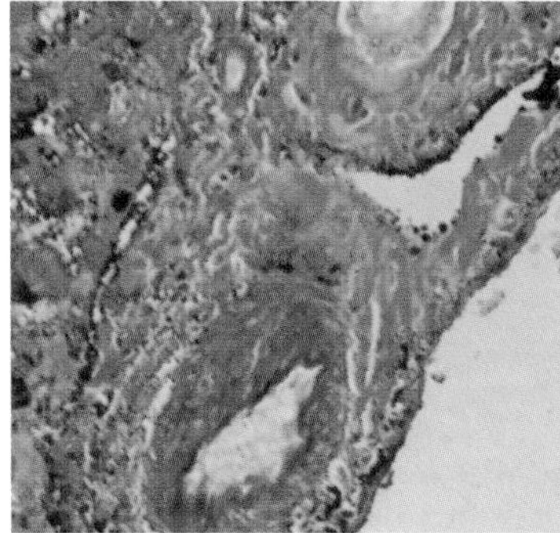
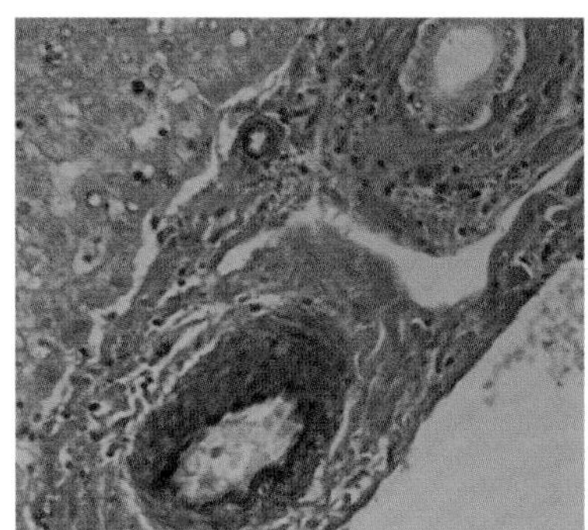

21, 22, 23 Coupes sérielles mettant en parallèle les aspects présentés par le glycogène coloré respectivement à l'HPS, à l'APS et à l'APS-diastase (100 X)

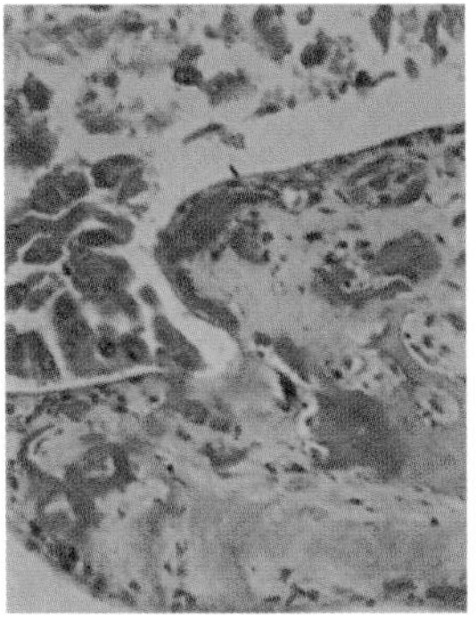
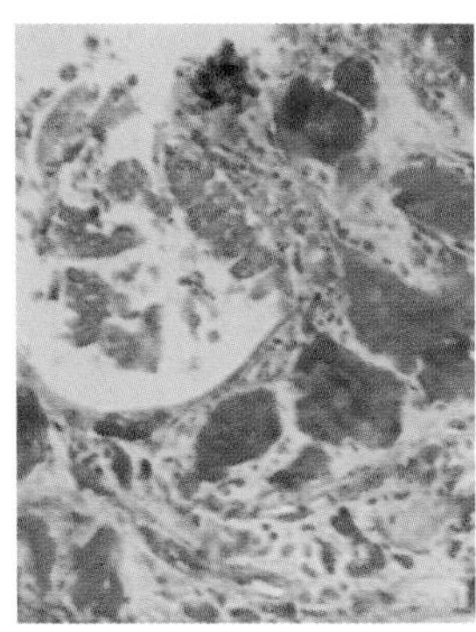
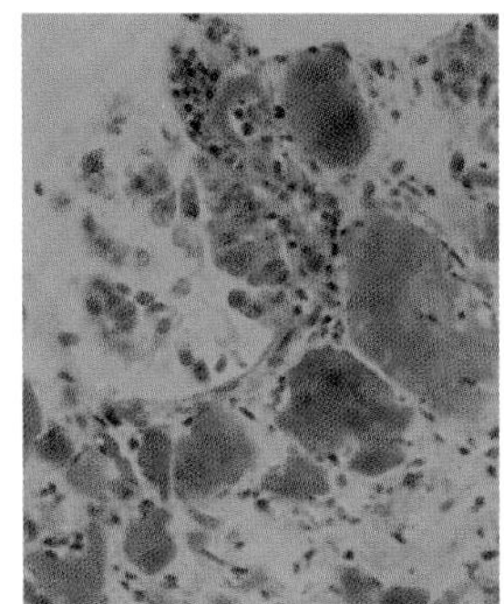
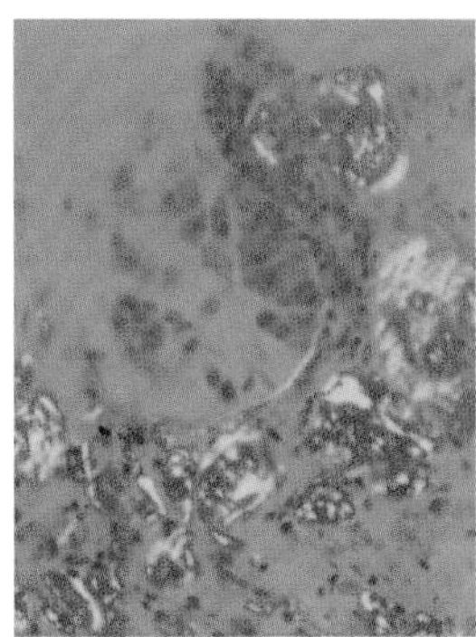

24, 25, 26, 27 Coupes voisines mettant en parallèle les aspects présentés par l'amyloïde colorée respectivement à l'HPS, au violet de méthyle et au rouge Congo (en fond clair et en polarisation) (100 X)

Les lipides (chapitre 16)

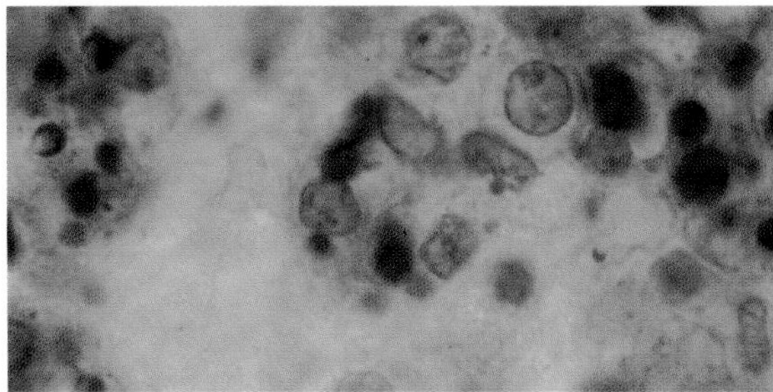

28 Huile rouge (500 X)

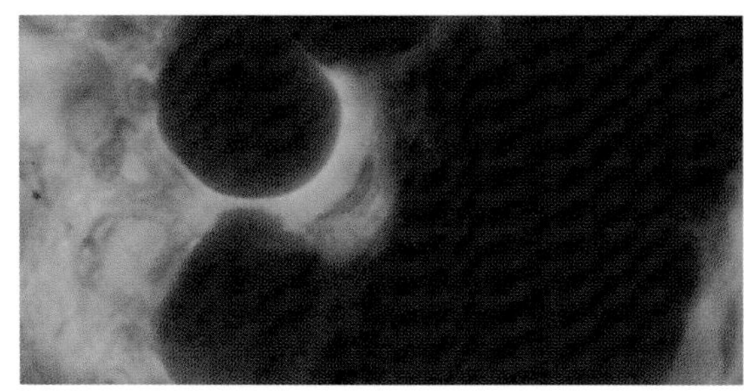

29 Huile rouge (500 X)

Les protéines et acides nucléiques (chapitre 17)

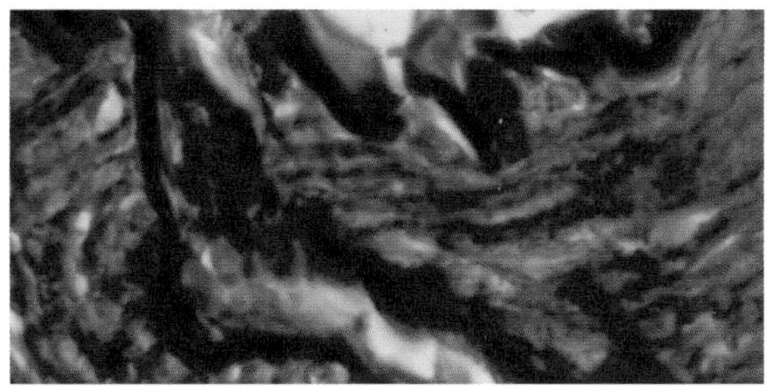

30 Gram-Weigert : fibrine (500 X)

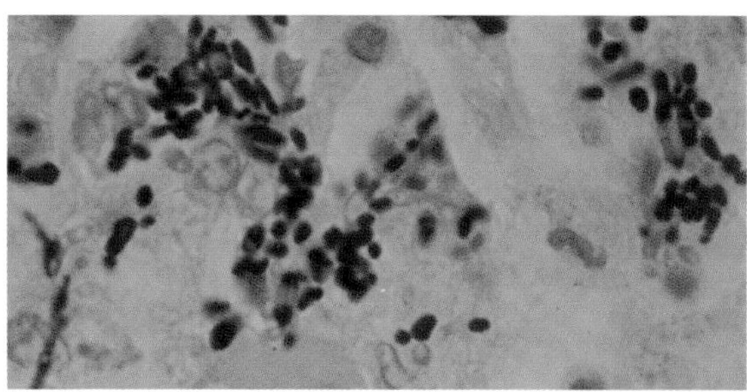

31 Gram-Weigert : bactéries (500 X)

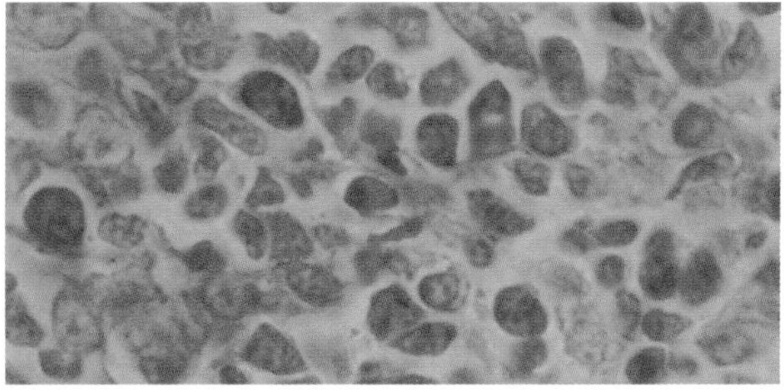

32 Vert de méthyle-pyronine (plasmocytes) (500 X)

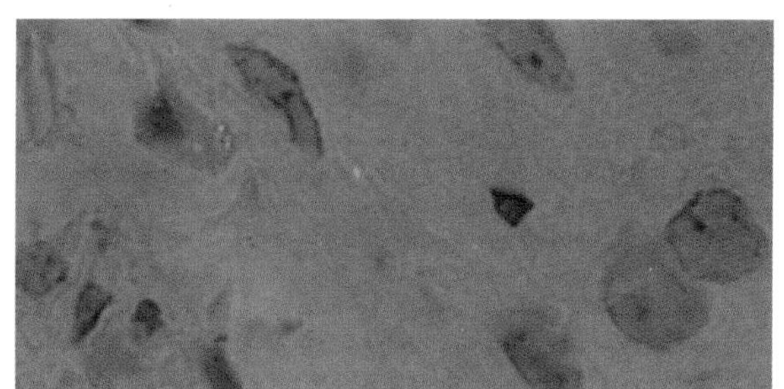

33 Feulgen (500 X)

Pigments et précipités (chapitre 19)

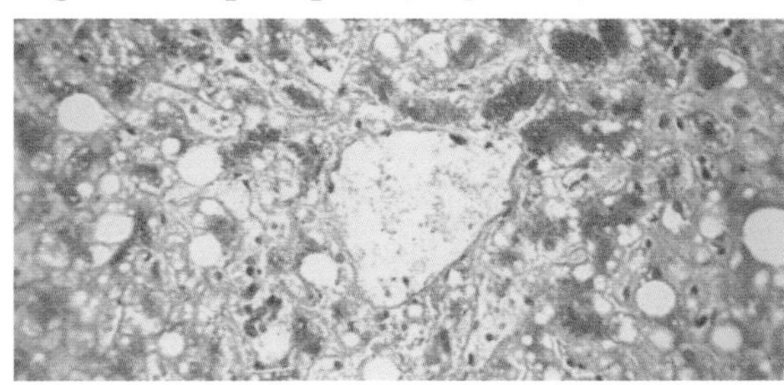

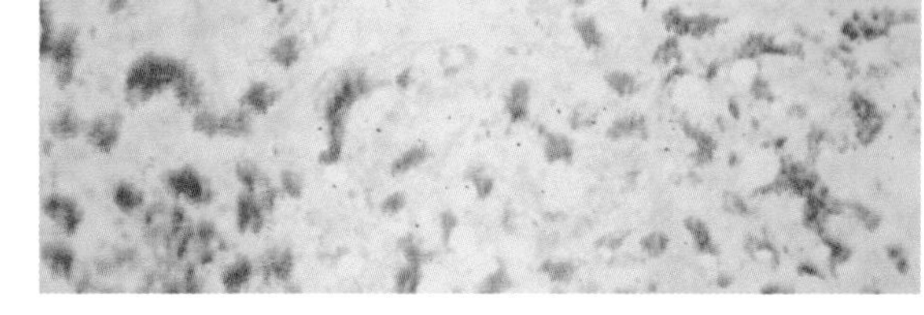

34, 35 Coupes voisines mettant en parallèle les aspects présentés par l'hémosidérine colorée respectivement à l'HPS et au bleu de Prusse (100 X)

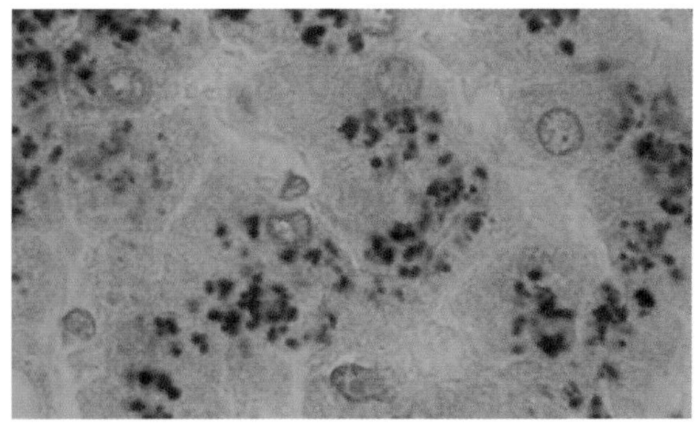

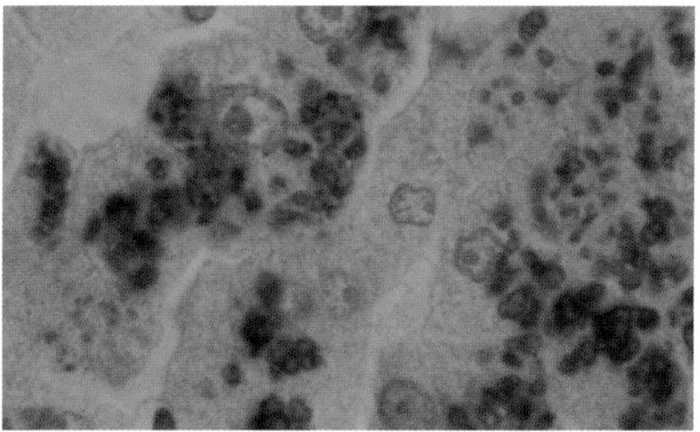

36, 37 Comparaison des résultats produits sur des coupes voisines par le bleu de Prusse et le Tirman-Schmeltzer (500 X)

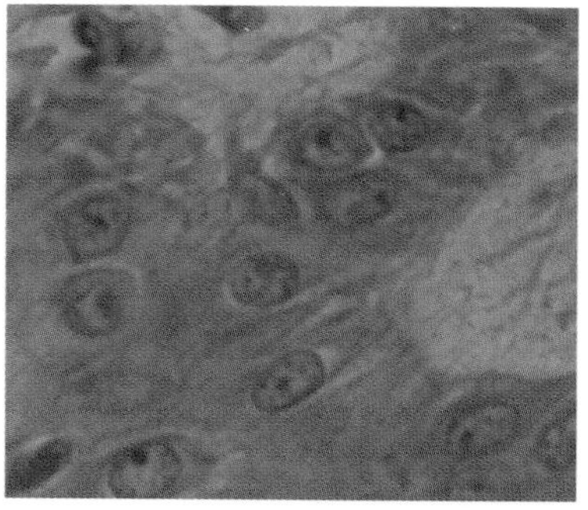
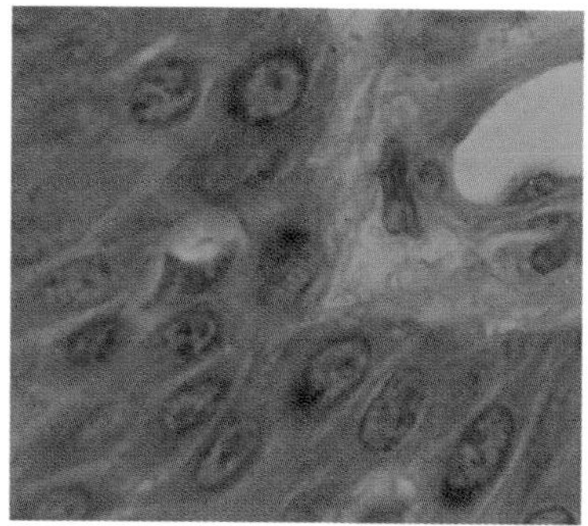
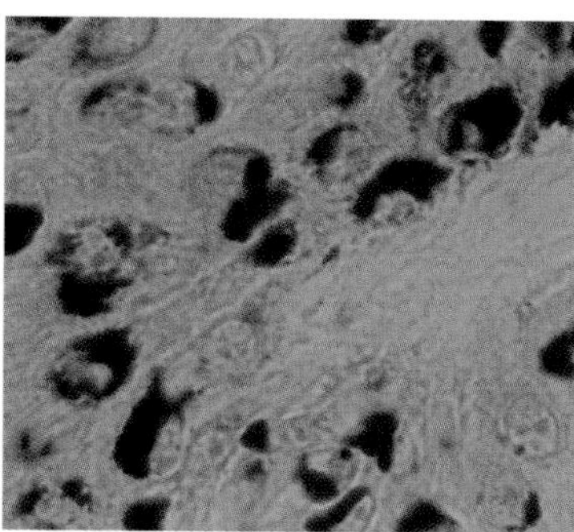

38, 39, 40 Coupes voisines présentant un parallèle entre les aspects de la mélanine colorée respectivement à l'HPS avec blanchiment au permanganate de potassium, à l'HPS sans blanchiment et au Fontana-Masson (500 X)

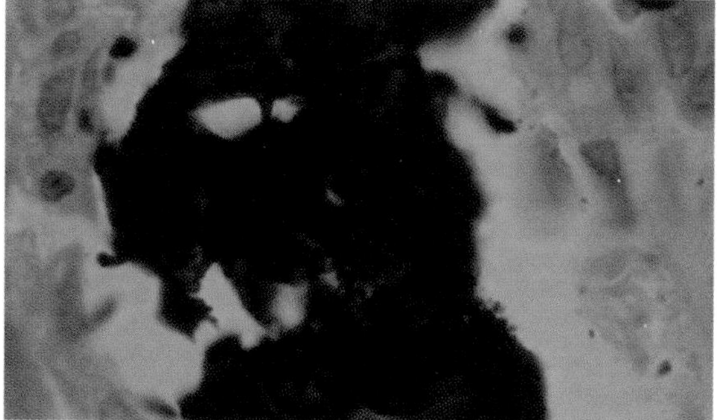

41 Calcium au Von Kossa (500 X)

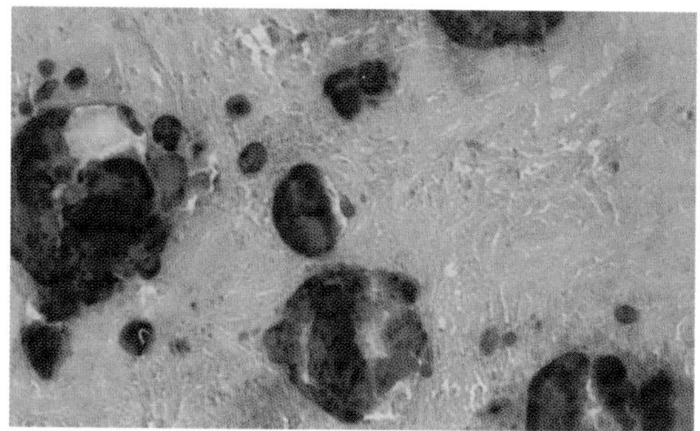

42 Calcium au rouge d'alizarine (100 X)

Microorganismes (chapitre 20)

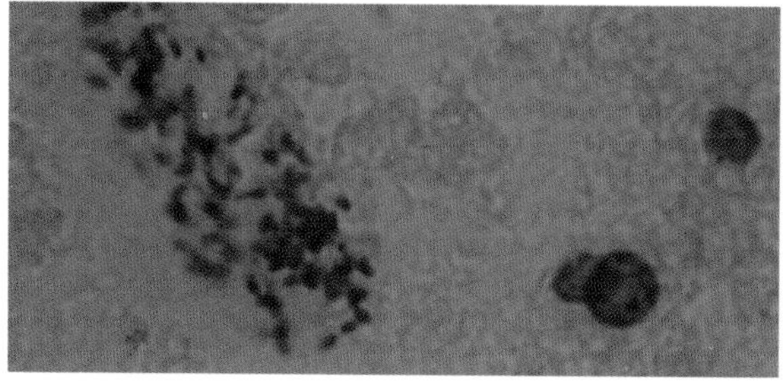

43 Bactéries : Gram, selon Brown et Brenn (1 000 X)

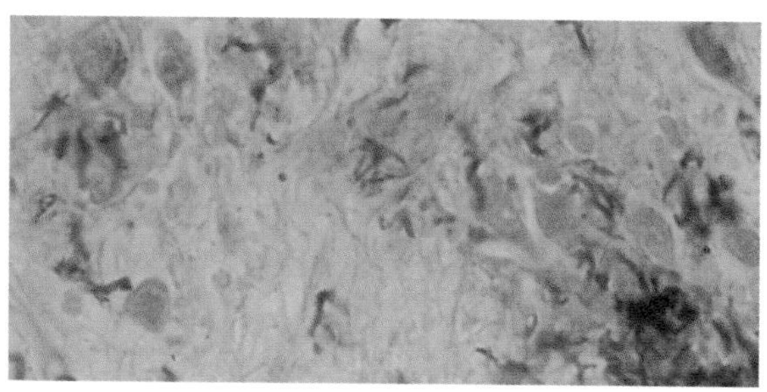

44 Bactéries AAR : Ziehl-Nielsen (500 X)

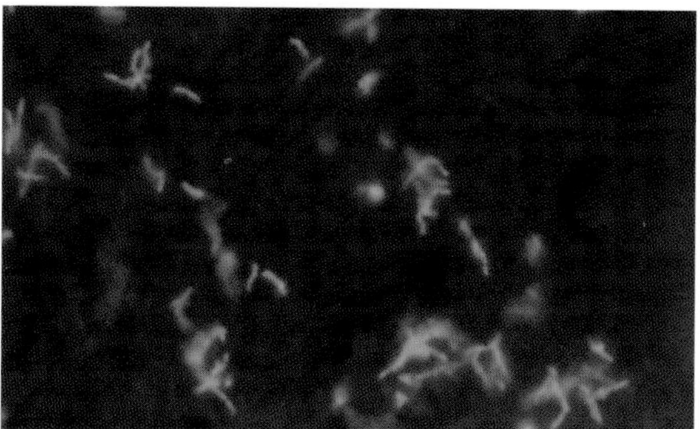

45 Bactéries AAR : Auramine O-phénol (500 X)

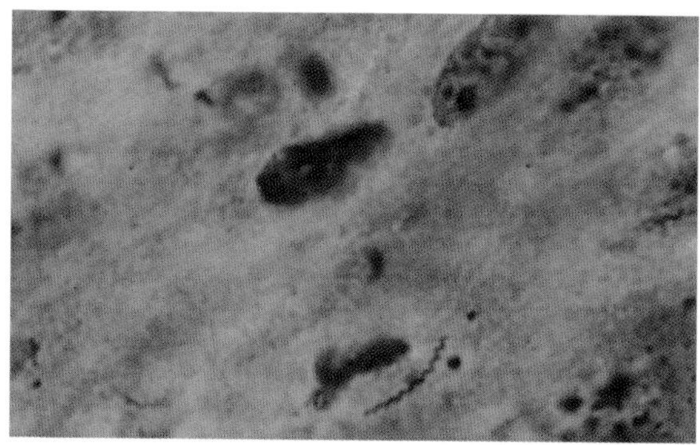

46 Spirochètes Whartin-Starry (1 000 X)

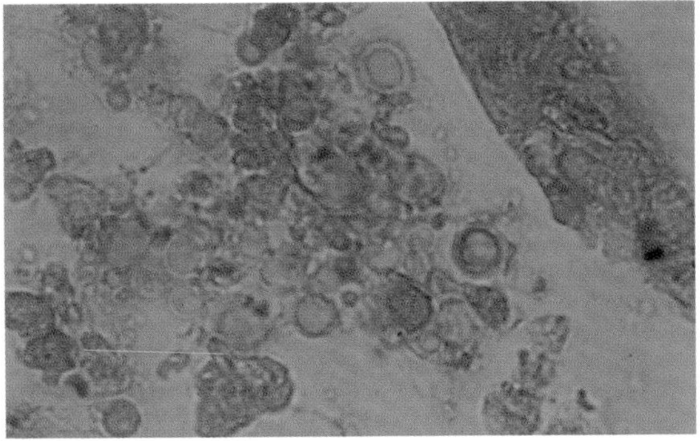

47 Cryptocoque au HPS (500 X)

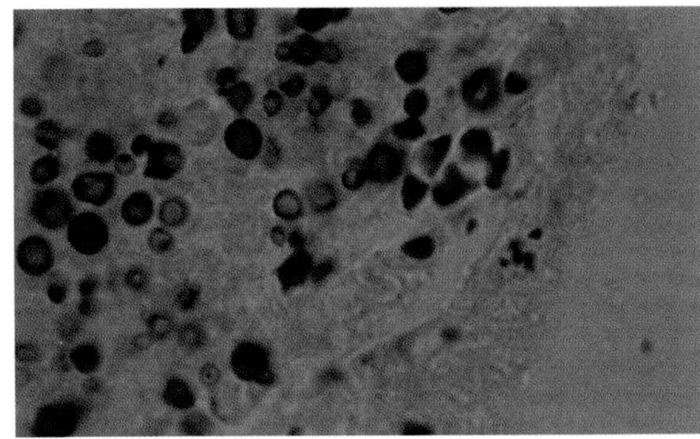

48 Cryptocoque au Grocott (500 X)

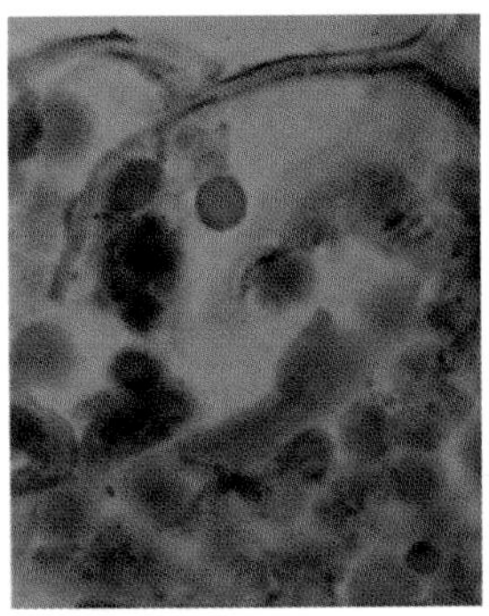

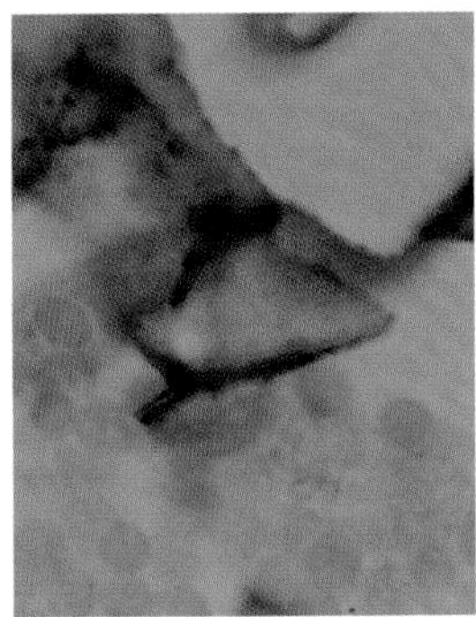

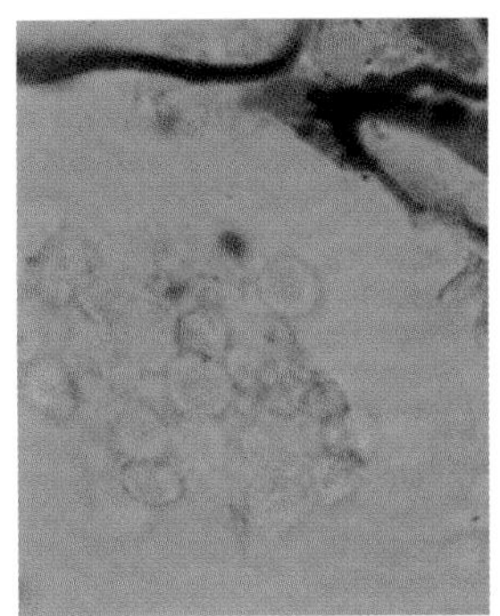

49, 50, 51 Mise en évidence de *Pneumocystis carinii* respectivement à l'HPS, au Grocott et au Mowry

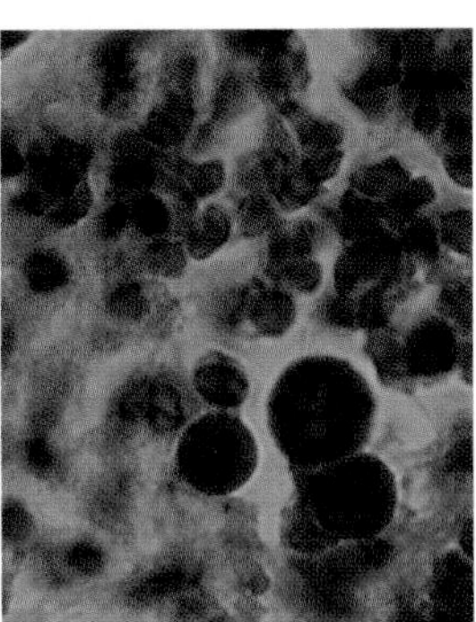

52 Inclusions virales : Lendrum (500 X)

Histoenzymologie (chapitre 21)

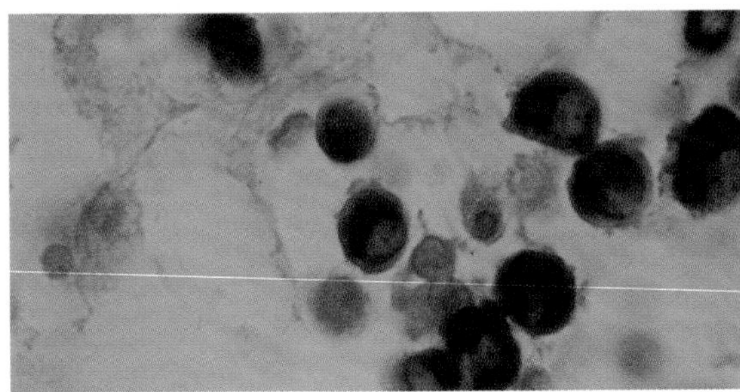

53 Leder (500 X)

Neurohistochimie (chapitre 22)

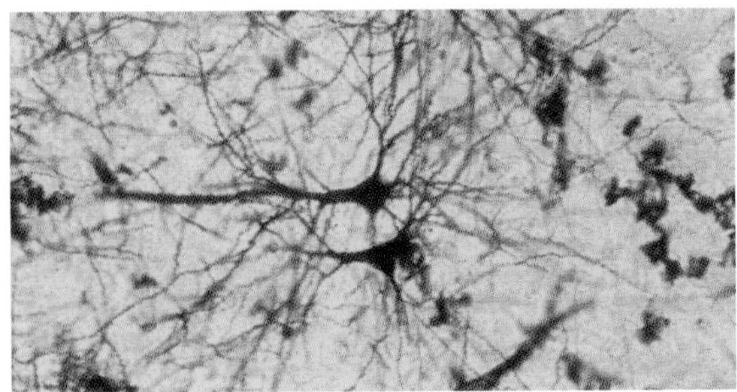

54 Golgi : cellule pyramidale

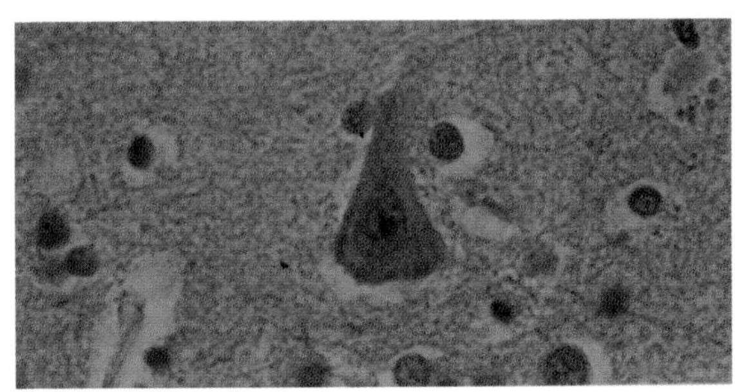

55 Hématéine, cellule de *Bath*

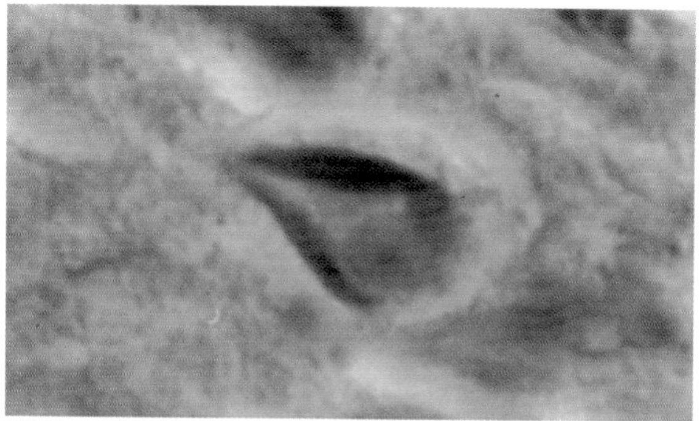

56 Dégénérescence neurofibrillaire

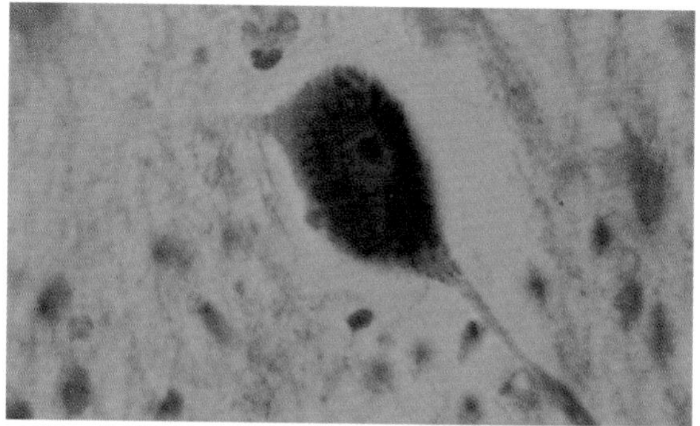

57 Klüver Barrera : motoneurone, aspect tigré de la substance de Nissl

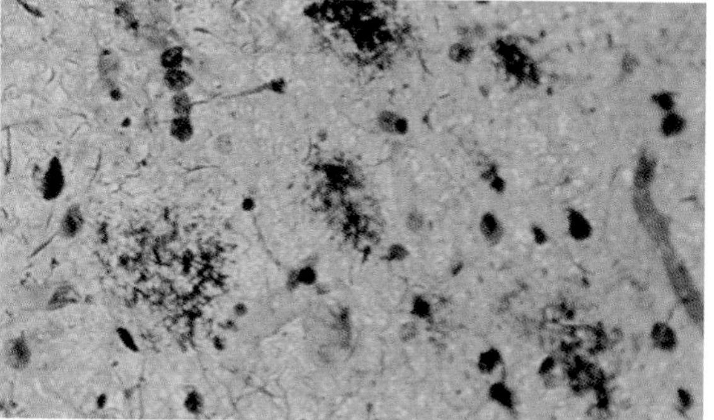

58 Bielschowsky : plaque sénile, maladie d'Alzheimer

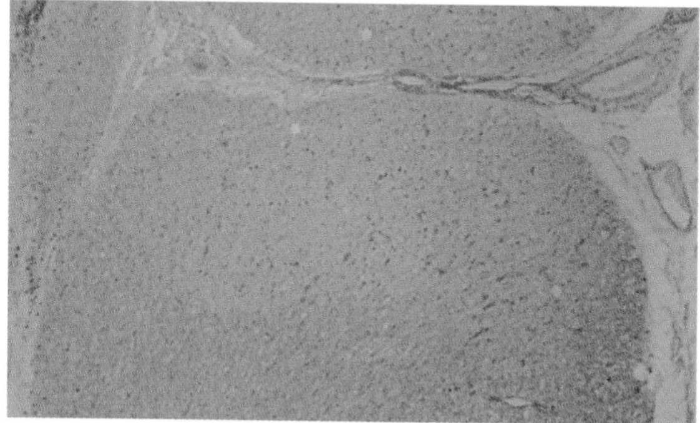

59 Klüver Barrera : cordon antérieur de la moelle épinière, démyélinisation

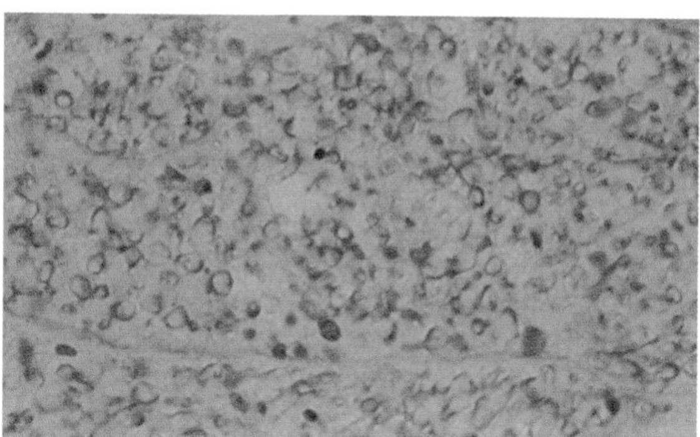

60 Klüver Barrera : cordon postérieur, aspect normal

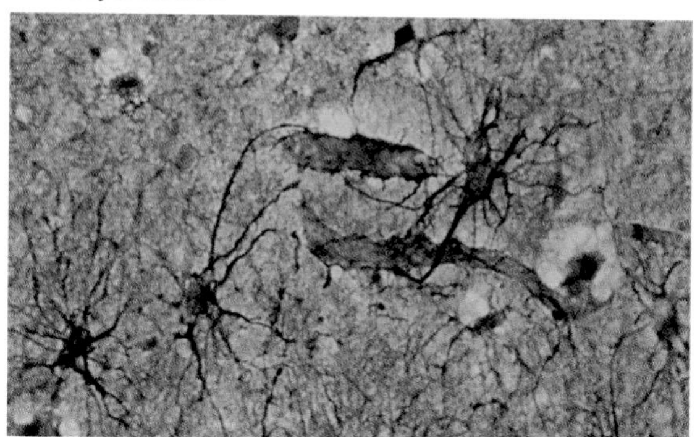

61 Cajal à l'or sublimé, pied d'insertion périvasculaire d'un astrocyte

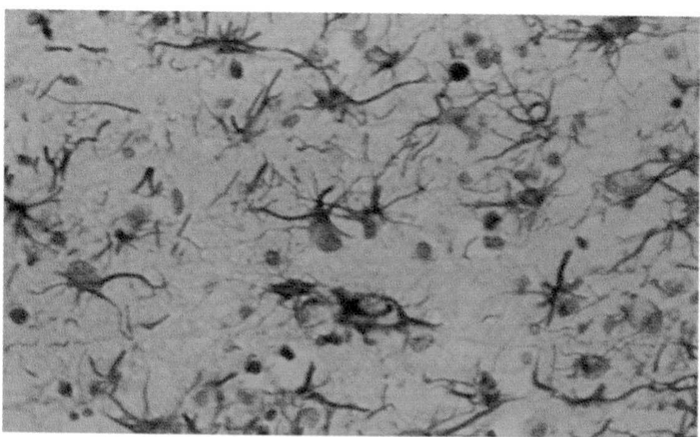

62 APTH

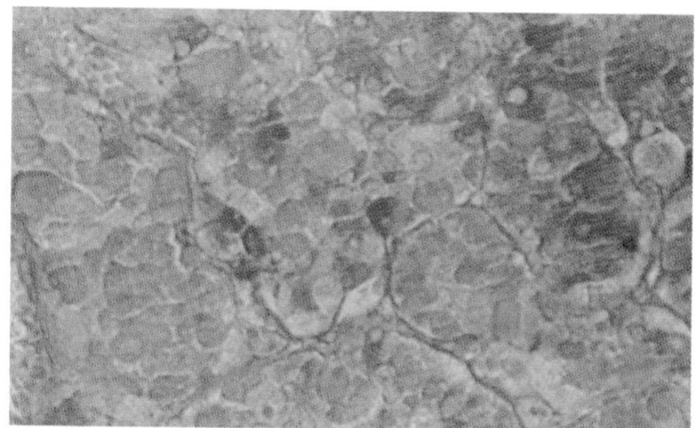

63 APS-orange G, hypophyse

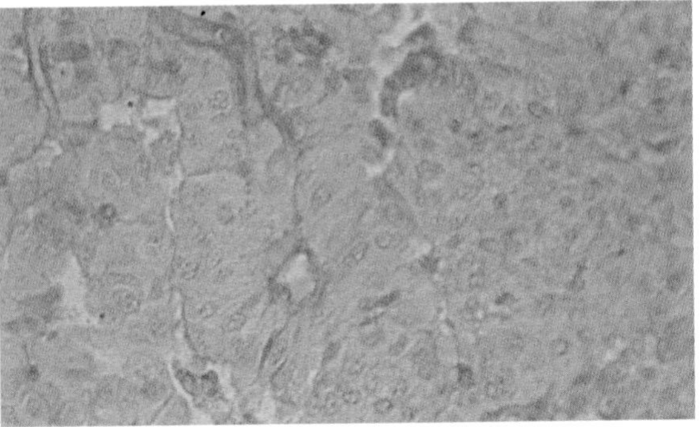

64 APS-orange G, adénome hypophysaire

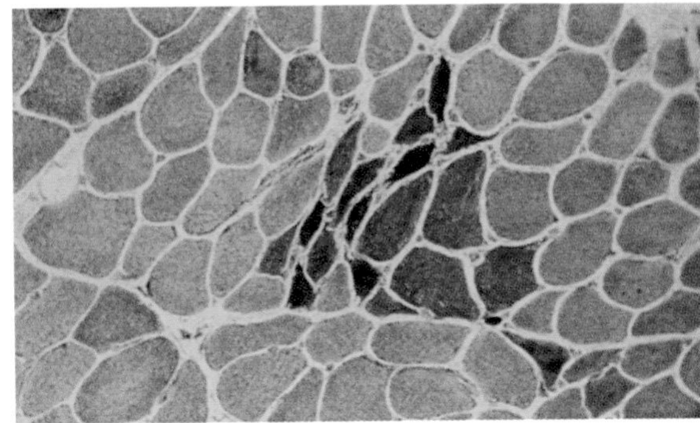

65 NADH-TR, fibre musculaire type I

66 ATPase, *ph* 9,4, fibre musculaire type II

Immunohistochimie (chapitre 23)

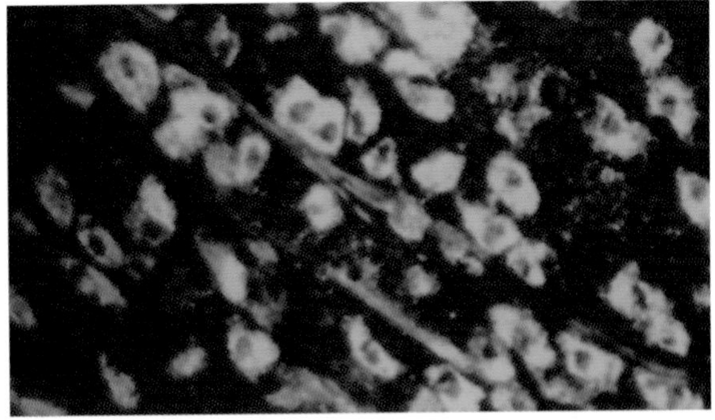

67 Muqueuse gastrique; technique d'immunofluorescence (photo Guy Pelletier)

Granulations cytoplasmiques (chapitre 25)

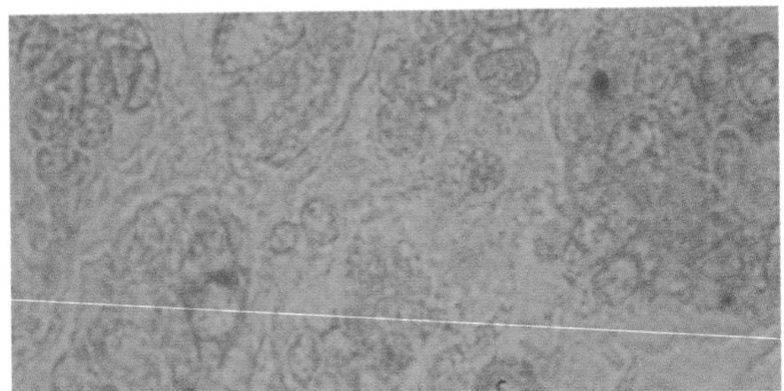

68 Cellules sanguines May-Grüwald-Giemsa (500 X)

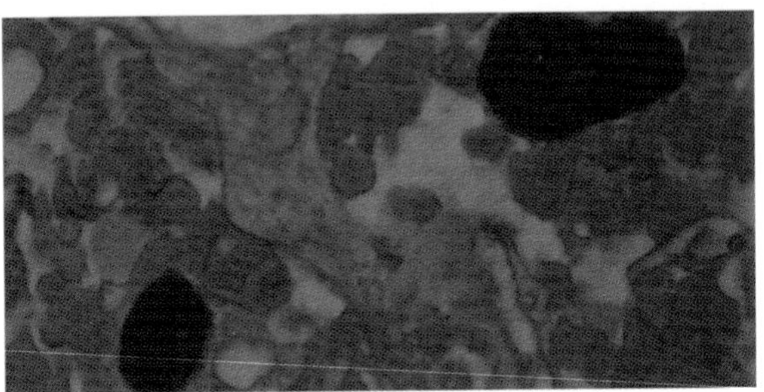

69 Hypophyse : APS-orange G; (photo Centre hospitalier Maisonneuve-Rosemont)

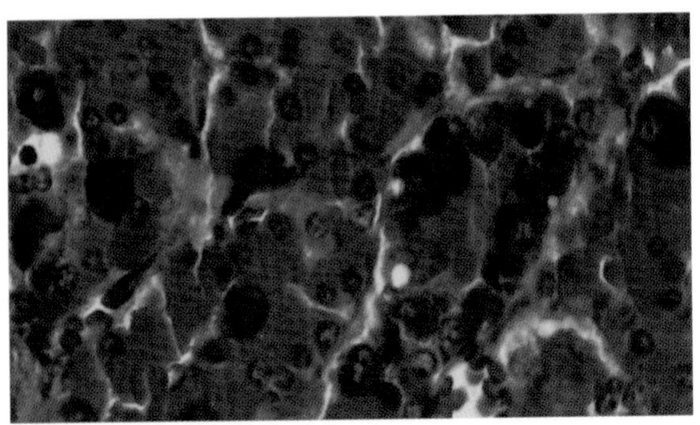

70 Hypophyse : tétrachrome d'Herlant; (photo Centre hospitalier Maisonneuve-Rosemont)

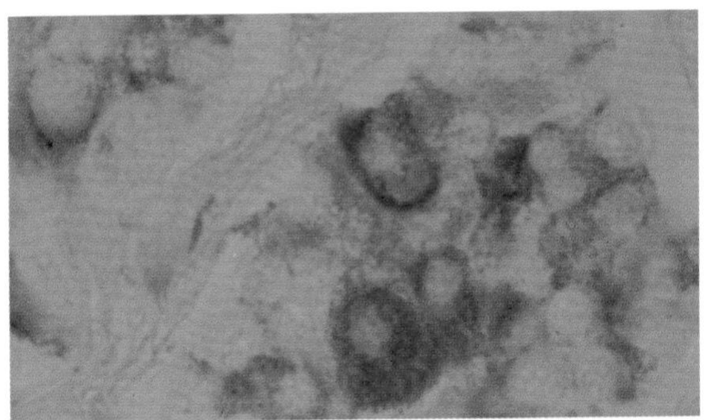

71 Cellules des îlots de Langerhans fuchsine-paraldéhyde (500 X)

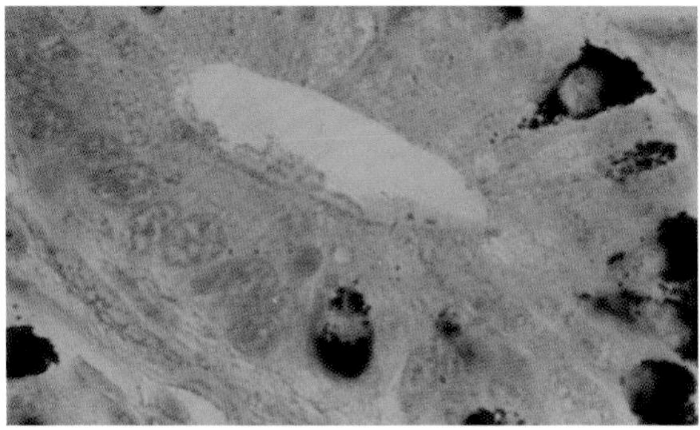

72 Cellules APUD : Grimelius (500 X)

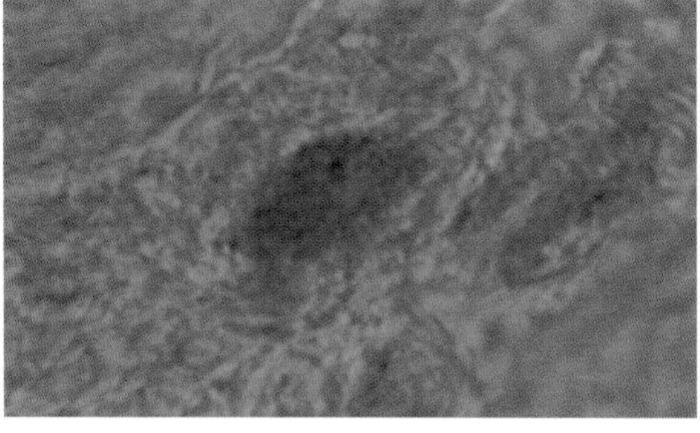

73 Mastocytes : bleu de toluidine (1 000 X)

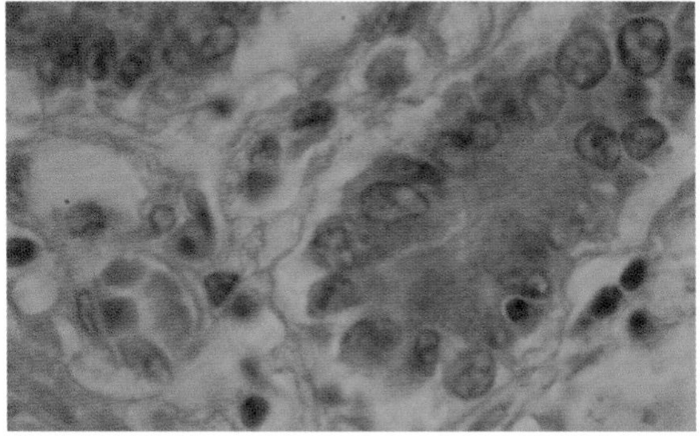

74 Cellules de Paneth : HPS (500 X)

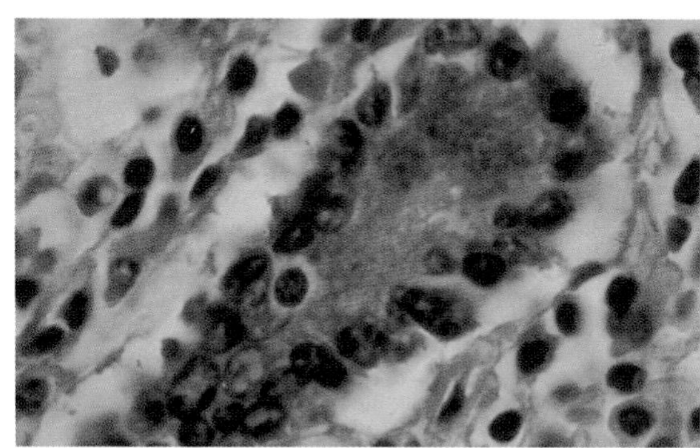

75 Cellules de Paneth : phloxine-tartrazine (500 X)

Cytologie (chapitre 26)

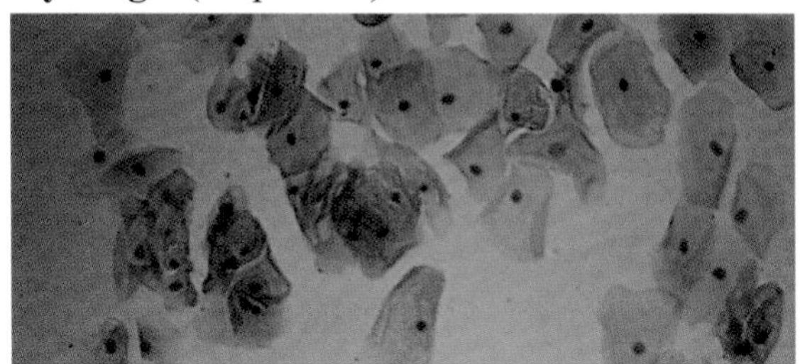

76 Papanicolaou : cytologie vaginale (100 X). Préparation fournie par le Centre hospitalier régional de la Mauricie

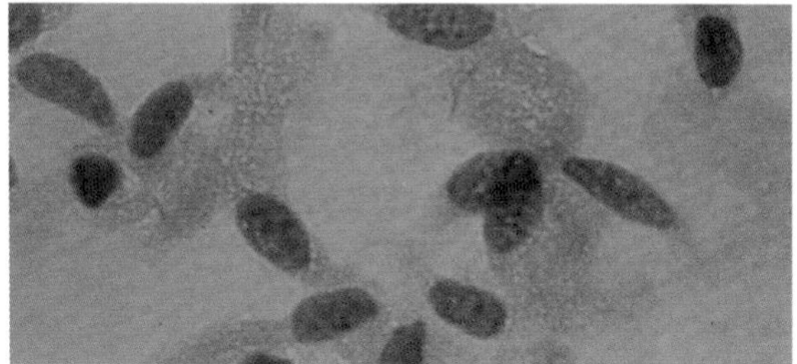

77 Papanicolaou : cytologie bronchique (500 X). Préparation fournie par le Centre hospitalier régional de la Mauricie

INDEX

Marquis imprimeur inc.

Québec, Canada
2008